新一代設計 Siemens Solid Edge

作者群 /

王子厚、王中良、王鐲靜、林彥錡、林振煜、
黃渝雰、楊淳如、蔡仕恒、蔡安哲、簡勤毅（依筆劃排列）
編 著

印行

序言

中小企業的工程師，除了需要承擔設計、IT、供應鏈管理、銷售等各方面的傳統壓力之外，還須應對其他新增因素，如大規模的定制化服務、降低材料成本、不斷提高效率和探索新生產方法等，這驅使著中小型製造商向數位化轉型。為了應對在不斷縮短的時間週期內開發和交付日益複雜的產品的全球市場需求，中小企業必須克服諸多前所未有的挑戰，但這同時也意味著他們將擁有實現差異化競爭優勢的新機遇。

Solid Edge 是西門子針對中小型市場的數位創新平臺戰略中關鍵核心的一部分。

現在，Solid Edge 已經不僅是一個產品品牌。在 Solid Edge 2019 更擴展為數位化創新平台，當中包括機械和電氣設計、模擬、增材製造和減材製造、技術出版物、可擴展資料管理以及安全可靠的線上協作工具，為當今的工程師帶來新一代產品開發，助力中小企業客戶在數位化新時代實現創新。

據報導，至 2022 年，3D 掃描市場規模將達到 60 億美元，47% 的製造商預計未來 12 個月內材料成本將上漲 5%。減少材料使用和提高現有設計效率的需求，致使人們對優化技術和探索零件生產代替方法生產了濃厚的興趣。作為機械設計領域的公認的技術領導者，Solid Edge 充分利用 Siemens PLM 技術組合的優勢，進一步擴大其工具集的深度和廣度。

去年，西門子在 Solid Edge 中增加了逆向工程工具，其功能包括刪除不需要的網格區域，與將其修補回原樣的能力。在 Solid Edge 2019 中，西門子全新的逆向工程功能可加速實現產品掃描、編輯和生產，對有缺陷的掃描進行平滑和縫合處理，增加原有網格體的使用，使用全新的改進工具加速逆向建模，速度可提高 5 倍。

除了全新的逆向工程功能外，機械設計還增加了 Solid Edge P&ID Design 和 Solid Edge Piping Design 功能，這兩個功能都是用於設計模組化工廠，通過模組化工廠設計，實現全面 3D 建模和自動化軸測圖輸出。

對於現今複雜的多階段設計專案而言，整合式軟體應用至關重要。Solid Edge 配線設計為快速創建佈線圖和驗證電氣系統提供了設計和模擬工具。Solid Edge 線束設計新增直觀的線束和線束組裝圖設計工具，具備自動化零件選擇、設計確認和製造報告生成等功能。Solid Edge PCB Design 加快了電路圖輸入和 PCB 佈局的速度，並與機械設計實現全面集成，減少了代價高昂錯誤的發生。

Lifecycle Insights 首席分析師 Chad Jackson 說道："Solid Edge 配線設計和 Solid Edge 線束設計是這些中小型企業理想的選擇，其功能恰到好處。"

全新的模擬技術，使複雜的設計驗證變得愈加輕鬆。增強的結構和熱力模擬提高了適應性，包括進行網格調整以提高精度，來應對大型模擬挑戰，並強化了 ECAD 導入功能，擴展了分析類型。如今，自由曲面流動模擬、照明和輻射功能都可以用於模擬分析。

就增材製造功能而言，新設計包括增強對形狀、重量和強度的控制，以及特定的安全係數，讓客戶具備前所未見的新設計開發能力。此外，Solid Edge 還實現了列印準備自動化，包括多彩多材列印功能，可縮減物料清單的規模和零件庫存，同時降低對造價昂貴的製造設備的依賴性。不僅如此，利用這些新功能，製造企業便可以快速經濟地實現小批量生產。Solid Edge 2019 的新增功能還包括 Solid Edge CAM Pro，這是一款高度靈活的綜合系統，採用最新加工技術，高效執行 CNC 機床程式設計，以說明使用者確保零件製造完全符合設計意圖。

西門子於 2014 年發佈 "2020 公司願景" 戰略計畫，目前已經基本完成，且實施速度和成果均超預期，全球變化的速度和力度與日俱增，我們有義務預見這一發展趨勢。我們堅信，這正是我們以可持續的方式塑造未來的大好時機。經常被稱為 "第四次工業革命" 的數位化是工業史上最大的變革。真正能夠存續發展的並不是規模最大的公司，而是那些適應能力最強的公司。正因如此，我們將以更高效、更專業的方式支援我們的客戶，向他們提供建議，說明他們實現目標不僅局限在數位化領域。為了應對在不斷縮短的時間週期內開發和交付日益複雜的產品的全球市場需求，我們的客戶必須克服諸多前所未有的挑戰，但這同時也意味著他們將擁有實現差異化競爭優勢的新機遇。

我堅信 Solid Edge 2019 提供的新一代設計功能足以助力我們的客戶在數位化新時代實現創新。

西門子工業軟體
技術顧問

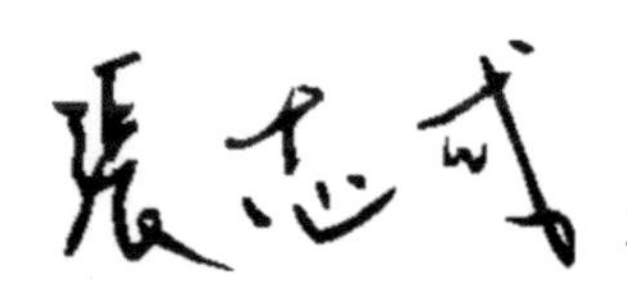

2018/10/22

目錄 CONTENTS

CHAPTER 1
簡介

CHAPTER 2
使用者介面

CHAPTER 3
草圖繪製

CHAPTER 4
建立基礎特徵

CHAPTER 5
幾何控制器與設計意圖

CHAPTER 6
同步建模與順序建模

CHAPTER 7
旋轉特徵

CHAPTER 8
新增平面與即時剖面

CHAPTER 9
螺旋、網格筋、通風口、螺釘柱、刻字

CHAPTER 10
掃掠特徵

CHAPTER 11
舉昇特徵

CHAPTER 12

陣列與辨識孔特徵

CHAPTER 13

變數表與零件家族

CHAPTER 14

建立組立件與組立件干涉檢查

CHAPTER 15

爆炸圖與零件明細表之應用

CHAPTER 16

鈑金設計

CHAPTER 17

建立工程圖紙

進階一

曲面造型設計

進階二

模具設計

附錄一

設計管理器

附錄二

內建檔案管理

相信 Siemens 選擇 CADEX 凱德科技

「凱德科技」為全台灣首家通過西門子 “Gold Smart Expert Partner” 認證的金牌代理商為因應用戶多元需求及產業在市場能持續增長，凱德科技與 Siemens 長期進行協作整合與教育訓練，歷經 10年的耕耘，在此，很開心的宣布，我們已獲得市場與西門子的驗證與肯定，CADEX 團隊成為全台第一通過西門子認可的 “Gold Smart Expert Partner” 金牌代理夥伴，在台灣，凱德科技聯手 Siemens，將與您一同並肩作戰，落地化實施，共同搭建台灣「智能製造」與「工業 4.0」的第一高峰。

用戶需要有經驗的服務團隊

凱德科技擁有專業顧問服務能力，提供客戶最佳建議

產品開發過程， 經常面臨多樣的挑戰和困難
需要有經驗的顧問團隊， 提供您專業級的軟體服務

Smart Expert 軟體專家對企業的價值

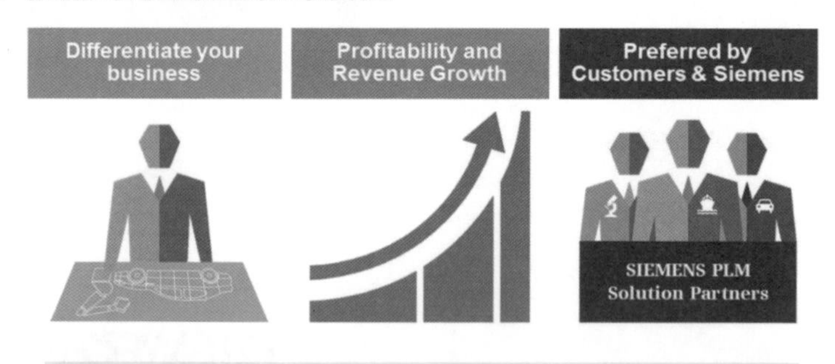

“我喜歡的合作夥伴就是能完全解決企業問題的專家型代理商”
– 中小企業資訊主管

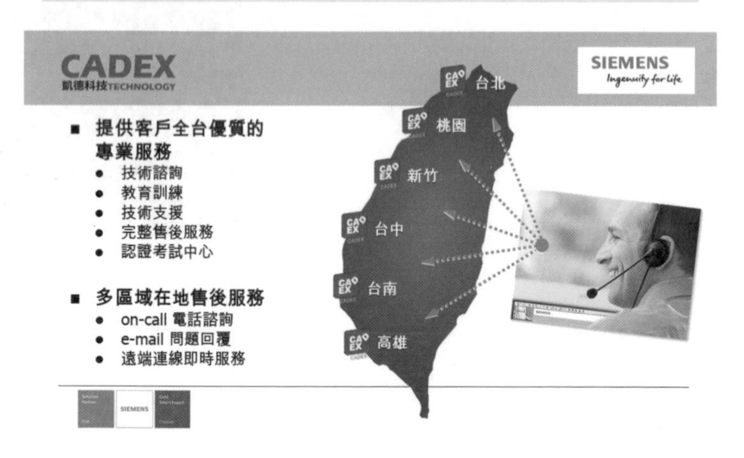

1

CHAPTER

簡介

Siemens Solid Edge

Solid Edge 2019 為現代工程師提供下一代產品開發應用，包含：專業級的電氣和 PCB 設計（基於Mentor Graphics）、完全整合的驗證分析、最新的減法和增材製造（3D 列印）工具、新的需求管理功能，以及安全、免費基於雲端的協作工具。Siemens Solid Edge 具備完整的產品組合：從設計、模擬、製造、技術出版物和資料管理等，正在重塑設計製造未來的發展。

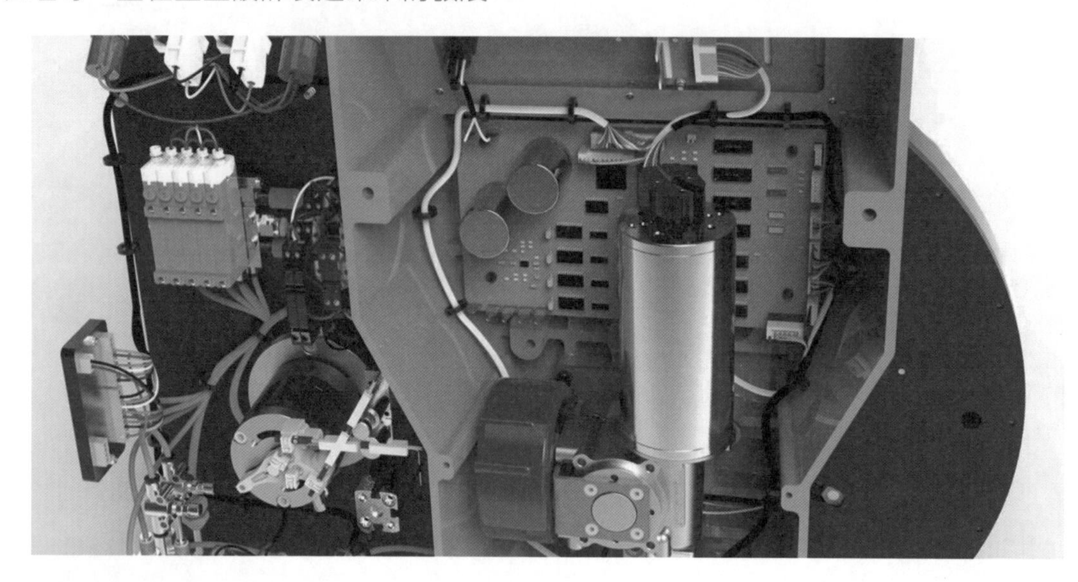

機械設計

下一代設計就在這裡

先進的技術為 Solid Edge 帶來了「創成式設計」、「增材製造」和「逆向工程」。西門子獨有的「融合建模」技術，與傳統的 Solid Edge 設計工具配合使用，可將現有產品無縫整合到您的開發過程中。

「融合建模」技術允許工程師將網格模型納入其設計工作流程，配合建立真實設計，而不僅是只能查看的外型。除了 3D 列印之外，「創成式設計」也支持銑削、鑄造等製造，優化了重量和強度要求，使產品開發保持在預算範圍內。

成本設計

長時間以來，Solid Edge在鈑金設計別具優勢，新加入的「成本設計」允許設計師即時更新金屬板的成本計算項目。在材料選擇、成形(例如雷射或線切)、沖壓、彎曲..等方面，使用零件分析的組合，以得出零件細項可能的花費。基於工程師提供的數據計算，不僅僅是依賴軟體提供的最佳值而已。用戶可以在進行設計和材料選擇時，即時獲取不同決策的可能性，以及如何影響成本的立即反饋。

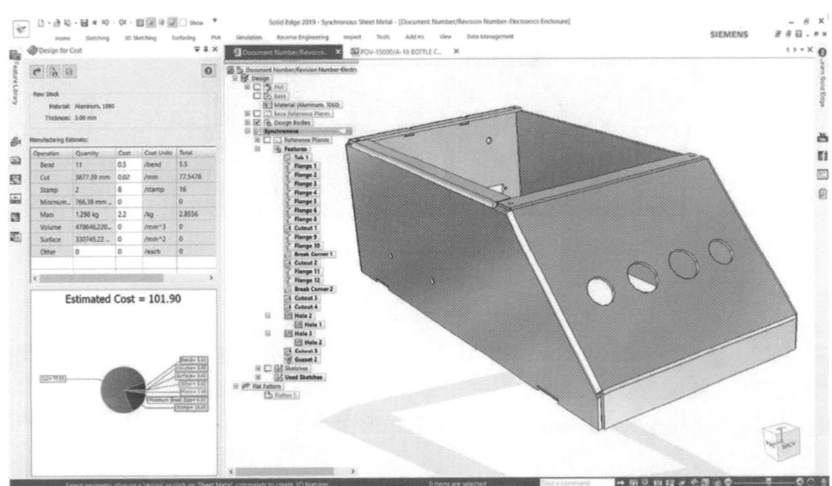

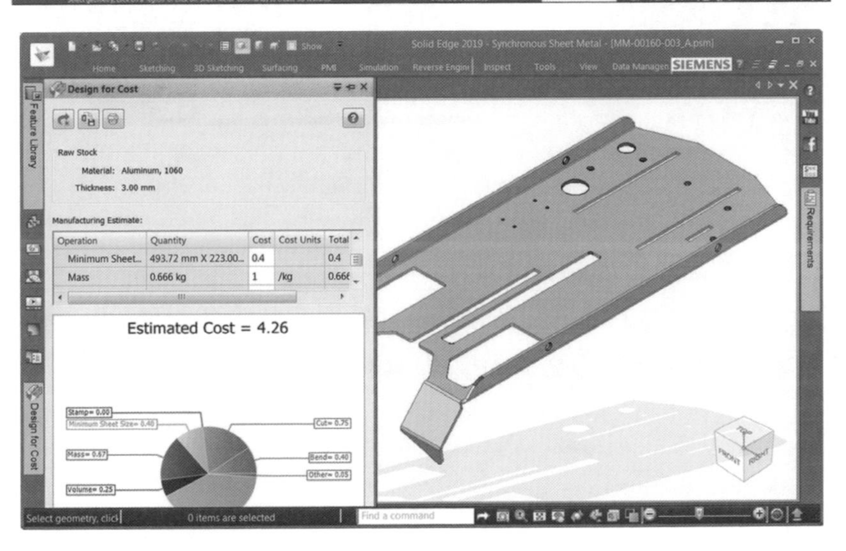

電氣設計

最好的電氣設計工具

基於Mentor Graphics

「Solid Edge 佈線設計」提供佈線和驗證工具，用於快速建立和驗證電氣系統。「Solid Edge 線束設計」允許快速，直覺的線束和模板設計，自動選擇零件、設計驗證和製造報告。「Solid Edge PCB 設計」提供原理圖獲取和 PCB 佈局，包括草圖佈線、分層 2D / 3D 規劃和佈局以及 ECAD-MCAD 協作。Solid Edge 電氣佈線可有效地建立佈線和組織電線、電纜與設計關聯。

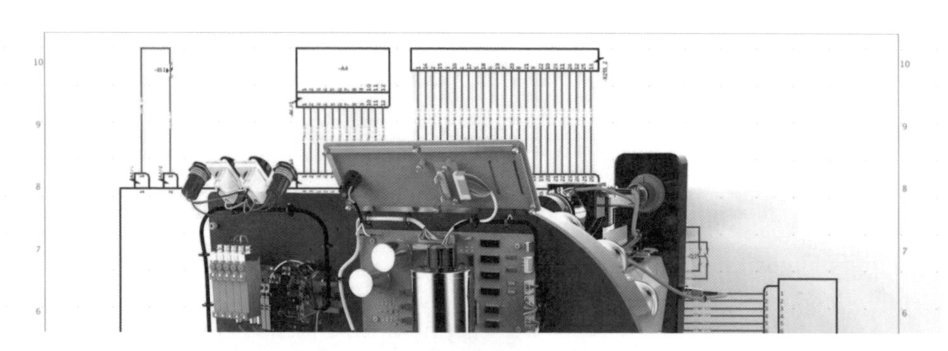

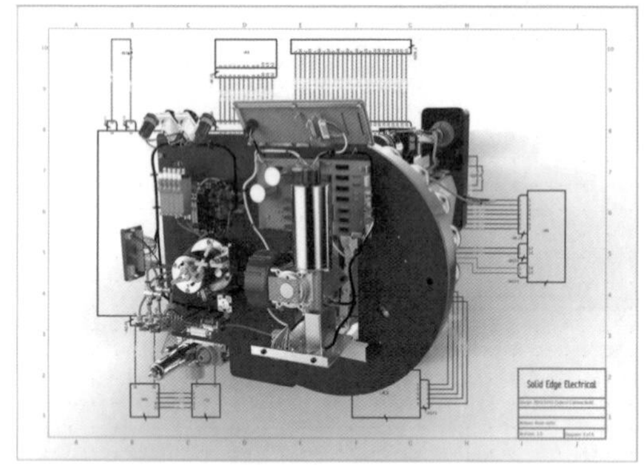

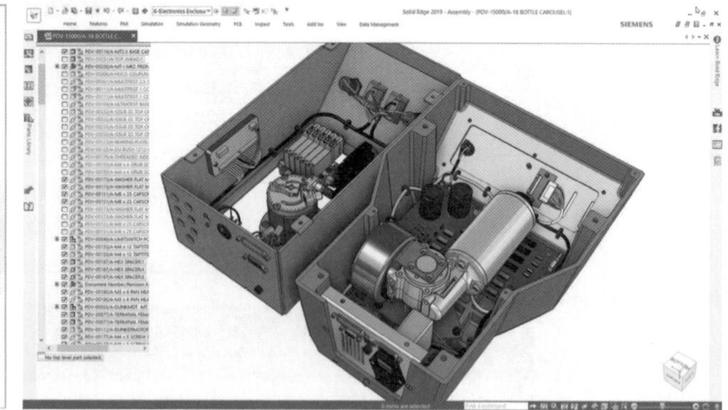

模擬

複雜的設計驗證變得更加容易

Solid Edge 提供增強的結構和熱模擬，包括瞬態熱傳遞。基於時間的歷史分析可以模擬熱量和冷卻性能。自由表面流動模擬，照明和輻射功能。

可擴展的驗證分析

在設計初期開始模擬，在最簡單的時候進行更改，縮短製造時間，降低製造成本。精確模擬可減少打樣原型的數量進一步減少時間和成本的浪費。Solid Edge 分析功能包括：單個零件分析，裝配分析，完整系統的定義和分析以及計算流體動力學（CFD）。

Solid Edge Simulation

內建有限元分析（FEA），允許工程師在 Solid Edge 環境中以數位化方式驗證零件和裝配設計。基於成熟的Femap有限元建模和NX Nastran求解器技術，Solid Edge Simulation 顯著降低了對打樣原型的需求，從而降低了材料和測試成本，並節省設計時間。

Solid Edge Flow Simulation

FloEFD for Solid Edge 是唯一一款完全嵌入 Solid Edge 的前載計算流體動力學（CFD）分析工具。在設計過程中儘早進行 CFD 驗證有助於設計工程師檢查趨勢並消除不太理想的設計選項。

Femap

高性能 FEA 建模，Femap 公認為行業領先獨立於 CAD 的前後處理器，用於專業級工程有限元分析。

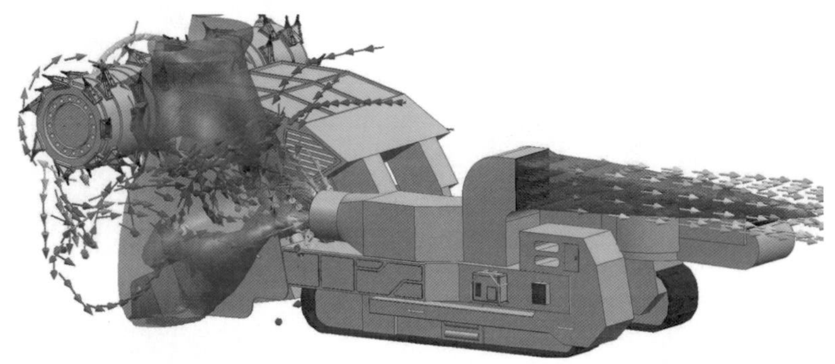

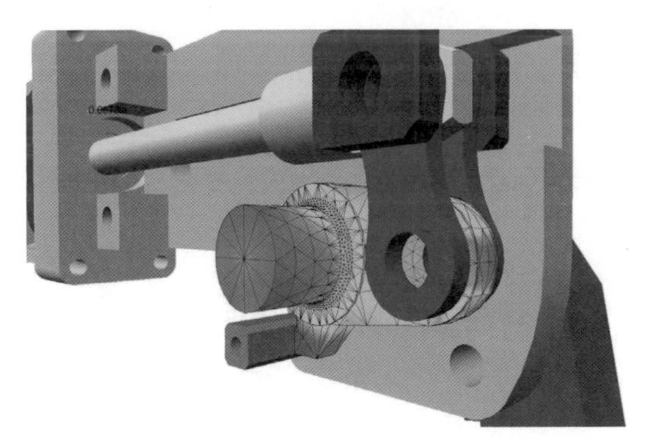

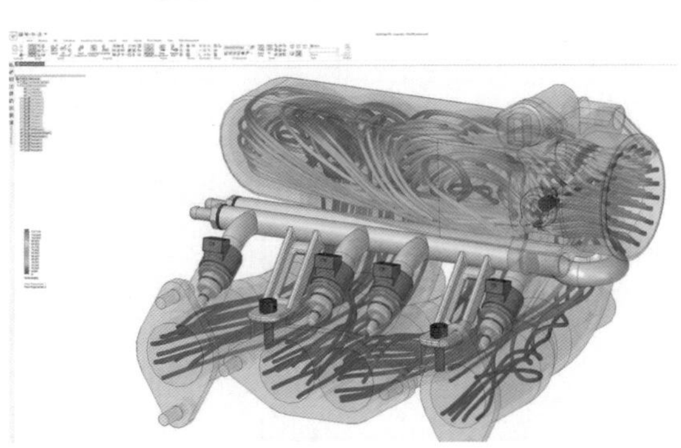

製造

以全彩色的方式將您的想法變為現實

「Solid Edge CAM Pro」即為 Siemens NX CAM，一個全面，高度靈活的系統，使用最新的製造技術，準確高效地打造世界一流的產品，使用最新的加工技術有效地編程 CNC 機床，從簡單的 NC 編程到高速和多軸加工。零件和裝配體的關聯刀具路徑可加速設計更改和更新。除了傳統的製造工藝外，Solid Edge 還支持自動列印準備和彩色列印，可直接為您的列印機或 3D 列印服務添加製造，從而使您的想法成為現實。

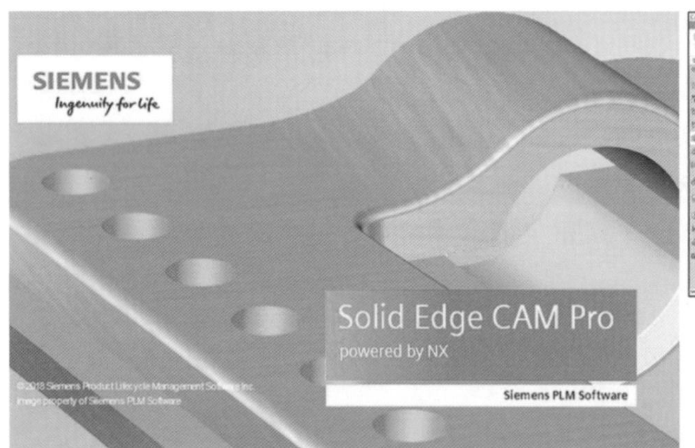

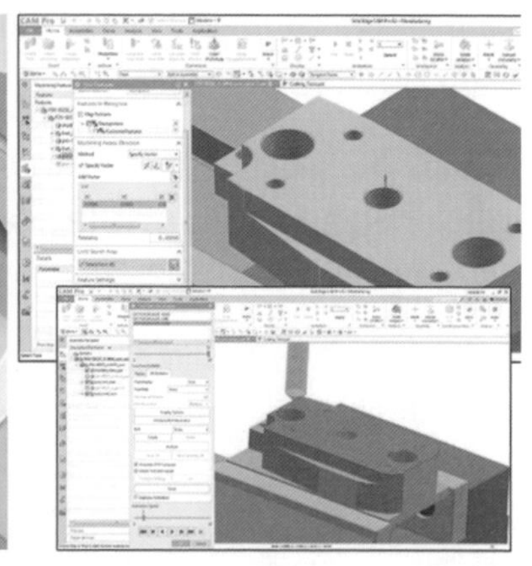

模組化工廠設計

- Solid Edge P&ID 設計-支持 P&ID 建立的 2D 流程圖與符號，支持工廠設計的嚴格管理要求。
- Solid Edge 管道設計-自動 3D 管道設計，具有全面的 3D 零件庫和用於工廠設計的全自動等角圖輸出。

用於模組化工廠設計的 Solid Edge P&ID 和管道解決方案包括對 P&ID 建立，鏈接 3D 管道和 Isogen® 輸出的支持，確保產品在第一次和每次都正確設計。Solid Edge P&ID Design 為 P&ID 提供 2D 流程圖和符號支持，支持 ANSI / ISA、DIN 和 EN ISO 標準，以滿足嚴格的管理要求。

「Solid Edge 管道設計」提供自動 3D 管道設計，具有全面的 3D 零件庫和用於工廠設計的全自動等角圖輸出。解決方案包括：使用整合 ISOGEN® 功能的 PCF 格式的全自動等角測圖輸出。不同組件中相同長度的管和軟管-即使它們以不同方式彎曲-保持相同的 BOM 編號，降低製造和下游訂購的錯誤。Solid Edge 管道設計也支持通過零件進行佈線，允許更快的包材（包覆）設計，以及具有固定長度選項的柔性管和軟管設計。

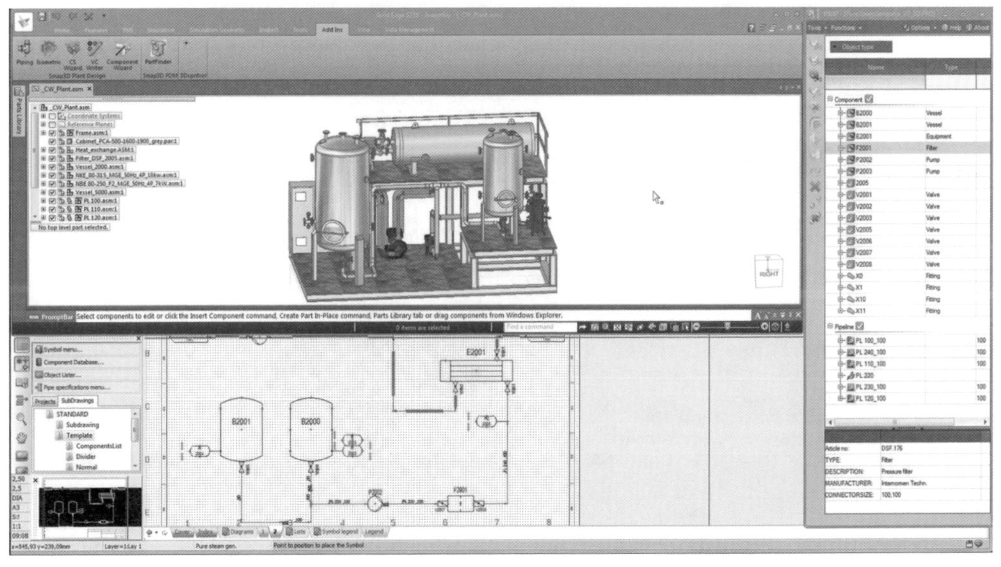

技術出版物

溝通清晰

快速建立和發布產品設計的詳細插圖，可用於製造、安裝和維護工作說明，並提供交互式數位化文件。當產品設計（3D）發生變化時，關聯更新可使文件保持同步。

輕鬆製作高解析插圖和交互式技術文件

清晰傳達設計的正確製造、安裝和維護步驟，對於產品性能和業務成功至關重要。使用 Solid Edge 技術出版物解決方案，您的設計人員可以快速製作多種類型的技術文檔-從最終用戶手冊的簡單插圖到製造和服務的交互式 3D 技術文檔。透過 Solid Edge 技術出版物製作高品質的文件，可以減少對專業技術作者或外包服務的需求。

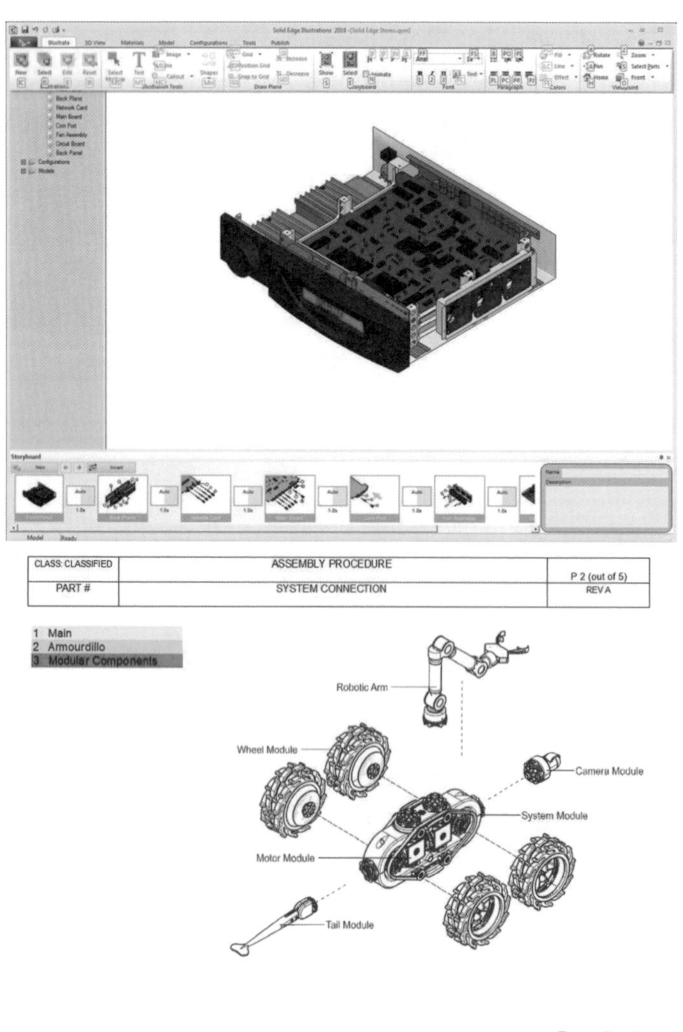

數據管理

有效管理數據，包括您的要求

可擴展的 CAD 數據管理解決方案，滿足所有製造商的需求，從初創公司到具有分佈式管理的大型製造商。新的 Solid Edge 需求管理-通過完整的可追溯性管理產品設計要求並滿足合規標準，易於設置與管理。

Solid Edge 數據管理

Solid Edge 具有許多數據管理功能，是核心 3D CAD 軟件不可或缺的一部分。其中包括整合到 Windows 資源管理器中，使用戶能夠查看零件和裝配體的縮圖，以及右鍵單擊操作，以在諸如版本管理器和視圖和標記的實用程序中打開 Solid Edge 文件。

Solid Edge 與 Teamcenter 整合

通過 Teamcenter®Integrationfor Solid Edge，您可以獲取、管理和共享 Solid Edge 數據，將 3D 模型和 2D 工程圖添加到單個產品數據源中，以供設計和製造團隊查找。Teamcenter 提供全方位的產品生命週期管理（PLM）功能，以進一步優化設計到製造過程。

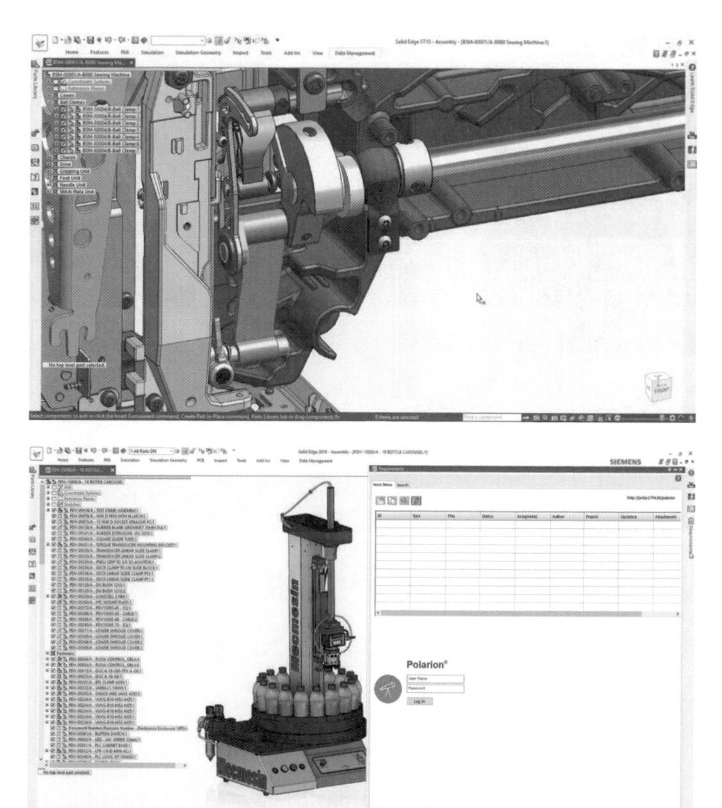

Solid Edge Portal

基於雲端的免費協作

Solid Edge Portal 提供免費線上 CAD 管理、查看和協作。透過基於瀏覽器的訪問查看和標記 CAD 文件，您可以在任何設備上即時工作。體驗專案文件和 CAD 文件的安全，管理共享。

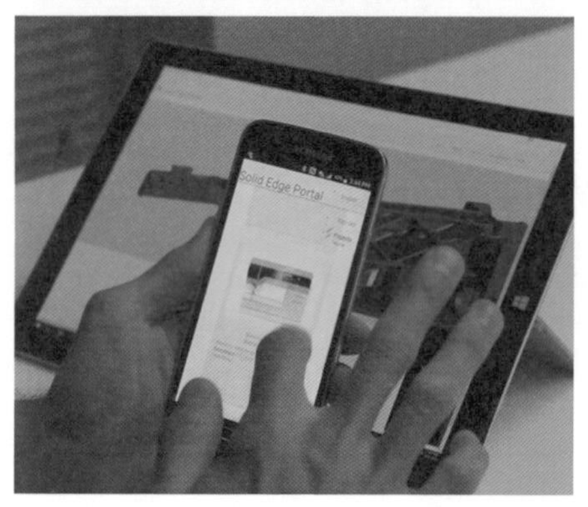

2 CHAPTER

使用者介面

章節介紹

藉由此課程，你將會學到：

2-1 啟動 Solid Edge

2-2 建立文件範本

2-3 使用者介面

2-4 游標概述

2-5 Solid Edge 中的指令提示

2-6 幫助用戶學習的輔助工具

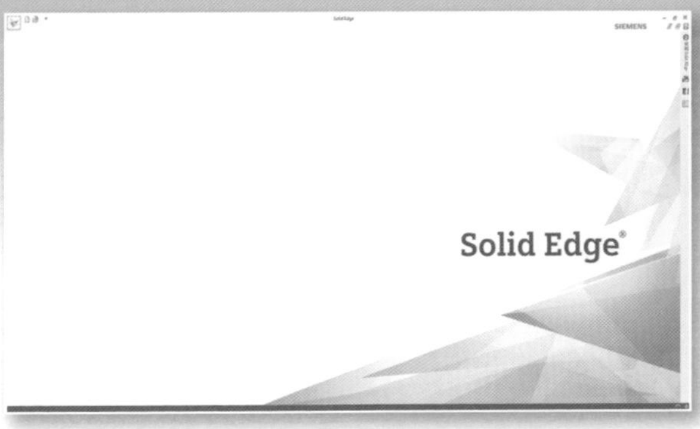

2-1 啟動 Solid Edge

Solid Edge 程式按鈕

A 要啟動您的 Solid Edge 可由 Windows 的「開始功能表」→「所有程式」→「Solid Edge xxxx」點擊執行。（※ Solid Edge ×××× 數字為版本年份）

B 或是直接在您的桌面上找尋 Solid Edge 程式按鈕 點擊執行。

Solid Edge 啟動畫面

開啟 Solid Edge 之後您可見到如圖 2-1-1，總共 9 大項目。

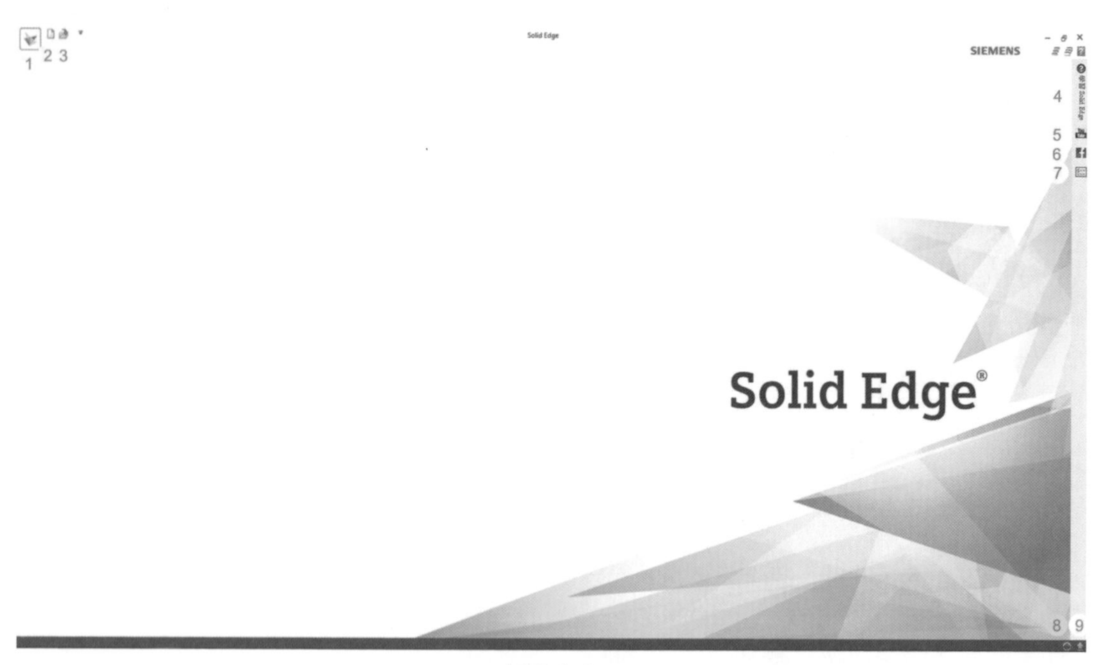

圖 2-1-1

1 應用程式按鈕

2 新建

3 開啟

4 學習 Solid Edge

5 YouTube

6 Solid Edge Facebook

7 Solid Edge 社區

8 錄製

9 上傳到 YouTube

應用程式按鈕

點擊「應用程式按鈕」後，您可見到如圖 2-1-2，分成 8 個類別。

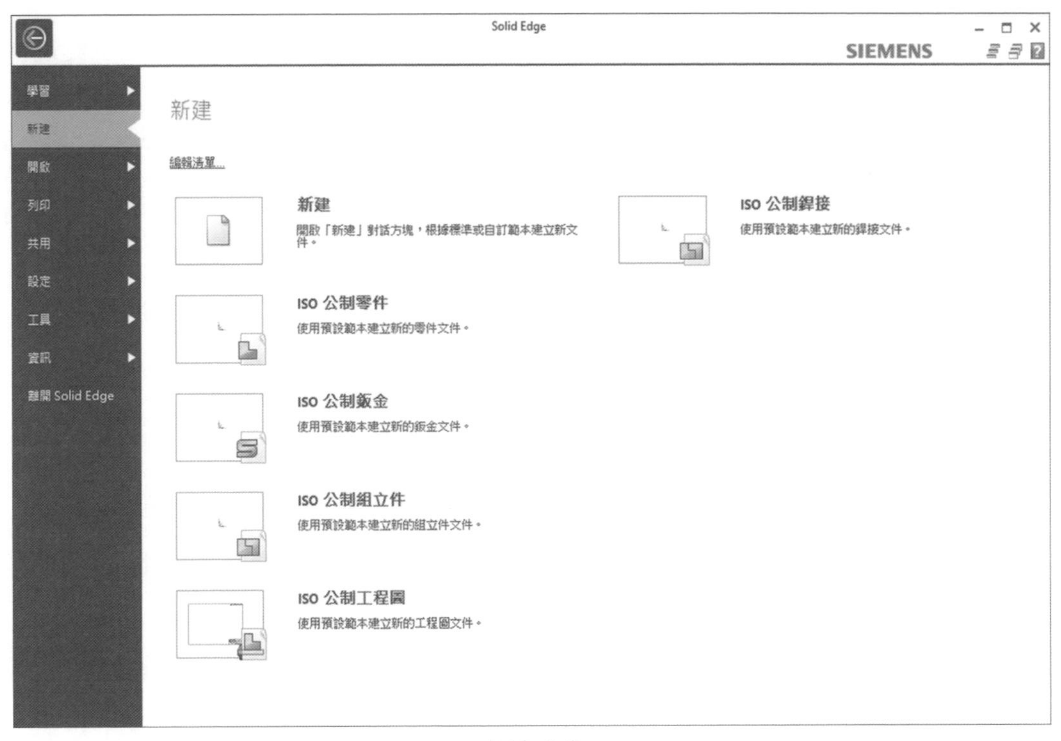

圖 2-1-2

- 「學習」：入門、新增功能、線上零件庫（需連結網際網路）、參考文件、幫助。
- 「新建」：新建、零件、鈑金、組合件、工程圖、銲接。
- 「開啟」：開啟、最近開啟的檔案、最近存取的資料夾。
- 「列印」：列印圖紙。
- 「共用」：Solid Edge Portal、傳送指令日誌。
- 「設定」：選項、增益集、自訂、主題。
- 「工具」：比較視圖、轉換。
- 「資訊」：性質管理器。

2-2 建立文件範本

建立、修改和儲存新文件

- 建立新文件時，新文件會與您目前環境的檔名和副檔名相互對應。例如：使用「預設範本」建立新零件文件，此文件將獲得副檔名為「.par」。您可以對文件做任何的變更設定，接著儲存文件即可保留對文件所做的變更。
- 儲存文件時，可以使用「另存新檔」的方式定義範本名稱和資料夾位置。

使用範本作為開始

- 「範本」是一個文件，提供用於生成新文件的 – 文字、格式、幾何結構、尺寸、測量單位和樣式的預設設定。
- 您可以自訂範本的「性質」，包括某些性質的預設值和管理文件所需的其他自訂性質。例如：建立符合公司標準的圖紙，可自訂「工程圖」文件範本，包含公司的標註尺寸和註釋標準...等項目。

  安裝 Solid Edge 之後，內建有預設範本可以使用，您也可以自定義範本。

  預設範本包含：零件、鈑金、組立件、銲接、工程圖等項目。

  Solid Edge 還提供了支援其他標準（如：DIN、JIS、ESKD 和 GB）的範本。

編輯清單...

新建
開啟「新建」對話方塊，根據標準或自訂範本建立新文件。

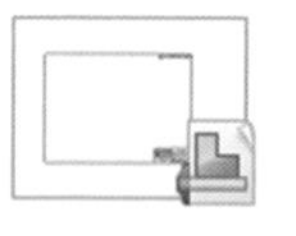

ISO 公制工程圖
使用預設範本建立新的工程圖文件。

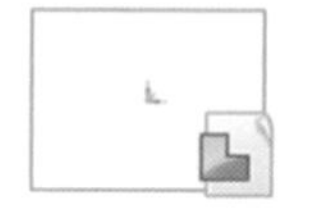

ISO 公制零件
使用預設範本建立新的零件文件。

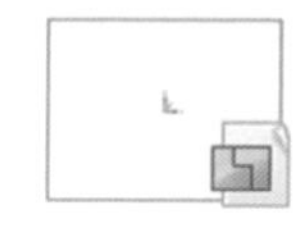

ISO 公制銲接
使用預設範本建立新的銲接文件。

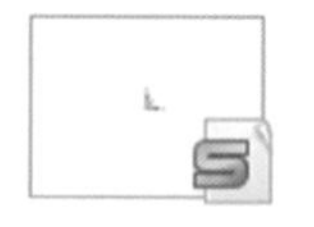

ISO 公制鈑金
使用預設範本建立新的鈑金文件。

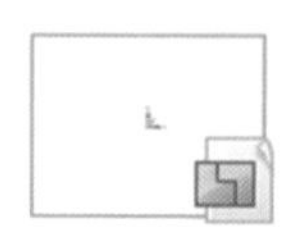

ISO 公制組立件
使用預設範本建立新的組立件文件。

圖 2-2-1

1. 點擊圖 2-2-1，其中的預設範本開始建立新的檔案；您也可以將預設範本開啟之後，自定義需要的內容再儲存成範本。

備註：範本檔的路徑位置 C:\Program Files\Siemens\Solid Edge xxxx\Template
（版本編號隨年份改變）

2. 點擊「編輯清單」如圖 2-2-2，會跳出「範本清單建立」選項，如圖 2-2-3。在「範本清單建立」中，可瀏覽您的自定義範本來放置到目前的範本清單中，方便之後新建檔案時可直接選用。

新建

新建

開啟「新建」對話方塊，根據標準或自訂範本建立新文件。

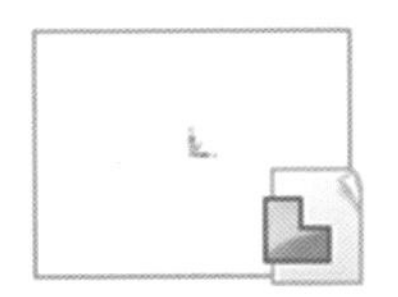

ISO 公制零件

使用預設範本建立新的零件文件。

圖 2-2-2

範本清單建立

標準範本: ANSI Inch, ANSI Metric, DIN Metric, ESKD Metric, GB Metric, ISO Metric, JIS Metric, Metric, Nailboard, Quicksheet, Reports, Symbol, UNI Metric

範本:

範本	顯示的名稱	敘述
Iso Metric Part.par	ISO 公制零件	使用預設範本建立新的零件...
Iso Metric Sheet Metal.p...	ISO 公制鈑金	使用預設範本建立新的鈑金...
Iso Metric Assembly.asm	ISO 公制組立件	使用預設範本建立新的組立...
Iso Metric Draft.dft	ISO 公制工程圖	使用預設範本建立新的工程...
Iso Metric Weldment.asm	ISO 公制銲接	使用預設範本建立新的銲接...

上移(U) 下移(D) 移除(R)

新增範本: 瀏覽(B)...

顯示的名稱(N): 新增(A)

敘述(E): 套用(P)

☐ 儲存變更，但是不將選定的清單套用於啟動畫面(S)。 確定 取消 說明

圖 2-2-3

3. 由「應用程式按鈕」→「新建」→「新建」，點擊後可看到更多的範本內容，這些範本的路徑位於 C:\Program Files\Siemens\Solid Edge xxxx\Template 中，您也可以將自定義的範本放置在此路徑中。

   請參考如圖 2-2-4、圖 2-2-5。

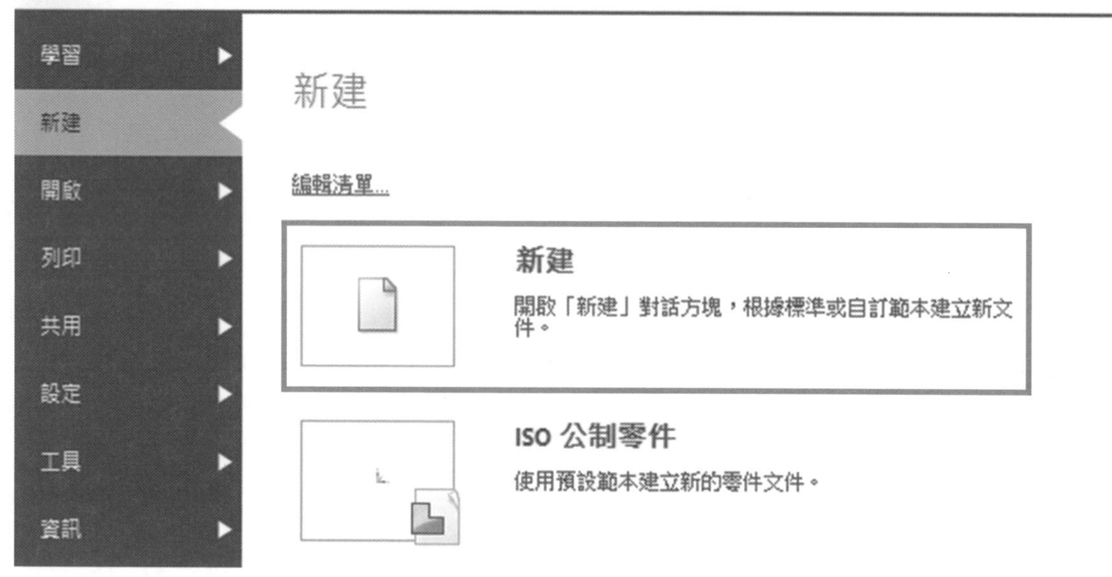

圖 2-2-4

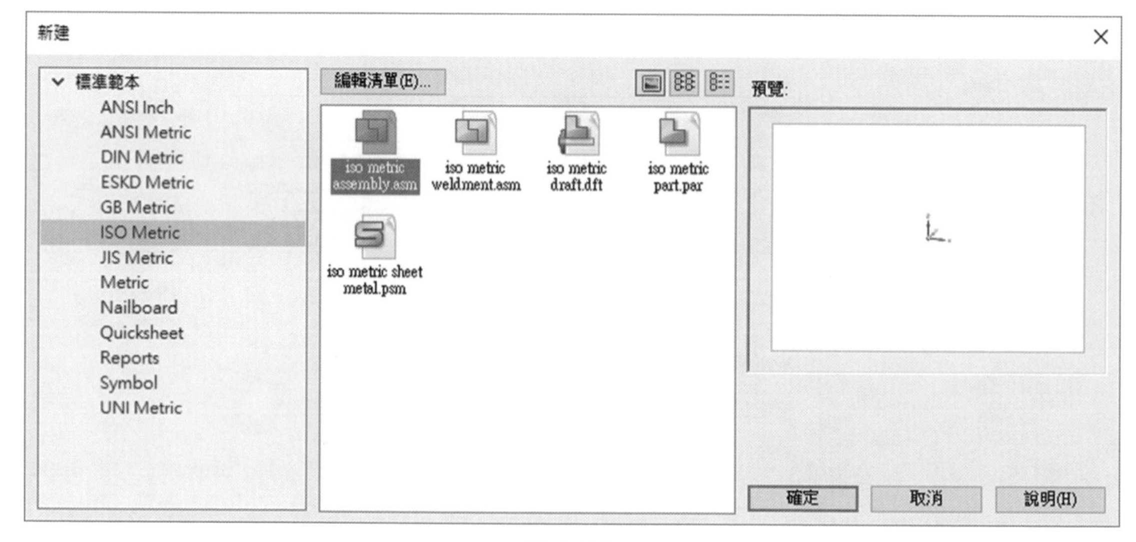

圖 2-2-5

2-3 使用者介面

Solid Edge 應用程式視窗由以下幾個區域組成，如圖 2-3-1。

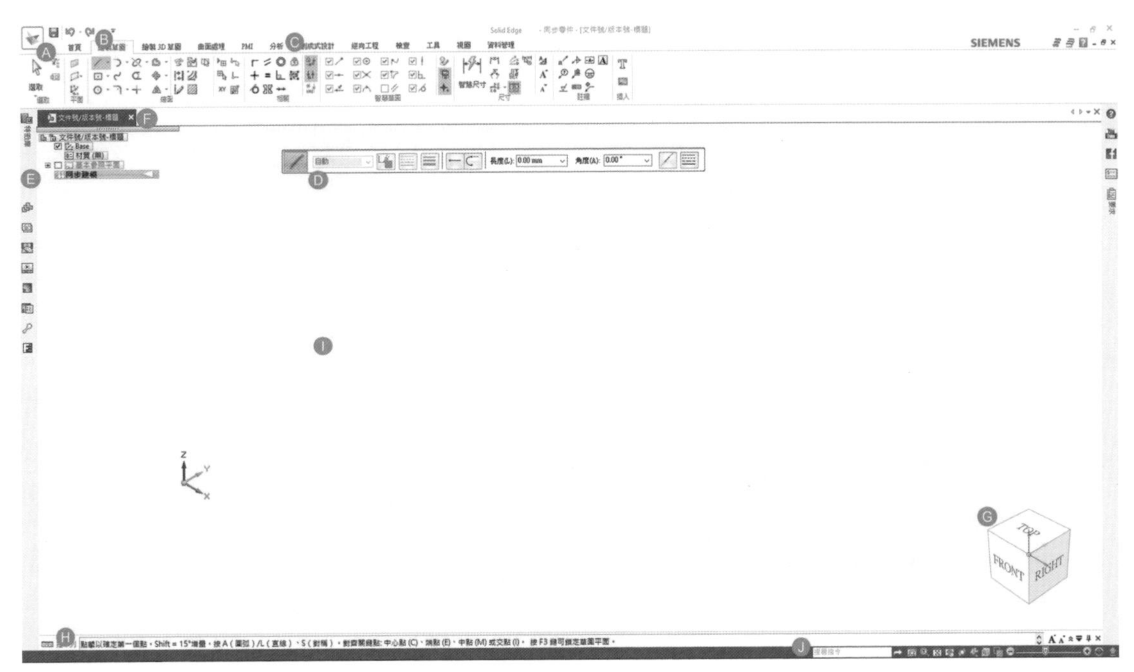

圖 2-3-1

A 「應用程式」按鈕

顯示「應用程式」功能表，利用該功能表，可快速存取所有文件級別的功能，如：新建、開啟、儲存和管理文件。

B 快速存取工具列

顯示經常使用的指令。點擊右側的「自訂」如圖 2-3-2，顯示附加資源：

- 新增或移除快速存取指令。
- 使用「自訂」對話方塊，完成自訂快速存取工具列。
- 控制指令條的放置，如圖 2-3-3。

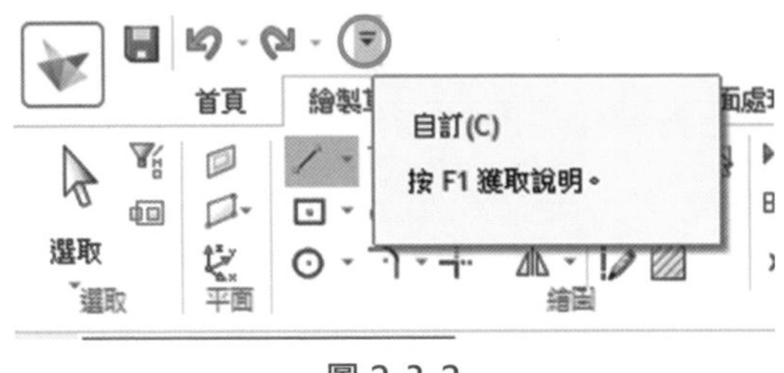

圖 2-3-2

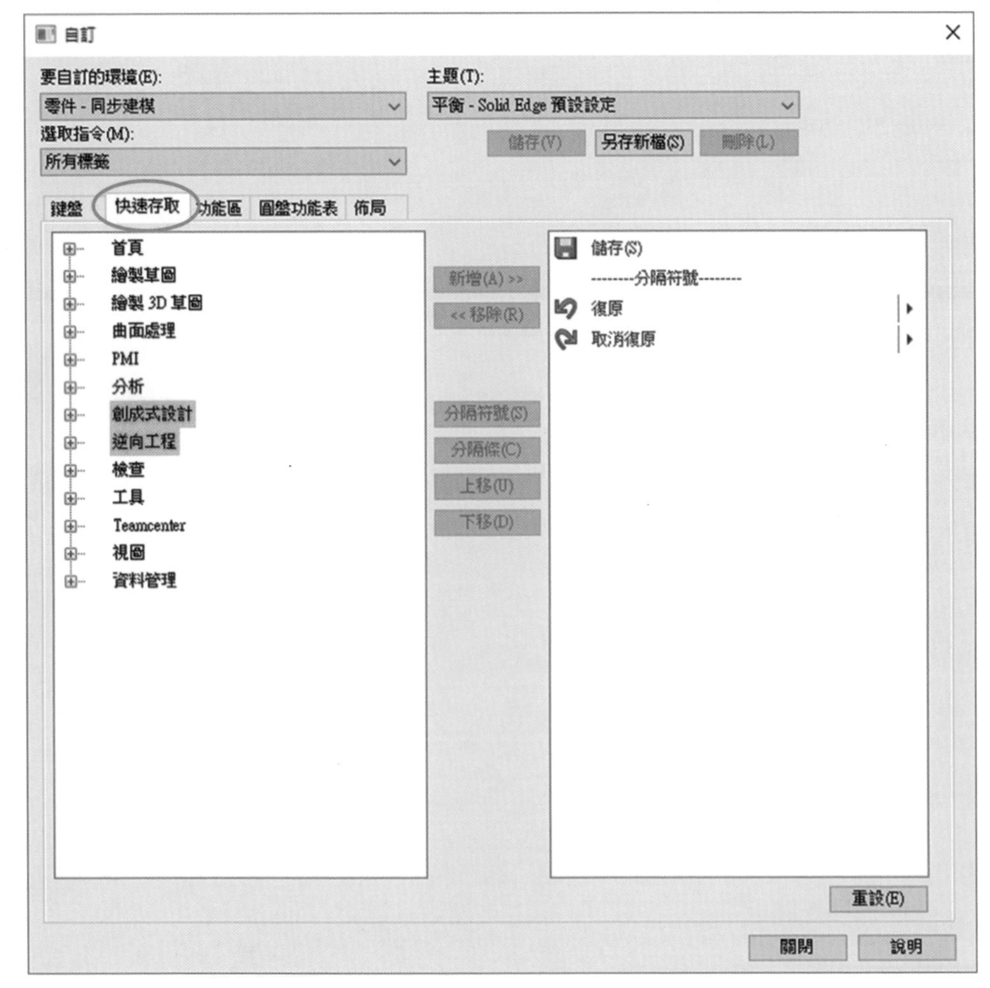

圖 2-3-3

C 功能區、功能標籤與群組

- 其中包含在標籤中形成群組的指令。
- 標籤會依循不同「環境」呈現符合的功能項目。
- 有些指令按鈕包含拆分按鈕、邊角按鈕、核取方塊以及其他顯示子功能表和控制板的控制項。

D 指令條

浮動視窗，可顯示「選取工具」或任何正在執行的指令的選項，以及資料輸入欄位...等，如圖 2-3-4、圖 2-3-5。

圖 2-3-4

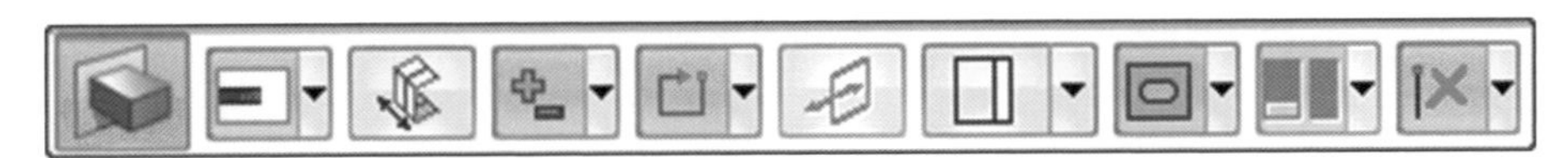

圖 2-3-5

E 含標籤集的浮動視窗

這些標籤集是根據您正在處理的文件類型（例如：零件、鈑金、組合件、熔接、工程圖不同，而顯示不同的標籤。）

- 在零件文件中，此處顯示的預設浮動視窗為「導航者」、「特徵庫」、「零件家族」、「圖層」和「感應器」...等。
- 在工程圖文件中，此處顯示的預設浮動視窗為「庫」、「圖層」、「群組」和「查詢」...等。

F 分頁

可以使用分頁方式來切換視窗。

G 快速檢視立方體

可以使用立方體快速變化視角，如圖 2-3-6。

H 提示條

可滾動、可移動的浮動視窗，它顯示與您所選指令相關的提示和訊息。

I 圖形視窗

顯示與 3D 模型文件或 2D 圖紙關聯的圖形，也就是您的工作區域。

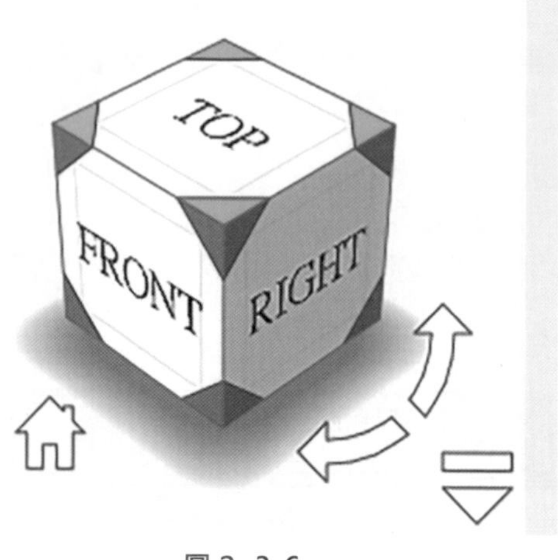

圖 2 -3-6

J 狀態

顯示與應用程式本身相關的訊息。

可用於快速存取視圖控制指令：縮放、適合、平移、旋轉、視圖樣式和已儲存的視圖。

語系變更

Solid Edge 中，安裝時的作業系統中的格式設定將決定介面為何種語系，也可從軟體中設定成「英文」介面。

「應用程式按鈕」→「設定」→「選項」→「Solid Edge 選項」對話方塊的「助手」標籤中的「在使用者介面中使用英文」選項打勾後（圖 2-3-7）並重新啟動 Solid Edge，介面將轉換為英文介面（圖 2-3-8）。

Solid Edge 選項

儲存
檔案位置
使用者概要
管理
助手
組立件關聯
需求

☑在文件視圖中顯示導航者(F)
導航者外觀: 漸變背景
重設提示(R)
☑顯示感應器指示符(I)
方向盤、快速定向和檢視立方體大小:
超大
指令按鈕
☑顯示基本工具提示(W)
☑顯示增強型工具提示
☑顯示視訊短片
☐將指令功能區上的按鈕增大 2 倍(X)
Solid Edge 使用者介面元素大小現在由作業系統上的縮放設定控制。
☐上次使用的指令（下拉清單中）留在頂部
指令使用者介面
◉使用水平工具列形式(B)
○使用垂直停靠視窗形式(K)
圓盤功能表
☑使用動作(U)
顯示圓盤功能表晚於: 400 (毫秒)
動作的拖放距離: 較短 較長
圓盤功能表設定已針對動作進行了優化。不使用動作時，您可能希望減小「顯示圓盤功能表晚於」值。
進階設計意圖面板
◉在文件視圖中顯示面板(L)
○顯示為浮動面板(G)
☐將面板設為垂直(P)
文件名公式
[文件號]/[版本號]-[標題]
變更
說明系統
☑從伺服器存取說明（需要設定說明伺服器）
說明位置: http://localhost:8282/tdoc/se/2019/se_help/#uid:index
語言
☐在使用者介面中使用英文

確定 取消 套用 說明

圖 2-3-7

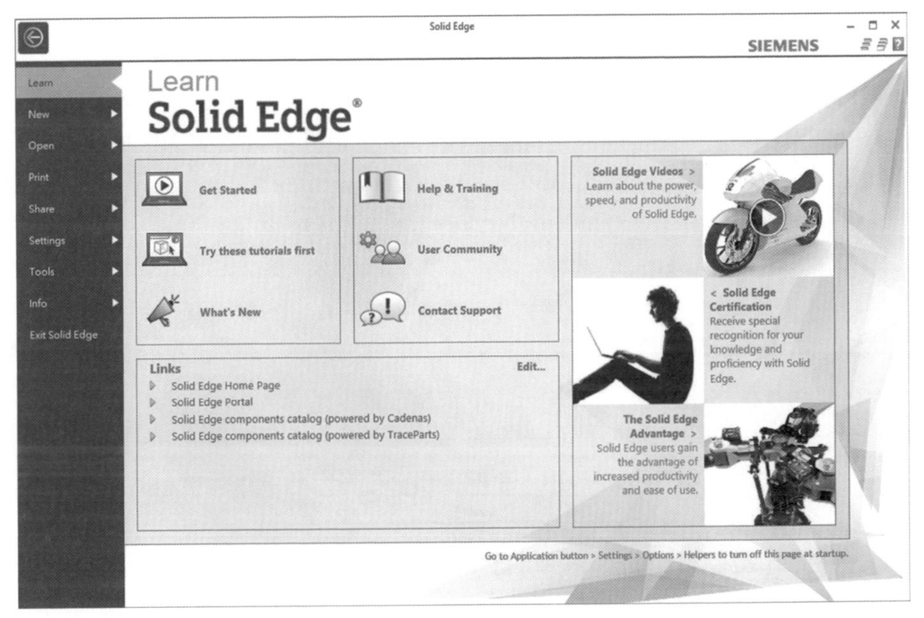

圖 2-3-8

2-4 游標概述

Solid Edge 中使用的各種游標圖形，獨特的游標圖形顯示在下列類型的工作流程中：

- 指示使用中的指令，如「選取」、「縮放區域」和「平移」指令。
- 在高亮度顯示或選取某些類型的元素時。
- 指示使用中指令中目前步驟。

下表列出了一些游標類型的樣本範例。

指令游標		
游標圖形	指令名稱	何時顯示？
	選取	開始啟動「選取」指令時
	縮放區域	開始啟動「縮放區域」指令時
	縮放	開始啟動「縮放」指令時
	平移	開始啟動「平移」指令時

作業游標		
游標圖形	游標類型	何時顯示？
	快速拾取	有多個選取可用時，如在「選取」指令中
	2D 繪製	繪製 2D 元素（如直線、圓弧和圓以及放置尺寸時）
	拔模平面	用「新增拔模」指令定義拔模平面時
	要拔模的面	用「新增拔模」指令定義要進行拔模的面時
	新增/移除	將「選取模式」選項設定為「新增/移除」時

為指示目前可用的「幾何控制器」作業，預設「選取」游標在您將游標置於「幾何控制器」上不同元素上時會更新。

幾何控制器游標		
游標圖形	游標作業	何時顯示？
	移動選定的元素	游標位於主軸、從軸或基本平面上方
	旋轉選定的元素	游標位於環面上方
	變更主軸或從軸的方向	游標位於主軸把手或從軸把手的上方

2-5 Solid Edge中的指令提示

使用「指令提示」可瞭解指令和控制項

Solid Edge 在使用者介面控制項中提供了「指令提示」，當您將游標暫停在「指令按鈕」、「指令欄」和「快速工具列」中的「選項」以及「庫」內的項目上方，並檢視狀態欄中的控制項選項時，「指令提示」將顯示指令名稱、敘述和快捷鍵，有些指令還帶有動畫說明。

在「指令提示」中，您可找到以下資訊種類的範例

1. 「指令按鈕」工具提示會簡述指令的功能，如圖 2-5-1。

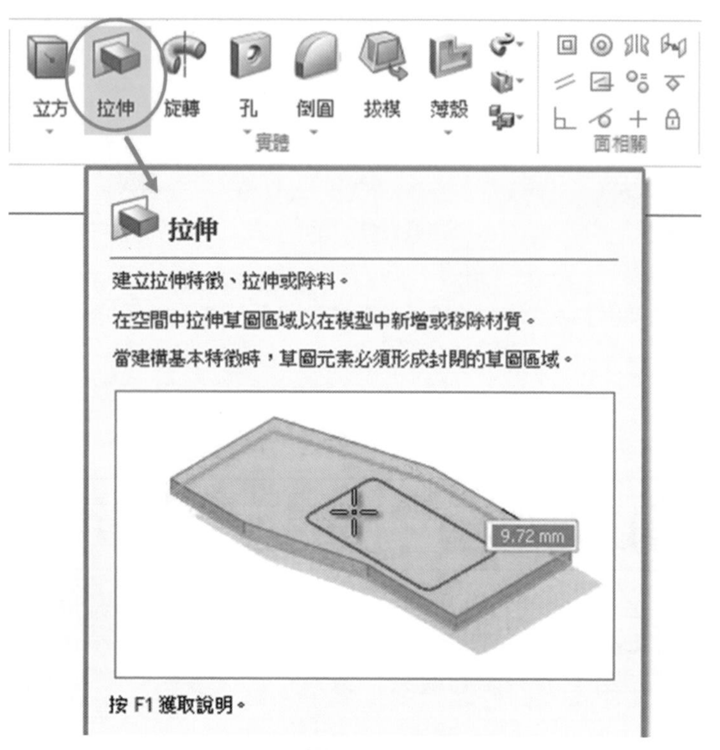

圖 2-5-1

2. 「快速存取工具列」中指令的指令提示指出可以使用的快捷鍵，如圖 2-5-2。

圖 2-5-2

3. 當您將指令提示暫停在設計助手上時，指令提示將識別該助手。例如：「快速選取」指令提示可向您顯示工具的外觀，並介紹工具的用法，如圖 2-5-3。

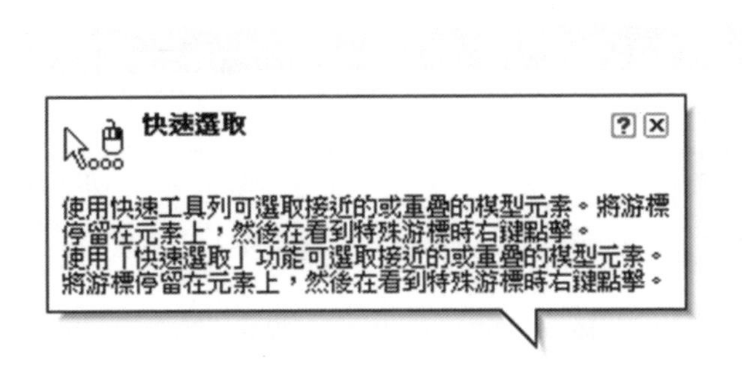

圖 2-5-3

4. 「應用程式按鈕」→「設定」→「選項」中，「Solid Edge 選項」對話方塊的「助手」標籤中的「顯示指令提示」選項，您可以關閉指令提示，如圖 2-5-4。

Solid Edge 選項
常規
視圖
顏色
儲存
檔案位置
使用者概要
零件間
管理
單位
尺寸樣式
需求
助手
製圖標準
創成式設計
分析
編輯建立選項(C)... 定義啟動螢幕和應用程式功能表上使用的範本清單/新建清單。
設定預設範本(E)... 指定啟動時建立新檔案所要使用的範本。
常規
應用程式顏色方案(A): 白色
☑顯示指令提示(D)
重設提示(R)
☑在文件視圖中顯示導航者(F)
導航者外觀: 漸變背景
☑顯示感應器指示符(I)
方向盤、快速定向和檢視立方體大小:
超大
指令按鈕
☑顯示基本工具提示(W)
☑顯示增強型工具提示
☑顯示視訊短片
☐將指令功能區上的按鈕增大 2 倍(X)
Solid Edge 使用者介面元素大小現在由作業系統上的縮放設定控制。
☐上次使用的指令（下拉清單中）留在頂部
指令使用者介面
◉使用水平工具列形式(B)
○使用垂直停靠視窗形式(K)
圓盤功能表
☑使用動作(U)
顯示圓盤功能表晚於: 400 (毫秒)
動作的拖放距離: 較短 較長
圓盤功能表設定已針對動作進行了優化。不使用動作時，您可能希望減小「顯示圓盤功能表晚於」值。
進階設計意圖面板
◉在文件視圖中顯示面板(L)
○顯示為浮動面板(G)
☐將面板設為垂直(P)
文件名公式
[文件號]-[版本號]-[標題]
變更...
說明系統
☑從伺服器存取說明（需要設定說明伺服器）
說明位置: http://localhost:8282/tdoc/se/2019/se_help/#uid:index
語言
☐在使用者介面中使用英文
確定 取消 套用 說明

圖 2-5-4

5. 使用「指令搜尋器」快速尋找指令

要快速尋找指令，請使用位於狀態欄中的「指令搜尋器」。您可以輸入指令名稱或按功能搜尋指令，如圖 2-5-5。

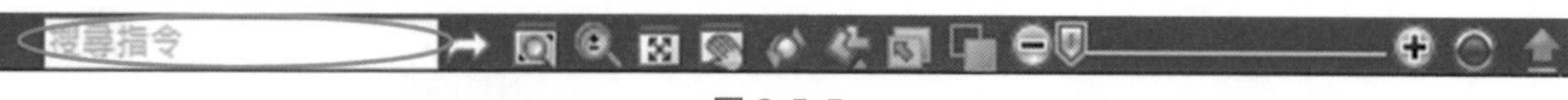

圖 2-5-5

備註：「指令搜尋器」還可幫助經驗比較豐富的用戶從其他產品轉換到 Solid Edge。如果輸入其他的 3D 軟體中使用的搜尋術語或關鍵字，則可在 Solid Edge 中找到符合的指令。

輸入指令名稱並點擊「搜尋」 時，「指令尋找器」對話方塊將顯示包含搜尋術語的結果，如圖 2-5-6。

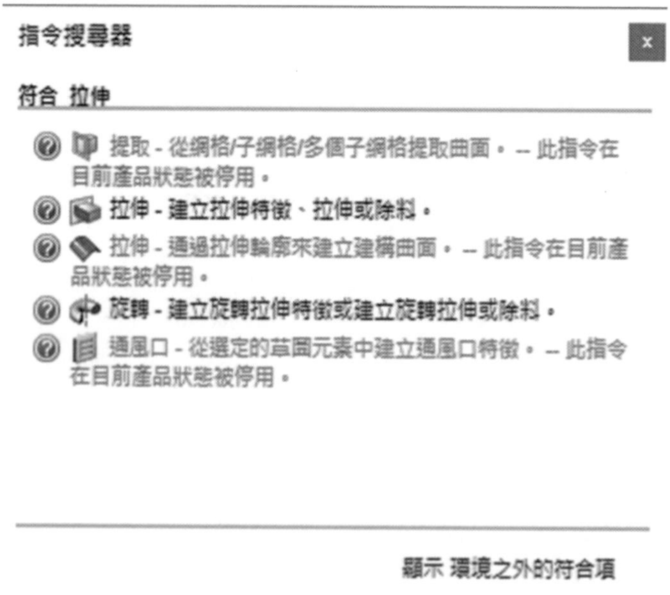

指令搜尋器

符合 拉伸

提取 - 從網格/子網格/多個子網格提取曲面。-- 此指令在目前產品狀態被停用。

拉伸 - 建立拉伸特徵、拉伸或除料。

拉伸 - 通過拉伸輪廓來建立建構曲面。-- 此指令在目前產品狀態被停用。

旋轉 - 建立旋轉拉伸特徵或建立旋轉拉伸或除料。

通風口 - 從選定的草圖元素中建立通風口特徵。-- 此指令在目前產品狀態被停用。

顯示 環境之外的符合項

圖 2-5-6

對於可用的指令，您可以使用「指令搜尋器」對話方塊中顯示的結果執行以下操作：

- 定位使用者介面中的指令。
- 閱讀相關說明主旨。
- 執行指令。

備註：點擊「指令搜尋器」對話方塊中的「說明」按鈕可閱讀相關說明主旨。透過按鍵「F1」，您還可以獲得 Solid Edge 指令的說明。

2-6 幫助用戶學習的輔助工具

Solid Edge 使用者輔助功能在您執行任務時為您提供可用的指令資訊。在設計階段作業期間，您隨時可以存取指令資訊、概念資訊、參考資訊和指導資訊。

1. **使用者介面說明功能**
   - 「指令提示」可幫助您識別使用者介面元素，包括：「指令圖示」、「選項按鈕」以及其他小工具。將游標指向使用者介面元素時，標籤將顯示該指令的名稱以及指令功能的簡短敘述。
   - 指令提示在您使用 Solid Edge 時提供上下文說明。在「選項」對話方塊的「助手」頁中，可啟用指令提示。

2. **學習工具**
   - Solid Edge 提供教學指導，只要在學習中找到「入門」、「說明和培訓」選項，就可以初步了解，找到如圖 2-6-1。

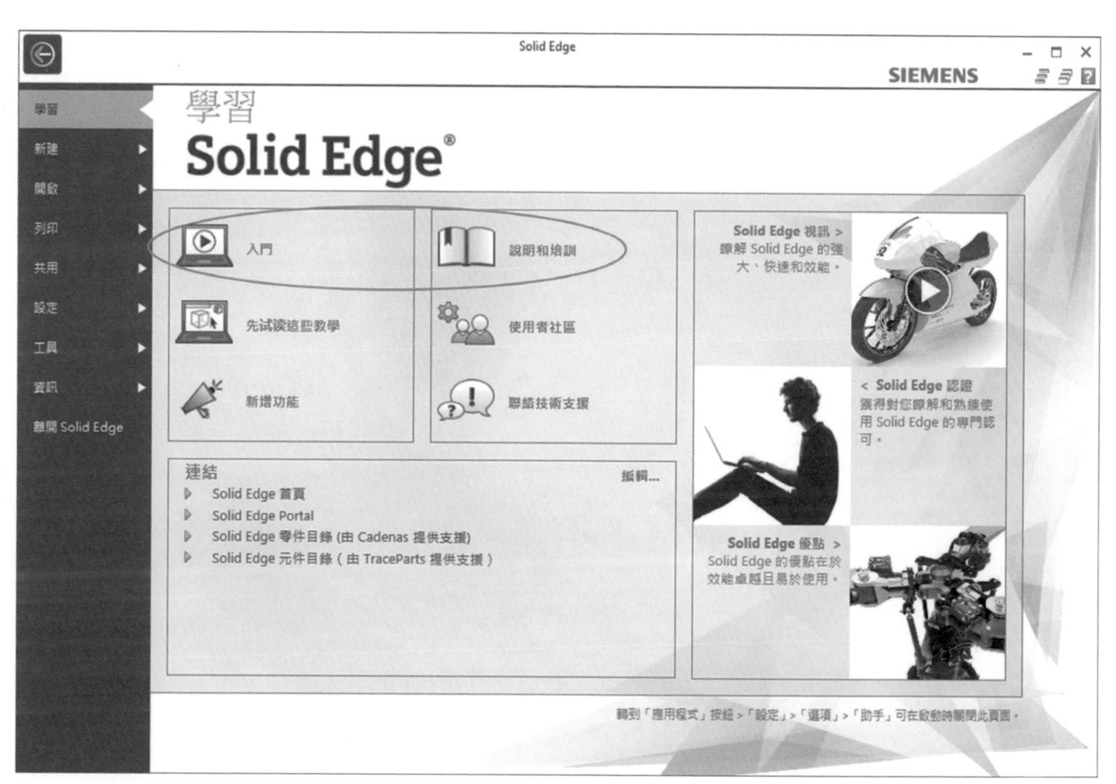

圖 2-6-1

- Solid Edge 提供培訓課程和引導教學，點擊右邊浮動視窗中的「學習 Solid Edge」視窗，可以找到這些課程和培訓，如圖 2-6-2。

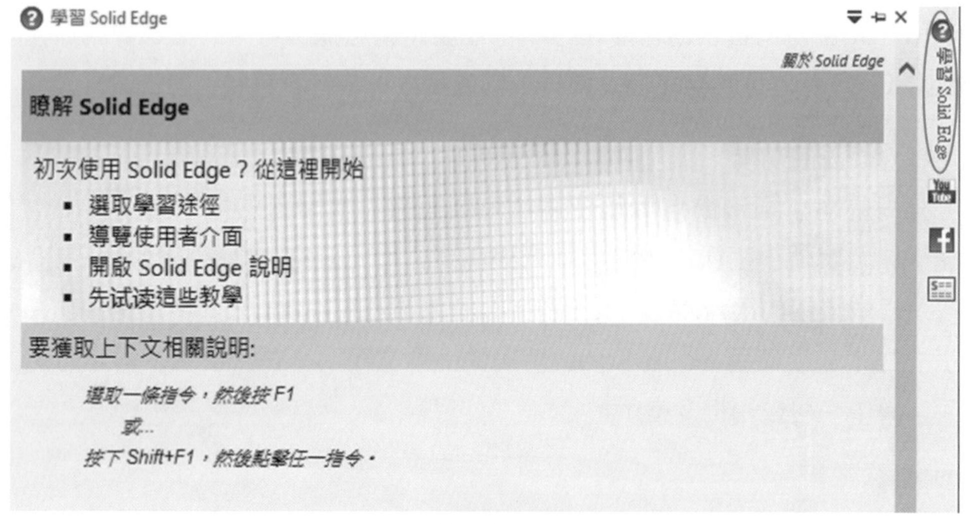

圖 2-6-2

3 CHAPTER

草圖繪製

章節介紹

藉由此課程，你將會學到：

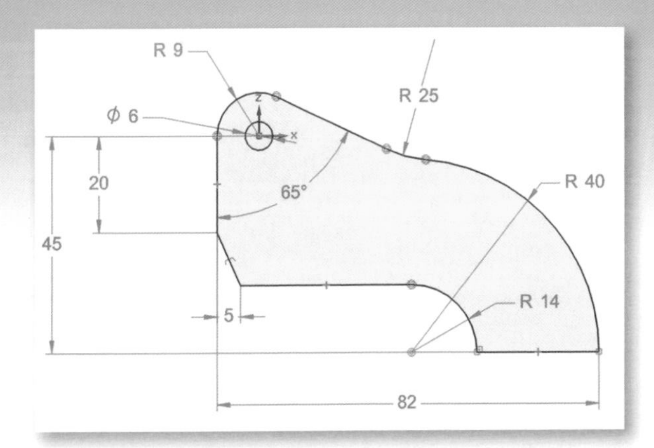

3-1 繪圖指令和工具

草圖元素的指令位於「首頁」→「繪圖」群組中，如圖 3-1-1。

- 在 Solid Edge 中可使用 2D 繪圖工具在「零件」環境建構特徵以及「組立件」環境中繪製佈局。
- 在「工程圖」環境中，可以使用 2D 繪圖工具來完成模型圖紙或在 2D 視圖中從頭開始繪製草圖、建立背景圖紙、定義剖視圖的切割面...等。

圖 3-1-1

1. 繪製 2D 元素

可在 Solid Edge 中繪製任意類型的 2D 幾何元素，如：線條、弧、圓、曲線、矩形和多邊形...等。在指令旁邊若出現小三角形記號 表示有更多群組的功能可以下拉選取，如圖 3-1-2、圖 3-1-3。

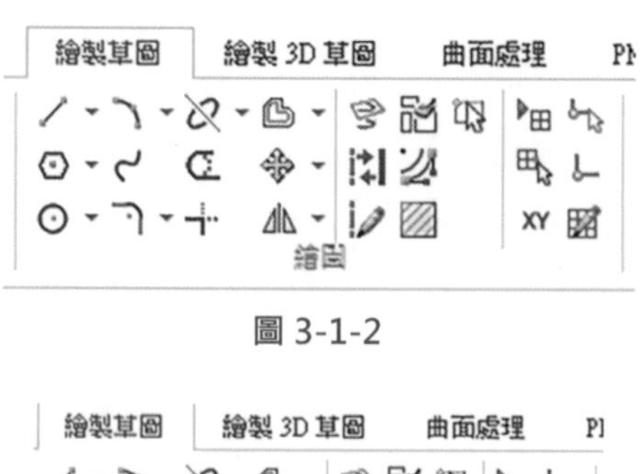

圖 3-1-2

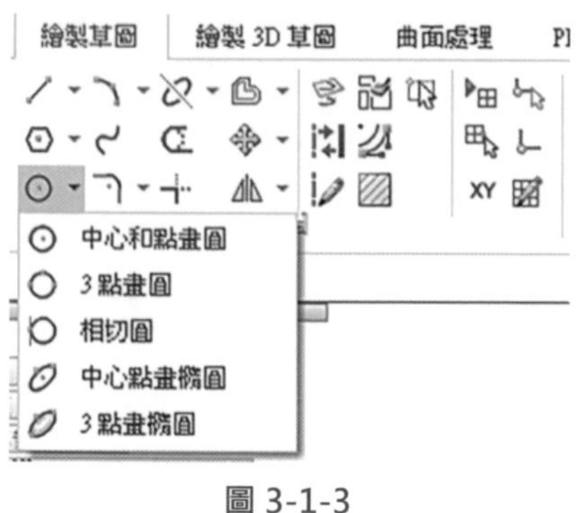

圖 3-1-3

2. 使用 2D 工具
   - 移動、旋轉、按比例縮放和鏡射元素
   - 修剪與延伸元素
   - 新增倒斜角和圓角
   - 從手繪草圖建立精度圖
   - 變更元素的色彩

3. 繪圖動態

   當您繪圖時，軟體會顯示您正在繪製元素的動態顯示，如圖 3-1-4。這個動態顯示表示，您在目前滑鼠游標位置處點擊後元素將具有的定義。

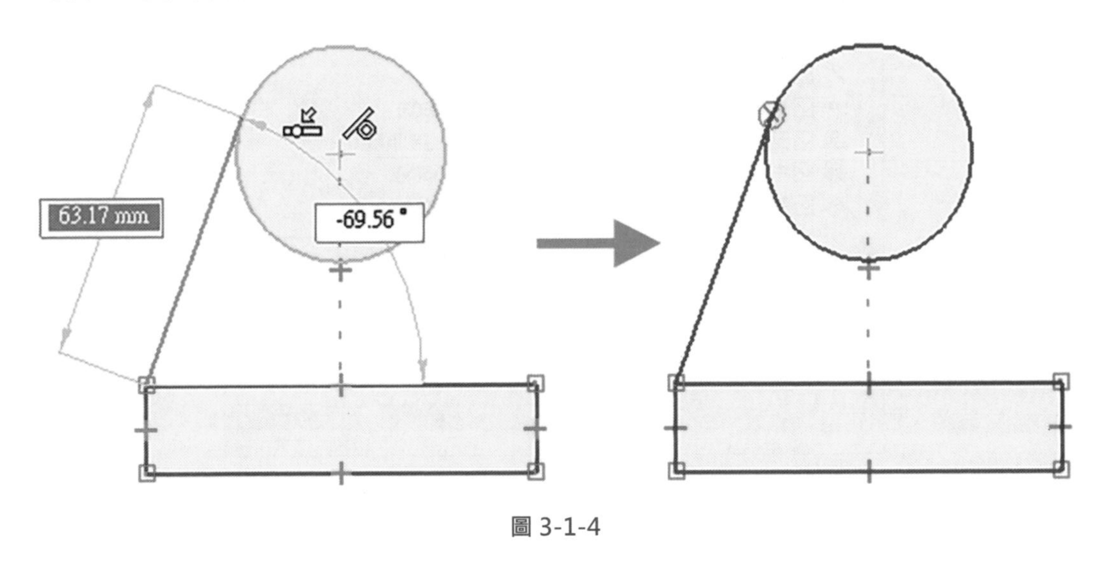

圖 3-1-4

- 點擊正在繪製元素的點之前，「指令條」框中的值會隨著滑鼠游標的移動而更新。為您提供正在繪製元素的大小、形狀、位置和其他特徵的即時回饋。套用和顯示關係。

● 繪圖時「智慧草圖」能辨識並套用控制元素的大小、形狀和位置的關係。當您進行變更時，關係可以協助圖形保留您的定義。當滑鼠游標上顯示了關係指示器時，您點擊便可套用該關係，如圖 3-1-5、圖 3-1-6。

圖 3-1-5

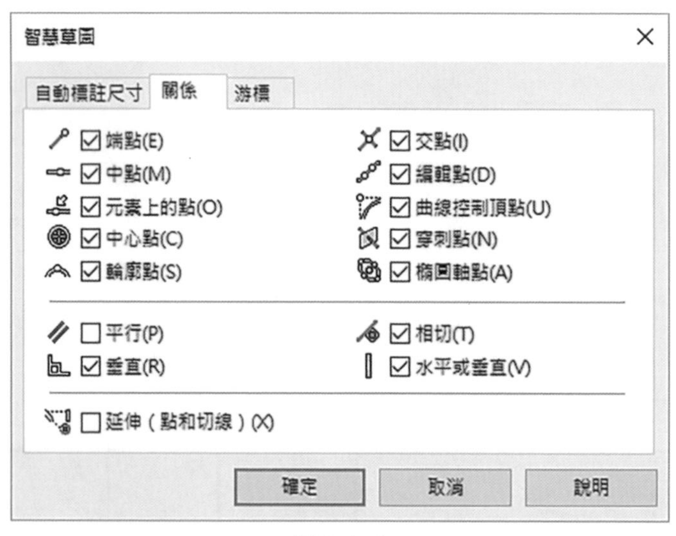

圖 3-1-6

例如：您點擊以放置直線的端點時，如果「水平關係」指示器顯示，則該直線將是完全水平的。當然，也可在繪製元素之後對它們套用關係，如圖 3-1-7。

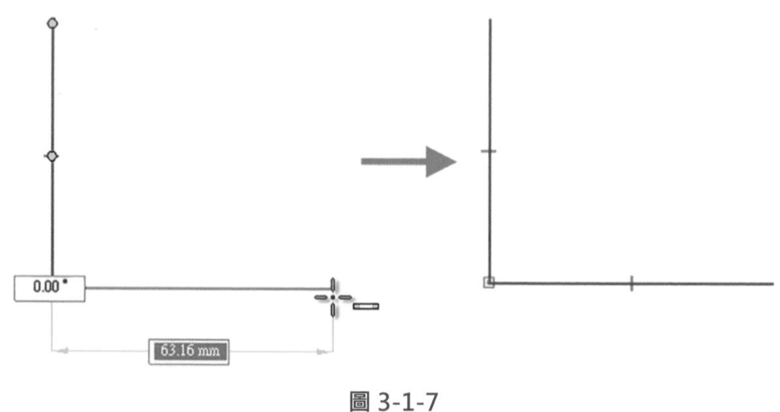

圖 3-1-7

● 相關限制條件運用方式如下面圖表，提供各位參考。

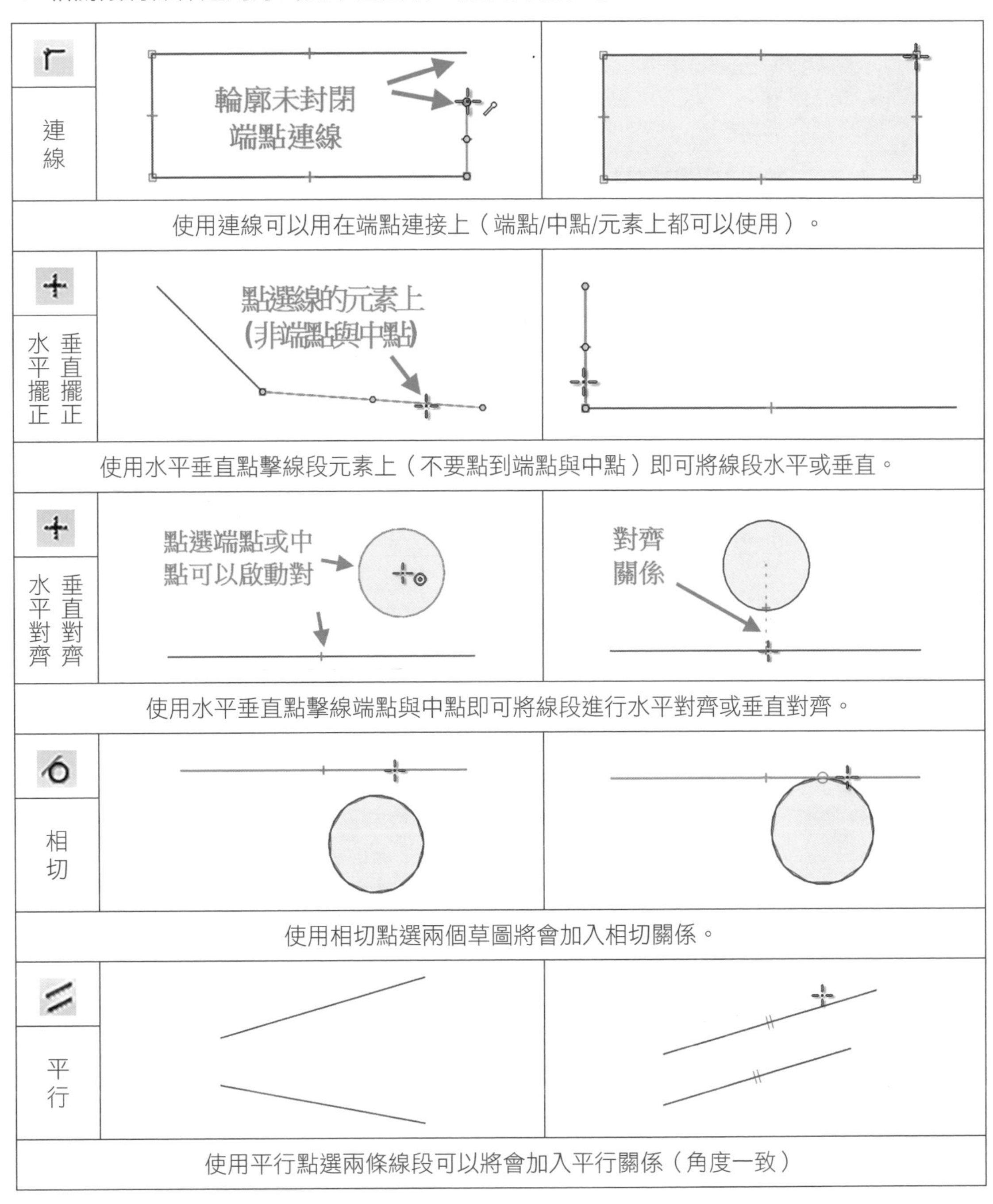

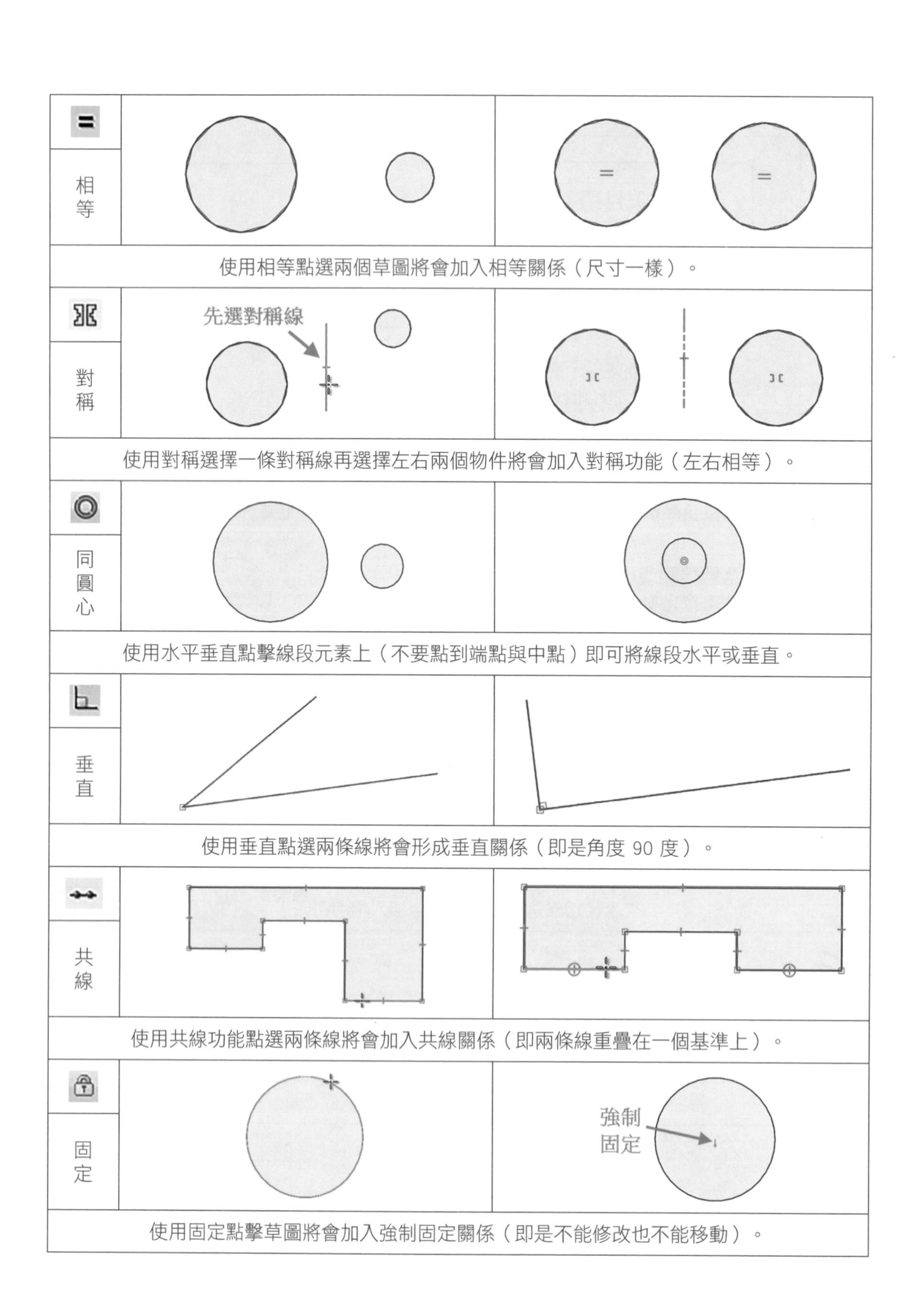

相等	使用相等點選兩個草圖將會加入相等關係（尺寸一樣）。
對稱	使用對稱選擇一條對稱線再選擇左右兩個物件將會加入對稱功能（左右相等）。
同圓心	使用水平垂直點擊線段元素上（不要點到端點與中點）即可將線段水平或垂直。
垂直	使用垂直點選兩條線將會形成垂直關係（即是角度 90 度）。
共線	使用共線功能點選兩條線將會加入共線關係（即兩條線重疊在一個基準上）。
固定	使用固定點擊草圖將會加入強制固定關係（即是不能修改也不能移動）。

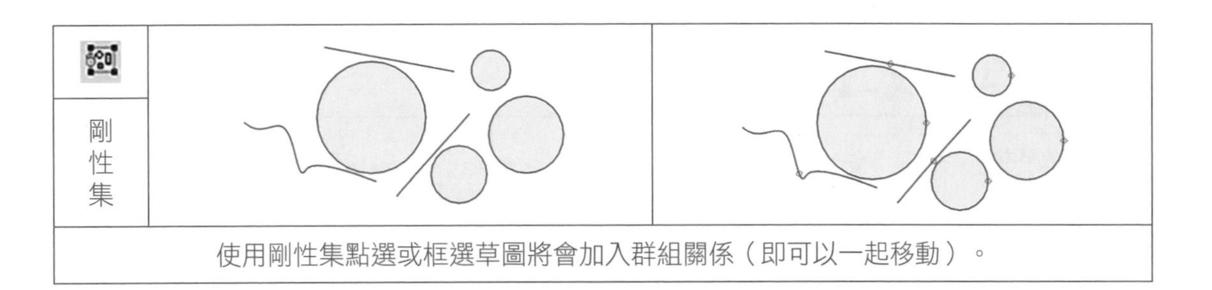

剛性集		
使用剛性集點選或框選草圖將會加入群組關係（即可以一起移動）。		

備註：除了使用相關限制條件以外，Solid Edge 支援磁力線，可用拖曳的方式加入限制條件關係。

當點選到草圖時，端點會出現藍色的端點，滑鼠移動到藍色端點上，當游標變十字狀時，按住滑鼠左鍵，如圖 3-1-8、3-1-9。

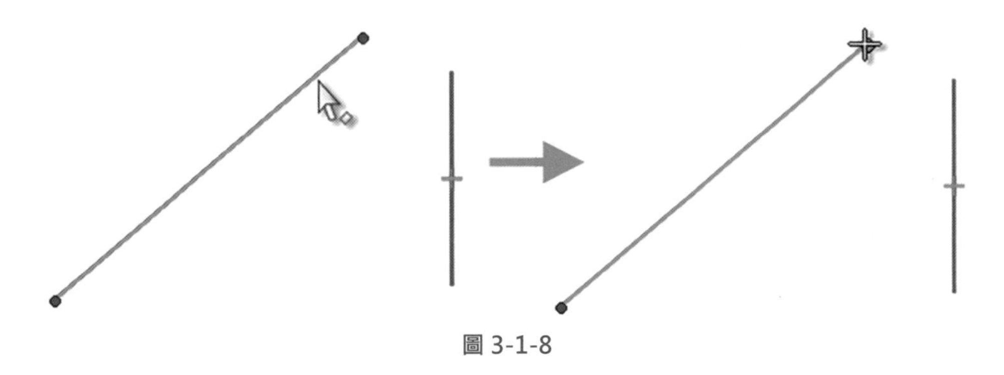

圖 3-1-8

按住滑鼠左鍵後拖曳至要連接的端點上，即可完成連接點。

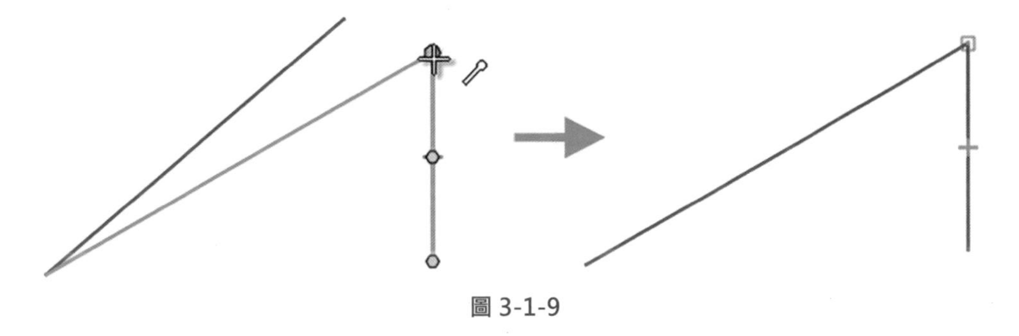

圖 3-1-9

3-2 修改工具

草圖修改工具：修剪、延伸、分割、圓角、倒角、偏移和鏡射...等。

1. 「修剪」指令：將一個元素修剪至與另一個元素的相交處。「點擊」要修剪的元素，或是按住滑鼠「左鍵」→「拖曳」劃過要修剪的元素，如圖 3-2-1、圖 3-2-2。

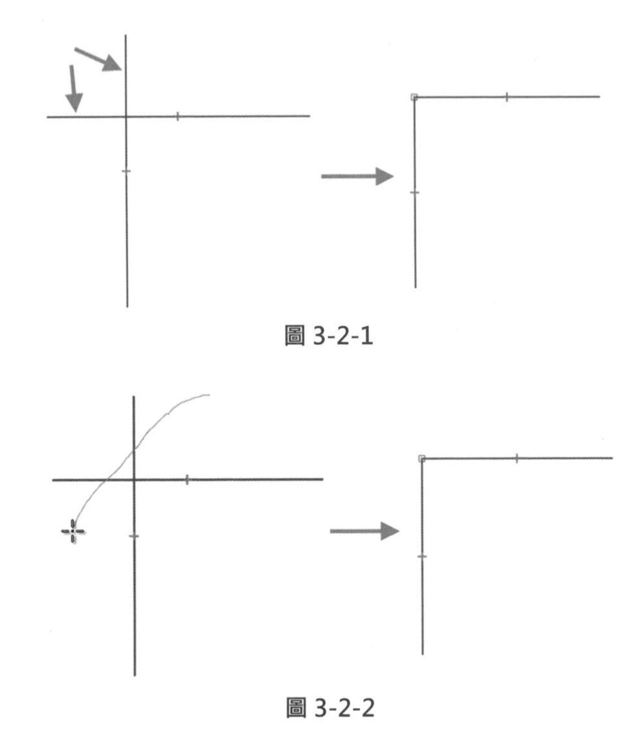

圖 3-2-1

圖 3-2-2

2. 「修剪角落」指令：按住滑鼠「左鍵」→「拖曳」劃過兩個開放元素延伸至其相交處，如圖 3-2-3。

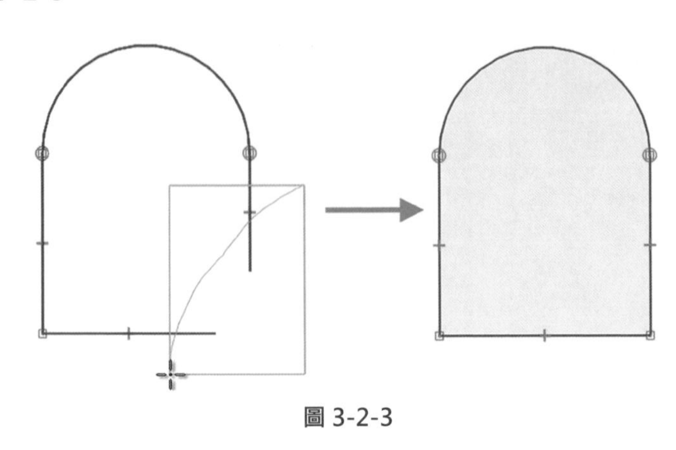

圖 3-2-3

3.「延伸」指令：將開放元素延伸至下一元素。

滑鼠點擊要延伸的草圖元素，出現預覽後，再次點擊確定即可，如圖 3-2-4。

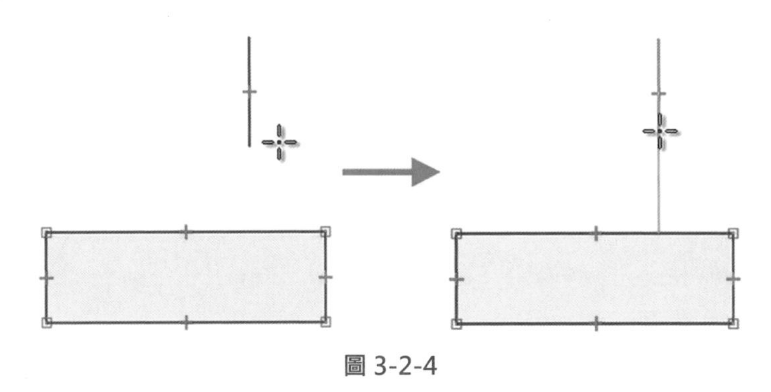

圖 3-2-4

4.「分割」指令：可以在指定位置處對開放或閉合元素進行分割。在分割元素時，系統會自動套用適合的幾何關係。

例如：在分割圓弧時，在分割點處套用連接關係 (A)，而在圓弧的中心點處套用同心關係 (B)，如圖 3-2-5。

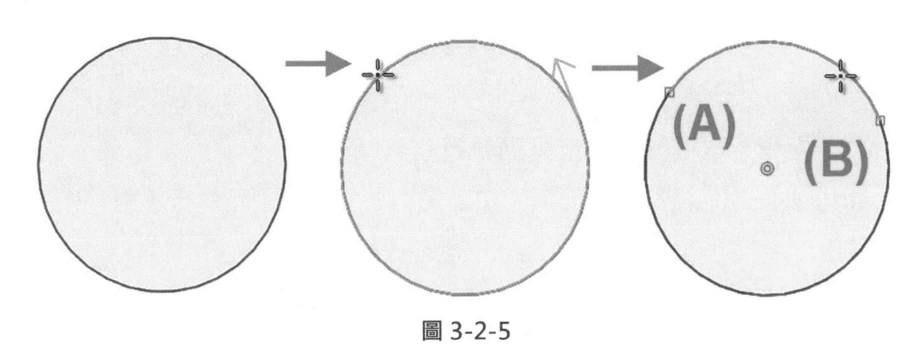

圖 3-2-5

5.「圓角」和「倒斜角」指令：可以針對角落做處理，如圖 3-2-6。

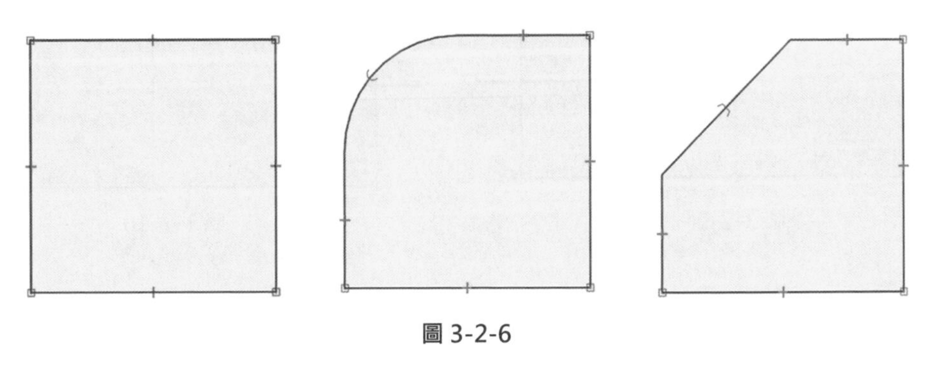

圖 3-2-6

6. 「偏移」 指令：將所選元素做一致的偏移副本，如圖 3-2-7。
「對稱偏置」 指令：將所選元素做對稱的偏移副本，原始草圖會自動轉換為中心線，如圖 3-2-8。

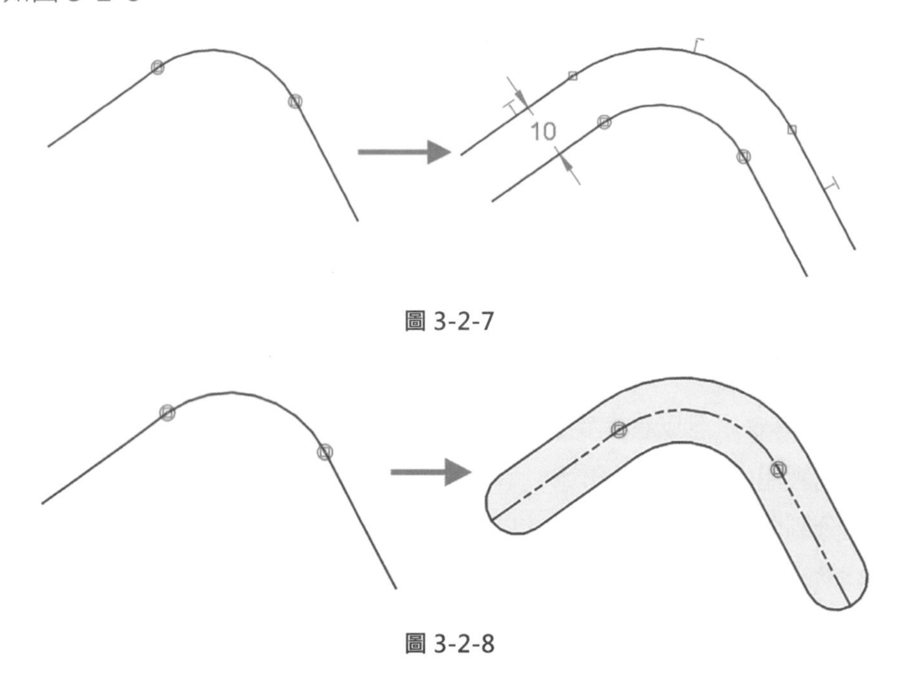

圖 3-2-7

圖 3-2-8

7. 「鏡射」 指令：根據一條線或兩點執行鏡射圖元。
按住「ctrl」並點擊您要鏡射的元素，接著點選一條線或兩點執行鏡射，如圖 3-2- 9、圖 3-2-10。

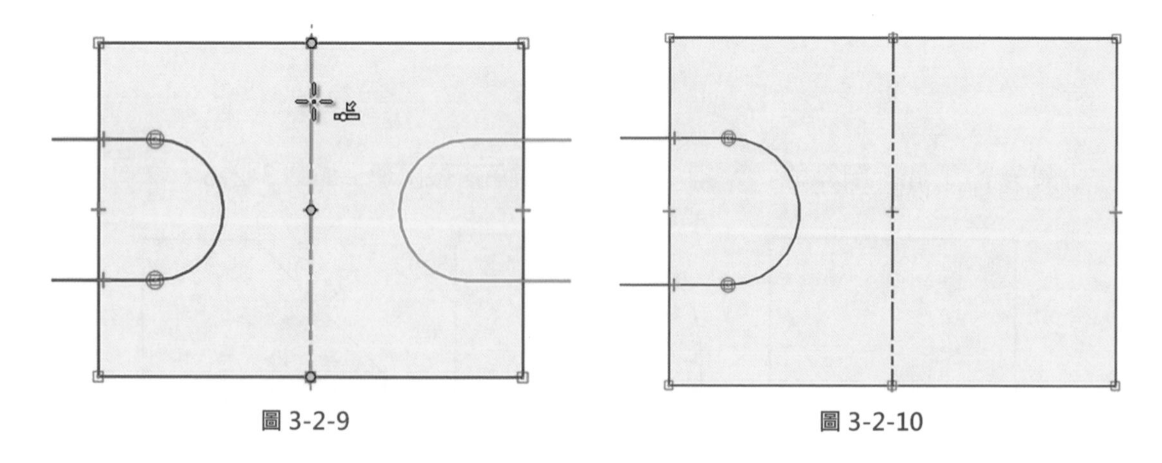

圖 3-2-9　　圖 3-2-10

3-3 繪製草圖步驟

1. 選取「首頁」→「繪圖」群組，或是由「繪製草圖」→「繪圖」群組中點選一個繪製草圖指令，如圖 3-3-1。

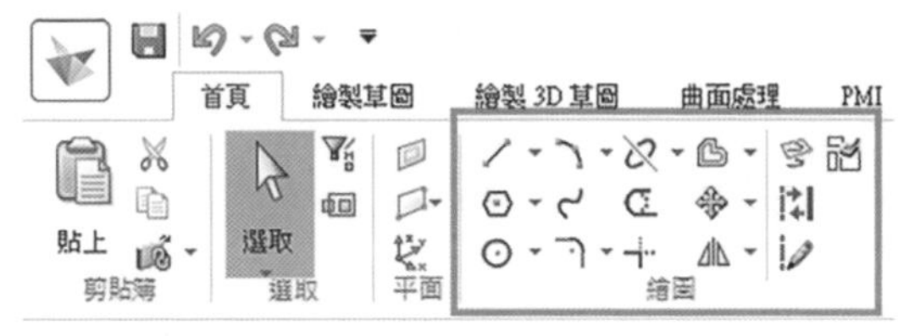

圖 3-3-1

2. 繪製之前，請點選鎖頭或是碰到平面後按 F3 "鎖定" 於某個平面（基本參照平面或模型上平的面），鎖定之後，即可開始在平面上繪製草圖，如圖 3-3-2。

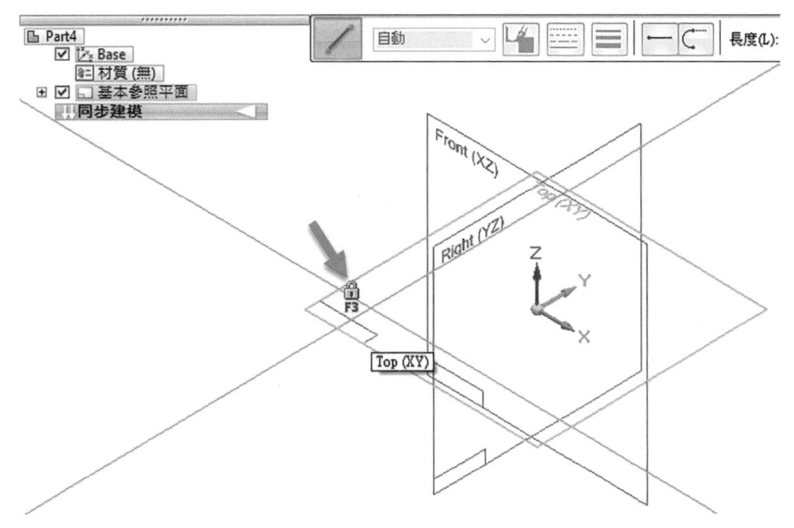

圖 3-3-2

3. 依照目前的視圖方位繪製草圖，或是點選視窗最右下角的「草圖視圖」指令，將視圖旋轉至垂直於草圖平面，如圖 3-3-3。

圖 3-3-3

4. 繪製草圖並可執行任何與草圖相關的作業，例如：相關關係、尺寸標註...等。

5 完成目前的操作或繪製另一個草圖。如果草圖平面被鎖定，而您需要在另一個草圖平面上繪圖，可將該平面「解鎖」。

備註：點擊視窗右手邊的鎖定符號 F3 ，即可解除平面鎖定。

6. 重複「步驟2~4」。

備註：Solid Edge 的草圖可以是“交錯”或者“多輪廓”草圖，如圖 3-3-4。

如果新的草圖區域位於同一平面上，則可繼續繪製草圖輪廓。

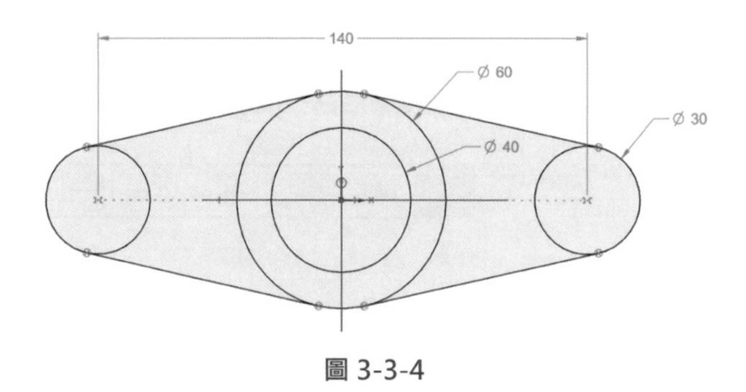

圖 3-3-4

7. 若繪製的草圖平面不小心「解鎖」，要再指定「鎖定」某一草圖平面，可至「導航者」→「草圖」下拉，選到某一草圖→按滑鼠「右鍵」→選「鎖定草圖平面」，如圖 3-3-5。

「啟用區域」：切換草圖線架構或輪廓區域；「遷移幾何體和尺寸」：拉出實體後是否保留草圖及尺寸，如圖 3-3-6、圖 3-3-7。

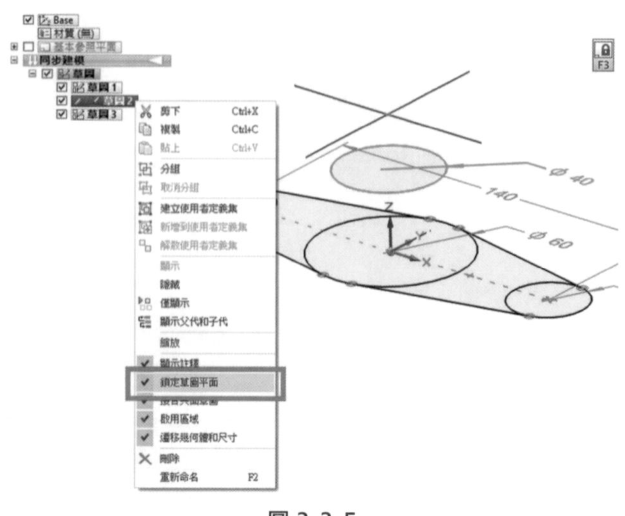

圖 3-3-5

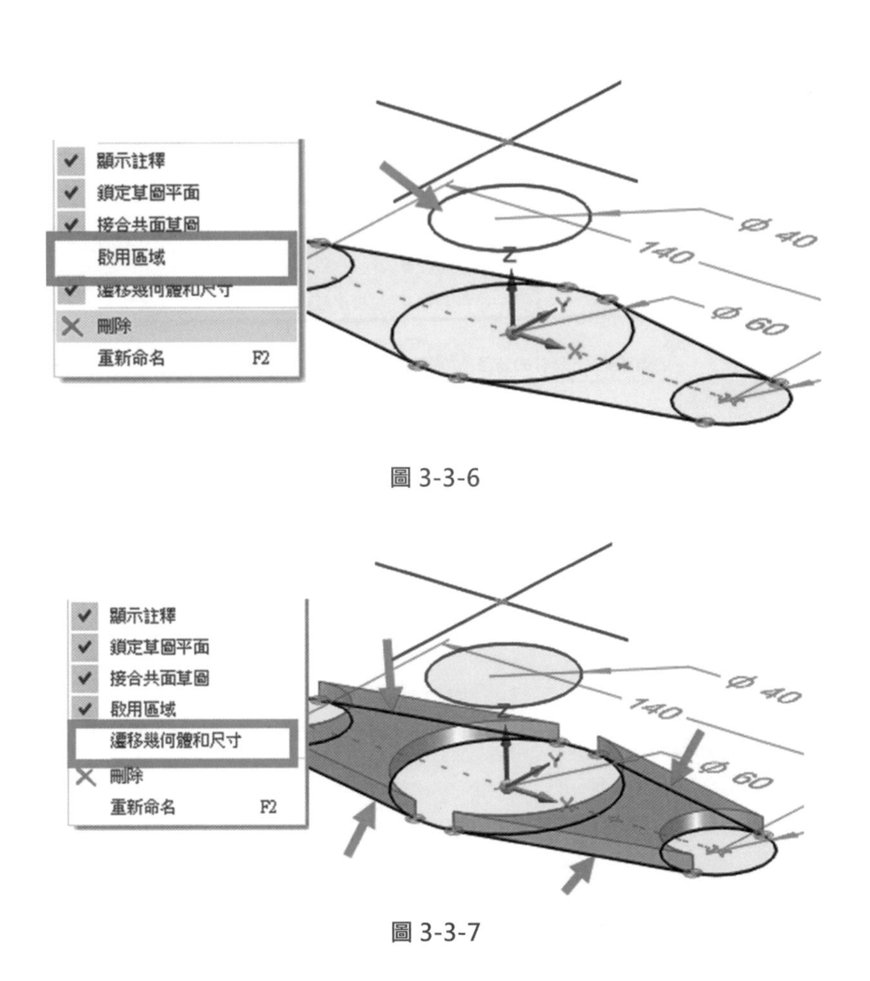

圖 3-3-6

圖 3-3-7

本小節我們將完成草圖繪製、新增關係和尺寸標註，如圖 3-3-8。

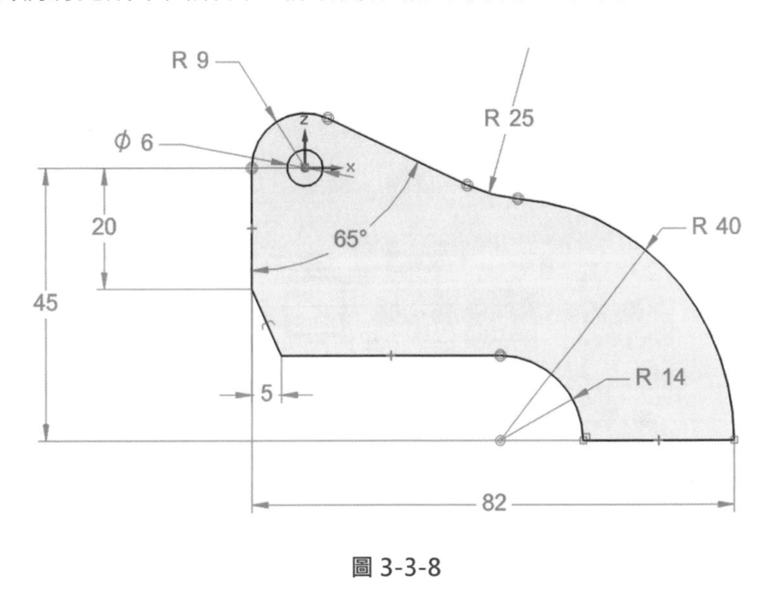

圖 3-3-8

3-4 基礎草圖練習

1. 開啟零件範本。

   由「應用程式按鈕」→「新建」→「ISO 零件」，如圖 3-4-1。

圖 3-4-1

2. 選取草圖指令。

   由「首頁」→「繪圖」群組中點選「直線」指令，如圖 3-4-2。

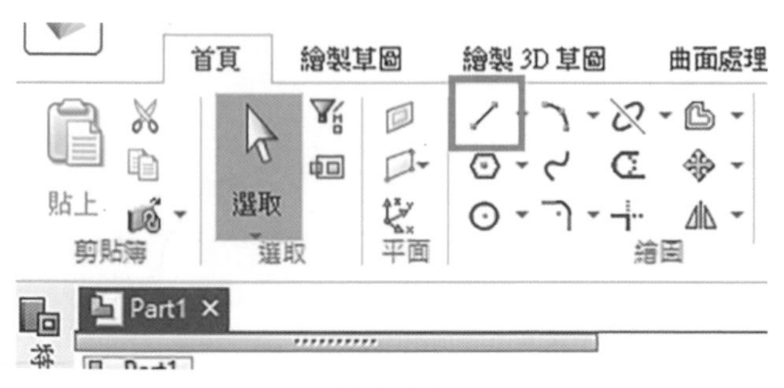

圖 3-4-2

3. 鎖定繪圖平面。

將游標靠近，並點選「基本參照平面」-「前視圖」，鎖定平面後會出現虛擬平面表示已經鎖在前視圖上，如圖 3-4-3、圖 3-4-4、圖 3-4-5。

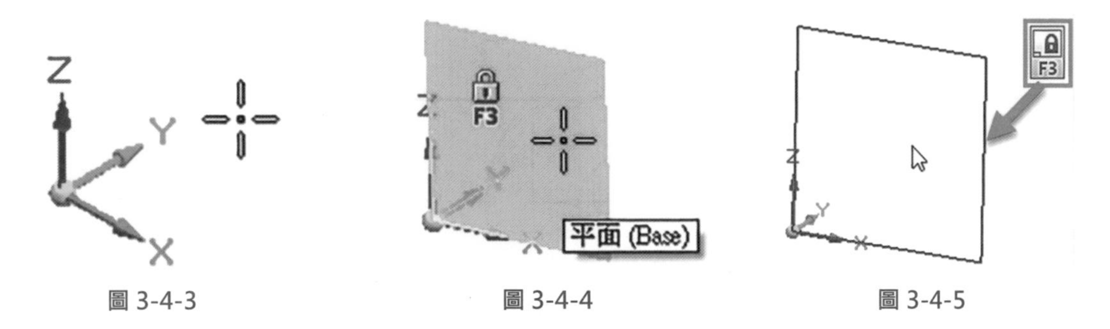

圖 3-4-3　圖 3-4-4　圖 3-4-5

4. 利用「中心和點畫圓」繪製中心圓，點擊第一個點放置的位置，將圓心點放置於座標中心，繪製兩個同心圓，如圖 3-4-6、圖 3-4-7。

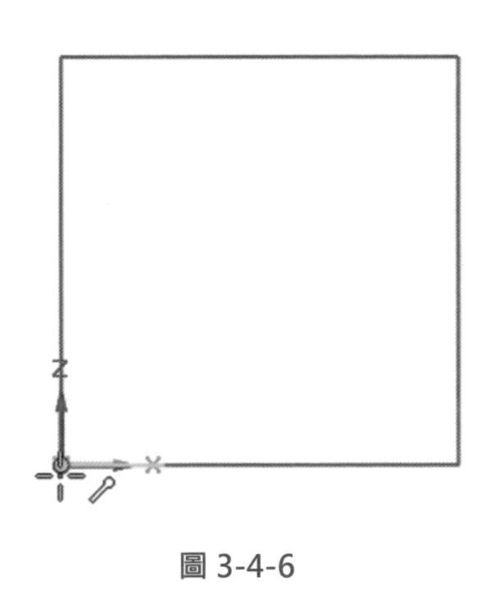

圖 3-4-6

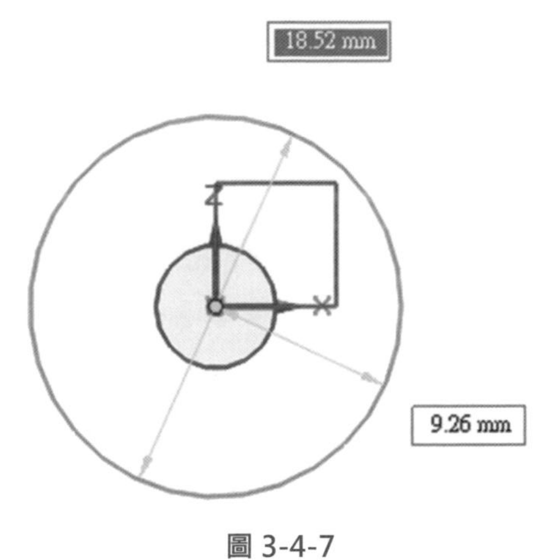

圖 3-4-7

5. 接下來利用「直線」進行繪製。

備註：繪圖的過程中，游標旁邊會出現輔助的符號，例如：水平、垂直、重合、端點、中點...等記號，幫助您抓取，並會出現相關數值或角度，如圖3-4-8。

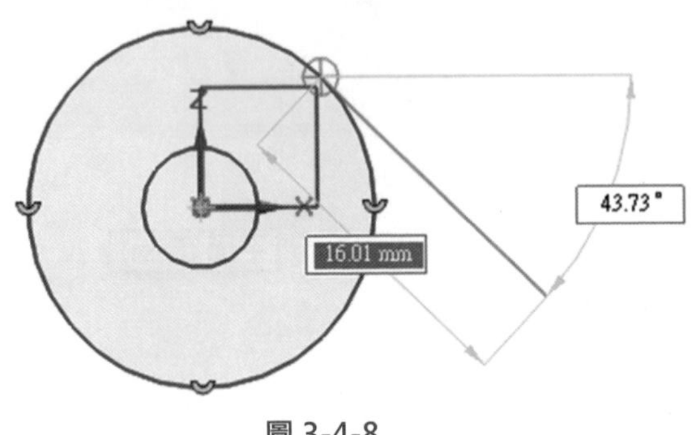

圖 3-4-8

6. 繪製到圓弧時，可點擊「直線-圓弧」指令，將直線變成切線弧，或是按下鍵盤「A」也可達到相同的效果，如圖 3-4-9。

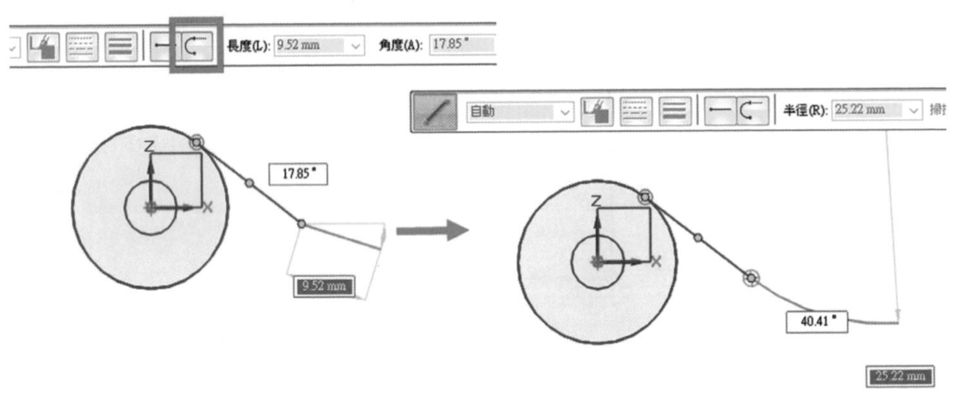

圖 3-4-9

7. 輪廓大概繪製完成之後如圖 3-4-10。

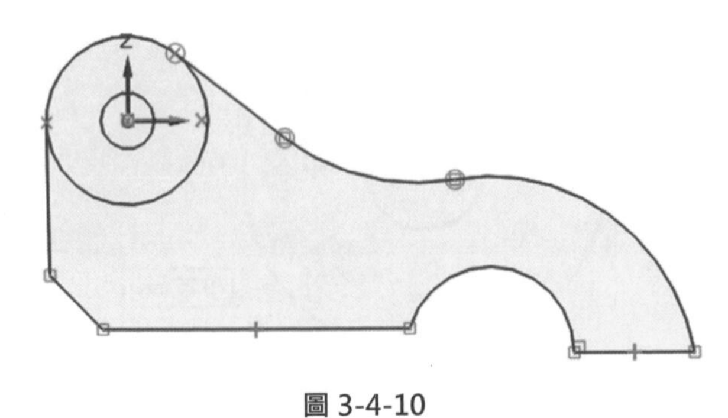

圖 3-4-10

8. 給予相關限制條件，例如：同心、相切、水平/垂直，如圖 3-4-11、圖 3-4-12、圖 3-4-13。

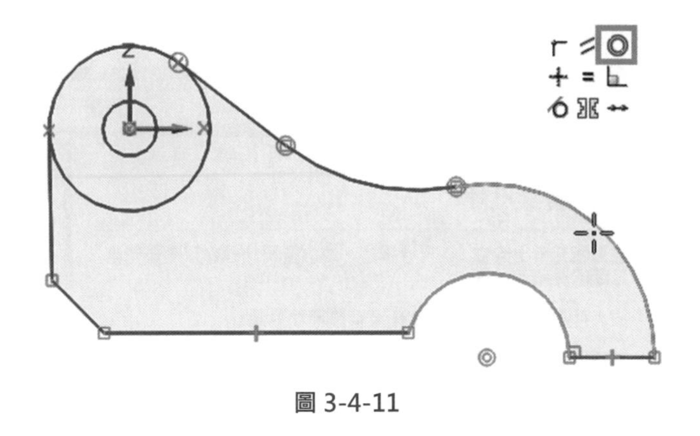

圖 3-4-11

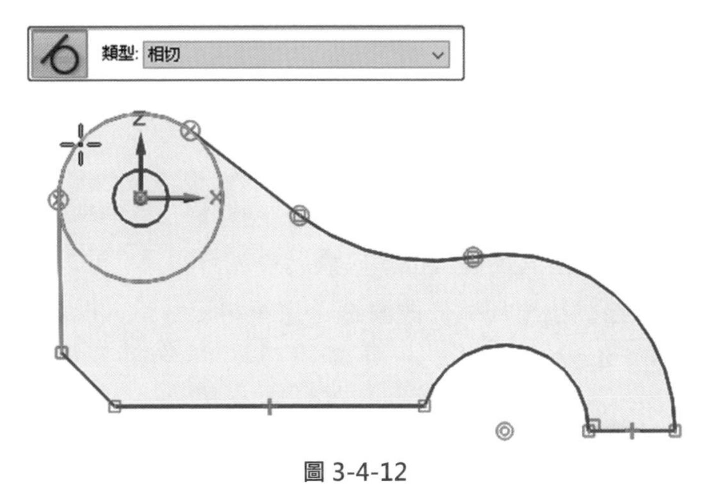

圖 3-4-12

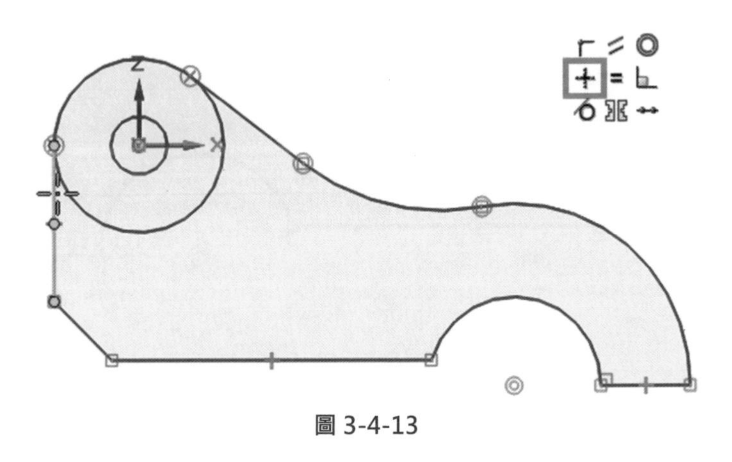

圖 3-4-13

9. 進行標註尺寸，由「首頁」→「尺寸」群組中點選「智慧尺寸」指令，如圖 3-4-14。

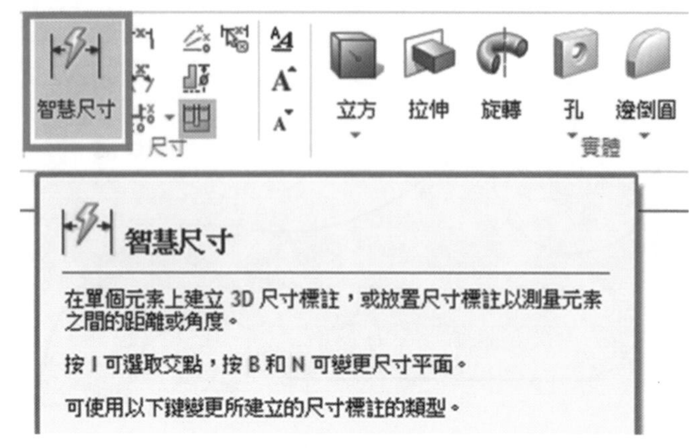

圖 3-4-14

- 點選要標註的線段，並選定適當位置放置尺寸。
- 尺寸放置後立即自動跳出尺寸修改方框，您可將尺寸輸入，並直接驅動草圖，如圖 3-4-15、圖 3-4-16。

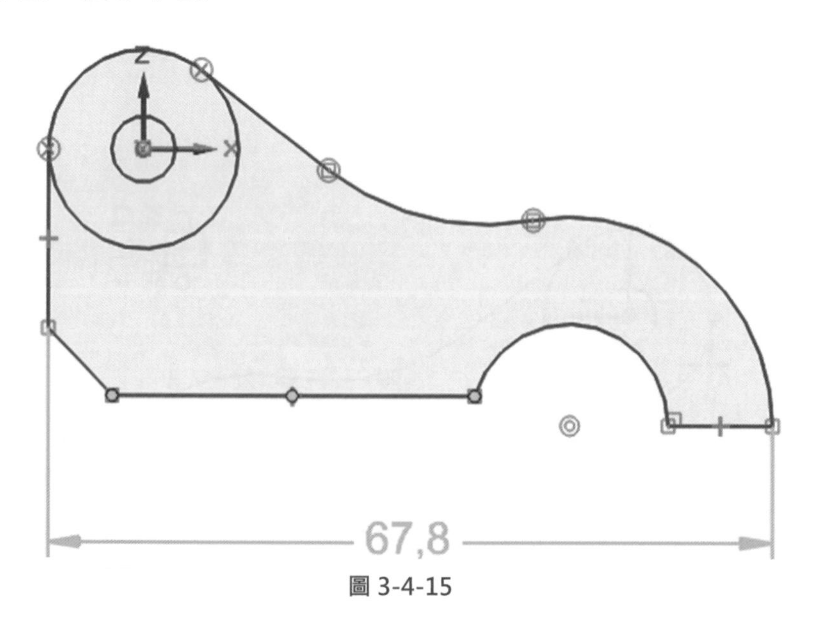

圖 3-4-15

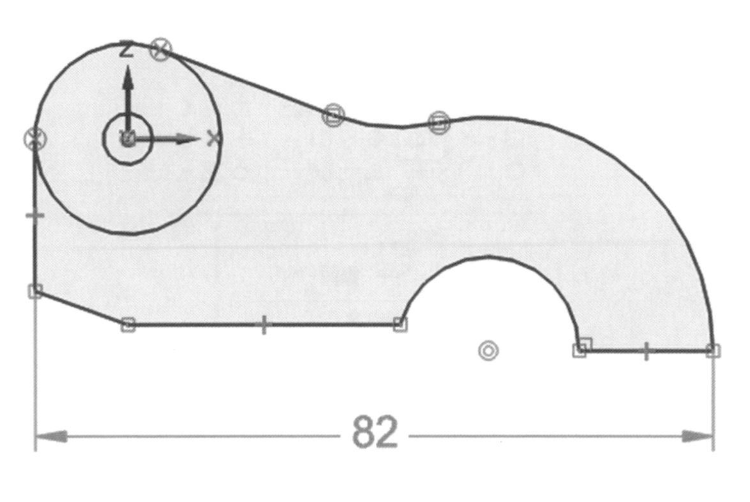

圖 3-4-16

● 可利用「智慧尺寸」來標註出直徑、半徑和角度。

如圖 3-4-17、圖 3-4-18、圖 3-4-19。

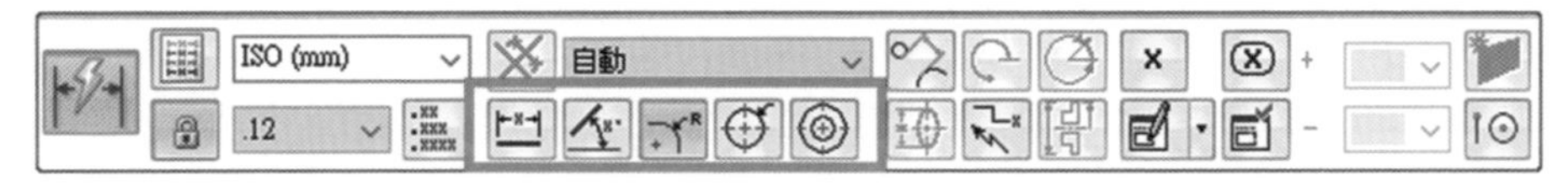

圖 3-4-17

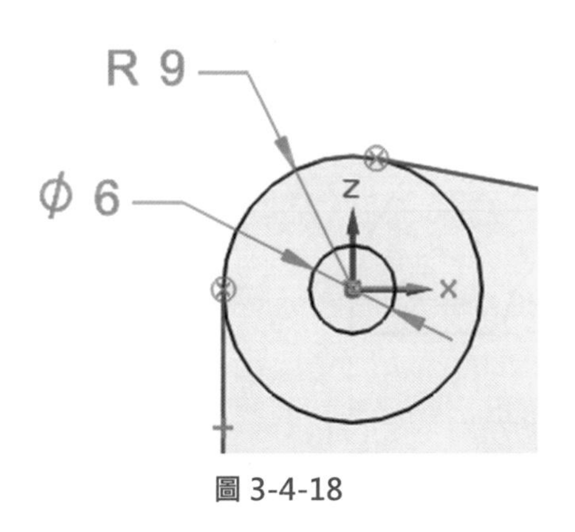

圖 3-4-18

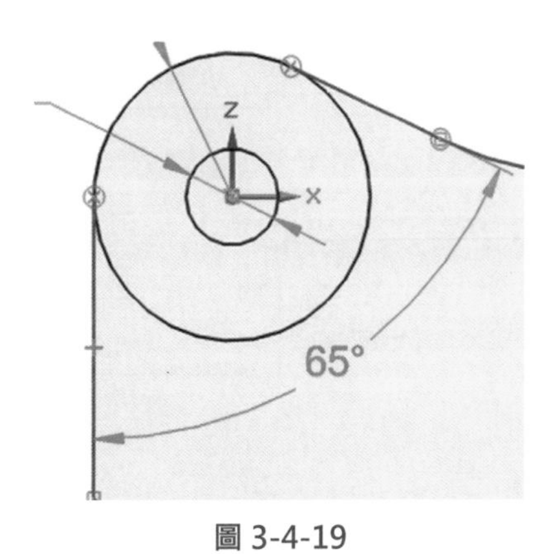

圖 3-4-19

10. 修剪，利用修剪功能可以把多餘的線段刪除，如圖 3-4-20、圖 3-4-21、圖 3-4-22。

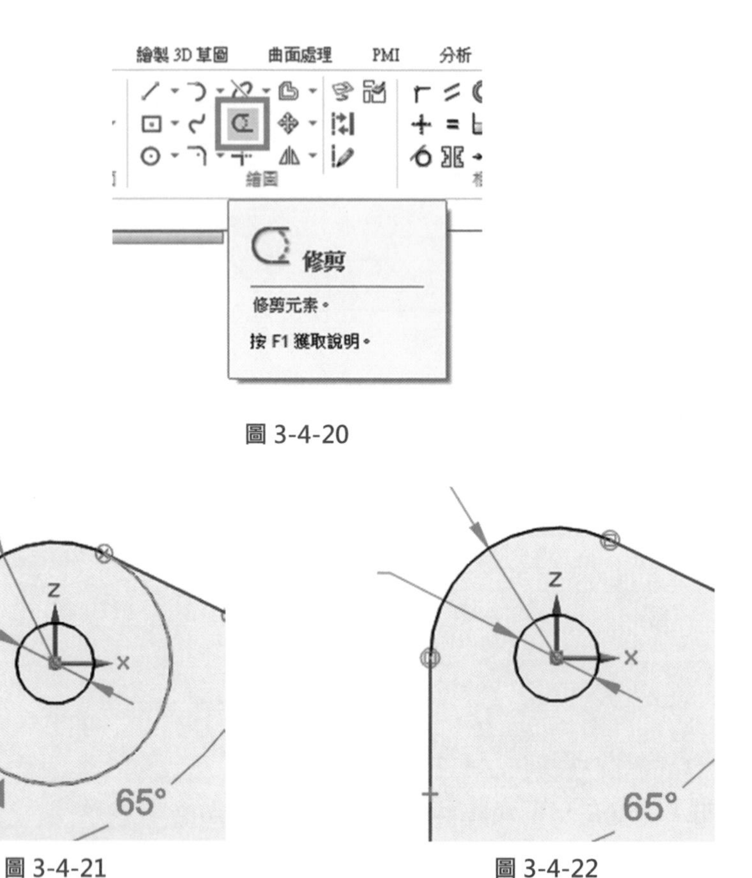

圖 3-4-20

圖 3-4-21

圖 3-4-22

● 在標註完成之後如圖 3-4-23，當草圖標註到「完全定義」時，系統預設會呈現「黑色」的草圖，您可由顏色來判斷草圖是否定義完全。

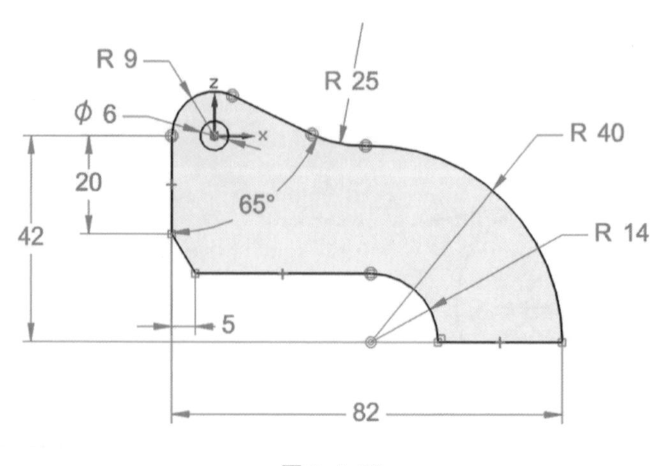

圖 3-4-23

備註：Solid Edge「草圖關係色彩」：

完全定義–黑色

定義不足–藍色

過定義–橘色

不一致–灰色

您由圖 3-4-24 看到系統預設的色彩定義，當然您也能自行修改。

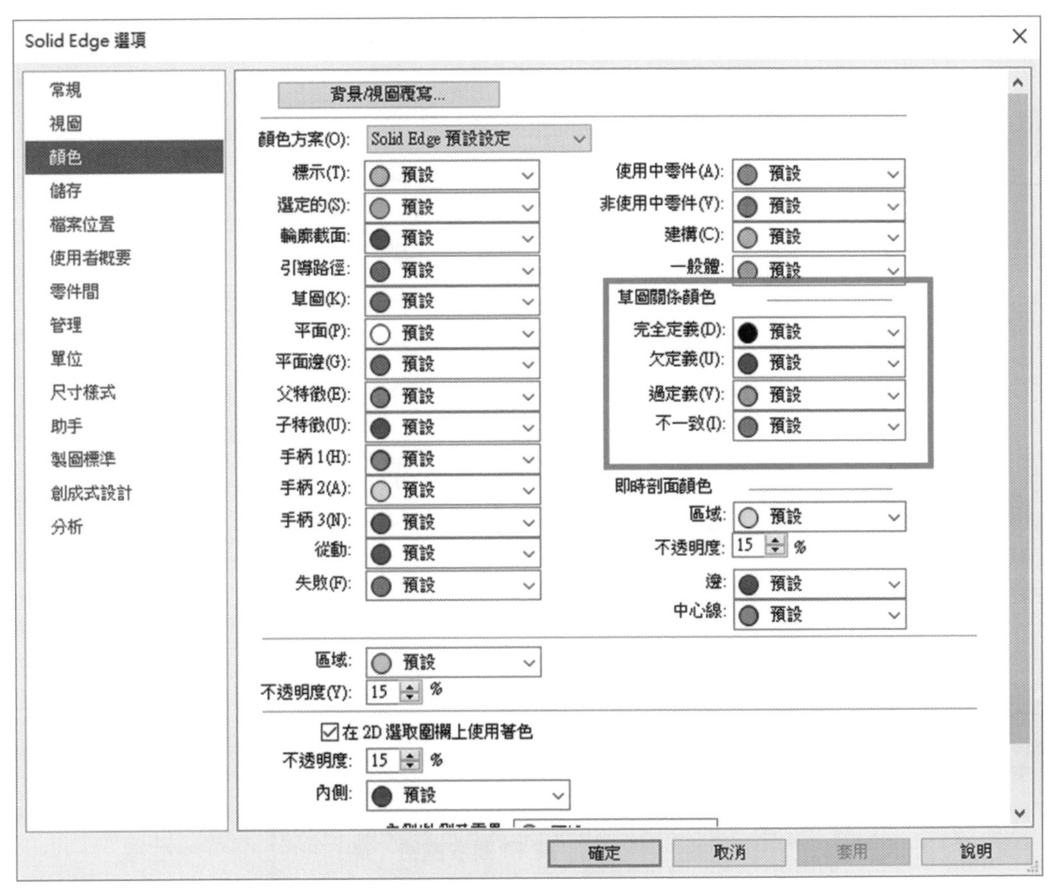

圖 3-4-24

11. 檢視草圖關係，由「首頁」→「草圖關係」群組中，

「保持關係」指令：開啟時，繪製草圖過程中，系統自動給予基本的約束條件；反之關閉，僅會繪製出輪廓，之後需手動給予約束條件，如圖 3-4-25。

「關係手柄」指令：可顯示/隱藏草圖的關係，如圖 3-4-26。

這些「關係」包含到：連接、水平/垂直、相切、平行、相等、對稱、同心、共線、鎖定...等，能幫助您在繪製草圖的過程中來定義草圖元素。

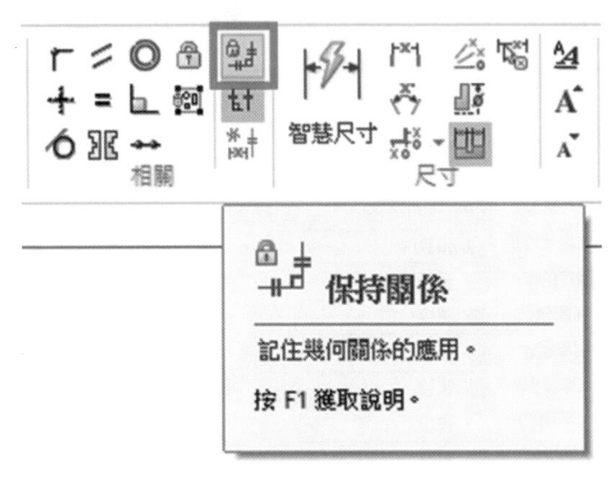

圖 3-4-25

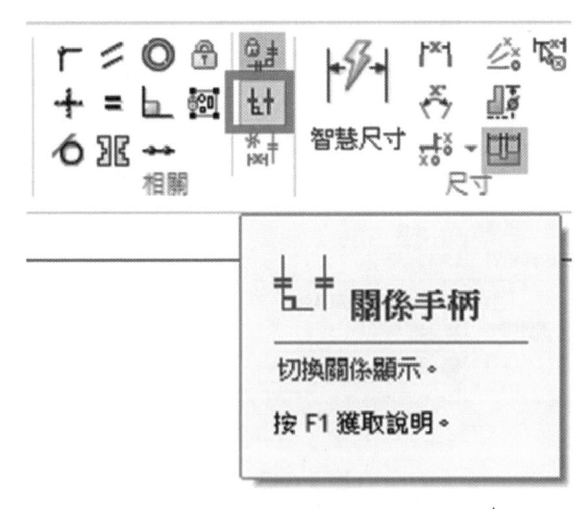

圖 3-4-26

備註：「關係」圖示：
關係圖示是用來代表元素、關鍵點和尺寸之間或關鍵點與元素之間，幾何關係的符號。關係符號顯示指定的關係得到保持，如圖 3-4-27。

關係	手柄
共線	○
連接（1 個自由度）	×
連接（2 個自由度）	⊡
同心	◎
相等	=
水平/鉛直	+
相切	○
相切（相切 + 等曲率）	[illegible]
相切（平行相切向量）	[illegible]
相切（平行相切向量 + 等曲率）	[illegible]
對稱	] [
平行	//
垂直	┐
圓角	[illegible]
倒斜角	[illegible]
連結（局部）	[illegible]
連結（點對點）	[illegible]
連結（草圖到草圖）	[illegible]
剛性設定（2D 元素）	□

圖 3-4-27

12. 草圖繪製完成，練習結束。

最終完成如圖 3-4-28，草圖完成尺寸標註、線段呈現“黑色”的色彩以及在圖面上可看到草圖的“關係”。

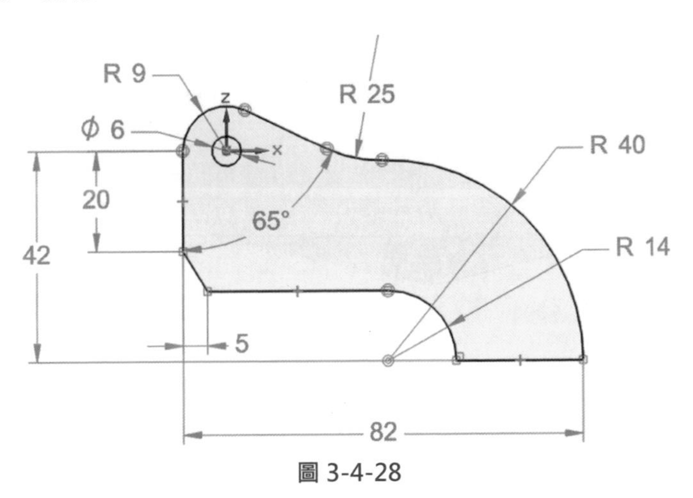

圖 3-4-28

3-5 草圖平面鎖定

當游標位於平的面或基本參考面上時，游標附近將顯示一個鎖定符號 (F3)。點擊鎖定符號來鎖定平面，如圖 3-5-1。

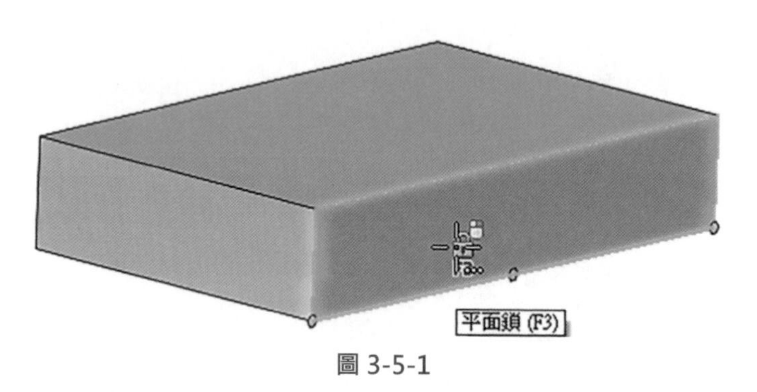

圖 3-5-1

備註：當您使用草圖平面鎖定的指令時，也可以按鍵盤的「F3 鍵」來鎖定和解除鎖定。

在您手動解鎖平面之前，無論游標位置如何，草圖平面都保持鎖定狀態。這使您可以輕鬆地在平面以外的無限延伸處繪圖。

鎖定草圖平面後，將在圖形視窗的右上角顯示一個鎖定平面指示符號 F3，如圖 3-5-2。

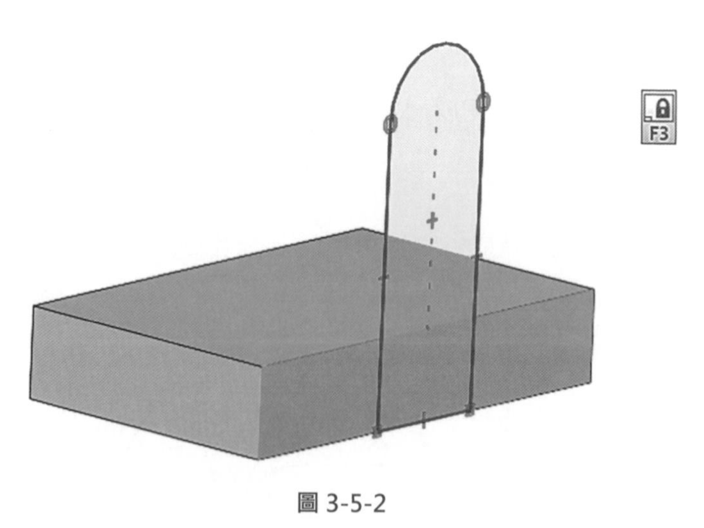

圖 3-5-2

備註：當您要「解除鎖定」草圖平面時，可以在圖形視窗中點擊此鎖定平面符號 F3 來解除鎖定平面，或按鍵盤的「F3 鍵」。

3-6 草圖區域

1. 在 SolidEdge 中所繪製的草圖會以「區域」的方式呈現，如圖 3-6-1。當您滑鼠移動到「區域」的位置，即可選取「區域」進行「拉伸」或「除料」等操作。

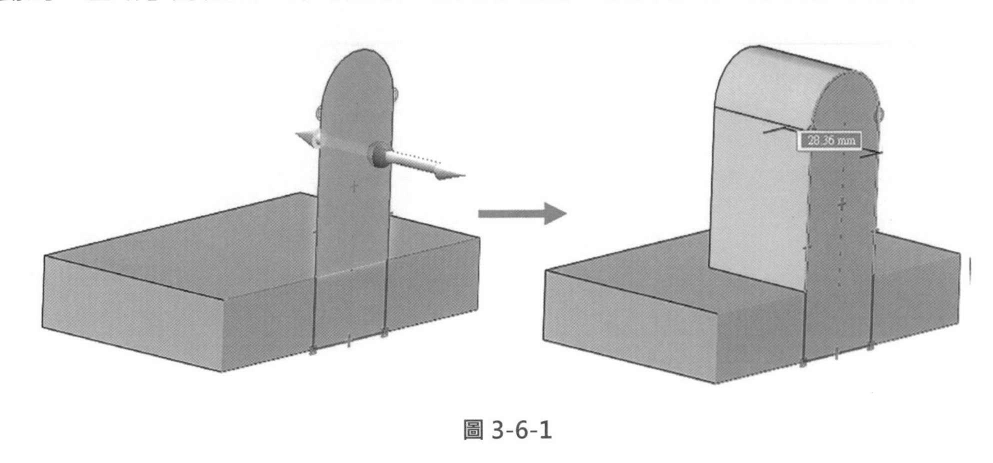

圖 3-6-1

- 在第一張草圖繪製為封閉區塊，系統將自動呈現出淺藍色的「區域」，選取「區域」，可進行拉伸長料，如圖 3-6-2。

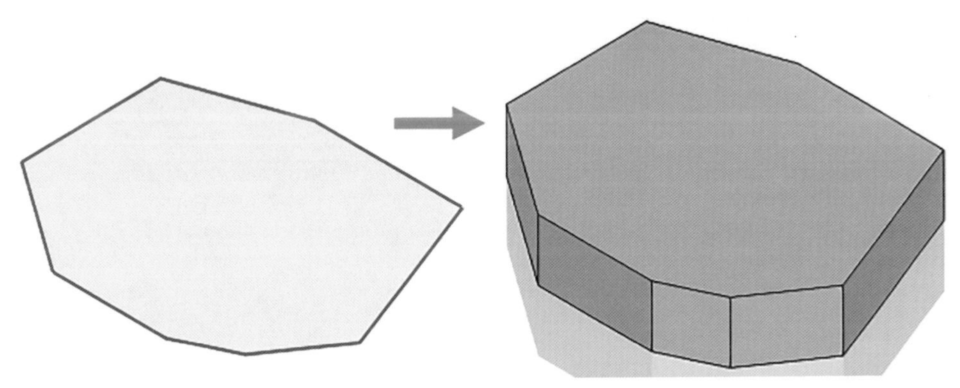

圖 3-6-2

- 在現有的平面上可繼續進行草圖繪製，如圖 3-6-3。只要草圖呈現出「區域」即可進行拉伸。

備註：以此範例，向上拉伸為「長料」，向下拉伸為「除料」。

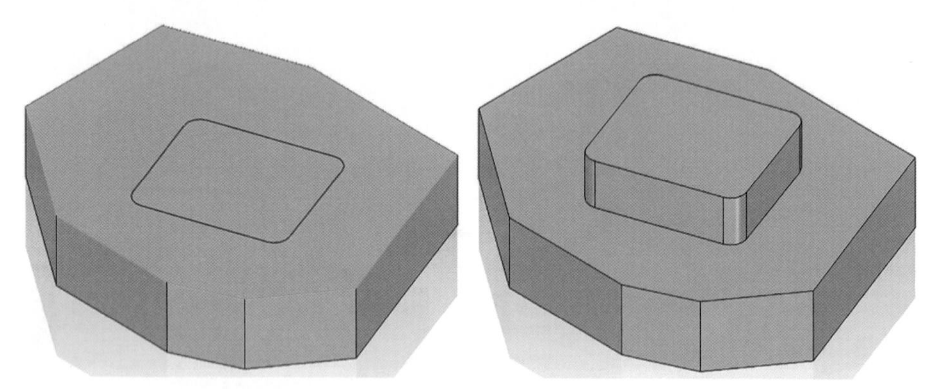

圖 3-6-3

- 若草圖為「非封閉」輪廓，但可以抓到現有的模型邊線，還是可以呈現出「區域」，一樣能夠進行拉伸，如圖 3-6-4

備註：以此範例，左圖為向上拉伸為「長料」，右圖為向下拉伸為「除料」。

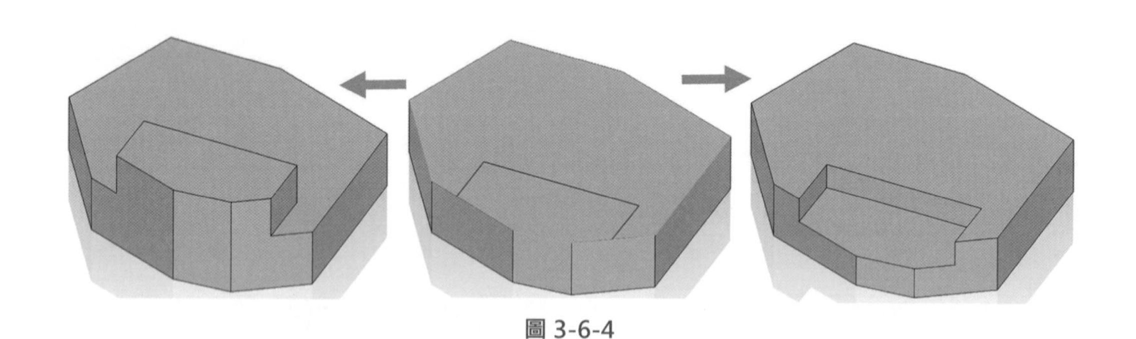

圖 3-6-4

2. 區域範例

繪製草圖允許多輪廓、多區域、封閉、非封閉...等區塊，如圖 3-6-5。

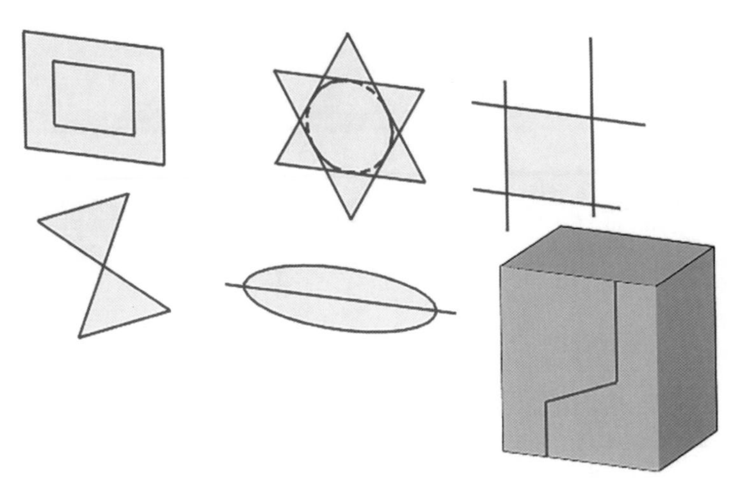

圖 3-6-5

● 選取區域

當游標移動到某個區域時，該區域顯示為橘色，如圖 3-6-6。

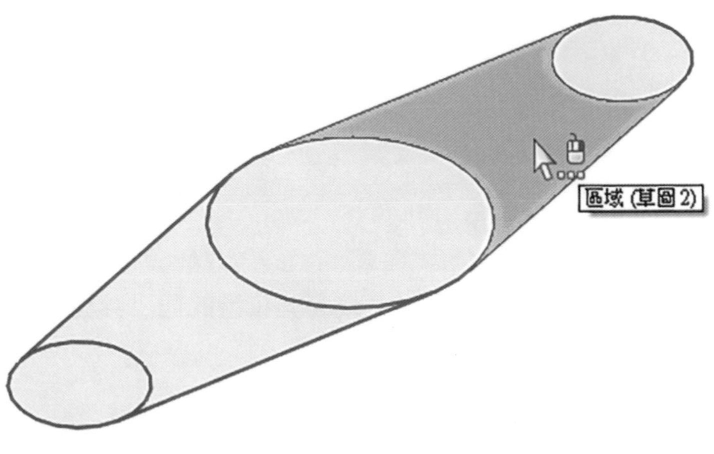

圖 3-6-6

當該區域被選中時，該區域顯示為綠色，如圖 3-6-7。

備註：點擊到某個區域，出現「幾何控制器」即可進行拉伸，依照方向不同，可呈現出「長料」以及「除料」兩種狀態。
按住 ctrl 鍵，可複選到多個區域進行拉伸。

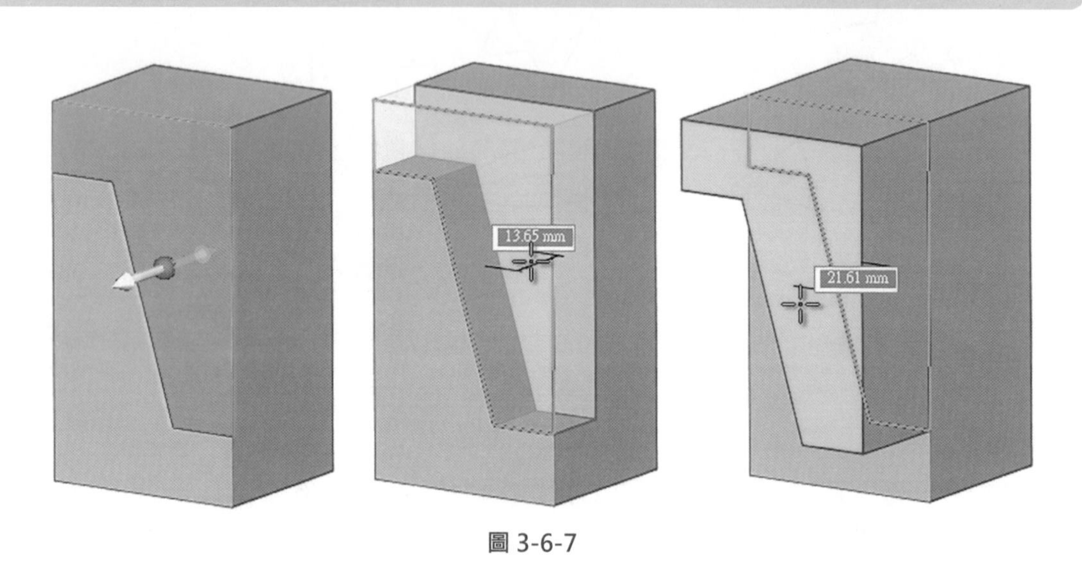

圖 3-6-7

● 開放草圖

開放草圖若不與模型的面「共面」，或者與模型的面「共面」但不接觸或穿過面的邊，並不會建立區域，如圖 3-6-8。

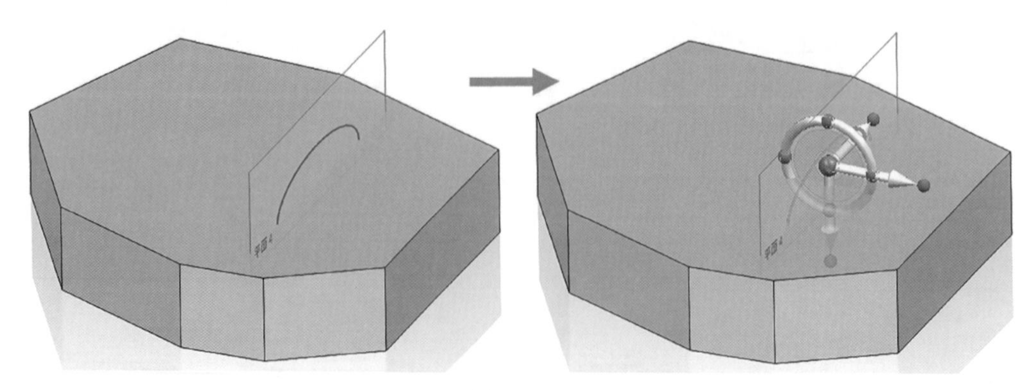

圖 3-6-8

如果某個開放草圖與某個共面的面的邊相連或交叉時，就可形成一個區域，如圖 3-6-9。

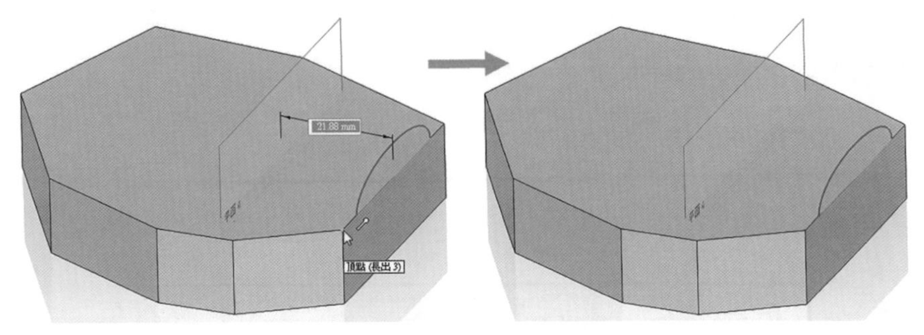

圖 3-6-9

備註：草圖也可以透過「幾何控制器」進行移動，點擊到草圖，出現「幾何控制器」後，拖拉箭頭沿著您要的方向拖動，配合鎖點模式可準確的定位。

3-7 草圖尺寸標註

標註尺寸指令位於三處，位於「首頁」、「繪製草圖」和「PMI」標籤上的「尺寸」群組中，如圖 3-7-1、圖 3-7-2、圖 3-7-3。

圖 3-7-1

圖 3-7-2

圖 3-7-3

● 鎖定的尺寸

1. 草圖尺寸作為「驅動」來放置。驅動尺寸標為「紅色」。驅動尺寸也稱為「鎖定」的尺寸。鎖定的尺寸不能變更，除非直接編輯它。當草圖幾何體被修改時，鎖定的尺寸並沒有變更。

   將一個尺寸改為「被驅動」（或解鎖的），方法是選取該尺寸，然後在「尺寸值編輯」快速工具列上點擊鎖 。被驅動尺寸標為藍色。不能選取被驅動尺寸進行編輯。必須將它改為鎖定的尺寸才能直接變更其值，如圖 3-7-4。

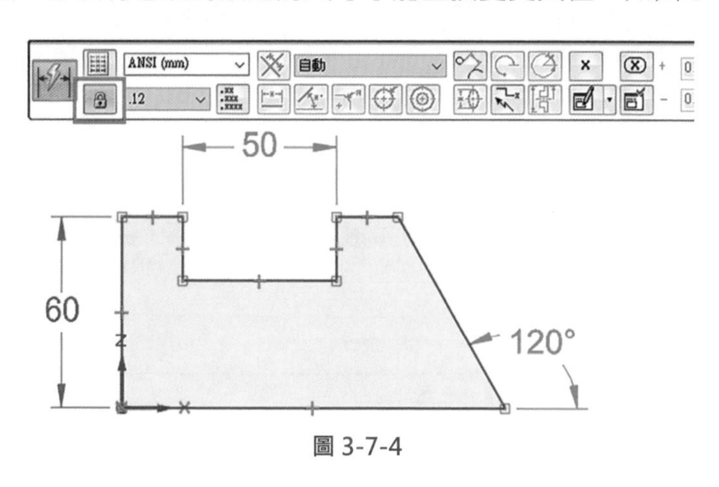

圖 3-7-4

備註：要變更鎖定的尺寸值，可點擊該尺寸值並輸入新值，如圖 3-7-5。

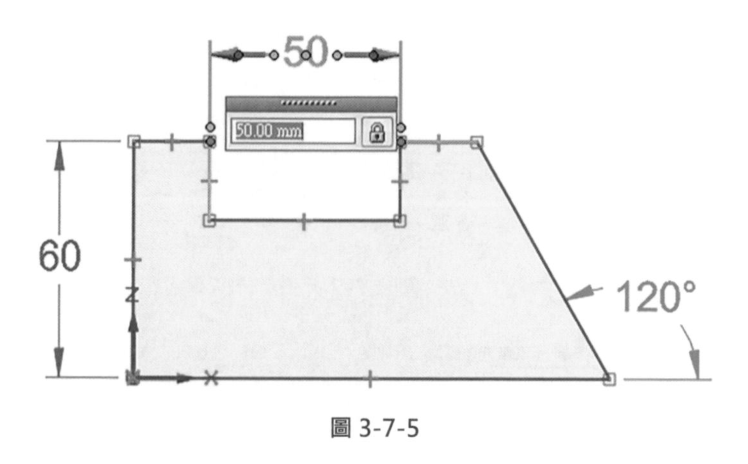

圖 3-7-5

2. 草圖尺寸也會在立體模型中顯示出來，鎖定的尺寸呈現「紅色」，未鎖定的尺寸呈現「藍色」，您會發現這些鎖定的尺寸在模型的拖拉修改過程當中，不會因拉動而變更，還是一樣維持當初標註的值，而未鎖定的尺寸，可直接拖拉面進行快速修改，當然也可以給定參數來驅動，如圖 3-7-6。

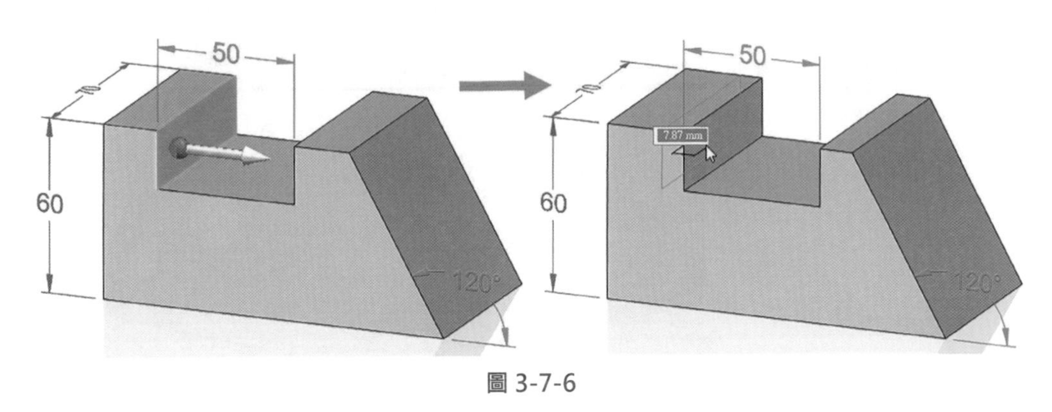

圖 3-7-6

3-8 綜合草圖練習

本小節我們將完成在零件面上「建立草圖」、「草圖區域」、「幾何關係」和「尺寸標註」。

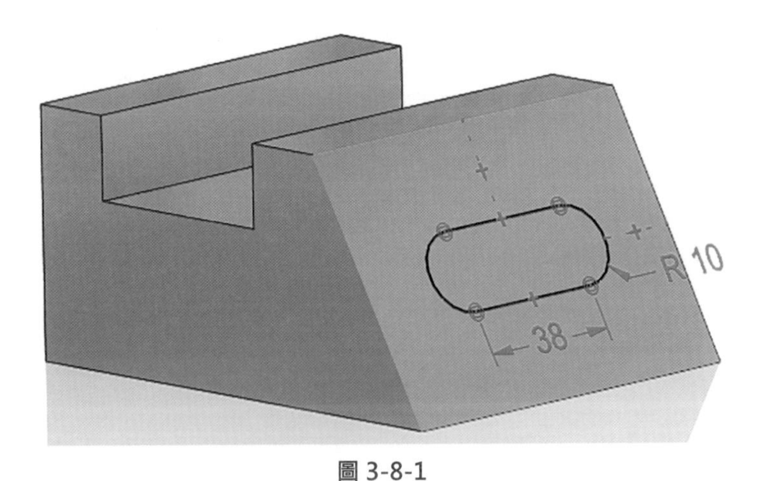

圖 3-8-1

1. 開啟零件範本。

由「應用程式按鈕」→「開啟」→尋找到「3-8.par」→「開啟」，如圖 3-8-2。

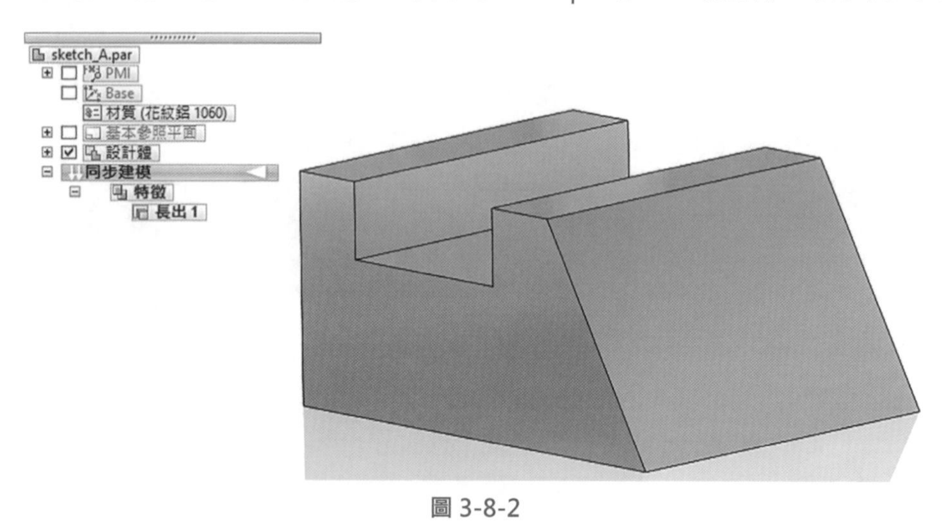

圖 3-8-2

2. 開始繪製草圖流程。

● 選取「直線」指令：

定義草圖平面，將游標停留在模型斜面的位置上，出現鎖定符號之後，點擊 鎖定，如圖 3-8-3。

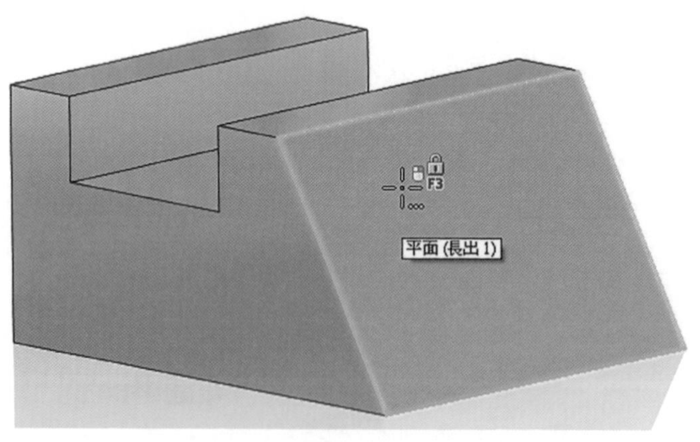

圖 3-8-3

備註：按下鍵盤「N 鍵」，邊線以綠色的高亮度顯示，可以為草圖平面定義水平方向。

● 繪製草圖：

A 繪製由直線和圓弧組成的槽形草圖，點擊以放置直線的第一個點，接著放置第二個點時，確保水平指示器顯示，並點擊放置，如圖 3-8-4。

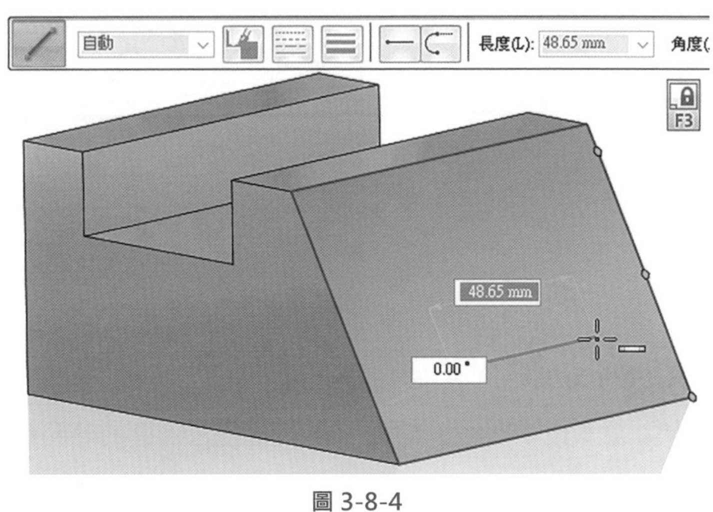

圖 3-8-4

B 產生相切圓弧，按下鍵盤「A 鍵」可將直線轉為相切圓弧，或者點擊上方工具列中的「直線-圓弧」按鈕，也可達到相同的效果，如圖 3-8-5。

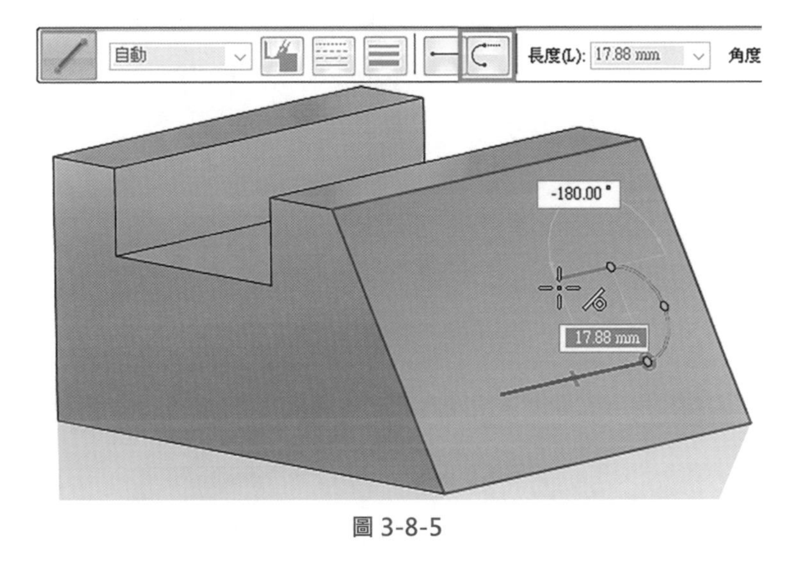

圖 3-8-5

C 放置第二條直線，如圖 3-8-6。確認從起點直線的第一個點保持「相切符號」和「垂直對齊」。

D 放置第二個相切圓弧，按下鍵盤「A 鍵」，接著在第一條直線的端點處結束圓弧，如圖 3-8-7。

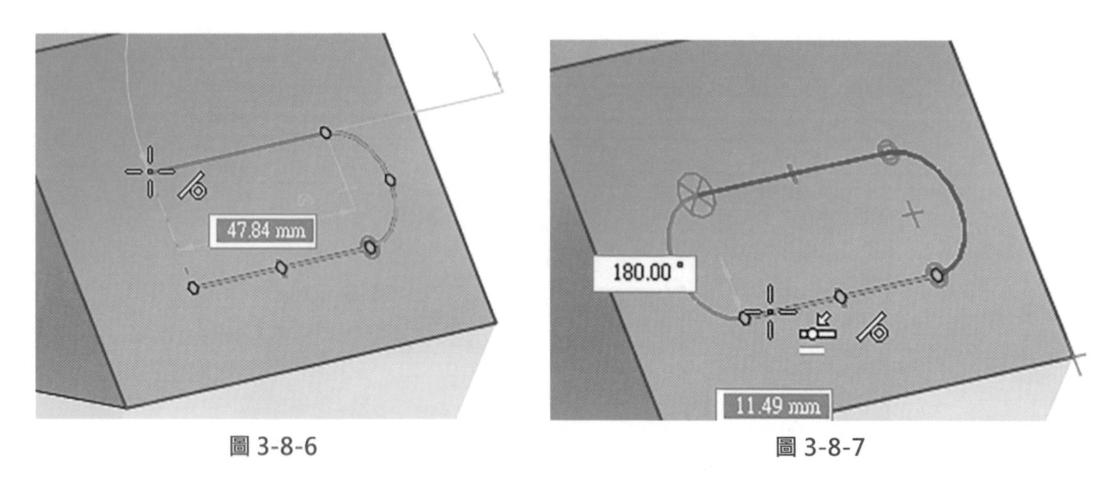

圖 3-8-6　　圖 3-8-7

3. 草圖區域形成。注意形成「藍色」的面，在模型面上繪製的草圖建立了兩個區域，如圖 3-8-8、圖 3-8-9。

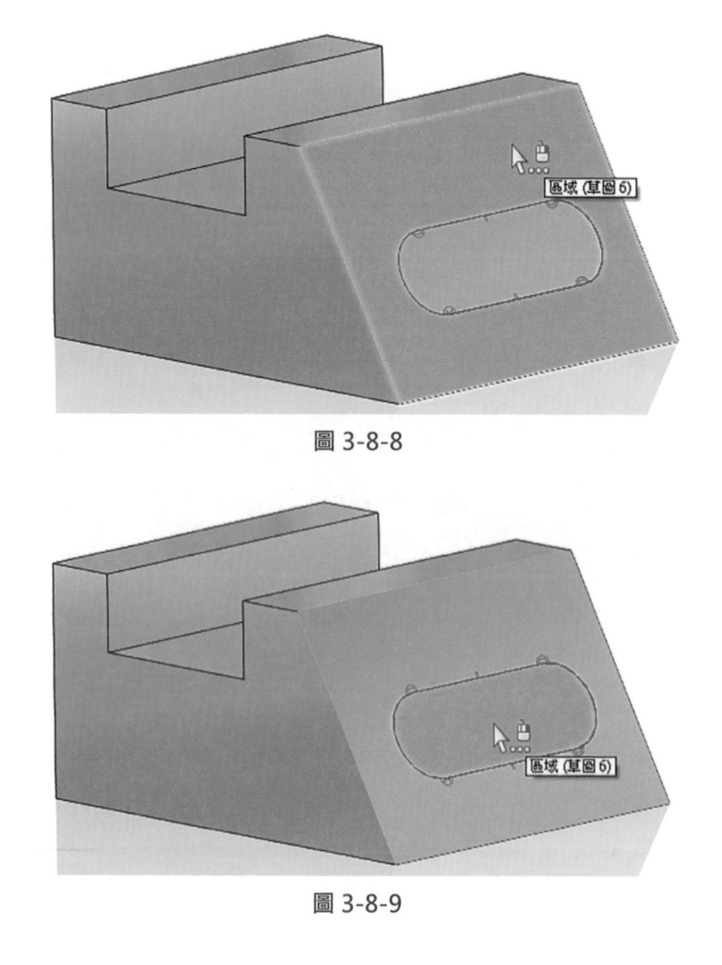

圖 3-8-8

圖 3-8-9

4. 放置幾何關係。 開啟「關係手柄」的顯示，在「首頁」→「草圖關係」的群組中，選取「關係手柄」指令。這些手柄可顯示，直線處於水平，圓弧相切並且連接到各直線的端點，如圖 3-8-10、圖 3-8-11。

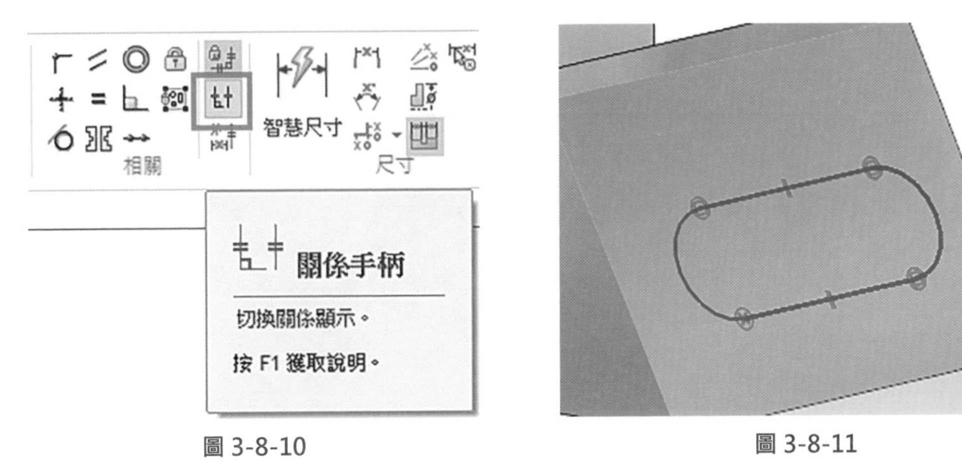

圖 3-8-10　　圖 3-8-11

● 將直線的「中點」與面上邊線的「中點」對齊，套用「水平/垂直」指令。作法：點擊直線的中點，然後點擊面上邊線的中點。將圓弧的「中心」與面上邊的「中點」對齊，套用「水平/垂直」指令。作法：點擊圓弧中心，然後點擊面上邊線的中點，讓槽對齊到置中的位置，如圖 3-8-12、圖 3-8-13。

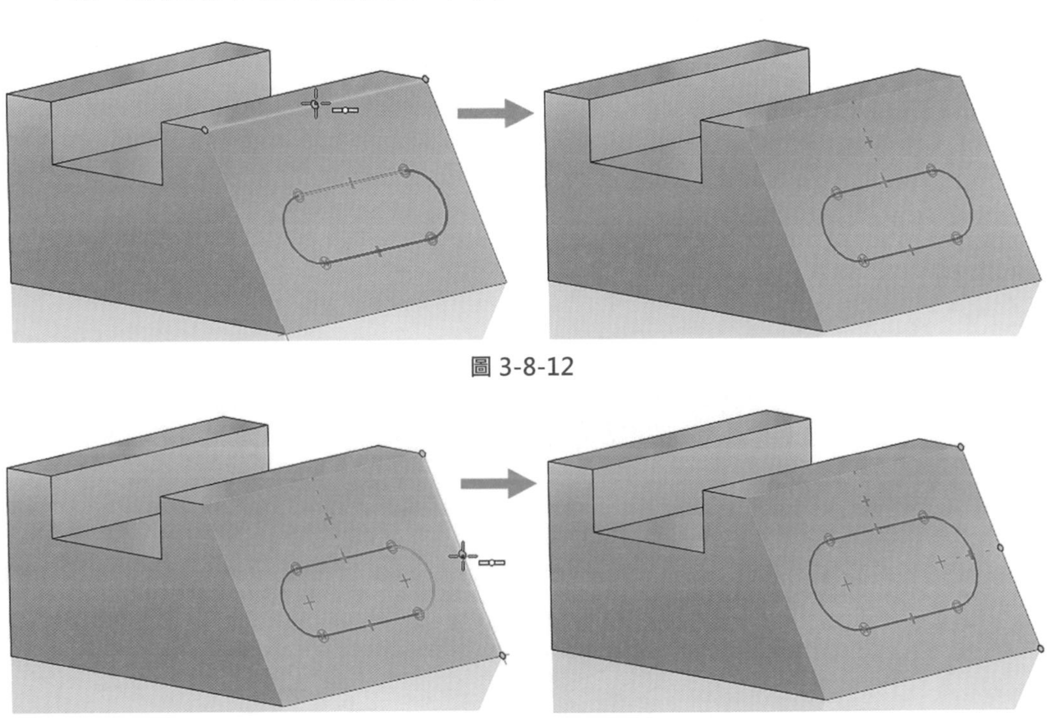

圖 3-8-12

圖 3-8-13

5. 標註尺寸。標註半徑和中心間距尺寸。

   選取「智慧尺寸」指令，點擊圓弧會出現「尺寸值編輯」，在對話方塊中輸入 10。

   選取「智慧尺寸」指令，點擊兩個圓弧的中心，在編輯框中輸入 38，如圖 3-8-14、圖 3-8-15。

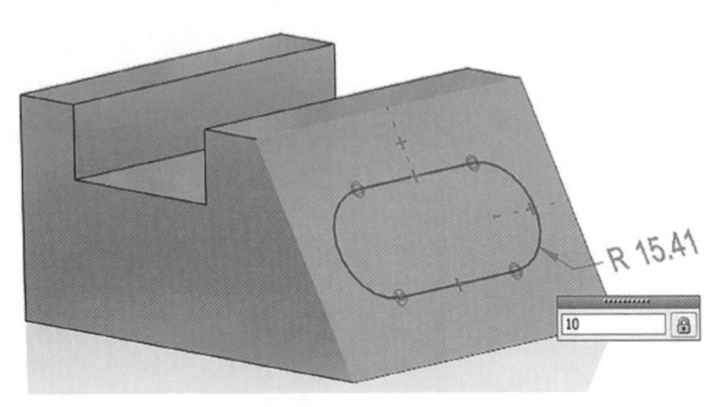

圖 3-8-12

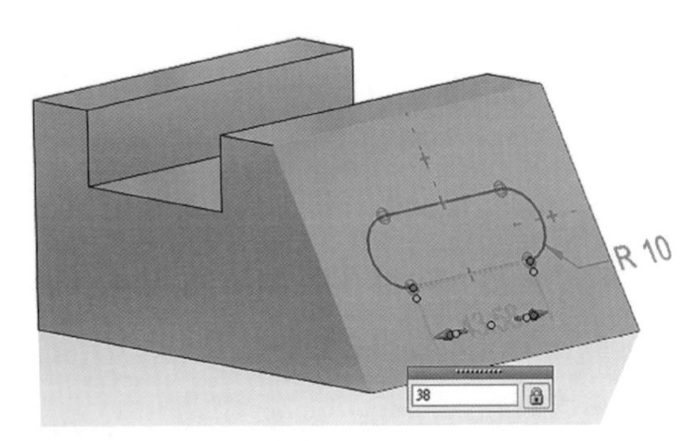

圖 3-8-13

6. 解除平面鎖定，完成草圖繪製。

   按下 Solid Edge 畫面右手邊的鎖定符號 ，解除平面鎖定，完成草圖繪製，如圖 3-8-16。

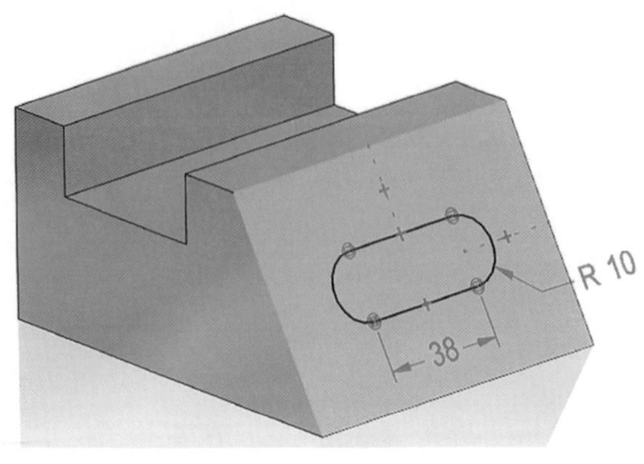

圖 3-8-16

補充

1. 若最終目的是為了建立「槽」，草圖繪製完成後，可直接使用「槽特徵」，如圖 3-8-17、圖 3-8-18、圖 3-8-19、圖 3-8-20。

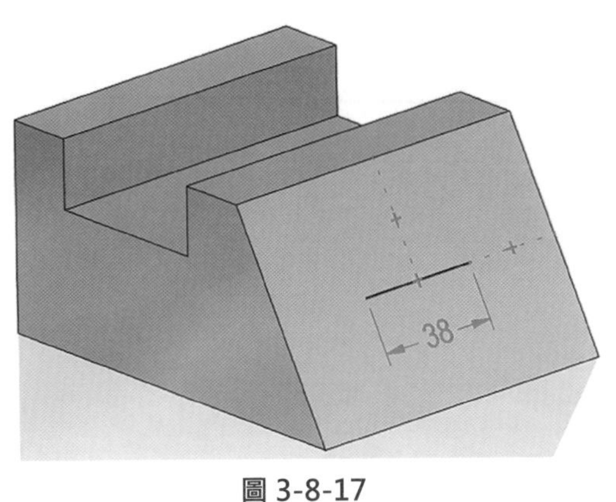

圖 3-8-17

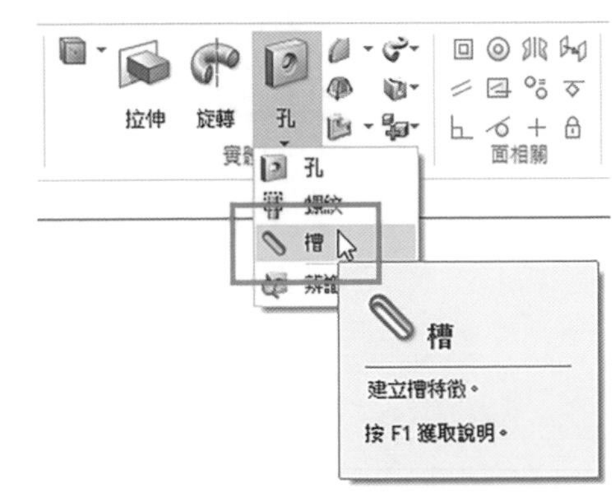

圖 3-8-18

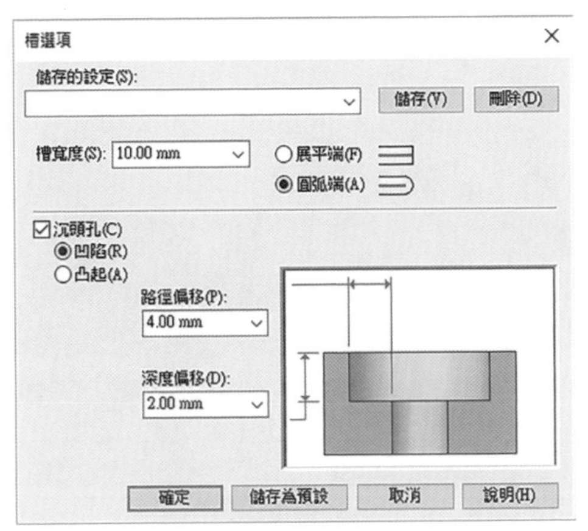

圖 3-8-19

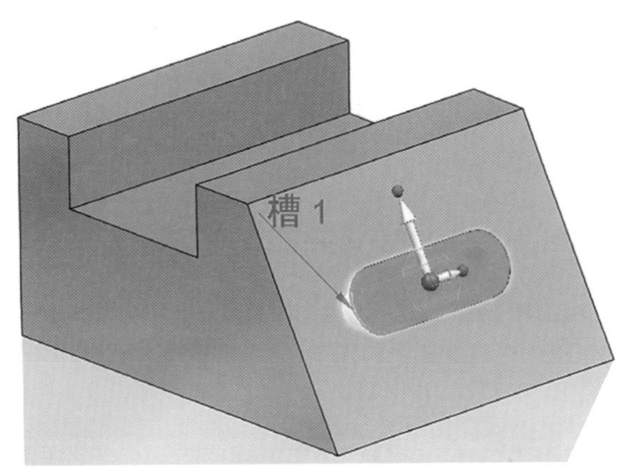

圖 3-8-20

2. 「槽」特徵完成後，如圖 3-8-21。

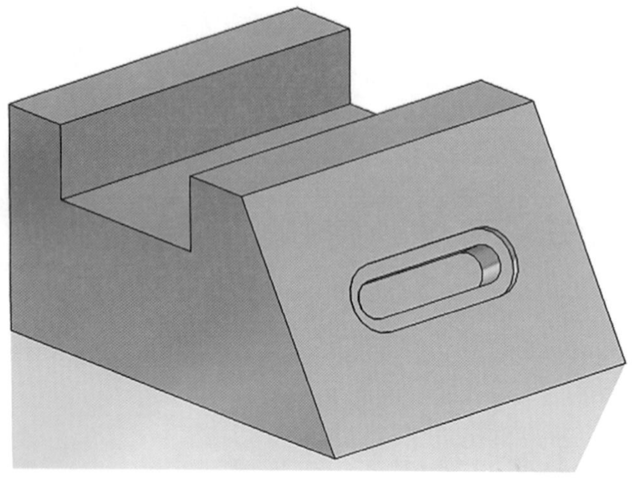

圖 3-8-21

4 CHAPTER

建立基礎特徵

章節介紹

藉由此課程，你將會學到：

4-1　拉伸特徵

4-2　快速立體形狀

4-3　薄殼特徵

4-4　在面上建立拉伸特徵

4-5　孔特徵

4-6　拔模特徵

4-7　倒圓特徵

4-8　肋板特徵

4-9　順序建模特徵

4-10 進階-變化倒圓特徵

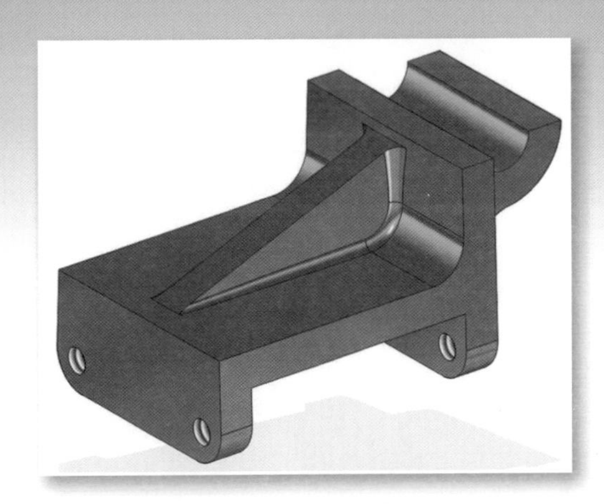

4-1 拉伸特徵

「拉伸」指令就是將已經繪製好的「封閉草圖」輪廓依照繪圖平面的垂直方向作拉伸「長料」或「除料」，即可完成立體的零件實體。

1. 進入範本 ISO 公制零件（同步建模）：在 Soild Edge 的初始頁面上點選 ISO 公制零件，進入零件建模環境底下，並且在「同步建模」底下操作。
2. 繪製「矩形」：在座標軸中的「俯視圖（XY）」上面繪製矩形，並用「智慧尺寸」標註相關尺寸，如圖 4-1-1。

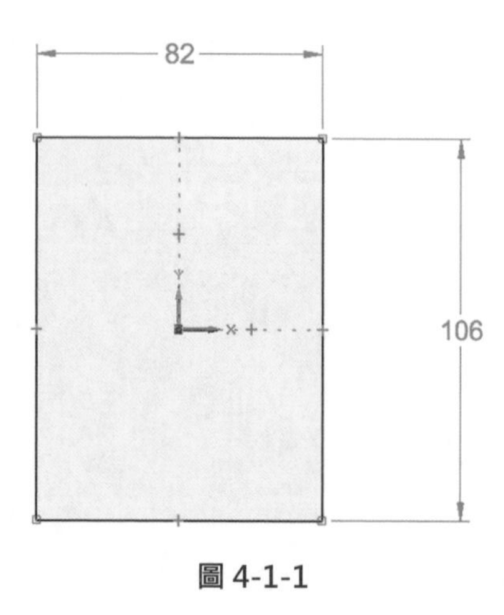

圖 4-1-1

備註：「智慧尺寸」指令位置：「首頁」→「尺寸」→「智慧尺寸」，如圖 4-1-2。

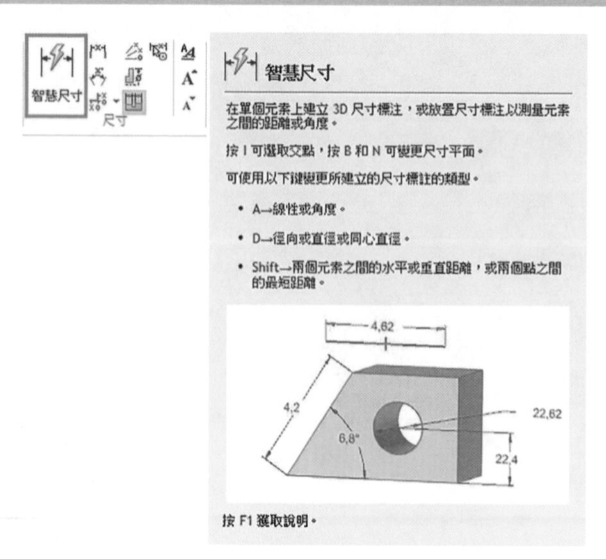

圖 4-1-2

3. 從 2D 輪廓長成 3D 實體：選取「首頁」→「實體」→「拉伸」，如圖 4-1-3。

圖 4-1-3

4. 出現工具列，可選擇「面」、「有限」、「對稱」等設定相關，如圖 4-1-4。

圖 4-1-4

5. 接著選取草圖面後按下「滑鼠右鍵」，定義量為「36mm」然後按下「滑鼠左鍵」，如圖 4-1-5。

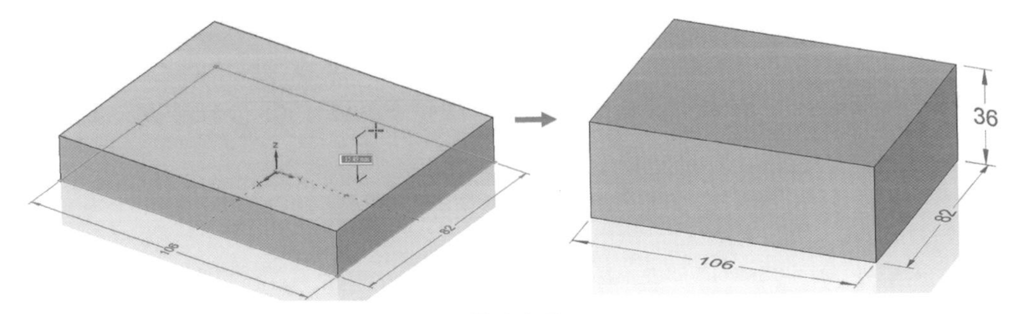

圖 4-1-5

4-2 快速立體形狀

除了利用「拉伸」指令建立基礎特徵之外，也可使用「立方」指令來快速建立「立方體」、「圓柱體」以及「球體」。「立方」指令同時支援長料與除料特徵，如圖 4-2-1。

備註：「立方」指令位置：「首頁」→「實體」→「立方」。

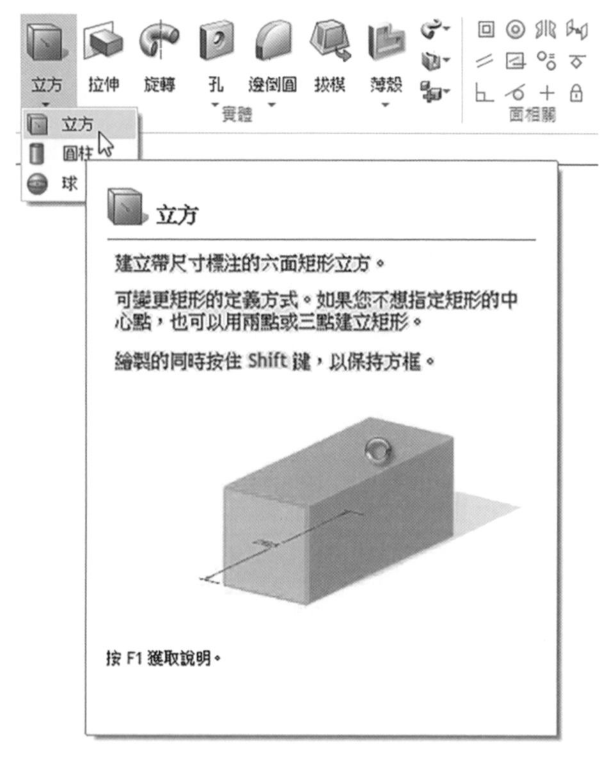

圖 4-2-1

1. 接下來將利用「立方」指令來繪製矩形立方體，重複上述步驟，進入範本 ISO 公制零件（同步建模）：在 Soild Edge 的初始頁面上點選 ISO 公制零件，進入零件建模環境底下，並且在「同步建模」底下操作。

2. 點擊「立方」指令：將滑鼠移到座標軸中的「前視圖（XZ）」並鎖定（XZ）平面，接著鎖定「原點」後可直接拉出矩形圖樣，如圖 4-2-2。

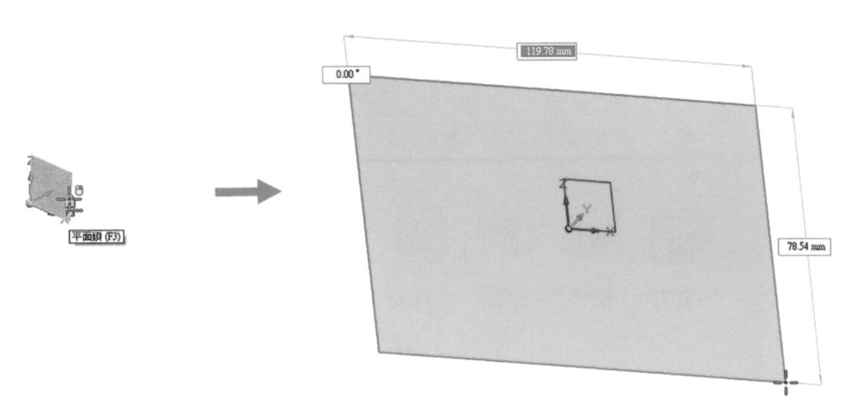

圖 4-2-2

3. 出現反藍「尺寸框」可直接 Key in 數值，完成後按下 enter 鍵反藍「尺寸框」會跳動到下一尺寸位置，可接續輸入所有數值。或按「tab 鍵」挑選要輸入的尺寸框，同上範例依序輸入長 106mm、寬 82mm、角度 0 度並拉伸長出 36mm，完成後如圖 4-2-3。

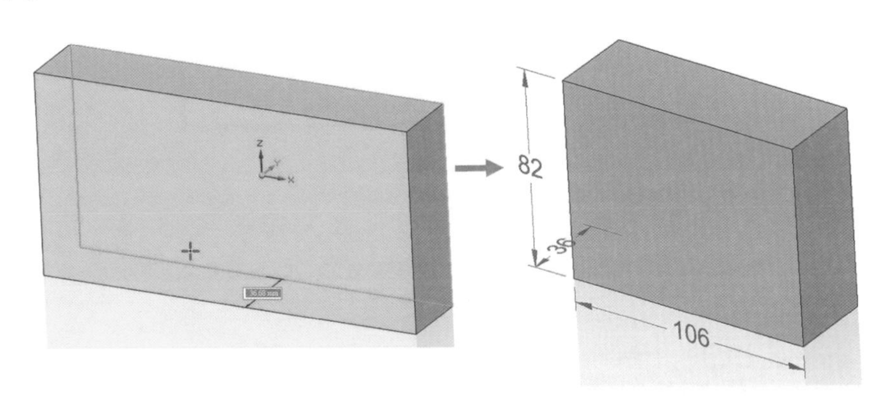

圖 4-2-3

備註：「立方」指令拉伸可選擇：「按中心」、「用2點」、「用3點」，如圖4-2-4。

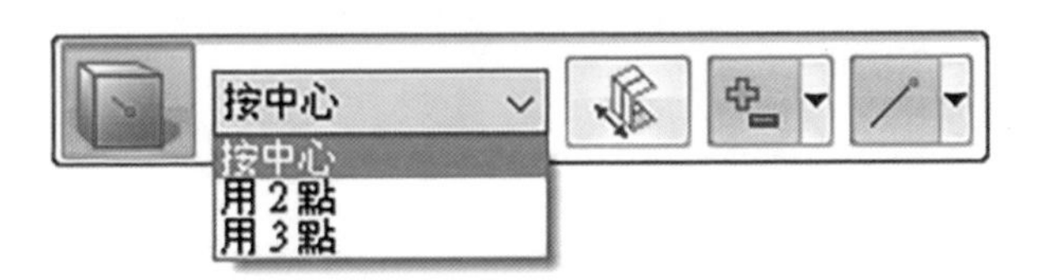

圖 4-2-4

4-3 薄殼特徵

使用「薄殼特徵」時，若沒有選擇實體的任何一面時，薄殼後實體零件將會產生中空實體狀態；若有點選「開放面」，該面的邊緣跟內部即成輸入值後的「薄殼厚度」。

1. 建構「薄殼」：選取「首頁」→「實體」→「薄殼」，如圖 4-3-1

圖 4-3-1

2. 在指令條上選擇「薄殼-開放面」如圖 4-3-2。

圖 4-3-2

3. 點選模型正面、上面、前面與下面的模型面，如圖 4-3-3，定義薄殼值為「12mm」，完成後按下「滑鼠右鍵」，如圖 4-3-4。

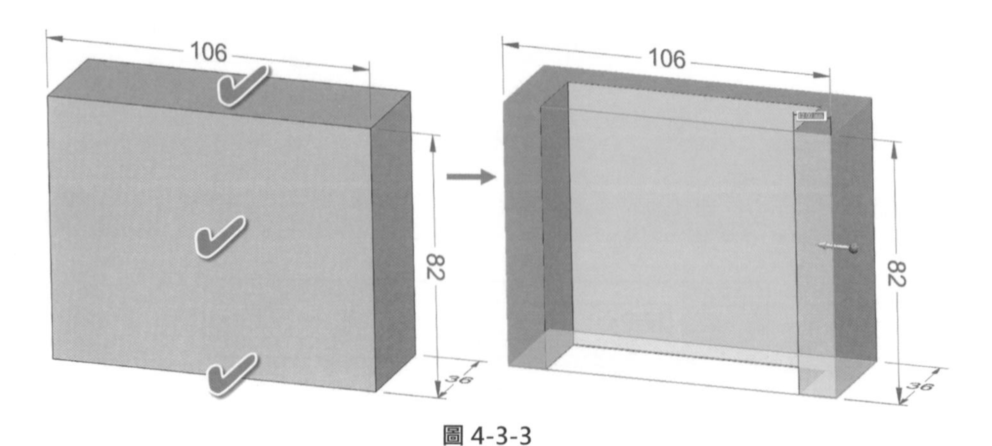

圖 4-3-3

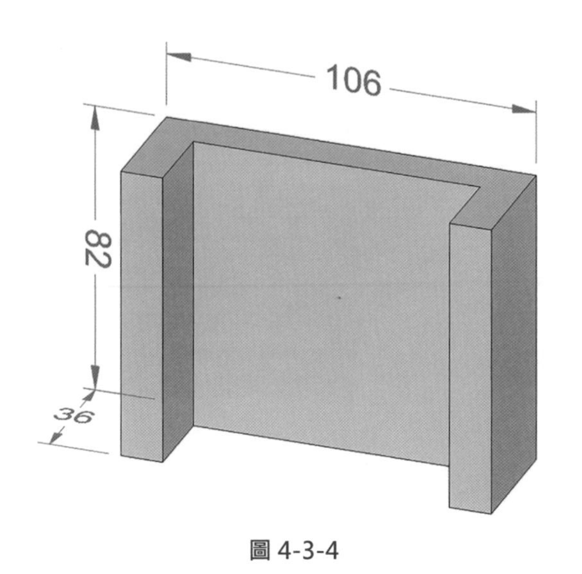

圖 4-3-4

4-4 在面上建立拉伸特徵

在現有模型上建立「拉伸/除料」特徵就是把實體的部分長出或除料，以達到設計所需要的實體外型。

1. 繪製草圖：選擇在零件的正面繪製一「圖形」草圖，如圖 4-4-1 的位置，繪製完成後並標上尺寸，如圖 4-4-2。

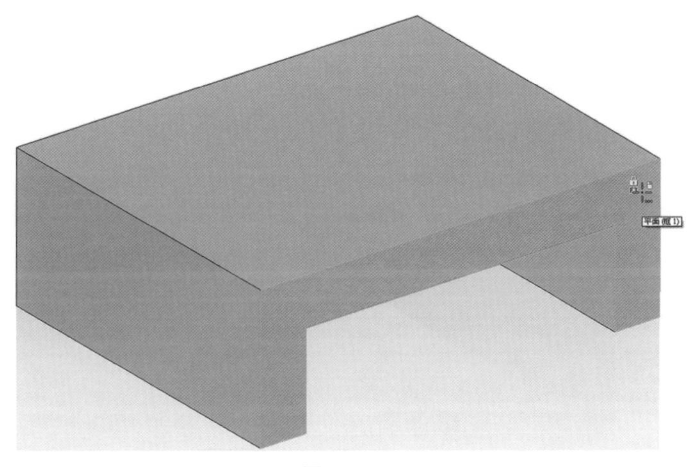

圖 4-4-1

備註：如圖 4-4-2，在同步建模中，只要草圖在面上判斷出「封閉」， 即可長出實體，不須要將草圖輪廓完整封閉。

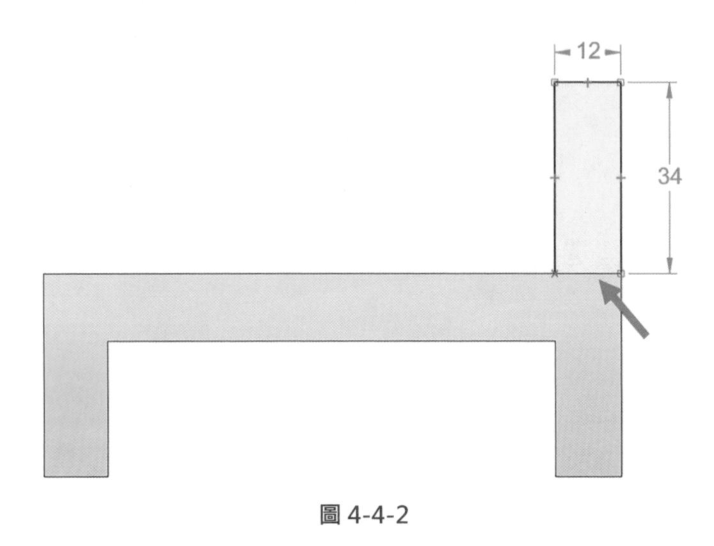

圖 4-4-2

2. 建構「拉伸」特徵：點擊面拉伸後，即出現工具列，選取類型「鏈」、拉伸範圍「有限」以及「拉伸 - 長料」等設定相關，如圖 4-4-3。

圖 4-4-3

鎖定左下方頂點，如圖 4-4-4。

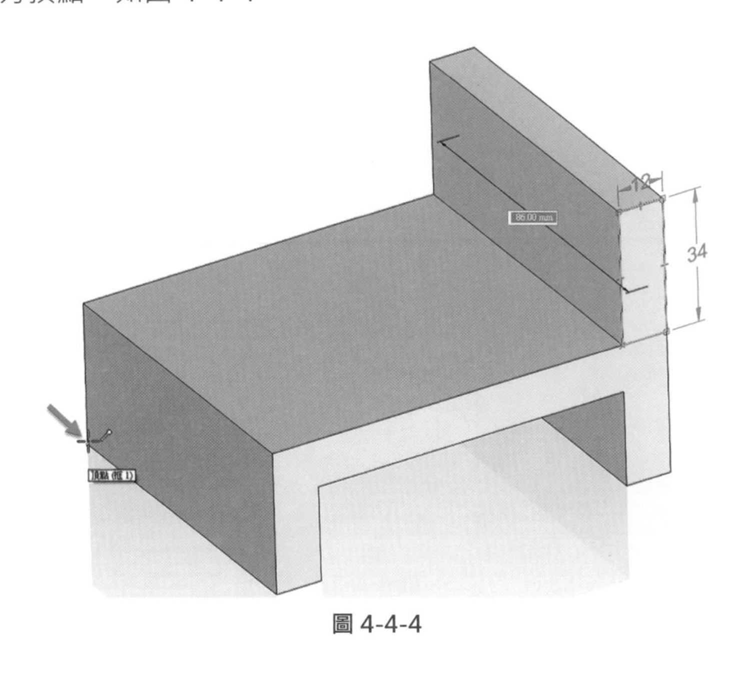

圖 4-4-4

3. 繪製草圖：選擇在零件的「右視圖 (YZ)」繪製，如圖 4-4-5，在面上先繪製「圓形」， 並多繪製兩條直線將其連接，如圖 4-4-6。

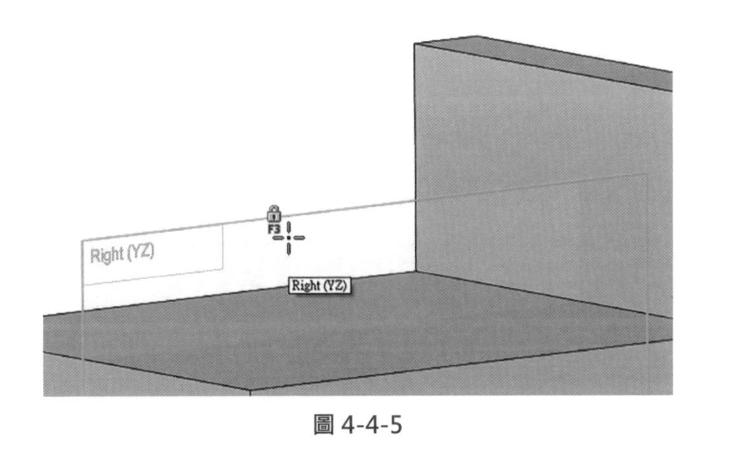

圖 4-4-5

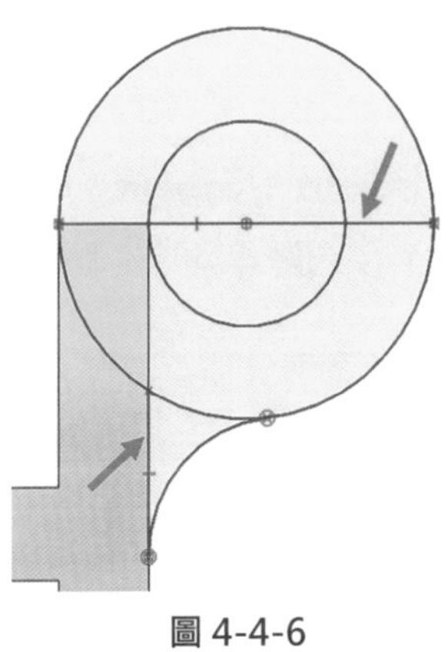

圖 4-4-6

4. 標註尺寸：將剛剛的模型進行尺寸標註後，如圖 4-4-7。

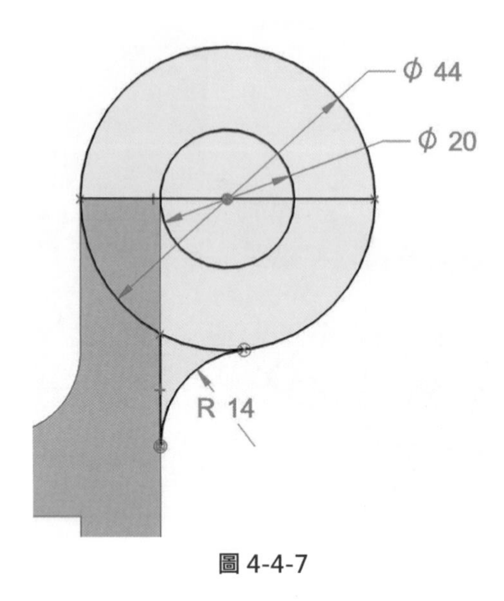

圖 4-4-7

5. 以往繪製完，需修剪草圖成封閉輪廓。而同步建模中，僅需認區域，即可選到區域直接長料/除料。

6. 拉伸特徵：點選輪廓長出，記得在工具列中調整「拉伸-對稱」及「長料」，如圖 4-4-8、圖 4-4-9、圖 4-4-10，接下來輸入「60mm」，完成後如圖 4-4-11。

圖 4-4-8

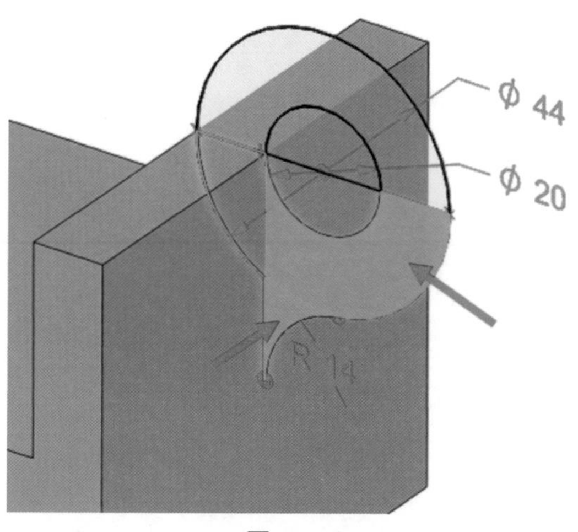

圖 4-4-9

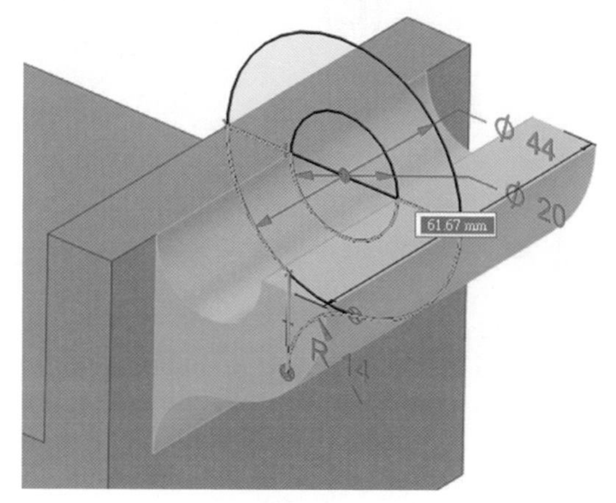

圖 4-4-10

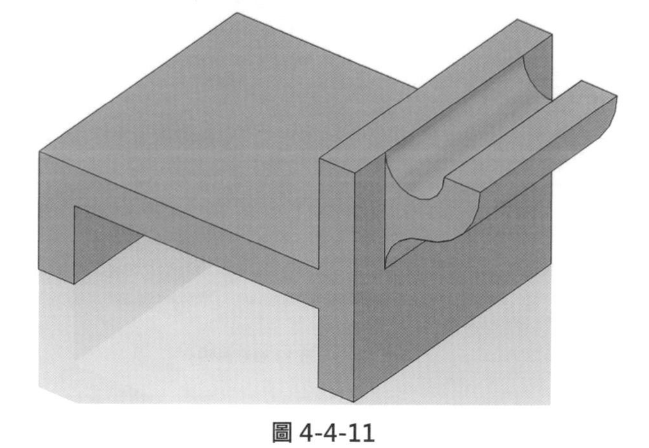

圖 4-4-11

4-5 孔特徵

使用「孔」特徵就是在實體中建立孔規格的工具，利用它可以建立「簡單孔(A)」、「螺紋孔 (B)」、「錐孔 (C)」、「埋頭孔 (D)」、「沉頭孔 (E)」，如圖 4-5-1。

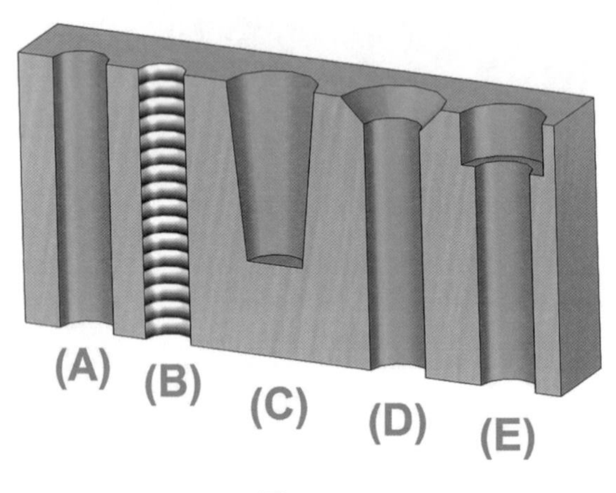

圖 4-5-1

1. 加入「螺紋孔」特徵：點選「首頁」→「實體」→「孔」，如圖 4-5-2。

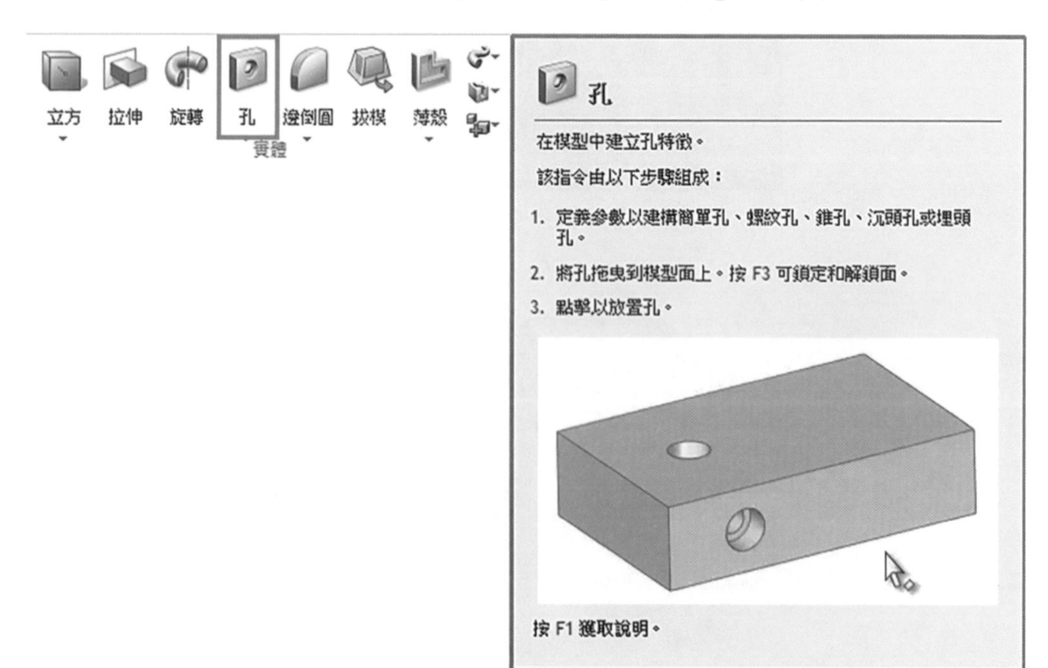

圖 4-5-2

2. 接著出現孔特徵工具列，如圖 4-5-3。

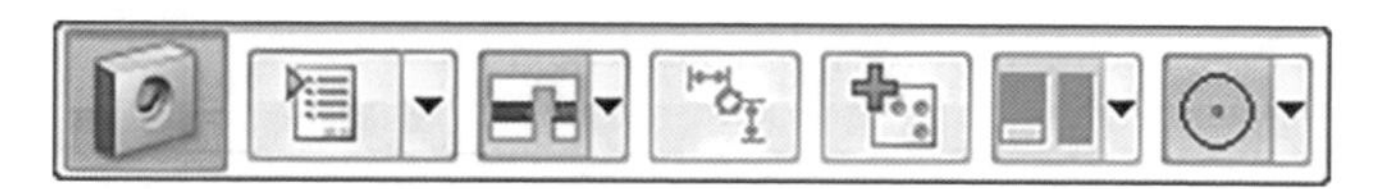

圖 4-5-3

3. 選擇孔選項，選取：類型-「螺紋孔」、子類型 -「標準螺紋」、大小-「M10」、螺紋範圍-「至孔全長」以及孔範圍 -「貫穿」，如圖 4-5-4。

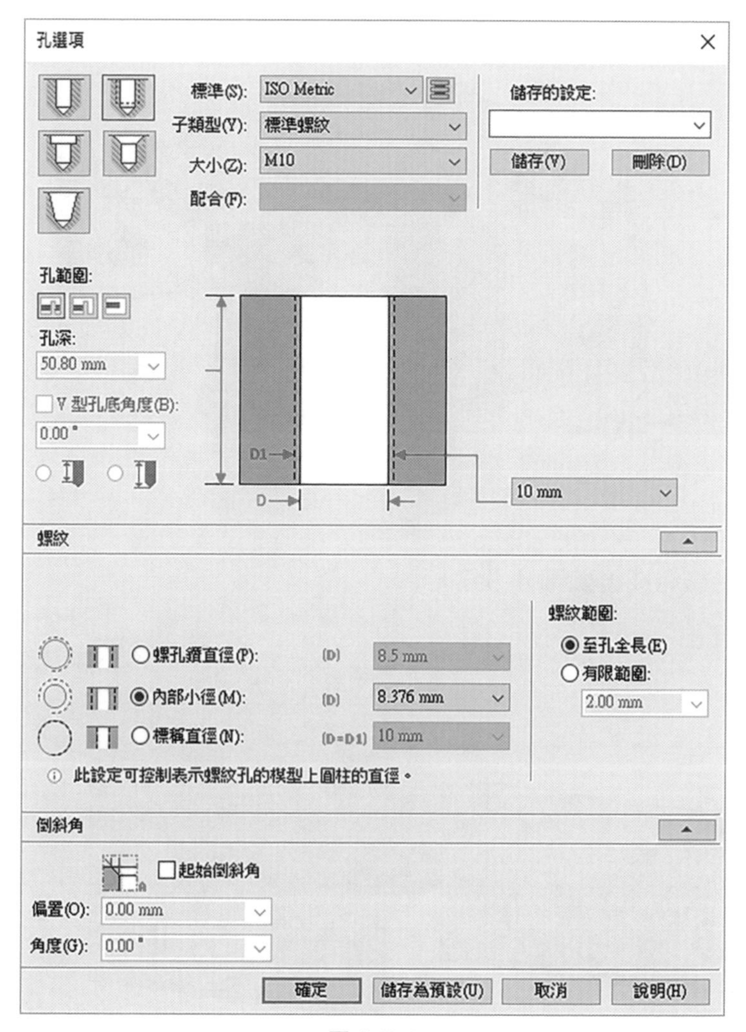

圖 4-5-4

4. 「確定」之後，先點選要建立孔的平面，接著在下方角落放置二個孔，並標註相關尺寸，完成後如圖 4-5-5、圖4-5-6。

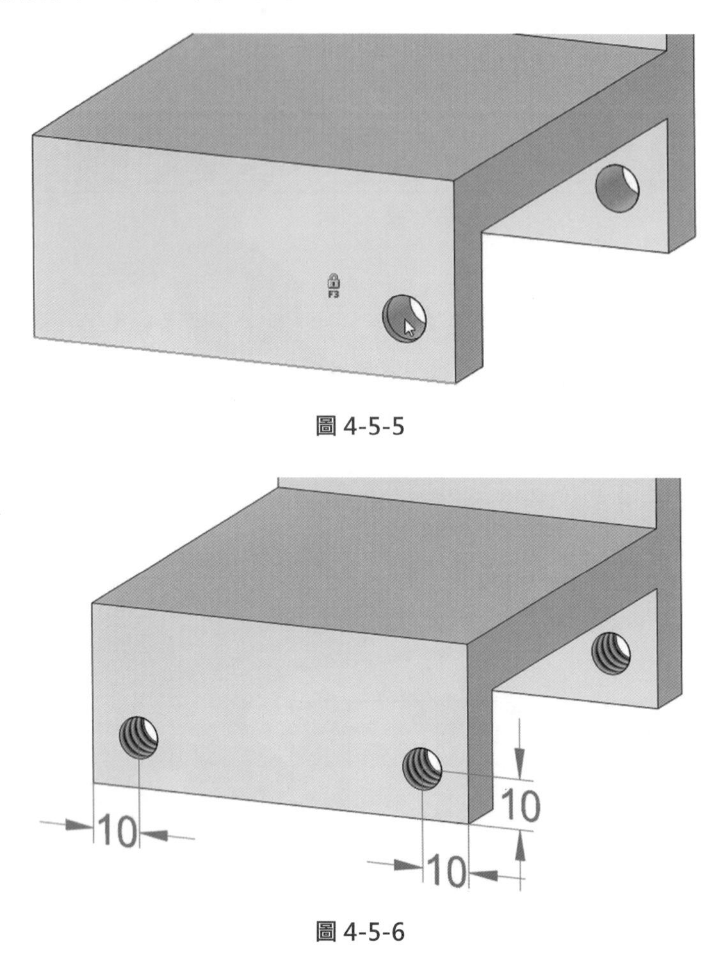

圖 4-5-5

圖 4-5-6

5. 「螺紋孔」特徵完成後如圖 4-5-7。

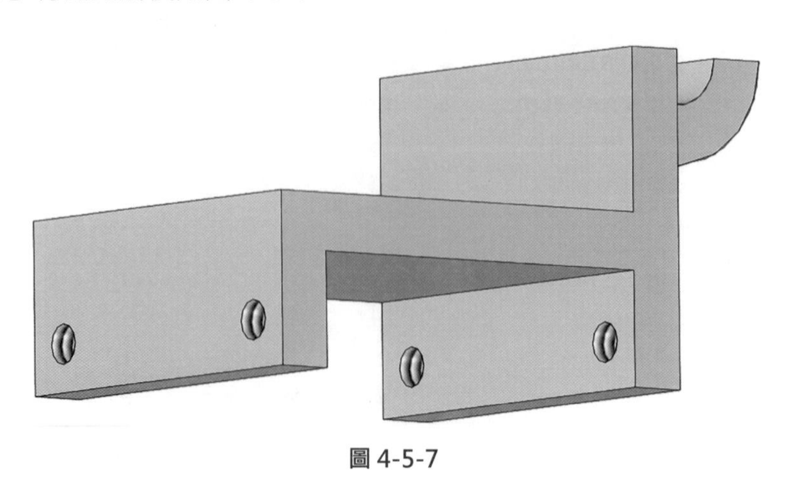

圖 4-5-7

4-6 拔模特徵

「拔模」特徵就是讓模型中所指定的面傾斜一個角度，讓物件可以在模具取出過程中更容易退出。

1. 建構「拔模」特徵：選取「首頁」→「實體」→「拔模」，如圖 4-6-1。

圖 4-6-1

2. 點擊「拔模」後出現工具列，如圖 4-6-2。

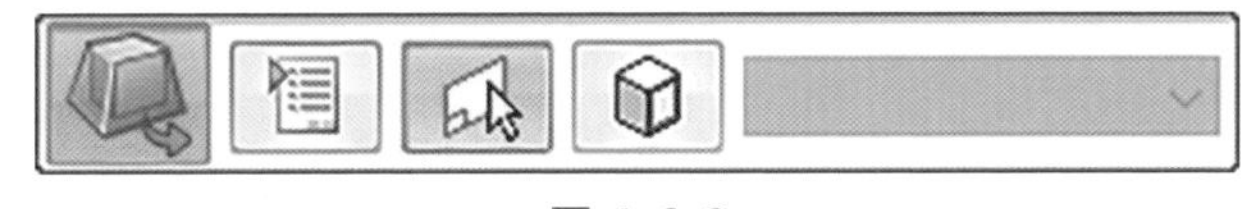

圖 4-6-2

3. 選取：先選擇「拔模平面」為最底部的固定面，選取之後固定平面會以橘色亮顯，如圖 4-6-3。

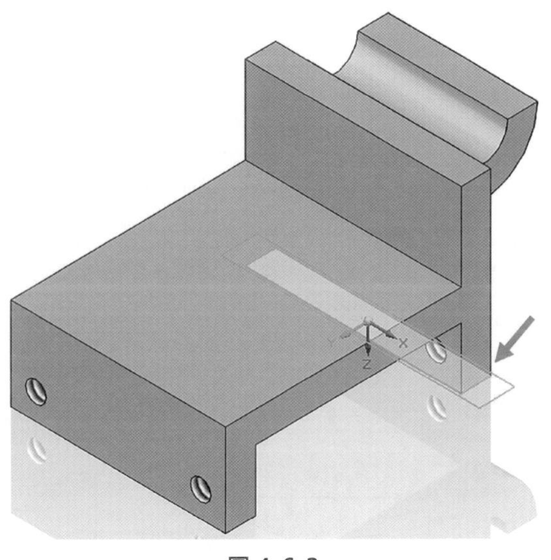

圖 4-6-3

4. 選取需拔模的面為左右兩側，點擊白色箭頭選擇拔模方向為「內側」方向，拔模角度為「2°」確定後按下「滑鼠右鍵」，如圖 4-6-4。

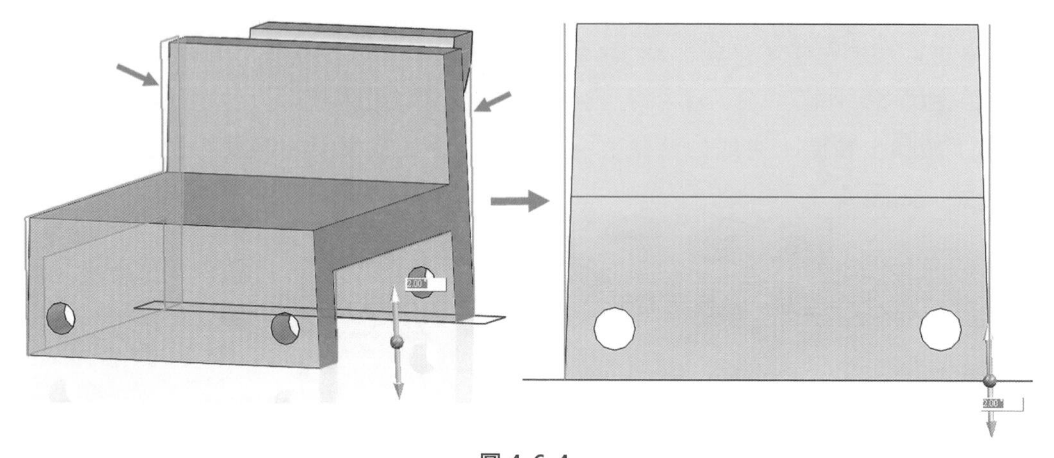

圖 4-6-4

5. 完成：「拔模」後，如圖 4-6-5。

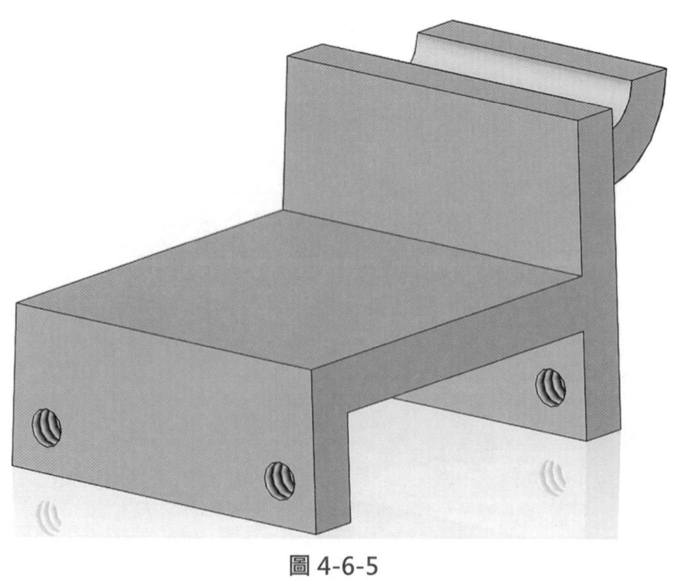

圖 4-6-5

4-7 倒圓特徵

倒圓特徵就是讓模型中所指定邊加入「倒圓角」，讓模型可以更圓滑，「內圓角」或「外圓角」兩者皆可建立。

1. 建構「倒圓」特徵：選取「首頁」→「實體」→「邊倒圓」，如圖 4-7-1。會出現工具列，如圖 4-7-2。

圖 4-7-1

圖 4-7-2

2. 選取：接著選取所需要倒圓的「邊」或「鏈」，有五條邊線需要倒圓 R 值為「12mm」，可參考圖 4-7-3 亮顯處，全部選取之後按下「滑鼠右鍵」，完成後如圖 4-7-3。

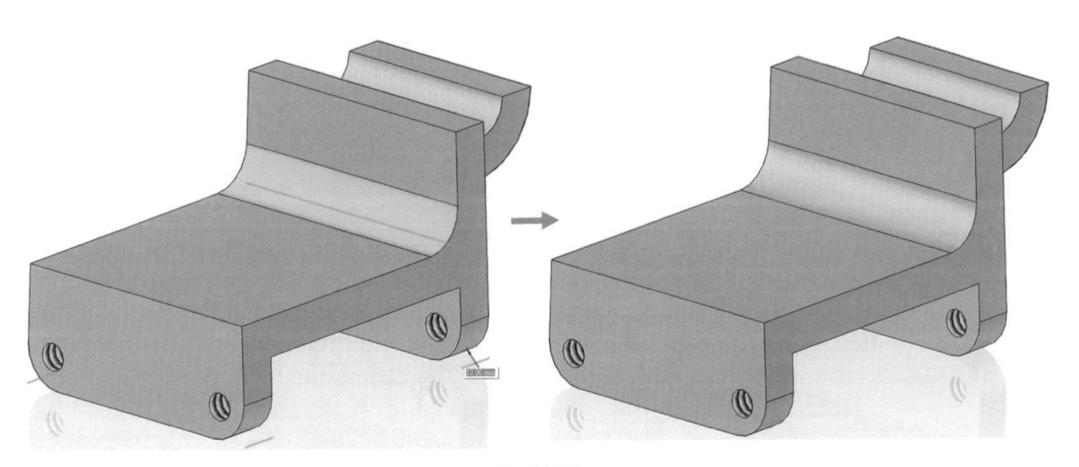

圖 4-7-3

4-8 肋板特徵

「肋板」特徵可利用單一線段或草圖來延伸至模型上建立出肋板，通常做為補強或支撐等效果。

1. 繪製「肋板」草圖：點選右視圖 (YZ) 繪製草圖並標註尺寸，草圖為單一線段如圖 4-8-1。

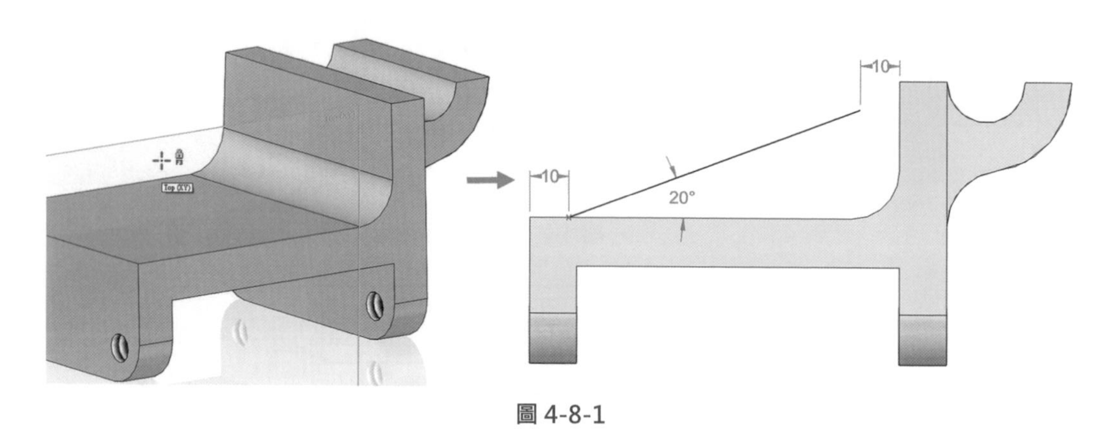

圖 4-8-1

2. 建立「肋板」特徵：選取「首頁」→「實體」→「薄殼」→「肋板」，如圖 4-8-2。

圖 4-8-2

3. 出現「肋板」工具列，如圖 4-8-3。

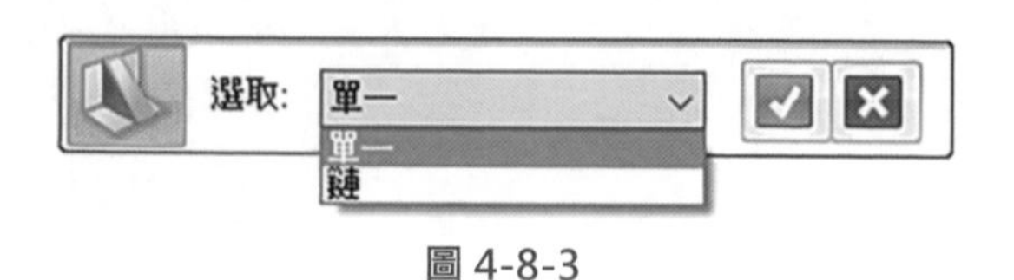

圖 4-8-3

4. 選取：選擇先前繪製的草圖線段後按下「滑鼠右鍵」，接著出現下列工具列， 如圖 4-8-4。

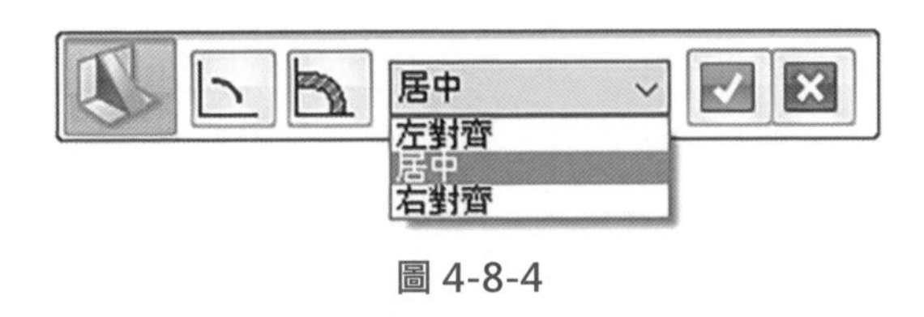

圖 4-8-4

5. 肋板長出：選擇「方向」後，輸入肋板厚度值為「12mm」按下「滑鼠右鍵」，即可完成肋板長出，完成後如圖 4-8-5、4-8-6。

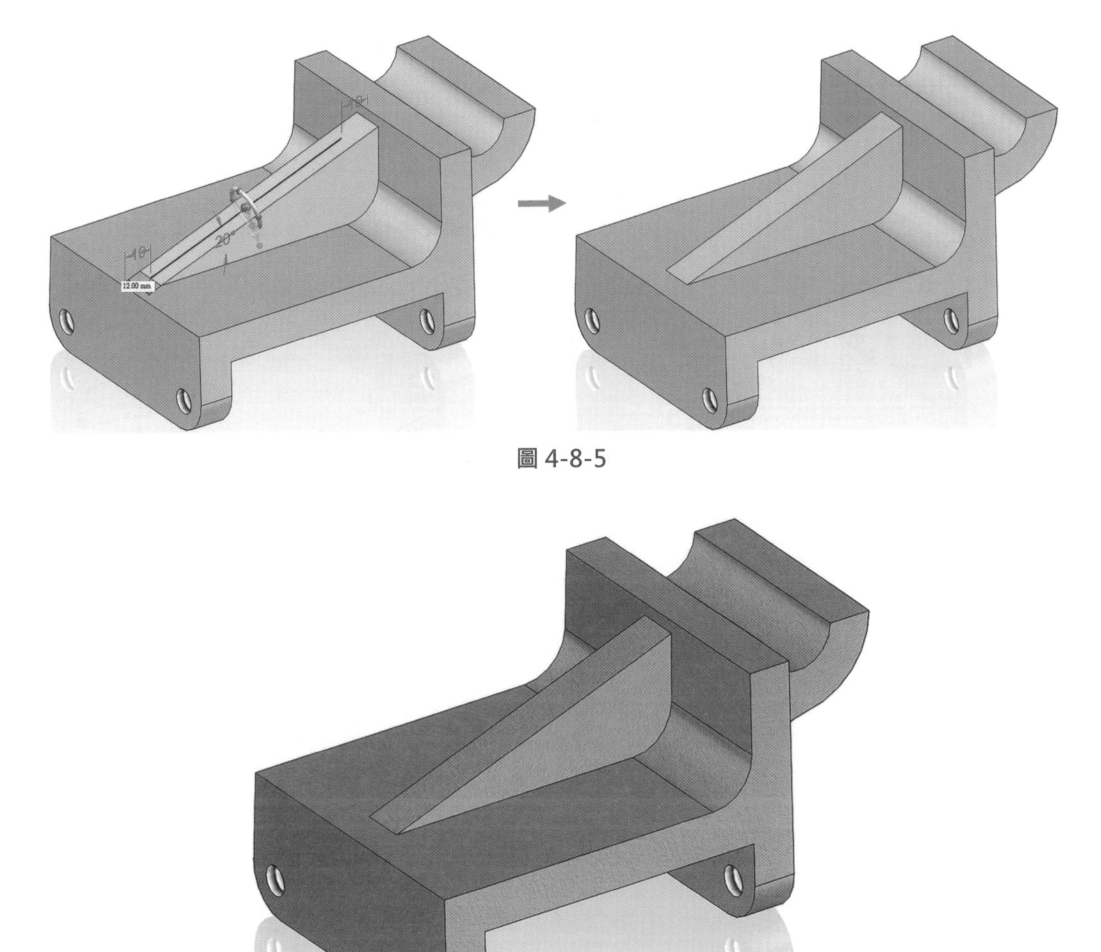

圖 4-8-5

圖 4-8-6

4-9 順序建模特徵

延續章節 4-1~4-8 的範例內容，接下來將使用「順序建模」的方式再建構一次，讓用戶可以比較一下「順序建模」與「同步建模」之間的差異。

1. 進入範本 ISO 公制零件（順序建模）：在 Soild Edge 的初始頁面上點選 ISO 公制零件，進入零件建模環境底下，並且在「順序建模」底下操作。

備註：或是先進入零件範本，再由「工具」→「模型」中 → 選擇「順序建模」

2. 點選繪製「草圖」指令：選取「首頁」→「草圖」→「草圖」，如圖 4-9-1。

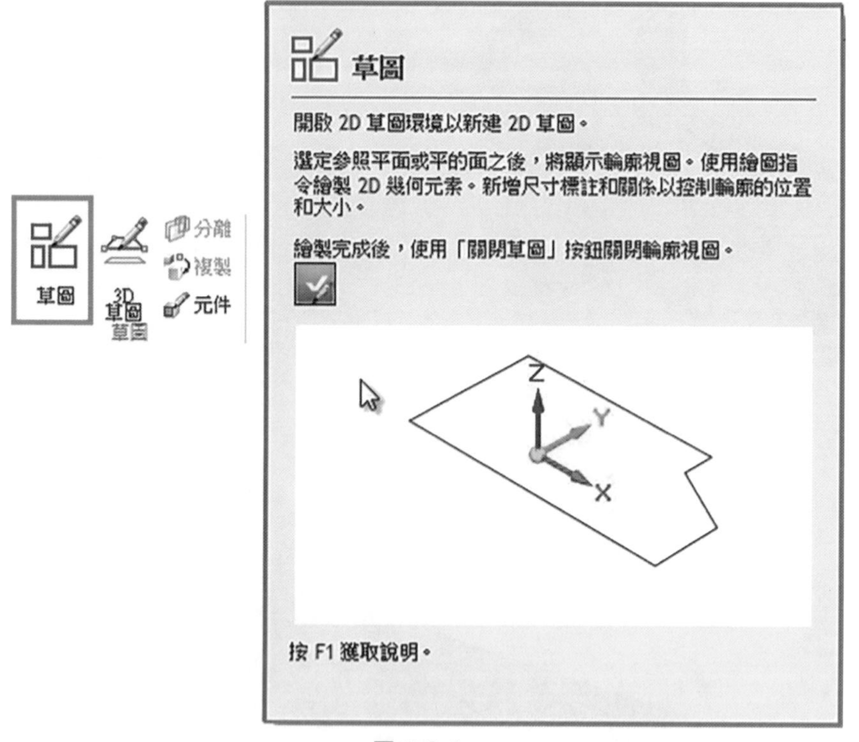

圖 4-9-1

3. 選取要繪製草圖的「基準面」：出現草圖工具列並選擇「重合面」，如圖 4-9-2。

圖 4-9-2

4. 點選座標軸中的俯視圖 (XY)，如圖 4-9-3。

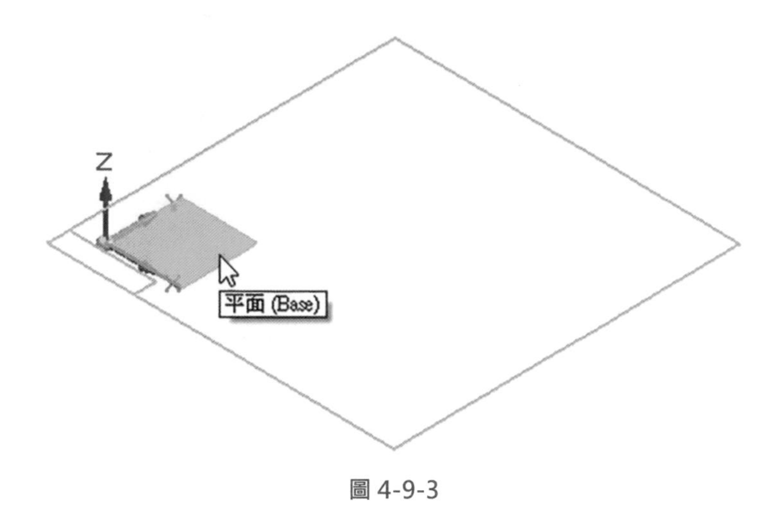

圖 4-9-3

5. 繪製「矩形」：視圖會自動移正為該視圖的草圖視圖，繪製矩形，並用「智慧尺寸」標註相關尺寸，完成後點擊「關閉草圖」，如圖 4-9-4。

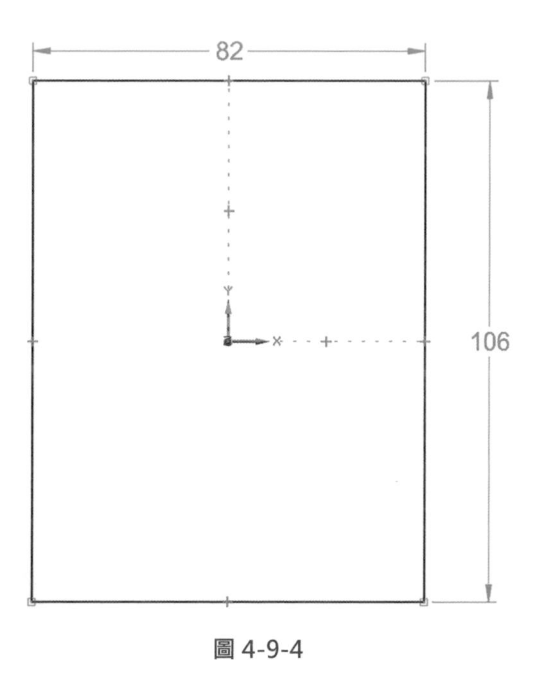

圖 4-9-4

6. 從 2D 輪廓長成 3D 實體：選取「首頁」→「實體」→「拉伸」，如圖 4-9-5。

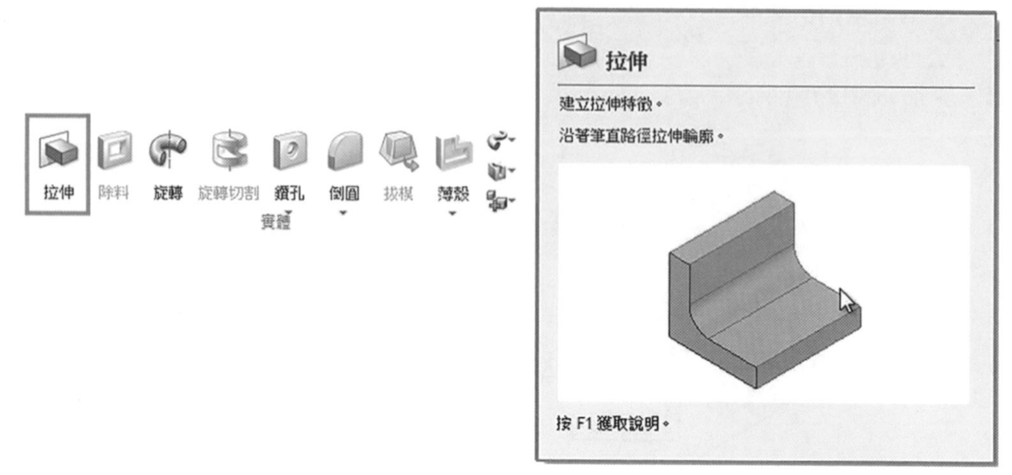

圖 4-9-5

7. 出現工具列，並選擇「從草圖選取」跟「鏈」，如圖 4-9-6。

圖 4-9-6

8. 點擊剛剛繪製的草圖後按下「滑鼠右鍵」，如圖 4-9-7。

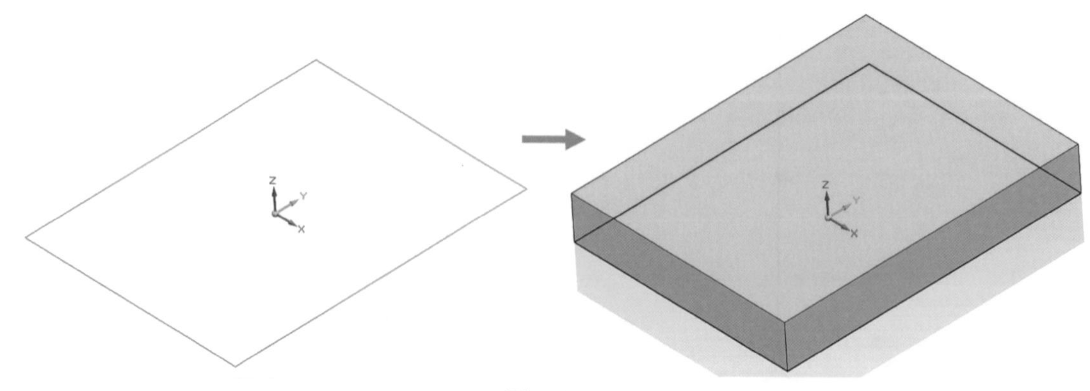

圖 4-9-7

9. 此時，工具列會變成拉伸的工具列，選擇「非對稱」、「拉伸-有限延伸」，拉伸的距離為「36mm」後按下「滑鼠右鍵」，選擇平面往上拉伸的方向按下「滑鼠左鍵」，完成如圖 4-9-8。

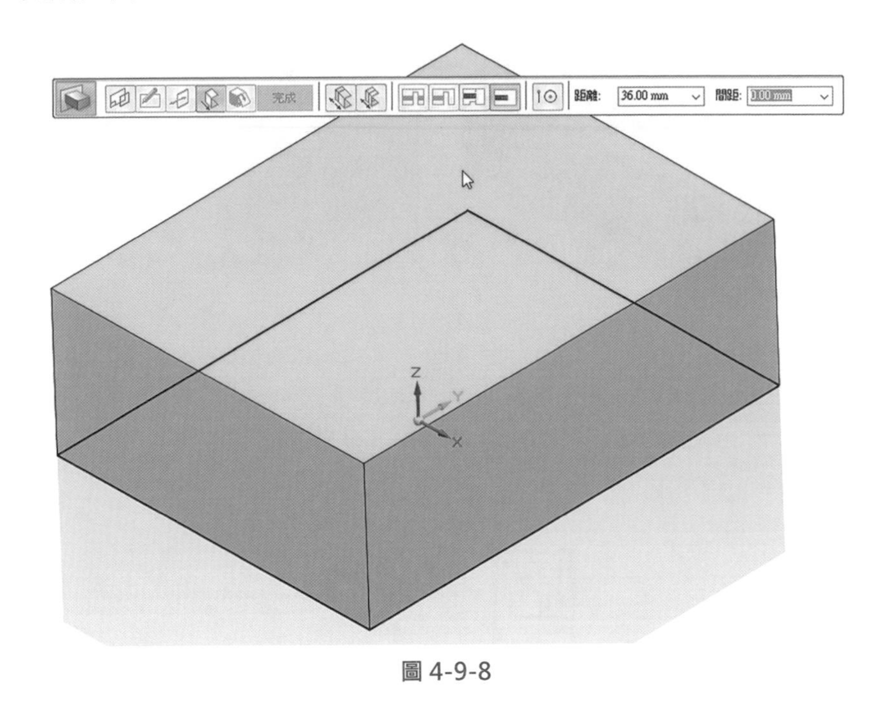

圖 4-9-8

10. 建構「薄殼」：選取「首頁」→「實體」→「薄殼」，如圖 4-9-9。

圖 4-9-9

11. 在「薄殼」工具列先輸入厚度為「12mm」，再選擇「薄殼-開放面」、「鏈」，如圖 4-9-10。

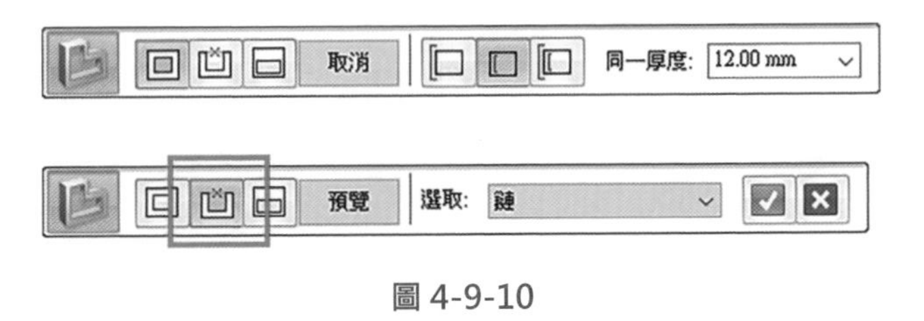

圖 4-9-10

12. 接著點選模型底面與左右面的模型面，選取後按下「滑鼠右鍵」「接受」→「滑鼠右鍵」「預覽」→「滑鼠右鍵」「完成」，即可完成薄殼，如圖 4-9-11。

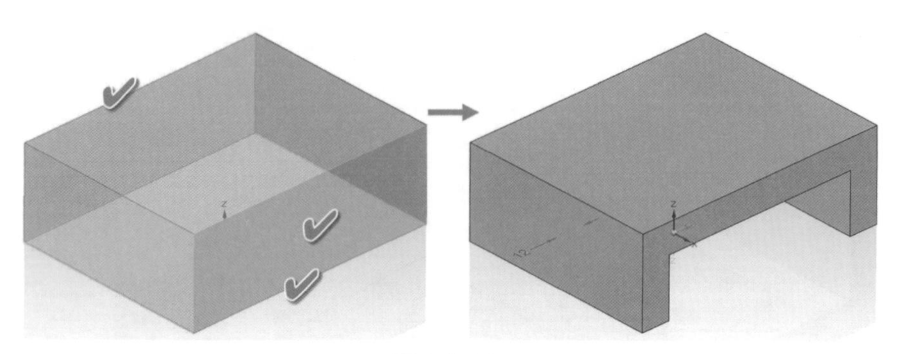

圖 4-9-11

13. 建構下一個圖形長料設計：「長料」特徵步驟，一樣先使用草圖步驟，選取「首頁」→「草圖」→「草圖」，如圖 4-9-12。

圖 4-9-12

14. 出現草圖工具列並選擇「重合面」，點選零件中亮顯的平面，如圖 4-9-13，並在平面上繪製要長料的草圖輪廓，如圖 4-9-14。

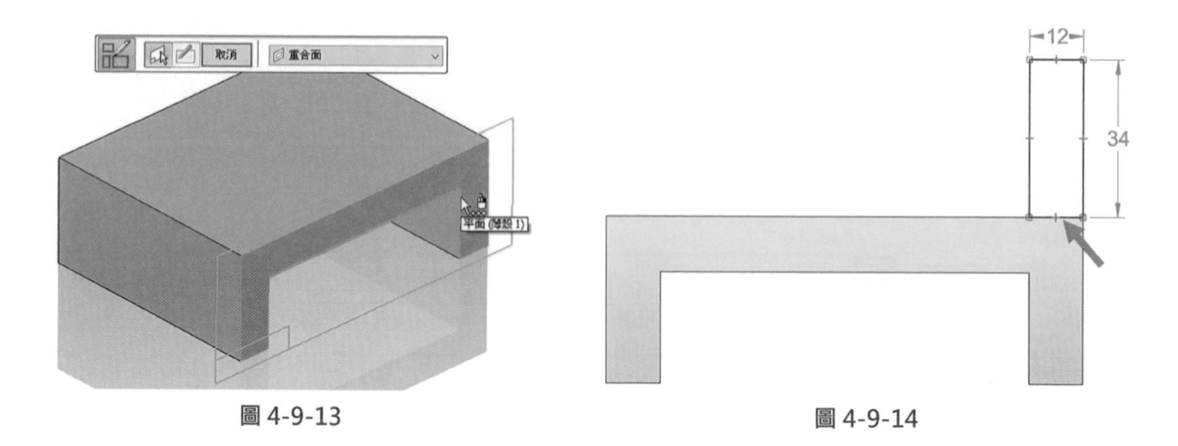

圖 4-9-13

圖 4-9-14

15. 關閉草圖後，選取「首頁」→「實體」→「拉伸」，如圖 4-9-15。

圖 4-9-15

16. 出現工具列，設定為「從草圖選取」跟「鏈」，如圖 4-9-16。

圖 4-9-16

17. 選取草圖，接受後工具列會變成「拉伸」工具列，設定為「有限」，「鎖點」，完成後，如圖 4-9-17。

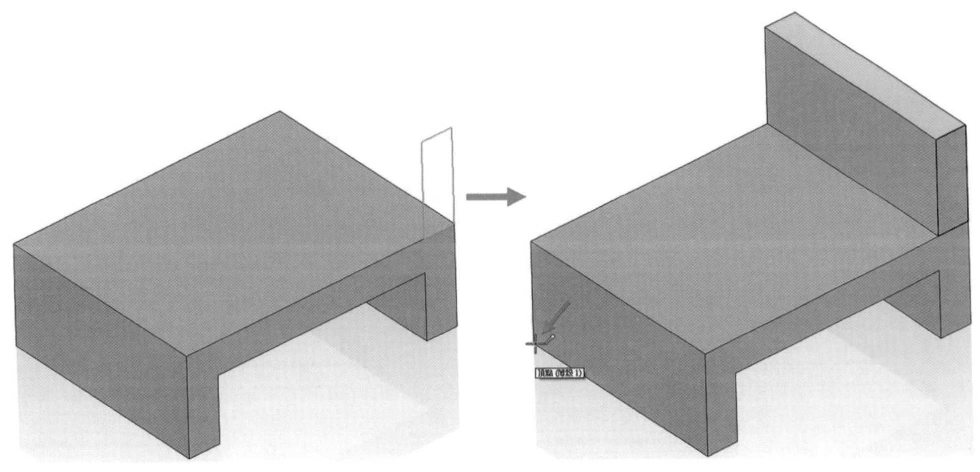

圖 4-9-17

18. 一樣繪製另一個輪廓，選草圖功能，接下來選取平面「右視圖 (YZ)」，如圖 4-9-18。

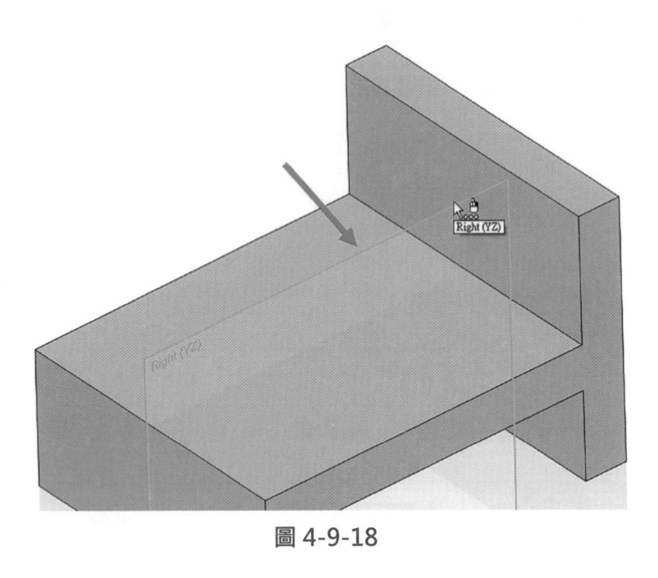

圖 4-9-18

19. 進入草圖模式，繪製以下草圖，如圖 4-9-19。

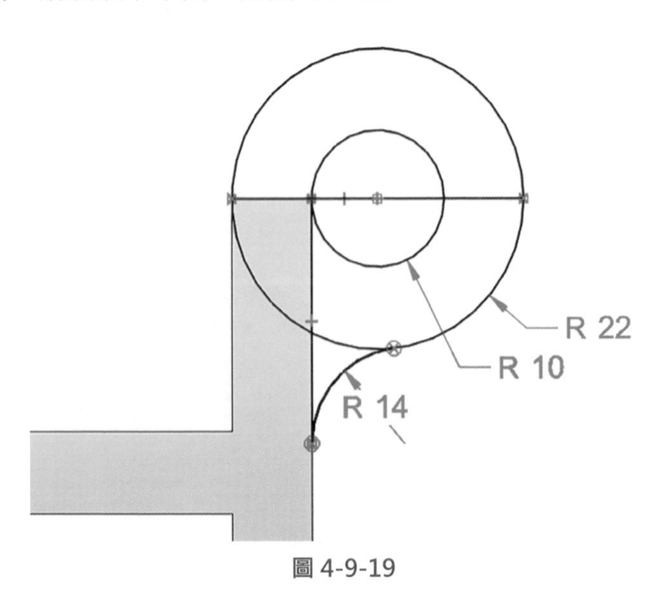

圖 4-9-19

20. 修剪時，記得要把多餘的線段刪除掉，如圖 4-9-20，因為順序建模輪廓長出時，需要把輪廓完整封閉才行。

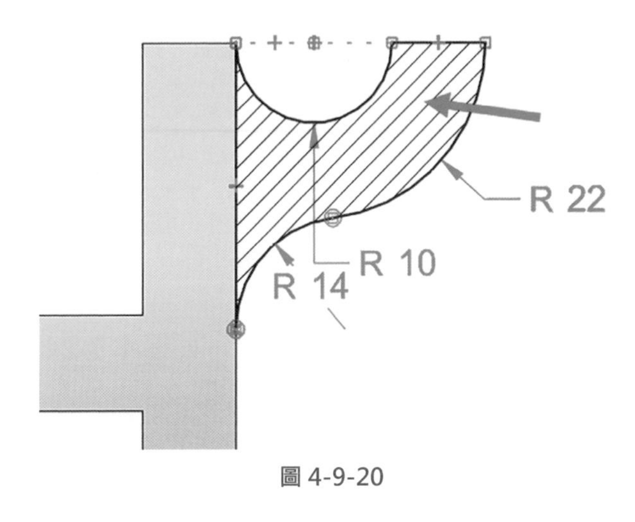

圖 4-9-20

21. 拉伸後記得修改成對稱拉伸，輸入尺寸「60mm」，如圖 4-9-21、圖 4-9-22。

圖 4-9-21

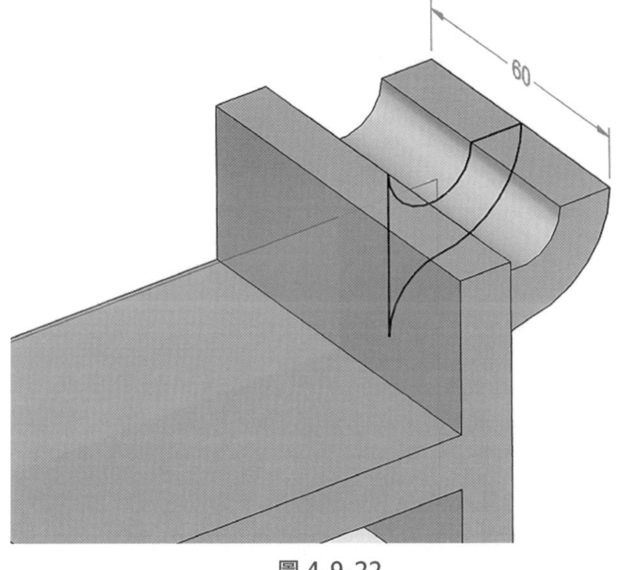

圖 4-9-22

22. 接下來建立「孔」特徵：選取「首頁」→「實體」→「鑽孔」，如圖 4-9-23。

圖 4-9-23

23. 出現「鑽孔」工具列，選取要放置孔特徵的平面，如圖 4-9-24。

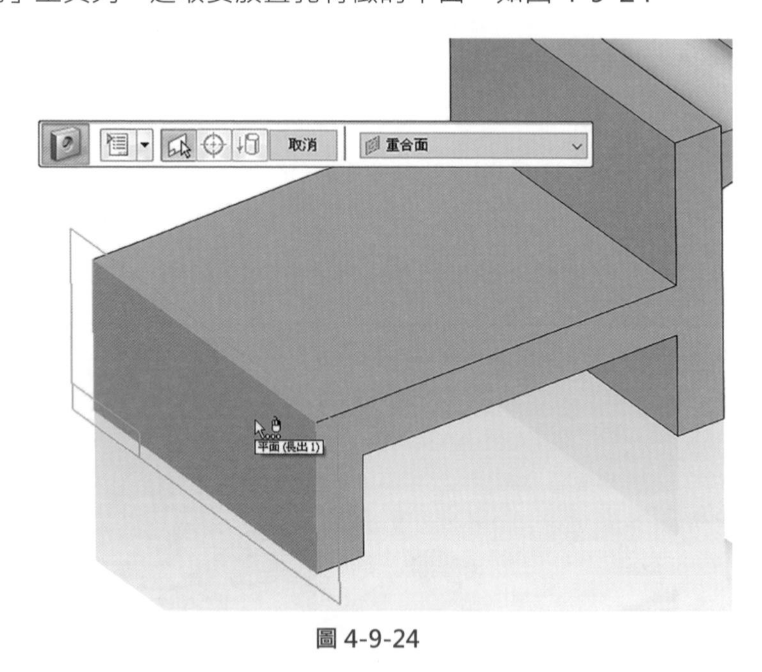

圖 4-9-24

24. 進入草圖模式後，出現「鑽孔」工具列，可以點選孔選項修改，如圖 4-9-25。

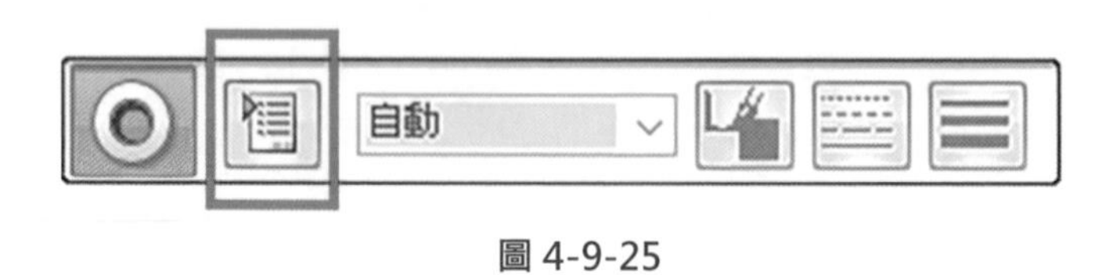

圖 4-9-25

25. 設定「孔選項」，選取：類型-「螺紋孔」、子類型-「標準螺紋」、大小-「M10」、螺紋範圍-「至孔全長」以及孔範圍-「貫穿」，如圖 4-9-26。

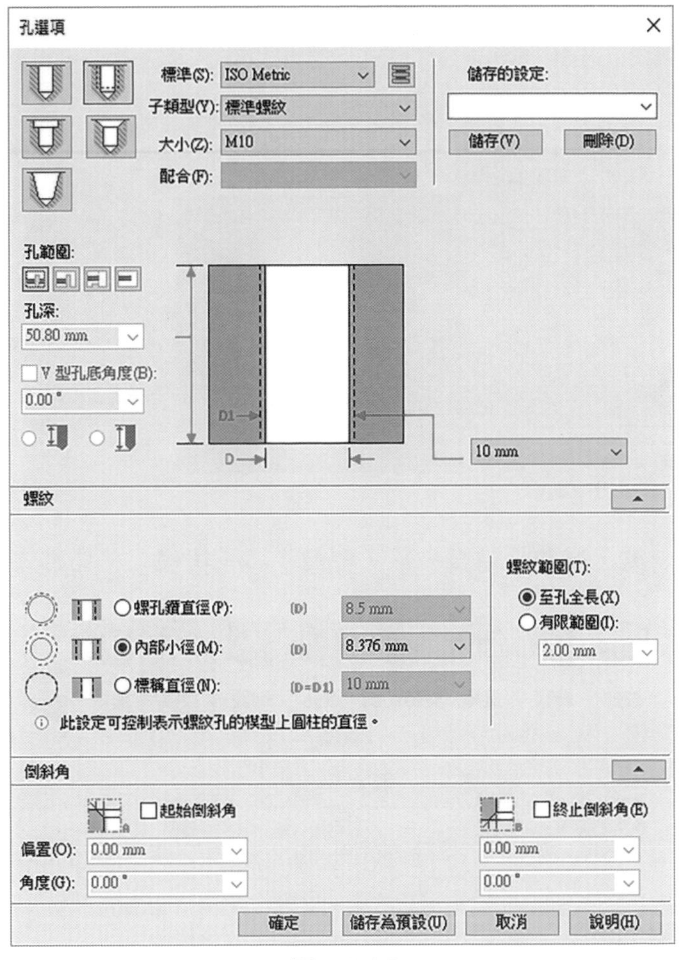

圖 4-9-26

備註：如果不小心取消掉「孔選項」，可以在「首頁」→「特徵」的地方找到「孔圓」繼續放置，如圖 4-9-27。

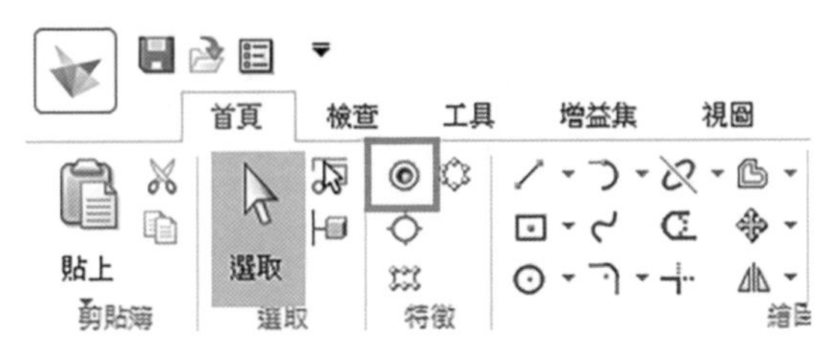

圖 4-9-27

26. 接著在下方角落放置二個孔，並標註相關尺寸。完成草圖後，除料方向選擇往模型外側，點選完成後按下「滑鼠右鍵」，如圖 4-9-28、圖 4-9-29。

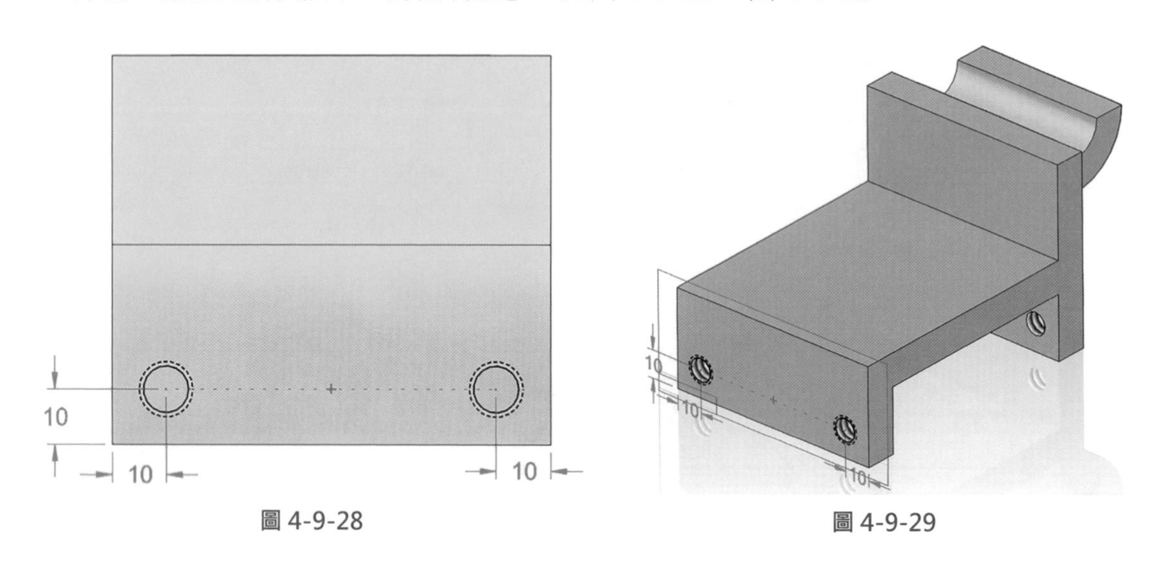

圖 4-9-28　　圖 4-9-29

27. 建構「拔模」特徵：選取「首頁」→「實體」→「拔模」，如圖 4-9-30。

圖 4-9-30

28. 出現「拔模」工具列，選取底部為固定平面，選取之後固定平面會以橘色亮顯，如圖 4-9-31。

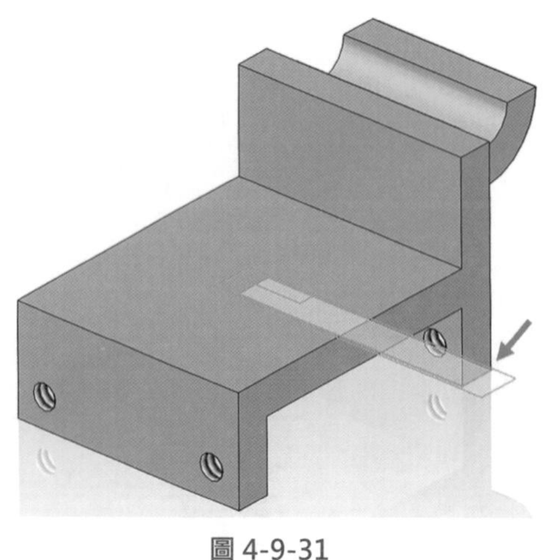

圖 4-9-31

29. 接下來選取需拔模的面為左右兩側，點擊箭頭選擇拔模往內側方向，定義量為「2°」，接下來「滑鼠右鍵」「接受」→「滑鼠右鍵」「下一步」→「滑鼠左鍵」「選擇方向」→「滑鼠右鍵」「完成」，如圖 4-9-32、圖 4-9-33、圖 4-9-34。

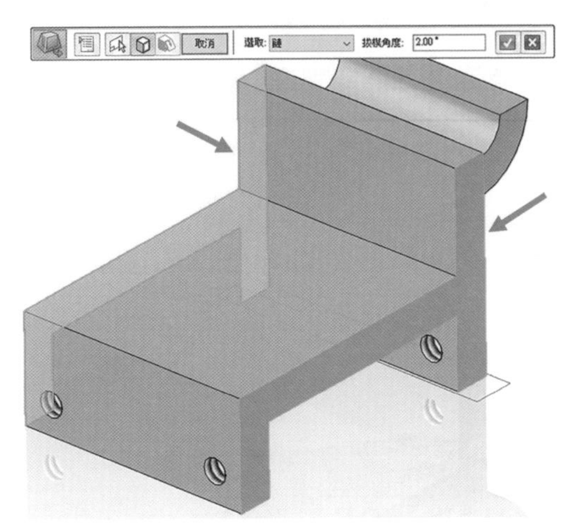

圖 4-9-32

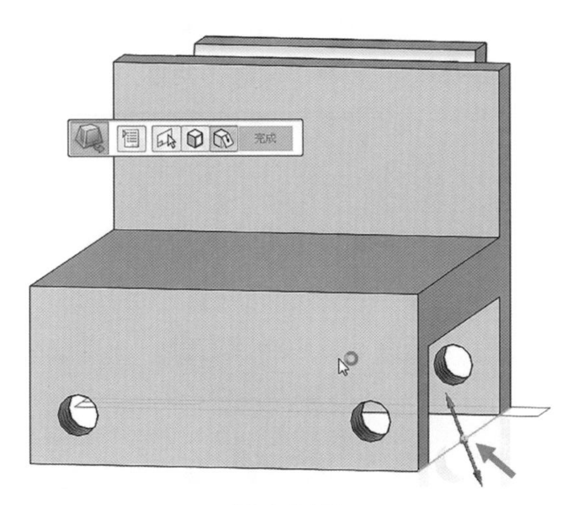

圖 4-9-33

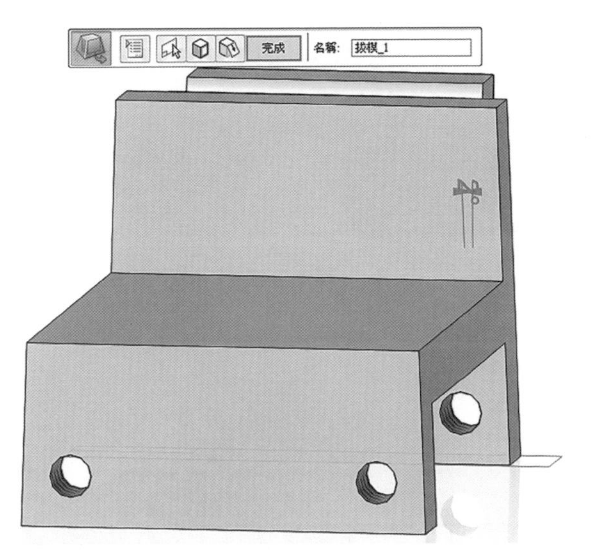

圖 4-9-34

30. 建構「倒圓」特徵：選取「首頁」→「實體」→「倒圓」。出現「倒圓」工具列，設定「鏈」、半徑為「12mm」如圖 4-9-35。

圖 4-9-35

31. 接著選取所需要倒圓的「邊」或「鏈」，有五條邊線需要倒圓 R 值為「12mm」，可參考圖 4-9-36 亮顯處，全部選取之後點擊「滑鼠右鍵」「接受」→「滑鼠右鍵」「預覽」→「滑鼠右鍵」「完成」。

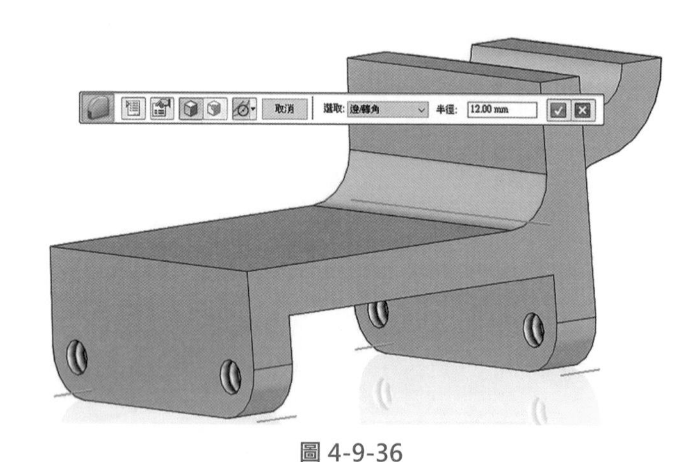

圖 4-9-36

32. 建立「草圖」：選取草圖功能選擇平面「右視圖 (YZ)」，如圖 4-9-37。

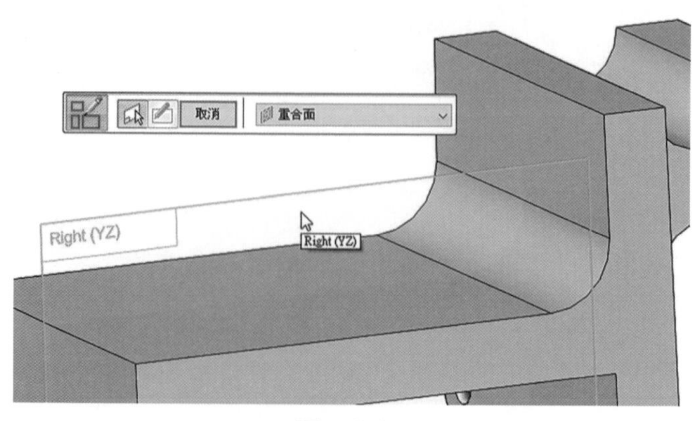

圖 4-9-37

33. 繪製「圖形」：依照同步草圖繪製，或者可以參考下列圖形，如圖 4-9-38。

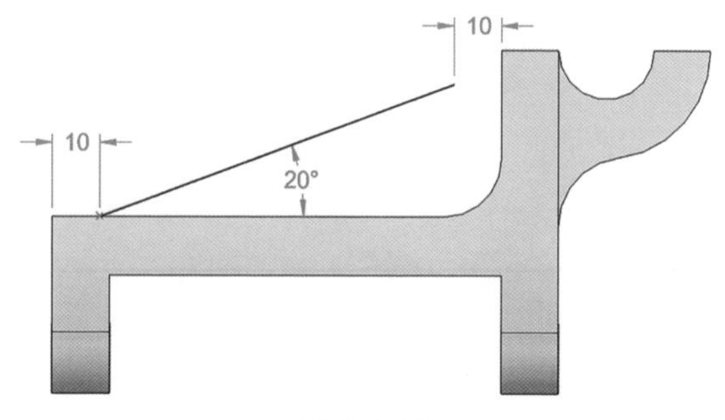

圖 4-9-38

34. 建構「肋板」特徵：選取「首頁」→「實體」→「薄殼」→「肋板」，如圖 4-9-39。

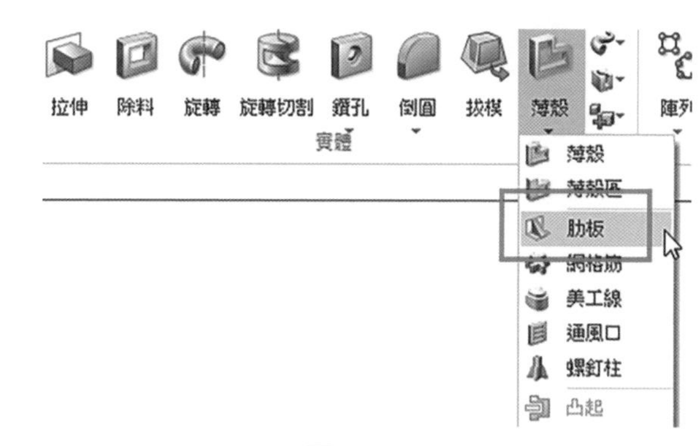

圖 4-9-39

35. 接著出現「肋板」工具列，使用「從草圖選取」並選擇「鏈」或「單一」，並輸入厚度值「12mm」，如圖 4-9-40、圖 4-9-41。

圖 4-9-40

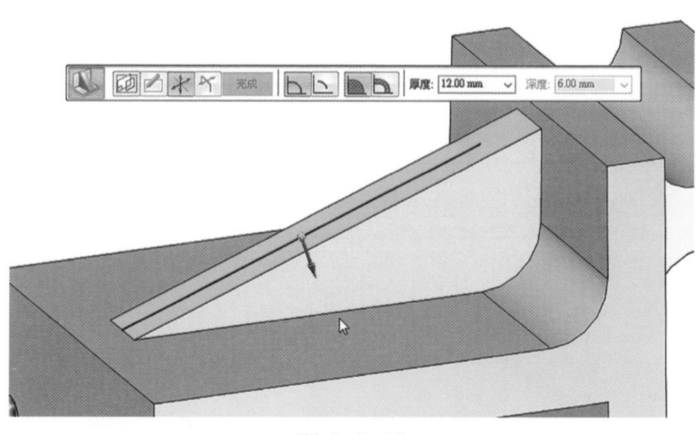

圖 4-9-41

36. 肋板完成，最後模型如圖 4-9-42。

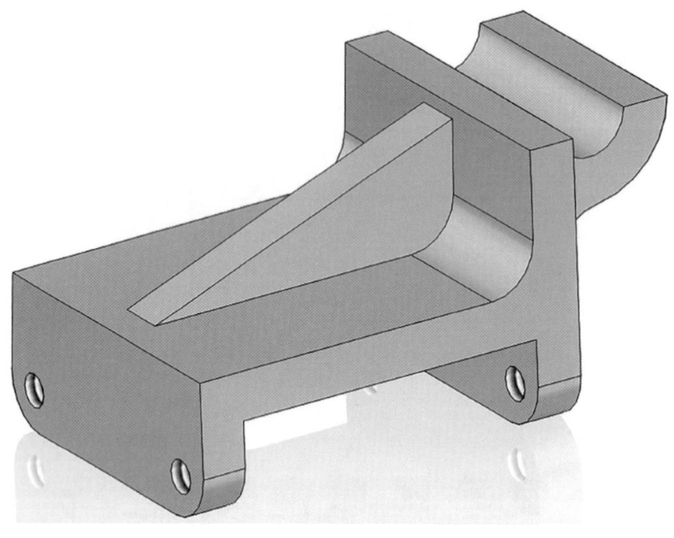

圖 4-9-42

4-10 進階－變化倒圓特徵

「變化倒圓特徵」就是讓模型中所指定邊從 A 頂點到 B 頂點中的邊線加以變化倒圓角。因為變化倒圓為不規則的外型，為了方便後續模形的編輯修改，建議在「順序建模」的環境下加入變化倒圓特徵。

1. 開啟剛剛 4-1～4-8 章節完成的同步模型範例。

   並切換為「順序建模」：在畫面空白處按「滑鼠右鍵」→過渡到「順序建模」，如圖 4-10-1。

備註：或由「工具」→「模型」→選擇「順序建模」

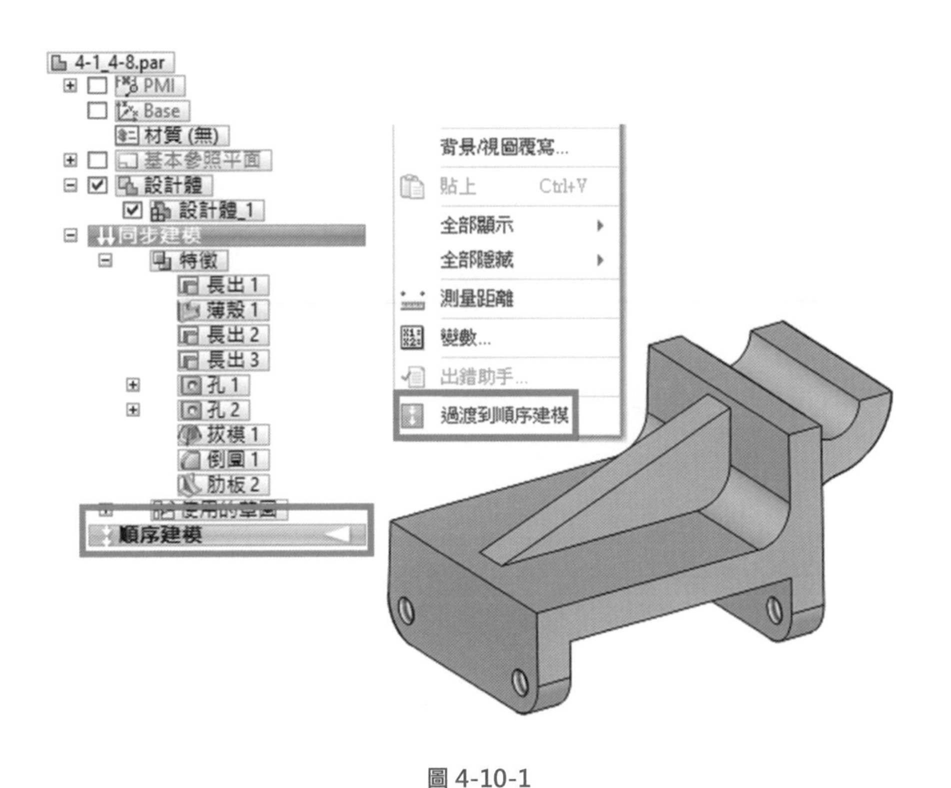

圖 4-10-1

2. 點選「倒圓」特徵：選取「首頁」→「實體」→「倒圓」，如圖 4-10-2。

圖 4-10-2

3. 彈出「倒圓」工具列，點擊倒圓「選項」，如圖 4-10-3。

圖 4-10-3

4. 在倒圓「選項」中，選擇「可變半徑」，如圖 4-10-4。

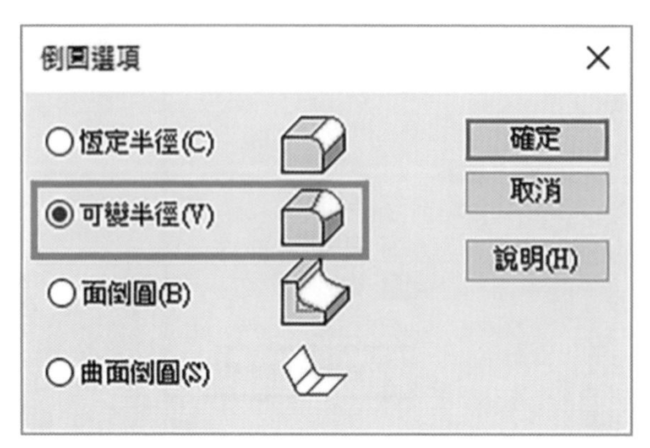

圖 4-10-4

5. 按下「確定」後選取模型中的「邊線」按下「滑鼠右鍵」或按下「接受」，如圖 4-10-5、圖 4-10-6。

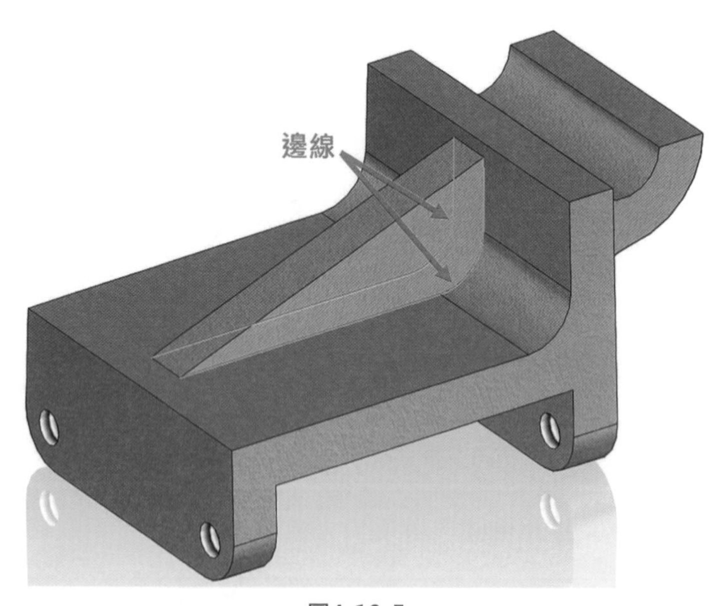

圖4-10-5

圖 4-10-6

6. 接下來點選模型中的「A 頂點」，如圖 4-10-7。

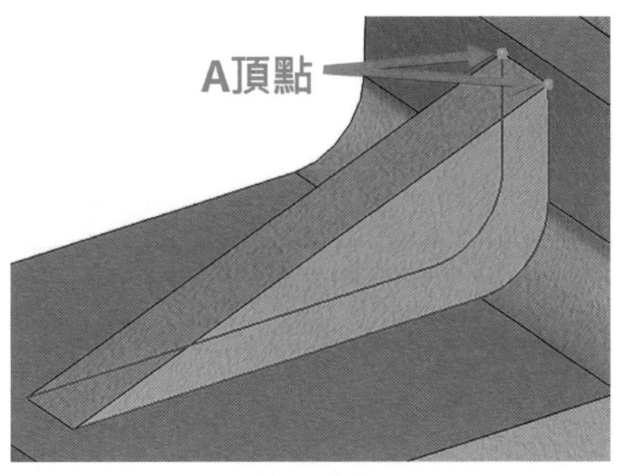

圖 4-10-7

7. 在快速工具列中輸入「5mm」後按下「滑鼠右鍵」，如圖 4-10-8。

圖 4-10-8

8. 接著點選「B 頂點」並在快速工具列中輸入「3mm」後按下「滑鼠右鍵」， 如圖 4-10-9、如圖 4-10-10。

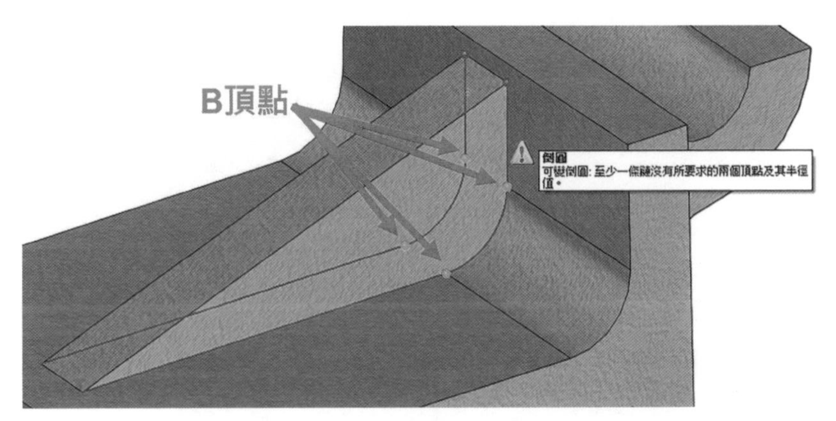

圖 4-10-9

圖 4-10-10

9. 接著點選「C 頂點」並在快速工具列中輸入「1.5mm」後按下「滑鼠右鍵」，如圖 4-10-11、如圖 4-10-12。

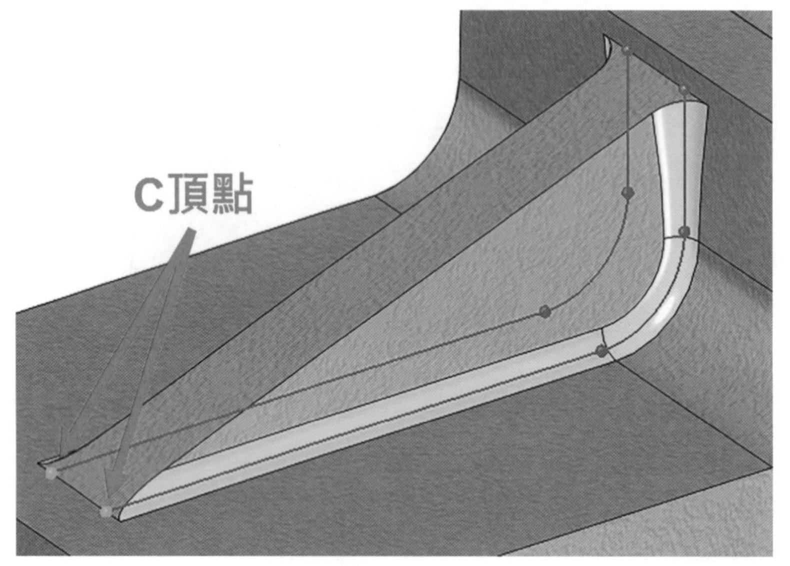

圖 4-10-11

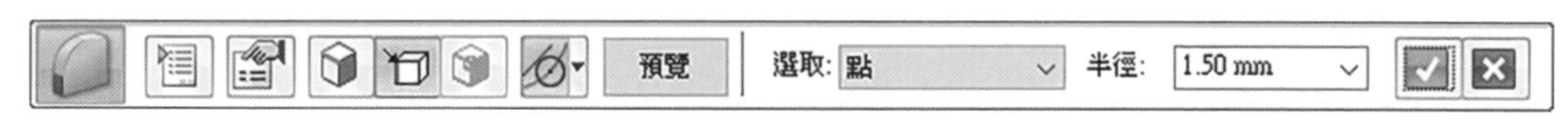

圖 4-10-12

10. 完成後，模型如圖 4-10-13。

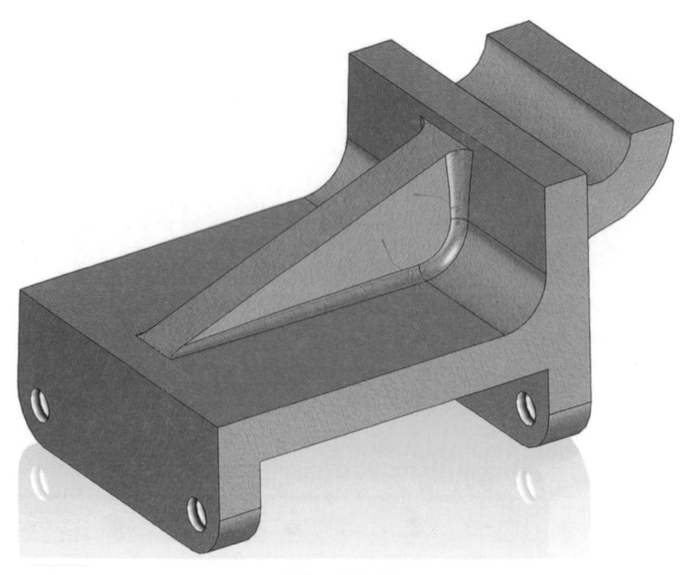

圖 4-10-13

5 CHAPTER

幾何控制器與設計意圖

章節介紹

藉由此課程，你將會學到：

5-1　幾何控制器

5-2　設計意圖

5-3　面相關指令

5-4　綜合應用

5-5　特徵庫

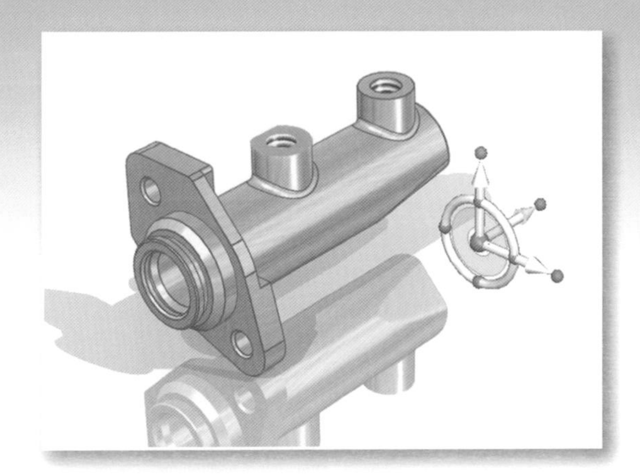

5-1 幾何控制器

「幾何控制器」是同步建模中非常重要的一個功能，除了可以直接對草圖進行「拉伸」與「旋轉」，更可以利用「幾何控制器」直接針對實體模型做到移動、修改、旋轉等設計變更。

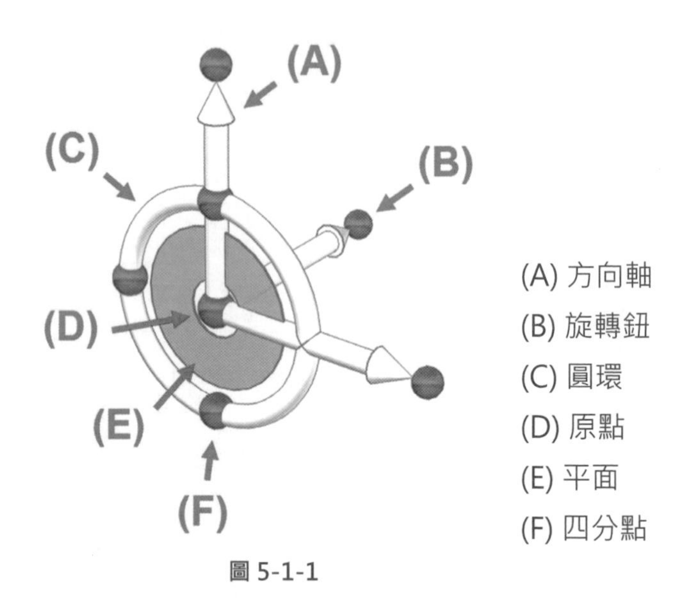

圖 5-1-1

各項	功能
(A) 方向軸	拉伸、移動
(B) 旋轉鈕	角度
(C) 圓環	角度旋轉
(D) 原點	固定點
(E) 平面	自由移動、切換角度
(F) 四分點	控制方向軸方向

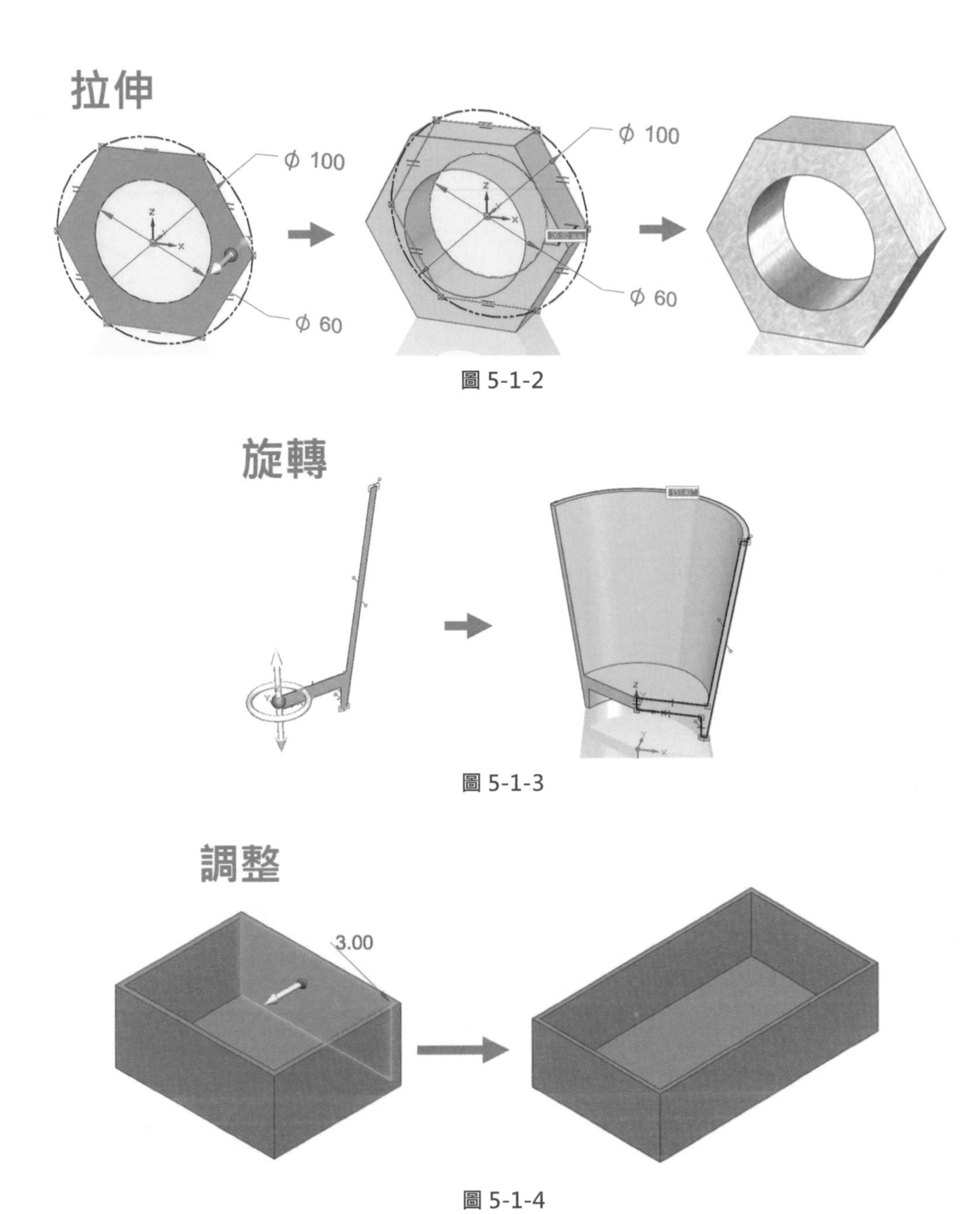

圖 5-1-2

圖 5-1-3

圖 5-1-4

5-2 設計意圖

「設計意圖」是協助我們在使用「幾何控制器」對實體模型進行變更時，判斷所變更的幾何相對於模型有何種關聯性（如對稱、共面、同心......等），當「幾何控制器」出現時也會一併出現，此時便可以針對所列出的條件進行「啟動」或「關閉」。

「設計意圖」的來源分為三種

1. 軟體自行判斷
2. 繪製草圖時，所定義的相關限制條件
3. 面相關

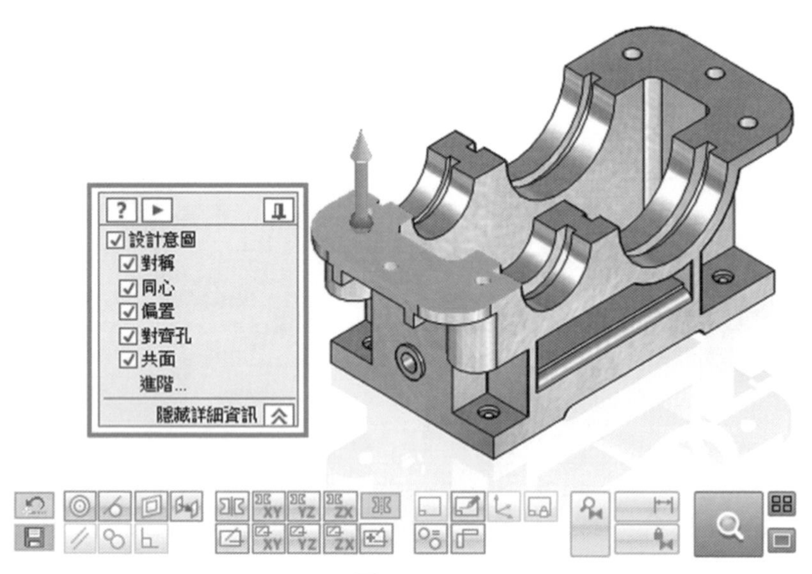

圖 5-2-1

● 下表為「設計意圖」的指令表，提供各位參考。

圖示	指令	說明
	還原	還原預設規則設定
	儲存關係	暫停設計意圖的作業
	保持同心面	在選取集與模型其餘部份之間保持同心面
	保持相切面	在選取集與模型其餘部份之間保持相切面
	保持共面的面	在選取集與模型其餘部份之間保持共面
	保持偏置面	在選取集受操控時保持偏置面

圖示	指令	說明
	保持相對於基本平面對稱	在選取集與模型其餘部份之間相對指定平面保持對稱
	保持相對於基本 XY 平面對稱	保持相對於基本 XY 平面對稱
	保持相對於基本 YZ 平面對稱	保持相對於基本 YZ 平面對稱
	保持相對於基本 ZX 平面對稱	保持相對於基本 ZX 平面對稱
	局部對稱	定義或清除局部對稱平面
	考慮參照平面	套用設計意圖時考慮參照平面
	考慮草圖平面	套用設計意圖時考慮草圖平面
	考慮座標系	套用設計意圖時考慮座標系平面和軸
	鎖定到基本參照	保持元素鎖定到基本參照平面
	保持平行面	在選取集與模型其餘部份之間保持平行面
	相切接觸	保持相切接觸
	保持垂直面	在選取集與模型其餘部份之間保持垂直面
	保持共面軸	保持基本平面上的對齊孔
	保持 X 向的共面軸	保持基本 X 平面上的共面軸
	保持 Y 向的共面軸	保持基本 Y 平面上的共面軸
	保持 Z 向的共面軸	保持基本 Z 平面上的共面軸
	自訂軸	定義或清理自訂軸
	盡可能保持相同半徑	盡可能保持符合的半徑
	盡可能保持與基本平面正交	盡可能保持元素與基本平面正交
	暫時設計意圖	暫停所有設計意圖
	釋放尺寸	在目前的編輯中釋放鎖定的尺寸
	釋放持久關係	在目前的編輯中釋放持久關係
	解決辦法管理者	允許與編輯中涉及的關係以圖形方式互動
	自動進入解決辦法管理者	選中後，會在完成編輯時自動進入解決辦法管理者
	選項	顯示設計意圖和解決方案管理者的選項

5-3 面相關指令

「面相關」指令是同步建模獨有的技術，由於同步建模實體與草圖間是沒有連結的，因此若在繪製草圖時沒有定義限制條件，之後便無法再回到草圖附加定義，「面相關」便是針對此情況所發展出來的功能。

「面相關」指令可以直接對實體模型定義限制條件（對稱、共面、同心......等），簡單來說就是 3D 的限制條件，位於工具列上的「首頁」、「面相關」清單中，如圖 5-3-1。

圖 5-3-1

「面相關」指令是用於定義面與面之間如何相互關連，首先選取要修改的面（種子面）→「確定」→選取要參考的面（目標面）→「確定」。該關係預設情況下是「暫時性」的（可被關閉），不過也可以設定成為「永久」（不可關閉）。

相關選項

單對齊

只有種子面與目標面相關聯。其他面均不影響。

多對齊

選取的所有面均會與目標面相關聯，如圖 5-3-2。

圖 5-3-2

選取集優先

為選定面和其他移動面給定比非移動面更高的優先順序，如圖 5-3-3。

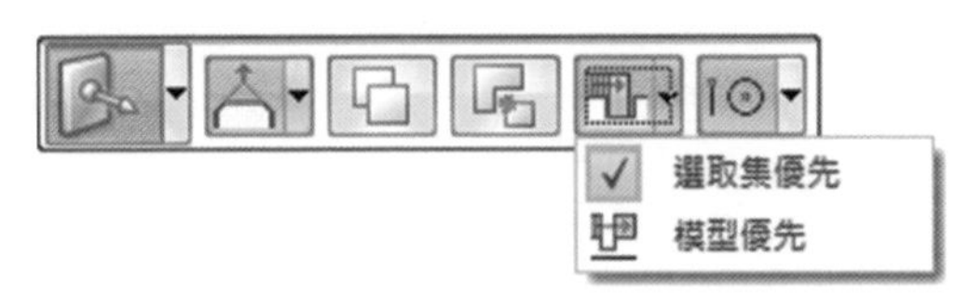

圖 5-3-3

模型優先

為非移動面給定優先順序，如圖 5-3-4。

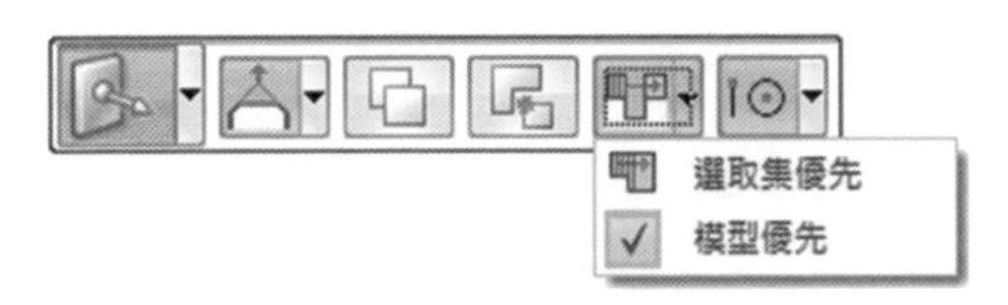

圖 5-3-4

延伸/修剪

通過修剪和延伸相鄰面來修改模型。

傾斜

由於允許變更相連面的目前方向，從而修改模型。在某些情形下，這可能導致相連面的目前方向傾斜或變更它們的角度。

瞭解「種子面」和「目標面」

種子面：

種子面指的是第一個選擇的幾何面，也就是需要修改的幾何面，「幾何控制器」會鎖定到此面上

目標面：

目標面指的是第二個選擇的幾何面，也就是要參考的基準，本身並不會有任何的變化，目標面只能有一個。

永久關係：

如果希望設定好的「面相關」條件在模型中是永遠存在的，只要在給予「面相關」時將「永久」功能開啟即可，之後此條件就不會被「設計意圖」所關閉，只能刪除或者暫時抑制。

「永久」選項位於「面相關」工具列上，如圖 5-3-5。

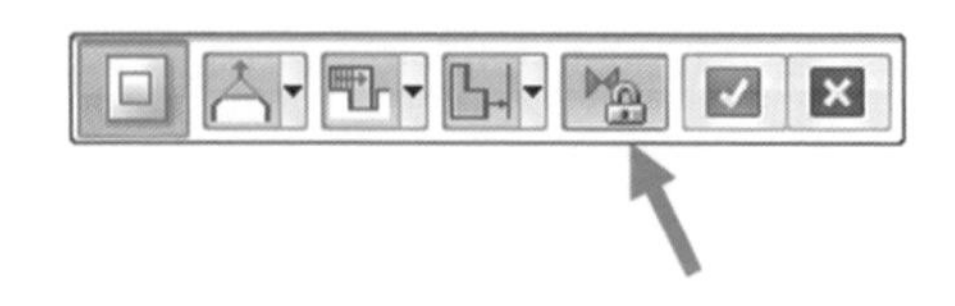

圖 5-3-5

「永久」關係存儲位置在導航者中的「關係」收集器中，也可以從此位置將不需要的永久關係進行刪除或抑制，如圖 5-3-6。

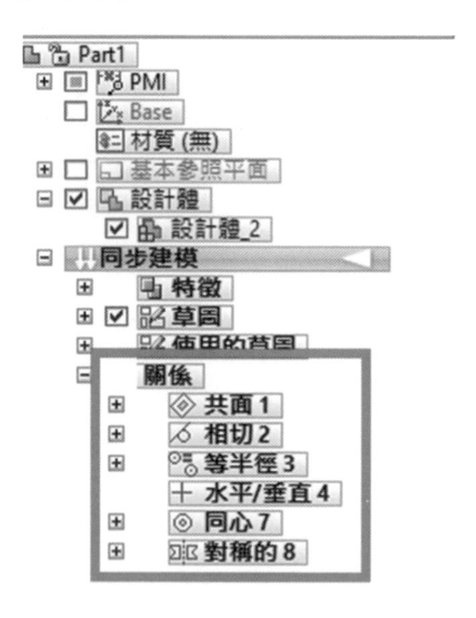

圖 5-3-6

共面-使種子面 A 與目標面 B 共面，如圖 5-3-7。

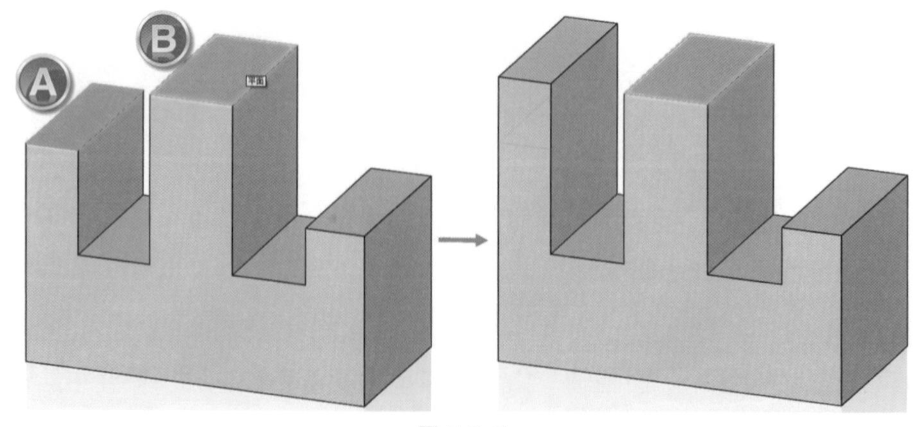

圖 5-3-7

平行-使種子面 B 與目標面A 平行，如圖 5-3-8。

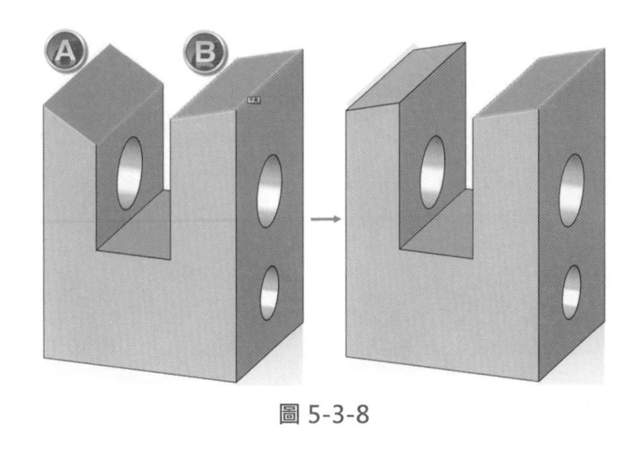

圖 5-3-8

垂直-使種子面 A 與目標面 B 垂直，如圖 5-3-9

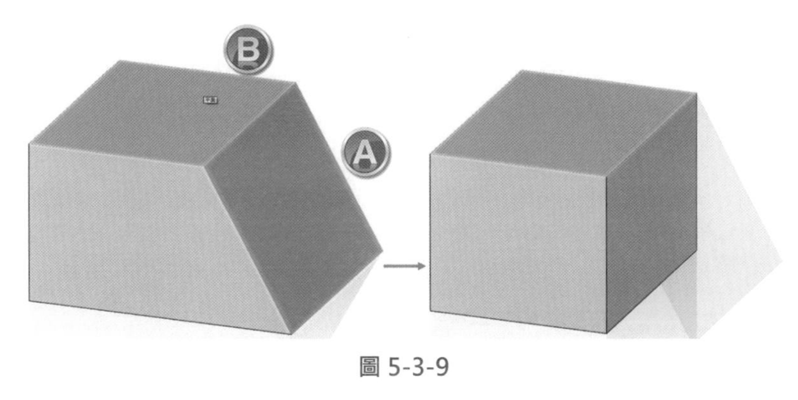

圖 5-3-9

同心-使種子面 A 與目標面 B 同心，如圖 5-3-10。

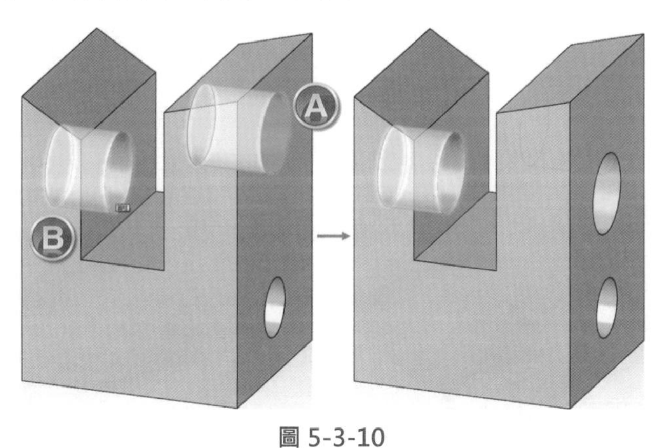

圖 5-3-10

對齊孔-使選定元素（如孔 A B 、圓柱和圓錐）與您定義的理論平面 C 對齊，如圖 5-3-11。

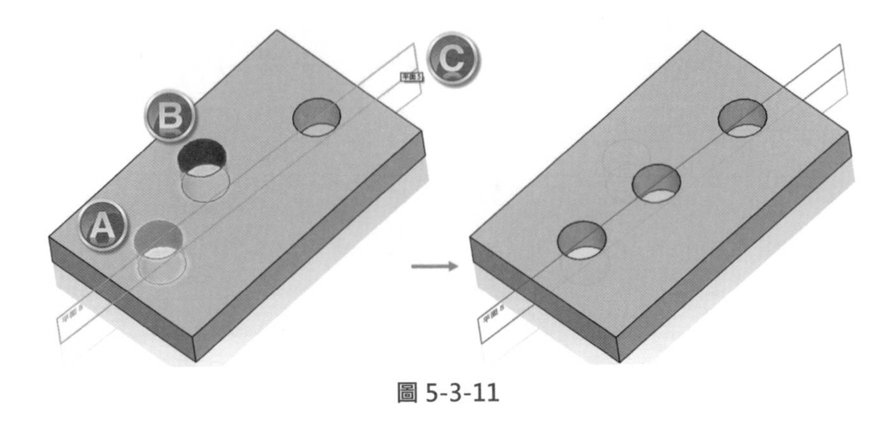

圖 5-3-11

相切-使種子面 A 與目標面 B 相切，如圖 5-3-12。

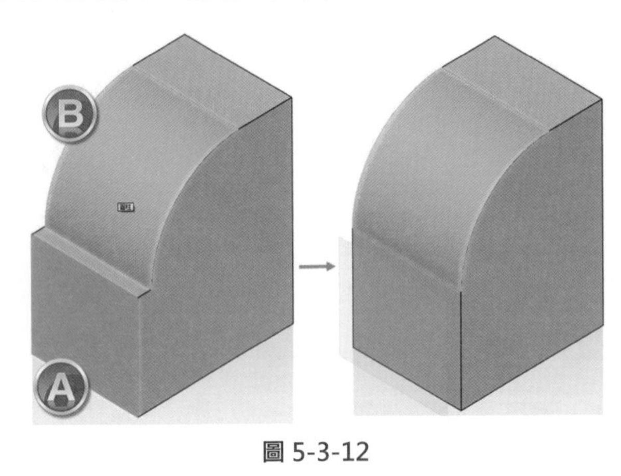

圖 5-3-12

對稱-使種子面 A 與目標面 B 相對您選定的平面 C 對稱，如圖 5-3-13。

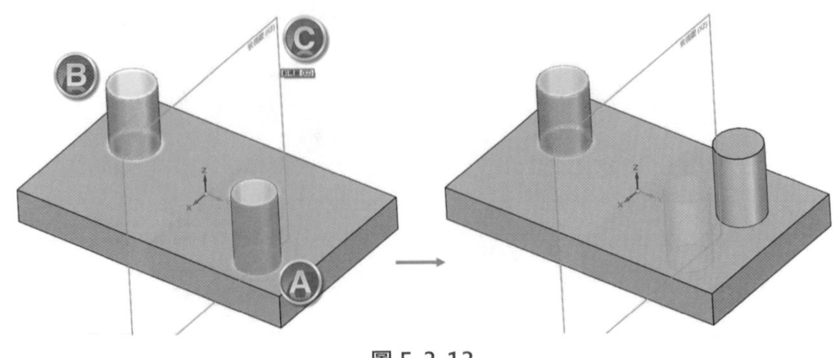

圖 5-3-13

等半徑-使種子面 A 的半徑與目標面 B 的半徑相等，如圖 5-3-14。

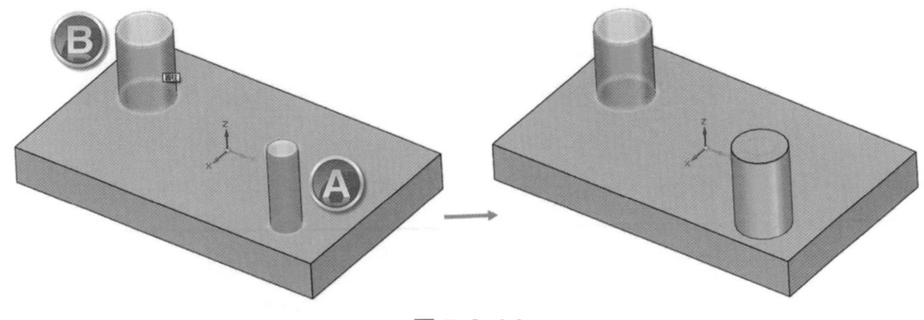

圖 5-3-14

水平/垂直-使所選平面 A 平行於最相近的參照平面 B ，如圖 5-3-15。還可在相對於參照平面的兩個關鍵點 A 、 B 之間套用水平/垂直約束，如圖 5-3-16。

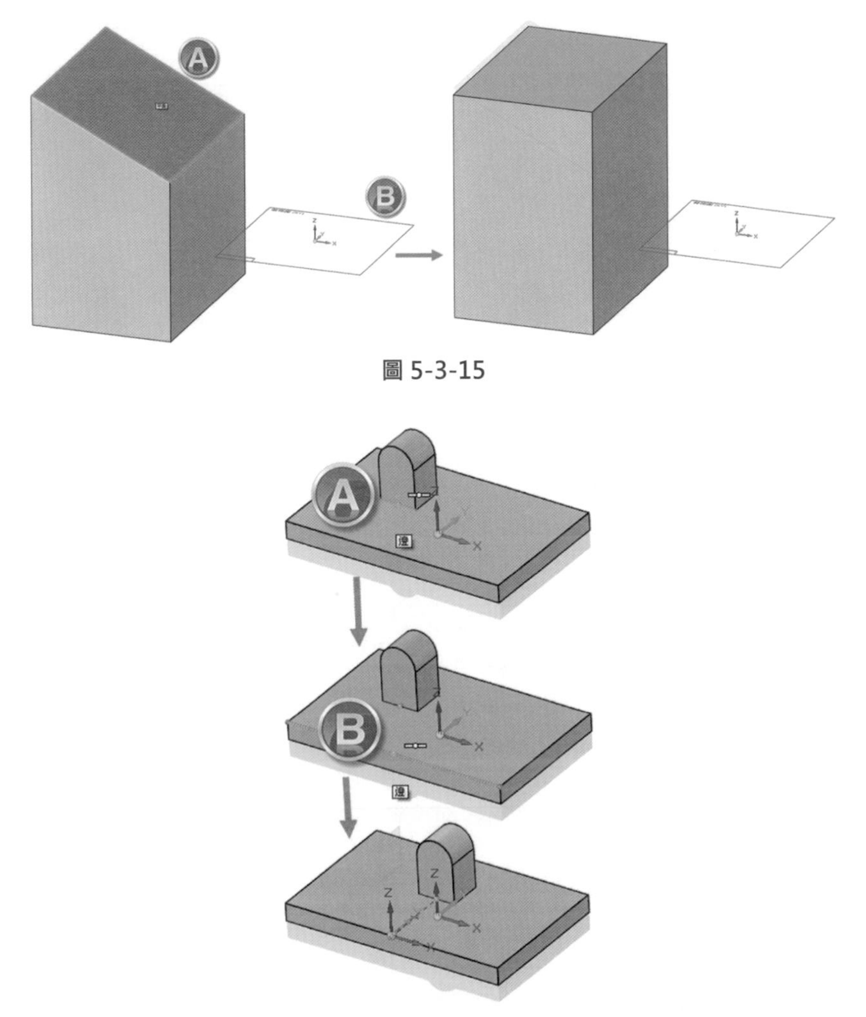

圖 5-3-15

圖 5-3-16

偏置-使選定面 A 與 B 目標面半徑偏置，並套用使用者定義的偏置距離，如圖 5-3-17。

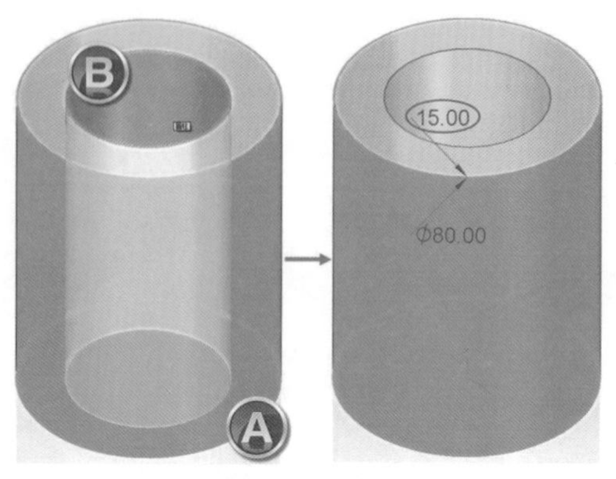

圖 5-3-17

固定-使所選平面固定。

剛性-當多個面之間套用剛性關係時，如果移動或旋轉任意一個面，其餘面將維持相同的空間方位。

解決辦法管理者

「解決辦法管理者」預覽模式是使用戶能夠以圖形與模型互動，用以控制當前有衝突的所有關係。

手動啟動：1. 在同步編輯期間選擇放大鏡按鈕 （設計意圖）

2. 在同步編輯期間按「ctrl + E」或「V」啟動，

自動啟動：當同步編輯未能解決，將自動啟動解決辦法管理者。

當在解決辦法管理者預覽模式時，模型的顏色顯示解決狀態：

顏色		說明
綠色		選擇設定。
亮藍色		發現並解決了沒有釋放狀態的面。
黑色		固定面。
紅色		孤立面（從求解中刪除）。
深藍色		解決，但與一些關係斷絕。
白色透明		靜止模型。
紫色		驅動面（如程序特徵、網格筋、陣列等）。
橙色		移動失敗。

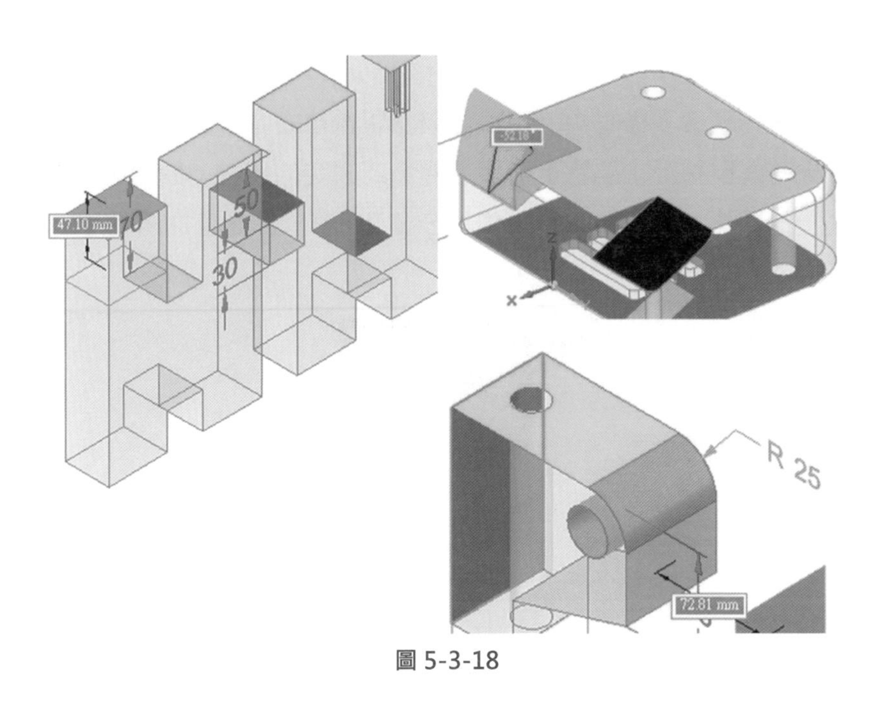

圖 5-3-18

在解決辦法管理者模式中，只有與解決辦法相關的面才會有色彩顯示。未參與的面則顯示為透明，右鍵點擊有色彩的面將顯示出所有與面有關係的關係調色盤，如圖5-3-19。

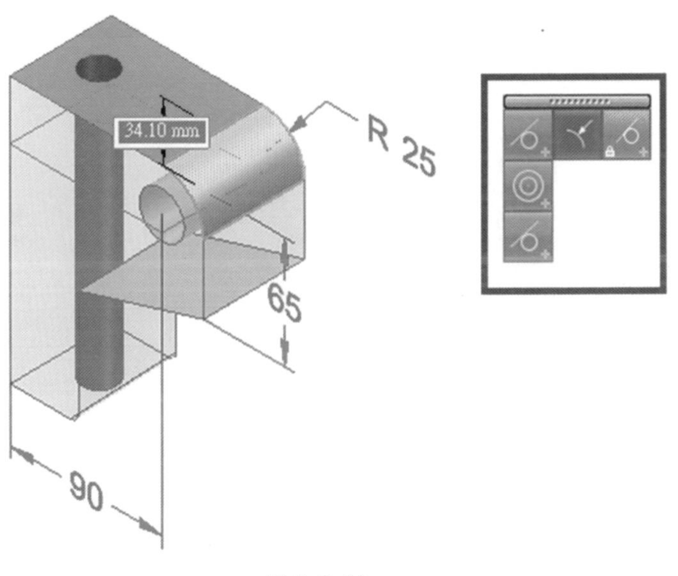

圖 5-3-19

關係調色盤

在「解決辦法管理者」模式中，用戶可以點擊滑鼠右鍵，透過關係調色盤顯示面上所有關係，如果將滑鼠移至功能區上會發現關係或鎖定的尺寸，受影響的元素會高亮度顯示。所有面上的關係，顯示為圖型，如圖 5-3-20 說明各圖型之涵義：

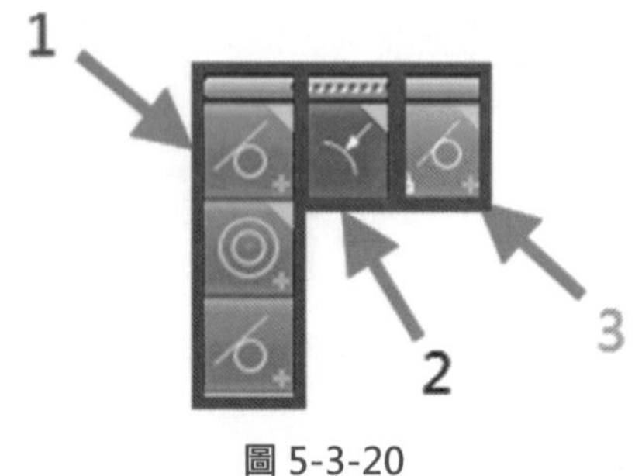

圖 5-3-20

1. 綠色圖示表示在模型選定的面上找到「幾何關係」，這些是偵測到在設計意圖中有開啟的幾何關係。
2. 藍色圖示表示在模型選定的面上找到「尺寸約束」。
3. 橘色圖示表示在模型選定的面上找到「永久關係」。

若圖示右下角出現一個「＋」的符號，把滑鼠懸停在圖示上方，將會彈出選項，使用此彈出選項可關閉與其他面所有相似關係。右上角的黃色三角表示此關係有助於失敗的解決辦法，如圖 5-3-21。

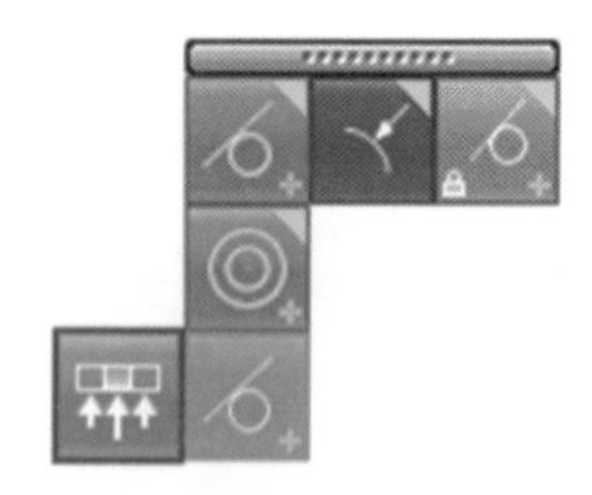

圖 5-3-21

5-4 綜合應用

1. 開啟第五章範例「3D4XS.110120.14322.x_t」，如圖 5-4-1。

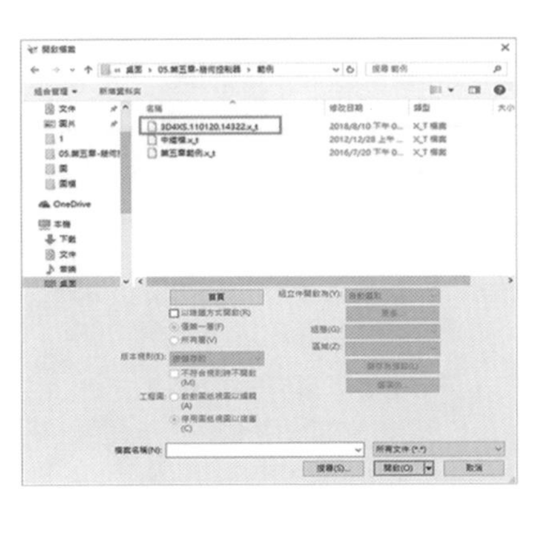

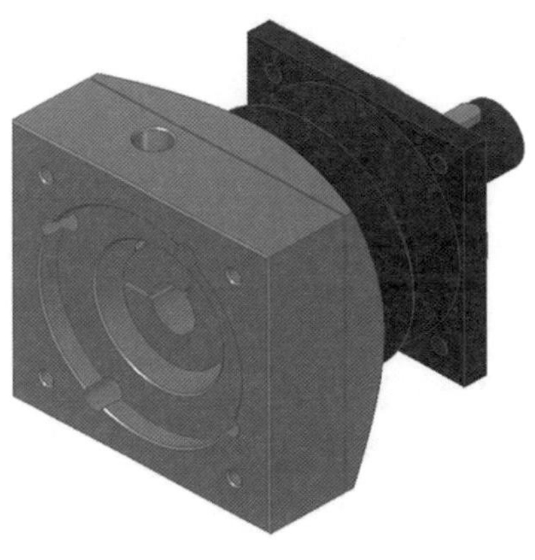

圖 5-4-1

2. 由於開啟的檔案，模型位置與座標有誤差，我們希望將模型的軸心定位在座標上，如圖 5-4-2。

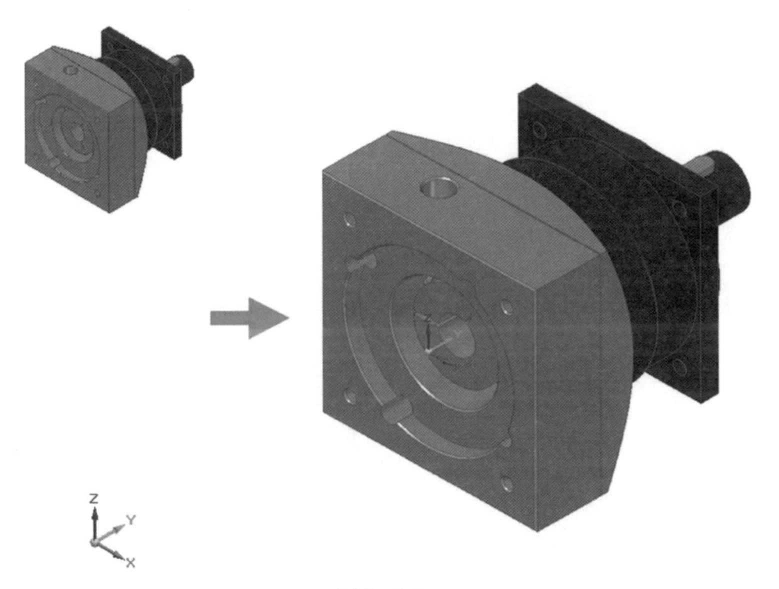

圖 5-4-2

3. 利用框選或者點擊「導航者」中的「設計體_1」，使「幾何控制器」啟動，如圖 5-4-3。

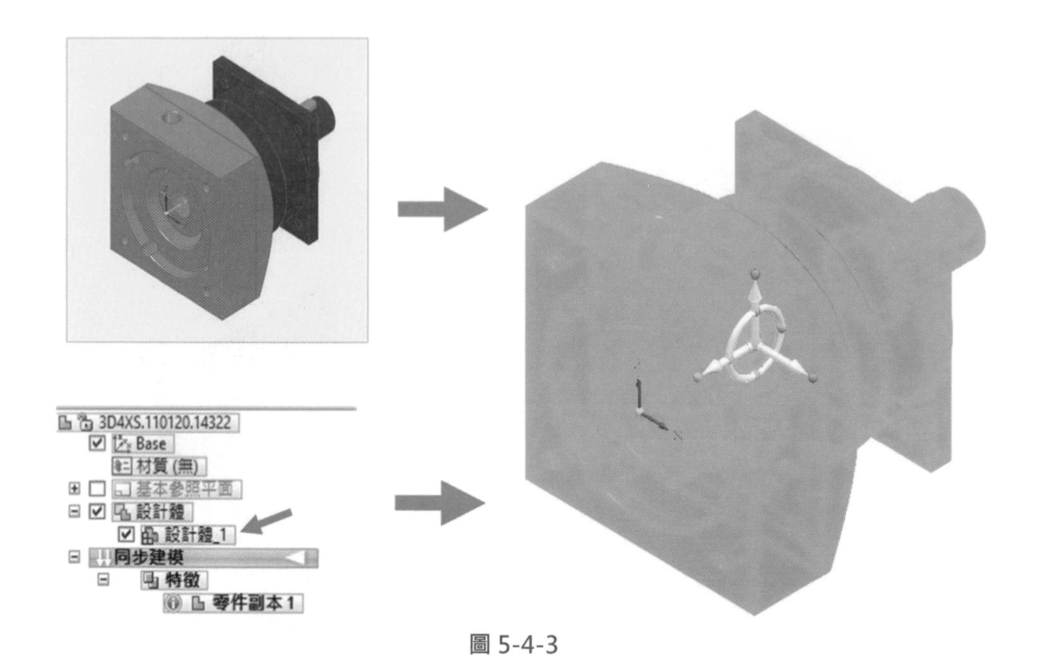

圖 5-4-3

4. 點選「幾何控制器」中心點藍色球，配合 3D 鎖點功能將「幾何控制器」放置到模型的中心點（滑鼠不須長按），此時「幾何控制器」的位置即是要移動的原點，如圖 5-4-4。

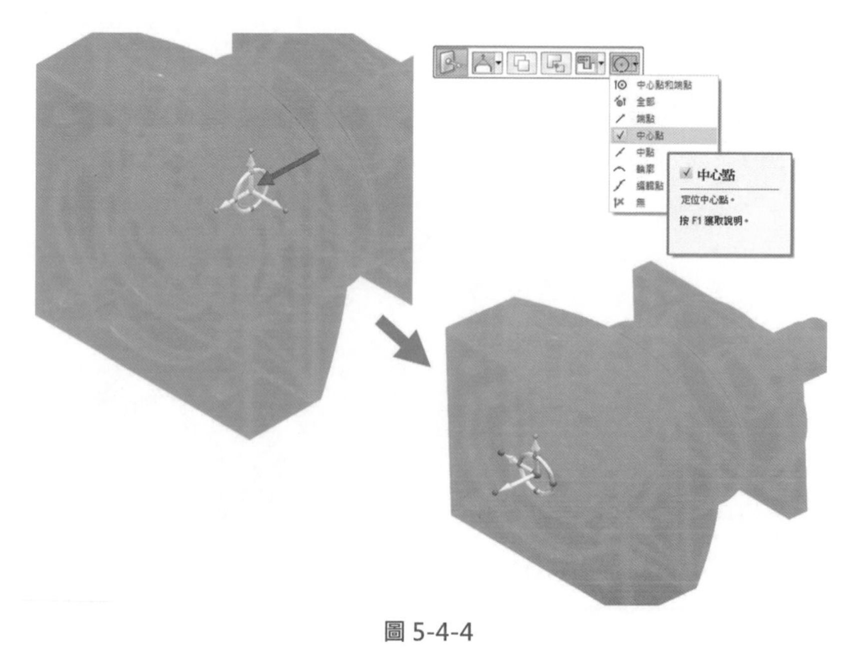

圖 5-4-4

5. 點選「幾何控制器」箭頭前方藍色球，配合 3D 鎖點功能將「幾何控制器」指向到繪圖座標（滑鼠不須長按），如圖 5-4-5。

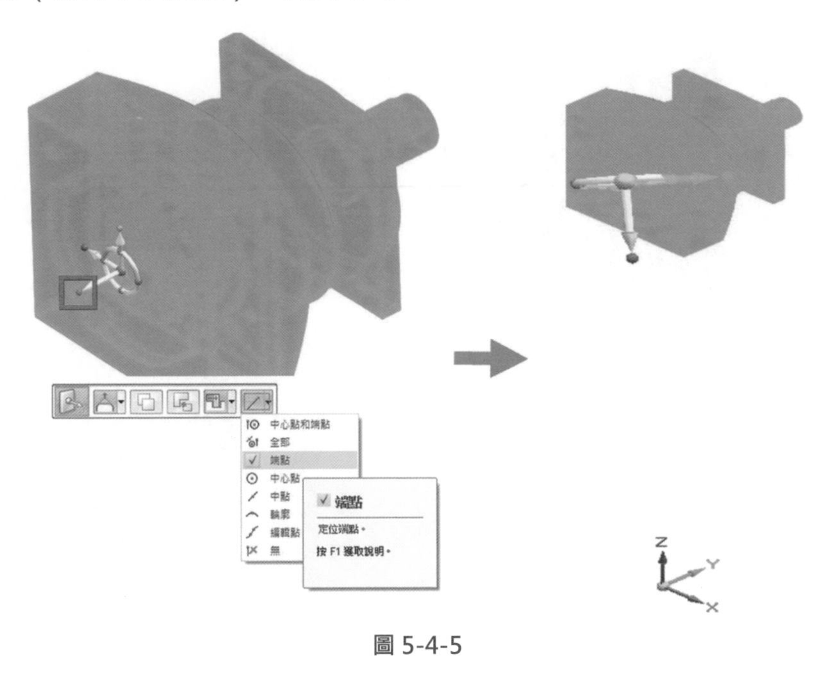

圖 5-4-5

6. 點選「幾何控制器」箭頭（非藍色球），拖曳模型到繪圖座標上（滑鼠不須長按），此種方式是將模型在空間中進行點對點的移動，如圖 5-4-6。

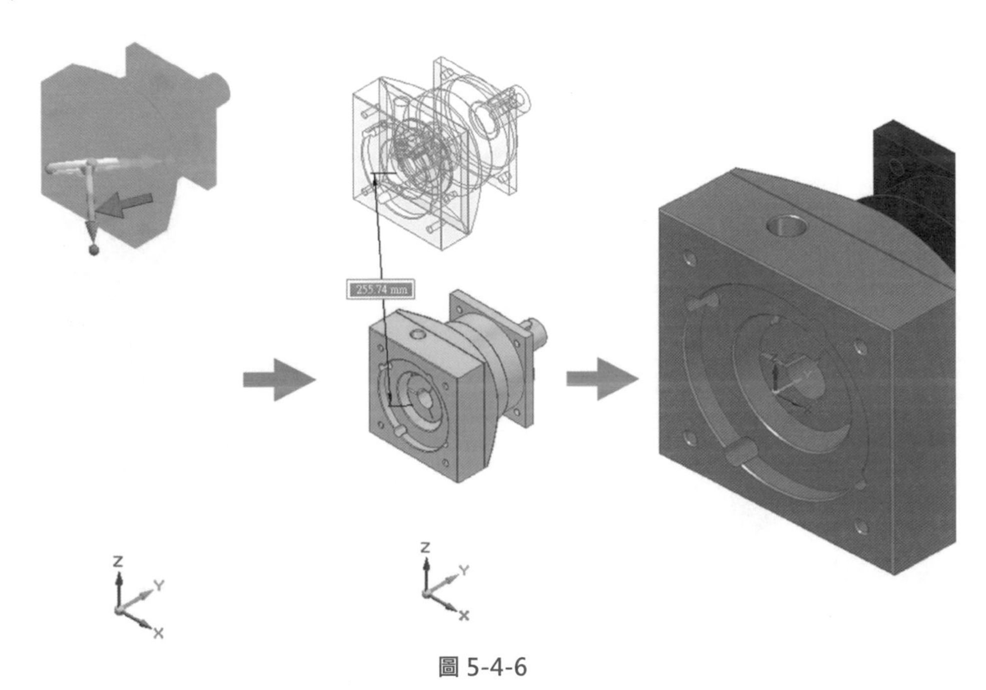

圖 5-4-6

7. 點選模型黑色面，此時會出現「幾何控制器」的簡化版本，如果要呼叫出完整的「幾何控制器」，只要再點擊藍色球即可，如圖 5-4-7。

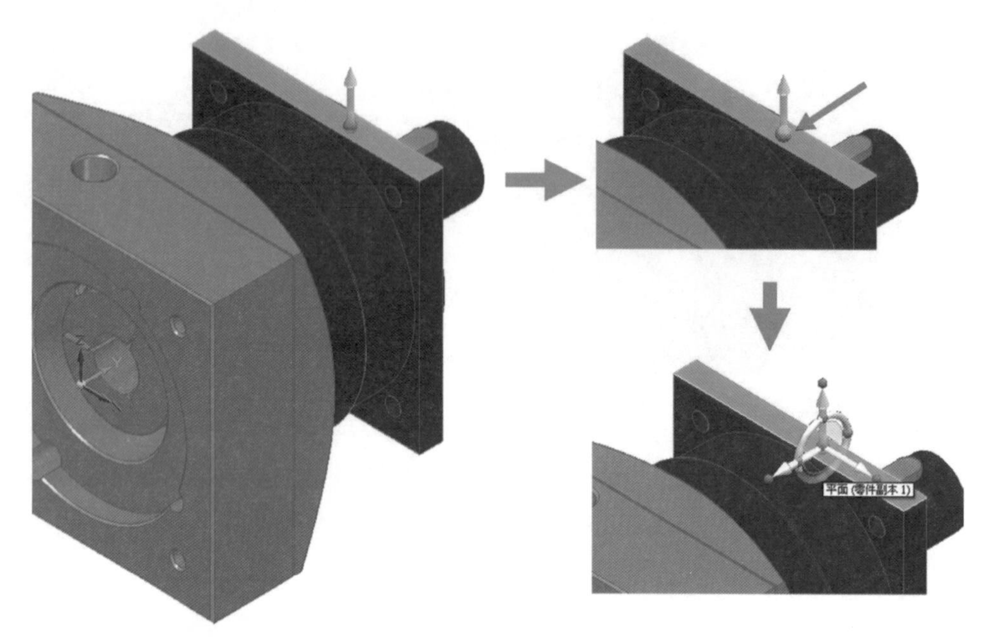

圖 5-4-7

8. 點選「幾何控制器」方向軸進行拖曳，「設計意圖」的「對稱」條件也同時啟動，此時的條件為軟體自行判斷，如不需要對稱條件，將「設計意圖」的「對稱」√取消即可關閉，如圖 5-4-8。

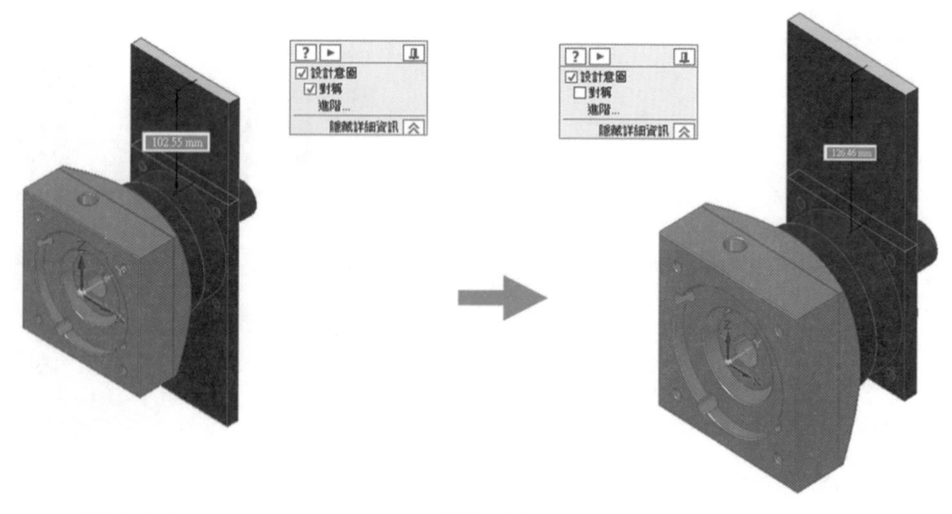

圖 5-4-8

9. 配合 3D 鎖點功能，即可快速進行定位放置，如圖 5-4-9。

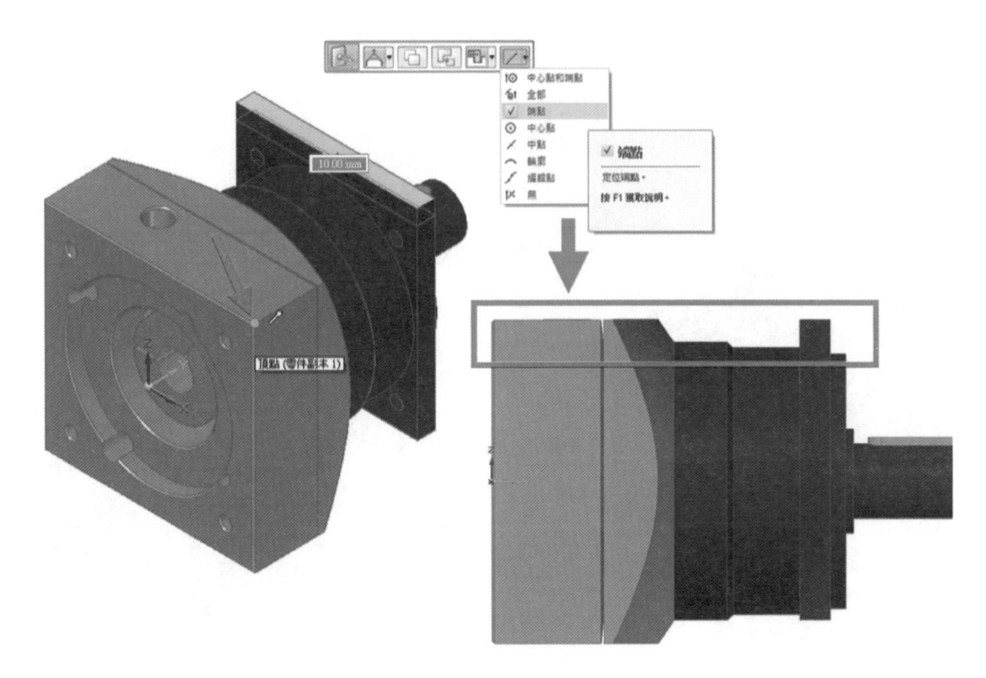

圖 5-4-9

10. 除了上述方式，也可使用「面相關」自行定義關聯性。

「首頁」→「面相關」→「共面」，先將「永久關係」關閉後，點選「種子面」→「確定」→點選「目標面」→「確定」，如圖 5-4-10。

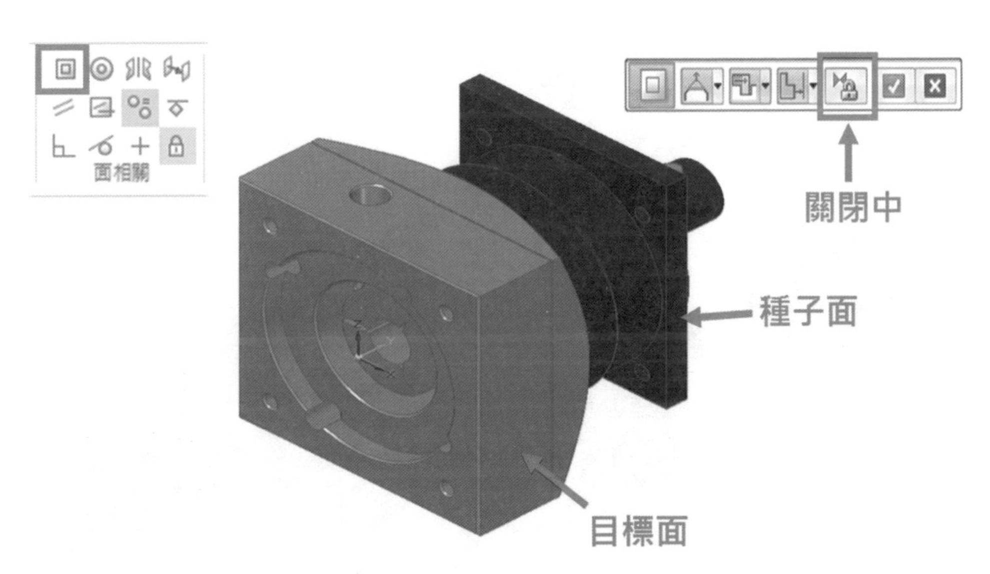

圖 5-4-10

11. 點選上述步驟中的「種子面」進行拉動，此時「設計意圖」會啟動「對稱」及「共面」條件，此「共面」條件便是步驟10中所定義的，如圖 5-4-11。

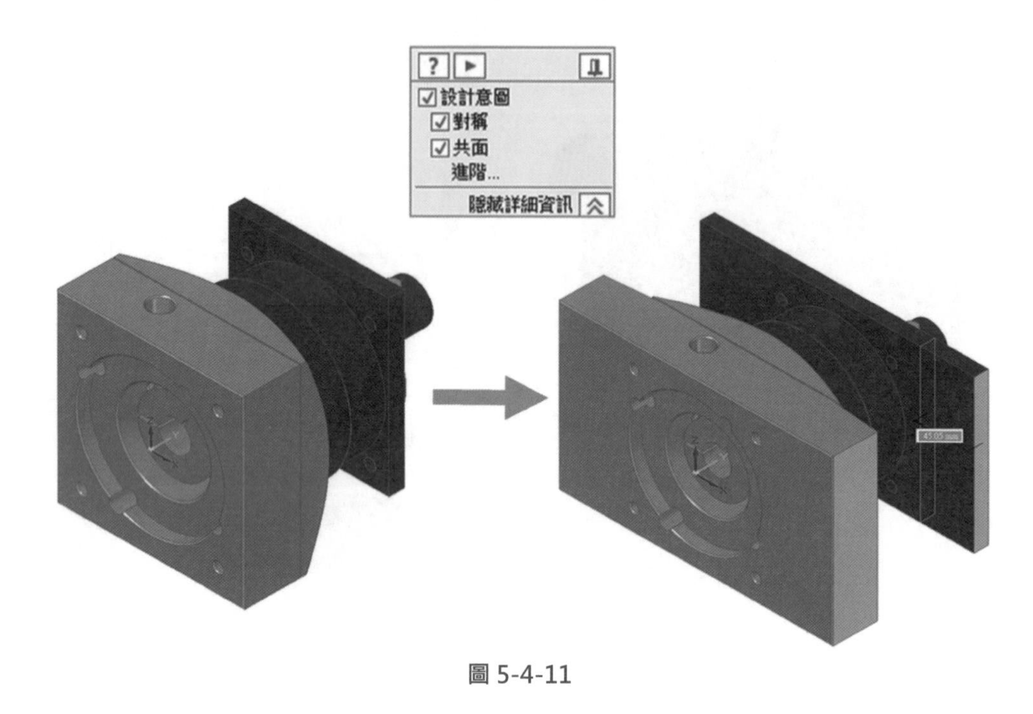

圖 5-4-11

12. 此「共面」條件為暫時性的，因此可以在「設計意圖」中進行關閉，此時修改模型後其「共面」將被破壞，如圖 5-4-12。

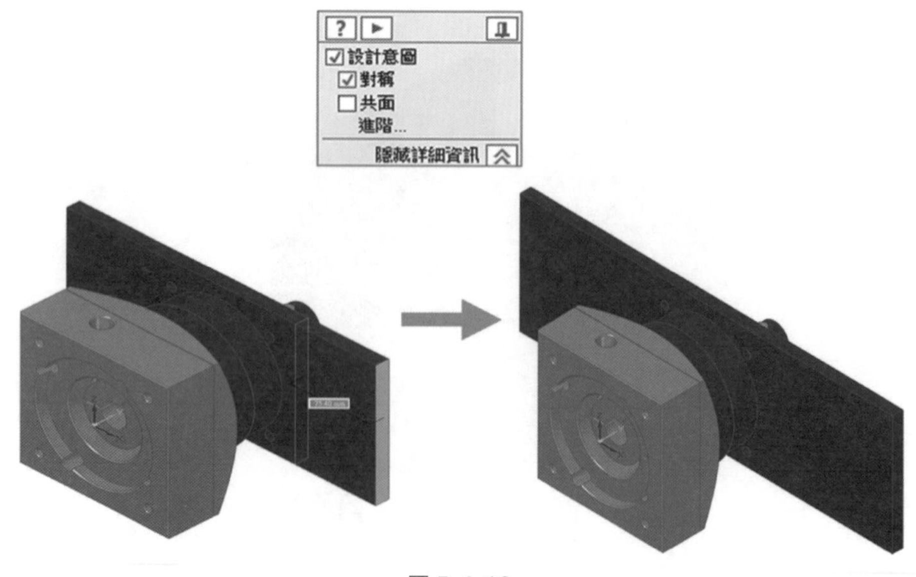

圖 5-4-12

13. 若希望此「共面」條件不可被關閉而是永遠存在的，重複步驟 10 將「永久關係」開啟即可，之後調整模型將「設計意圖」「共面」條件關閉，可以發現模型還是會保持共面，並不受影響，如圖 5-4-13、圖 5-4-14

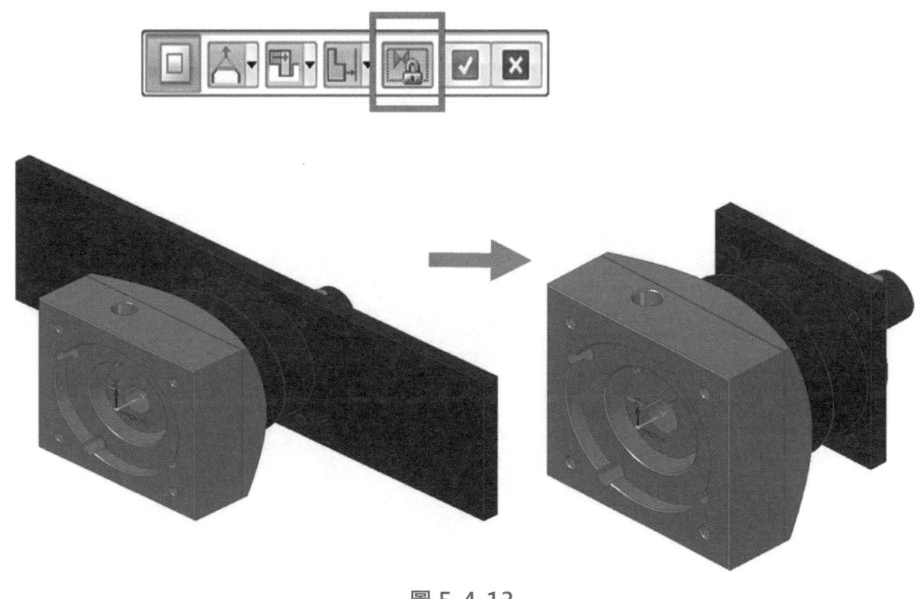

圖 5-4-13

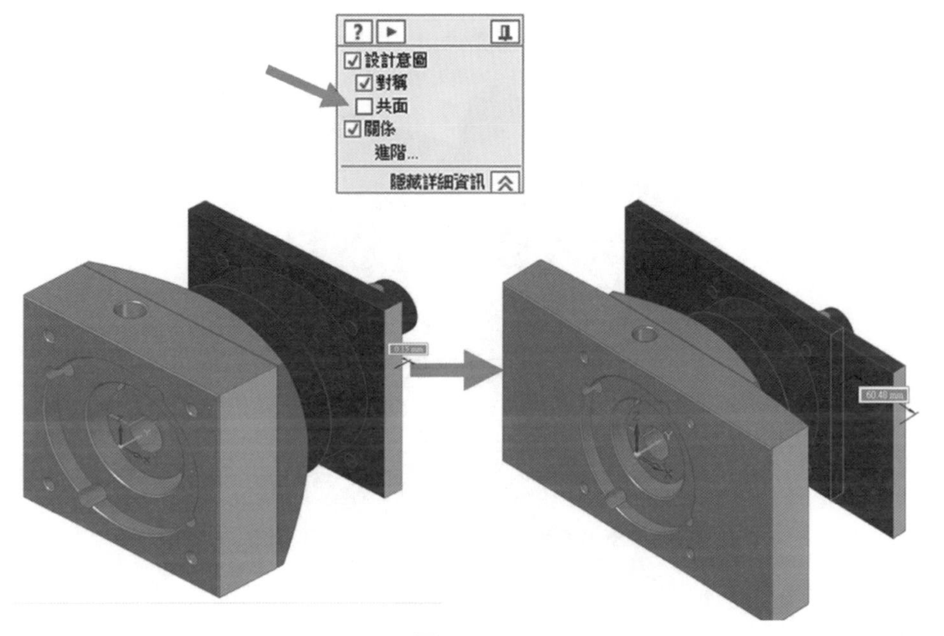

圖 5-4-14

14. 除了上述兩種方式外，「同步建模」更可以直接在 3D 模型上標註尺寸進行修改。「首頁」→「尺寸」→「智慧尺寸」，點選模型前方圓盤進行標註，如圖 5-4-15。

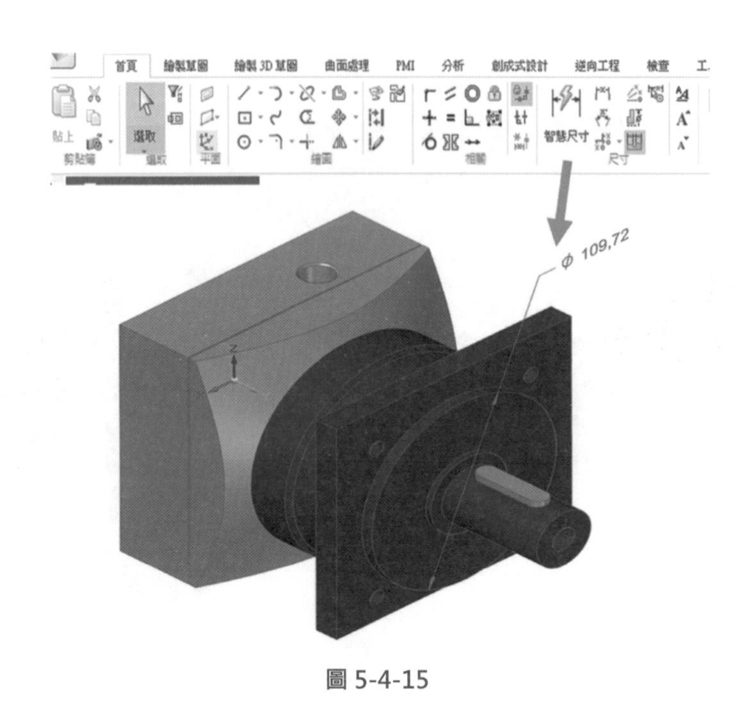

圖 5-4-15

15. 點選尺寸進行修改，將圓半徑加大至圓孔時，可以發現圓孔會被填補，如圖 5-4-16。

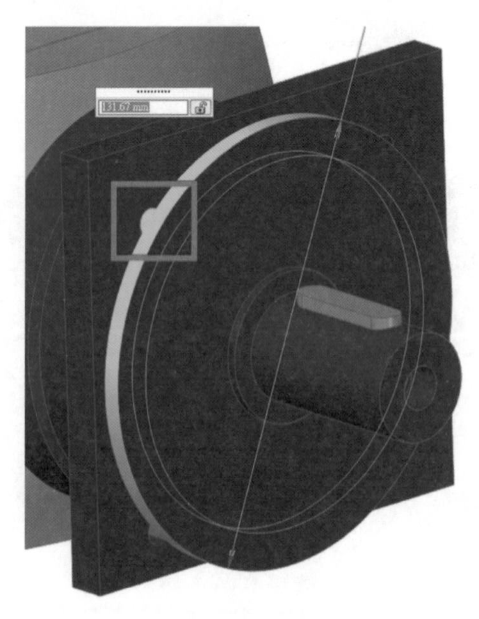

圖 5-4-16

16. 將工具列中的「修改-優先順序」，調整為「模型優先」，同樣將圓半徑加大至圓孔時，可以發現此時圓孔會被避讓而保留，如圖 5-4-17。

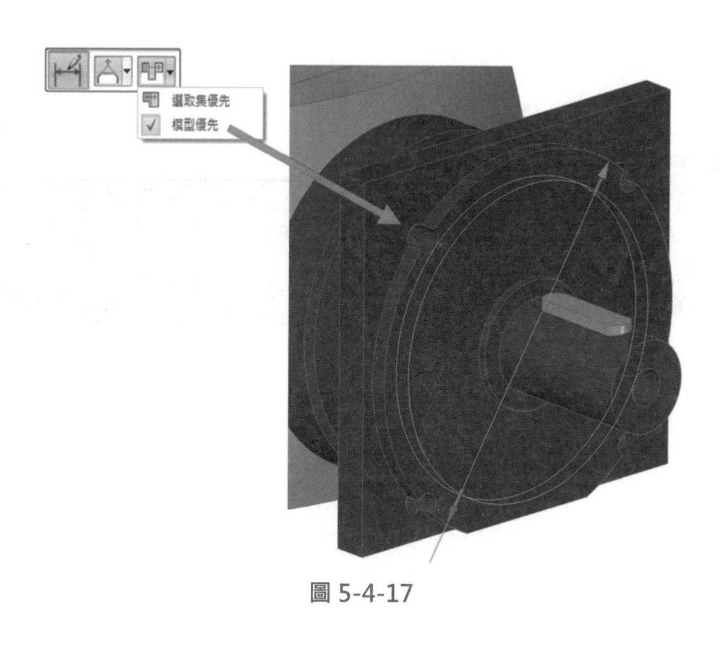

圖 5-4-17

17. 將前方的鍵與軸心進行尺寸標註，如圖 5-4-18。

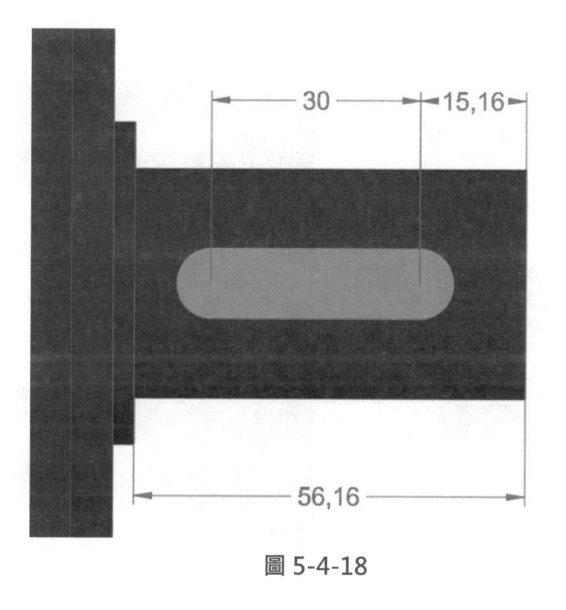

圖 5-4-18

18. 調整軸總長尺寸，將左端設定為基準端，可以發現右上角的尺寸也會跟著變更，如圖 5-4-19。

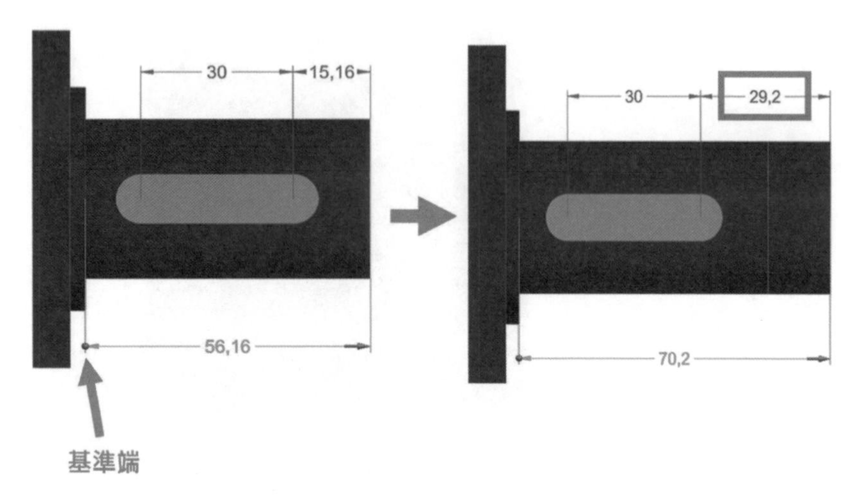

圖 5-4-19

19. 若希望尺寸不要因為模型的修改而被影響，只要將尺寸欄位旁的鎖上鎖即可（此時尺寸為紅色），如圖 5-4-20。

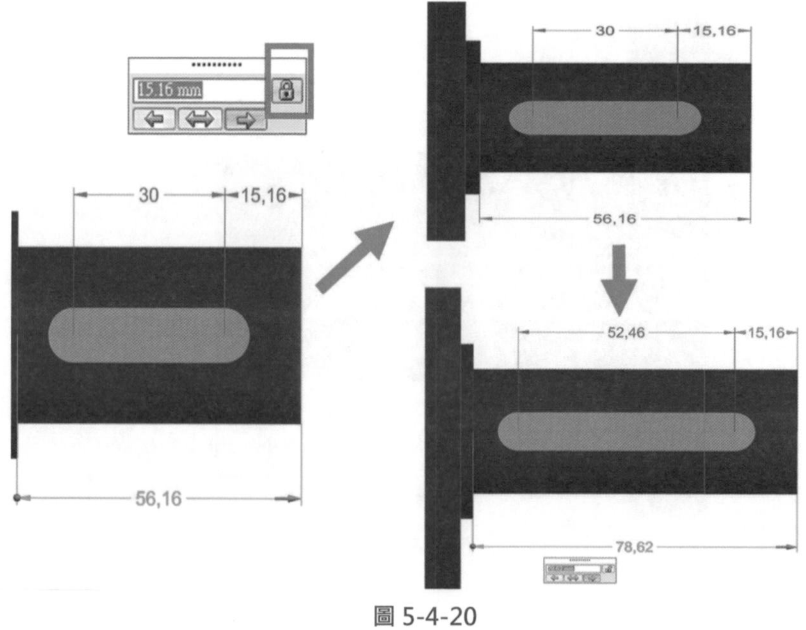

圖 5-4-20

20. 同上，將鍵的尺寸上鎖，即可固定鍵的長度，如圖 5-4-21。

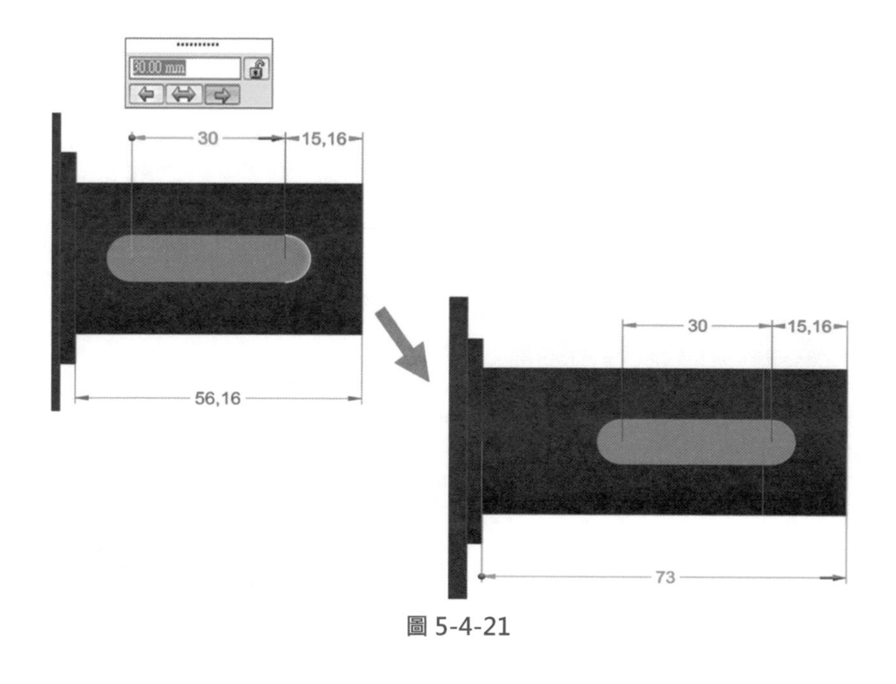

圖 5-4-21

21. 將減速機座框選起來後，再將「幾何控制器」放置於中心，拖曳圓盤即可將模型轉向（設計意圖關閉），如圖 5-4-22。

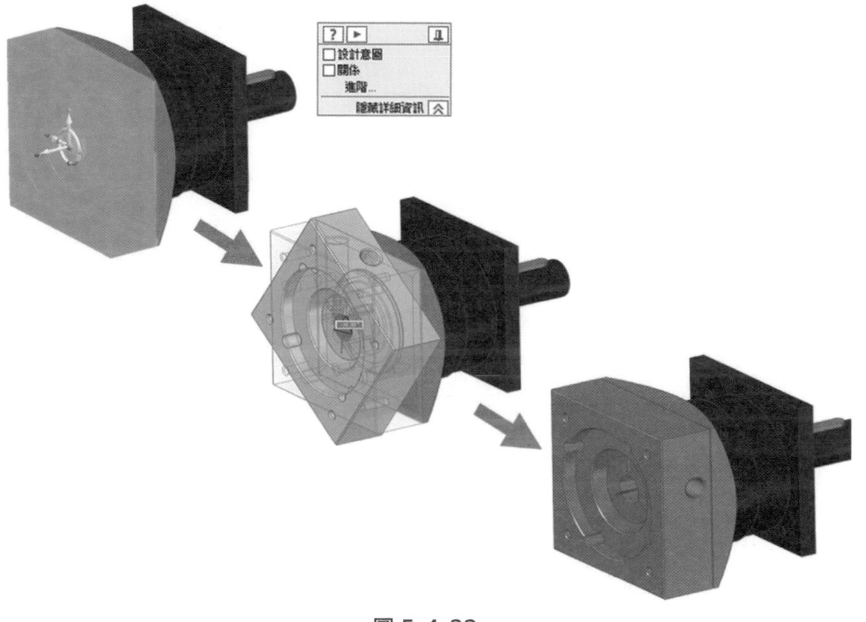

圖 5-4-22

22.「同步建模」除了可以直接修改 3D 模型，也可以針對不需要的幾何進行刪除，比如要將鍵刪除，只需將鍵選擇後→「右鍵」→「刪除」或直接按鍵盤「delete」，如圖 5-4-23。

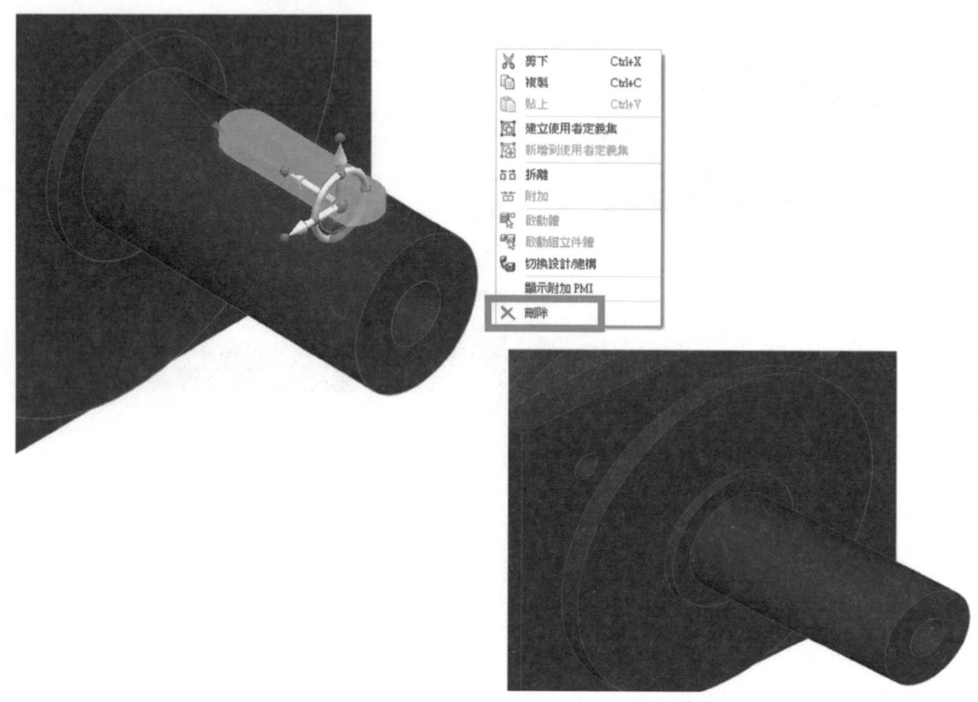

圖 5-4-23

5-5 特徵庫

「特徵庫」是將在 Solid Edge 中繪製好的「特徵」或「面」，套用於其他的模型上，藉此節省重新繪製的時間。（也適用於外來檔案。）

備註：「同步建模」的特徵只能放置在「同步建模」的零件上，「順序建模」的特徵只能放置在「順序建模」的零件上，彼此無法共通使用。

儲存特徵的操作，利用範例進行說明：

1. 開啟範例檔「5-5-1.par」，如圖 5-5-1。

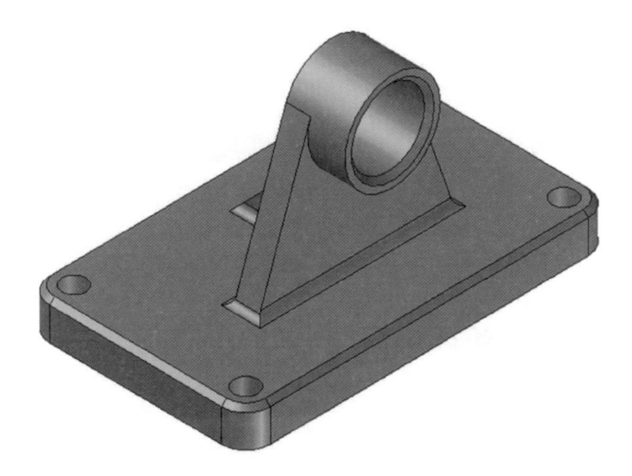

圖 5-5-1

2. 選取圖中模型上的「特徵」，並且擺放好「幾何控制器」並調整控制器平面，如圖 5-5-2。

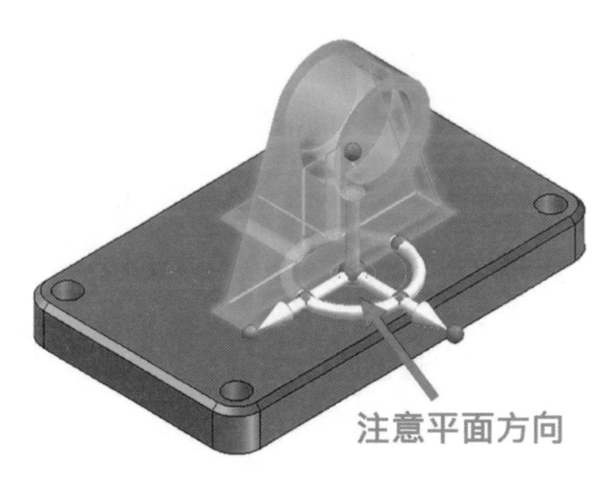

圖 5-5-2

3. 選取使用者想放置的資料夾，如圖 5-5-3。

圖 5-5-3

4. 點選「特徵庫」上的「+ 號」（新增條目）以建立特徵庫成員，如圖 5-5-4。

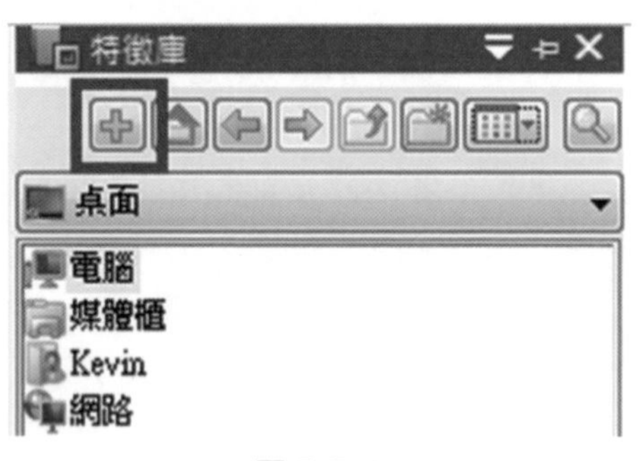

圖 5-5-4

5. 按下「+號」後，畫面上會出現特徵庫條目視窗，使用者可以在庫條目名稱當中，輸入容易辨識的名稱，確認之後按下「儲存」即可，如圖 5-5-5。

圖 5-5-5

6. 儲存後，使用者可以從「特徵庫」當中，找到儲存的特徵，如圖 5-5-6。

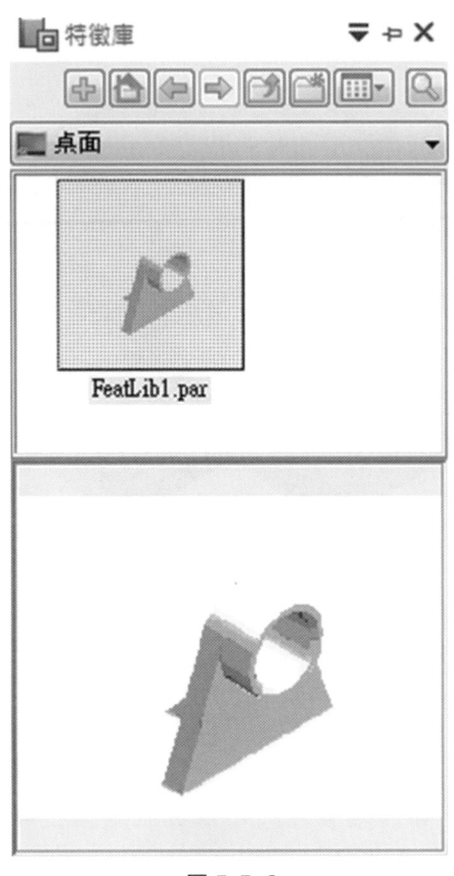

圖 5-5-6

◤載入特徵的操作，利用範例進行說明：

1. 接著開啟範例「5-5-2.par」，如圖 5-5-7。

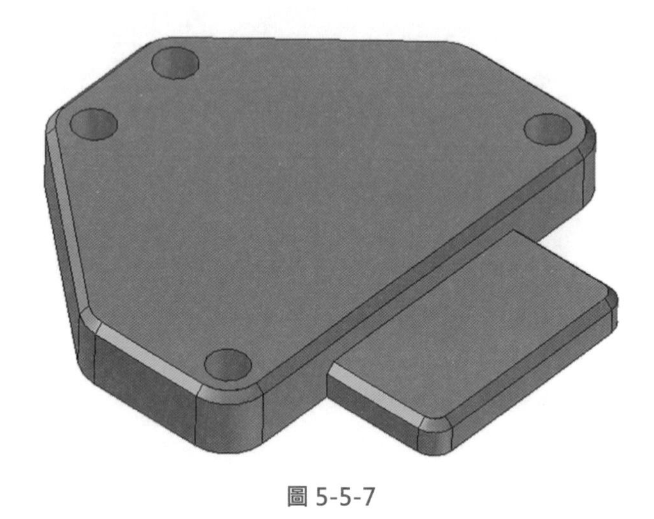

圖 5-5-7

2. 從「特徵庫」當中，點選剛儲存的特徵並且滑鼠左鍵按住拖曳到模型視窗中，確認滑鼠游標出現「+ 號」之後即可放開左鍵，這樣就可以將特徵帶入新零件當中，如圖 5-5-8。

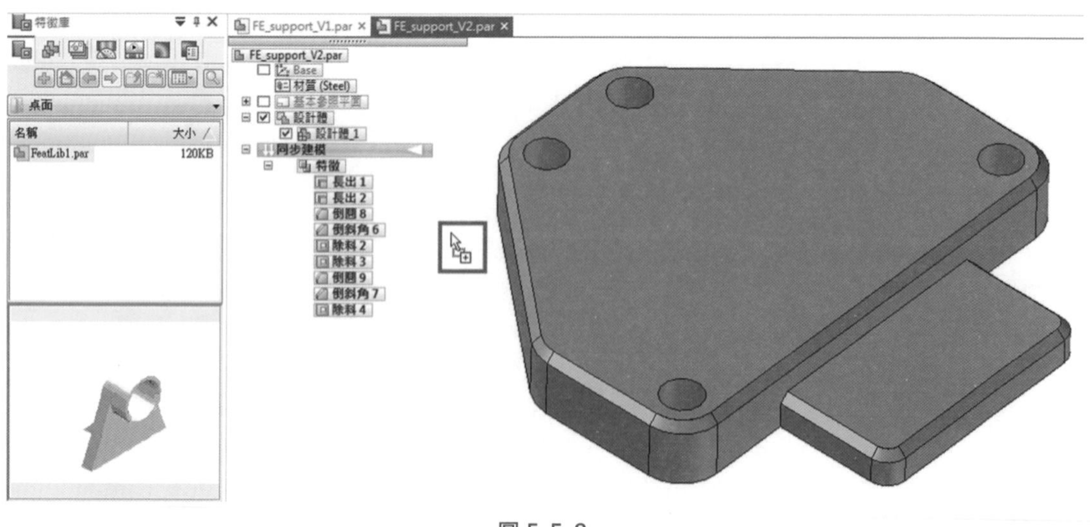

圖 5-5-8

3. 接著移動滑鼠，將特徵放置到想放置的位置上。

   直接放置會有高低的誤差，因此當滑鼠移動至要放置的平面之後，使用者可利用「平面鎖(F3)」或「快速選取」的方式選定要放置的平面，以避免造成誤差，如圖5-5-9。

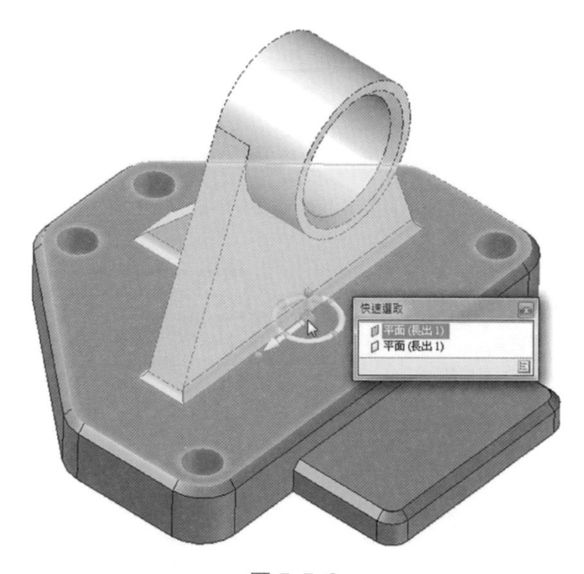

圖 5-5-9

4. 當特徵放置於模型上時，使用者可以看到「導航者」上多了「面集」特徵，如圖5-5-10，此時使用者可以利用幾何控制器進行移動，透過「關鍵點」的鎖點進行定位。

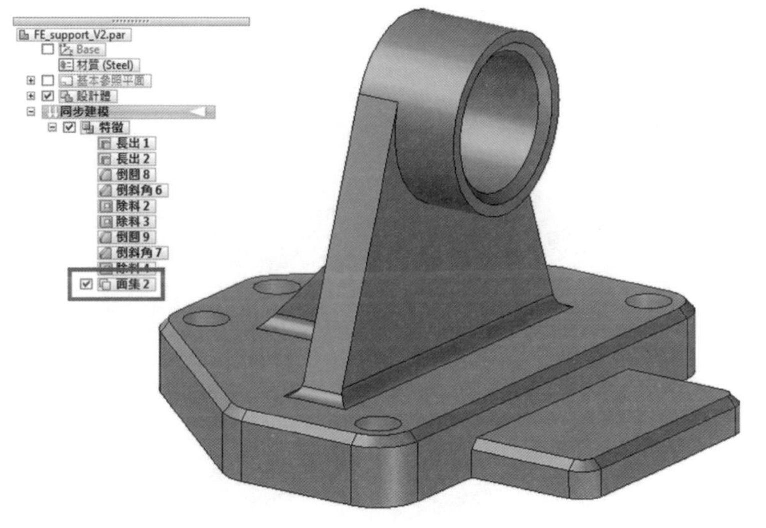

圖 5-5-10

5. 位置擺放完成之後，對「面集」特徵點擊滑鼠「右鍵」，從功能列當中可以看到「附加」指令，利用「附加」指令，可以將面集附加於模型當中，使其成為一個實體特徵，如圖 5-5-11、圖 5-5-12。

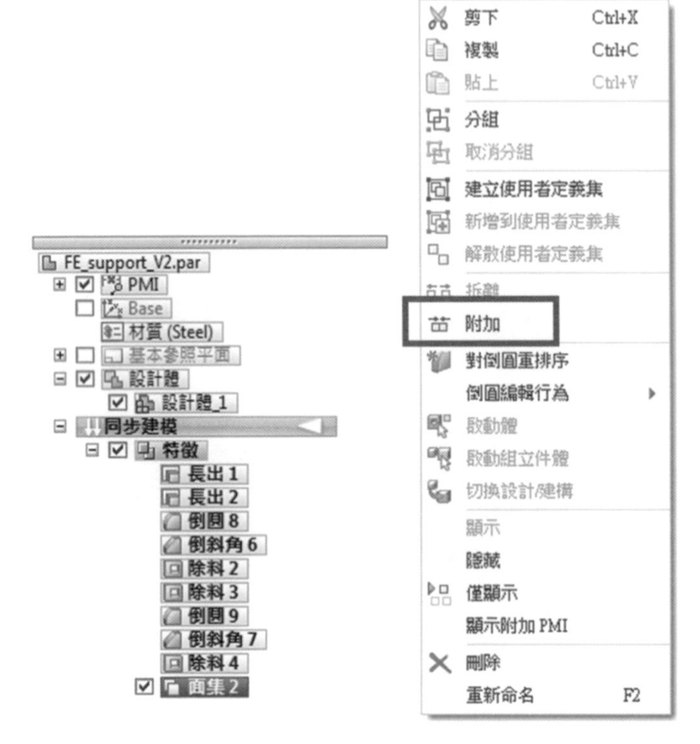

圖 5-5-11

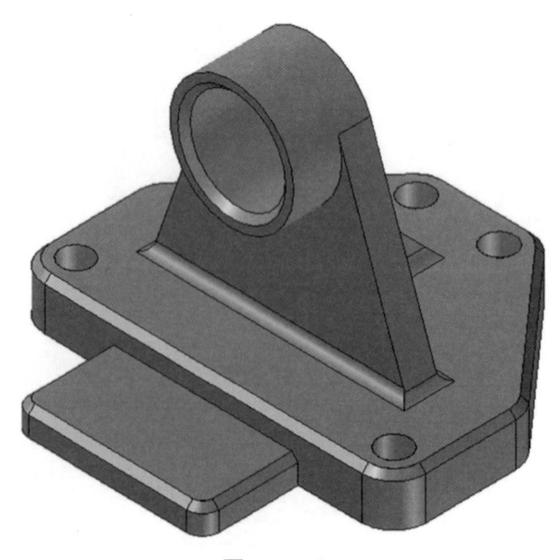

圖 5-5-12

6 CHAPTER

同步建模與順序建模

章節介紹

藉由此課程，你將會學到：

6-1　「同步特徵」與「順序特徵」的差異

6-2　如何切換「同步建模」與「順序建模」

6-3　傳統的建模方式-「順序建模」

6-4　同步的建模方式-「同步建模」

6-5　「順序建模」-修改

6-6　總結-Solid Edge「同步建模技術」

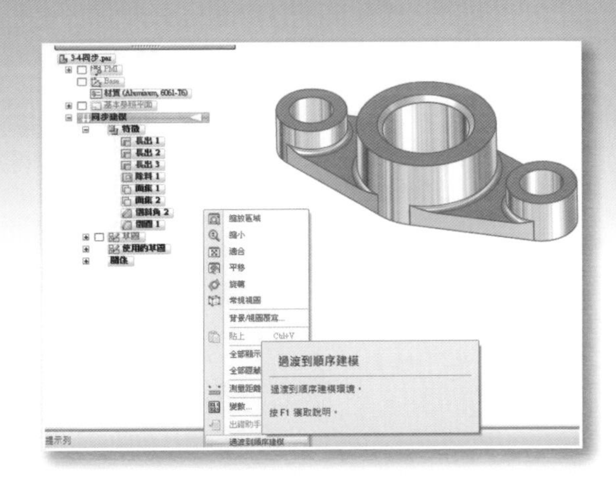

6-1 「同步特徵」與「順序特徵」的差異

進行 3D 設計的過程當中，Solid Edge 提供了「同步建模」以及「順序建模」兩種方式，最主要的差別是-

- 在「同步建模」下，所建立的特徵稱為「同步特徵」。

Solid Edge 使用具有專利的同步約束解算程式功能，單純的以幾何為考量，當點擊 3D 模型時是直接分析幾何圖形，不藉由歷史特徵來驅動，相對於傳統的特徵建模，擁有速度和靈活性，同時也兼具完整的參數控制。

- 在「順序建模」下，所建立的特徵稱為「順序特徵」。

所有的特徵、草圖是有父子關係的，必須考慮特徵建構的先後順序，修改是藉由歷史紀錄來驅動，也就是特徵的編修跟草圖是有關連性的，修改完成之後特徵需要重新計算。

特性

您可以選擇在「同步建模」或「順序建模」環境下單獨進行設計，也可以「同步建模」與「順序建模」混合使用，隨時進行切換。

Solid Edge 允許「順序建模」所建構的特徵，可以拋轉成「同步建模」的特徵，就能使用同步建模的直覺性修改。

要注意的是，「同步建模」的特徵，特性是沒有父子關係，所以拋轉後父子關係會被打斷，而因此「同步建模」的特徵是沒有辦法移轉成「順序建模」的特徵。

備註：在混合模式下，即使在「順序建模」的環境下，當您點擊到的是「同步特徵」還是可以使用「同步建模」的方式來進行編修，不需再特別進行切換。

6-2 如何切換「同步建模」與「順序建模」

方式一

在「工具」→「模型」，可以進行「同步建模」與「順序建模」的切換，如圖 6-2-1。

圖 6-2-1

方式二

在工作視窗空白處，按滑鼠右鍵過渡到「順序建模」或「同步建模」，如圖 6-2-2。

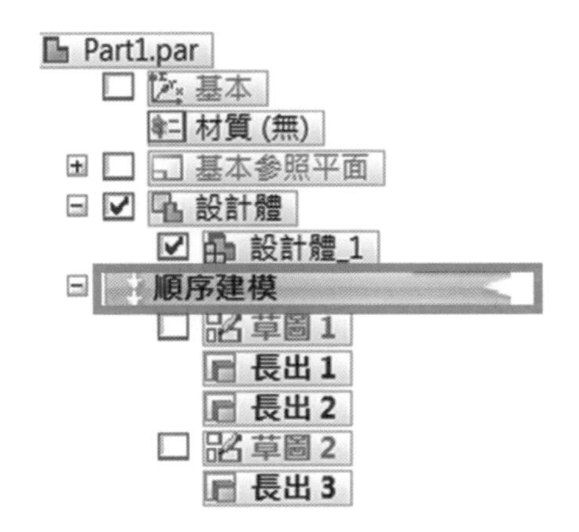

圖 6-2-2

方式三

在「混合建模」情況下，可以直接點擊「導航者」中顯示的建模方式進行切換，如圖 6-2-3。

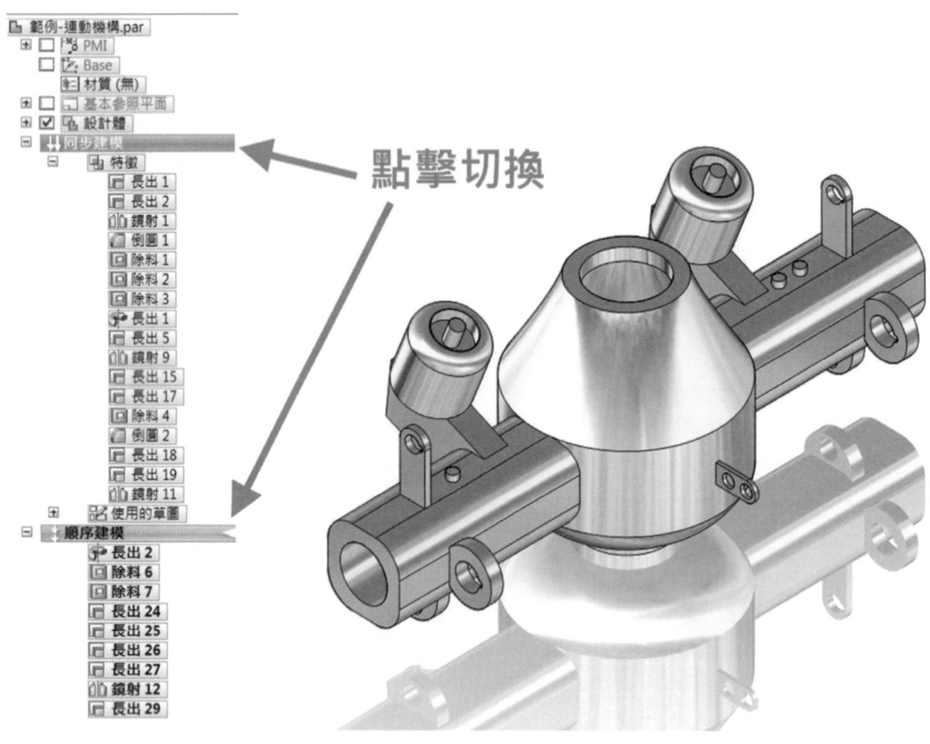

圖 6-2-3

6-3 傳統的建模方式-「順序建模」

Solid Edge 提供「同步建模」以及「順序建模」兩種建構方式，當然用戶除了挑選在「同步模式」或「順序模式」下來進行設計之外，也能彈性的使用「混合」的方式，相互切換不同狀態達到快速編修的目的。

1. 首先開啟「零件」範本，在畫面空白處按「右鍵」，過渡到「順序」建模，如圖 6-3-1。

圖 6-3-1

2. 開始繪製草圖，並拉伸「30mm」，如圖 6-3-2。

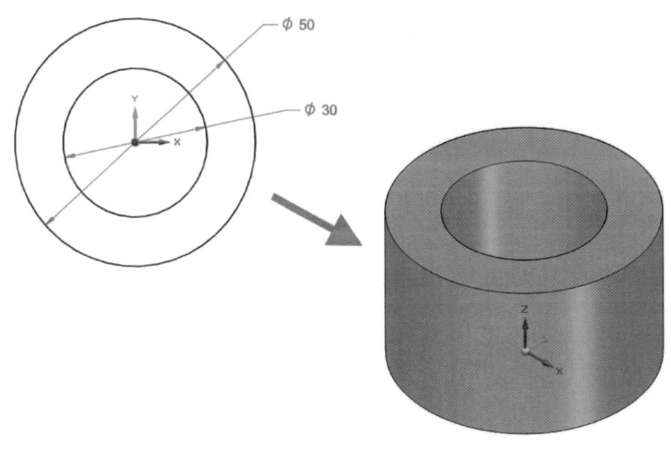

圖 6-3-2

3. 建構底板特徵，並拉伸「10mm」，如圖 6-3-3。

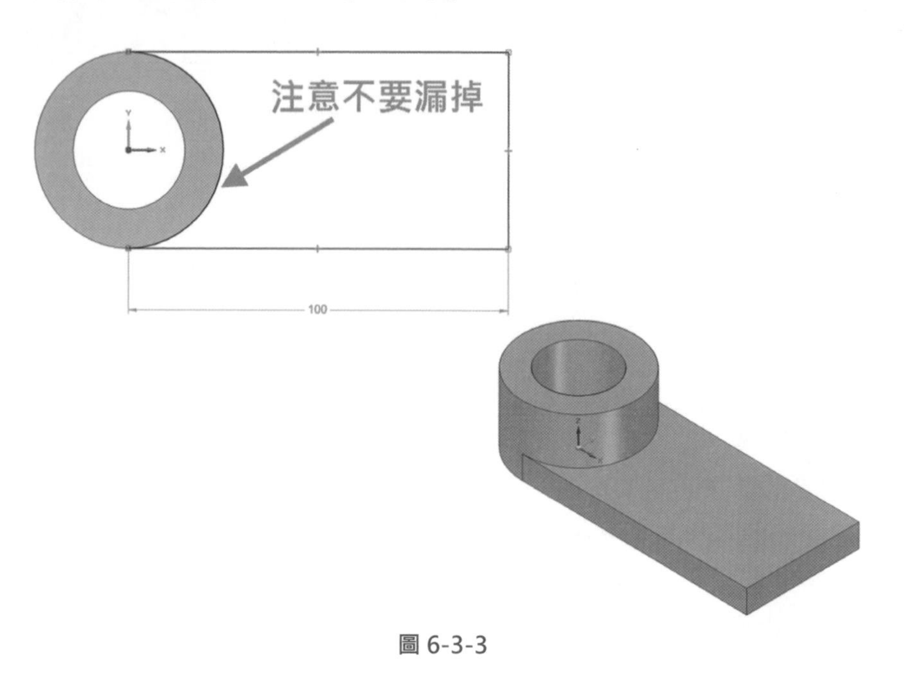

圖 6-3-3

4. 建構側板特徵，並拉伸「70mm」，如圖 6-3-4。

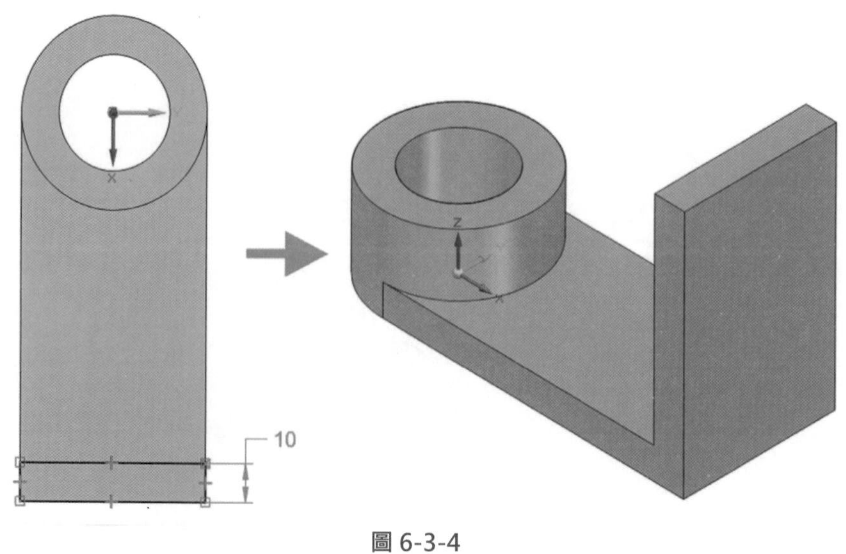

圖 6-3-4

5. 建構拔模特徵，以「ZY 平面」為拔模平面、角度為「4 度」，如圖 6-3-5。

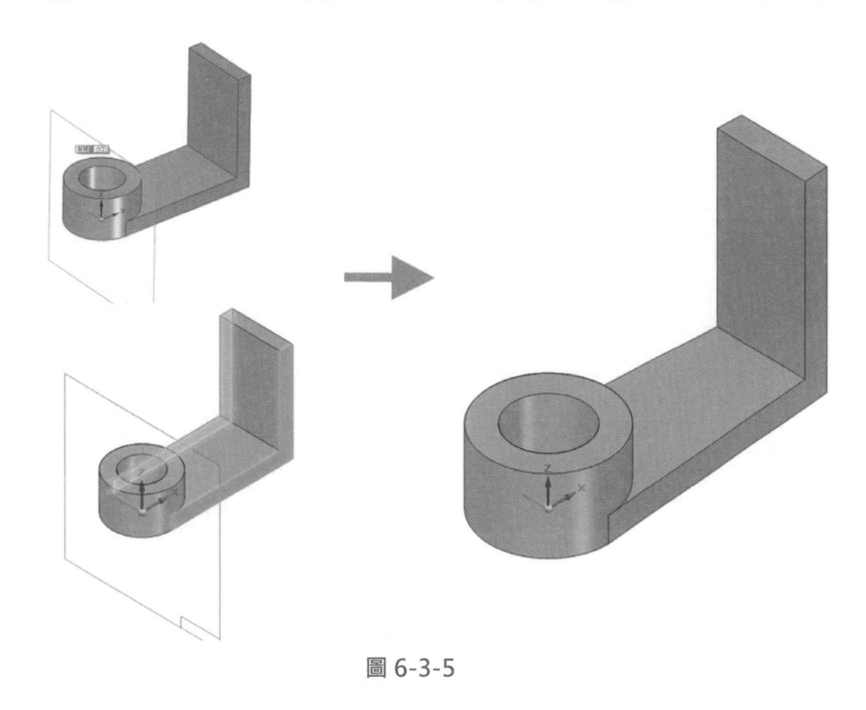

圖 6-3-5

6. 建構肋板特徵，以「XZ 平面」為草圖平面，肋板厚度為「10mm」，如圖 6-3-6。

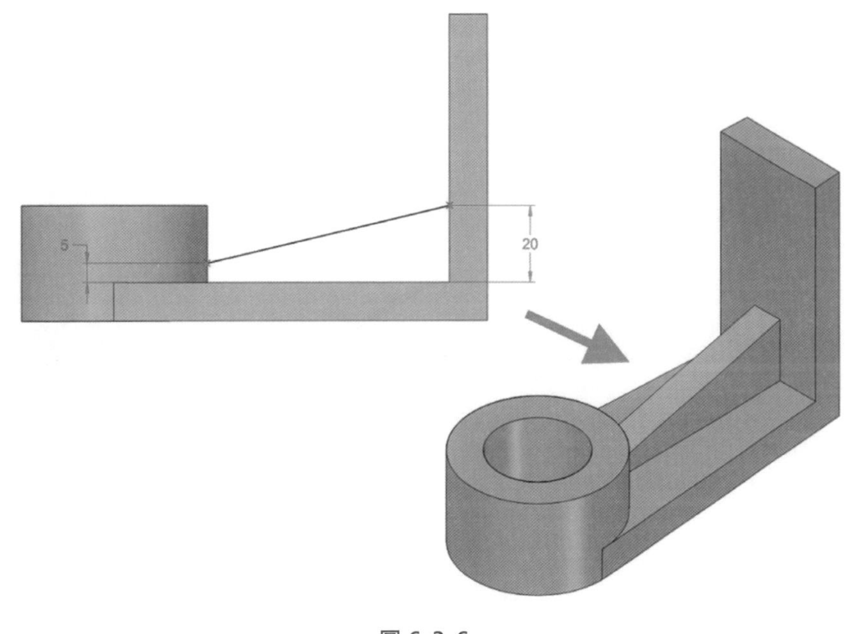

圖 6-3-6

7. 建構除料孔特徵，如圖 6-3-7。

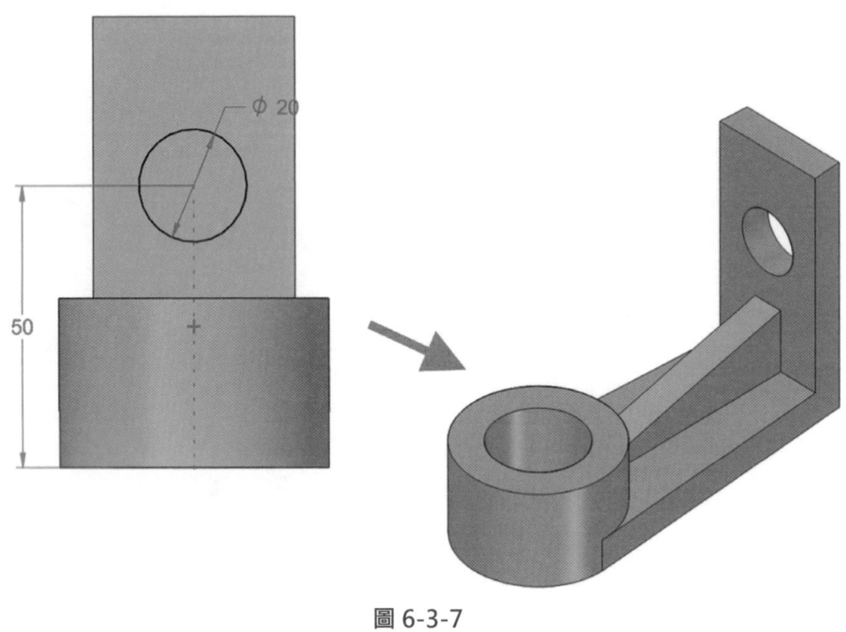

圖 6-3-7

8. 建構 M6 螺紋孔特徵，如圖 6-3-8。

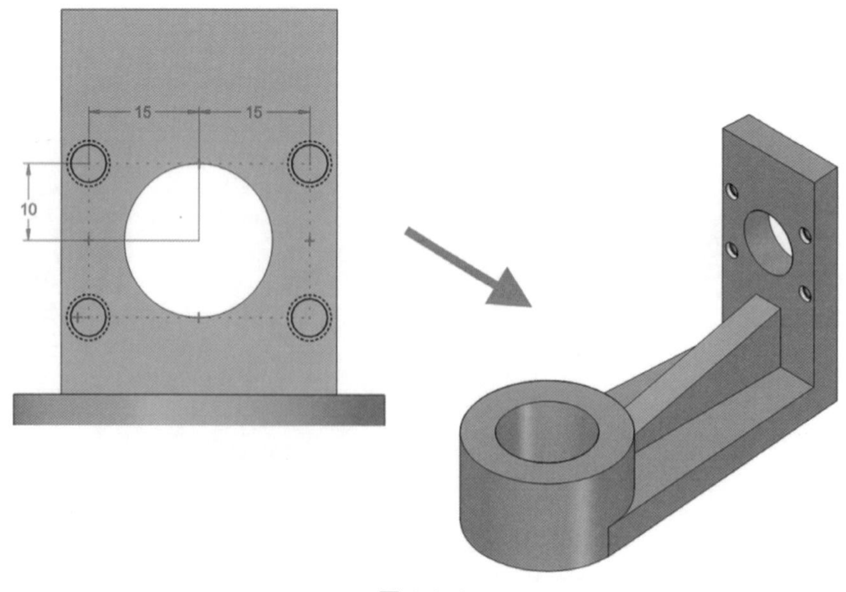

圖 6-3-8

9. 加入倒圓角特徵，邊倒圓：R5，肋板倒圓：R2，如圖 6-3-9。

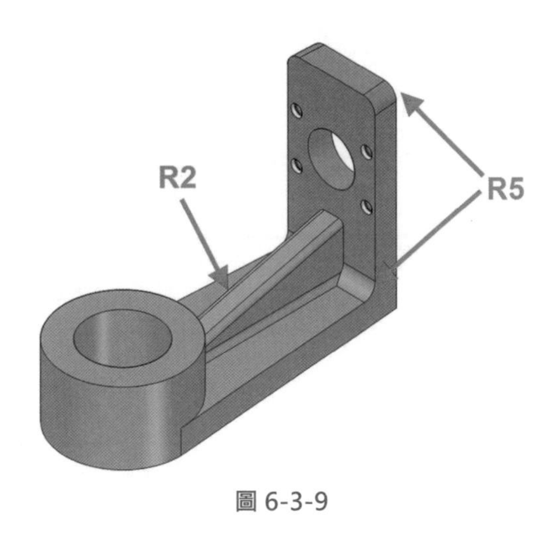

圖 6-3-9

10. 完成，如圖 6-3-10。

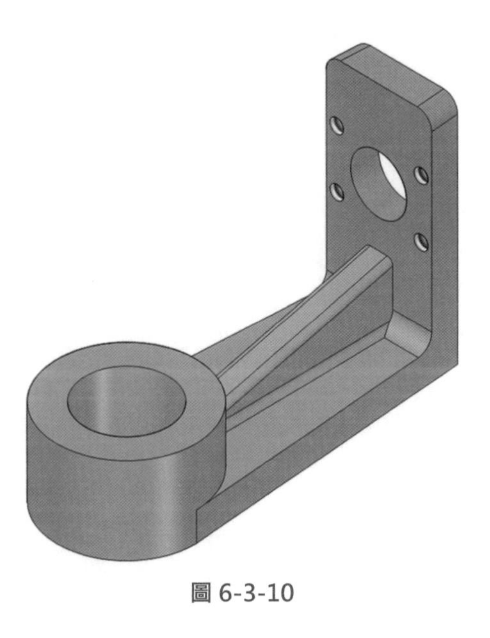

圖 6-3-10

6-4 同步的建模方式-「同步建模」

本章節沿用先前的模型範例，如圖 6-4-1。請大家先拋開「傳統建模」的觀念，接下來我們將使用「同步建模」的方式再次進行模型重建，並使用同步建模技術進行設計編修。

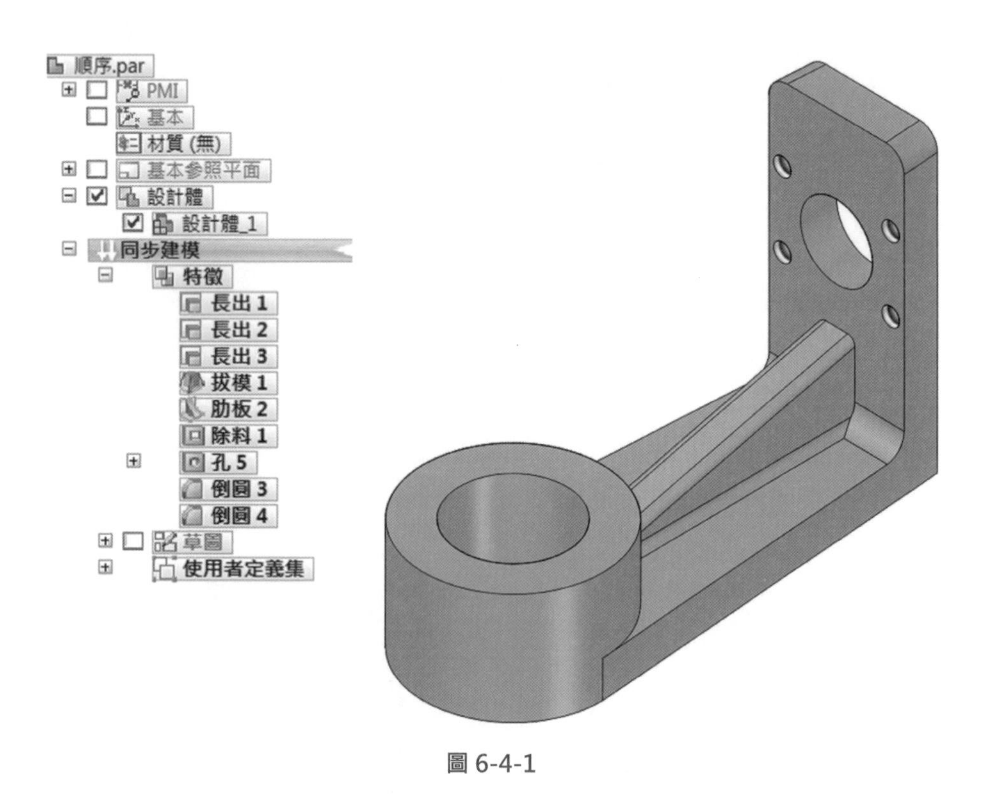

圖 6-4-1

1. 如同先前步驟，開啟「零件」範本，確認目前是在「同步建模」狀態，如圖 6-4-2。

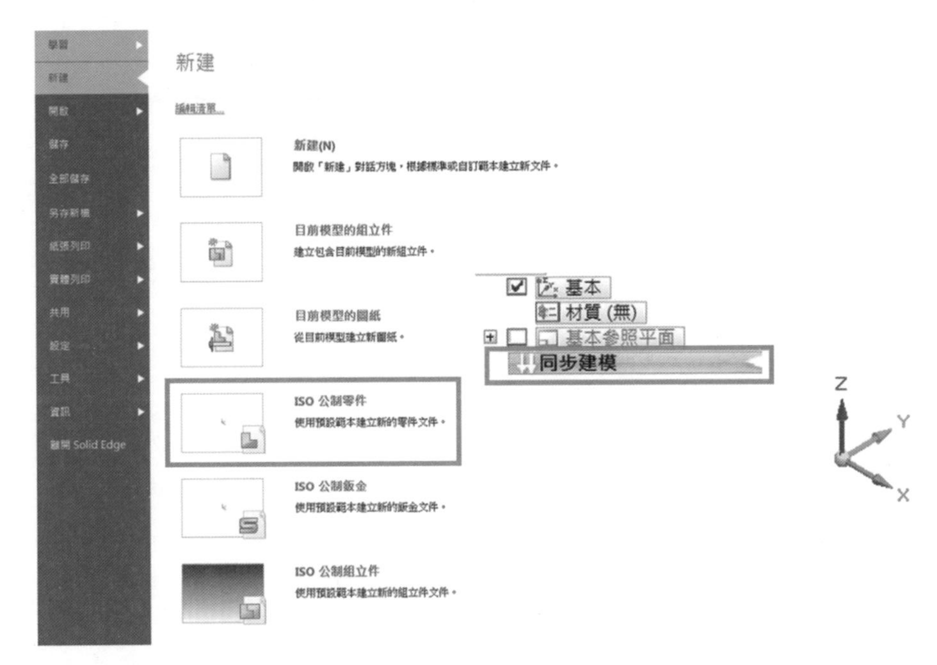

圖 6-4-2

2. 開始繪製草圖，如圖 6-4-3。

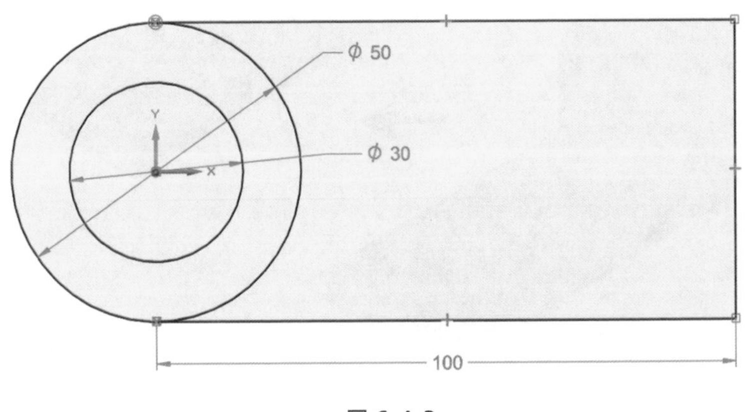

圖 6-4-3

3. 直接點擊草圖輪廓，使用「幾何控制器」進行拉伸「30mm」，如圖 6-4-4。

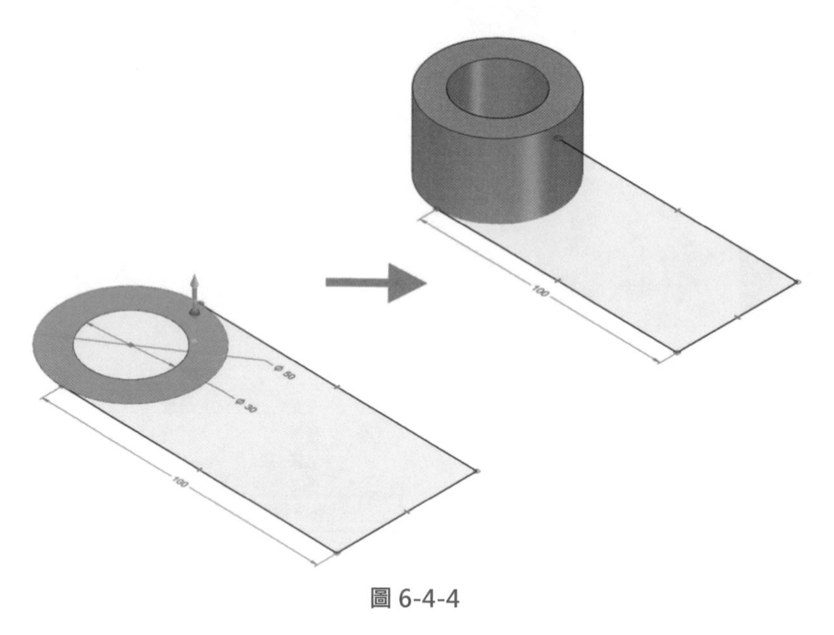

圖 6-4-4

4. 點選「淺藍色區域」，使用「幾何控制器」拉伸「10mm」，如圖 6-4-5。

備註：在「同步建模」中，只要草圖為「封閉區域」，就會呈現淺藍色的區塊。接著針對這些「封閉區域」可直接進行拉伸長料。

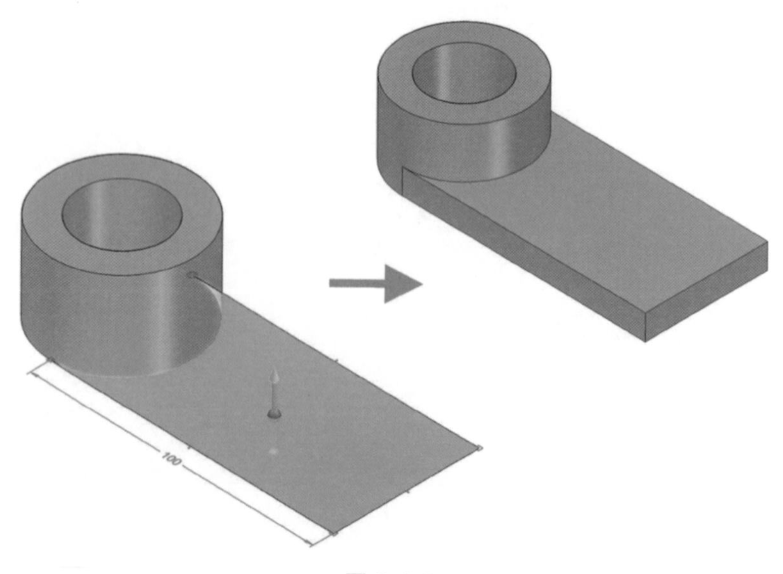

圖 6-4-5

5. 在底板面繪製一條直線，距離為「10mm」，使用「幾何控制器」向上拉伸「70mm」，如圖 6-4-6。

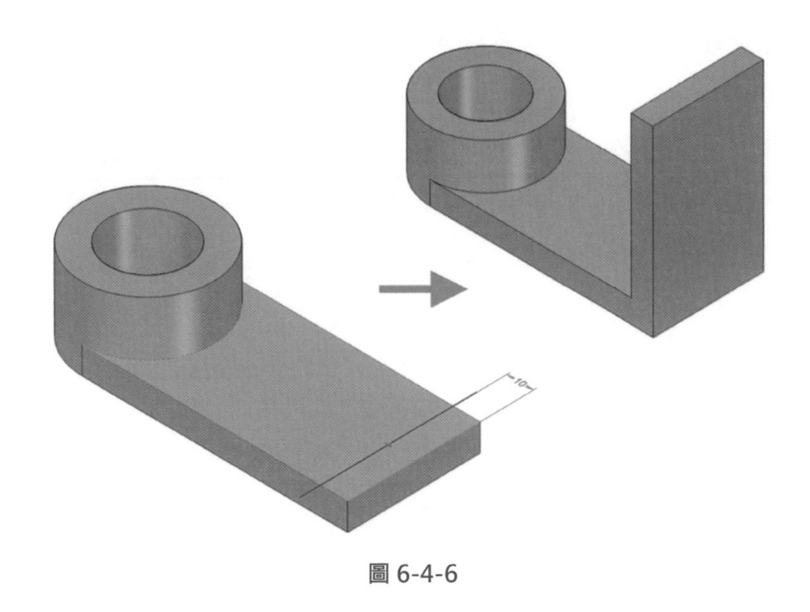

圖 6-4-6

6. 重複 6-3 章節中的 5~10 步驟，依序加入拔模、肋板、除料孔、螺紋孔、倒圓角特徵，完成模型，如圖 6-4-7。

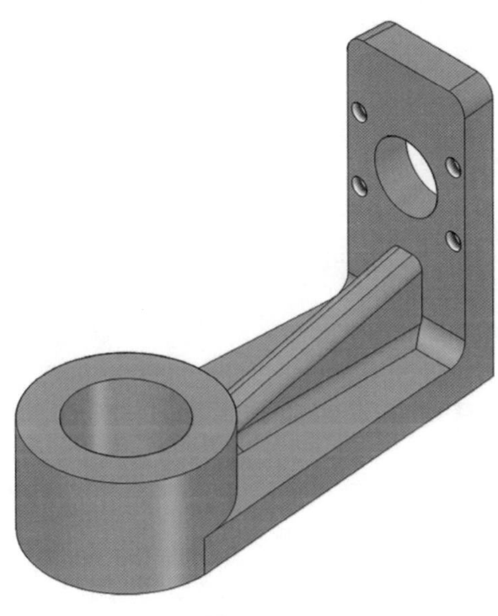

圖 6-4-7

6-5 「順序建模」-修改

通常「傳統建模」必須預先規劃和定義，包含：「草圖繪製」、「相關限制」、「特徵順序」以及「父子關係」的影響。

當使用「傳統建模」來編修模型，必須非常了解模型的建構順序，才有辦法順利完成編修，假若您拿到的是別人的檔案或外來檔，更是難以編輯，往往需要花費大量的時間處理。

「同步建模」是使用「幾何控制器」、「3D 尺寸（PMI）」加上「設計意圖」，只要直接拖曳模型就可達到快速修改，同時又能確保幾何的正確性，不管是原始檔或外來檔案皆能處理，可以節省非常多的修改時間。

此章節我們會利用 6-3 章節所建立的模型，修改肋板角度及除料圓孔大小，讓大家了解傳統的修改模式以及會造成的問題。

1. 開啟 6-3 章節所製作的模型，如圖 6-5-1。

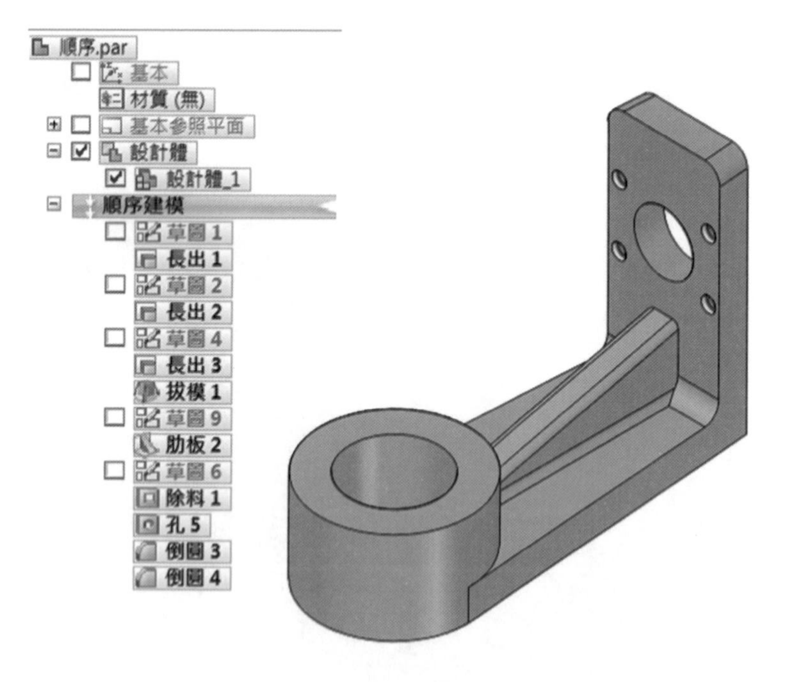

圖 6-5-1

2. 點選「導航者」中的「肋板」特徵「編輯輪廓」進入到草圖環境，如圖 6-5-2。

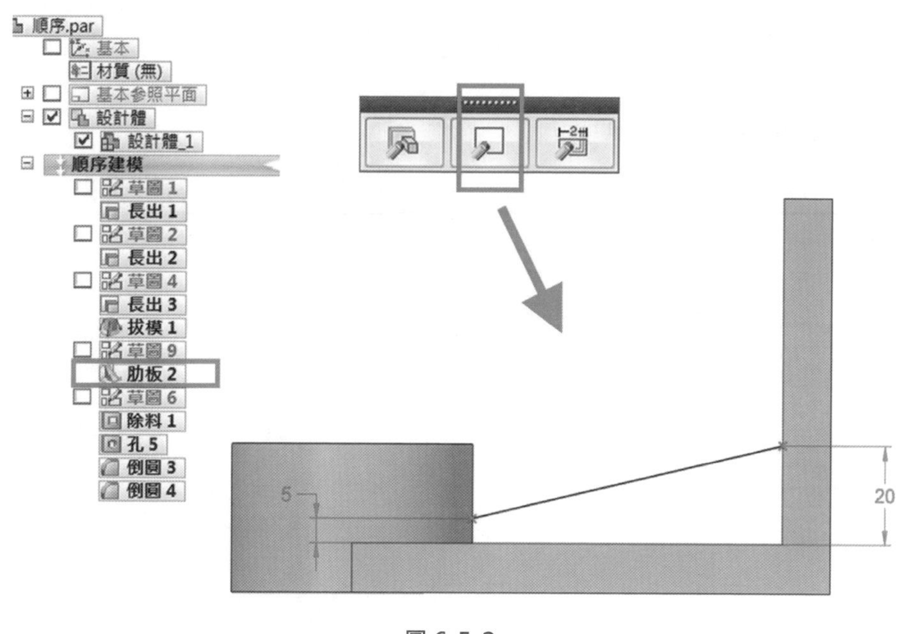

圖 6-5-2

3. 將尺寸 20 更改為 35「離開草圖」，如圖 6-5-3。

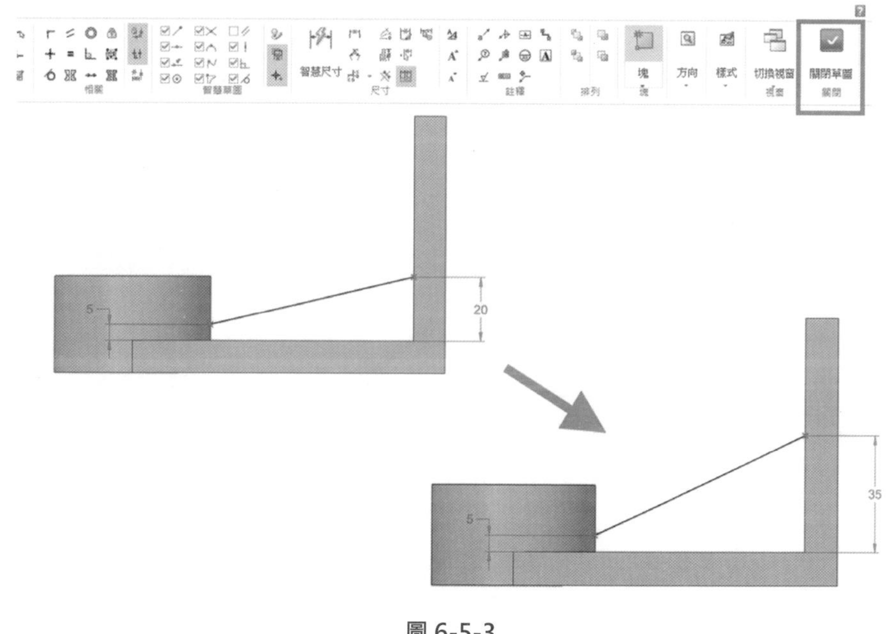

圖 6-5-3

4. 因為「除料圓孔」是在「肋板」之後才建立的特徵，所以當我們回到肋板進行修改時是看不到圓孔的，必須修改完成後才會顯示，此刻也才能知道修改後的模型是否有問題，如圖 6-5-4。

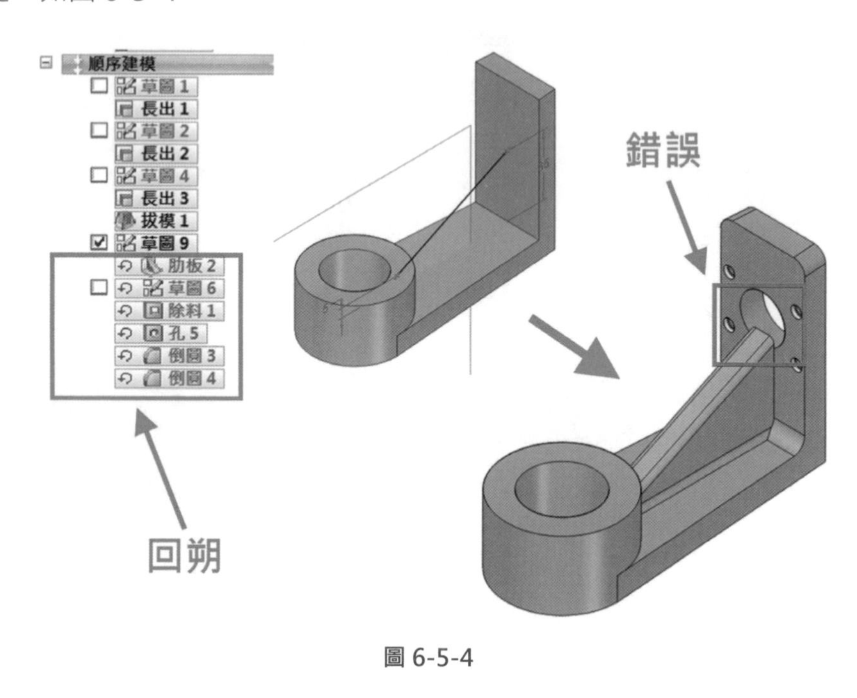

圖 6-5-4

5. 接著再回到「肋板」草圖，將尺寸更改為 25，如圖 6-5-5。

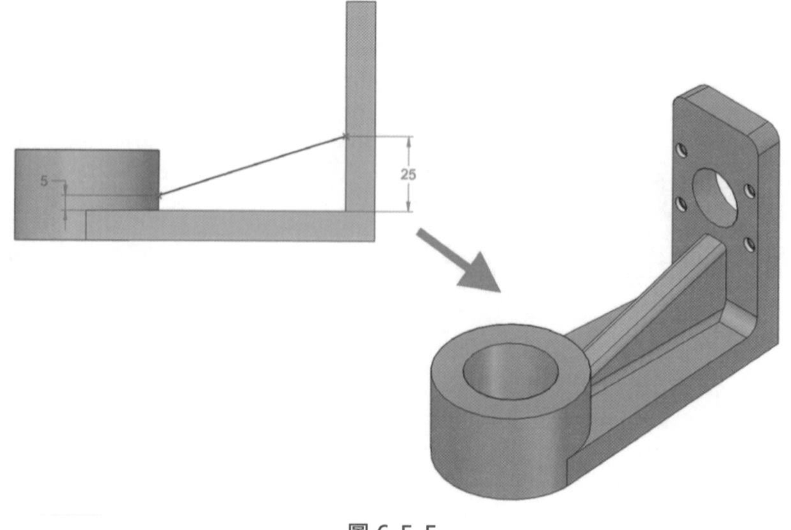

圖 6-5-5

6. 將「除料圓孔」特徵修改，直徑 20 更改為直徑 35、也會遇到同樣的情況，如圖 6-5-6。

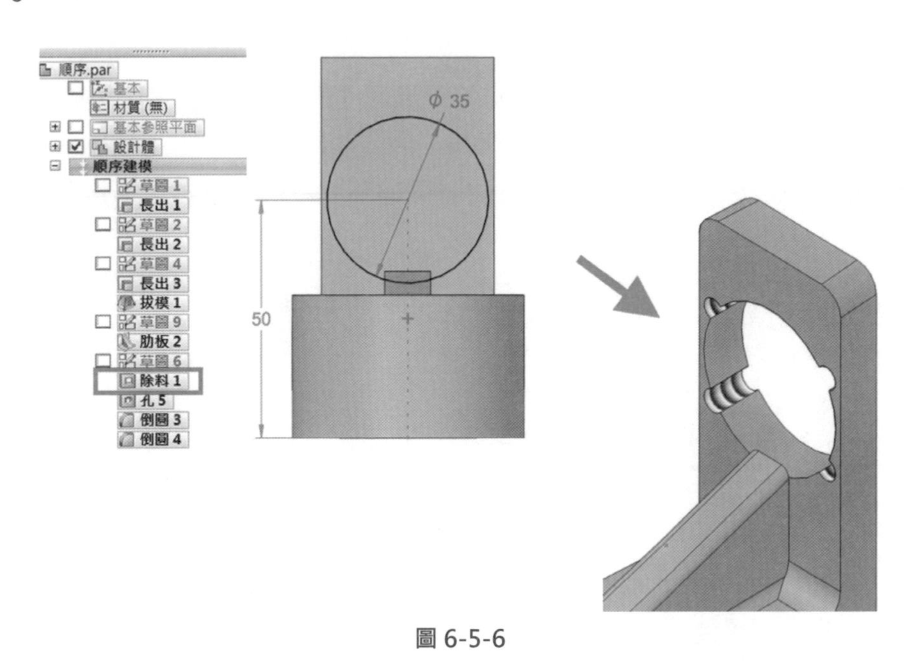

圖 6-5-6

7. 再回到「除料圓孔」特徵修改，直徑 20 更改為直徑 25，如圖 6-5-7。

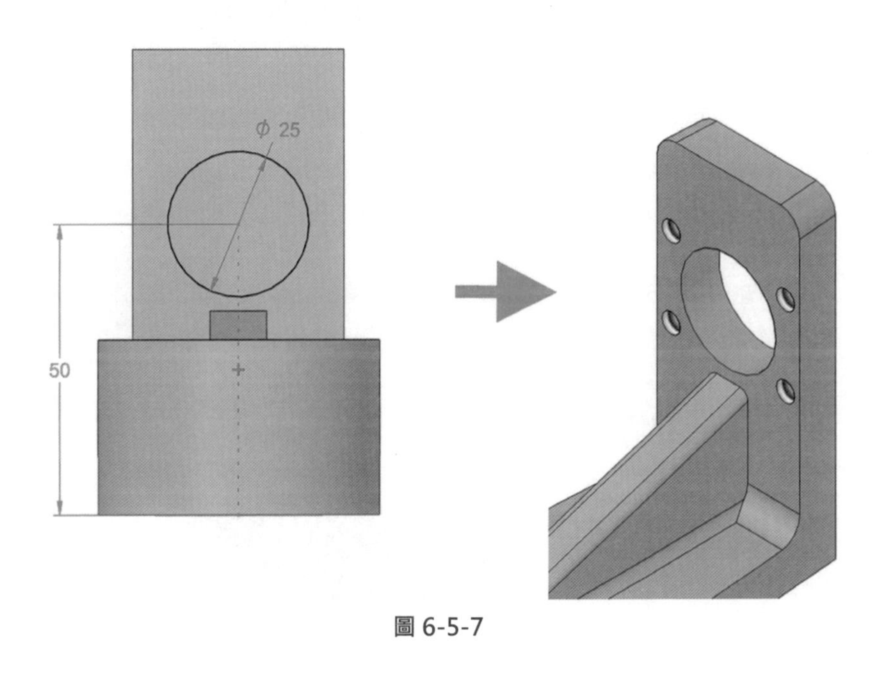

圖 6-5-7

傳統的建模方式，修改往往需要在 2D 及 3D 環境下切來切去，並且因為特徵彼此有父子關係，修改完成後必須再針對受影響的其他特徵再進行修改，非常花費時間。

而「同步建模」的特徵各為獨立，彼此並不會互相影響，但是藉由「設計意圖」功能可以幫助模型修改時保有「邏輯」與「規則性」。

8. 在「導航者」中將「肋板」以上的特徵選擇起來，點選滑鼠右鍵「轉到同步」，如圖 6-5-8。

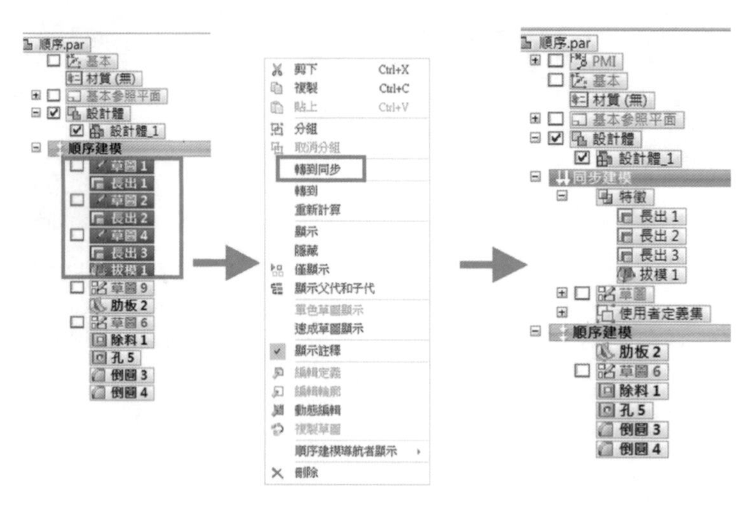

圖 6-5-8

此時在「導航者」中，可以同時看到「同步建模」與「順序建模」，這便是「混合建模」型式，此時在「同步建模」裡的特徵便可以使用「幾何控制器」進行修改，並且「順序建模」的特徵會以透明的狀態顯示，如圖 6-5-9。

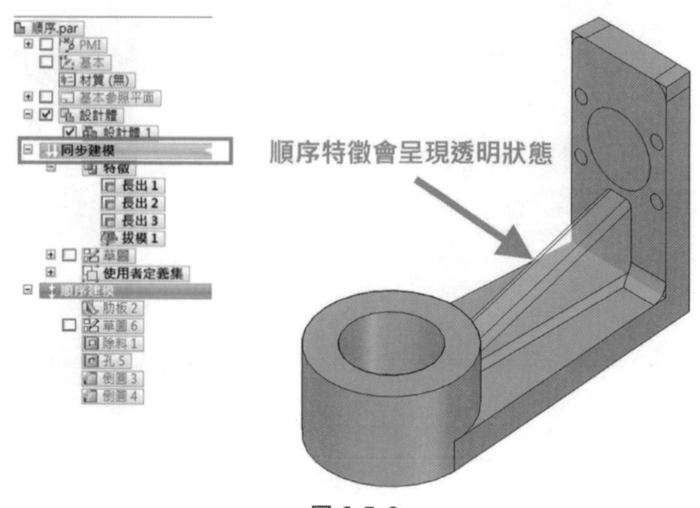

圖 6-5-9

9. 利用「幾何控制器」將圓柱進行移動後，「順序建模」的「肋板」特徵也會計算後跟著修改，如圖 6-5-10、圖 6-5-11。

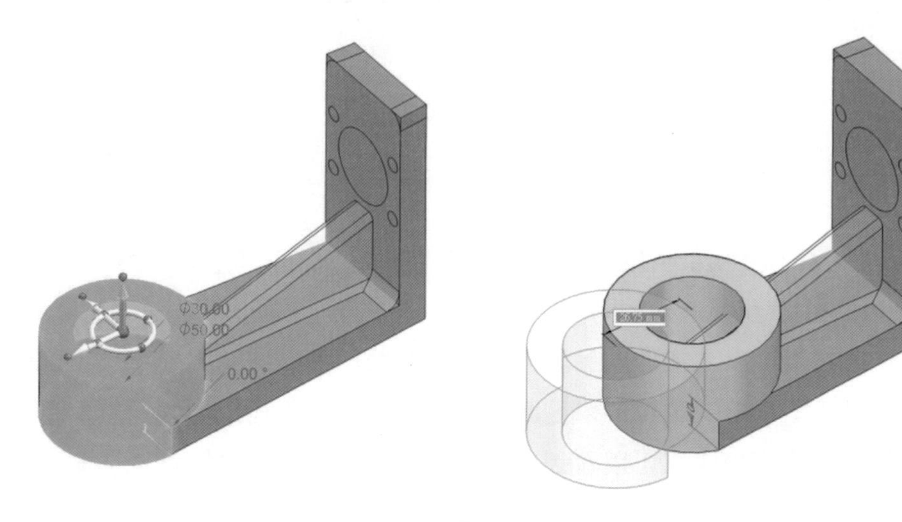

圖 6-5-10

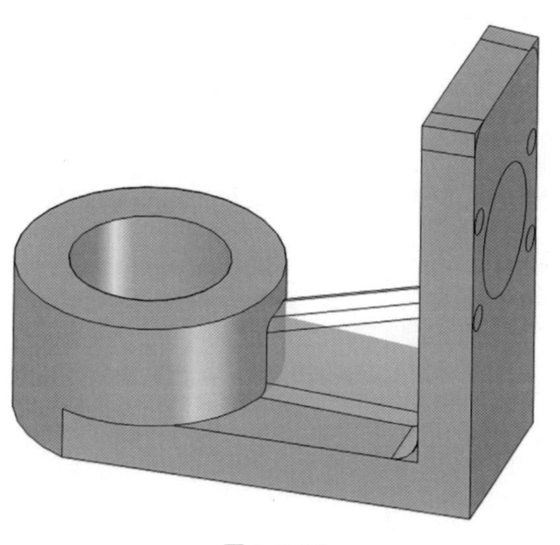

圖 6-5-11

6-7 總結-Solid Edge「同步建模技術」

本章節主要是讓讀者了解「順序建模」以及「同步建模」兩者的差異，如同章節一開始所提到的，您可以任意選擇「順序建模」或「同步建模」來進行產品設計，當然 Solid Edge「同步建模技術」已經能彈性的在「混合模式」下來切換不同的設計方法。

Siemens PLM Software 發展同步建模技術，從 2008 年發表至今，已經第 11 年，Solid Edge 2019 也是進入「同步建模技術」後的第 11 個大版本，希望能夠利用「同步建模技術」來「加速產品設計」、「縮短模型的編修時間」、「重用外來的模型」、以及「簡化 3D 軟體的學習時間」，發展至今，可以看到同步建模一直在進步，現在就連同步建模中也可以看到「順序建模特徵」，並重新計算，這些年來，Siemens PLM Software 不斷在進步，而在這些版本，我們都相信 Solid Edge 已經完全實踐了這個理想。

Solid Edge 的「同步建模技術」已經是完全成熟的技術，可觀察目前時下各家 3D 軟體的演進也都跟隨並朝向「參、變數整合」，我們看到西門子的「同步建模技術」已領先同業多年，相信同步建模已是 3D 設計發展的重要趨勢。

7 CHAPTER

旋轉特徵

章節介紹

藉由此課程，你將會學到：

7-1　旋轉的定義

7-2　旋轉長出

7-3　旋轉除料

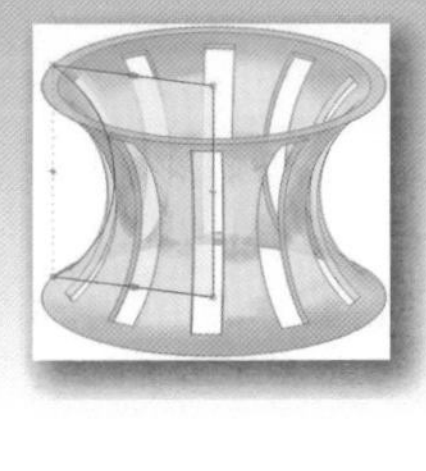
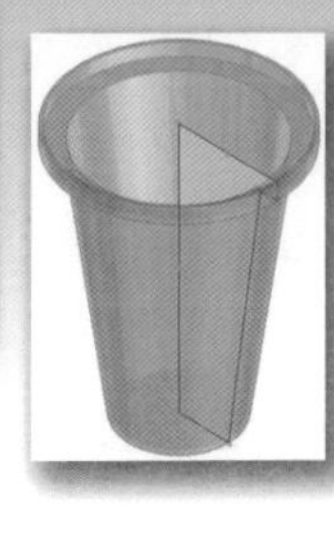
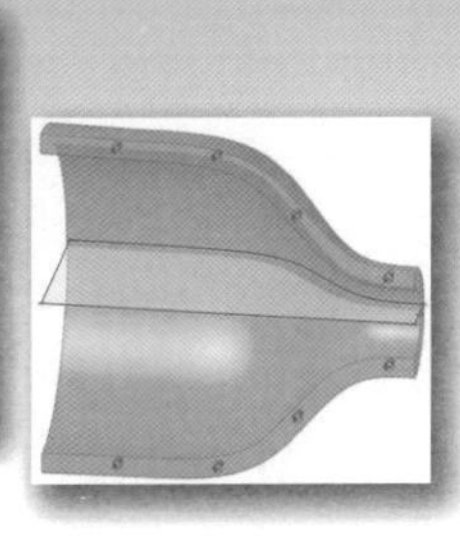

7-1 旋轉的定義

繪圖過程中，經常用到兩種方式，一是前面章節介紹到的「拉伸長料」和「拉伸除料」，另一就是本章節所要介紹的「旋轉長出」和「旋轉除料」。

「旋轉特徵」是利用草圖輪廓，繞著旋轉軸進行旋轉並設定角度，進而成為零件實體，如圖 7-1-1、圖 7-1-2。

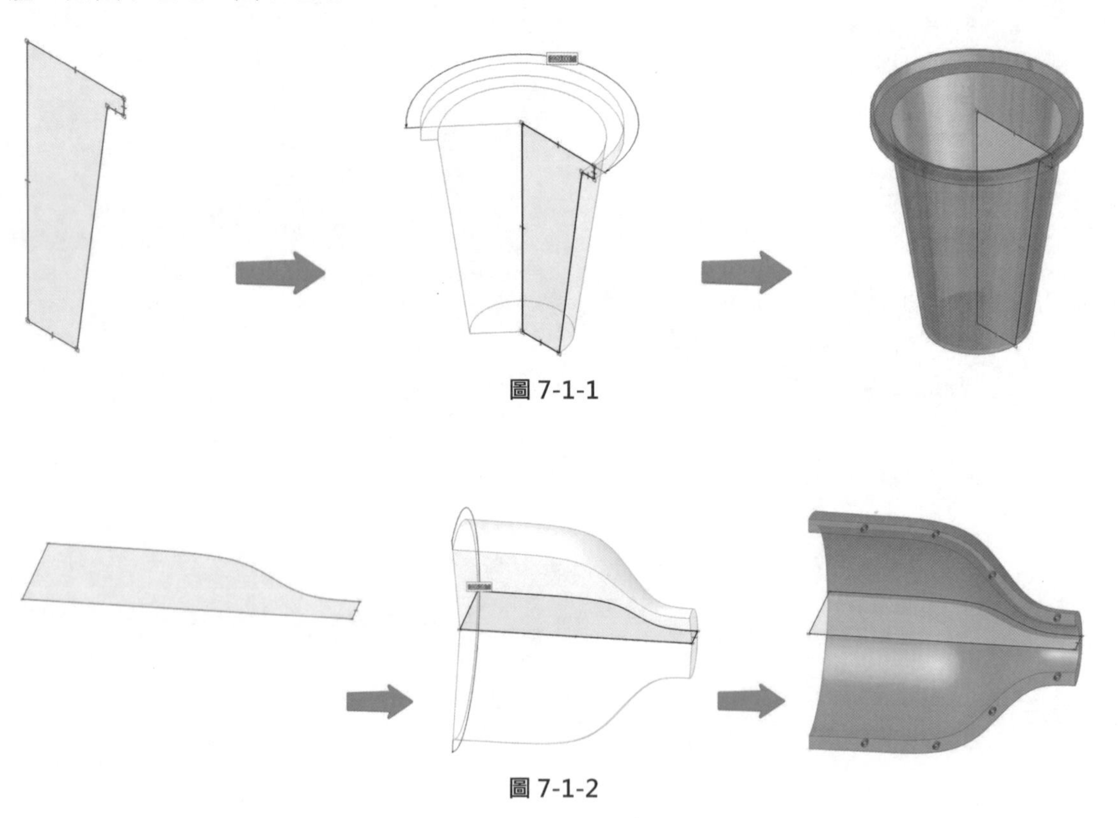

圖 7-1-1

圖 7-1-2

7-2 旋轉長出

範例一

1. 繪製草圖：在「前視圖 (XZ)」上繪製如下草圖，並用「智慧尺寸」標註相關尺寸，如圖 7-2-1。
   - 圖中直徑 5 可使用「對稱直徑」標註。

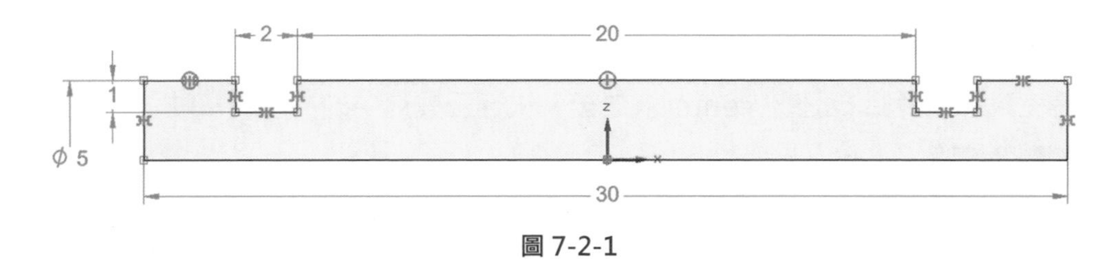

圖 7-2-1

2. 點選指令：選取「首頁」→「實體」→「旋轉」，如圖 7-2-2。

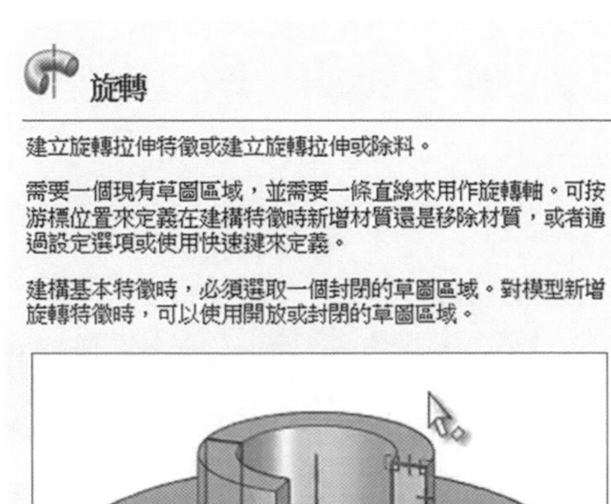

旋轉
建立旋轉拉伸特徵或建立旋轉拉伸或除料。
需要一個現有草圖區域，並需要一條直線來用作旋轉軸。可按游標位置來定義在建構特徵時新增材質還是移除材質，或者通過設定選項或使用快速鍵來定義。
建構基本特徵時，必須選取一個封閉的草圖區域。對模型新增旋轉特徵時，可以使用開放或封閉的草圖區域。

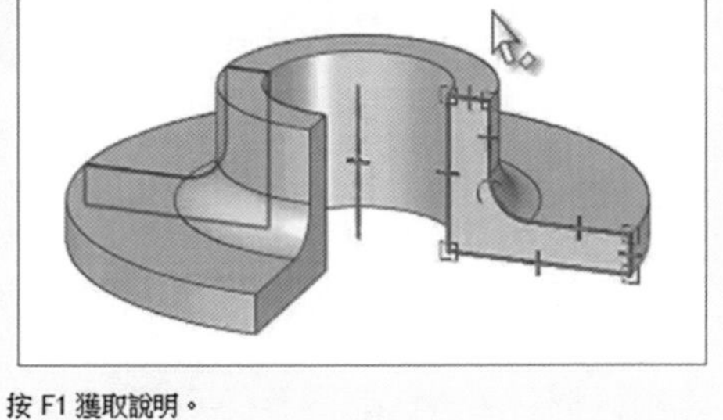

圖 7-2-2

3. 出現「快速工具列」，相關設定為「面」、「360°」、「對稱」等設定，如圖 7-2-3。

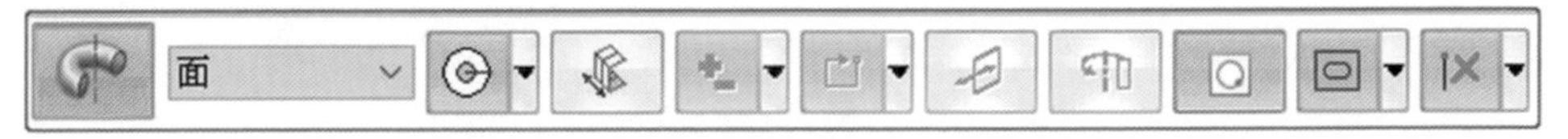

圖 7-2-3

4. 選取：按滑鼠左鍵選取「封閉草圖」區域，如圖 7-2-4。

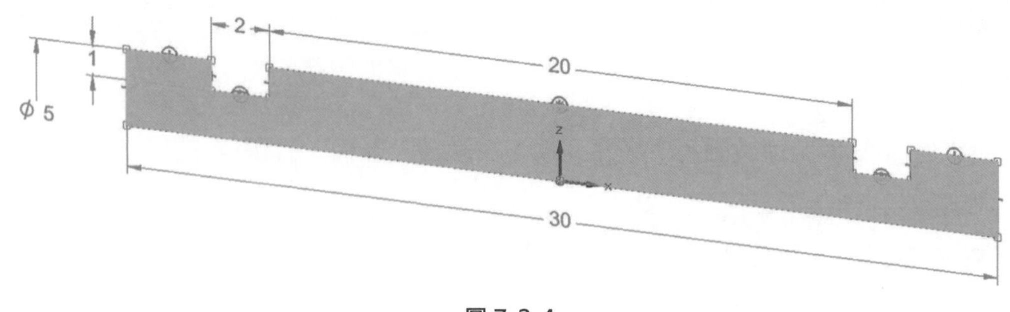

圖 7-2-4

5. 選完輪廓按滑鼠右鍵或「enter」之後，快速工具列中的「旋轉 - 軸」就會顯示，如圖 7-2-5。

圖 7-2-5

6. 接著選取一條草圖「邊線」當作旋轉「軸」，也可將座標 X 軸當作旋轉軸。 如圖 7-2-6。

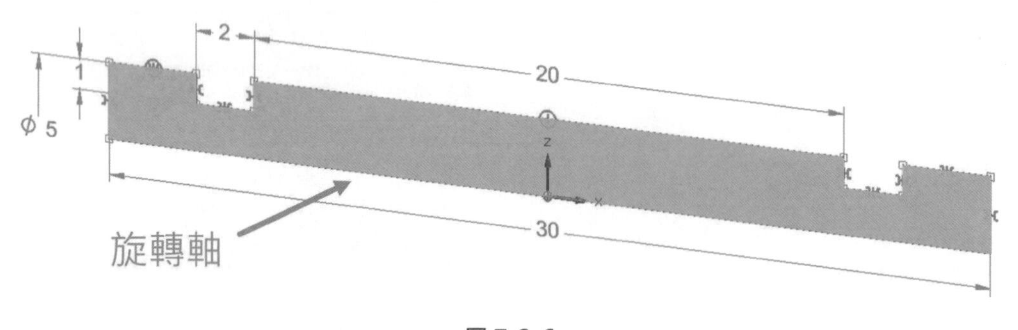

圖 7-2-6

7. 完成：即可完成如圖 7-2-7。

圖 7-2-7

範例二

1. 繪製草圖：在「前視圖 (XZ)」上繪製如下草圖，並用「智慧尺寸」標註相關尺寸，如圖 7-2-8。

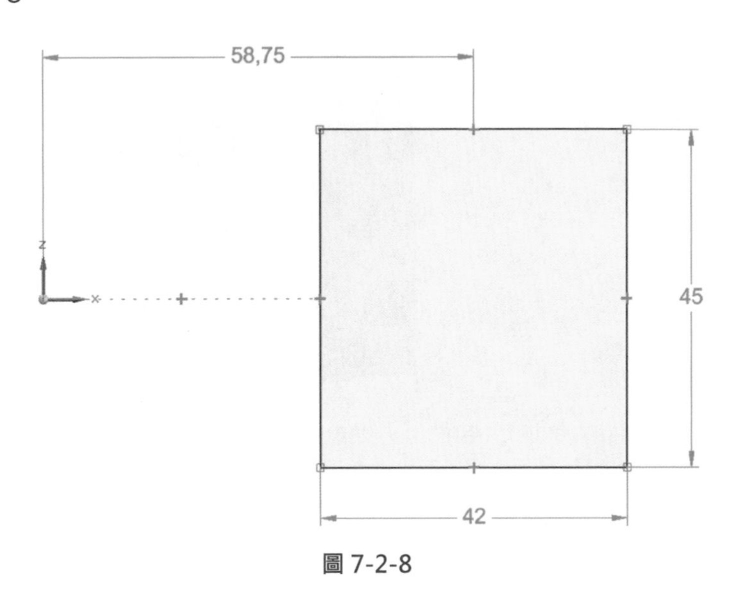

圖 7-2-8

2. 點選指令：選取「首頁」→「實體」→旋轉」，如圖 7-2-9。

圖 7-2-9

3. 出現「快速工具列」，相關設定為「面」、「有限」、「對稱」等設定，如圖 7-2-10。

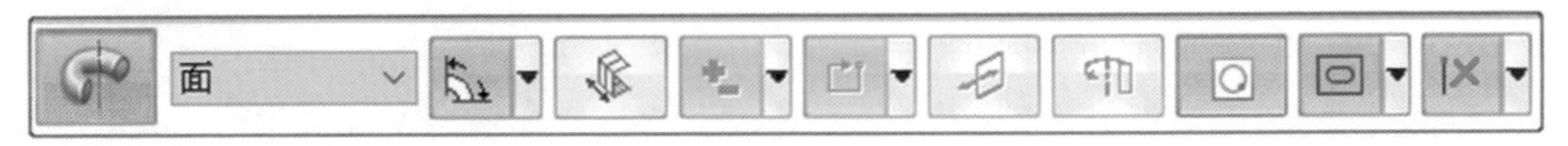

圖 7-2-10

4. 按滑鼠左鍵選取「封閉草圖」的輪廓面，如圖 7-2-11。

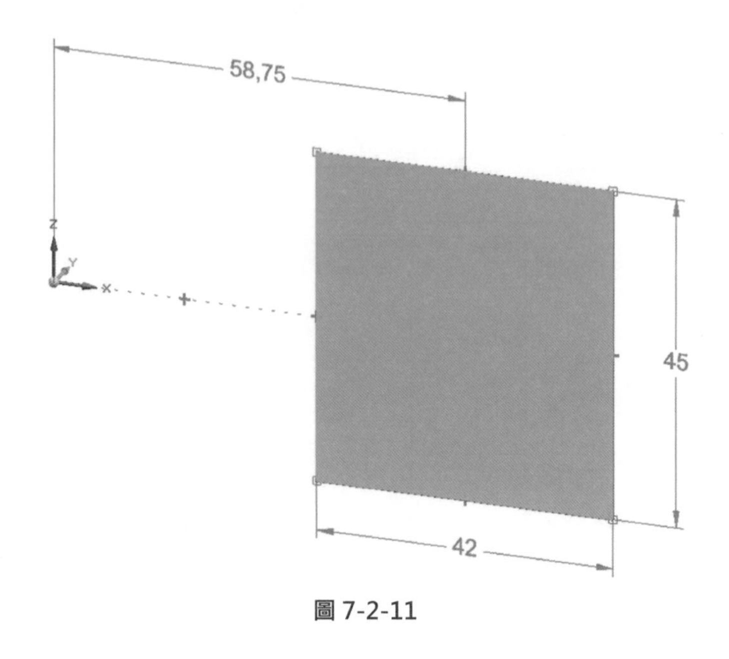

圖 7-2-11

5. 選完輪廓之後，快速工具列中的「旋轉 - 軸」就會顯示，如圖 7-2-12。

圖 7-2-12

6. 接著選取「Z 軸」當作旋轉「軸」，並選擇範圍為 360 度，如圖 7-2-13。

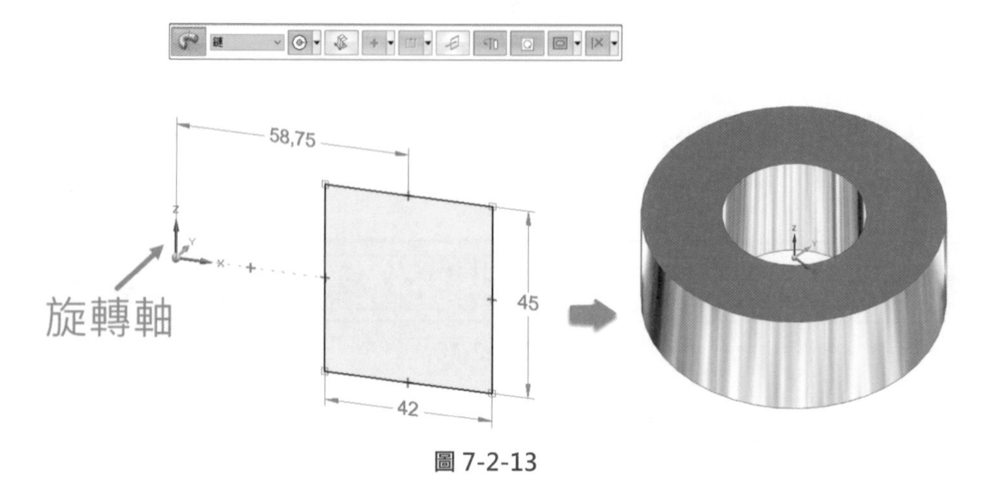

圖 7-2-13

7. 繪製參考草圖：選取「首頁」→「繪圖」→「直線」，接著鎖定前視圖平面繪製草圖，如圖 7-2-14。

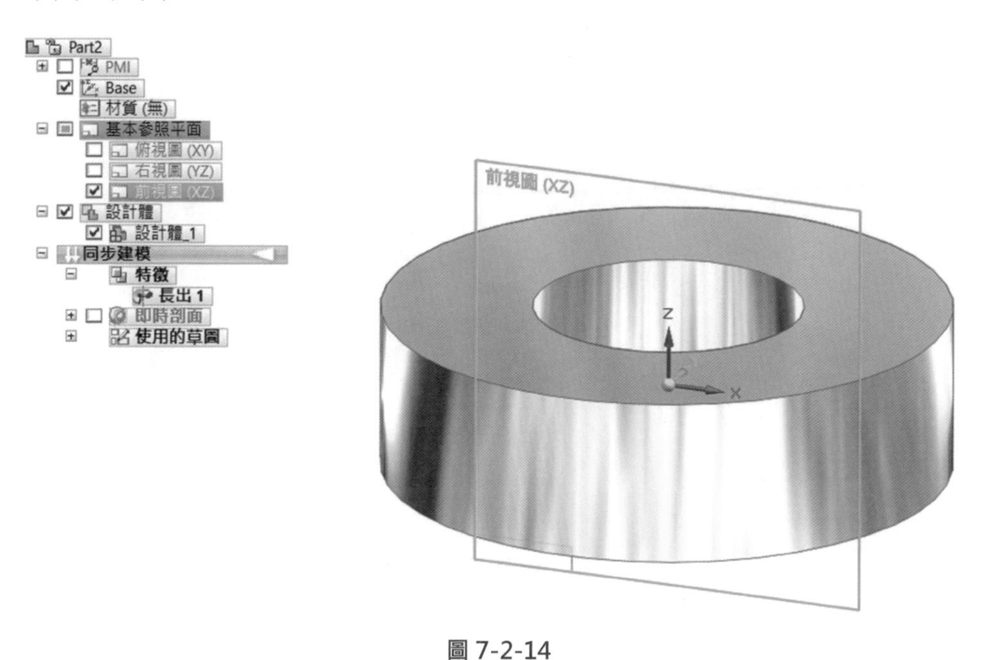

圖 7-2-14

8. 繪製草圖，如圖 7-2-15。

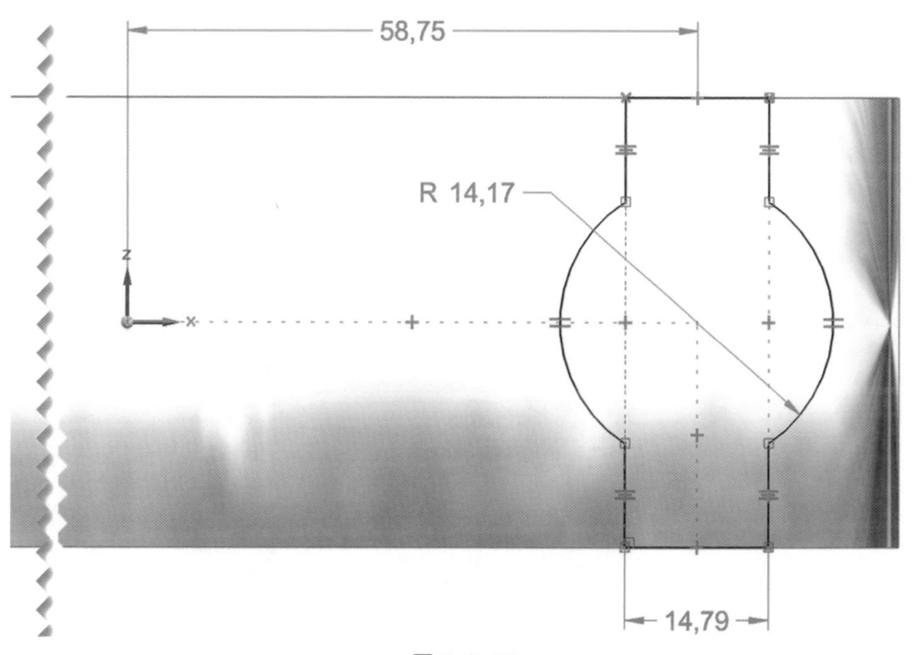

圖 7-2-15

9. 「首頁」→「實體」→「旋轉」，選取輪廓後按「enter」確認，並指定「Z 軸」為旋轉軸，將工具條選項切換成「切除」，進行 360 度除料，如圖 7-2-16。

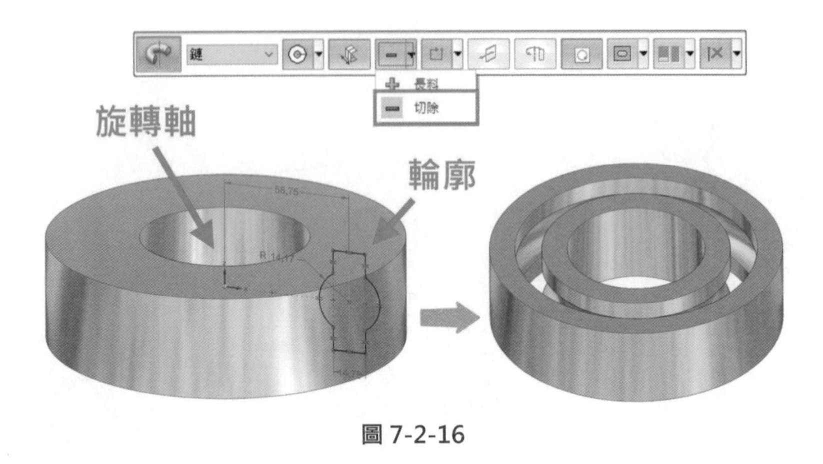

圖 7-2-16

10. 選取「首頁」→「繪圖」→「中心和點畫圓弧」，接著鎖定前視圖平面繪製草圖，如圖 7-2-17。
    - 如需使用多實體，可先「新增體」。步驟：「首頁」→「實體」→「新增體」。

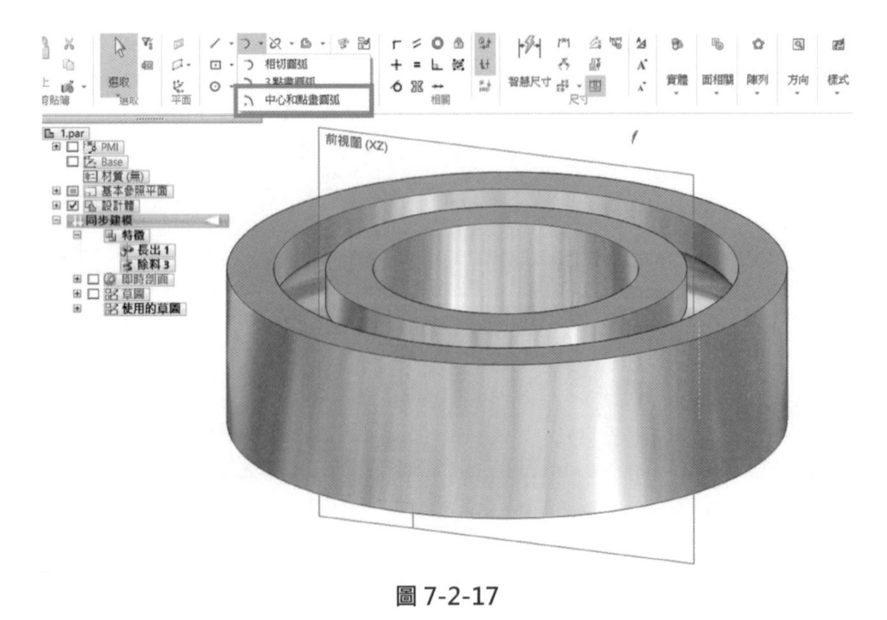

圖 7-2-17

11. 繪製草圖，如圖 7-2-18。

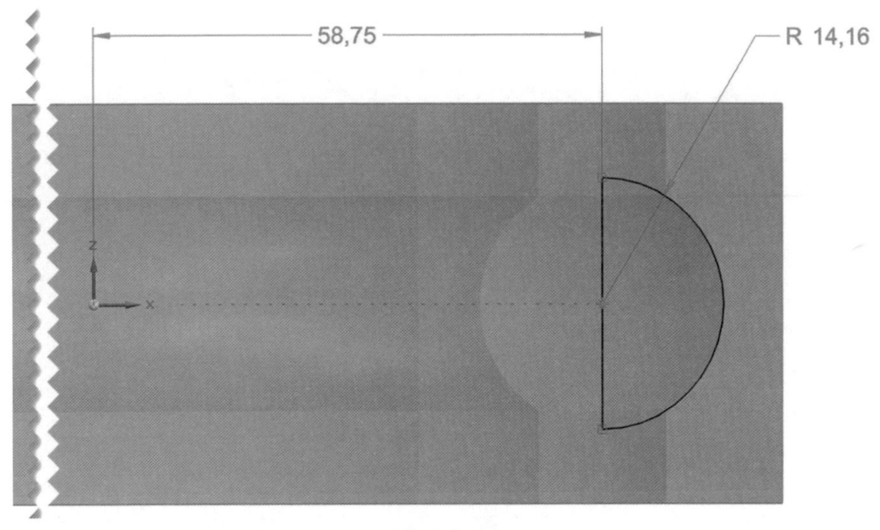

圖 7-2-18

12. 「首頁」→「實體」→「旋轉」，選取輪廓後按「enter」確認，並指定「半圓邊」為旋轉軸，將工具條選項切換成「長料」，進行 360 度長料，如圖 7-2-19。

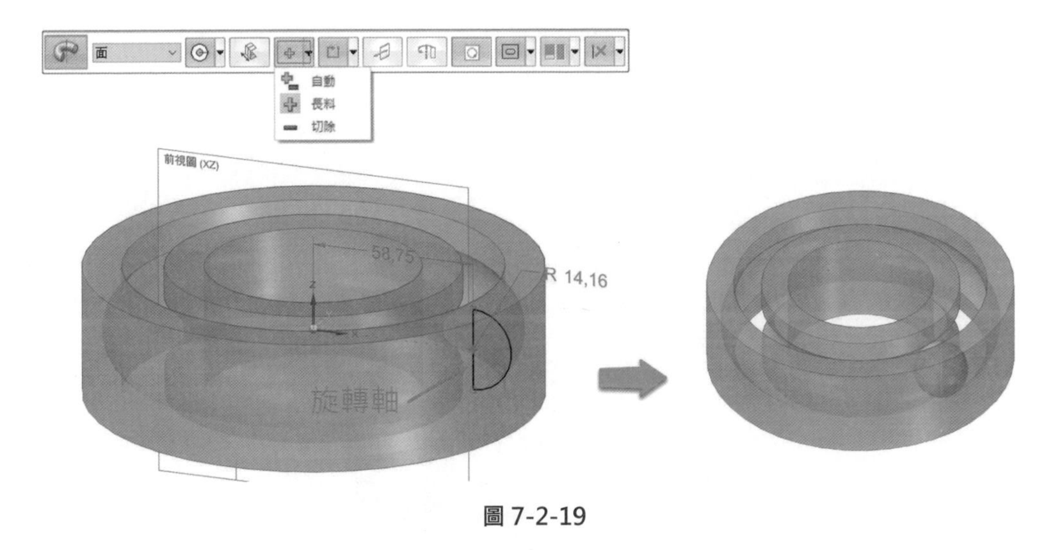

圖 7-2-19

13. 在導航者中將步驟 12 所建立的旋轉特徵選取，「首頁」→「陣列」→「圓形」，如圖 7-2-20。

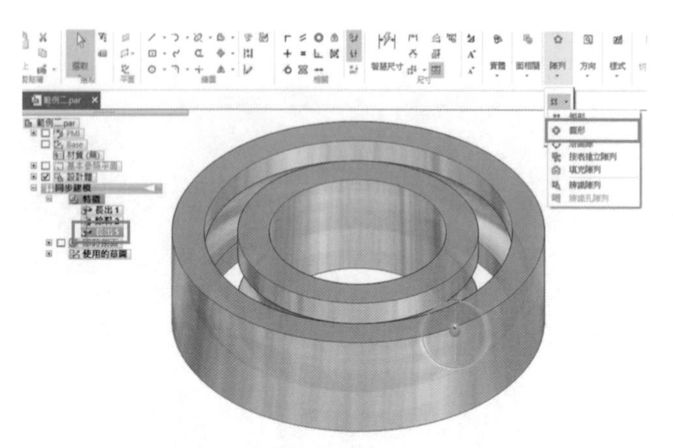

圖 7-2-20

14. 將工具條的鎖點類型改為「中心點」後，將軸放置於模型圓心，並給定數量為 6，如圖 7-2-21、圖 7-2-22。

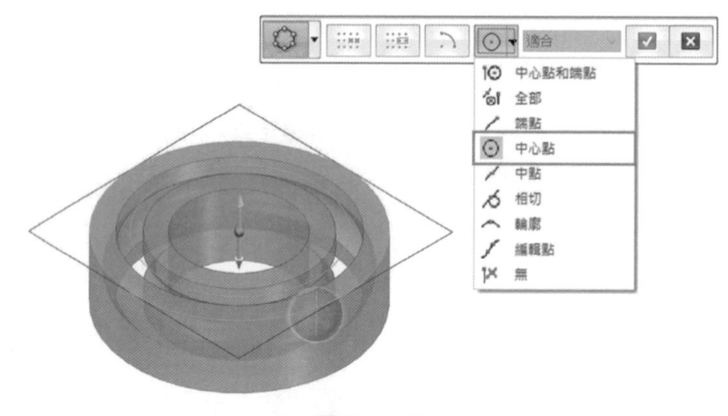

圖 7-2-21

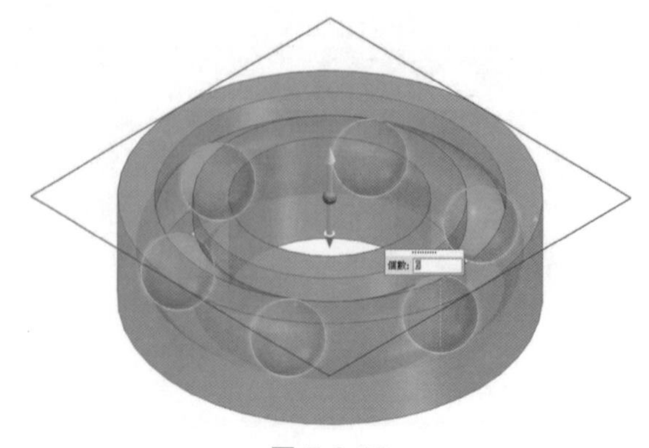

圖 7-2-22

15. 按「enter」→完成，如圖 7-2-23。

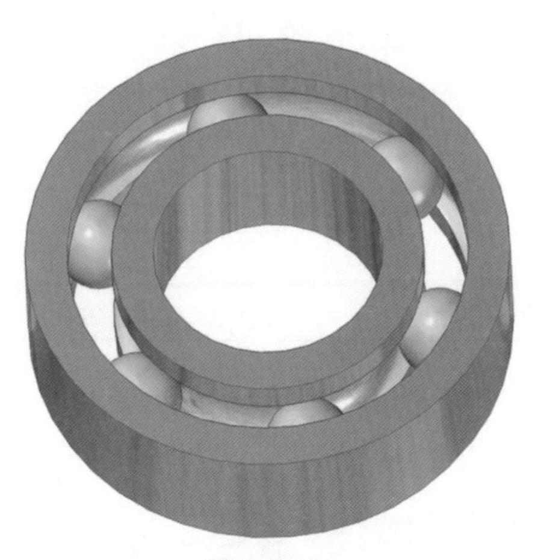

圖 7-2-23

備註：在步驟 11 時，如果繪製的半圓形與模型的圓弧為相切狀態, 在進行旋轉長料或除料時，會出現錯誤訊息，如圖 7-2-24、圖 7-2-25。

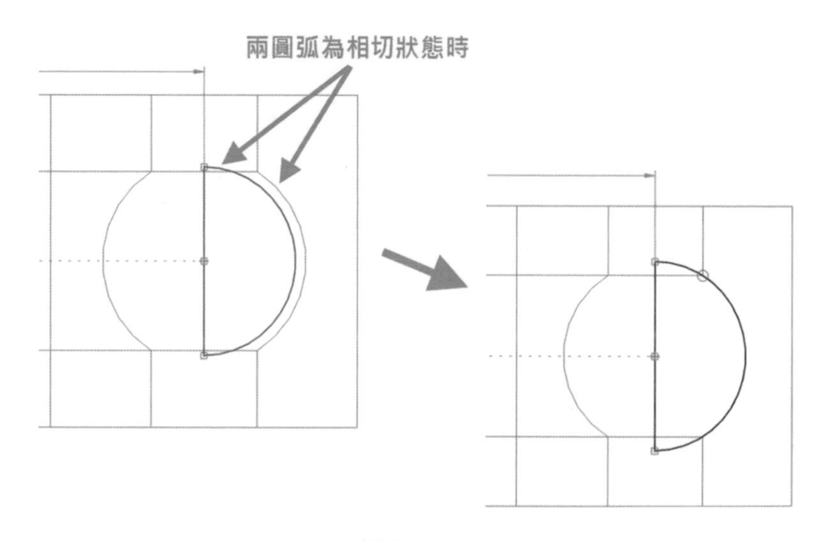

圖 7-2-24

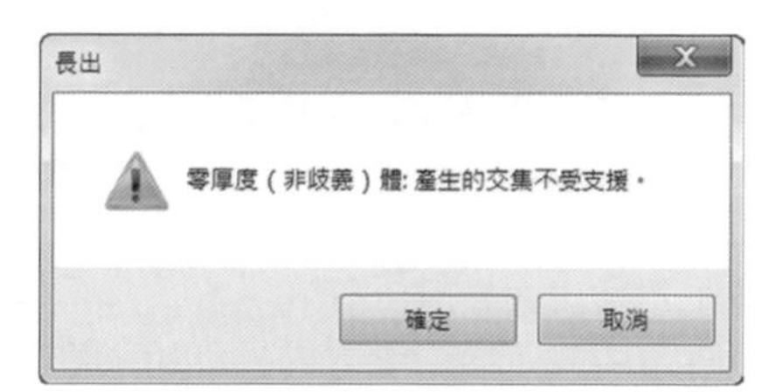

圖 7-2-25

Parasolid 核心軟體都有零厚度狀況的提醒，因為只有在數學中會有零存在，現實中並不存在零厚度的情況，Solid Edge 的 3D 設計理念是以現實狀況為依據，因此會出現此提醒，只要給予小數值(例如 0.001)讓相切處不為 0 即可。

7-3 旋轉除料

1. 開啟範例檔：開啟「範例三」檔案，模型如圖 7-3-1。

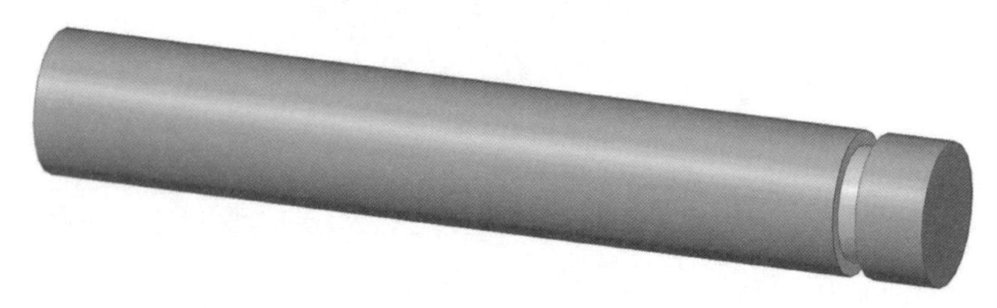

圖 7-3-1

2. 繪製旋轉除料草圖：選取「首頁」→「繪圖」→「直線」，並將草圖鎖定於 (XZ) 前視圖，如圖 7-3-2。

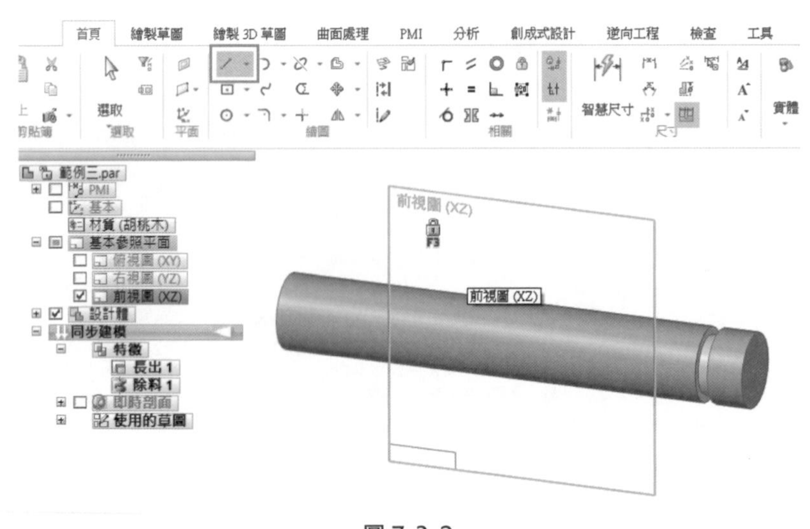

圖 7-3-2

3. 繪製草圖，如圖 7-3-3。

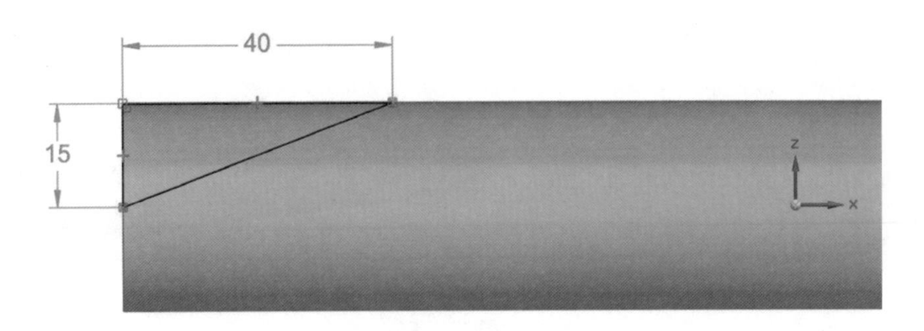

圖 7-3-3

4. 點選指令：選取「首頁」→「實體」→「旋轉」，如圖 7-3-4。

5. 出現「快速工具列」，工具列調整 為「鏈」、「360°」、「除料」等設定，如圖 7-3-5。

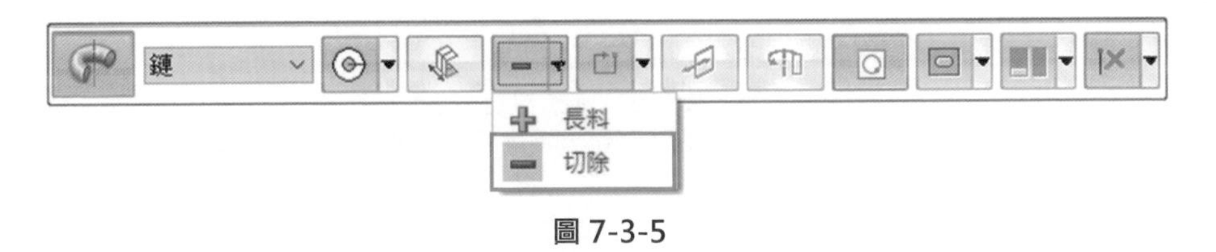

圖 7-3-5

6. 選取封閉草圖的輪廓面，按滑鼠右鍵或「enter」，接著選取「圓柱」當作旋轉軸，如圖 7-3-6。

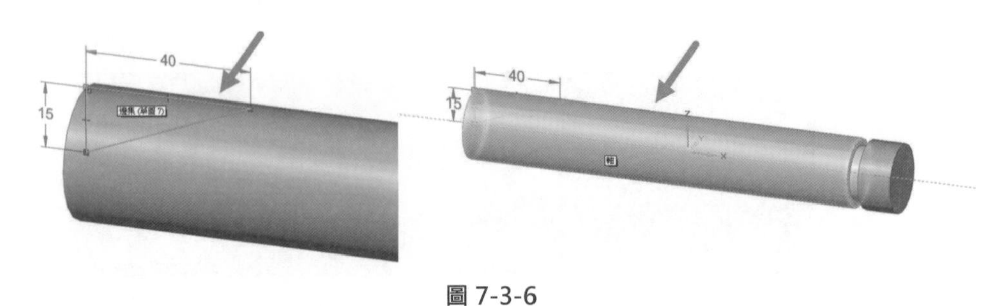

圖 7-3-6

7. 當將旋轉範圍設定為 360 度時，會出現錯誤訊息，此狀況跟範例二同樣原理，如圖 7-3-7。

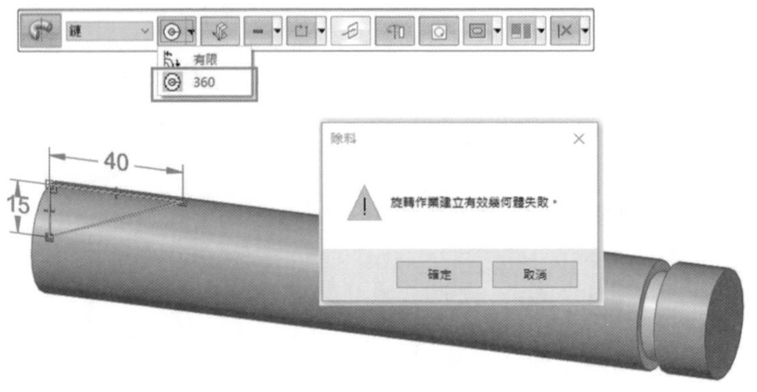

圖 7-3-7

8. 回到「快速工具列」，工具列調整為「單一」，點選輪廓斜邊後，按滑鼠右鍵或「enter」，如圖 7-3-8。

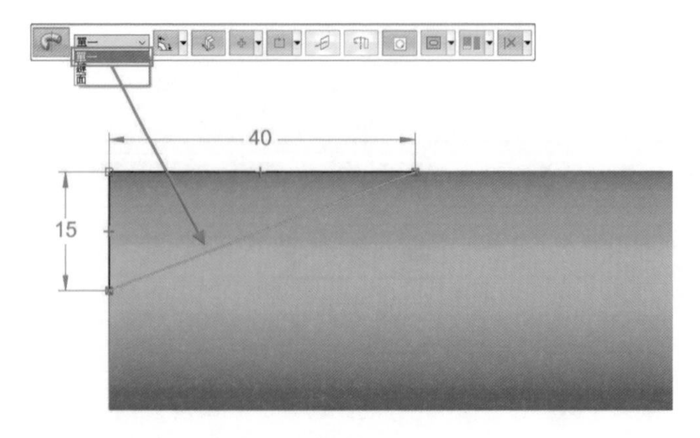

圖 7-3-8

9. 接著選取「圓柱」當作旋轉軸，按滑鼠右鍵或「enter」，如圖 7-3-9。

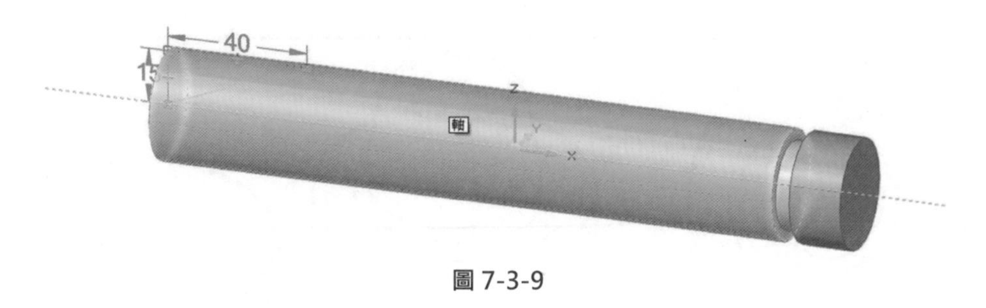

圖 7-3-9

10. 選擇要除料的方向後，即可進行 360 度除料，如圖 7-3-10、圖 7-3-11。

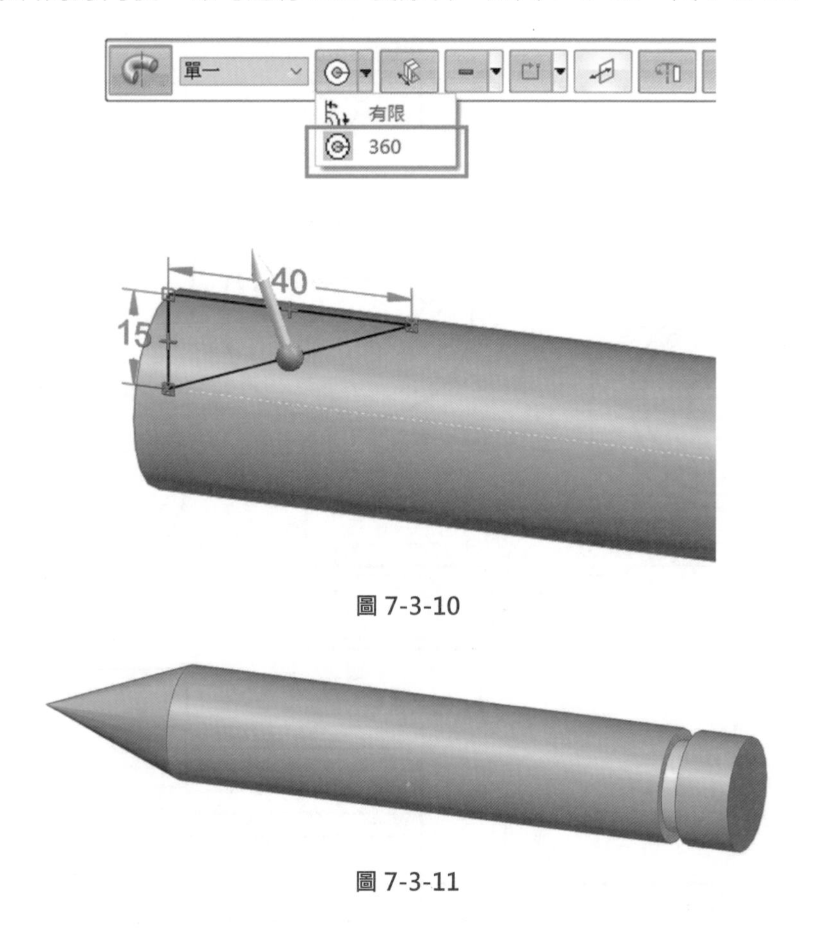

圖 7-3-10

圖 7-3-11

練習範例

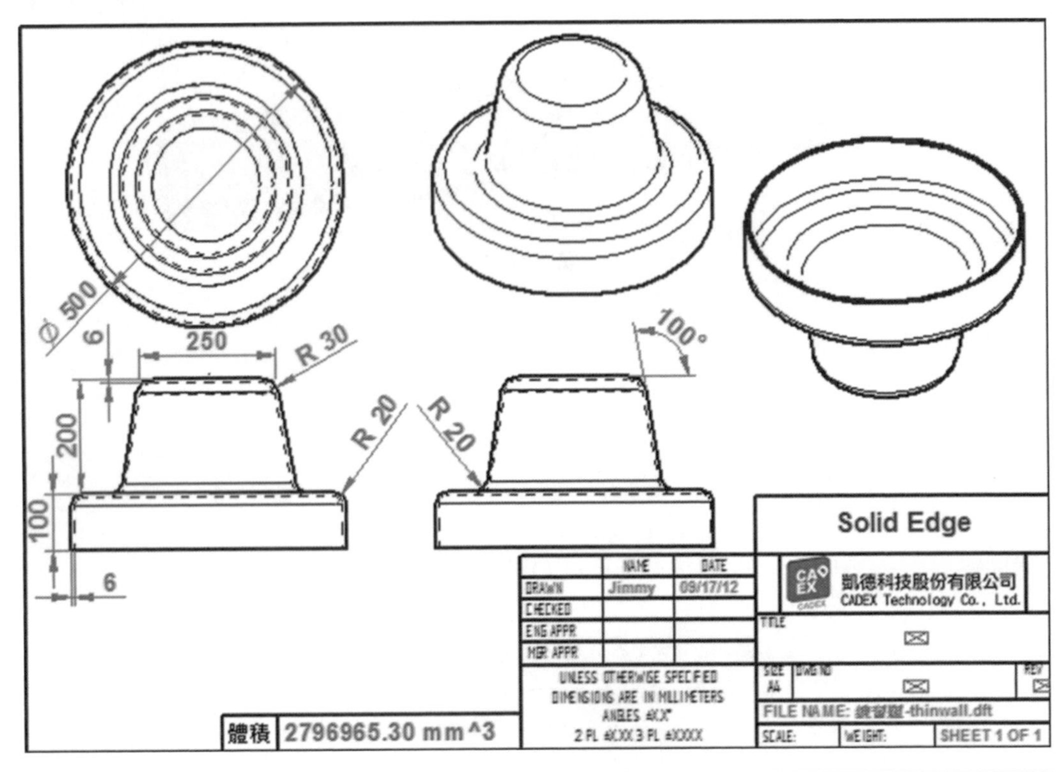
Ø 500
6
250
R 30
200
100
6
R 20
R 20
100°
Solid Edge
凱德科技股份有限公司
CADEX Technology Co., Ltd.
NAME
DATE
DRAWN
Jimmy
09/17/12
CHECKED
ENG APPR
MGR APPR
UNLESS OTHERWISE SPECIFIED
DIMENSIONS ARE IN MILLIMETERS
TITLE
SIZE
A4
DWG NO
REV
-thinwall.dft
SCALE:
WEIGHT:
SHEET 1 OF 1
體積
2796965.30 mm^3

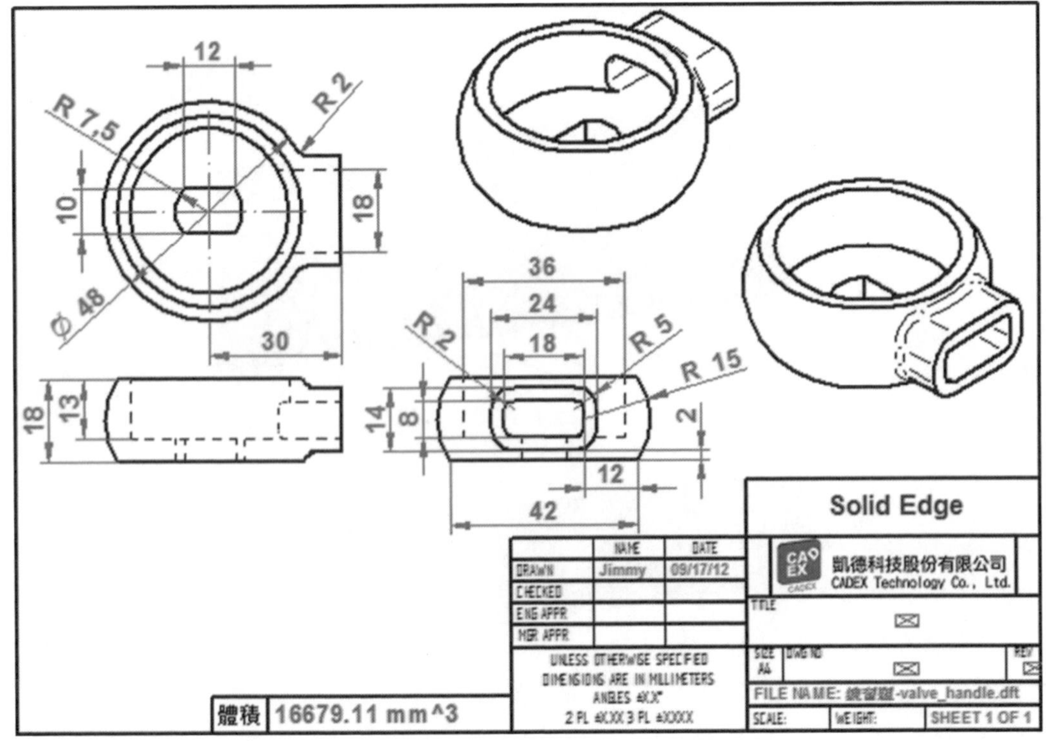
12
R 7,5
R 2
10
18
Ø 48
30
18
13
36
24
18
R 2
R 5
R 15
14
8
2
12
42
Solid Edge
凱德科技股份有限公司
CADEX Technology Co., Ltd.
NAME
DATE
DRAWN
Jimmy
09/17/12
CHECKED
ENG APPR
MGR APPR
UNLESS OTHERWISE SPECIFIED
DIMENSIONS ARE IN MILLIMETERS
TITLE
SIZE
A4
DWG NO
REV
-valve_handle.dft
SCALE:
WEIGHT:
SHEET 1 OF 1
體積
16679.11 mm^3

8 CHAPTER

新增平面與即時剖面

章節介紹

藉由此課程，你將會學到：

8-1　重合平面

8-2　角度建立平面

8-3　三點建立平面

8-4　相切建立平面

8-5　曲線建立平面

8-6　即時剖面

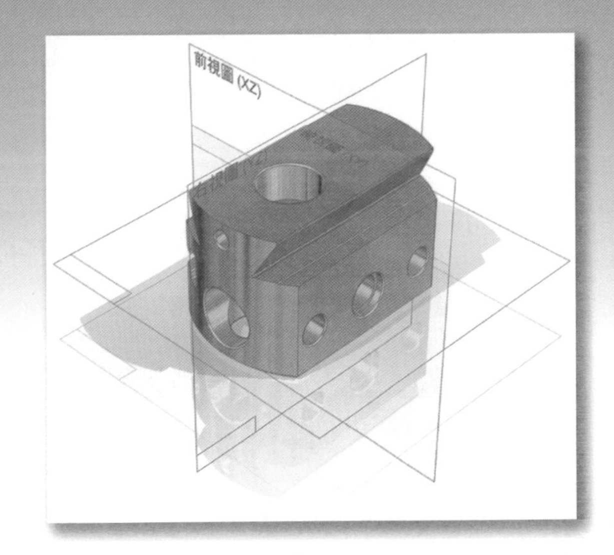

8-1 重合平面

新建平面時，平面有方向性可以選擇，主要是放置文字草圖或圖片時，需要注意平面的方向；若僅用來做一般特徵，不太需要理會平面的方向性。

同步建模環境，以座標系預覽方向，亮綠色邊為平面的底端；順序建模環境，以橘框格預覽方向，亮綠色邊為平面的底端。按「N」切換平面方向、按「F」切換正反平面，如圖 8-1-1、圖 8-1-2。

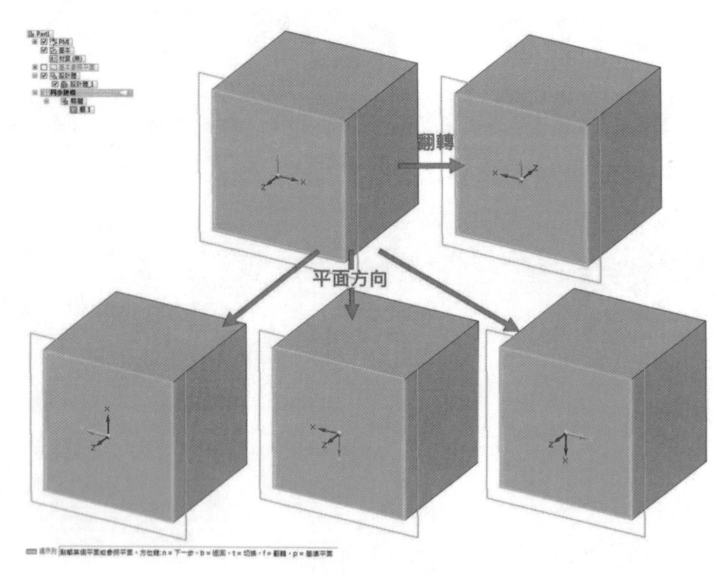

圖 8-1-1

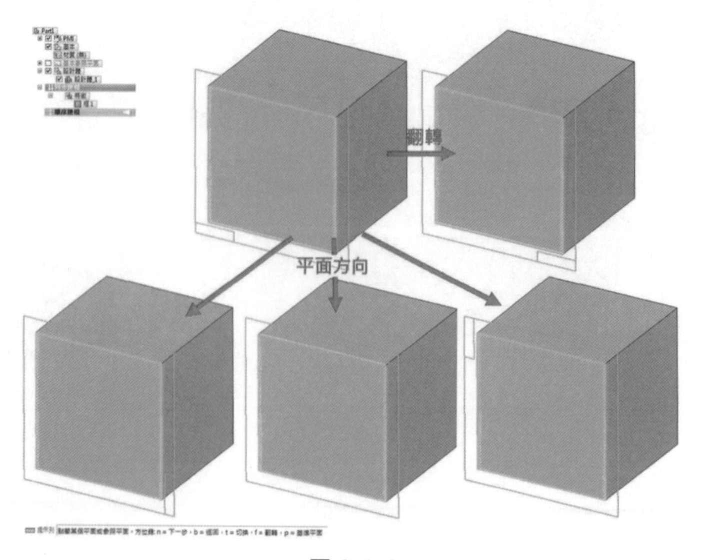

圖 8-1-2

1. 開啟「8-1 範例」，如圖 8-1-3。

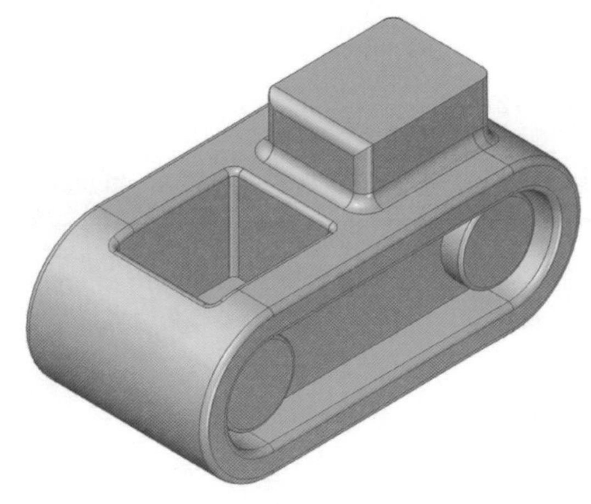

圖 8-1-3

2. 選取「首頁」→「平面」→「重合面」，接著點選參照平面，來建立一「重合」的平面，如圖 8-1-4、圖 8-1-5。

重合面

在選定平面或面中建立一個參照平面。

按 F1 獲取說明。

圖 8-1-4

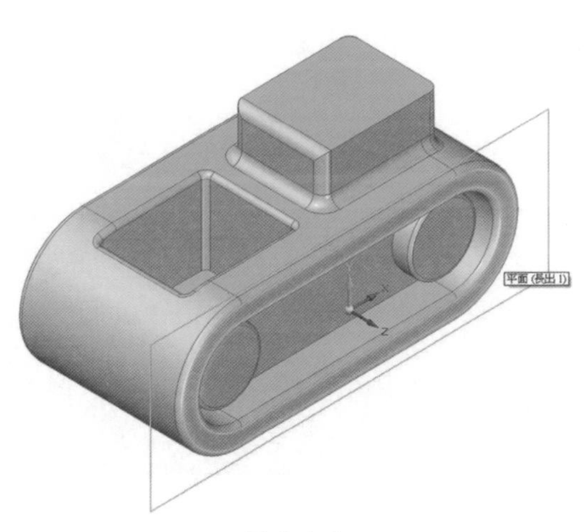

圖 8-1-5

3. 點擊到新建的平面後，平面上會出現「幾何控制器」，利用「幾何控制器」點選方向軸，平面向內移動「15mm」，如圖 8-1-6。

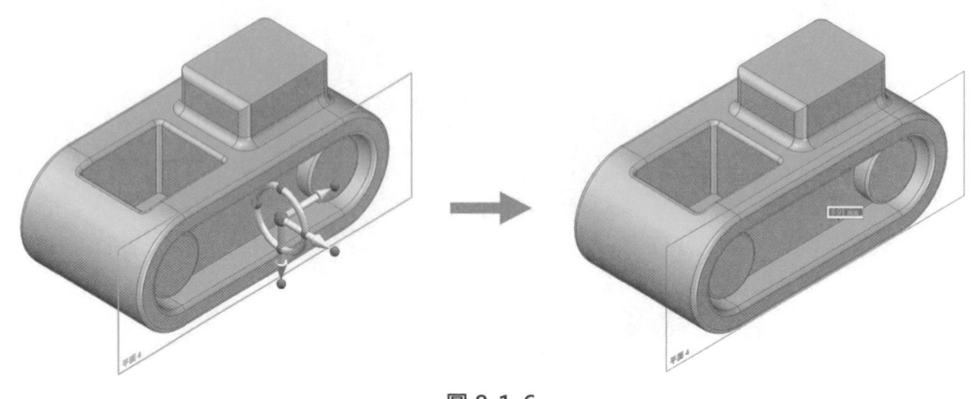

圖 8-1-6

4. 選取「首頁」→「繪圖 」→「直線」，並將「草圖平面」鎖定在新建立的平面上，接著畫一個「X」的線段，如圖 8-1-7、圖 8-1-8。

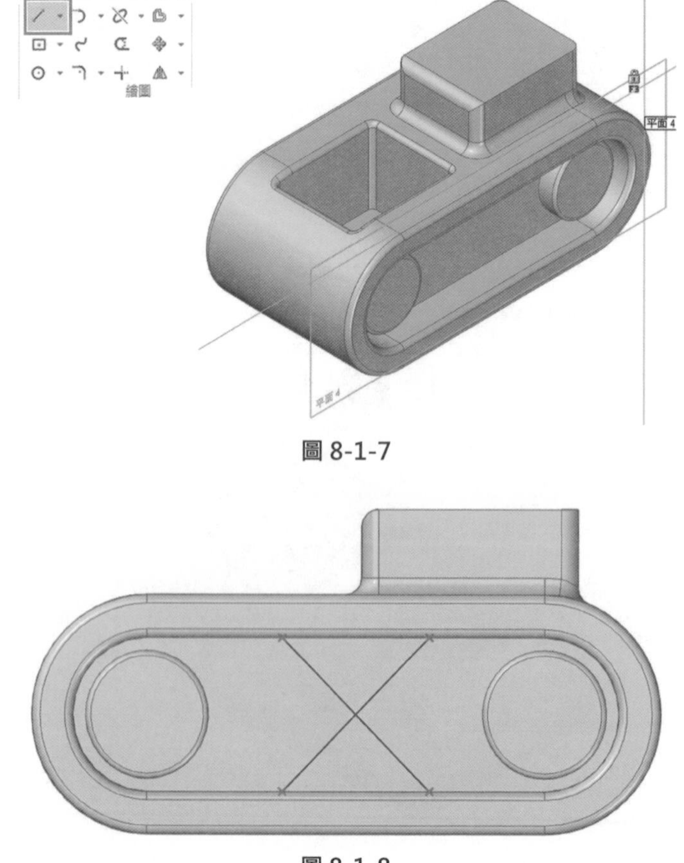

圖 8-1-7

圖 8-1-8

5. 選取「首頁」→「實體」→「網格筋」，並點選「X」草圖來建立網格筋，如圖 8-1-9、圖 8-1-10。

圖 8-1-9

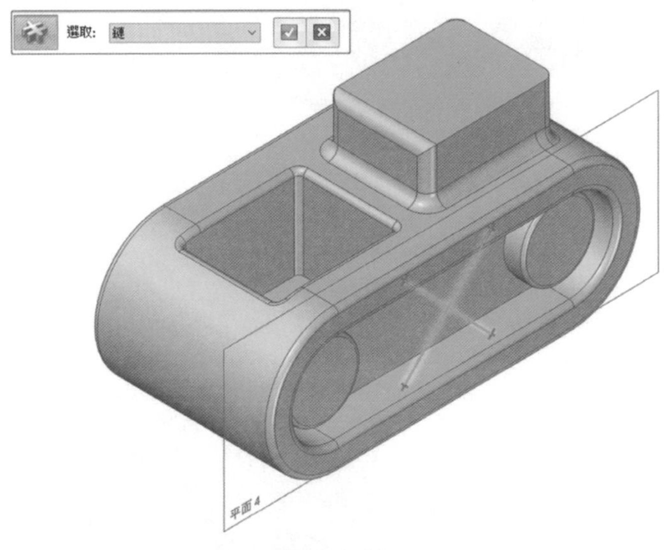

圖 8-1-10

6. 設定網格寬為「15mm」，如圖 8-1-11，「網格筋」完成後樣式，如圖 8-1-12。

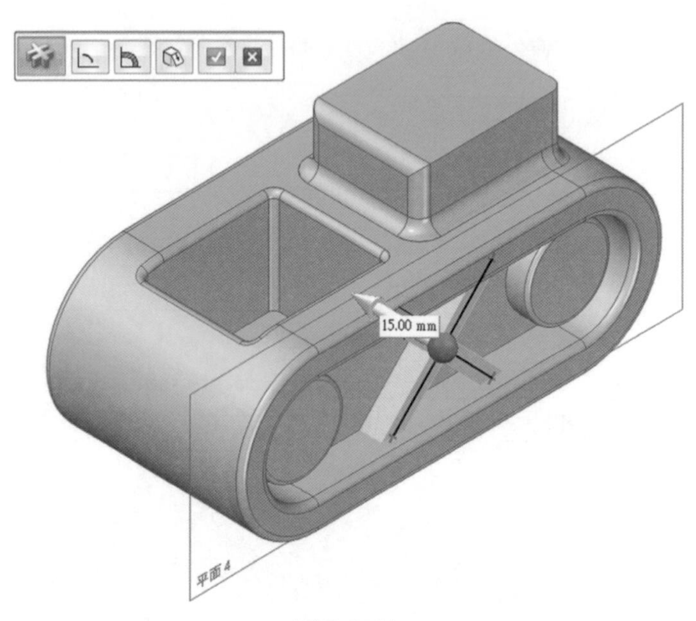

圖 8-1-11

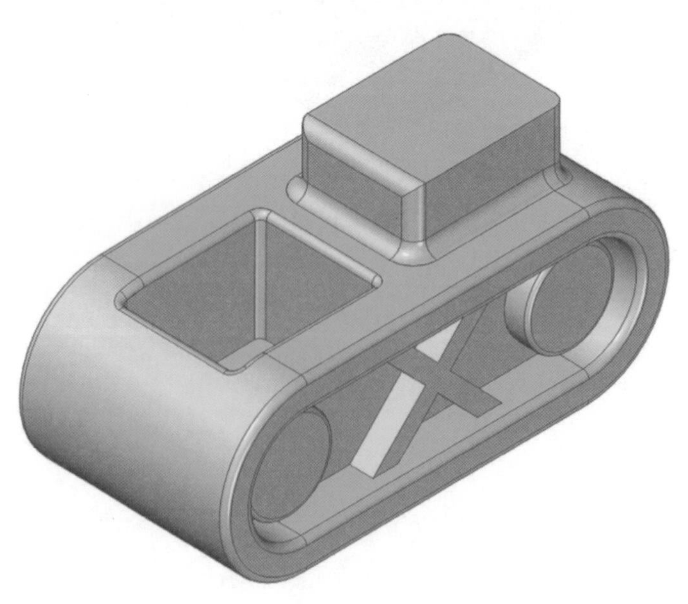

圖 8-1-12

8-2 角度建立平面

1. 重複「8-1 重合平面」的做法先建立一平面，選取「首頁」→「平面」→「重合面」，接著將游標移到上方平面，按「N」切換平面方向後點選，來建立一「重合」的平面，如圖 8-2-1、圖 8-2-2。

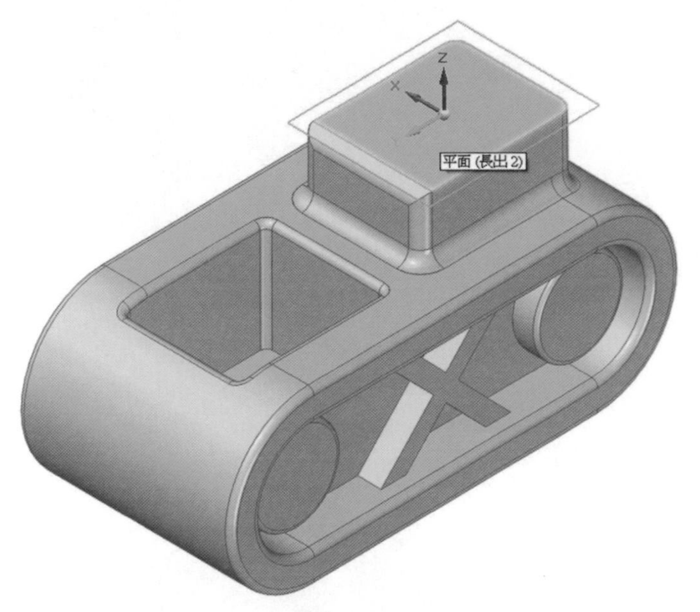

圖 8-2-1

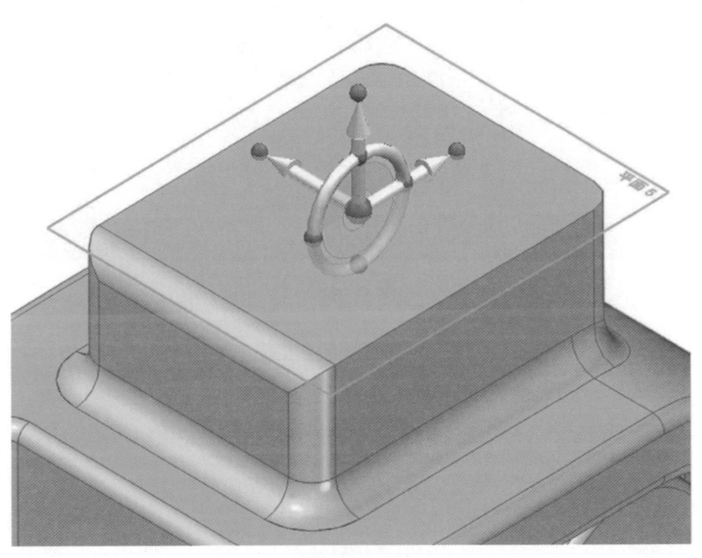

圖 8-2-2

2. 利用「幾何控制器」的「圓環」可調整平面角度：點擊「圓環」並順時針拖曳旋轉，輸入角度為「25」度，如圖 8-2-3、圖 8-2-4。

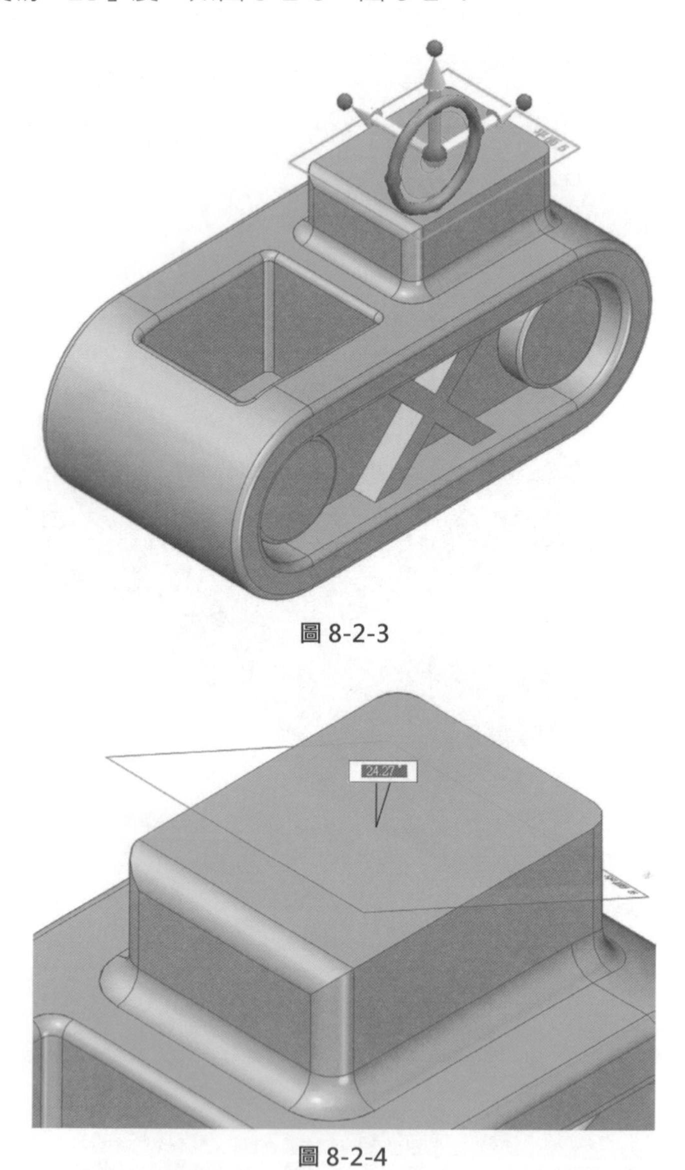

圖 8-2-3

圖 8-2-4

3. 角度設定完成後，如圖 8-2-5。

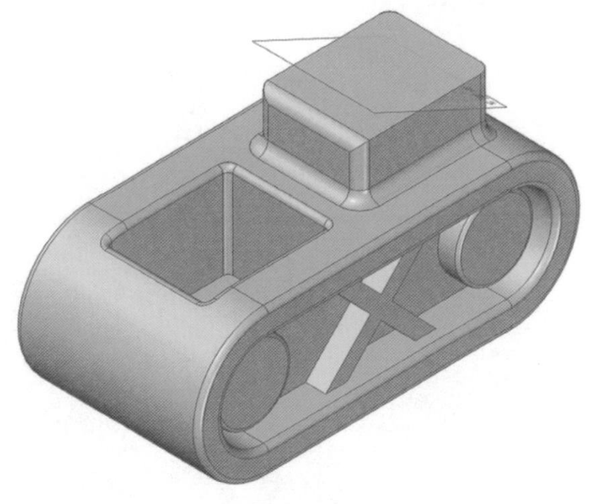

圖 8-2-5

4. 選取「首頁」→「實體」→「新增體」→「減去」，如圖 8-2-6。出現「減去」工具列，依序點選「目標體」-模型本身和「工具體」-角度平面，如圖 8-2-7、圖 8-2-8。

圖 8-2-6

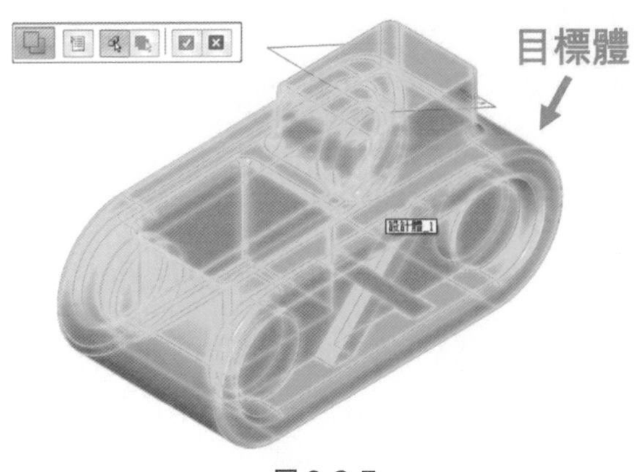

圖 8-2-7

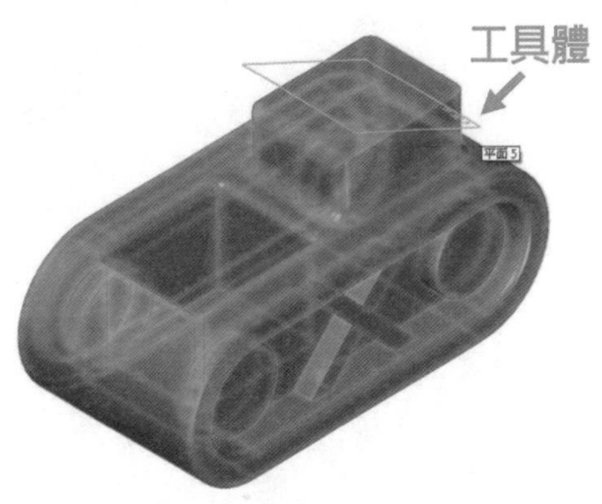

圖 8-2-8

5. 出現「預覽」畫面，調整箭頭「向上」，如圖 8-2-9。確定後可按滑鼠「右鍵」結束指令，最後完成樣式如圖 8-2-10。

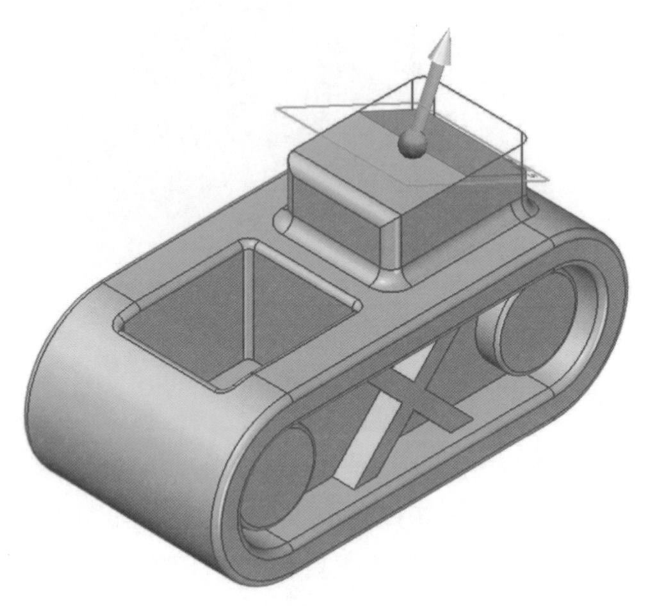

圖 8-2-9

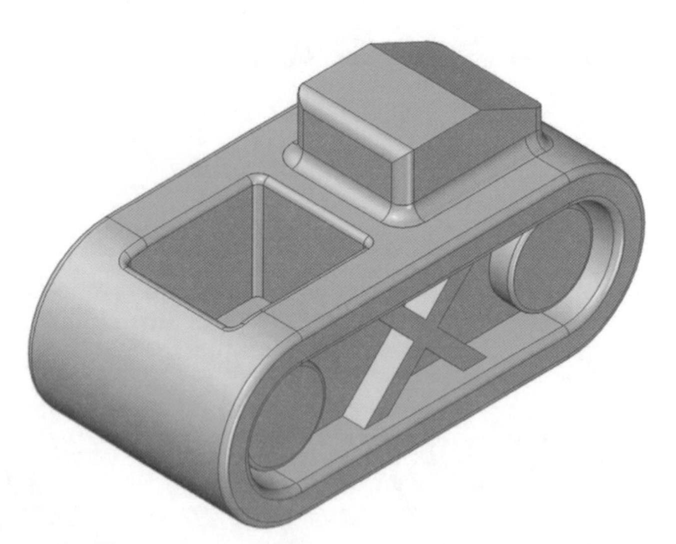

圖 8-2-10

8-3 三點建立平面

1. 選取「首頁」→「平面」→「更多平面」→「三點建面」，接著點擊模型中的 3 個頂點，來建立一新的平面，如圖 8-3-1、圖 8-3-2。

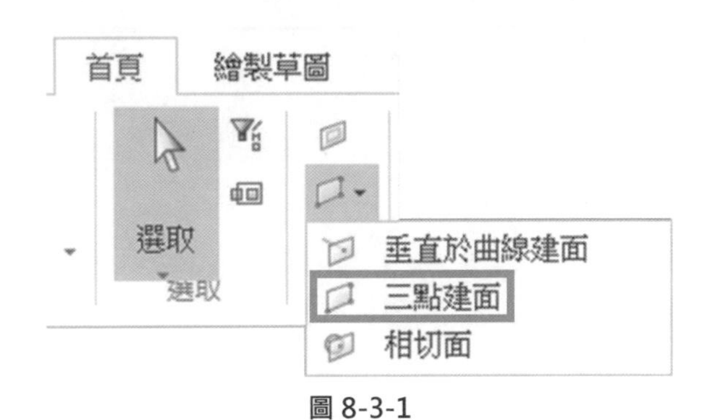

圖 8-3-1

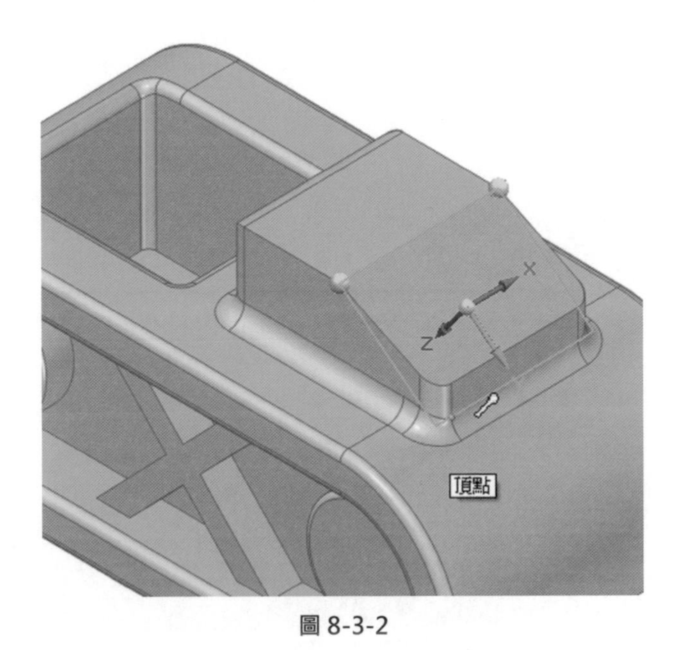

圖 8-3-2

2. 「三點建面」設定完成後，如圖 8-3-3。

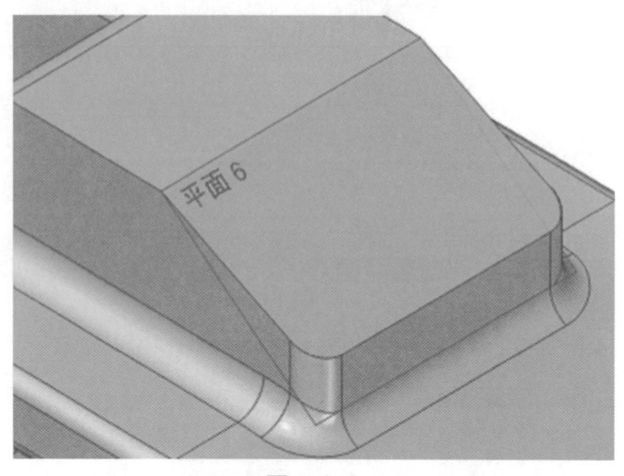

圖 8-3-3

3. 選取「首頁」→「繪圖」→「中心建立矩形」，並點擊鎖頭鎖定在新建立的平面上，如圖 8-3-4。

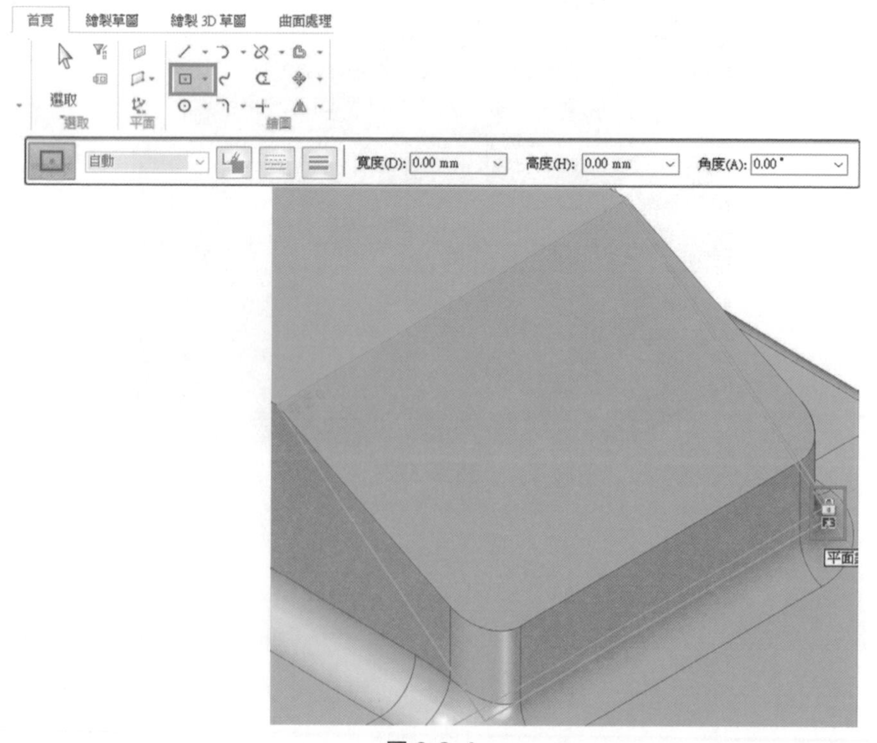

圖 8-3-4

4. 點選右下角「草圖視圖」將視角轉為正視於草圖，如圖 8-3-5，接著在平面上繪製一矩形，尺寸如圖 8-3-6。

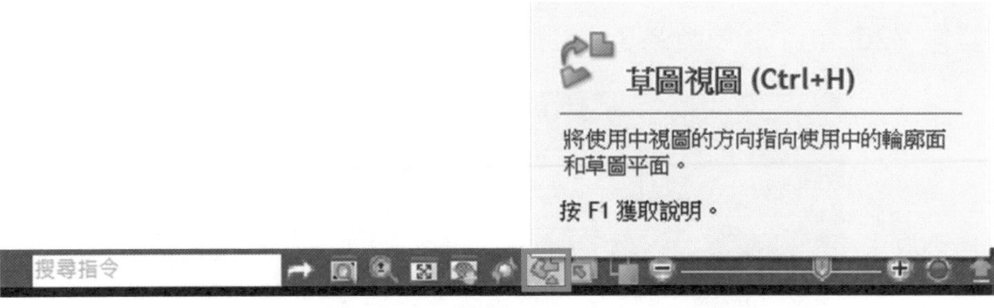

圖 8-3-5

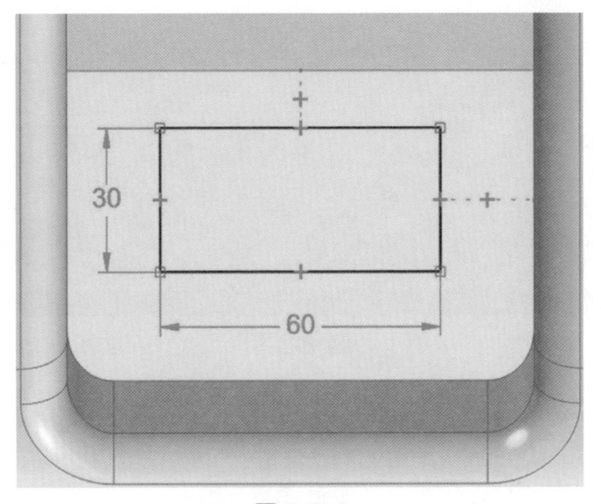

圖 8-3-6

5. 將游標移動到剛畫好的矩形上方，待游標變換為「快速選取」圖示時按滑鼠「右鍵」，並選取區域，如圖 8-3-7，出現幾何控制器，點選方向軸向上除料，如圖 8-3-8。

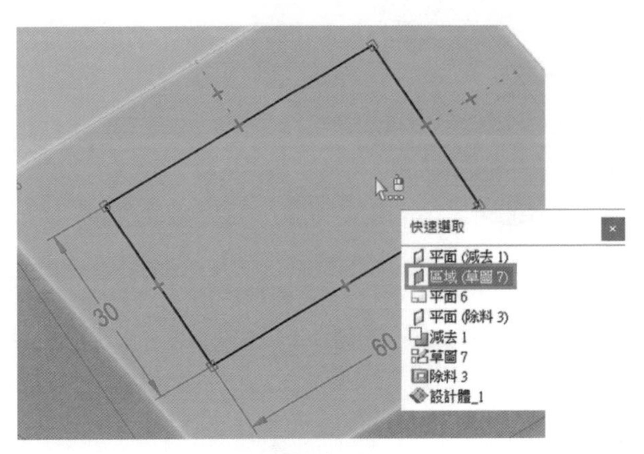

圖 8-3-7

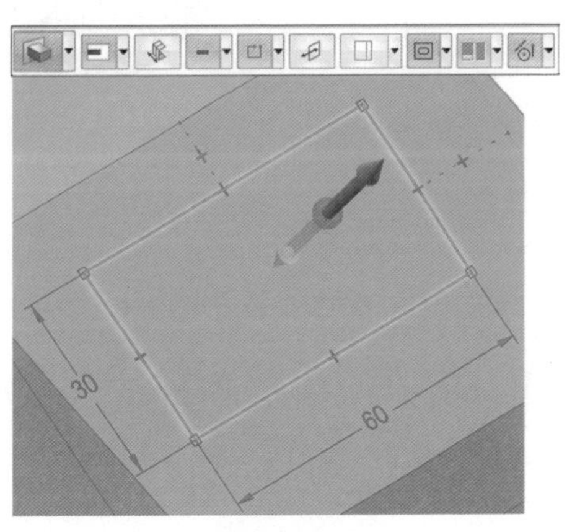

圖 8-3-8

6. 有限延伸「30mm」，如圖 8-3-9，除料完成後，如圖 8-3-10。

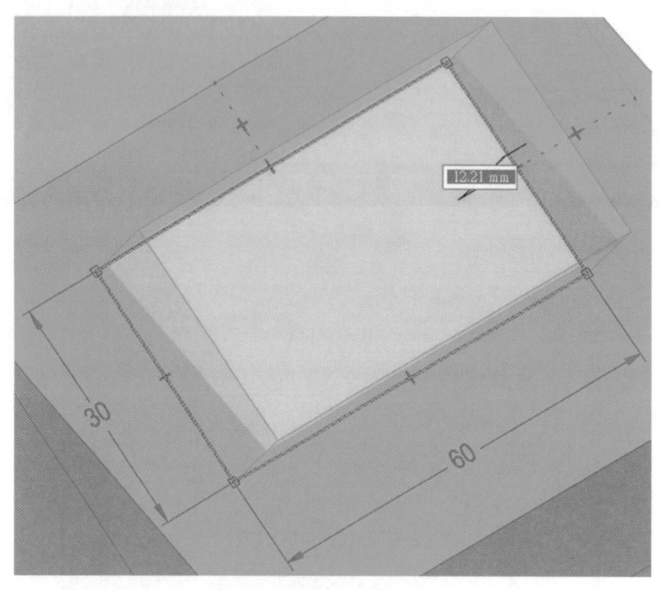

圖 8-3-9

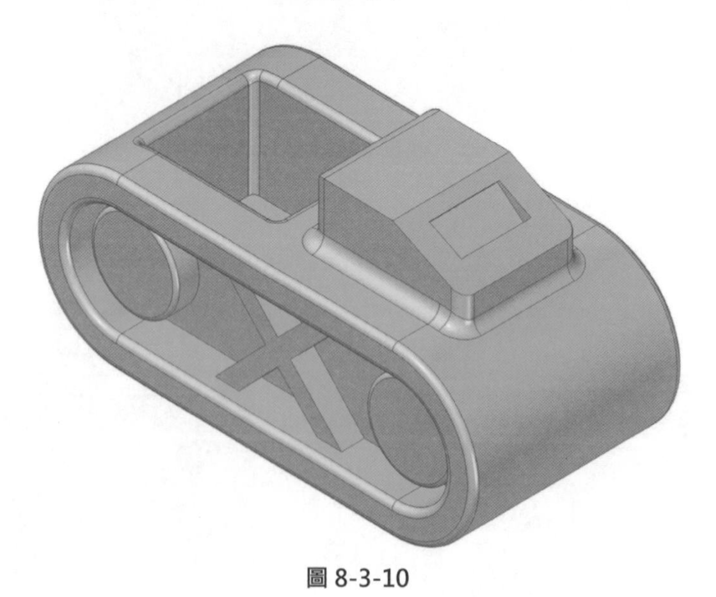

圖 8-3-10

8-4 相切建立平面

1. 選取「首頁」→「平面」→「更多平面」→「相切面」，接著點擊如圖中的圓弧面，來建立一與圓弧「相切」的平面，如圖 8-4-1、圖 8-4-2。

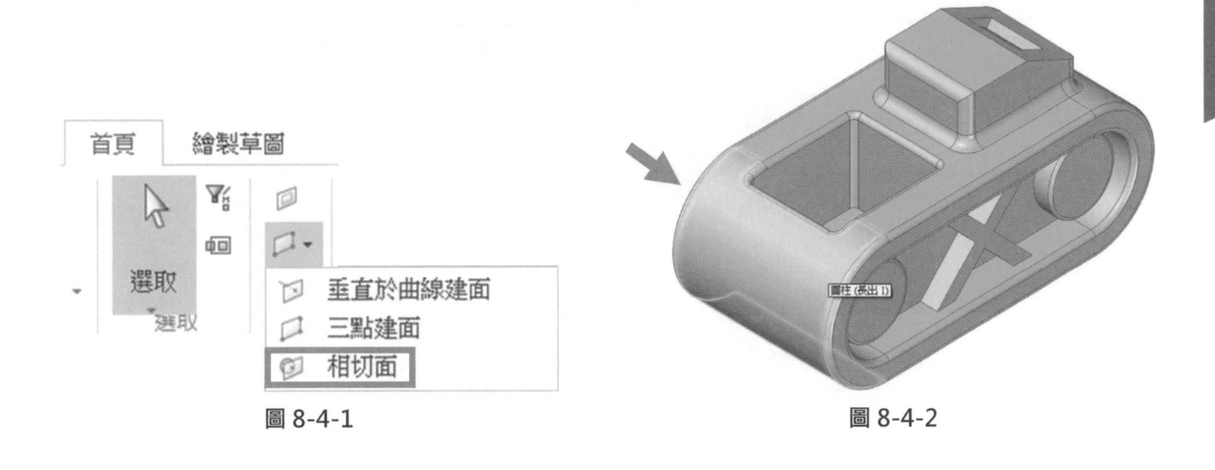

圖 8-4-1

圖 8-4-2

2. 點選「圓弧面」後會出現角度「控制軸」，調整相切面位置或給定角度控制，如圖 8-4-3。在「角度框」中輸入「150」度，完成後如圖 8-4-4。

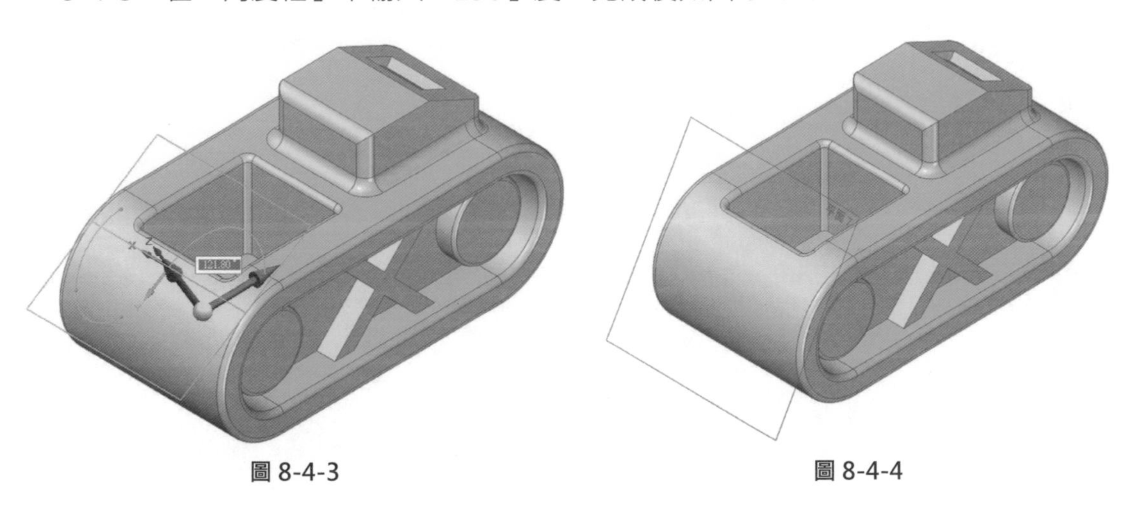

圖 8-4-3

圖 8-4-4

3. 選取「首頁」→「繪圖 」→「直線」，鎖定在剛才建立的「相切面」上來繪製直線草圖並用「智慧尺寸」標註，線段長度為「95mm」，如圖 8-4-5、圖 8-4-6。

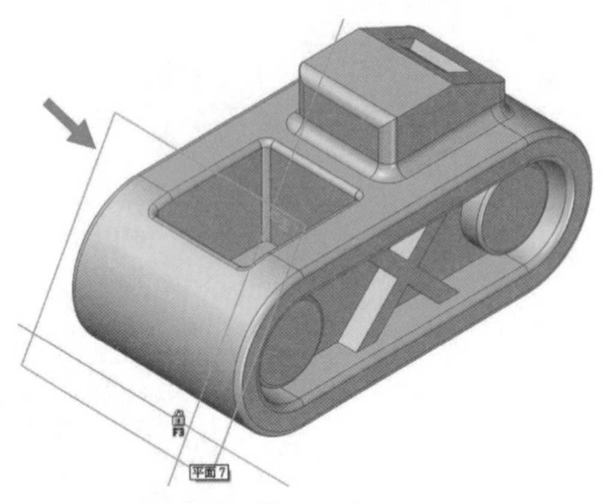

圖 8-4-5

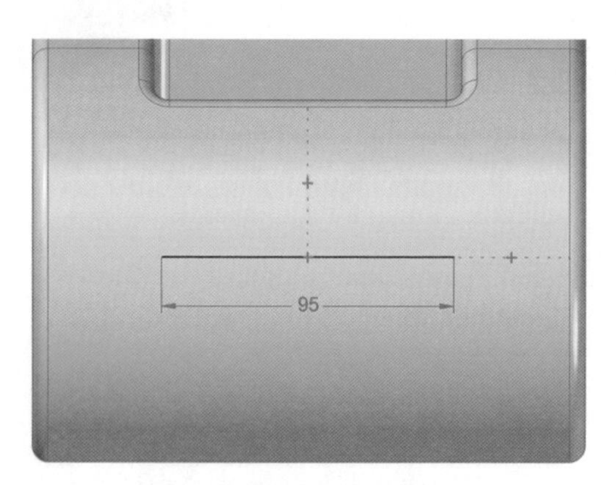

圖 8-4-6

4. 選取「首頁」→「繪圖 」→「對稱偏置」，彈出「對稱偏置選項」，輸入「寬度」為「20mm」、半徑「0mm」以及封蓋類型為「圓弧」，完成後按下「確定」，如圖 8-4-7。

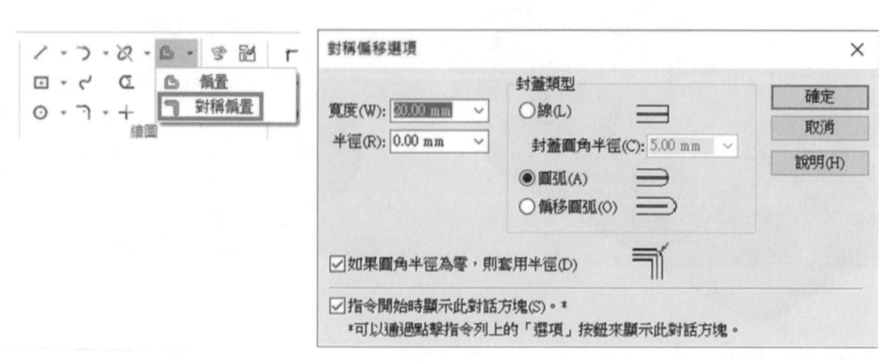

圖 8-4-7

5. 點選「直線段」後按滑鼠「右鍵」，完成「對稱偏置」，如圖 8-4-8。

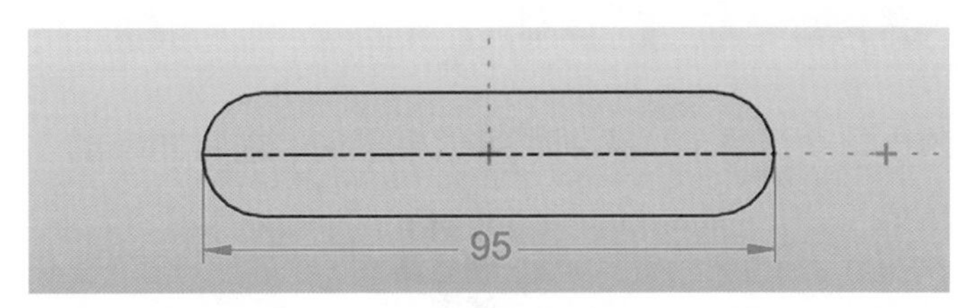

圖 8-4-8

6. 點擊草圖「封閉區域」，出現「幾何控制器」後，點選方向軸進行「除料」，如圖 8-4-9。拉伸指令列，切換「除料」，「範圍類型」選擇「穿過下一個」，並選擇除料方向，圖 8-4-10。

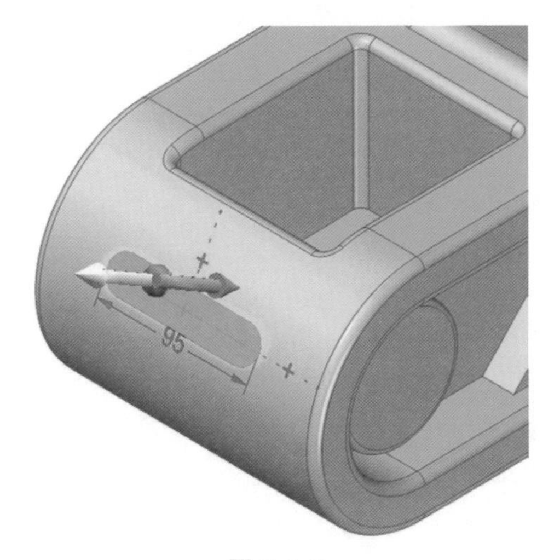

圖 8-4-9

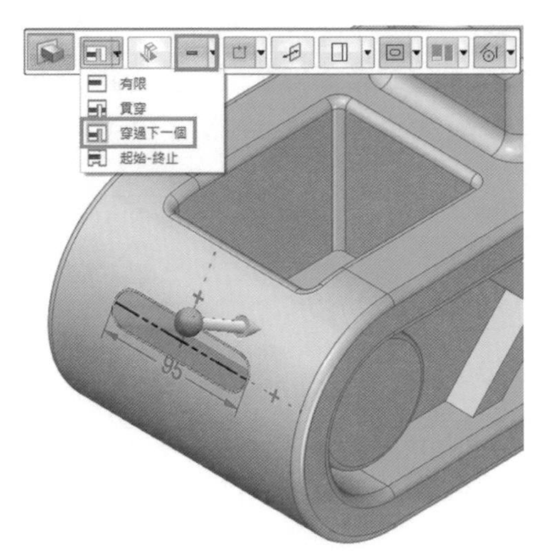

圖 8-4-10

7. 除料完成後，如圖 8-4-11。

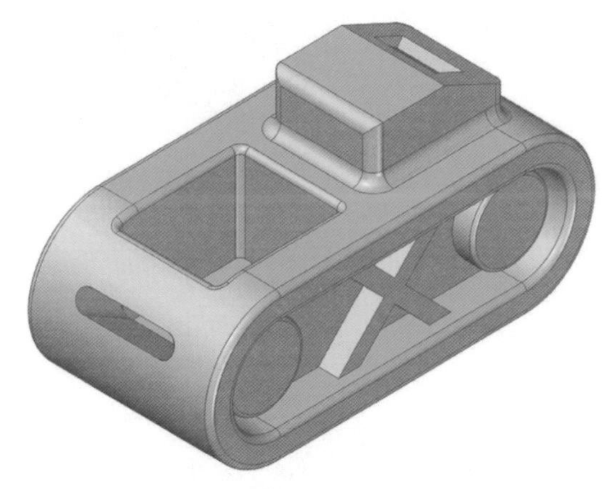

圖 8-4-11

8-5 曲線建立平面

1. 在導航者中點選「順序建模」切換到順序建模環境，並打開草圖 1，如圖 8-5-1。

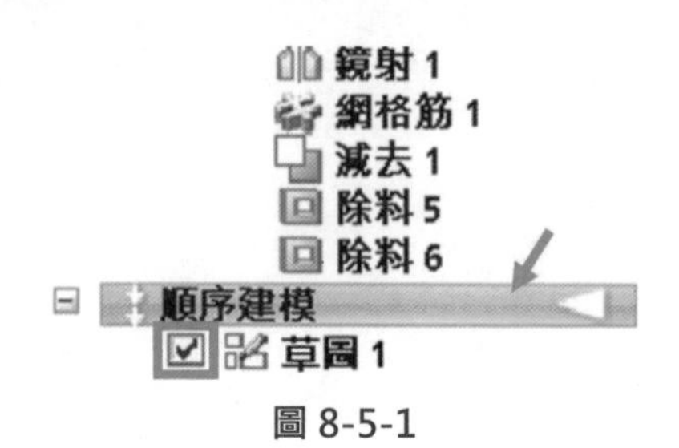

圖 8-5-1

2. 選取「首頁」→「平面」→「更多平面」→「垂直於曲線建面」，接著點擊「曲線」會出現平面預覽，將平面拖拉至「頂點」並點擊「左鍵」放置平面，即可建立與曲線「垂直」的平面，如圖 8-5-2、圖 8-5-3。

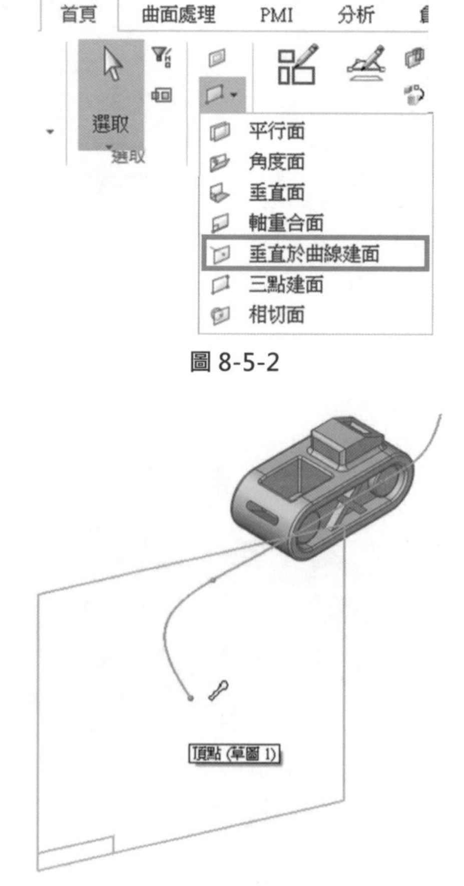

圖 8-5-2

圖 8-5-3

3. 利用「首頁」→「草圖」→「重合面」→「繪圖」的功能，在平面上繪製草圖，如圖 8-5-4、圖 8-5-5。

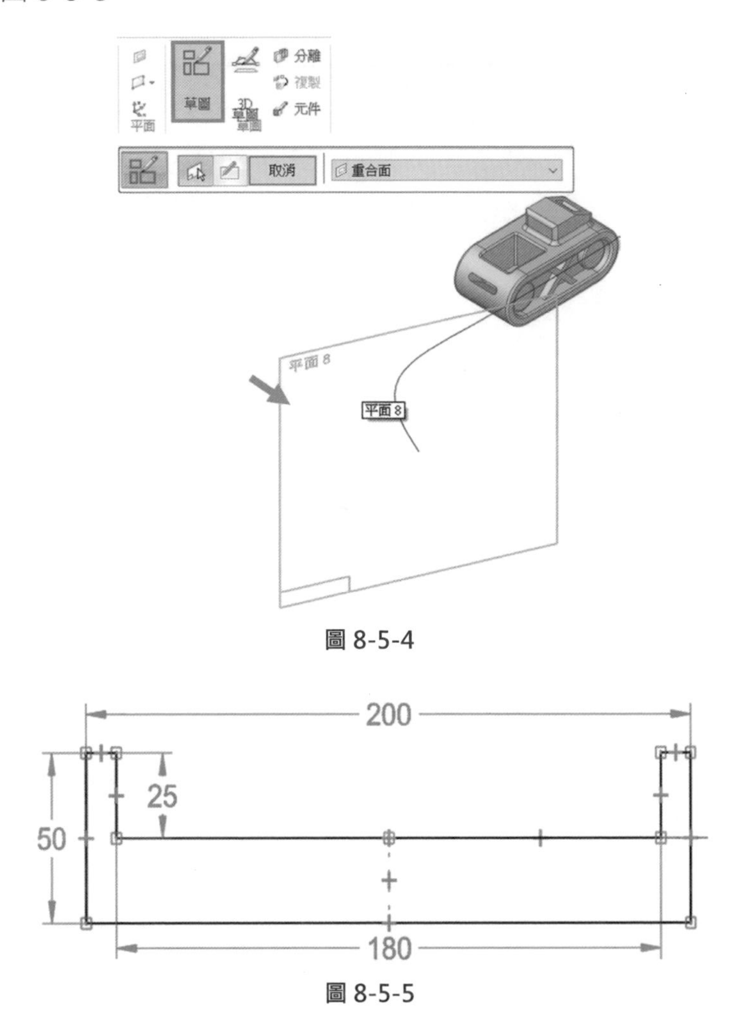

圖 8-5-4

圖 8-5-5

4. 選取「首頁」→「實體」→「掃掠」，出現「掃掠選項」選擇「單一路徑和截斷面」→「確定」後可離開選項，如圖 8-5-6。

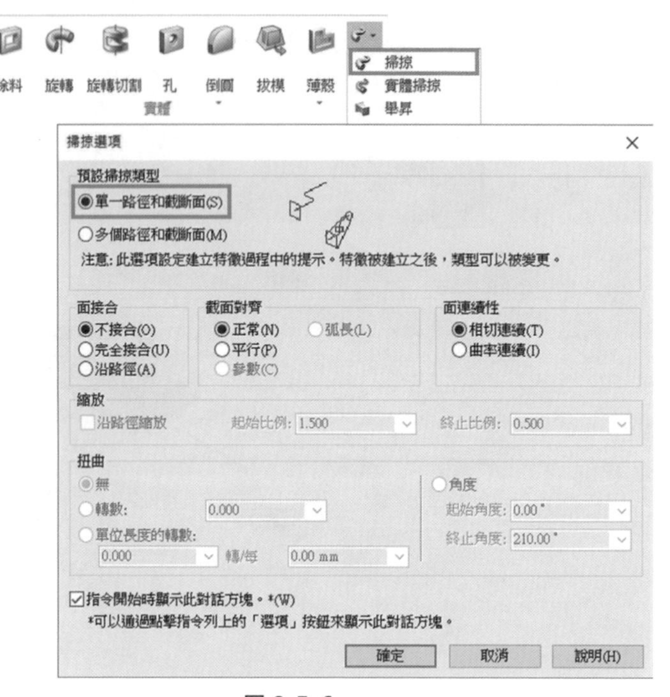

圖 8-5-6

5. 出現「掃掠」工具列，先點選「路徑」後按滑鼠「右鍵」確認，接著選擇「截斷面」，即出現預覽圖樣，接著按下「完成」，如圖 8-5-7、圖 8-5-8、圖 8-5-9。

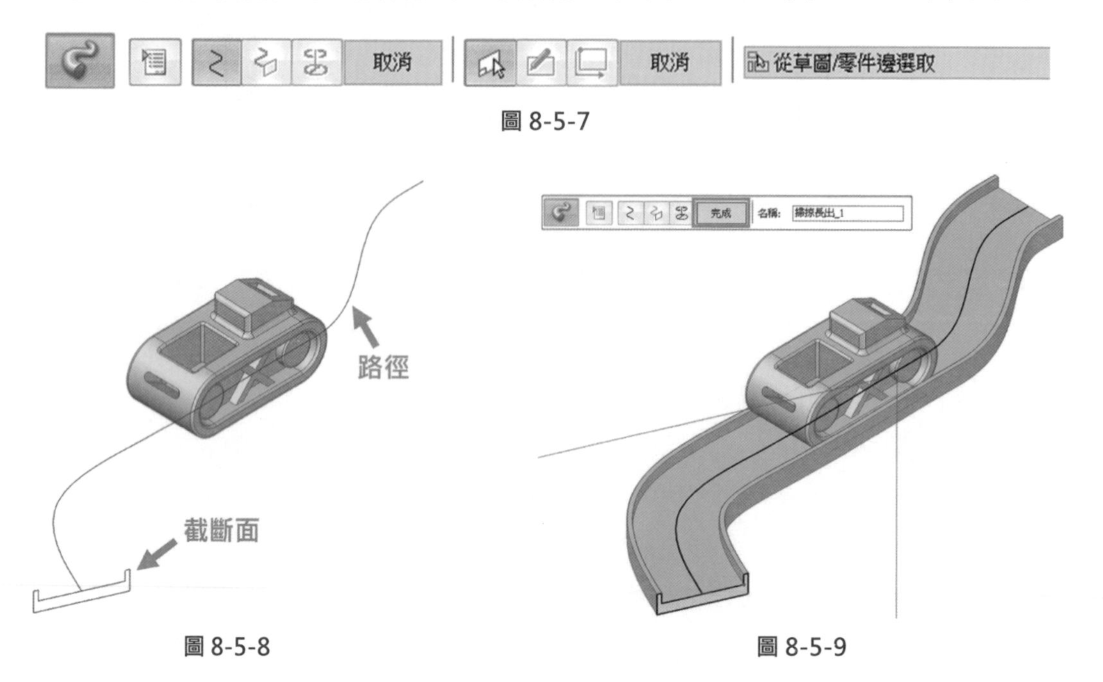

圖 8-5-7

圖 8-5-8

圖 8-5-9

6. 完成模型，如圖 8-5-10。

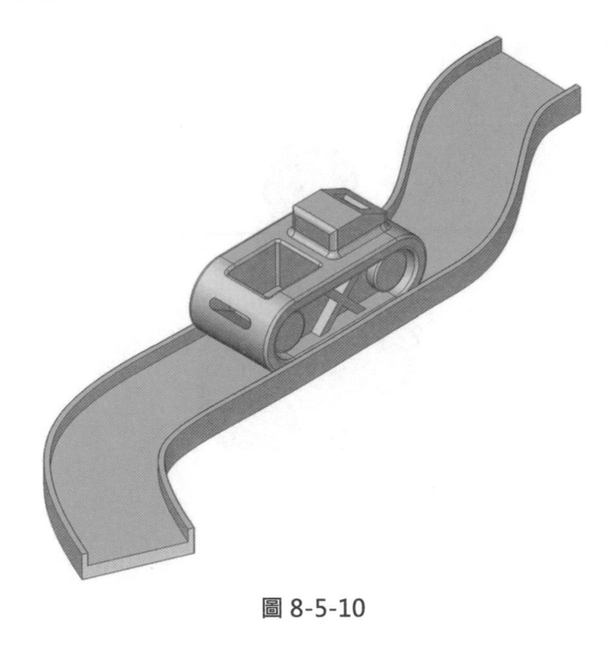

圖 8-5-10

8-6 即時剖面

「即時剖面」可以在 3D 模型上快速產生出「橫截面」草圖，不論是「原始檔」或「外來檔案」皆適用。

產生出「即時剖面」後，使用者可以直接拖曳草圖，3D 模型也會跟著修改，針對內部幾何複雜的模型，透過「即時剖面」可直接選取到原本不易點到的「面」或「邊」進行修改，或是直接在「即時剖面」上標註尺寸，利用參數驅動模型也非常方便，以下為範例說明。

範例一：

1. 開啟「8-6 範例」，檔案如圖 8-6-1。

圖 8-6-1

2. 選取「曲面設計」→「剖面」→「即時剖面」，如圖 8-6-2。並點選「前視圖(XZ)」加入即時剖面，如圖 8-6-3。

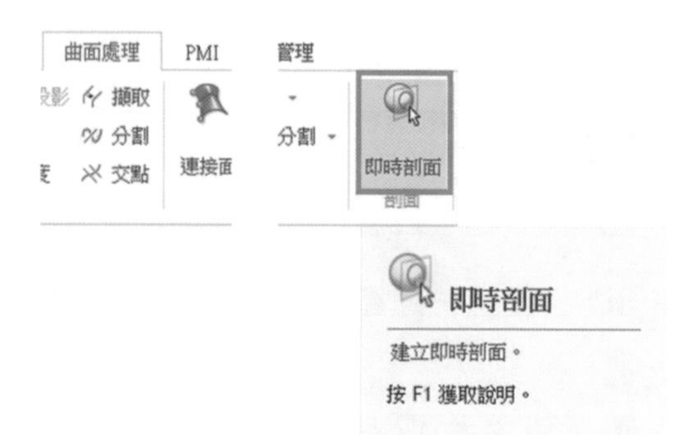

圖 8-6-2

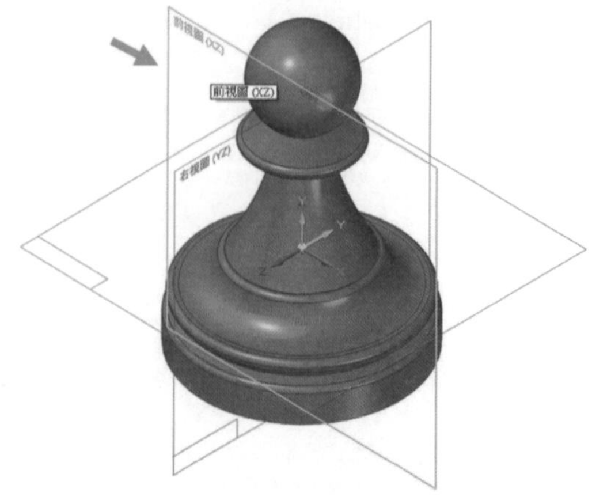

圖 8-6-3

3. 產生「即時剖面」後，如圖 8-6-4，剖面呈現亮顯並出現「幾何控制器」，若不想定位在「前視圖 (XZ)」上，可透過「幾何控制器」拖曳到所需位置並配合鎖點功能定位，如圖 8-6-5。

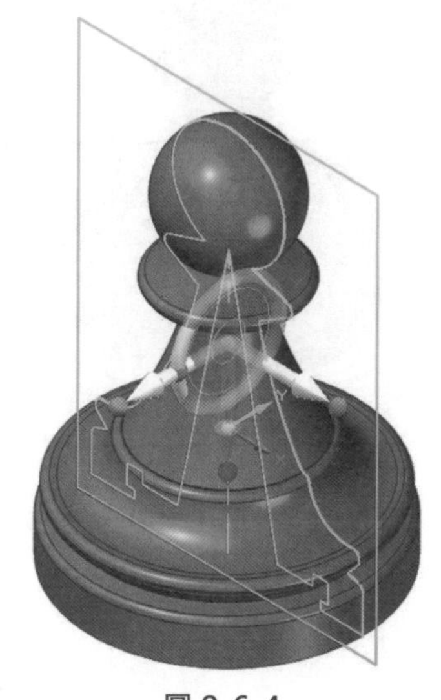

圖 8-6-4

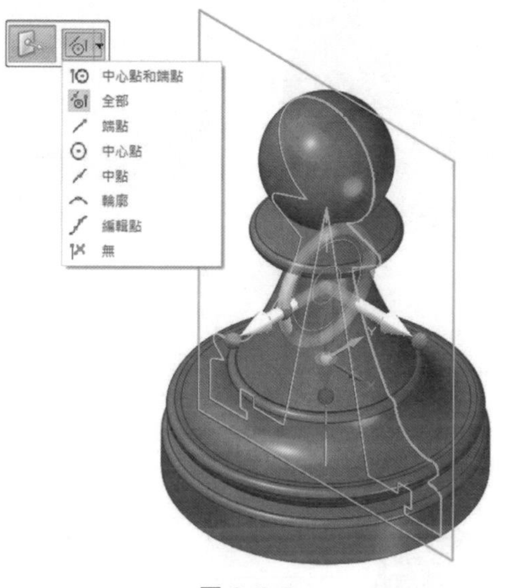

圖 8-6-5

4. 將「即時剖面」定位在「右視圖 (YZ)」上，可清楚看到模型「即時剖面」草圖，如圖 8-6-6。

圖 8-6-6

5. 直接點選「線段」拖曳，模型也會同步更新，如需一次「複選」多條線段可按住「ctrl鍵」複選後再一起拖曳草圖，如圖 8-6-7。

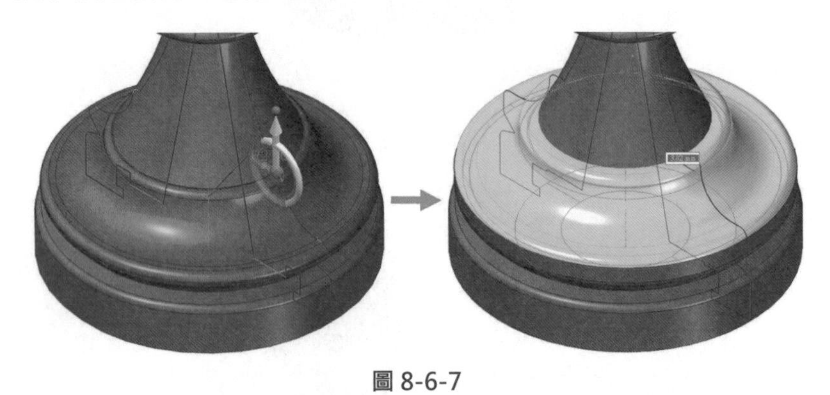

圖 8-6-7

6. 或是將多條線段直接「框選」後，透過「幾何控制器」拖拉調整位置，如圖 8-6-8。

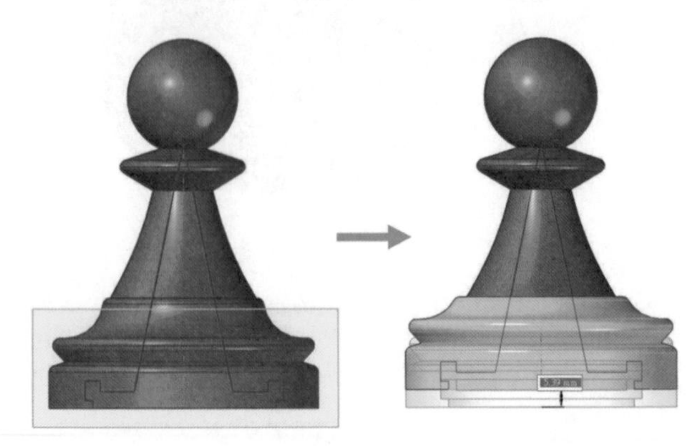

圖 8-6-8

7. 除了使用拖曳草圖修改的方式之外，也能直接「標註尺寸」在「即時剖面」上，利用「參數控制」驅動模型修改，如圖 8-6-9。

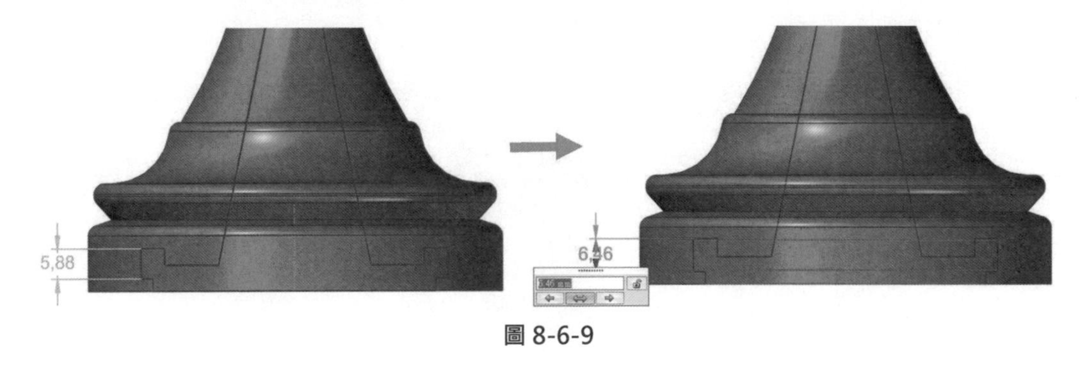

圖 8-6-9

範例二：

1. 開啟「8-6 範例二」，如圖 8-6-10。

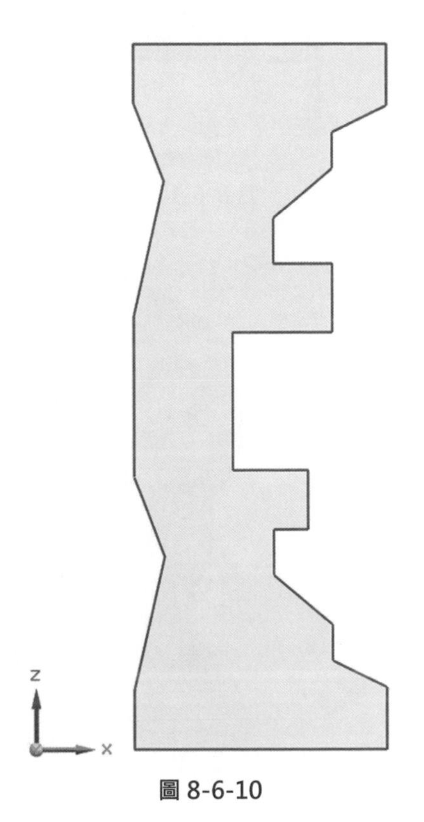

圖 8-6-10

2. 若是在 Solid Edge 中建立「旋轉特徵」，在旋轉「工具條」上有「建立即時剖面」的按鈕，按壓後，模型在建立旋轉特徵後會自動產生即時剖面，可由「導航者」中勾選「顯示」或「隱藏」，如圖 8-6-11、圖 8-6-12。

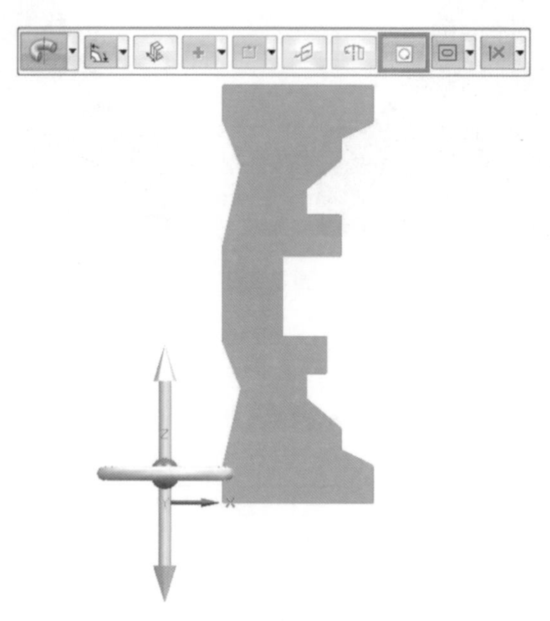

圖 8-6-11

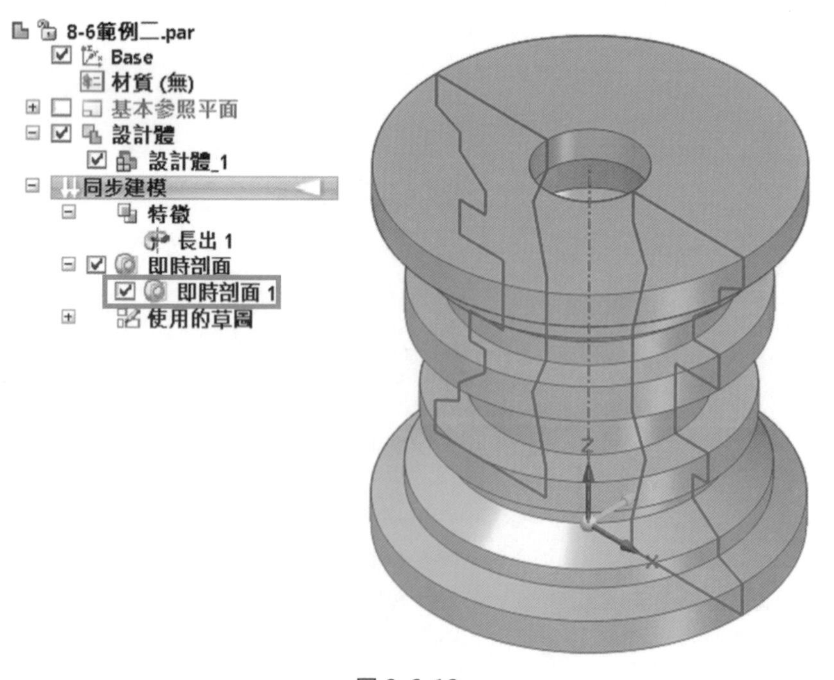

圖 8-6-12

9 CHAPTER

螺旋、網格筋、通風口、螺釘柱、刻字

章節介紹

藉由此課程，你將會學到：

9-1 建立「螺旋」特徵

9-2 建立「網格筋」特徵

9-3 建立「通風口」特徵

9-4 建立「螺釘柱」特徵

9-5 建立「刻字」特徵

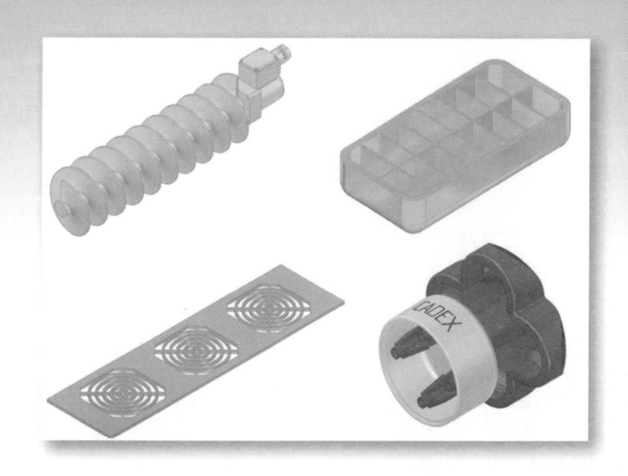

9-1 建立「螺旋」特徵

範例一：螺旋長料

1. 開啟「9-1 範例一」檔案，如圖 9-1-1。

備註：「螺旋」特徵在同步建模或是順序建模皆能使用

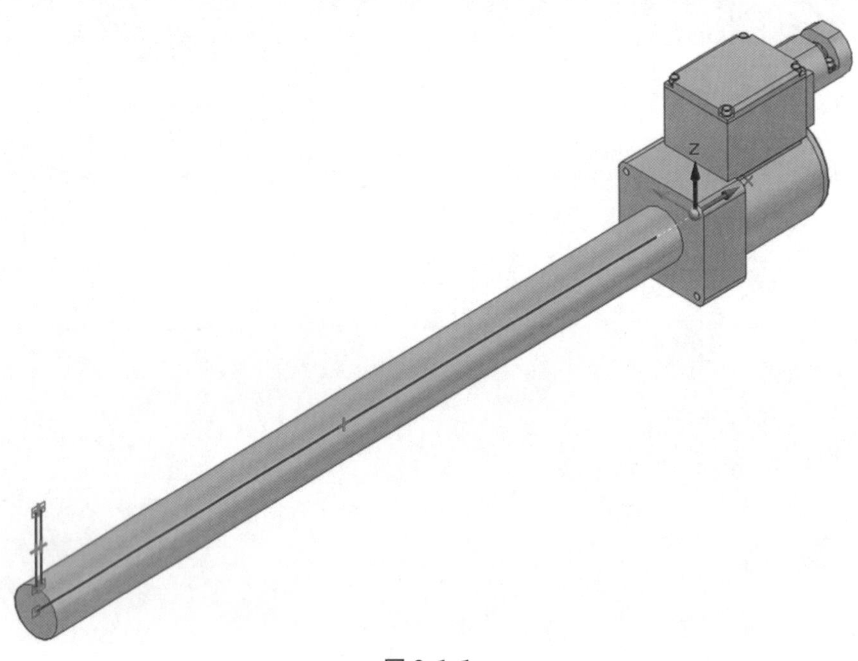

圖 9-1-1

2. 由「首頁」→「實體」→「長料」找到「螺旋」特徵，如圖 9-1-2。

圖 9-1-2

3. 按照「指令條」提示點擊「橫斷面」和「軸」（在同步環境下無先後差別）。如圖 9-1-3。

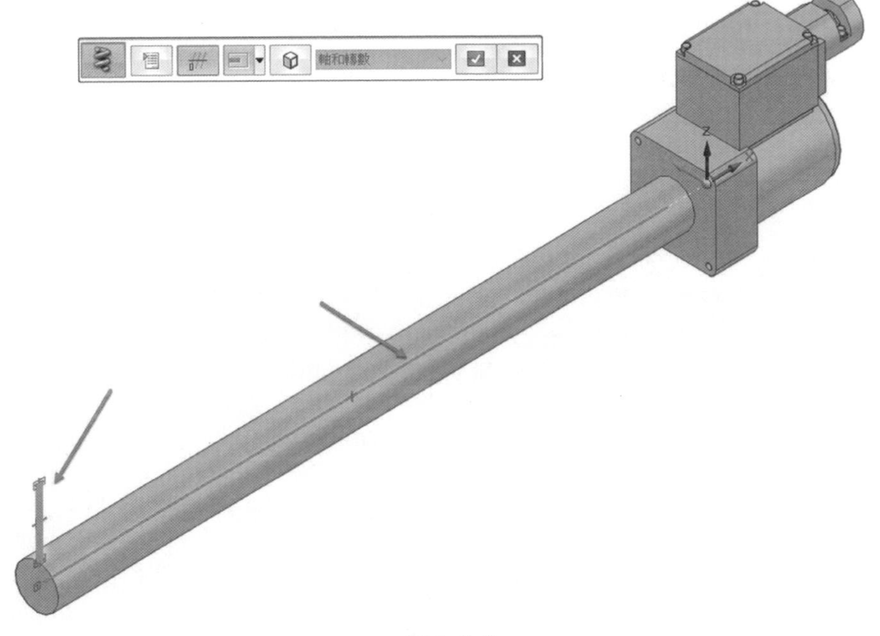

圖 9-1-3

4. 螺旋指令列中，可調整設定，例如：「軸和螺距」、「軸和轉數」、「螺距和圈數」，如圖 9-1-4。點選進入「螺旋選項」，還有更多設定可調整，例如：右旋、左旋、錐度、螺距設定等，如圖 9-1-5。

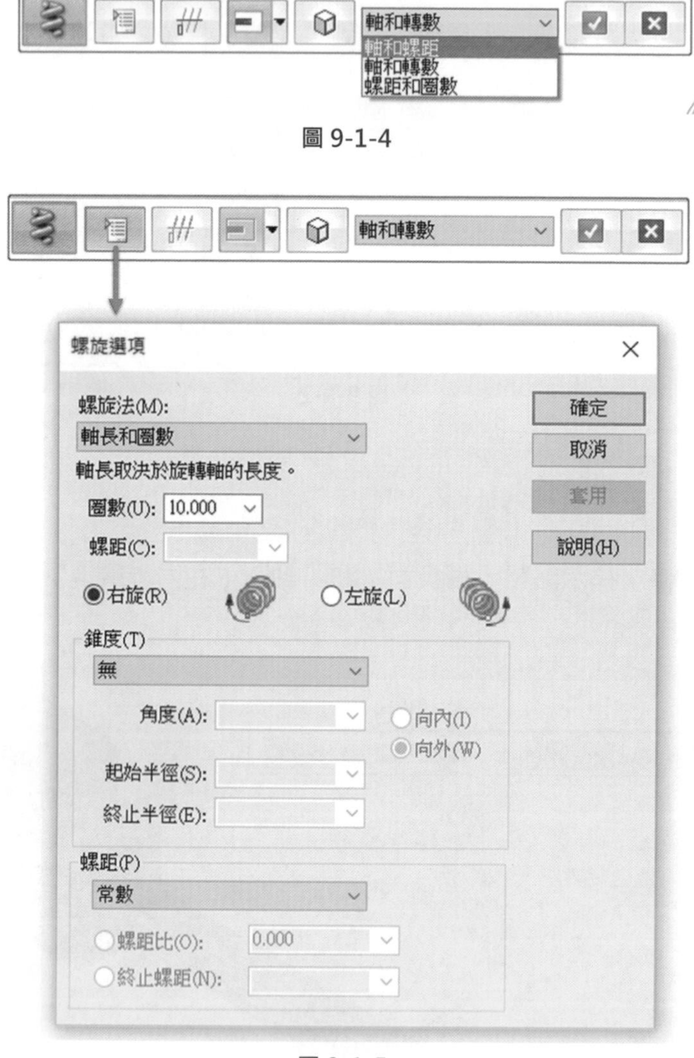

圖 9-1-4

圖 9-1-5

5. 此範例，我們選擇「軸和轉數」輸入圈數「10」，如圖 9-1-6。

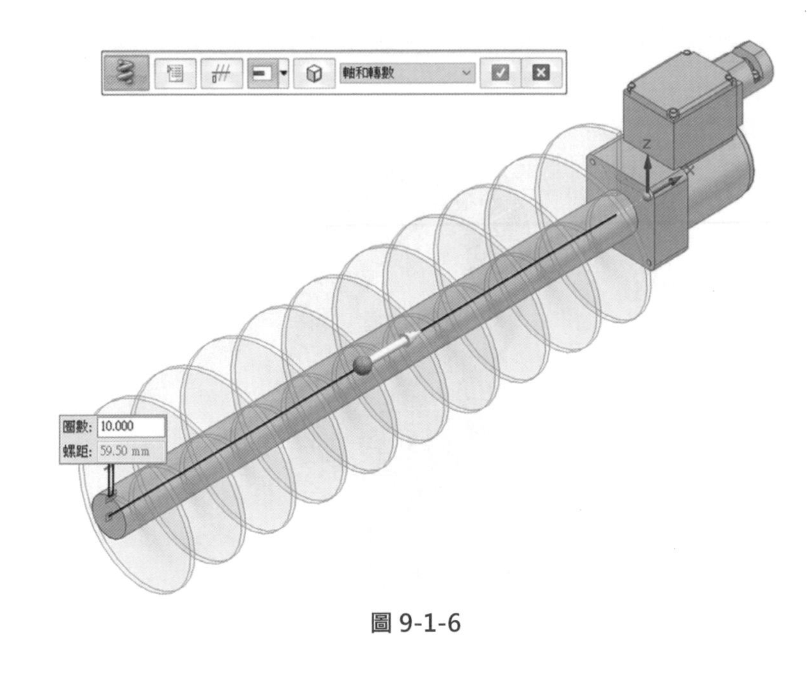

圖 9-1-6

6. 完成模型 CNC 螺旋捲屑機，如圖 9-1-7。

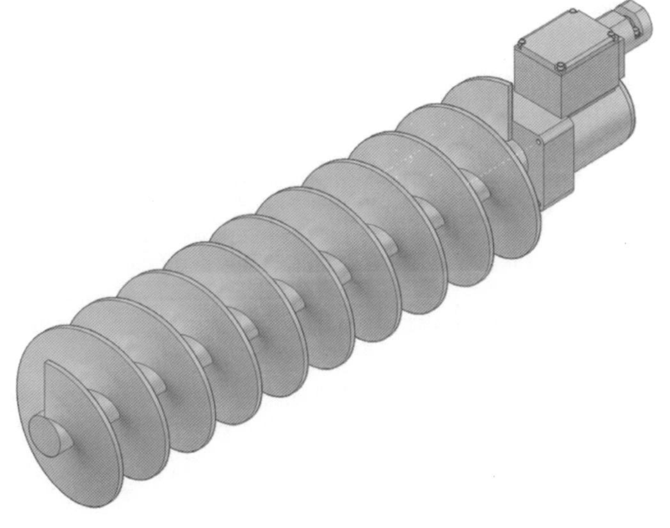

圖 9-1-7

範例二：螺旋除料

1. 開啟「9-1 範例二」檔案如圖 9-1-8。此範例我們將學習到如何使用順序建模完成螺旋除料操作。

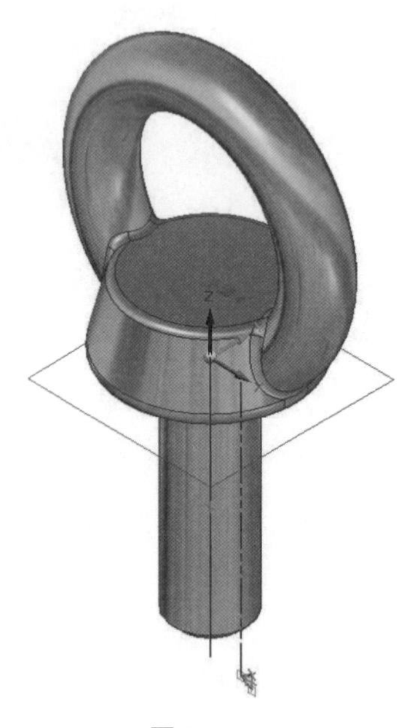

圖 9-1-8

2. 由「首頁」→「實體」→「除料」找到「螺旋」特徵，如圖 9-1-9。

圖 9-1-9

3. 點選所需的橫斷面後點擊「確認」如圖 9-1-10，「軸心」圖樣發亮後點選中間的草圖 當做軸心，如圖 9-1-11。

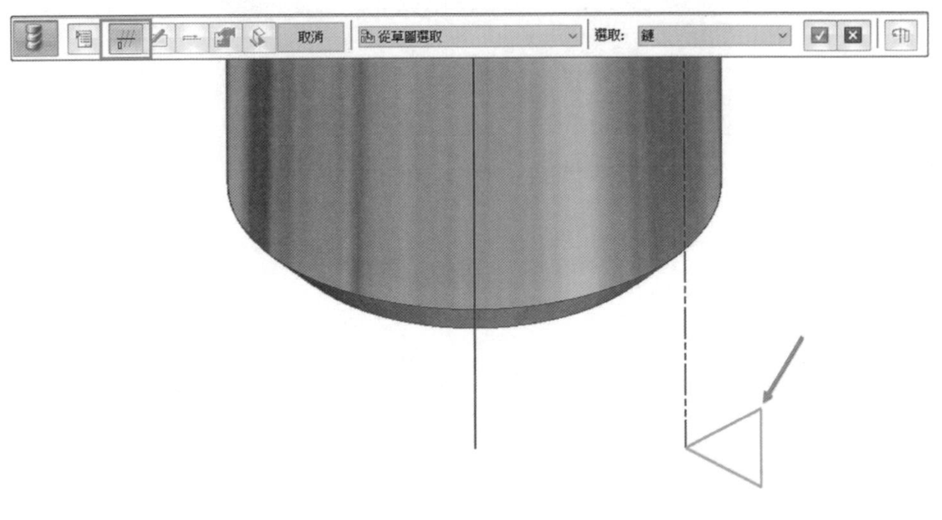

圖 9-1-10

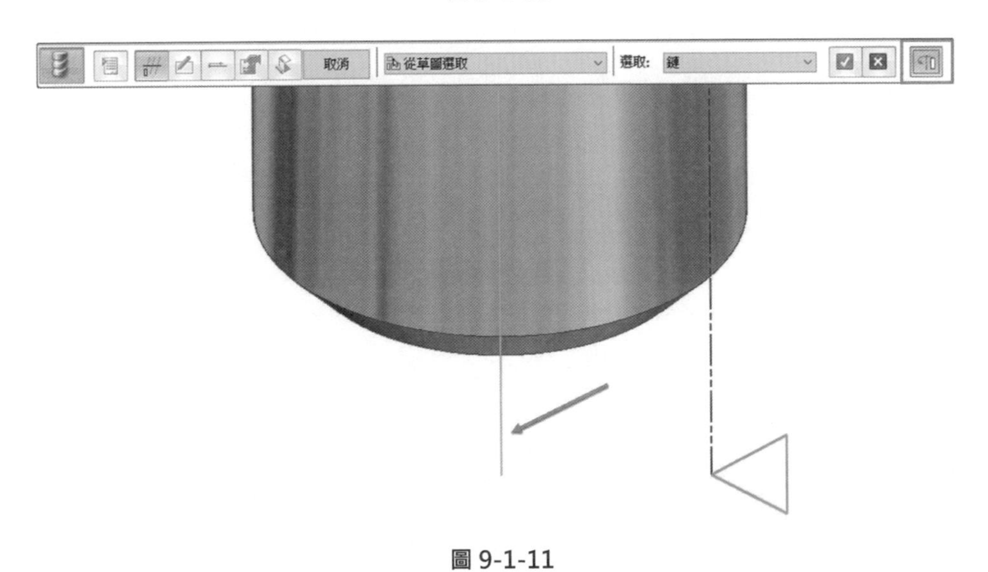

圖 9-1-11

4. 選擇線段前端當作起點，如圖 9-1-12。

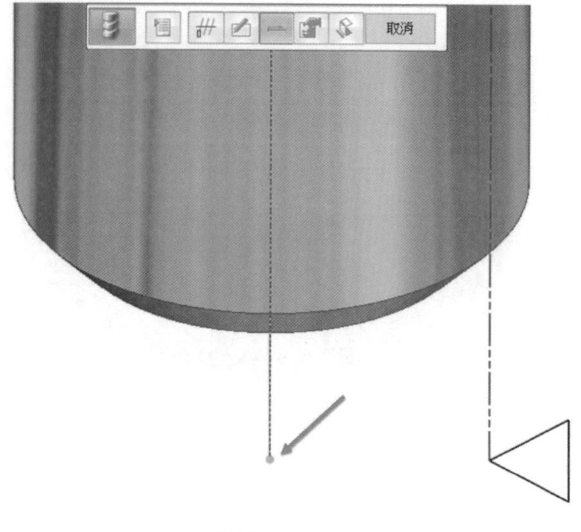

圖 9-1-12

5. 接續跳出的對話框中，我們使用「軸長和螺距」，「螺距」對話框內輸入 2mm，如圖 9-1-13。

圖 9-1-13

6. 本範例在範圍條件選擇「起始/終止」圖樣，如圖 9-1-14。

圖 9-1-14

7. 接著點擊最前端的面「平面 (長出 1)」當做「起始面」，點選參考平面「平面 1」為「終止面」如圖 9-1-15。完成後的環首螺絲，如圖 9-1-16。

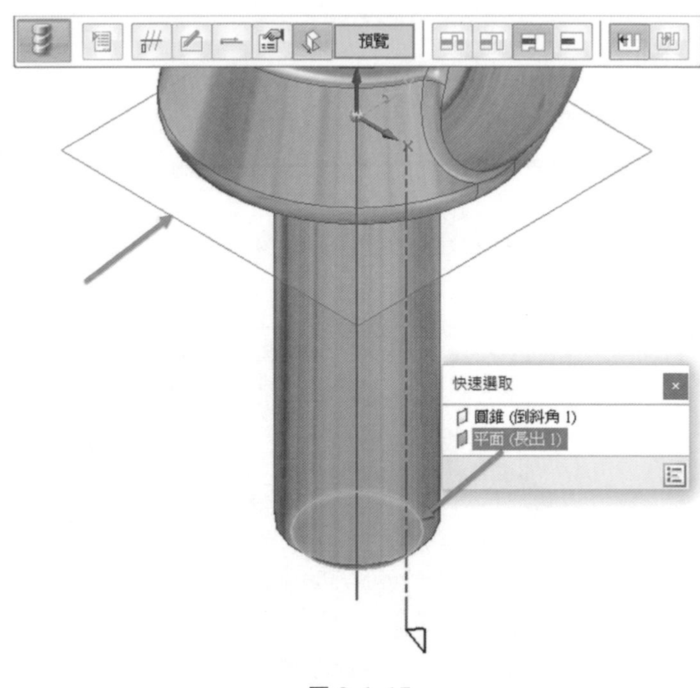

圖 9-1-15

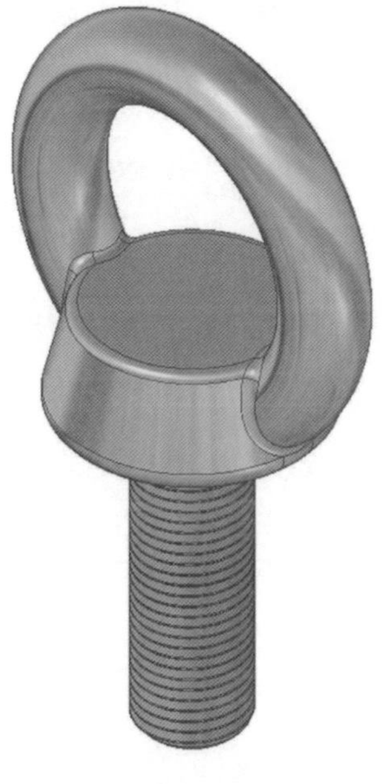

圖 9-1-16

9-2 建立「網格筋」特徵

網格筋：範例一

1. 開啟「網格筋–範例一」檔案，如圖 9-2-1。
2. 由「首頁」→「實體」→「薄殼」下拉找到「網格筋」特徵，如圖 9-2-2。

備註：「網格筋」特徵，同步建模或是順序建模皆能使用。

圖 9-2-1

圖 9-2-2

3. 「網格筋」選單中，透過下拉選擇為「單一」，可以直接框選多個草圖線條，如圖 9-2-3。

圖 9-2-3

4. 完成草圖框選後，輸入網格筋尺寸 1mm 並指定「向下」生成特徵，如圖 9-2-4。

圖 9-2-4

5. 「製冰盒」模型完成，如圖 9-2-5。

圖 9-2-5

網格筋：範例二

1. 開啟「網格筋–範例二」檔案，如圖 9-2-6。

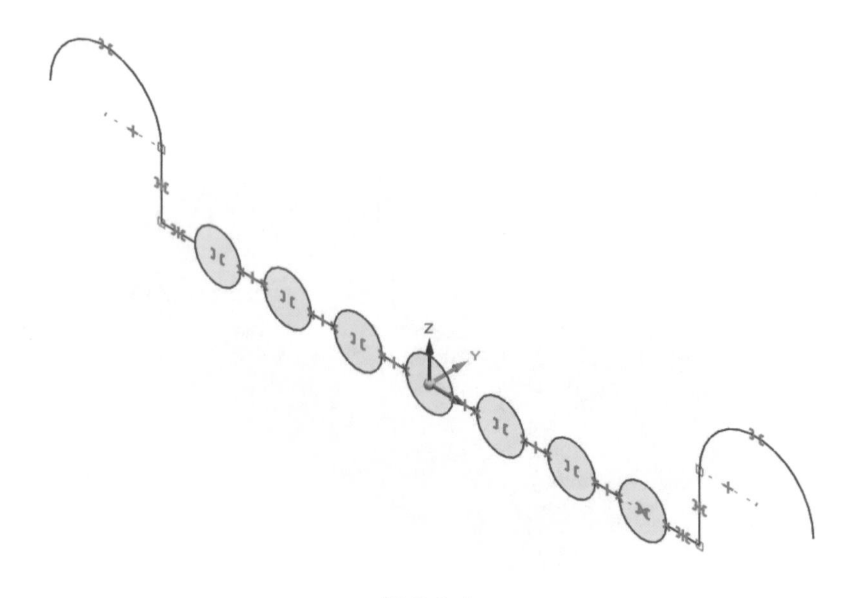

圖 9-2-6

2. 指定「網格筋」草圖，下拉選單選取「單一」框選，選取完成後，按「右鍵」確定，接著出現「網格筋」的「厚度」和「延伸長度」尺寸框；輸入「厚度」1mm 與「延伸長度」5mm，即可完成衣架模型，如圖 9-2-7、圖 9-2-8、圖 9-2-9。

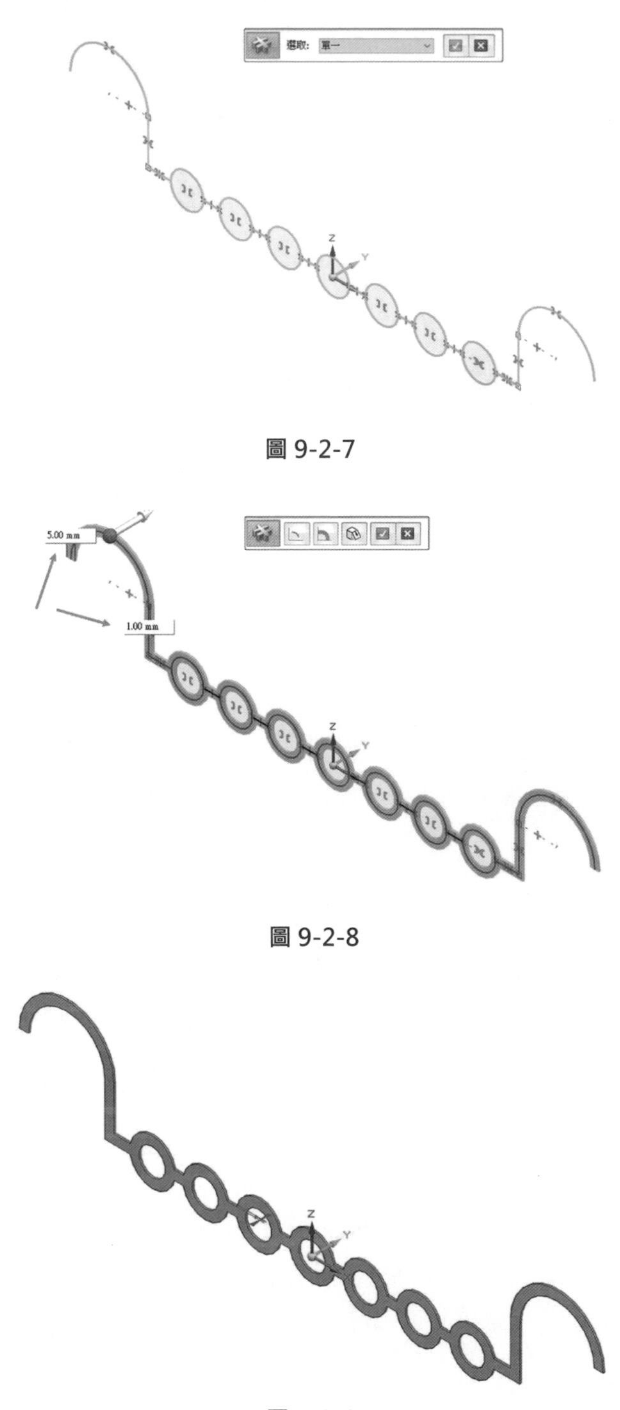

圖 9-2-7

圖 9-2-8

圖 9-2-9

3. 完成之後的「網格筋」，若在「同步建模」的模式，可以使用「幾何控制器」配合「即時規則」來編修模型，例如：移動、調整尺寸等等，如圖 9-2-10、圖 9-2-11。

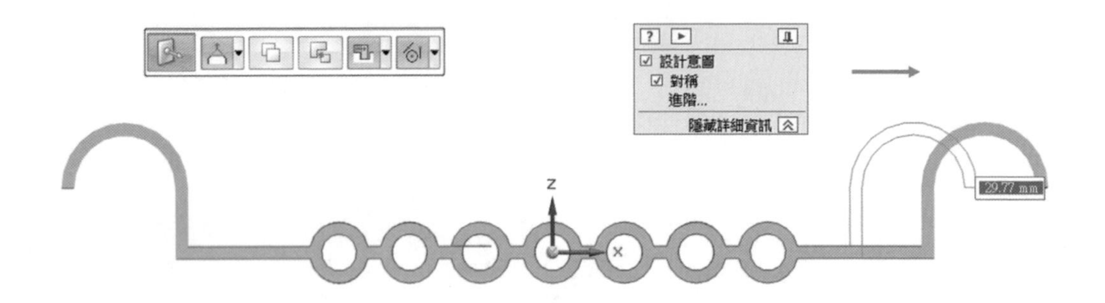

圖 9-2-10

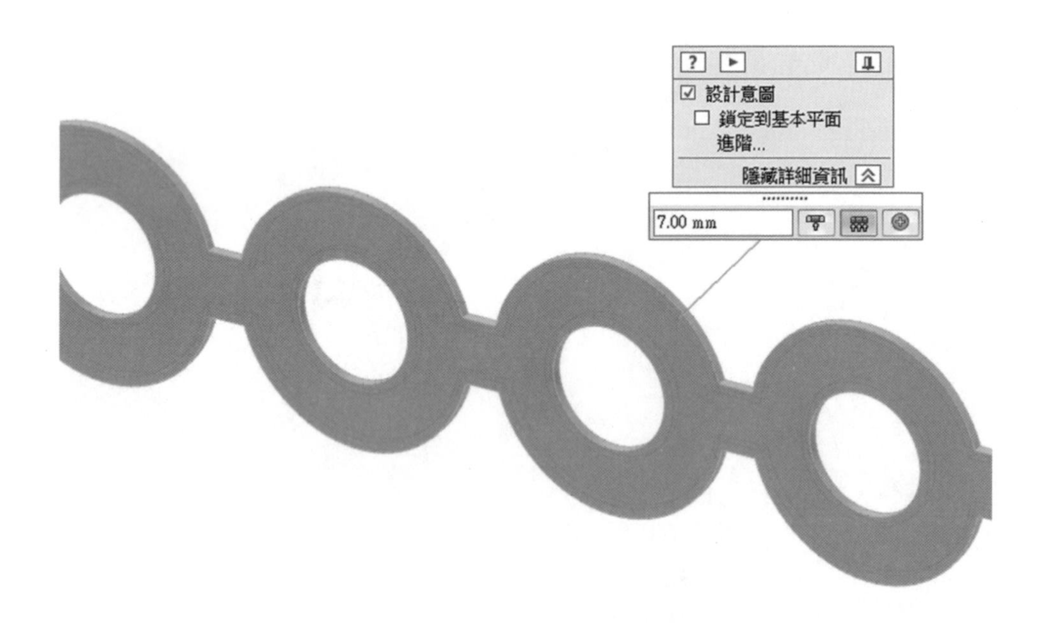

圖 9-2-11

9-3 建立「通風口」特徵

通風口：範例一

1. 開啟「通風口–範例一」檔案，如圖 9-3-1。
2. 由「首頁」→「實體」→「薄殼」下拉找到「通風口」特徵，如圖 9-3-2。

備註：「通風口」特徵，同步建模與順序建模皆能使用。

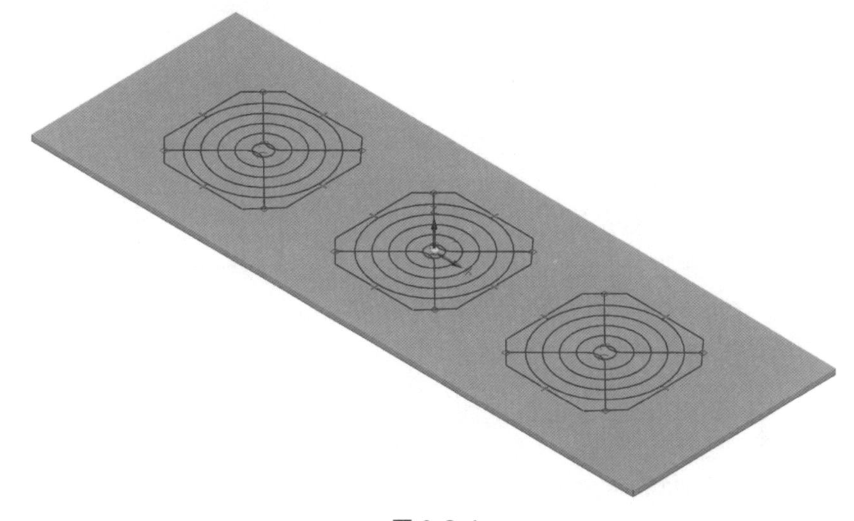

圖 9-3-1

圖 9-3-2

3. 點擊「通風口」特徵之後，會彈出「通風口選項」，在選項中可設定「肋板」與「縱梁」的相關係數「拔模角度」、「圓角半徑值」...等。當這些數值需要重覆使用時可儲存其設定值，方便下次點選使用，如圖 9-3-3。設定「肋板」厚度 1mm、「縱梁」厚度 1mm、深度皆為 2mm，完成後按「確定」完成選項設定。

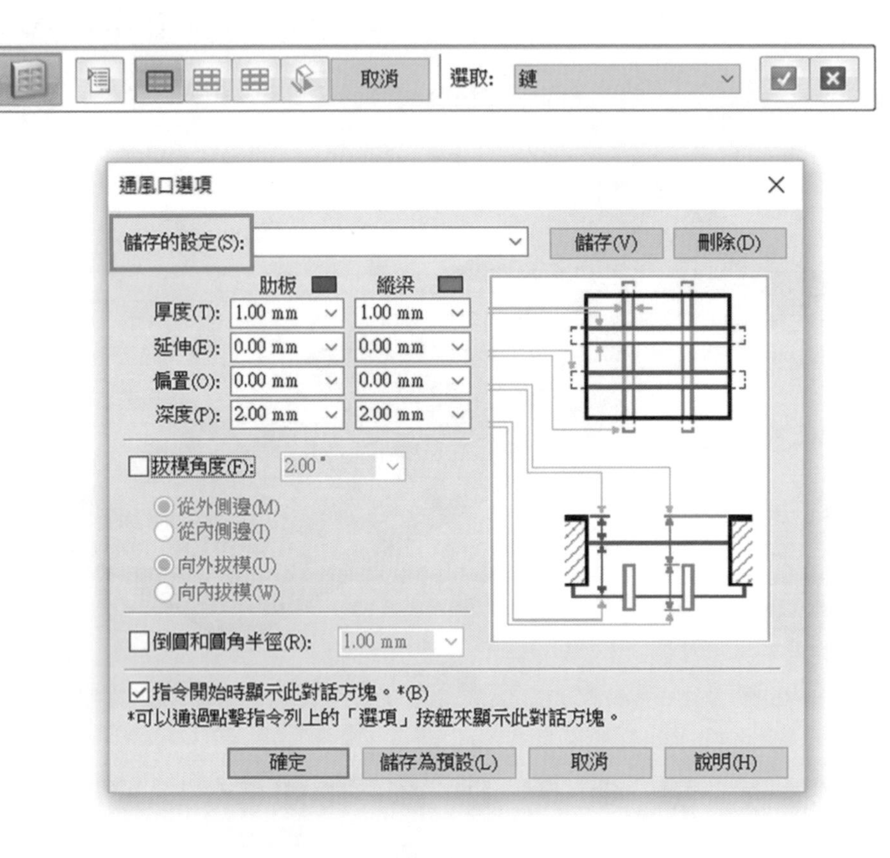

圖 9-3-3

4. 接下來按照「提示條」，依序點選「通風口」所需範圍條件如圖 9-3-4、圖 9-3-5、圖 9-3-6。

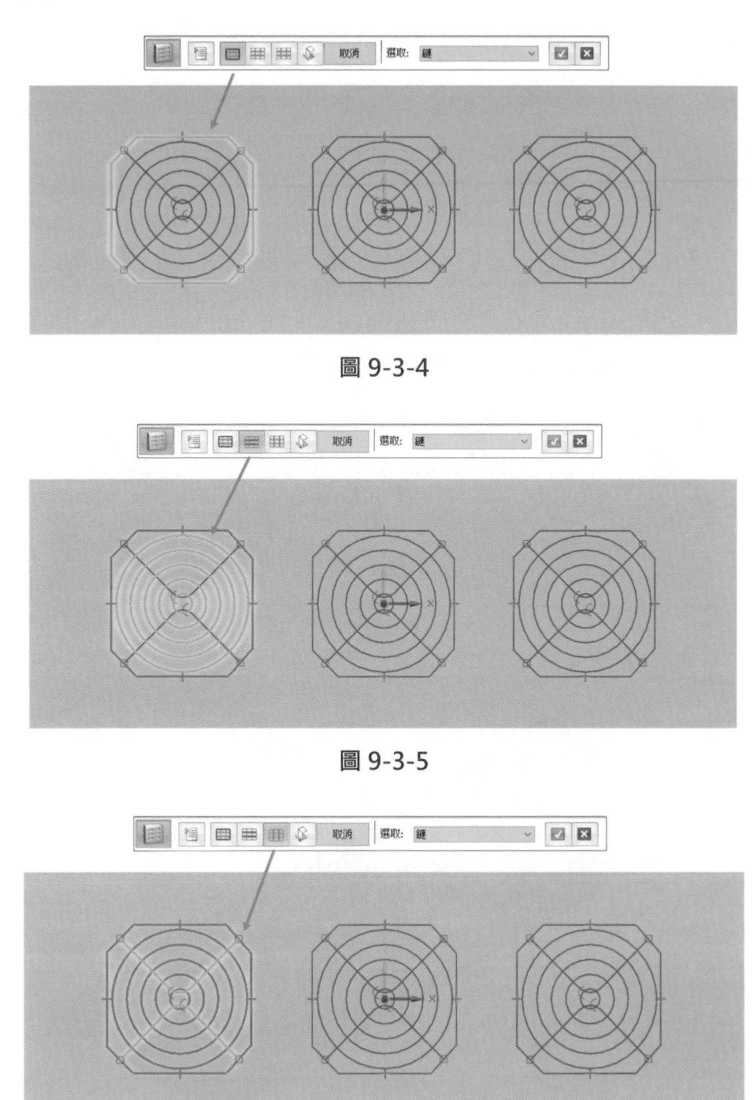

圖 9-3-4

圖 9-3-5

圖 9-3-6

5. 移動游標「向下」生成特徵，如圖 9-3-7。完成「通風口」的特徵如圖 9-3-8。

6. 重覆上述操作設定可完成其餘 2 個「通風口」特徵，完成結果如圖 9-3-9。

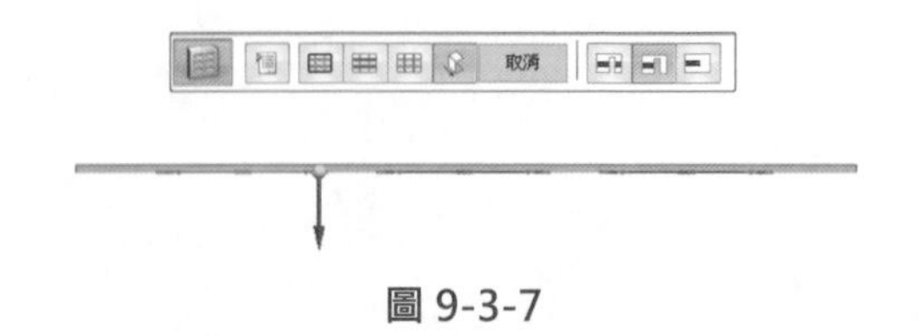

圖 9-3-7

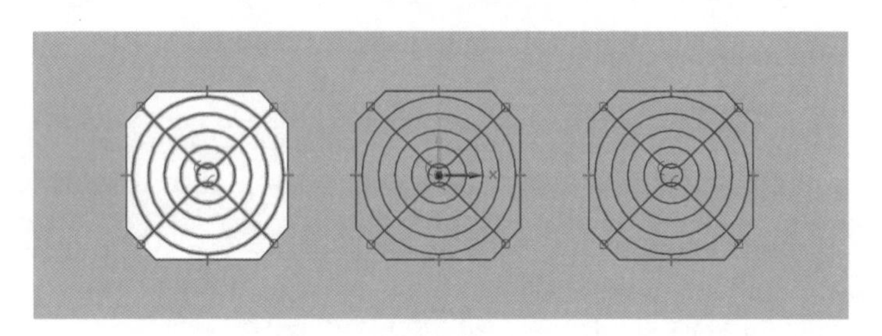

圖 9-3-8

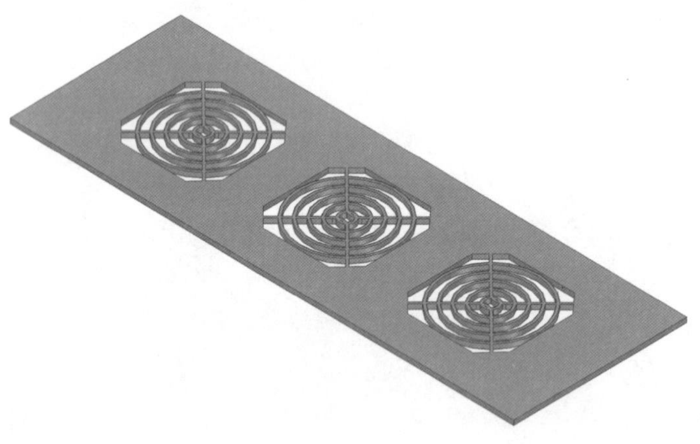

圖 9-3-9

◤通風口：範例二

1. 開啟「通風口–範例二」檔案如圖 9-3-10。範例二為「鈑金」檔案，若要使用「通風口」特徵則需由「鈑金」環境切換到「零件」環境。操作方式由點擊「工具」→「切換到」即可切換到零件模式使用零件的特徵，如圖 9-3-11。

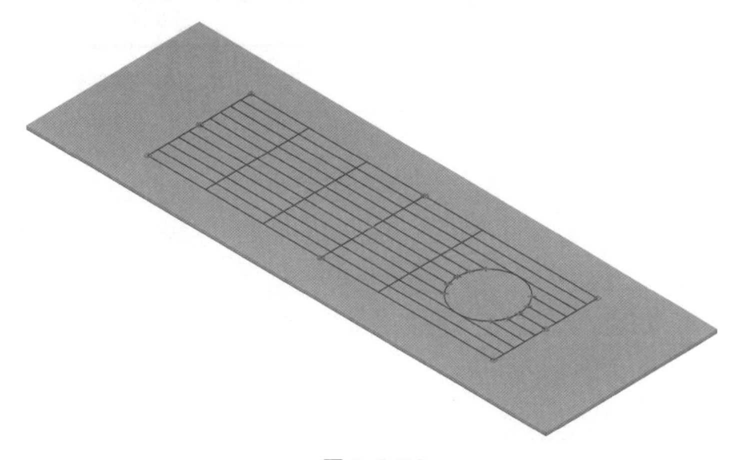

圖 9-3-10

圖 9-3-11

備註：此時會跳出一警告訊息，提醒在「零件」模式下所建立的特徵，在鈑金的「展平圖樣」中不會展開計算。因為鈑金的定義為「單一厚度」，而在零件特徵中沒有「單一厚度」的限制，所以零件特徵在鈑金「展平圖樣」並不會計算展開，如圖 9-3-12。

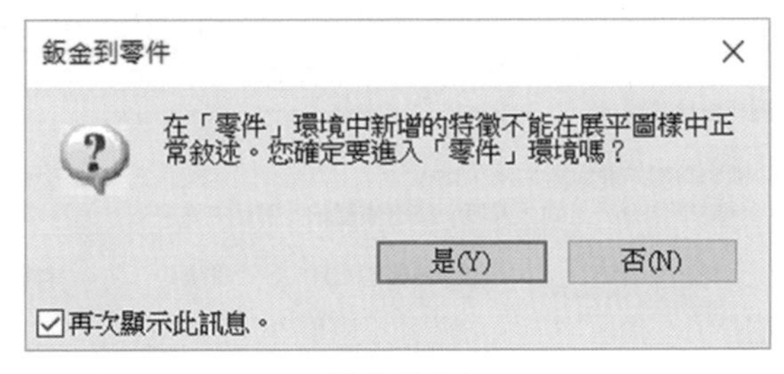

圖 9-3-12

2. 如同上述步驟，由「首頁」→「實體」→「薄殼」下拉找到「通風口」特徵，如圖 9-3-13。

圖 9-3-13

3. 點擊「通風口」特徵之後彈出「通風口選項」；本範例可將「肋板」、「縱梁」的厚度和深度皆設置為 1mm，如圖 9-3-14。

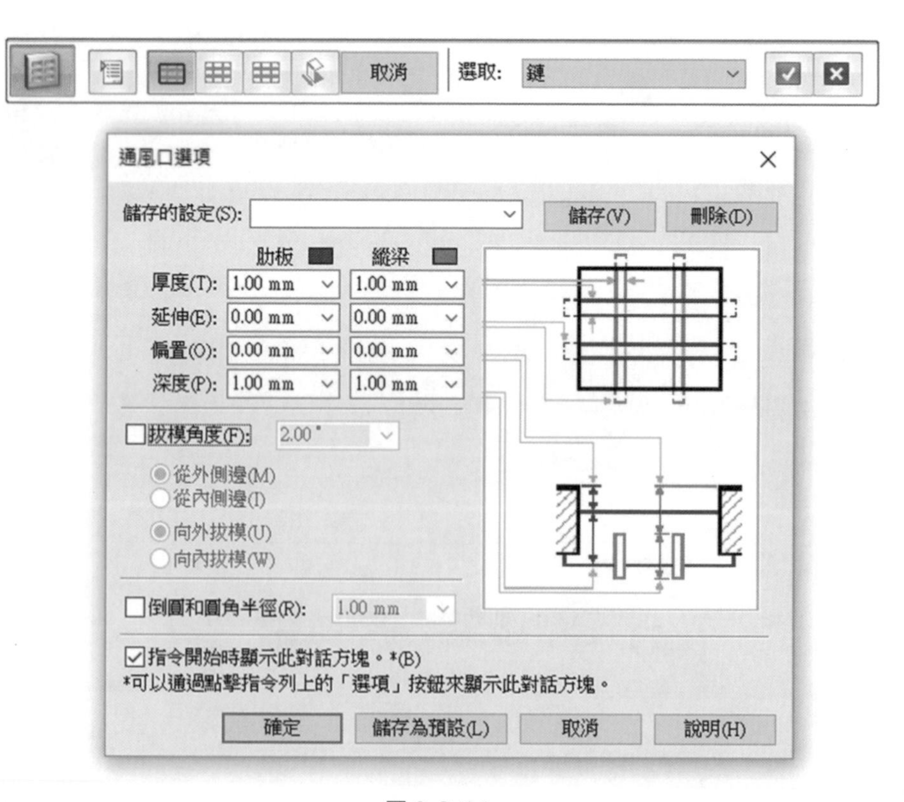

圖 9-3-14

4. 完成後模型效果如圖 9-3-15。

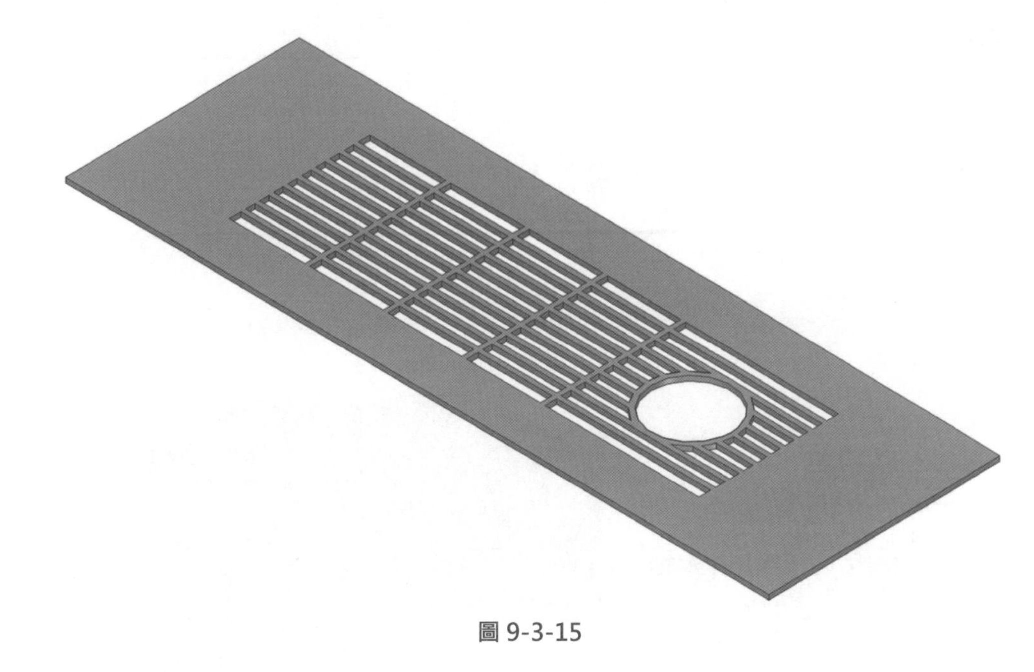

圖 9-3-15

9-4 建立「螺釘柱」特徵

螺釘柱：範例

1. 開啟「螺釘柱–範例」檔案，如圖 9-4-1。

備註：「螺釘柱」為順序特徵，故在「同步建模」內需手動切換為「順序建模」才可使用「螺釘柱」特徵指令。

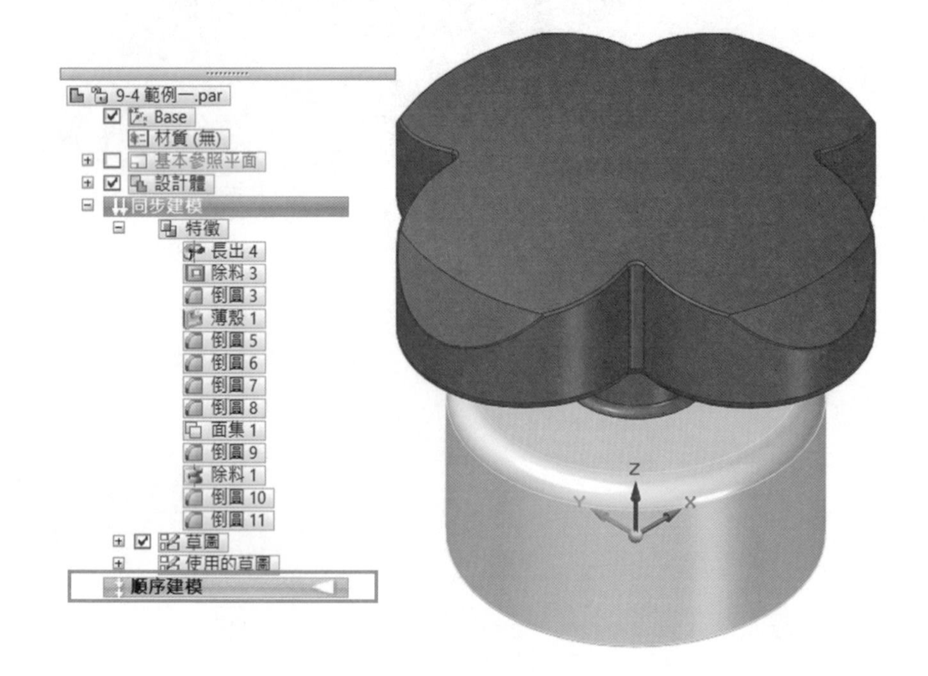

圖 9-4-1

2. 由「首頁」→「實體」→「薄殼」下拉找到「螺釘柱」特徵，如圖 9-4-2。

圖 9-4-2

3. 接下來我們選擇「平行面」由上向下偏置 5mm，如圖 9-4-3。

圖 9-4-3

4. 點擊「螺釘柱」選項，會彈出「螺釘柱選項」設定表單，依序設定所需的值–凸台直徑 12mm、安裝孔徑 8.5mm、孔深 20mm、加強肋板 4、偏置 8mm、斜度 15 度、延伸 5mm、拔錐 10 度、厚度 3mm，如圖 9-4-4。

備註：所設定的值皆可儲存於設定中。

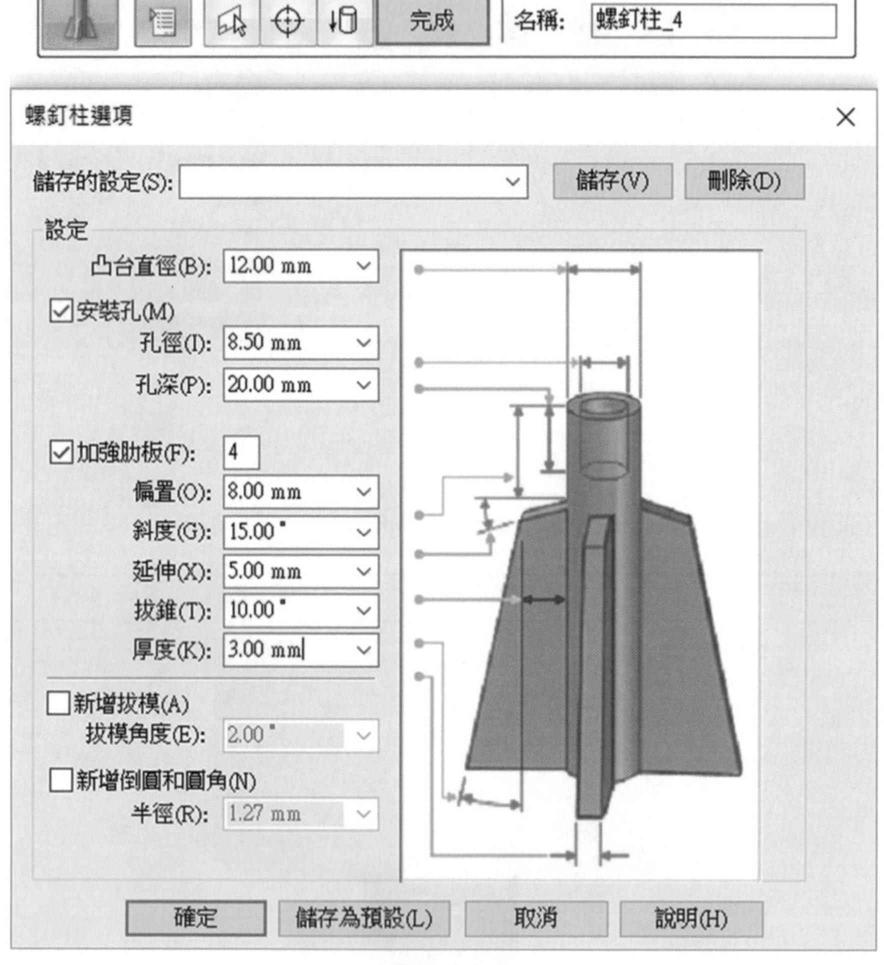

圖 9-4-4

5. 接著放置「螺釘柱」的草圖位置。在本範例中可以預先畫一個直徑 80mm 的圓當參考，再將「螺釘柱」草圖定在四邊輪廓點如圖 9-4-5。

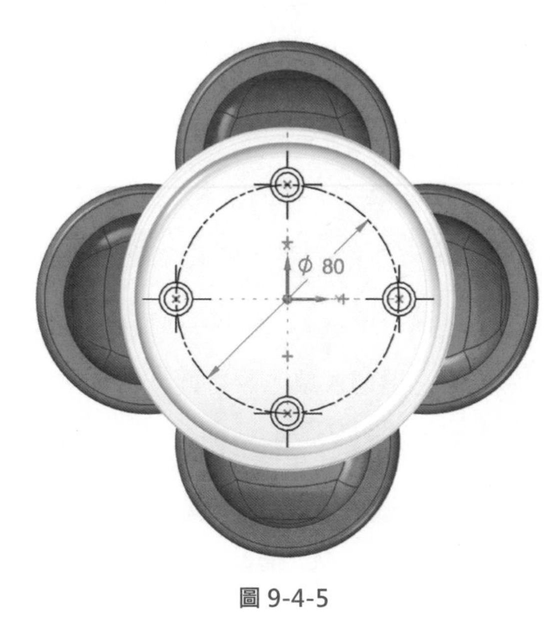

圖 9-4-5

6. 放置完成後移動游標選擇「向下」生成「螺釘柱」特徵如圖 9-4-6。特徵完成後模型如圖 9-4-7。

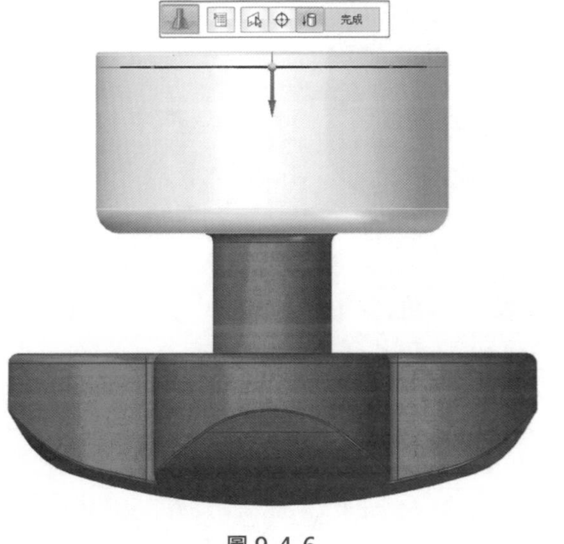

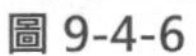
圖 9-4-6

圖 9-4-7

9-5 建立「刻字」特徵

刻字：範例一

1. 延續 9-4 章節，開啟範例 9-5 範例一，接下來我們可以使用「順序建模」完成「刻字」特徵。

> 備註：刻字主要是在「草圖」中使用「文字輪廓」的功能，將文字輪廓建立後利用「長料」或「除料」指令來完成特徵。

2. 點擊「草圖」指令，平面選項切換成「平行面」，利用「俯視圖」作參考向上偏置 150mm 當作草圖平面，如圖 9-5-1。

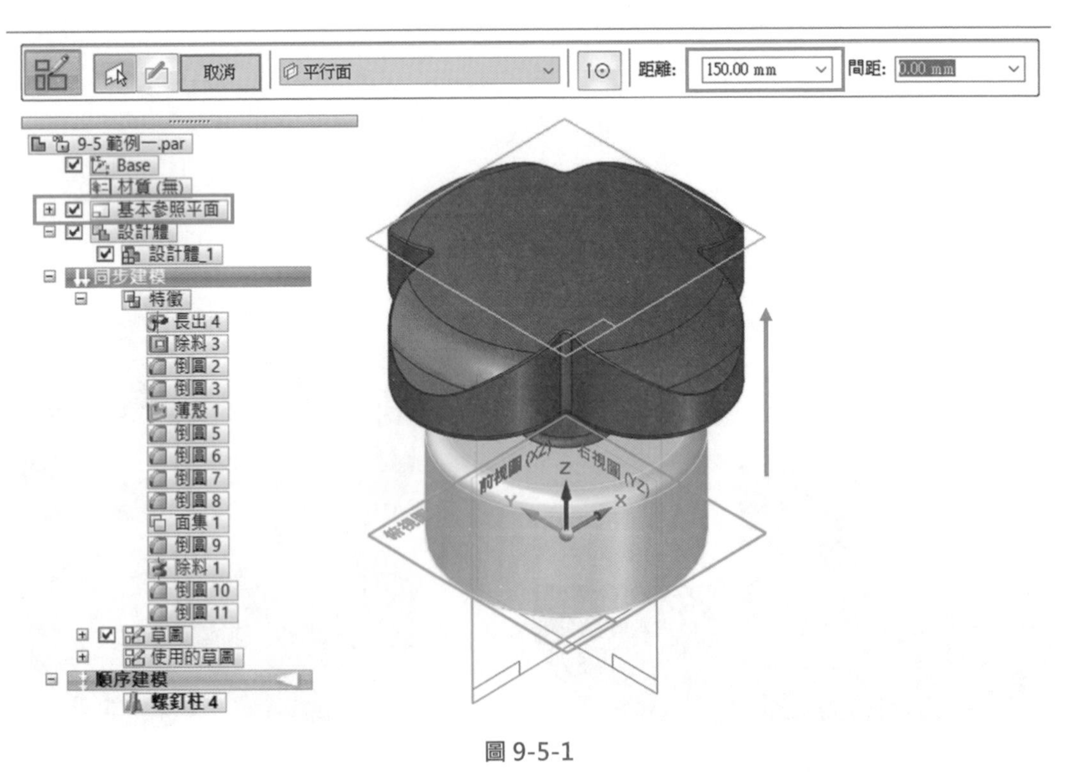

圖 9-5-1

3. 進入 2D 草圖後，由中心出發畫一直徑 80mm 的圓當參考，接著點選「工具」→「插入」→「文字輪廓」，這時會彈跳出「文字」的設定方框如圖 9-5-2；進入選單後可以輸入所需要的草圖文字，以及設定文字的「字型」、「大小」、「間距」...等，本範例設定可以參考圖 9-5-3。

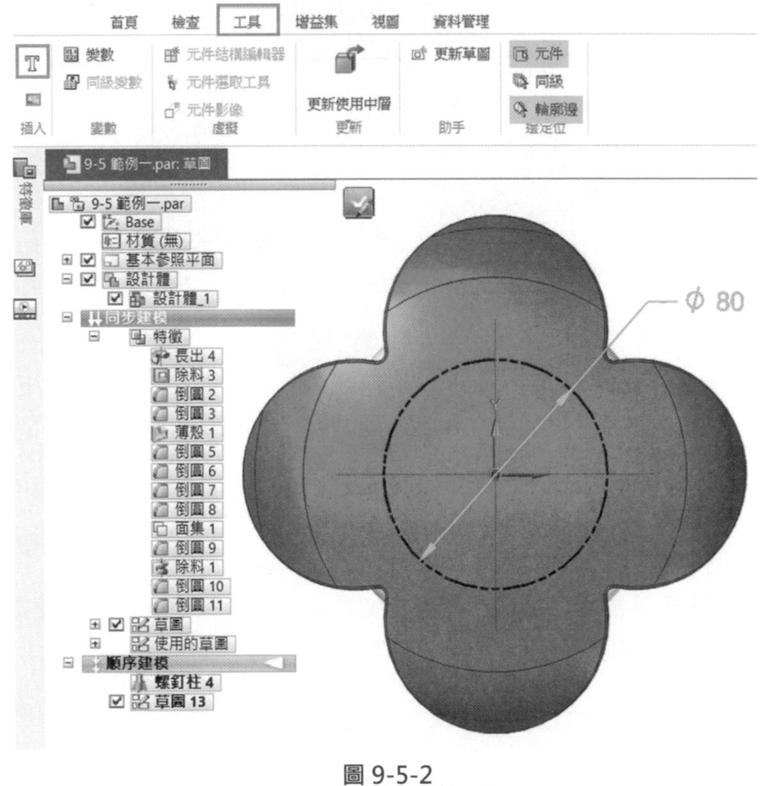

圖 9-5-2

文字

☐在清單中僅顯示單線字型(K)

字型(F): 微軟正黑體

指令碼(C): CHINESE_BIG5

大小(S): 18.50 mm

字母間距(L): 11.00 mm

列距(N): 0.00 mm

邊距(M): 0.64 mm

光滑(O)

粗糙

B I

對齊

文字(T):

CADEX凱德科技

確定 套用 儲存為預設(D) 取消 說明(H)

圖 9-5-3

4. 將游標移至直徑 80mm 的圓上，此時可以發現字體已由橫向改為環繞內圓的狀態。如圖 9-5-4。

圖 9-5-4

5. 利用「實體」長料指令，點選「文字」草圖，將字體輪廓向下生成 5mm「有限深度」如圖 9-5-5。

圖 9-5-5

6. 切換「曲面」標籤，利用「偏移」功能點擊上方最大圓弧面向上偏移 0.5mm，如圖 9-5-6。

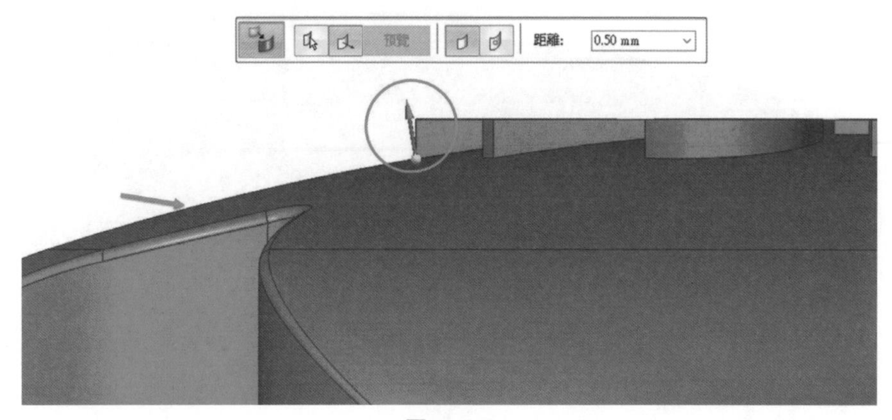

圖 9-5-6

7. 切換「首頁」標籤，下拉「新增體」選項「減去」指令，如圖 9-5-7，將「設計體_1」選為布林作業的目標體並按壓「右鍵」確認，如圖 9-5-8，接著將剛才偏移好的曲面選為布林作業的工具體，選定減去方向為上方，如圖 9-5-9。完成後模型的效果如圖 9-5-10。

圖 9-5-7

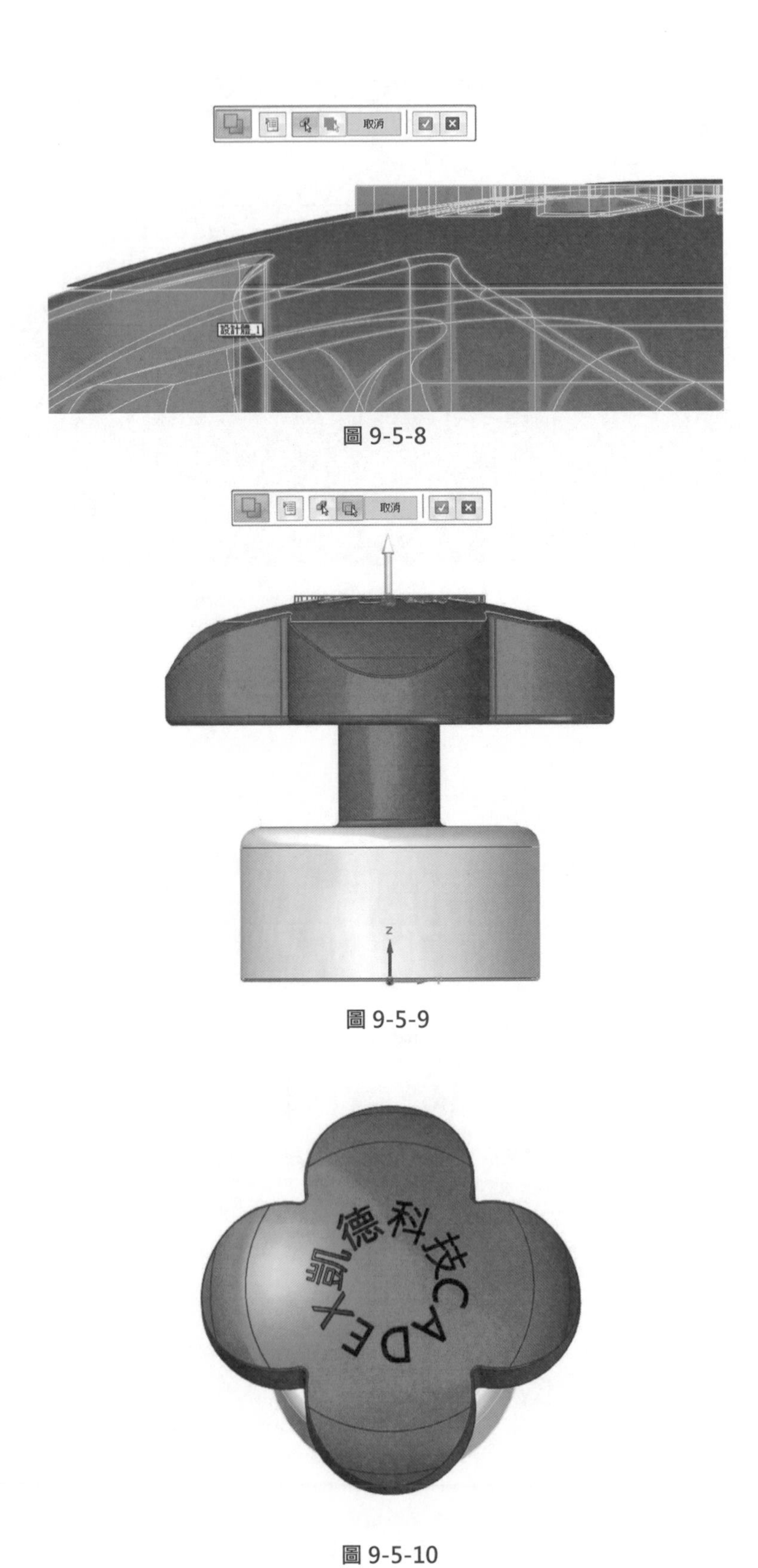

圖 9-5-8

圖 9-5-9

圖 9-5-10

◤刻字：範例二

1. 延續 9-5 範例一檔案，本次刻字範例為 "同步建模操作"。首先利用「首頁」「相切面」選項如圖 9-5-11，點擊下方直徑 120mm 的外圓後輸入角度值 90 度如圖 9-5-12。

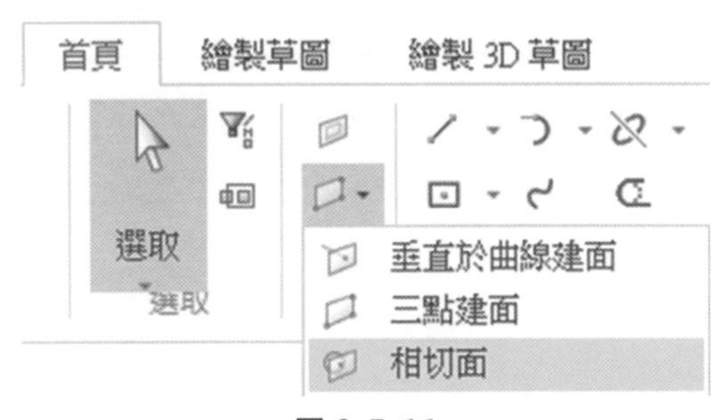

圖 9-5-11

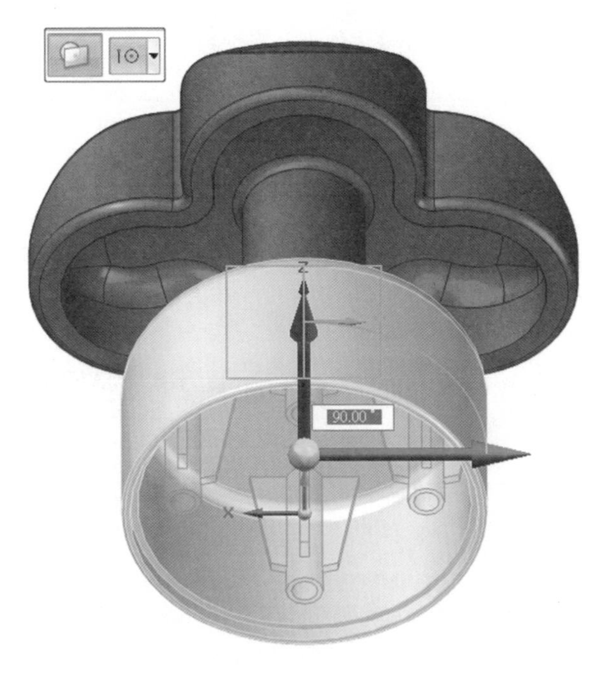

圖 9-5-12

2. 接著點選「草圖」→「文字輪廓」，這時會彈跳出「文字」的設定方框如圖 9-5-13；點選進入後我們可以打上想刻的文字內容、大小、間距...等，本範例可以參考圖 9-5-14。

圖 9-5-13

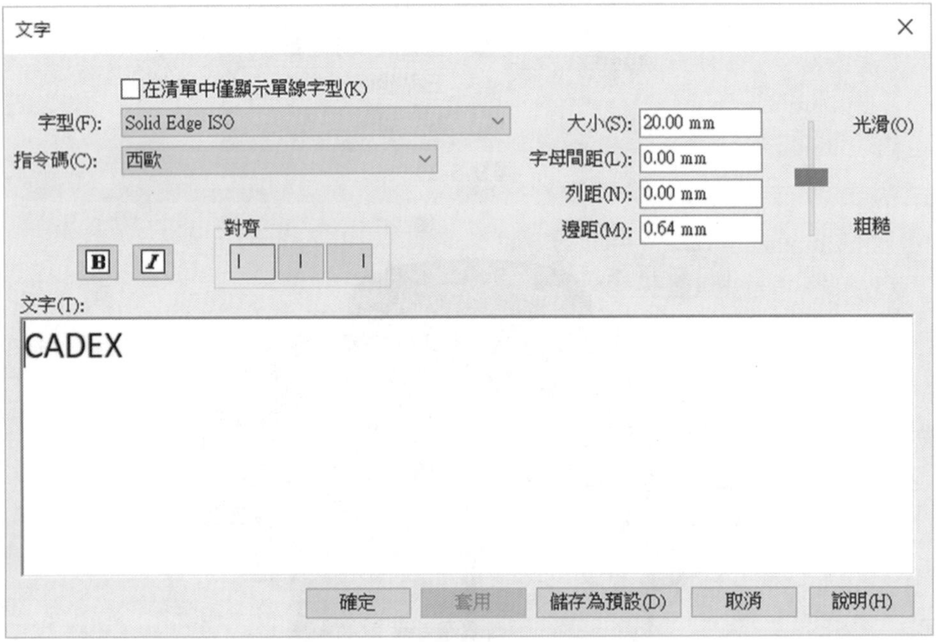

文字
在清單中僅顯示單線字型(K)
字型(F): Solid Edge ISO
指令碼(C): 西歐
大小(S): 20.00 mm
字母間距(L): 0.00 mm
列距(N): 0.00 mm
邊距(M): 0.64 mm
光滑(O)
粗糙
對齊
文字(T):
CADEX
確定 套用 儲存為預設(D) 取消 說明(H)

圖 9-5-14

3. 點擊剛才建立的「相切面」，將文字輪廓草圖平面鎖定在「相切面」上如圖 9-5-15。

> 備註：如果在鎖定「相切面」後文字的方向不正確，可以預先點擊「相切面」後透過幾何控制器將「相切面」轉到想要定位文字的方向。

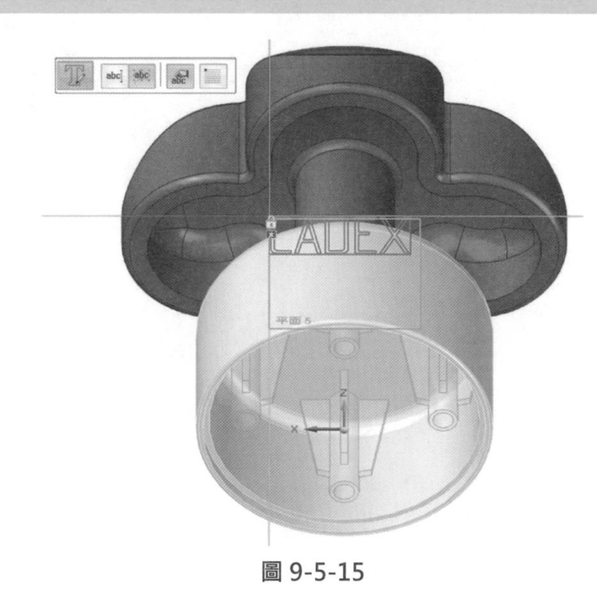

圖 9-5-15

4. 先將文字輪廓大約定位在中間位置，接著透過幾何關係「水平/垂直」的功能將文字定位完成，如圖 9-5-16。

圖 9-5-16

5. 點選「曲面處理」→「投影」→「纏繞草圖」功能如圖 9-5-17，先點選預投影的草圖，如圖 9-5-18，再點擊想要將草圖纏繞的圓弧面，如圖 9-5-18，向內側投影後即可完成纏繞草圖的動作。

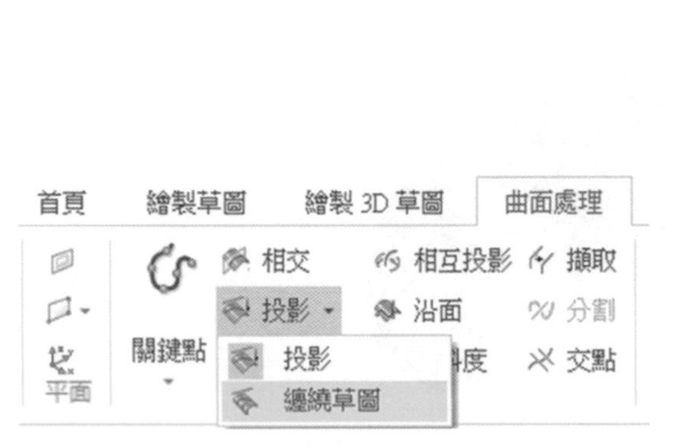

圖 9-5-17

圖 9-5-18

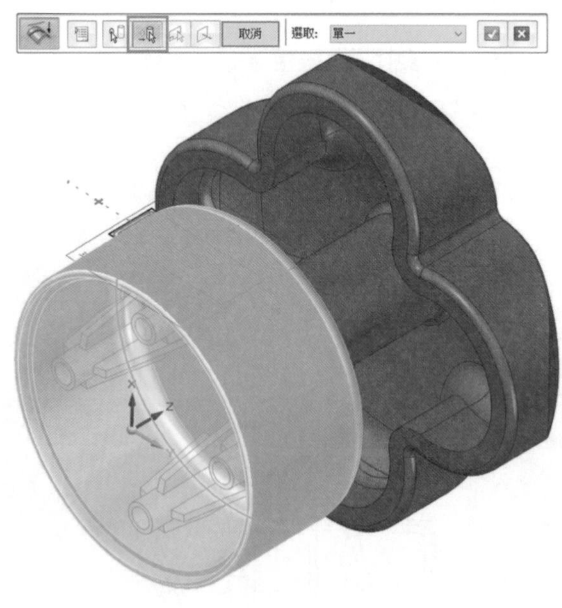

圖 9-5-19

6. 點擊「首頁」→「實體」→「除料」→「法向」特徵指令，如圖 9-5-20，將選單改為「單一」之後框選纏繞好的文字，如圖 9-5-21，接著將「箭頭」指向內側並在「深度」對話框中輸入 1mm，如圖 9-5-22。

圖 9-5-20

圖 9-5-21

圖 9-5-22

7. 完成後的模型如圖 9-5-23。

圖 9-5-23

10

CHAPTER

掃掠特徵

章節介紹

藉由此課程，你將會學到：

10-1　基本掃掠長出觀念

10-2　3D 草圖

10-3　單一路徑和截斷面掃掠

10-4　單一路徑和截斷面選項設定

10-5　多個路徑和截斷面掃掠

10-6　除料掃掠

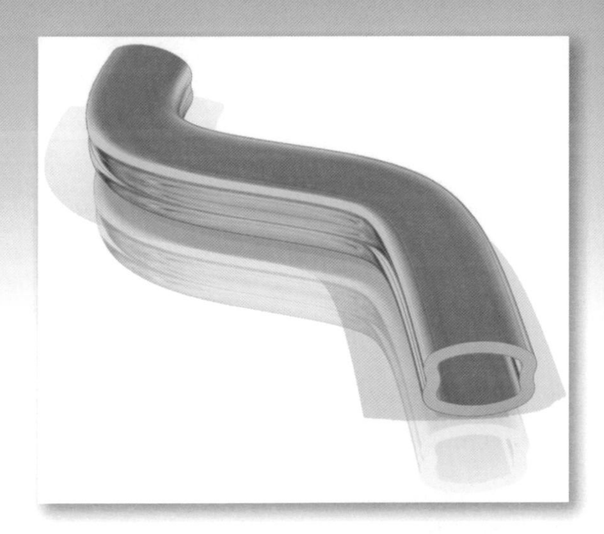

10-1 基本掃掠長出觀念

「掃掠特徵」是通過「路徑」和「截斷面」進行長出或除料建構的，必須具有下列規則，如圖 10-1-1：

1. 掃掠特徵，須有二個獨立草圖，且此兩個草圖不得在同一平面上。
2. 草圖 1：截斷面草圖可以有一個或多個，草圖 2：路徑草圖最多三條。
3. 在使用多條路徑或多個截斷面時，每條路徑曲線必須是相切元素或邊的連續集合。
4. 掃掠特徵中的截斷面草圖，必須是封閉的。
5. 路徑草圖可以是開放或封閉的。
6. 路徑可以為草圖曲線、一條曲線或一組實體邊線。

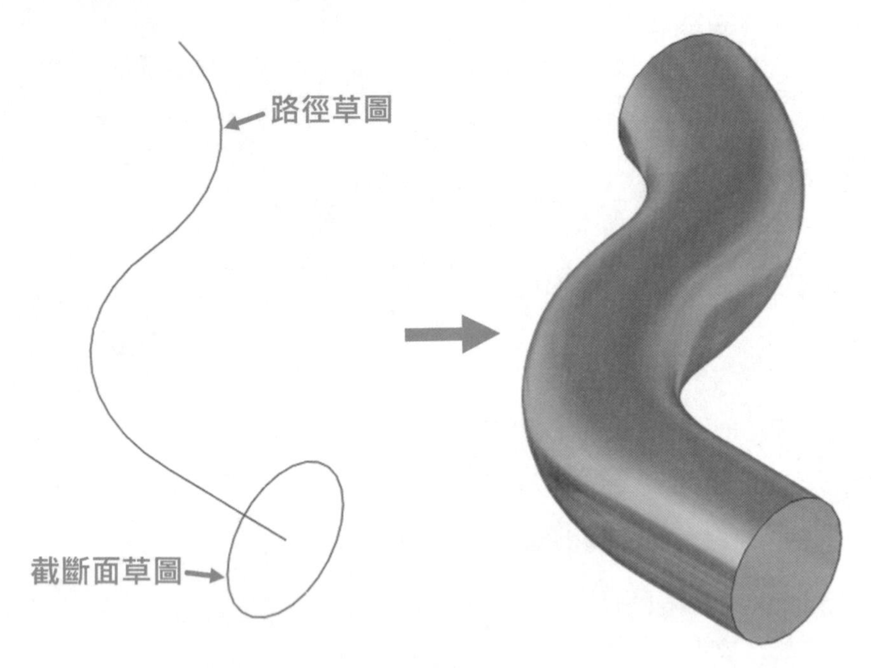

圖 10-1-1

7. 建構「掃掠路徑」必須要透過人工給予線段做為路徑依據，因「掃掠路徑」都為不規則線段，並非單純直線拉伸及旋轉路徑，所以在同步建模技術是由實體概念建構，並無法做到草圖路徑中的編輯，建議在建構「掃掠特徵」使用「順序建模」，切換順序建模在同步建模導航提示條處點擊滑鼠「右鍵」→「過渡到順序建模」，如圖 10-1-2。

圖 10-1-2

10-2 3D 草圖

我們將透過 3D 草圖繪製，3D 草圖主要是不會受限於單一平面，在建構「掃掠」及「舉昇」時，是一個非常實用的草圖建構工具。

1. 「首頁」→「草圖」→「3D 草圖」→「3D 直線」，如圖 10-2-1。

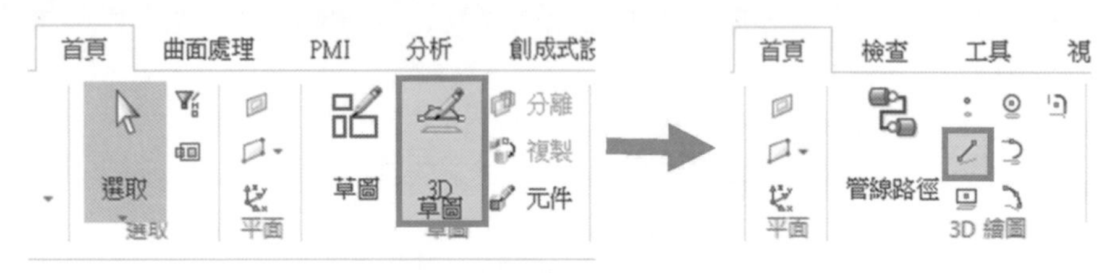

圖 10-2-1

使用 3D 草圖時，會出現一座標系用來控制繪圖方向，如圖 10-2-2。

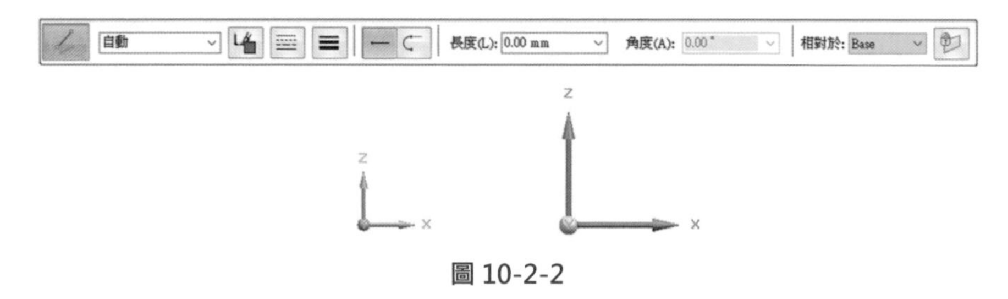

圖 10-2-2

3D 草圖的控制方式可分為兩種，按下「Z 鍵」可以切換 X、Y、Z 軸向，如圖 10-2-3；按下「X 鍵」可以切換 XZ（前視圖）、XY（俯視圖）、YZ（右視圖），如圖 10-2-4。

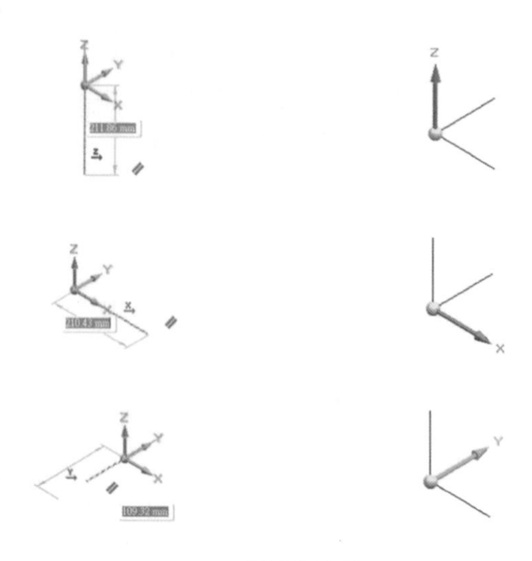

圖 10-2-3

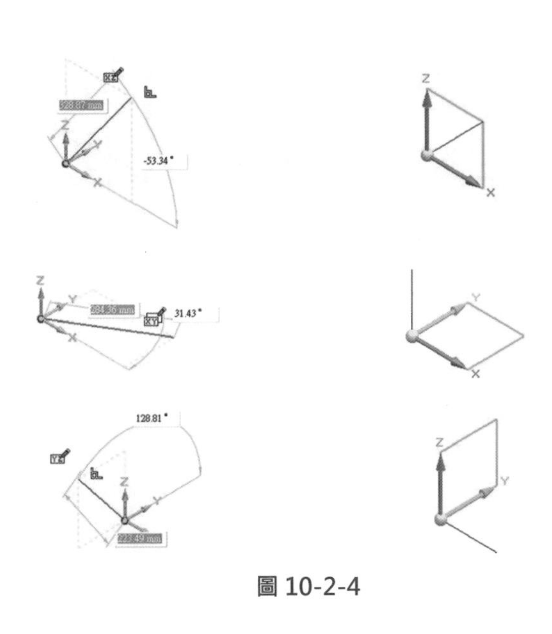

圖 10-2-4

2. 從原點開始繪製，按下「Z 鍵」切換直線於 Y 軸，給予長度「35mm」，如圖 10-2-5。

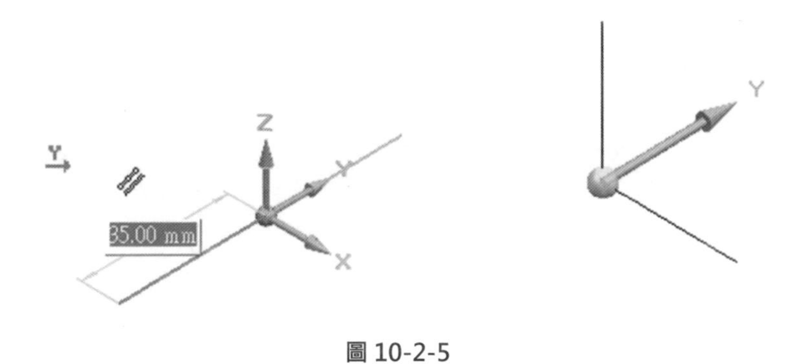

圖 10-2-5

3. 按下「X 鍵」切換直線於 YZ 平面上，給予長度「40mm」、角度「−85°」，如圖 10-2-6。

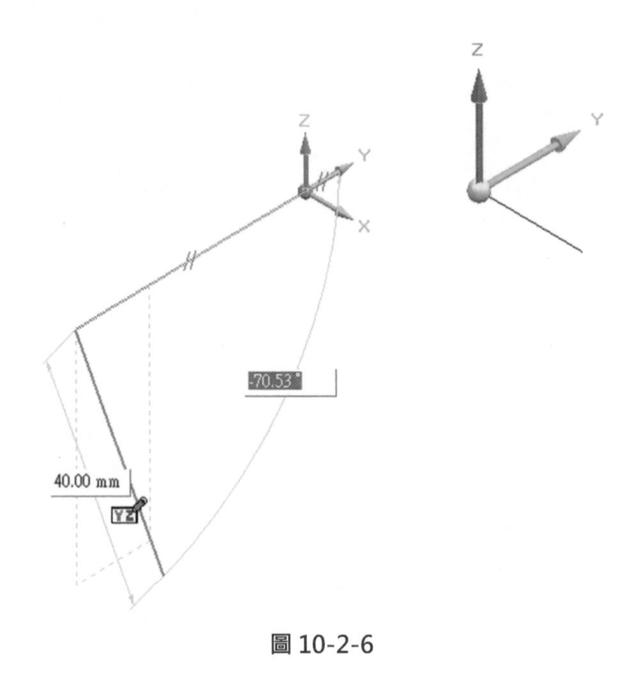

圖 10-2-6

4. 按下「Z 鍵」切換直線於 X 軸，給予長度「50mm」， 如圖 10-2-7。

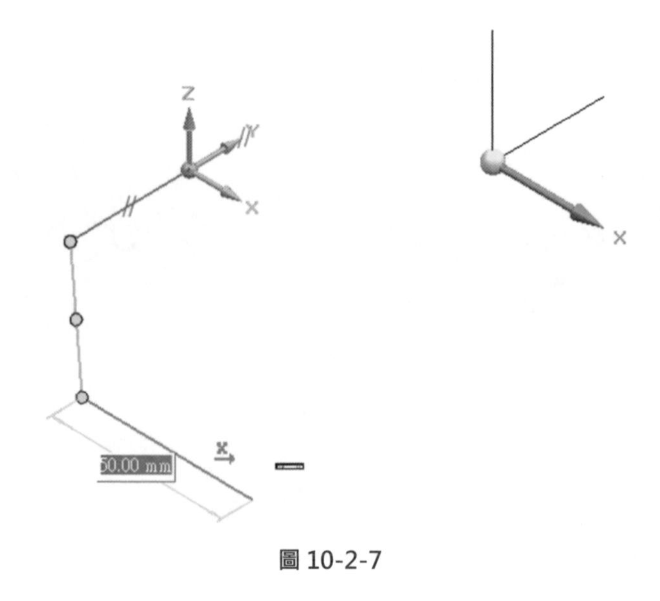

圖 10-2-7

5. 按下「X 鍵」切換直線於 XZ 平面上，給予長度「50mm」、角度「76°」，如圖 10-2-8。

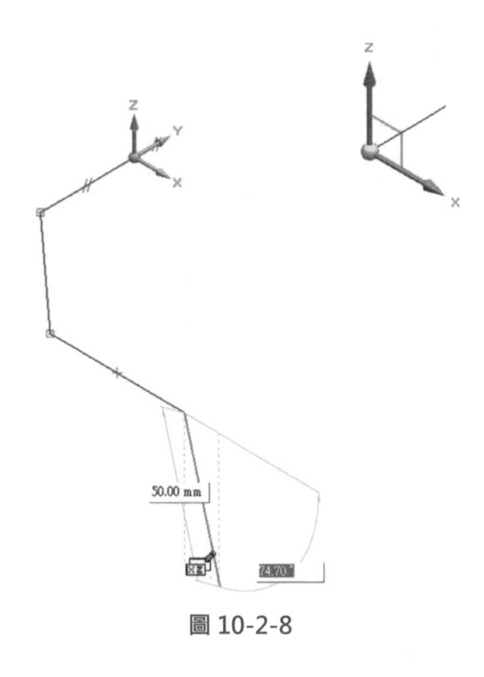

圖 10-2-8

6. 按下「Z 鍵」切換直線於 X 軸上，給予長度「60mm」，如圖 10-2-9。

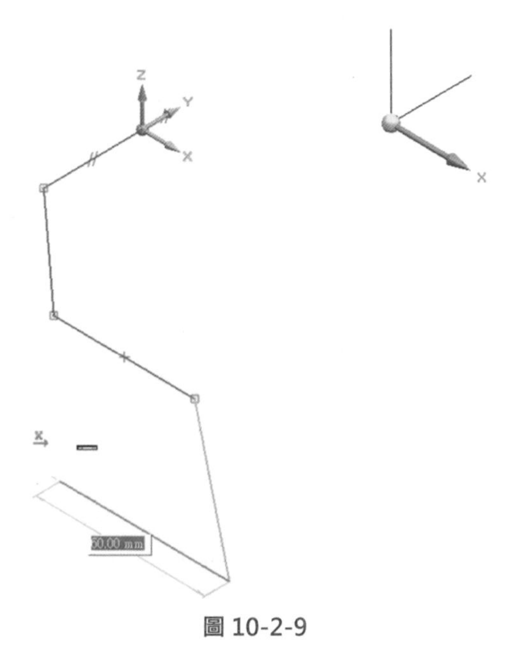

圖 10-2-9

7. 標註尺寸，右下角的尺寸「不鎖定」，如圖 10-2-10。

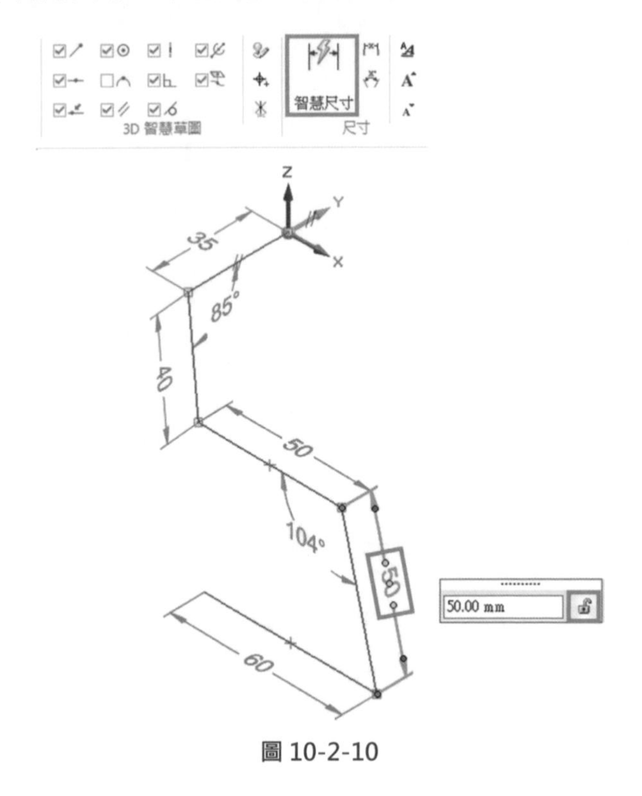

圖 10-2-10

8. 選取線段後再透過「幾何控制器」調整位置，沿 Y 軸往外 10mm，如圖 10-2-11。

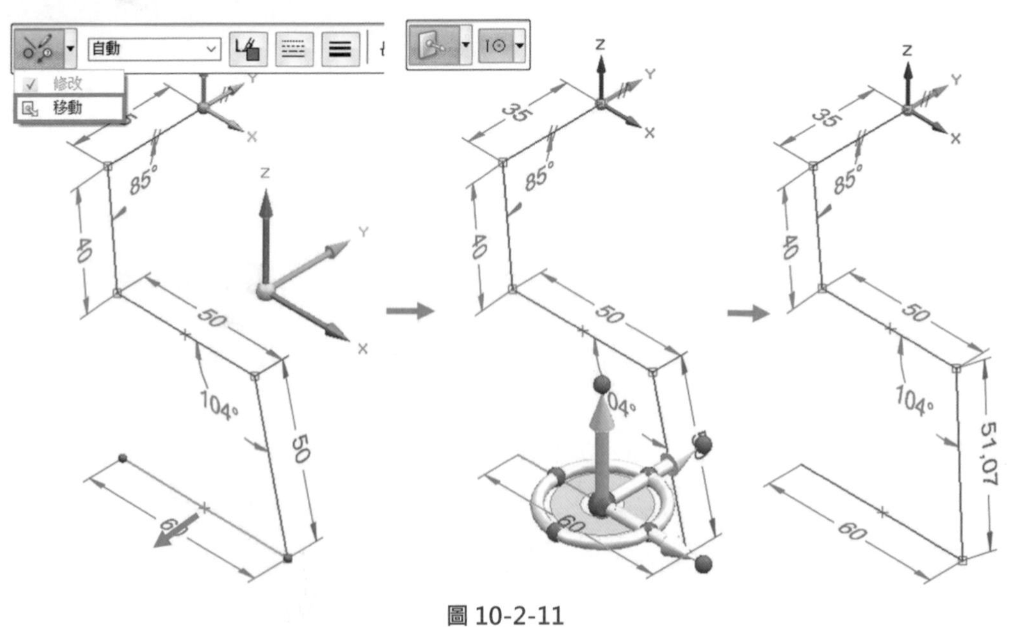

圖 10-2-11

9. 點選「3D 圓角」→半徑「5mm」→點選彎角處，繪製圓角，如圖 10-2-12。

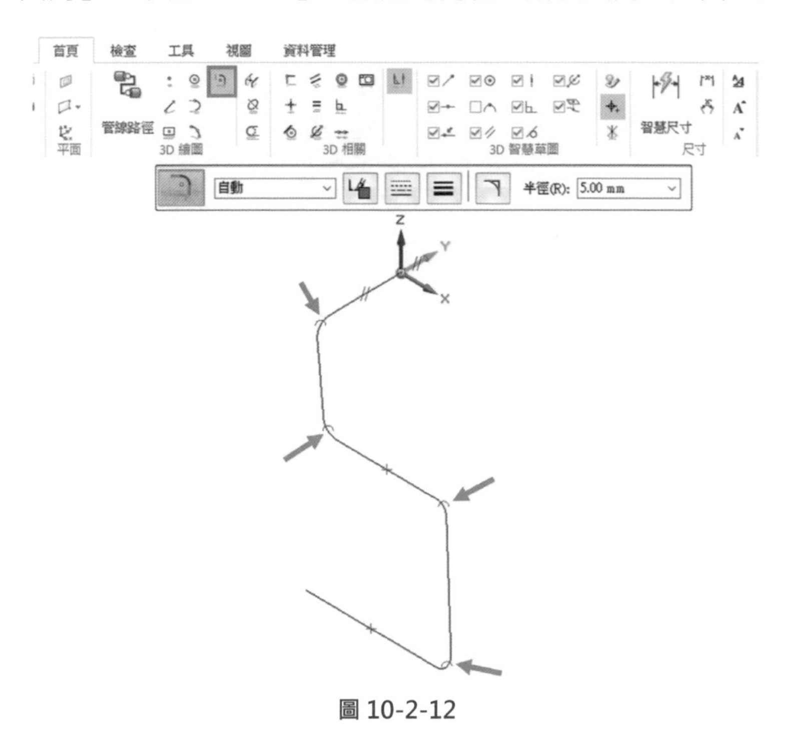

圖 10-2-12

10. 點選「中心點畫 3D 圓」，按下「X 鍵」將圓置於 XZ 平面上，給予直徑「7.5mm」，如圖 10-2-13。

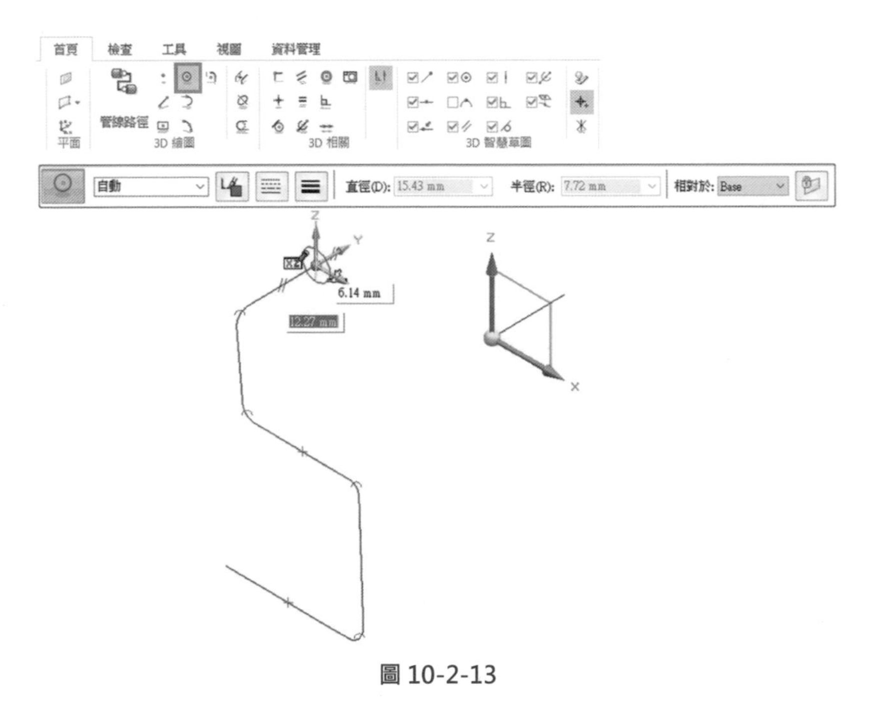

圖 10-2-13

11. 繪製完成 3D 草圖→「完成」，如圖 10-2-14。

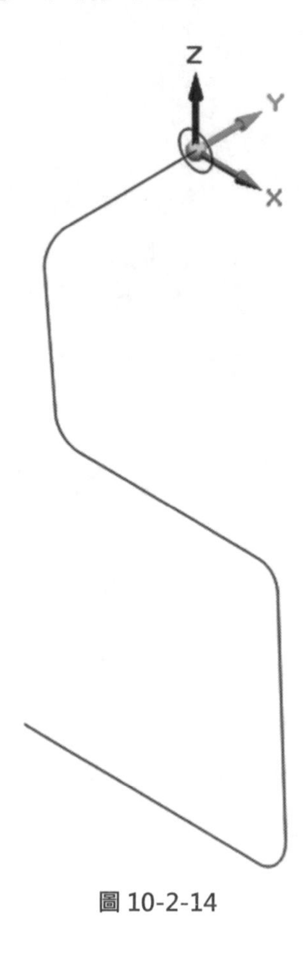

圖 10-2-14

10-3 單一路徑和截斷面掃掠

我們將透過 10-2 繪製的範例，指導使用者當您遇到要建構 3D 圖形，發現路徑線段是有彎折或不規則形狀的複雜特徵時，可以使用「掃掠特徵」指令來進行建構，如圖 10-3-1。

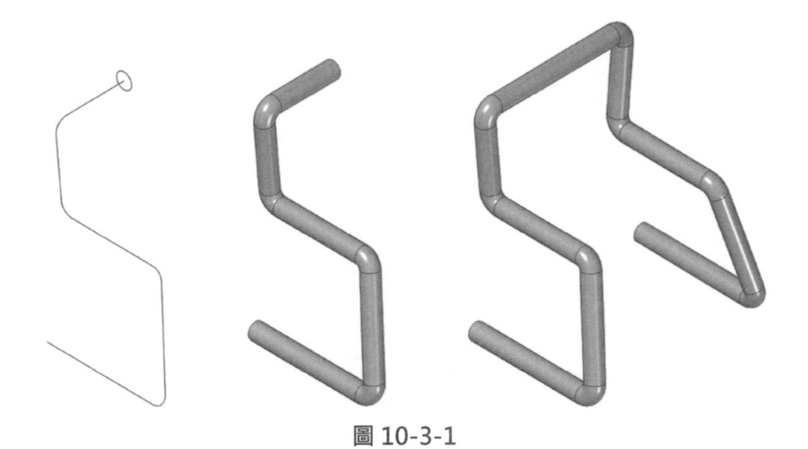

圖 10-3-1

1. 點選「首頁」→「實體」→「長料」下拉→「掃掠」，出現「掃掠選項」視窗→掃掠類型選擇「單一路徑和截斷面」，如圖 10-3-2。

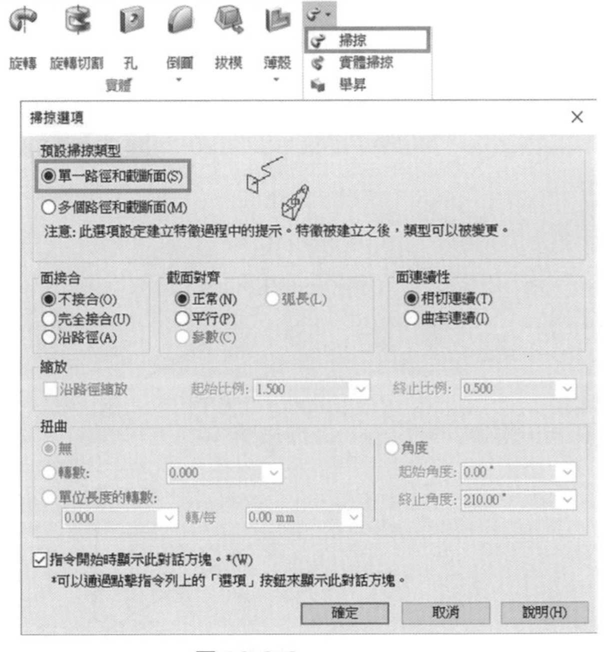

圖 10-3-2

2. 按照掃掠指令列步驟依序點選，先點選「路徑」→「確認」，如圖 10-3-3。

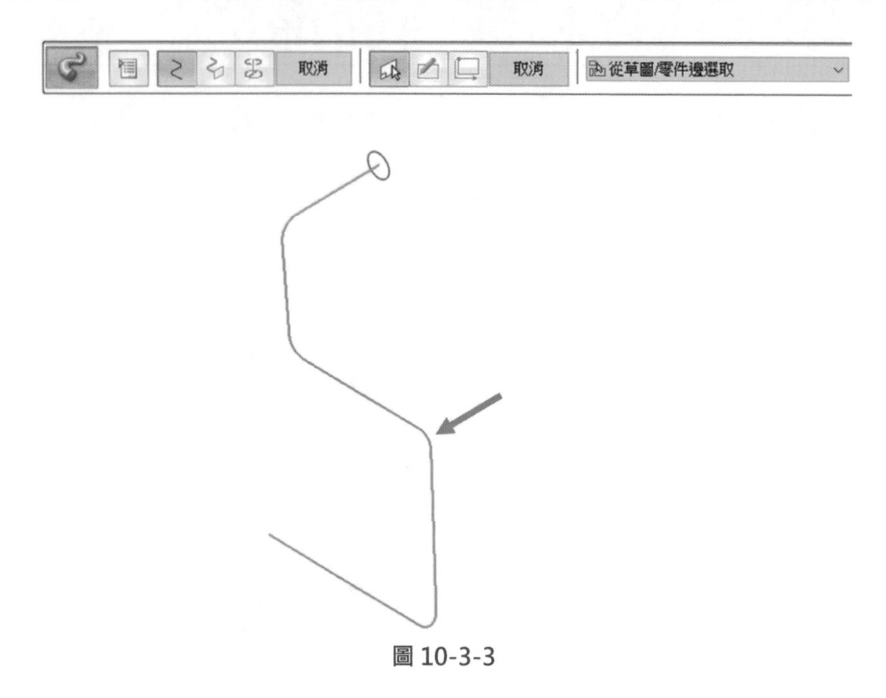

圖 10-3-3

3. 點選「截斷面」即為上方的圓形→「確認」，如圖 10-3-4。

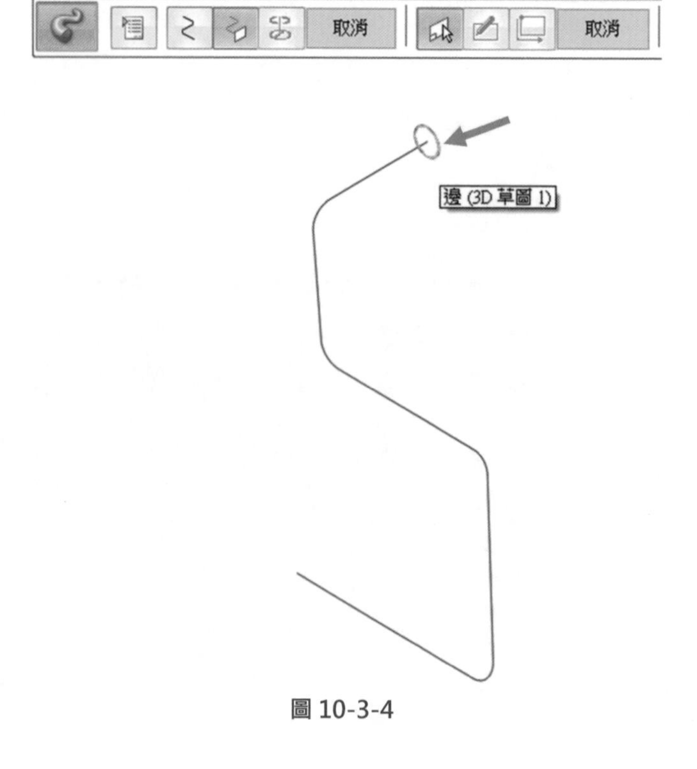

圖 10-3-4

4. 出現預覽圖樣→「完成」，如圖 10-3-5。

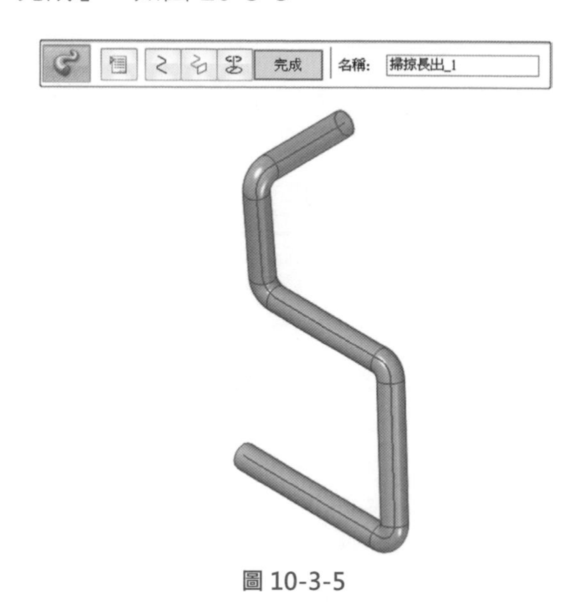

圖 10-3-5

5. 點選「首頁」→「鏡射」下拉→「鏡射複製零件」，如圖 10-3-6。

圖 10-3-6

6. 按照指令列依序點選步驟，先點選「體」→點選鏡射的「重合面」，如圖 10-3-7。

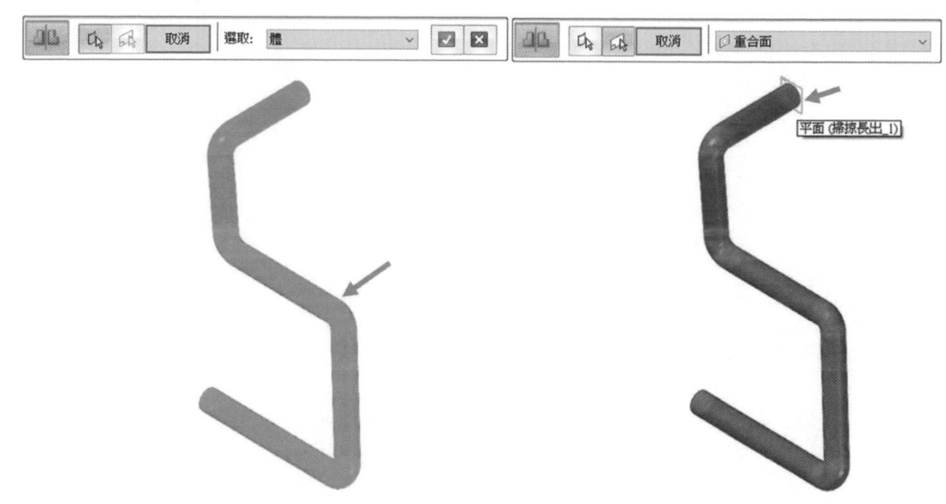

圖 10-3-7

7. 完成模型，如圖 10-3-8。

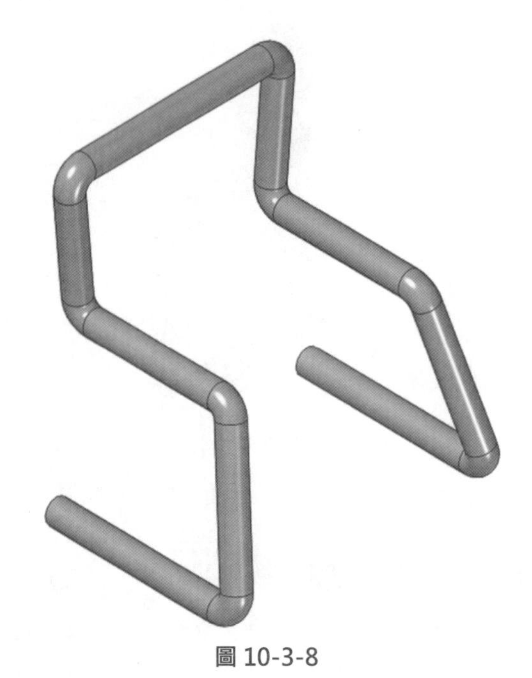

圖 10-3-8

10-4 單一路徑和截斷面選項設定

「單一路徑和截斷面」選項中提供了進階掃掠變化的選項，利用此範例讓使用者學習多種掃掠變化。

1. 開啟「10-4 範例」，在導航者中選擇「掃掠特徵」，並按下「編輯定義」，如圖 10-4-1，接著在「掃掠選項」視窗中的「面結合」中可以看到，Solid Edge 提供了三種結合類型 - (A)不接合 (B)沿路徑 (C)完全接合，可以讓使用者得到不同的掃掠面樣式，如圖 10-4-2、圖 10-4-3。

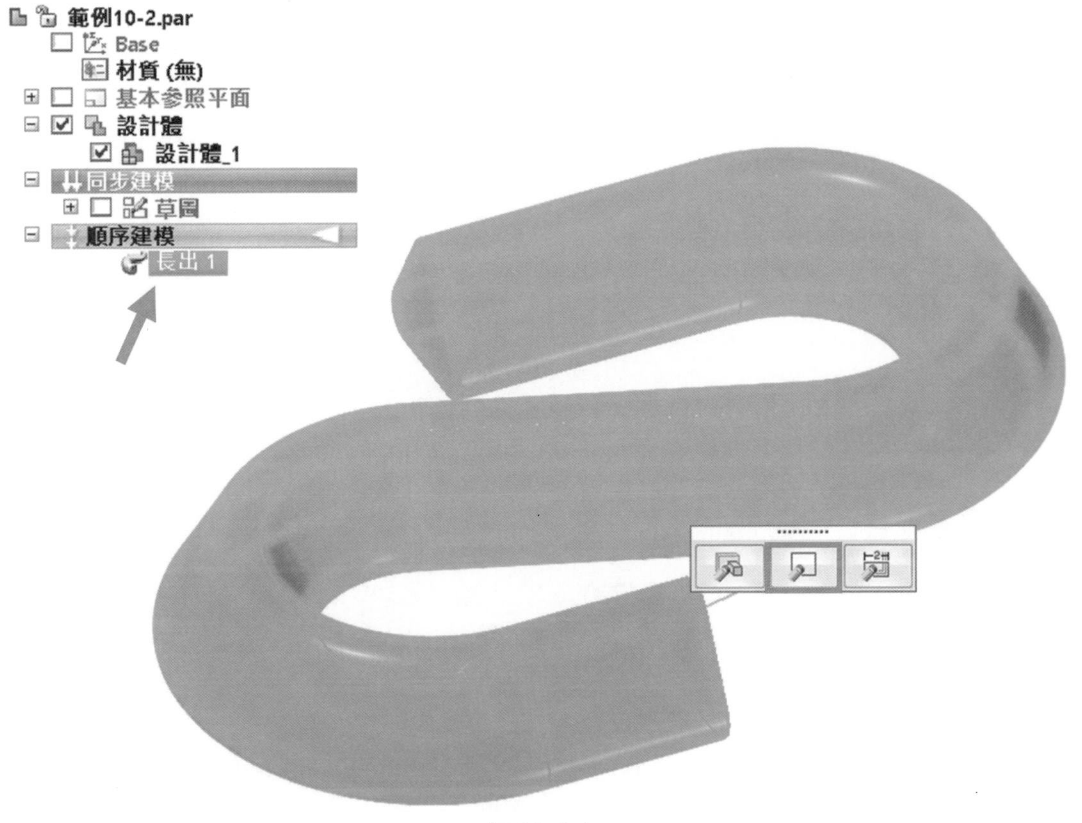

圖 10-4-1

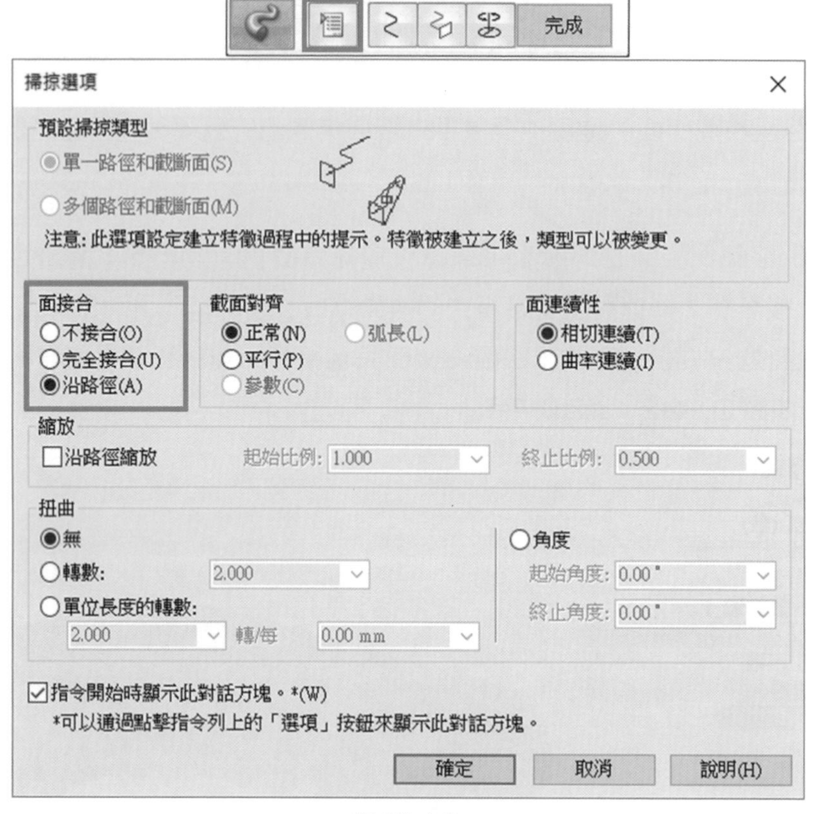

圖 10-4-2

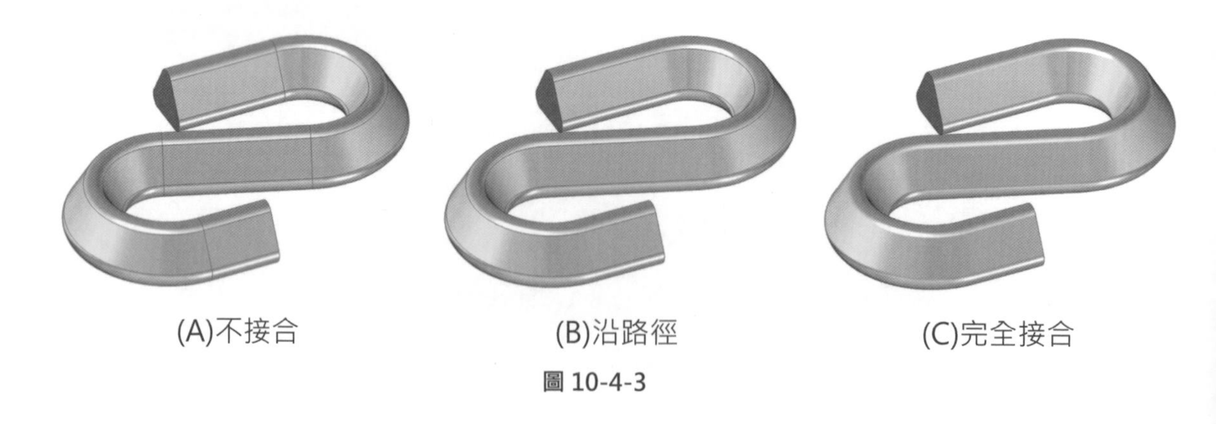

(A)不接合　　(B)沿路徑　　(C)完全接合

圖 10-4-3

(A)不接合：相切處的面（圓角結合處），將產生多個獨立不接合狀態。

(B)沿路徑：相切處的面將沿路徑產生規則的面樣式。

(C)完全接合：將相切處的面產生完整的連續面。

2. 「比例」縮放：可指定掃掠特徵的截斷面沿路徑曲線進行縮放，如圖 10-4-4。「大於 1」的值將增加特徵的大小，「小於 1」的值則會減少特徵的大小，如圖 10-4-5。

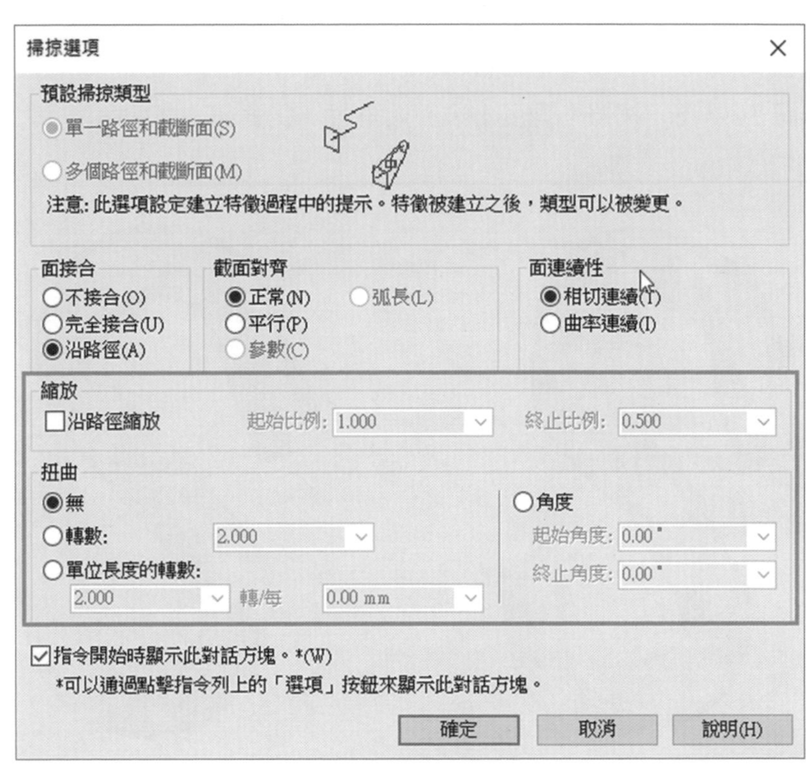

圖 10-4-4

(A)無縮放

(B)起始比例1.5
終止比例0.5

(C)起始比例0.5
終止比例1

圖 10-4-5

(A) 無縮放。

(B) 起始比例為「1.5」，終止比例為「0.5」。

(C) 起始比例為「0.5」，終止比例為「1」。

3. 「扭曲」：可將掃掠特徵依照參數設定扭轉變化，例如按照「轉數」，給予「2 圈」，如圖 10-4-6。按照「角度」，起始角度「0 度」、終止角度「210 度」，如圖 10-4-7。

圖 10-4-6

圖 10-4-7

10-5 多個路徑和截斷面掃掠

本範例提供使用者在掃掠建構，可以進行一個或更多「路徑」和一個或更多「截斷面」的掃掠長出，這允許當有二個不同的截斷面且有延伸路徑為基礎，可建構一個形狀平滑混成到另一個形狀的複雜特點。

1. 開啟「10-5 範例」，如圖 10-5-1。

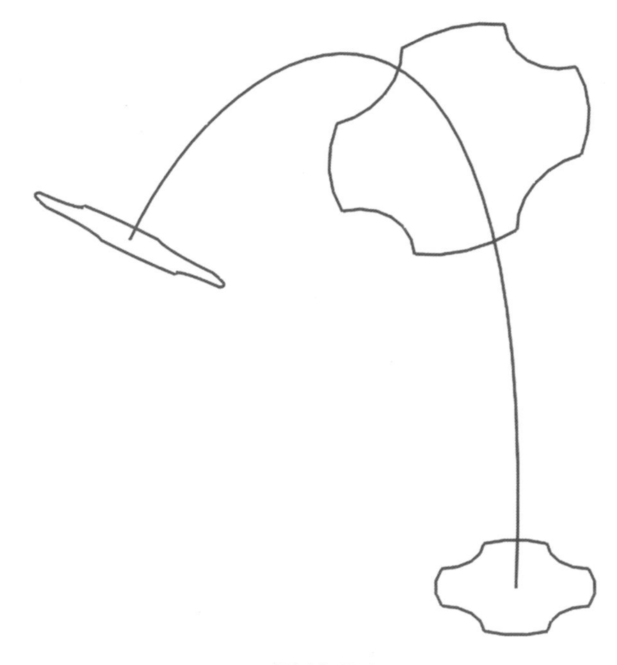

圖 10-5-1

2. 選取「首頁」→「實體」→「長料」下拉→「掃掠」→「掃掠選項」→選擇「多個路徑和截斷面」，如圖 10-5-2。

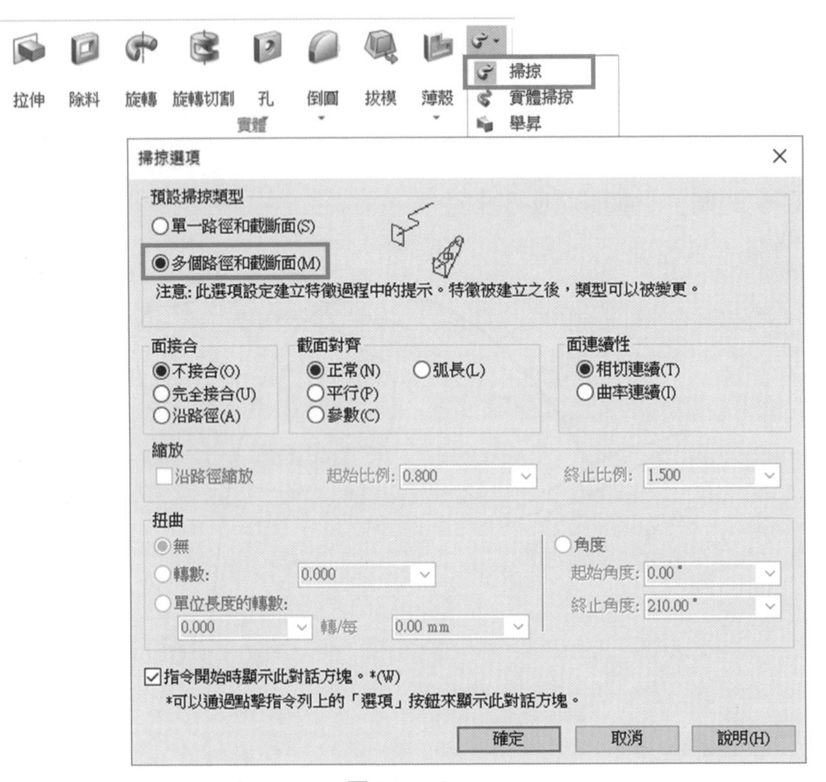

圖 10-5-2

3. 依序指令列步驟點選，先點選「路徑」→「確認」，如圖 10-5-3。

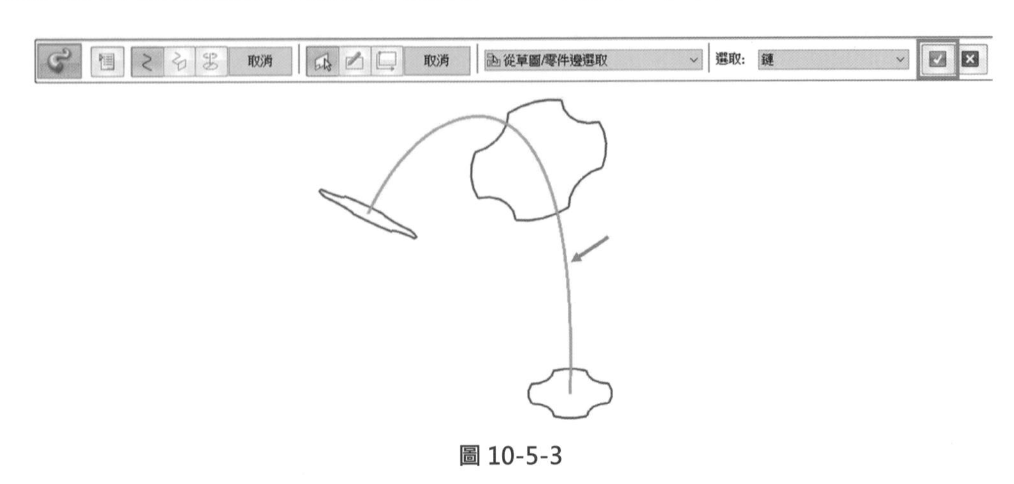

圖 10-5-3

4. 還在「路徑」步驟，已無其他路徑需要點選→點擊「下一步」，如圖 10-5-4。

圖 10-5-4

5. 「截斷面」步驟，點選「草圖 2」上一圓點做為「起點」→點選「草圖 3」上，相對應的圓點做為「中點」→點選「草圖 4」上，相對應的圓點做為「終點」，並注意到顯示一條虛線，將第一個截斷面的起點、第二個截斷面的起點與第三個截斷面相連接，如圖 10-5-5。

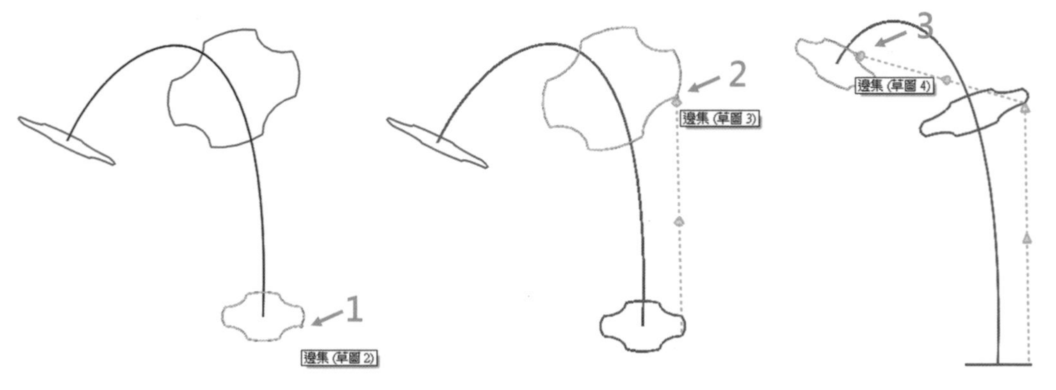

圖 10-5-5

6. 出現預覽，讓使用者確認實體形狀是否通過沿著「路徑」將「截斷面」完整連接為「掃掠特徵」→「完成」，如圖 10-5-6。

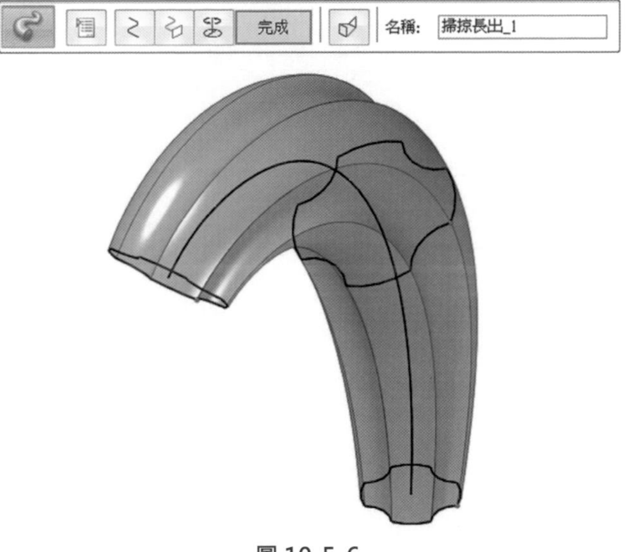

圖 10-5-6

7. 接下來，我們可以調整此掃掠特徵的截斷面起點，使實體的形狀變化。點選實體→「編輯定義」→「截斷面步驟」→點擊「定義起點」→透過游標點擊重新定義起點位置，如圖 10-5-7。

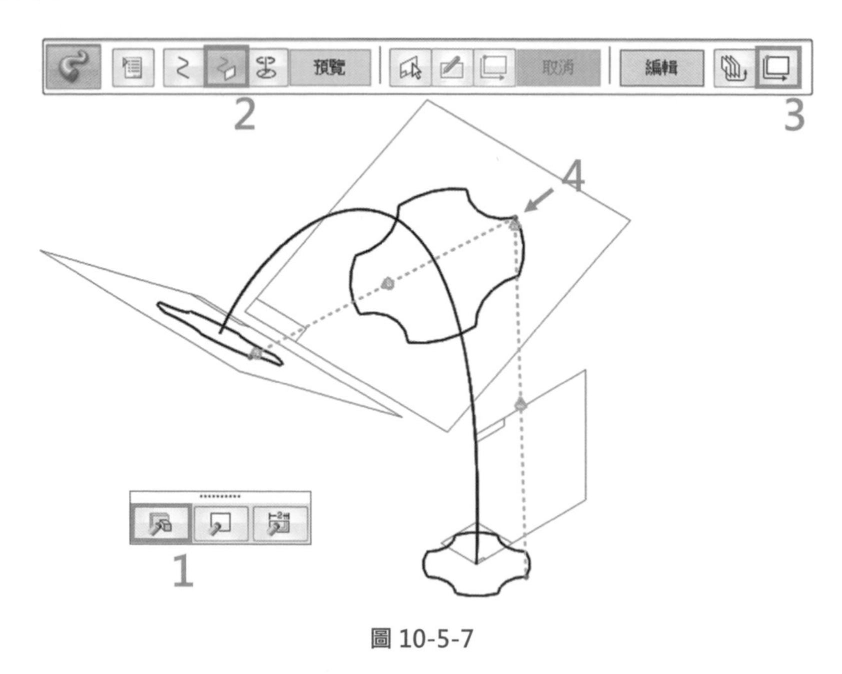

圖 10-5-7

8. 點選「預覽」，將會出現掃掠特徵扭曲，如圖 10-5-8。

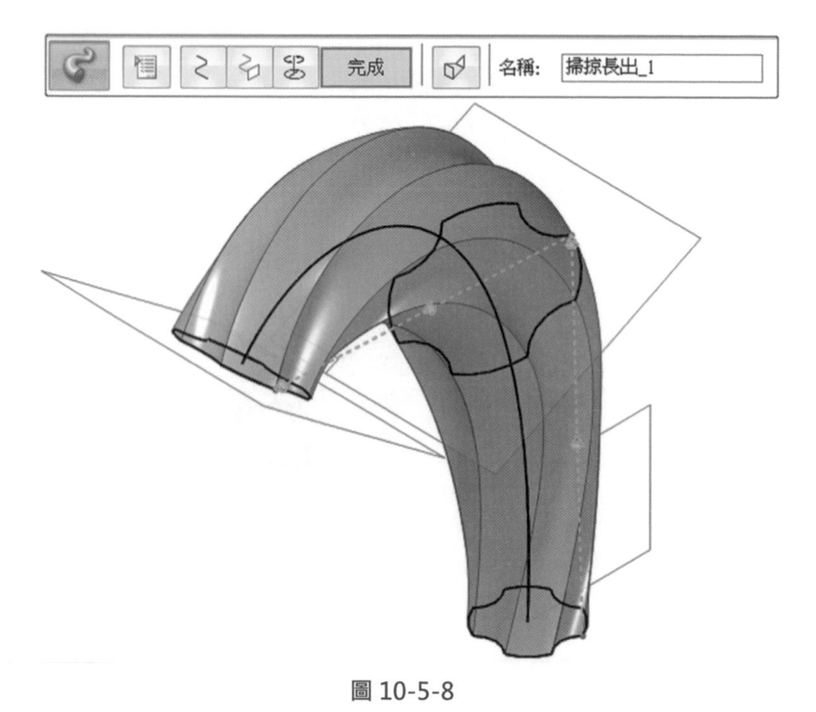

圖 10-5-8

9. 完成，如圖 10-5-9。

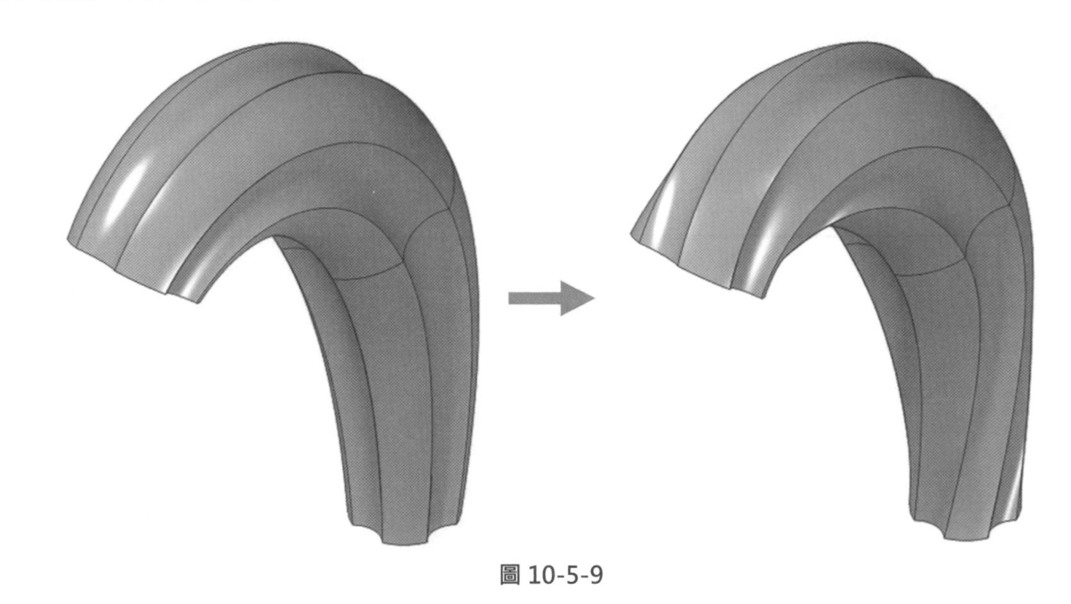

圖 10-5-9

注意 若選擇的起點位置造成扭轉過度，成形不合理，會出現「失敗訊息」→再進行「編輯」修改起點即可，如圖 10-5-10。所以在大多數情況下為了避免扭曲現象發生，正確地定義「起點」是非常重要的。

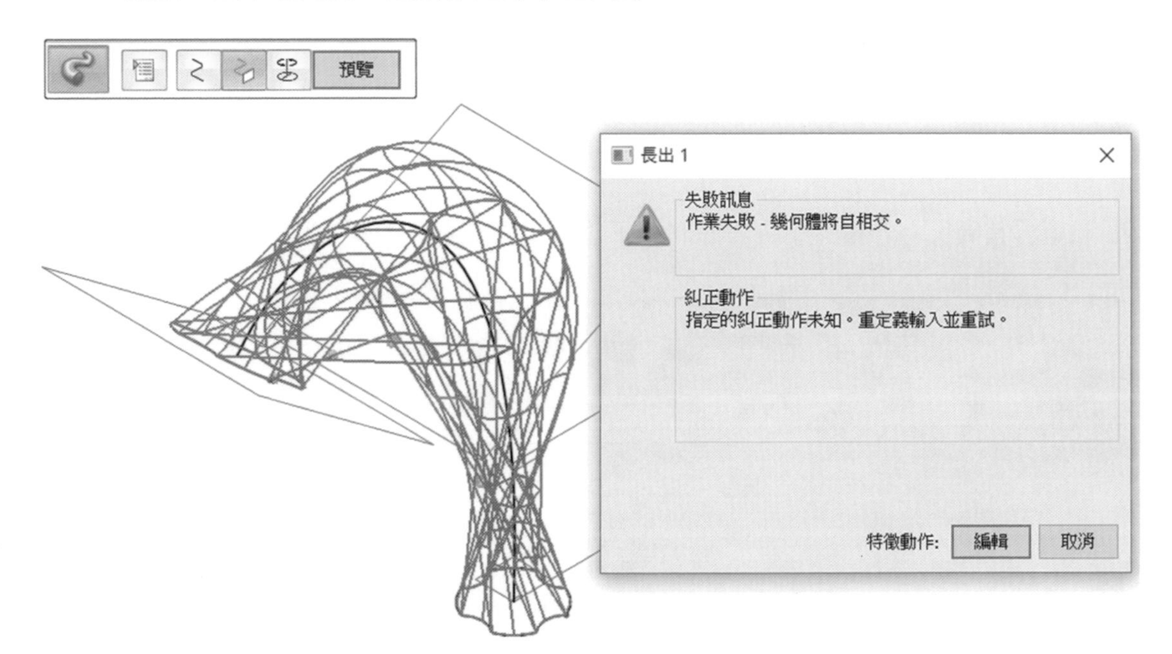

圖 10-5-10

10-6 除料掃掠

本範例提供使用者進行在「除料掃掠」建構特徵，利用一個「輪廓」草圖，再使用現有「實體邊線」來進行路徑的「除料掃掠」建構。

1. 開啟「10-6 範例」，如圖 10-6-1。

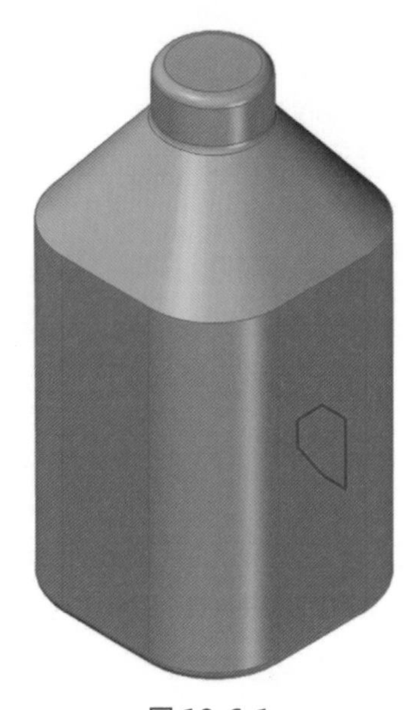

圖 10-6-1

2. 點選「首頁」→「實體」→「除料」下拉→「掃掠」，如圖 10-6-2。

圖 10-6-2

3. 「掃掠選項」視窗，掃掠類型選擇「單一路徑和截斷面」，如圖 10-6-3。

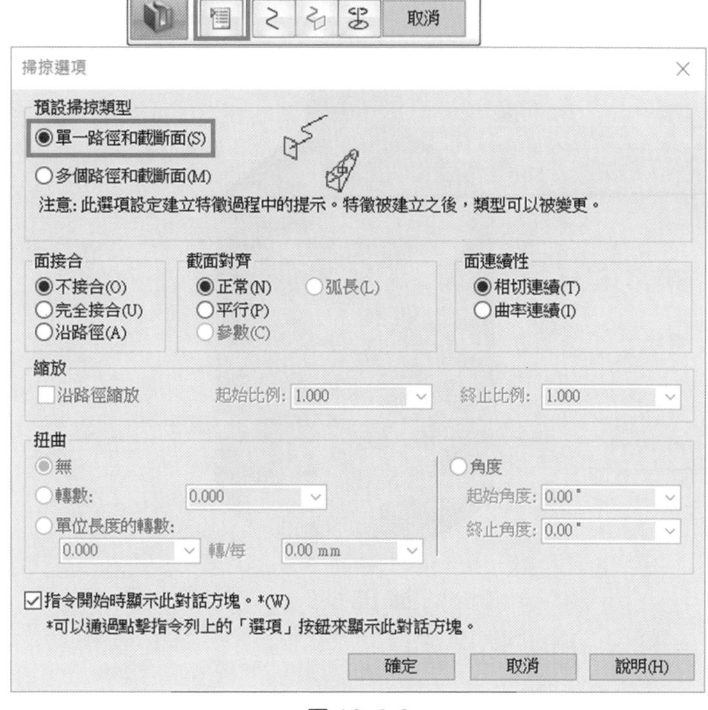

圖 10-6-3

4. 依照指令列步驟依序點選，先點選「路徑」為下圖「鏈」，如圖 10-6-4。

圖 10-6-4

5. 點選「截斷面」為圖中的「草圖 5」，如圖 10-6-5。

圖 10-6-5

6. 即時預覽→「完成」，如圖 10-6-6。

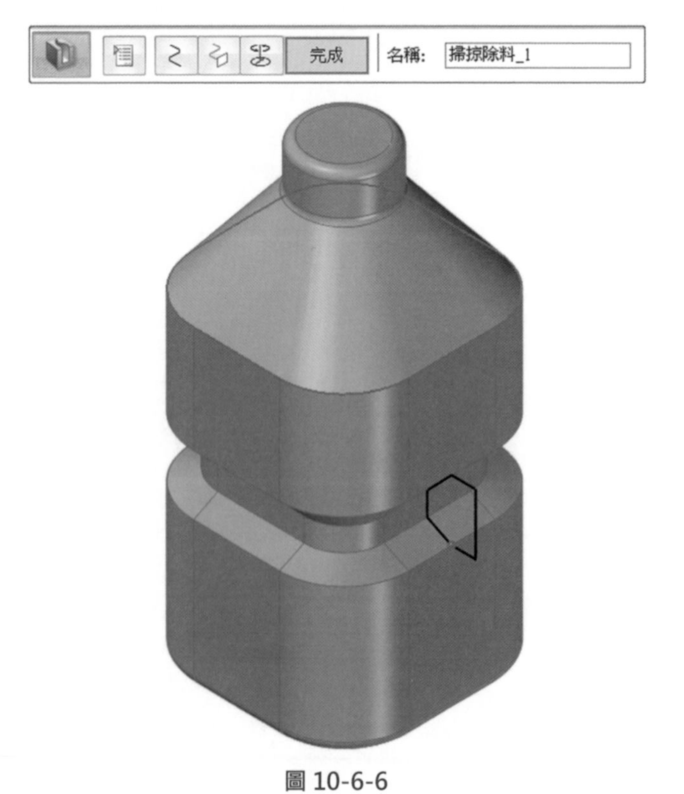

圖 10-6-6

7. 完成模型，如圖 10-6-7。

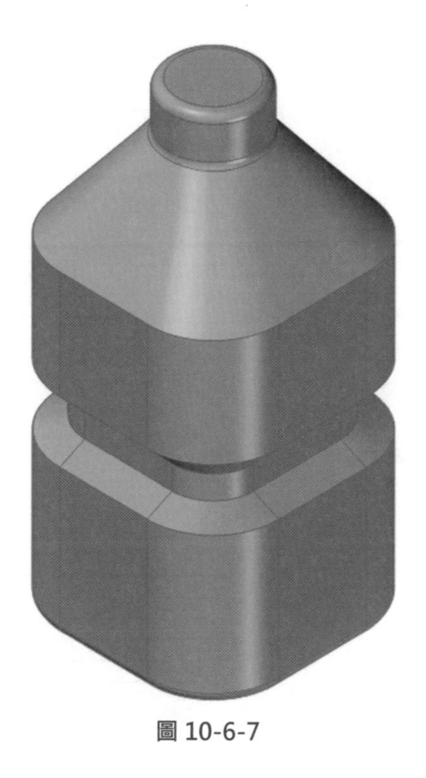

圖 10-6-7

練習範例

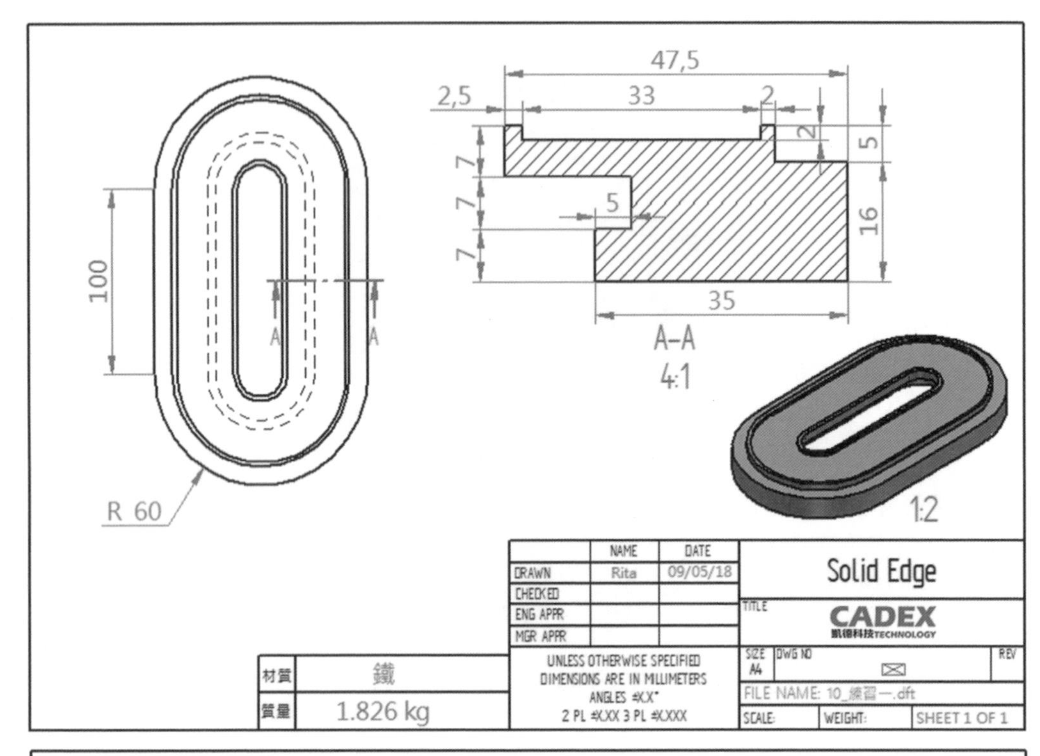
47,5
2,5
33
2
2
5
7
7
7
5
16
35
100
A
A
A-A
4:1
R 60
1:2
NAME
DATE
DRAWN
Rita
09/05/18
CHECKED
ENG APPR
MGR APPR
Solid Edge
TITLE
CADEX
材質
鐵
質量
1.826 kg
UNLESS OTHERWISE SPECIFIED
DIMENSIONS ARE IN MILLIMETERS
ANGLES ±X.X°
2 PL ±X.XX 3 PL ±X.XXX
SIZE
A4
DWG NO
REV
FILE NAME: 10_練習一.dft
SCALE:
WEIGHT:
SHEET 1 OF 1

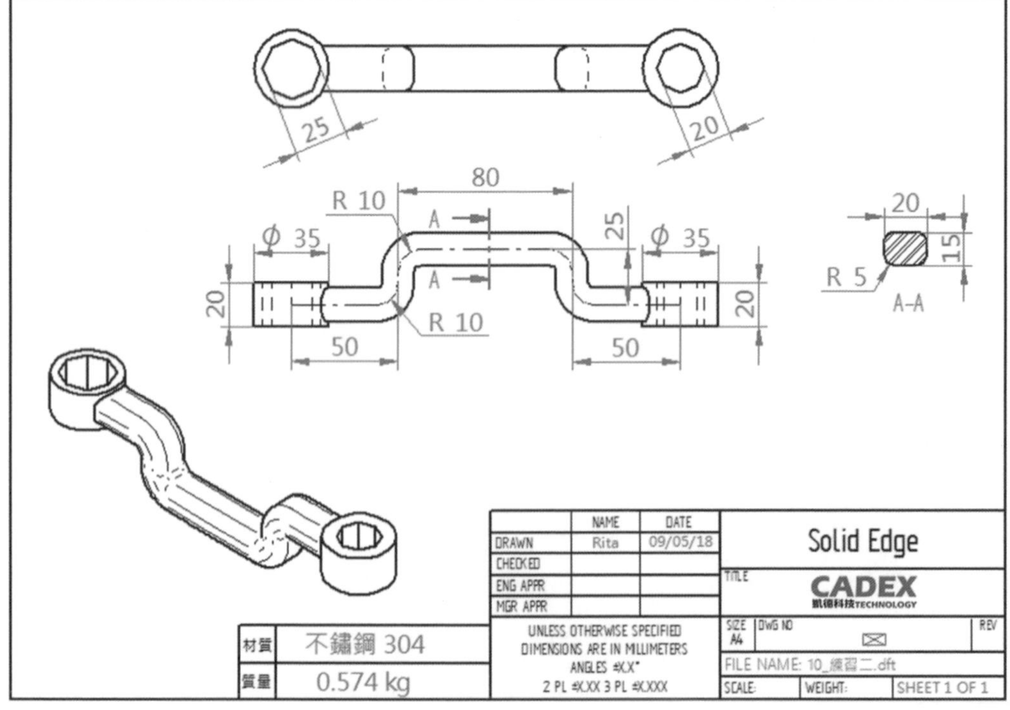
25
20
80
R 10
A
Ø 35
25
Ø 35
20
20
R 10
50
50
20
15
R 5
A-A
NAME
DATE
DRAWN
Rita
09/05/18
CHECKED
ENG APPR
MGR APPR
Solid Edge
TITLE
CADEX
材質
不鏽鋼 304
質量
0.574 kg
UNLESS OTHERWISE SPECIFIED
DIMENSIONS ARE IN MILLIMETERS
ANGLES ±X.X°
2 PL ±X.XX 3 PL ±X.XXX
SIZE
A4
DWG NO
REV
FILE NAME: 10_練習二.dft
SCALE:
WEIGHT:
SHEET 1 OF 1

11 CHAPTER

舉昇特徵

章節介紹

藉由此課程，你將會學到：

11-1　基本舉昇長出觀念

11-2　多個截面舉昇

11-3　舉昇加入引導曲線

11-4　舉昇除料

11-5　封閉延伸

11-1 基本舉昇長出觀念

「舉昇特徵」是透過二個以上不同「橫斷面」輪廓，配合「導引曲線」，進行「長出」或「除料」的建構，必須具有下列的規則性：

1. 建立「舉昇特徵」須有二個以上「橫斷面」獨立草圖。
2 舉昇高度是依據基準面間的距離。
3 舉昇特徵中的橫斷面草圖，必須是封閉的。
4 「導引曲線」草圖必須是開放的，但無強制要求必備。

範例

我們將透過此範例，指導使用者在建構 3D 圖形時，擁有二個以上不同的輪廓外型，可以使用「舉昇特徵」指令來進行建構，本範例使用二個不同輪廓外型為例子，將循序漸進地指導使用者如何建立有造型之特徵，如圖 11-1-1。

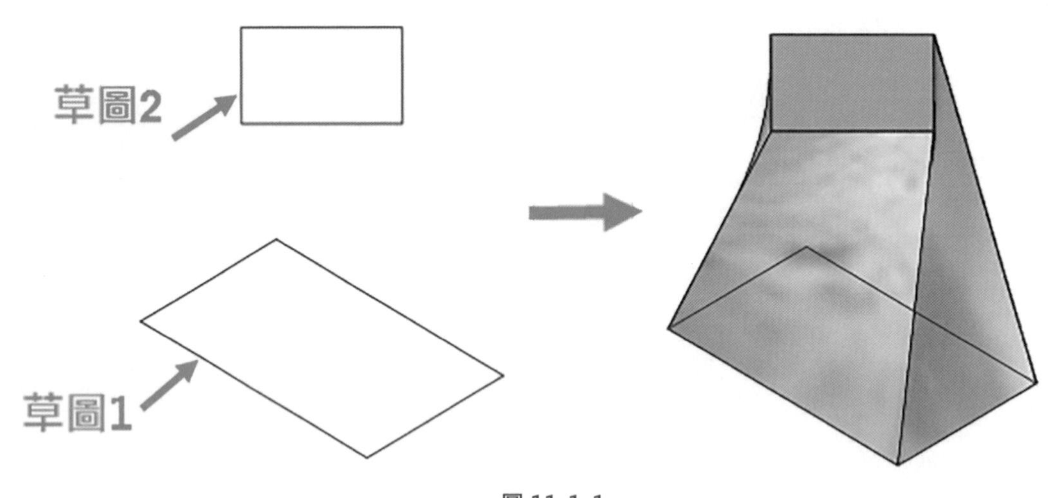

圖 11-1-1

1. 建構「舉昇」主要用於有造型之特徵上，所以中間的外型變化是通過二個「橫斷面」輪廓為混合的基礎，為了日後外型靈活度的變化可由輪廓「動態編輯」進行，所以在同步建模技術是由實體概念建構，並無法做到草圖輪廓編輯，建議在建構「舉昇特徵」使用「順序建模」。切換順序建模在同步建模導航提示條處，點擊滑鼠「右鍵」→「過渡到順序建模」，如圖 11-1-2。

圖 11-1-2

2. 因「舉昇特徵」的高度是由二個基準平面之間的距離為依據，所以要在繪製舉昇輪廓之前，必須要先將二個基準平面建立完成。選擇一個基準平面「XY 平面」為第一個草圖平面，如圖 11-1-3。

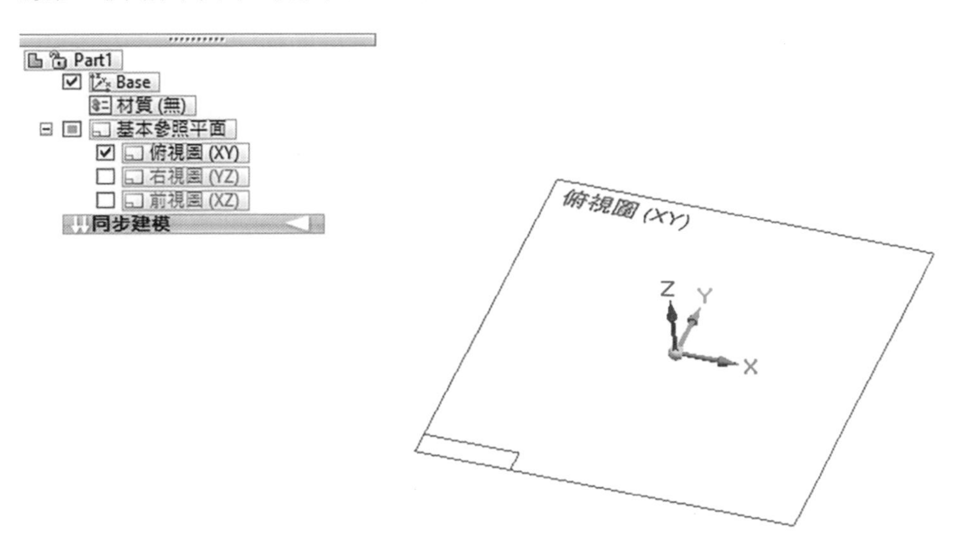

圖 11-1-3

3. 再來新建一平面，做第二個草圖平面。點選「首頁」→「平面」→「更多平面」下拉→「平行面」，如圖 11-1-4。

圖 11-1-4

4. 點選「XY 平面」做參照→輸入所需的特徵高度「100mm」→點選滑鼠「左鍵」放置平面，如圖 11-1-5。

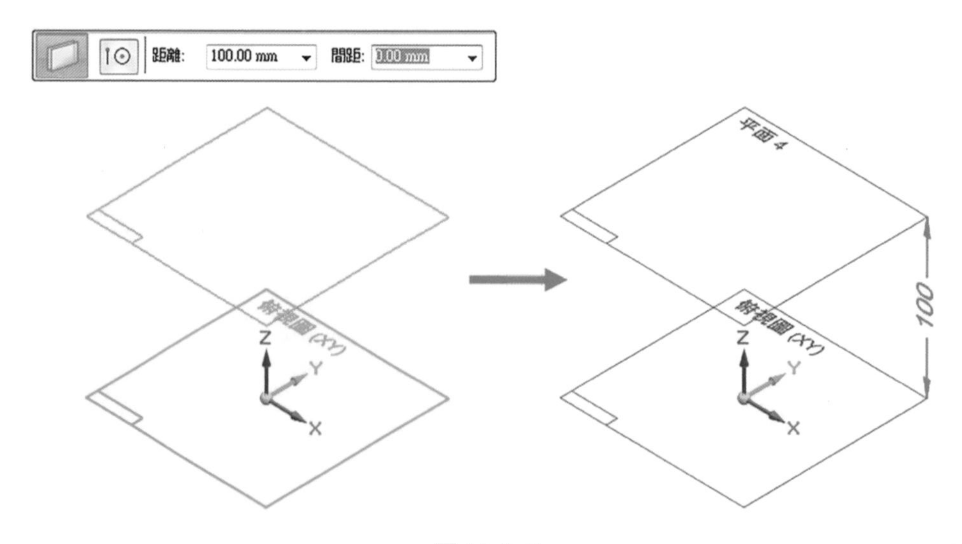

圖 11-1-5

5. 點選「首頁」→「草圖」→「重合面」→點選「XY 平面」，進入草圖環境→繪製一「矩形」輪廓草圖→「確認」，如圖 11-1-6、圖 11-1-7。

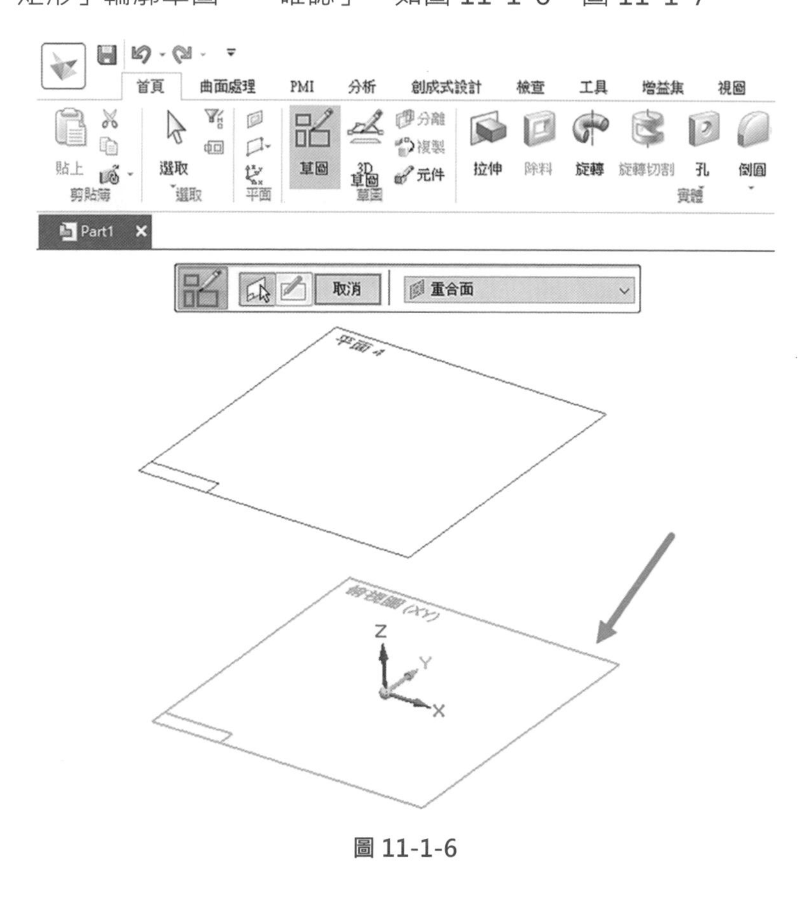

圖 11-1-6

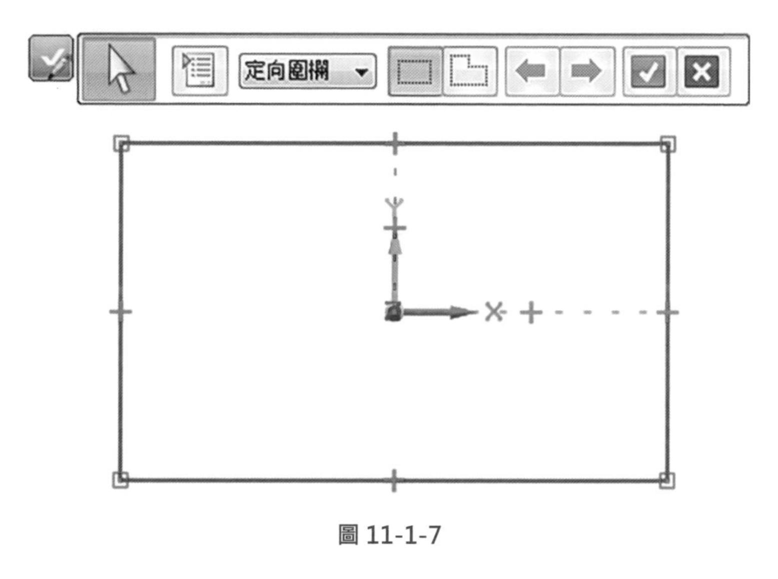

圖 11-1-7

6. 再次點選「草圖」→「重合面」→點選剛新建的「平面」，進入草圖環境→繪製一「菱形」輪廓草圖，如圖 11-1-8、圖 11-1-9。

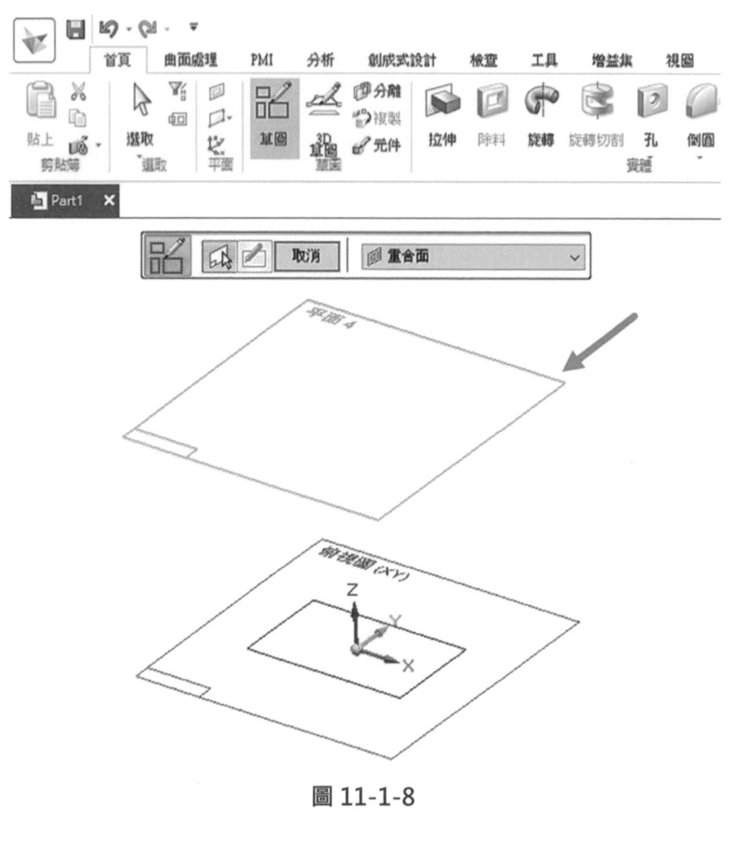

圖 11-1-8

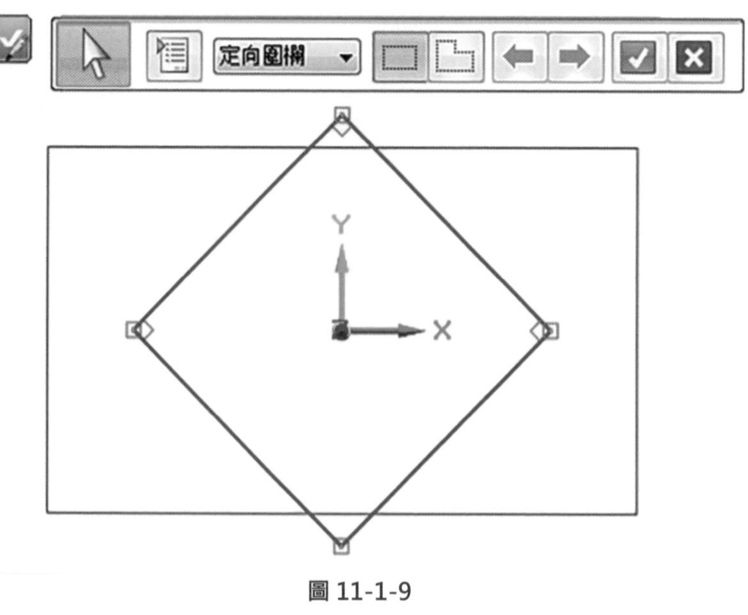

圖 11-1-9

7. 點選「首頁」→「實體」→「長料」下拉→「舉昇」，如圖 11-1-10。

圖 11-1-10

8. 依照指令列步驟點選「橫斷面」，點選「草圖 1」→再點選「草圖 2」，如圖 11-1-11。

使用者須注意綠色虛線所連貫的對應點是否相同，若草圖僅只有圓弧或曲線則無綠色虛線。

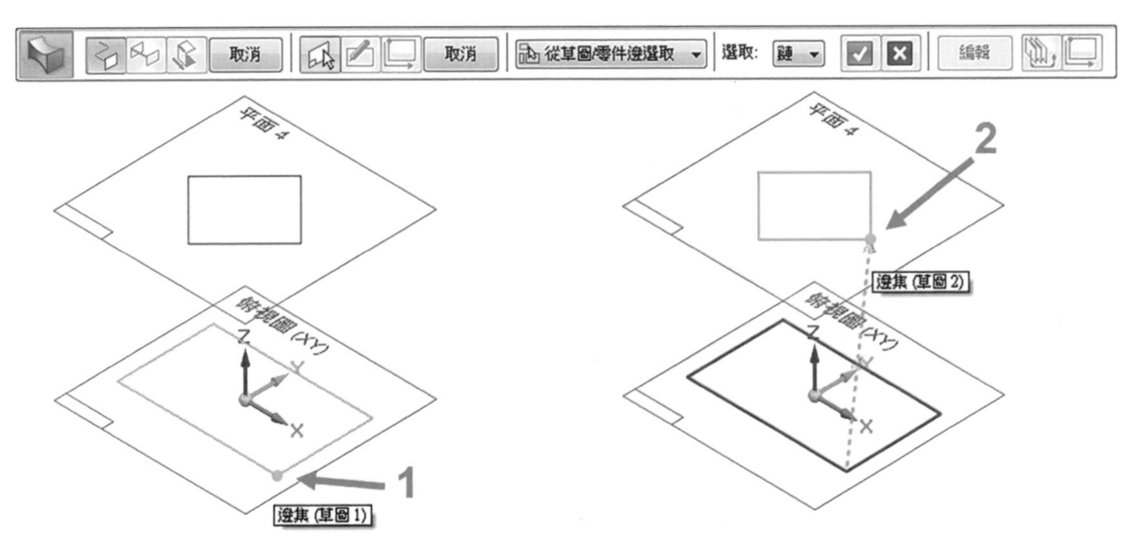

圖 11-1-11

9. 點選「預覽」→「完成」，如圖 11-1-12。

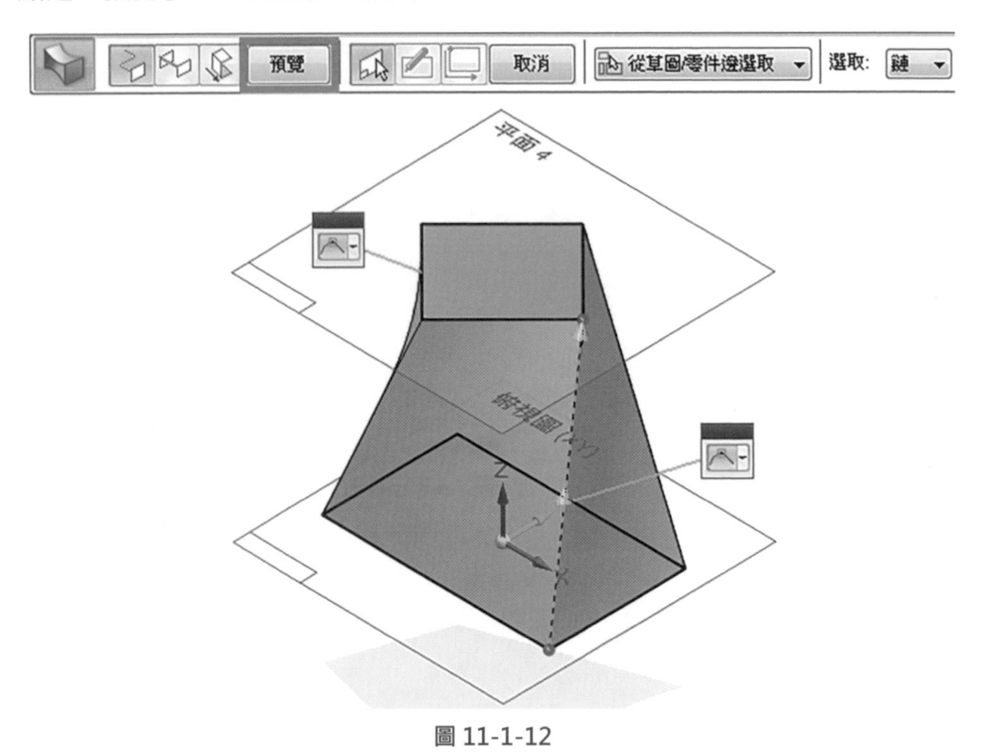

圖 11-1-12

10. 完成，如圖 11-1-13。

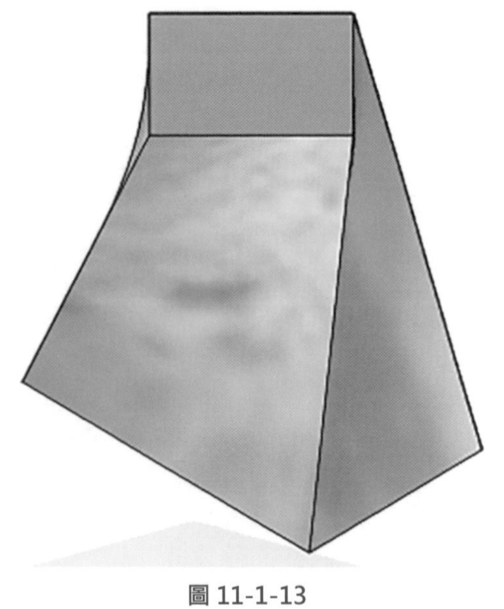

圖 11-1-13

11.「動態編輯」，舉昇長出建構完成後，如要對外型做設計變更，請點擊 3D 圖形後，會以高亮度顯示代表為選取到圖形，出現編輯修改指令條，點擊「動態編輯」，如圖 11-1-14。

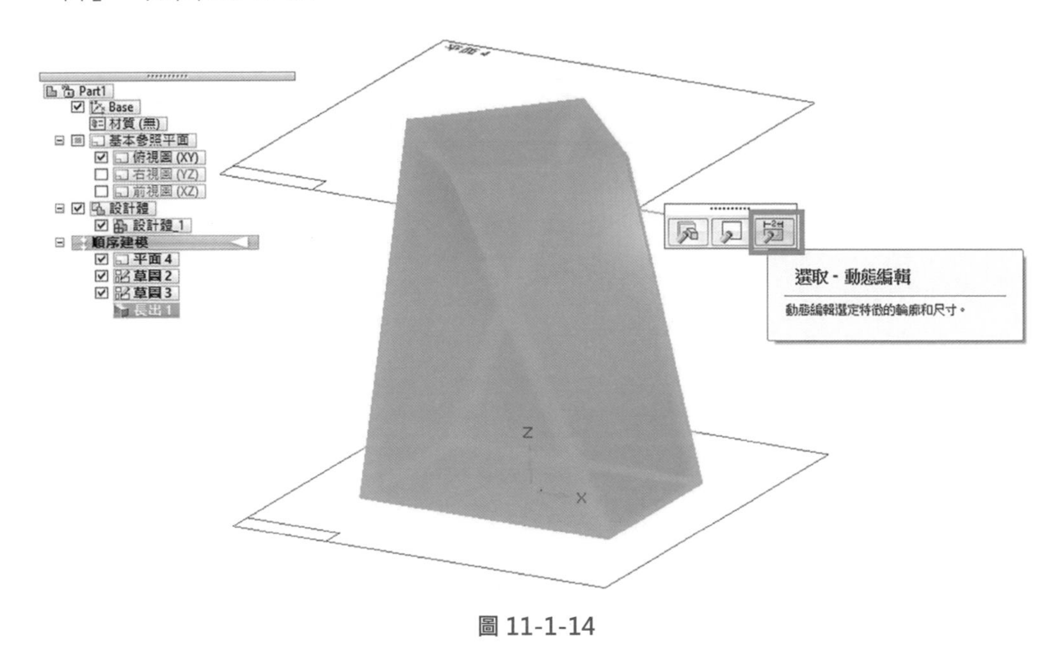

圖 11-1-14

12. 此時可直接對「輪廓草圖」，在 3D 圖形中透過滑鼠游標拖拉所要變化的圖形，即可做到自由拉伸之修改，如圖 11-1-15。

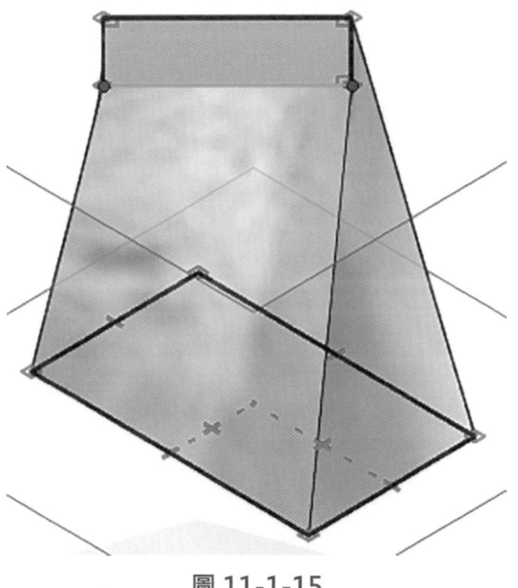

圖 11-1-15

11-2 多個截面舉昇

在「舉昇特徵」也提供多個截面不同輪廓外型長出變化。此範例是對於三個「橫斷面」輪廓建立，由下方的輪廓草圖變化到上方通過點之收斂的外型變化，而「橫斷面」輪廓並無數量限制。

1. 開啟「11-2 範例」，如圖 11-2-1。

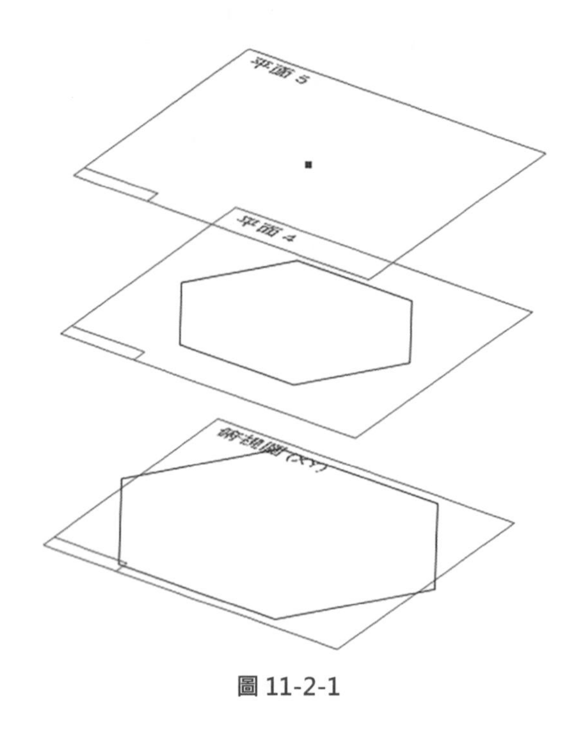

圖 11-2-1

2. 點選「首頁」→「實體」→「長料」下拉→「舉昇」，如圖 11-2-2。

圖 11-2-2

3. 依序指令列步驟點選，「從草圖/零件邊選取」、選取為「鏈」→先點選底層的「輪廓草圖」一個起點為第一層，如圖 11-2-3。

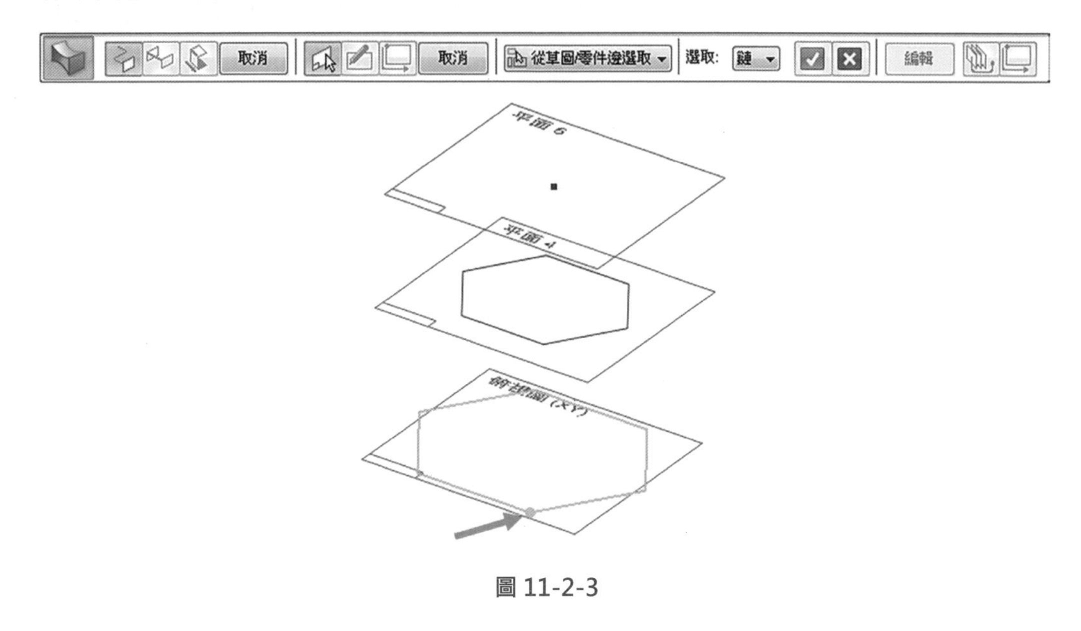

圖 11-2-3

4. 在點選中間層的「輪廓草圖」相應的起點，如圖 11-2-4。

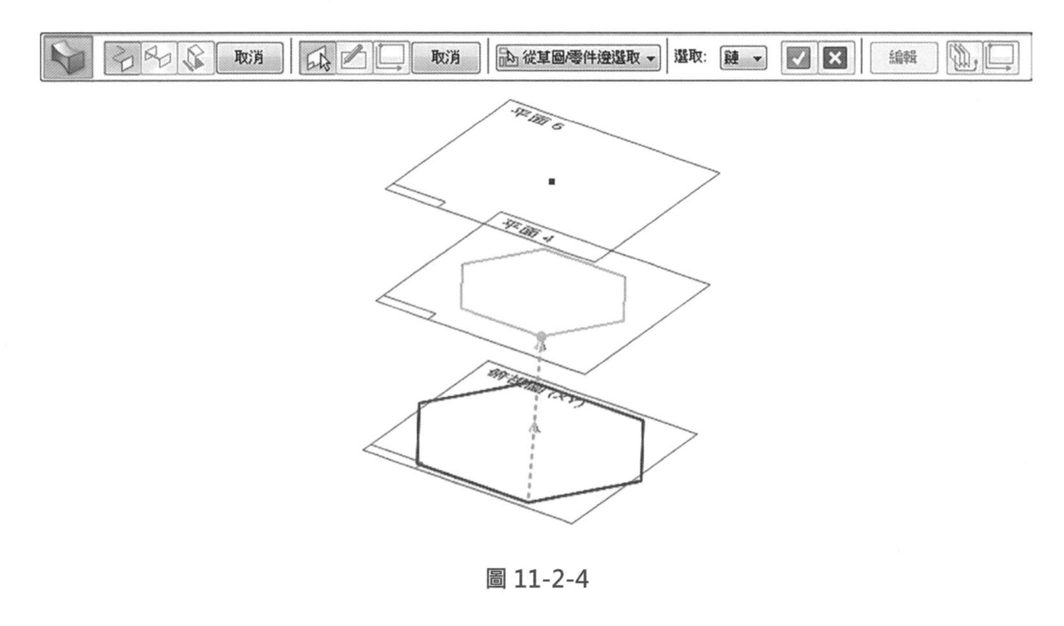

圖 11-2-4

5. 最後，修改選取類型為「點」→點選上層的輪廓草圖「點」，如圖 11-2-5。

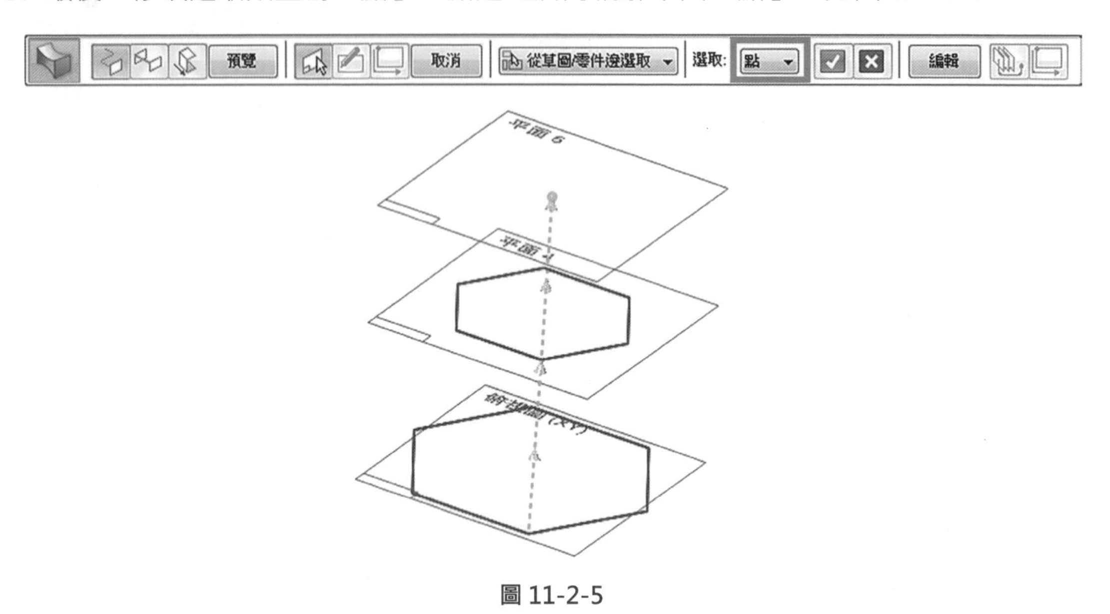

圖 11-2-5

6. 「預覽」→「完成」圖樣，如圖 11-2-6。

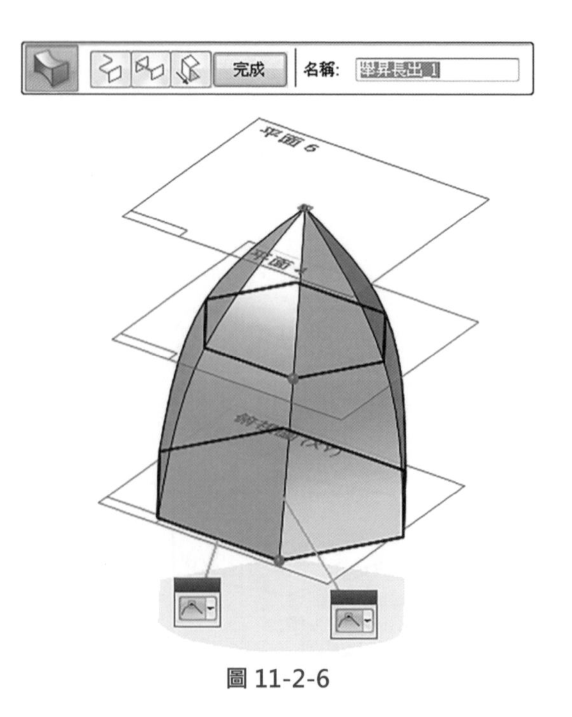

圖 11-2-6

7. 可再點選模型→「編輯定義」，由「截斷面步驟」中修改「定義起點」位置，重新點選不同的點位影響綠色虛線的對應位置，藉此扭轉模型增加變化，如圖 11-2-7、圖 11-2-8。

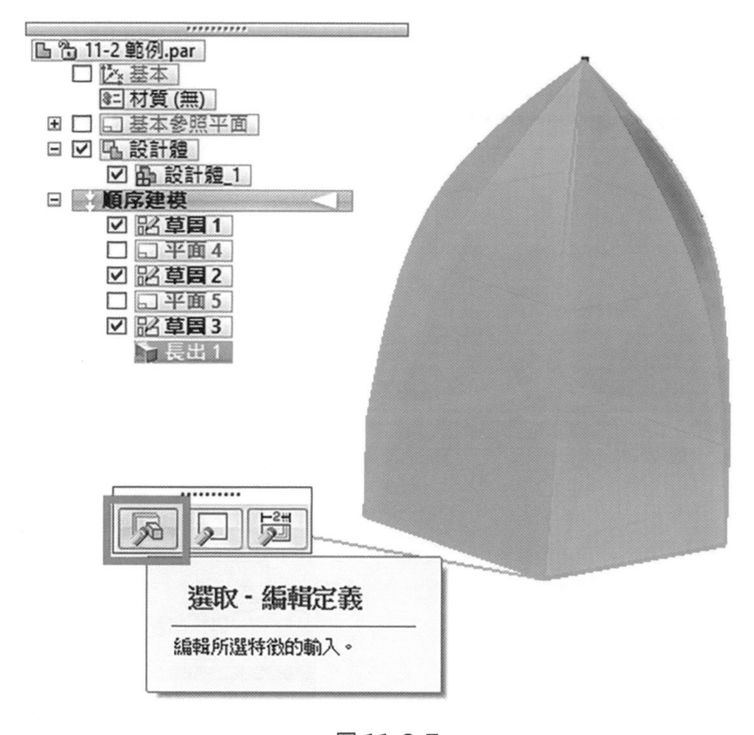

圖 11-2-7

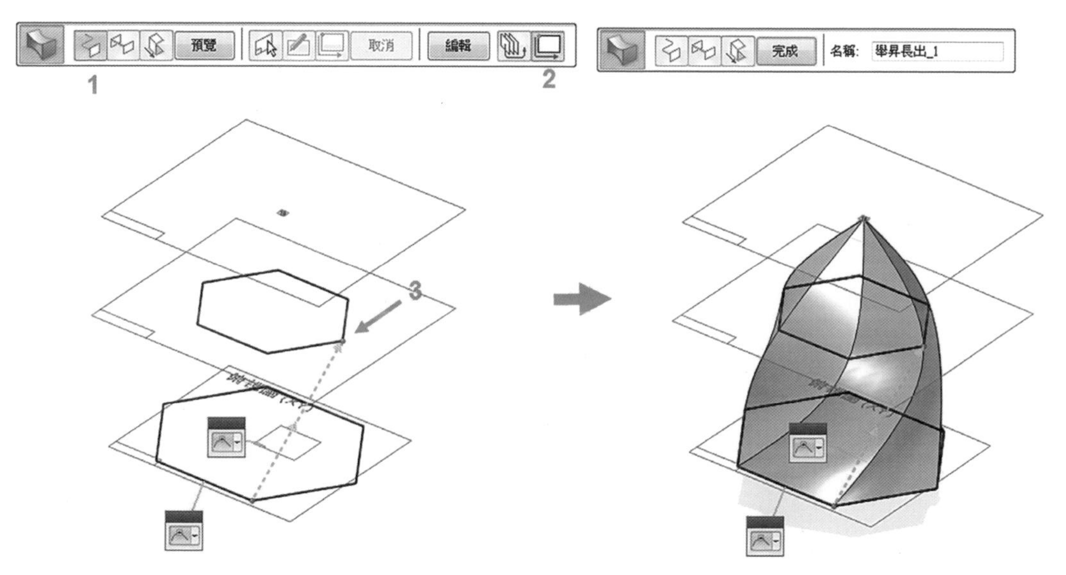

圖 11-2-8

8. 「編輯定義」後，模型草圖邊線上可調整「相切控制」：「自然」、「垂直於截面」，輸入值或用滑鼠調拉粉紅色垂直線，使舉昇特徵產生更多變化，如圖 11-2-9。

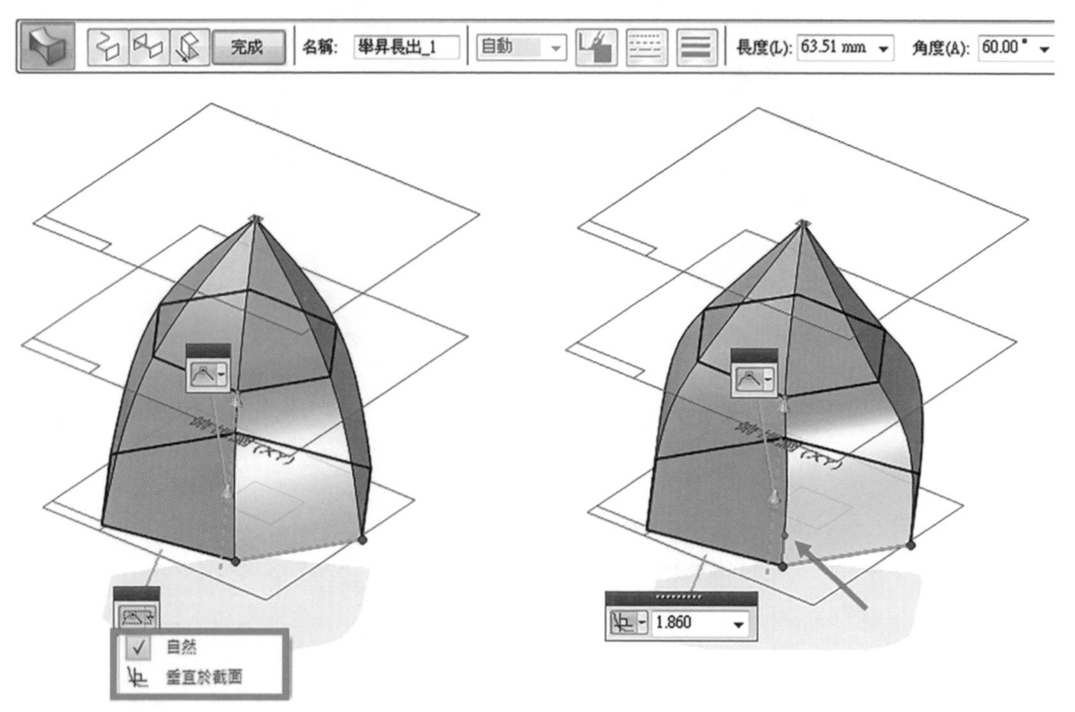

圖 11-2-9

11-3 舉昇加入引導曲線

在「舉昇長出」中如使用者要建構出多種變化的外型，可以加入「引導曲線」。建立引導曲線須注意以下事項：

A 引導曲線用途為「控制外型」之用。

B 「輪廓」與「引導曲線」間必須加入「貫穿」之相關約束條件 ，如圖 11-3-1。

C 如使用直線時，須在線段轉折處增加圓角或相切條件，如圖 11-3-1。

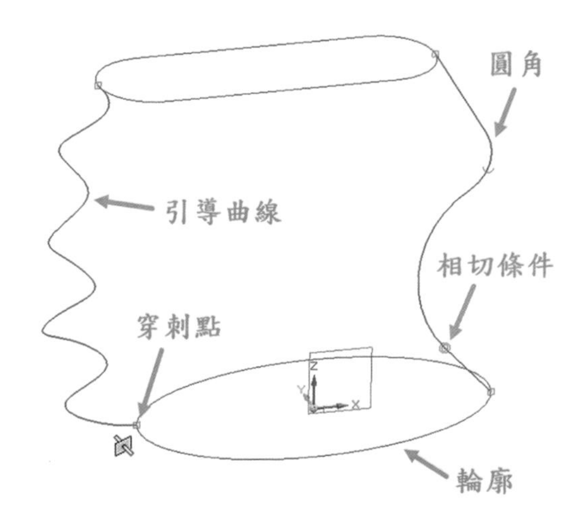

圖 11-3-1

1. 開啟「11-3 範例」，如圖 11-3-2。

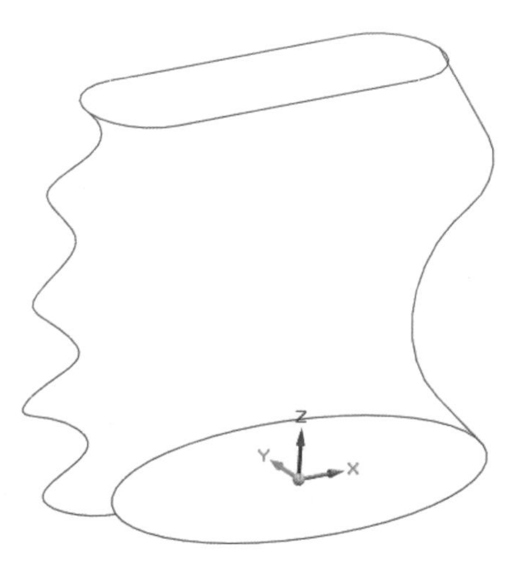

圖 11-3-2

2. 「引導曲線」可以在同一個草圖中，繪製二條或更多條不同的引導曲線，如圖 11-3-3。

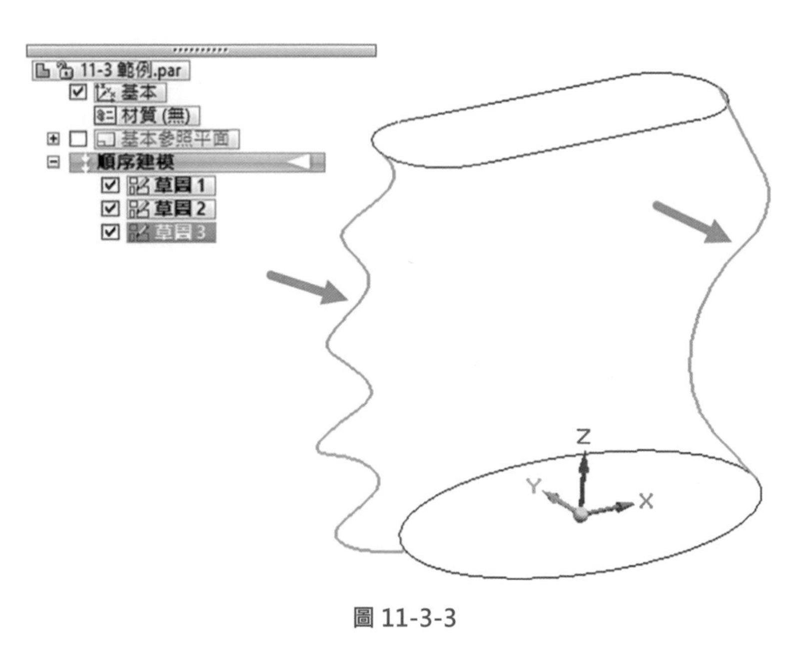

圖 11-3-3

3. 點選「舉昇」指令→「橫斷面」步驟，先點選兩個輪廓，如圖 11-3-4。

> 備註：若輪廓有接點，須注意定義起點位置；此範例，有一輪廓為橢圓，沒有接點，因此無須指定定義起點。

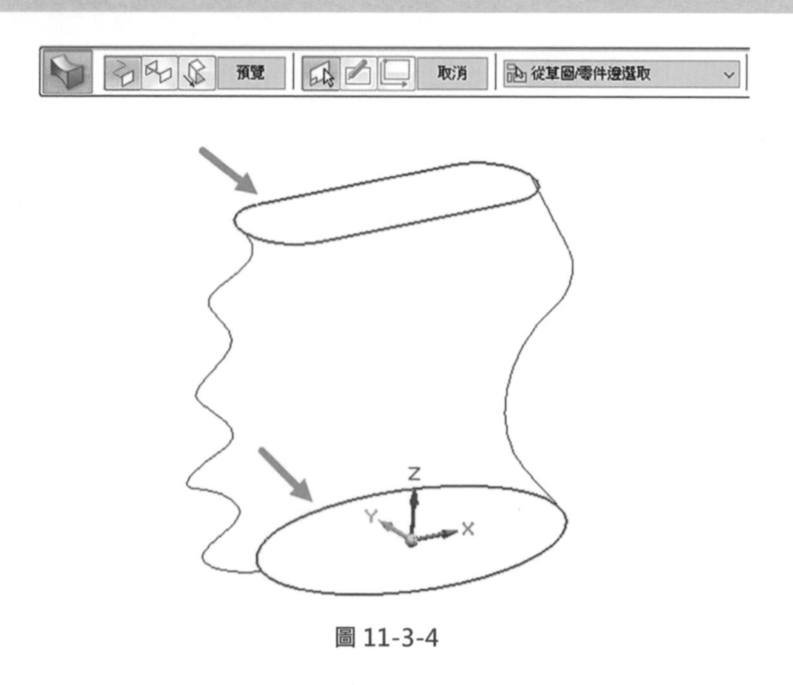

圖 11-3-4

4. 再點選「引導曲線步驟」→點選一條「曲線」→「確認」→再點選另一條「曲線」→「確認」，如圖 11-3-5。

> 備註：選擇引導曲線無先後順序，需要注意的是，選擇一條曲線要確認一次，再選其他條再確認一次，以此類推。

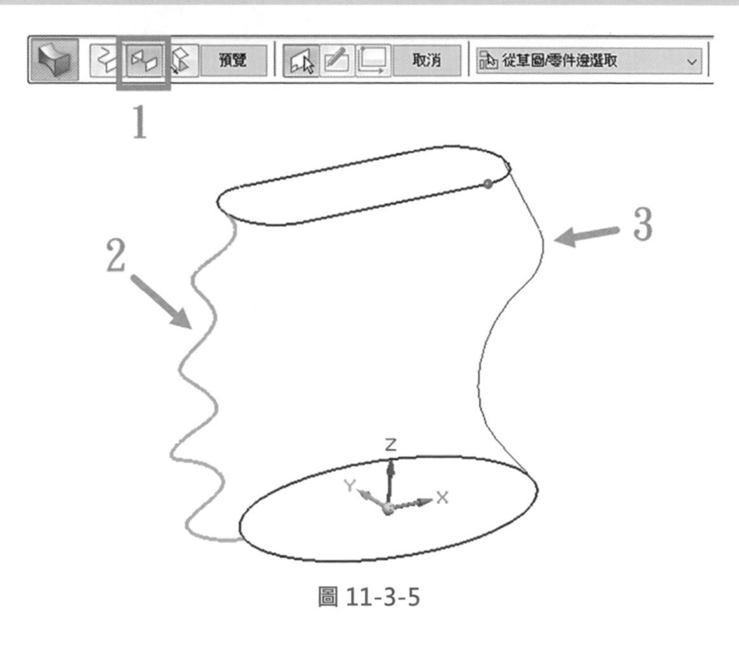

圖 11-3-5

5. 「預覽」圖樣→「完成」，如圖 11-3-6。

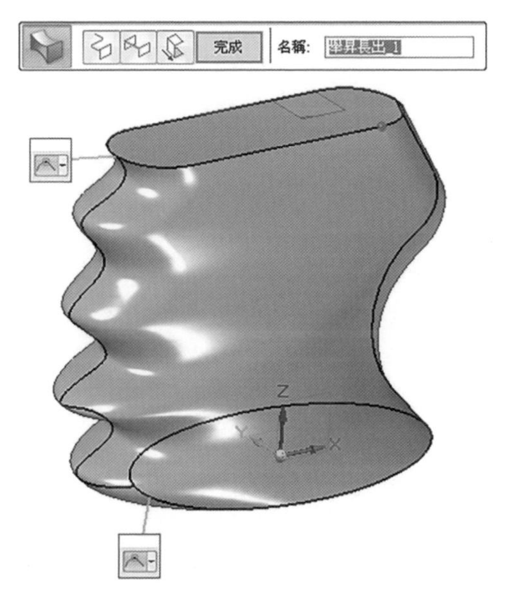

圖 11-3-6

6. 完成模型，如圖 11-3-7。

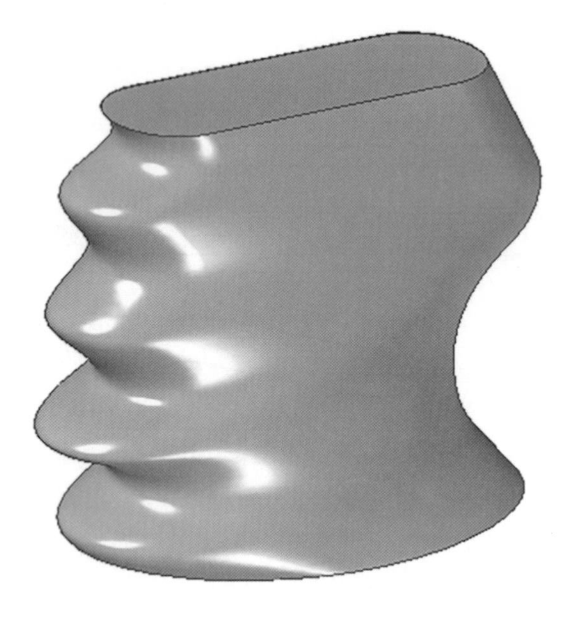

圖 11-3-7

11-4 舉昇除料

1. 開啟「11-4 範例」，如圖 11-4-1。

圖 11-4-1

2. 點選「草圖」指令→點選模型上方「平面」→進入草圖環境，繪製「輪廓」草圖，如圖 11-4-2。

圖 11-4-2

3. 利用「投影」指令來繪製草圖。點選「首頁」→「繪圖」→「投影到草圖」→勾選「帶偏置投影」→「確定」，如圖 11-4-3。

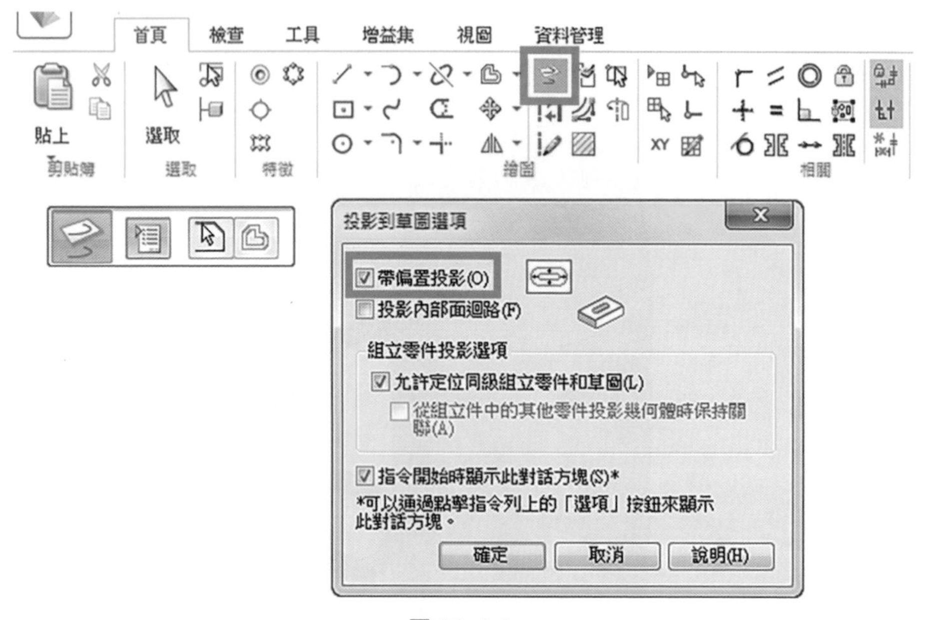

圖 11-4-3

4. 投影指令列中，選取類型選擇「單個面」、偏置距離為「3mm」→「確定」→移動滑鼠選擇偏置方向「向內」→「確認」，如圖 11-4-4。

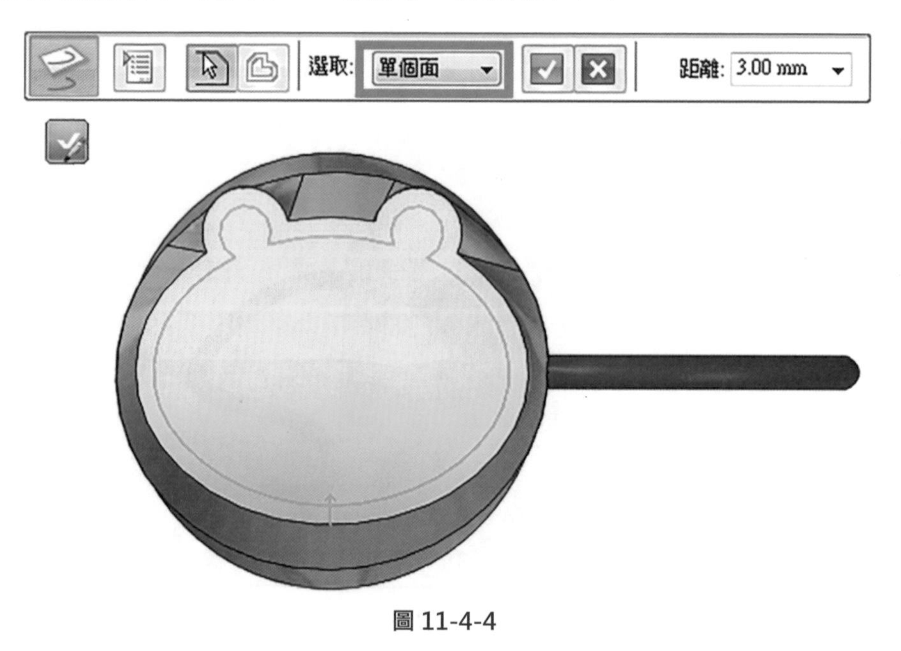

圖 11-4-4

5. 點選「完成」第一個輪廓草圖，如圖 11-4-5。

圖 11-4-5

6. 再次點選「草圖」指令→點選「平面」→進入草圖環境，繪製「輪廓」草圖，如圖 11-4-6。

圖 11-4-6

7. 同樣利用「投影」指令→勾選「帶偏置投影」→選取「單個面」、距離「3mm」、偏置方向「向內」→「確認」，如圖 11-4-7。

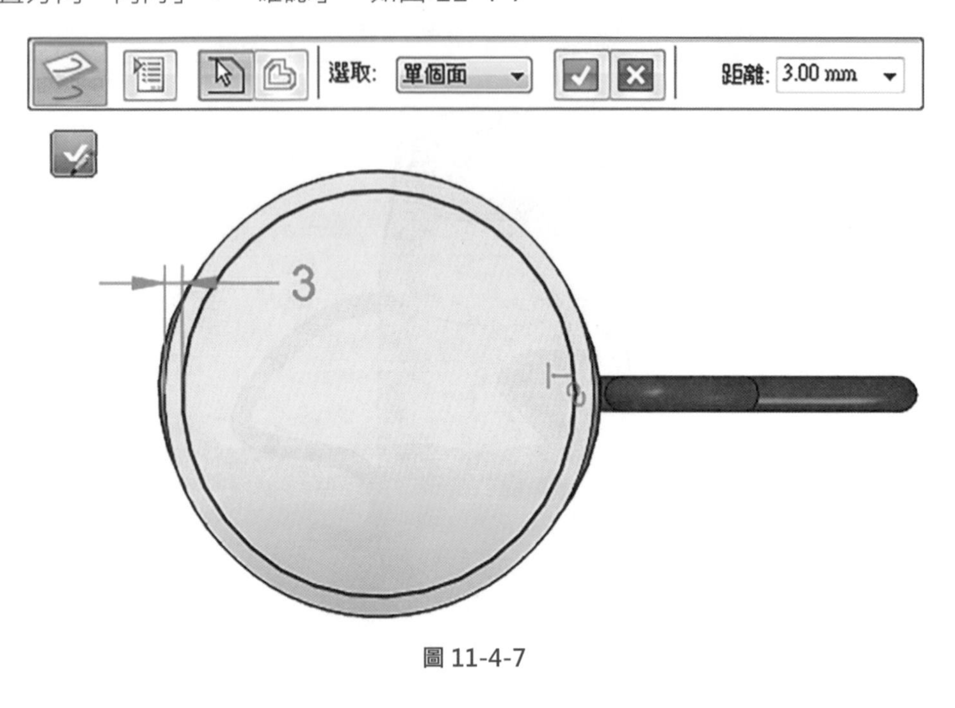

圖 11-4-7

8. 點選「首頁」→「實體」→「除料」下拉→「舉昇」，如圖 11-4-8。

圖 11-4-8

9. 「橫斷面」步驟，點選兩個「輪廓」草圖，如圖 11-4-9。

圖 11-4-9

10. 預覽→「完成」，如圖 11-4-10。

圖 11-4-10

11. 完成模型，如圖 11-4-11。

圖 11-4-11

11-5 封閉延伸

「舉昇特徵」可通過多個橫斷面輪廓作為封閉延伸之建構，而多個橫斷面輪廓並無限定只能是平行面，也可以在各種角度面上繪製草圖。

1. 開啟「11-5 範例」，如圖 11-5-1。

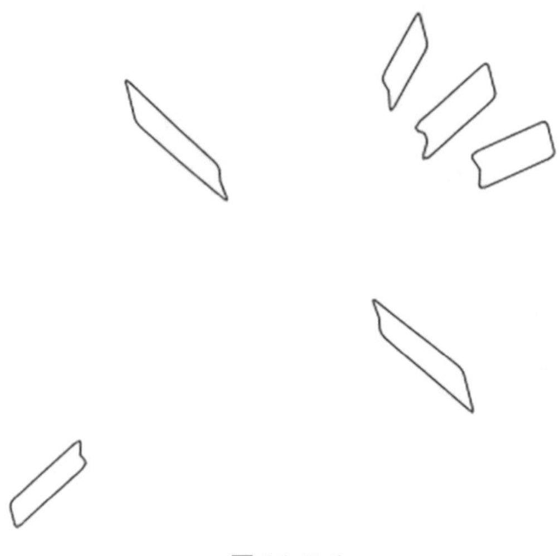

圖 11-5-1

2. 點選「首頁」→「實體」→「長料」下拉→「舉昇」，如圖 11-5-2。

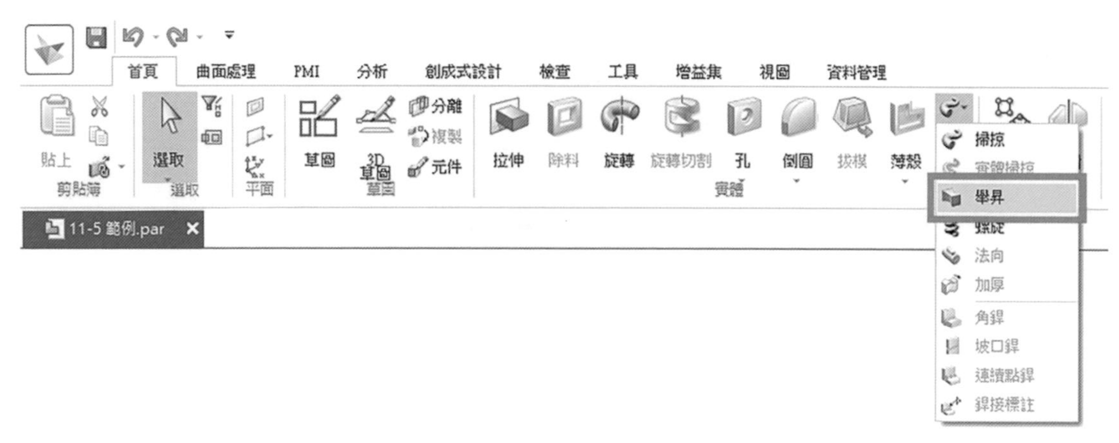

圖 11-5-2

3. 「橫斷面」步驟，依序點選輪廓草圖各個「定義點」，如圖 11-5-3。

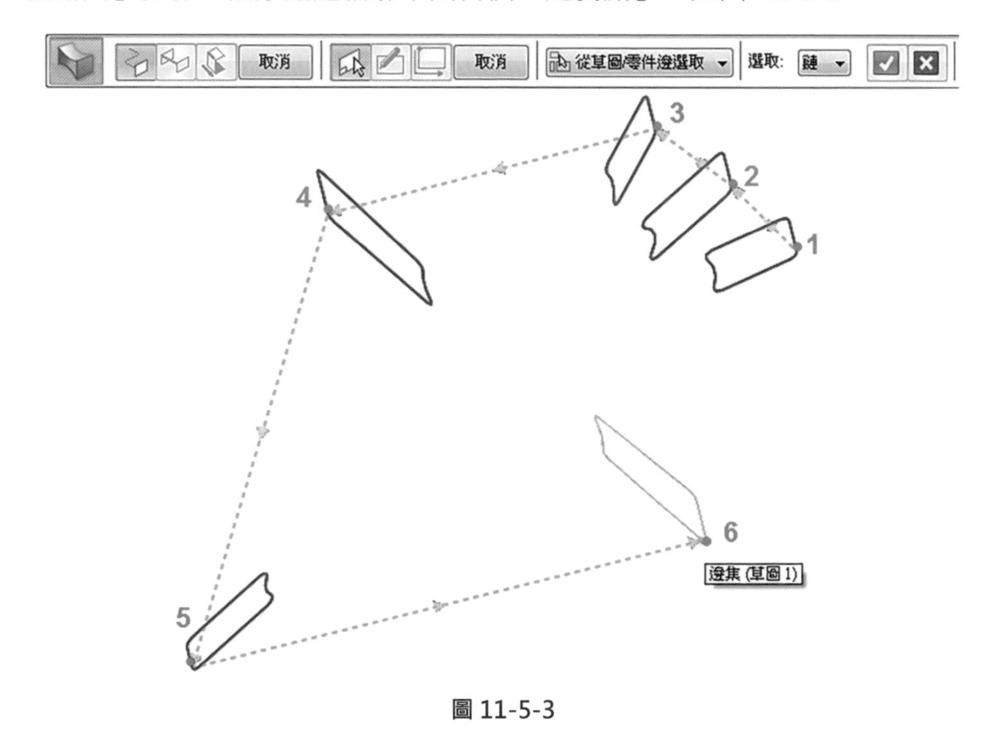

圖 11-5-3

4. 點選「預覽」，會看見幾何外型尚未形成封閉狀態→點選「延伸步驟」，如圖 11-5-4。

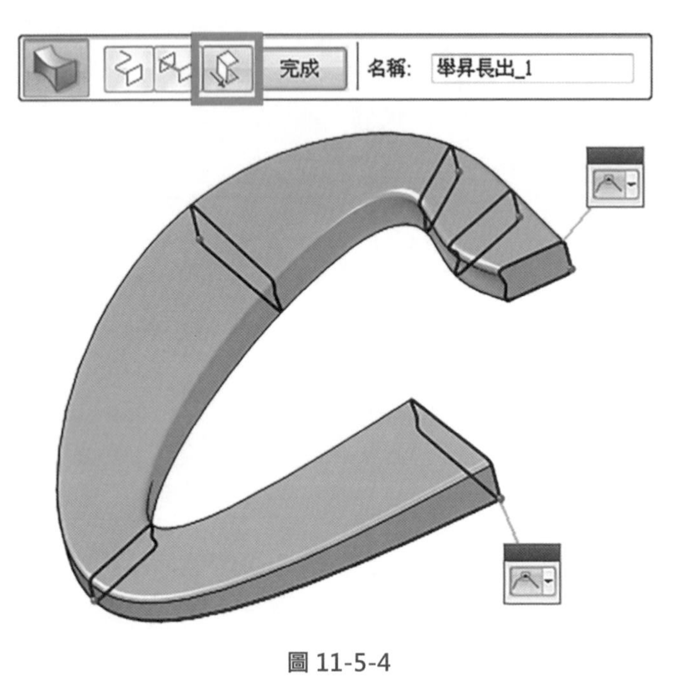

圖 11-5-4

5. 點選「封閉延伸」，如圖 11-5-5。

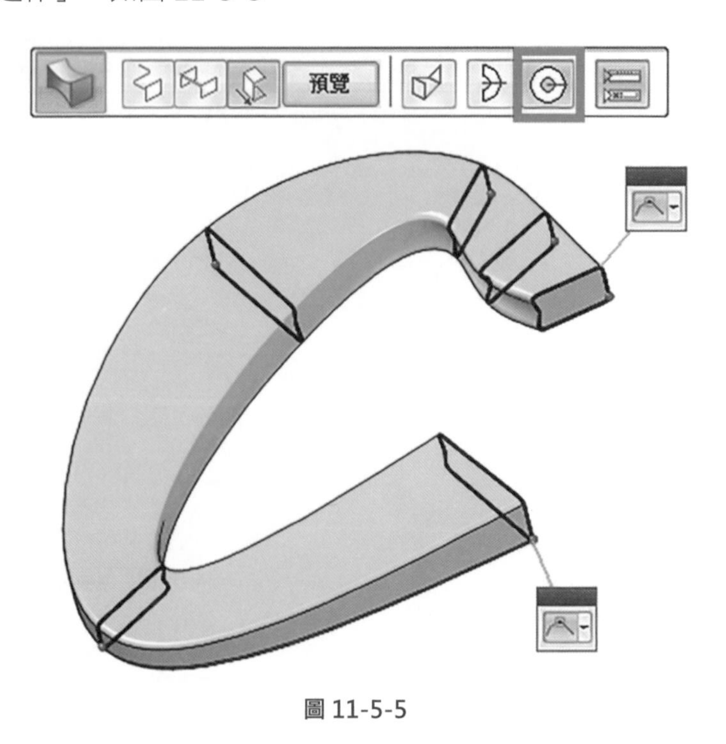

圖 11-5-5

6. 點選「預覽」封閉延伸模型，如圖 11-5-6。

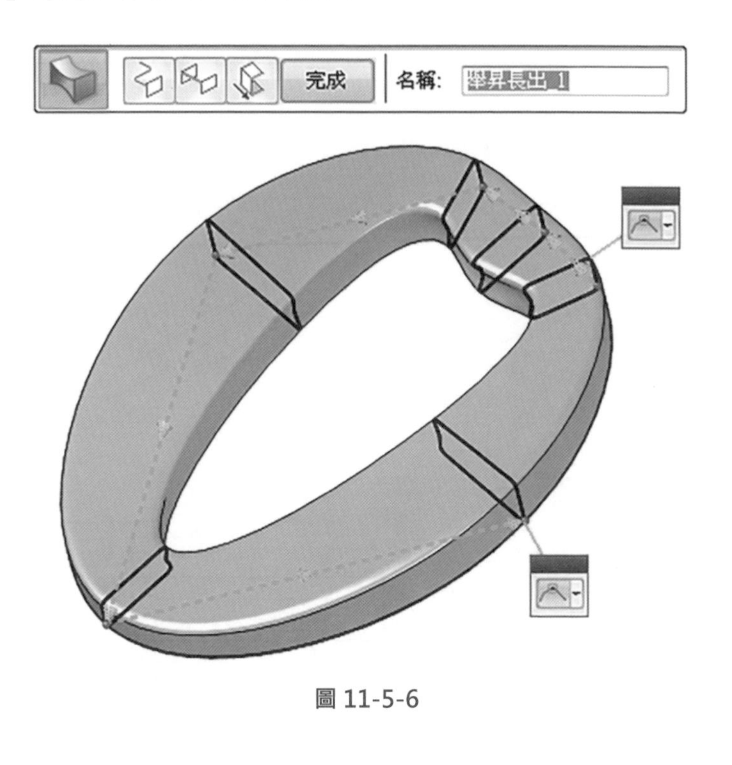

圖 11-5-6

7. 完成，如圖 11-5-7。

圖 11-5-7

精選練習範例

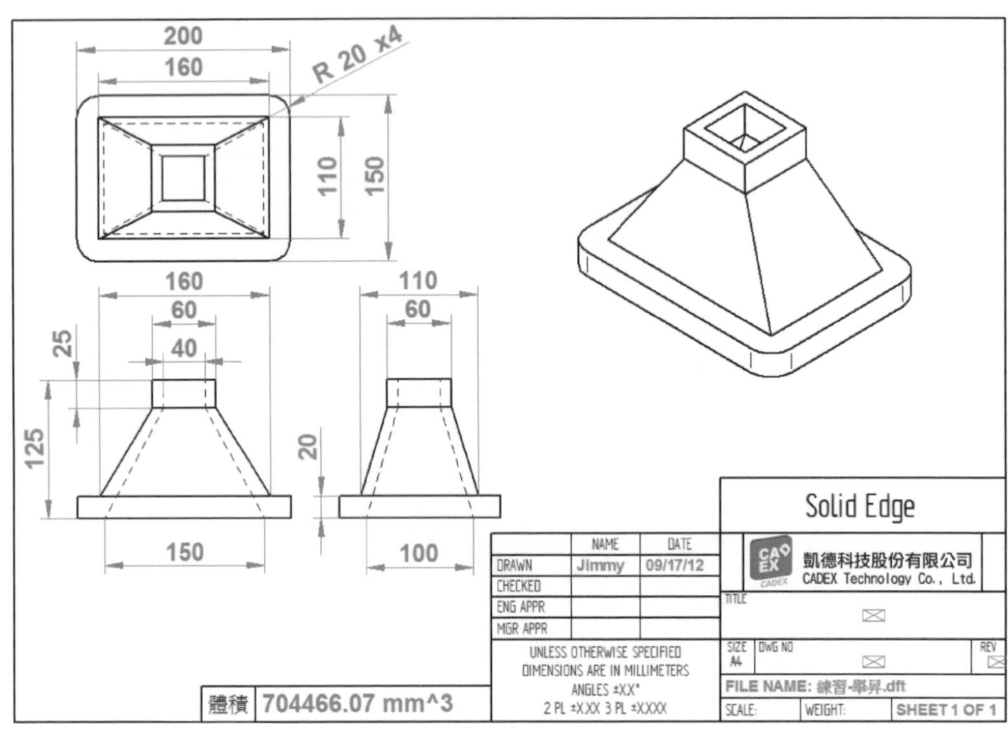
200
160
R 20 x4
110
150
160
60
40
25
125
20
150
110
60
100
Solid Edge
NAME
DATE
DRAWN
Jimmy
09/17/12
CHECKED
ENG APPR
MGR APPR
凱德科技股份有限公司
CADEX Technology Co., Ltd.
TITLE
UNLESS OTHERWISE SPECIFIED
DIMENSIONS ARE IN MILLIMETERS
ANGLES ±XX°
2 PL ±X.XX 3 PL ±X.XXX
SIZE
A4
DWG NO
REV
FILE NAME: 練習-舉昇.dft
SCALE:
WEIGHT:
SHEET 1 OF 1
體積
704466.07 mm^3

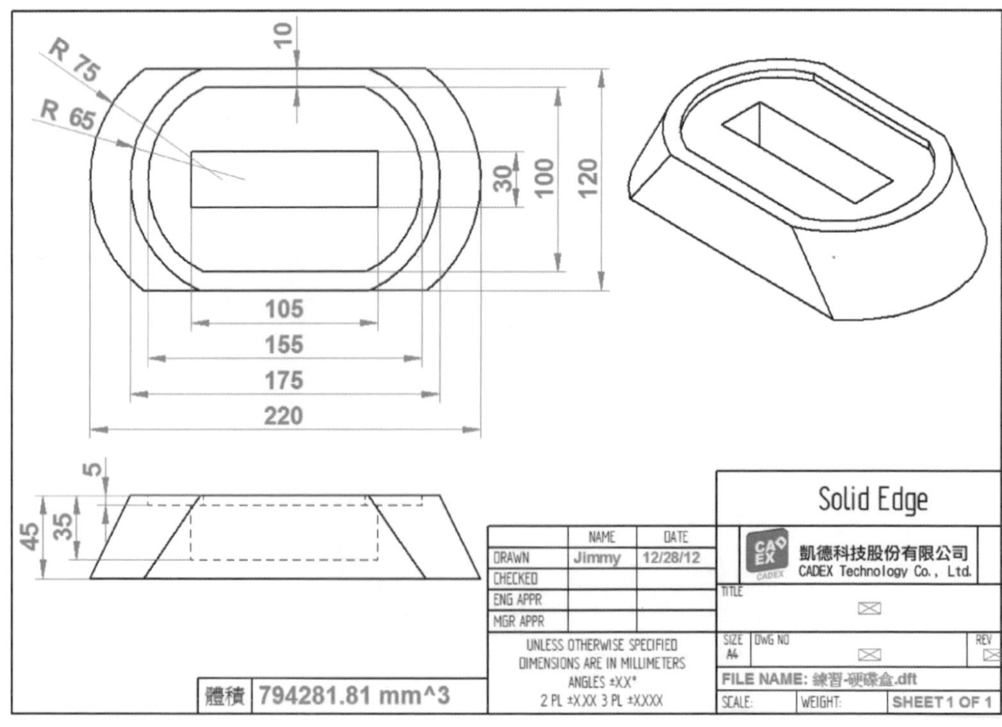
R 75
R 65
10
30
100
120
105
155
175
220
5
35
45
Solid Edge
NAME
DATE
DRAWN
Jimmy
12/28/12
CHECKED
ENG APPR
MGR APPR
凱德科技股份有限公司
CADEX Technology Co., Ltd.
TITLE
UNLESS OTHERWISE SPECIFIED
DIMENSIONS ARE IN MILLIMETERS
ANGLES ±XX°
2 PL ±X.XX 3 PL ±X.XXX
SIZE
A4
DWG NO
REV
FILE NAME: 練習-硬碟盒.dft
SCALE:
WEIGHT:
SHEET 1 OF 1
體積
794281.81 mm^3

12

CHAPTER

陣列與辨識孔特徵

章節介紹

藉由此課程，你將會學到：

- 12-1　同步建模矩形陣列
- 12-2　同步建模圓形陣列
- 12-3　沿曲線陣列
- 12-4　填充陣列
- 12-5　鏡射
- 12-6　順序建模矩形陣列
- 12-7　順序建模圓形陣列
- 12-8　組立陣列
- 12-9　辨識孔特徵及陣列

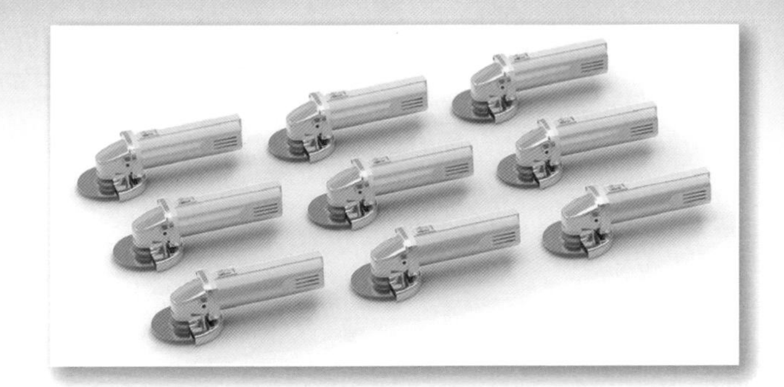

零件使用「特徵陣列」時，作為陣列的父元素可以包含多個特徵或面集，依循著一定的規則性建立起相同的特徵，而本章節將以同步建模及順序建模的環境，分別介紹其陣列的用法。例如，使用者可以在一次陣列中，選擇特徵如：長出(A)、孔(B)、圓角(C)...等，進行陣列如圖 12-0-1、圖 12-0-1。

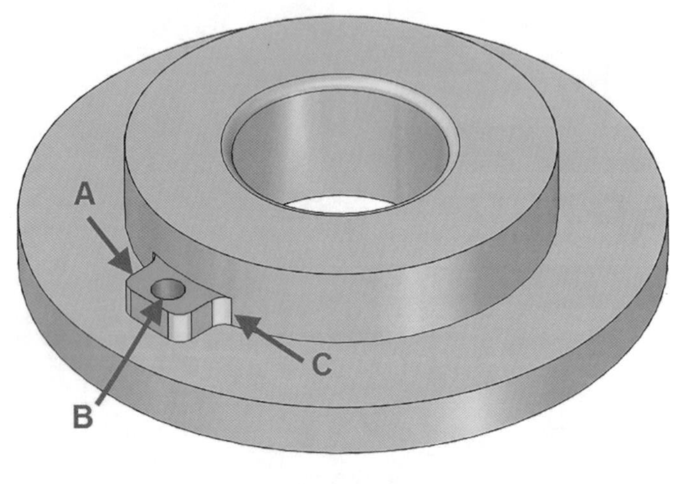

圖 12-0-1

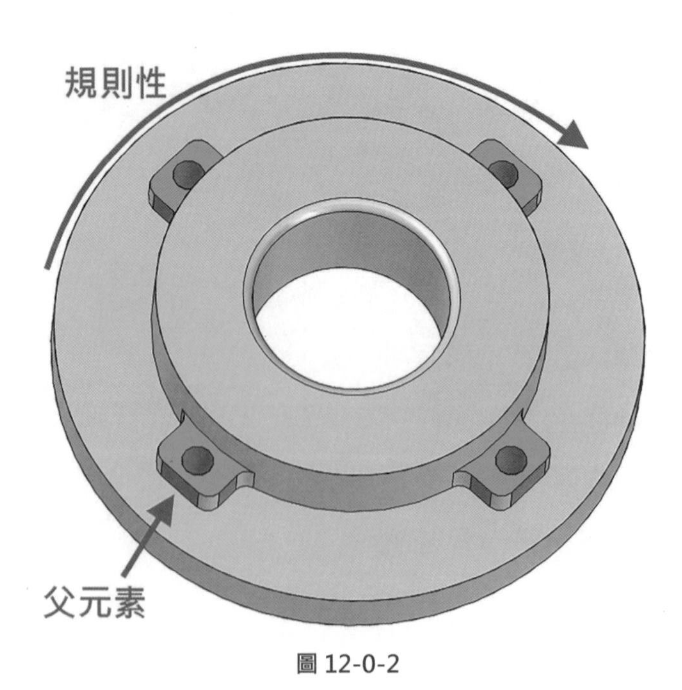

圖 12-0-2

12-1 同步建模矩形陣列

建立指定元素的「矩形陣列」。例如：繪製出需要陣列的特徵，然後利用該特徵做為「矩形陣列」的父元素，進而建構出「矩形陣列」。
以下利用範例 12-1 做為示範。

範例 12-1：

1. 利用「拉伸」指令來建立一個實體特徵，如圖 12-1-1。

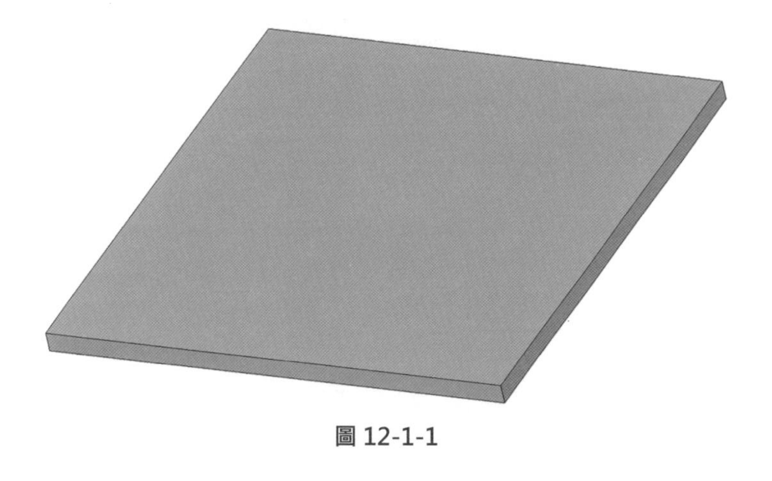

圖 12-1-1

2. 繪製出一個矩形拉伸特徵作為陣列的父元素，如圖 12-1-2。

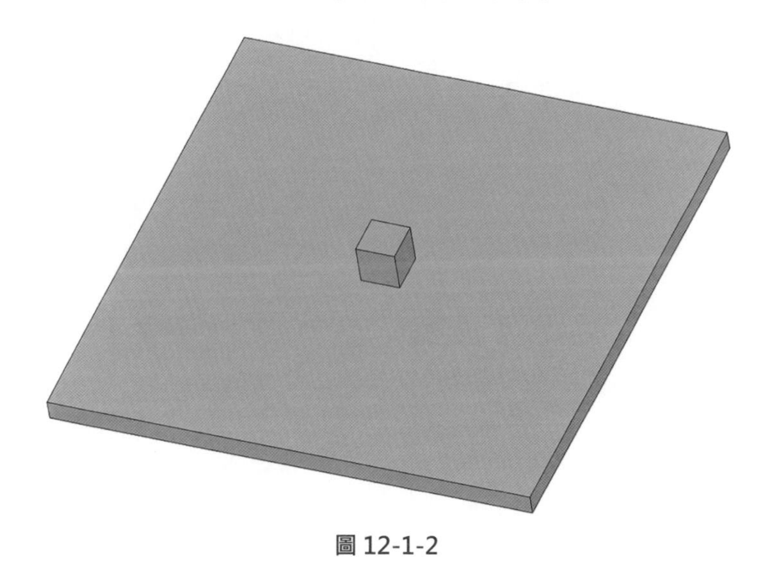

圖 12-1-2

3. 點選剛建置的矩形拉伸特徵之後，在「首頁」→「陣列」選項將會亮起，如圖 12-1-3。

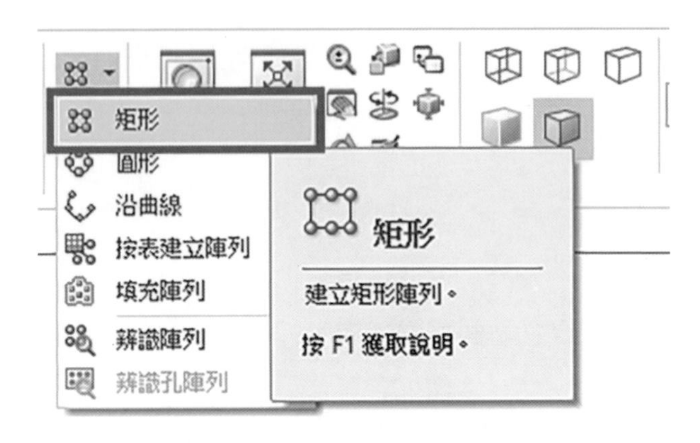

圖 12-1-3

4. 選擇「矩形」後，此時可以按下「F3」平面鎖，藉此鎖定平面，並且給予矩形的範圍，會出現如圖 12-1-4 所顯示的畫面。

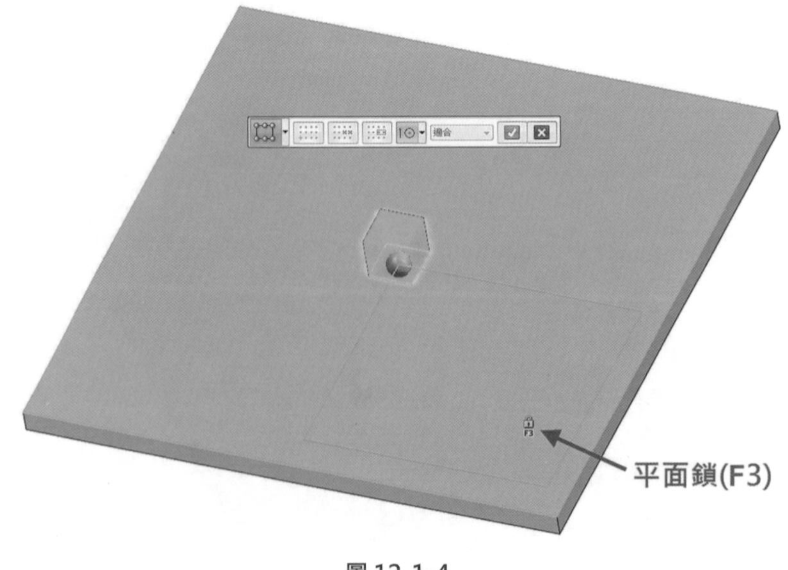

圖 12-1-4

5. 透過預覽可顯示出陣列的結果，以供使用者參考，如圖 12-1-5。

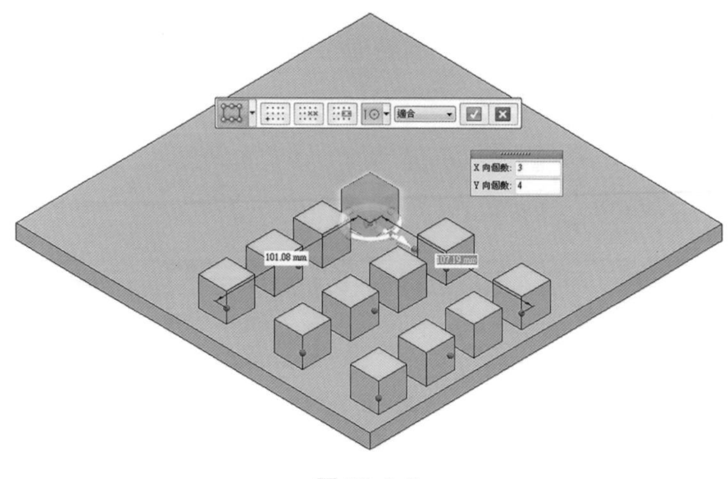

圖 12-1-5

6. 螢幕上所出現的工具包括：「快速工具列(A)」、「事例計數框(B)」、「動態編輯方塊(C)」、「事例手柄(D)」、「幾何控制器(E)」，如圖 12-1-6。

各項	功能
快速工具列(A)	調整陣列使用參數
事例計數框(B)	調整 XY 向陣列數量
動態編輯方塊(C)	調整 XY 向陣列尺寸
事例手柄(D)	拖動陣列範圍
幾何控制器(E)	陣列整體旋轉、移動

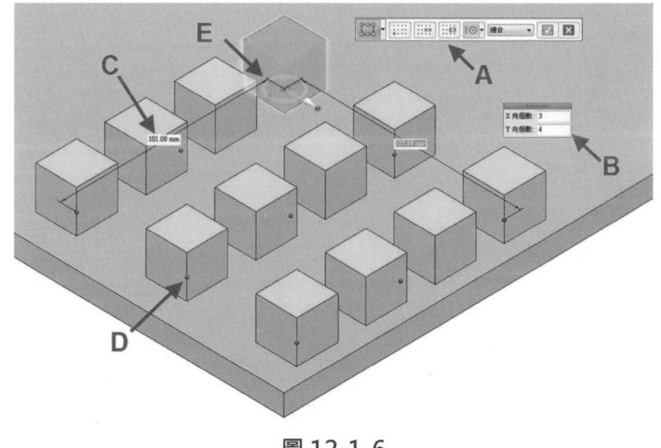

圖 12-1-6

7. 使用者可以依照自己的需求調整陣列法，藉此定義矩形規則排列的規則，如圖 12-1-7。

   Solid Edge 當中可以看到以下三種名稱，各代表不同的陣列方式，如下：

   適合 =「總長度」×「數量」

   固定 =「間距」×「數量」

   填充 =「總長度」×「間距」

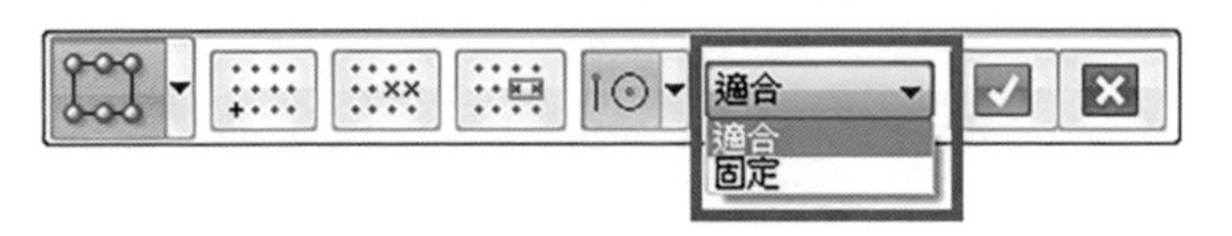

圖 12-1-7

- 適合：
  - ➢ 總長度：「Y 方向」設定為「80 mm」，陣列數量 4 個。
  - ➢ 總長度：「X 方向」設定為「100 mm」，陣列數量 3 個，如圖 12-1-8。

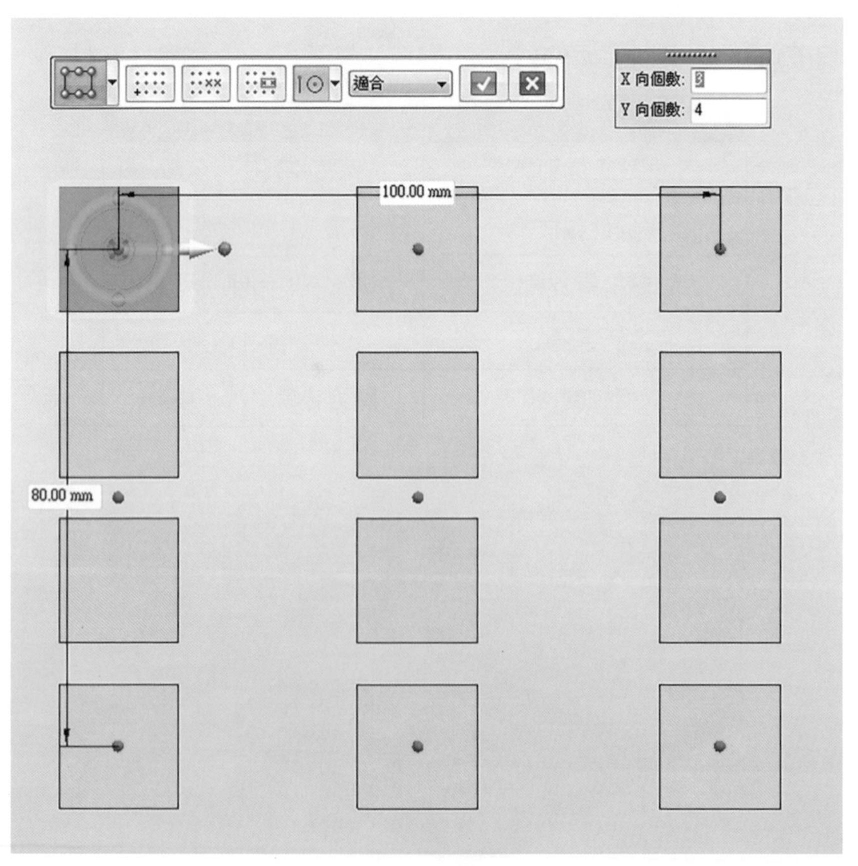

圖 12-1-8

- 固定：
  - ➢ 總長度：「Y 方向」設定為「30 mm」，陣列數量 4 個。
  - ➢ 總長度：「X 方向」設定為「50 mm」，陣列數量 3 個，如圖 12-1-9。

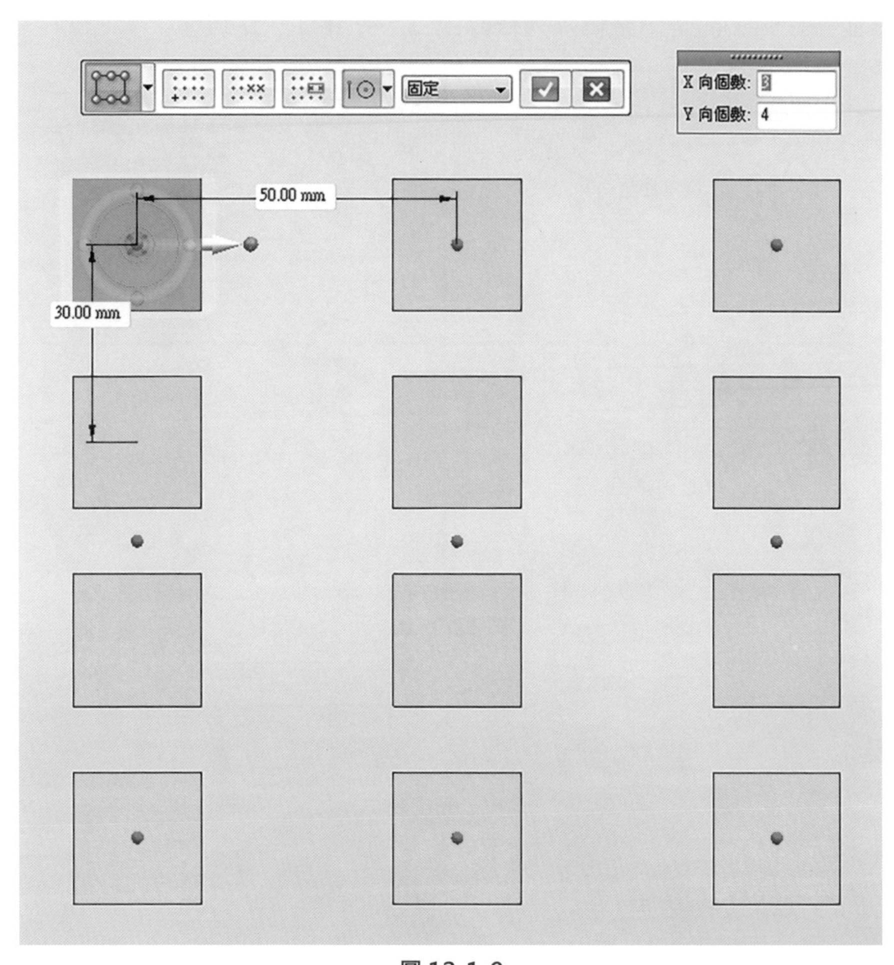

圖 12-1-9

8. 使用者可以利用快捷鍵「N」，將陣列切換下一個方向，如圖 12-1-10；快捷鍵「C」則可以從外側切換至陣列中心，若中心有複數個特徵，也可以利用「N」鍵進行切換，如圖 12-1-11；這樣即可調整父元素在陣列當中的相對位置，但父元素並不移動，而是由整個陣列移動配合，如圖 12-1-11。

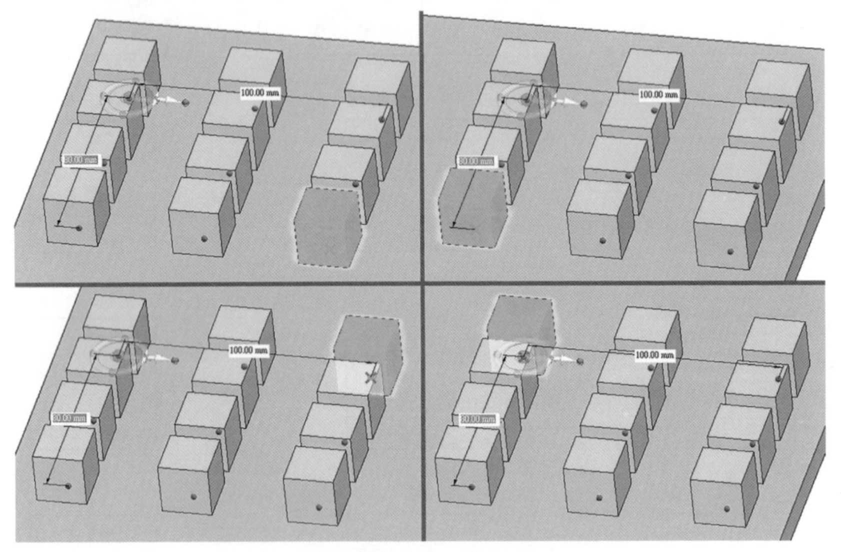

圖 12-1-10

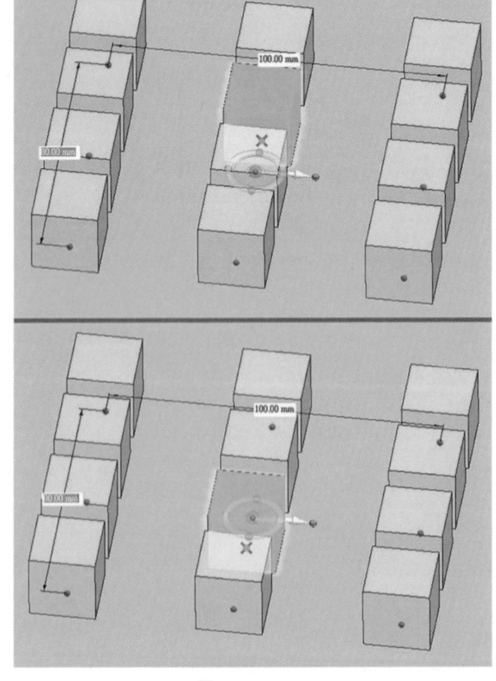

圖 12-1-11

● 使用者也可以利用「參照點」指令，如圖 12-1-12，自行指定其中一個特徵位置為父元素所在位置，如圖 12-1-13。

圖 12-1-12

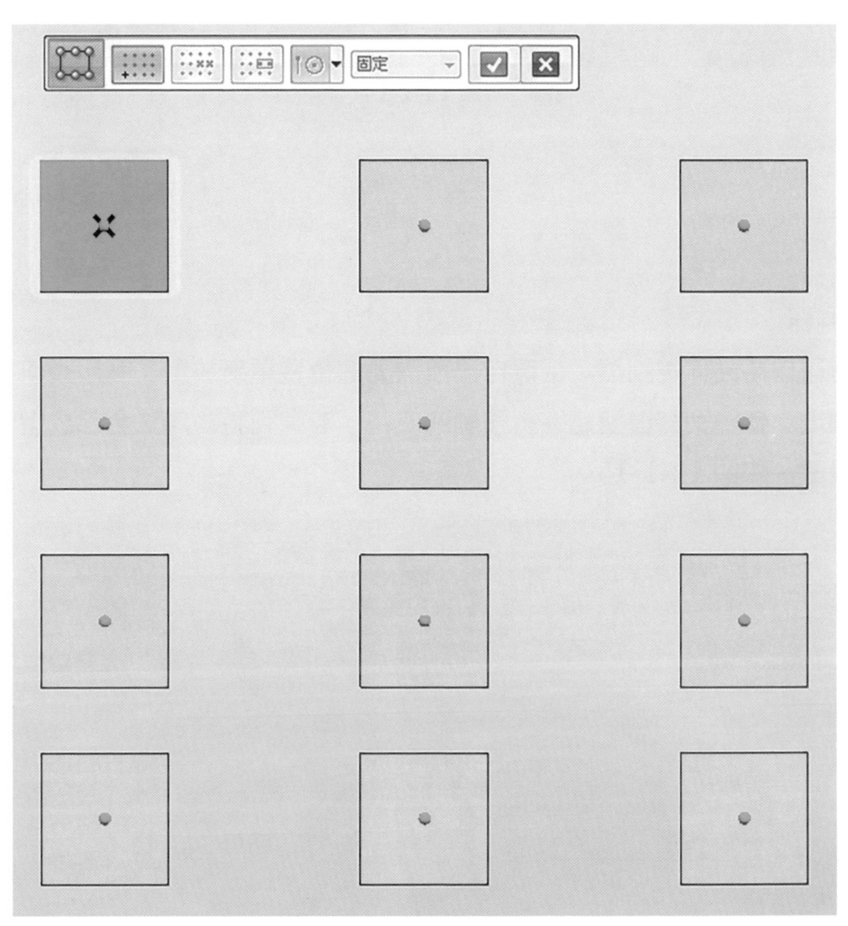

圖 12-1-13

● 使用動態編輯方塊和事例手柄：

透過滑鼠拖曳「事例手柄」可以變更陣列的高度及寬度。首先，將滑鼠游標置於「事例手柄」上，透過滑鼠點選拖曳動作，將事例手柄移動至新位置，高度及寬度中的數值將會動態更新，以利使用者辨識；也可以利用「動態編輯方塊」直接輸入數值的方式，修改高度及寬度，如圖 12-1-14。

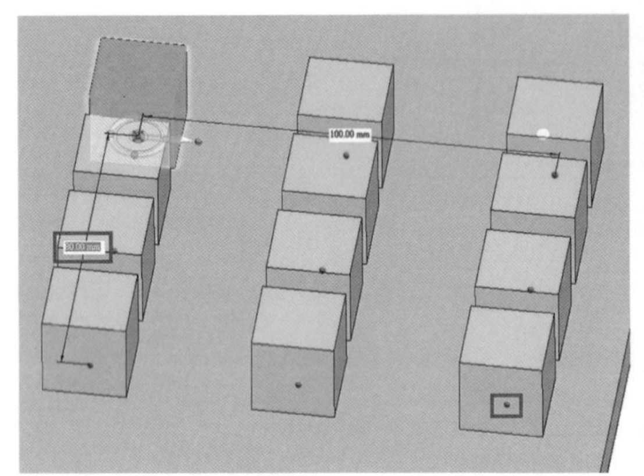

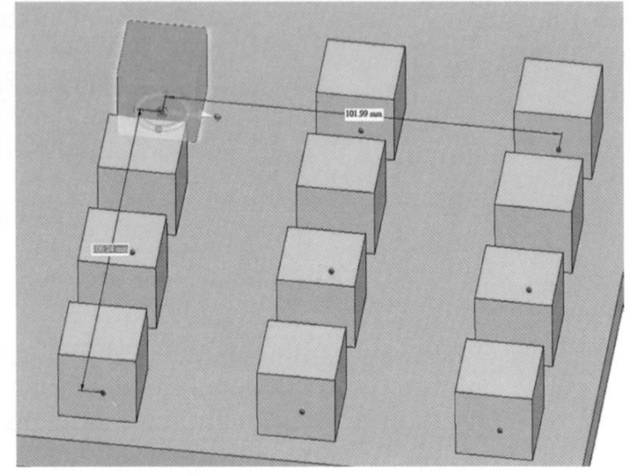

圖 12-1-14

● 幾何控制器：

使用者可以將幾何控制器，依照自己所需要的位置重新放置，利用幾何控制器上的方向軸或圓環，使陣列特徵整體進行移動或旋轉；若陣列特徵無法全部成型時，就會出現驚嘆號提醒，如圖 12-1-15。

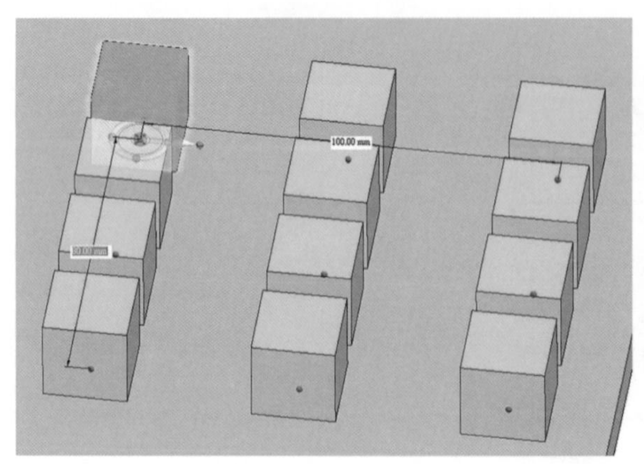

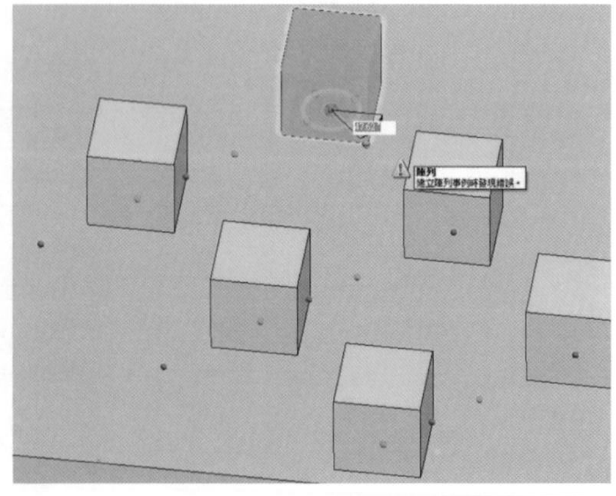

圖 12-1-15

● 抑制規則排列：

使用者可以抑制「單個」或是「一組」的陣列特徵，也可以在建構陣列時抑制部分的陣列特徵，也可以在建構完陣列之後，再來抑制部分的陣列特徵

➢ 抑制單個陣列事例：

使用者可以使用快速工具列上的「抑制複體」指令，點選特徵上所顯示的綠色圓點，就可以將陣列當中的部分特徵進行抑制；點擊紅色圓點，即可將抑制的特徵恢復，如圖 12-1-16。

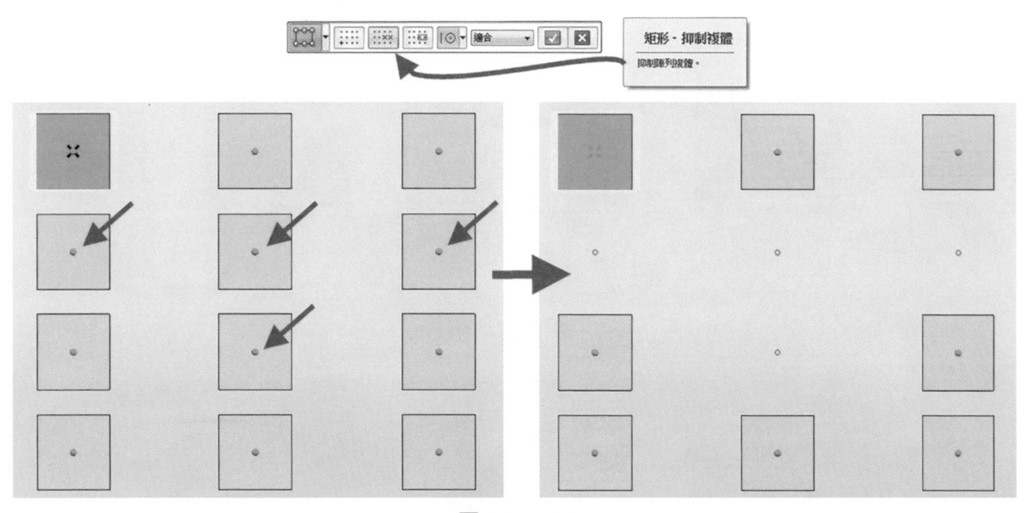

圖 12-1-16

使用者也可以利用框選的方式，選擇需要抑制特徵，如圖 12-1-17。

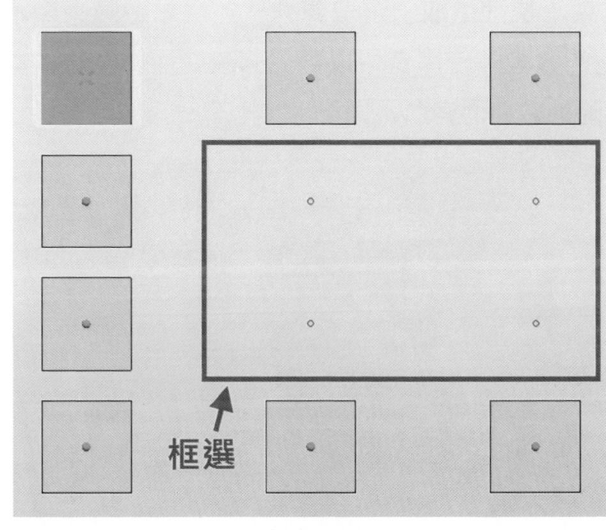

圖 12-1-17

➢ 使用區域抑制：

使用者也可以以區域限制的方式進行抑制特徵。利用草圖繪製的方式，建立起一個區域，使用「抑制區域」指令，再點選方向軸進行方向的切換，即可將草圖區域內的特徵進行抑制，如圖 12-1-18。

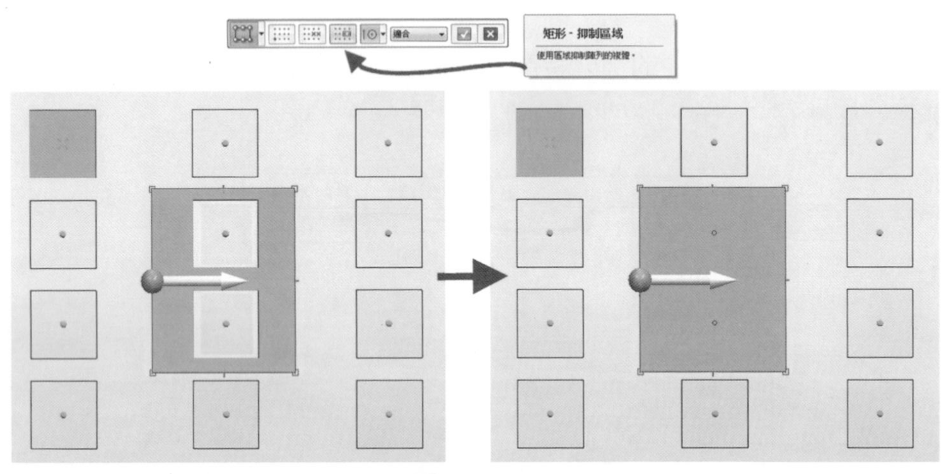

圖 12-1-18

備註：「抑制複體」與「抑制區域」的差異性，「抑制複體」為指定特徵，因此無論尺寸如何修改，特徵一樣保持抑制；「抑制區域」為記錄區域位置，當特徵進入區域內則會自動抑制，離開區域之後會自動顯示。

● 編輯陣列參數：

透過「導航者」或「快速選取」選取陣列，並且點選陣列顯示文字，如圖 12-1-19，將會顯示該陣列的參數，使用者可以藉此修改，而陣列後的數字會根據使用者建立陣列時，所設定的陣列數量而有所不同。

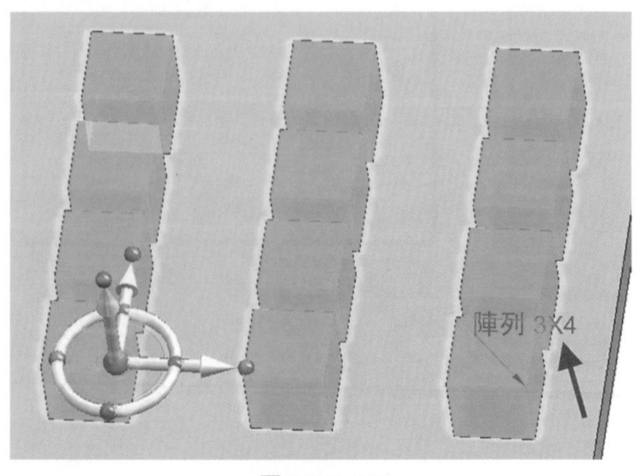

圖 12-1-19

● 將新元素新增至現有陣列：

在編輯現有的陣列時，在快速工具列上會增加「新增到陣列」的指令，如圖 12-1-20，透過「新增到陣列」的指令，可以將新特徵加入該陣列當中，使新特徵也可以依循陣列的參數設定，進行陣列。

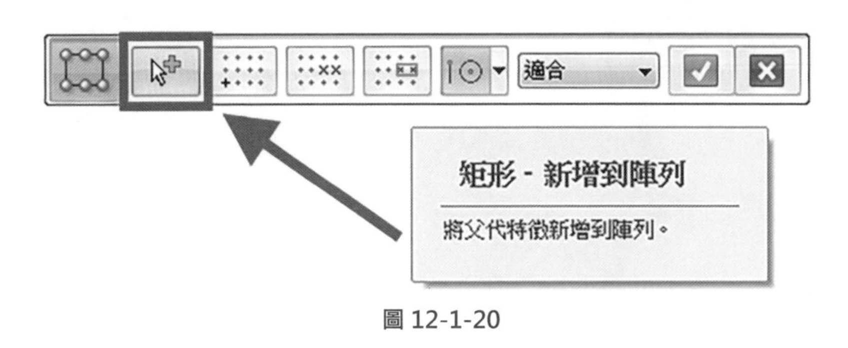

圖 12-1-20

例如：使用者可以將除料特徵新增到完成的陣列上，如圖 12-1-21。

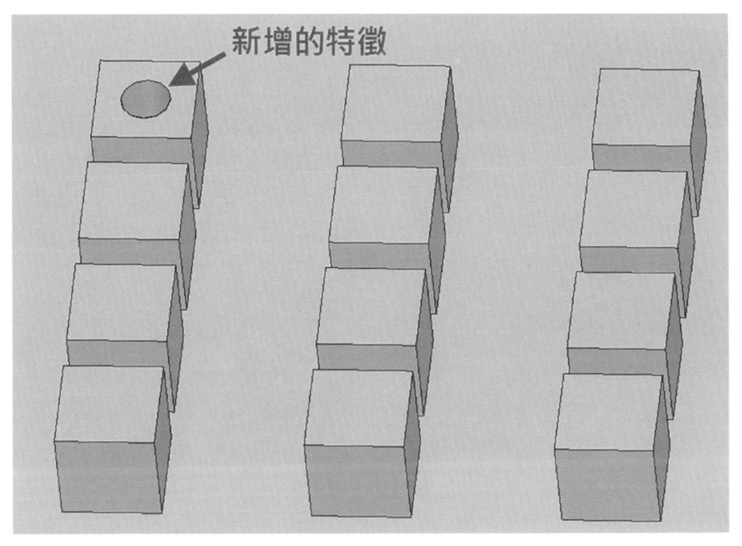

圖 12-1-21

在編輯陣列時，使用者可以點選「新增到陣列」指令，並且透過「導航者」或「快速選取」的方式，選擇除料特徵後，可以點選滑鼠「右鍵」或「enter」作為確定，如圖 12-1-22。

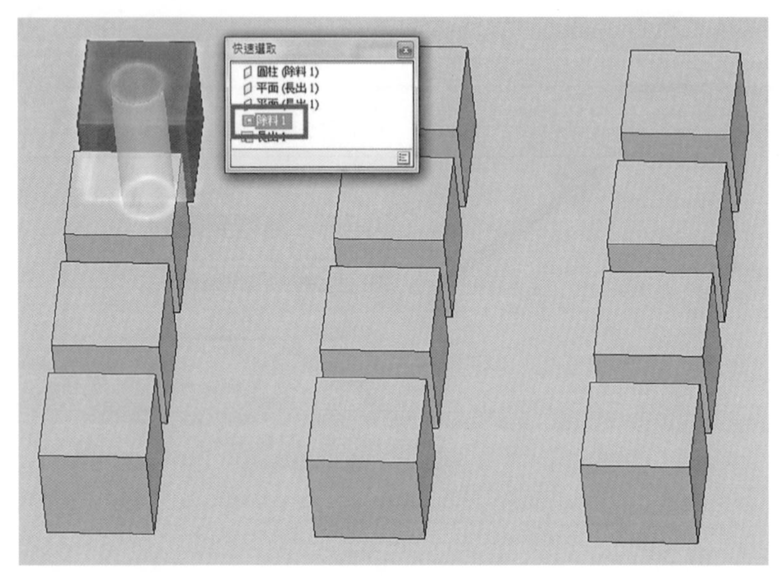

圖 12-1-22

接著指定一個綠色圓點，作為特徵要加入的參照點，如圖 12-1-23，確定之後特徵就會增加至該陣列當中。

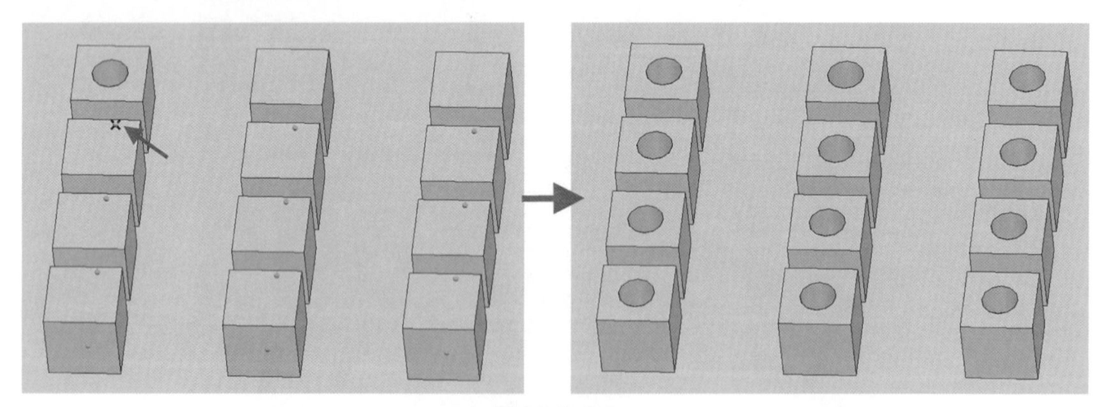

圖 12-1-23

12-2 同步建模圓形陣列

選取特徵之後，可以使特徵根據「圓形」的規則性，建立圓形陣列，以下利用範例12-2 做為示範。

範例 12-2：

1. 開啟範例 12-2.par，選取要建構圓形陣列的元素，如圖 12-2-1。

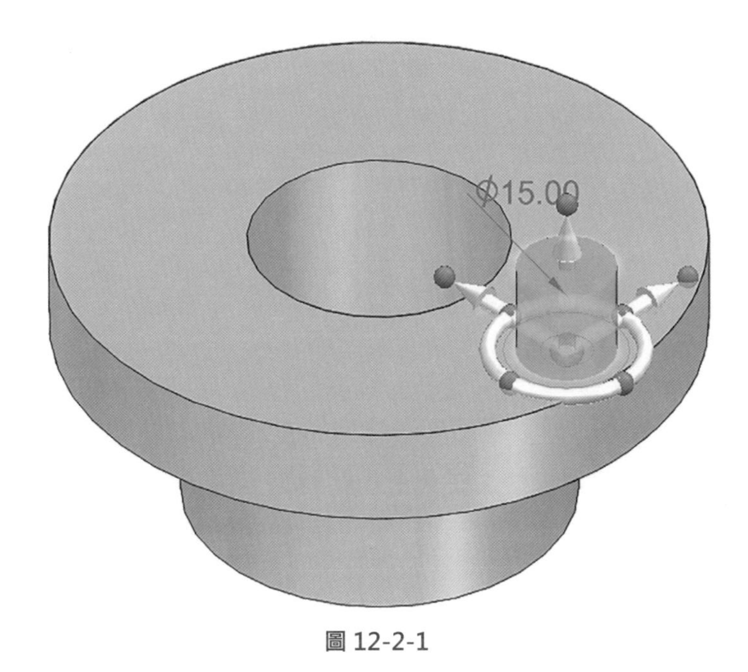

圖 12-2-1

2. 使用「圓形陣列」指令，如圖 12-2-2。

圖 12-2-2

3. 要放置圓形陣列特徵，需要選取圓形陣列的旋轉軸心。

   在此範例中，可以利用快速工具列上「關鍵點」選項，將使陣列旋轉軸更加容易放置於圓心上，選取圓的「圓弧邊」，即可快速的將旋轉軸放置在中心點，如圖 12-2-3。

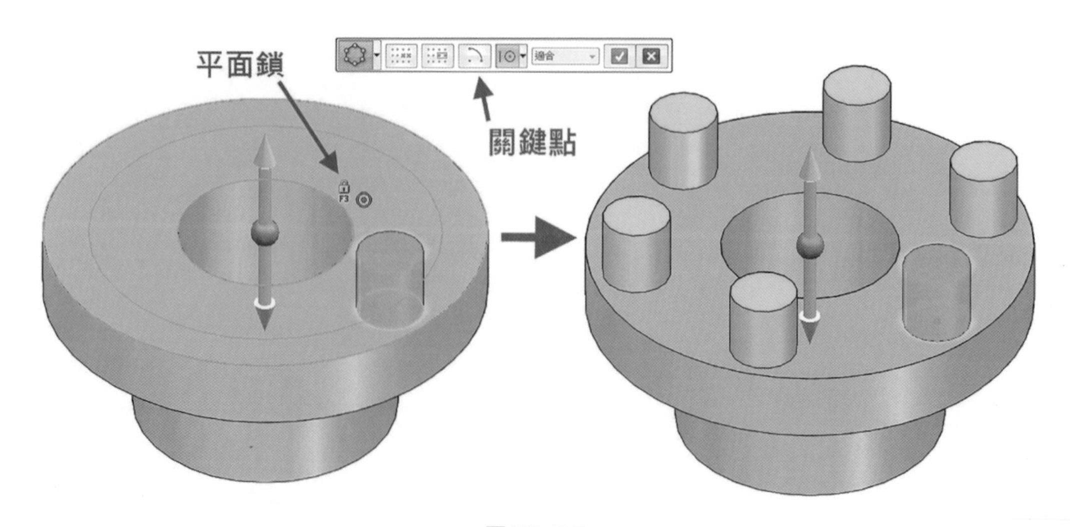

圖 12-2-3

4. 定義陣列參數：可以使用「快速工具列」和「動態編輯方塊」定義使用者所需要的陣列參數。例如：使用者可以變更全圓的「陣列數量」如圖 12-2-4；或使用「圓形/圓弧陣列」以建立圓弧形的陣列，如圖 12-2-5。

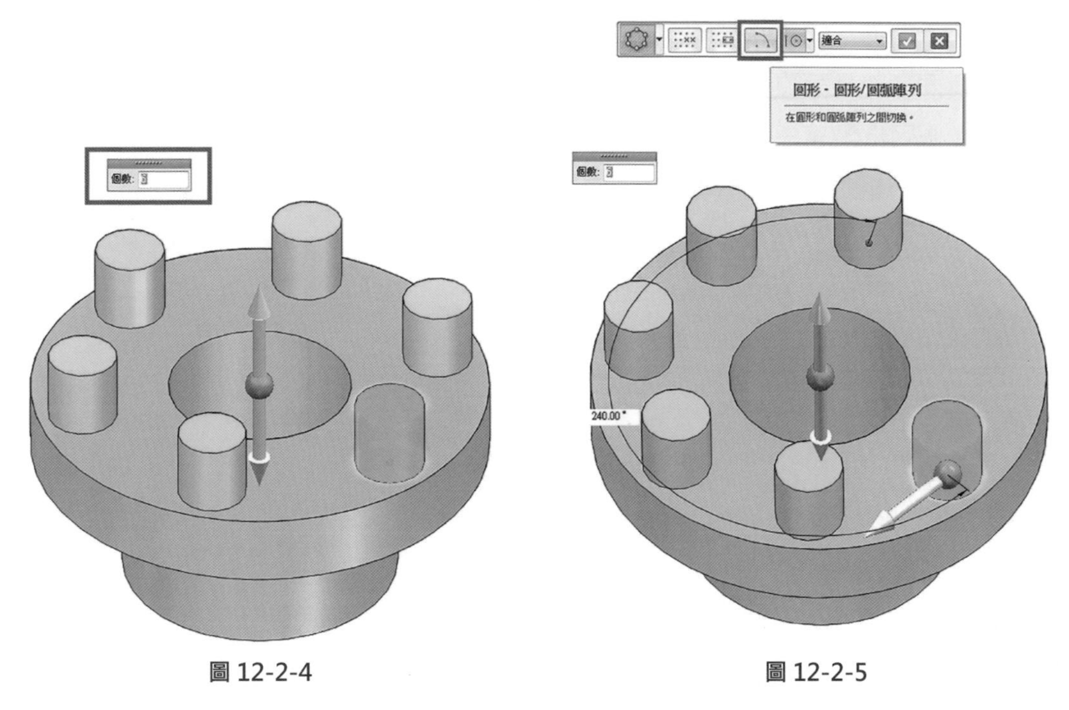

圖 12-2-4　　　　圖 12-2-5

使用快速工具列上的「圓形/圓弧陣列」時，使用者就可以切換「適合」或「固定」的陣列法，用以建構所需的陣列。也可以點選方向軸，用以定義陣列以順時針或逆時針方向建構圓形陣列。（可以參考 12-1 的陣列說明）

5. 圓形陣列完成之後，會出現陣列的直徑尺寸，可以直接選擇 PMI 修改圓形陣列的尺寸，如圖 12-2-6。

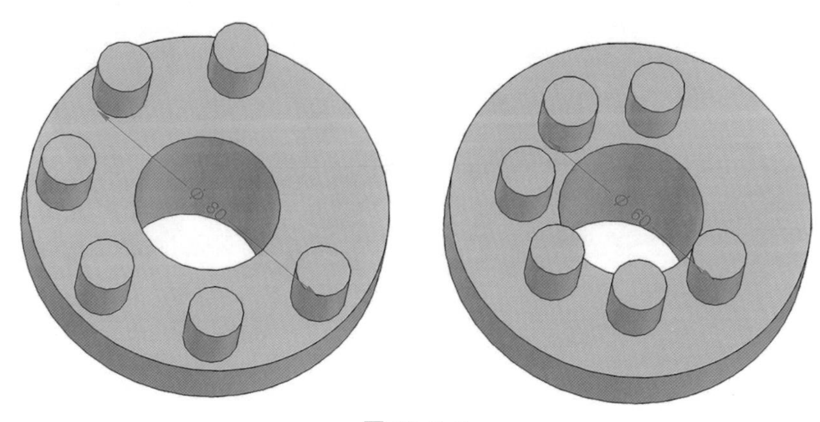

圖 12-2-6

12-3 沿曲線陣列

沿指定的「曲線」建構出選定元素的陣列。使用者可以選取「特徵」、「面」、「面集」、「曲面」或「設計體」作為陣列所需的父元素，使用沿曲線陣列時，順序建模的做法與同步建模類似。

陣列參照可以沿著任意繪製的「2D、3D 曲線」或是「實體邊線」來進行陣列，例如：可以選取一組「特徵」沿著"實體邊線"進行規則性陣列，如圖 12-3-1。

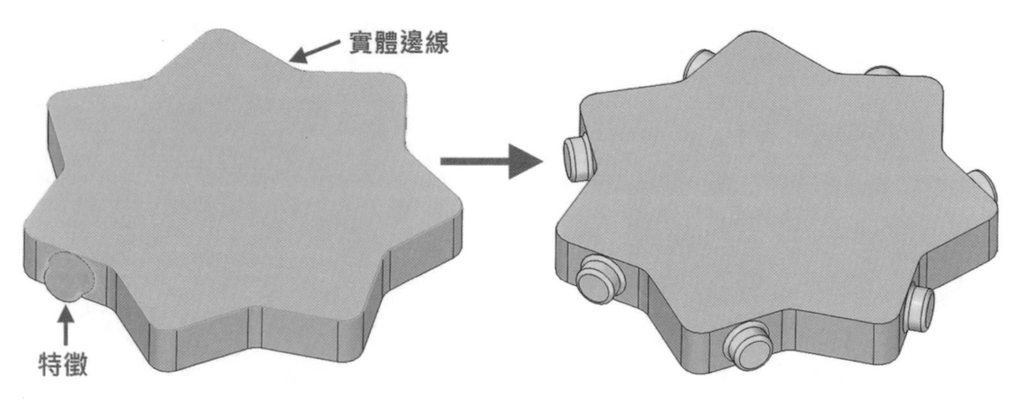

圖 12-3-1

以下利用一個同步建模範例進行示範：

1. 開啟範例檔「12-3.par」，如圖 12-3-2。

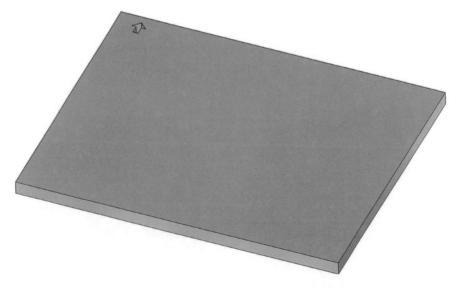

圖 12-3-2

2. 利用繪圖指令，在模型上建立一條「曲線」草圖，此時可觀察曲線的「起點」在特徵端點上，如圖 12-3-3。

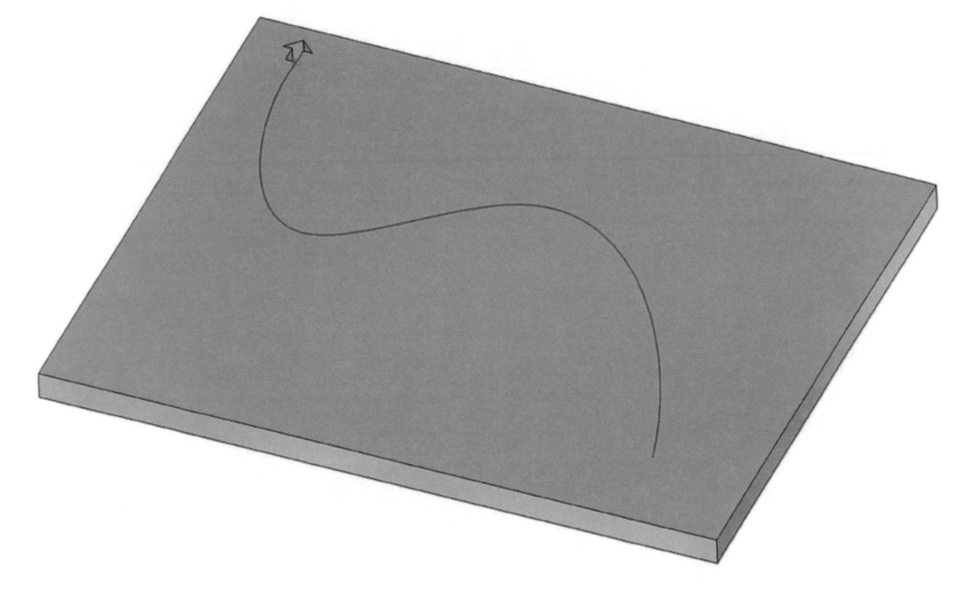

圖 12-3-3

3. 透過導航者選取「除料」特徵或框選特徵，執行沿曲線陣列，如圖 12-3-4。

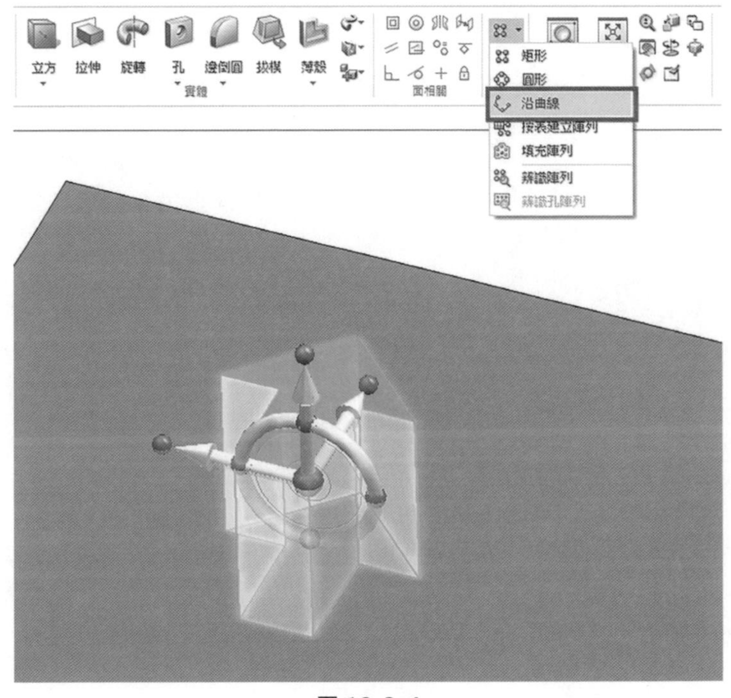

圖 12-3-4

4. 選擇剛才繪製的曲線，並且按下「接受」，如圖 12-3-5。

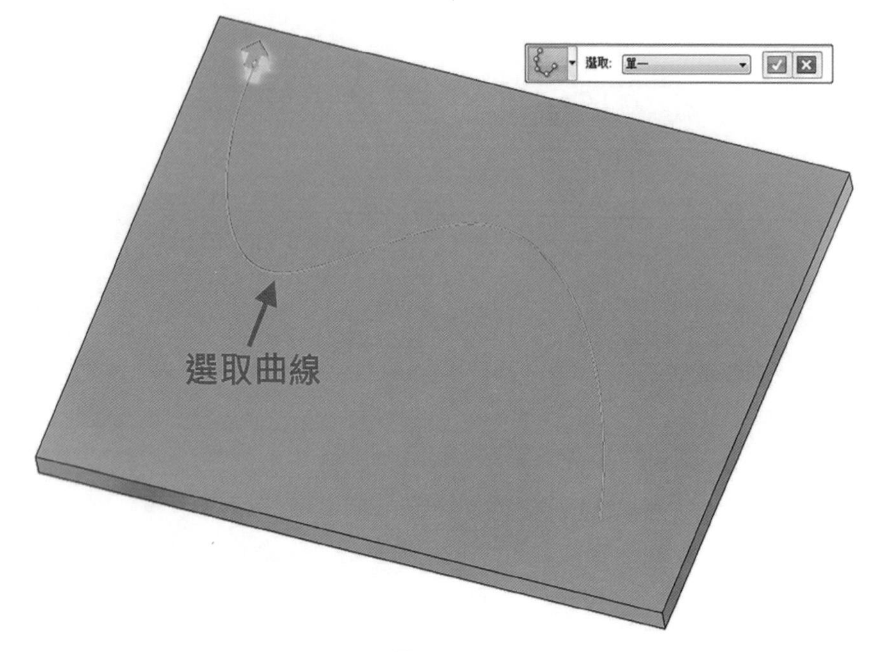

圖 12-3-5

5. 接著點擊「錨點」，作為陣列的參照點，如圖 12-3-6。

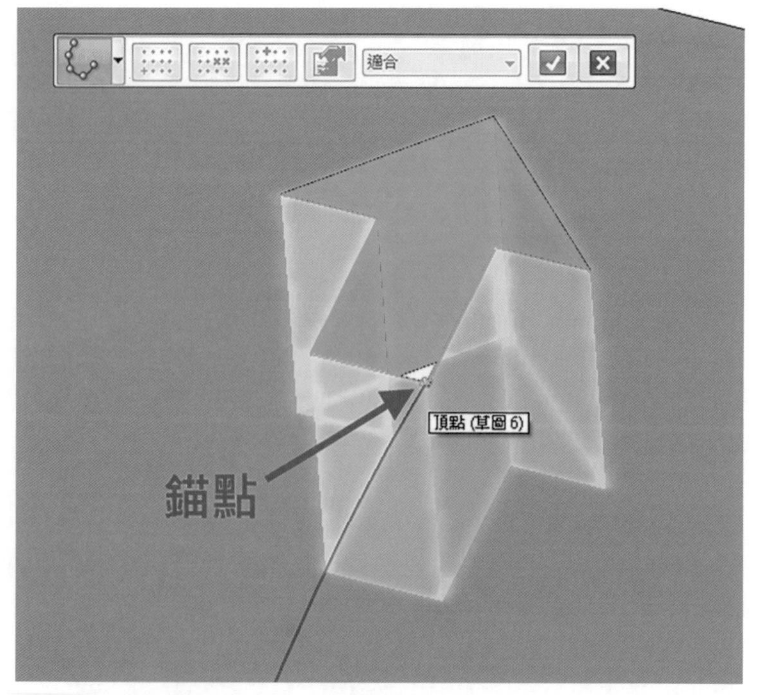

圖 12-3-6

6. 點選完錨點之後，使用者可以利用「方向軸」確定陣列的方向，如圖 12-3-7。

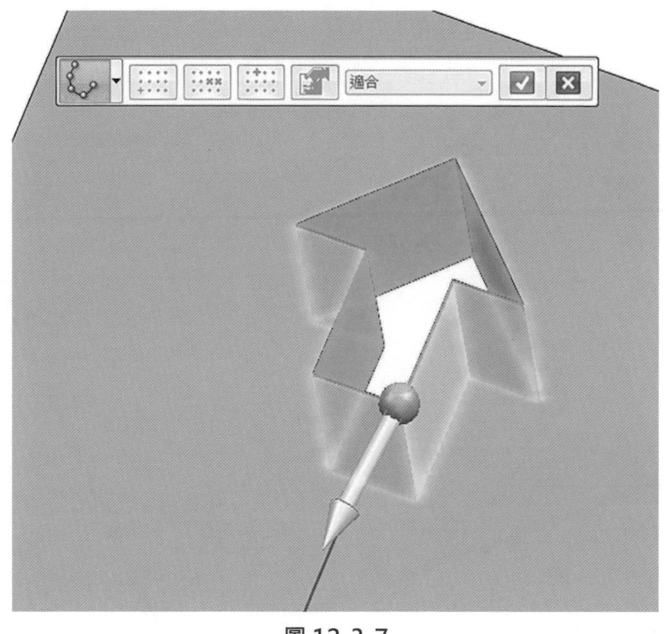

圖 12-3-7

7. 使用者可以根據自己的需求選擇陣列方法，藉此完成沿曲線陣列，如圖 12-3-8。

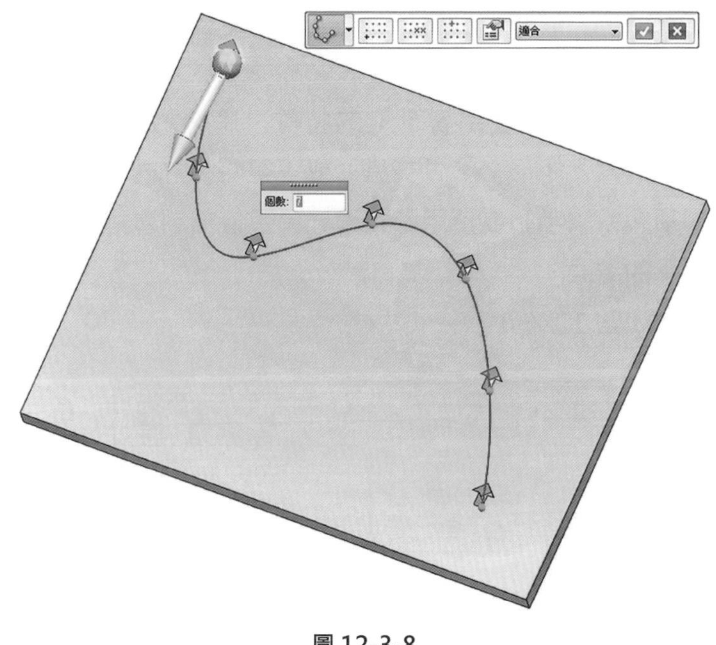

圖 12-3-8

8. 在沿曲線陣列的快速工具列當中，使用者可以透過「選項」進行進階設定，可以調整陣列建構的特徵，使其參照曲線的方向，如圖 12-3-9。

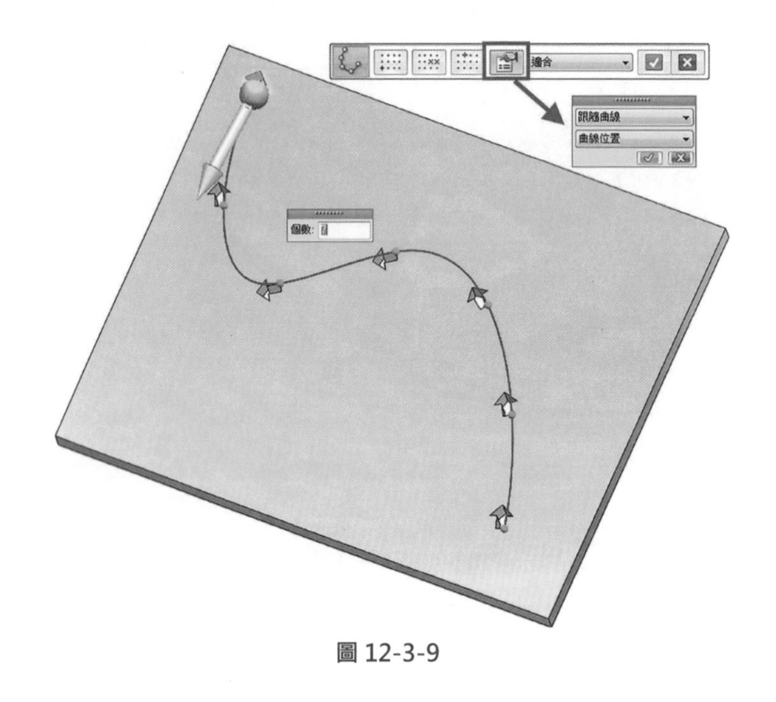

圖 12-3-9

12-4 填充陣列

「填充陣列」指令會根據使用者選取的特徵，將特徵完全填充到定義好的區域內。而填充方式可以選擇「矩形」、「交錯」或「徑向」方式。每種填充陣列類型均有一組定義陣列的選項。可以手動或使用陣列邊界偏置值抑制事例。可以對填充陣列進行編輯，進而產生所需的結果。

填充陣列類型：如圖 12-4-1。

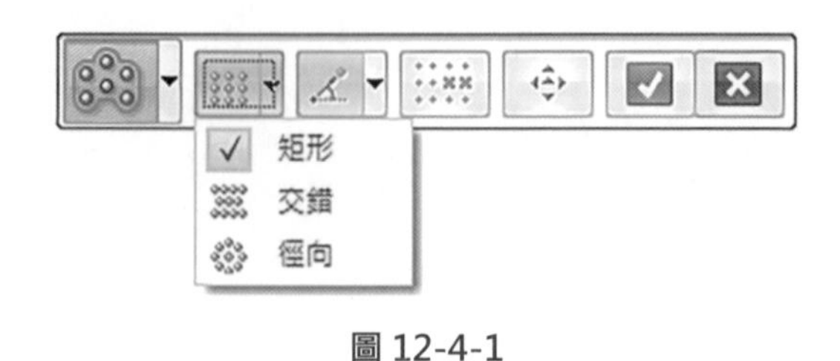

圖 12-4-1

打開範例「12-4.par」，利用此範例可分別介紹「矩形」、「交錯」、「徑向」三種填充類型。使用者選取特徵之後，可利用填充陣列進行陣列的建構，如圖 12-4-2。

圖 12-4-2

指定一個區域進行填充陣列，如圖 12-4-3。

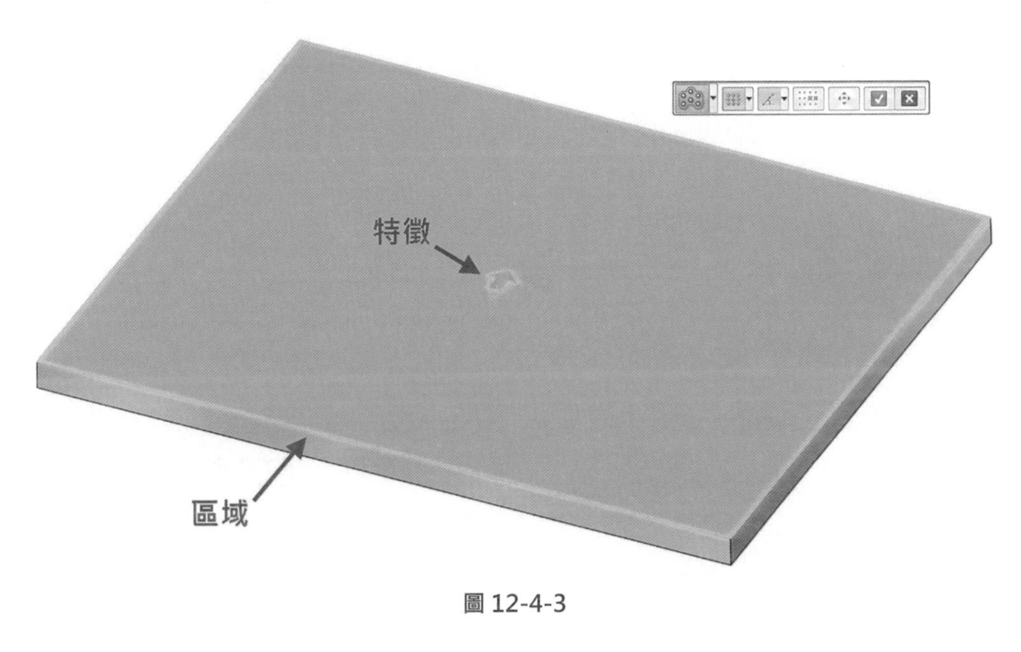

圖 12-4-3

矩形填充：

預設陣列填充類型，此陣列會充滿整個區域，並出現兩個用於定義「列」與「欄」間距的值，可使用「tab」鍵在間距值框之間進行更換，如圖 12-4-4。

點擊「幾何控制器」的圓環，再輸入一個「角度值」，即可變更陣列的旋轉角度，但列與欄的方向始終保持垂直關係，如圖 12-4-5。

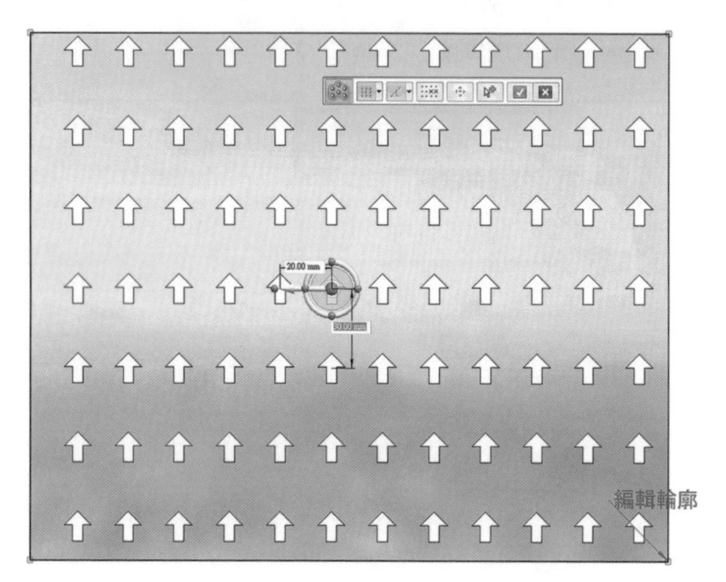

圖 12-4-4

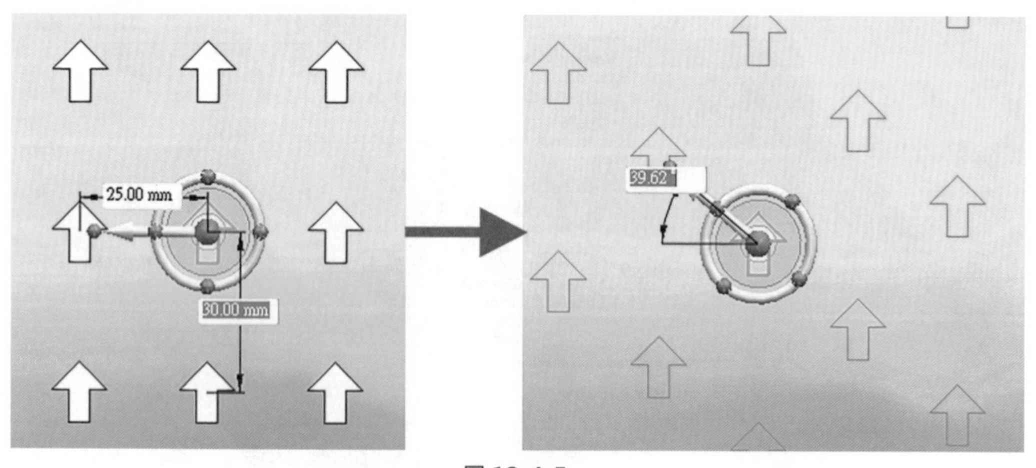

圖 12-4-5

交錯填充：

此陣列類型使用「交錯」的填充樣式，如圖 12-4-6。

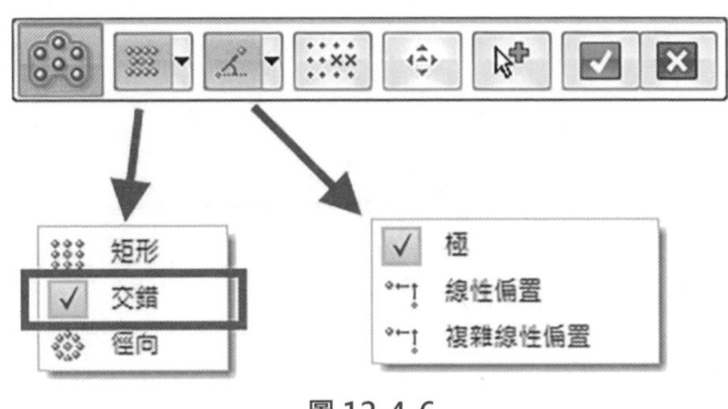

圖 12-4-6

使用者可以根據自己的需求設定的間距方式，間距方式可以使用「極」、「線性偏置」、「複雜線性偏置」三種方式。

使用「極」選項，使用者可以輸入特徵之間的「間距」與「角度」，藉此定義數量及交錯的角度，如圖 12-4-7。

使用「線性偏置」選項，使用者可以輸入特徵之間「水平向距離」與「垂直向距離」，如圖 12-4-8。

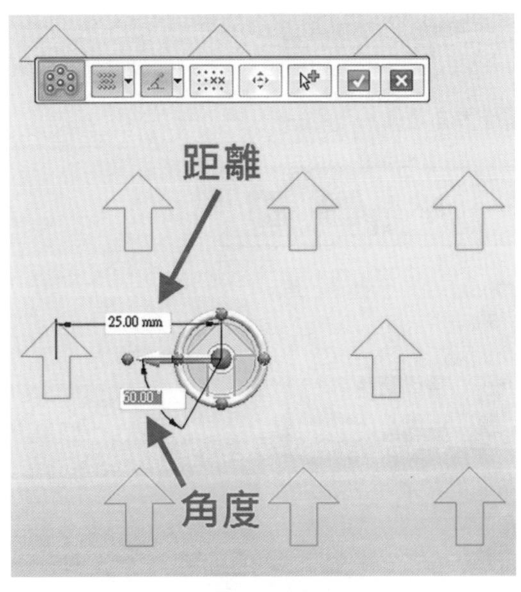

圖 12-4-7

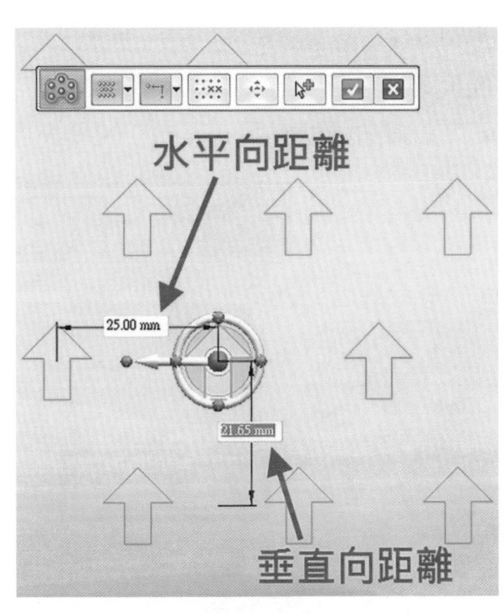

圖 12-4-8

使用「複雜線性偏置」選項，使用者除了水平向與垂直向距離之外，還會另外多一個水平向距離，以進行更多的調整，如圖 12-4-9。

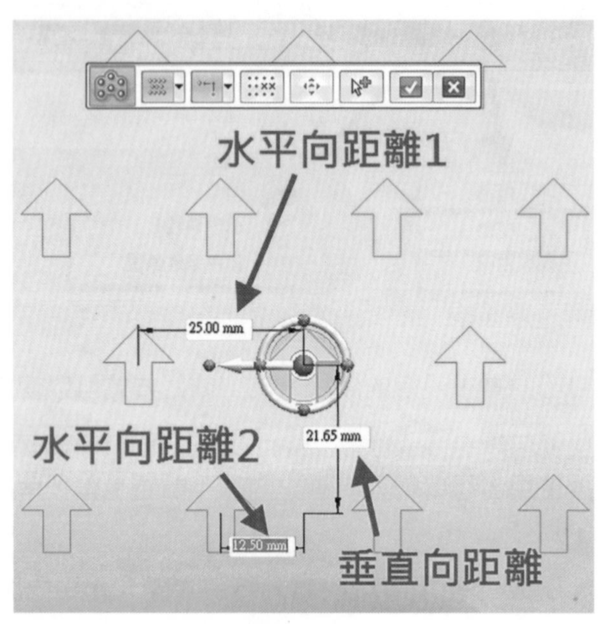

圖 12-4-9

徑向填充：

此陣列類型使用「徑向」的填充區域，如圖 12-4-10。

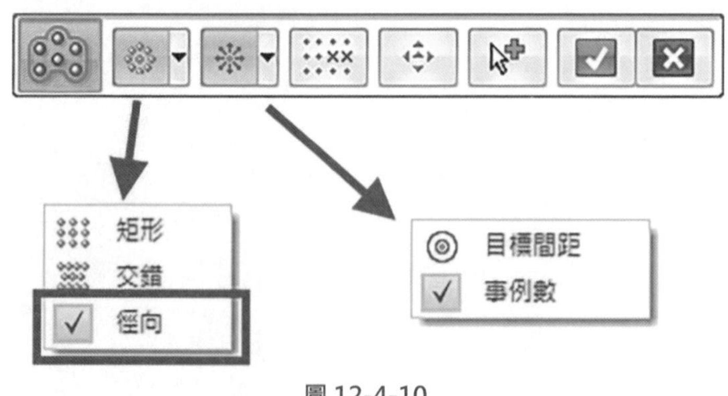

圖 12-4-10

使用者可以根據自己的需求設定的間距方式，間距方式可以使用「目標間距」、「事例數」兩種方式。

使用「目標間距」選項，使用者須輸入特徵之間的「間距」，Solid Edge 會根據間距，將陣列以環繞父元素的方式建構陣列，如圖 12-4-11。

使用「事例數」選項，使用者可以輸入「特徵數量」，Solid Edge 會根據數量，在環繞時每一圈皆維持特徵數量，如圖 12-4-12。

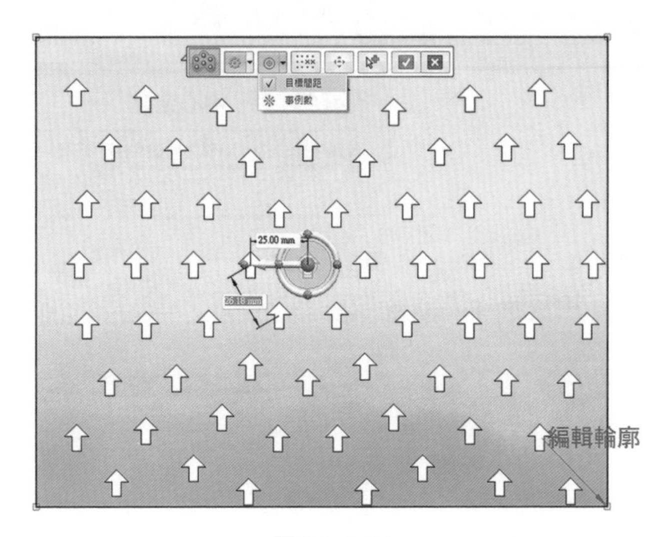

圖 12-4-11

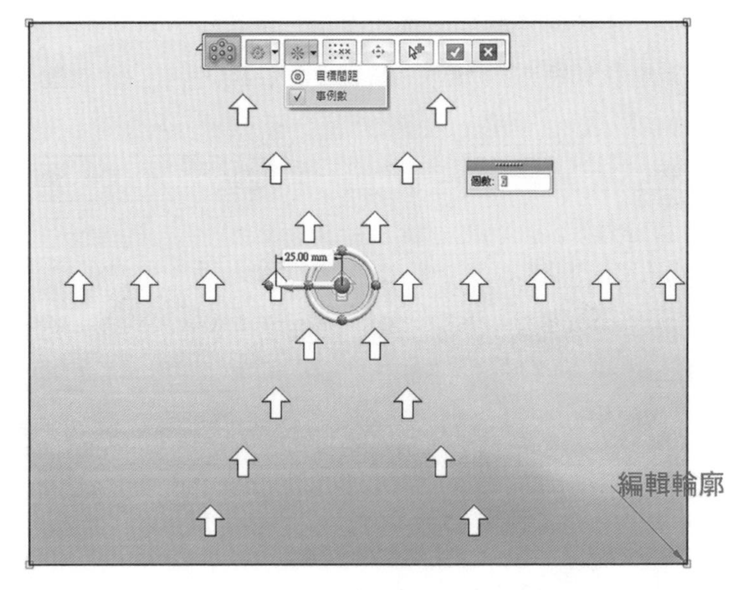

圖 12-4-12

中心定向：

中心定向指令僅提供於「徑向」填充陣列中使用，用以控制父元素以外的陣列特徵所旋轉的方向，如圖 12-4-13。

圖 12-4-13

選擇此選項之後，「幾何控制器」會新增加一個較短的方向軸，使用者可以點選新增的方向軸，藉此調整陣列特徵的方向，如圖 12-4-14。

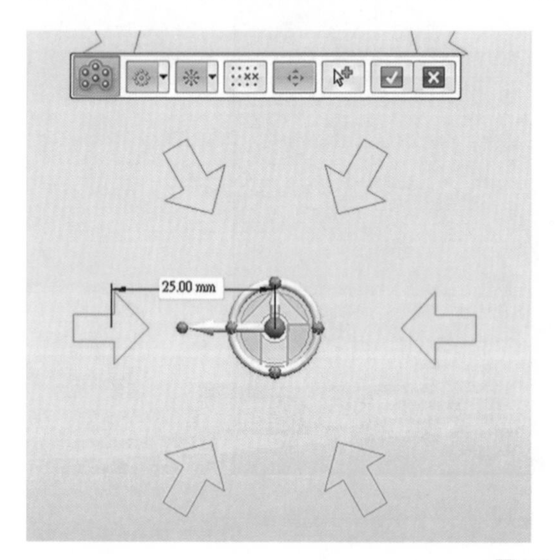

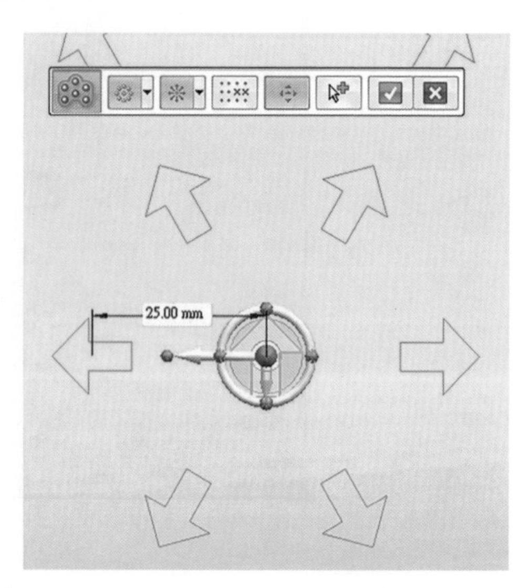

圖 12-4-14

備註：請注意，隨著中心定向的角度值變更，方向向量上的第一個事例（標記為橙色以供辨認）也會按該值進行旋轉，如圖 12-4-15。

「填充陣列」快速工具列當中的「抑制複體」與「矩形陣列」相同，使用者可參閱先前章節的敘述。

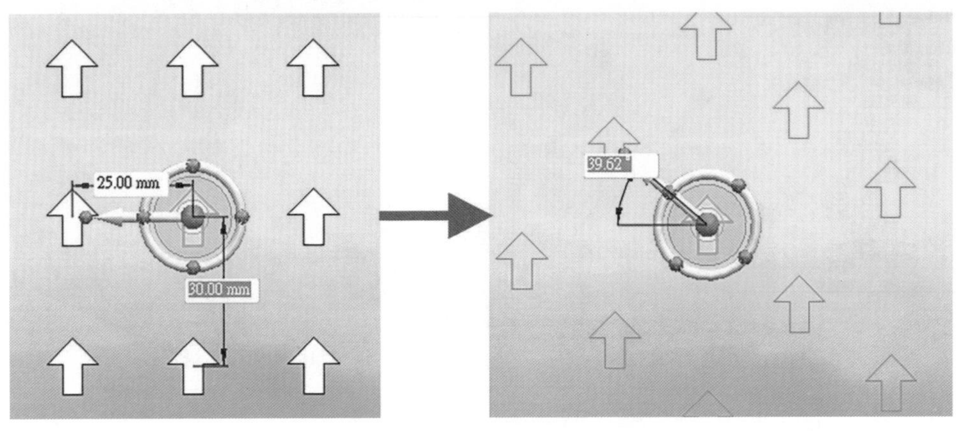

圖 12-4-15

12-5 鏡射

使用者可以使用「鏡射」指令來鏡射一個或多個「特徵」、「面」、或「整個零件」；而鏡射平面可以選擇是「基本參照平面」或「任一實體平面」，如圖 12-5-1。

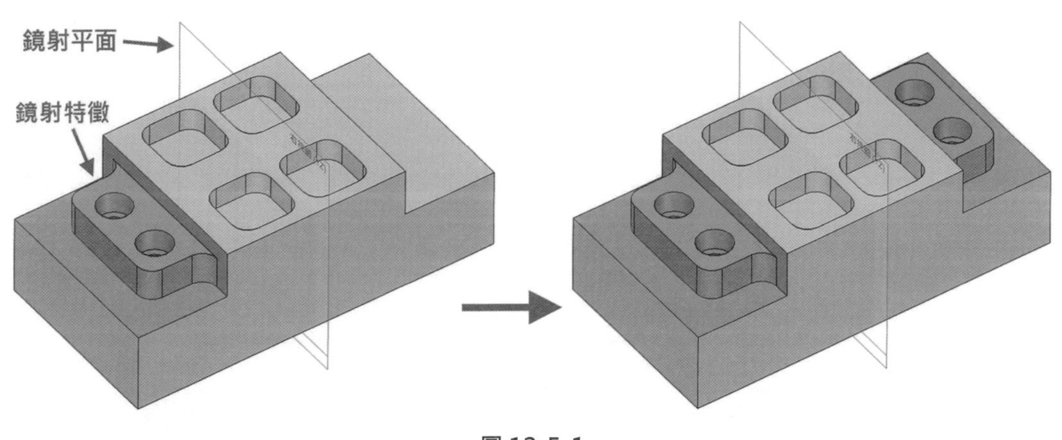

圖 12-5-1

1. 開啟範例檔「12-5.par」，選擇需要進行鏡射的特徵，使用者可以透過導航者上的實體特徵選取，也可以利用滑鼠直接框選所需的特徵或面，如圖 12-5-2。

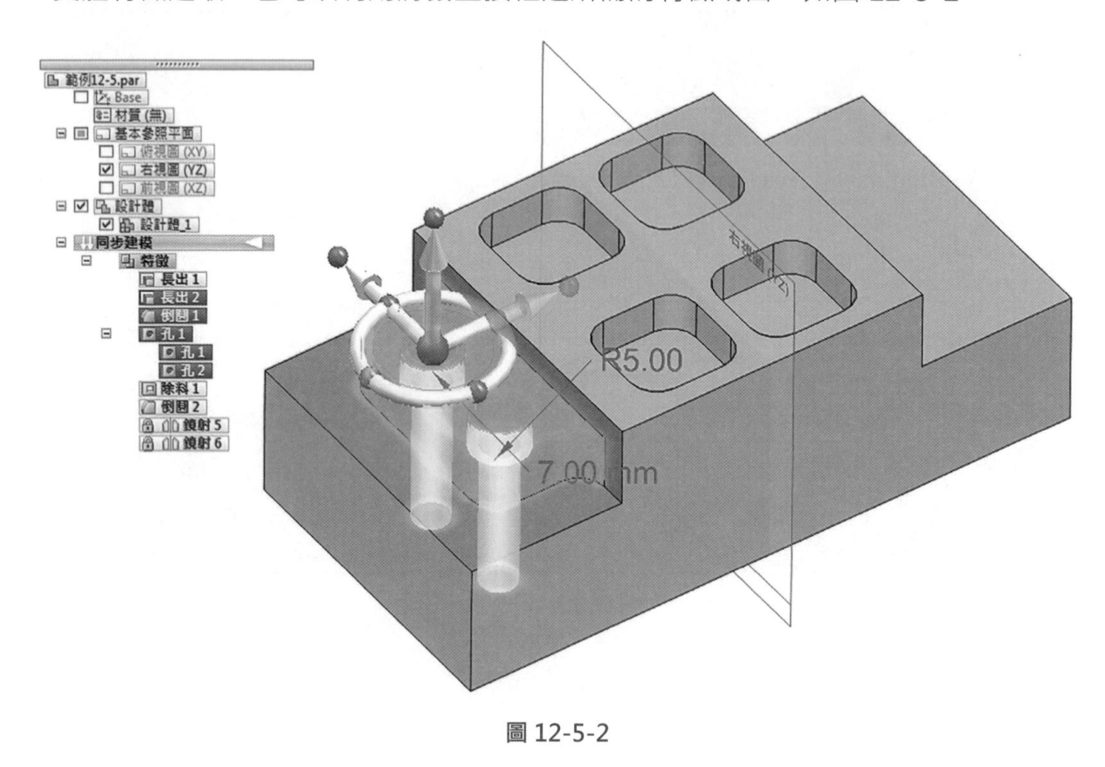

圖 12-5-2

2. 使用「鏡射」指令，如圖 12-5-3。

圖 12-5-3

3. 選擇「右視圖」做為鏡射平面，如圖 12-5-4；完成結果，如圖 12-5-5。

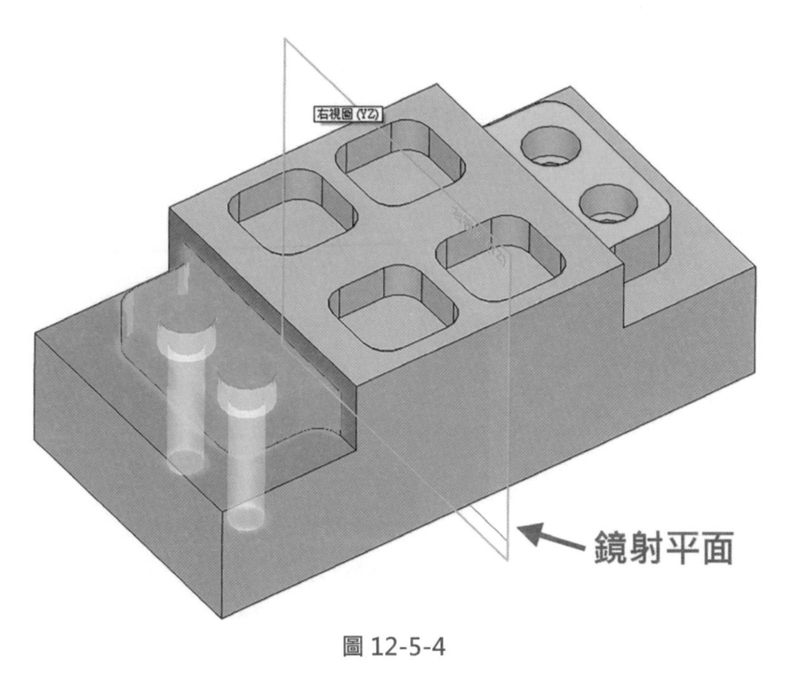

圖 12-5-4

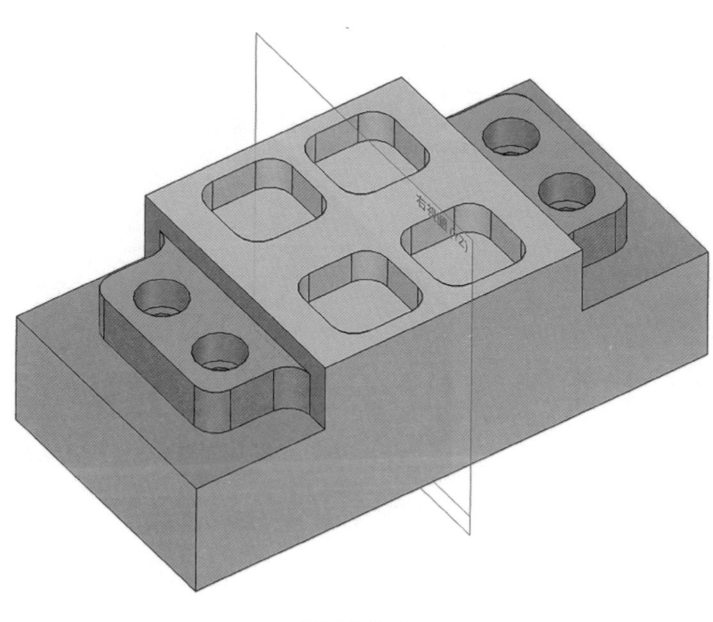

圖 12-5-5

4. 「鏡射」指令中，提供了「保持鏡射關聯」選項，如圖 12-5-6；選項開啟時，建立的鏡射特徵會將鏡射所產生的特徵集中到鏡射。
   導航者中「鏡射」紀錄底下特徵，以便日後修改時，確保這些特徵將以鏡射對稱規則修改，如圖 12-5-7。

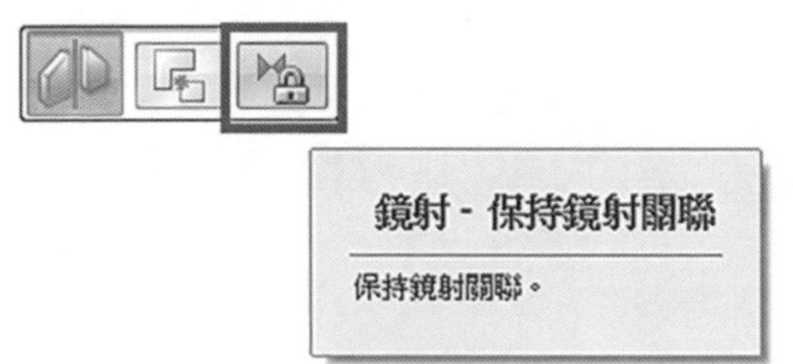

圖 12-5-6

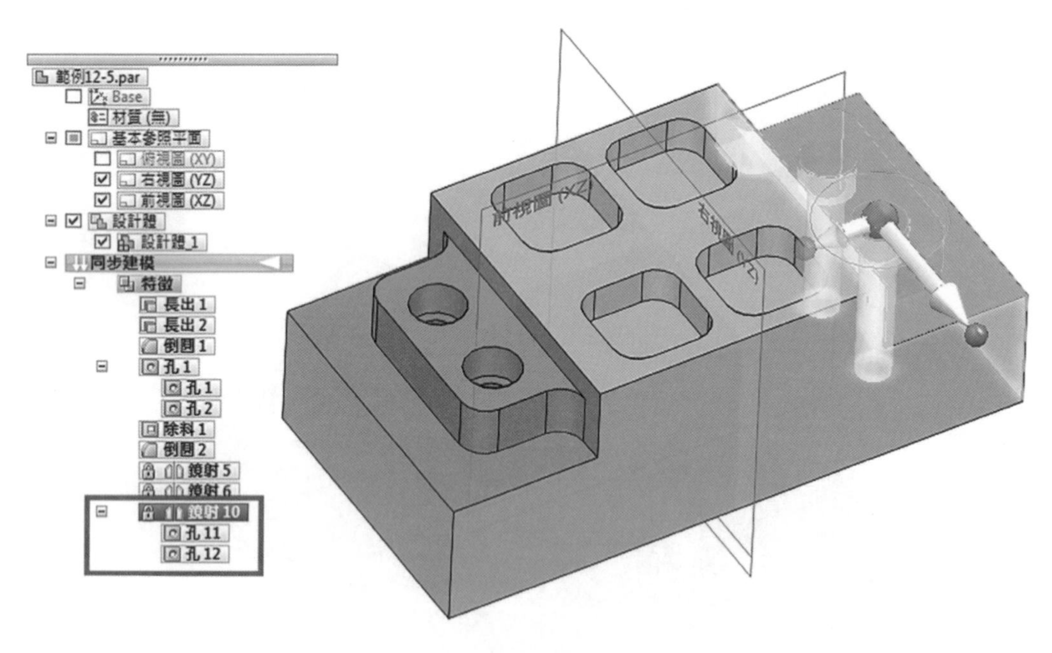

圖 12-5-7

12-6 順序建模矩形陣列

1. 開啟範例檔「12-6.par」，如圖 12-6-1。

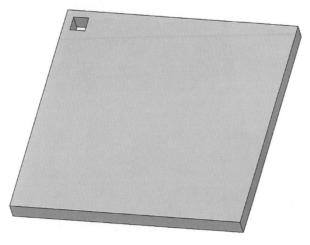

圖 12-6-1

2. 選擇陣列指令，在順序建模當中，陣列指令可以根據使用者需求，建構矩形或圓形陣列，如圖 12-6-2。

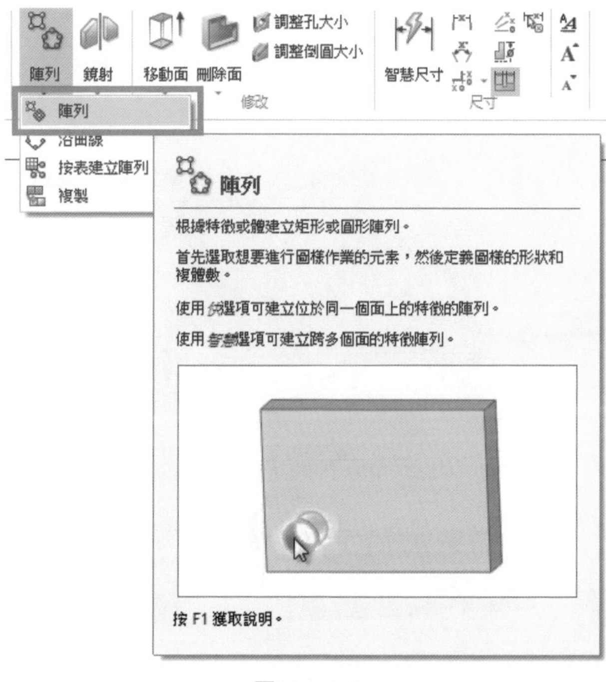

圖 12-6-2

3. 選擇需要建構陣列的特徵，使用者可以透過導航者或是直接點選特徵選取，並按確定，如圖 12-6-3。

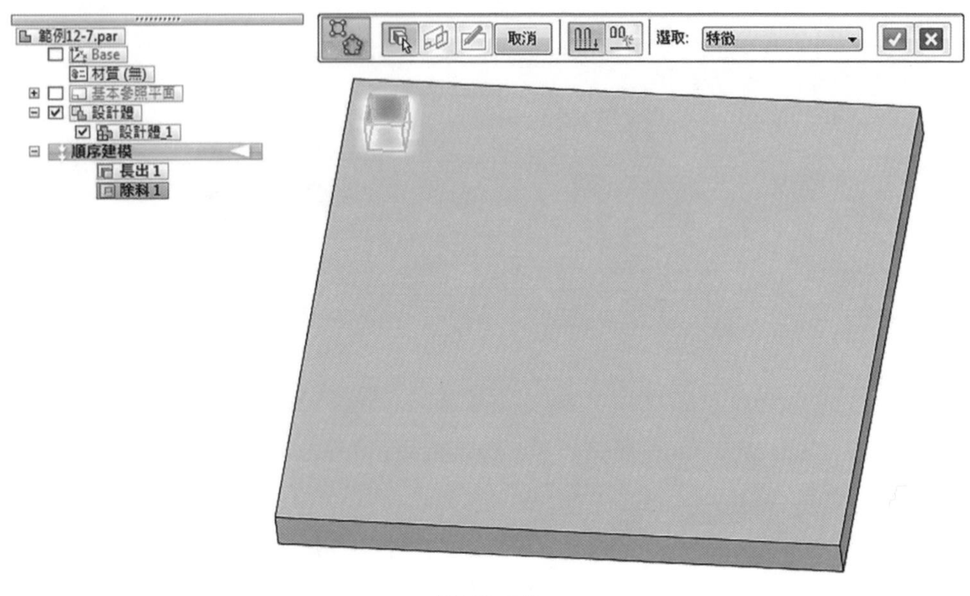

圖 12-6-3

4. 選擇陣列所使用的平面，如圖 12-6-4。

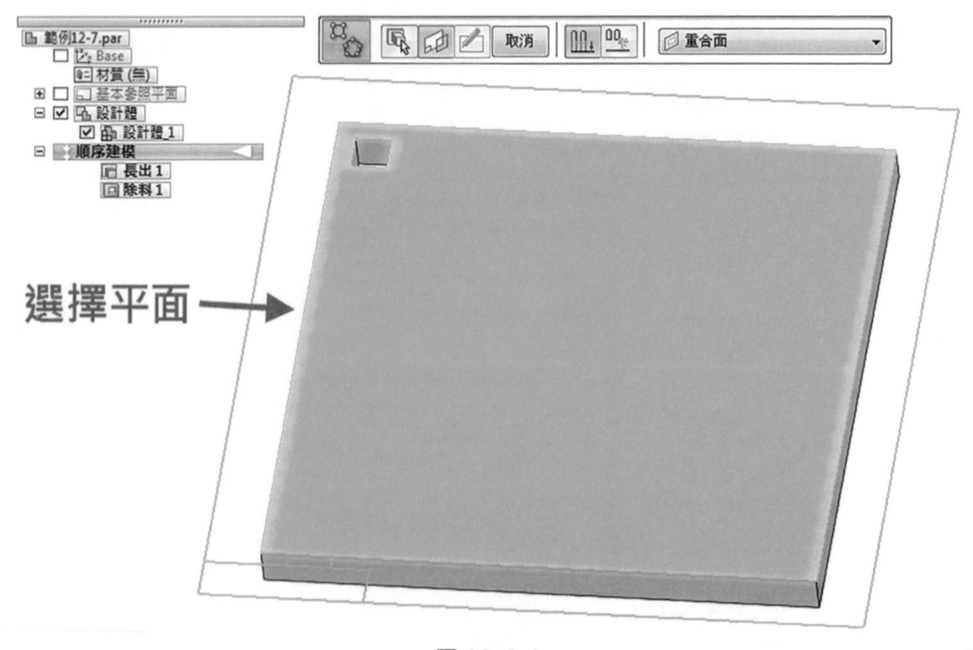

圖 12-6-4

5. 選擇特徵中的「矩形陣列」，如圖 12-6-5。

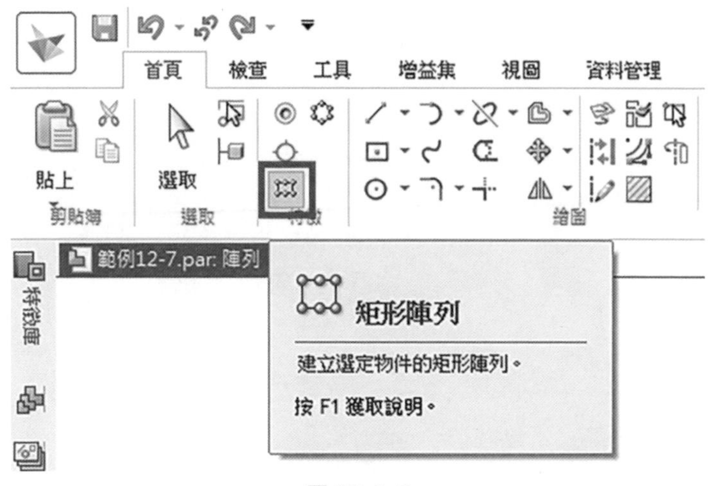

圖 12-6-5

6. 「矩形陣列」指令是幫助使用者建立陣列時，繪製所需要的草圖，因此使用者可以點選特徵的端點作為參照點，繪製出所需的陣列草圖，並且利用快速工具列，確認陣列的數量及尺寸，以及是否需要抑制特徵，如圖 12-6-6，使用者可以 X、Y 的數量都輸入 5 個，寬度、高度則輸入 230 mm，而草圖中所顯示的綠色圓點，即是陣列特徵所顯示的位置。

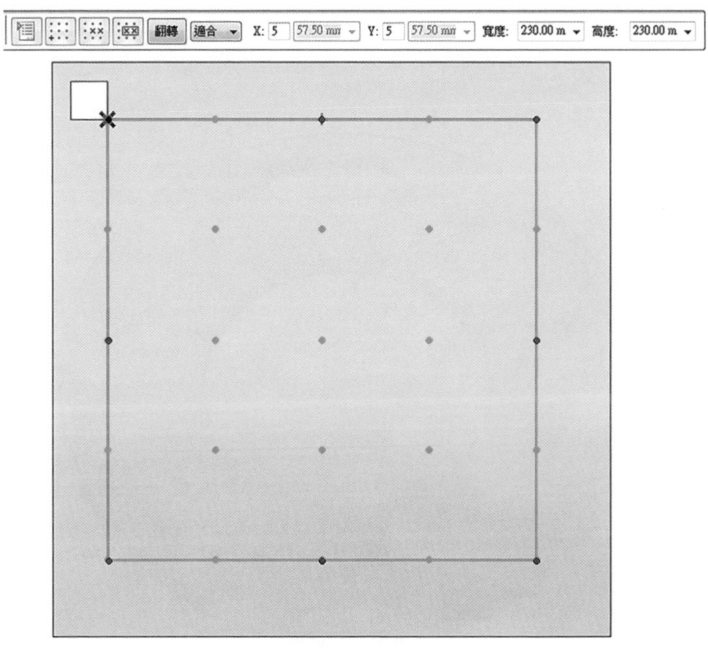

圖 12-6-6

7. 關閉草圖並按下完成，即可完成陣列，如圖 12-6-7。

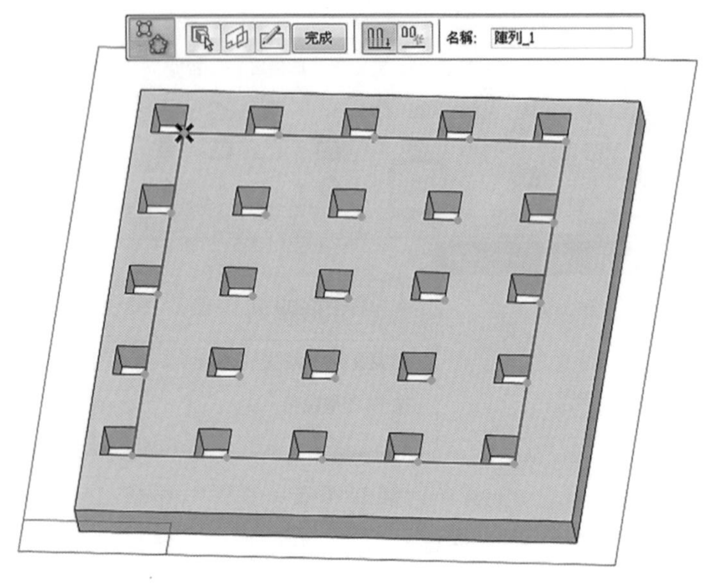

圖 12-6-7

12-7 順序建模圓形陣列

1. 開啟範例檔「12-7.par」，如圖 12-7-1。

圖 12-7-1

2. 選擇陣列指令，並且選定需要陣列的特徵，如圖 12-7-2。

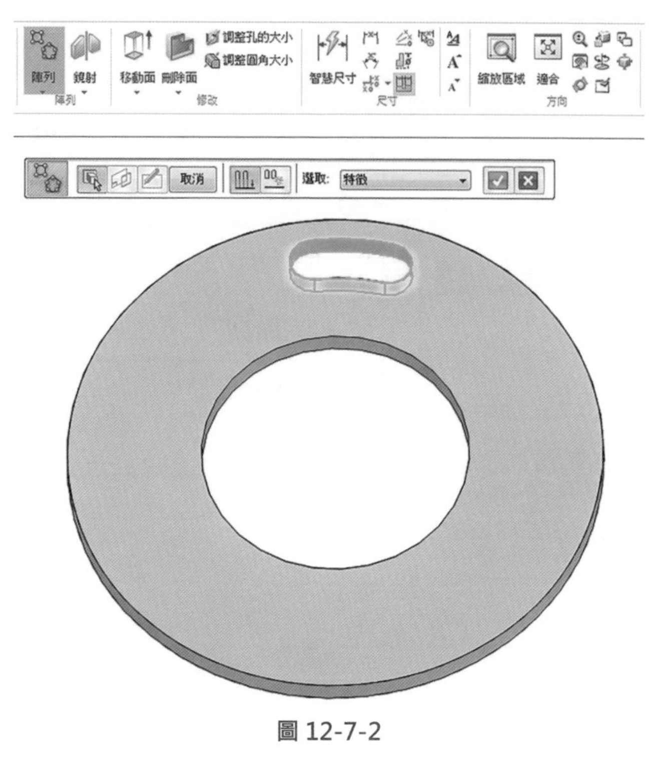

圖 12-7-2

3. 選擇草圖使用的平面，如圖 12-7-3。

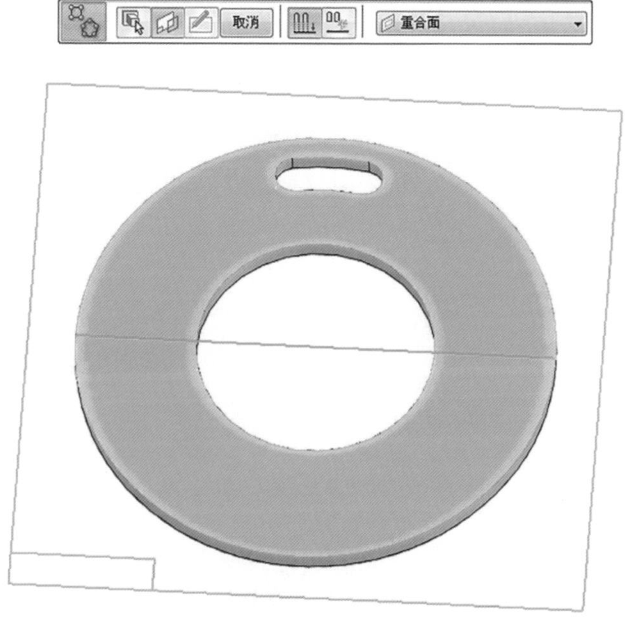

圖 12-7-3

4. 使用「圓形陣列」指令，繪製圓形陣列所需要的草圖，如圖 12-7-4。

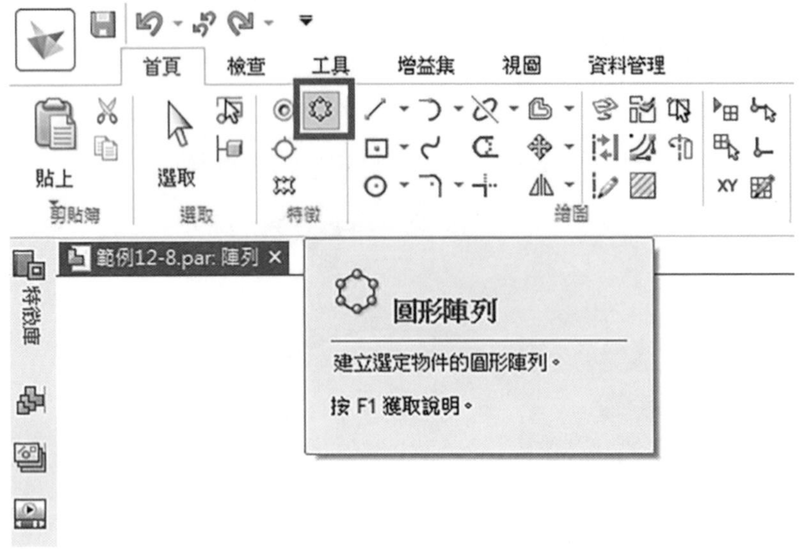

圖 12-7-4

5. 使用者可以點選圓心，繪製圓形陣列所需要的圓形草圖，利用鎖點工具鎖定於特徵之上，並且於間距輸入陣列數量：6個，如圖 12-7-5。

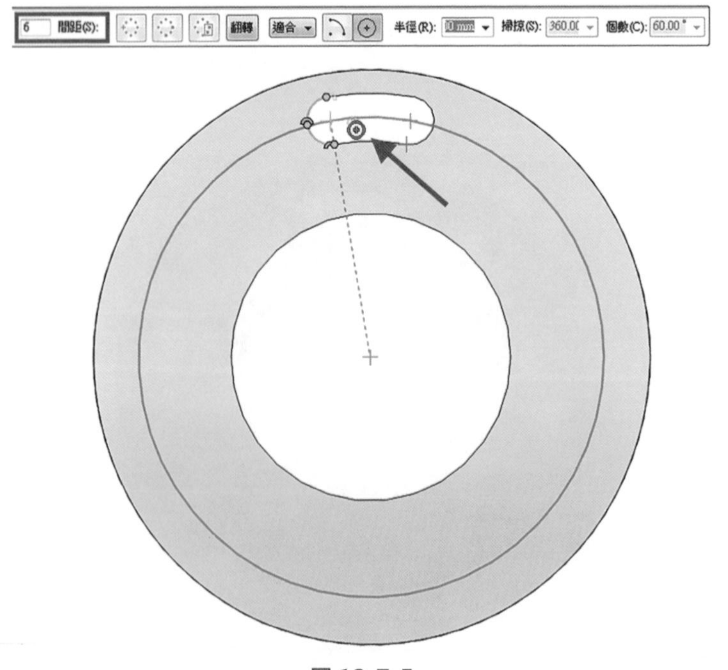

圖 12-7-5

6. 此時需給予陣列方向，用以決定順時針或逆時針方向，如圖 12-7-6。

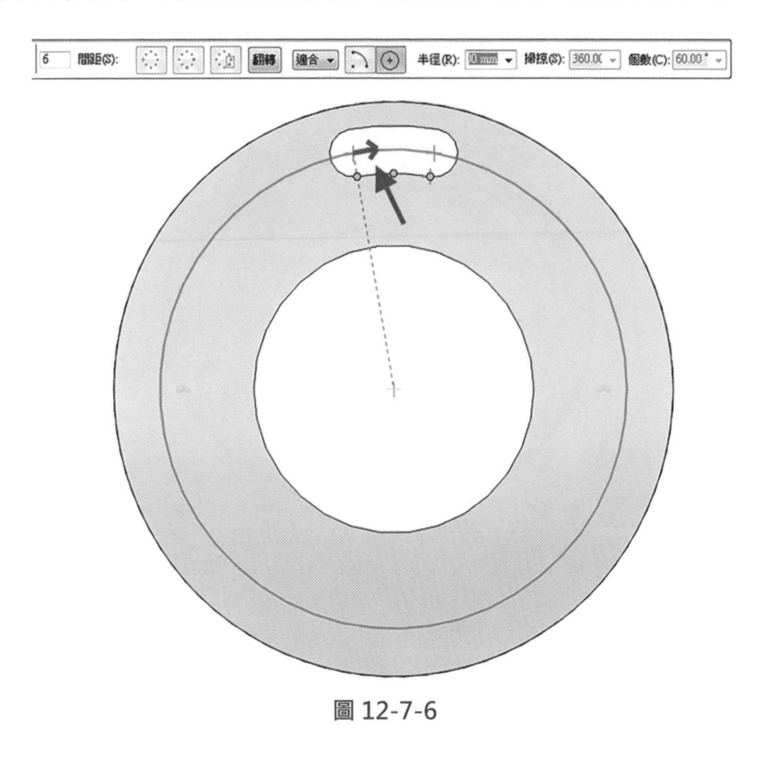

圖 12-7-6

7. 這樣即可完成圓形陣列草圖，如圖 12-7-7。

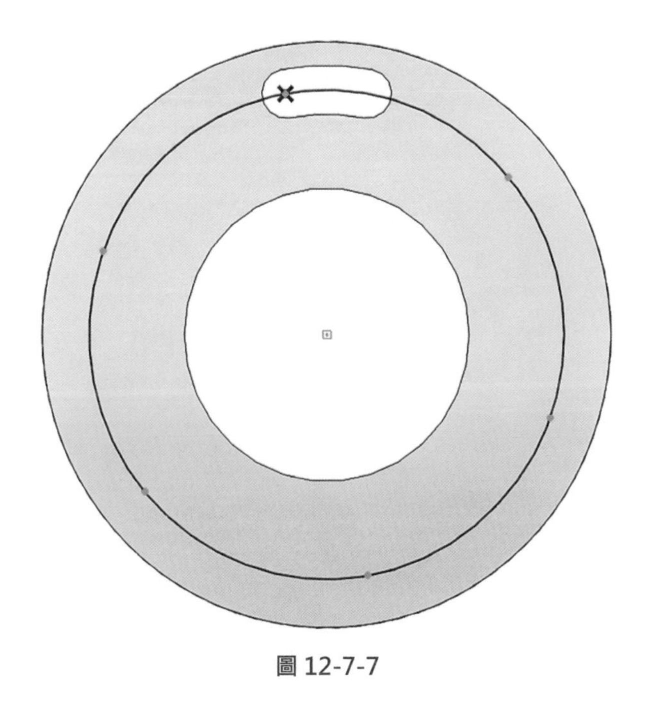

圖 12-7-7

8. 關閉草圖並且點選完成，即可完成圓形陣列，如圖 12-7-8。

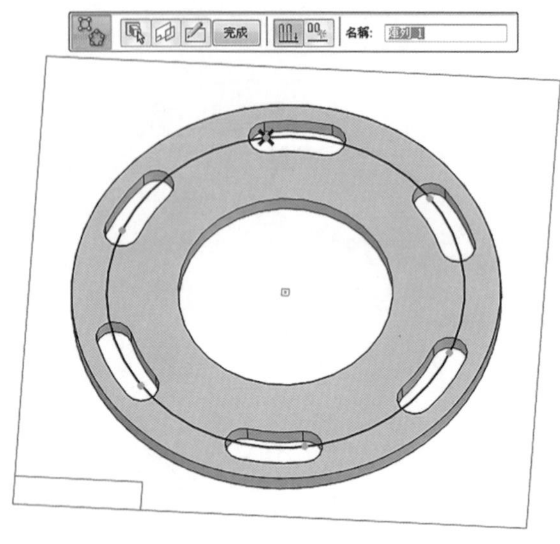

圖 12-7-8

補充

1. 另外，使用者如果不需要建立全圓陣列時，在繪製圓形陣列草圖時，選取「局部圓」指令，草圖則會根據使用者提供的參數，建立圓弧形陣列，如圖 12-7-9。
   掃掠：圓弧線長度所使用的夾角。
   個數：特徵之間的夾角。

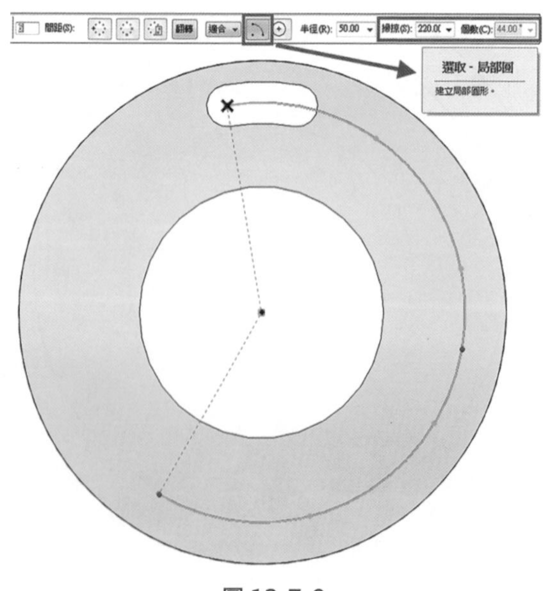

圖 12-7-9

2. 關閉草圖並點選「完成」，即可完成圓弧形陣列，如圖 12-7-10。

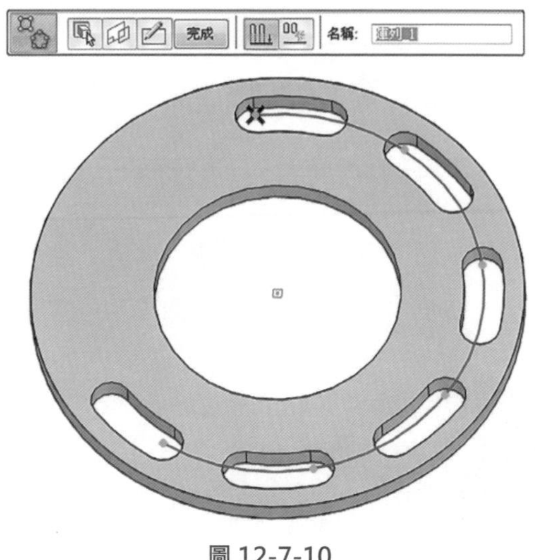

圖 12-7-10

12-8 組立件陣列

在組立件中，想要進行零件陣列，有兩種方式：

- 利用組立件中的零件陣列特徵（在組立件章節中有步驟）
- 繪製陣列草圖的方式

1 在此我們介紹第二種方式，直接繪製草圖的方式，開啟範例檔，範例檔「12-8.asm」，如圖 12-8-1。

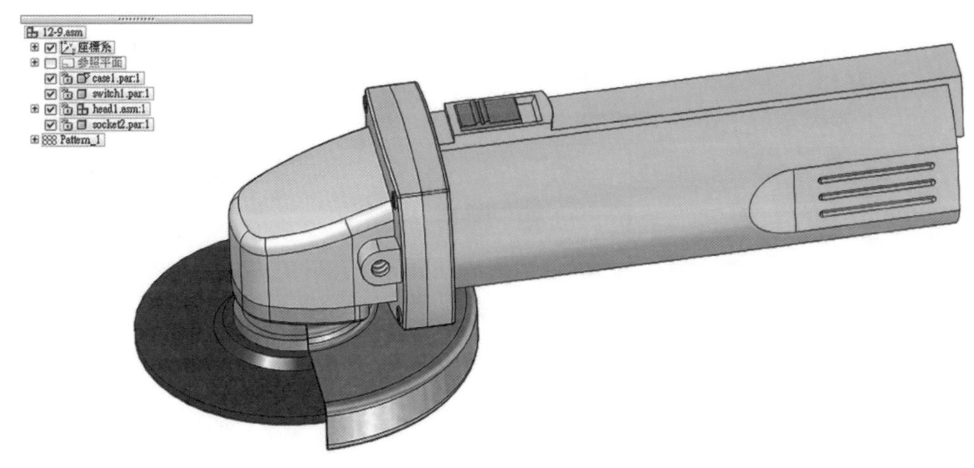

圖 12-8-1

2. 選擇「草圖」→重合面，如圖 12-8-2。

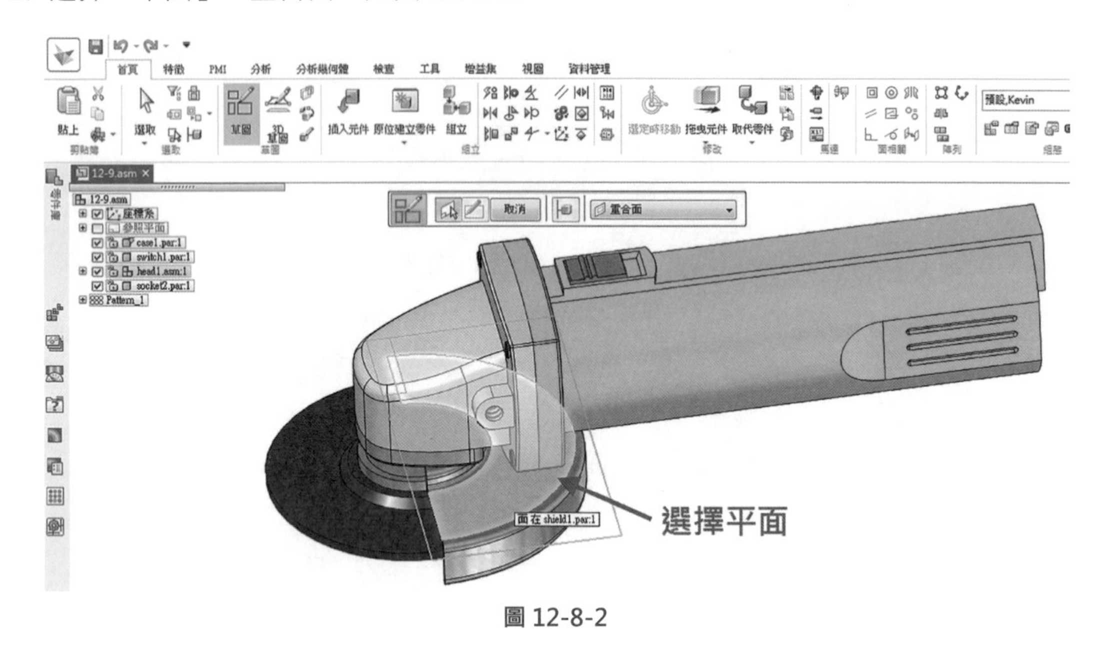

圖 12-8-2

3. 與順序建模作法一樣，在草圖模式中，繪製陣列所需的草圖，如圖 12-8-3。

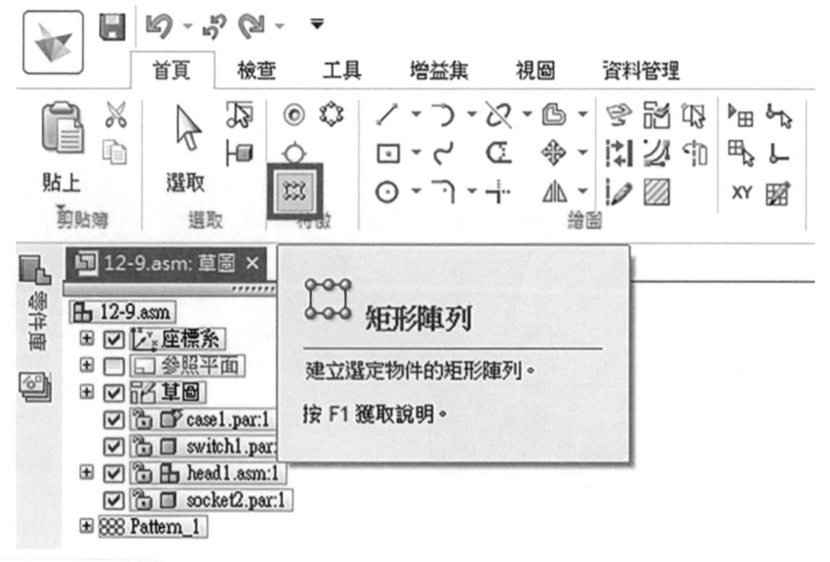

圖 12-8-3

4. 開啟工具的「同級」功能，「同級」可以幫助使用者在繪製草圖時，可以參照其他零件的各種鎖點位置，如圖 12-8-4。

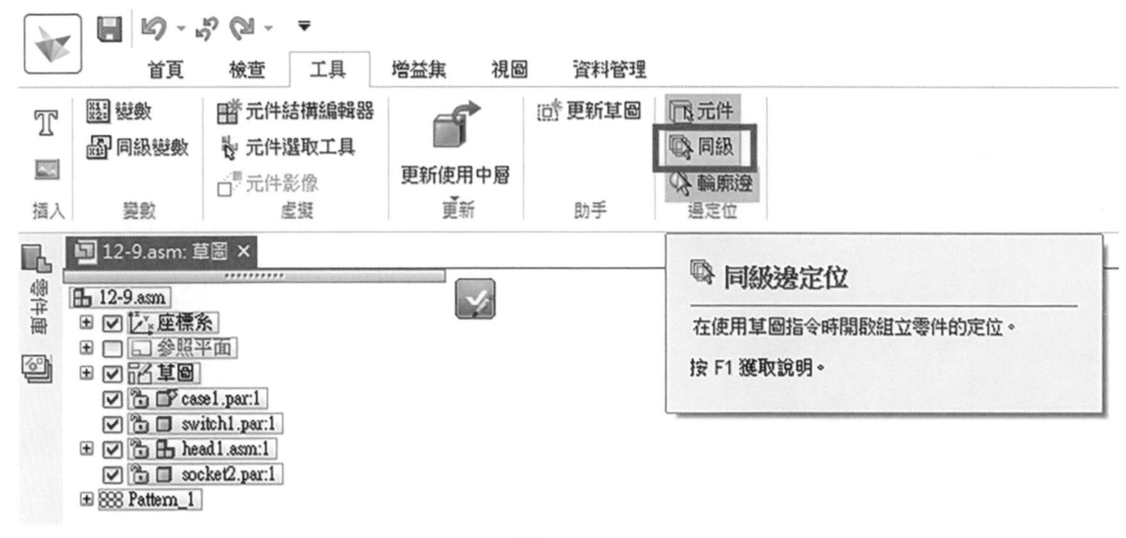

圖 12-8-4

5. 接下來就可以在組立件中找到圓心點，並且定義為陣列的起點，如圖 12-8-5。

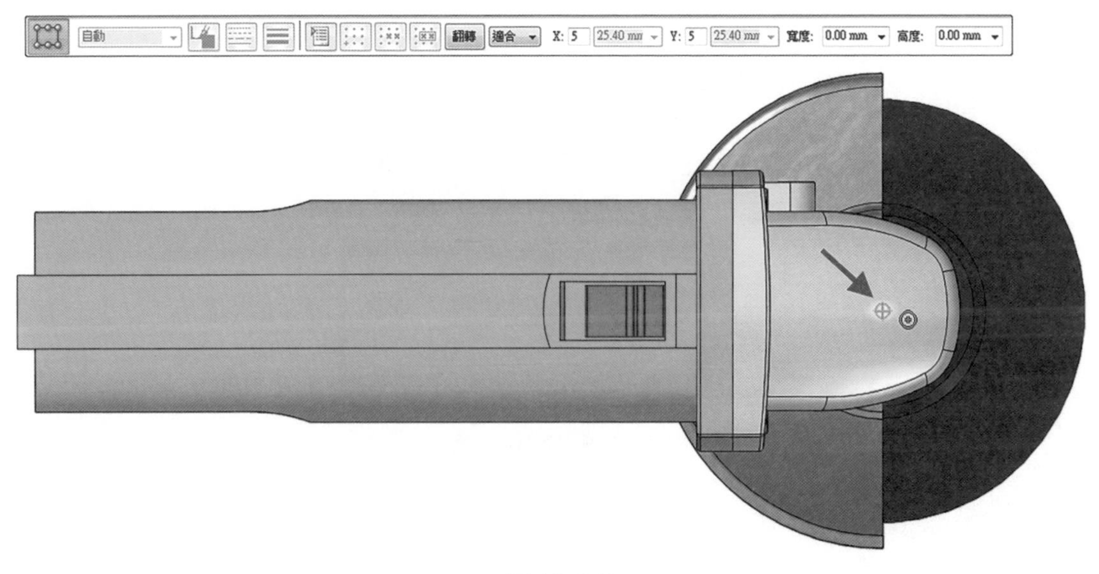

圖 12-8-5

6. 繪製矩形陣列草圖並且調整陣列的距離及數量，接著關閉草圖，如圖 12-8-6。

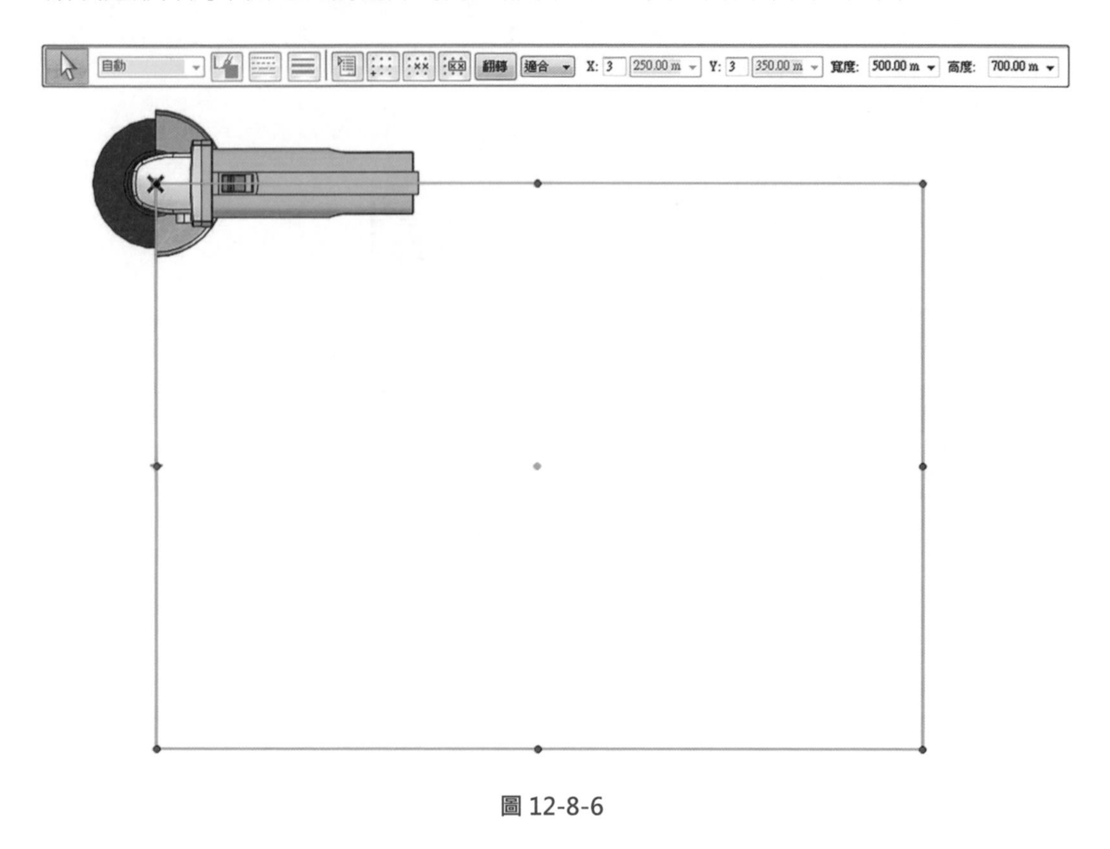

圖 12-8-6

7. 選取首頁的陣列指令，如圖 12-8-7。

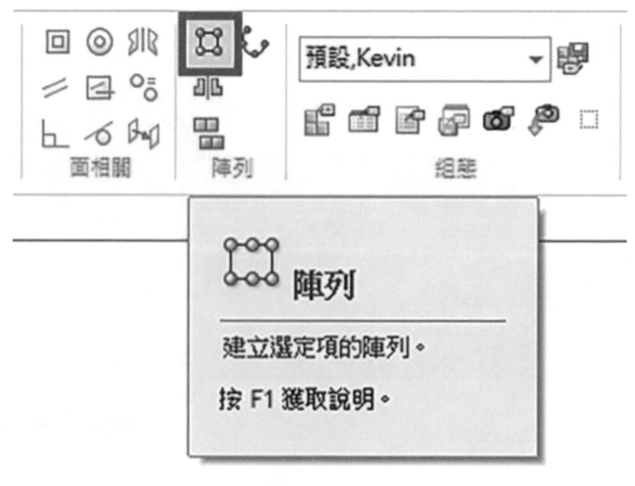

圖 12-8-7

8. 選擇需要陣列的零件，在「導航者」中，使用者可以先點第一個零件，接下來按下「shift」鍵選取最後一個，達到全選的目的；也可以按住「ctrl」鍵進行複選，如圖 12-8-8。

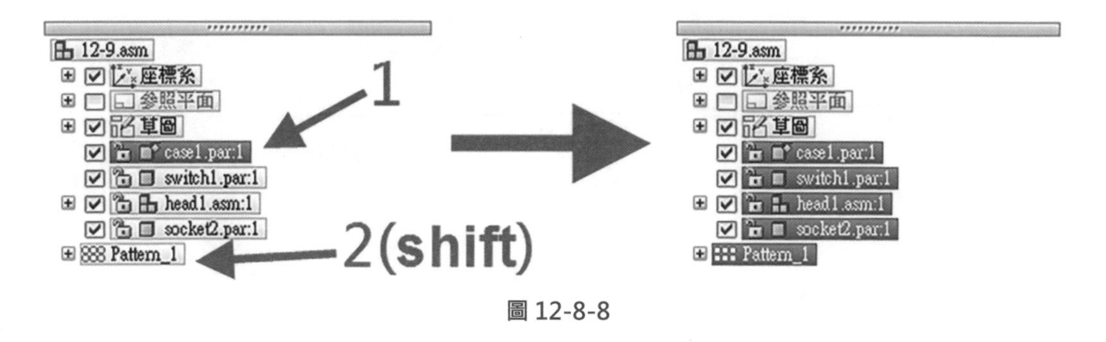

圖 12-8-8

9. 後面兩個步驟都直接點選剛剛繪製的草圖即可點選完成，如圖 12-8-9。

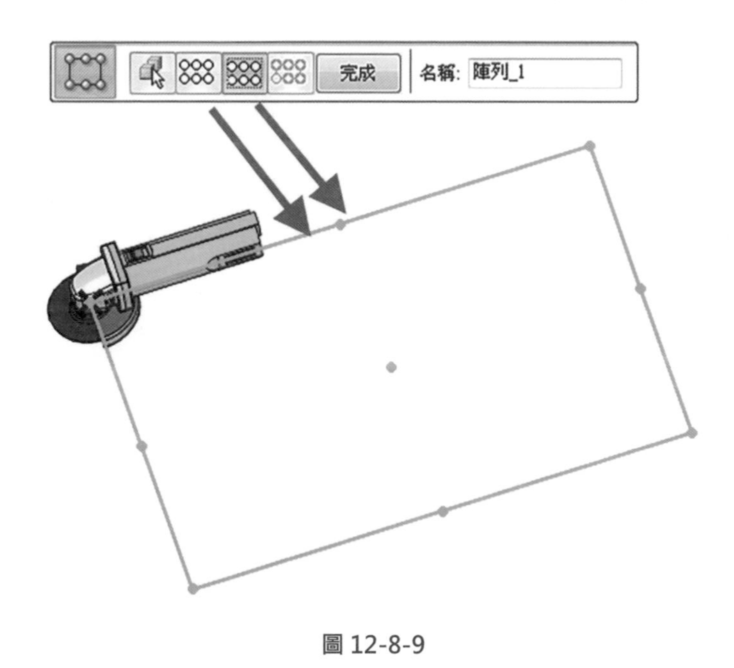

圖 12-8-9

10. 完成陣列，如圖 12-8-10。

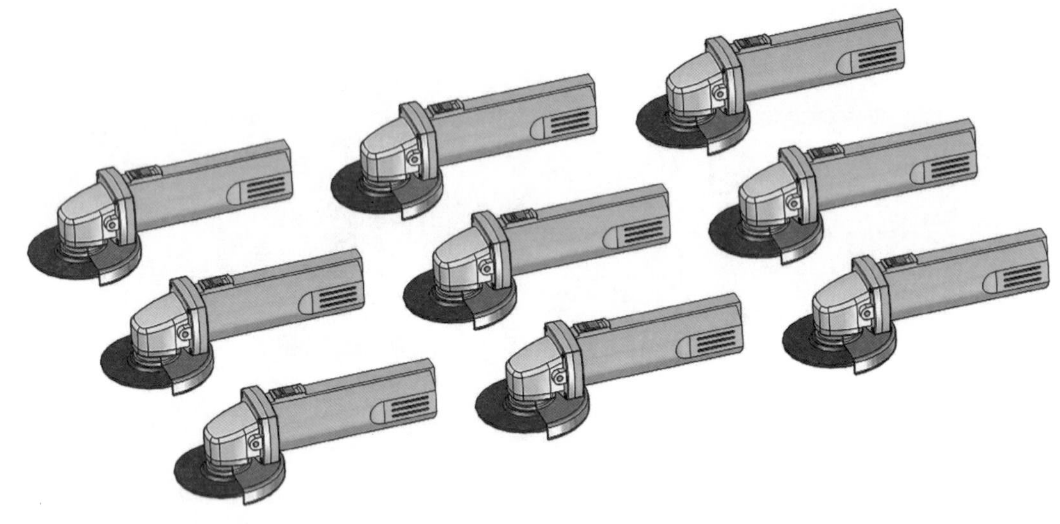

圖 12-8-10

12-9 辨識孔特徵及陣列

在讀取非 Solid Edge 的檔案，如：iges、step、parasolid、JT 或是大眾化的 3D CAD 檔案，在開啟模型之後，其實不會有孔特徵及陣列，造成修改時較為不便，因此透過 Solid Edge 強大的辨識功能，可以將無特徵的模型轉換成有特徵的模型，增加使用者在修改時的便利性。

在 Solid Edge 中提供強大的孔及陣列辨識系統：

- **非孔類型的陣列：**
  1. 選取特徵。
  2. 再將有規律並且相同的特徵轉換陣列特徵。

- **孔類型的陣列：**
  1. 先將模型的孔進行辨識。
  2. 再將模型的孔轉換陣列特徵。

     利用以上步驟就可以輕鬆的將模型進行轉換及辨識調整。

- **辨識非孔類型的陣列：**

1. 開啟範例「12-9.par」，此範例是由外來檔案轉換而成的，使用者可以從導航者中發現此檔案僅只有體特徵，並不存在其他的實體特徵，如圖 12-9-1。

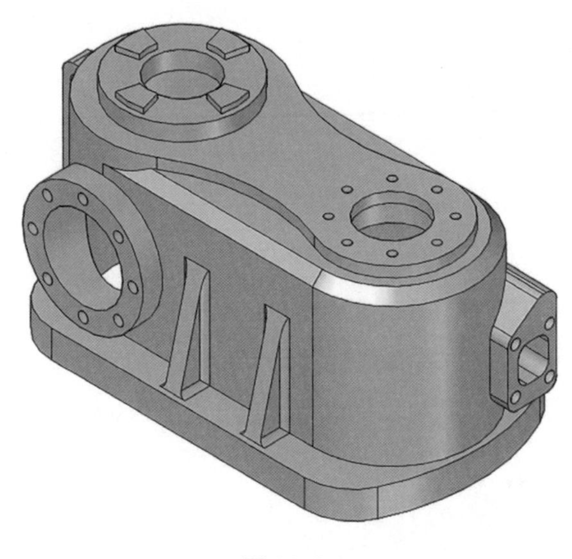

圖 12-9-1

2. 檢查模型之後，可以發現很多特徵都有呈現陣列的排列，因此，使用者可以先選取一個特徵供 Soild Edge 辨識，如圖 12-9-2。

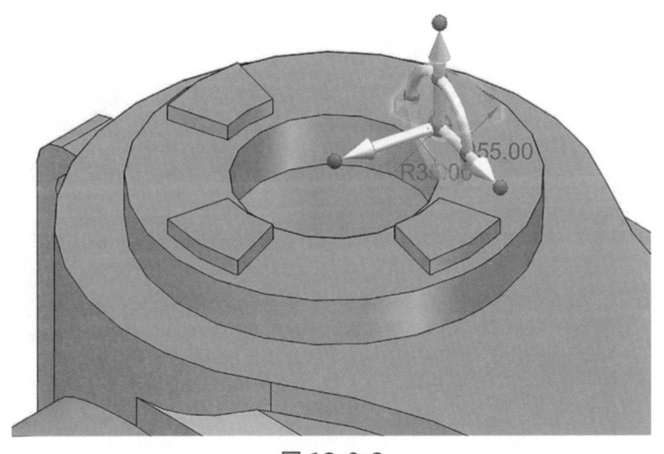

圖 12-9-2

3. 選取之後，再使用「辨識陣列」指令，如圖 12-9-3。

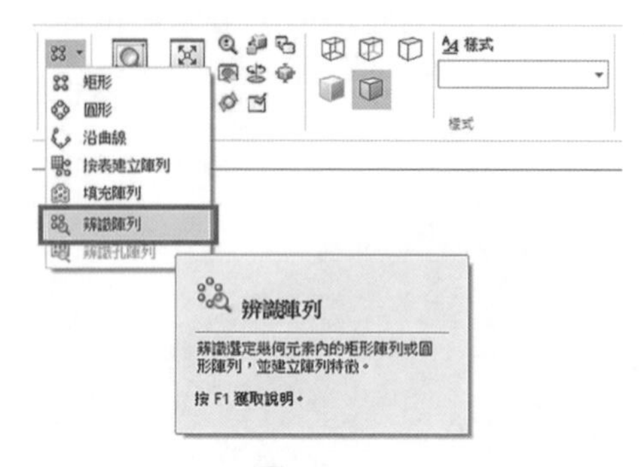

圖 12-9-3

4. 點選「辨識陣列」指令之後，Solid Edge 即會自動辨識陣列規則性，如圖 12-9-4，綠色顯示的特徵即為陣列的父元素，橘色特徵則為陣列特徵，橘色線段則為陣列規則，從陣列辨識的表格也可以看出該陣列為圓形陣列。

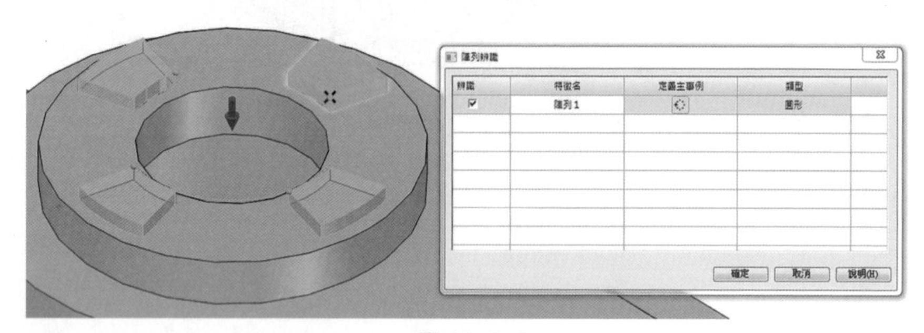

圖 12-9-4

5. 點選確定之後，導航者就會出現一個陣列特徵，往後使用者就可以利用前面章節所介紹的陣列方式，進行修改，如圖 12-9-5。

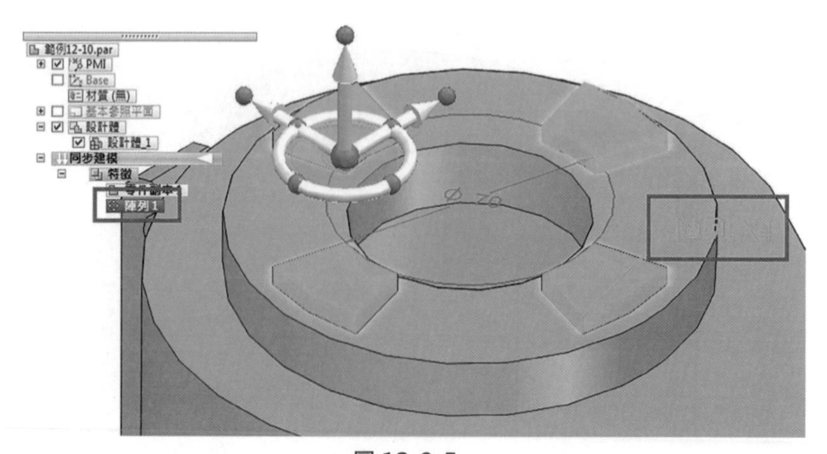

圖 12-9-5

6. 使用者也可以繼續框選其他特徵進行辨識，這次選取的是後方的肋板，如圖 12-9-6。

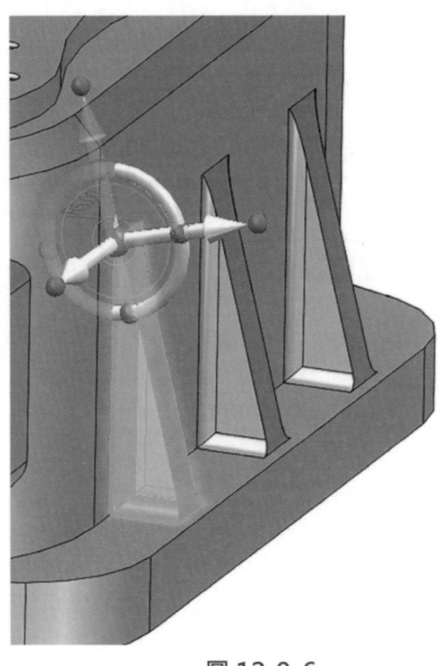

圖 12-9-6

7. 透過陣列辨識即可完成，此時使用者可以發現前方的肋板呈現紫色顯示，即表示 Solid Edge 發現相同特徵，但因為尺寸間距不符合陣列規則，因此以紫色亮顯做為顯示，如圖 12-9-7。

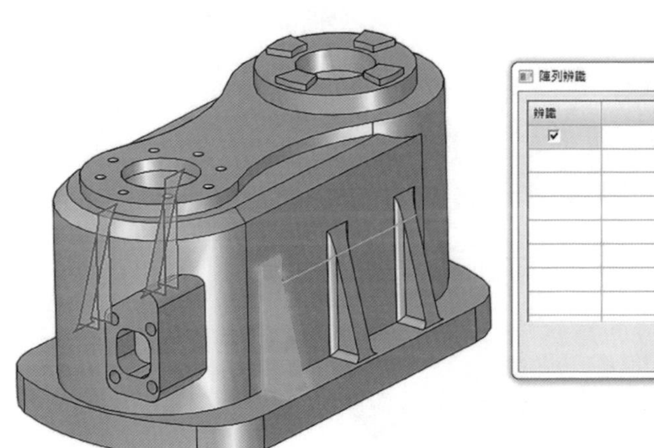

陣列辨識

辨識	特徵名	定義主事例	類型
☑	陣列 1		矩形

確定 取消 說明(H)

圖 12-9-7

● **辨識孔類型的陣列：**

1. 在此範例中也有很多的孔需要辨識，因此使用者可以先使用「辨識孔」指令，將孔進行辨識，如圖 12-9-8。

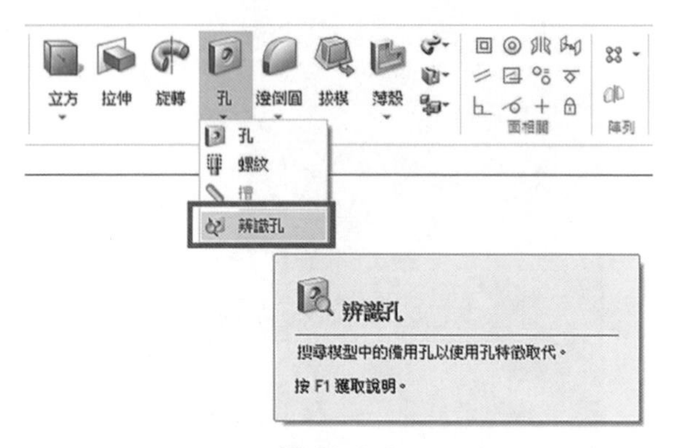

圖 12-9-8

2. 點選「辨識孔」指令之後，Solid Edge 便會將零件上所有的孔特徵進行辨識，如圖 12-9-9，使用者可以將滑鼠游標移動至孔辨識表格當中，Solid Edge 會根據使用者所指示的孔進行亮顯，以供使用者辨識，如圖 12-9-9 中「孔 1」，以橘色作為顯示。

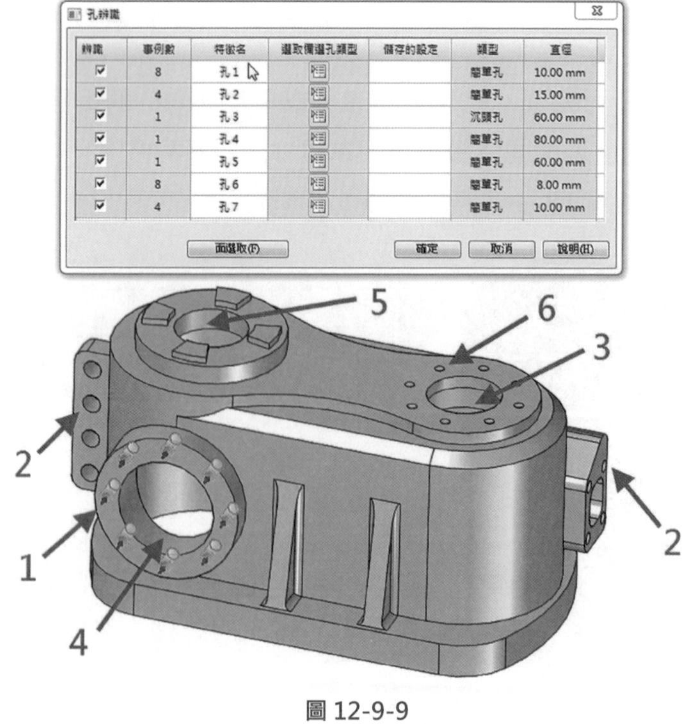

圖 12-9-9

3. 如果不想整個模型都進行辨識，使用者也可以利用「面選取」指令，要求 Solid Edge 只辨識指定面上的孔，如圖 12-9-10。

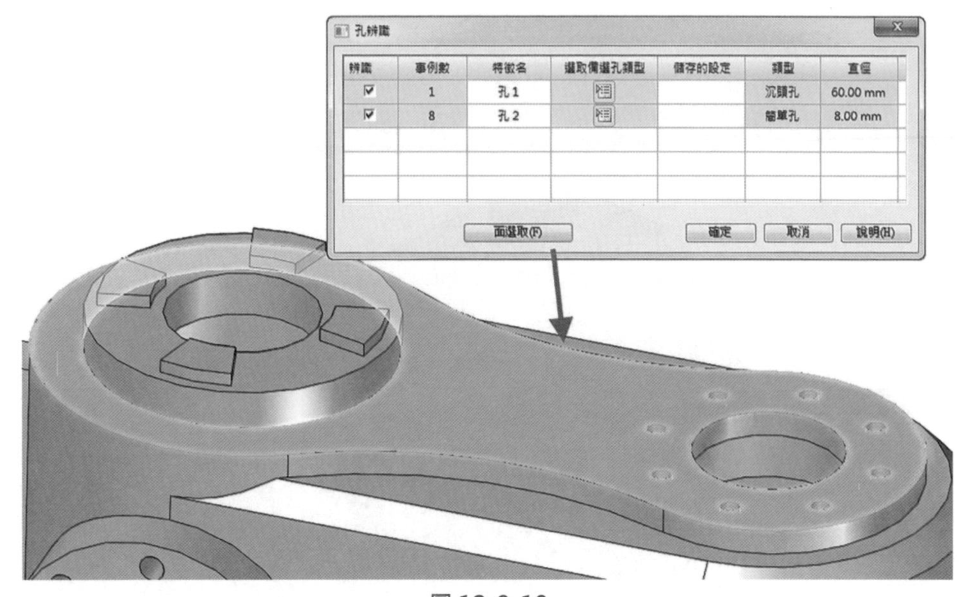

圖 12-9-10

4. 由於外來檔並不存在螺紋定義，因此使用者可以透過「選取被選孔類型」底下的選項圖示，根據使用者需要修改的孔進行類型的修改，若之前已經有設定好孔類型，也可以利用儲存的設定快速選取，如圖 12-9-11。

孔辨識

辨識	事例數	特徵名	選取備選孔類型	儲存的設定	類型	直徑
☑	8	孔 1			簡單孔	10.00 mm
☑	4	孔 2			簡單孔	15.00 mm
☑	1	孔 3			沉頭孔	60.00 mm
☑	1	孔 4		▾	簡單孔	80.00 mm
☑	1	孔 5			單孔	60.00 mm
☑	8	孔 6			單孔	8.00 mm
☑	4	孔 7			單孔	10.00 mm

1/2 Counterbore
1/2 Countersink
1/4 Tapered
1/4 Threaded
1/8 Simple

面選取(F) 確定 取消 說明(H)

圖 12-9-11

5. 點選確定之後，使用者可以從導航者發現到 Solid Edge 已經將孔都辨識成特徵，往後若有需要再修改孔規格，可以依照孔特徵的修改方式進行修改，如圖 12-9-12。

備註：進行完「辨識孔」指令，若模型已無相似外型供 Solid Edge 辨識時，「辨識孔」指令即便點擊使用，也無法進行辨識，因為已無相似外型需要辨識。

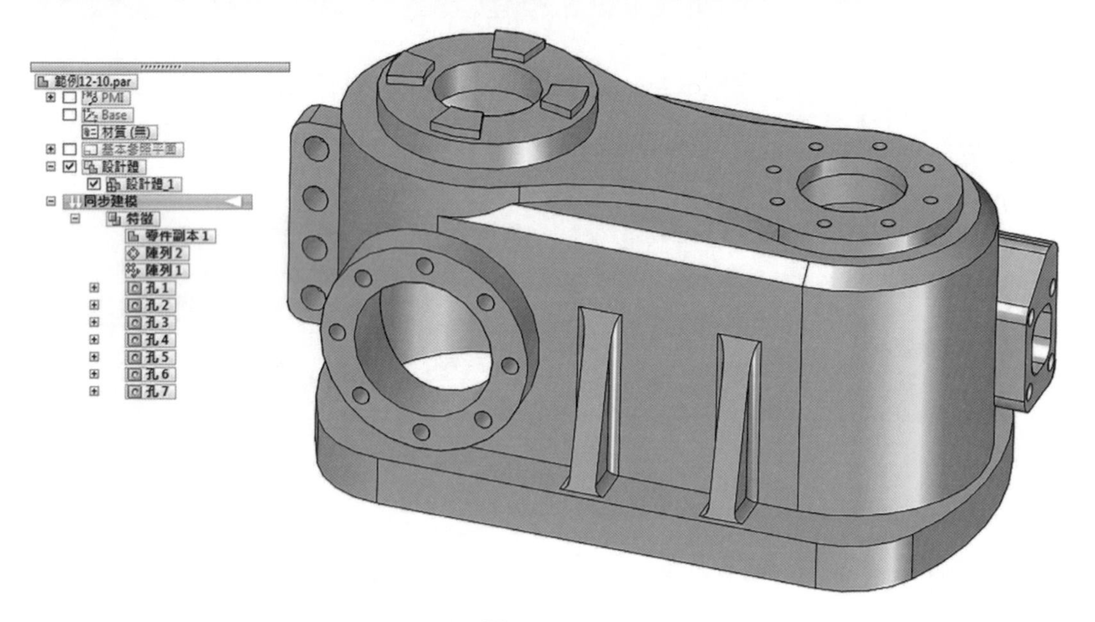

圖 12-9-12

6. 接下來進行「辨識孔陣列」，如圖 12-9-13。

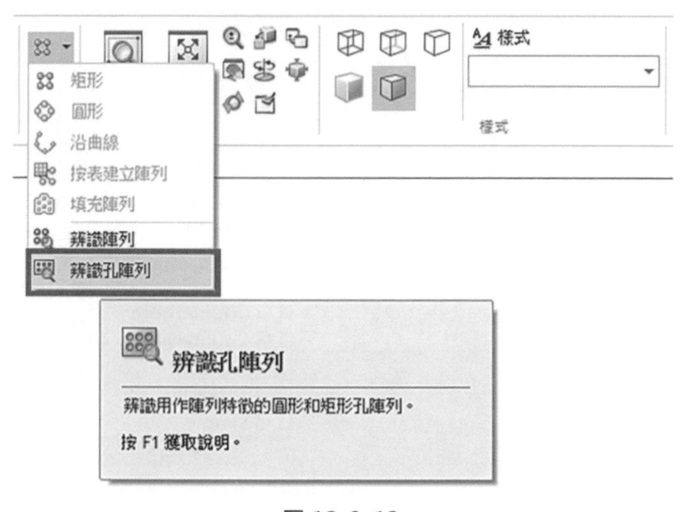

圖 12-9-13

7. 使用者可以透過點選導航者當中的孔特徵進行辨識，也可以直接框選模型進行整體的辨識，選取完點擊滑鼠「右鍵」或「enter」作為確認，如圖 12-9-14。

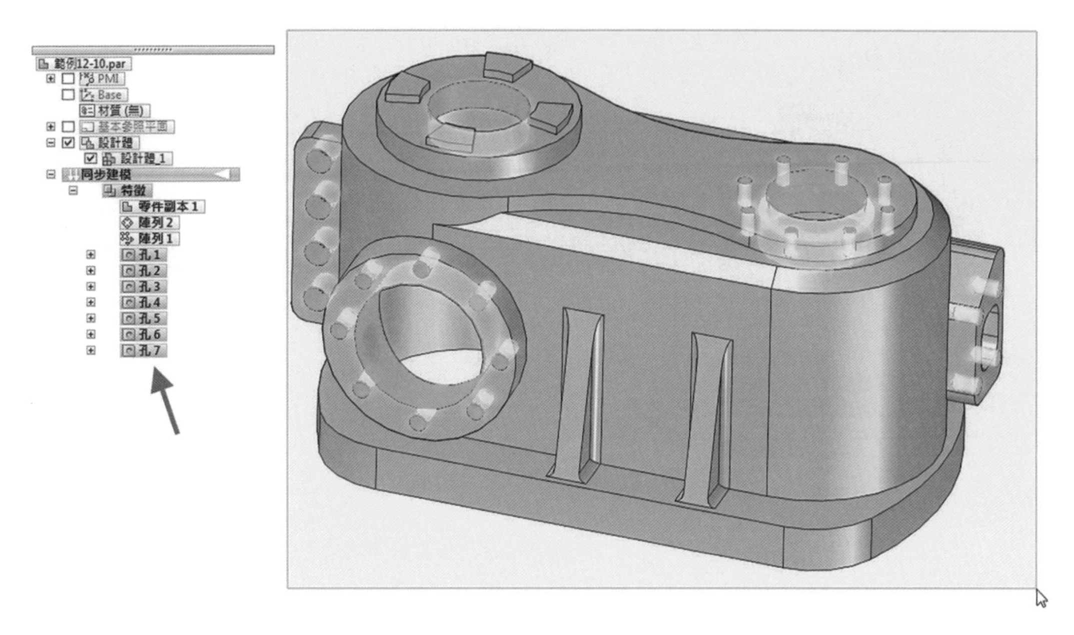

圖 12-9-14

8. 確認之後，透過孔陣列辨識的表格，使用者可以了解辨識完成的孔陣列有哪些，綠色孔為該陣列的父元素，橘色線為陣列方向，紫色孔為不符合陣列規則孔，如圖 12-9-15。

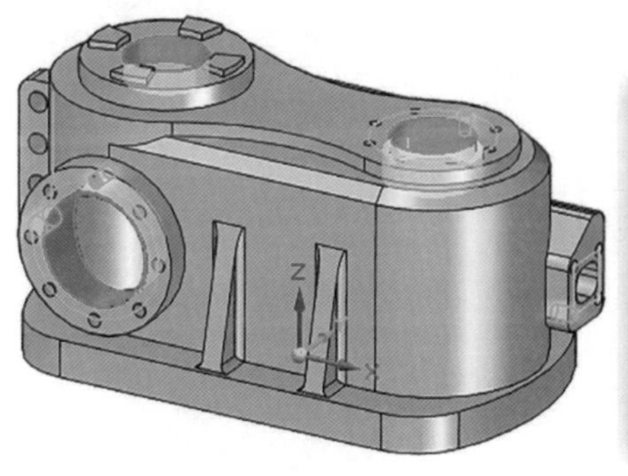

孔陣列辨識

辨識	特徵名	定義主事例	類型
☑	陣列 1		圓形
☑	陣列 2		矩形
☑	陣列 3		矩形
☑	陣列 4		圓形

☐ 辨識孔陣列的陣列　確定　取消　說明(H)

圖 12-9-15

9. 若有特徵排列同時符合矩形及圓形陣列的話，使用者可自行切換所屬的規則性，如圖 12-9-16。

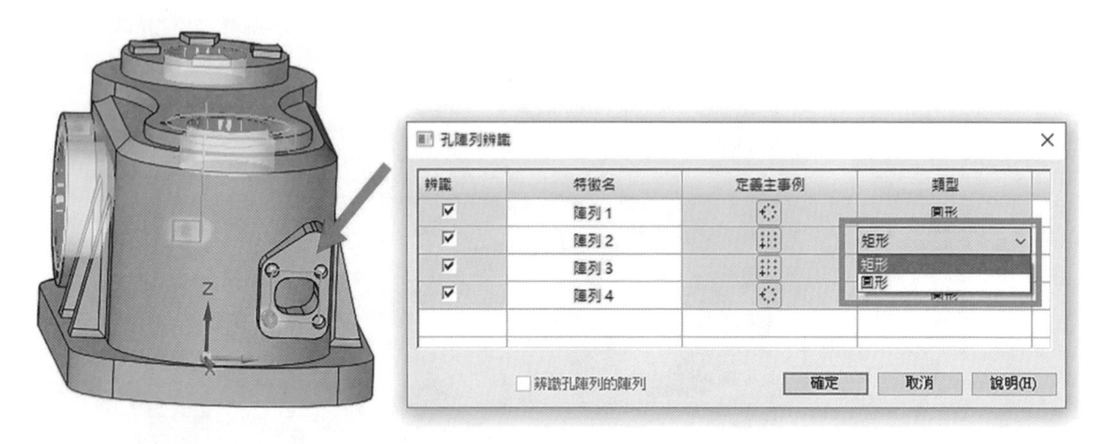

圖 12-9-16

10. 完成圖，如圖 12-9-17，往後如有需要修改「陣列數量」及「直徑大小」，即可依照前面章節所介紹的修改方式，進行修改調整。

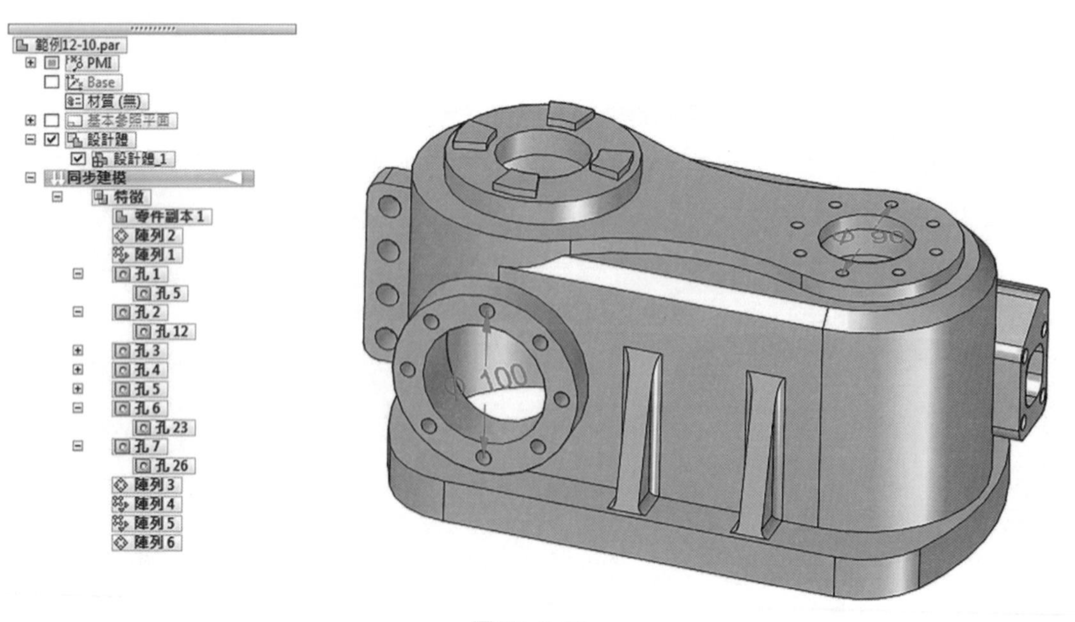

圖 12-9-17

13 CHAPTER

變數表與零件家族

章節介紹

藉由此課程，你將會學到：

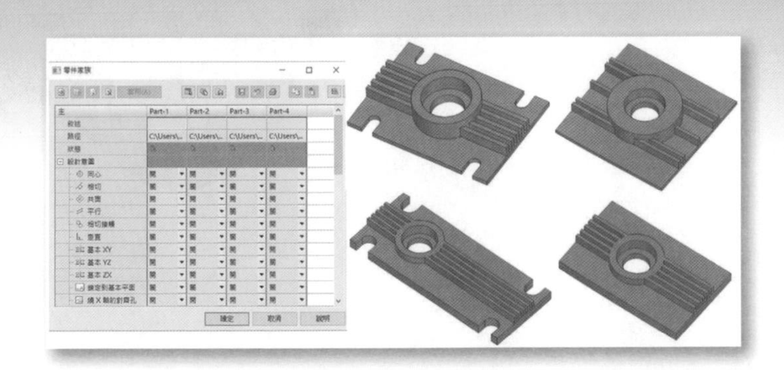

本章節將帶領使用者操作 Solid Edge 變數表及零件家族，用以建立和編輯設計變數的指令，讓使用者便於建立相似的零件。

首先，在使用變數表時，使用者可藉由變數表修改下列變數：

- 尺寸名稱重新命名
- 定義用於控制零件模型的尺寸設計變數
- 定義用於修改設計變數的公式
- 變數規則編輯器的限制值

使用者將學會如何建構變數模型，在這變數模型當中，編輯關鍵尺寸的數值將導致模型相關尺寸以可預測的方式進行更新。這些觀念可以套用於多種零件模型，因為大多數設計都具有相關特徵。

《數學公式：被驅動尺寸 = 驅動尺寸 + 常數》

13-1 同步建模零件使用變數表

範例一：

變數可用於「同步零件」和「順序零件」兩種類型範本中，所以此範例將指導使用者，建構一個「同步零件」模型，並套用數學關聯式，進行修改圓柱直徑尺寸，帶動變數修改，調整圓孔之間的距離，做到同步關聯式的零件修改，以節省類似零件的繪製時間，如圖 13-1-1。

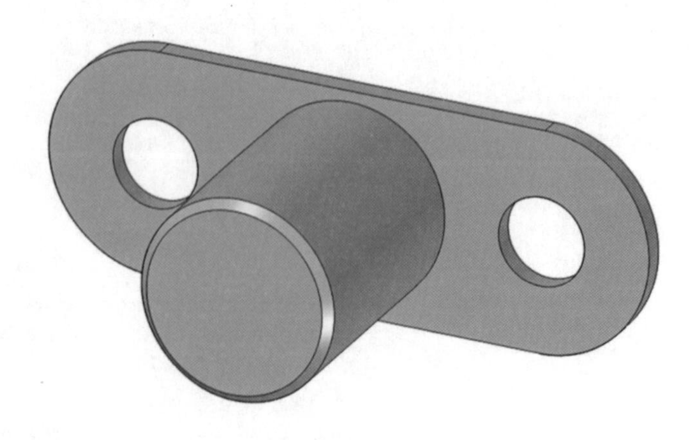

圖 13-1-1

1. 選擇「ISO 制零件」範本繪製零件，在同步環境當中，選擇前視圖繪製草圖，如圖 13-1-2。

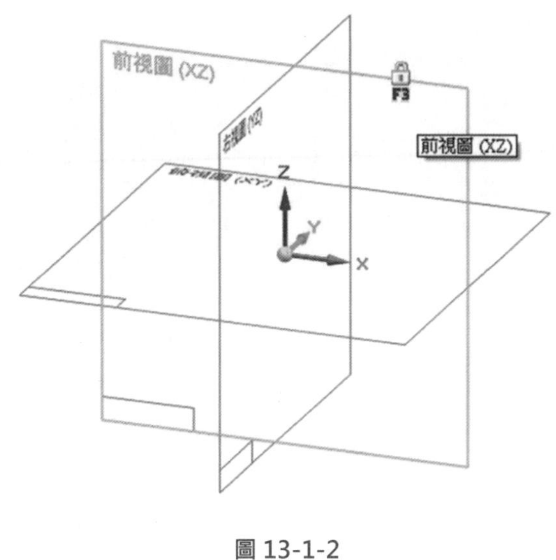

圖 13-1-2

2. 鎖定平面之後，依圖繪製草圖，並且標註尺寸，如圖 13-1-3。

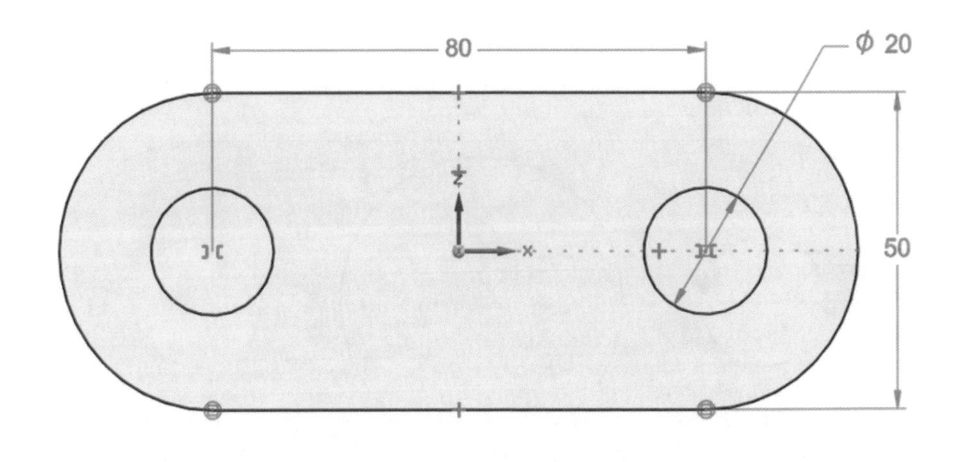

圖 13-1-3

3. 草圖繪製完成之後，點選區域長出實體，物件厚度為「5mm」，如圖 13-1-4。

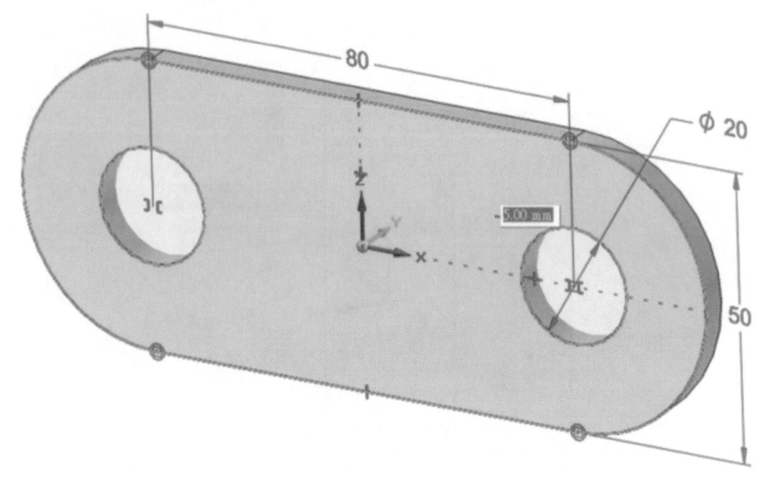

圖 13-1-4

4. 鎖實體面，並繪製草圖以長出圓柱特徵，如圖 13-1-5。

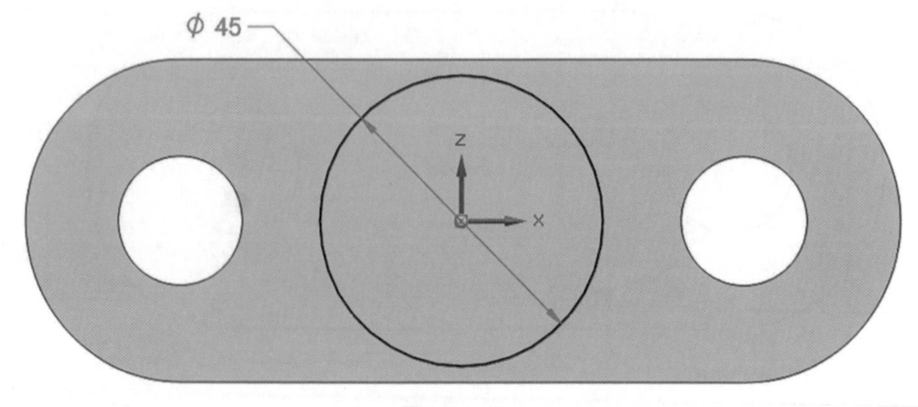

圖 13-1-5

5. 點選草圖，並且長出圓柱特徵，圓柱高度為「60 mm」，如圖 13-1-6。

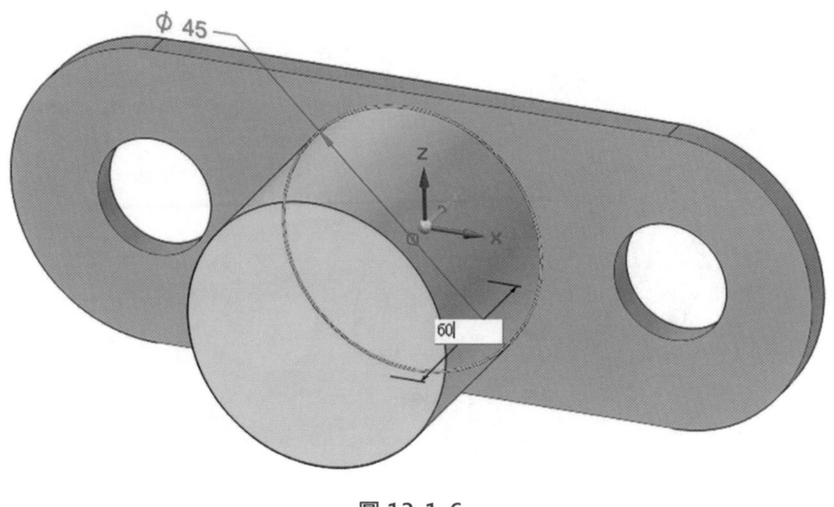

圖 13-1-6

6. 選擇「倒斜角相等深度」指令，點選圓柱邊線進行倒角，尺寸為「2 mm」，如圖 13-1-7。

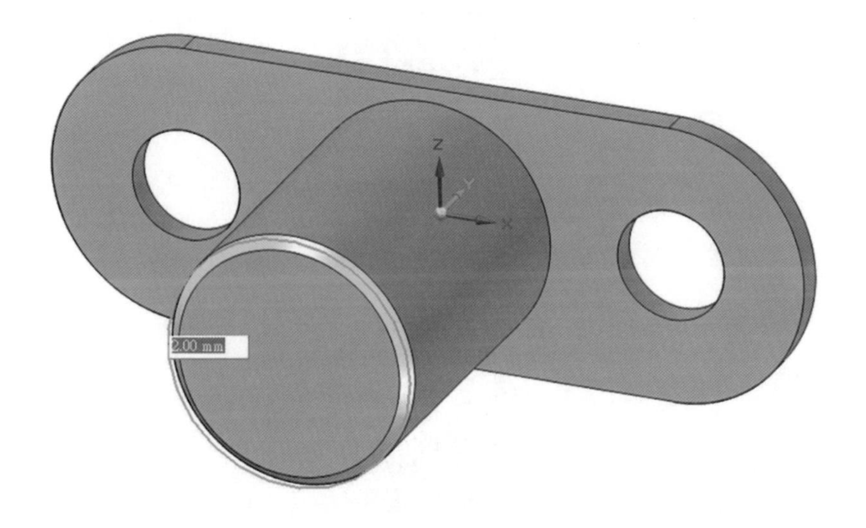

圖 13-1-7

7. 完成模型之後，可以發現所有的尺寸都屬於「被驅動尺寸」，如圖 13-1-8；如要使用變數表建構關聯式時，須將所有尺寸調整為「驅動尺寸」。

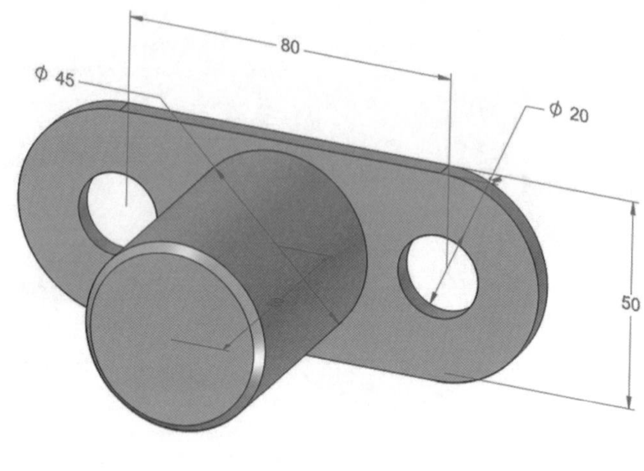

圖 13-1-8

8. 透過導航者當中的 PMI，點選需要修改成「驅動尺寸」的尺寸，也可以先點擊第一個尺寸搭配「shift」鍵，再點擊最後一個尺寸，將 PMI 尺寸全選，如圖 13-1-9。

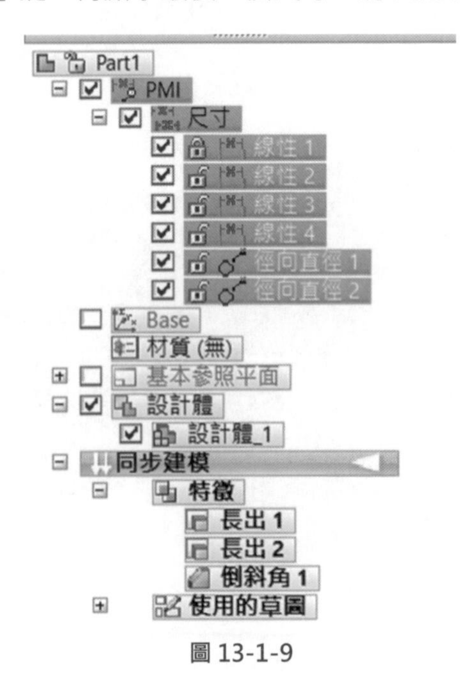

圖 13-1-9

9. 選取 PMI 尺寸之後，利用滑鼠右鍵開啟下拉功能表，使用「鎖定尺寸」功能，將所有的 PMI 尺寸一次更改為「驅動尺寸」，如圖 13-1-10。
   - 藍色尺寸：解除鎖定尺寸（利用幾何控制器可直接拖曳模型修改尺寸）。
   - 紅色尺寸：鎖定尺寸（透過數字修改才能修改模型）。
   - 紫色尺寸：從動尺寸（參照其他條件的尺寸）。
   - 棕色尺寸：未定義尺寸（失效尺寸）。

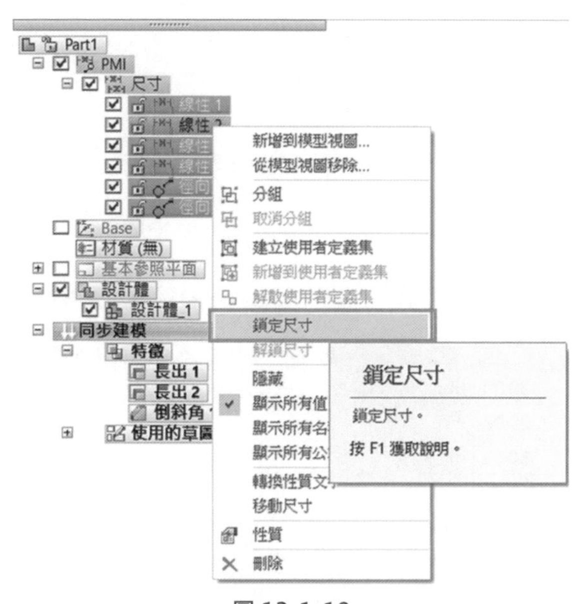

圖 13-1-10

10. 當需要編寫成關聯式的尺寸都改為「驅動尺寸」時，即可進行變數表的編寫，如圖 13-1-11。

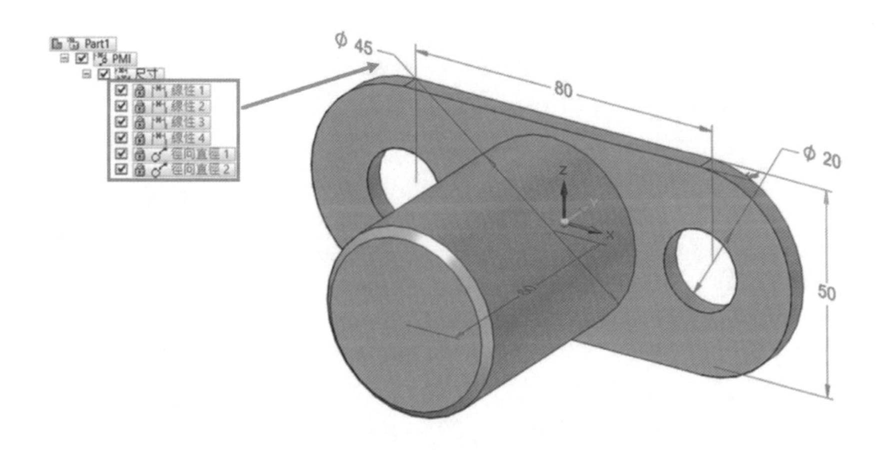

圖 13-1-11

11. 點選「工具」→「變數表」指令，開啟變數表進行關聯式的編寫，如圖 13-1-12、圖 13-1-13。

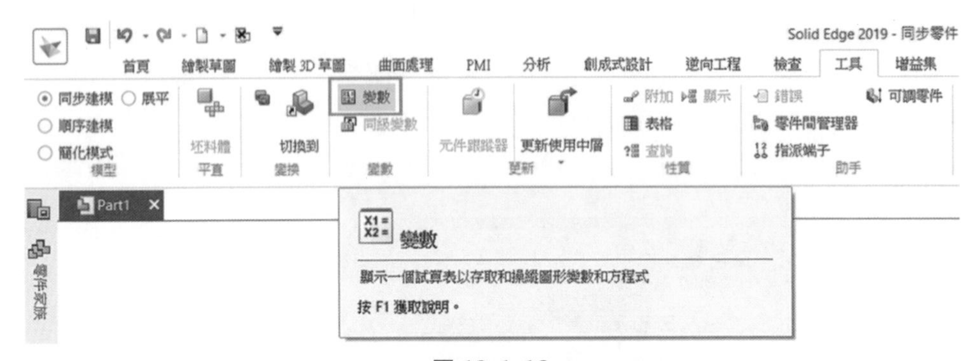

圖 13-1-12

單位類型(U): 距離

類型	名稱	值	單位	規則	公式	範圍	顯示	顯示名稱
D...	線性_1	50.00	mm				☐	
D...	徑向直徑1	20.00	mm				☐	
D...	線性_2	80.00	mm				☐	
D...	線性_3	5.00	mm				☐	
D...	徑向直徑2	45.00	mm				☑	徑向直徑2
D...	線性_4	60.00	mm				☐	
V...	PhysicalProp...	0.000	kg/m^3	限制		[0.000 k...	☑	密度
V...	PhysicalProp...	0.990		限制		(0.000;1...	☑	精度

圖 13-1-13

12. 開啟變數表之後，使用者可以點擊尺寸名稱兩次，更改 PMI 尺寸的名稱，如圖 13-1-14，在同步建模當中，PMI 尺寸名稱會以「線性」、「徑向直徑」為標準名稱，使用者若無法直接辨識尺寸名稱，可將滑鼠移動至該尺寸，零件模型將會顯示其尺寸，供使用者比對。

    可依序修改名稱：

    - 將 80mm 的尺寸名稱改為「小圓間距」
    - 將 20mm 的尺寸名稱改為「小圓直徑」
    - 將 50mm 的尺寸名稱改為「底座寬度」
    - 將 45mm 的尺寸名稱改為「大圓直徑」

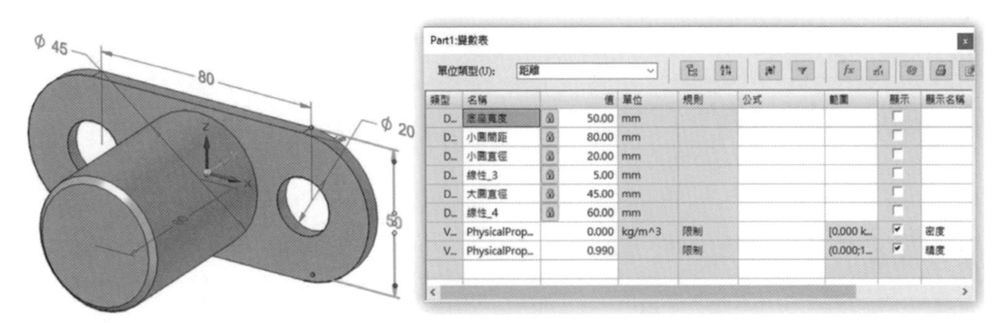

類型	名稱	值	單位	規則	公式	範圍	顯示	顯示名稱
D...	底座寬度	50.00	mm				☐	
D...	小圓間距	80.00	mm				☐	
D...	小圓直徑	20.00	mm				☐	
D...	線性_3	5.00	mm				☐	
D...	大圓直徑	45.00	mm				☐	
D...	線性_4	60.00	mm				☐	
V...	PhysicalProp...	0.000	kg/m^3	限制		[0.000 k...	☑	密度
V...	PhysicalProp...	0.990		限制		(0.000;1...	☑	精度

圖 13-1-14

13. 使用者可以透過「公式」欄位編寫關聯式，如圖 13-1-15。

    - 變數目的：以「底座寬度」為驅動修改的尺寸，進而同步更改「小圓間距」尺寸。
    - 變數公式：被驅動尺寸 = 驅動尺寸 + 常數。
    - 變數定義：「小圓間距」為被驅動尺寸，「底座寬度」為驅動尺寸，30mm 為常數。
    - 變數需求：「小圓間距」尺寸為「底座寬度」尺寸+30mm。

Part1:變數表

單位類型(U): 距離

類型	名稱	值	單位	規則	公式	範圍	顯示	顯示名稱
D...	底座寬度	50.00	mm				☐	
D...	小圓直徑	20.00	mm				☐	
D...	小圓間距	80.00	mm	公式	底座寬度 +30		☐	
D...	線性_3	5.00	mm				☐	
D...	大圓直徑	45.00	mm				☐	
D...	線性_4	60.00	mm				☐	
V...	PhysicalProp...	0.000	kg/m^3	限制		[0.000 k...	☑	密度
V...	PhysicalProp...	0.990		限制		(0.000;1...	☑	精度

圖 13-1-15

給予完公式後，模型的尺寸會變為「參考尺寸」，如圖 13-1-16。

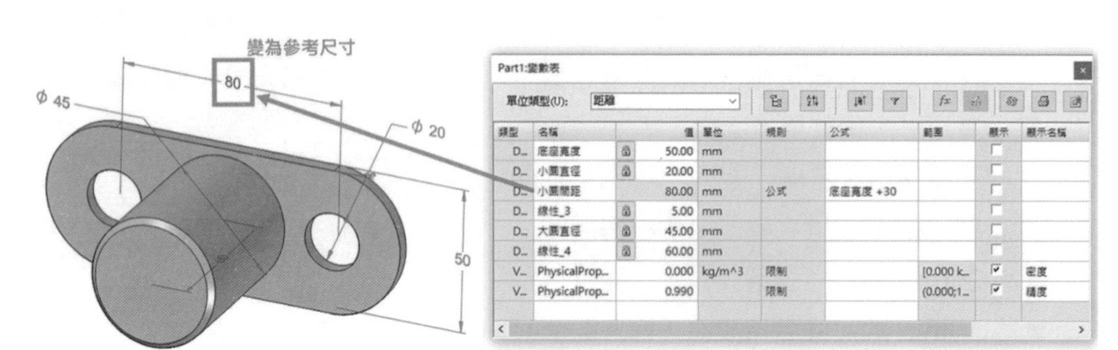

類型	名稱		值	單位	規則	公式	範圍	顯示	顯示名稱
D...	底座寬度	🔒	50.00	mm				☐	
D...	小圓直徑	🔒	20.00	mm				☐	
D...	小圓間距		80.00	mm	公式	底座寬度 +30		☐	
D...	線性_3	🔒	5.00	mm				☐	
D...	大圓直徑	🔒	45.00	mm				☐	
D...	線性_4	🔒	60.00	mm				☐	
V...	PhysicalProp...		0.000	kg/m^3	限制		[0.000 k...	☑	密度
V...	PhysicalProp...		0.990		限制		(0.000;1...	☑	精度

圖 13-1-16

14. 使用者可以繼續編寫其他尺寸所需的變數公式，如圖 13-1-17。
   - 變數目的：以「大圓直徑」為驅動修改的尺寸，進而同步更改「底座寬度」尺寸。
   - 變數公式：被驅動尺寸 = 驅動尺寸 + 常數。
   - 變數定義：「底座寬度」為被驅動尺寸，「大圓直徑」為驅動尺寸，5mm 為常數。
   - 變數需求：「底座寬度」尺寸為「大圓直徑」尺寸+5mm。

Part1:變數表

單位類型(U): 距離

類型	名稱		值	單位	規則	公式	範圍	顯示	顯示名稱
D...	底座寬度		50.00	mm	公式	大圓直徑 +5		☐	
D...	小圓直徑	🔒	20.00	mm				☐	
D...	小圓間距		80.00	mm	公式	底座寬度 +30		☐	
D...	線性_3	🔒	5.00	mm				☐	
D...	大圓直徑	🔒	45.00	mm				☑	
D...	線性_4	🔒	60.00	mm				☐	
V...	PhysicalProp...		0.000	kg/m^3	限制		[0.000 k...	☑	密度
V...	PhysicalProp...		0.990		限制		(0.000;1...	☑	精度

圖 13-1-17

15. 關聯式編寫完成之後，使用者可以點擊「大圓直徑」的尺寸值進行修改，以驗證關聯式是否正確，如圖 13-1-18，將大圓直徑修改為 60mm，則根據關係式：底座寬度為 65mm，小圓間距為 95mm，如結果正確，則完成關聯式的編寫。

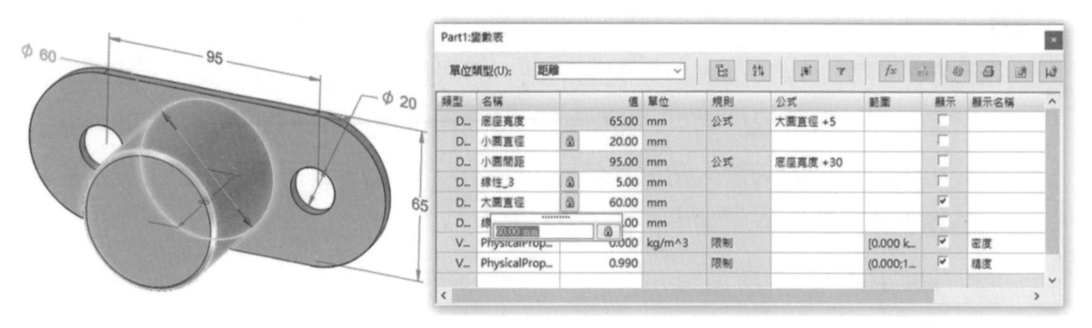

圖 13-1-18

16. 在接下來的步驟中，將使用「變數規則編輯器」，對話方塊為以「大圓直徑」變數定義一組規則性，將游標置於「大圓直徑」變數列的旁邊，然後點擊以選取此列，再點擊上方工具列「變數規則編輯器」按鈕以開啟「變數規則編輯器」對話方塊，如圖 13-1-19。

Part1:變數表

單位類型(U): 距離

類型	名稱		值	單位	規則	公式	範圍	顯示	顯示名稱
D...	底座寬度		65.00	mm	公式	大圓直徑 +5		☐	
D...	小圓直徑	🔒	20.00	mm				☐	
D...	小圓間距		95.00	mm	公式	底座寬度 +30		☐	
D...	線性_3	🔒	5.00	mm				☐	
D...	大圓直徑	🔒	60.00	mm				☐	
D...	線性_4	🔒	60.00	mm				☐	
V...	PhysicalProp...		0.000	kg/m^3	限制		[0.000 k...	☑	密度
V...	PhysicalProp...		0.990		限制		(0.000;1...	☑	精度

圖 13-1-19

17. 定義「大圓直徑」變數規則：請設定以下選項：

    A 勾選「限制值為」核取方塊。

    B 設定「離散清單」選項。

    C 在「離散清單」中，輸入 45；55；65；70。確保「分號」分隔每一個數值，點擊「確定」以接受變更並關閉對話方塊及變數表；在這步驟中，使用者已經指定了尺寸數值只能為45、55、65、70mm 為「大圓直徑」的有效數值。由於在離散清單中未輸入當前數值：60 mm，因此 Solid Edge 會出現提醒將當前數值加入離散清單當中，如圖 13-1-20。

圖 13-1-20

18. 變數表設定完成之後，當變數表進行尺寸修改時，也會受到「設計意圖」的規則性影響，因此需要確認設計意圖中，使用者所需要的規則性為何；此範例變數修改時，所需的設計意圖規則，如圖 13-1-21。

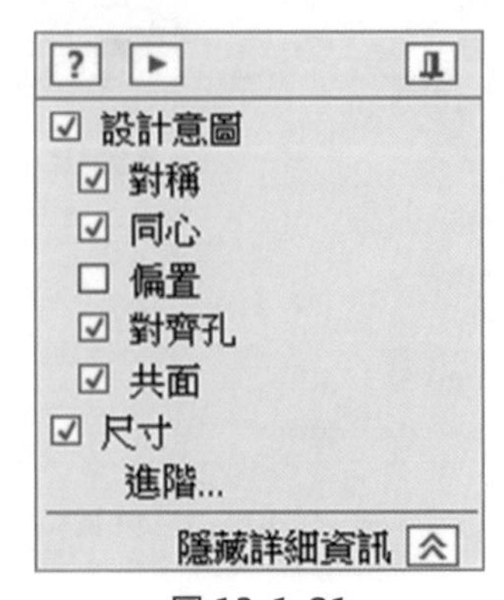

圖 13-1-21

19. 此時點選大圓直徑尺寸值進行修改，會發現數值為「下拉選單」方式，下拉選單會顯示在「變數規則編輯器」當中所設定的有效值清單，透過這些既定的尺寸值，給予調整修改零件，以防止套用到不合適的參數值。

    選取「70.00mm」的直徑尺寸，底座寬度修正為「75mm」，兩圓間距修正為「105 mm」。

    若選取「45.00mm」，底座寬度修正為「50mm」，兩圓間距修正為「80mm」，如圖 13-1-22。

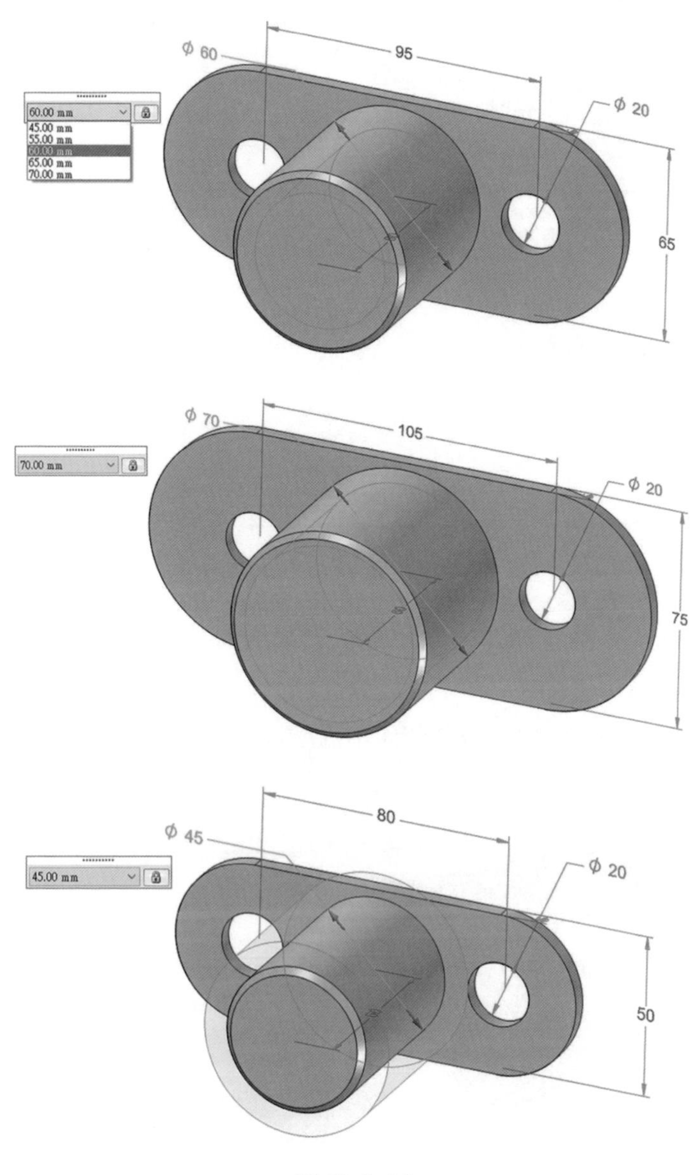

圖 13-1-22

補充

1. 除了利用變數表可以進行尺寸名稱的修改之外，也可以利用導航者上的「PMI」，選擇所需的尺寸名稱點擊滑鼠右鍵，透過下拉工具列當中的「重新命名」，即可修改名稱，可以將「線性 4」重新命名為「大圓高度」，如圖 13-1-23。

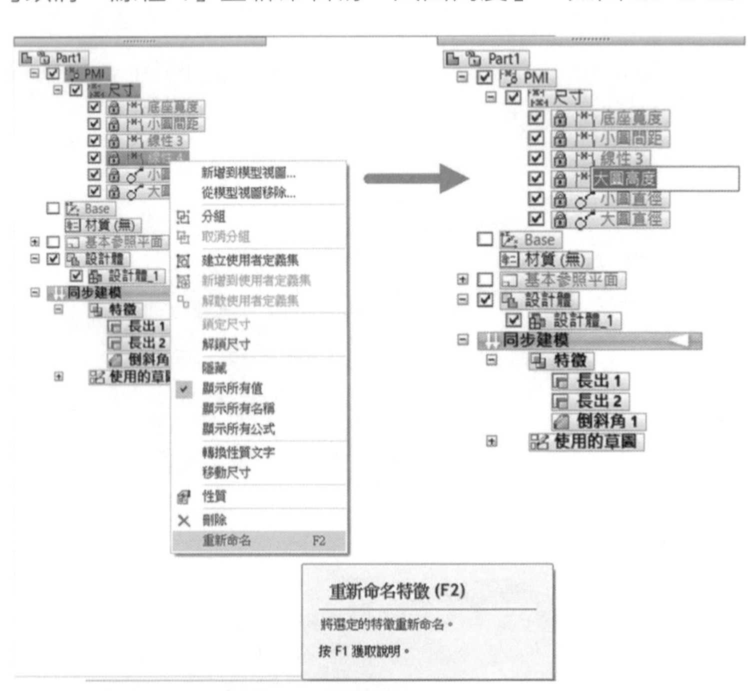

圖 13-1-23

2. 「顯示尺寸名稱」，隨意點選一個尺寸後點擊滑鼠「右鍵」，跳出功能表選單選取「顯示所有名稱」，畫面中將會顯示出尺寸名稱以取代尺寸數值，如圖 13-1-24；也可以選擇「顯示所有公式」，用以顯示前面所建立的關聯式。

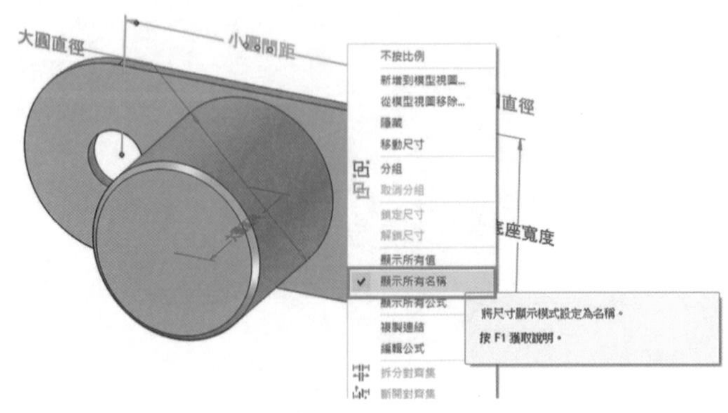

圖 13-1-24

3. 「編輯公式」，點選一個需要建立變數關係式的尺寸後，點擊滑鼠「右鍵」，跳出功能表選單選取「編輯公式」（或對尺寸連點兩下左鍵），如圖 13-1-25。

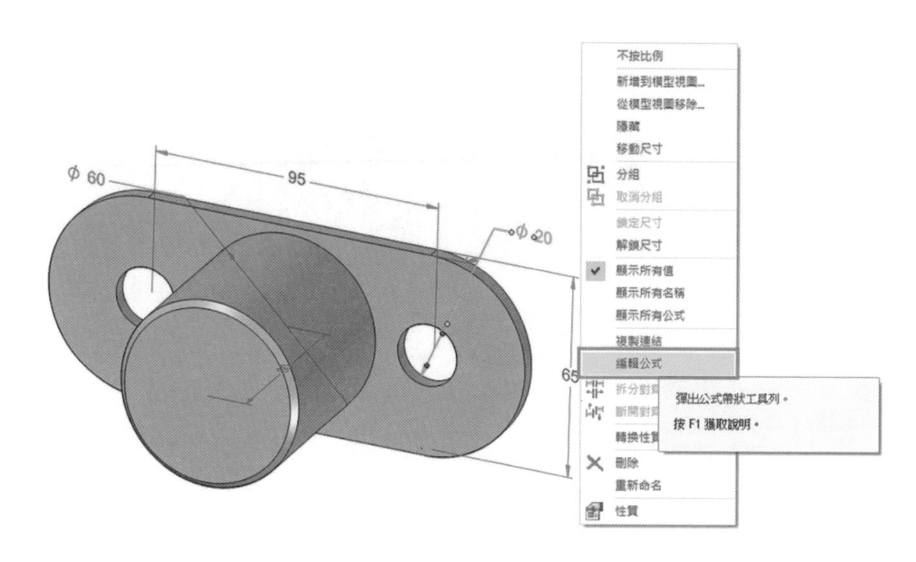

圖 13-1-25

4. 畫面中會出現公式選單，在公式表當中，可透過名稱編輯框，進行尺寸的重新命名，也可以利用公式編輯框，編輯尺寸關聯式，如圖 13-1-26。
透過此方法編寫尺寸關聯式時，可直接「點選」需要作為驅動尺寸的尺寸，可減少打字的錯誤率。
● 變數公式：「小圓直徑」=「大圓直徑」×0.2＋「底座寬度」×0.1

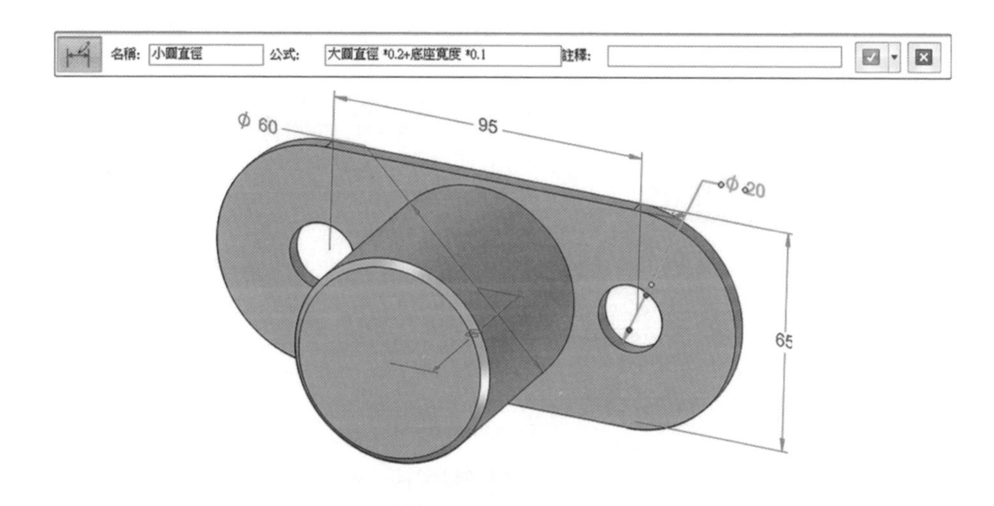

圖 13-1-26

5. 調整「大圓直徑」，以確認「小圓直徑」是否根據關聯式修改作為確認，如圖 13-1-27。

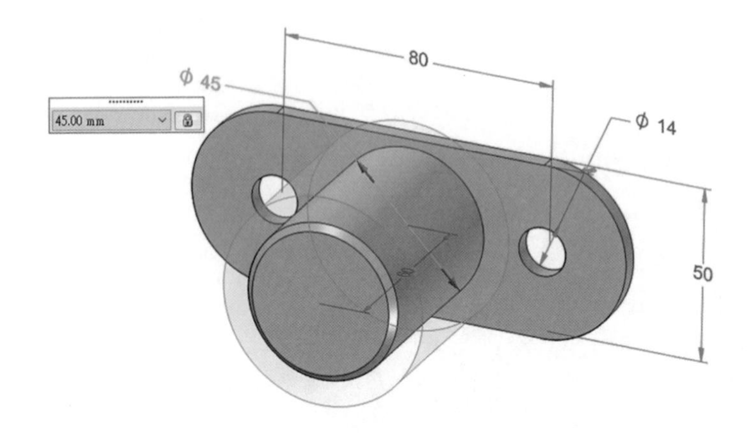

圖 13-1-27

13-2 順序建模零件使用變數表

範例二：

「順序零件」變數表應用，建構一個「順序零件」模型，並套用數學公式，將通過一個大圓外徑驅動尺寸，長孔的陣列數量及內圓直徑，做關聯式尺寸的修改。

1. 選擇「ISO 制零件」範本繪製零件，切換為「順序建模」環境，點擊滑鼠「右鍵」→「過渡到順序建模」，如圖 13-2-1。

圖 13-2-1

2. 在 Solid Edge 指令功能表上「首頁」→「實體」→「拉伸」，選取「前視圖」（XZ）平面為草圖平面，進行繪圖 工作，如圖 13-2-2。

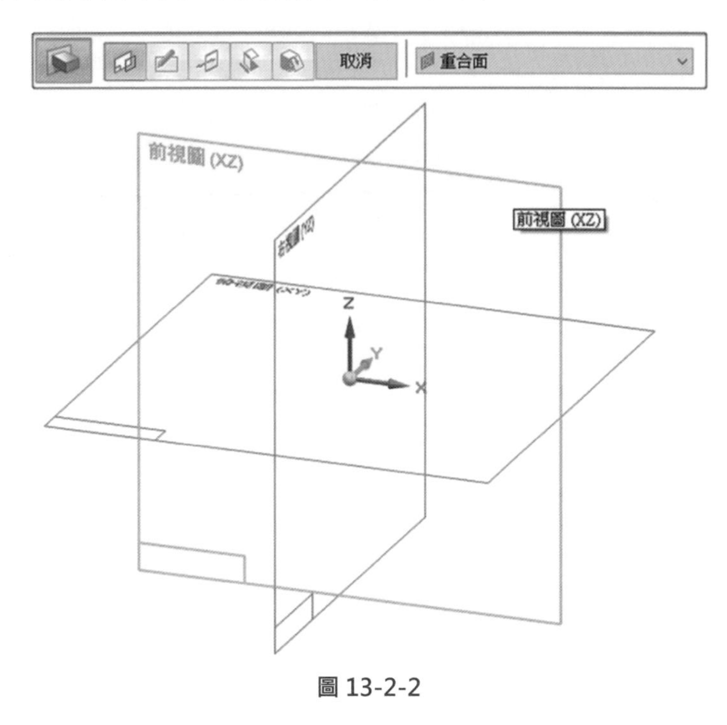

圖 13-2-2

3. 繪製出兩個圓型輪廓，標註大圓直徑尺寸為：80mm，小圓直徑尺寸為：20mm，如圖 13-2-3。

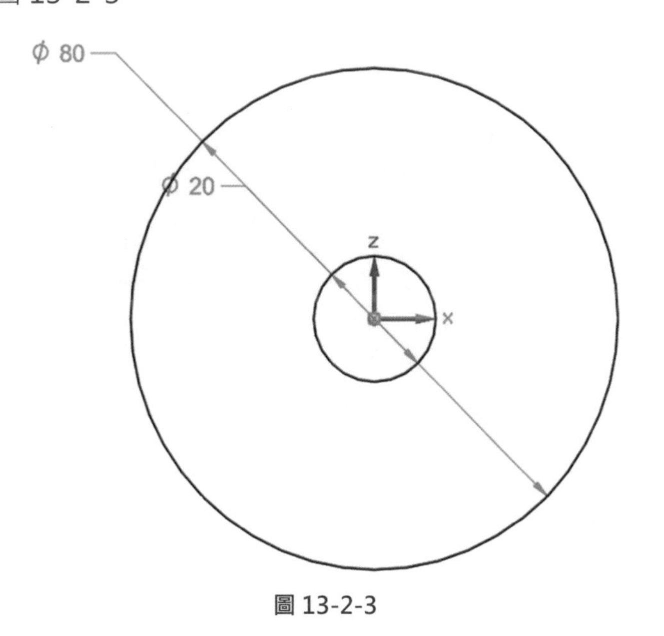

圖 13-2-3

4. 關閉草圖之後，設定拉伸距離為：2mm，並確認拉伸方向以完成零件，如圖 13-2-4。

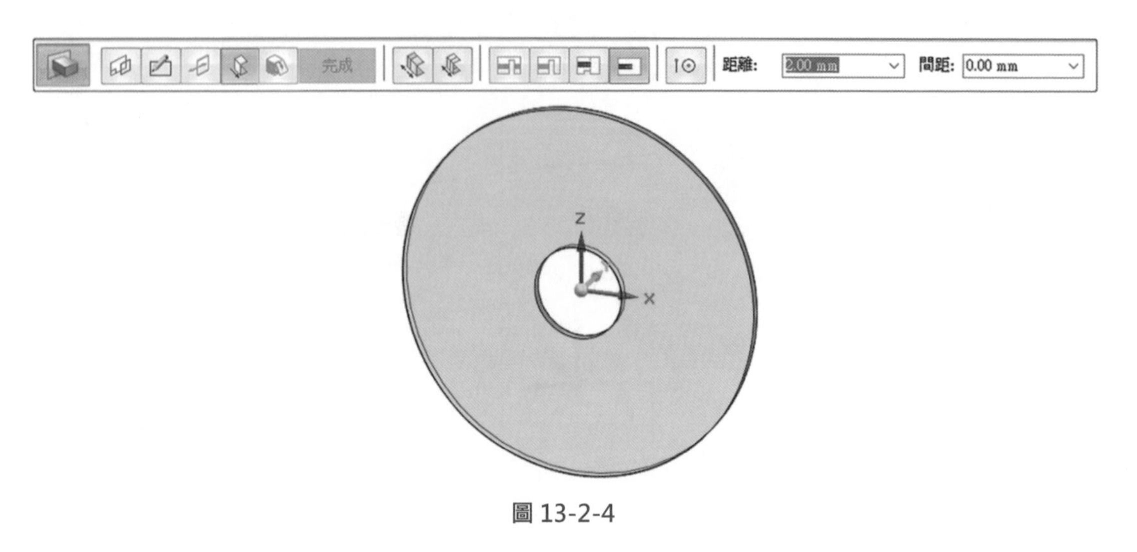

圖 13-2-4

5. 指令功能表上「首頁」→「實體」→「除料」，零件實體面為草圖平面，進行繪圖 工作，如圖 13-2-5。

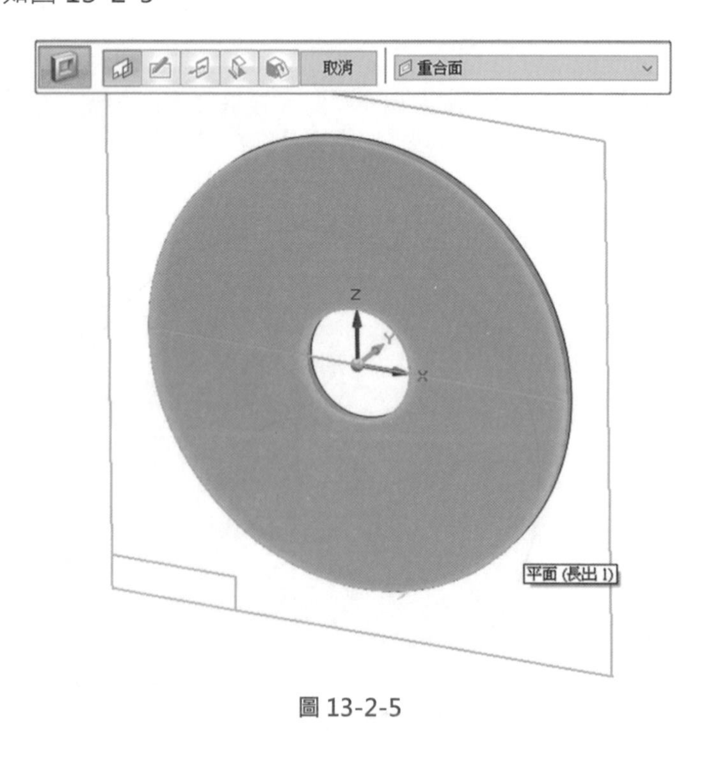

圖 13-2-5

6. 在平面上繪製一條草圖線段，並標註尺寸及限制條件使草圖達到完全定義，如圖 13-2-6。

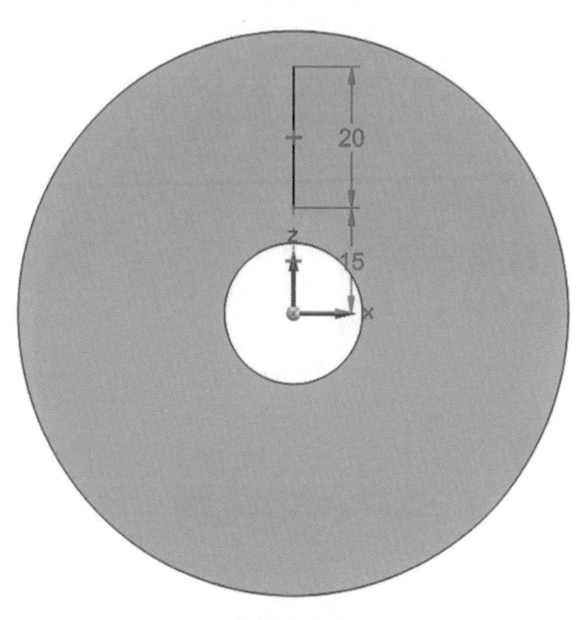

圖 13-2-6

7. 利用「首頁」→「繪圖」→「對稱偏移」，設定寬度：5mm，半徑：6.35mm，選擇偏移圓弧，並選擇剛才繪製的線段，如圖 13-2-7。

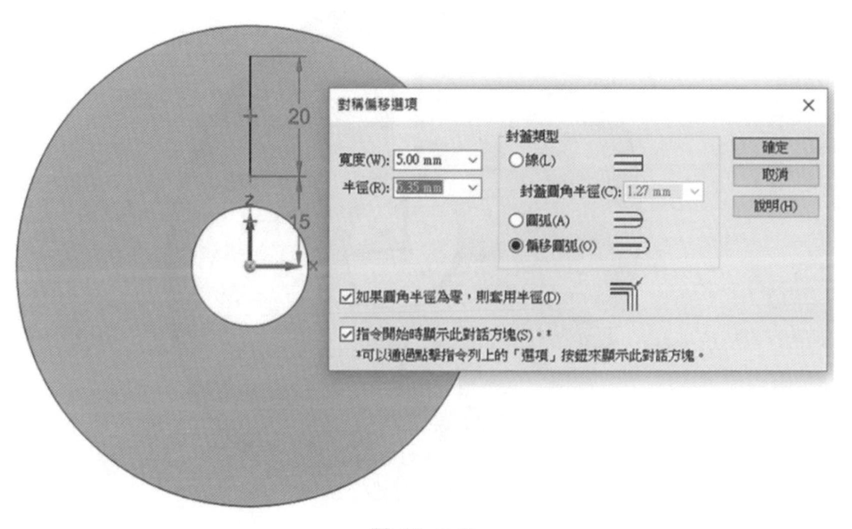

圖 13-2-7

8. 關閉草圖之後，除料範圍選擇「穿過下一個」，即可完成長孔特徵，如圖 13-2-8。

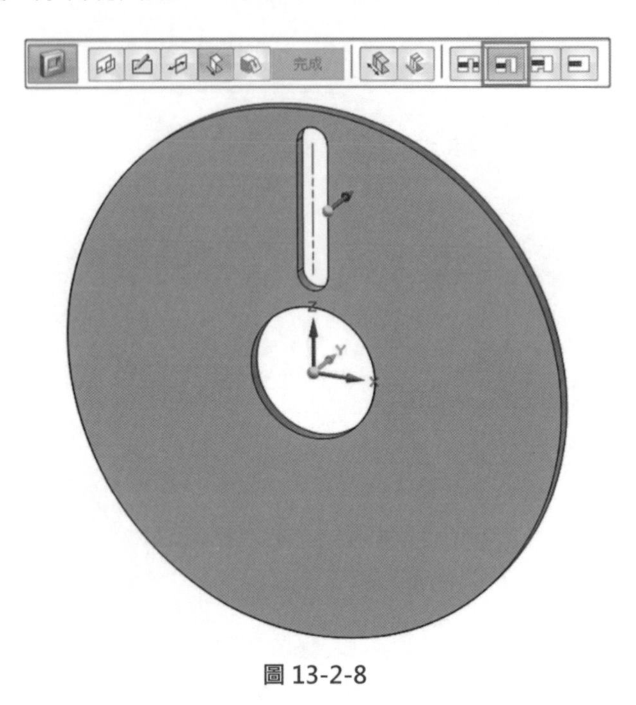

圖 13-2-8

9. 選擇「首頁」→「陣列」→「陣列」指令，以此長孔作為陣列的特徵，並且點擊功能列上的確認鍵，如圖 13-2-9。

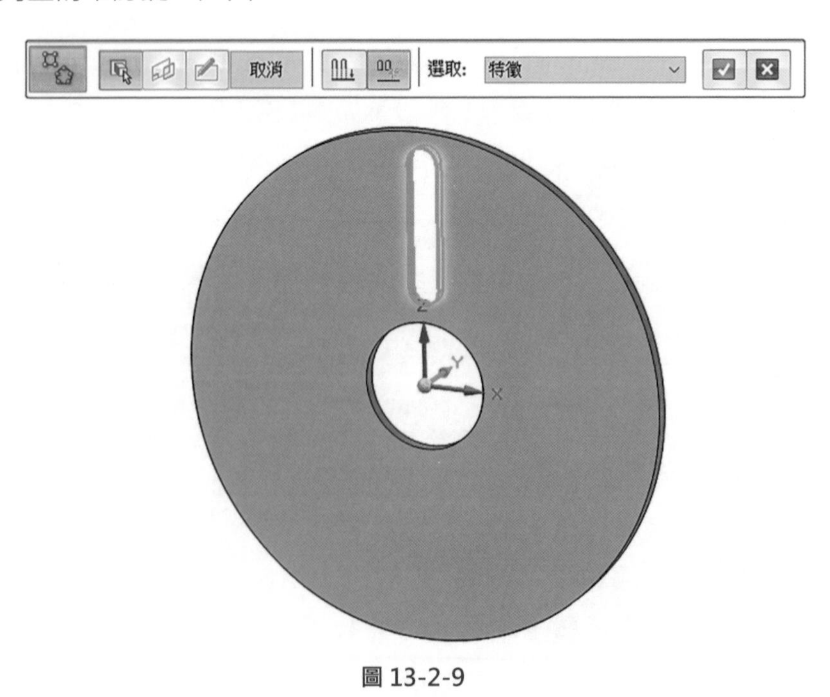

圖 13-2-9

10. 「陣列」草圖步驟，指令條上點擊「重合面」選項，滑鼠選取圓盤頂部平面，作為規則排列工作面，如圖 13-2-10。

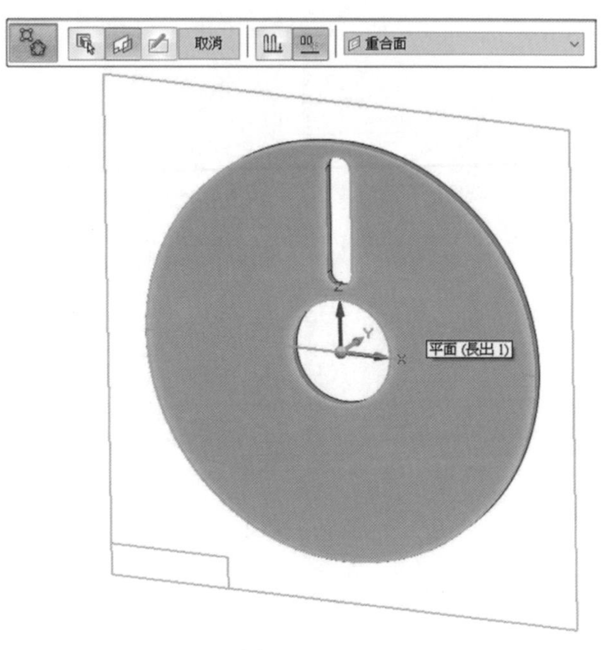

圖 13-2-10

11. 進入草圖環境之後，選取「首頁」→「特徵」→「圓形陣列」，先點擊圓弧中心點，再將圓形輪廓鎖定在圓形長孔上，給個數為「6」，建立陣列用草圖，如圖 13-2-11。

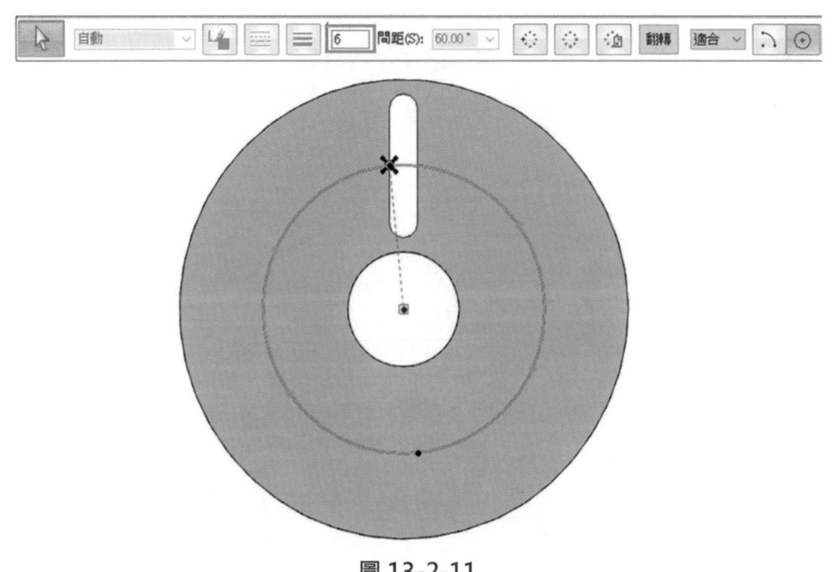

圖 13-2-11

12. 關閉草圖後，即可完成圓形陣列，也完成零件的繪製，如圖 13-2-12。

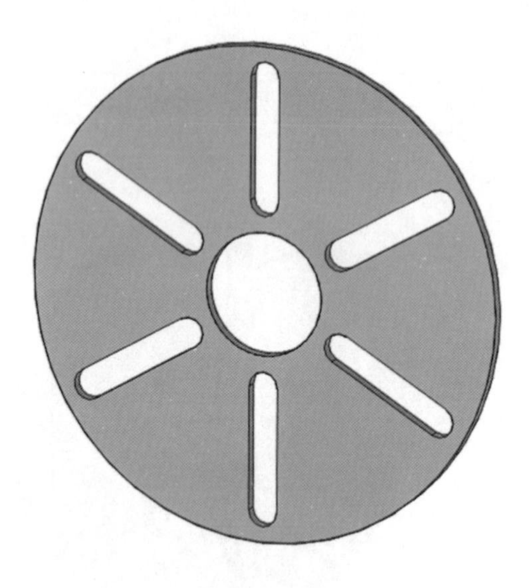

圖 13-2-12

13. 透過「工具」→「變數」指令，可以開啟變數表用以編寫關聯式，而在順序建模當中，尺寸名稱只是代數，為軟體亂數產生且無規則性，因此可以透過變數表「重新命名」，如選取到「V364」，但從名稱無法直覺辨識，可以點選尺寸時，模型會亮顯出「Φ80」，讓使用者方便辨識，如圖 13-2-13。

備註：「V364」代數名稱為軟體自動亂數產生的一個名稱，因此使用者每次繪製時，所產生的名稱可能不盡相同。

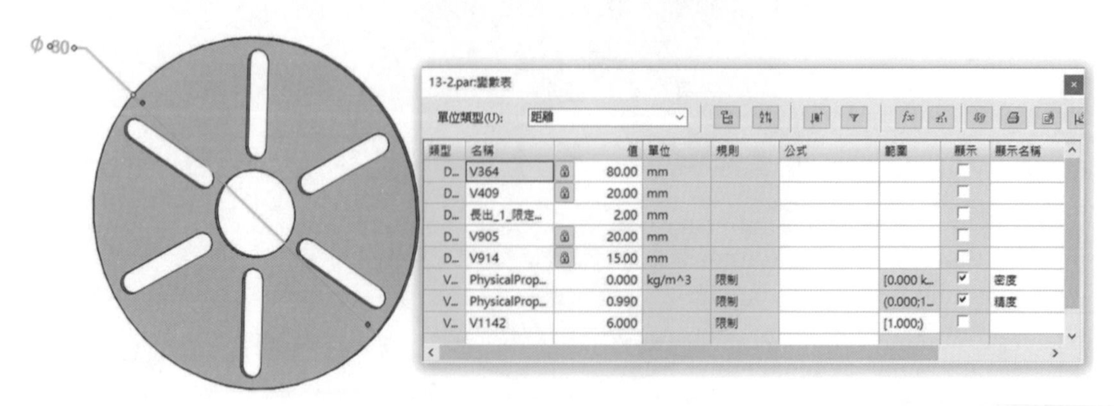

圖 13-2-13

14. 透過顯示的尺寸，可以將尺寸重新命名為方便辨識的名稱，以利變數關聯式的建立，如圖 13-2-14。

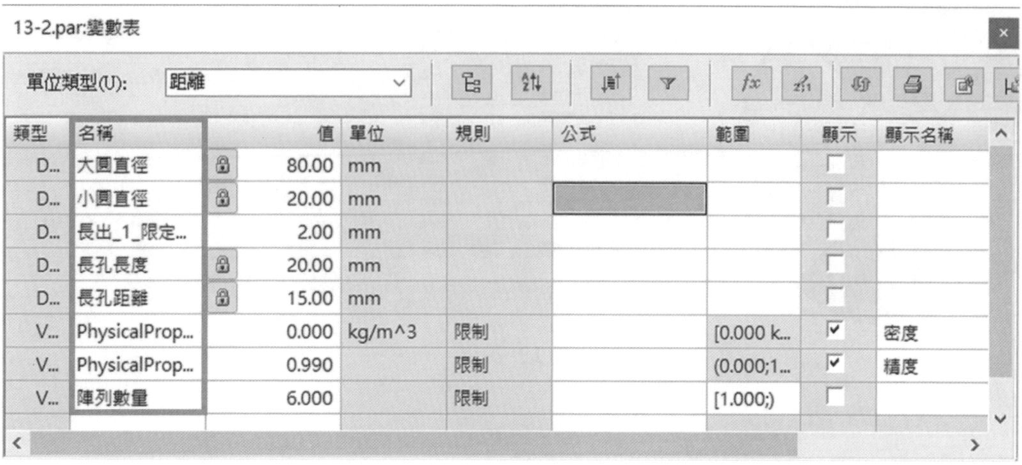

13-2.par:變數表

單位類型(U): 距離

類型	名稱		值	單位	規則	公式	範圍	顯示	顯示名稱
D...	大圓直徑	🔒	80.00	mm				☐	
D...	小圓直徑	🔒	20.00	mm				☐	
D...	長出_1_限定...		2.00	mm				☐	
D...	長孔長度	🔒	20.00	mm				☐	
D...	長孔距離	🔒	15.00	mm				☐	
V...	PhysicalProp...		0.000	kg/m^3	限制		[0.000 k...	☑	密度
V...	PhysicalProp...		0.990		限制		(0.000;1...	☑	精度
V...	陣列數量		6.000		限制		[1.000;)	☐	

圖 13-2-14

15. 套用公式，如圖 13-2-15。
- 小圓直徑 =「大圓直徑 - 70」。
- 長孔距離 =「小圓直徑/2 + 10」。
- 陣列數量 =「長孔距離/2」。

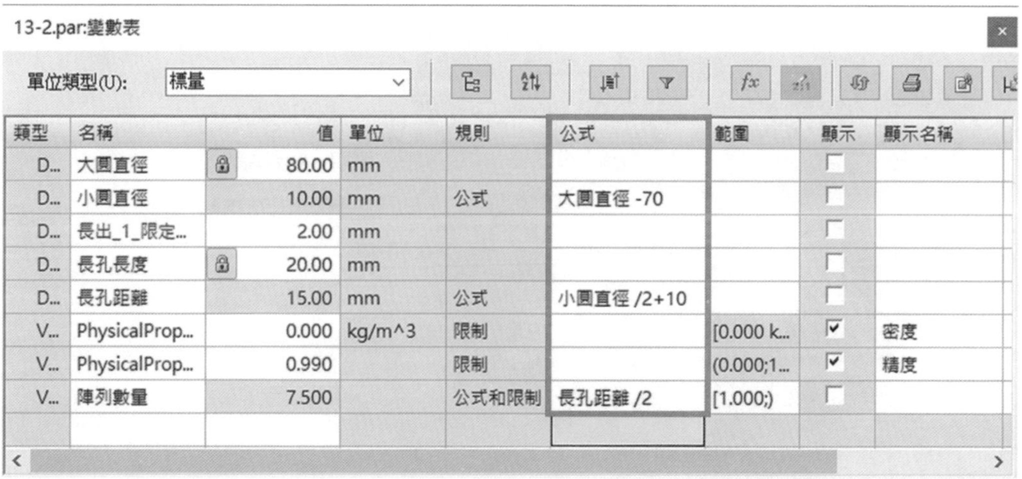

13-2.par:變數表

單位類型(U): 標量

類型	名稱		值	單位	規則	公式	範圍	顯示	顯示名稱
D...	大圓直徑	🔒	80.00	mm				☐	
D...	小圓直徑		10.00	mm	公式	大圓直徑 -70		☐	
D...	長出_1_限定...		2.00	mm				☐	
D...	長孔長度	🔒	20.00	mm				☐	
D...	長孔距離		15.00	mm	公式	小圓直徑 /2+10		☐	
V...	PhysicalProp...		0.000	kg/m^3	限制		[0.000 k...	☑	密度
V...	PhysicalProp...		0.990		限制		(0.000;1...	☑	精度
V...	陣列數量		7.500		公式和限制	長孔距離 /2	[1.000;)	☐	

圖 13-2-15

16. 當編輯公式時，給予任一條公式後，模型會產生即時變化，如圖 13-2-16。

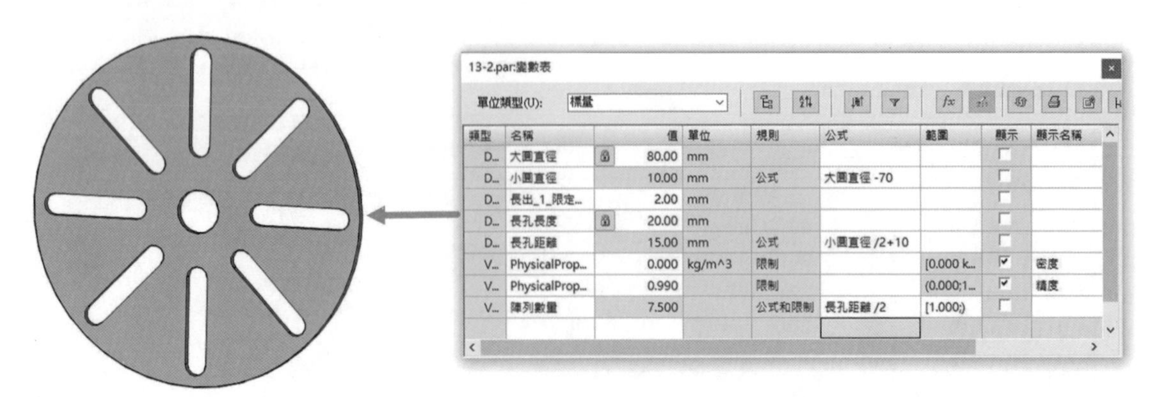

類型	名稱	值	單位	規則	公式	範圍	顯示	顯示名稱
D...	大圓直徑	80.00	mm					
D...	小圓直徑	10.00	mm	公式	大圓直徑 -70			
D...	長出_1_限定...	2.00	mm					
D...	長孔長度	20.00	mm					
D...	長孔距離	15.00	mm	公式	小圓直徑 /2+10			
V...	PhysicalProp...	0.000	kg/m^3	限制		[0.000 k...	✓	密度
V...	PhysicalProp...	0.990		限制		(0.000;1...	✓	精度
V...	陣列數量	7.500		公式和限制	長孔距離 /2	[1.000;)		

圖 13-2-16

17. 變數表建立完成之後，使用者可以點選模型，跳出指令條時，點擊「選取」→「動態編輯」按鈕進行修改，如圖 13-2-17。

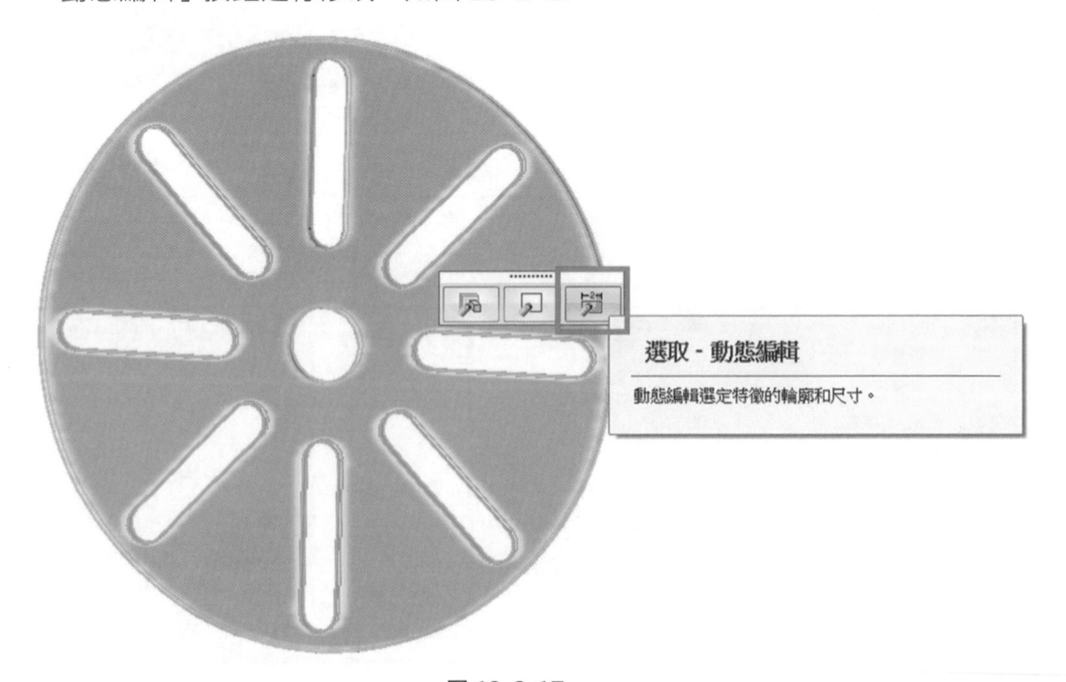

圖 13-2-17

18. 進行動態編輯時，點擊「Φ80」外徑尺寸將其修改為「Φ100」，如圖 13-2-18。

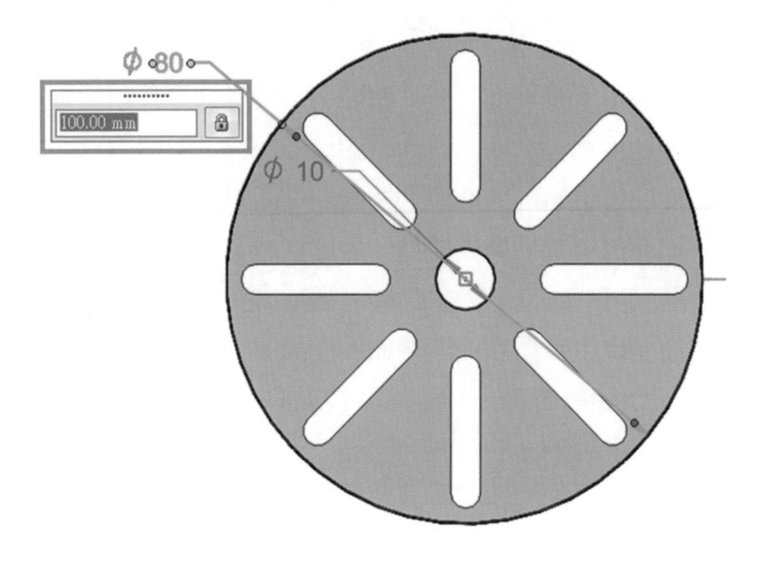

圖 13-2-18

即可做出多個特徵尺寸，如預先規劃的關聯式變更，結果如圖 13-2-19。

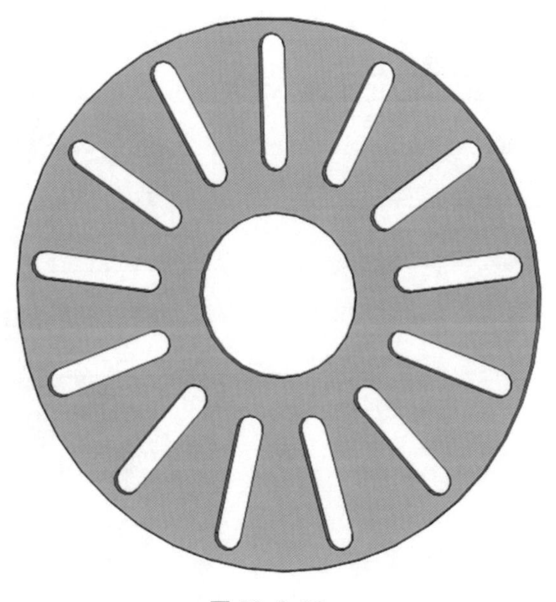

圖 13-2-19

13-3 在 Solid Edge 中建立零件家族

「零件家族」提供使用者管理，一群有著不同尺寸的零件或組立件，參數模型的簡便方式。本章節將指導使用者，使用 Solid Edge 建立如圖 13-3-1的「零件家族」，零件家族可透過變數表，但不需經過數學公式限制，即可進行產生，多重變化的不同規格尺寸之零件大小，也可將這些「家族成員」各自生成為獨立的零件檔案，方便後續在組立件中的 BOM 表顯示與數據管理，也保有與原始檔案的相互關聯性。

使用零件家族時，使用者可藉由零件家族修改下列變數：

- 控制零件模型的尺寸設計變數
- 設計意圖的開啟/關閉
- 永久關係的開啟/抑制
- 「順序特徵」的開啟/抑制

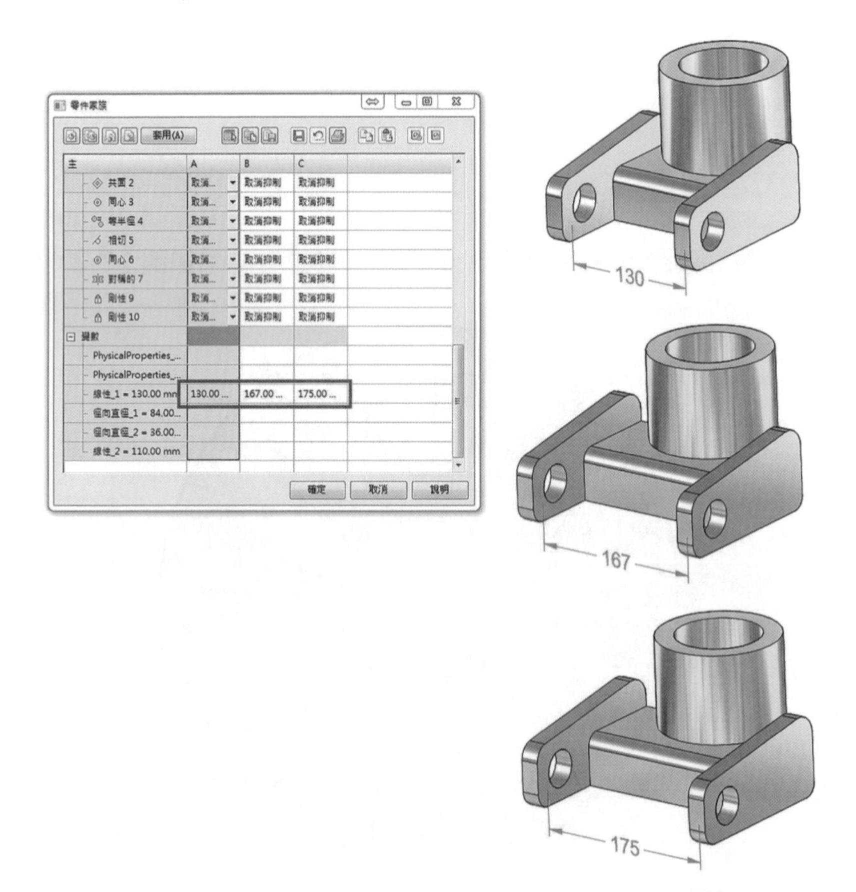

圖 13-3-1

◤範例三：

「零件家族」成員建立，可同時用於「同步零件」和「順序零件」兩種類型，在 Solid Edge 中「零件家族」可針對「設計意圖」及「永久關係」做不同成員的幾何條件設定，但必須注意在設定變數和零件家族的同時，使用者必須要透過尺寸的參數進行設定應用，所以在「同步零件」中的 PMI 尺寸必須要做「鎖定」的動作，才可應用於「家族成員」中的參數進行變化套用。

本章節直接使用範例進行說明及練習「零件家族」，開啟練習範例：13-3.par，如圖 13-3-2。

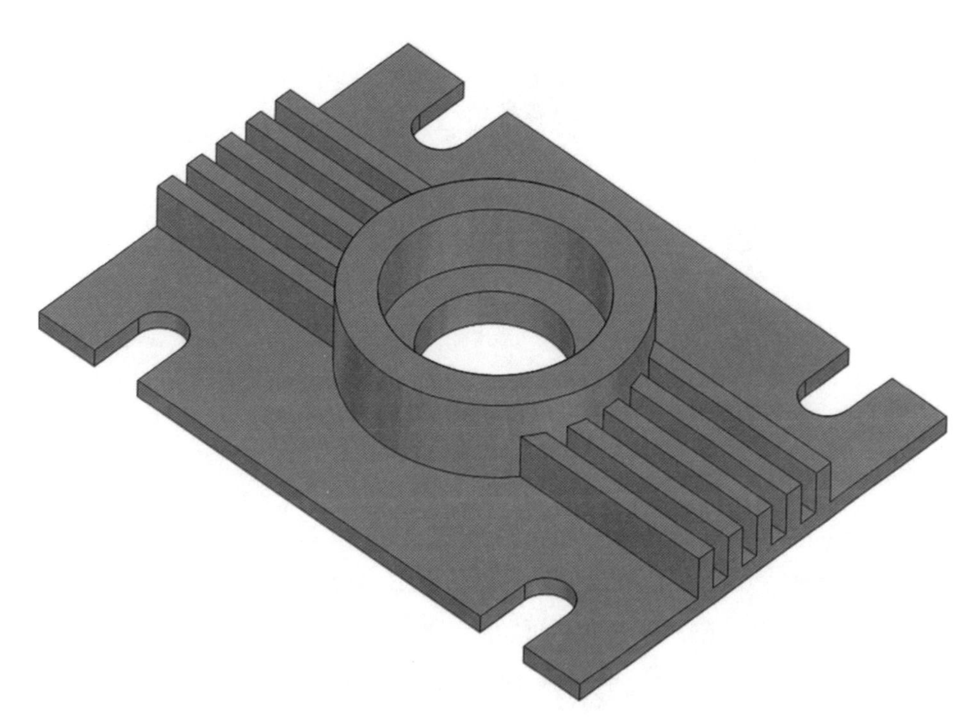

圖 13-3-2

1. 「零件家族」功能列位於應用程式左側中的「工具指令條」當中，點選「零件家族」標籤顯示，如圖 13-3-3。

   若左側工具指令條當中，找不到零件家族的標籤，可透過「視圖」→「窗格」→「零件家族」指令開啟零件家族，如圖 13-3-4。

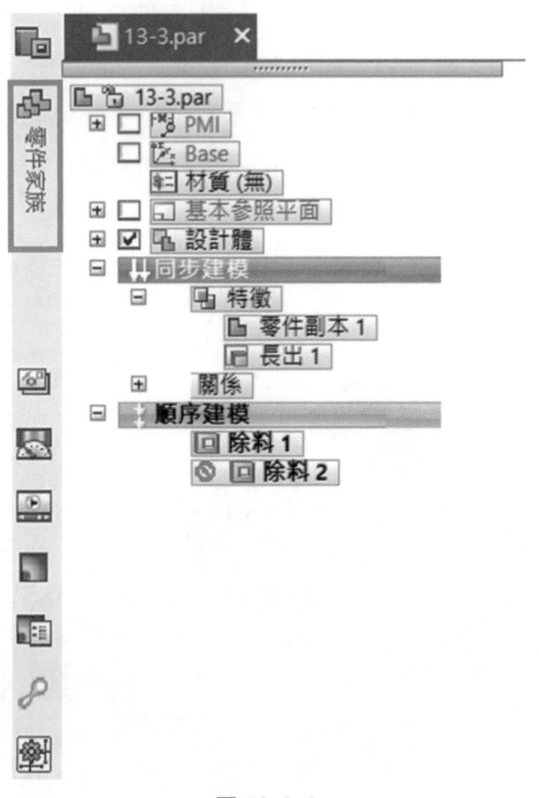

圖 13-3-3

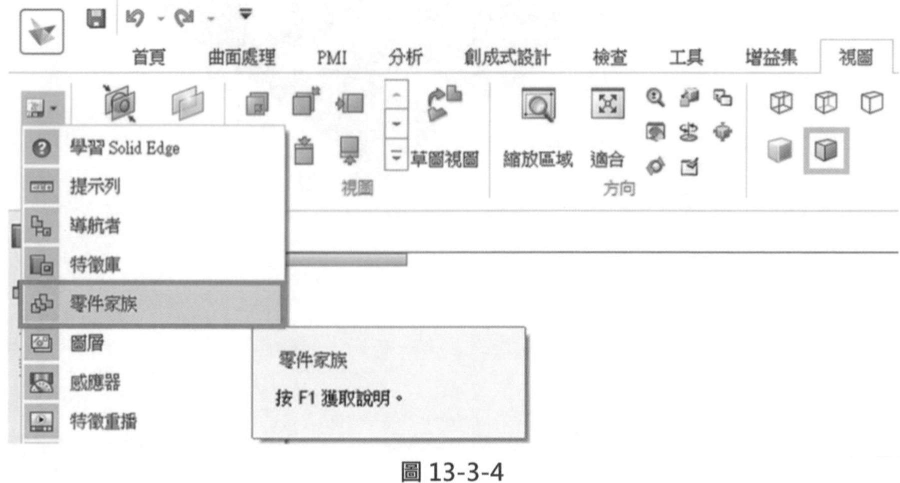

圖 13-3-4

2. 在「零件家族」標籤上，點擊「編輯表」按鈕以顯示「零件家族編輯表」，包含了建立零件家族成員欄和「設計意圖」、「永久關係」、「順序建模特徵列」、「建構列」及「變數列」，進行參數修改以建立家族成員，如圖 13-3-5。

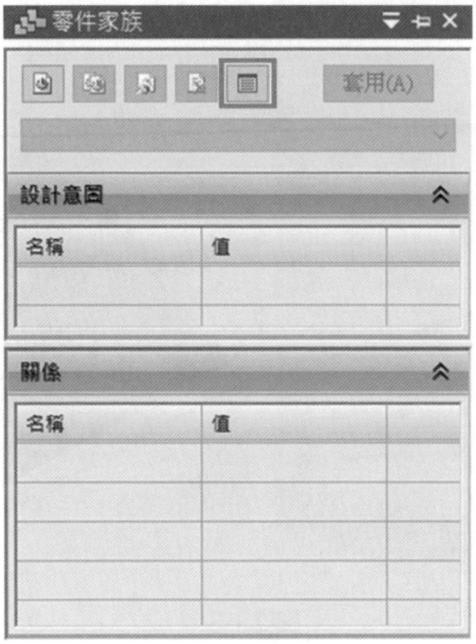

零件家族
套用(A)
設計意圖
名稱 值
關係
名稱 值

圖 13-3-5

3. 在「零件家族編輯表」上，可利用「新建成員」指令，建立新的家族成員並且輸入成員名稱：「Part-1」，然後點擊「確定」以建立新成員，如圖 13-3-6。

圖 13-3-6

4. 新建的成員繼承了主零件目前所有的「特徵」及「變數」，在編輯「Part-1」成員的變數值時，請注意某些變數的欄位顯示出「欄位灰階」，代表為不能編輯這些變數的值，如範例中「寬度：350mm」，因為尺寸尚未鎖定，因此無法修改。（要編輯尺寸的話，將尺寸鎖定即可），如圖 13-3-7。

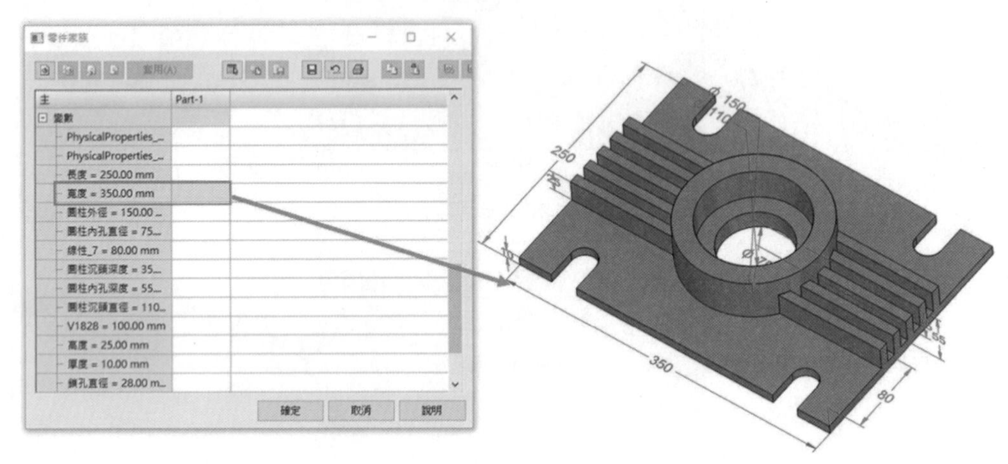

圖 13-3-7

5. 接著再點擊「新建成員」按鈕，建立一個新的成員「Part-2」，如圖 13-3-8。

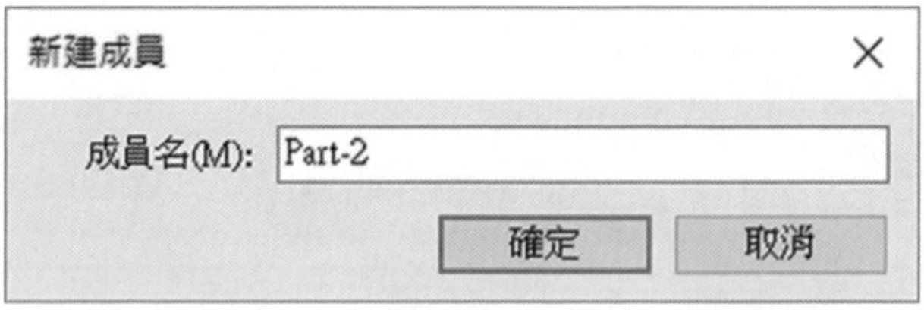

新建成員

成員名(M): Part-2

確定 取消

圖 13-3-8

6. 將滑鼠游標移動至變數欄位時，在模型上會以亮顯的方式顯示出該特徵或尺寸，確認後可透過「Part-2」成員的變數欄位做變更。

   將「除料 1」改為抑制，也可輸入變更的數值「長度=350 mm」及「圓柱外徑=200」，如圖 13-3-9。

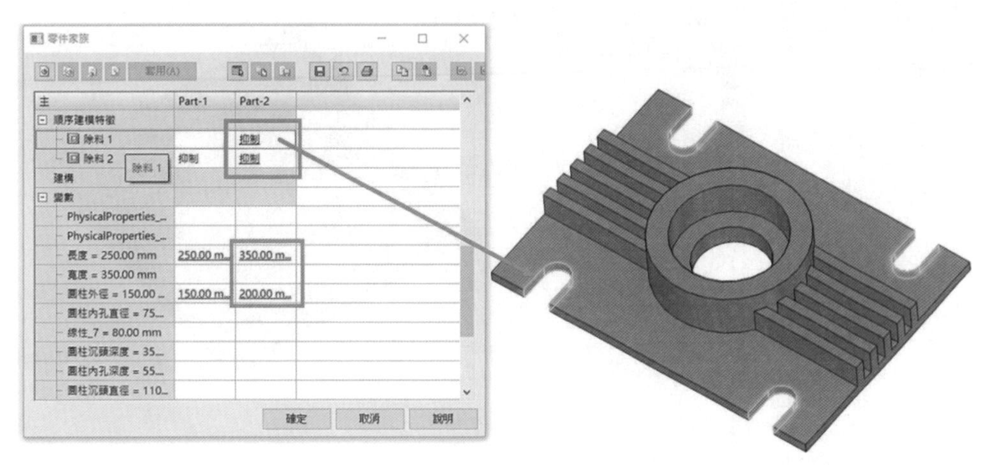

圖 13-3-9

7. 零件成員的變數修改完之，可利用「儲存表資料」將修改後的變數儲存，如圖 13-3-10。

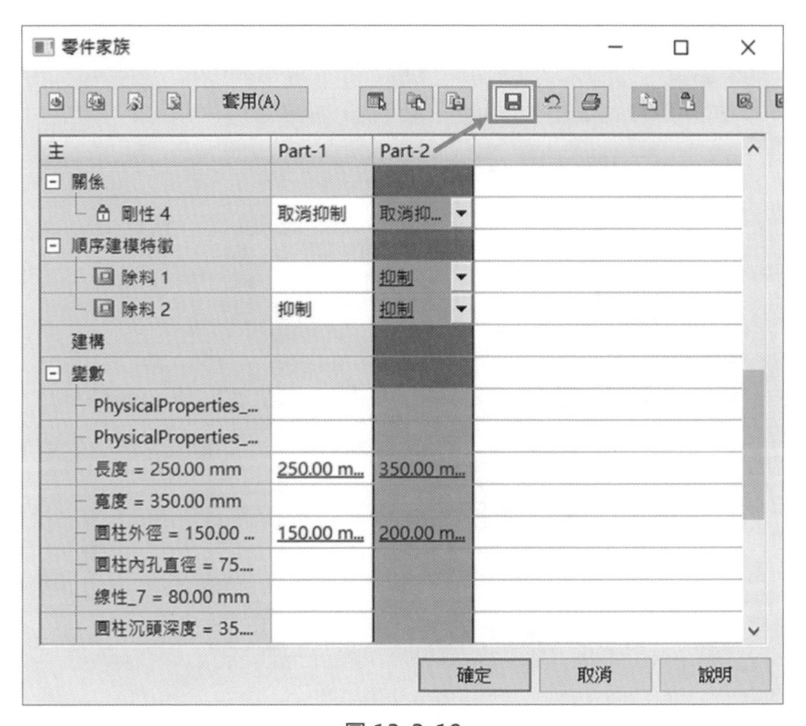

圖 13-3-10

8. 「儲存表資料」後，點選「Part-2」並且選擇「套用」，即可在畫面上顯示「Part-2」的零件外型，以確認設定的變數是否正確，如需要修改，直接繼續修改變數並儲存表資料即可，如圖 13-3-11。

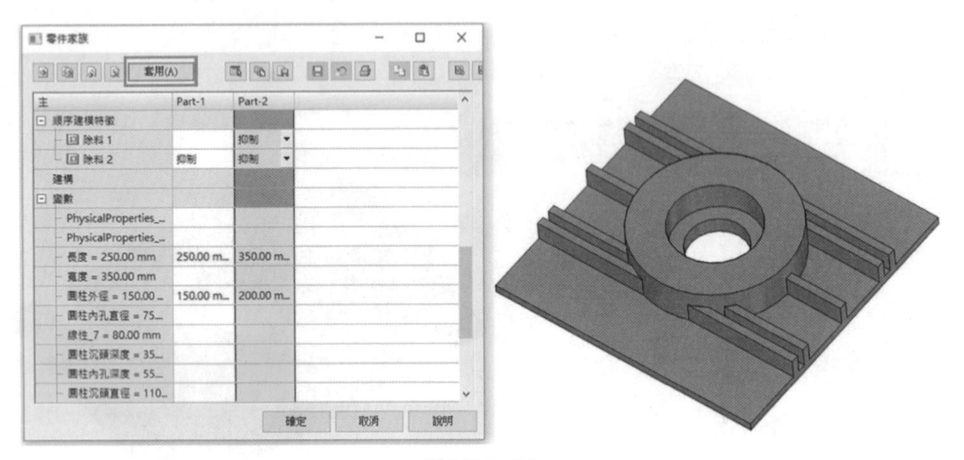

圖 13-3-11

9. 接著利用新建成員，建立零件「Part-3」，可以對設計意圖進行修改，將「基本YZ」此對稱條件切換為「關」，使零件模型不再遵守對稱條件。
以及將變數中的數值進行修改「寬度=600mm」、「厚度=30mm」、「鎖孔直徑=50mm」，如圖 13-3-12。

圖 13-3-12

10. 設定完成之後，再進行「儲存表資料」並「套用」，即可確認零件是否為使用者所需，如圖 13-3-13。

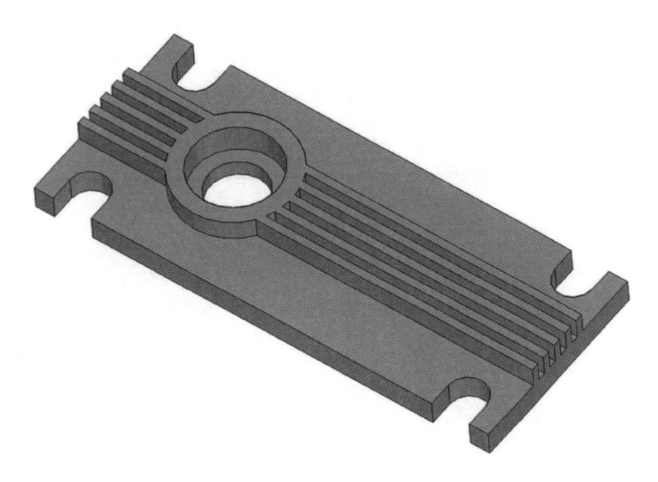

圖 13-3-13

11. 接著可建立「Part-4」零件，若「Part-4」的零件變數與「Part-3」極為相似，使用者可以選取「Part-3」利用「複製成員」的方式建立，以擷取「Part-3」數值進行修改，如圖 13-3-14。

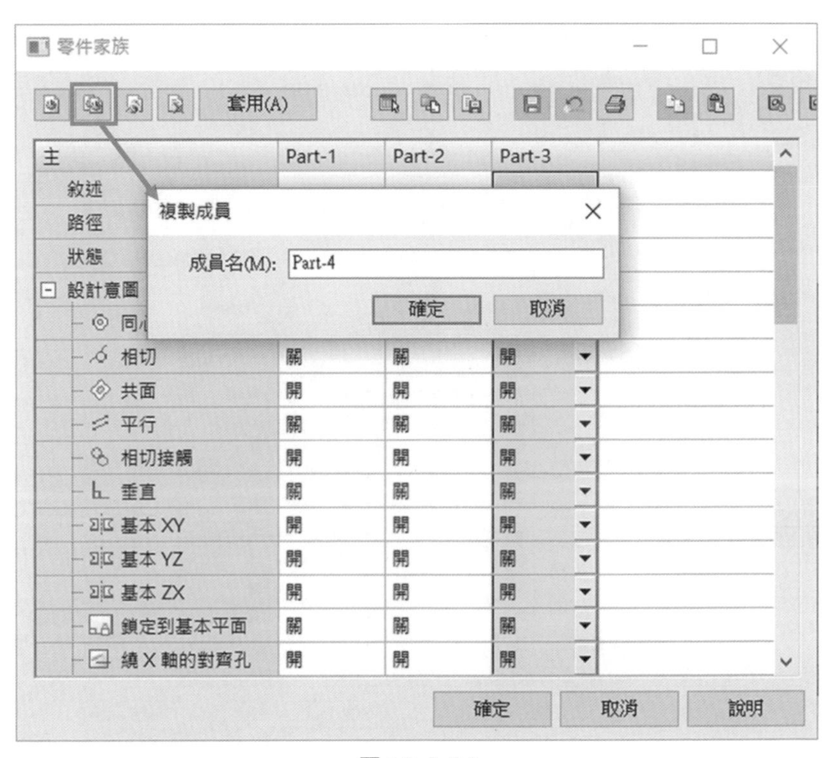

圖 13-3-14

12. 在「Part-4」當中，將「除料 1」修改為抑制，接著儲存表資料，利用套用就可以看到與「Part-3」的差異性，如圖 13-3-15。

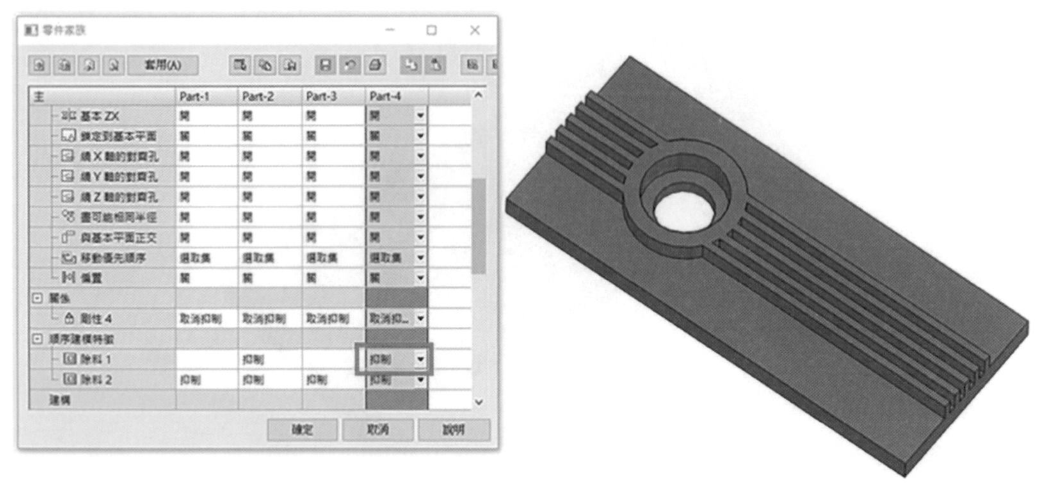

圖 13-3-15

13. 到目前為止，使用者已經建立了四個家族成員（Part-1、Part-2、Part-3、Part-4），並各自定義了其變數，這些變數透過儲存表資料的方式儲存於檔案之中，但這些零件並不存在實體檔案，因此，使用者將為每個家族成員建立新的單獨檔。
在「零件家族」標籤的「成員」部分中，點擊「編輯表」按鈕在「零件家族編輯表」上，點擊「選取所有成員」按鈕，四個零件家族即將全部選取，如圖 13-3-16。

圖 13-3-16

14. 在建立實體檔案前，可以透過「設定路徑」指令，確認家族成員的儲存位置，而預設的檔案路徑，將會儲存在與主零件同一個資料夾當中，如圖 13-3-17。

圖 13-3-17

15. 在「零件家族編輯表」對話方塊上，點擊「填充成員」按鈕，顯示出填充成員對話方框，詢問使用者是否將已選取的 4 個成員，建立新的單獨檔，點擊「確定」按鈕，如圖 13-3-18。

備註：在修改零件家族編輯表之後，如還未儲存檔案，Solid Edge 在執行填充成員之前，會要求使用者先儲存檔案。

圖 13-3-18

16. 在「零件家族」點擊滑鼠「右鍵」以顯示功能表，再快顯功能表中，點擊「開啟成員」以開啟零件家族成員檔案，如圖 13-3-19。

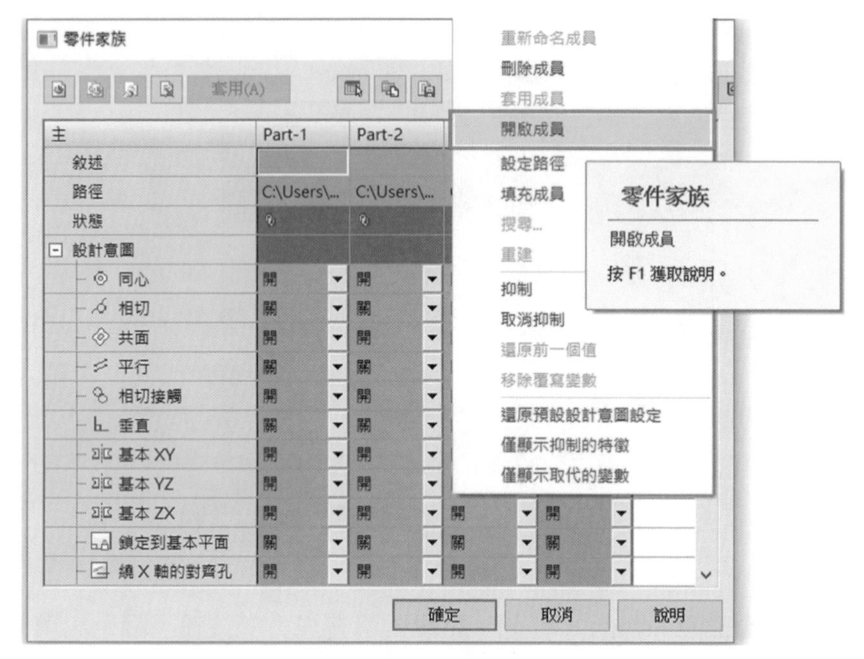

圖 13-3-19

17. 檢視完成的檔案，在「視圖」→「視窗」→「排列」指令，用以視窗的排列顯示。在「排列」對話方塊上，選取「磚塊式並排」，如圖 13-3-20。

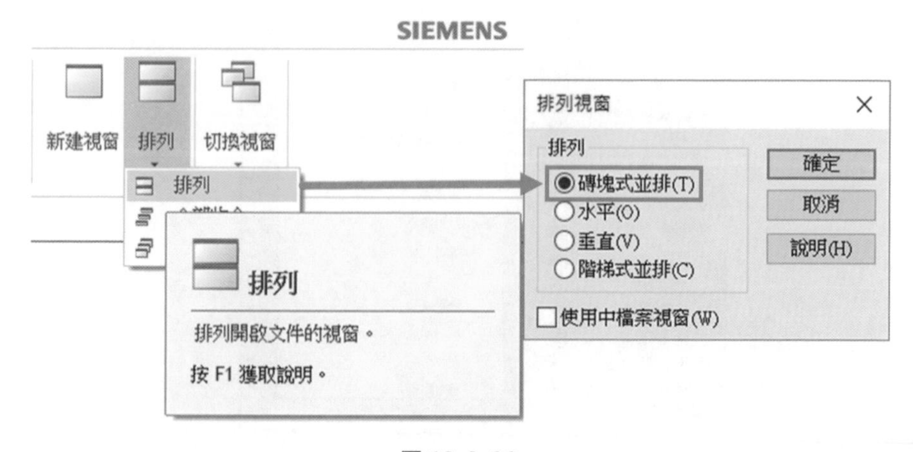

圖 13-3-20

18. 完成「填充成員」，每個成員檔案都符合「零件家族編輯表」當中的變數設定，這些成員會以「關聯方式」依賴著主零件，如圖 13-3-21。

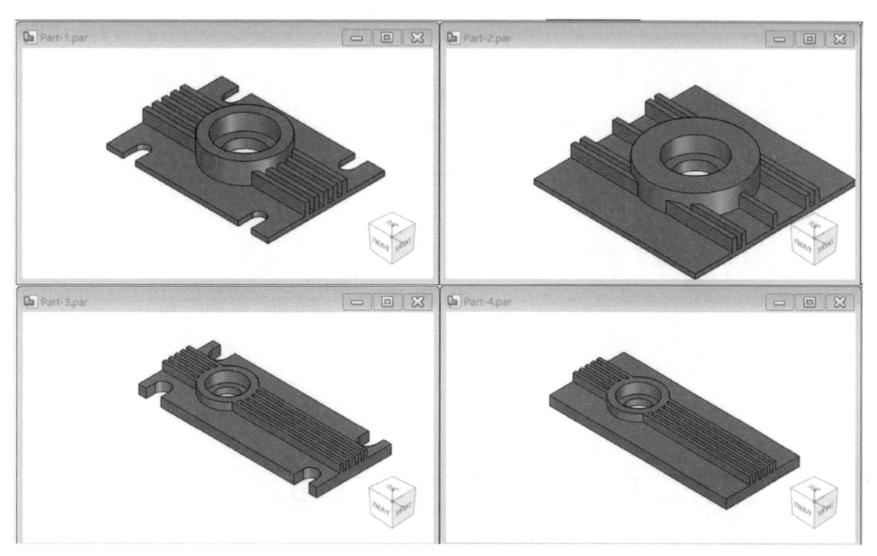

圖 13-3-21

19. 如需要修改成員零件變數，可以透過主零件檔案中的「零件家族編輯表」修改成員變數，然後透過「儲存表資料」儲存新的修改變數。

此時，在「零件家族編輯表」中「狀態」將會顯示成員為「過期檔案」，因此使用者須點選該成員，透過「填充成員」進行零件的更新，如圖 13-3-22。

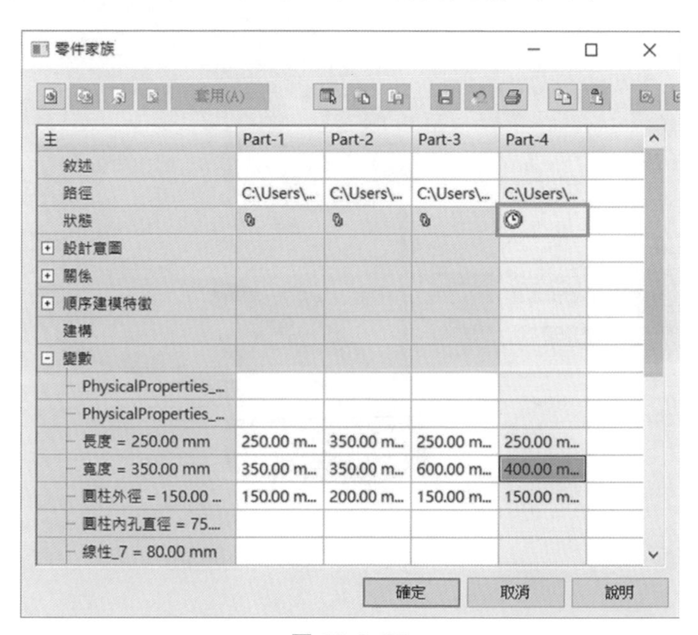

零件家族

主	Part-1	Part-2	Part-3	Part-4
敘述				
路徑	C:\Users\...	C:\Users\...	C:\Users\...	C:\Users\...
狀態				
⊞ 設計意圖				
⊞ 關係				
⊞ 順序建模特徵				
建構				
⊟ 變數				
PhysicalProperties_...				
PhysicalProperties_...				
長度 = 250.00 mm	250.00 m...	350.00 m...	250.00 m...	250.00 m...
寬度 = 350.00 mm	350.00 m...	350.00 m...	600.00 m...	400.00 m...
圓柱外徑 = 150.00 ...	150.00 m...	200.00 m...	150.00 m...	150.00 m...
圓柱內孔直徑 = 75....				
線性_7 = 80.00 mm				

套用(A)　確定　取消　說明

圖 13-3-22

20. 狀態符號代表意義，如圖 13-3-23。

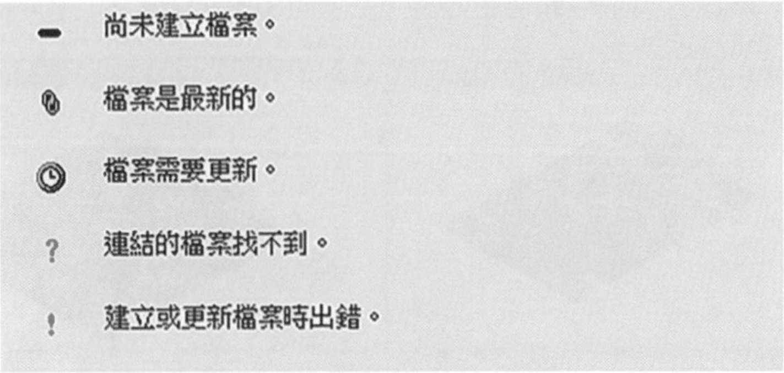

尚未建立檔案。
檔案是最新的。
檔案需要更新。
?
連結的檔案找不到。
!
建立或更新檔案時出錯。

圖 13-3-23

13-4 組立件中選取零件家族

本章節將介紹，如已透過「13-4 章節」方式建立出多個「零件家族」成員檔案後，該如何在組立件中，變更零件中的成員，但又無需重新裝配，如圖 13-4-1「砂輪」零件以填充出多個成員的取代變更方式。

零件家族成員
成員(M): 砂輪片
砂輪片
砂輪磨片
鋸片
確定
取消
說明(H)
砂輪

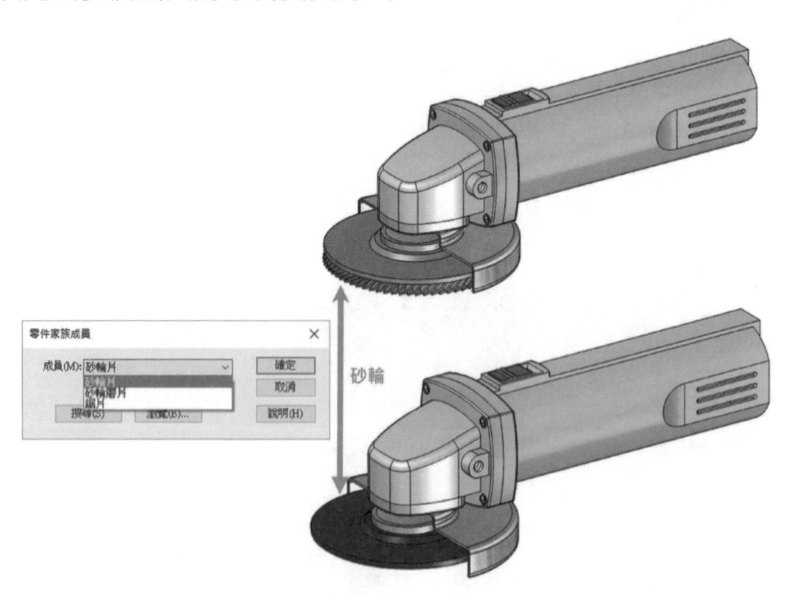

圖 13-4-1

1. 以本章節的範例進行說明，使用者可以直接開啟範例「13-4.asm」練習，如圖 13-4-2。

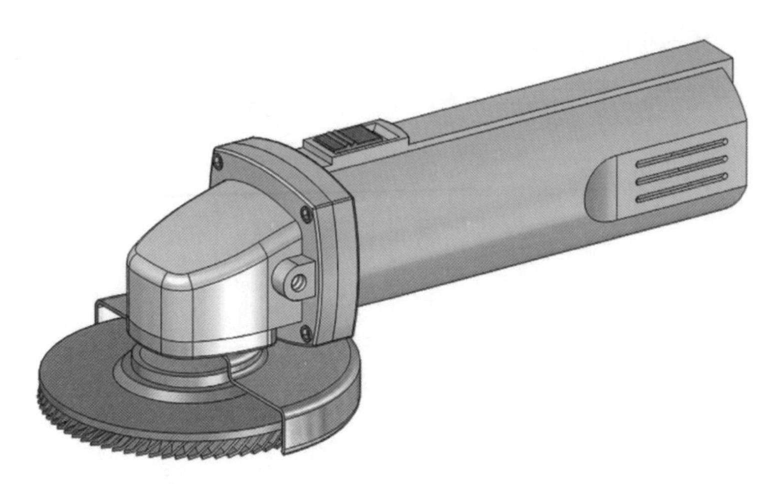

圖 13-4-2

2. 點擊「砂輪」零件，並按滑鼠右鍵「更多」→「取代零件」，如圖 13-4-3。

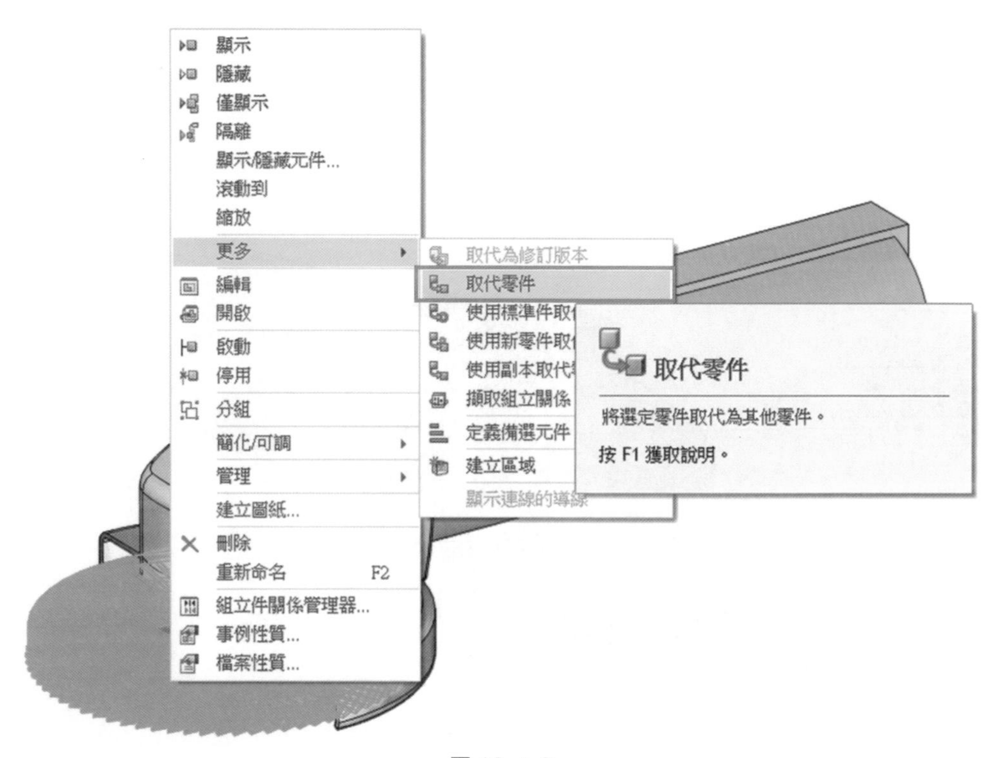

圖 13-4-3

3. 如組立件中，有多個相同零件需同時更換家族成員，請在工具指令條中選取「事例選取」，Solid Edge將會快速選取相同檔名的零件，並且以高亮度顯示。
   如只需要針對單一零件做變更，則不需要點選「事例選取」，確認後點擊「接受」鍵，如圖 13-4-4。

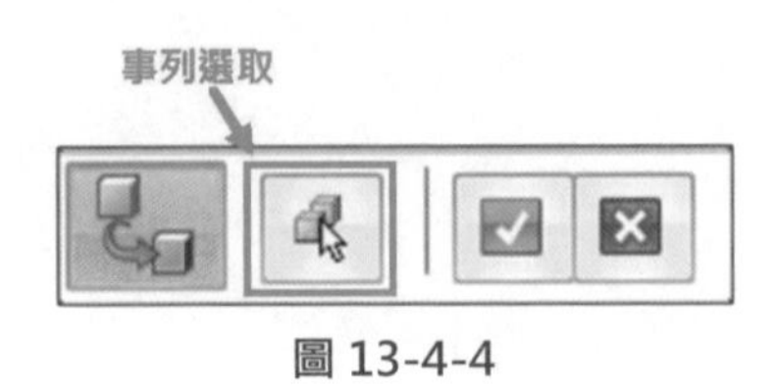

圖 13-4-4

4. 請於零件家族成員選單中，選取所要的成員，如「砂輪片」，點擊「確定」鍵即可取代變更，如圖 13-4-5。

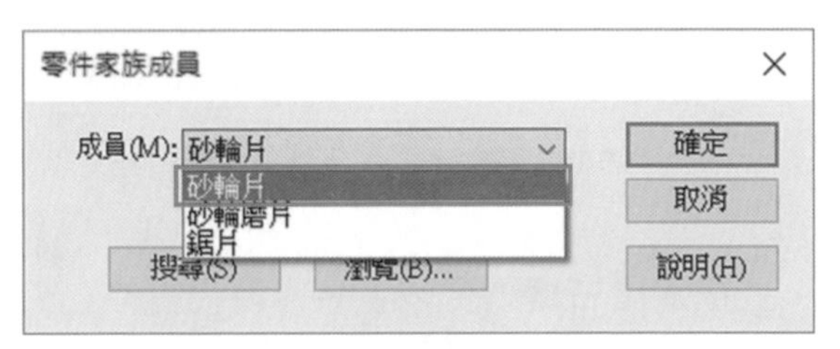

圖 13-4-5

5. 完成取代變更後，可在左側組立件樹狀結構中看到，原有「砂輪」零件已變更為「砂輪片」，如圖 13-4-6。

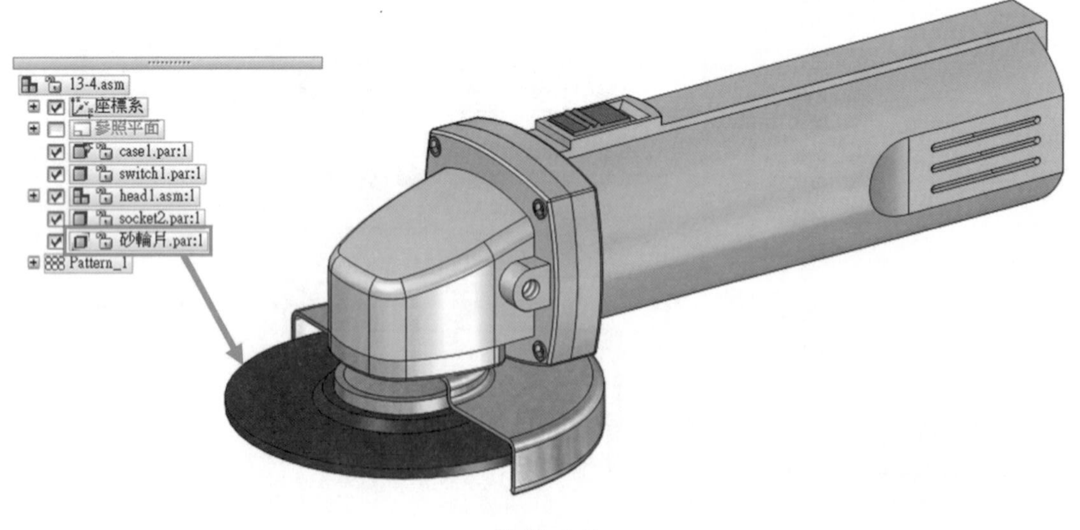

圖 13-4-6

14

CHAPTER

建立組立件與組立件干涉檢查

章節介紹

藉由此課程，你將會學到：

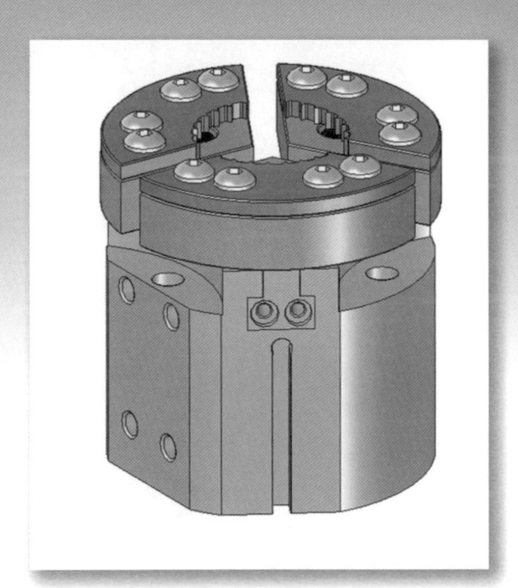

14-1 組立件的定義

「組立件」就是將各個零件組裝起來的環境，Siemens 於 2008 年發表「同步建模技術」後，在「組立件」上可以建構包含「順序」或「同步」零件的混合組立件，讓使用者在操作上更具靈活性。

在「組立件」建構中包含「順序」零件和次組立件，也可包含「同步」零件和次組立件。

建構組立件中可以學到：

- 零件之間套用組立件關係
- 使用導航者管理組立件的零件
- 在組立件中對組立件進行管理
- 在組立件中對零件進行陣列
- 在組立件中使用翻版元件

14-2 指令介紹

零件組立：在將零件或次組立件置於組立件中時，必須通過套用「組立關係」，確定如何根據組立件中的其他零件來定位該零件；零件組立可用關係包含：「固定」、「貼合」、「平面對齊」、「軸對齊」、「軸貼合」、「平行」、「連接」、「角度」、「凸輪」、「傳動裝置」、「置中」和「相切」...等，如下表。

圖示	指令	說明
	貼合	在組立件中兩個零件之間的面或平面套用貼合關係
	平面對齊	在組立件中兩個零件之間的面或平面套用平面對齊關係
	軸對齊	在組立件中兩個零件之間軸孔套用軸向對齊關係
	軸貼合	套用固定偏置值的貼合關係以及固定旋轉角度的軸向對齊關係

圖示	指令	說明
	連接	使用連接關係來定位與在零件、次組立件或頂層組立件草圖中的元素相關的零件
	角度	套用組立件中兩個零件的兩個面或兩條邊之間的角度關係
	相切	在組立件中兩個零件的圓柱、圓錐、圓環及平面之間套用相切關係
	凸輪	讓一個圓柱、平面或點一系列的相切伸長面重合或相切
	平行	在組立件中的兩個零件之間套用平行關係
	符合座標系	可以使用指令條上的「座標系平面」和「座標系偏置」選項來定義各座標系軸的偏置值
	傳動裝置	在組立件中兩個零件之間套用傳動關係。可使用傳動關係定義一個零件如何相對於另一個零件移動
	剛性集	此關係套用於兩個或兩個以上元件之間，並將它們固定，則它們的相對位置會保持不變。此關係在使用中組立件中建立，並且可以包含次組立件
	固定	對組立件中的零件或次組立件套用固定關係
	置中	對組立件中的零件兩個面或一個面之間套用置中關係
	路徑	可使用路徑關係定義一個零件如何沿路徑相對於另一個零件移動。和凸輪關係一樣，路徑關係也需要從動輪和鍵作為輸入

14-3 順序組立件

1. 進入「ISO 組立件」操作：在 Solid Edge 的初始頁面上點選 ISO 組立件，進入 ISO 組立件環境底下。
2 設定零件庫資料夾：在「零件庫」上，點擊「尋找範圍」控制項右側的箭頭，然後瀏覽：\Solid Edge 2019-練習範例\14-3 資料夾中的檔案，如圖 14-3-1。

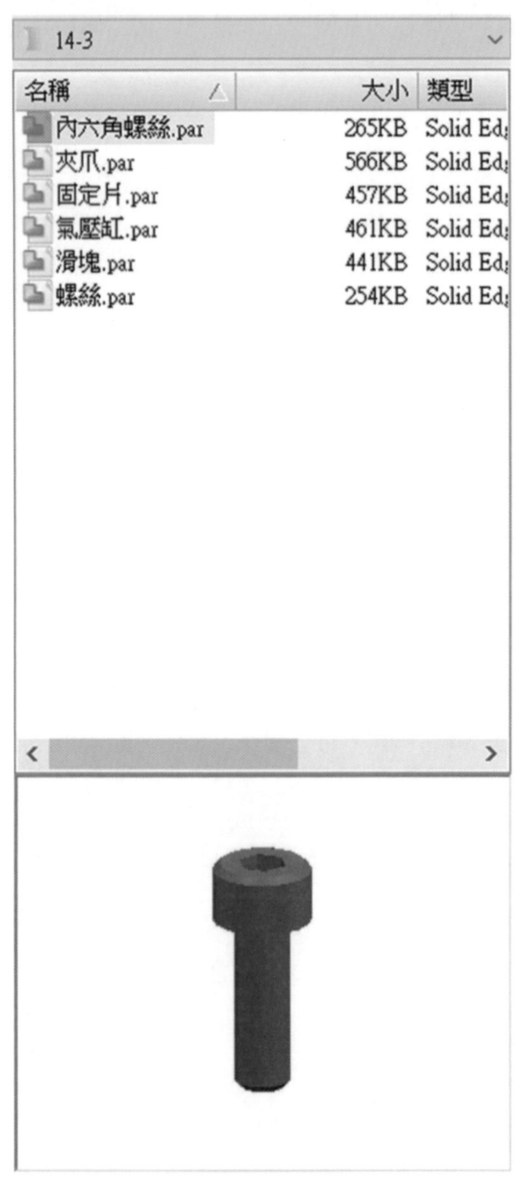

圖 14-3-1

3. 放置滑塊零件：在「零件庫」上的檔案清單中，選取名為「滑塊.par」的檔案，按下滑鼠左鍵的同時，將此檔案拖到組立件視窗中，如圖 14-3-2。

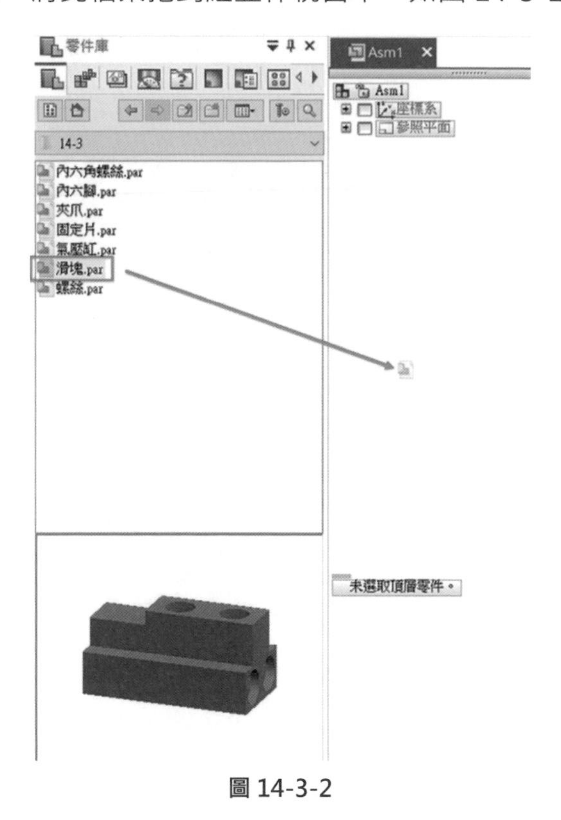

圖 14-3-2

然後釋放滑鼠左鍵，此為第一個拖曳進組立件環境中的零件，如圖 14-3-3。

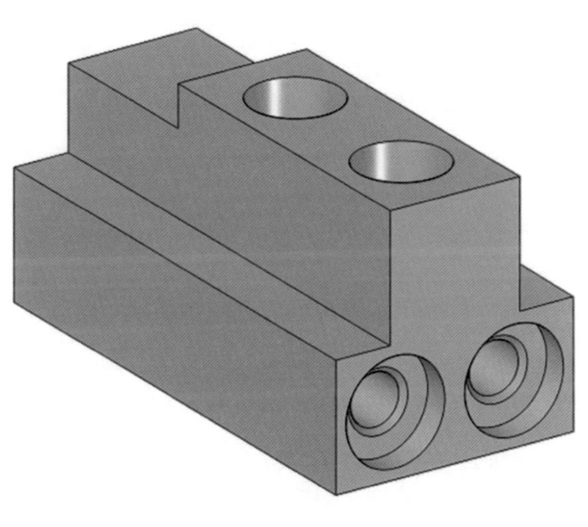

圖 14-3-3

4. 放置固定片零件：在「零件庫」上的檔案清單中，選取「固定片.par」的檔案，按著滑鼠左鍵不放，將此檔案拖到組立件視窗中，然後釋放滑鼠鍵。零件會被放置到組立件中，釋放滑鼠鍵時的位置，如圖 14-3-4。

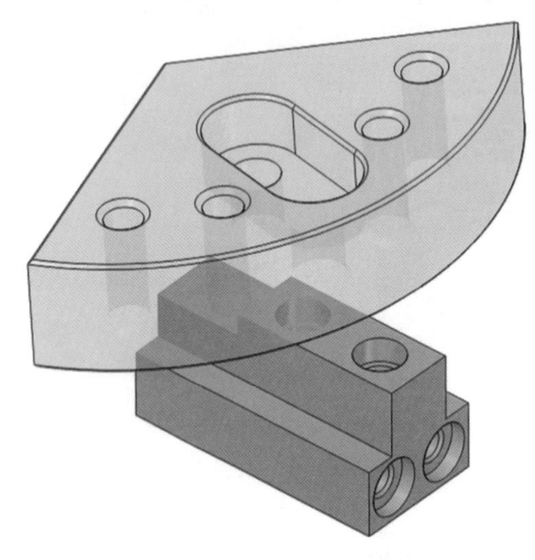

圖 14-3-4

5. 檢查「組立」指令條：當您將第二個零件放到組立件中時，顯示「組立」指令條，如圖 14-3-5，現在您可檢視「組立」指令條，請從左至右可查看「組立」指令條，並注意以下選項。

圖 14-3-5

	「選項」按鈕顯示「選項」對話方塊。您可以使用此對話方塊來設定「快速組立」選項、「精簡步驟」等選項。
	「事例性質」按鈕顯示「事例性質」對話方塊。您可以使用此對話方塊來定零件是否顯示在更高層的組立件中、計入零件明細表等等。
	「建構顯示」按鈕允許顯示或隱藏正在放置的零件的元素，如參考平面、草圖和建構曲面。這有助於定位特定類型的零件。
建立關係 1	「關係列表」顯示用來定位零件的關係。放置零件後，當您編輯零件的位置時，可以從此清單中選取要重新定義的關係。

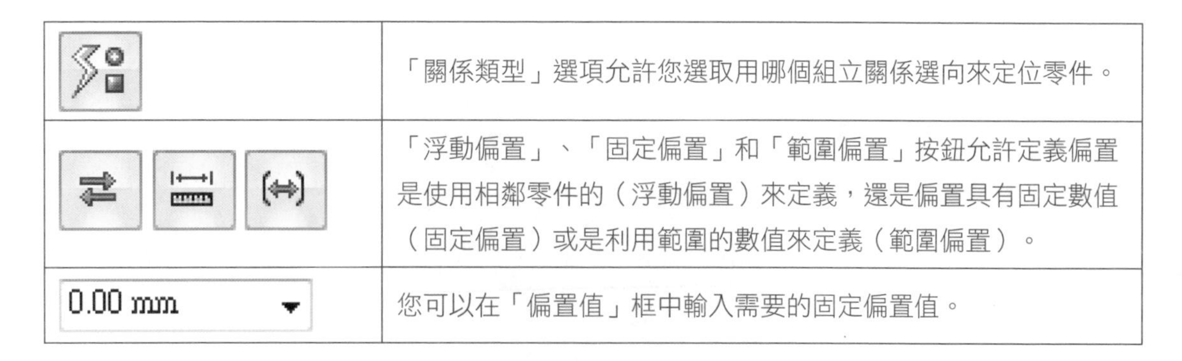

	「關係類型」選項允許您選取用哪個組立關係選向來定位零件。
	「浮動偏置」、「固定偏置」和「範圍偏置」按鈕允許定義偏置是使用相鄰零件的（浮動偏置）來定義，還是偏置具有固定數值（固定偏置）或是利用範圍的數值來定義（範圍偏置）。
0.00 mm	您可以在「偏置值」框中輸入需要的固定偏置值。

6. 選取要對齊的孔位：在「組立件」視窗，使用「快速組立」指令後，首先點擊固定片其中的一個「孔位軸」，如圖 14-3-6。

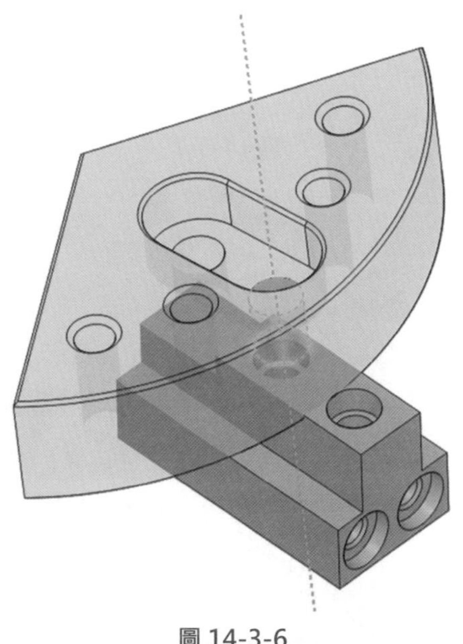

圖 14-3-6

備註：快速組立是一種自動辨識的組立方式，可以辨識貼合、平面對齊、軸對齊等等一些常見的組立方式。

接著選取「滑塊.par」零件中欲對齊的「孔位軸」，如圖 14-3-7。

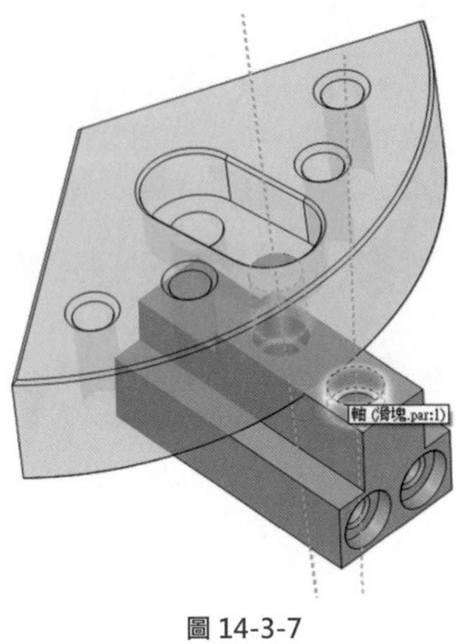

圖 14-3-7

軸對齊的限制條件已加入成功，如圖 14-3-8。

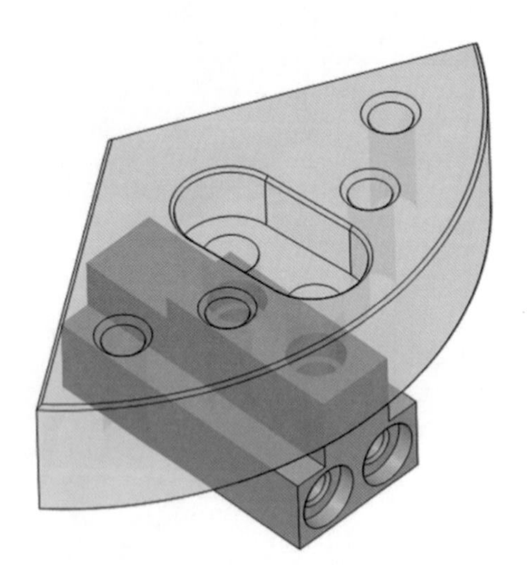

圖 14-3-8

7. 另一邊孔位也需給予軸對齊條件：重複上面的動作結合另一邊孔位的配置，如圖 14-3-9。

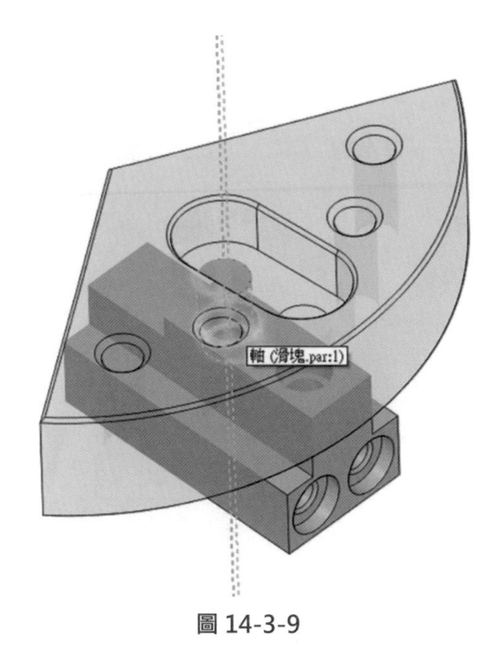

圖 14-3-9

兩組軸對齊限制條件已加入成功，如圖 14-3-10。

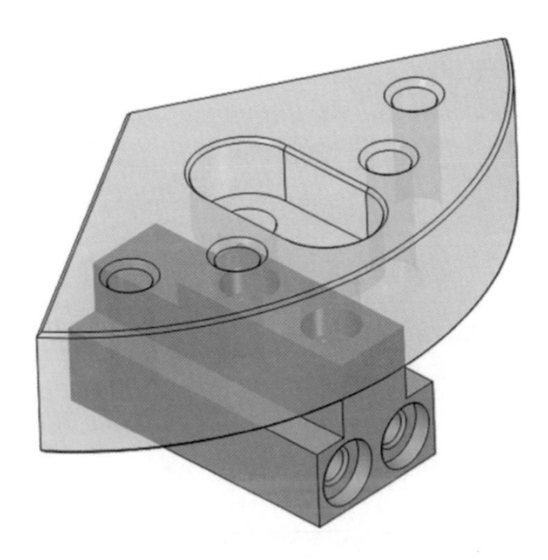

圖 14-3-10

8. 固定片跟滑塊的面限制貼合：在組立件視窗中，先點擊固定片下端的水平平面，如圖 14-3-11。

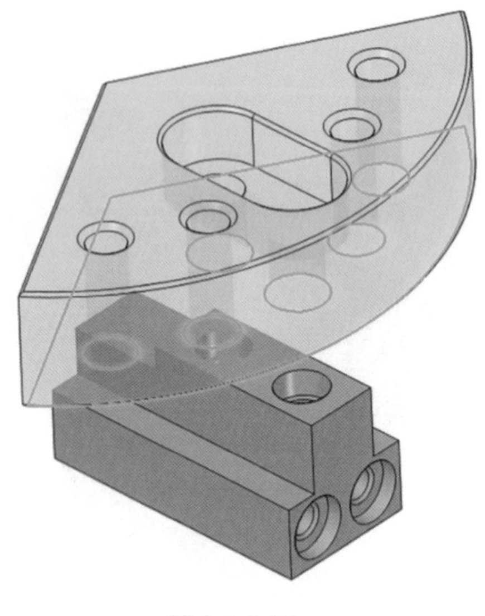

圖 14-3-11

再選取滑塊零件的「貼合面」：點擊滑塊上端的水平平面，如圖 14-3-12。

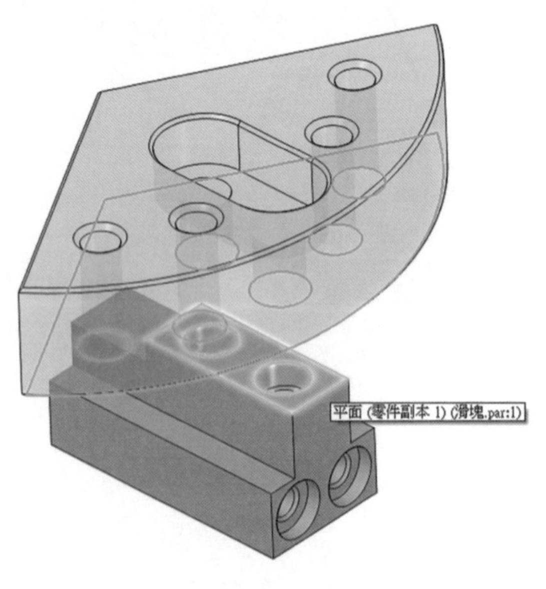

圖 14-3-12

完成固定片與滑塊貼合：如圖 14-3-13，兩個零件已完成組立。（完成結合條件後，模型的顏色會從透明綠色變為實體顏色。）

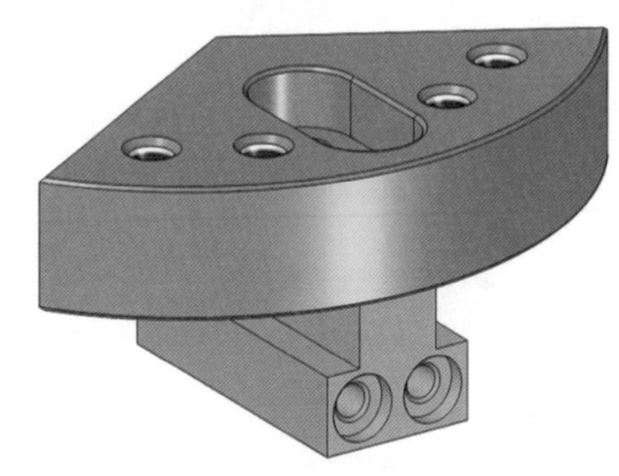

圖 14-3-13

辨識零件顯示狀態

在組立件的環境中，我們也可以透過零件中的圖示了解該零件的狀態，如圖 14-3-14。

圖示說明	圖示說明
使用中零件	陣列群組
非使用中零件	陣列項
已解除安裝的零件	參照平面
未完全定位的零件	參照平面
具有相衝突關係的零件	草圖
連結的零件	不可接合草圖（僅限同步）
組立件副本	可接合草圖（僅限同步）
簡化組立件	使用中草圖（僅限同步）
簡化零件	銲接件
缺少元件	零件群組和次組立件
備選元件零件	馬達
零件位置由組立件草圖中的 2D 關係驅動	可用
	使用中
顯示的組立件	審核中
可調零件	已發佈
可調組立件	已設定基線
從動參照	已廢棄
緊固件系統	啟用「限制更新」或「限制儲存」。

圖 14-3-14

辨識零件組立狀態

而點選零件下方的同時，會顯示組立的條件，也可即時辨識組立條件，如貼合、固定或被抑制的關係，如圖 14-3-15。

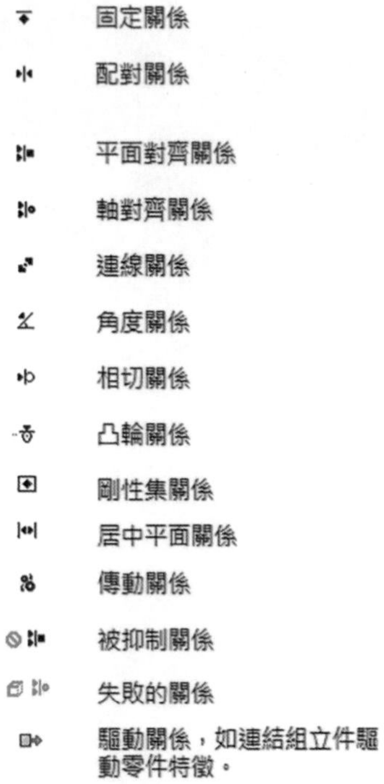

固定關係

配對關係

平面對齊關係

軸對齊關係

連線關係

角度關係

相切關係

凸輪關係

剛性集關係

居中平面關係

傳動關係

被抑制關係

失敗的關係

驅動關係，如連結組立件驅動零件特徵。

圖 14-3-15

9. 放置螺絲至固定片上：在「零件庫」檔案清單中，選取「內六角螺絲.par」，先點擊螺絲的圓柱軸，再點選固定片中槽的其中一個孔位軸，給予軸對齊關係條件，如圖 14-3-16。

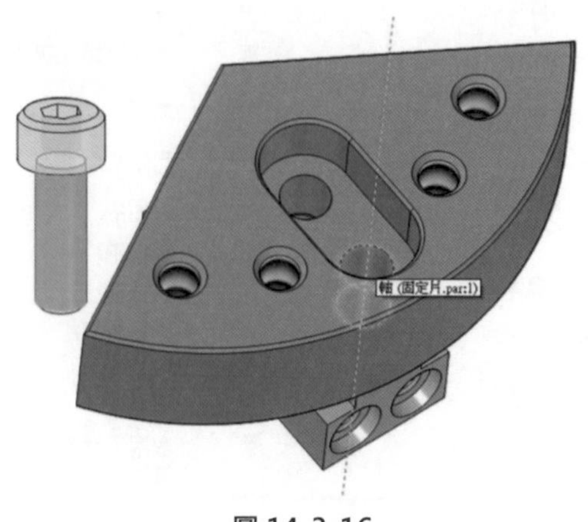

圖 14-3-16

接著將螺絲與固定片的面貼合：首先點擊螺絲下端的平面，再點選固定片中槽的平面，給予面貼合的條件，如圖 14-3-17。

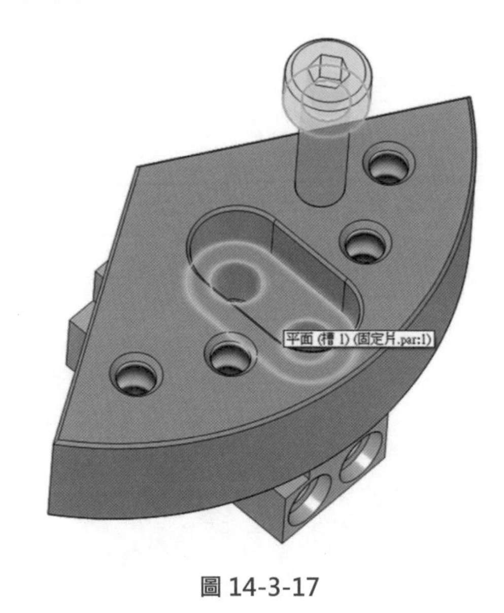

圖 14-3-17

平面對齊的限制條件已加入成功，如圖 14-3-18。

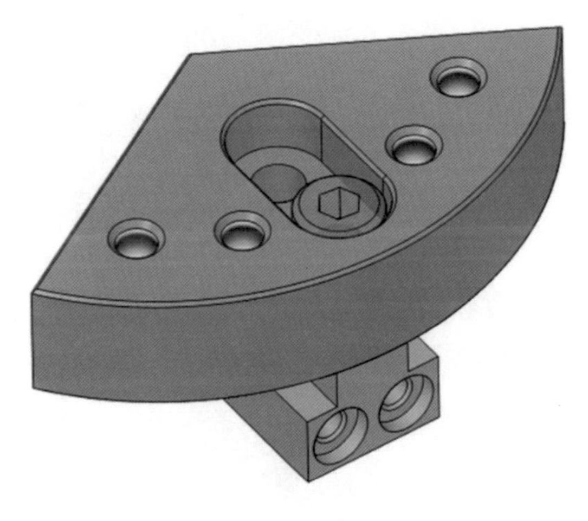

圖 14-3-18

10. 組立件環境下零件陣列：欲組裝另一邊的螺絲，可使用「陣列」來做裝配。

點選「首頁」→「陣列」→「陣列」指令

亮顯圖示為第一步驟「陣列-選取項步驟」，點選欲陣列的零件，此範例的零件為內六角螺絲，點選後選取打勾指令為確認，如圖 14-3-19。

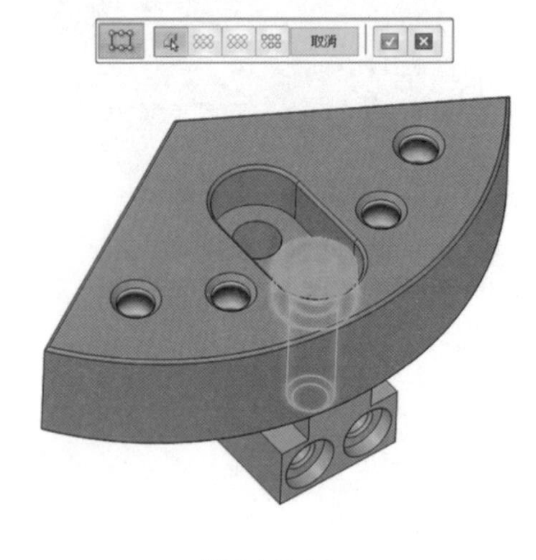

圖 14-3-19

接著軟體會自動跳至第二步驟為「陣列-選取零件」，點選欲包含陣列的零件或草圖，此範例為固定片零件，如圖 14-3-20。

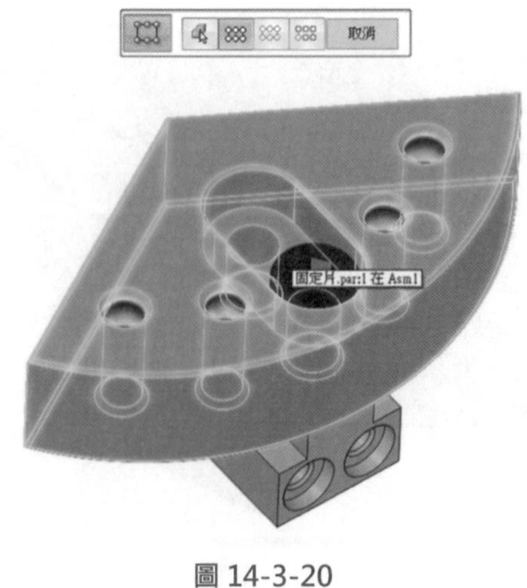

圖 14-3-20

第三步驟為「陣列-選取陣列特徵」，點選欲做為陣列的特徵，此範例為固定片槽上的孔位，如圖 14-3-21。

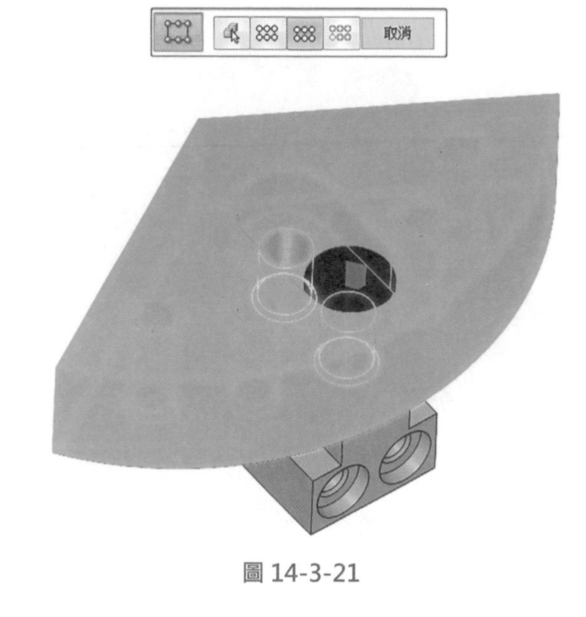

圖 14-3-21

第四步驟「陣列-選取參考位置」，選取陣列中參考特徵的位置，如圖 14-3-22。

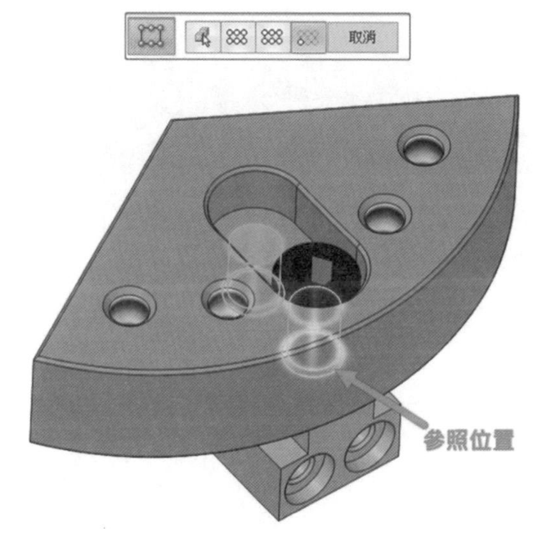

圖 14-3-22

最後會出現陣列完後的預覽圖，確認完後點擊「完成」指令，如圖 14-3-23。

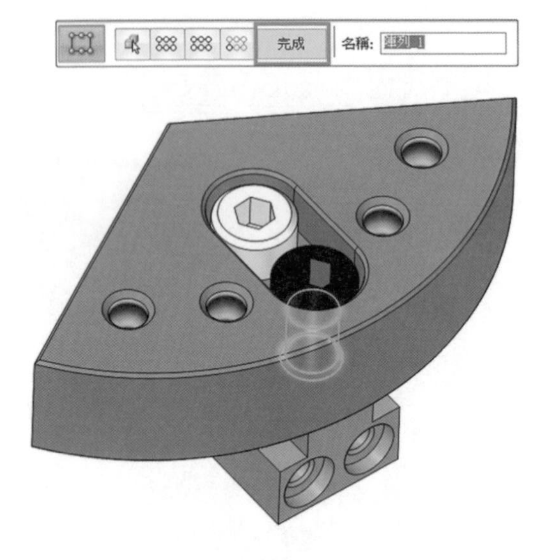

如圖 14-3-23

陣列完成後如圖 14-3-24。

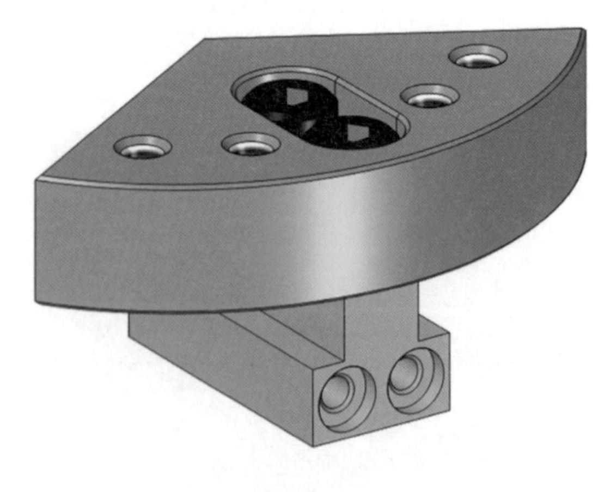

圖 14-3-24

11. 放置夾爪零件：將「夾爪.par」零件拖放至組立件視窗中裝配，先點選夾爪的任一孔位的軸，再點選欲對齊的固定片孔位的軸，如圖 14-3-25。

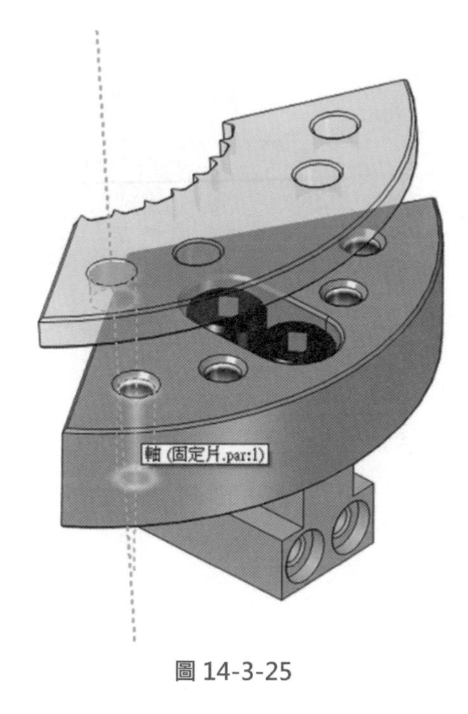

圖 14-3-25

重複上一個動作，選取另一個孔位做軸對齊裝配，如圖 14-2-26。

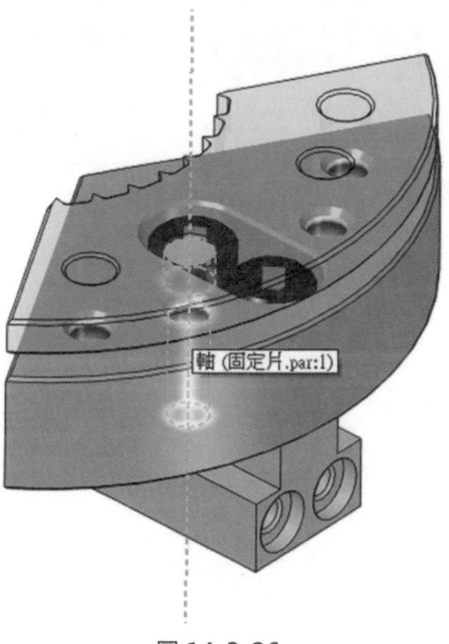

圖 14-3-26

12. 將夾爪零件與固定片零件貼合：先選取夾爪零件下端的平面，再點選欲貼合的固定片上端的平面，給予面貼合關係條件，如圖 14-3-27。

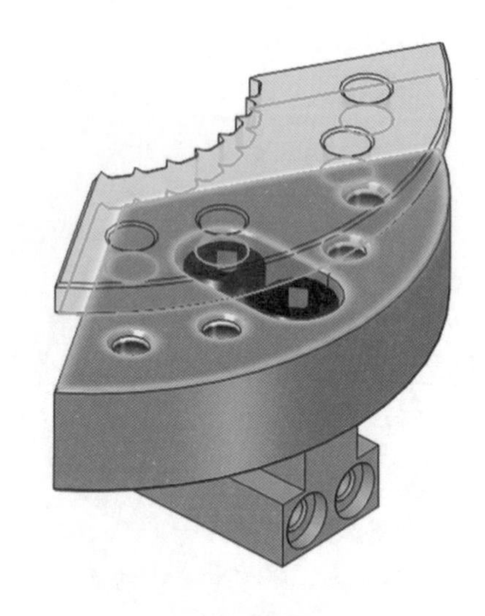

圖 14-3-27

組裝條件定位完成後，如圖 14-3-28。

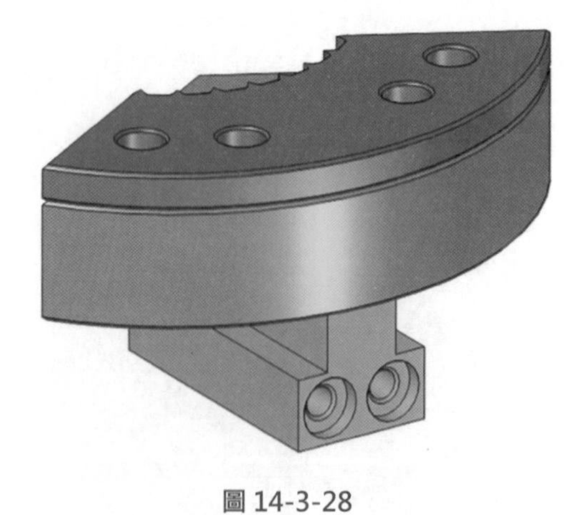

圖 14-3-28

13. 組裝關係類型「插入」：在「組立」指令條上的「關係類型」清單中，點選「插入」選項，如圖 14-3-29。

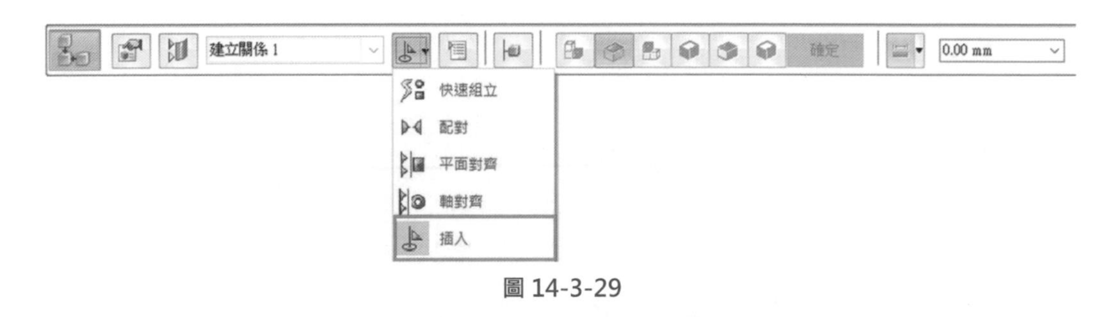

圖 14-3-29

備註：「插入」指令較適合用於圓柱型零件或螺栓、螺絲組立到孔中，因只需要套用「軸對齊」與「面貼合」關係即可。

14. 「插入」組立操作：首先選取螺絲的圓柱面，再點選夾爪零件中欲裝配孔位軸，如圖 14-3-30。

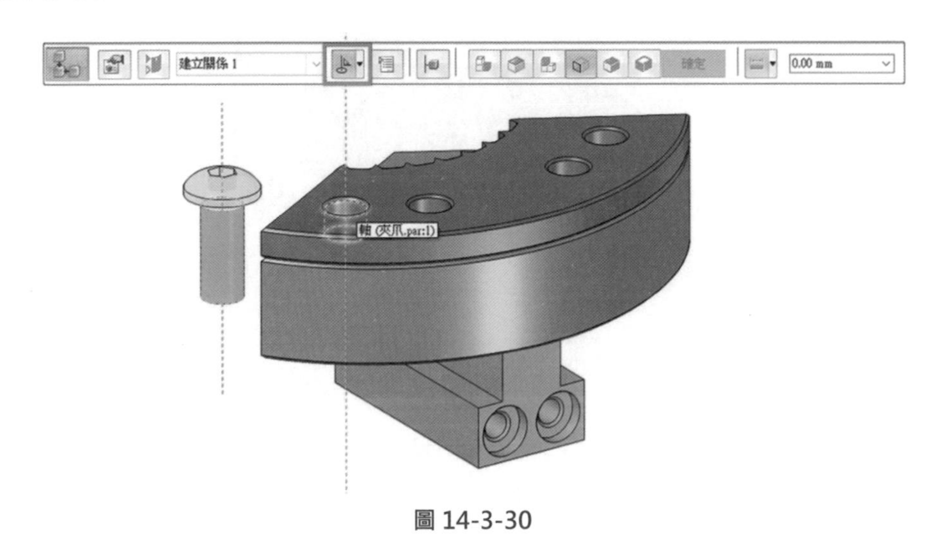

圖 14-3-30

軸對齊完成後，接著選取螺絲欲與夾爪對齊的平面，再選取夾爪上端平面給予貼合條件，如圖 14-3-31

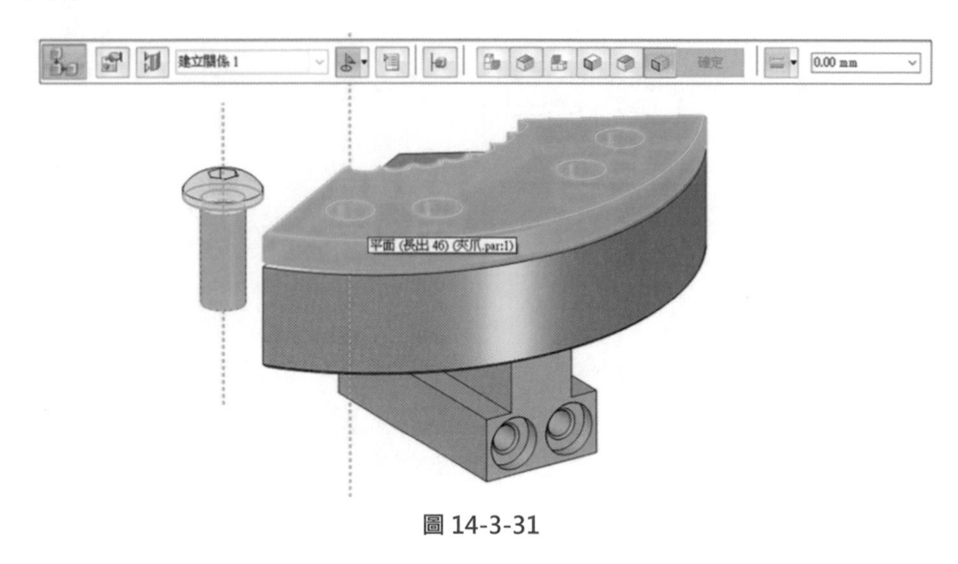

圖 14-3-31

插入的限制條件完成後，如圖 14-3-32

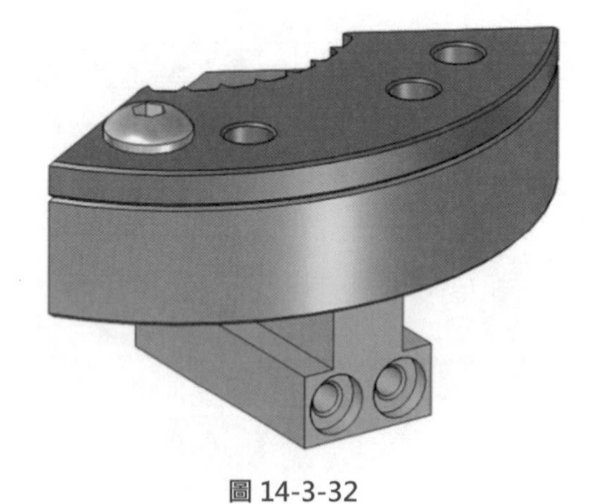

圖 14-3-32

15. 組立件環境中「翻版元件」：範例中的螺絲可利用「翻版元件」的指令來裝配，

點選「首頁」→「陣列」→「翻版元件」

備註：翻版元件為辨識的幾何體，將一個或多個元件的多個事例，放置在組立件中的不同位置，同時建立組立關係，這樣就無需在重複放置元件時，進行手動作業。

16. 第一步驟「翻版元件-選取元件」，先選取要複製的零件或次組立件，範例為裝配在夾爪上的螺絲，確認完零件後點擊打勾指令，如圖 14-3-33。

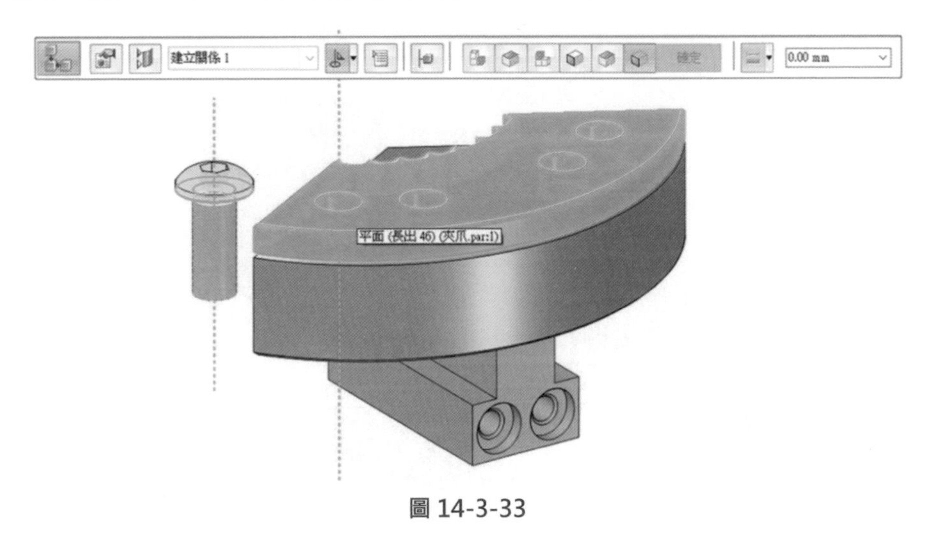

圖 14-3-33

接著會自動跳至第二步驟「翻版元件-選取面」，選取面來定義參照幾何體，該參照位置將被辨識以供放置複製，範例為夾爪的孔位，如圖 14-3-34。

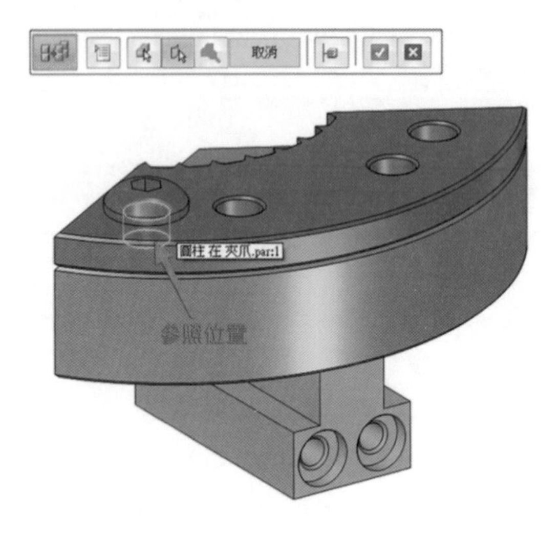

圖 14-3-34

第三步驟「翻版元件-選取目標元件」，選一個或多個目標元件來搜尋參照幾何體並放置複製，範例為夾爪零件，如圖 14-3-35。

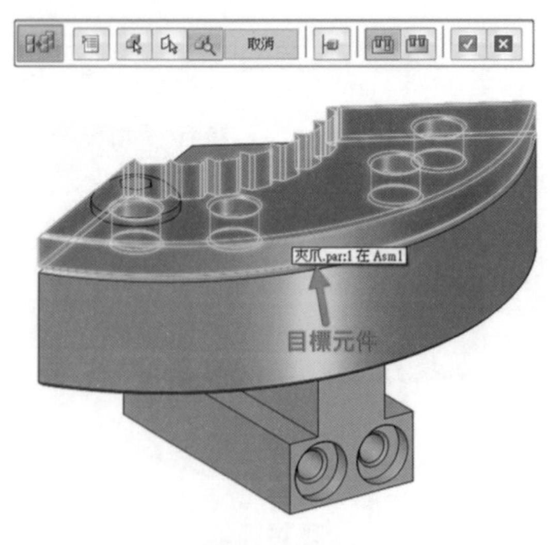

圖 14-3-35

將以上步驟完成後，會出現零件配置完後的預覽圖，若為所需結果，再點擊「完成」指令，如圖 14-3-36。

備註：在點選完成前，會出現如圖 14-3-36 的紅色點，點選紅點後會變為綠色點，會出現圖 14-3-37 的指令條，可供使用者做後續的調整。

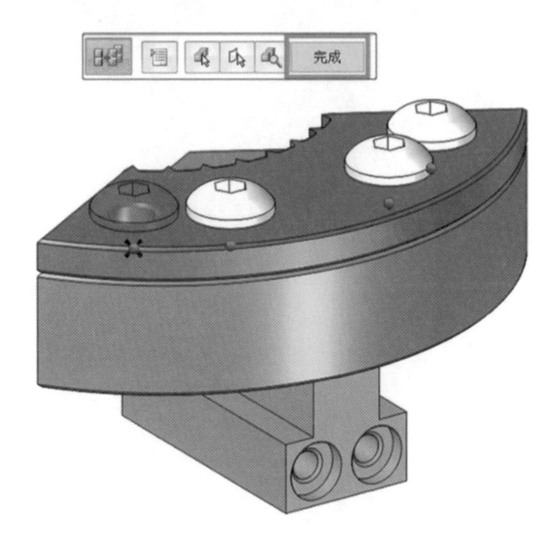

圖 14-3-36

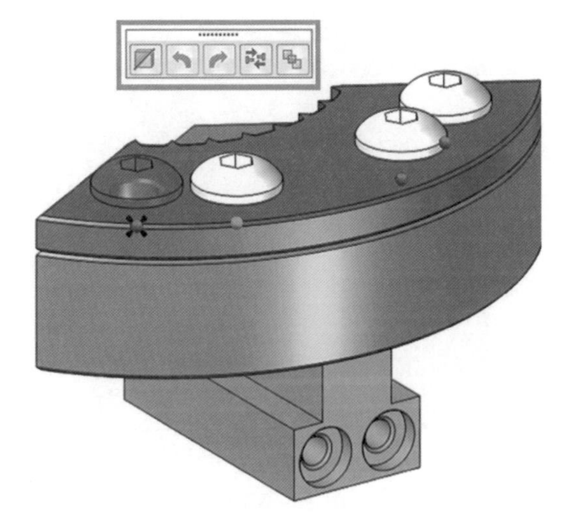

圖 14-3-37

翻版元件指令完成後，如圖 14-3-38，接著將此裝配好的次組立件儲存為「夾爪模組」。

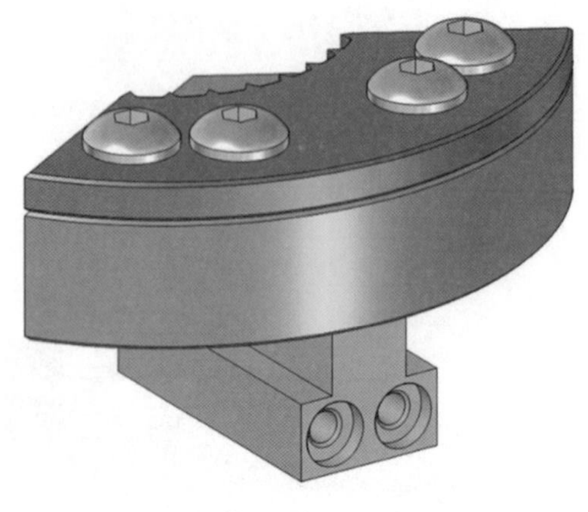

圖 14-3-38

17. 開啟一個新的「ISO 組立件」環境操作：在 Solid Edge 的初始頁面上點選ISO組立件，進入 ISO 組立件環境底下。

18. 在「零件庫」檔案清單中，將「氣壓缸.par」零件的檔案拖放至組立件視窗中，如圖 14-3-39。

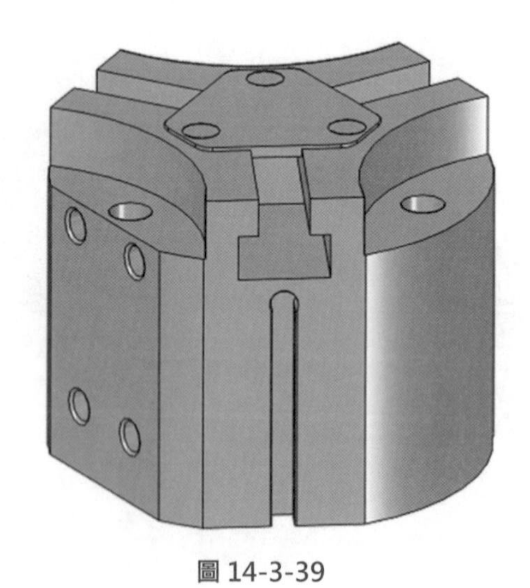

圖 14-3-39

19. 裝配夾爪模組次組件：將「夾爪模組.asm」次組立件拖放至組立件視窗中。
先點選滑塊下端平面，再點選氣壓缸預貼合的平面，如圖 14-3-40。

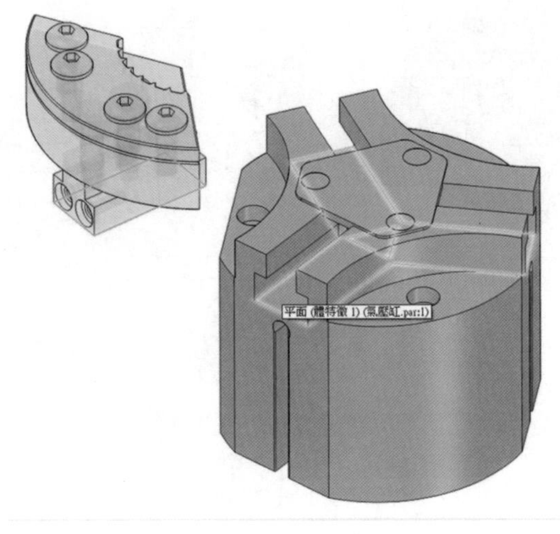

圖 14-3-40

20. 組裝關係類型「中心平面」：利用兩個零件的雙平面，達到置中或貼合的結果。
選取「中心平面」，使用「雙面」對齊，先點選滑塊兩側平面，如圖 14-3-41。

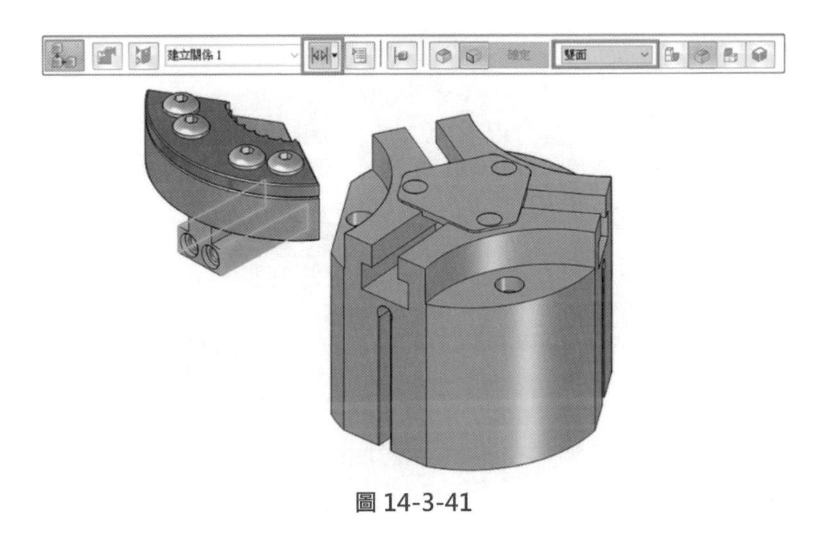

圖 14-3-41

再點選氣壓缸要與滑塊貼合的雙平面，如圖 14-3-42。

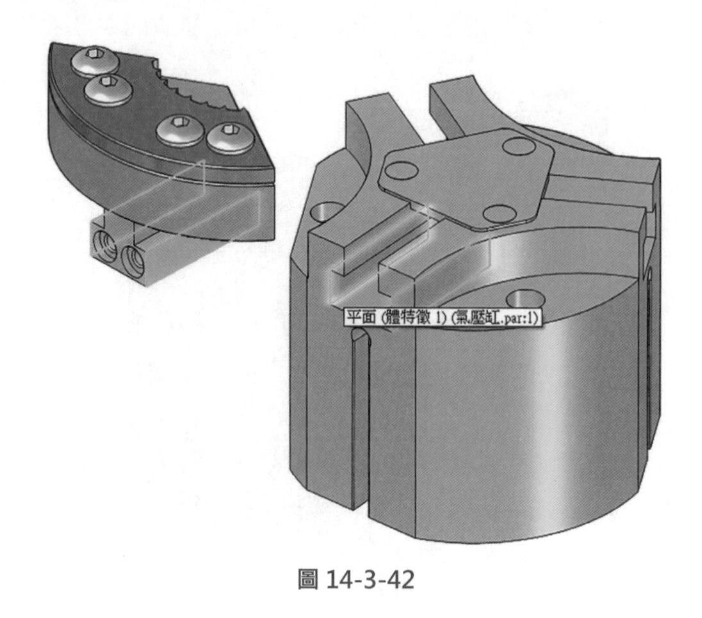

圖 14-3-42

接下來點選滑塊平面，再利用快速選取功能，點選氣壓缸要貼合的平面，如圖 14-3-43。

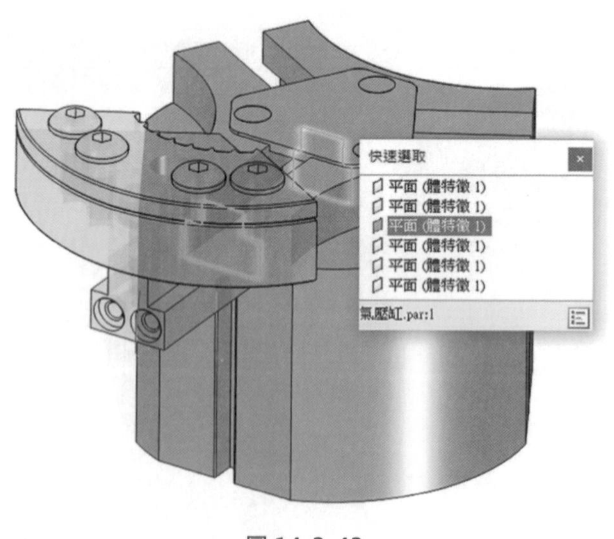

圖 14-3-43

完成組裝條件，如圖 14-3-44。

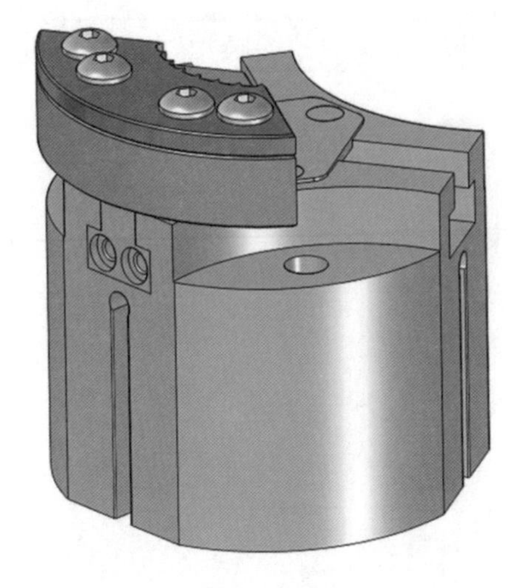

圖 14-3-44

21. 組立件環境下「次組件」陣列：在另外兩邊也需要將此次組件組裝上，此時可利用陣列方式加速組裝。首先進入草圖環境，選擇氣壓缸上端平面，開始繪製圓形陣列草圖，接著輸入陣列個數「3」，如圖 14-3-45。

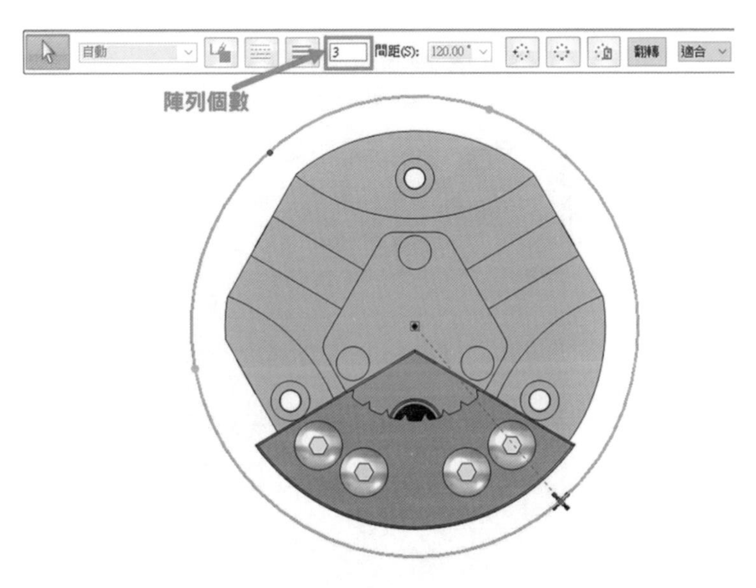

圖 14-3-45

退出草圖環境後，點選陣列指令，首先點選夾爪模組次組立件，如圖 14-3-46。

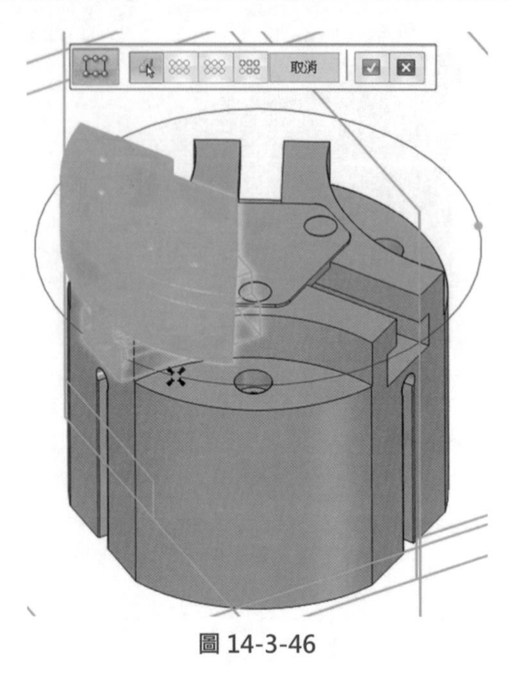

圖 14-3-46

跳至下一步驟後，點選剛剛繪製的陣列草圖，如圖 14-3-47。

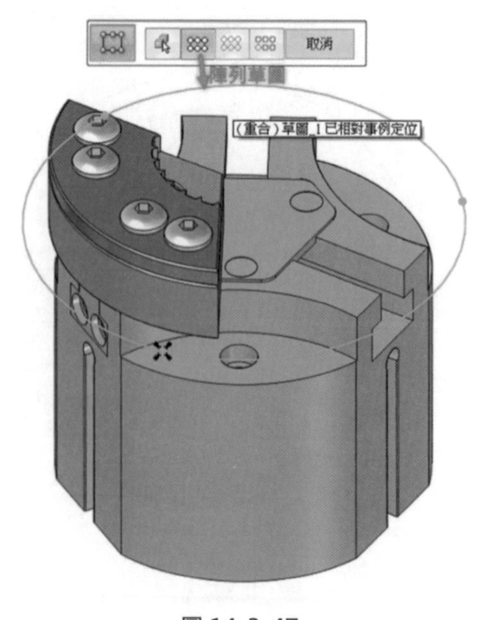

圖 14-3-47

第三步驟可重複點選陣列草圖，為參考圖樣，如圖 14-3-48。

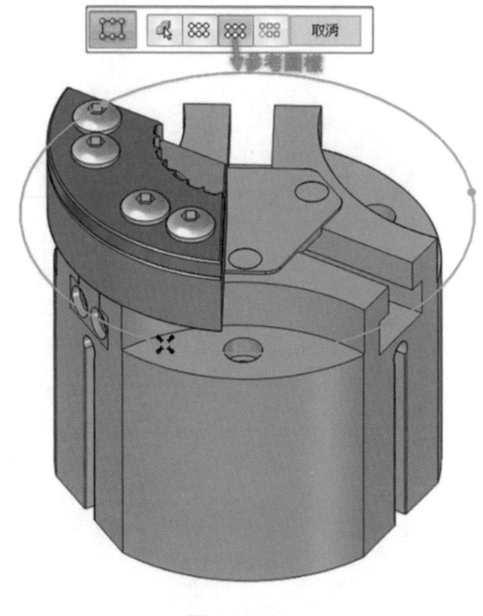

圖 14-3-48

接著出現陣列預覽圖後，為所需結果，再點選「完成」指令，如圖 14-3-49。

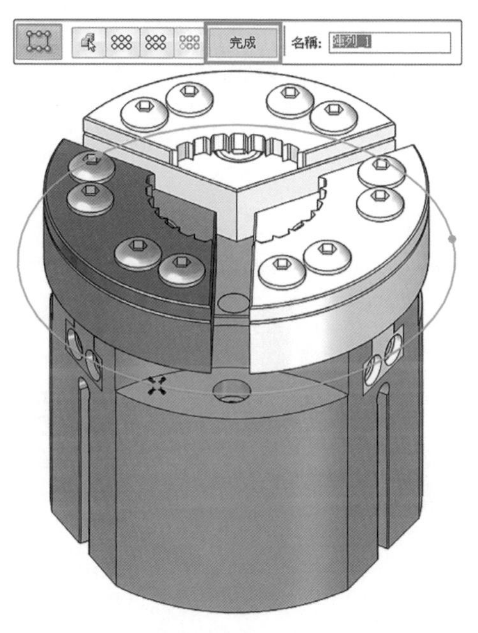

圖 14-3-49

完成陣列指令，如圖 14-3-50。

儲存完成的組立件：完成所有組裝後，將此組立件儲存，命名為「氣壓缸模組.asm」。

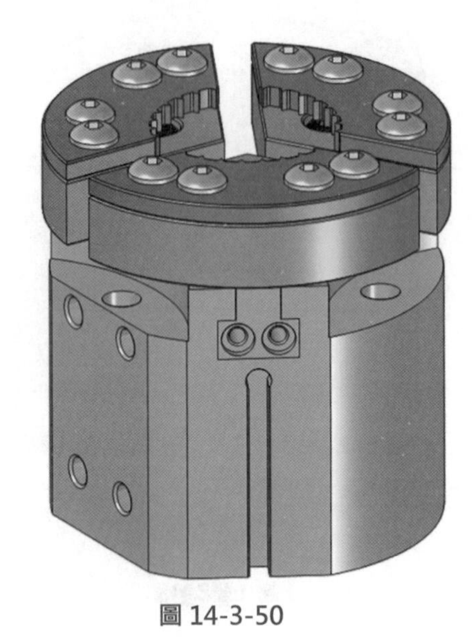

圖 14-3-50

22. 編輯關係的偏置值：點擊導航者中，次組件夾爪模組中的「滑塊.par」，會告知此零件為完全定位，如圖 14-3-51。

    而在導航者的底部組立裝配條件中，選取「貼合關係」剛剛設定為 0.00mm，如圖 14-3-52。

圖 14-3-51

圖 14-3-52

點選貼合指令後，可直接修改指令條的「偏置值」，如圖 14-3-53。

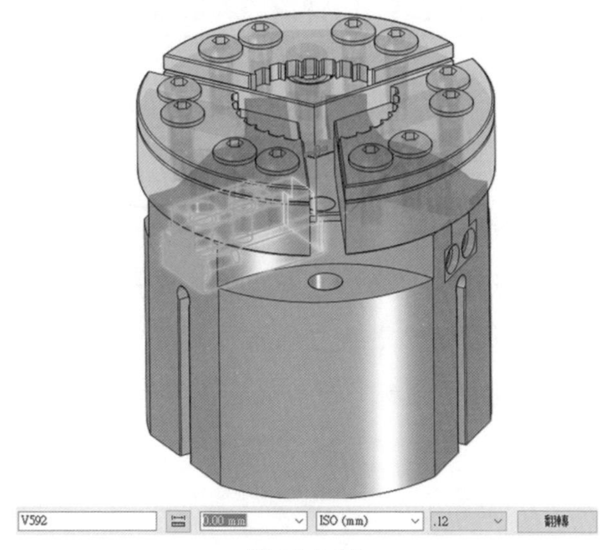

圖 14-3-53

將偏置值設定為「10」後，按下「enter」鍵，此時次組立件的滑塊會自動調整位置，為新的「偏置值」距離，如圖 14-3-54。

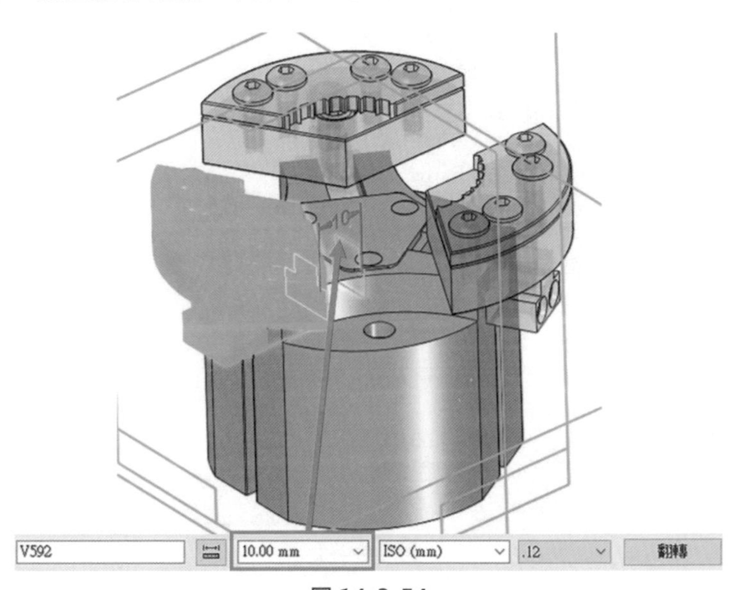

圖 14-3-54

14-4 靜態與動態干涉檢查

- **動態干涉檢查**：物件在移動中，所相互碰撞（干涉）的地方，稱為「動態干涉」。
- **靜態干涉檢查**：物件在靜止時，所相互干涉的地方，稱為「靜態干涉」。

動態干涉檢查前，必須要有組立條件，才能達到檢查目的，如果沒有建立組立條件，模型就會自由移動，因此就無法準確執行「動態干涉檢查」。

1. 開啟檔案：可以用上一節已完成的組立檔案「氣壓缸模組.asm」，開啟後，若組件未啟動，可點選導航者中的總組立件名或該零件名，按下滑鼠「右鍵」選擇「啟動」，如圖 14-4-1。

備註：「啟動」為載入模型及模型內容資料，在大型組件中讀取較為緩慢；「停用」僅為載入模型外型資料，因為沒載入模型內容資料，所以在開啟檔案時讀取較為快速。

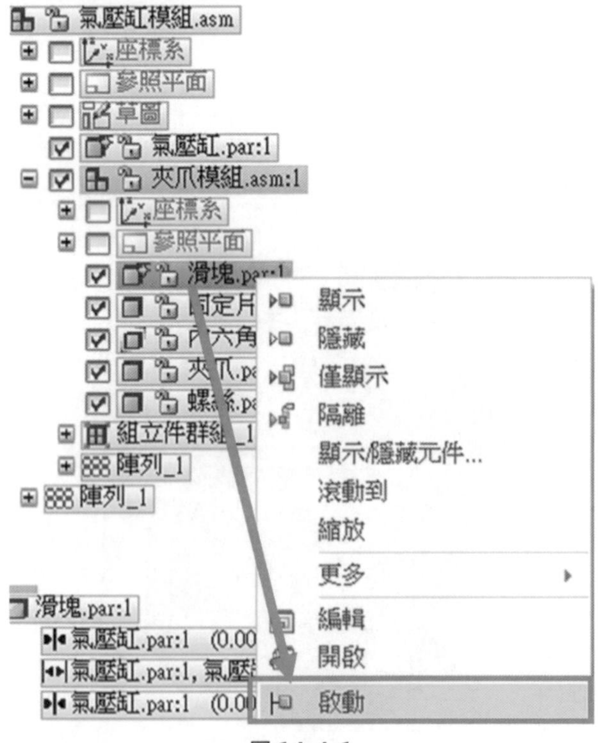

圖 14-4-1

抑制關係：點擊導航者下的零件「滑塊.par」，底下會出現組裝條件關係，選取「貼合關係」，點擊滑鼠「右鍵」，選取「抑制」，就可以把貼合的關係暫時抑制，如圖 14-4-2。

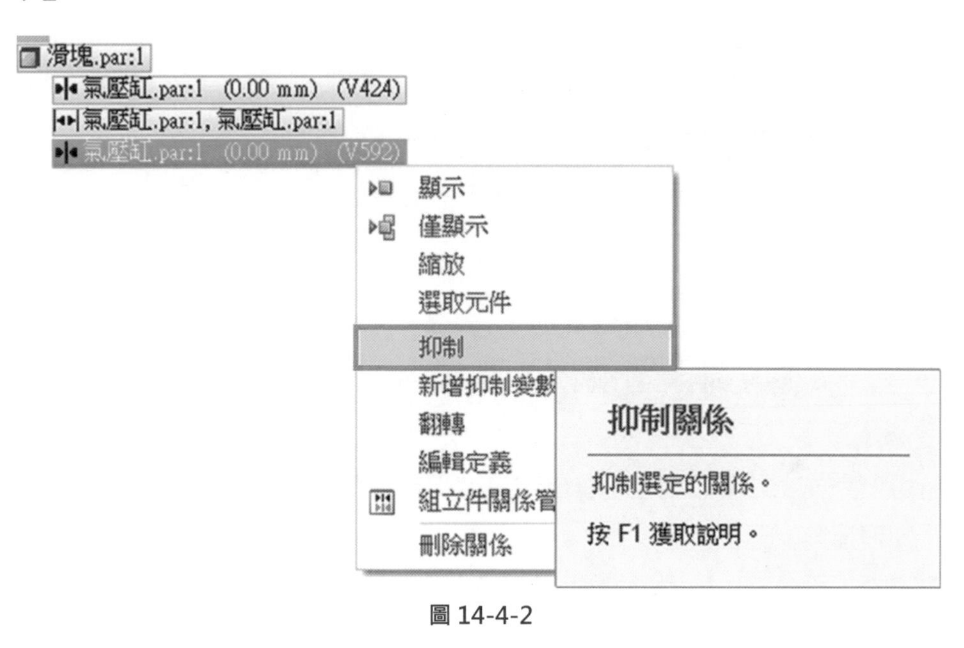

圖 14-4-2

2. 動態干涉檢查：選取「首頁」→「修改」→「拖曳元件」，如圖 14-4-3。

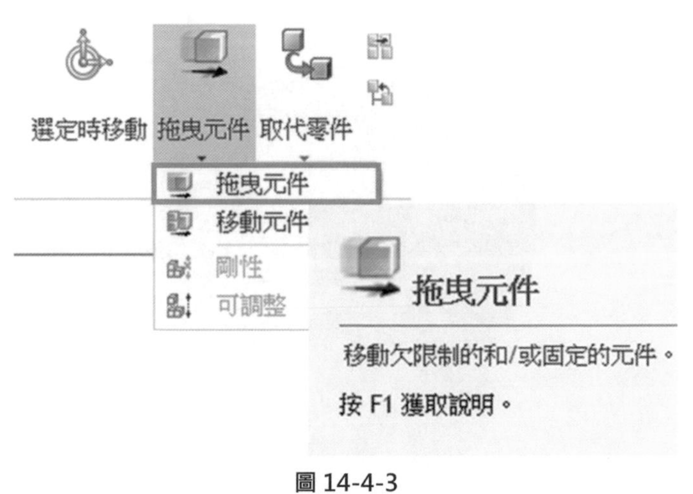

圖 14-4-3

會出現「分析選項」，依照如圖 14-4-4 選項，完成所需設定。

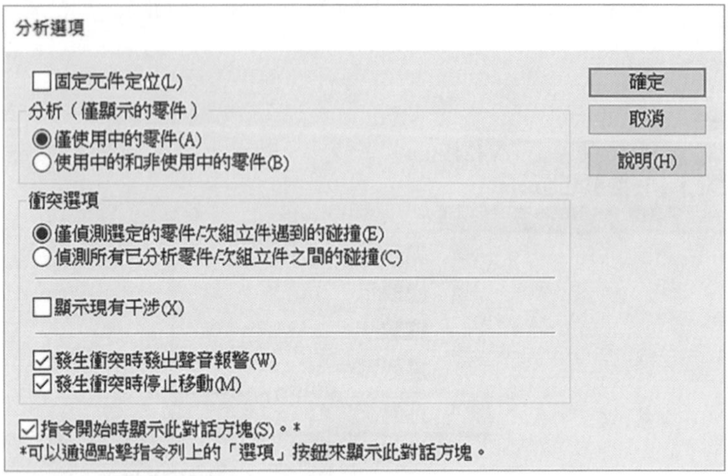

分析選項

☐固定元件定位(L)

分析（僅顯示的零件）

◉僅使用中的零件(A)

○使用中的和非使用中的零件(B)

衝突選項

◉僅偵測選定的零件/次組立件遇到的碰撞(E)

○偵測所有已分析零件/次組立件之間的碰撞(C)

☐顯示現有干涉(X)

☑發生衝突時發出聲音報警(W)

☑發生衝突時停止移動(M)

☑指令開始時顯示此對話方塊(S)。*

*可以通過點擊指令列上的「選項」按鈕來顯示此對話方塊。

確定

取消

說明(H)

圖 14-4-4

分析選項完成，點擊確定後，會出現快速工具列，分別為：「不分析」、「偵測碰撞」、「物理運動」三種類型。

首先選擇「不分析」類型，如圖 14-4-5。

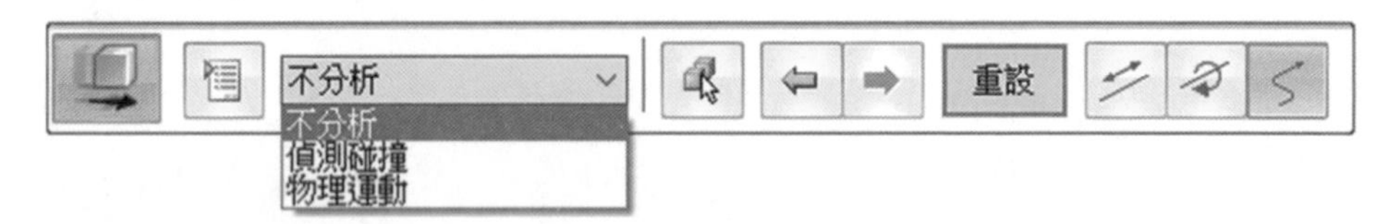

圖 14-4-5

先將夾爪模組次組件拖曳至如圖 14-4-6。

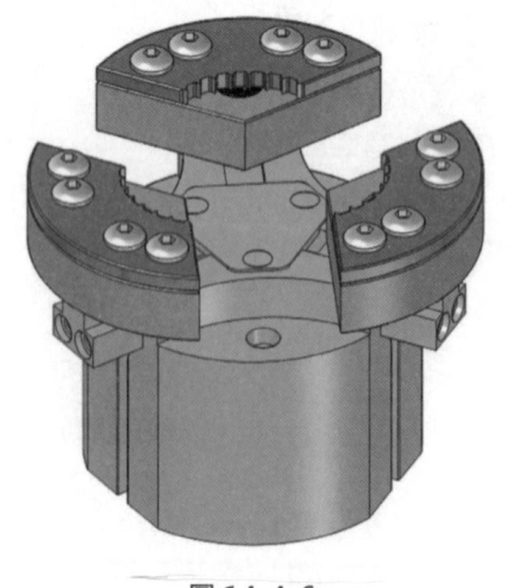

圖 14-4-6

再往紅色箭頭方向拖曳移動，此時可以看到狀況如圖 14-4-7。

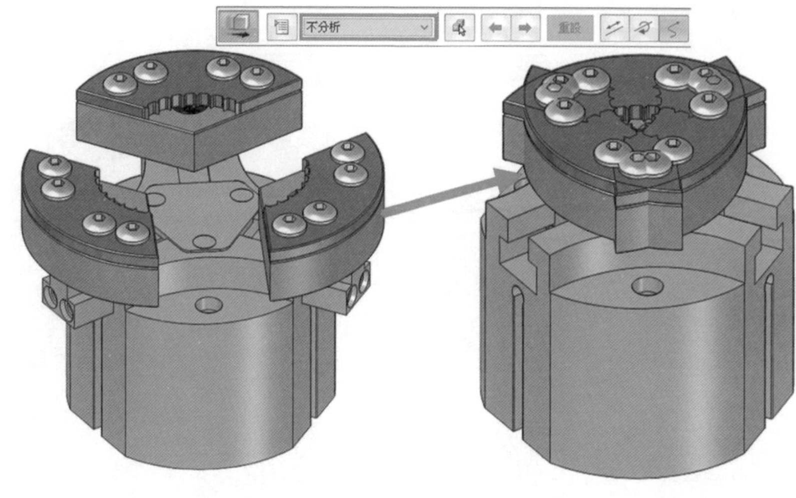

圖 14-4-7

在快速工具列的設定中，選取「偵測碰撞」時，此時的狀態如圖 14-4-8；會發出警報和停止移動並顯示干涉的區域，因為剛剛的分析選項中有將「發生衝突時發出聲音警報」與「發生衝突時停止移動」的選項打勾。

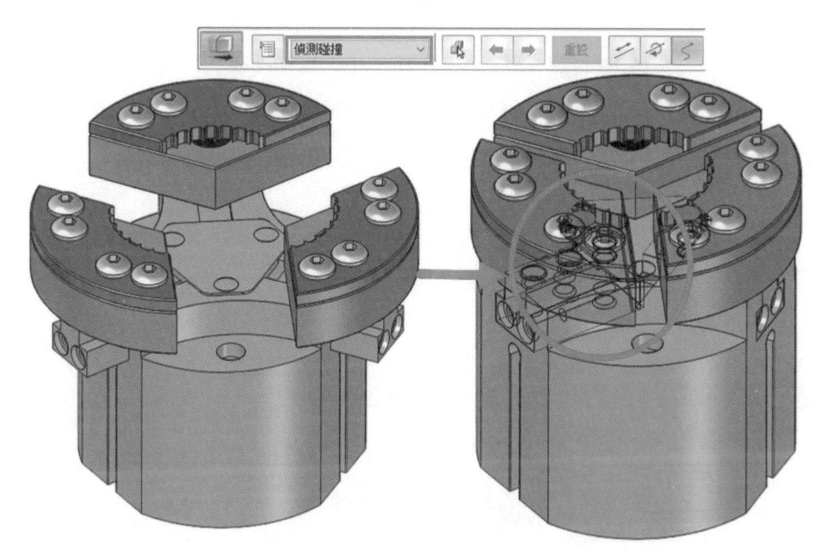

圖 14-4-8

將快速工具列的設定中，選取「物理運動」時，拖動夾爪模組次組件此時的狀態將為碰到物件的面即刻停止，如圖 14-4-9。

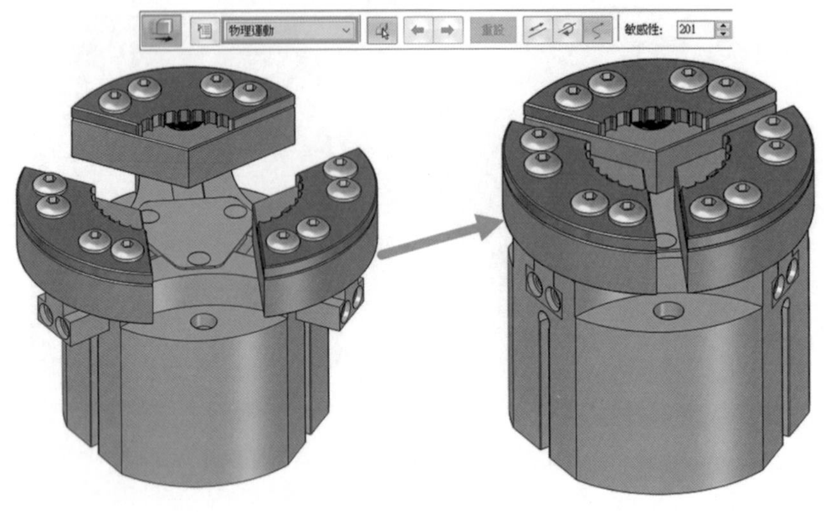

圖 14-4-9

3. 靜態干涉檢查：選取「檢查」→「評估」→「檢查干涉」，如圖 14-4-10。

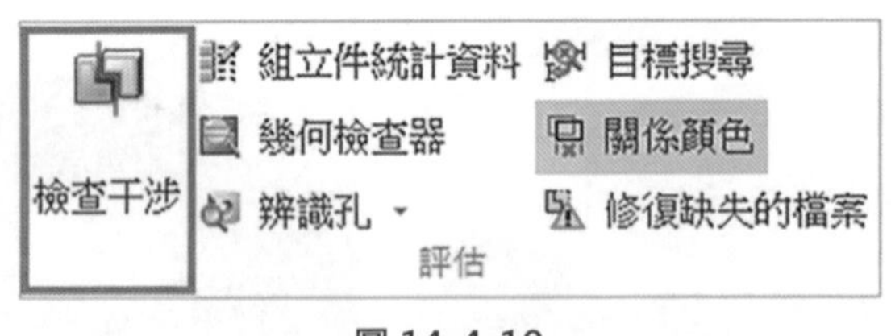

圖 14-4-10

出現快速工具列時，點選干涉選項，如圖 14-4-11。

圖 14-4-11

在「干涉選項」中，將設定選擇「本身」類型，如圖 14-4-12。

圖 14-4-12

此時可以直接框選整個組立件，如橘色框，如圖 14-4-13。

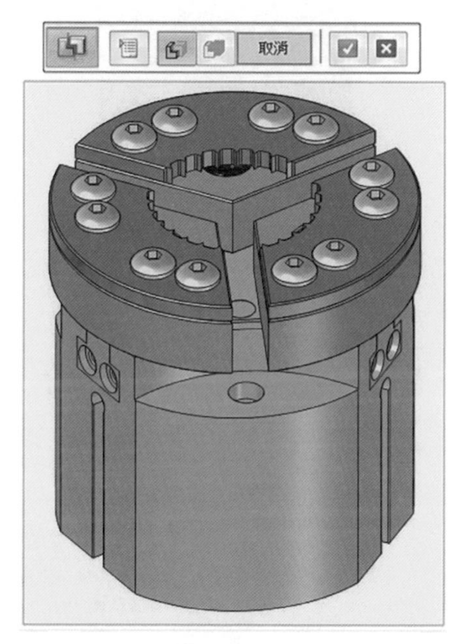

圖 14-4-13

框選到的部分會變為綠色，確認為所需檢查的部分，先點選「打勾」，接著再點擊「處理」，如圖 14-4-14。

圖 14-4-14

最後會依照檢查干涉選項的設定，將有干涉的地方顯示出來，讓使用者清楚干涉位置以及有無需要做修改，如圖 14-4-15。

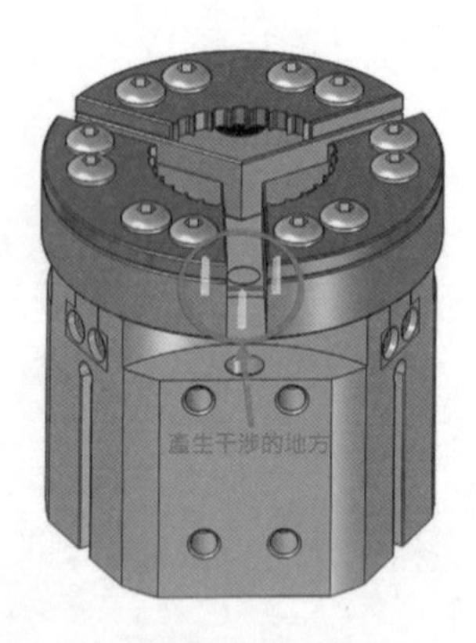

圖 14-4-15

4. 組立關係管理器：選取「首頁」→「組立」→「組立關係管理器」，如圖 14-4-16。

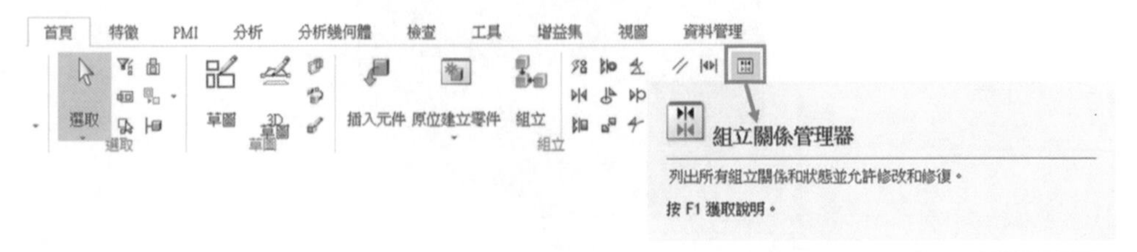

圖 14-4-16

備註：「組立關係管理器」僅限 Solid Edge Classic 以上模組用戶。

Solid Edge 可透過組立關係管理器來尋找或修改關係條件，如範例，氣壓缸模組總組立件中，滑塊零件當初設定為固定距離「0.00mm」；可透過組立關係管理器找到裝配條件，可將設定修改為範圍「0.00-10.00mm」，如圖 14-4-17。

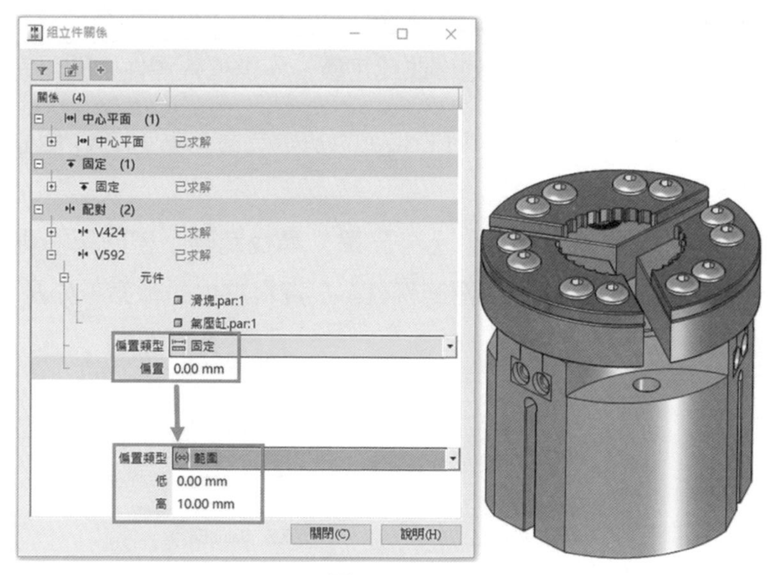

圖 14-4-17

在未點選任何物件狀態下選取「組立關係管理器」，會顯示所有物件的組立關係，倘若先選擇所需檢視組立的物件時，僅對所選擇的物件顯示其組立條件，如圖 14-4-18。

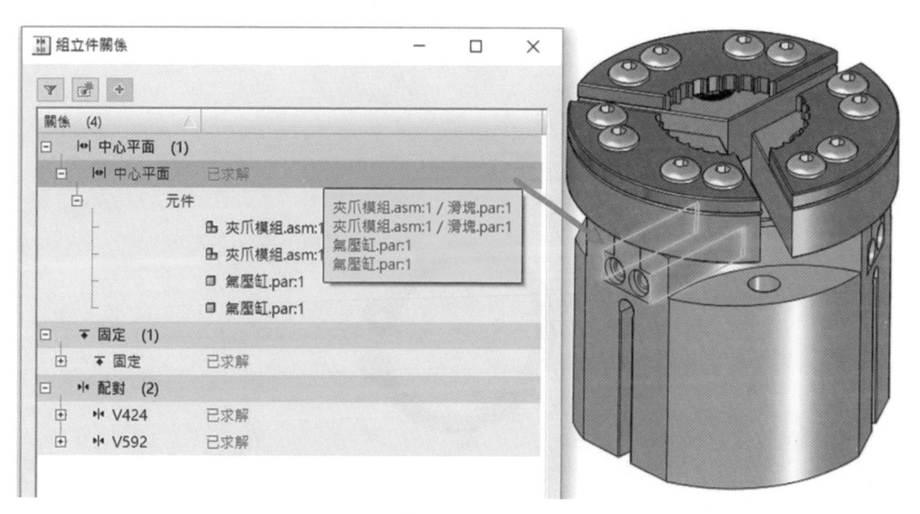

圖 14-4-18

14-5 同步組立件

在 14 章所介紹的「順序組立件」，組件當中的零件皆為「順序建模」所繪製，現在我們要介紹的「同步組立件」章節中的零件皆為「同步建模」繪製而成。當然在組立件中修改「順序零件」時，要進入到零件的「編輯」即可修改；反之，在組立件中修改「同步零件」時，可以點選「面」做直覺性地修改或定義，不需進入零件中即可完成編修。

1. 進入「ISO 組立件」操作：在 Solid Edge 的初始頁面上點選 ISO 組立件，進入 ISO 組立件環境底下。
2. 設定零件庫資料夾：在「零件庫」上，點擊「尋找範圍」控制項右側下拉的箭頭，然後瀏覽：\Solid Edge 2019-練習範例\14-5 資料夾中的檔案，如圖 14-5-1。

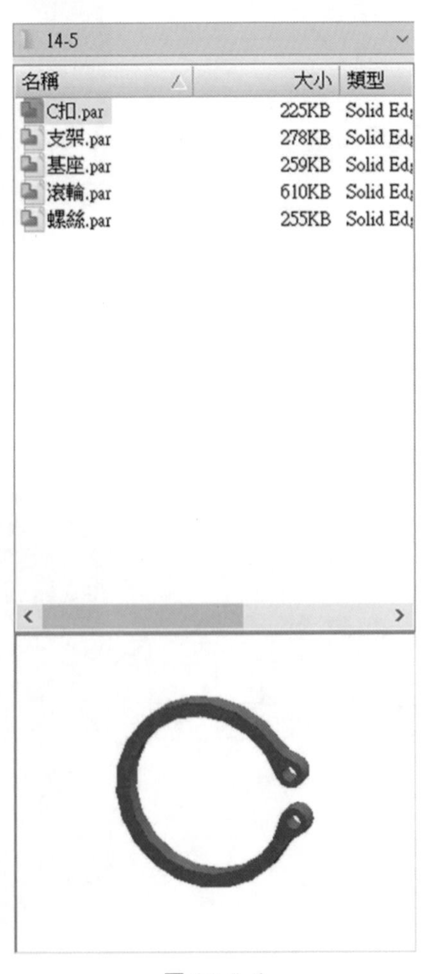

圖 14-5-1

3. 放置基座零件：在「零件庫」上的檔案清單中，選取名為「基座.par」的檔案，按下滑鼠左鍵的同時，將此檔案拖到組立件視窗中，如圖 14-5-2。

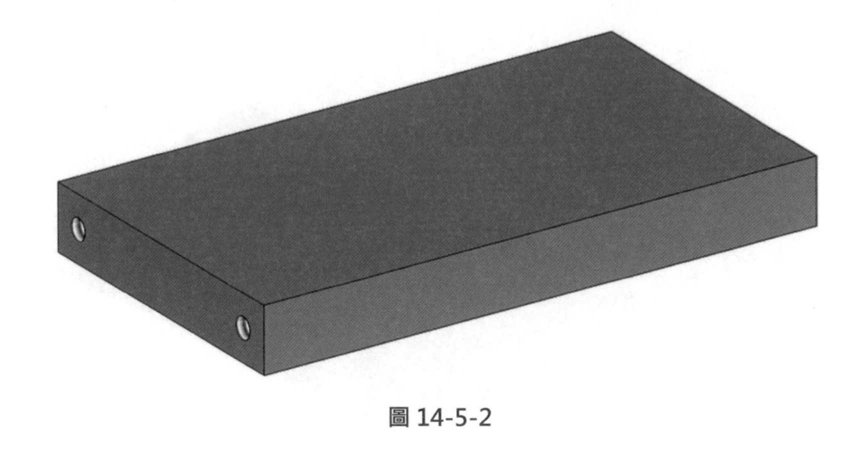

圖 14-5-2

4. 放置支架零件：接著點擊名為「支架.par」的檔案，按下滑鼠左鍵不放，將此檔案拖放到組立件視窗中。

   將支架與基座建立組立關係：利用「快速組立」的裝配類型，先點選支架的孔軸，再點擊基座欲對齊的孔軸，如圖 14-5-3。

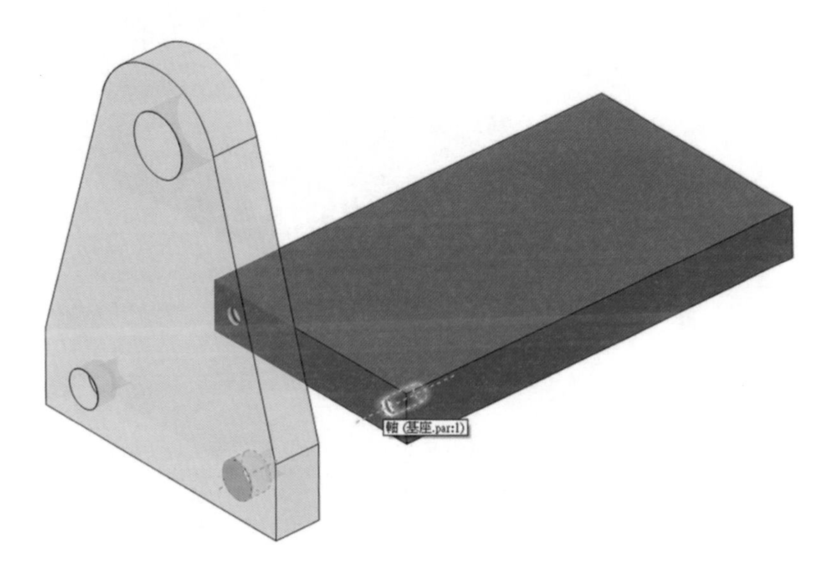

圖 14-5-3

而另一邊的孔軸，也需要給予軸對齊的條件，將另一邊的孔軸重複剛剛的裝配方式即可，如圖 14-5-4。

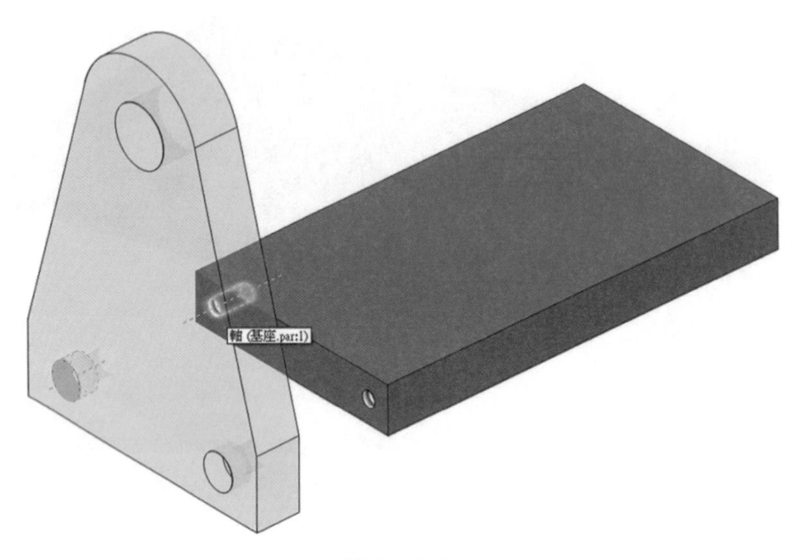

圖 14-5-4

最後給予面貼合的組裝條件，先點擊支架內側的平面，再點選基座欲貼合的平面，如圖 14-5-5。

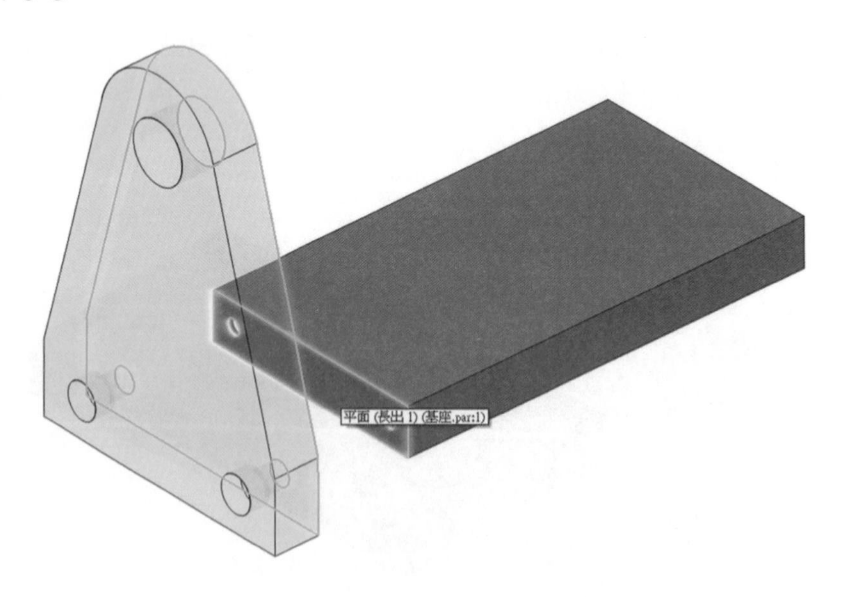

圖 14-5-5

完成以上組裝條件，如圖 14-5-6。

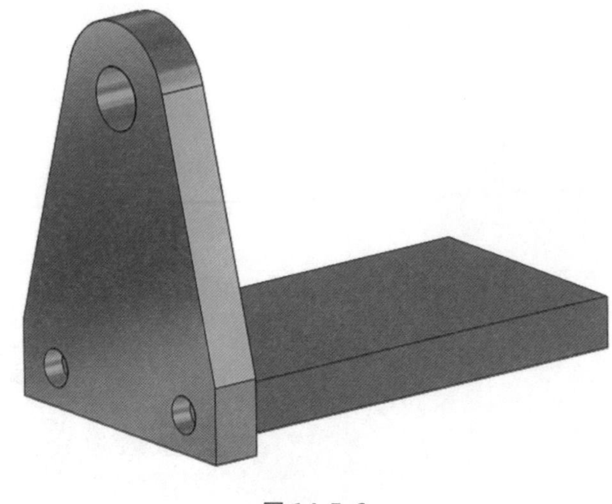

圖 14-5-6

5. 組立件環境下鏡射零件：而另一邊也需要裝配支架，此時可利用「鏡射」方式來做組裝，選「首頁」→「陣列」→「鏡射」。

   第一步驟「鏡射元件-選取元件步驟」，點選欲鏡射的零件，範例為裝配完成的支架，確認完點選打勾，如圖 14-5-7。

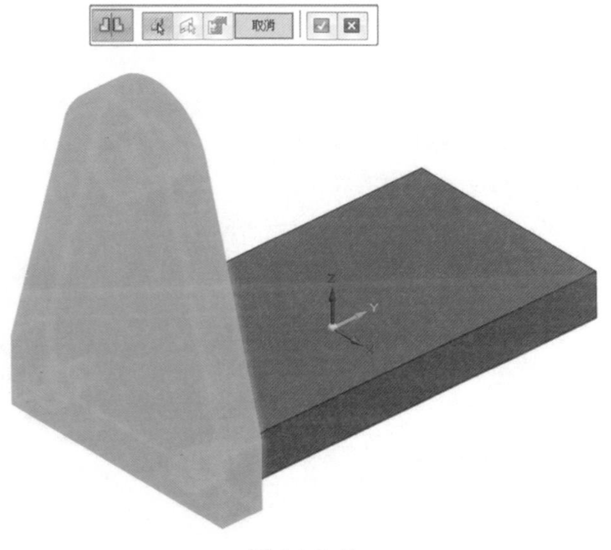

圖 14-5-7

接著自動跳至第二步驟「鏡射元件-選取鏡射平面步驟」，點擊要鏡射的組立參照平面，如圖 14-5-8。

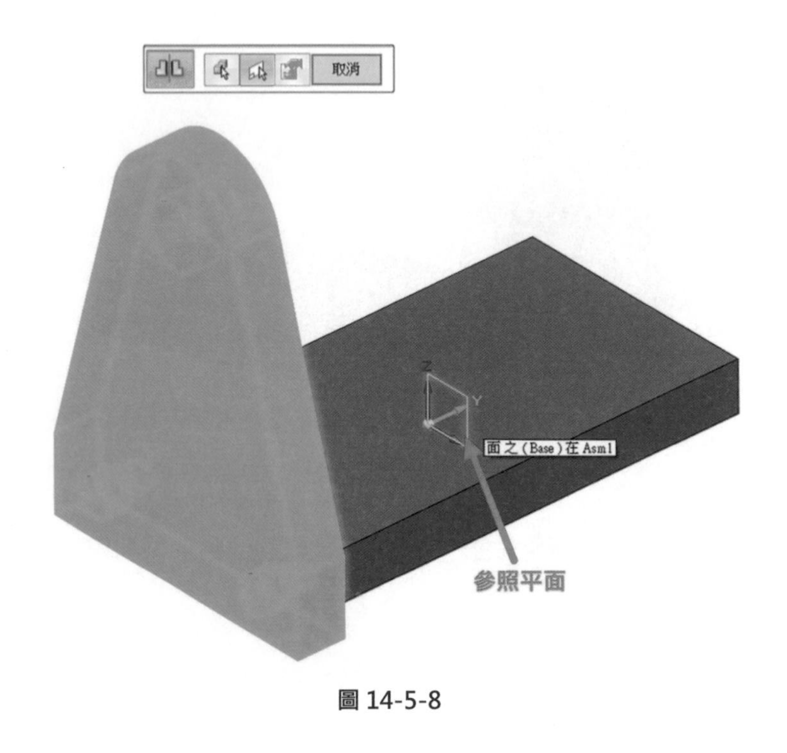

圖 14-5-8

選擇完參照平面後，會有鏡射結果的預覽圖，以及會跳出「鏡射元件」的設定選項，選取「旋轉」，若為所需結果則點擊「確定」，如圖 14-5-9。

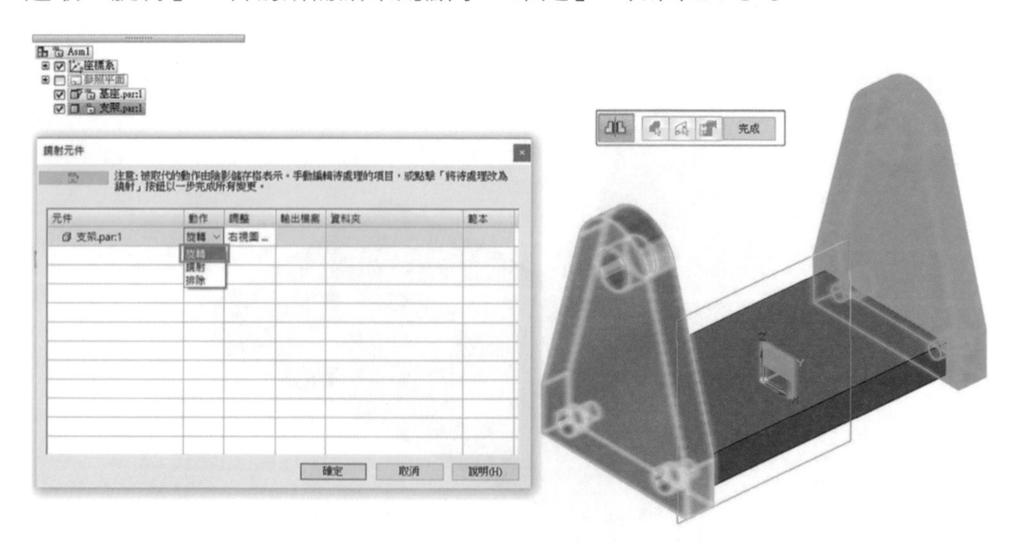

圖 14-5-9

鏡射完成後，在導航者中會增加鏡射的關係條件，如圖 14-5-10。

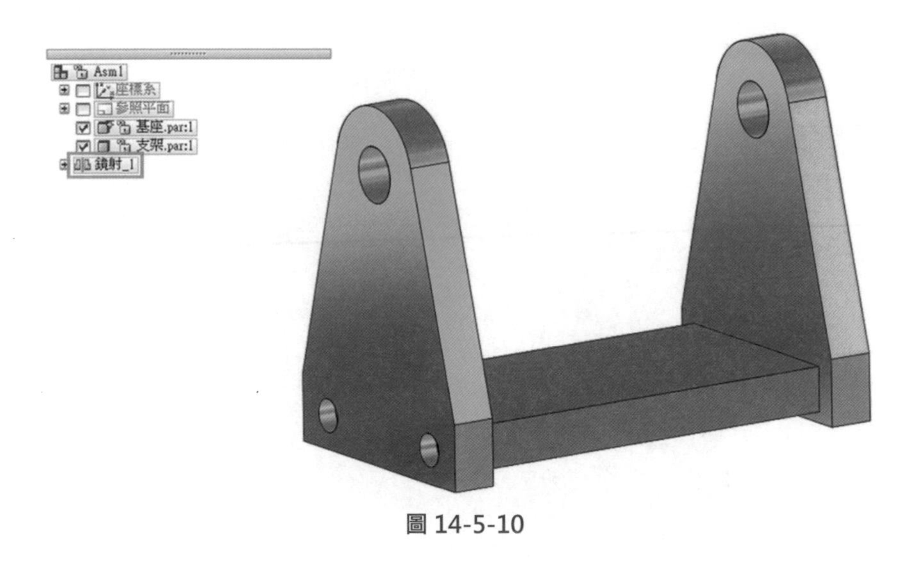

圖 14-5-10

6. 裝配滾輪零件：選取名為「滾輪.par」的檔案，將此檔案拖放到組立件視窗中，首先給予軸對齊的條件，先點選滾輪的圓柱軸，再點擊支架孔軸，如圖 14-5-11。

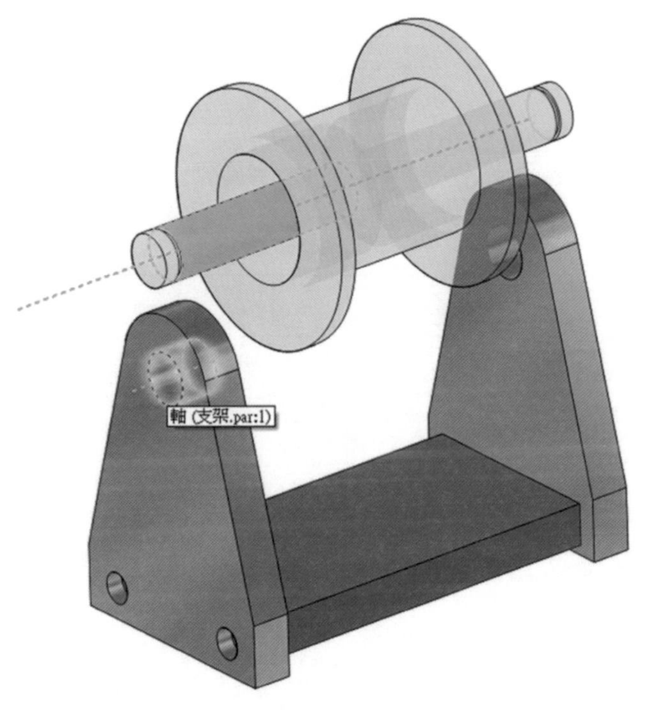

圖 14-5-11

軸對齊條件完成後，如圖 14-5-12

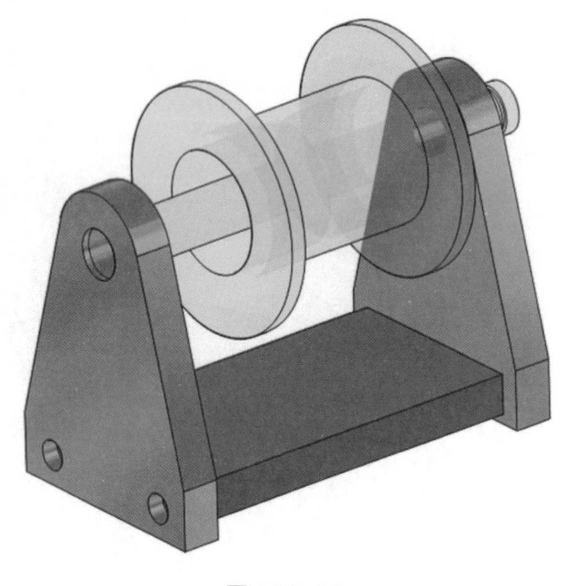

圖 14-5-12

在組立指令條的「關係清單」中，設定「鎖定旋轉」選項，然後點擊滑鼠右鍵做為「確定」，如圖 14-5-13。

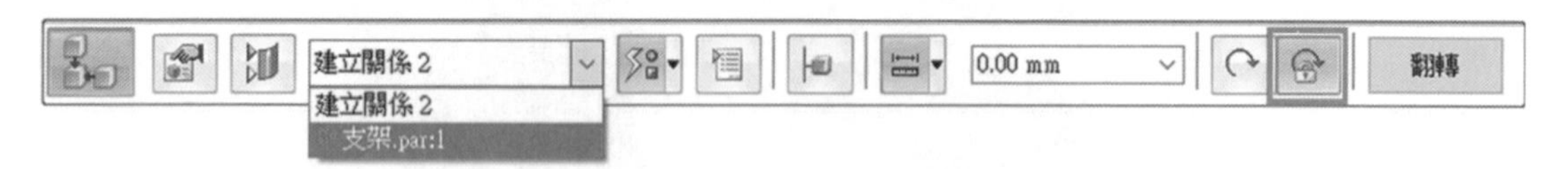

圖 14-5-13

7. 組裝關係類型「中心平面」：欲保持置中關係條件，選擇中心平面關係類型，使用「雙面」對齊條件。

   需給予對稱的距離，先點擊滾輪外側兩個平面，如圖 14-5-14。

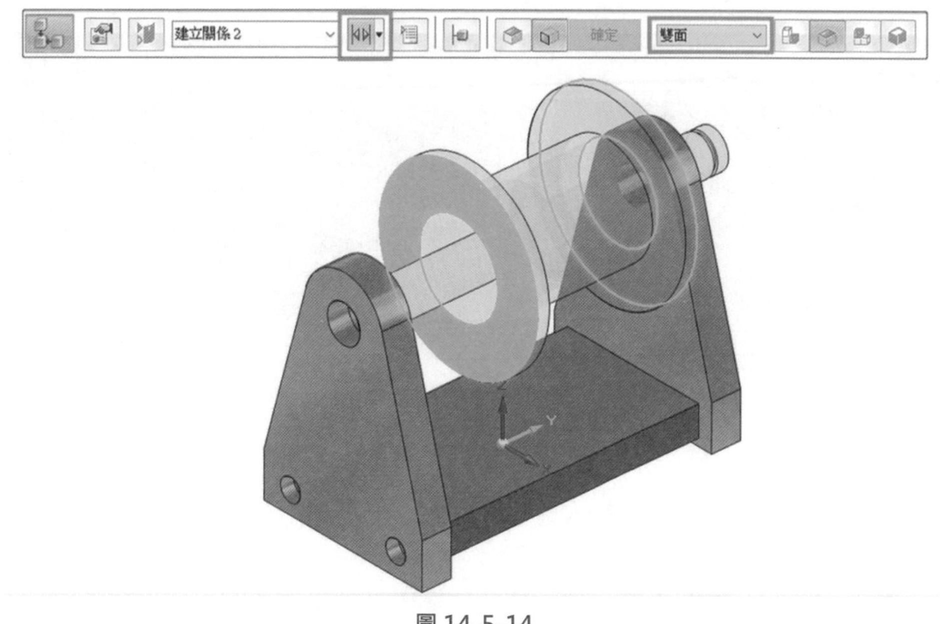

圖 14-5-14

接著給予放置的對稱距離，點選兩支架內側的兩個平面，如圖 14-5-15。

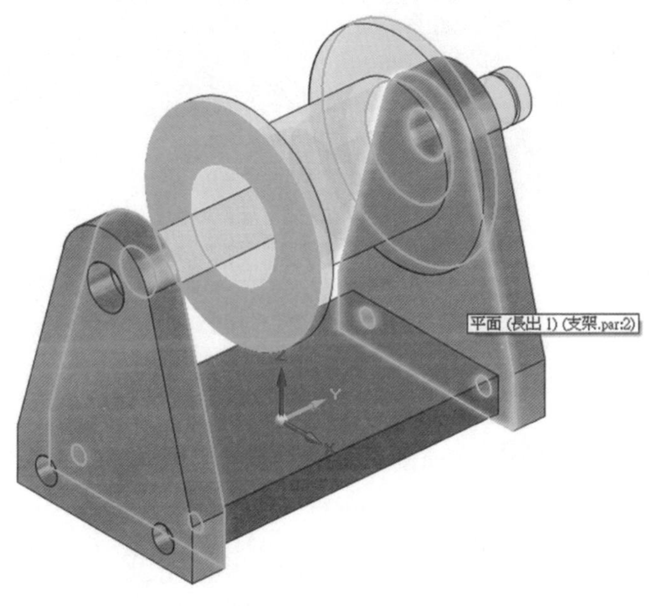

圖 14-5-15

8. 將螺絲裝配到支架件中：在「零件庫」檔案中，將「螺絲.par」，檔案拖拉至組立件視窗中。

   選擇「快速組立」的關係類型，先選擇螺絲的圓柱軸，接著點選支架孔軸，給予軸對齊的條件，如圖 14-5-16。

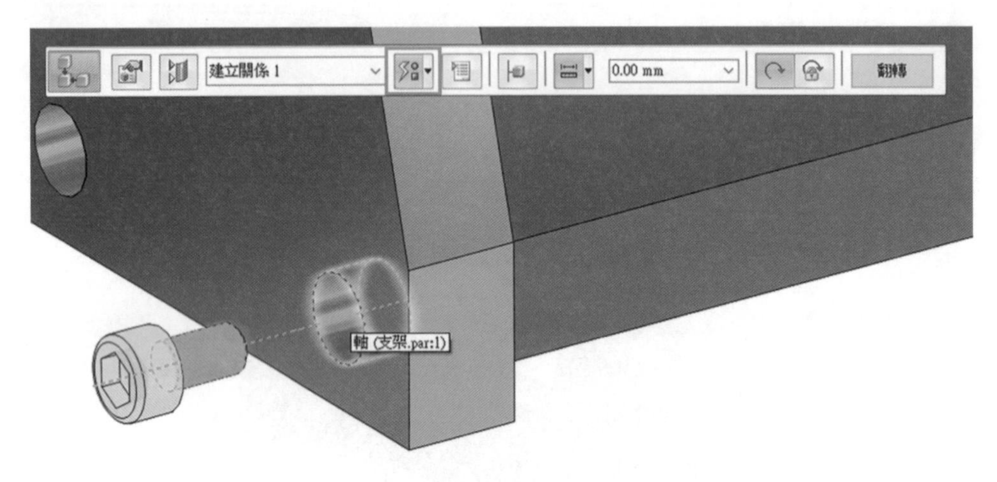

圖 14-5-16

接下來選取螺絲預貼合的平面，再利用快速選取點選支架孔的平面，如圖 14-5-17。

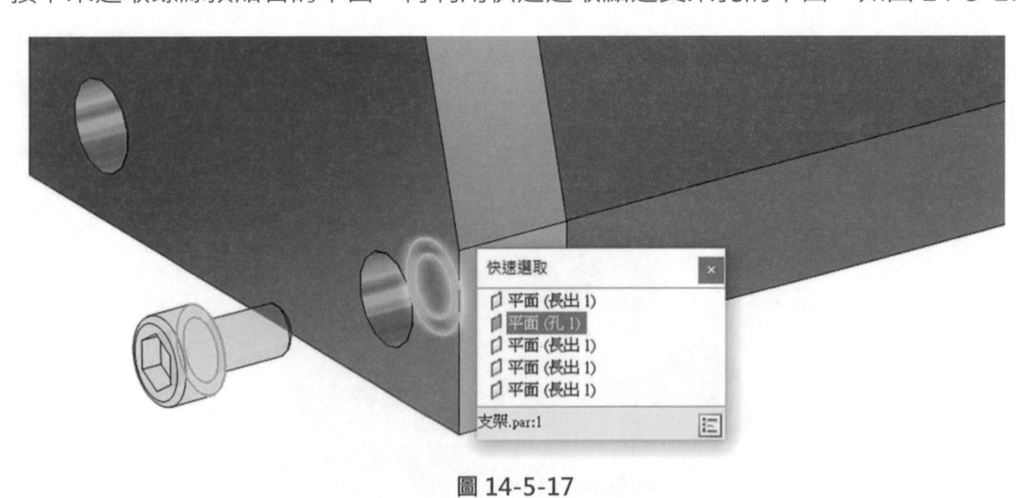

圖 14-5-17

最後在工具列上點選鎖定旋轉後，點擊滑鼠右鍵確認完成，如圖 14-5-18。

圖 14-5-18

上述步驟完成後，螺絲的限制條件已完成，如圖 14-5-19。

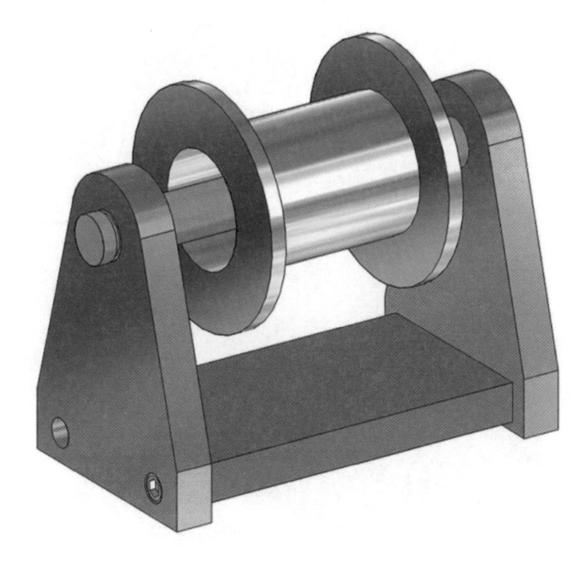

圖 14-5-19

9. 螺絲規則陣列：選取「首頁」→「陣列」，會跳出陣列的步驟指令條。
   點擊要包含的陣列零件：首先選取「螺絲」，如圖 14-5-20。

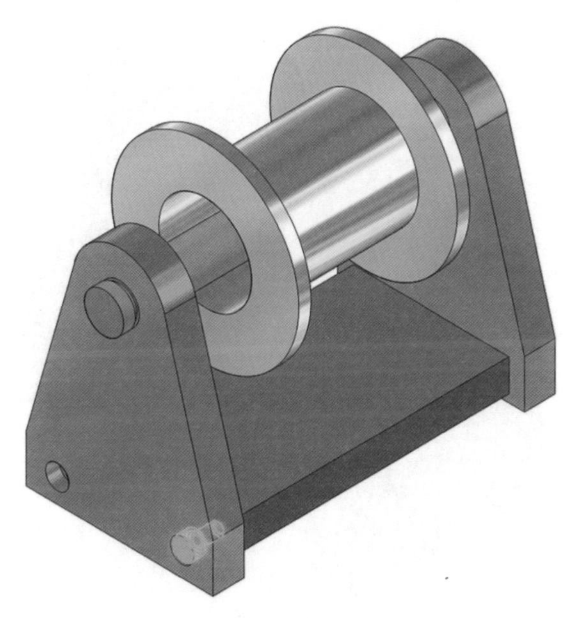

圖 14-5-20

選取包含陣列的零件或草圖；此範例為「基座」，如圖 14-5-21。

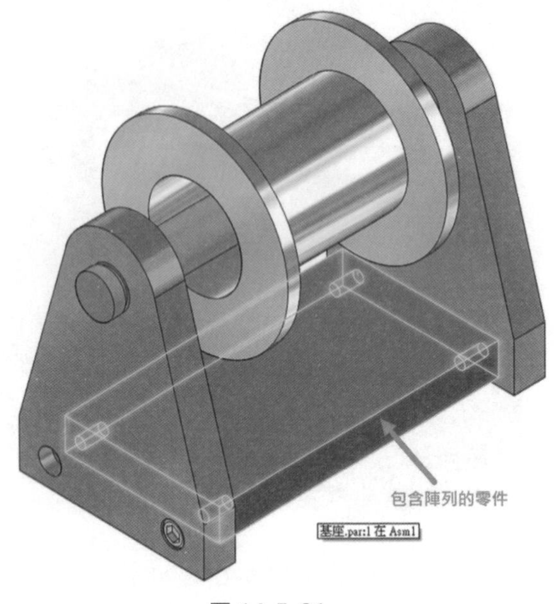

圖 14-5-21

點擊圖樣，陣列特徵；選取基座上的「孔特徵陣列」，如圖 14-5-22。

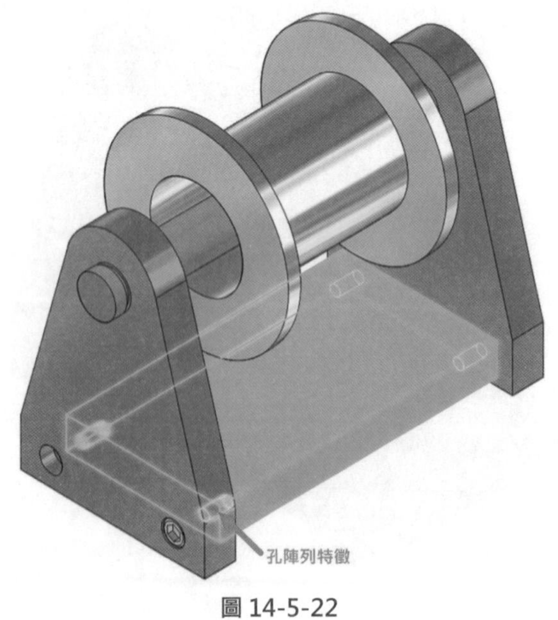

圖 14-5-22

選取參考位置；選取基座上裝配完的螺絲孔，如圖 14-5-23。

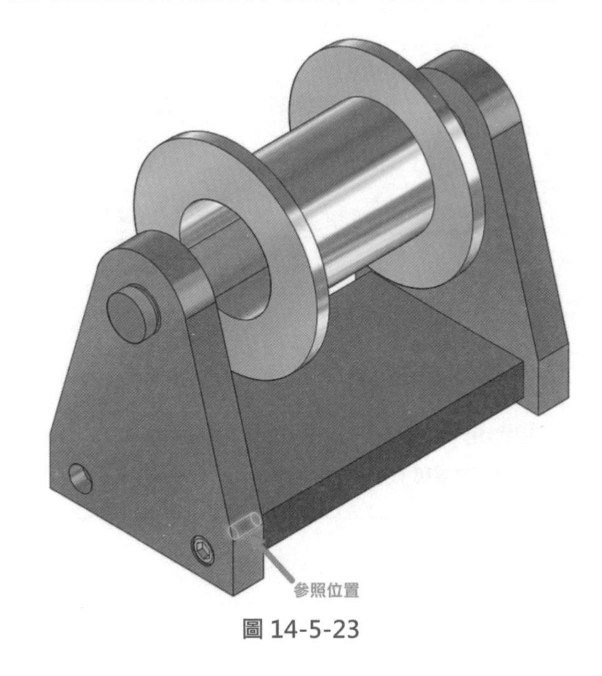

圖 14-5-23

完成陣列指令所有條件設定，點擊完成後，結果如圖 14-5-24。

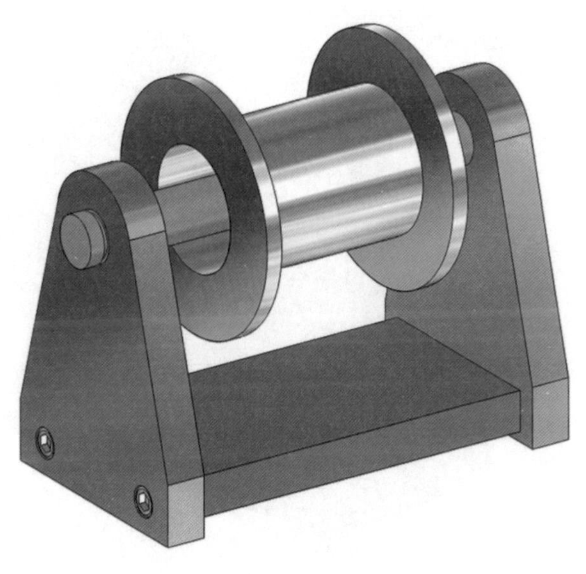

圖 14-5-24

10. 修改同步組立件：利用「面優先」方式，選取「首頁」→「選取」→「面優先」，如圖 14-5-25。

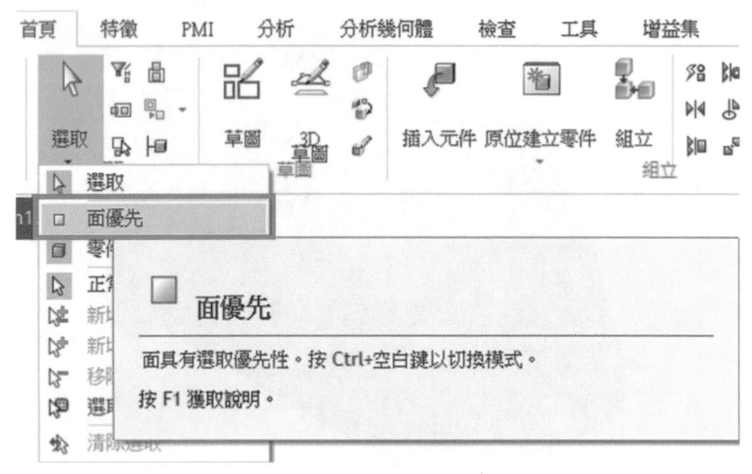

圖 14-5-25

先點選基座上端平面，會出現幾何控制器，可配合上面跳出的移動指令條中的關鍵點，選取「端點」，如圖 14-5-26。

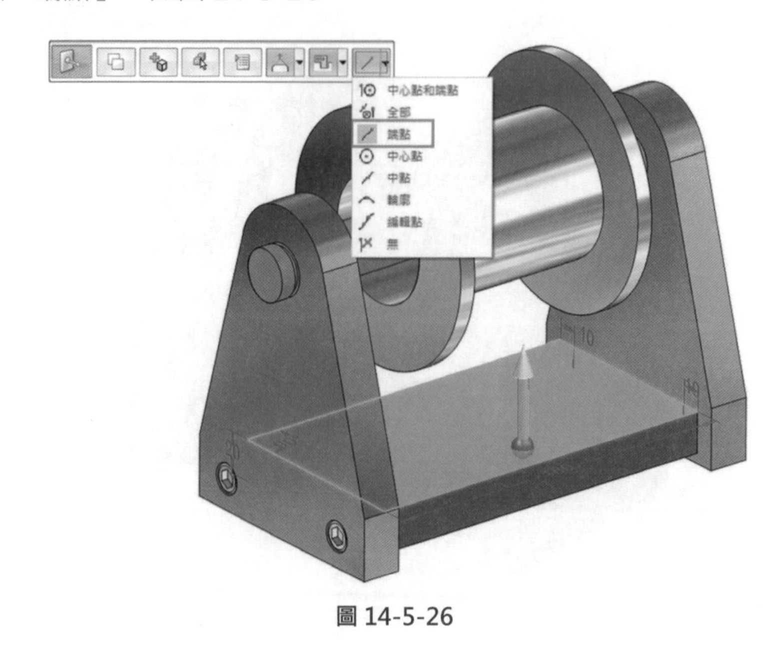

圖 14-5-26

點選幾何控制器的方向箭頭進行拉伸修改，可配合設計意圖，將「對稱」的打勾選項關掉，則會單一面做拉伸調整，再配合鎖點，即可完成修改，如圖 14-5-27。

圖 14-5-27

先利用右下角立方體，點擊「RIGHT」，接著滑鼠左鍵按住框選整個右側支架、包含滾輪右側、基座的孔，如圖 14-5-28。

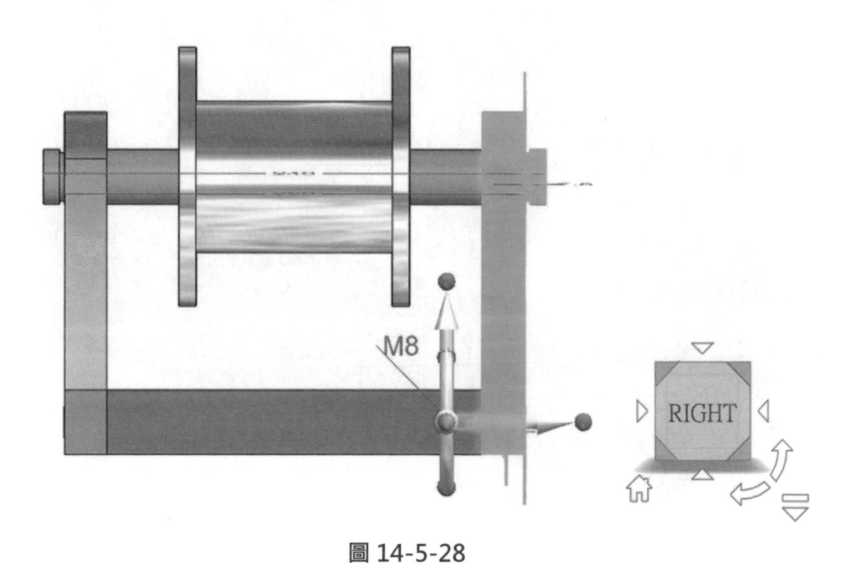

圖 14-5-28

然後點選幾何控制器朝右的方向箭頭，進行拉伸修改，一樣會出現設計意圖，將剛剛沒打勾的「對稱」關係打勾，並給予尺寸參數做調整，如圖 14-5-29。

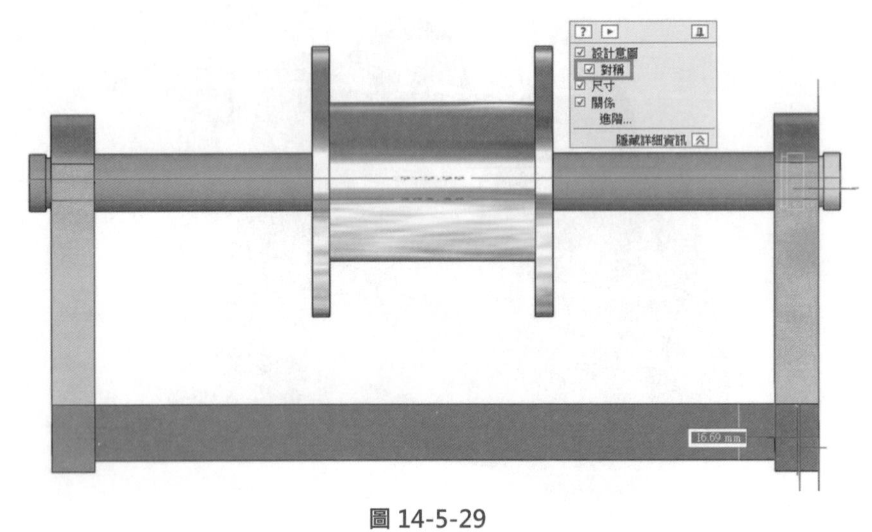

圖 14-5-29

完成修改後，如圖 14-5-30。

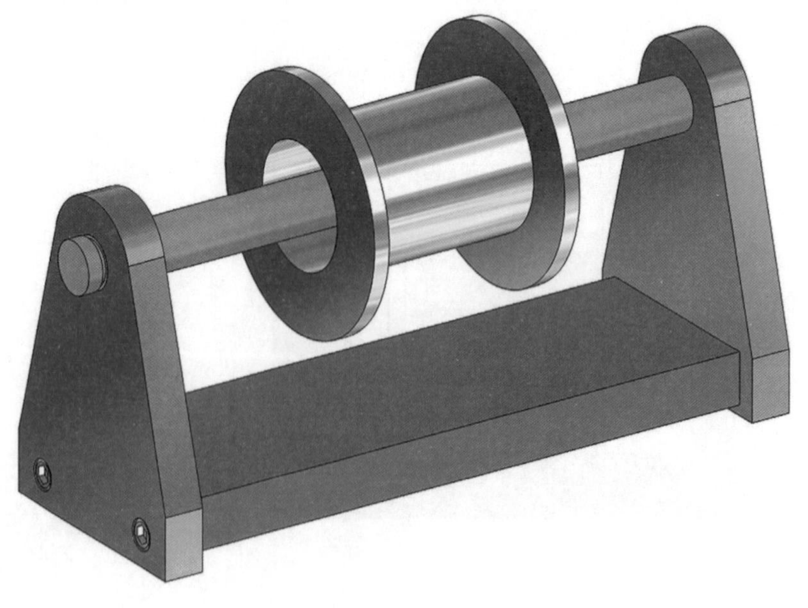

圖 14-5-30

15 CHAPTER

爆炸圖與零件明細表之應用

章節介紹

藉由此課程，你將會學到：

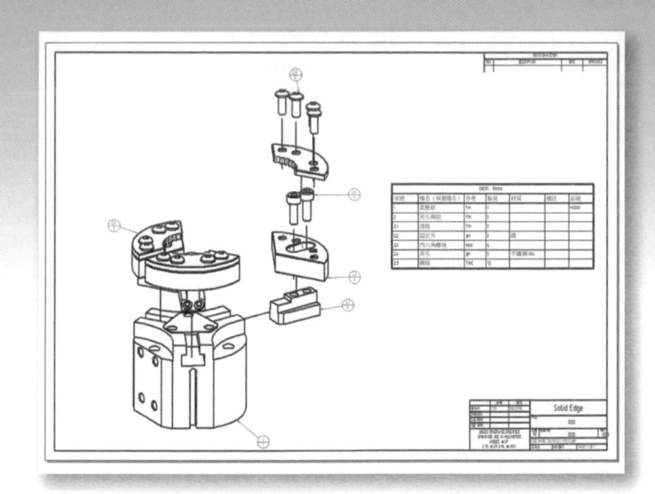

15-1 產生爆炸圖

本章節將介紹，如何在組立件定義每個零件的分解圖，零件的「爆炸定義」是透過軸向來控制「方向」與「距離」位置，然而組立件中會有次組立件與單一零件的從屬關係，使用者可以透過自動爆炸選取定義，來產生出所要的爆炸圖。

使用者可利用範例「氣壓缸模組.asm」練習，如圖 15-1-1。

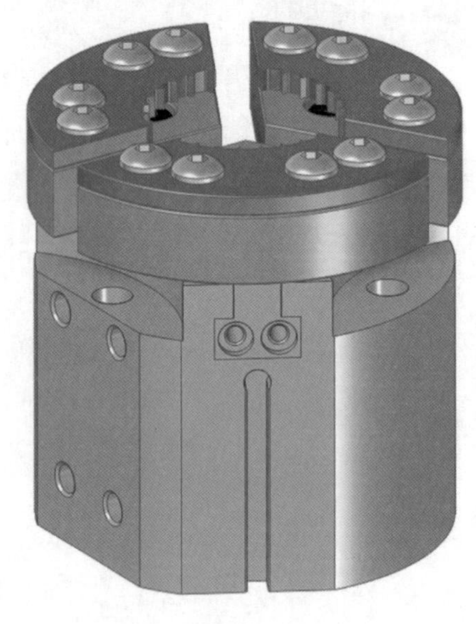

圖 15-1-1

範例一：

1. 開啟組立件「氣壓缸模組.asm」後，可以透過「ERA」環境進行爆炸視圖的建立。建構爆炸圖的指令，在「工具」→「ERA」，如圖 15-1-2。

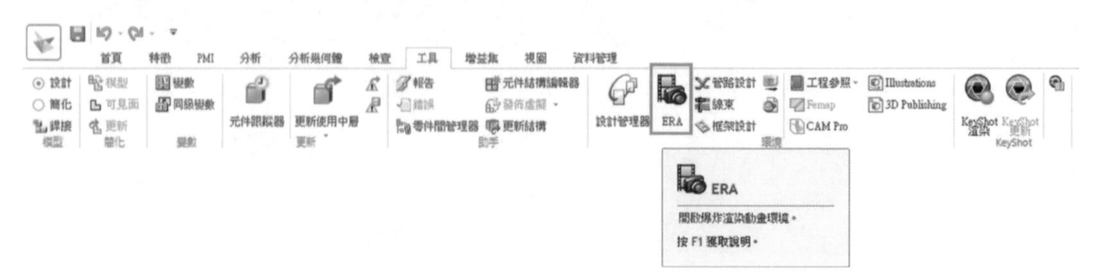

圖 15-1-2

2. 在「ERA」環境中，使用者可以進行「動畫」、「渲染」、「爆炸」等動作，利用「首頁」→「爆炸」群組當中的「爆炸」指令進行爆炸。「自動爆炸」為Solid Edge根據「組立關係」進行自動爆炸；「爆炸」為使用者自行定義爆炸元件及方向，如圖 15-1-3。

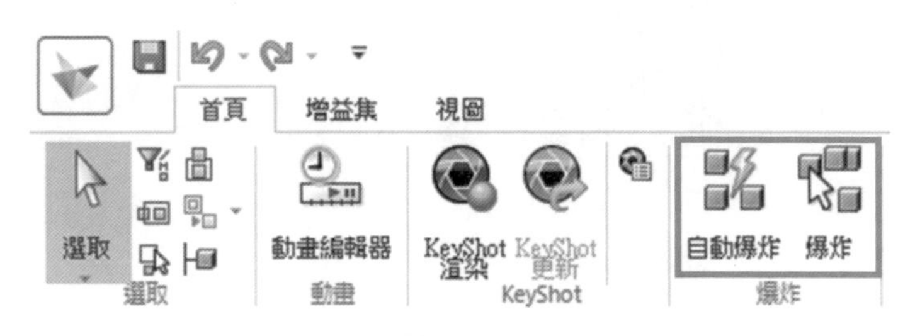

圖 15-1-3

3. 自動爆炸：點擊「自動爆炸」按鈕，使用者可以快速在組立件中，產生所要的零件分解圖。顯示出爆炸指令條，點擊「選取」→「頂層組立件」，此功能為將組立件中的所有組立件，由 Solid Edge 透過組立關係的條件，為一個群組和零件做同步爆炸，確認後再點擊「自動爆炸」→「接受」按鈕，如圖 15-1-4。

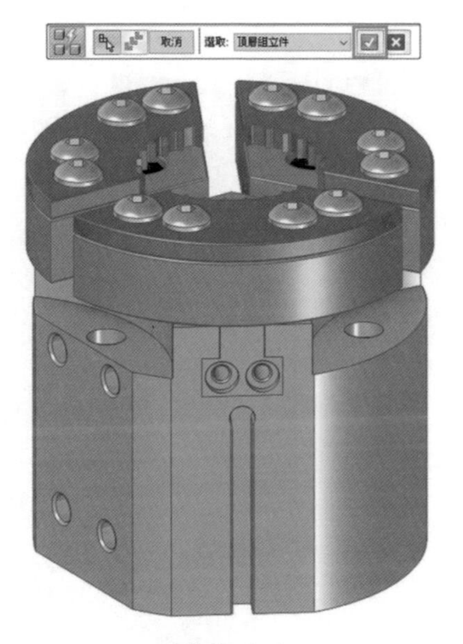

圖 15-1-4

備註：所謂「頂層組立件」的意思，是最頂層的組立件名，組立件樹狀結構下的其他組立件稱為「次組立件」，如圖 15-1-5。

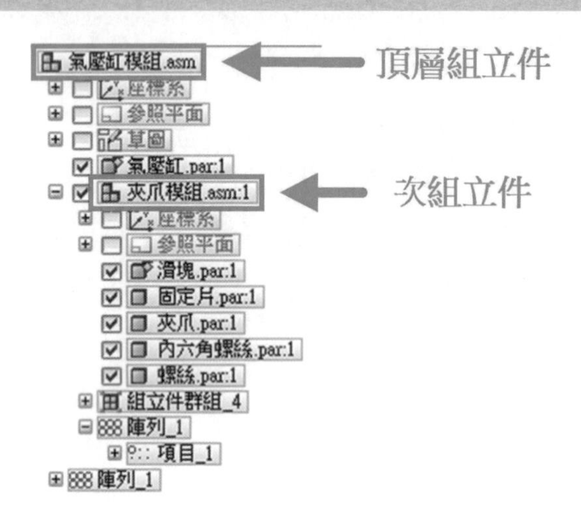

圖 15-1-5

4. 自動爆炸「選項」，使用者可參考預設的選項，勾選「綁定所有次組立件」，「按次組立件層」，按下確定後，爆炸結果會跟著組立件級別來進行爆炸，如圖 15-1-6。

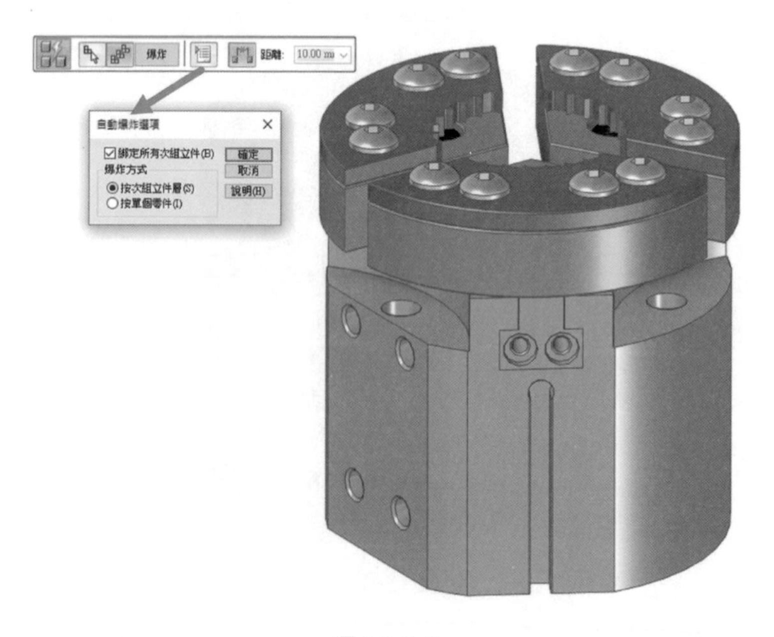

圖 15-1-6

5. 點擊「爆炸」按鈕，如圖 15-1-7。

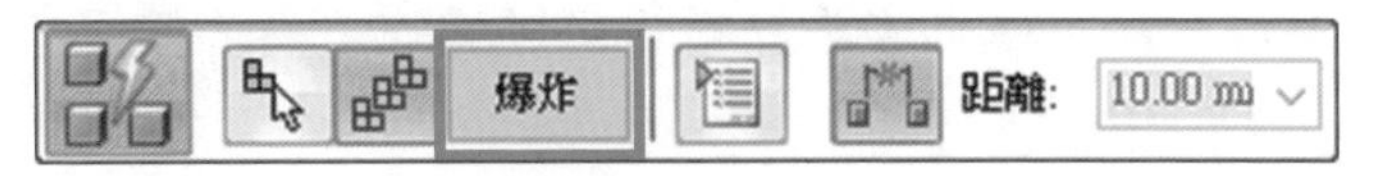

圖 15-1-7

6. 畫面會自動顯示出爆炸狀態，此狀態為 Solid Edge 根據組立關係，進行「自動爆炸」所產生的零件分解圖，如圖 15-1-8。

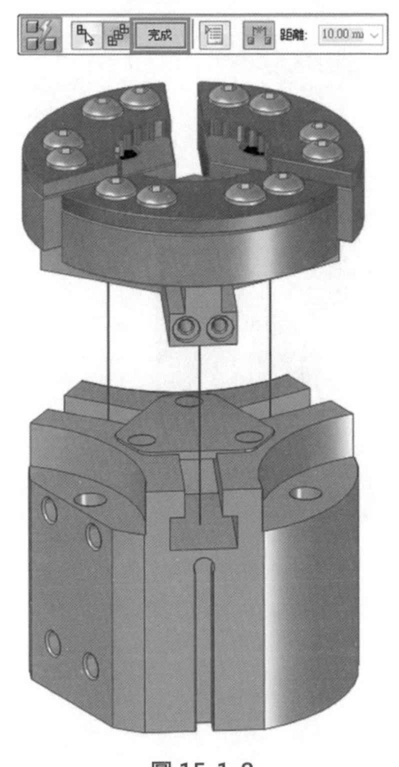

圖 15-1-8

7. 使用者還可以繼續利用自動爆炸，針對次組立件進行「自動爆炸」，由於「頂層組立件」已經爆炸過，Solid Edge 會自動切換成爆炸「次組立件」，因此須選擇要爆炸的次組立件，如圖 15-1-9。

圖 15-1-9

8. 選擇要進行「自動爆炸」的次組立件，並點選確定，此動作會將次組立件中的零件，做自動爆炸分解，確認後再點擊「自動爆炸」→「接受」按鈕或滑鼠「右鍵」和 enter 鍵，如圖 15-1-10。

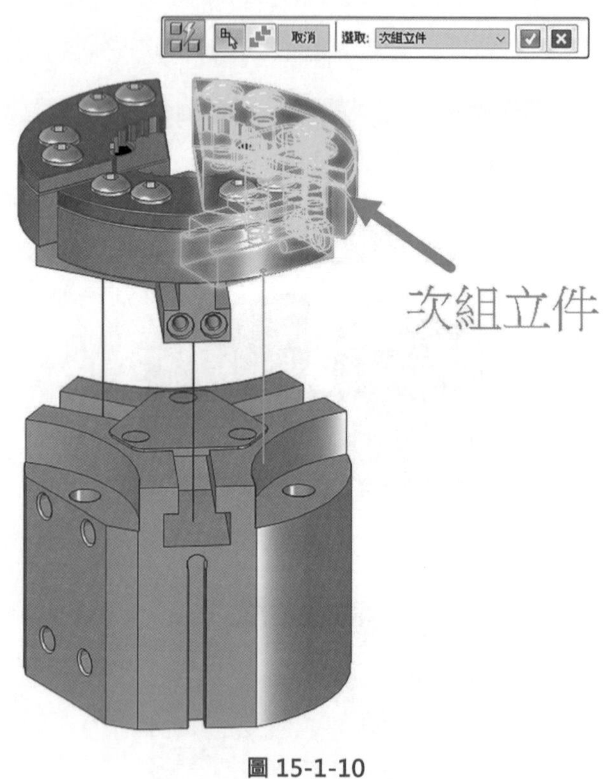

圖 15-1-10

9. 點擊「爆炸」按鈕，如圖 15-1-11。

圖 15-1-11

10. 畫面上顯示出爆炸狀態為，Solid Edge 自動對次組立件進行零件爆炸分解，點擊「完成」即可，如圖 15-1-12。因為自動爆炸的結果是根據組立條件判斷的，所以還是可以透過「手動爆炸」的方式，調整至設計者所需的結果。

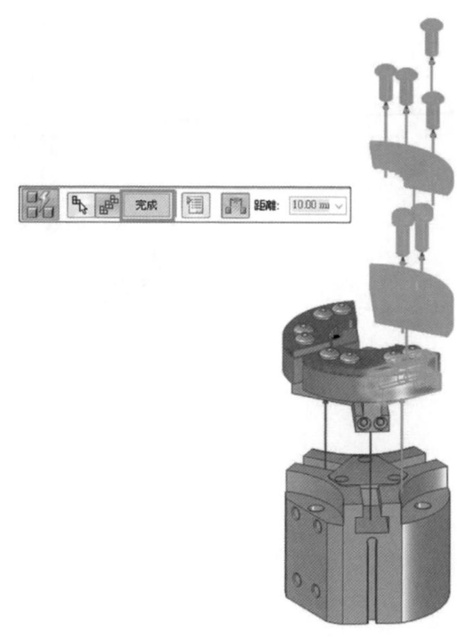

圖 15-1-12

11. 手動爆炸：使用「爆炸」，使用者可以點選需要爆炸的零件，如圖 15-1-13。

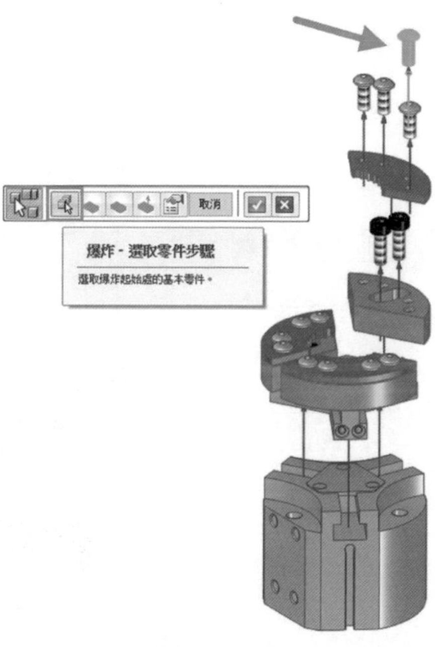

圖 15-1-13

12. 選擇在爆炸中，作為爆炸基準的零件，如圖 15-1-14。

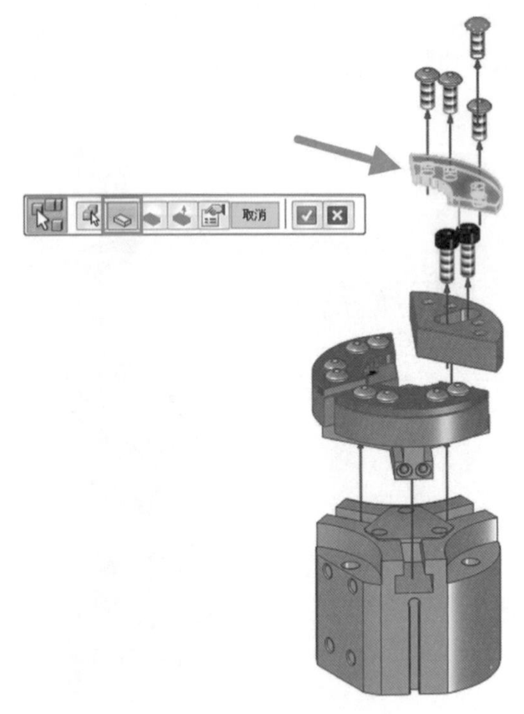

圖 15-1-14

13. 選擇爆炸的基準面，如圖 15-1-15。

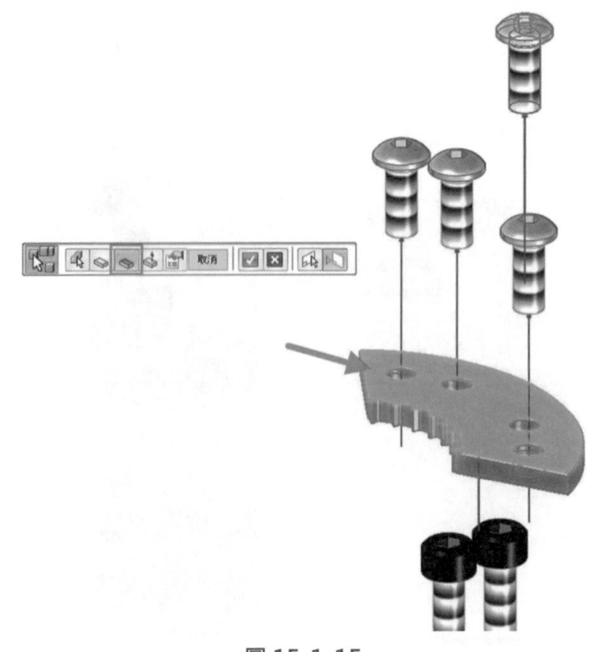

圖 15-1-15

14. 透過箭頭定義爆炸的方向性，如圖 15-1-16。

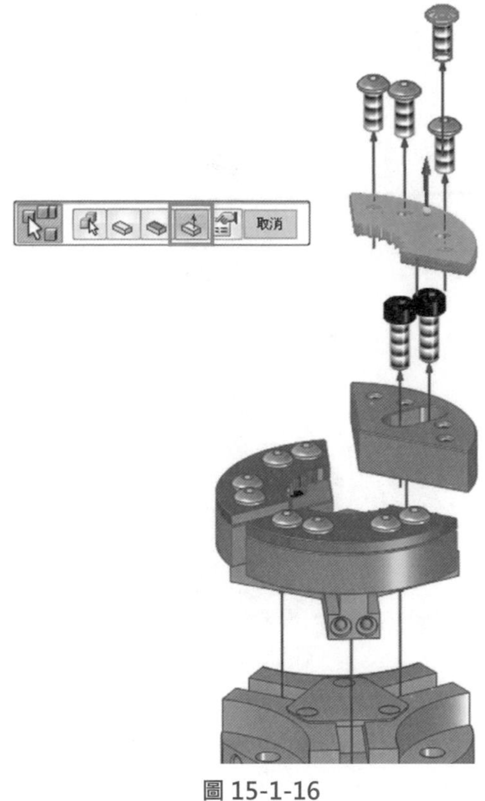

圖 15-1-16

15. 可輸入爆炸的距離，並點擊「爆炸」按鈕，如圖 15-1-17。

圖 15-1-17

16. 爆炸結果如圖 15-1-18。

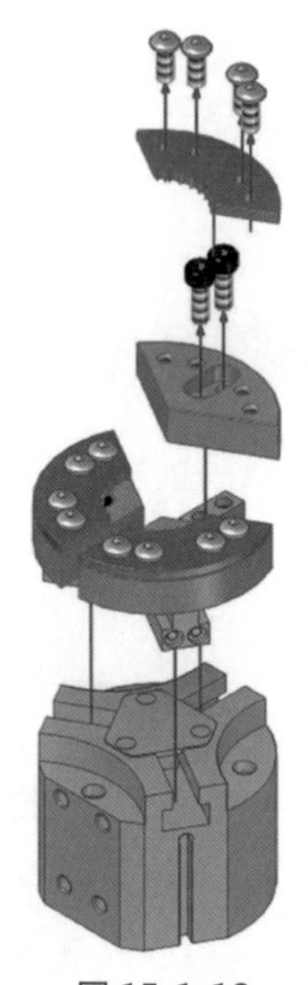

圖 15-1-18

練習：接續圖 15-1-18，再進行一次手動爆炸，爆炸距離為 50mm，將最終結果調整至如圖 15-1-19。

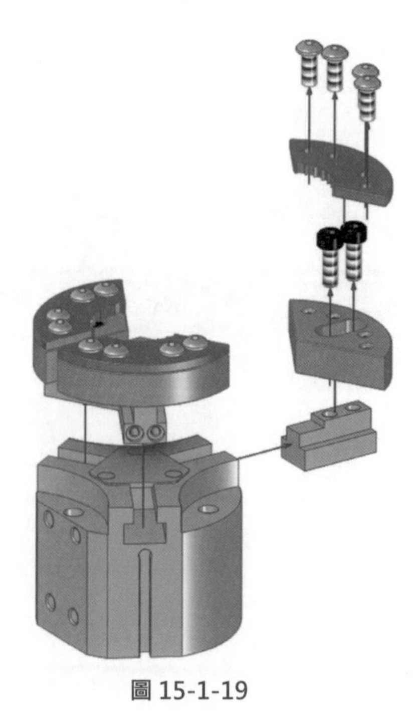

圖 15-1-19

17. 使用者也可以透過左側的「爆炸導航者」工具列中，找到爆炸的物件，並進行爆炸距離調整，如圖 15-1-20。

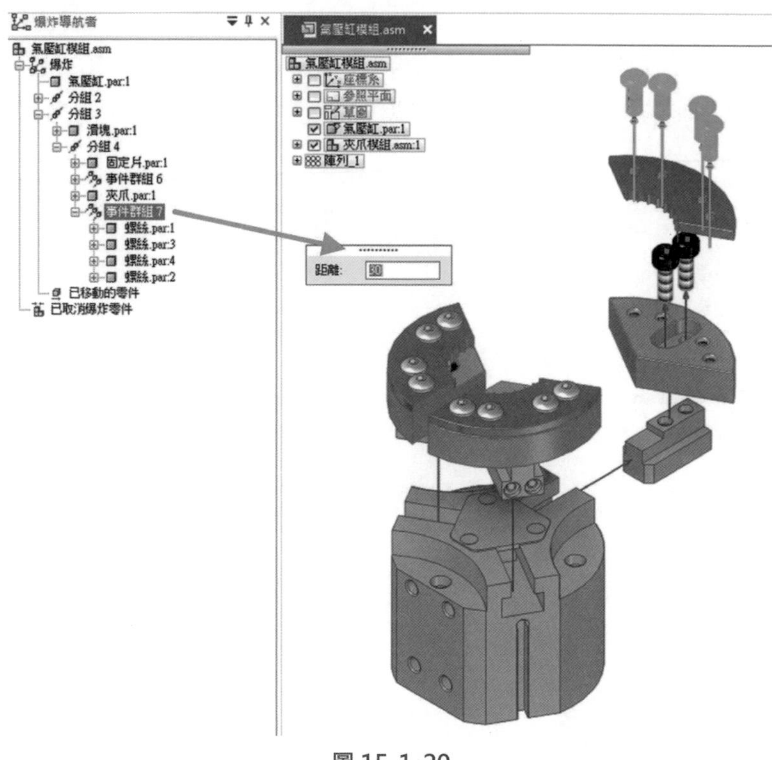

圖 15-1-20

18. 在爆炸圖中，使用者可以做出多種不同類型的爆炸圖，而這些爆炸圖必須透過「組態」進行儲存，以保持在「ERA」中的組態，使用者可以點擊「顯示組態」按鈕，進行組態的儲存，如圖 15-1-21。

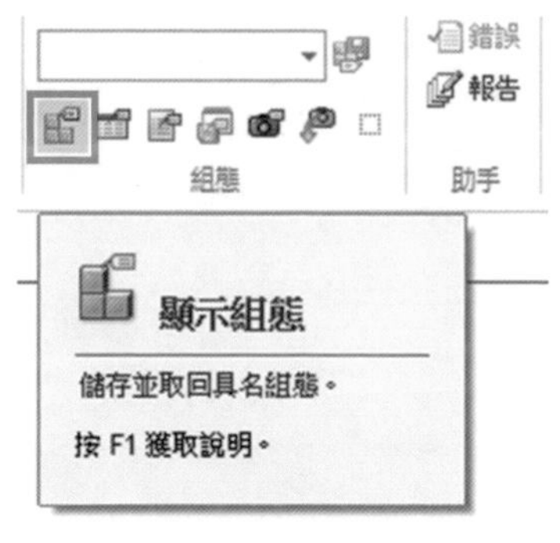

圖 15-1-21

備註：「.cfg」的組態檔會自動產生在與組立件相同的路徑下，組態檔會存放所有的組態資訊，建議不要任意刪除組態檔，如圖 15-1-22。

每當組立件存檔時，也會同時生成新的組態檔覆蓋當前的組態檔，所以若是組態群組中的指令無法使用時，使用者只需要透過「儲存檔案」動作即可使用。

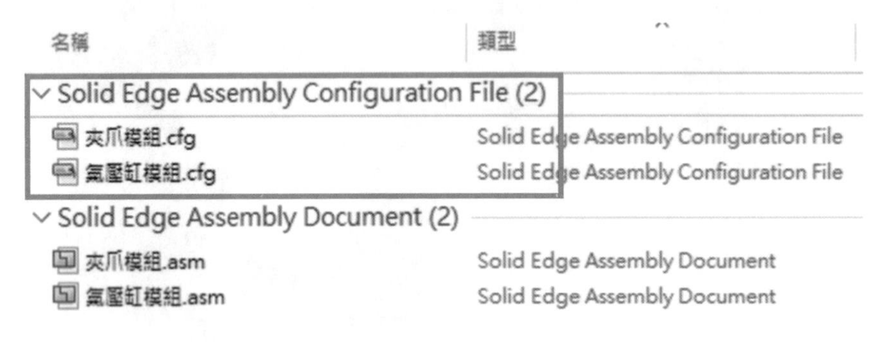

圖 15-1-22

19. 「顯示組態」指令對話方框中，點選「新建」按鈕，使用者即可建立新的組態，在新建組態視窗中輸入名稱為「CADEX_Bomb」，輸入完成後點擊「確定」，即可完成組態的儲存，如圖 15-1-23。新建組態無論建立多少個，都儲存在一個「.cfg」檔中，因此使用者不用擔心是否會有過多的檔案。

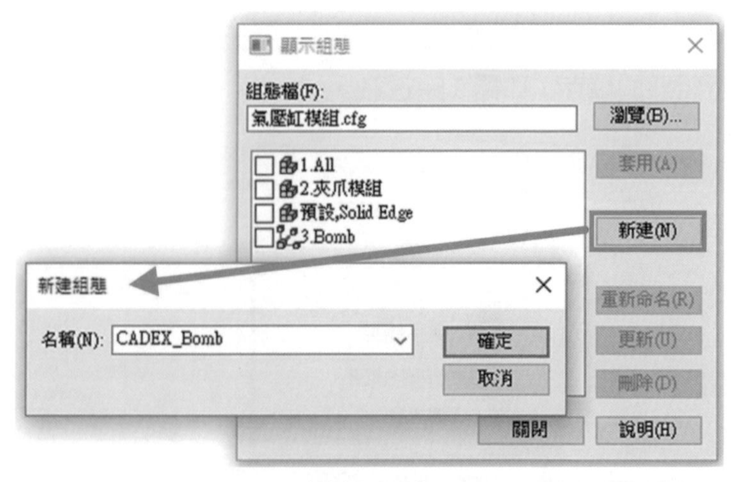

圖 15-1-23

20. 新建組態之後，使用者點擊「更新」按鈕，可將目前模型顯示的視角及外型儲存於組態檔之中，如圖 15-1-24。

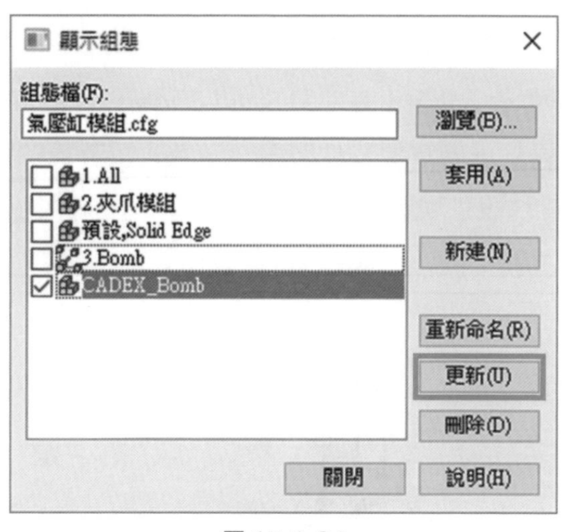

圖 15-1-24

21. 使用者如需要叫出「組態檔」中所儲存的「組態」，透過組態群組當中的指令條，選擇所需要的組態「CADEX_Bomb」後點擊「確定」，模型將依照組態檔中所儲存的爆炸外型進行爆炸，如圖 15-1-25、圖 15-1-26。

圖 15-1-25

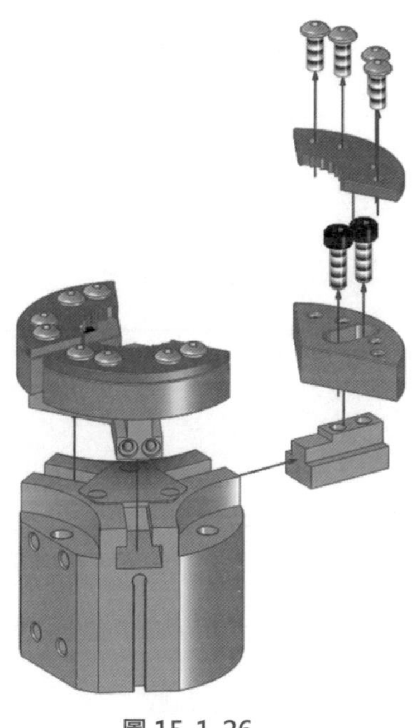

圖 15-1-26

22. 如要回到繪圖模式，請點擊「關閉 ERA」按鈕即可。

15-2 產生組立件 BOM 表

透過此範例將介紹，如何使用「組立件」和「爆炸圖」來產生工程圖的爆炸圖並建立「BOM 表」，產生零件表「BOM 表」是 Solid Edge 自動計算出所有零件的總數量，和個別零件的名稱，以達到正確掌握零件數量，避免人工計算的錯誤，進而實現零件表來源的單一性，以及和零件設計變更後，同步資料更新的正確性，如圖 15-2-1。

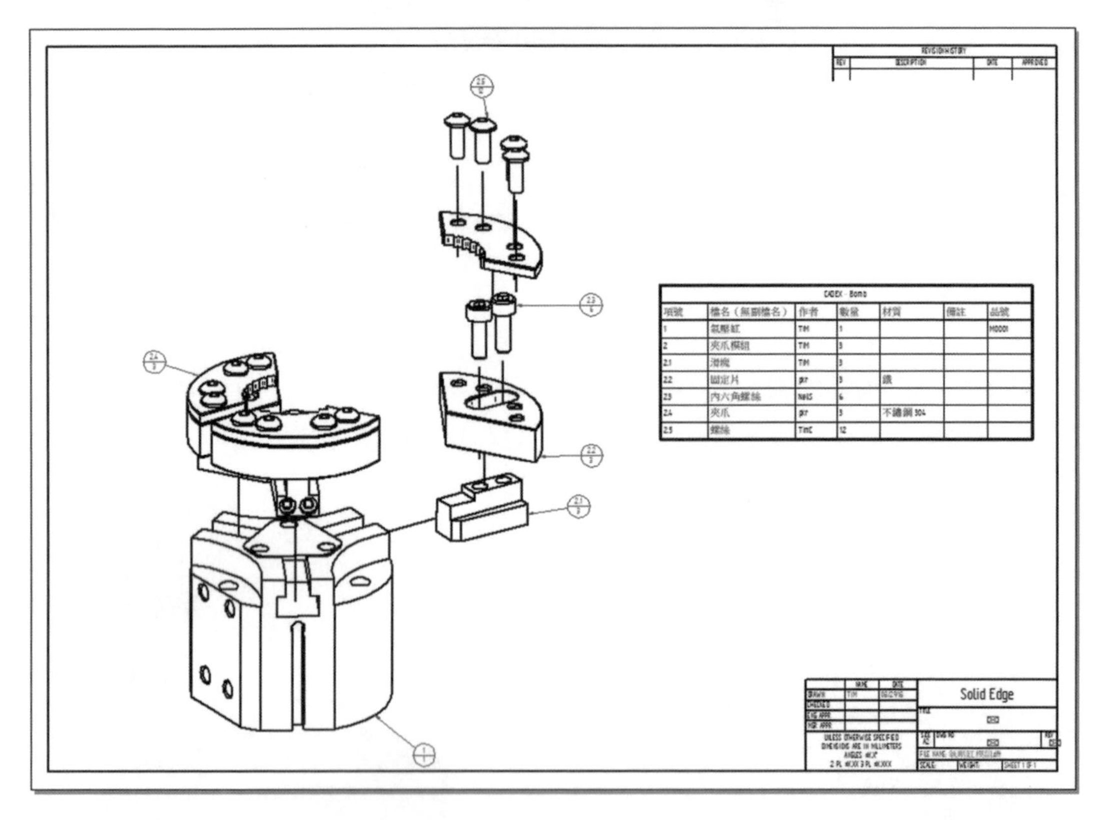

CADEX - Bomb						
項號	檔名（無副檔名）	作者	數量	材質	備註	品號
1	氣壓缸	TIM	1			M0001
2	夾爪模組	TIM	3			
2.1	滑塊	TIM	3			
2.2	固定片	pir	3	鐵		
2.3	內六角螺絲	NeilS	6			
2.4	夾爪	pir	3	不鏽鋼 304		
2.5	螺絲	TimC	12			

圖 15-2-1

1. 開啟「氣壓缸模組.asm」練習範例，如圖 15-2-2。

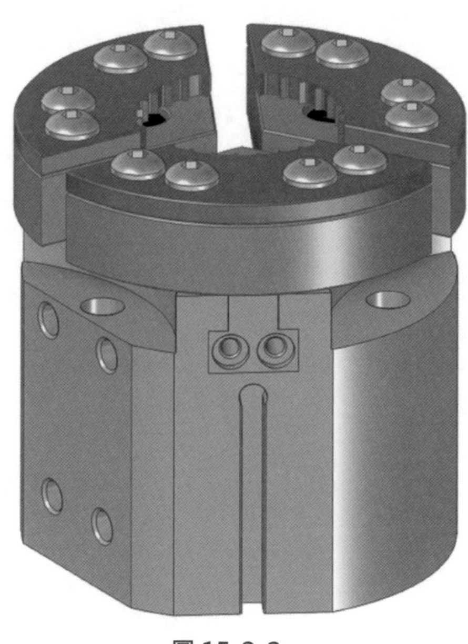

圖 15-2-2

2. 點選左上角的「應用程式按鈕」→「新建」→「目前模型圖紙」，將模型拋轉工程圖範本，以建立 2D 工程圖，如圖 15-2-3。

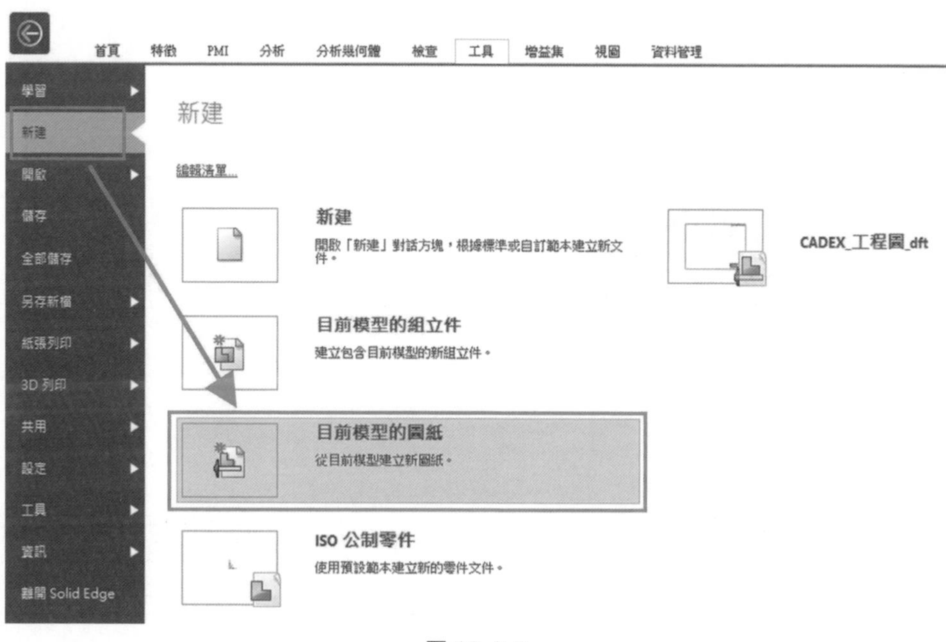

圖 15-2-3

3. 選擇圖紙範本：可透過「瀏覽」按鈕選取自行建立的圖紙範本，或透過系統內建圖紙範本「iso Metric Draft.dft」，點擊「確定」按鈕，如圖 15-2-4。。

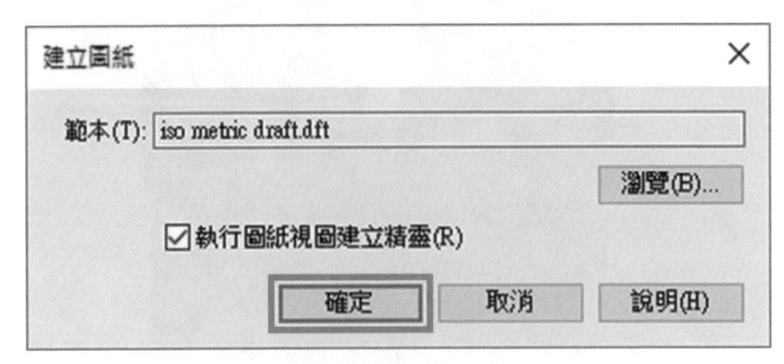

圖 15-2-4

4. 在畫面中可以直接放置圖紙視圖，在圖紙視圖工具列裡，點擊「圖紙視圖靈選項」，如圖 15-2-5。

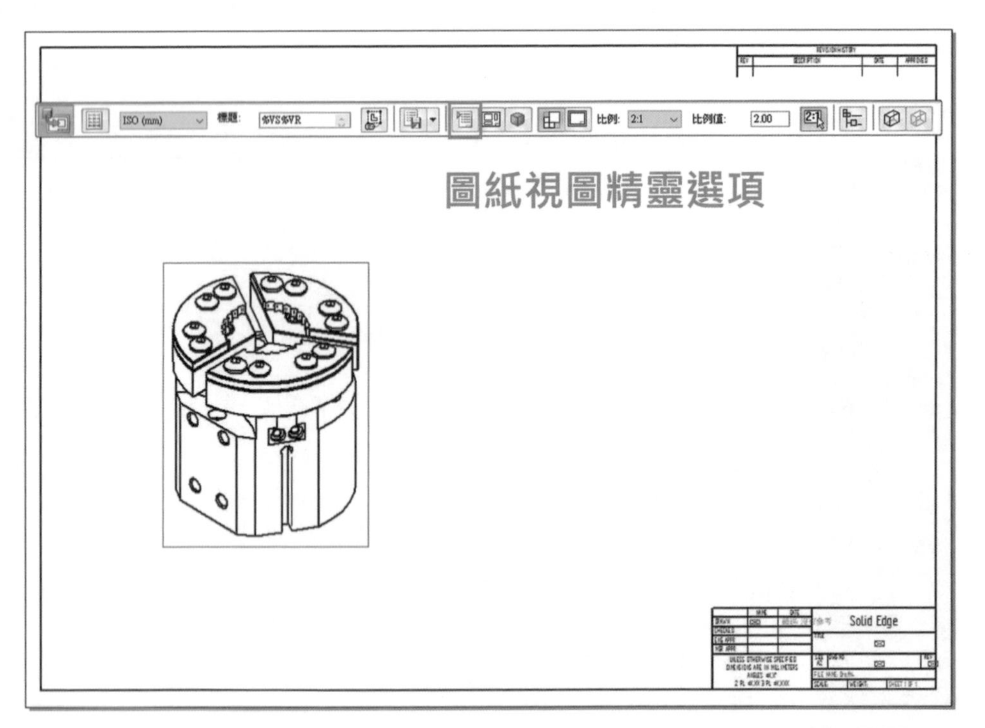

圖 15-2-5

5. 在「.cfg、PMI 模型視圖或區域」內選擇「CADEX_Bomb」，然後點擊「確定」，如圖 15-2-6。

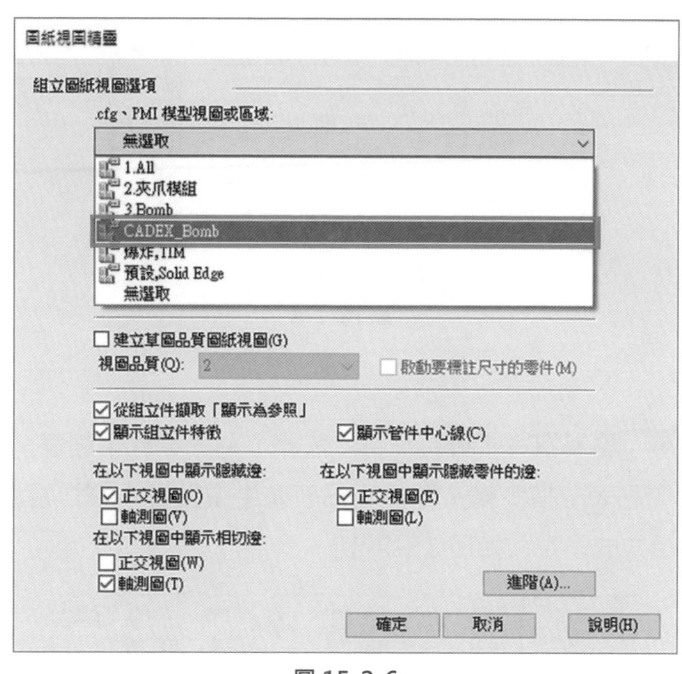

圖 15-2-6

6. 點擊滑鼠放置，以完成爆炸視圖呈現，如圖 15-2-7。

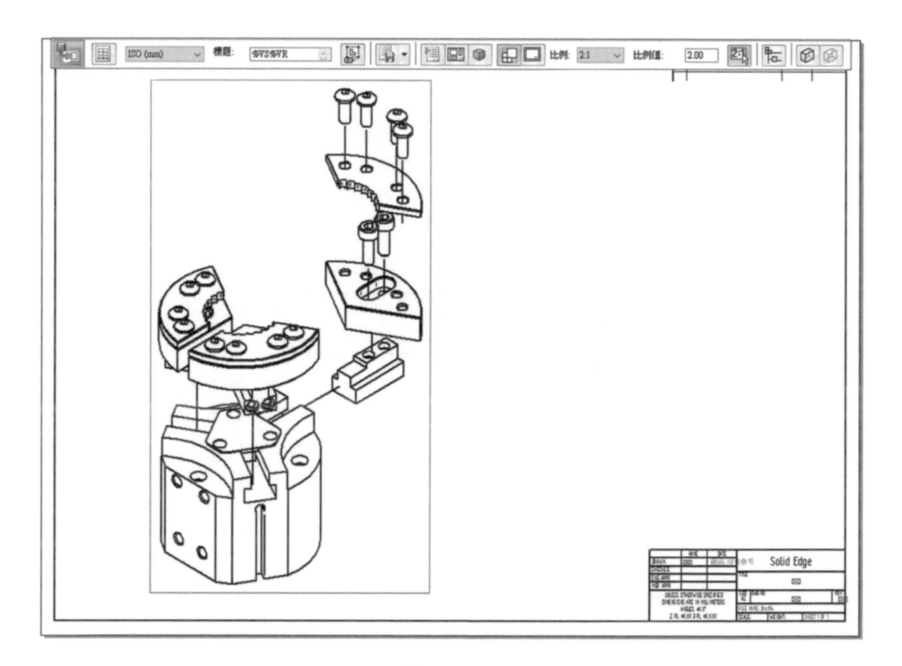

圖 15-2-7

7. 可利用工具列上的「比例」選取需要的比例，或在比例值中輸入所需的數值，也可以利用滑鼠「滾輪」滾動更改視圖比例以符合所需要，如圖 15-2-8。

圖 15-2-8

8. 產生零件明細表：點擊指令「首頁」→「表格」→「零件明細表」，如圖 15-2-9。顯示出「零件明細表」指令條，零件明細表產生須點選「爆炸視圖」，點選後畫面會以紅色高亮顯方式呈現，如圖 15-2-10。

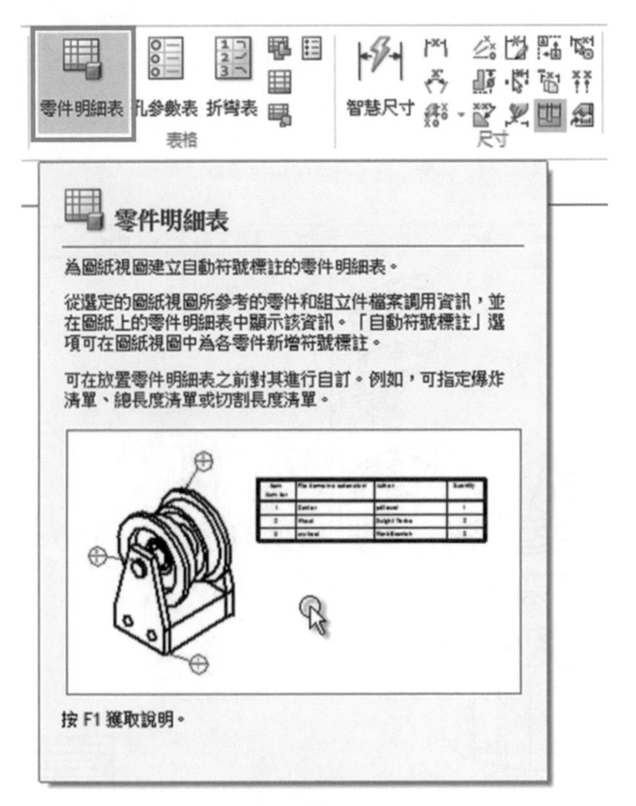

圖 15-2-9

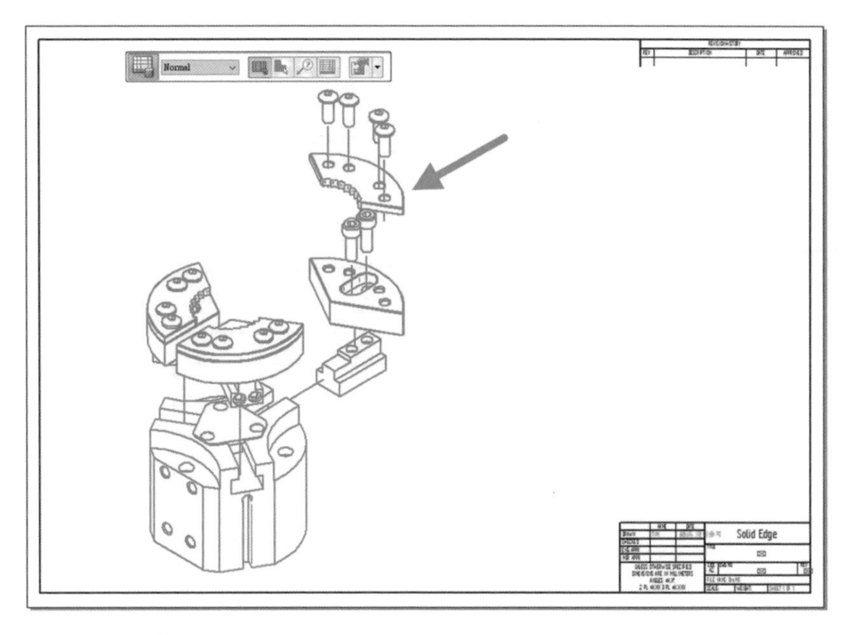

圖 15-2-10

9. 接著，會顯示出零件明細表預覽的「區塊」，透過滑鼠游標點擊放到適合的位置，即可產生零件明細表，如圖 15-2-11。使用者也可從指令工具列中，透過「自動符號標註」決定是否要建立號球；透過「放置清單」決定是否要建立 BOM 表。

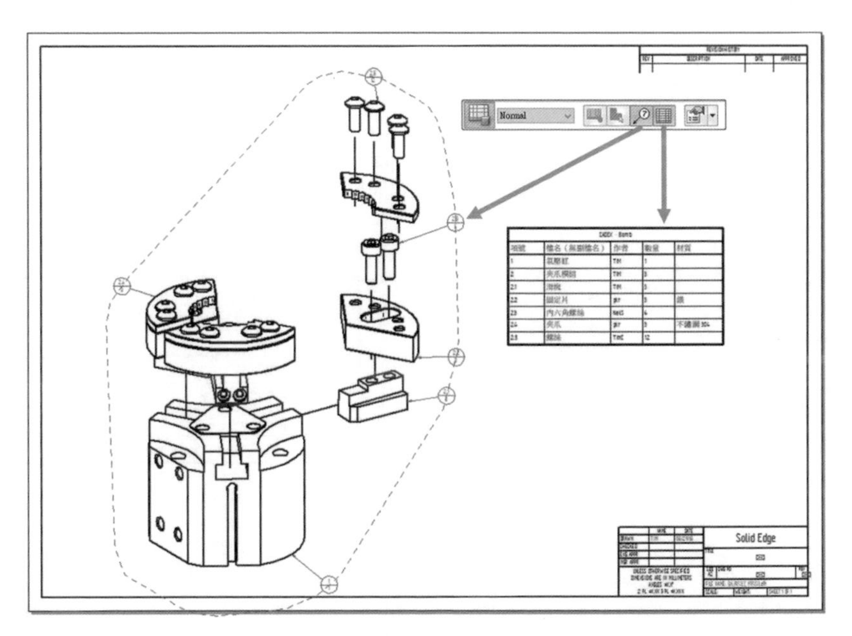

圖 15-2-11

10. 調整零件表性質：點擊零件明細表後顯示出指令條，再點擊「選取」→「性質」按鈕進入編輯，如圖 15-2-12。

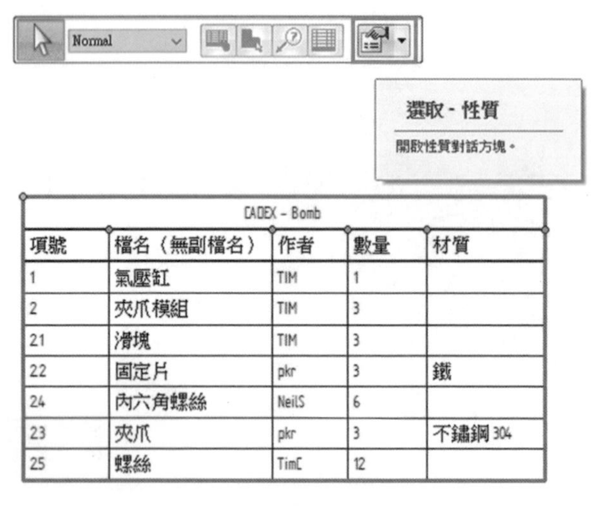

CADEX - Bomb				
項號	檔名（無副檔名）	作者	數量	材質
1	氣壓缸	TIM	1	
2	夾爪模組	TIM	3	
21	滑塊	TIM	3	
22	固定片	pkr	3	鐵
24	內六角螺絲	NeilS	6	
23	夾爪	pkr	3	不鏽鋼 304
25	螺絲	TimC	12	

圖 15-2-12

11. 在零件明細表性質中，可選擇「標題」點選「新建標題」以建立新的標題欄位，並且輸入標題名稱：「CADEX-Bomb」，如圖 15-2-13。

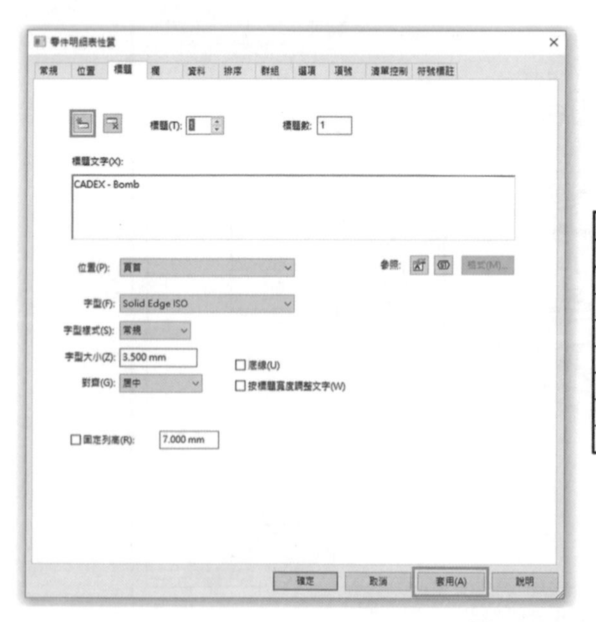

CADEX - Bomb				
項號	檔名	作者	數量	材質
1	氣壓缸	TIM	1	
2	夾爪模組	TIM	3	
21	滑塊	TIM	3	
22	固定片	pkr	3	鐵
24	內六角螺絲	NeilS	6	
23	夾爪	pkr	3	不鏽鋼 304
25	螺絲	TimC	12	

圖 15-2-13

12. 在「欄」當中，可透過下方的「性質」尋找需要列在 BOM 表上的資訊，利用「新增欄」按鈕將性質增加於欄內，如圖 15-2-14。如有不需要的性質，則可透過「刪除欄」移除性質。

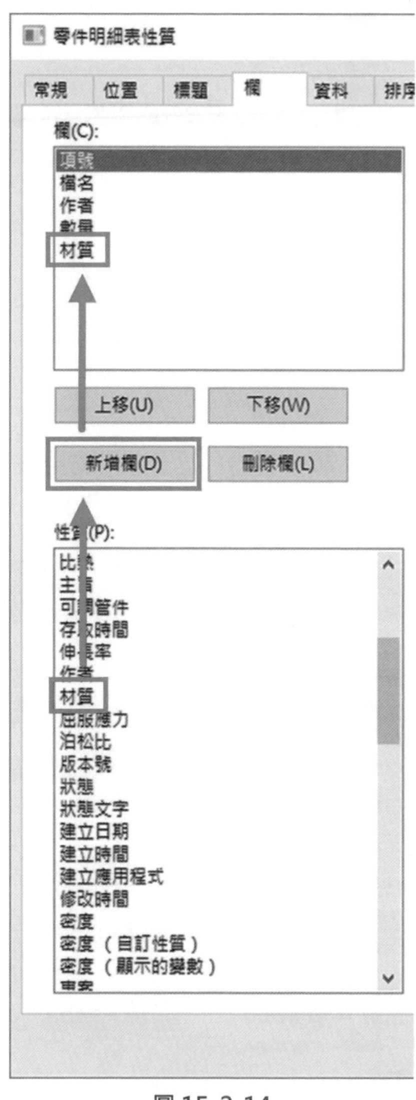

圖 15-2-14

13. 新增的「性質」可以利用「上移」及「下移」按鈕，來控制前後順序的擺放，如圖 15-2-15。

圖 15-2-15

14. 透過右邊「欄格式」當中的「欄標題」，可輸入需要在表格上顯示的性質名稱，如圖 15-2-16。

備註：底下的「性質文字」因為有資訊連結的語法，所以請勿任意更動。

圖 15-2-16

15.「欄」修改之後的結果，如圖 15-2-17。

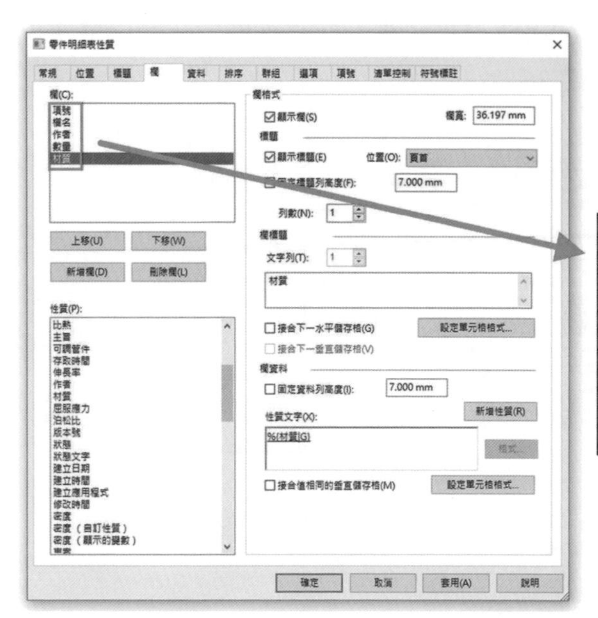

CADEX - Bomb

項號	檔名	作者	數量	材質
1	氣壓缸	TIM	1	
2	夾爪模組	TIM	3	
2.1	滑塊	TIM	3	
2.2	固定片	pkr	3	鐵
2.4	內六角螺絲	NeilS	6	
2.3	夾爪	pkr	3	不鏽鋼 304
2.5	螺絲	TimC	12	

圖 15-2-17

16. 在「資料」索引中，使用者可以透過點選任一欄位，如：材質。

    點選「插入欄」按鈕，可在點選的欄位前或後插入空白欄，以便建立空白欄位使用，如圖 15-2-18。

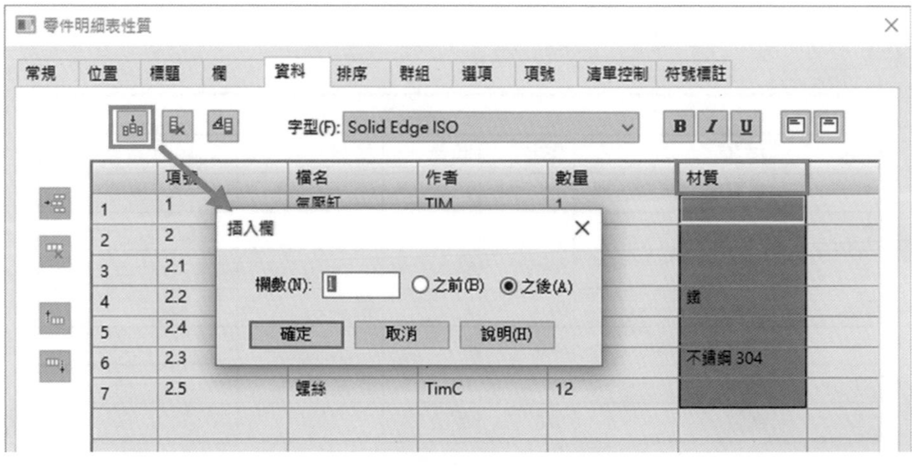

圖 15-2-18

17. 建立新的空白欄位之後，使用者可以在空白欄位上，輸入所需要的資訊。利用滑鼠「左鍵」快速點擊兩次「標題欄」呼叫出「格式化欄」對話方框，在「欄標題」中可以輸入使用者需要顯示的名稱，如圖 15-2-19。

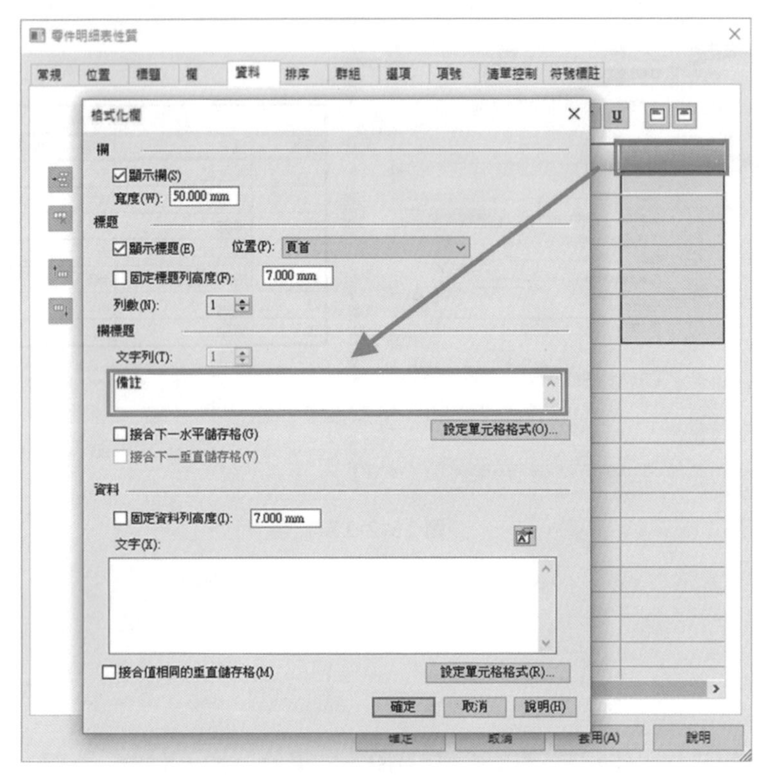

圖 15-2-19

18. 點選「套用」之後，可以發現「BOM 表」上會多增加一個備註欄位，以供使用者輸入所需要的內容，如圖 15-2-20。

CADEX - Bomb					
項號	檔名	作者	數量	材質	備註
1	氣壓缸	TIM	1		
2	夾爪模組	TIM	3		
21	滑塊	TIM	3		
22	固定片	pkr	3	鐵	
24	內六角螺絲	NeilS	6		
23	夾爪	pkr	3	不鏽鋼 304	
25	螺絲	TimC	12		

圖 15-2-20

19. 在「清單控制」欄位功能中，可以調整零件與次組立件的清單顯示，零件明細表中擁有三種清單格式。

    「頂級清單」：此格式為呈現出，頂層組立件中所用的零件及次組立件，如圖 15-2-21。

全域

◉ 頂級清單（頂級元件和展開元件）(T)

○ 詳細清單（所有零件）(L)

○ 爆炸清單（所有零件和次組立件）(O)

☐ 使用根據級別的項號(V)

☐ 乘以次組立件數

☐ 在清單中顯示頂層組立件(B)

☐ 展開銲接次組立件(W)

☐ 使用簡化次組立件(U)

CADEX - Bomb					
項號	檔名	作者	數量	材質	備註
1	氣壓缸	TIM	1		
2	夾爪模組	TIM	3		

圖 15-2-21

「詳細清單」：此格式為呈現出，組立件中用的所有零件，並不列入次組立件，如圖 15-2-22。

全域

○ 頂級清單（頂級元件和展開元件）(T)

◉ 詳細清單（所有零件）(L)

○ 爆炸清單（所有零件和次組立件）(O)

☐ 使用根據級別的項號(V)

☐ 乘以次組立件數

☐ 在清單中顯示頂層組立件(B)

☐ 展開銲接次組立件(W)

☐ 使用簡化次組立件(U)

CADEX - Bomb					
項號	檔名	作者	數量	材質	備註
1	氣壓缸	TIM	1		
2	滑塊	TIM	3		
3	固定片	pkr	3	鐵	
5	內六角螺絲	NeilS	6		
4	夾爪	pkr	3	不鏽鋼 304	
6	螺絲	TimC	12		

圖 15-2-22

「爆炸清單」：此格式為呈現出，組立件中用的所有零件及次組立件，如圖 15-2-23。

- 「使用根據級別的項號」：勾選之後，「BOM 表」會根據次組立件與零件之間的關係進行項號調整，如：項號 2.1-2.5 的物件為項號 2 底下的零件，因此項號2為次組立件。
- 「乘以次組立件數」：勾選之後，次組立件底下的零件數量，會自動乘上次組立件數量，使零件數量為總組立使用的總數。

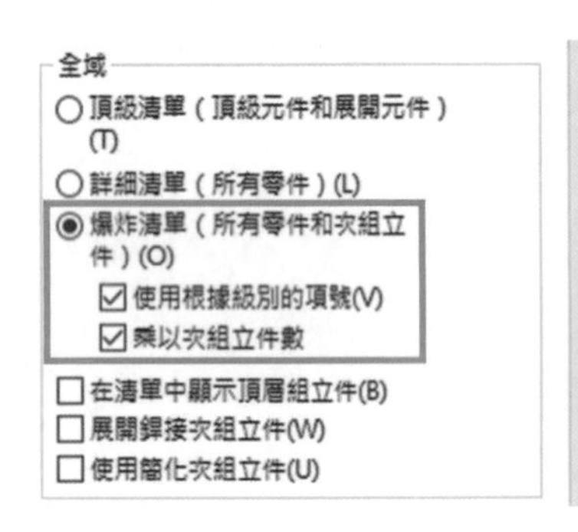

CADEX - Bomb

項號	檔名	作者	數量	材質	備註
1	氣壓缸	TIM	1		
2	夾爪模組	TIM	3		
2.1	滑塊	TIM	3		
2.2	固定片	pkr	3	鐵	
2.4	內六角螺絲	NeilS	6		
2.3	夾爪	pkr	3	不鏽鋼 304	
2.5	螺絲	TimC	12		

乘上次組件數量

圖 15-2-23

20. 將前面步驟所要呈現在零件明細表的設定，透過在「常規」欄位功能處，輸入儲存的設定名稱為「Expoloded」後，點擊「儲存」按鈕，再點擊對話方框中的右下角「確定」按鈕離開，如圖 15-2-24。

零件明細表性質

常規 | 位置 | 標題 | 欄 | 資料 | 排序 | 群組 | 選項 | 項號 | 清單控制 | 符號標註

儲存的設定(S): Exploded　儲存(V)　刪除(D)

表樣式(T): Normal

高度

	第一頁	其他頁
最大資料列數(R):	100	100
最大高度(U):	317.500 mm	317.500 mm

使用空白列填充表格底部(F)

將表資料儲存格換列(W)

圖 15-2-24

21. 使用者下次使用「零件明細表」時，在零件明細表指令條中點擊「選取」→「性質」的按鈕清單選取「Expoloded」，即可切換顯示自訂「Expoloded」的零件明細表內容，如圖 15-2-25。

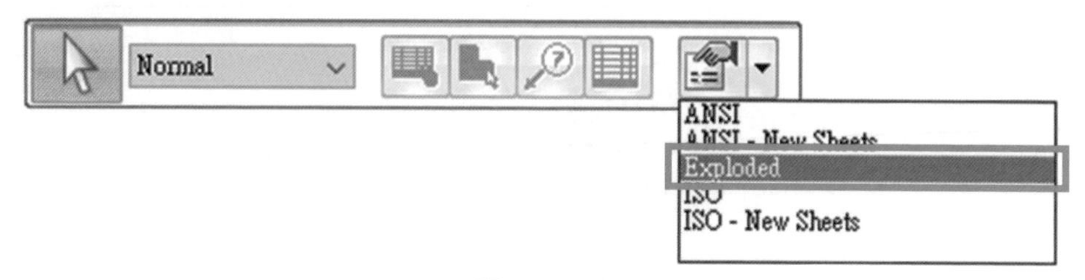

圖 15-2-25

補充

1. 當「BOM 表」建立後，使用者可以利用滑鼠「左鍵」快速點擊 BOM 表兩次，「BOM 表」將會呈現如圖 15-2-26，將滑鼠游標移動至左上角並點擊滑鼠「右鍵」，可選擇是否需要開啟「標示」及「縮圖」。

CADEX - Bomb					
項號	檔名（無副檔名）	作者	數量	材質	備註
1	氣壓缸	TIM	1		
2	夾爪模組	TIM	3		
21	滑塊	TIM	3		
22	固定片	pkr	3	鐵	
23	內六角螺絲	NeilS	6		
24	夾爪	pkr	3	不鏽鋼 304	
25	螺絲	TimC	12		

圖 15-2-26

2. 勾選選項之後，當點選表格內任一欄位，在「BOM 表」旁邊 Solid Edge 會開啟縮圖提供使用者辨識零件；在「視圖」中會以紅色線段顯示零件，如圖 15-2-27。

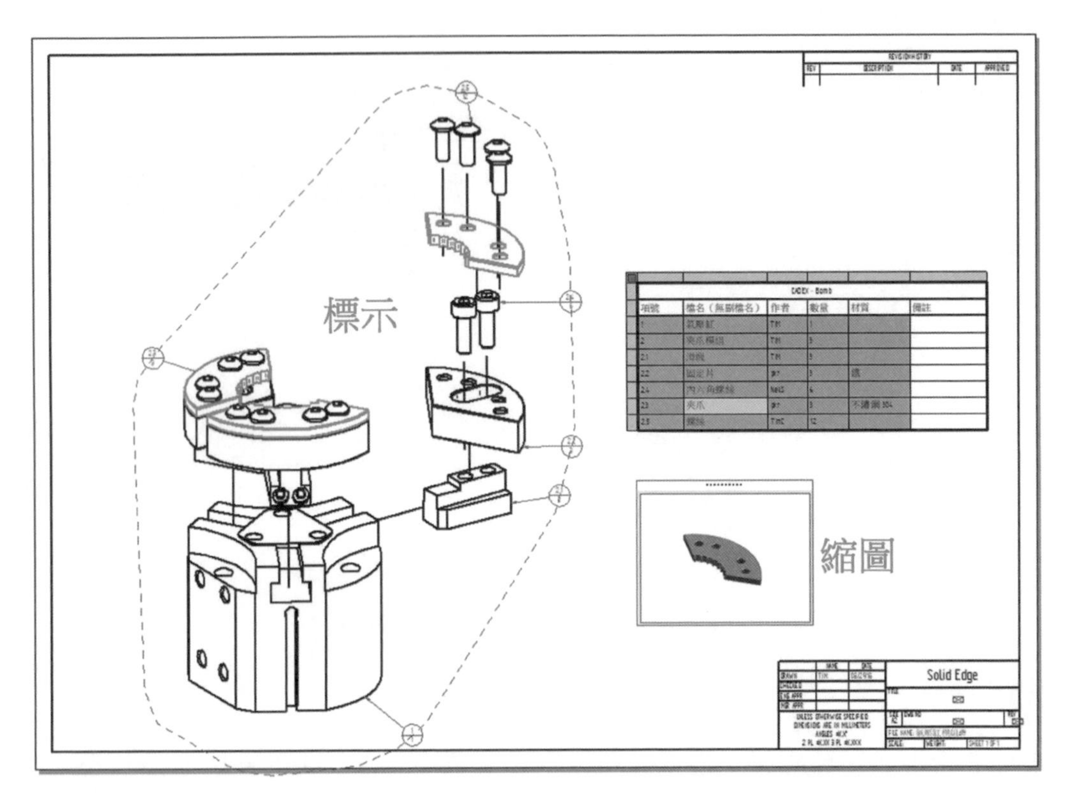

圖 15-2-27

15-3 性質與 BOM 表連結

可以透過性質管理器，將所有相關或自訂的性質帶入到零件中，利用這樣的方式將零件或公用零件的資訊，帶入到 BOM 表中，以符合公司作業習慣。

1. 利用「氣壓缸模組.asm」組立件所建立的工程圖進行練習，如圖 15-3-1。

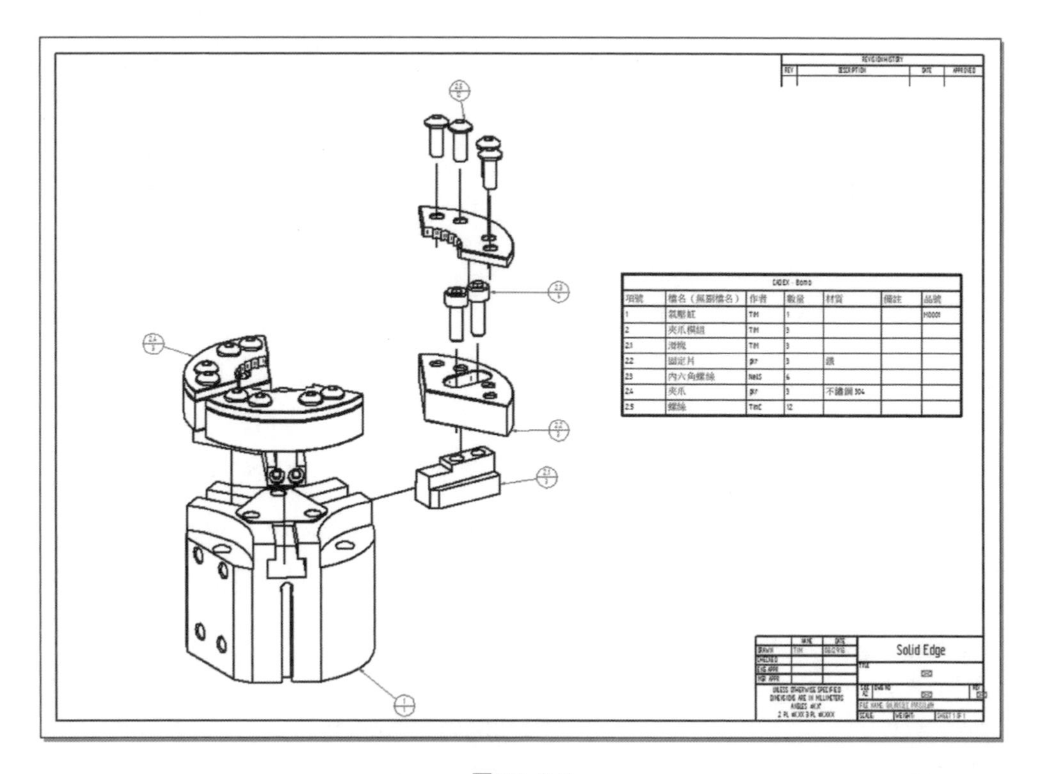

圖 15-3-1

2. 透過上方頁籤「資料管理」→「性質」→「性質管理器」，可以快速修改工程圖、組立件及零件當中的性質資訊，如圖 15-3-2。

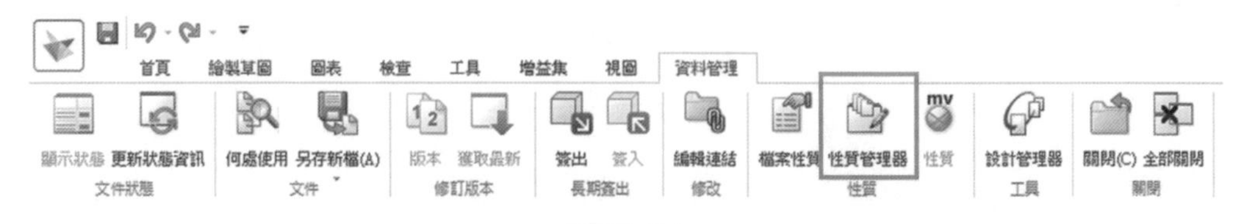

圖 15-3-2

3. 在欄位中，使用者可以任意修改自己所需要的性質參數，如果性質管理器中沒有需要的性質欄位時，可點選任意一個欄位，再點擊滑鼠「右鍵」，透過快速工具列選擇「顯示性質」，如圖 15-3-3。

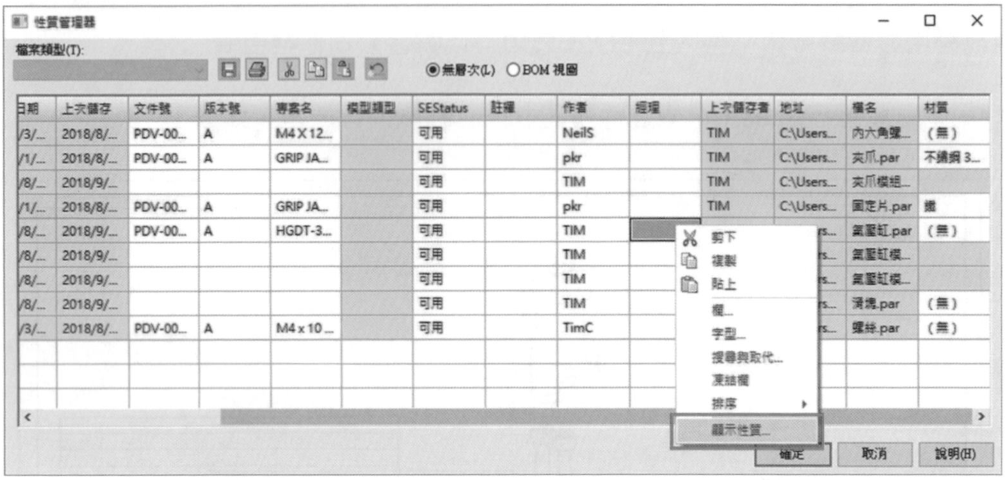

圖 15-3-3

4. 點選「新建」按鈕，透過「新建性質」輸入需要建立的性質名稱，例如：品號，並在類型中選擇該性質需要建立的訊息類型，例如選擇：文字類型，如圖 15-3-4。

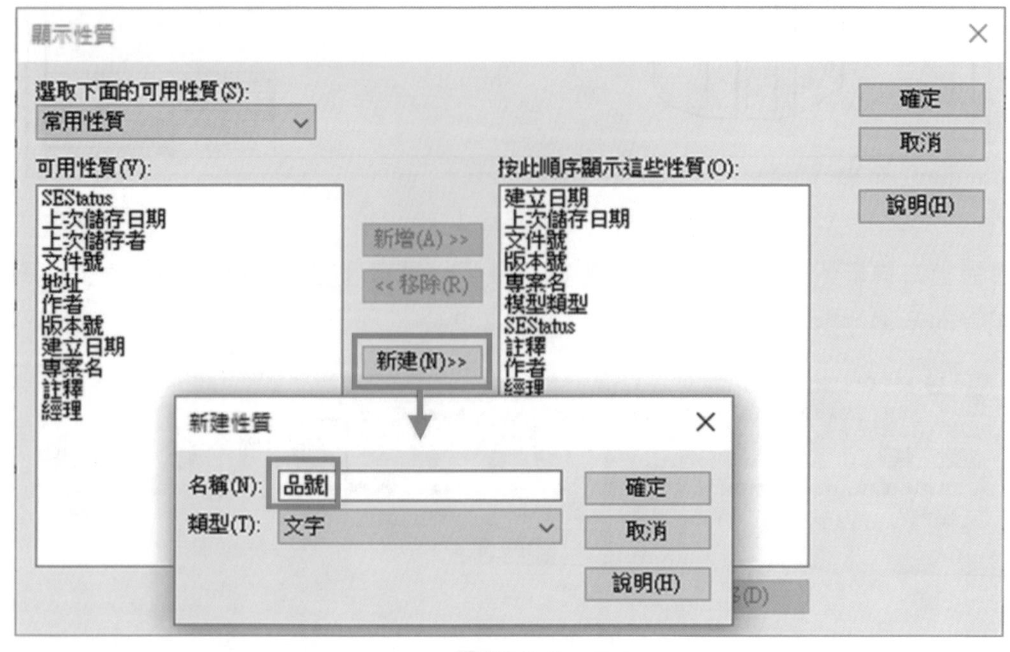

圖 15-3-4

5. 在性質管理器中，會顯示出剛剛新增的性質供使用者修改，可搭配預覽視窗對各個零組件編寫品號，修改完成之後，可點選「確定」以完成修改，如圖 15-3-5。

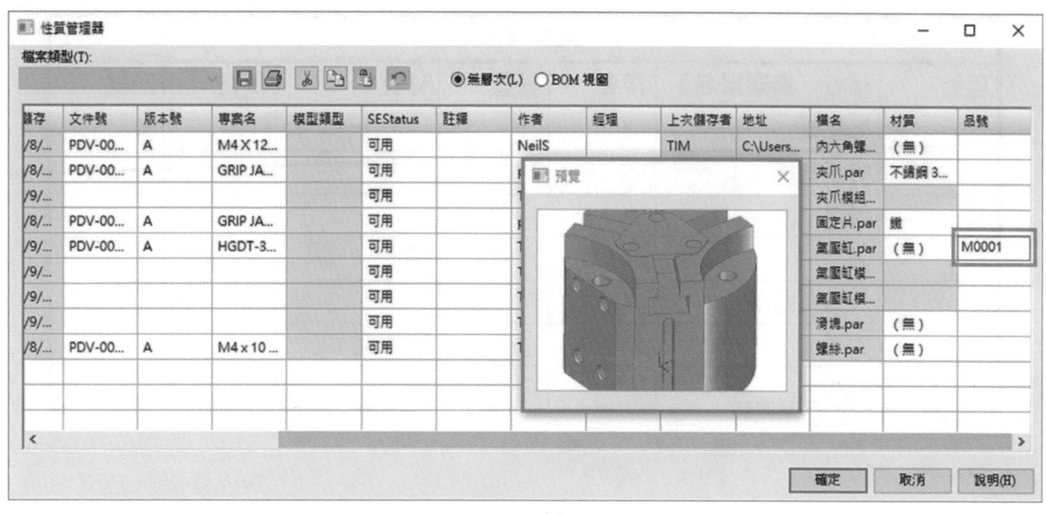

圖 15-3-5

6. 此時，利用「BOM 表」中的性質，在「欄」索引中，可找到剛才新增的性質，如：品號，透過「新增欄」按鈕將性質加入，如圖 15-3-6。

圖 15-3-6

7. BOM 表即可根據使用者設定進行修改，將「性質管理器」當中修改的性質載入表中，如圖 15-3-7、圖 15-3-8。

CADEX - Bomb						
項號	檔名（無副檔名）	作者	數量	材質	備註	品號
1	氣壓缸	TIM	1			M0001
2	夾爪模組	TIM	3			
21	滑塊	TIM	3			
22	固定片	pkr	3	鐵		
23	內六角螺絲	NeilS	6			
24	夾爪	pkr	3	不鏽鋼 304		
25	螺絲	TimC	12			

圖 15-3-7

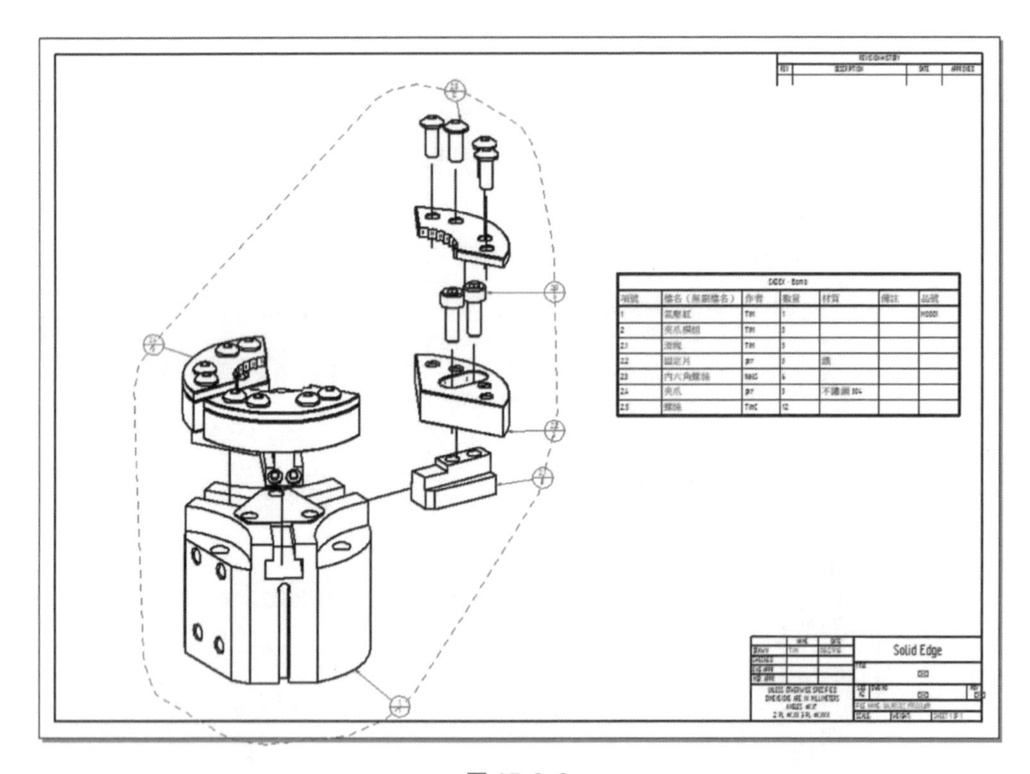

圖 15-3-8

16 CHAPTER

鈑金設計

章節介紹

藉由此課程，你將會學到：

16-1　鈑金件簡介與專有名詞

16-2　材質表指令

16-3　建立鈑金件特徵

16-4　使用「同步鈑金」的即時規則修改幾何體

16-5　建立展平圖樣

16-1 鈑金件簡介與專有名詞

「鈑金設計」是 Solid Edge 的標準模組之一，提供了鈑金設計與加工的模組化功能，提供使用者快速正確的建立模型。Solid Edge 能依據鈑金的不同種類，設計出符合鈑金成形與工業要求的數值化設計過程，具有一定的自動化及靈活性。

Solid Edge 的鈑金設計過程，其實就是依照實際鈑金成形的流程，如：「輪廓彎邊」、「打孔」、「沖型」、「百葉窗」、「角撐板」...等。 在鈑金設計中，常用到的一些專有名詞，如圖 16-1-1，請參考下列說明。

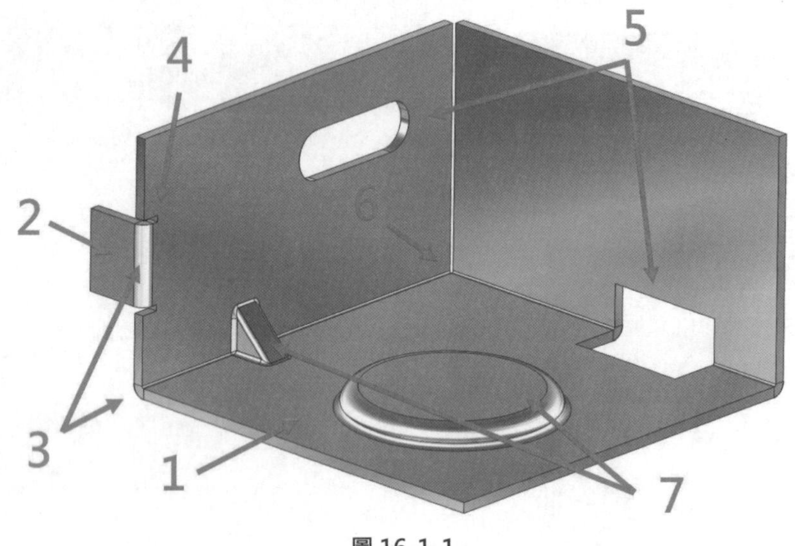

圖 16-1-1

1. 「平板」：由層面和厚度面組成。
2. 「平板彎邊」：通過折彎連接的兩個平板。
3. 「折彎」：連接兩個平板彎邊。
4. 「折彎止裂口」：防止在折彎期間出現撕裂情況的選項。
5. 「除料」：零件中的開口。
6. 「彎角」：兩個或三個折彎的相交之處。
7. 「程式特徵」：變形特徵，如輪廓彎邊、打孔、沖型、百葉窗、角撐板...等。某些歷程紀錄得到保留且可以進行編輯。

16-2 材質表指令

定義鈑金件的「折彎厚度」和「折彎係數」。可從「應用程式按鈕」→「資訊」→「材質表」→「量規性質」設定所需的參數，如圖 16-2-1、圖 16-2-2。

圖 16-2-1

圖 16-2-2

16-3 建立鈑金件特徵

本章節將帶領您建立一個箱體鈑金件，範例如圖 16-3-1。

圖 16-3-1

1. 啟動 Solid Edge 應用程式。
2. 點選「應用程式按鈕」→「新建」點選「ISO 公制鈑金」。
3. 建立平板，在 X-Y 平面中繪製一個邊長為 250mm×400mm 的長方形，如圖 16-3-2。

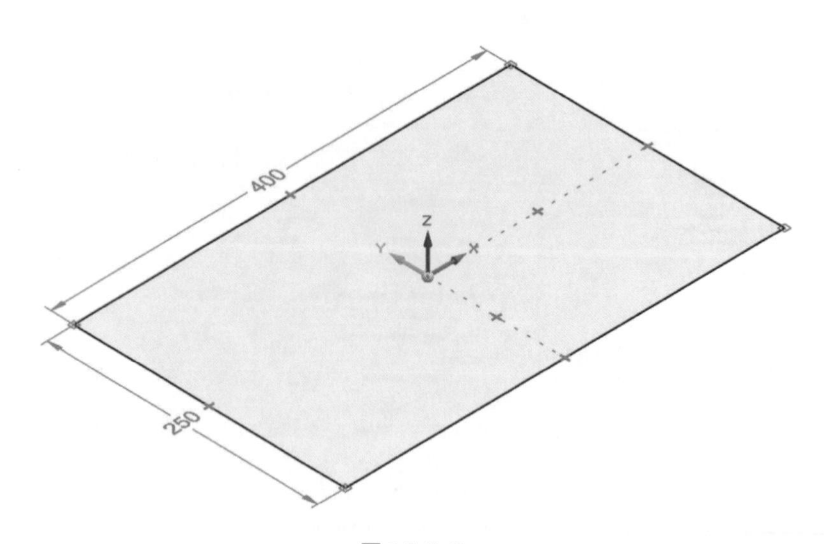

圖 16-3-2

4. 選取顯示的區域，如圖 16-3-3。

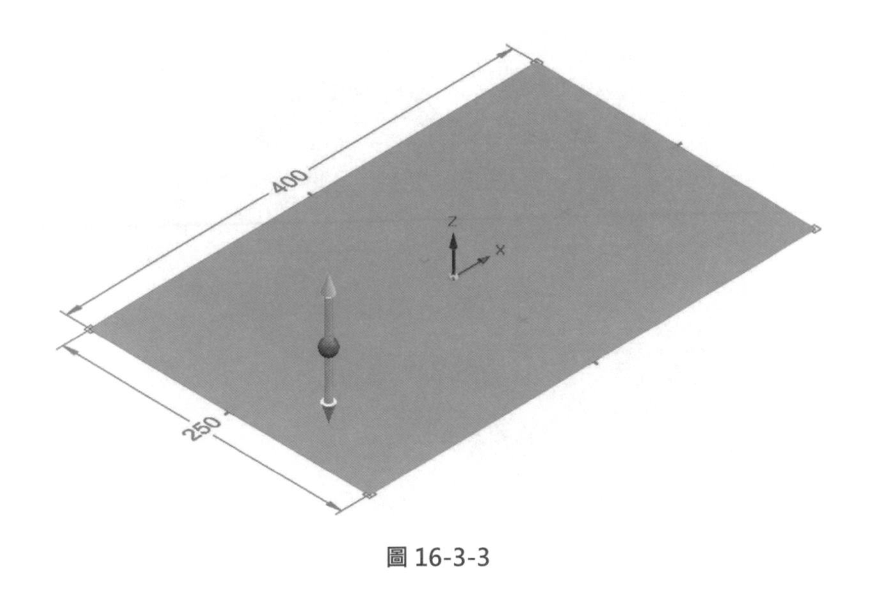

圖 16-3-3

5. 透過選取指向下方的方向箭頭建立平板，點擊滑鼠「右鍵」，或按「enter」接受，如圖 16-3-4。

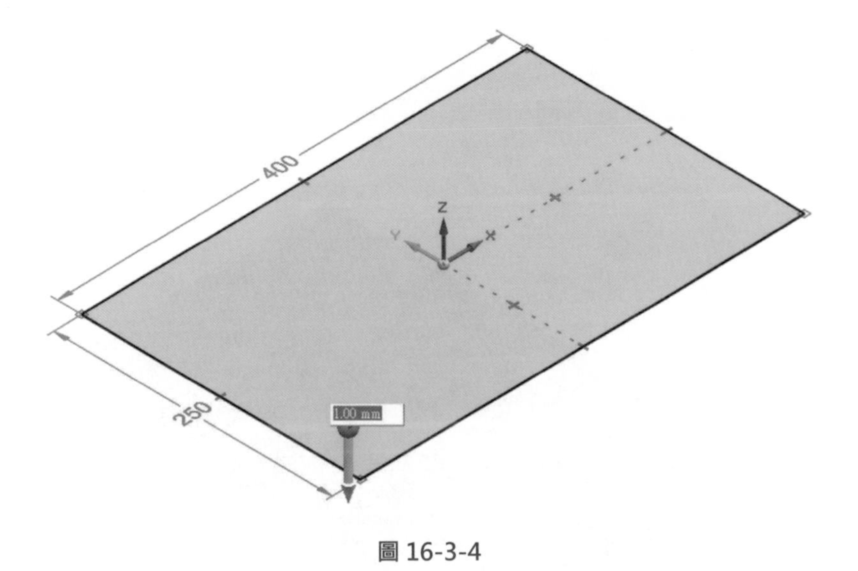

圖 16-3-4

備註：此時的厚度為「材質表」中「量規」內所設定之厚度。如有需要，可以輸入數值變更厚度。

6. 按住「ctrl 鍵」選取平板較短的兩個側邊，如圖 16-3-5。

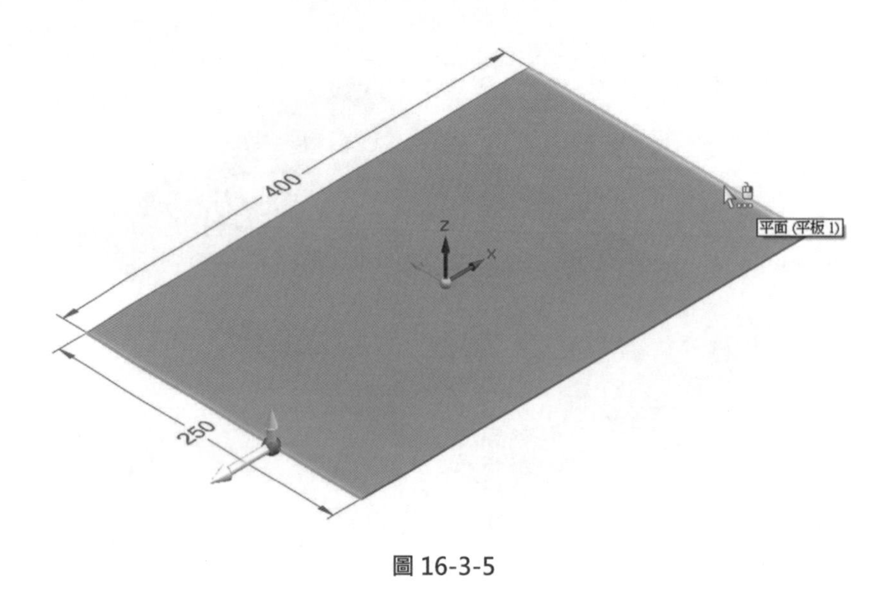

圖 16-3-5

7. 點選側邊，選取短邊「凸緣方向」箭頭，如圖 16-3-6。

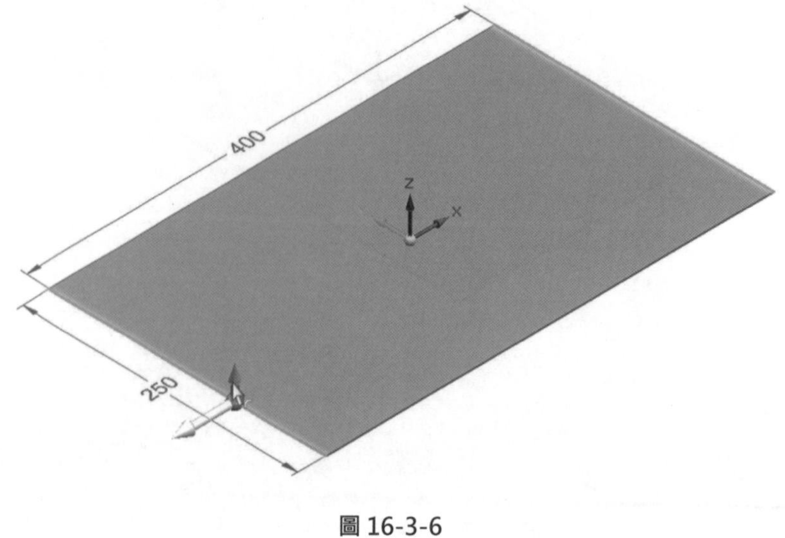

圖 16-3-6

8. 為新建立的「凸緣」工具列中之「測量點」選擇「測量外部」，如圖 16-3-7，接著同樣在工具列中的「材質側」選擇「材質在內」，如圖 16-3-8，輸入80mm的長度距離，如圖 16-3-9。

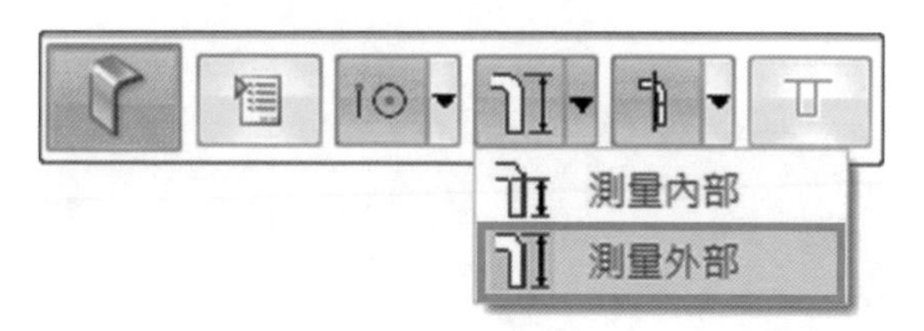

圖 16-3-7

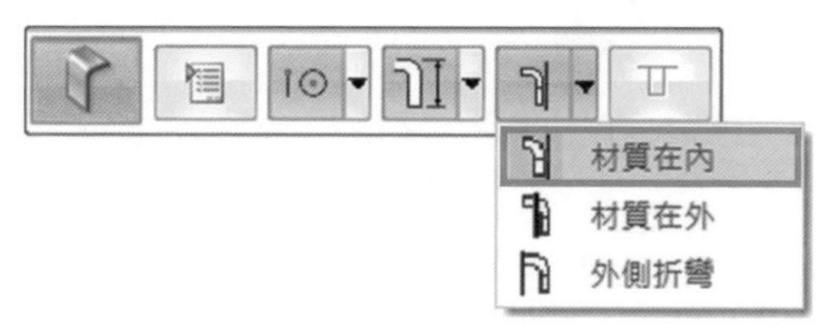

圖 16-3-8

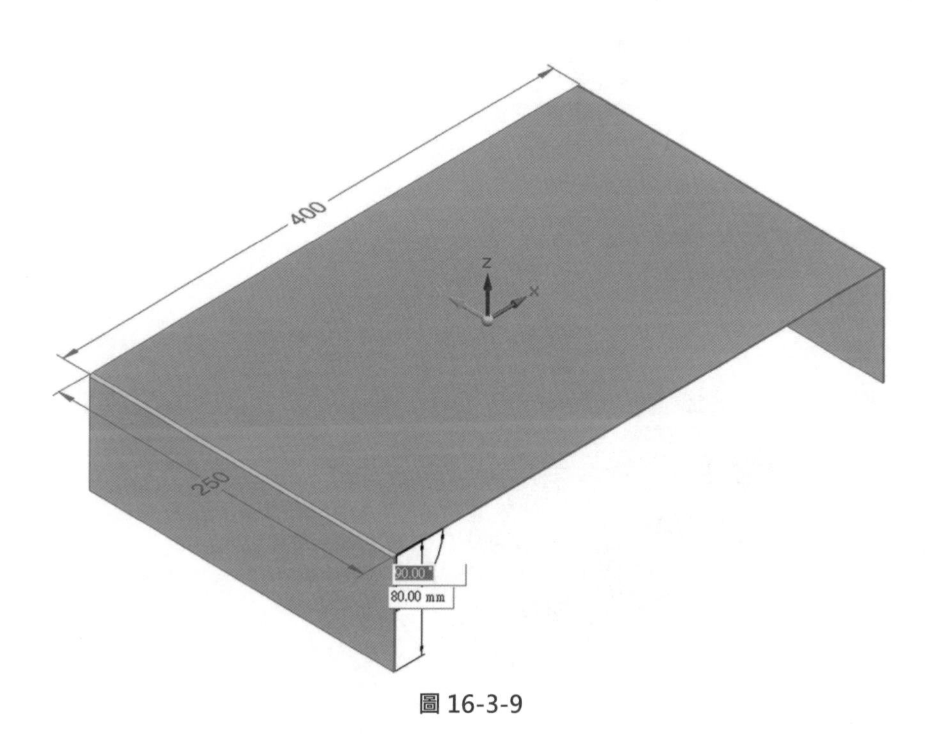

圖 16-3-9

9. 接著點選新增凸緣部分的兩側，與先前一樣點取「凸緣方向」箭頭，如圖 16-3-10。

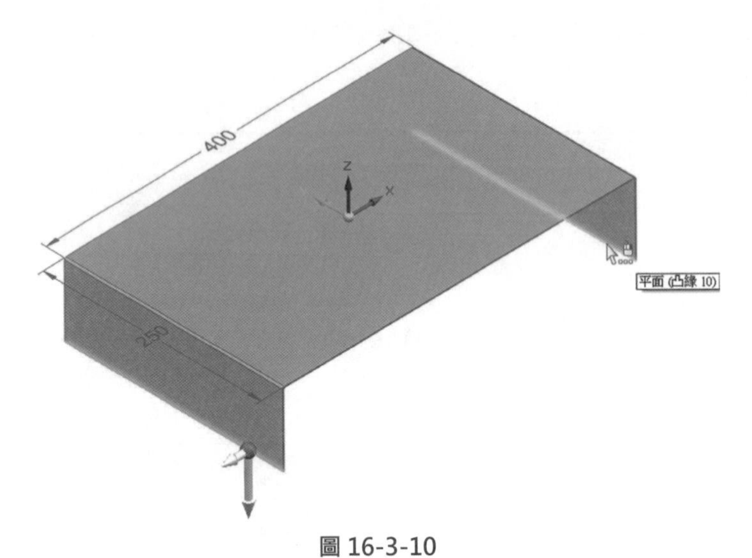

圖 16-3-10

10. 再為新建立「凸緣」的工具列更改「測量點」的選項為「測量內部」，如圖 16-3-11，並將「材質側」選項改為「材質在外」，如圖 16-3-12，並輸入 40mm 的長度，如圖 16-3-13。

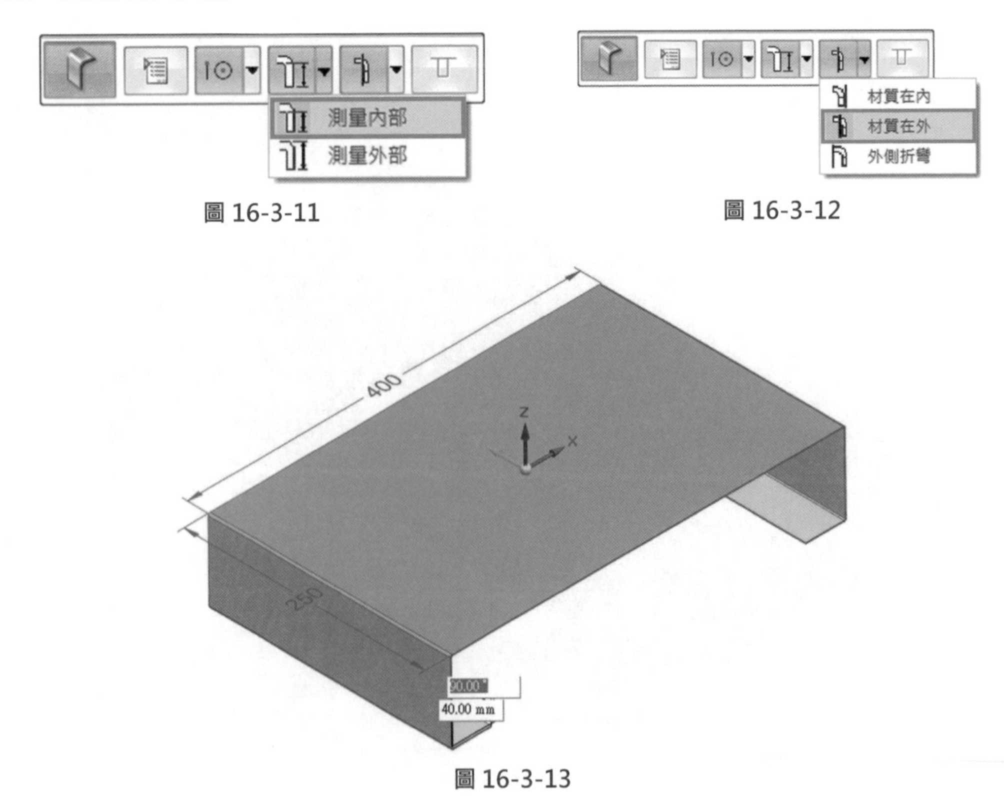

圖 16-3-11

圖 16-3-12

圖 16-3-13

11. 此時，若標註尺寸上去會是如圖 16-3-14 的尺寸。（此處我們已學習到如何控制凸緣的包外、包內的尺寸控制與材質側的變換）

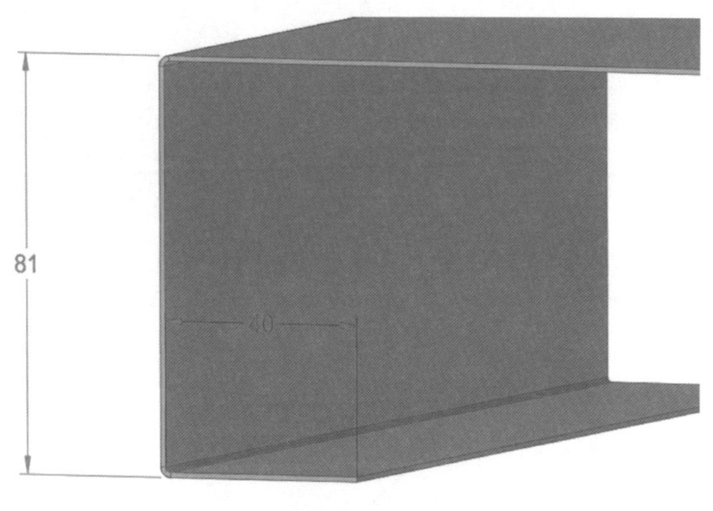

圖 16-3-14

備註 1：在平板的厚度面中建立四個凸緣，會在「導航者」中產生新的特徵項目，如圖 16-3-15。

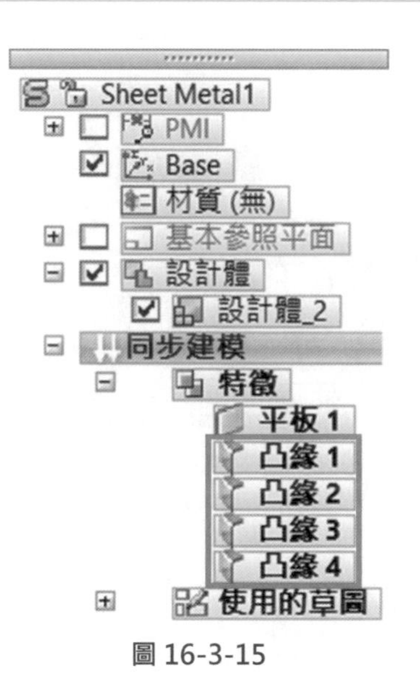

圖 16-3-15

12. 建立一個平行面「平面 1」，並繪製草圖 16 mm×12mm×16mm，如圖 16-3-16。

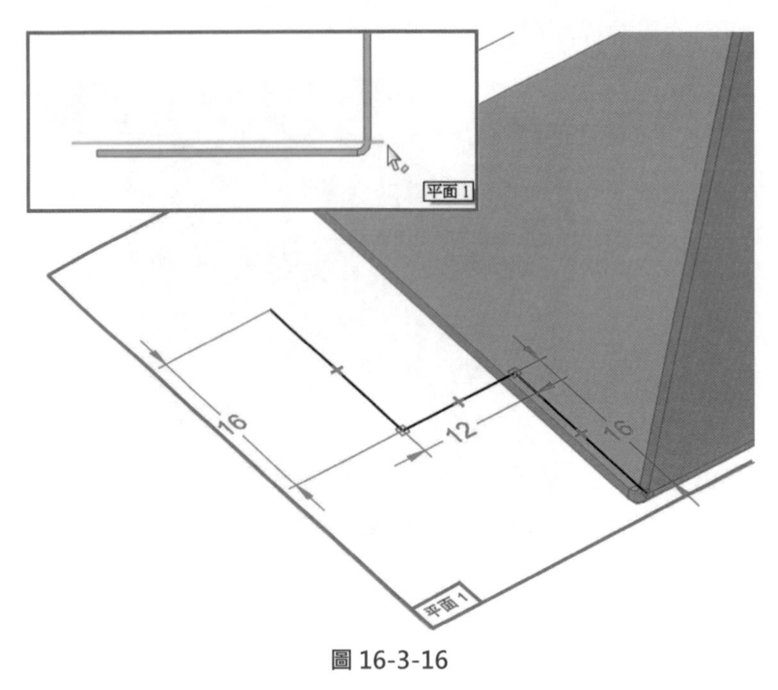

圖 16-3-16

13. 在「首頁」→「鈑金」→「輪廓凸緣」，使用此草圖來建構凸緣，如圖 16-3-17。

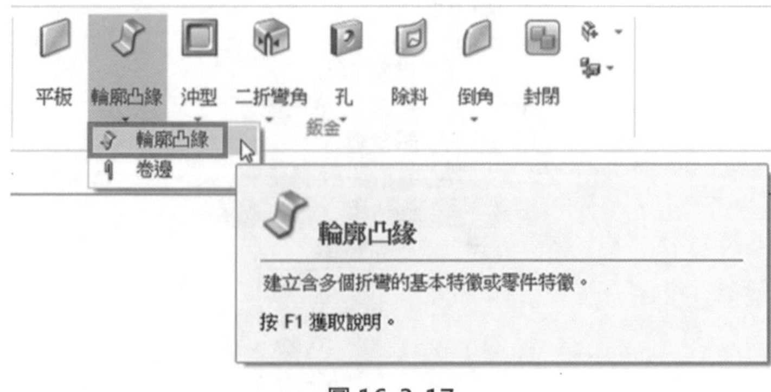

圖 16-3-17

14. 點選草圖後，再點選箭頭任意一端，可產生凸緣，如圖 16-3-18。

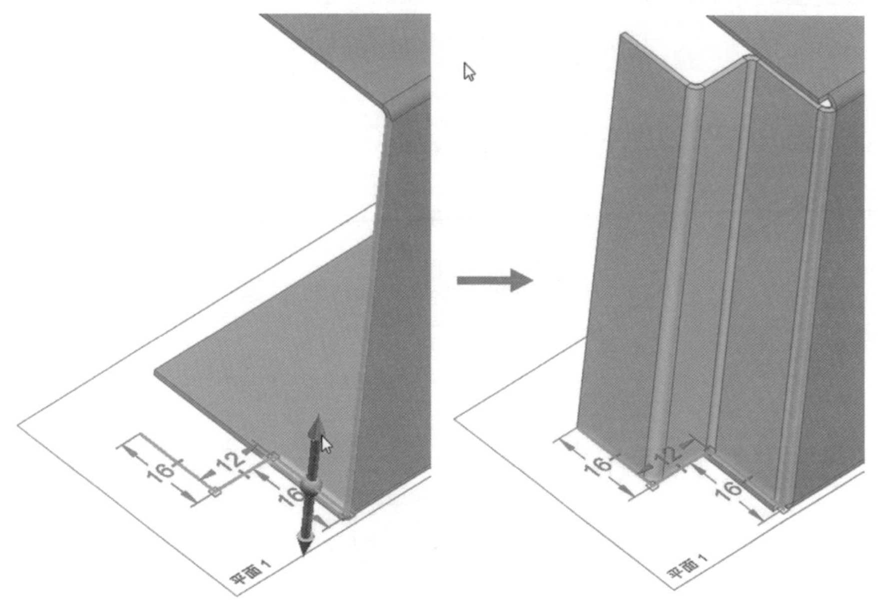

圖 16-3-18

15. 接著再選取，其餘沒有凸緣的兩個邊，來產生凸緣，如圖 16-3-19。

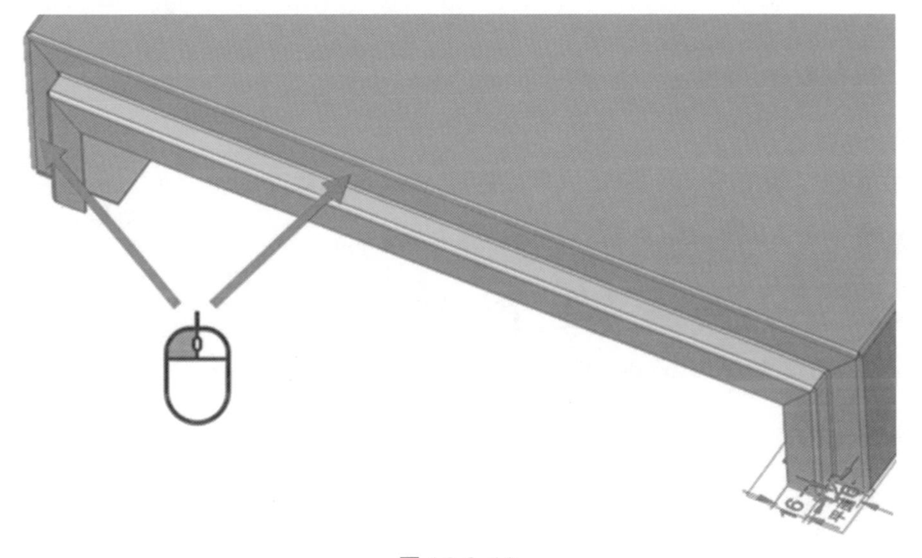

圖 16-3-19

> 備註2：所建立的輪廓凸緣，會在「導航者」中產生新的特徵項目，將其展開可發現此特徵項目內含所需的「封閉轉角」，如圖 16-3-20。

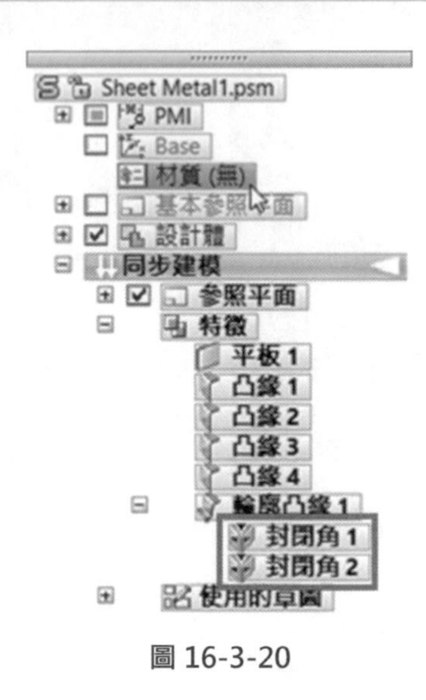

圖 16-3-20

16. 建構百葉窗特徵指令，「首頁」→「鈑金」→「百葉窗」，百葉窗指令在沖型指令的下拉選單中，如圖 16-3-21。

圖 16-3-21

17. 在百葉窗指令右邊為「百葉窗選項」，關於百葉窗的選項都可由此設定，請先參照圖 16-3-22 的設定，設計出一個百葉窗。

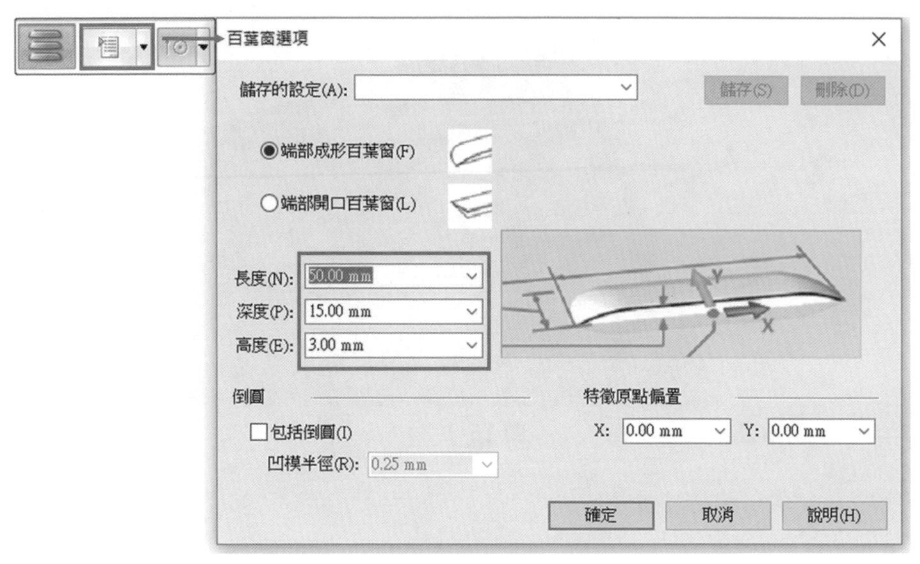

圖 16-3-22

18. 按下「確定」，將滑鼠游標移至鈑金件的前方，此時會出現一個「平面鎖」，點擊「平面鎖」，並將百葉窗放置於鈑金件前方的適當位置，位置確定後，按下滑鼠「左鍵」置放，如圖 16-3-23。

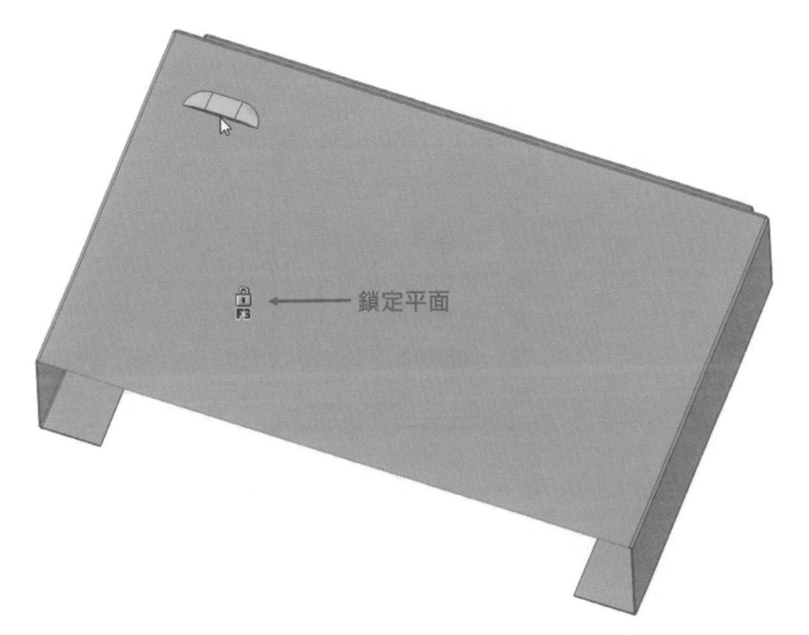

圖 16-3-23

19. 放置完百葉窗之後，利用「智慧尺寸」，將此百葉窗定位，如圖 16-3-24。

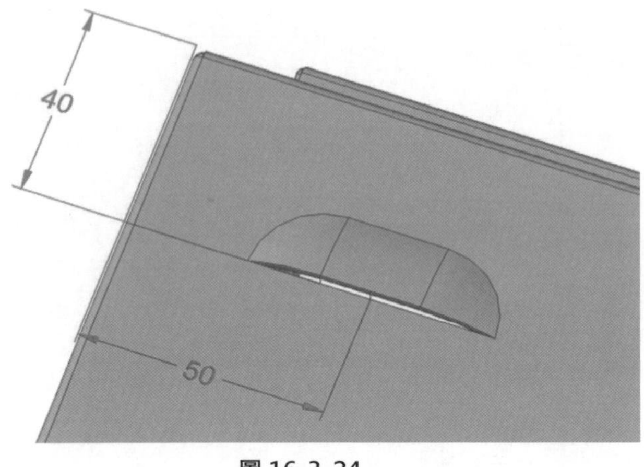

圖 16-3-24

20. 對百葉窗進行陣列操作，選取百葉窗，在「首頁」→「陣列」中找到「矩形」選項，並選取「矩形」指令，如圖 16-3-25。

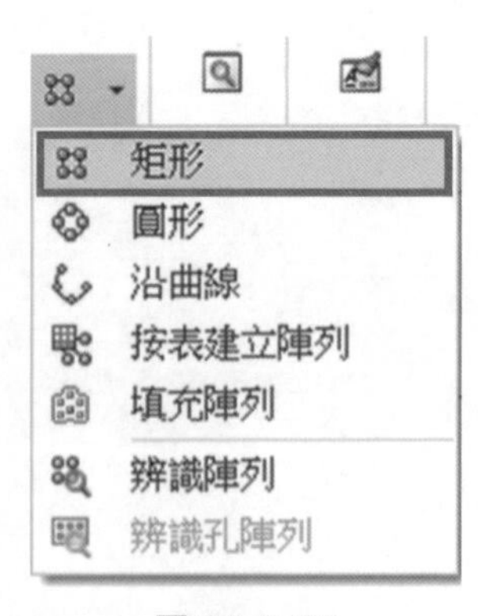

圖 16-3-25

21. 選取「矩形」指令後，將游標移至百葉窗的鈑金平面上，此時該平面會以高亮顯示，平面上會出現「平面鎖」，點擊「平面鎖」，會出現如圖 16-3-26 的畫面。

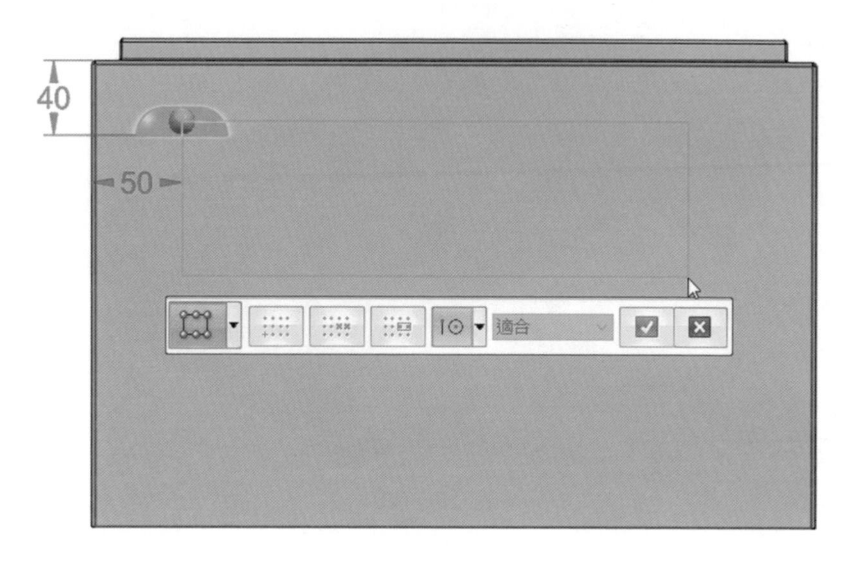

圖 16-3-26

22. 在工具列裡的填充樣式內選擇「適合」，陣列範圍為「300」mm×「50」mm，X 向個數為「4」，Y向個數為「3」，如圖 16-3-27。

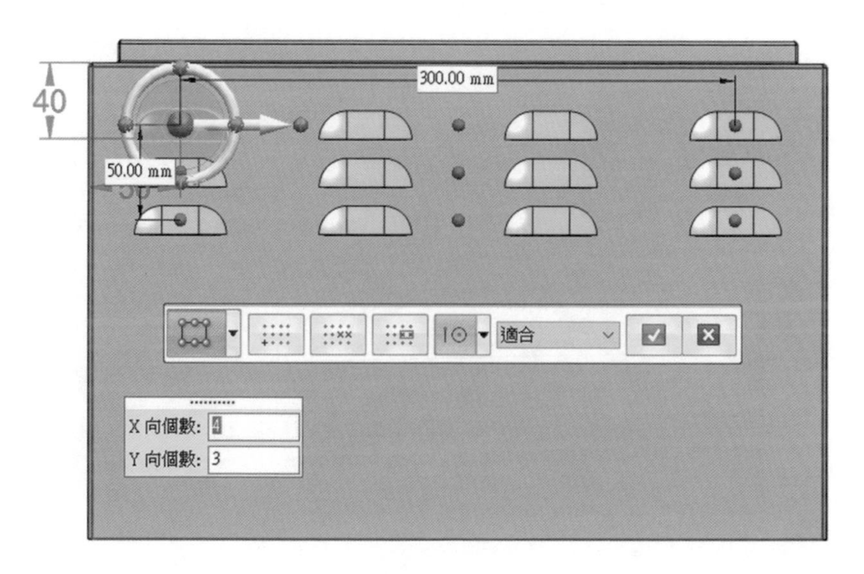

圖 16-3-27

23. 設定完成，點擊滑鼠「右鍵」確認，如圖 16-3-28。

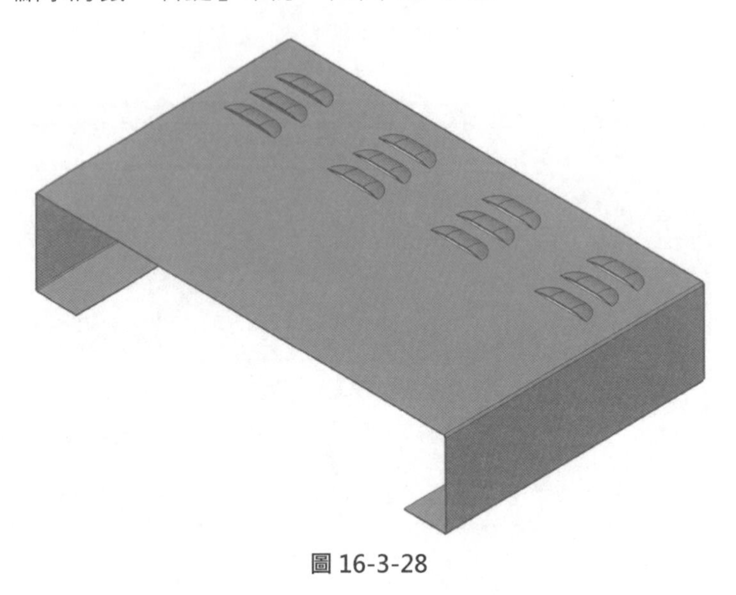

圖 16-3-28

24. 選取「首頁」→「繪圖」→「直線」及「中心和點畫圓」指令，在正面的平板上繪製如圖 16-3-29 的直線及圓。

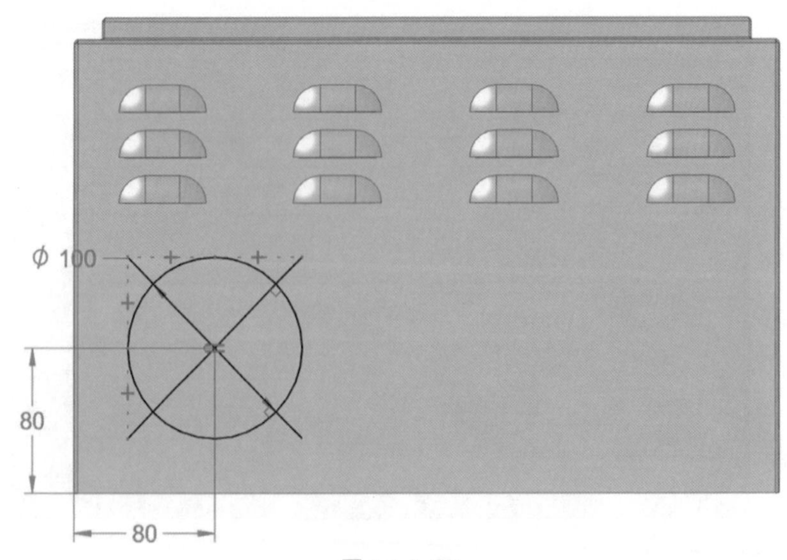

圖 16-3-29

25. 選取「首頁」→「鈑金」→「沖型」→「補強肋」指令，位置如圖 16-3-30。選取「補強肋」指令後，畫面會出現如圖 16-3-31「補強肋選項」。

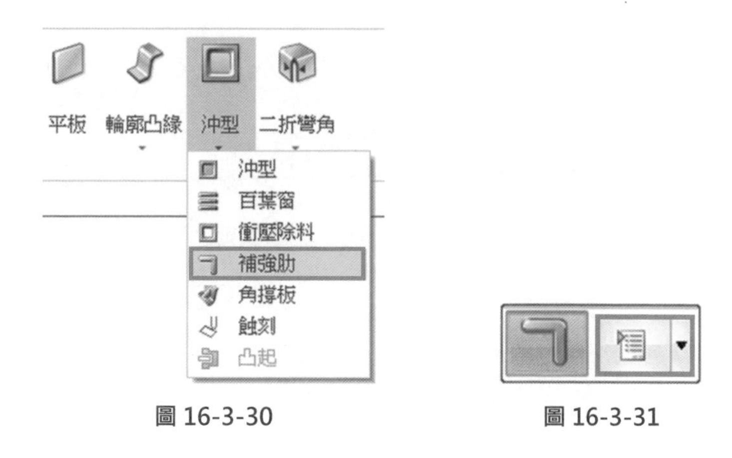

圖 16-3-30　　圖 16-3-31

26. 選取「補強肋選項」指令後，將內容設定為圖 16-3-32。

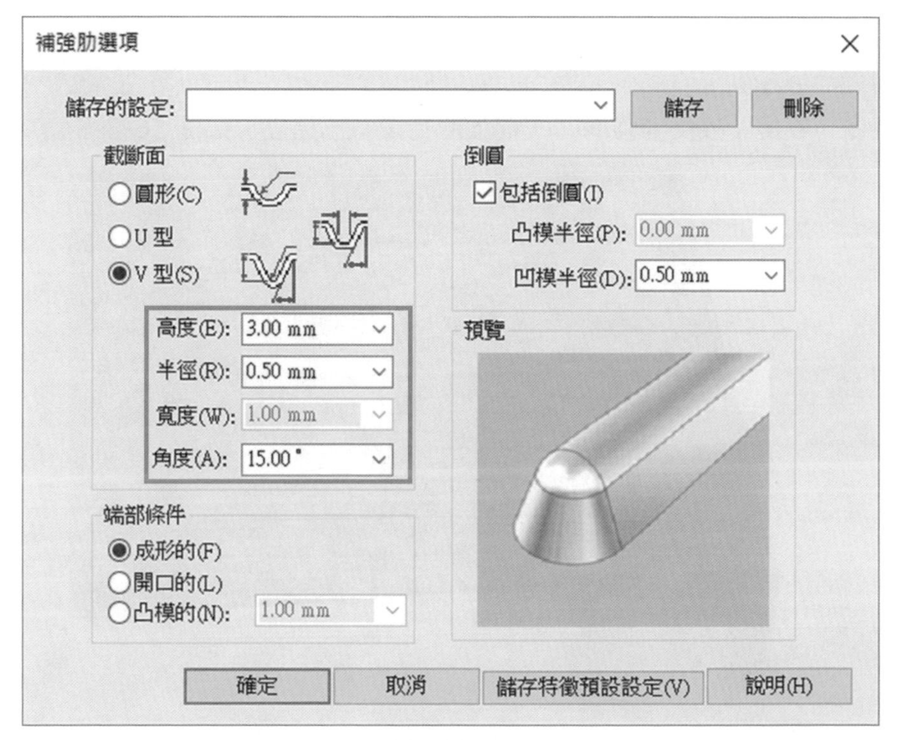

圖 16-3-32

27. 設定完成後，按下「確定」，接著選取剛才所繪製的草圖，點擊箭頭可反轉補強肋建立的「方向」，如圖 16-3-33。

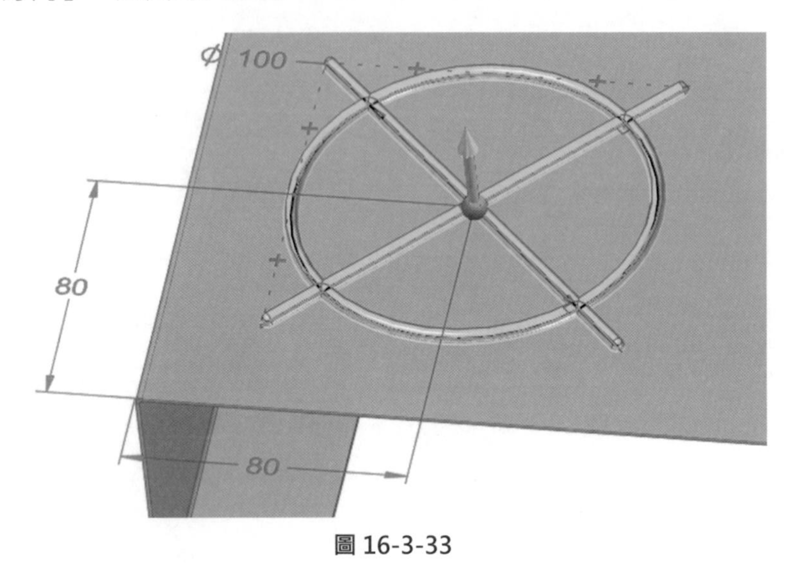

圖 16-3-33

28. 點擊滑鼠「右鍵」接受補強肋，「補強肋特徵」已建立，如圖 16-3-34。

圖 16-3-34

29. 繼續建立「衝壓除料」，選取「首頁」→「繪圖」→「中心和點畫圓」指令，將滑鼠移至後面邊的凸緣平面上，點擊「平面鎖」，繪出如圖 16-3-35 的圖形。

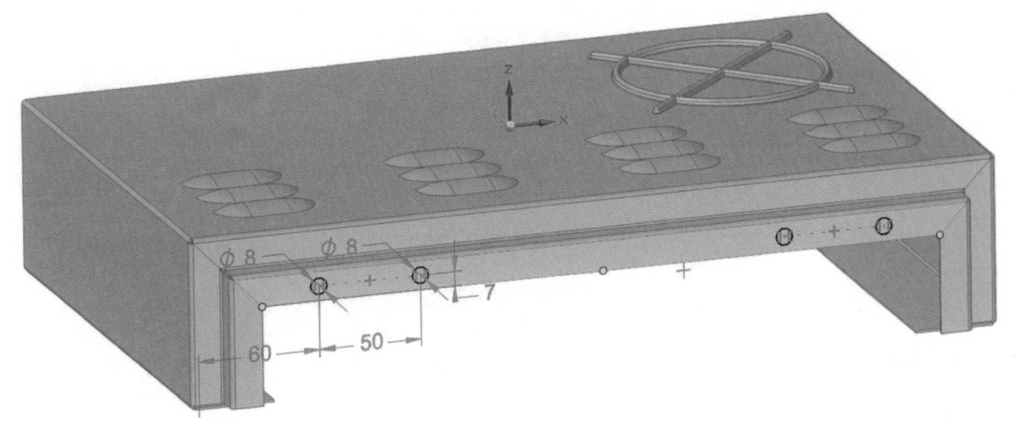

圖 16-3-35

30. 選取「首頁」→「鈑金」→「衝壓除料」，如圖 16-3-36。

圖 16-3-36

31. 選取「衝壓除料」指令後，會出現「衝壓除料選項」，並設定「選項」內容中的參數，如圖 16-3-37、圖 16-3-38。

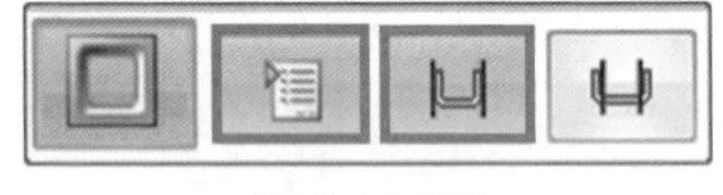

圖 16-3-37

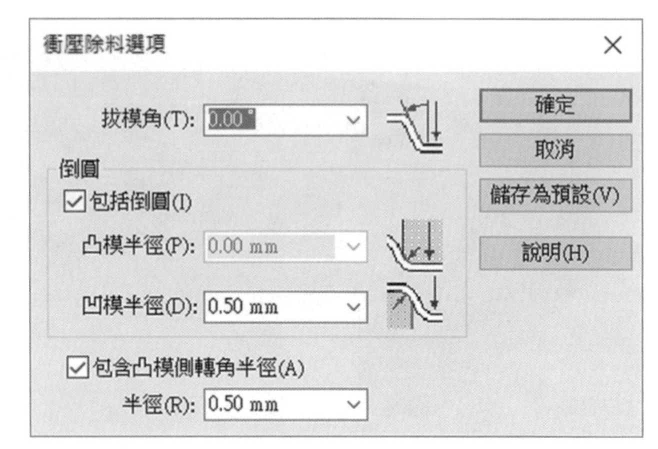

圖 16-3-38

32. 設定完成後，按下「確定」，將滑鼠移至草圖圓形區域內，點擊滑鼠「左鍵」，點擊箭頭將反轉「衝壓除料」建立的方向，如圖 16-3-39。

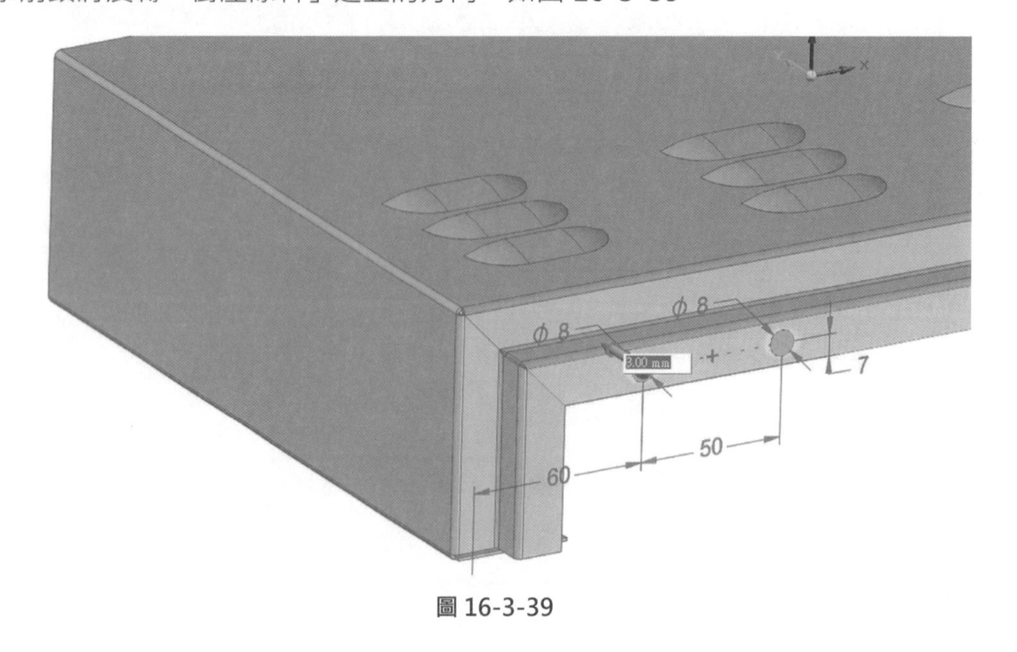

圖 16-3-39

33. 點擊「右鍵」接受「衝壓除料」，衝壓除料特徵已建立，如圖 16-3-40。

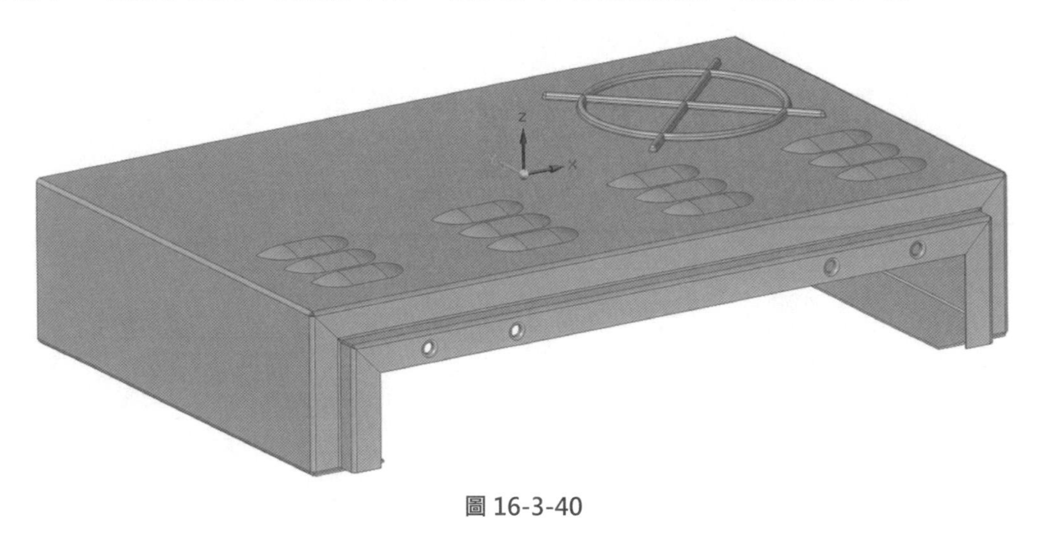

圖 16-3-40

34. 繼續建立「沖型」；選取「首頁」→「繪圖」→「中心建立矩形」及「中心和點畫圓弧」指令，建立如圖 16-3-41 的圖形。

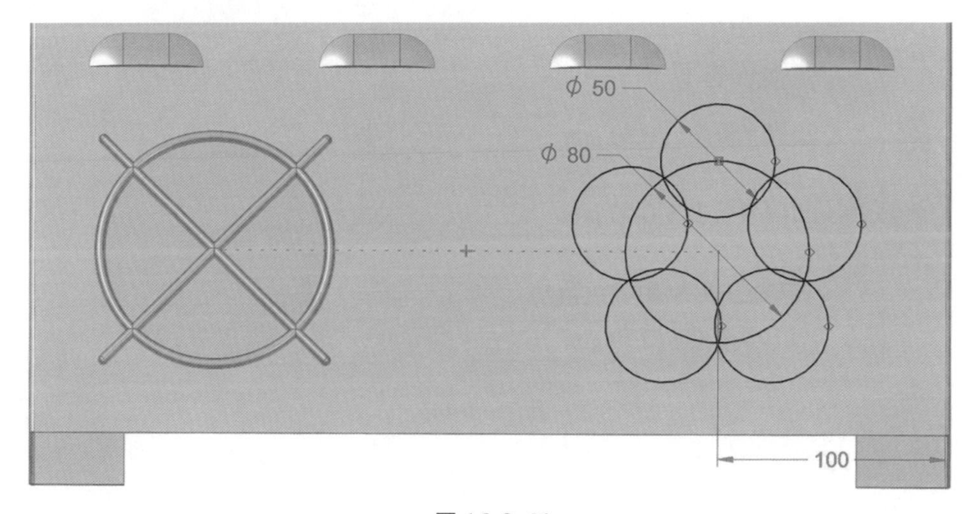

圖 16-3-41

35. 選取「首頁」→「鈑金」→「沖型」指令，選取「沖型-沖型選項」，如圖 16-3-42、圖 16-3-43。

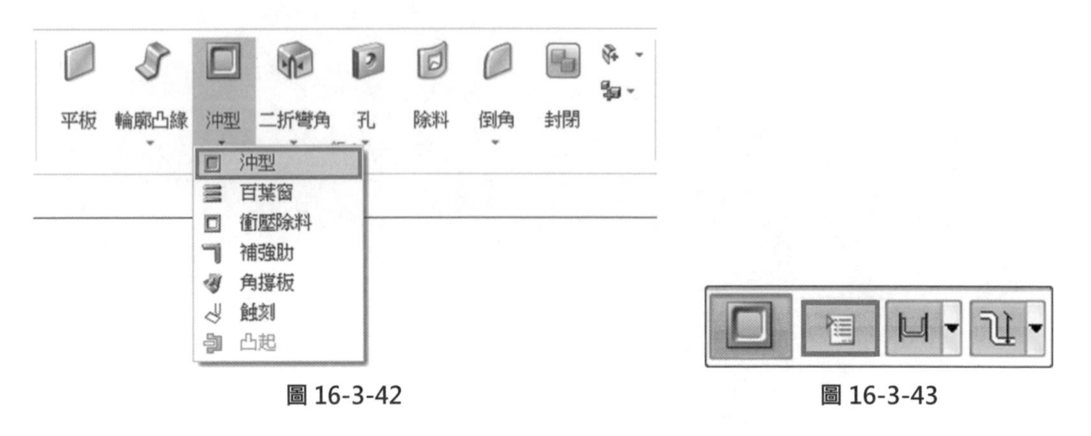

圖 16-3-42

圖 16-3-43

36. 設定「沖型選項」中的參數，設定完成按下「確定」，如圖 16-3-44。

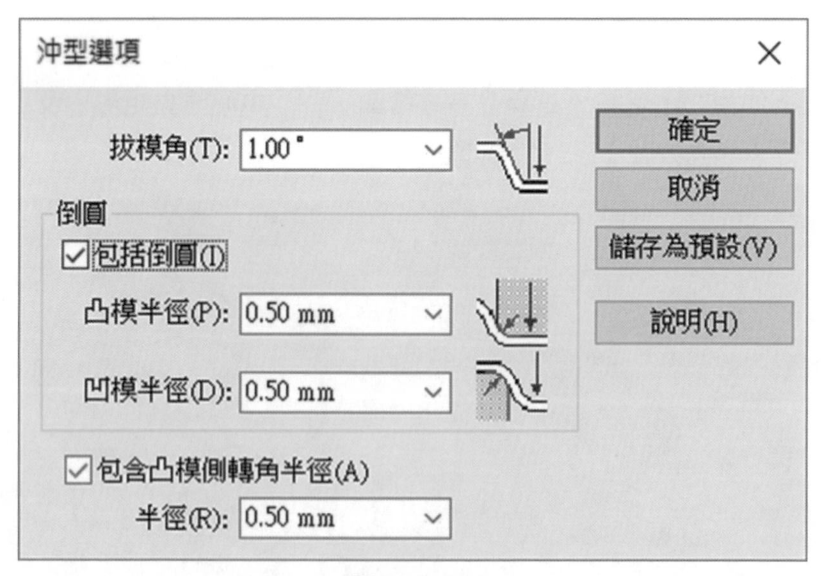

圖 16-3-44

37. 框選草圖後輸入距離「1.5」mm，點擊箭頭將反轉「沖型」建立的方向，如圖 16-3-45。

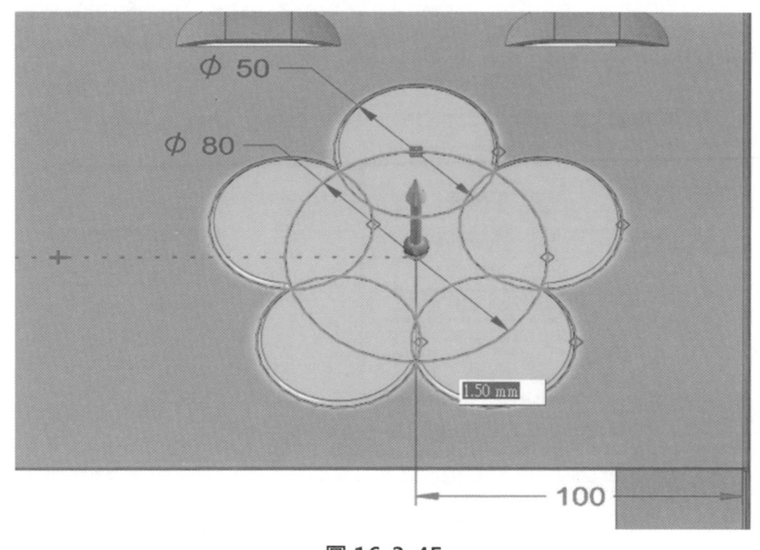

圖 16-3-45

38. 點擊滑鼠「右鍵」以接受沖型，完成建立「沖型特徵」，如圖 16-3-46。

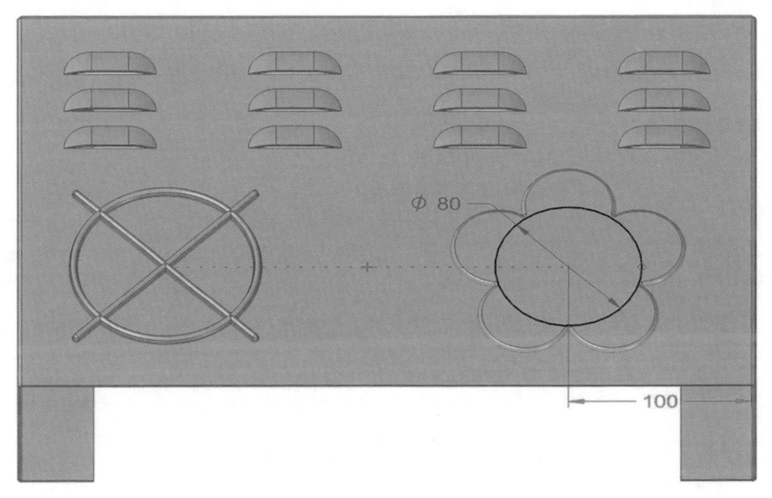

圖 16-3-46

39. 建立「角撐板」，選取「首頁」→「鈑金」→「角撐板」，如圖 16-3-47，選取後畫面會出現「角撐板-選項」，如圖 16-3-48。

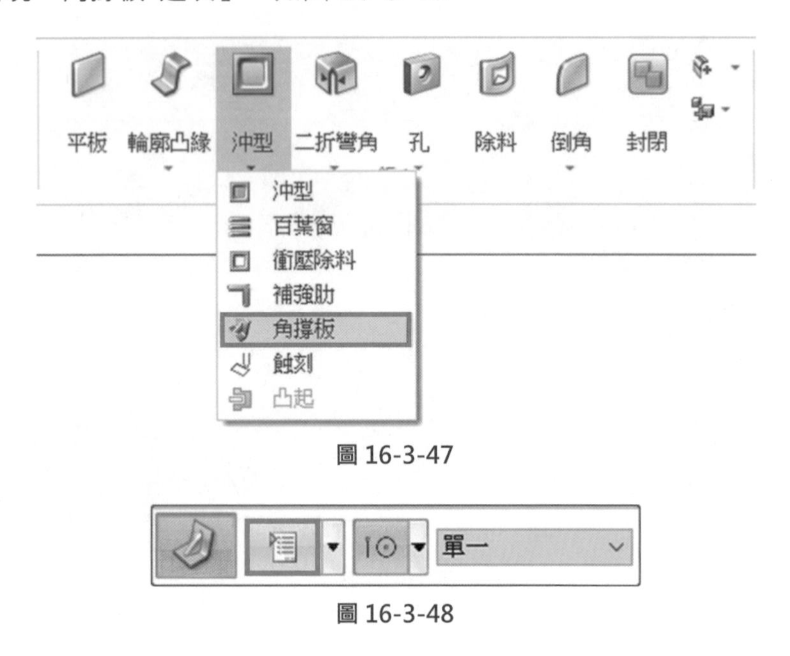

圖 16-3-47

圖 16-3-48

40. 將「選項」內容設定為如圖 16-3-49，設定完成後按「確定」。

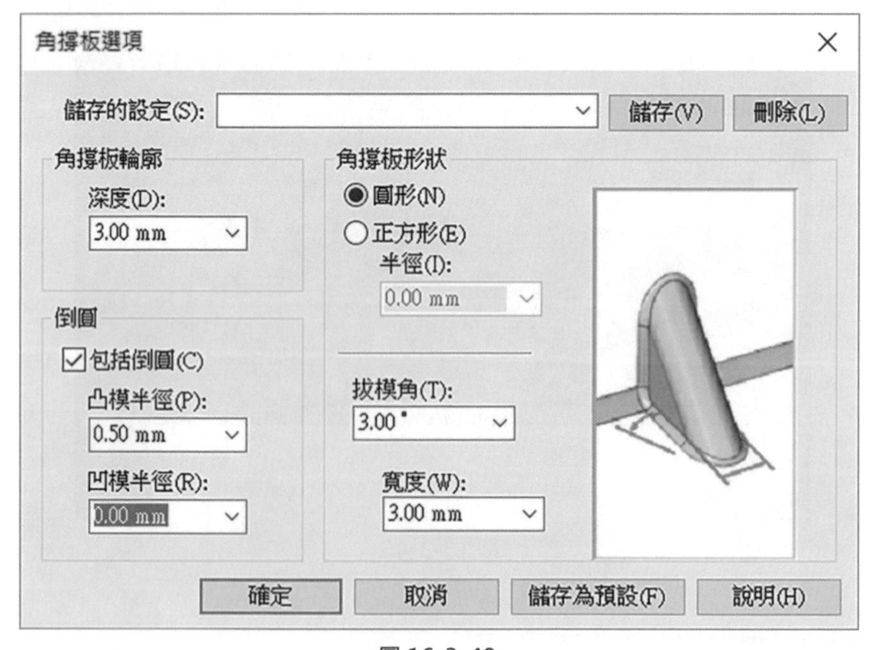

圖 16-3-49

42. 點擊「折彎處」以放置「角撐板」來預覽，將「角撐板-陣列」選擇「適合」，計數設為「8」，如圖 16-3-50。

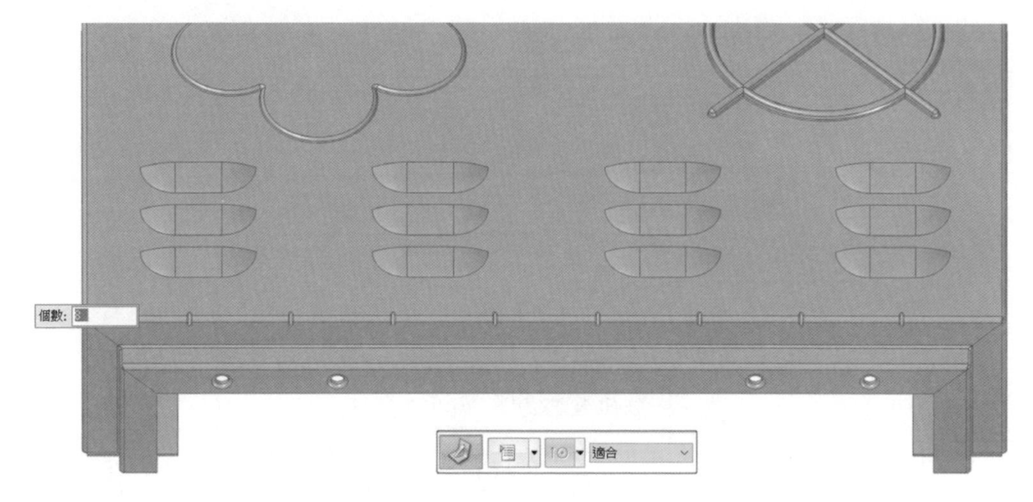

圖 16-3-50

42 點擊滑鼠「右鍵」以接受「角撐板」，完成建立「角撐板特徵」，如圖 16-3-51。

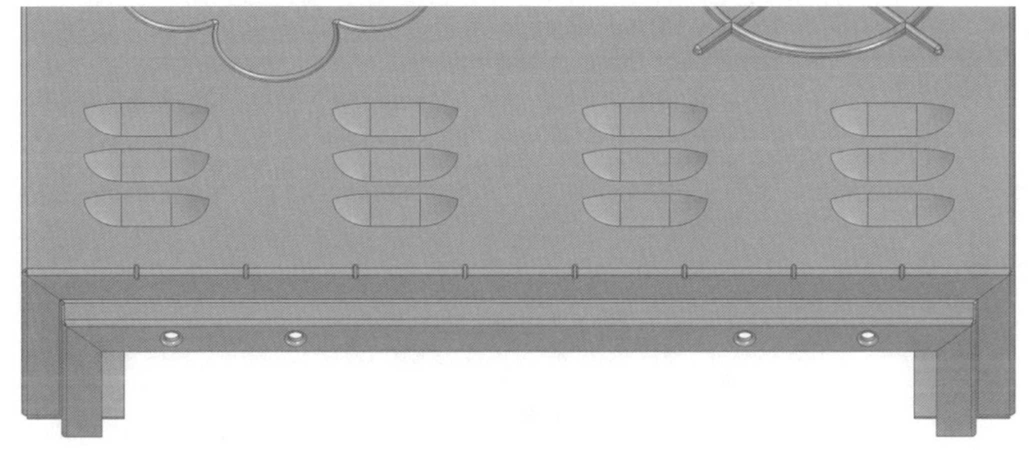

圖 16-3-51

43. 選取「繪製草圖」→「插入」→「文字輪廓」指令來插入文字，如圖 16-3-52。並且於文字視窗內輸入所需要的文字內容，在「字型」處可選擇想要的文字字型，蝕刻可支援單線字型如圖 16-3-53 紅框。

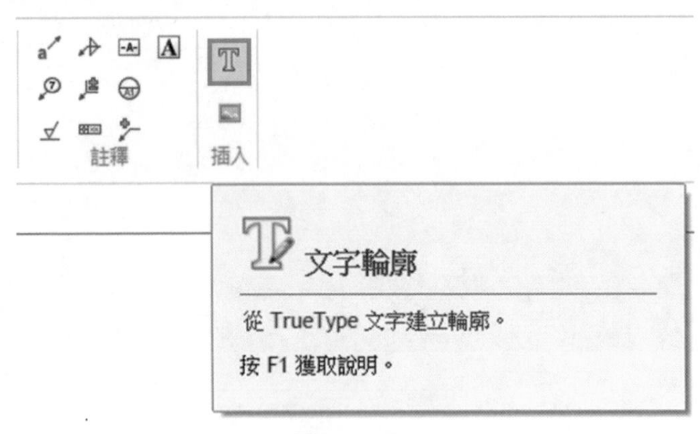

圖 16-3-52

文字

在清單中僅顯示單線字型(K)

字型(F): Solid Edge ISO

指令碼(C): 西歐

大小(S): 30.00 mm

字母間距(L): 0.00 mm

列距(N): 0.00 mm

邊距(M): 0.64 mm

光滑(O)

粗糙

對齊

文字(T):

Solid
Edge

確定 套用 儲存為預設(D) 取消 說明(H)

圖 16-3-53

44. 在門板的正面上按下「F3」以鎖定平面，可按下「N」可切換方向，將文字放置於門板上，如圖 16-3-54。

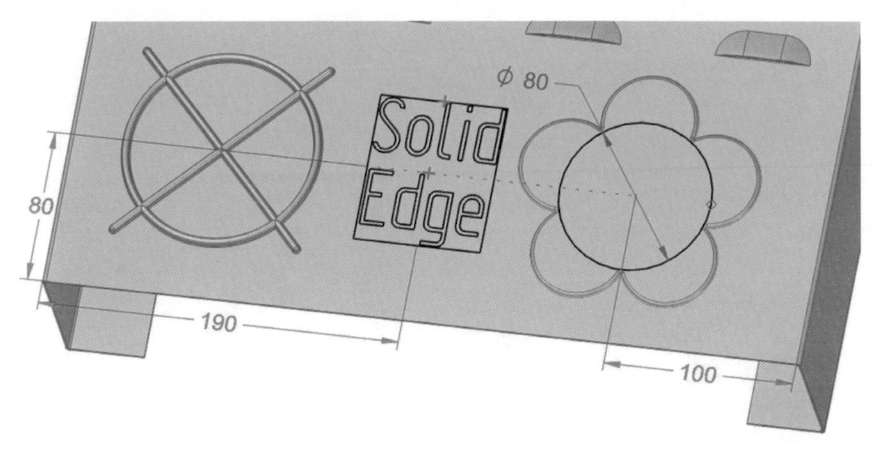

圖 16-3-54

45. 選取「首頁」→「鈑金」→「蝕刻」指令，如圖 16-3-55，透過該指令可將草圖刻在鈑金體上，可用於焊接時的記號上，進入指令後，直接選擇草圖並打勾即可完成，如圖 16-3-56。

圖 16-3-55

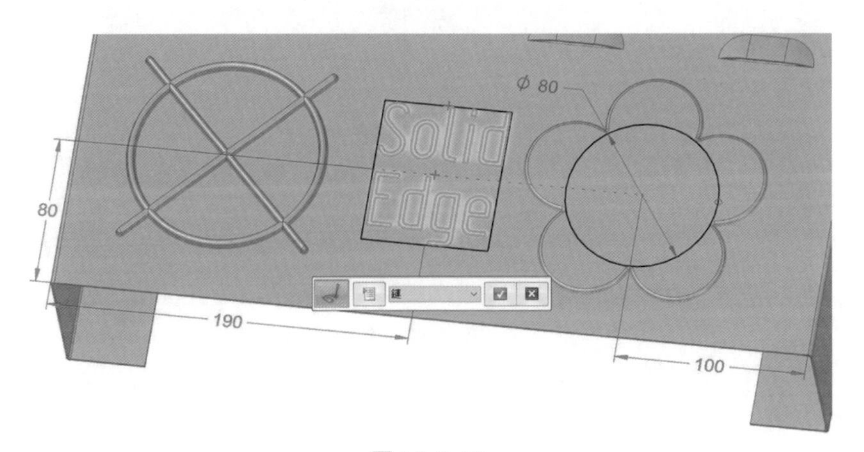

圖 16-3-56

46. 蝕刻完成後的板件，如圖 16-3-57。

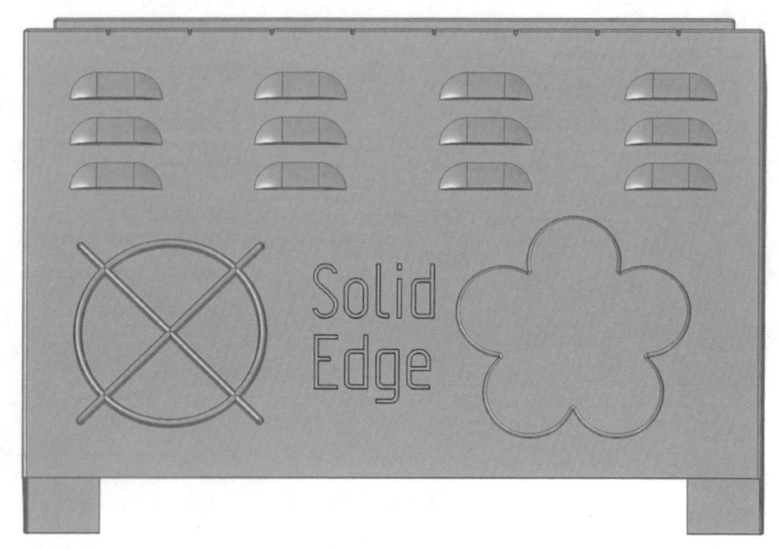

圖 16-3-57

47. 利用鈑金的「除料」指令；選取「首頁」→「繪圖」→鎖定梅花圖形上的平面，使用「中心建立矩形」及「中心和點畫圓弧」指令，建立如圖 16-3-58 的圖形。

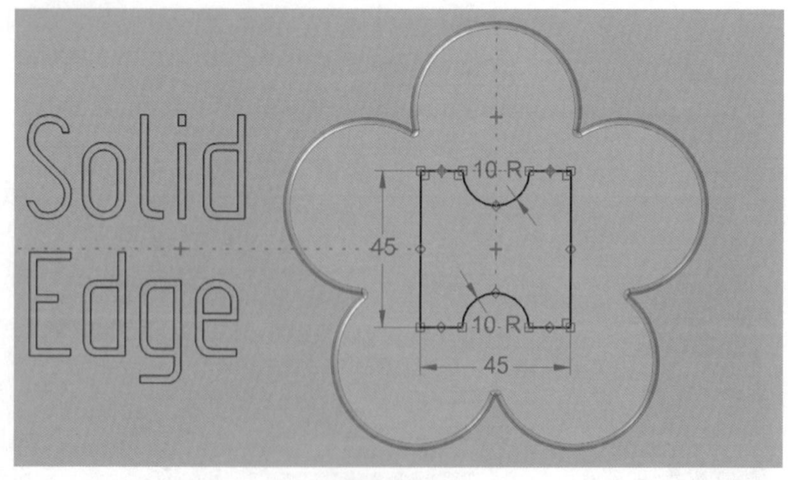

圖 16-3-58

48. 選取「首頁」→「鈑金」→「除料」指令，如圖 16-3-59。並且於工具列中將「除料-範圍」選擇「貫穿」，如圖 16-3-60。

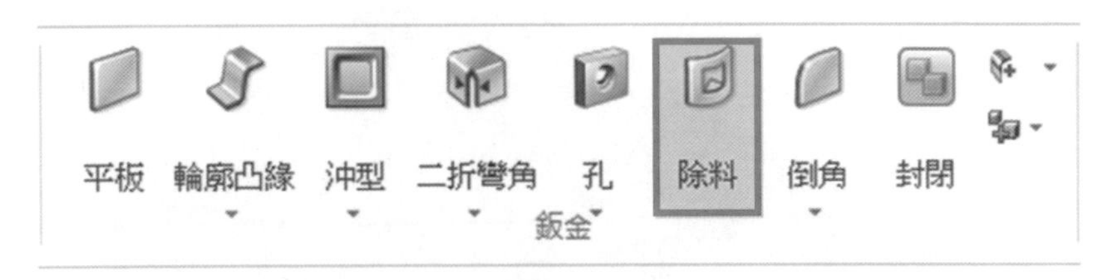

圖 16-3-59

圖 16-3-60

49. 點擊除料面，並利用滑鼠移動選擇貫穿除料方向，如圖 16-3-61。

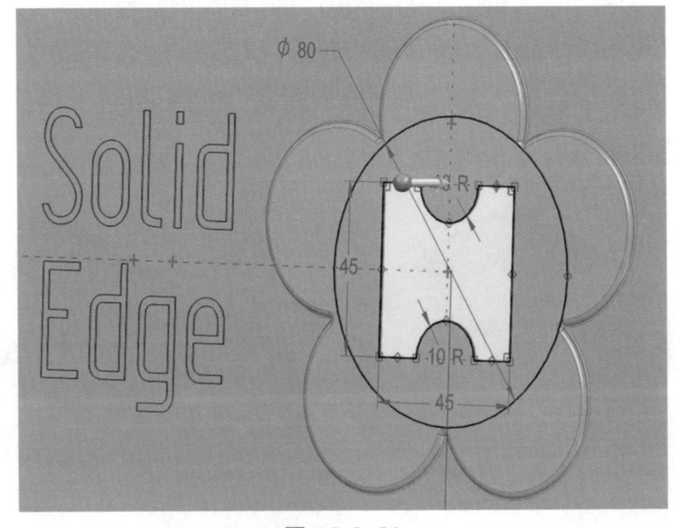

圖 16-3-61

50. 完成點擊滑鼠右鍵，即完成除料特徵，如圖 16-3-62。

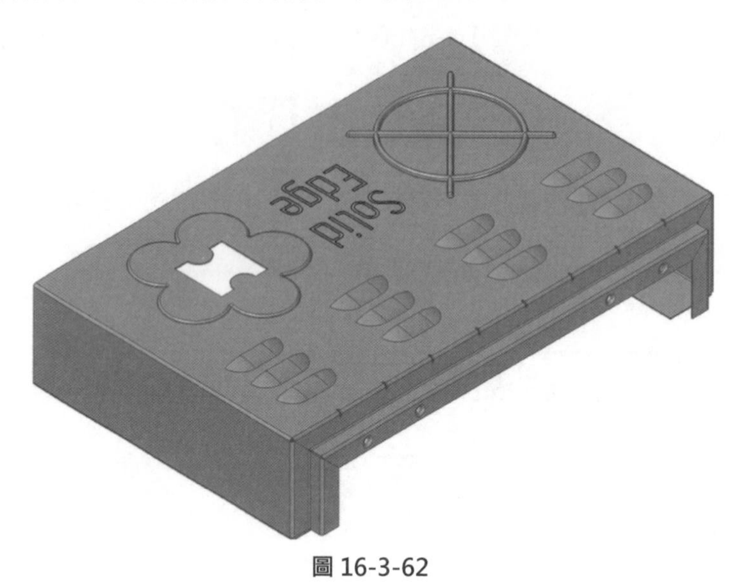

圖 16-3-62

16-4 使用「同步鈑金」的即時規則修改幾何體

本章節將使用檔案「16-4.psm」作範例，透過範例您會了解「同步鈑金」的「即時規則」，以及使用 Solid Edge 特有的「幾何控制器」（方向盤），達到正確且快速的修改，本範例將帶領您使用「幾何控制器」配合「即時規則」，完成鈑金設計，並做到快速與直覺性的設計變更，如圖 16-4-1。

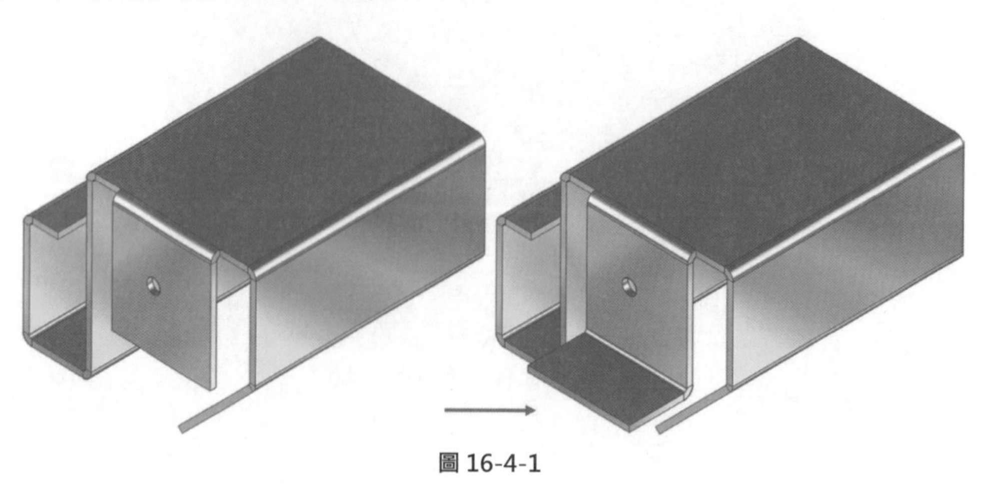

圖 16-4-1

1. 啟動 Solid Edge 應用程式。
2. 點擊「應用程式按鈕」→「開啟」找到「16-4.psm」並開啟該檔案。
3. 選取圖 16-4-2 的平面，同時畫面會出現「即時規則」選單，點選進階螢幕下方會出現「即時規則」清單。

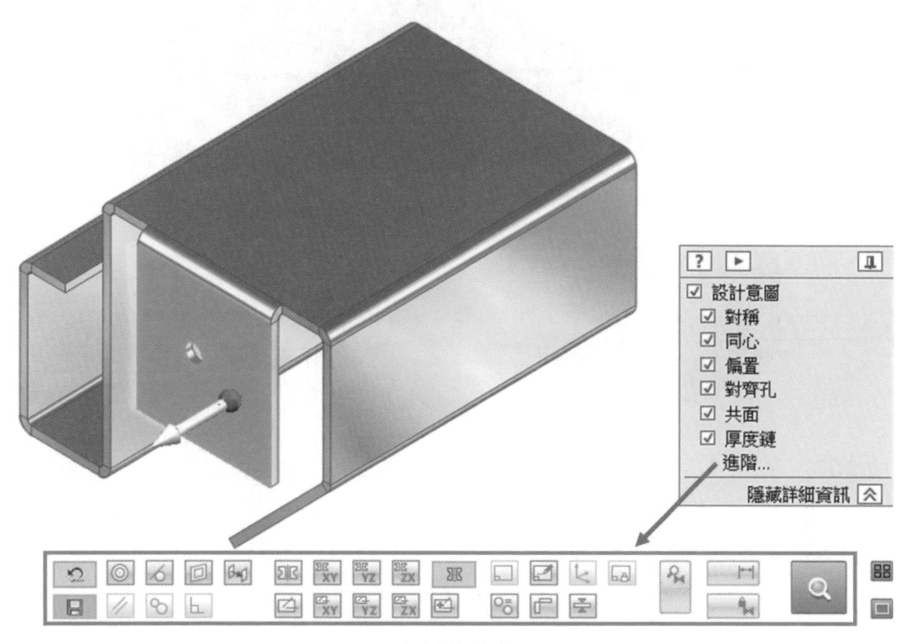

圖 16-4-2

4. 選取中心點，將「幾何控制器」放置在圖 16-4-3 的位置，

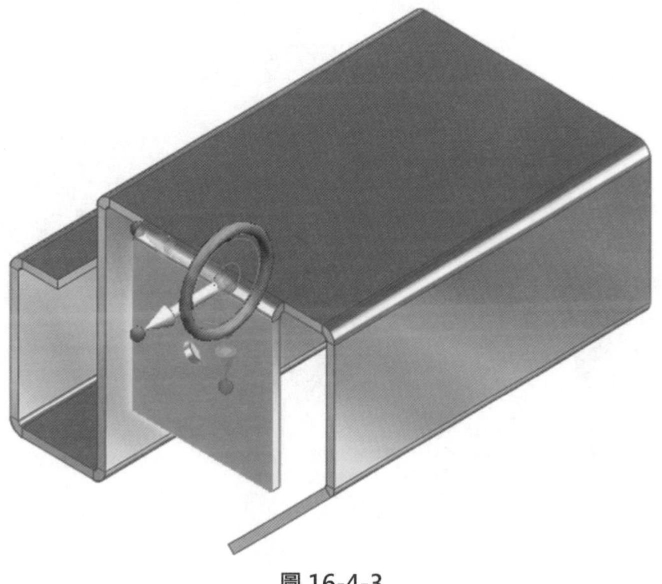

圖 16-4-3

5. 點擊「幾何控制器」圓環，移動滑鼠即可做到變數修改，也可輸入數值做到參數修改，本範例將以參數修改為主，輸入角度「25」，如圖 16-4-4。

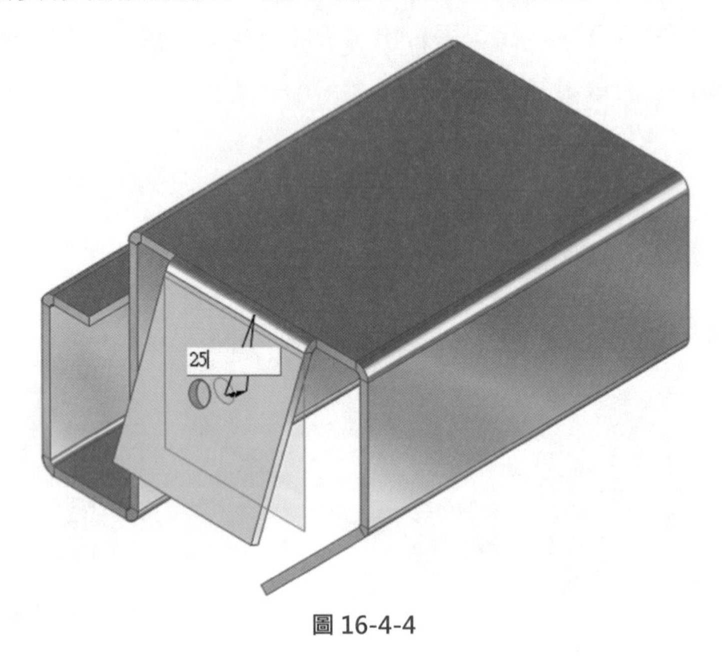

圖 16-4-4

6. 角度輸入完畢，按下「enter」，即完成角度修改，如圖 16-4-5。

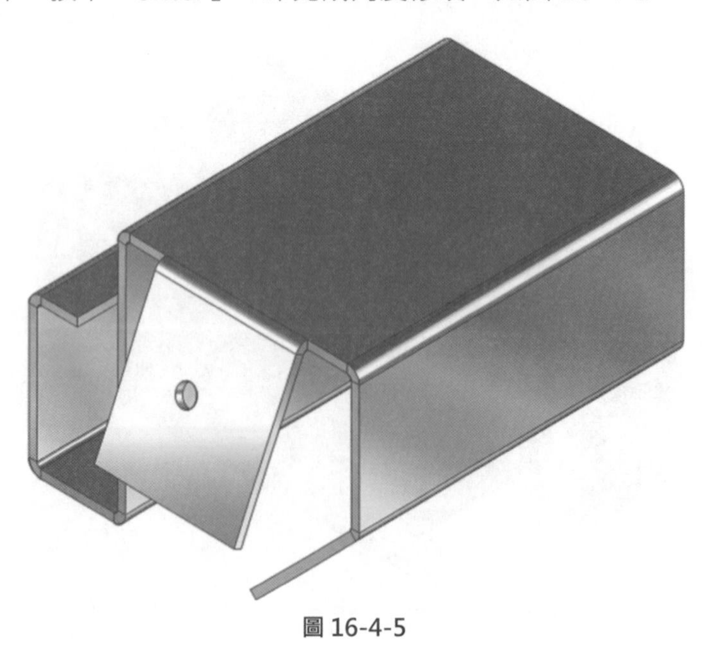

圖 16-4-5

7. 利用「幾何控制器」修改鈑金上的圓孔，以及快速複製圓孔特徵；選取鈑金上的圓孔，「幾何控制器」會顯示圓孔大小，如圖 16-4-6。

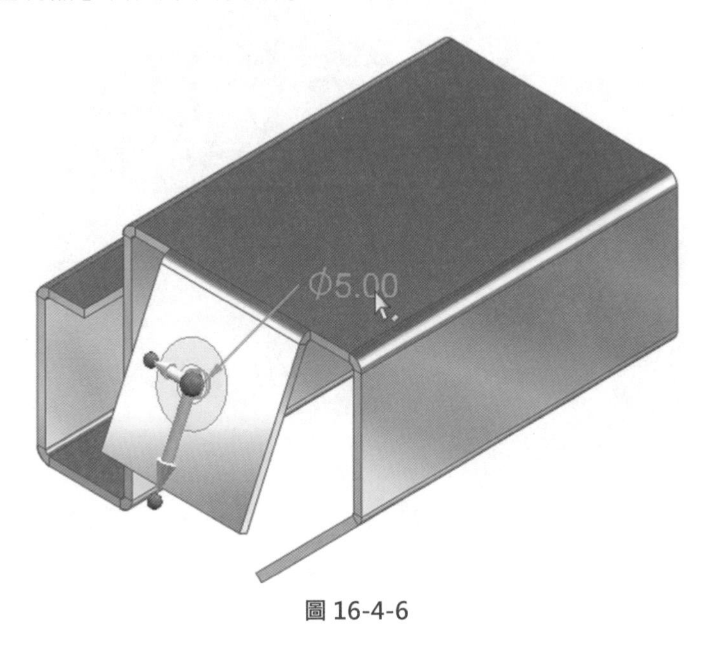

圖 16-4-6

8. 點擊紅色箭頭指示的尺寸，出現圖 16-4-7 的畫面，將直徑改為「10mm」。

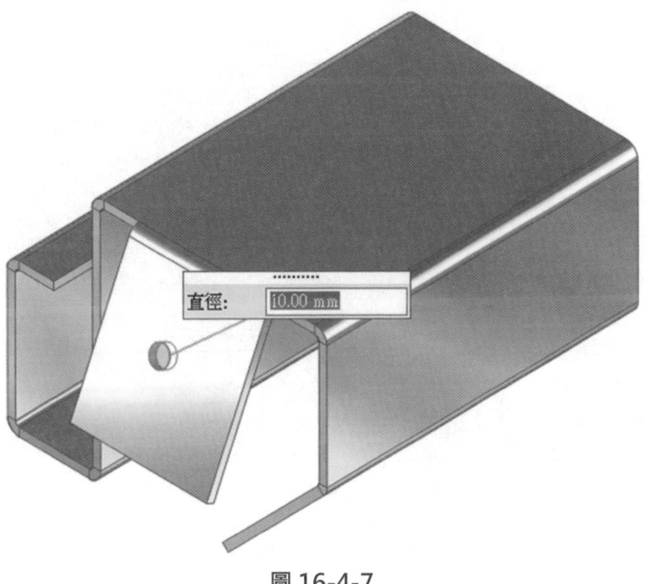

圖 16-4-7

9. 修改完成後，按下「enter」，圓孔大小即修改完畢，如圖 16-4-8。

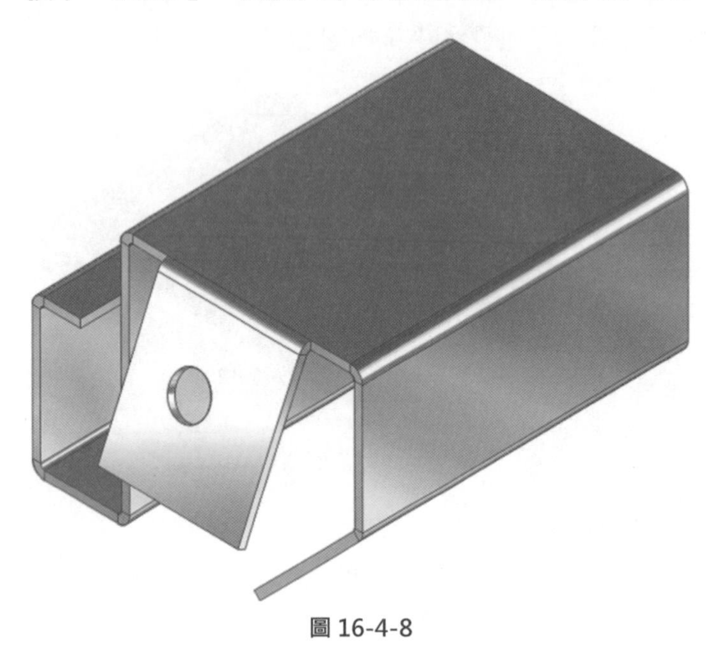

圖 16-4-8

10. 利用「幾何控制器」複製圓孔特徵；點擊鈑金件上的圓孔，選取即時工具列的「複製」選項，即可對圓孔進行複製，點擊「幾何控制器」的長軸即可進行即時複製的功能，如圖 16-4-9。

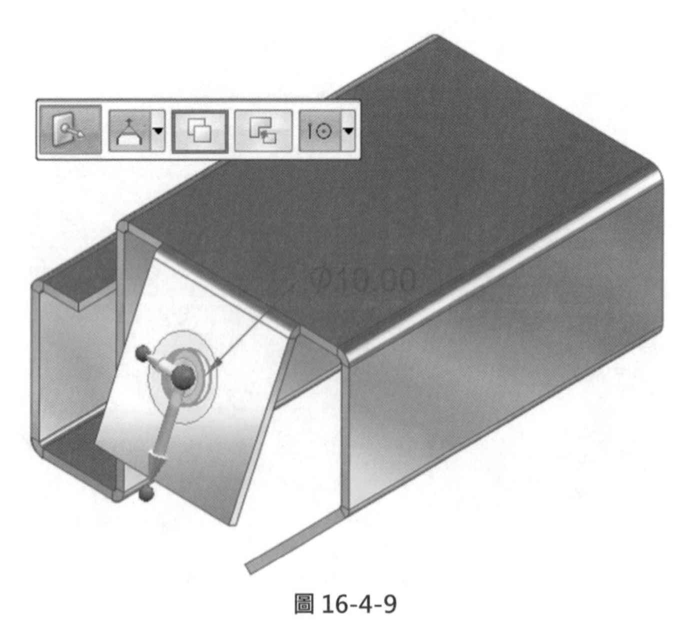

圖 16-4-9

11. 距離輸入「12mm」，如圖 16-4-10。

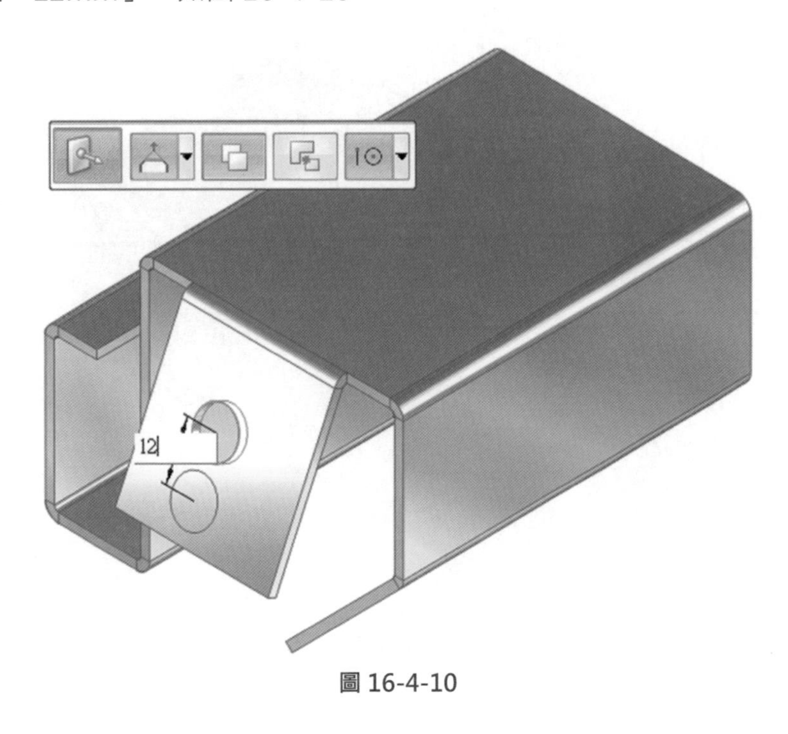

圖 16-4-10

12. 輸入完成後，按下「enter」，完成圓孔複製，如圖 16-4-11。

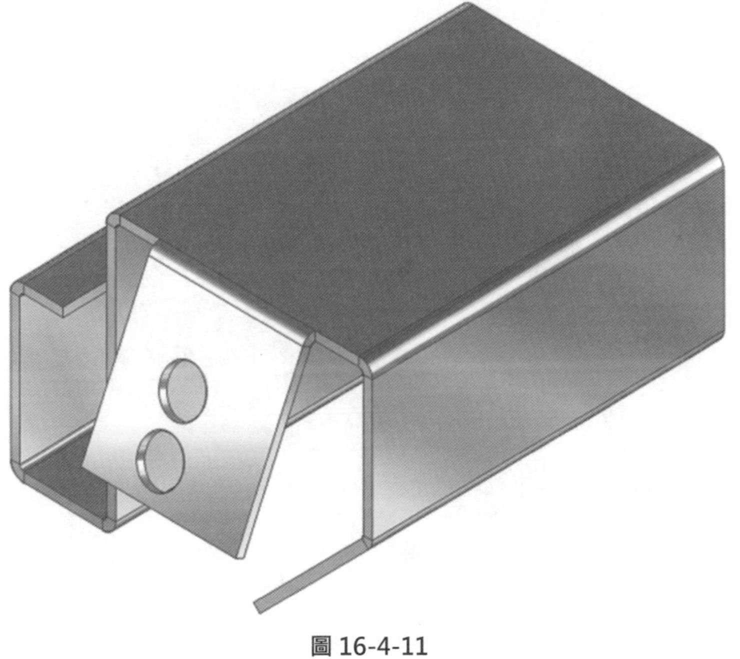

圖 16-4-11

13. 點擊圖 16-4-12 的鈑金面，修改鈑金部分長度。

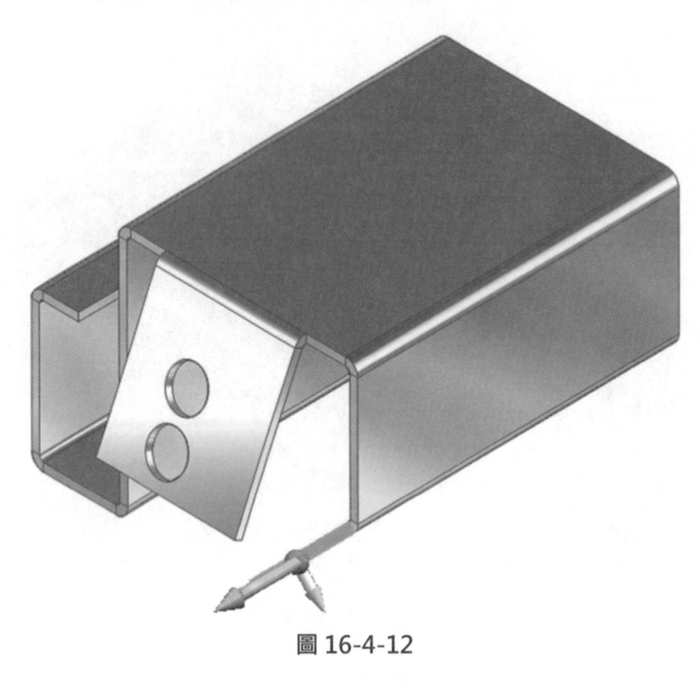

圖 16-4-12

14. 點擊「幾何控制器」長軸方向，觀察鈑金修改方向，此時「即時規則」會幫使用者判斷出該平面與其他面保持連結，所以在拉伸的過程中會一起修改，如圖 16-4-13。

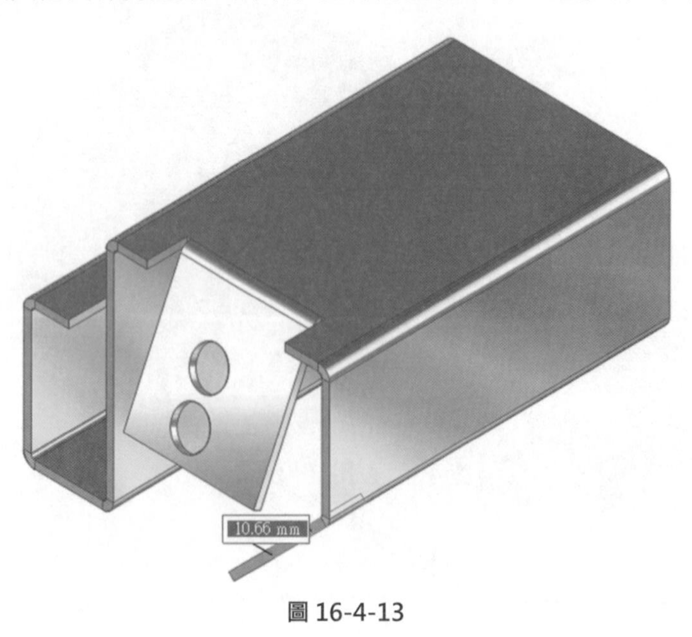

圖 16-4-13

15. 鈑金的「即時規則」功能與零件相同，可參考第十三章「相關指令與即時規則」，本範例只需做單一鈑金平面的長出，請參考如圖 16-4-14的設定。

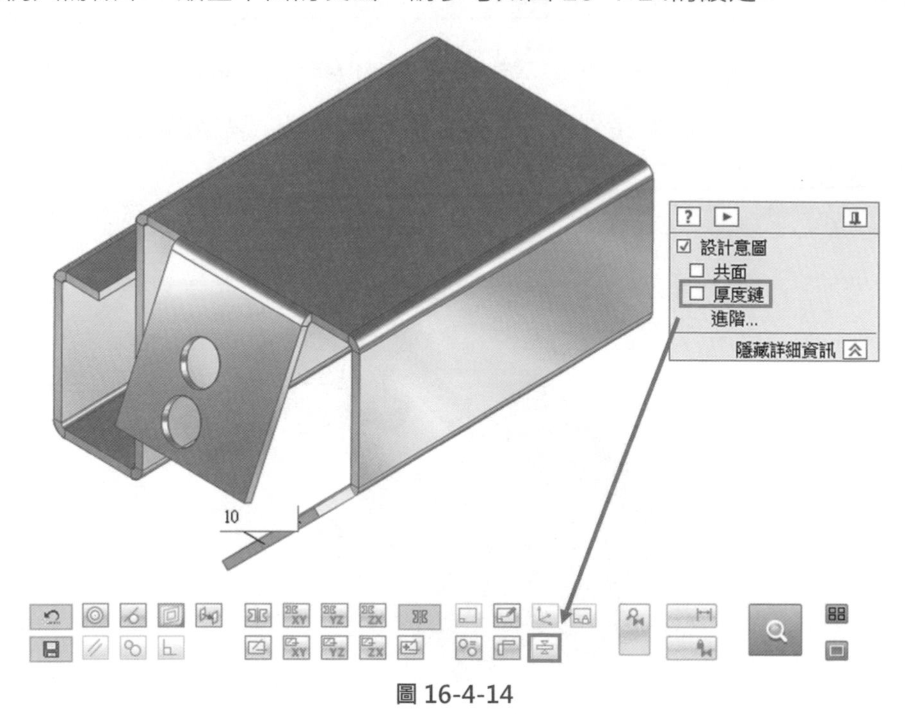

圖 16-4-14

16. 由上圖可以看出，「保持厚度鏈」是鈑金獨有的即時規則，將「保持厚度鏈」取消後，可藉由滑鼠移動的方式，或者輸入數值長度，決定鈑金的伸長量，此範例輸入長度「10mm」，按下「enter」確認，完成如圖 16-4-15。

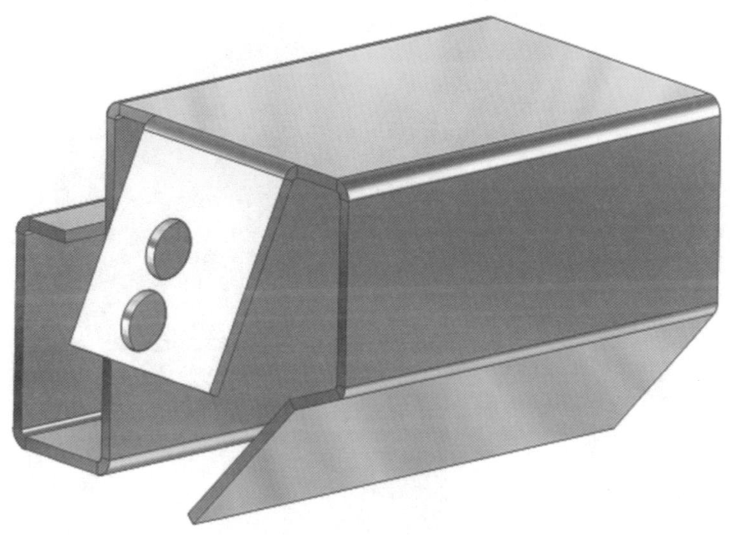

圖 16-4-15

16-5 建立展平圖樣

在建立鈑金件之後，您可能需要將鈑金件展開以供製造商使用，您可以使用 Solid Edge 的「展平圖樣」，把鈑金件展平，並在工程圖環境中建立已展開的鈑金零件工程圖，如圖 16-5-1。

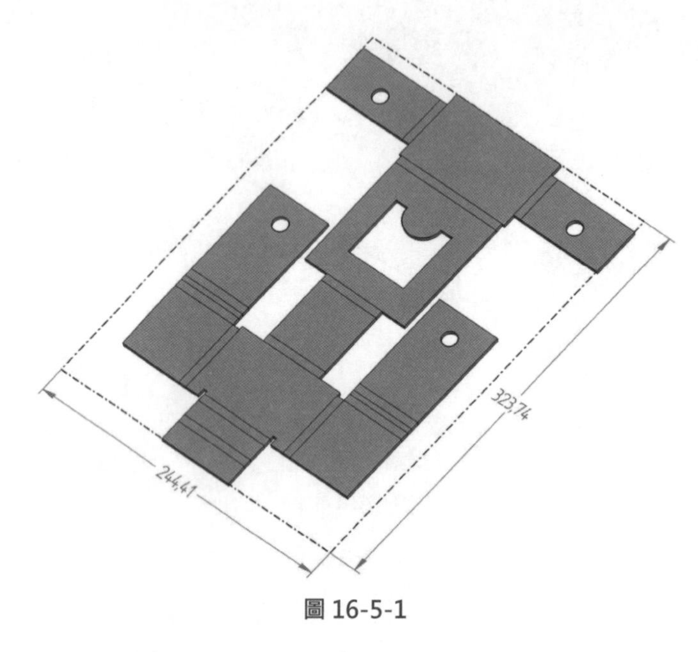

圖 16-5-1

1. 開啟範例檔案「16-5.psm」，如圖 16-5-2。

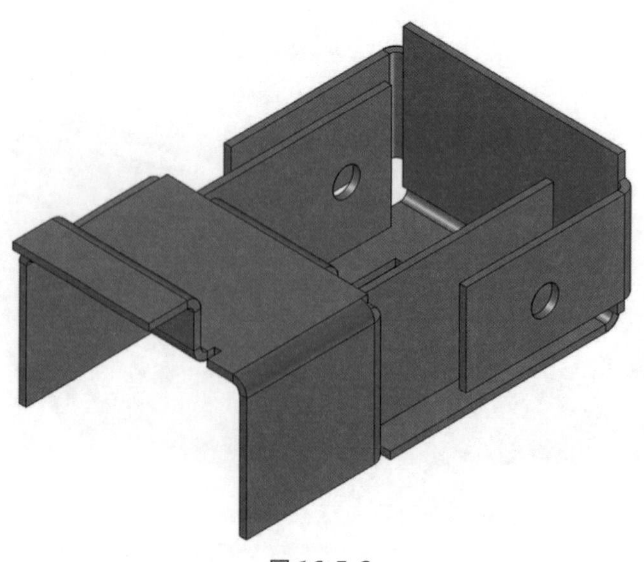

圖 16-5-2

2. 選取「工具」→「展平」，如圖 16-5-3。

圖 16-5-3

3. 點擊鈑金平面，如圖 16-5-4。

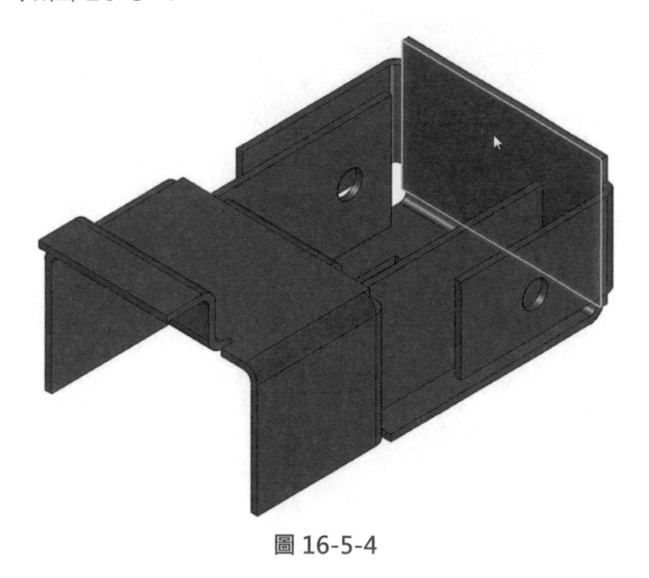

圖 16-5-4

4. 將滑鼠移至邊緣以定義 X 軸和原點，如圖 16-5-5。

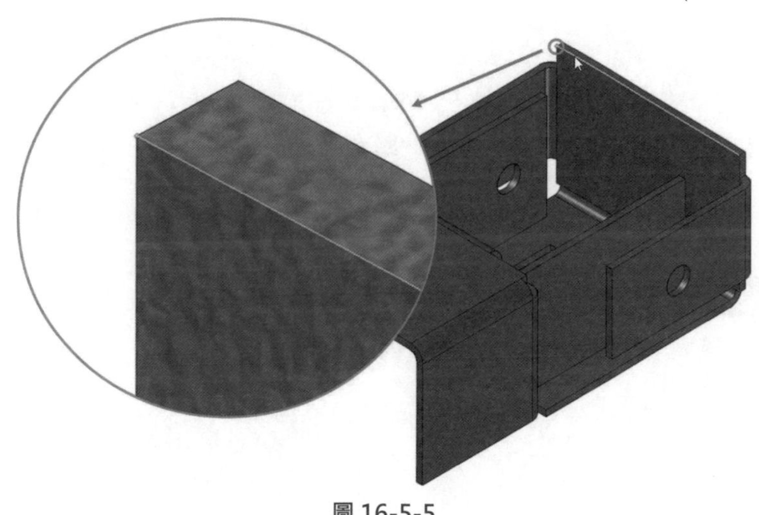

圖 16-5-5

5. 邊緣選取完畢即「自動展平」，並自動顯示出鈑金平板的長寬，如圖 16-5-6。

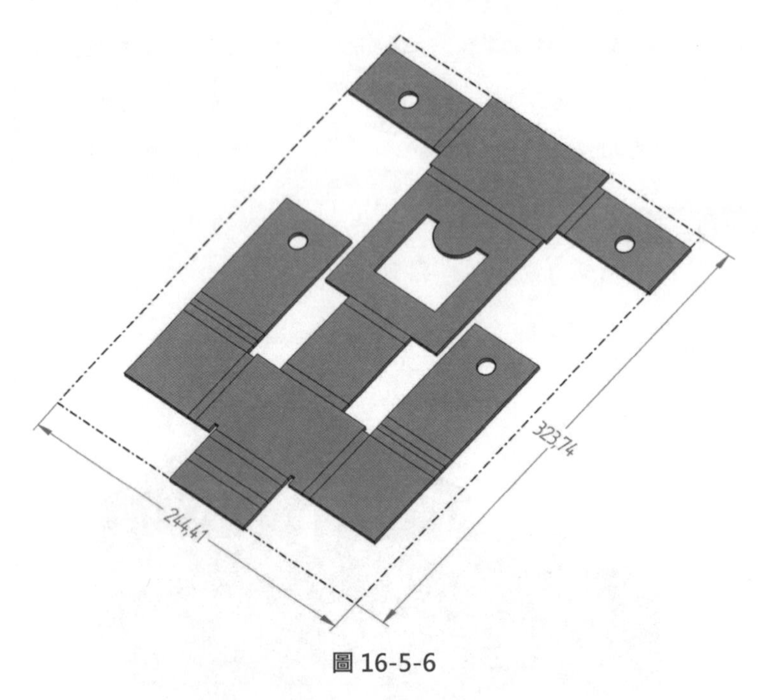

圖 16-5-6

6. 若要恢復鈑金彎折型式，只需點選回「同步建模」即可，如圖 16-5-7。

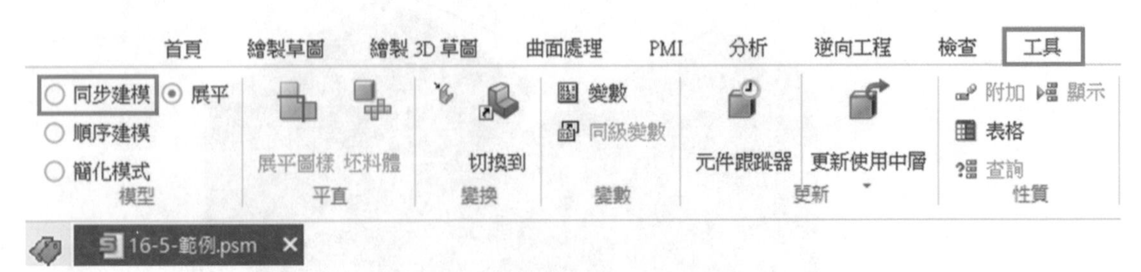

圖 16-5-7

7. 在工程圖中建立已展平的鈑金零件，點擊「應用程式按鈕」→「新建」→「目前模型的圖紙」，如圖 16-5-8。

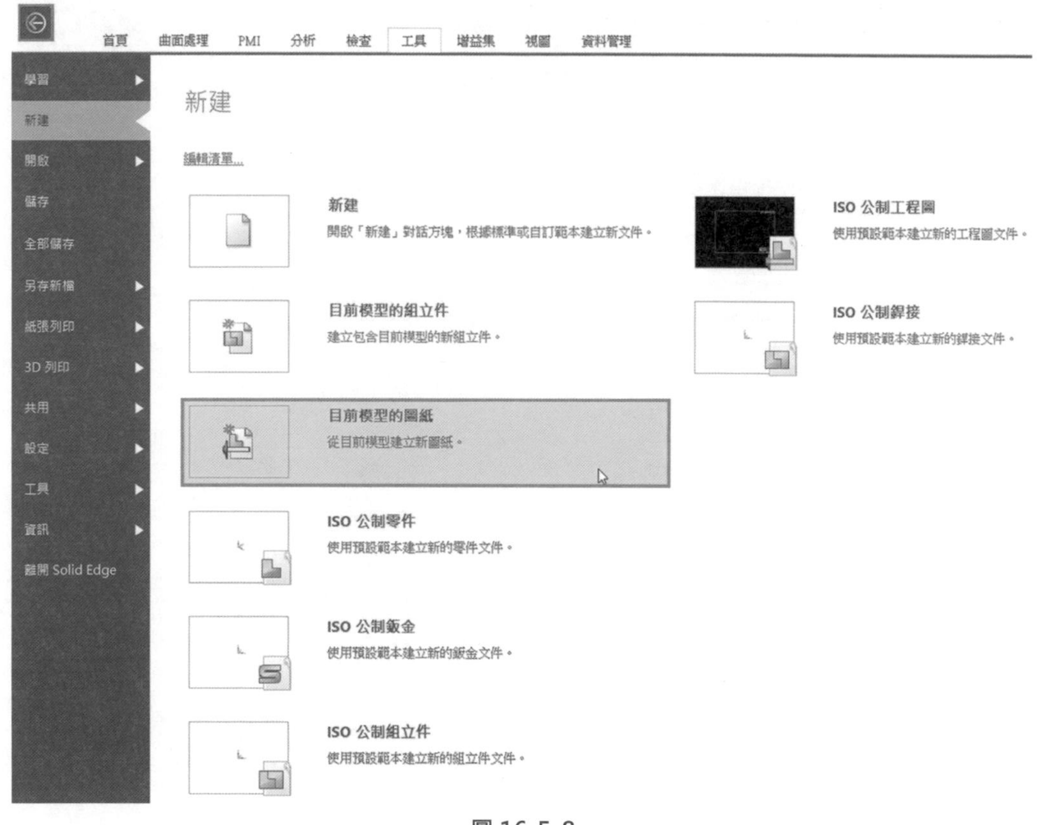

圖 16-5-8

8. 出現「建立圖紙」對話框，按下確定，如圖 16-5-9，本範例先利用 Solid Edge 預設提供的範本，日後也可更換為自行修改過的範本。

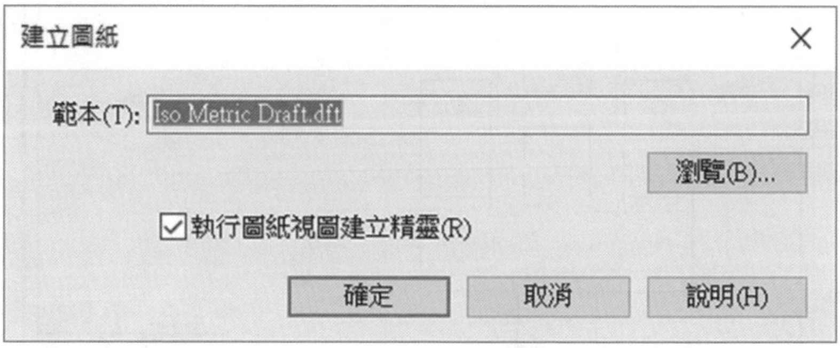

建立圖紙

範本(T): Iso Metric Draft.dft

瀏覽(B)...

☑ 執行圖紙視圖建立精靈(R)

確定　取消　說明(H)

圖 16-5-9

9. 出現「圖紙視圖建立精靈」的工具列，選擇「圖紙視圖精靈選項」，如圖 16-5-10，接著點取「展平圖樣」，按下「確定」，如圖 16-5-11。

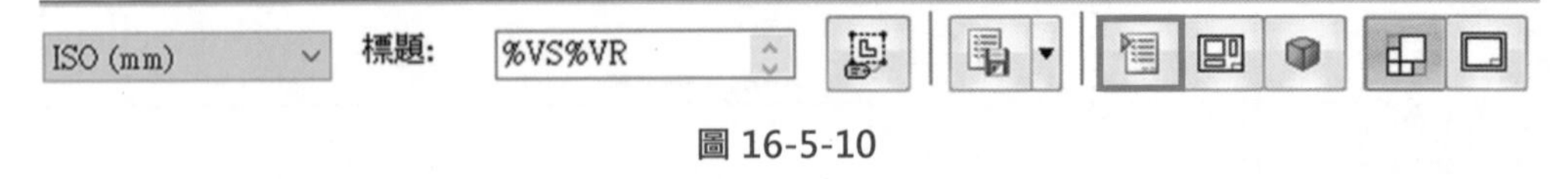

圖 16-5-10

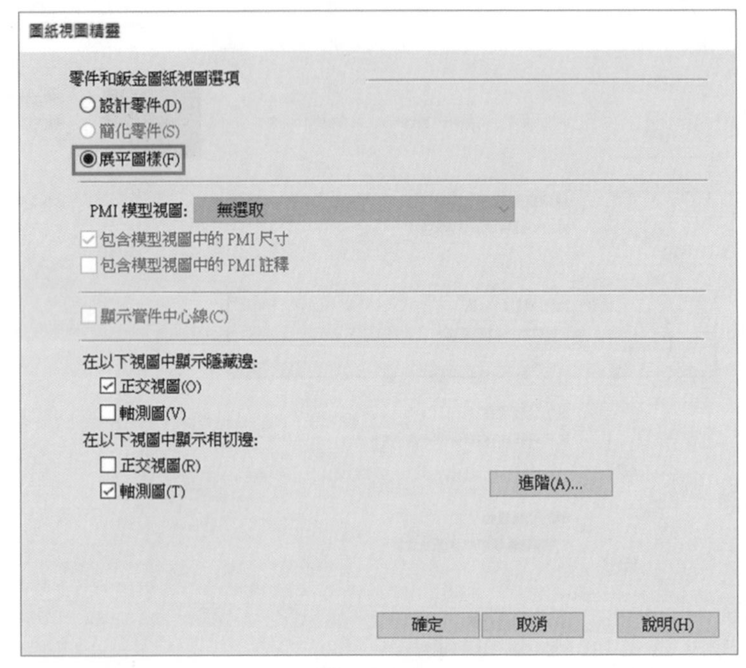

圖 16-5-11

10. 在工程圖中將展平圖樣移至適當位置，點擊滑鼠「左鍵」以放置視圖，如圖 16-5-12。

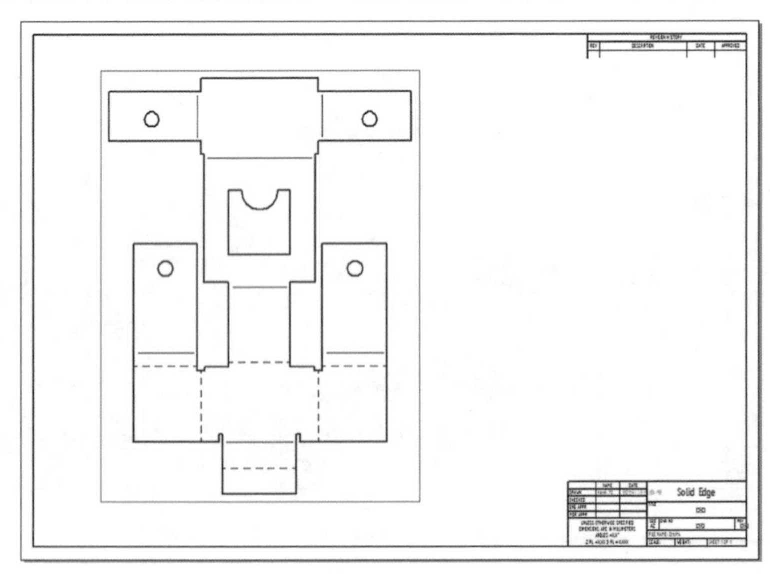

圖 16-5-12

11. 一旦在工程圖環境中建立展開的鈑金零件圖紙，那麼相關聯的「折彎表」便可新增到此圖紙中。選取「首頁」→「表格」→「折彎表」，如圖 16-5-13。

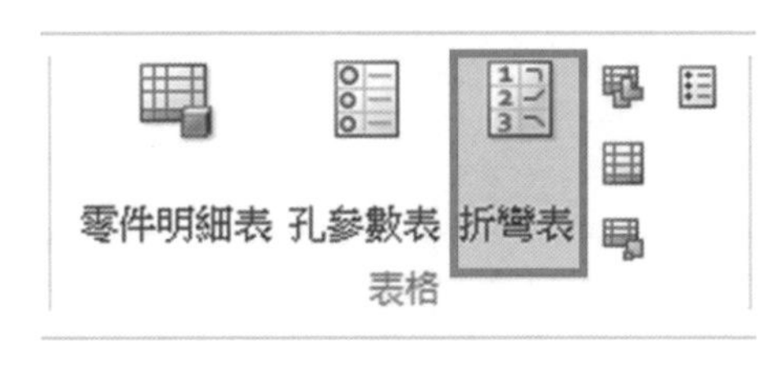

圖 16-5-13

12. 點擊「鈑金展平圖樣」的圖紙視圖，將游標移至適當位置點擊以放置「折彎表」，經由本次範例，您已完成了鈑金展平圖樣，並產生折彎表，如圖 16-5-14。

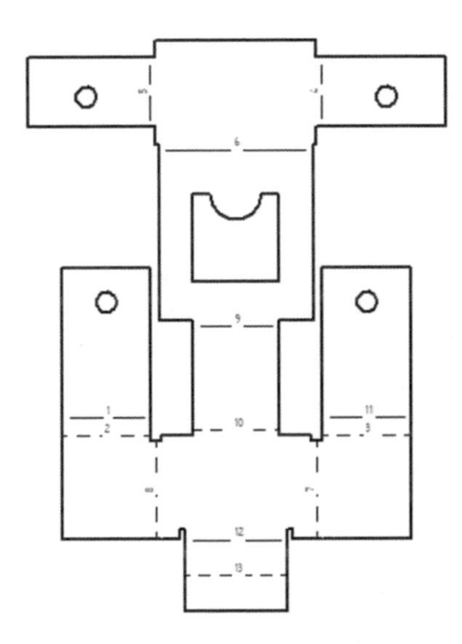

Sequence	Feature	Radius	Angle	Direction	Included Angle
1	折彎 10	3.000 mm	90.00 deg	正折	90.00 deg
2	折彎 9	3.000 mm	90.00 deg	反折	90.00 deg
3	折彎 8	3.000 mm	90.00 deg	反折	90.00 deg
4	折彎 7	3.000 mm	90.00 deg	正折	90.00 deg
5	折彎 6	3.000 mm	90.00 deg	正折	90.00 deg
6	折彎 5	3.000 mm	90.00 deg	正折	90.00 deg
7	折彎 2	3.000 mm	90.00 deg	反折	90.00 deg
8	折彎 1	3.000 mm	90.00 deg	反折	90.00 deg
9	折彎 4	3.000 mm	90.00 deg	正折	90.00 deg
10	折彎 3	3.000 mm	90.00 deg	反折	90.00 deg
11	折彎 11	3.000 mm	90.00 deg	正折	90.00 deg
12	折彎 12	3.000 mm	90.00 deg	正折	90.00 deg
13	折彎 14	3.000 mm	90.00 deg	反折	90.00 deg

圖 16-5-14

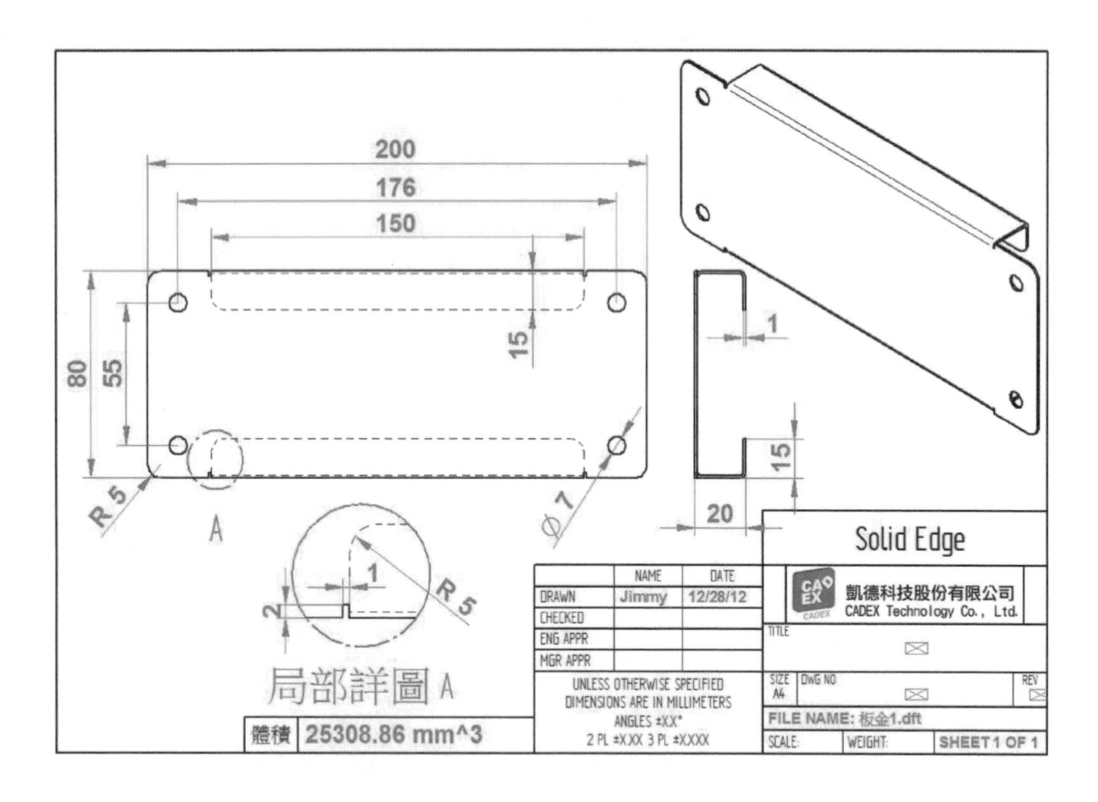
200
176
150
80
55
15
1
15
20
R 5
A
∅7
1
2
R 5
局部詳圖 A
體積 25308.86 mm^3
Solid Edge
NAME
DATE
DRAWN
Jimmy
12/28/12
CHECKED
ENG APPR
MGR APPR
凱德科技股份有限公司
CADEX Technology Co., Ltd.
TITLE
UNLESS OTHERWISE SPECIFIED
DIMENSIONS ARE IN MILLIMETERS
ANGLES ±XX°
2 PL ±X.XX 3 PL ±X.XXX
SIZE
A4
DWG NO
REV
FILE NAME: 板金1.dft
SCALE:
WEIGHT:
SHEET 1 OF 1

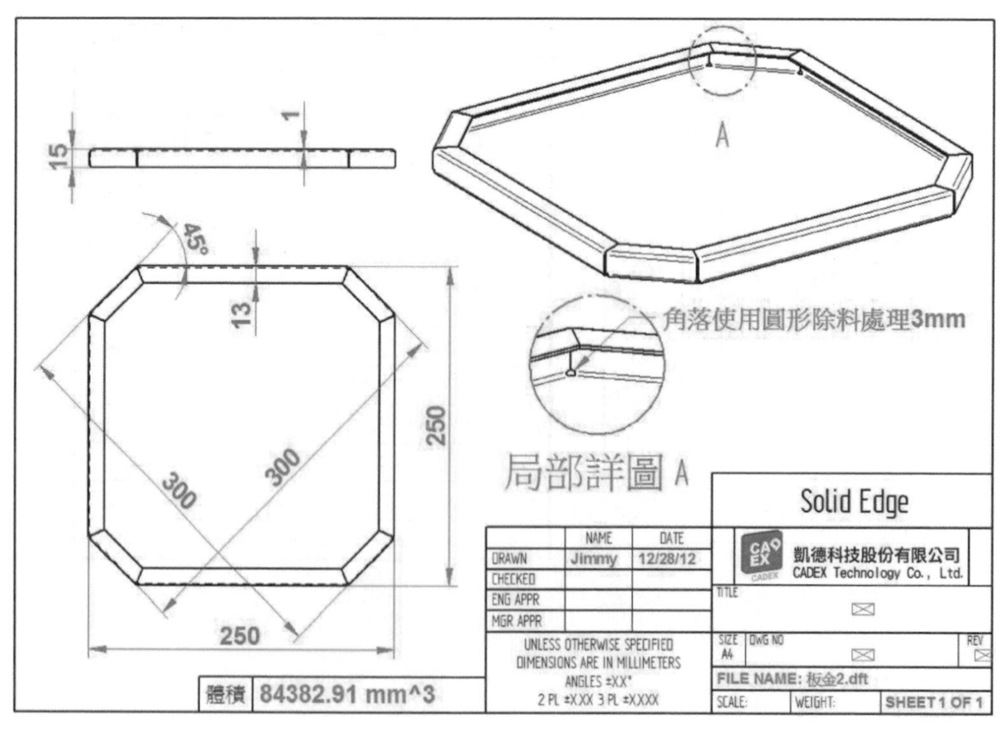
15
1
A
45°
13
250
300
300
250
角落使用圓形除料處理3mm
局部詳圖 A
體積 84382.91 mm^3
Solid Edge
NAME
DATE
DRAWN
Jimmy
12/28/12
CHECKED
ENG APPR
MGR APPR
凱德科技股份有限公司
CADEX Technology Co., Ltd.
TITLE
UNLESS OTHERWISE SPECIFIED
DIMENSIONS ARE IN MILLIMETERS
ANGLES ±XX°
2 PL ±X.XX 3 PL ±X.XXX
SIZE
A4
DWG NO
REV
FILE NAME: 板金2.dft
SCALE:
WEIGHT:
SHEET 1 OF 1

17 CHAPTER

建立工程圖紙

章節介紹

藉由此課程，你將會學到：

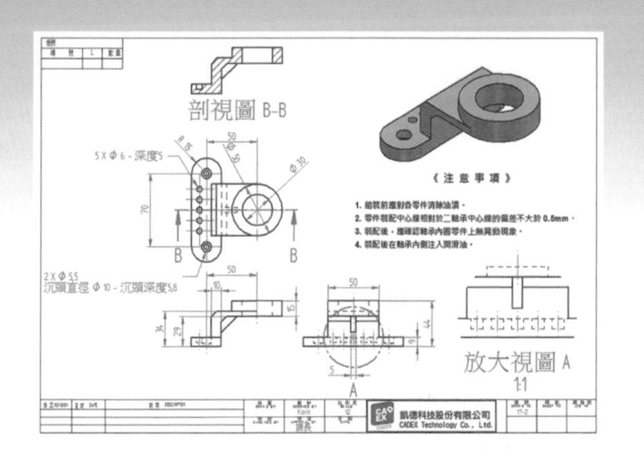

17-1 由Auto CAD圖框範本建立Solid Edge工程圖圖框

本章節範例將帶領使用者，由舊有 AutoCAD 圖框範本來建立Solid Edge的工程圖圖框，透過此範例我們將學到，如何建立符合公司規範的圖框。

1. 開啟本章節範例檔案:「17-1.dwg」，由於此檔案並非Solid Edge自身的檔案，因此開啟時需指定為「.dft」的工程圖範本，如圖 17-1-1。

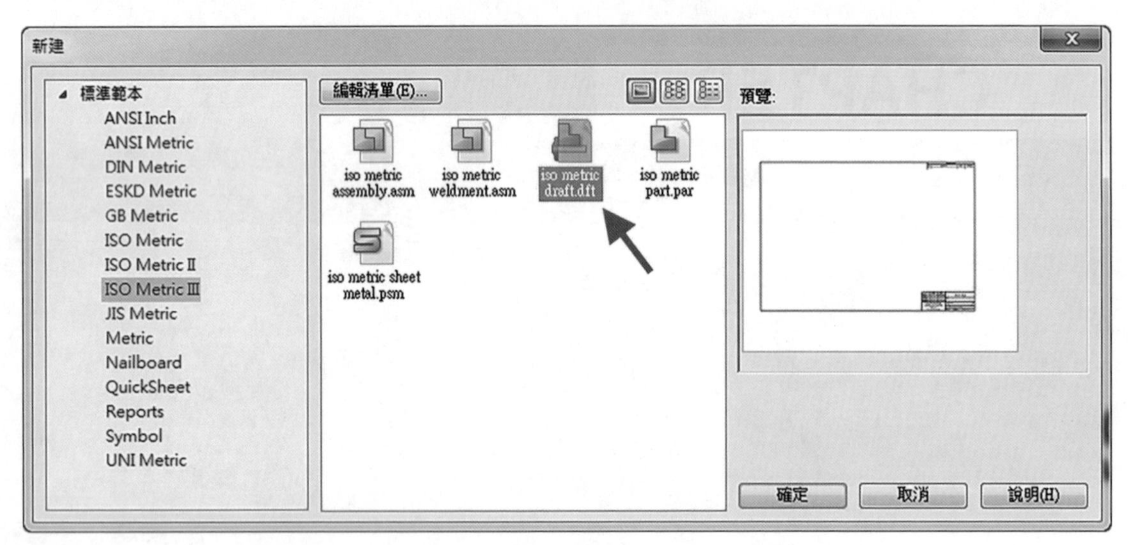

圖 17-1-1

2. 開啟後，將整個圖選取後，在「首頁」→「剪貼簿」內點選「複製」指令，或直接以「Ctrl+C」來複製此圖框，然後關閉此檔案，如圖 17-1-2。

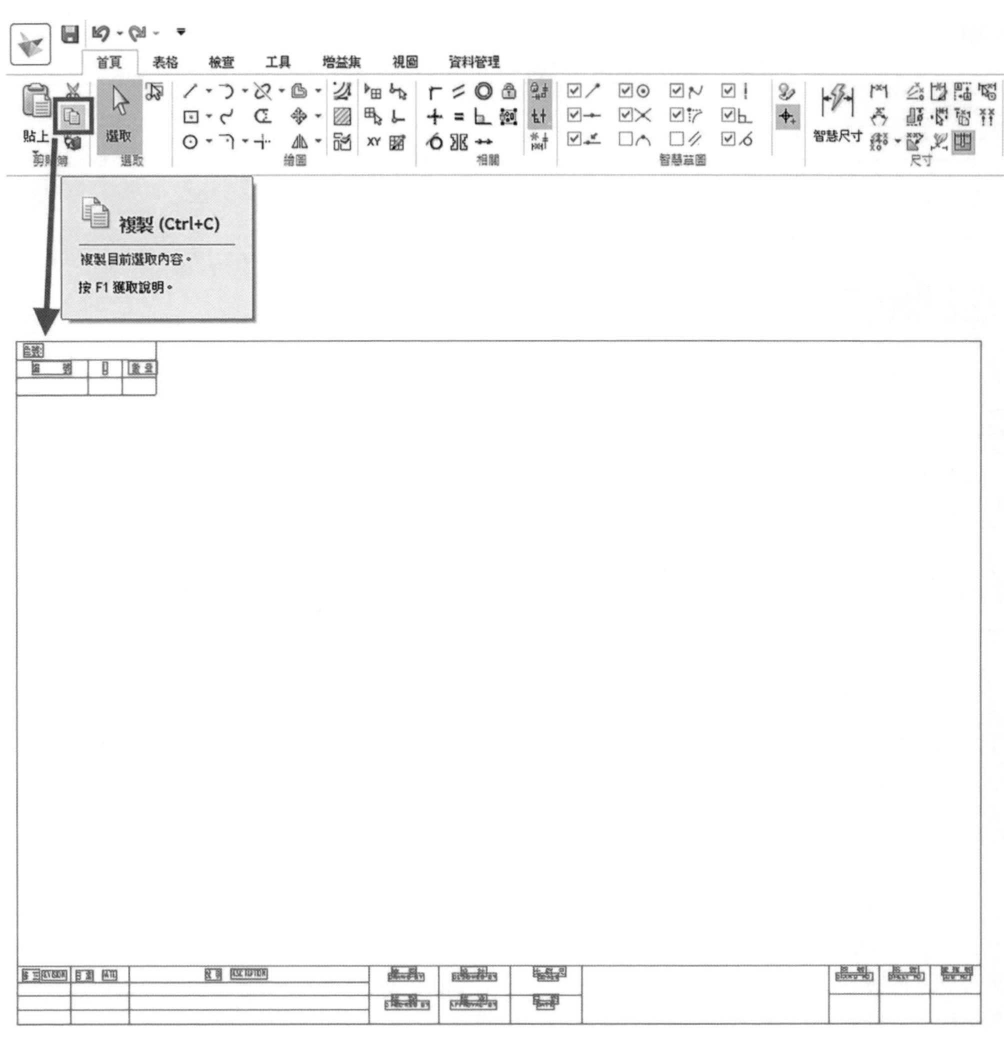

圖 17-1-2

3. 利用「應用程式按鈕」→「新建」→「iso metric draft_dft」開啟一個新的工程圖，作為範本的基礎，如圖 17-1-3。

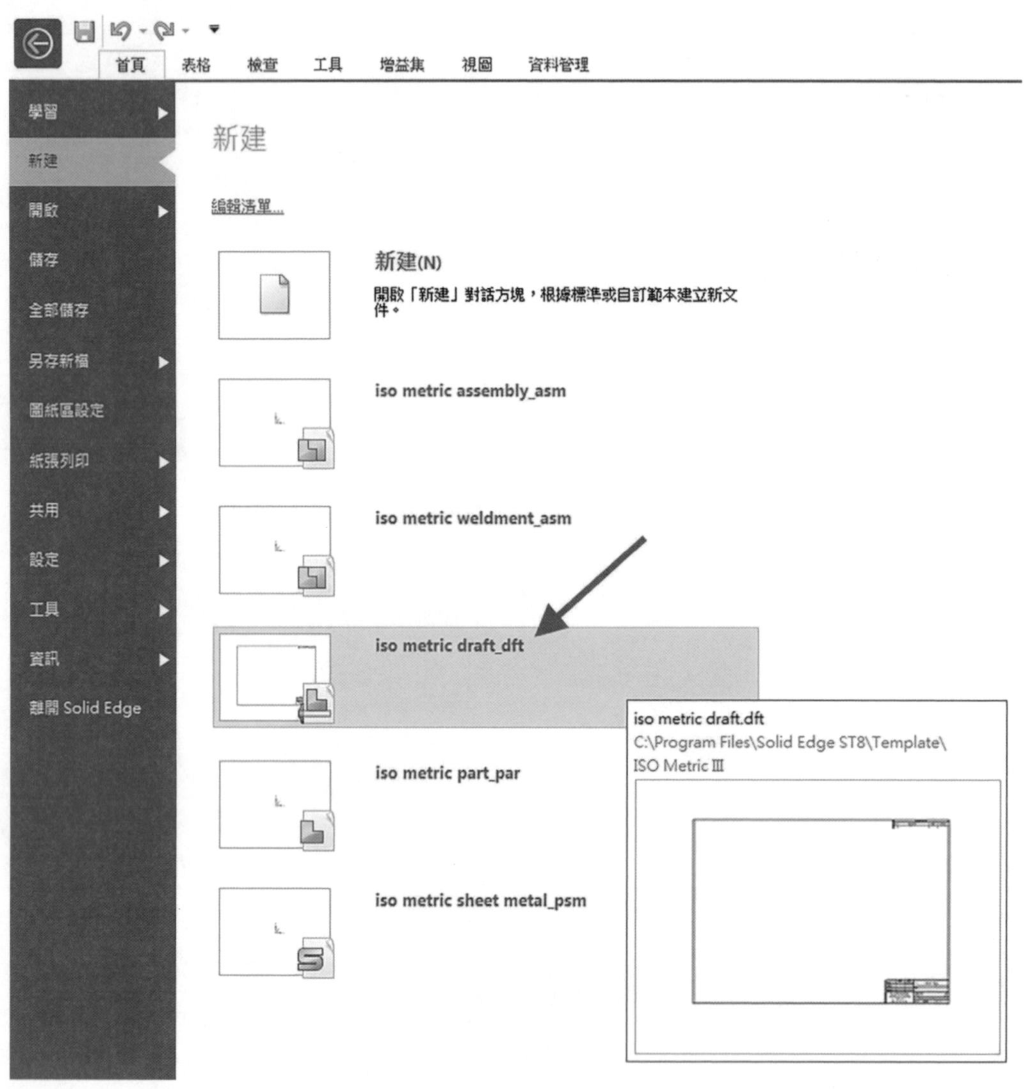

圖 17-1-3

4. 在「視圖」→「圖紙視圖」點擊「背景」以開啟背景環境，也可以由提示列上方的「sheet 1」索引上，點擊滑鼠「右鍵」，透過快速功能表選擇背景，如圖 17-1-4。「編輯背景」指令也可用於開啟背景，並且優先更改當前所使用的背景。

圖 17-1-4

5. 開啟背景環境之後，在視窗的底部會出現背景分頁，使用者可點選「A4-Sheet」來使用，如圖 17-1-5。

Sheet1 A4-Sheet A3-Sheet A2-Sheet A1-Sheet
提示列 點擊元素，向右拖曳以放入圍欄內，向左拖曳以放入圍欄內或與圍欄重疊，或按 Alt 並點擊以放置多邊形圍欄的第一個頂點。

圖 17-1-5

6. 進入到 A4-Sheet 的背景中，這是預設的圖框，我們將此圖框整個框選後，按下鍵盤的「delete」鍵來刪除，如圖 17-1-6。

 工作區域中，使用者可以透過「背景」兩字的浮水印來辨識當前的圖紙視圖為背景環境，而最外圍矩形框為 A4 紙的長寬顯示無法刪除。

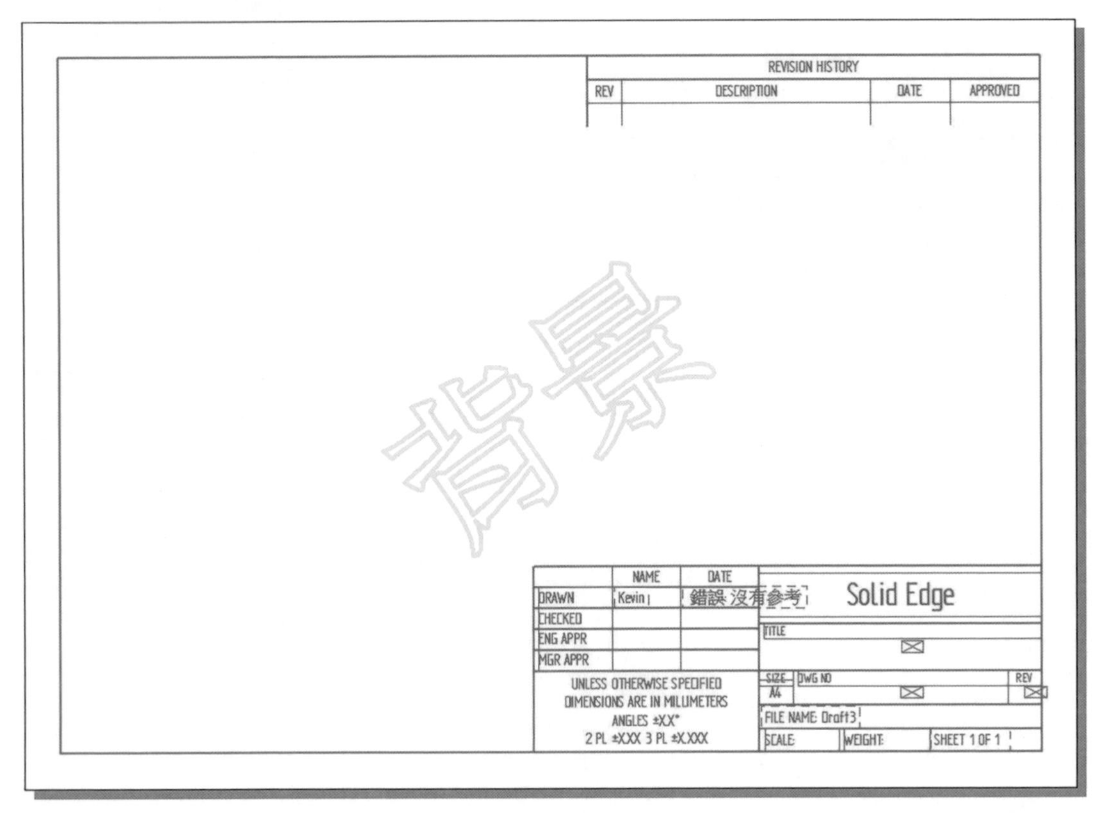

圖 17-1-6

7. 在「首頁」→「剪貼簿」內點擊「貼上」，或者利用快速鍵「Ctrl+V」來貼上，然後在畫面上點擊滑鼠左鍵，以確認放置，如圖 17-1-7。

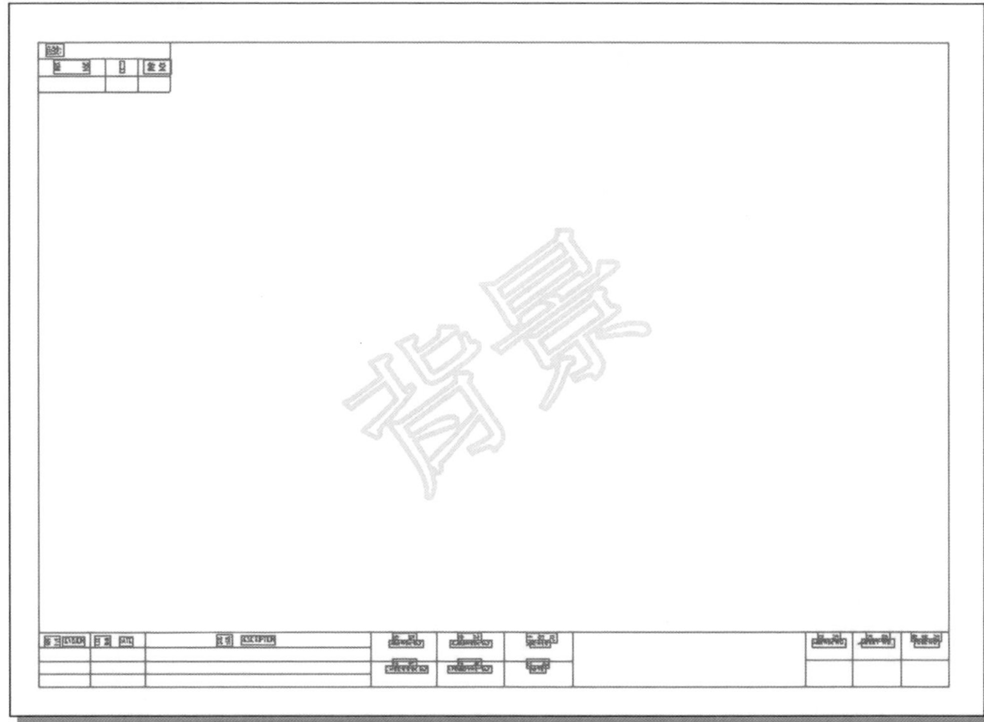

圖 17-1-7

8. 圖框中會需要有相關的資訊內容，這裡我們以 4 項常見內容來做說明:
   - 設計：假設此欄位為該 3D 檔案繪製人員，且該檔案內已有作者欄位資訊，如圖 17-1-8。
   - 比例尺：為此工程圖的圖紙比例。
   - 圖號：通常可能為該 3D 檔案的檔名，不帶副檔名。
   - 核准：通常為審核的主管。

   因此圖框裡的這 4 個欄位，該如何建立如 AutoCAD 般的標籤，使我們在插入視圖後，會自行帶入零件或工程圖的資訊。

圖 17-1-8

9. 在「繪製草圖」→「塊」內點擊「塊標籤」，如圖 17-1-9。

圖 17-1-9

10. 出現「塊標籤性質」的視窗，以圖框中的「設計」欄位為例，使用者在「名稱(N)」欄位中填入「設計者」作為供使用者辨識標籤所用的名稱，底下字型部分可依照需要調整字型與字型大小，根據範例，使用者可以將大小設定為「2.5」，並且在「值(V)」欄位的旁邊點選「選取性質文字」，如圖 17-1-10。

塊標籤性質
名稱(N): 設計者
值(V):
格式...
敘述(D):
在塊事例中顯示(W)
在所有事例中使用相同的值(U)
放置塊時輸入值(A)
在塊內鎖定位置(L)
文字
字型(F): Solid Edge ISO
顏色(C): 深青色
字型樣式(S): 常規
文字對齊(J): 正中
字型大小(Z): 2.5
文字角度(X): 0.00 deg
用背景色填充文字(I)
寬高比(P): 1.00
確定 取消 說明(H)

圖 17-1-10

11. 在「選取性質文字」的視窗中，使用者可將來源項改為「索引參考」，並且在性質內找尋「作者」並連點滑鼠左鍵兩下，可將該連結插入至底下的「性質文字(T)」之中，如圖 17-1-11。

備註：「索引參考」可取得載入工程圖的「零件」或「組立件」的檔案性質，以供使用者使用。

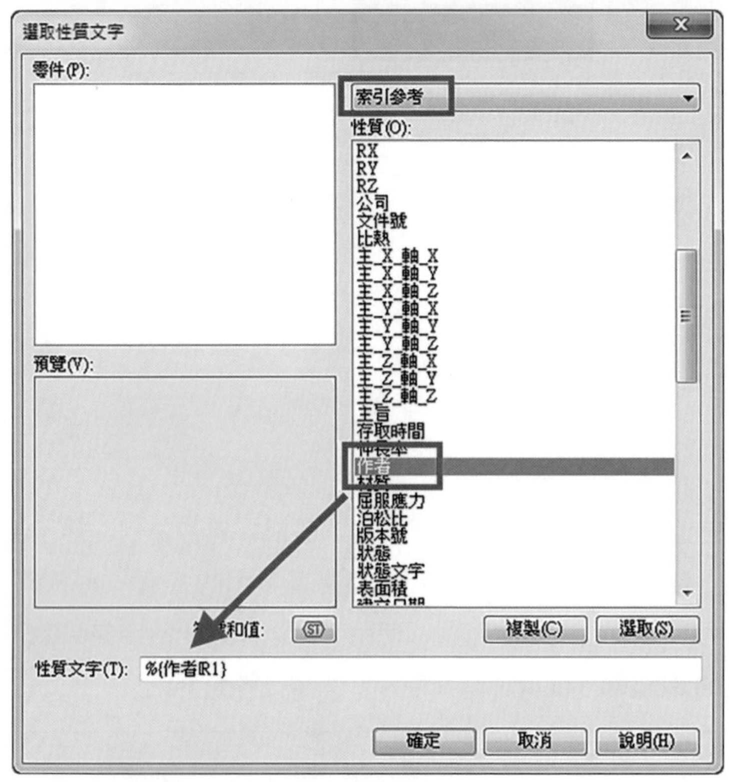

圖 17-1-11

12. 按下確定後，將此「塊標籤」放置於欲放置的位置上，如圖 17-1-12。

繪　圖 DRAWD BY	設　計 DESIGNED BY 設計者	比 例 尺 SCALE
核　對 CHECKED BY	核　准 APPROVAL BY	日　期 DATE

圖 17-1-12

13. 接著建立「比例尺」的欄位，重覆上述建立「塊標籤」的動作，同樣執行「選取性質文字」的動作，但來源處是選擇「源自使用中的文件」選項，並且在該性質內容中找到「圖紙比例」，同樣雙擊滑鼠左鍵，如圖 17-1-13。

備註：「源自使用中的文件」可取得「工程圖」的檔案性質，以供使用者使用。

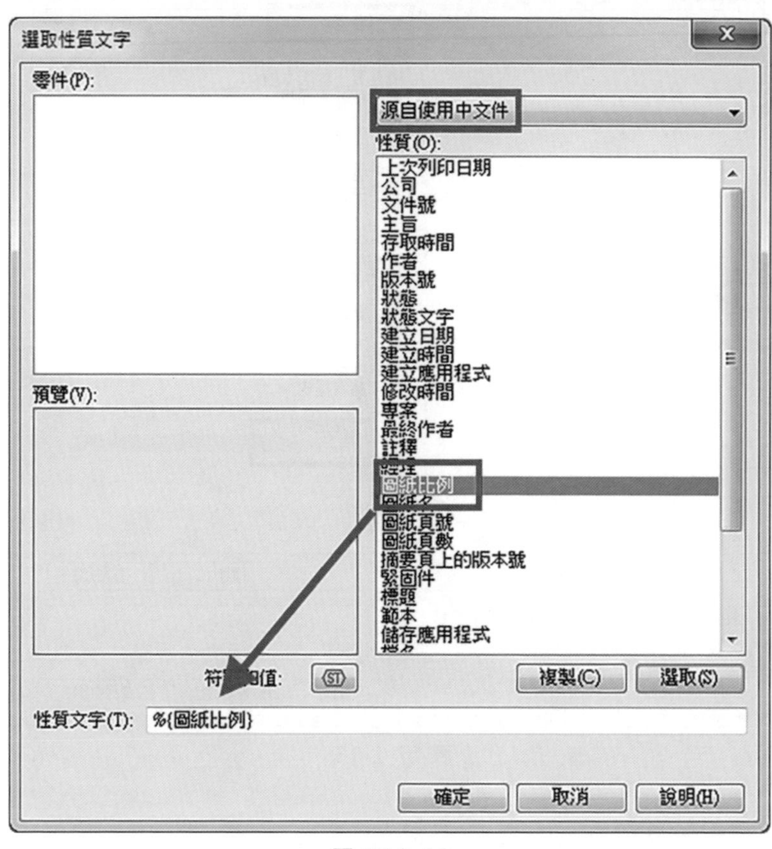

圖 17-1-13

14. 完成後將該標籤放置於指定位置以完成此動作，如圖 17-1-14。

繪 圖 DRAWD BY	設 計 DESIGNED BY 設計者	比 例 尺 SCALE 比例
核 對 CHECKED BY	核 准 APPROVAL BY	日 期 DATE

圖 17-1-14

15.「圖號」欄位中，同樣依照建立「塊標籤」的步驟，在進入到「選取性質文字」的頁面中，在來源項選擇「索引參考」，底下的性質內找到「檔名 (無副檔名)」，同樣雙擊滑鼠左鍵以帶入該屬性，如圖 17-1-15。

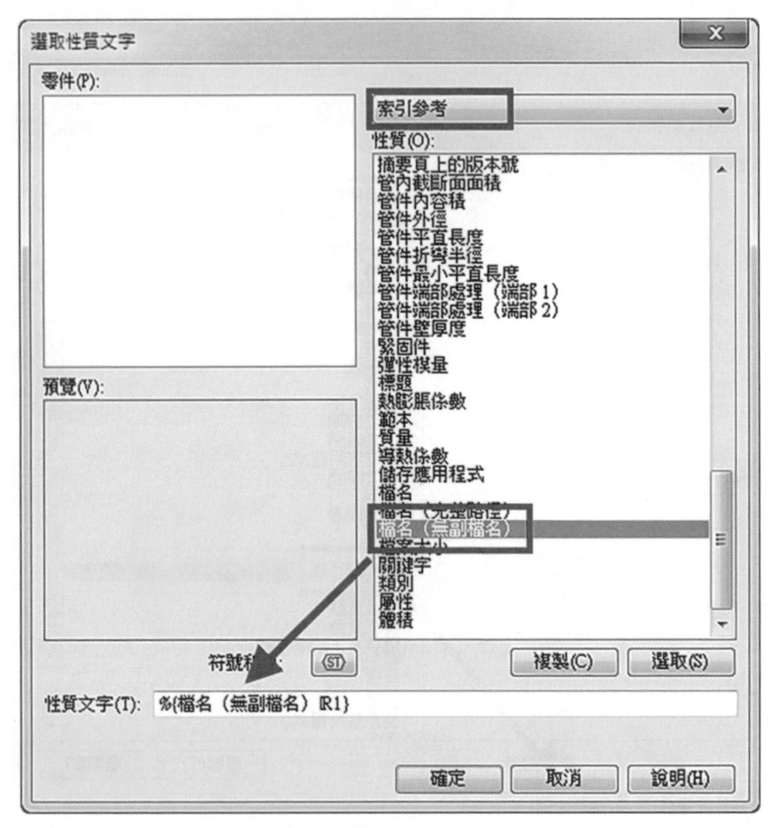

圖 17-1-15

16. 完成後將此標籤放置定位，如圖 17-1-16。

圖　號 DRAWD NO. 圖號	張　數 SHEET NO.	業務號 JOB NO.

圖 17-1-16

17. 最後為圖框中的「核准」欄位，若使用者想自行輸入資訊，可重複上述放置「塊標籤」的動作，但不需進入「選取性質文字」的頁面內，直接如圖 17-7-17將所需的項目鍵入後按下確定，並放置好標籤位置即可。

備註：若為手動輸入的欄位，則不需要「選取性質文字」，且「塊標籤性質」內的「值(V)」可先以使用者需求先行輸入，顯示時將以此名稱作為顯示。

塊標籤性質
名稱(N): 審核
值(V):
格式...
敘述(D):
在塊事例中顯示(W)
在所有事例中使用相同的值(U)
放置塊時輸入值(A)
在塊內鎖定位置(L)
文字
字型(F): Solid Edge ISO
顏色(C): 深青色
字型樣式(S): 常規
文字對齊(J): 正中
字型大小(Z): 2.5
文字角度(X): 0.00 deg
用背景色填充文字(I)
寬高比(P): 1.00
確定
取消
說明(H)

圖 17-1-17

18. 塊標籤建立之後，如有需要修改調整，可點選塊標籤，透過快速工具列上的「性質」呼叫出「塊標籤性質」的對話方框，並且進行調整，如圖 17-1-18。

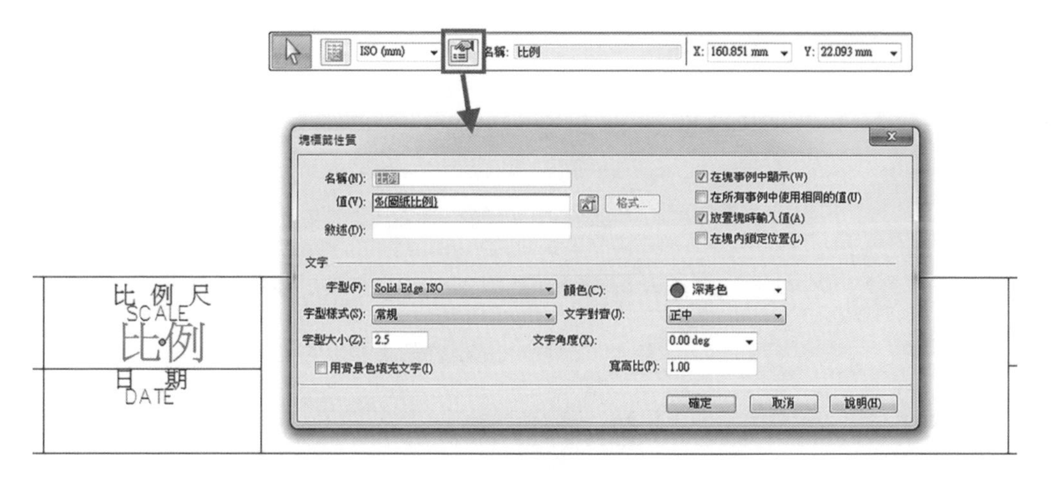

圖 17-1-18

19. 在建立完所有的塊標籤之後，於「繪製草圖」→「塊」內點擊「塊」來建立圖塊，如圖 17-1-19。

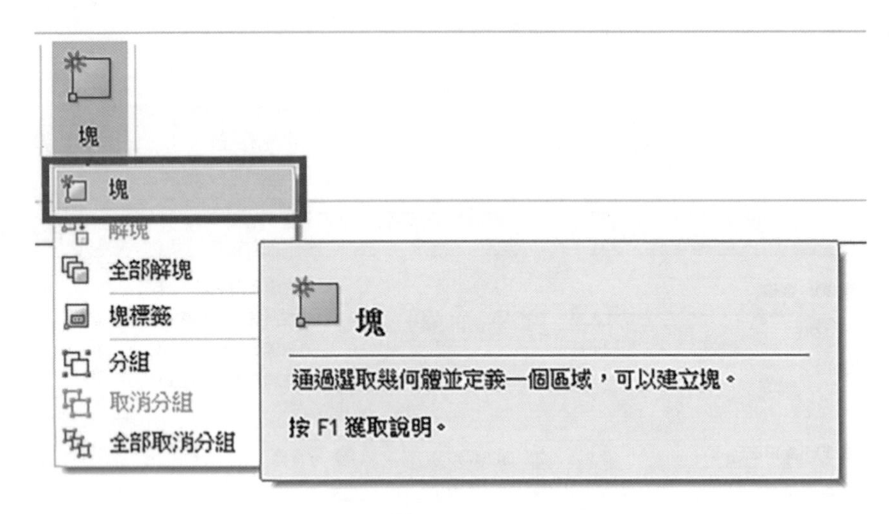

圖 17-1-19

20. 進入「塊」指令後，在「選取幾何體」欄位，將整個圖框都選取並作確定，如圖 17-1-20。

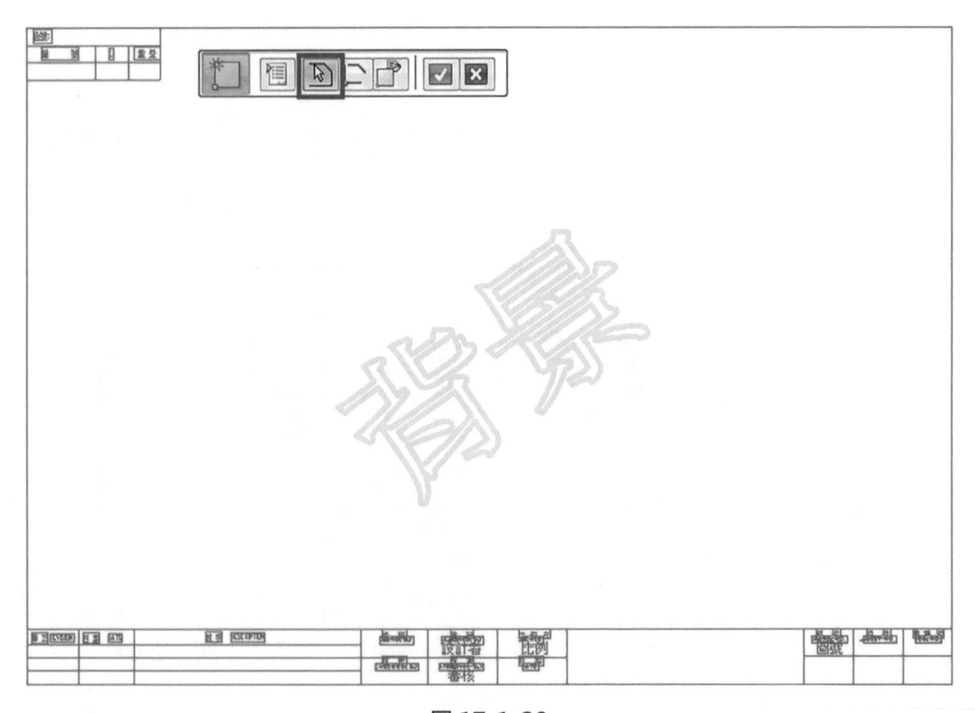

圖 17-1-20

21. 接著會跳至「原點」欄位，此時移動滑鼠至圖框左下選取端點，如圖 17-1-21。

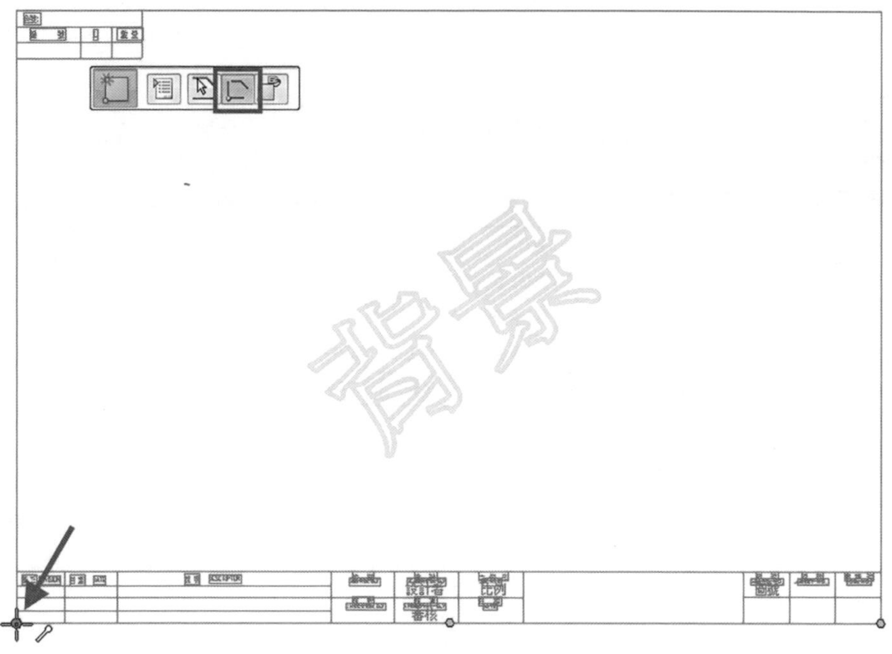

圖 17-1-21

22. 接著可在「名稱」欄位內填入自訂名稱，打勾以完成設定，如圖 17-1-22。

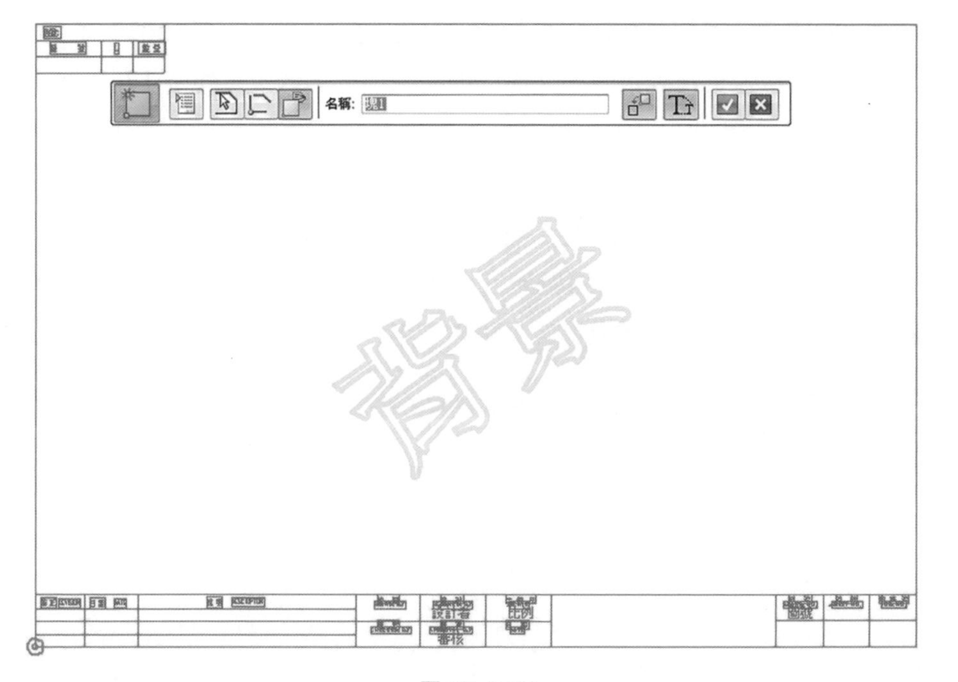

圖 17-1-22

23. 接著會出現「塊性質」的視窗，透過「塊性質」視窗可檢視塊標籤是否還有需要更改的部分，如有需要加入「性質文字」，可由左上角的按鈕點選開啟「性質文字」視窗，如圖 17-1-23。

圖 17-1-23

24. 透過「塊」的建立，使用者可以檢查塊標籤的設定是否錯誤。如標籤顯示有錯，可點選「塊」，透過快速工具列上的「性質」進行塊標籤的修改，如圖 17-1-24。

- 「設計者」、「圖號」：由於尚未載入零件進行工程圖的建立，因此顯示為「錯誤：沒有參考」。
- 「比例」：由於取得的資訊為工程圖資訊，因此圖紙比例會根據預設為「1：1」，在載入零件之後，會根據圖紙比例調整。
- 「審核」：由於此欄位為使用者自行輸入文字，因此顯示為使用者所輸入之文字。

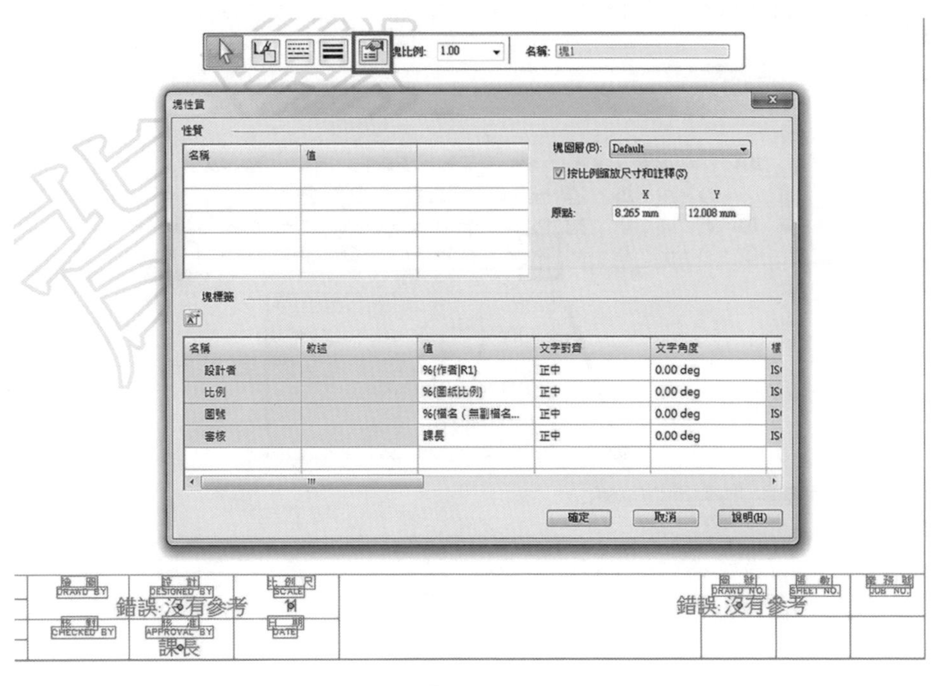

圖 17-1-24

25. 接著將此圖框放置定位，在「繪製草圖」→「繪圖」內點擊「移動」指令，如圖 17-7-25，選取「塊」後，以左下角的交點處為移動的基準點。

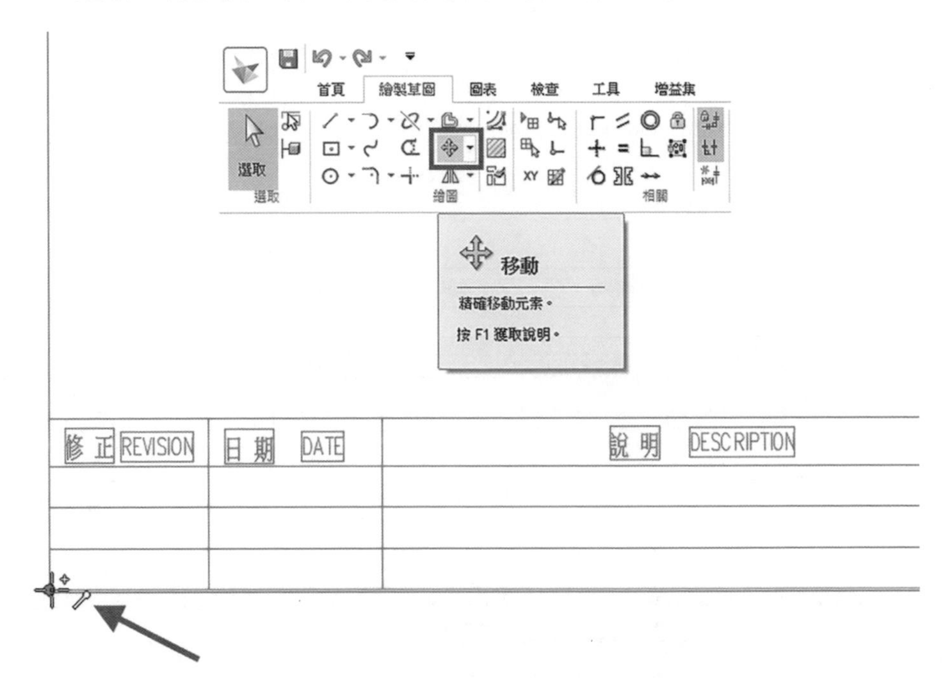

圖 17-1-25

26. 接著在同樣的繪圖指令裡，將「XY鍵入」開啟，開啟後會於畫面左下角出現XY數值的鍵入視窗，圖 17-1-26。

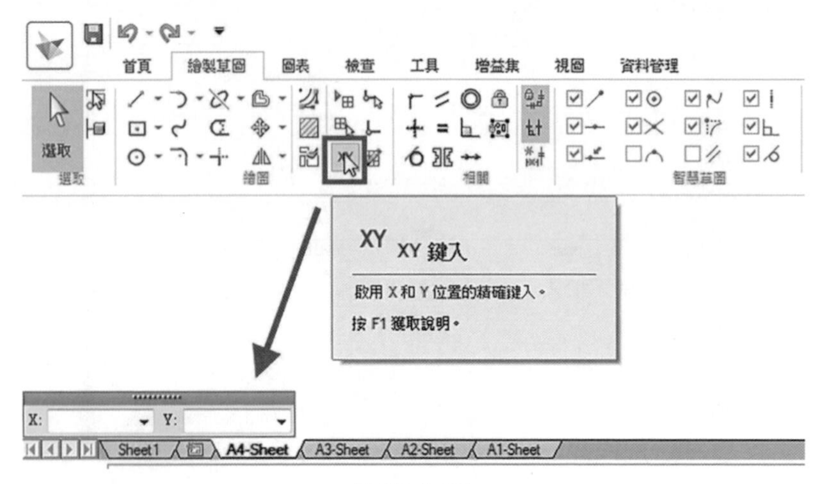

圖 17-1-26

27. 在視窗的X值填入「10」，Y 值填入「10」，並且稍微移動一下滑鼠，該圖框會顯示在正確的位置，如圖 17-1-27，此時可點擊滑鼠左鍵以確定移動。

備註：「XY 鍵入」的 X、Y 值為絕對座標，圖紙的左下角為座標原點；「移動」指令的快速工具列上的 X、Y 值為相對座標。

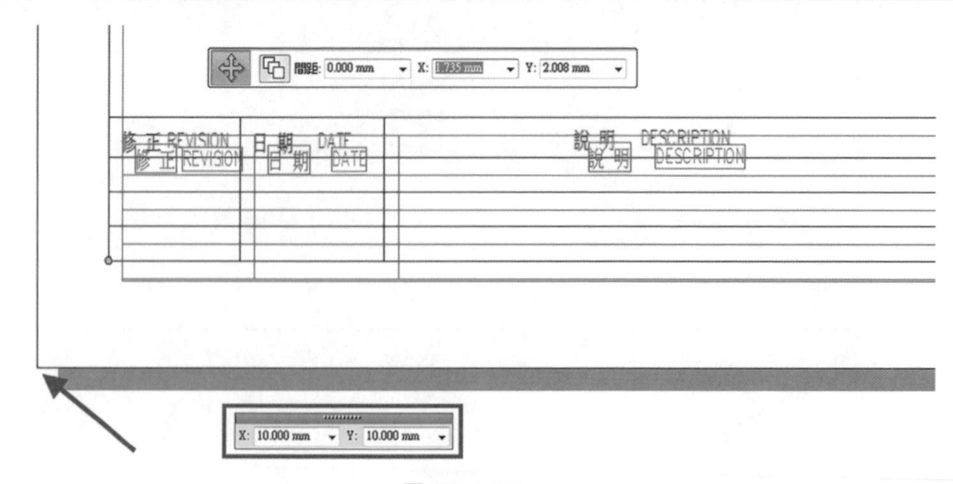

圖 17-1-27

28. 圖框設定至此，請關閉「背景」環境，如圖 17-1-28。

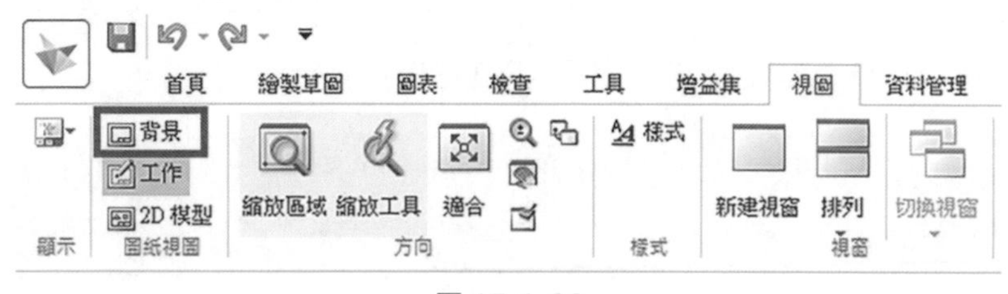

圖 17-1-28

29. 接著進行圖紙的初始設定值，選取「應用程式按鈕」→「設定」→「圖紙設定」，如圖 17-1-29。

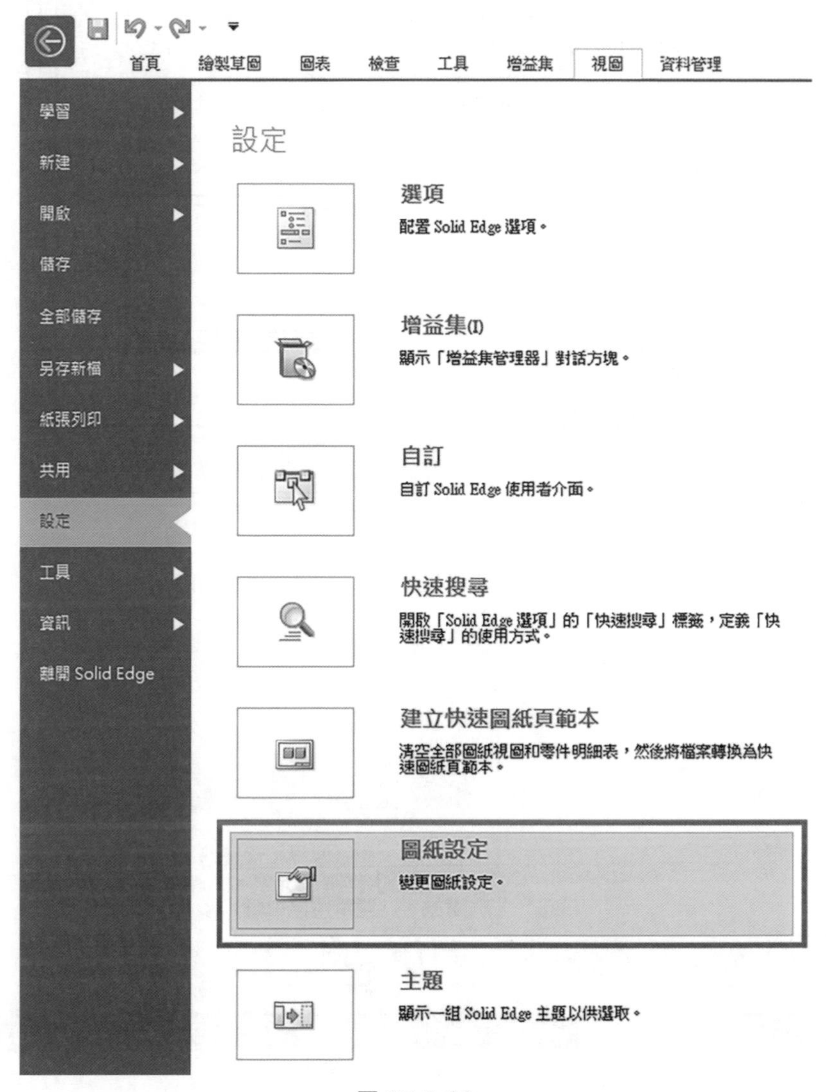

圖 17-1-29

30. 在「圖紙設定」對話方塊中的「背景」頁上，將「背景圖紙」選項設定為「A4-Sheet」，並且點選下方的「儲存為預設」按鈕，這樣一來，當建立新的分頁時，也是以「A4-Sheet」為預設值，如圖 17-1-30。

備註：「大小」頁上的圖紙大小為列印時，所用的圖紙大小，並非選擇圖框，使用者修改時請多加注意。

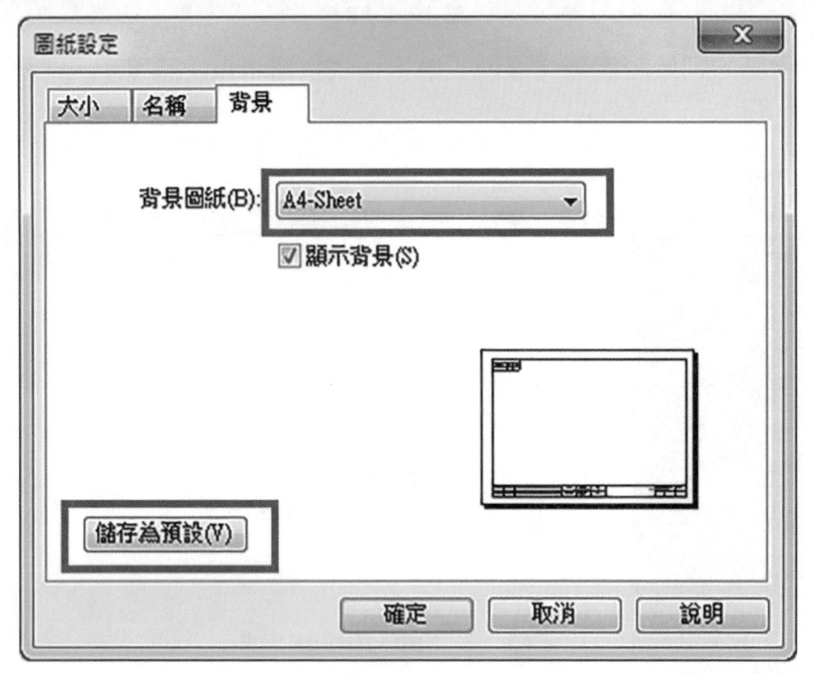

圖 17-1-30

31. 接著點擊「適合」指令，使圖框適合視窗大小，如圖 17-1-31。

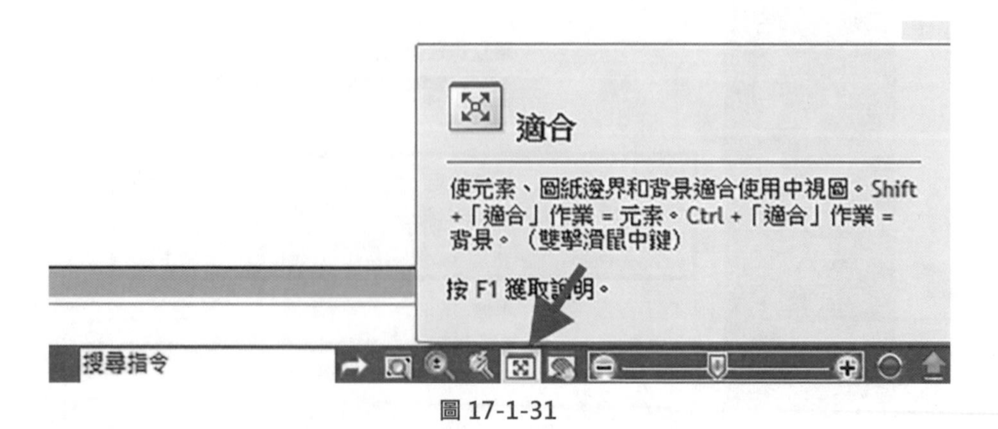

圖 17-1-31

32. 設定投影角度及視圖規則：在「ISO 工程圖」範本中，例如：公制測量系統的預設投影角是第一角，而台灣的 CNS 標準為「第三角法」；因此，使用者須選取「應用程式按鈕」→「設定」→「Solid Edge 選項」，進行選項設定修改，使其規則與 CNS 標準相同，如圖 17-1-32。

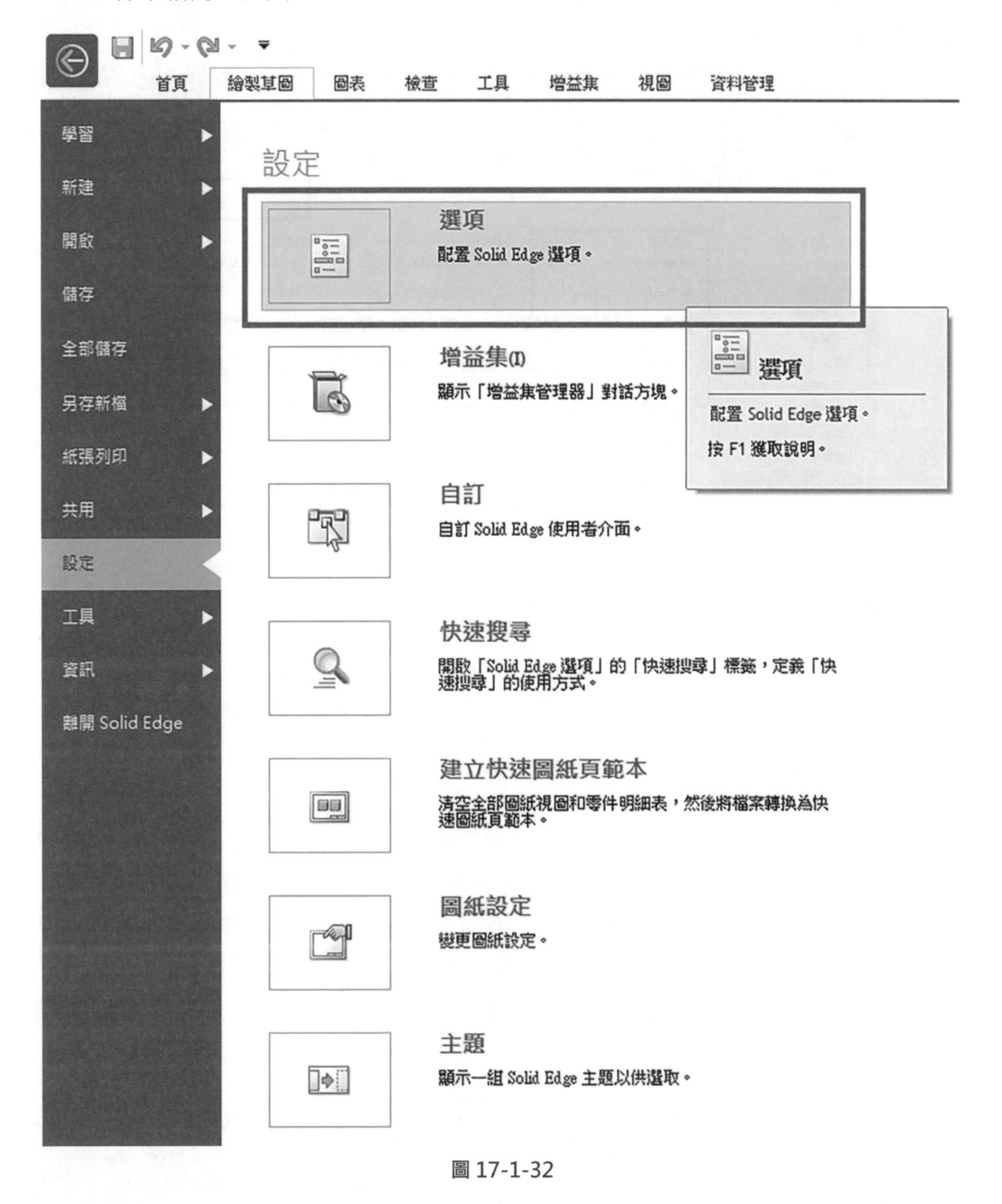

圖 17-1-32

33. 在「Solid Edge 選項」的對話方框中，使用者透過「製圖標準」選項可進行修改，使其設定符合台灣所使用的 CNS 規範，如圖 17-1-33。
    - 螺紋顯示模式更改為「JIS/ISO」。
    - 投影角度更改為「第三角法」。
    - 「在剖視圖中剖切緊固件」更改為「不切割」。
    - 「在剖視圖中剖切肋板」更改為「不剖切」。

圖 17-1-33

34. 修改完「Solid Edge選項」後，可將此工程圖儲存成範本，以供下次建立工程圖時使用，使用者須將檔案儲存於「C:\Program Files\Siemens\Solid Edge ××××\Template\(任一資料夾)」。（※ Solid Edge ×××× 數字為版本年份）
    儲存之後，利用「應用程式按鈕」→「新建」→「編輯清單」，將範本的資料夾再做一次載入的動作，「確定」後即可將新建的範本顯示於清單中，方便使用者選取範本建立工程圖，如圖 17-1-34、圖 17-1-35。

備註：範本儲存於「C:\Program Files\Siemens\Solid Edge ××××\Template\(任一資料夾)」，使用者也可以自訂一個專屬的資料夾，並把所有的範本都放置在內，但不可只放置於 Template 資料夾當中。

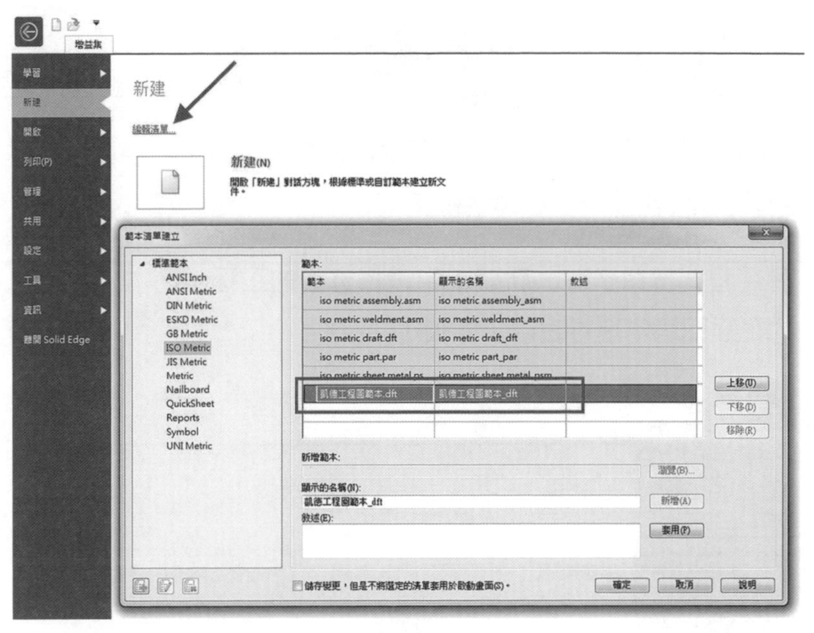

圖 17-1-34

圖 17-1-35

17-2 建立模型的圖紙視圖

本章節範例將帶領使用者，由新建的圖框範本檔來建立工程視圖，透過此範例我們將學到如何建立基本的正視圖及等角視圖。

1. 可透過「應用程式按鈕」→「新建」中選擇專屬的工程圖範本，本範例利用前面章節所建立的工程圖範本進行說明，如圖 17-2-1。

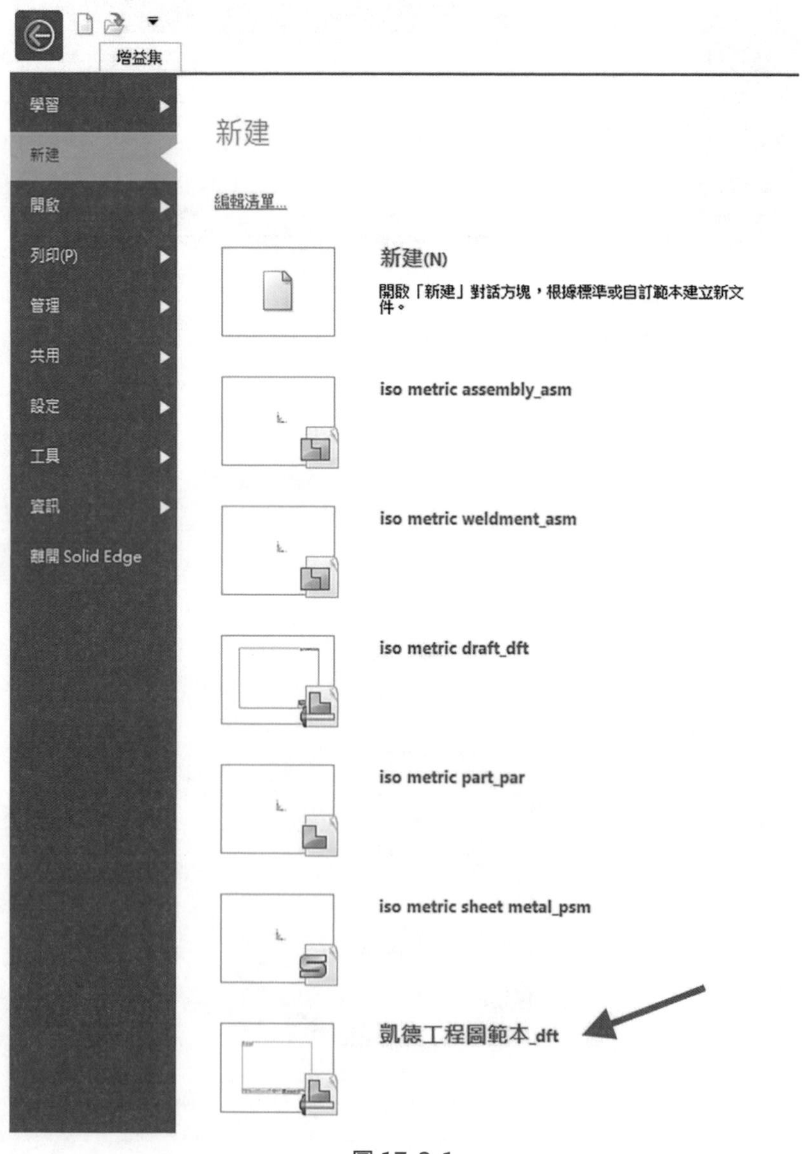

圖 17-2-1

2. 利用「視圖精靈」指令，並且從「選取模型」對話方塊中選擇「17-2.par」零件，透過「開啟舊檔」即可將零件視圖擺放入工程圖紙中，如圖 17-2-2。

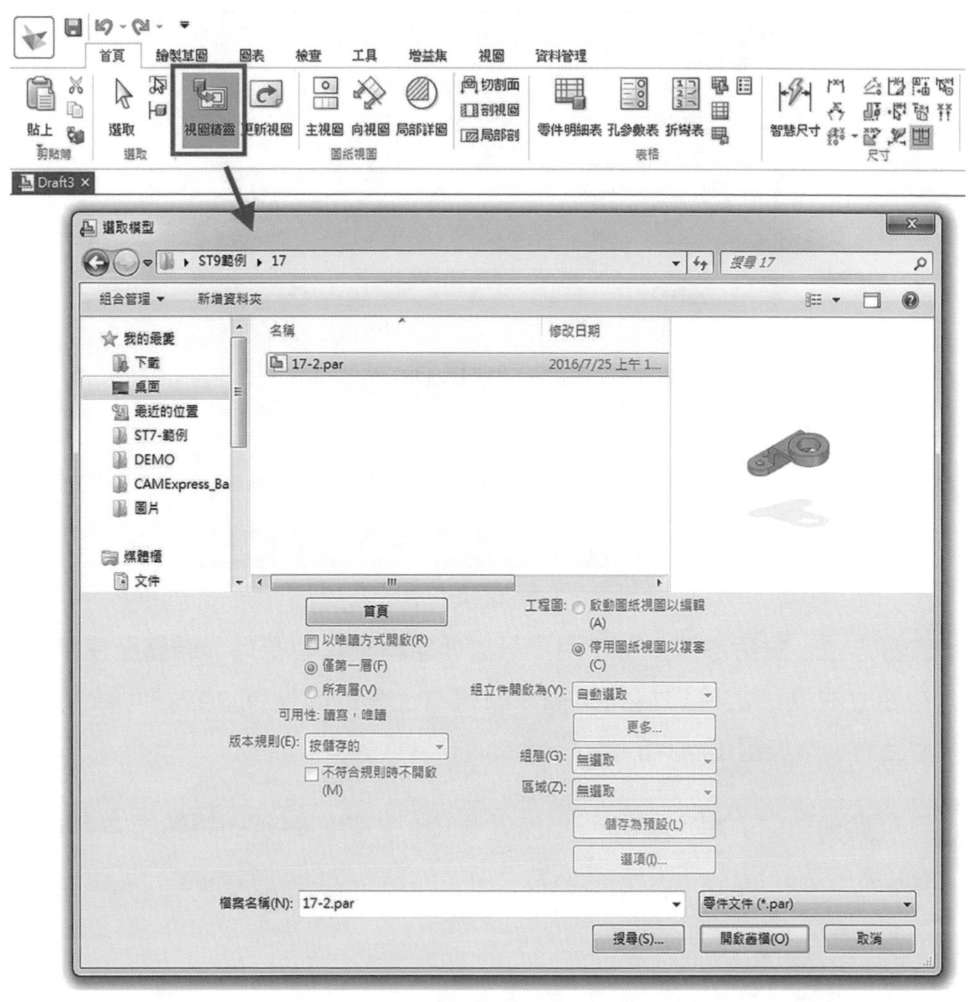

圖 17-2-2

3. 檔案開啟後，在視圖尚未擺放好位置之前，使用者可從快速工具列中利用「圖紙視圖佈局」按鈕，進行其他視圖的同步建立，如圖 17-2-3。

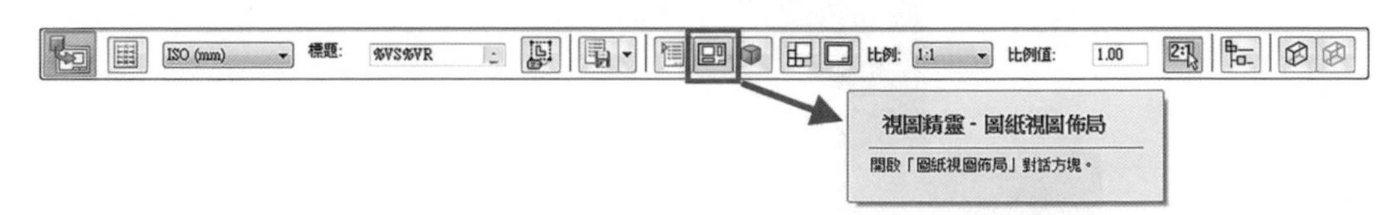

圖 17-2-3

4. 主視圖可透過「使用者定義」自行決定視圖方向，當主視圖選擇「使用者定義」時，點選下方的「自訂」按鈕進行修改，如圖 17-2-4。

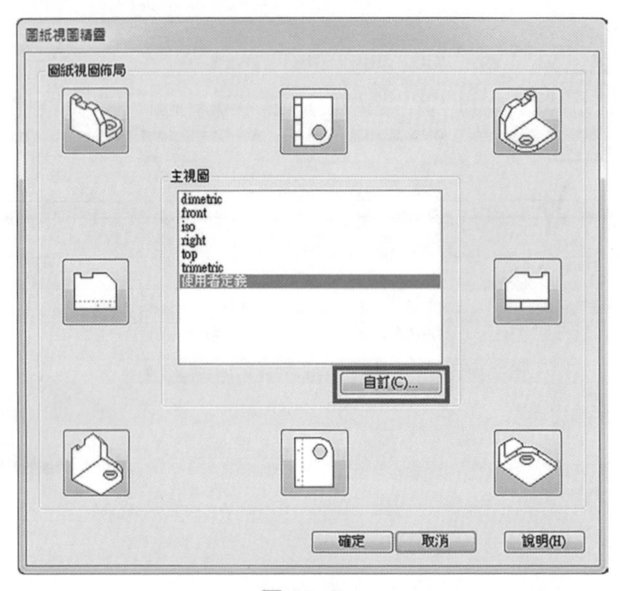

圖 17-2-4

5. 在「自訂方位」對話方框中，使用者可以任意轉動模型視角，調整至使用者所需的視角以建立視圖，當確認視角之後，點選右上角的「關閉」按鈕可結束「自訂方位」對話方框，如圖 17-2-5。

備註：使用者須點選 關閉 按鈕，Solid Edge 才會記得新的視圖視角。若是選擇 x 按鈕，Solid Edge 會認為使用者放棄這次調整視角的動作，因此使用原本的視角。

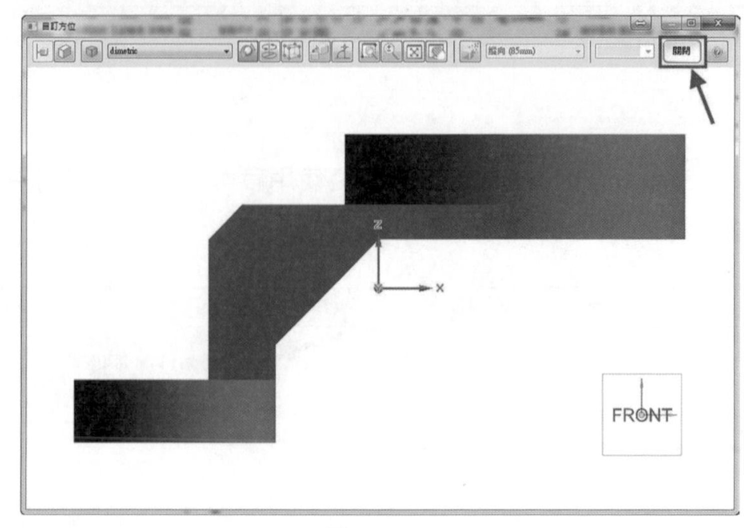

圖 17-2-5

6. 確定好主視圖的方向後，可點選其他與主視圖相對應的視圖，最多可點選到八個視圖，按下「確定」按鈕即可擺放選取的視圖，如圖 17-2-6。

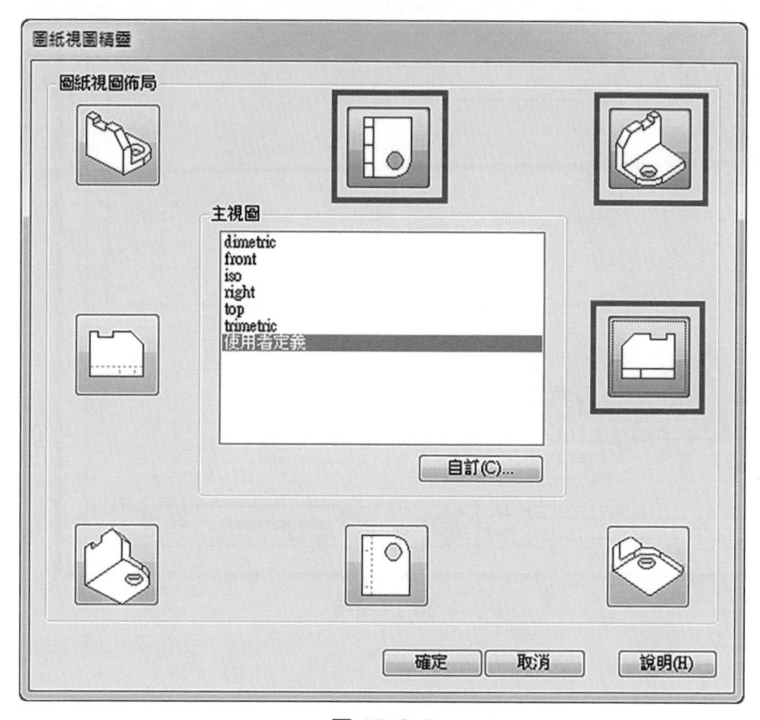

圖 17-2-6

7. 變更視圖「比例」，使用者可以通過變更視圖的顯示大小而使視圖變小或變大，從而為尺寸和註釋留出更多的空間。

   視圖確定之後，在快速工具列上，點擊「比例」清單，選擇所需的比例，若沒有所需要的比例，也可在「比例值」欄位中自行輸入，如圖 17-2-7。

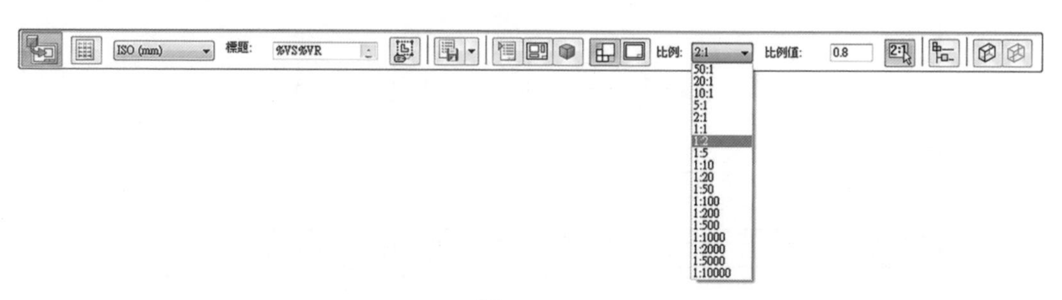

圖 17-2-7

8. 確認視圖比例後，使用者可依照自己的需求擺放好視圖位置，如圖 17-2-8。

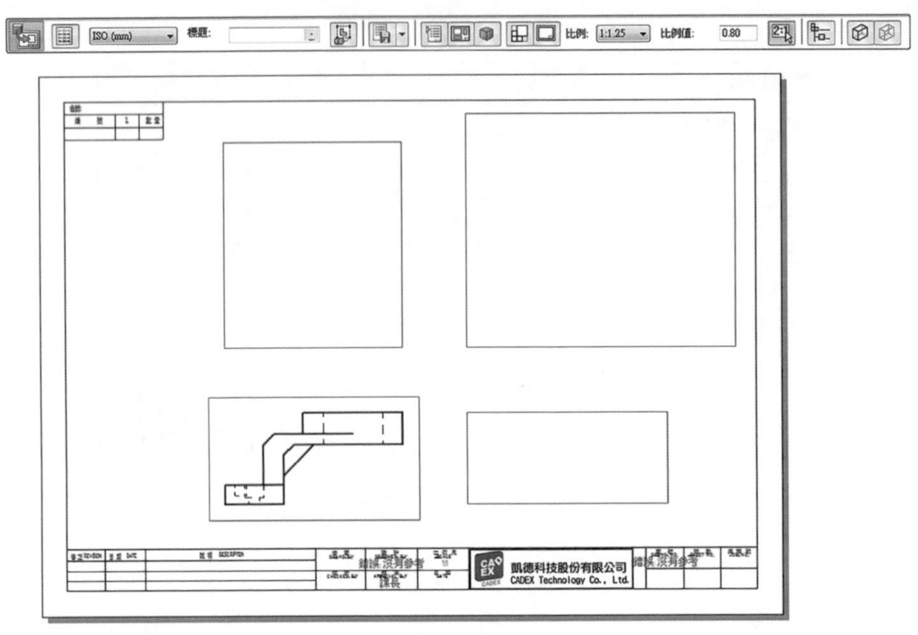

圖 17-2-8

9. 擺放完成後，由於範本中有建立塊標籤，此時也可以確認塊標籤所顯示的性質是否符合需求，如圖 17-2-9。

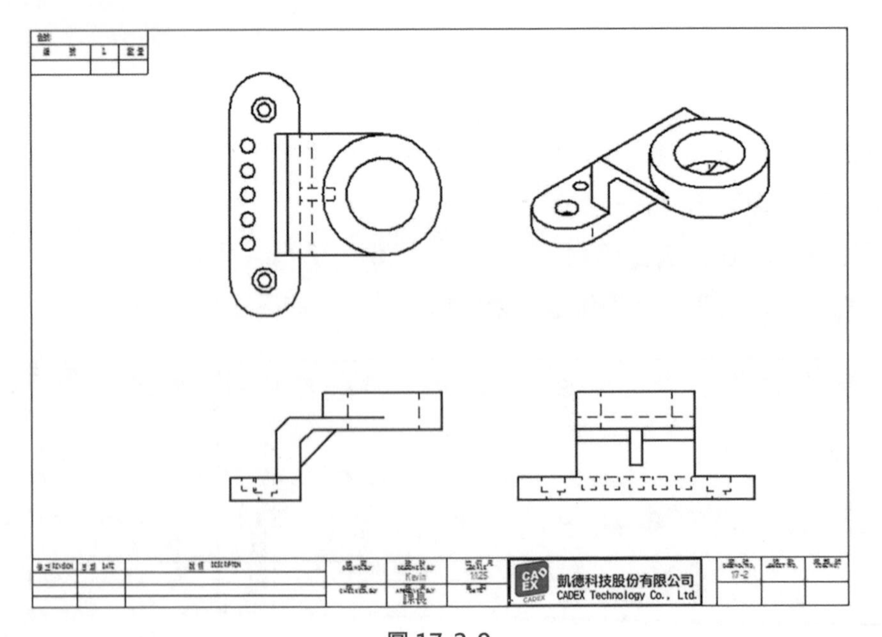

圖 17-2-9

補充

1. 視圖視角如果在擺放好之後，還需要再修改視角，可直接點選要改變的視圖，再點選工具列上「選取-視圖方向」指令，進行調整修改，如圖 17-2-10。
   若從視圖名稱無法辨識視圖方向，也可以利用「圖紙視圖佈局」當中的使用者定義重新定義視圖方向。

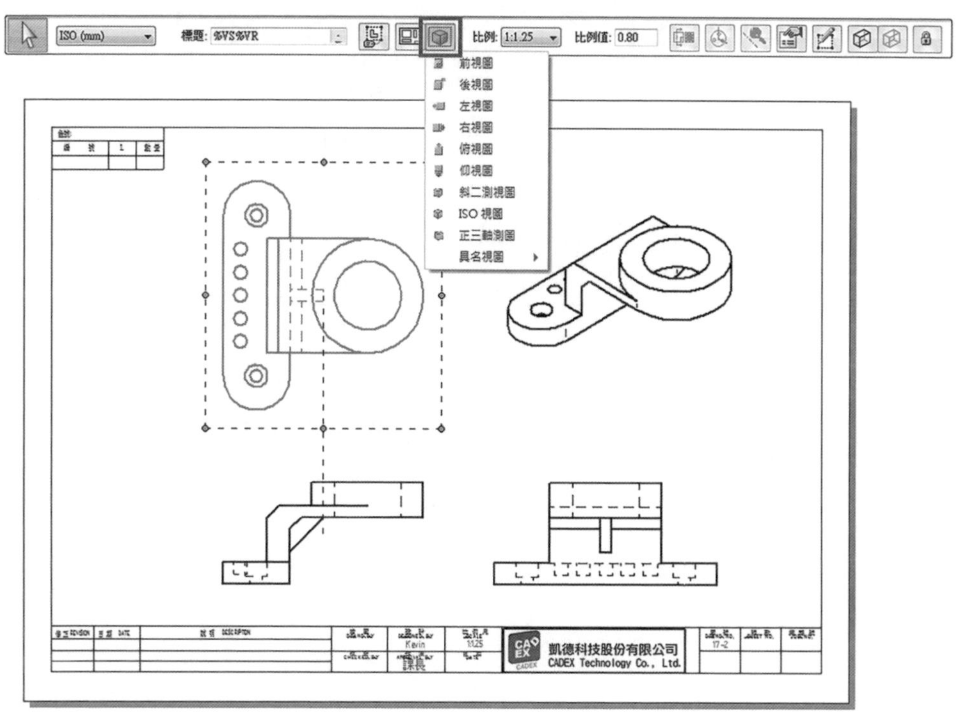

圖 17-2-10

2. 視圖選定之後，由於正視圖之間有視圖對齊的規則性，因此相對應的正視圖也會一同修改視角，如圖 17-2-11，等角視圖則不受影響。

圖 17-2-11

3. 修改完成之後，使用者可以點選視圖進行視圖位置調整，如圖 17-2-12。

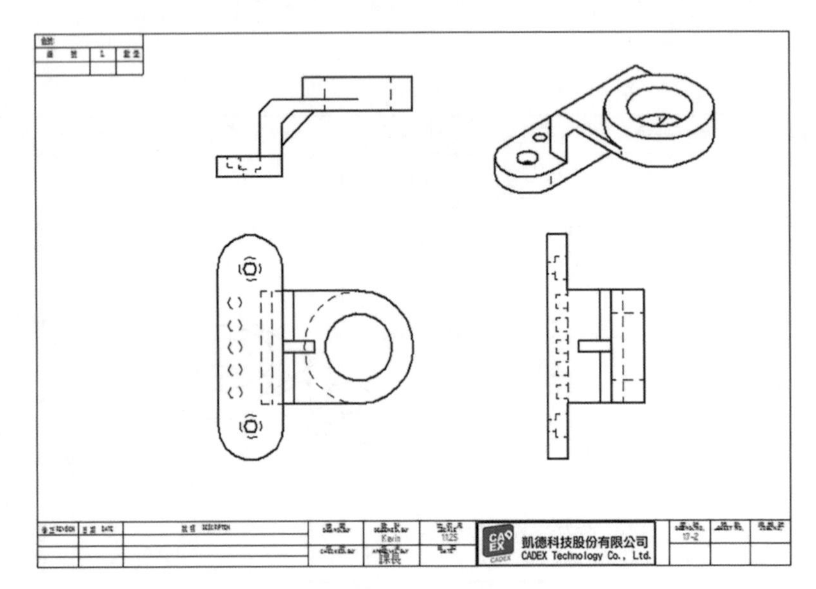

圖 17-2-12

17-3 局部放大視圖、剖視圖

工程圖中除了基本的「正視圖」與「等角視圖」之外，還會使用許多的「輔助視圖」以供現場人員辨識，本章節將以常見的「局部放大視圖」及「剖視圖」進行介紹說明。

1. 利用前面章節建立的工程圖來介紹「局部放大視圖」，如圖 17-3-1。

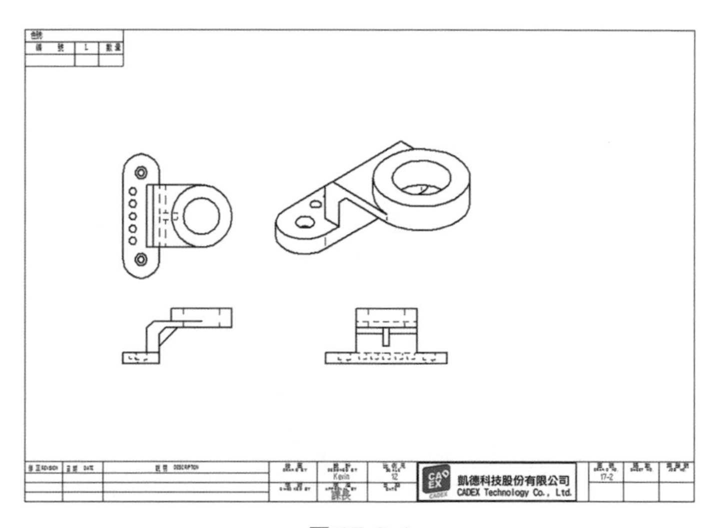

圖 17-3-1

■ **局部詳圖**

2. 在「首頁」→「圖紙視圖」內點選「局部詳圖」指令，以建立局部放大視圖，如圖 17-3-2。

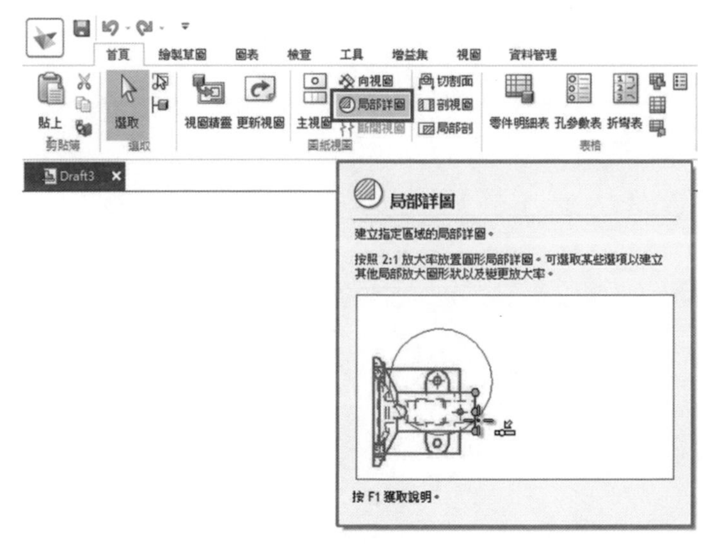

圖 17-3-2

3. 在視圖中，點擊要建立「局部詳圖」的區域中心，繪製出一個圓形區域，這圓形就是局部放大區域的中心，如圖 17-3-3、圖 17-3-4。

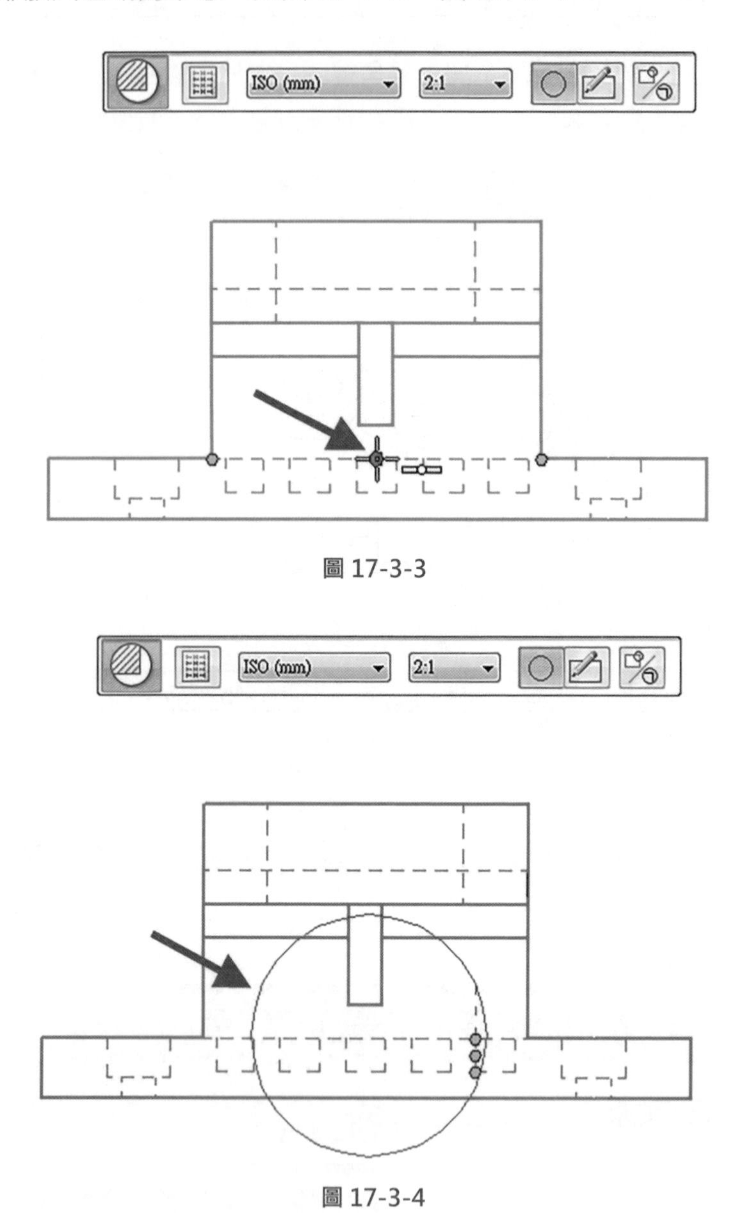

圖 17-3-3

圖 17-3-4

4. 利用快速工具列上的「比例清單」可修改放大視圖的比例，如圖 17-3-5。

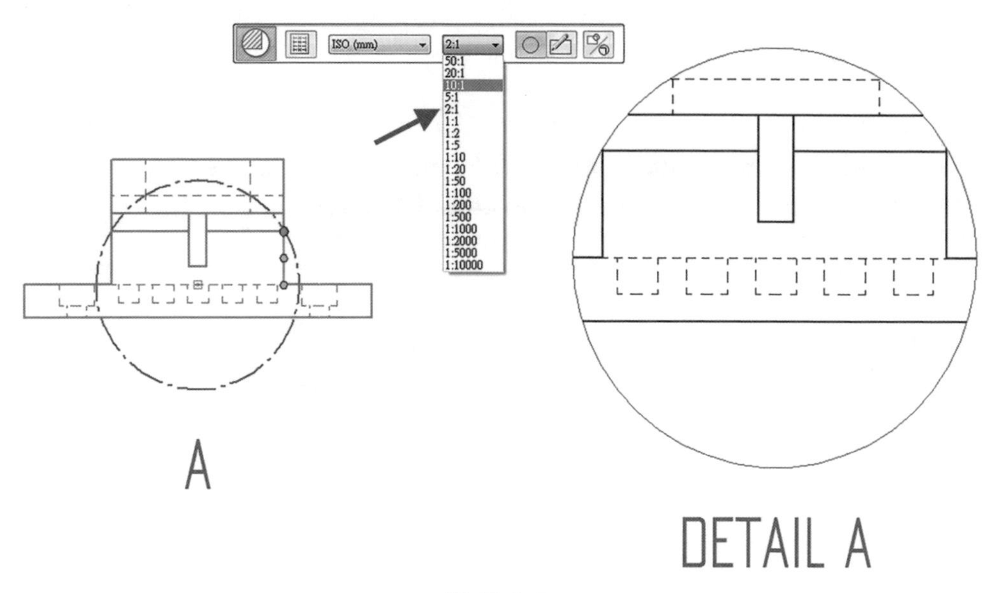

圖 17-3-5

5. 使用者可點選視圖進行調整修改，如：「視圖名稱」不符合使用者需求時，可在「標題編輯欄」中進行修改，「%AS」為語法名稱請勿更動。在「選取-顯示標題」按鈕中，點擊「顯示視圖比例」按鈕以顯示視圖比例，如圖 17-3-6。

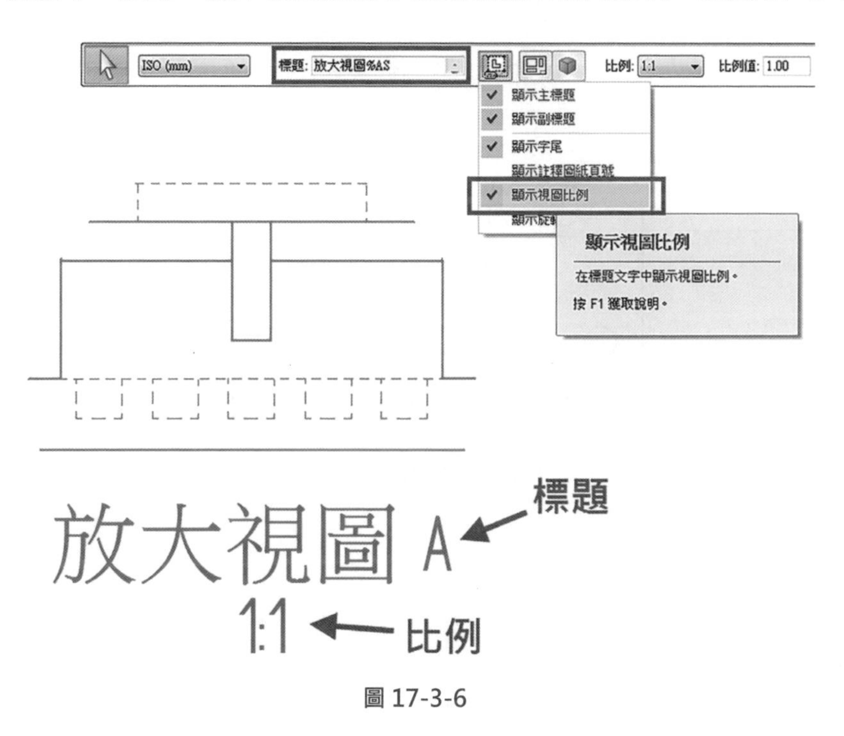

圖 17-3-6

■ 剖視圖

6. 在建立「剖視圖」之前，需要先行建立「切割面線」，因此請先點選「首頁」→「圖紙視圖」中的「切割面」指令，如圖 17-3-7。

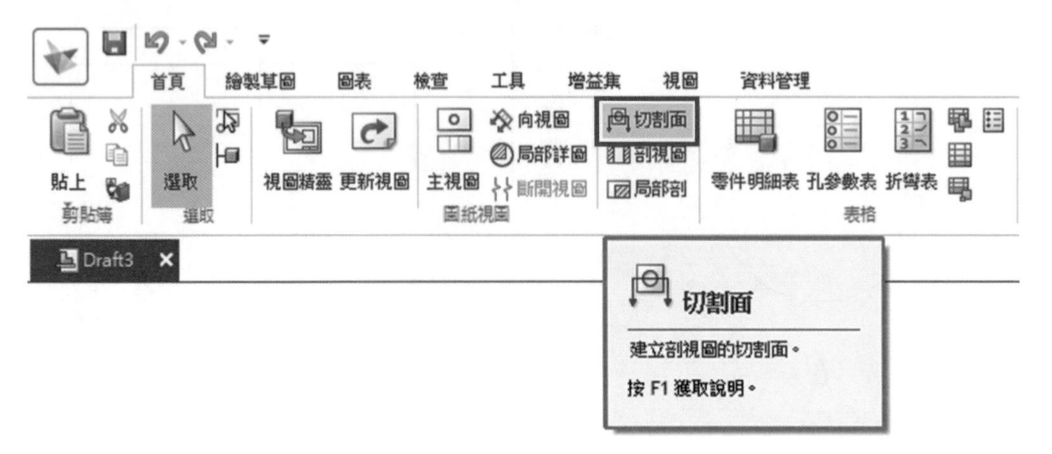

圖 17-3-7

7. 選擇一個視圖用以繪製「切割面線」，如圖 17-3-8。

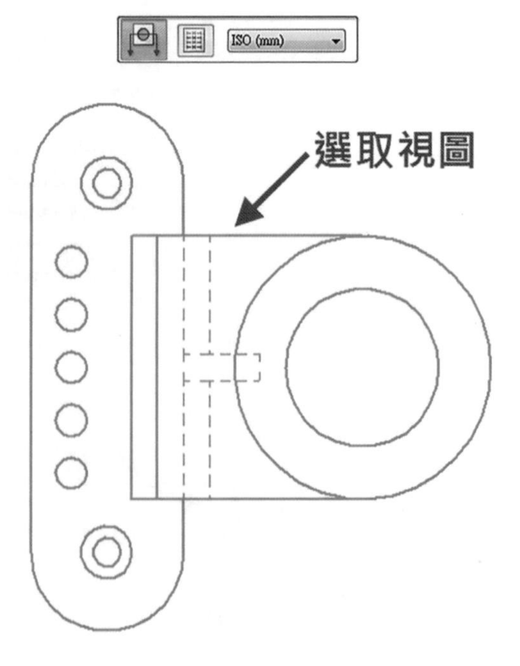

圖 17-3-8

8. 可調整視圖大小以方便繪製，水平穿過零件中兩個孔的切割面線，（使用者可以在繪製線時定位孔的中心，將游標定位在孔上，但不點擊滑鼠。此時，圓會高亮度顯示並在圓心處出現中心標記），現在，在視圖的右側或左側移動游標，然後點擊以開始繪製直線，如圖 17-3-9。

備註：切割面線僅限直線的連續線段，因此在此環境中不得繪製成封閉草圖或是使用曲線繪製。

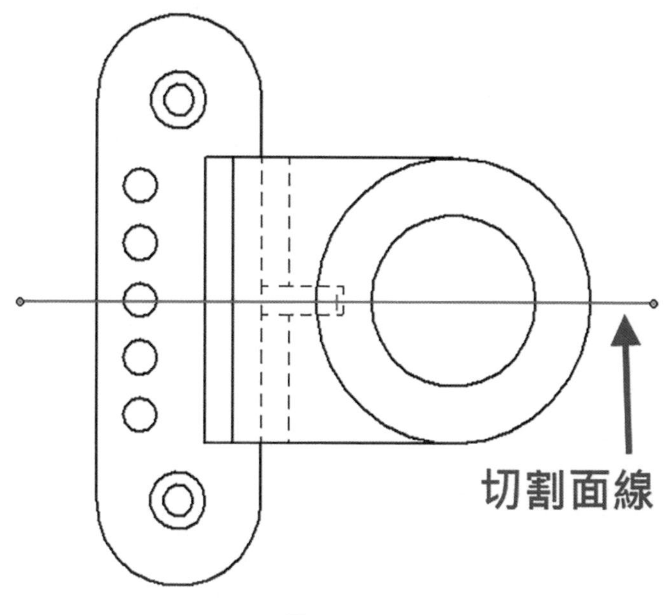

圖 17-3-9

9. 切割面線繪製完成後，點選右上角的「關閉切割面」指令，關閉此繪圖環境，如圖 17-3-10。

圖 17-3-10

10. 透過滑鼠上下移動來定義剖視圖的視圖方向，確定後，點擊滑鼠「左鍵」以確定方向，如圖 17-3-11。

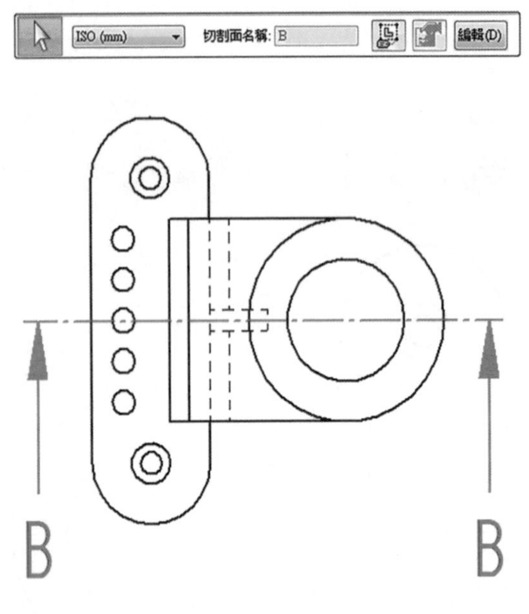

圖 17-3-11

11. 接著點擊「剖視圖」指令，再點選切割面線建立視圖，如圖 17-3-12。

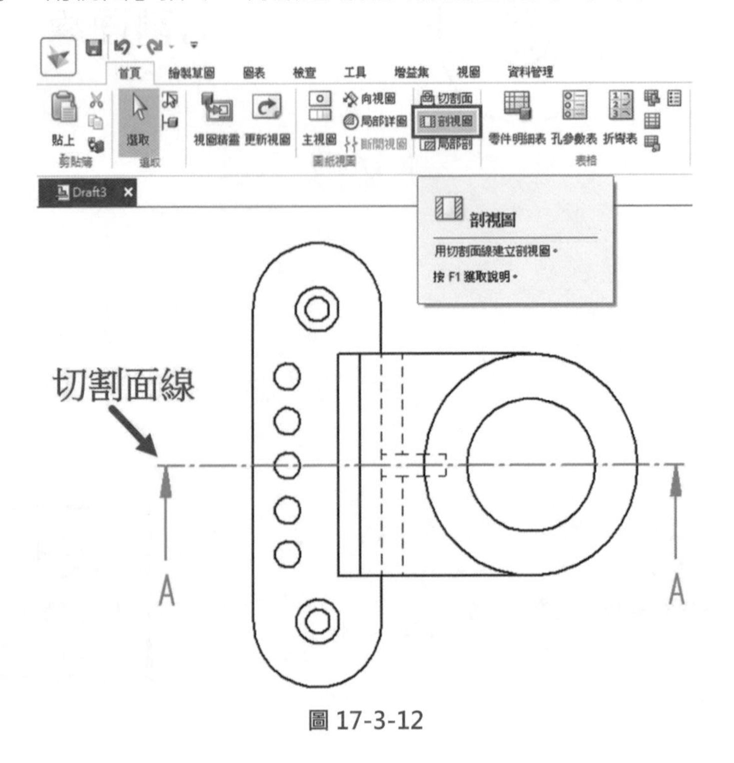

圖 17-3-12

12. 透過滑鼠拖曳向上建立視圖後，可以在「標題編輯框」中輸入所需要的名稱，如圖 17-3-13。

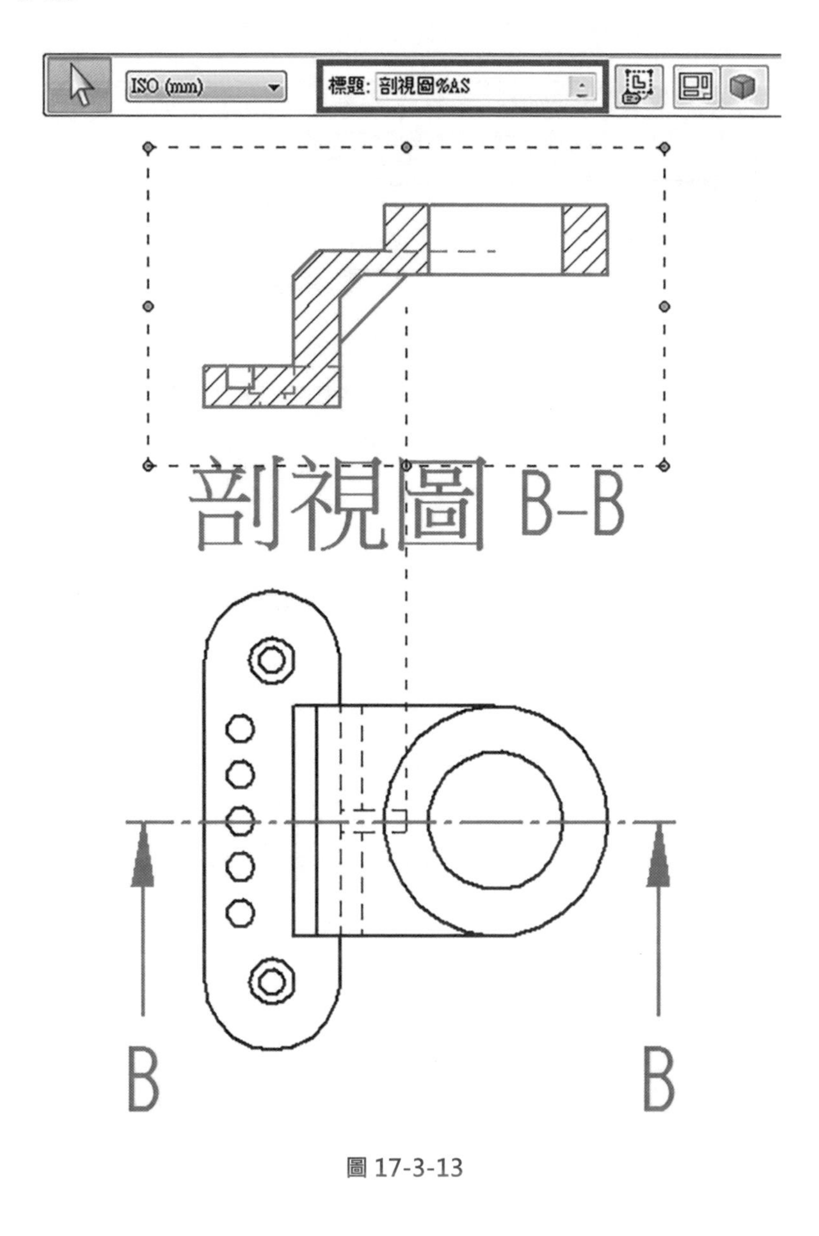

圖 17-3-13

13. 如要關閉剖視圖的隱藏線，可以點選剖視圖後，在快速工具列上開啟「性質」指令，於性質中修改隱藏線的顯示，如圖 17-3-14。

圖 17-3-14

14. 在「顯示」標籤中清除「隱藏邊樣式」選項前面的勾選標記，如圖 17-3-15。請注意，您將看到一個對話方塊，說明對顯示設定所做的變更，會影響此圖紙視圖預設的零件邊顯示設定，點擊「確定」關閉此對話方塊。

圖 17-3-15

15. 關閉對話方塊後，視圖更新如圖 17-3-16。

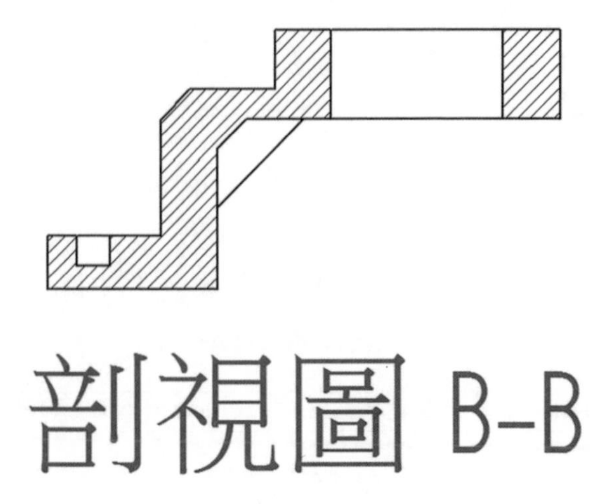

圖 17-3-16

17-4 建立快速圖紙頁範本

「快速圖紙頁範本」是特殊類型的圖紙範本，可用來快速生成 3D 視圖，「快速圖紙頁範本」是包含 “未連結” 到模型的圖紙視圖，使用者可將相似的零件，利用「快速圖紙頁範本」快速地做好視圖佈局以供出圖使用。

1. 利用前面章節已建立的圖紙作為「快速圖紙頁範本」，如圖 17-4-1。

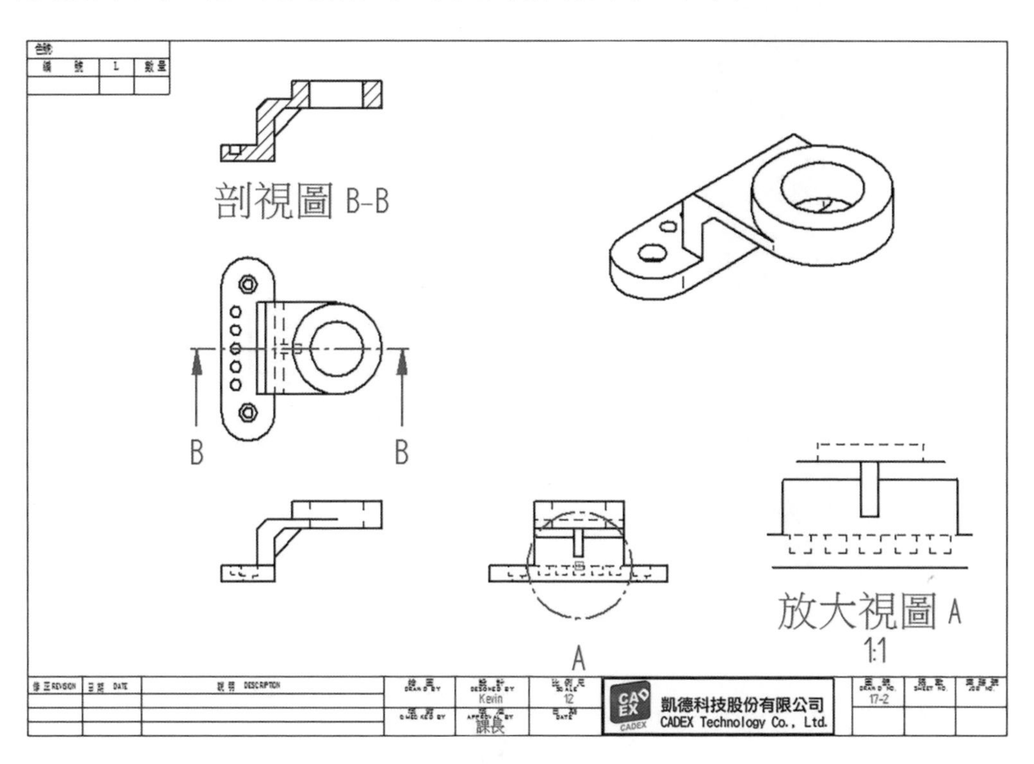

圖 17-4-1

2. 從「應用程式按鈕」→「設定」→「建立快速圖紙頁範本」，將目前使用的工程圖建立成「快速圖紙頁範本」，如圖 17-4-2。

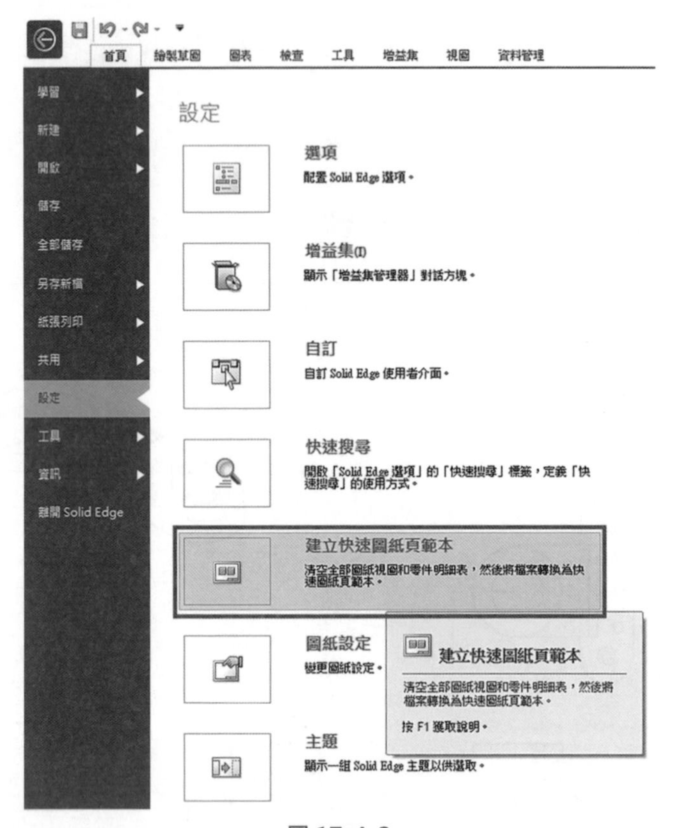

圖 17-4-2

3. 點選「建立快速圖紙頁範本」指令後，會跳出警告視窗說明建立快速圖紙範本之後，工程圖中的"所有"視圖將會被移除，只保留「視圖佈局」及「比例」，執行之後是不能復原的，如果當前工程圖是需要的，務必先行存檔再進行「建立快速圖紙頁範本」，如圖 17-4-3。

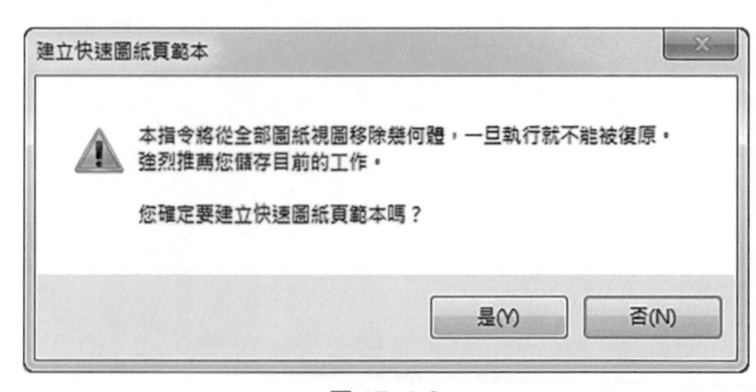

圖 17-4-3

4. 儲存好快速圖紙範本後，工程圖中只會保留視圖佈局以供使用者快速建立視圖，如圖 17-4-4。

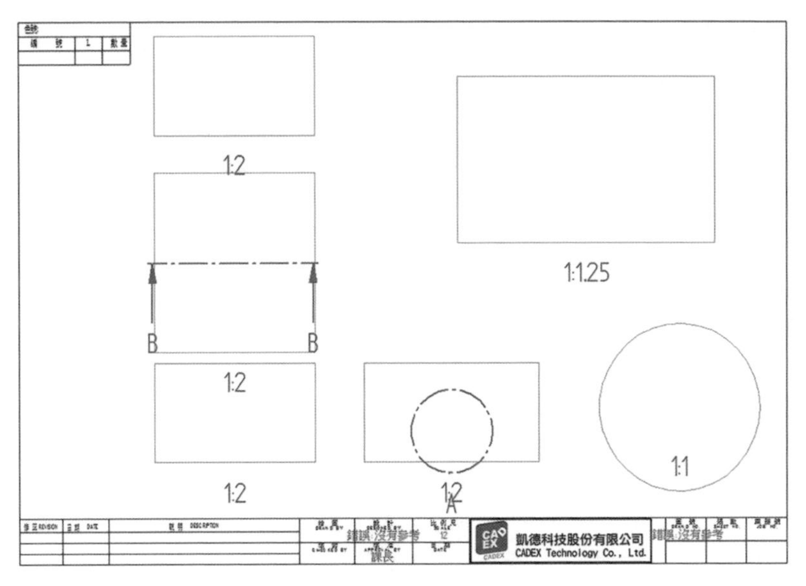

圖 17-4-4

5. 此時利用左側的「庫」工具列找到「17-4.par」，點選後拖曳至工程圖中，如圖 17-4-5。

備註：即便不是使用「快速圖紙頁範本」時，也可利用「庫」工具列拖曳零件，帶入零件視圖於工程圖中，以建立零件視圖。

圖 17-4-5

6. 確認滑鼠游標上出現「＋號」，即可放開滑鼠「左鍵」，使其載入零件視圖到工程圖中，如此一來可減去相似零件建立視圖的時間，如圖 17-4-6、圖 17-4-7。

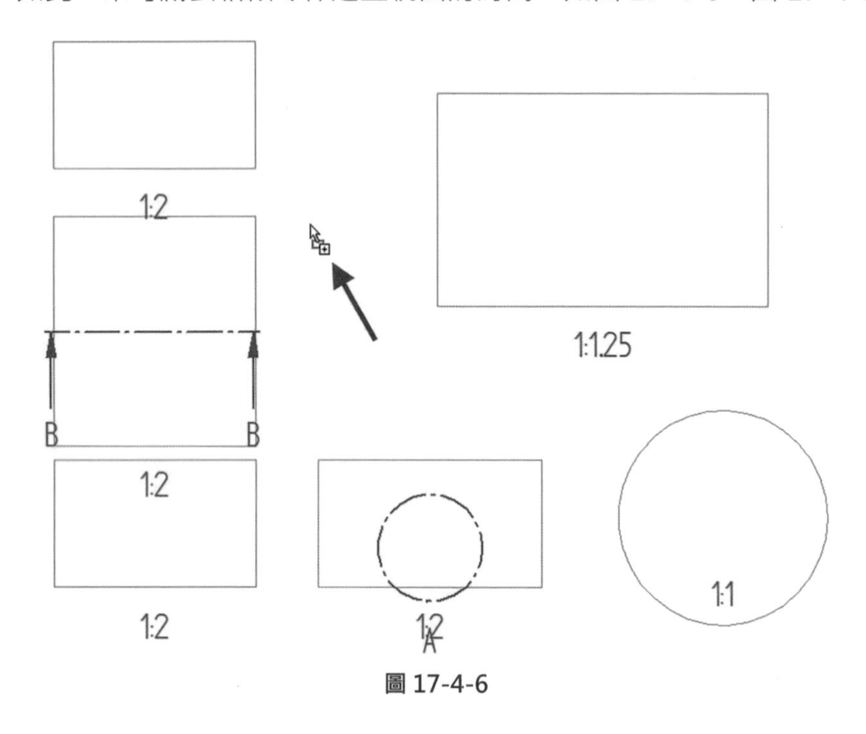

圖 17-4-6

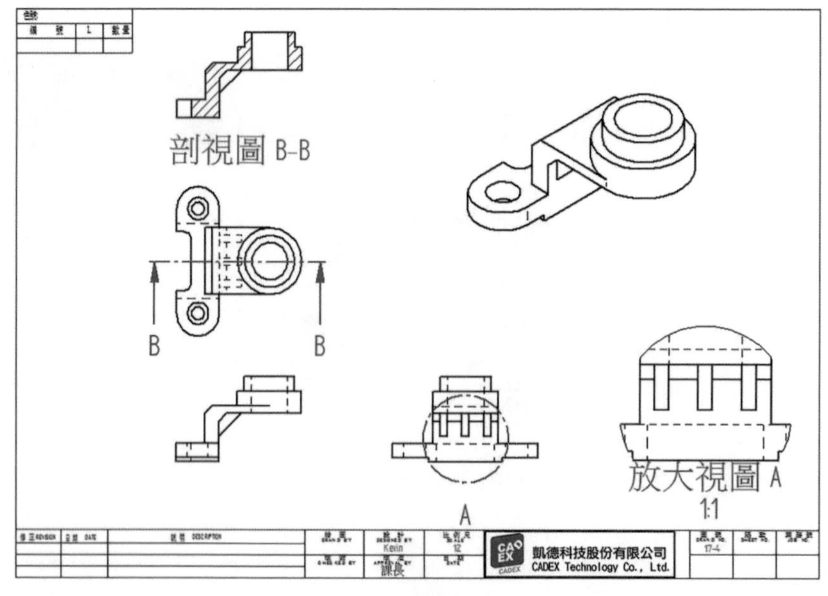

圖 17-4-7

17-5 取回尺寸及設計變更

本章節將接續前面章節的範例：從「建立模型的圖紙視圖」結束的地方開始。

1. 關於工程圖的尺寸標註，使用者可以在如同 3D 模型時，使用「智慧尺寸」來標註尺寸。

   然而在繪製 3D 模型時，一般都會標註尺寸以供定義 3D 外形，因此在 Solid Egde 工程圖中標註尺寸最快的方式，是使用「取回尺寸」指令，將在 3D 模型中所標註的尺寸帶入工程圖。

   選取「首頁」→「尺寸」→「取回尺寸」，如圖 17-5-1。

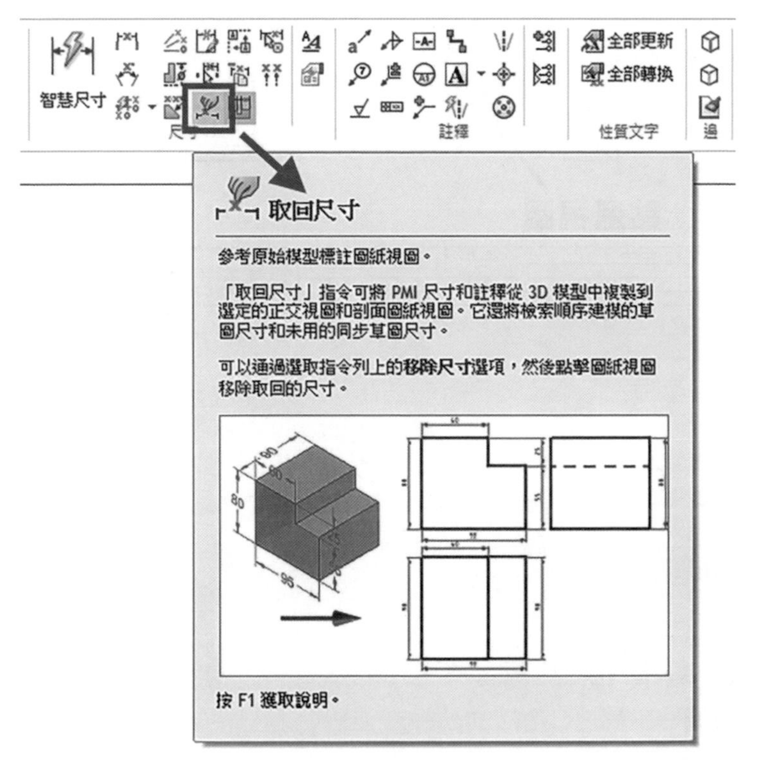

圖 17-5-1

2. 點選指令後，只要點擊視圖即可調入 3D 模型中所使用的尺寸，以達到快速標註尺寸的效果，如圖 17-5-2。

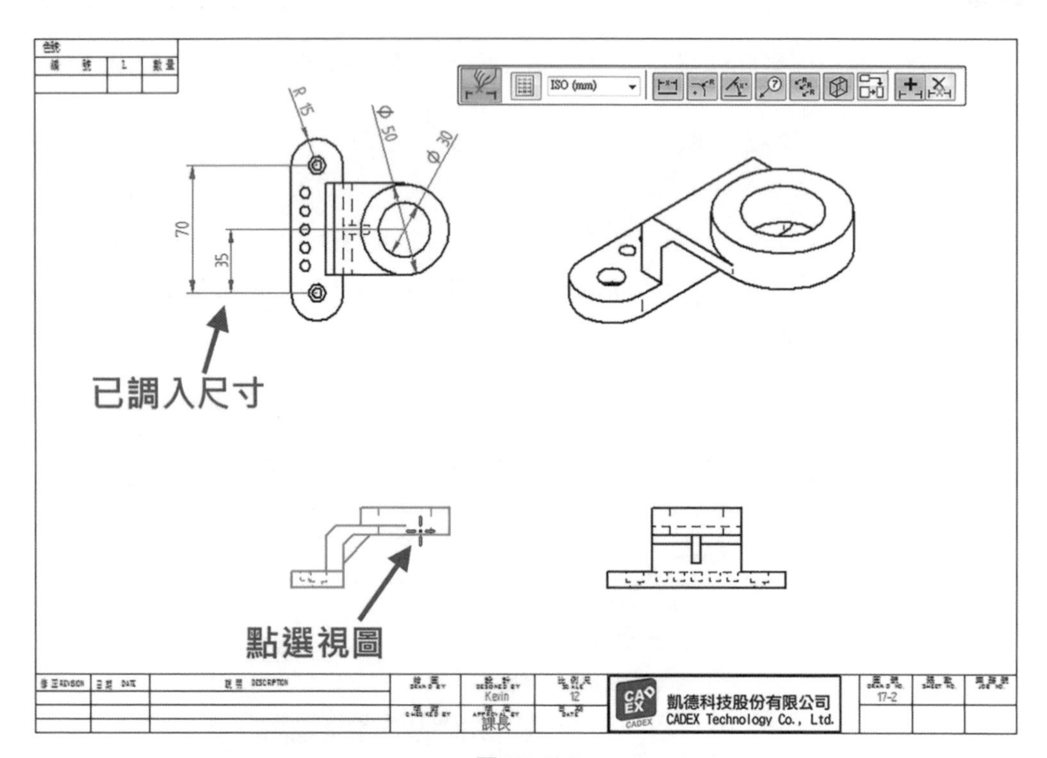

圖 17-5-2

備註：「取回尺寸」指令會依據使用者在繪製 3D 模型時，所標註的 PMI 尺寸方向取回，如圖 17-5-3。

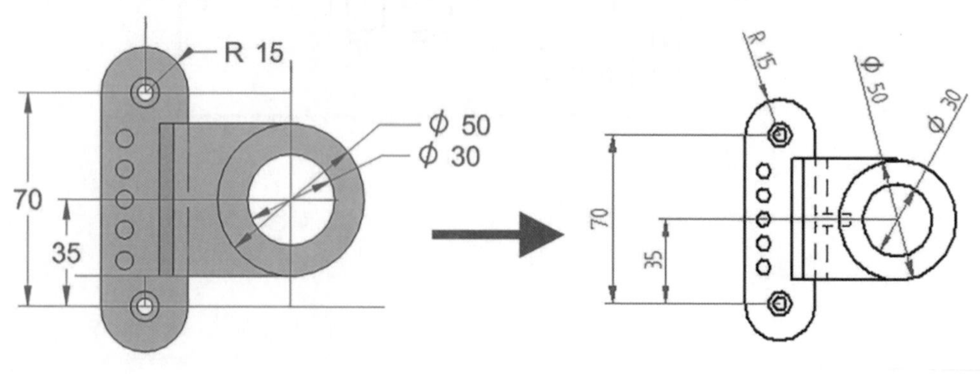

圖 17-5-3

另外，若使用者在標註尺寸但未確定尺寸方向時，可利用快捷鍵「N」、「B」切換尺寸方向，進而影響「取回尺寸」時所調入尺寸顯示的視圖，如圖 17-5-4。

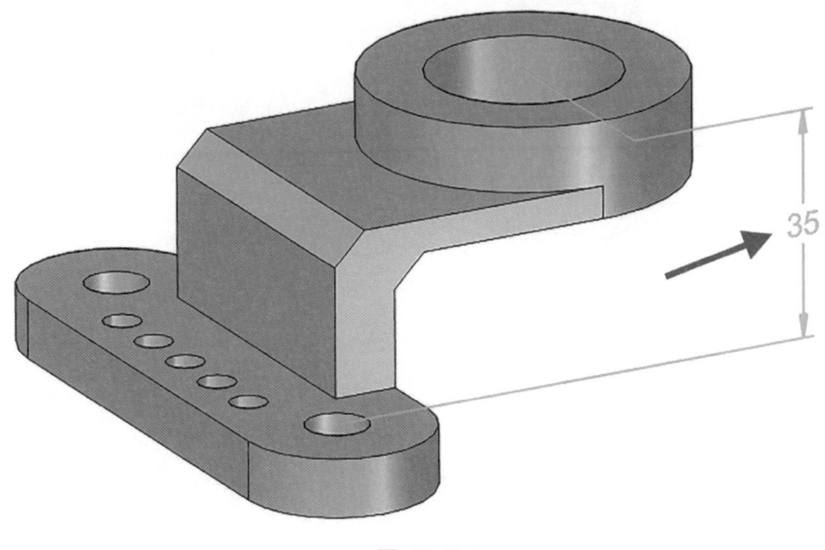

圖 17-5-4

接下來將說明，如果零件在標註後，需要進行設計變更時，該做何處理。本章節將延續前面章節所使用的「零件」及「工程圖」進行說明。

3. 確認零件中需要設計變更的部分，接下來，將以圖 17-5-5 中的「50 mm」進行修改與說明。

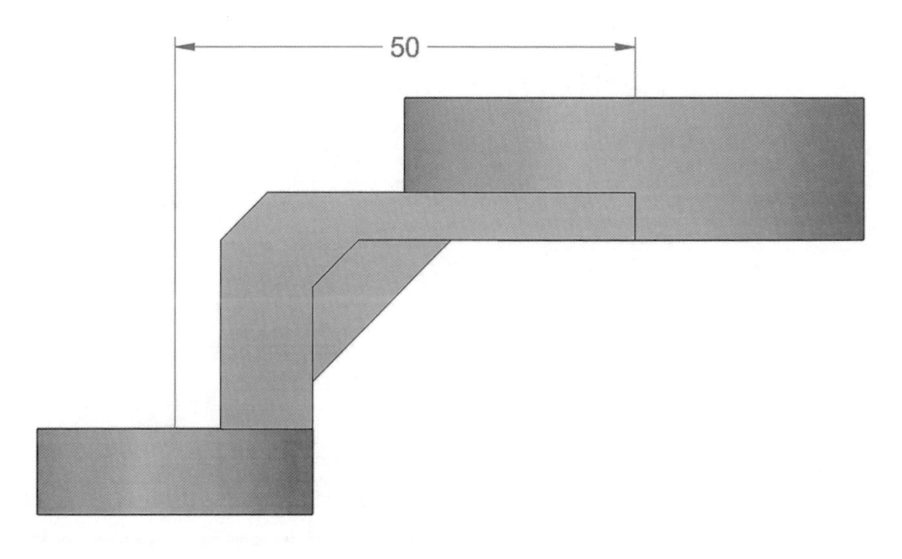

圖 17-5-5

4. 將模型尺寸「50 mm」更改為「70 mm」，如圖 17-5-6。

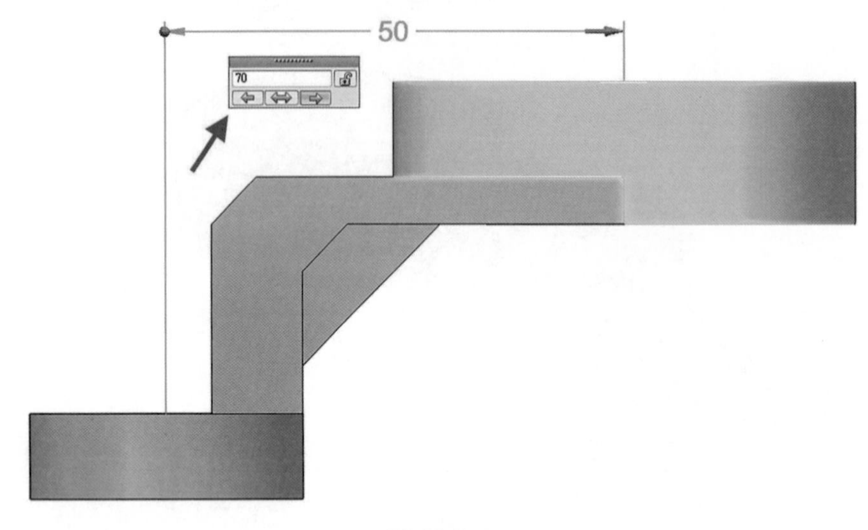

圖 17-5-6

5. 這時再切換回工程圖中時，可發現各視圖上出現灰色細線框，如圖 17-5-7。

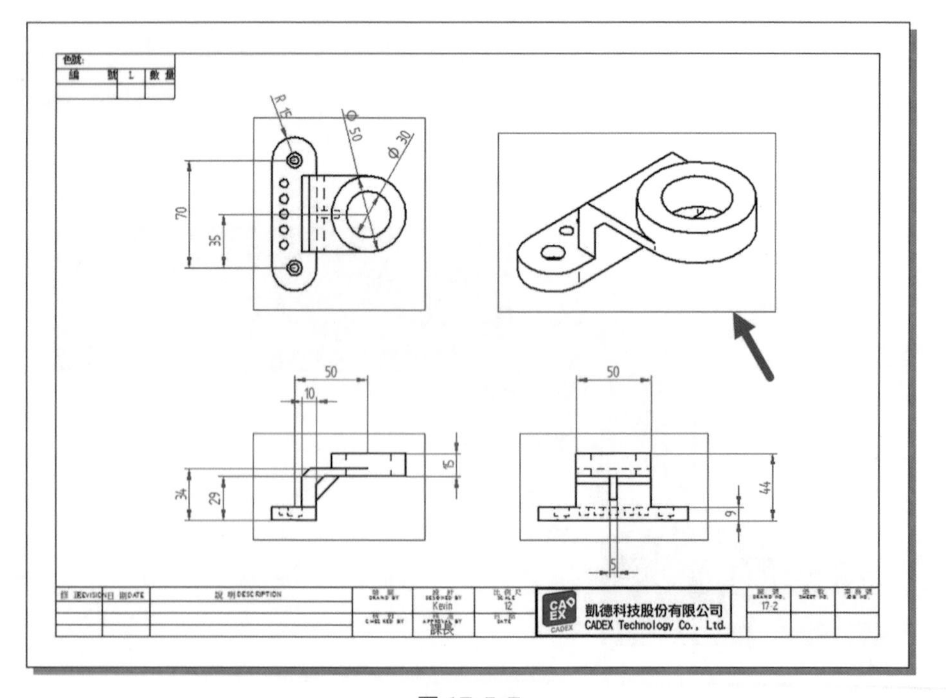

圖 17-5-7

6. 視圖周圍出現灰色外輪廓線表示「此視圖已過期」，變更 3D 模型中任何的尺寸都會導致圖紙視圖過期。
   使用者可利用「工具」→「助手」→「圖紙視圖跟蹤器」指令，透過「圖紙視圖跟蹤器」查閱過期視圖，如圖 17-5-8。
   在「圖紙視圖跟蹤器」中，每個圖紙視圖名稱前的圖示已由過期圖示取代。

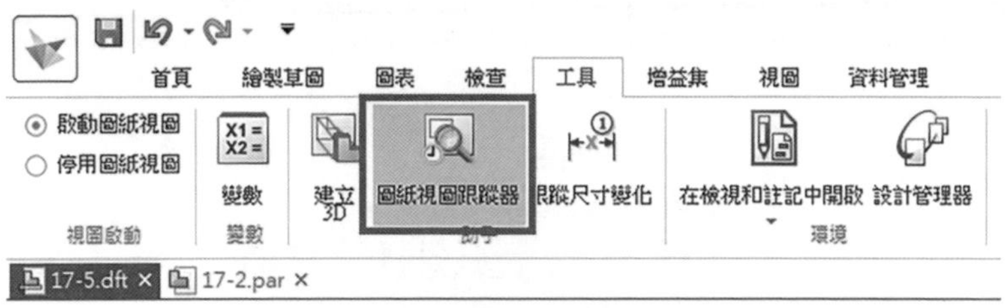

圖 17-5-8

7. 透過「圖紙視圖追蹤器」中顯示的視圖狀態，使用者可知道視圖已經過期，需要更新視圖以修改成當前模型的視圖，可使用「首頁」→「圖紙視圖」→「更新視圖」指令進行更新，如圖 17-5-9。

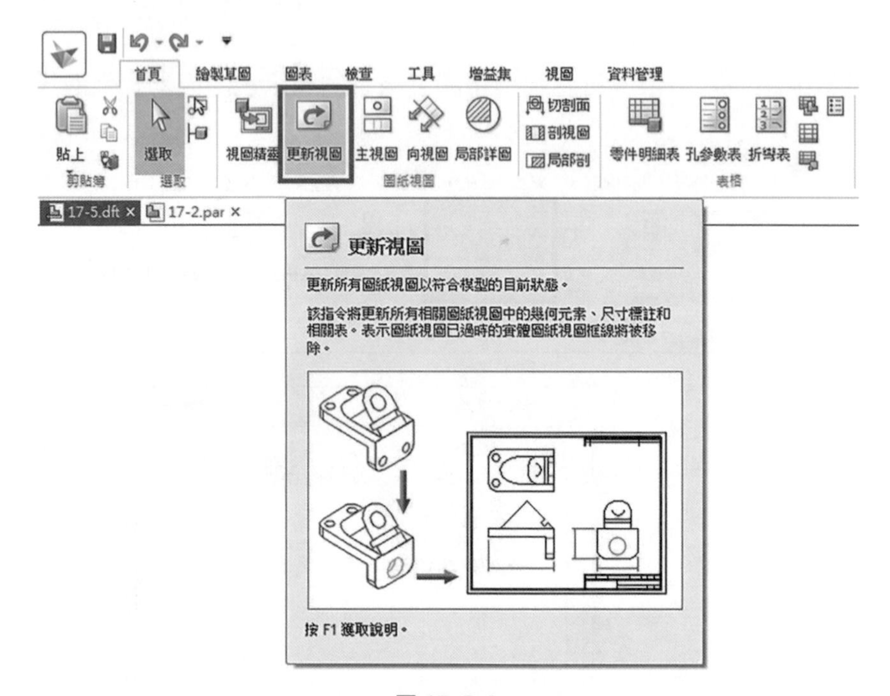

圖 17-5-9

8. 「更新視圖」後，由於先前已標註好尺寸，這時 Solid Edge 會自動啟動「尺寸跟蹤器」，從「尺寸跟蹤器」中可知道那些尺寸原本值以及修改後的數值，同時會加上設變「記號」供使用者辨識，如圖 17-5-10。

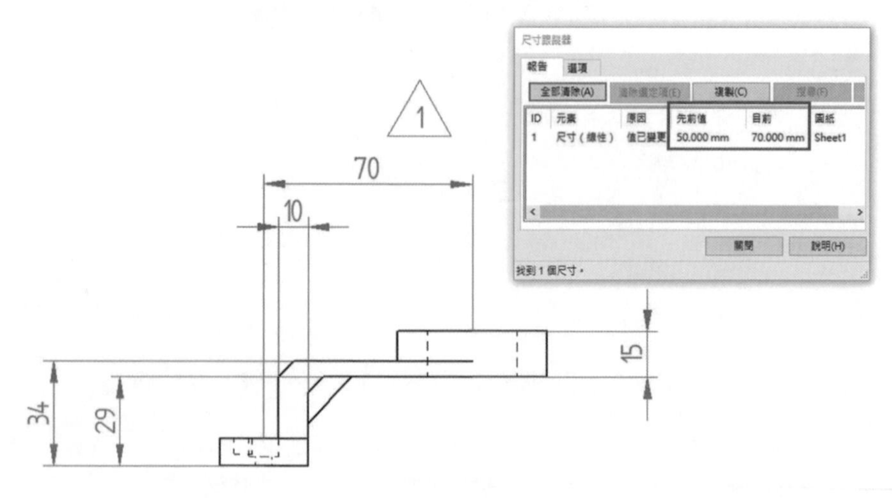

圖 17-5-10

9. 若使用者不清楚設變的尺寸在視圖中的哪個位置，可以點選尺寸透過「搜尋」按鈕，畫面會自動縮放至該尺寸位置；如果此次修改並不需要設變記號，也可利用「全部清除」或「清除選定項」將記號刪除，如圖 17-5-11。

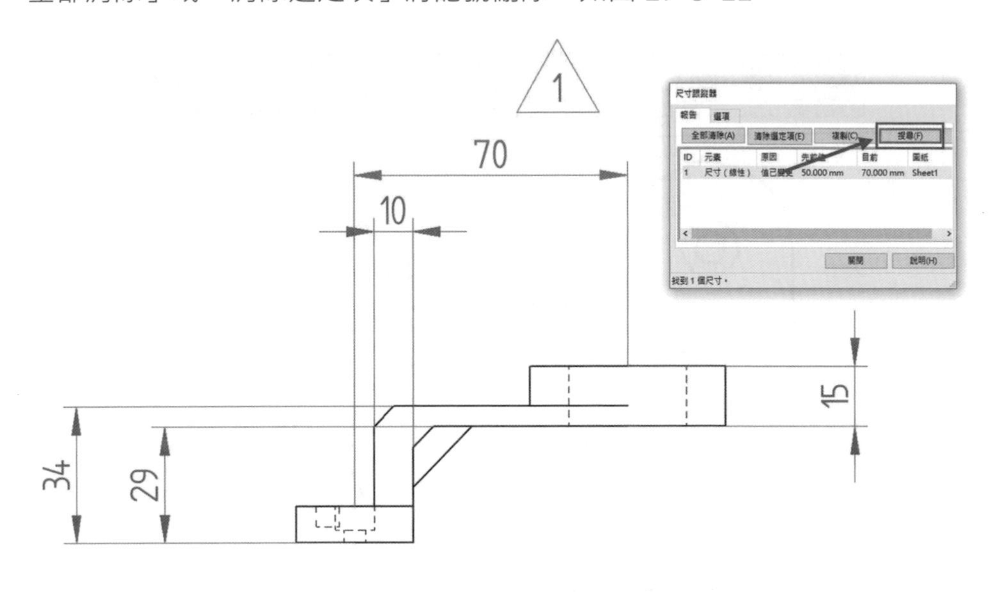

圖 17-5-11

10. 接著，利用「首頁」→「註釋」→「中心線」指令，利用「中心線」指令建立視圖中的中心線段，可以選擇「兩點」或「兩條線」的模式，如圖 17-5-12。

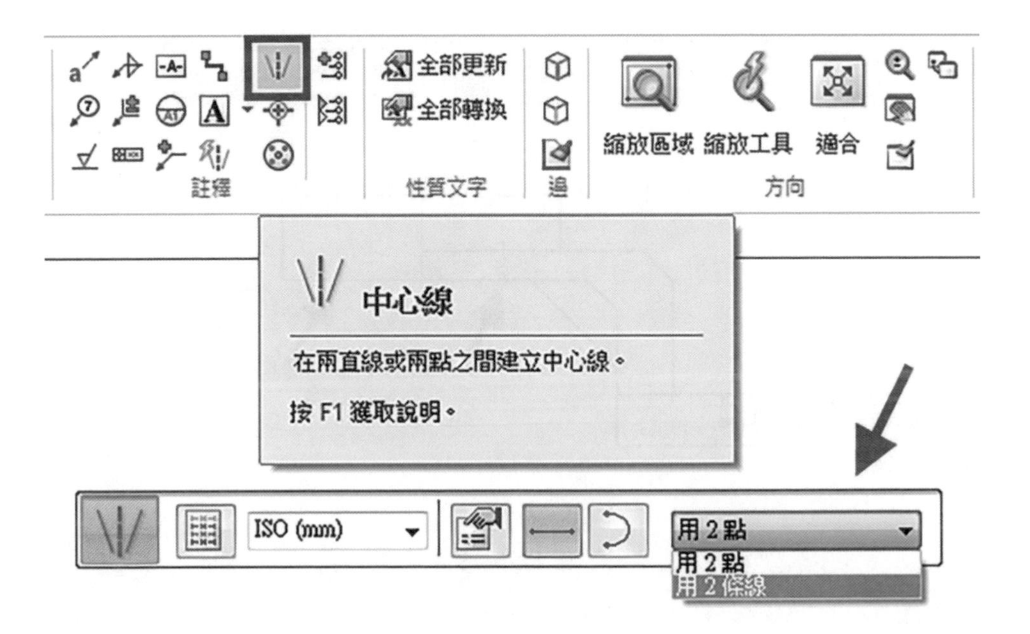

圖 17-5-12

11. 「兩點」方式：如同繪製直線一般，藉由鎖點方式鎖定兩個點位即可繪製。

    「兩條線」方式：可選取兩條線段，Solid Edge 會計算兩線段的中間位置繪製中心線，如圖 17-5-13。

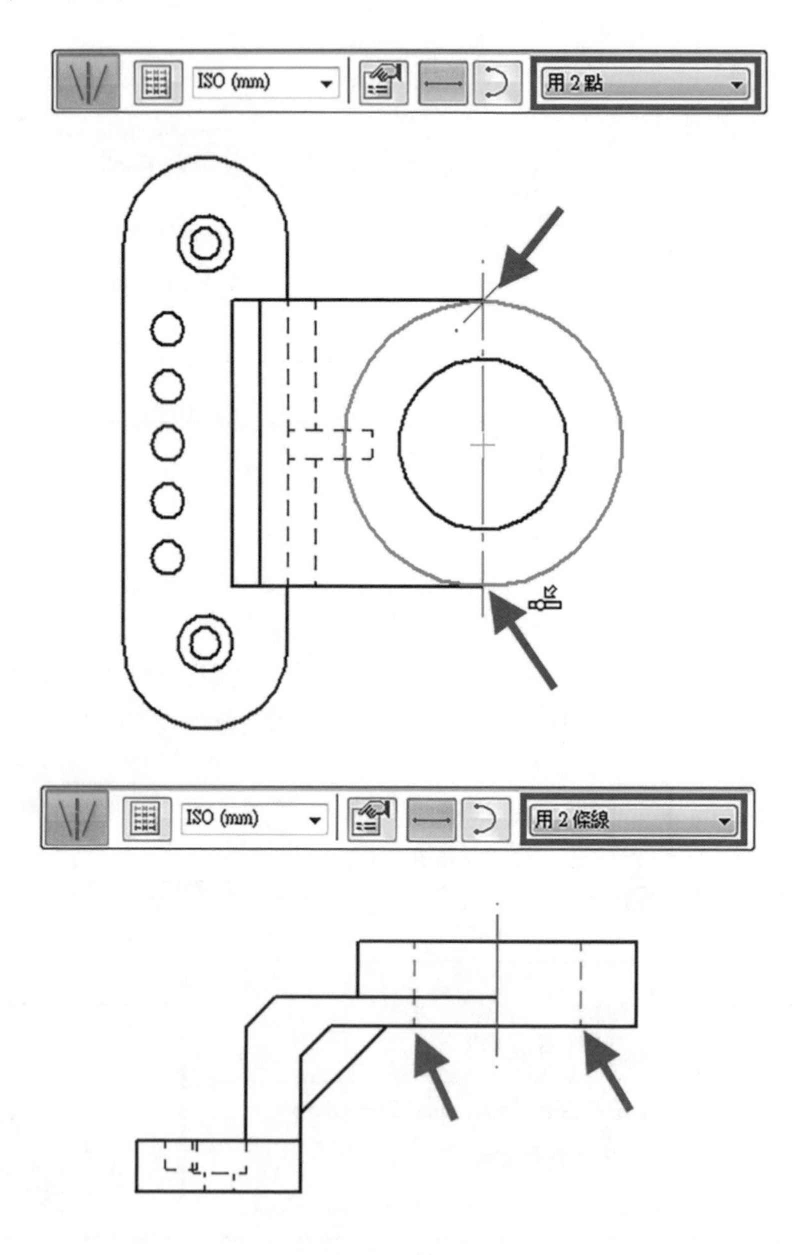

圖 17-5-13

12. 除此之外，Solid Edge 還提供了「自動建立中心線」，點選任一視圖之後，Solid Edge 會自行辨識視圖中需要繪製中心線的部分，由 Solid Edge 自動產生中心線，如圖 17-5-14。

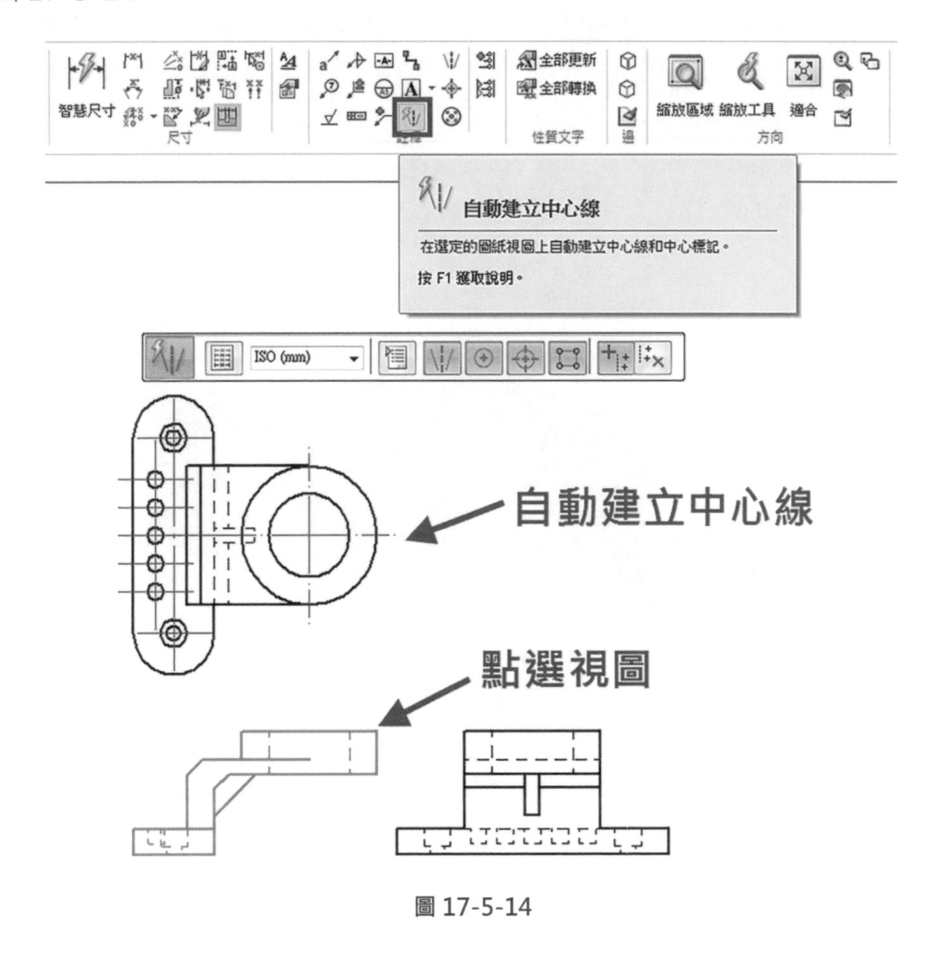

圖 17-5-14

17-6 產品加工資訊 PMI 應用

西門子的 Product and Manufacturing Information (PMI) 解決方案有助於實現全面的 3D 註釋環境，以及傳達這些信息供製造應用。透過 PMI 有利於信息的重用於整個產品生命週期。

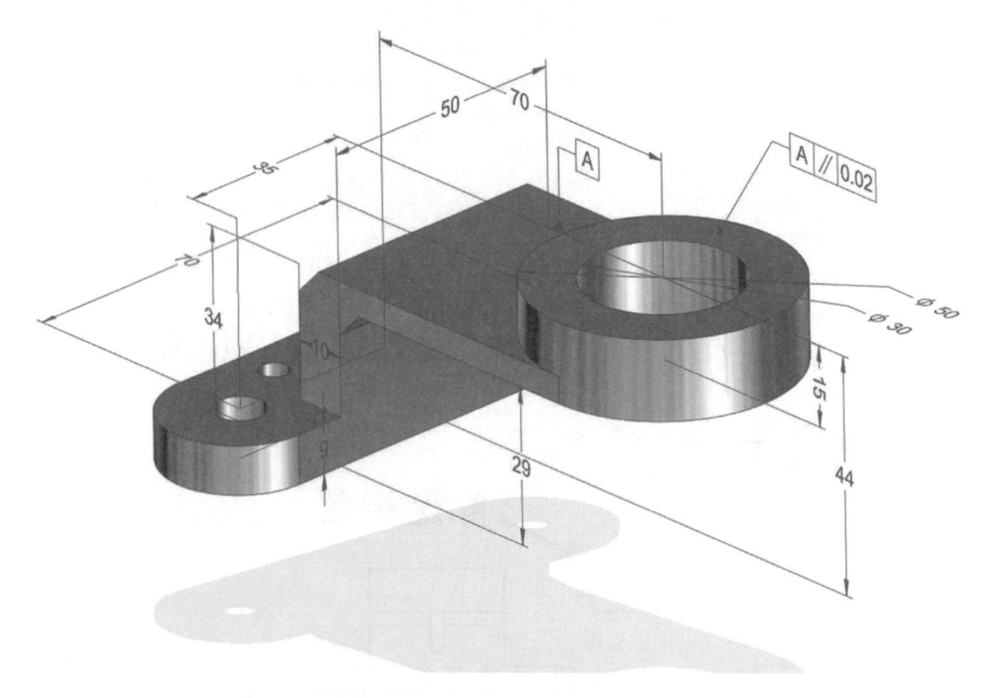

本章將利用 2D 標註介紹常見 PMI 應用範疇，包括「尺寸標註」、「單位公差」、「幾何公差符號」、「特徵標註」...等。

1. 除了利用「取回尺寸」達到快速標註尺寸之外，使用者也可以利用「智慧尺寸」進行標註，點選「智慧尺寸」指令後，再點擊要標註尺寸的位置，例如圖中 1 跟 2 所指的邊線，如圖 17-6-1。

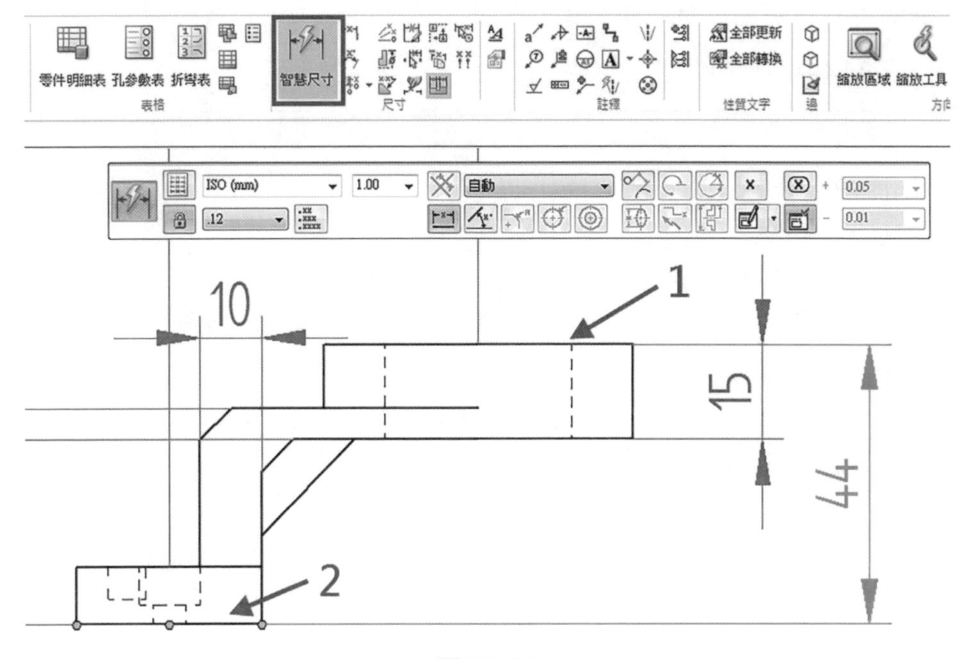

圖 17-6-1

2. 標註尺寸之後，有時會在尺寸前方加入「數量」標示，以確認其數量，如圖 17-6-2 當中的「R15」尺寸，也可以加入數量標示如「2 × R15」以供加工人員知道兩邊圓弧尺寸皆為 R15。

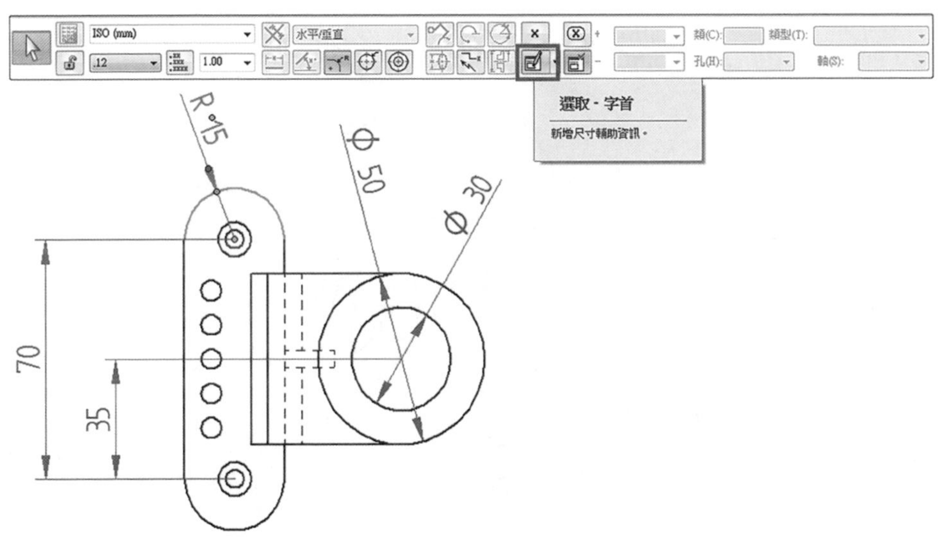

圖 17-6-2

3. 在「尺寸字首」對話方塊中，使用者可在「字首」、「字尾」自行輸入所需的文字內容，而中間顯示的「1.123」代表著尺寸，因此可於「字首」編輯欄中輸入「2x」，這樣一來尺寸將會顯示為「2 × R15」，如圖 17-6-3，而使用者也可以利用旁邊的「特殊字元」帶入所需要的符號。也可以利用「孔參照尺寸」、「智慧深度」帶出孔特徵的資訊。

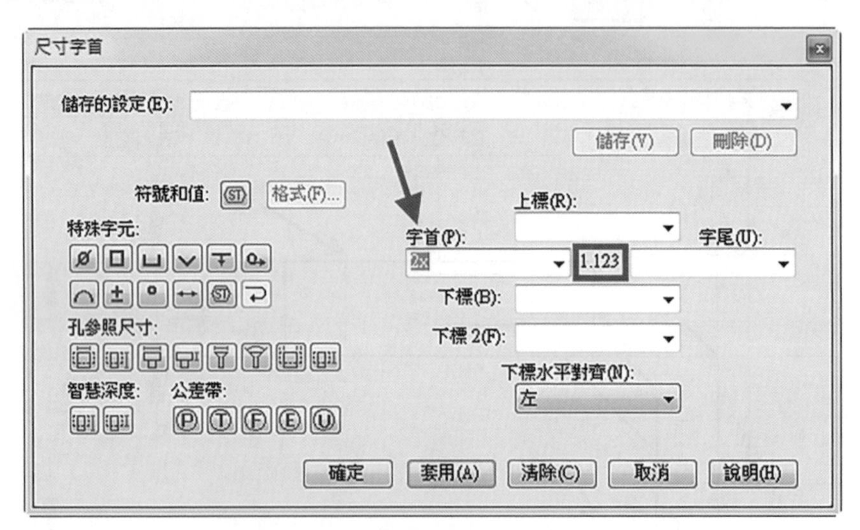

圖 17-6-3

4. 點選「確定」後，Solid Edge 會自動關閉「尺寸字首」對話方框，尺寸上就會加入使用者所需要的「字首」或「字尾」，如圖 17-6-4。

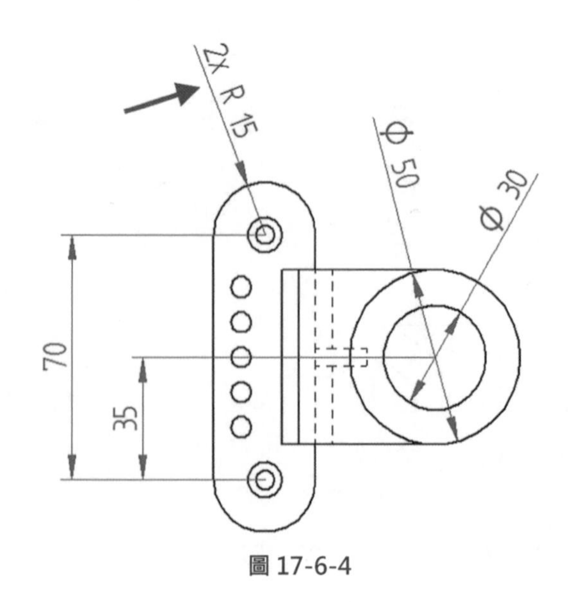

圖 17-6-4

5. 如果需要建立公差，可先點選需要加入公差的尺寸，再點擊快速工具列上的「尺寸類型」選擇需要使用的公差類型，如圖 17-6-5。

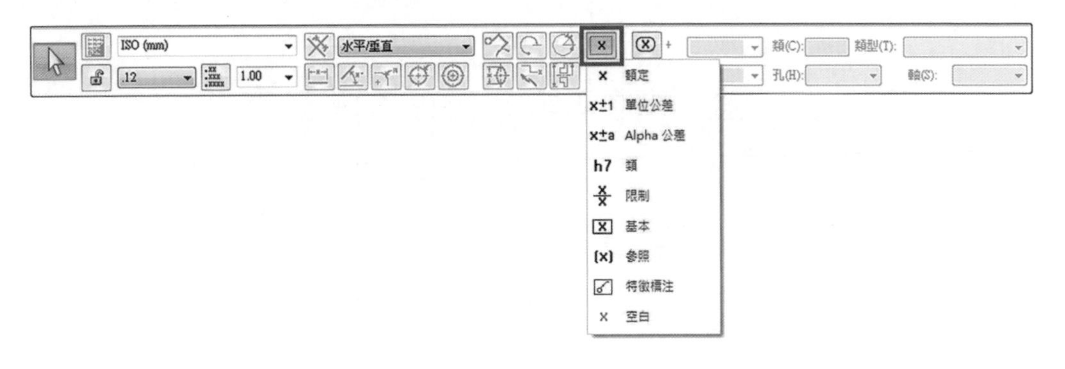

圖 17-6-5

6. 比如選擇「X±1 單位公差」，可以輸入正負公差值，以建立公差，如圖 17-6-6。

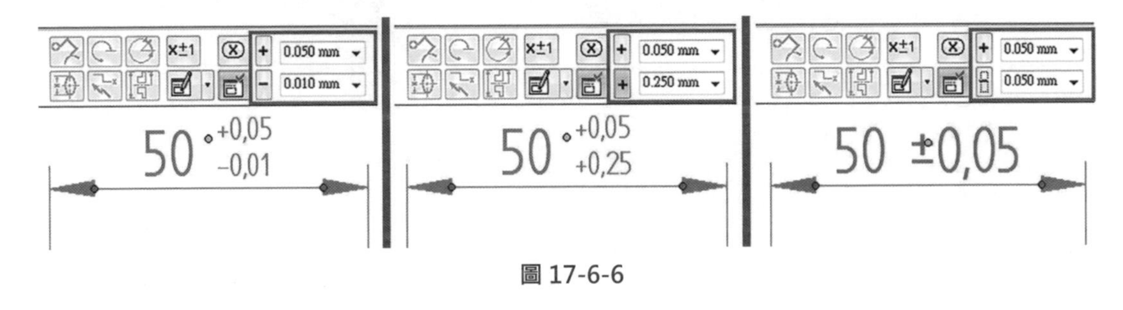

圖 17-6-6

7. 也可以選擇「h7 類」建立基孔制或基軸制這類的標準公差，在選擇「h7類」之後依照基孔制或基軸制選擇「孔(H)」或「軸(S)」並且選擇所需的公差單位即可，如圖 17-6-7。

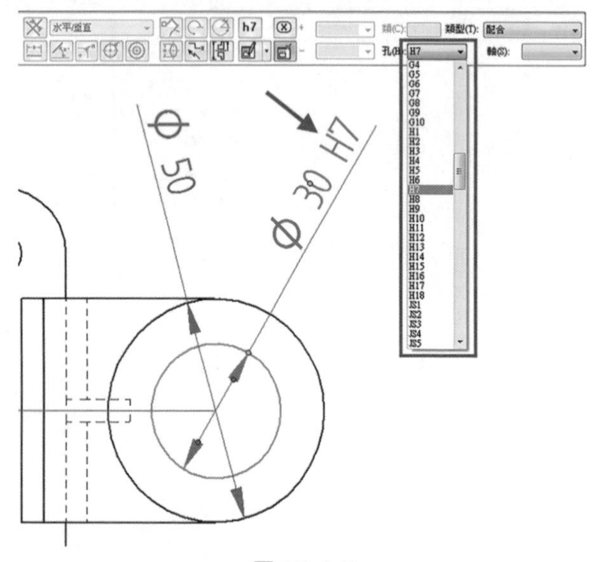

圖 17-6-7

8. 而這樣的公差為了方便辨識，使用者也可以將「類型(T)」切換至「帶公差配合」，這樣基孔制的公差會帶上尺寸以供辨識，如圖 17-6-8。

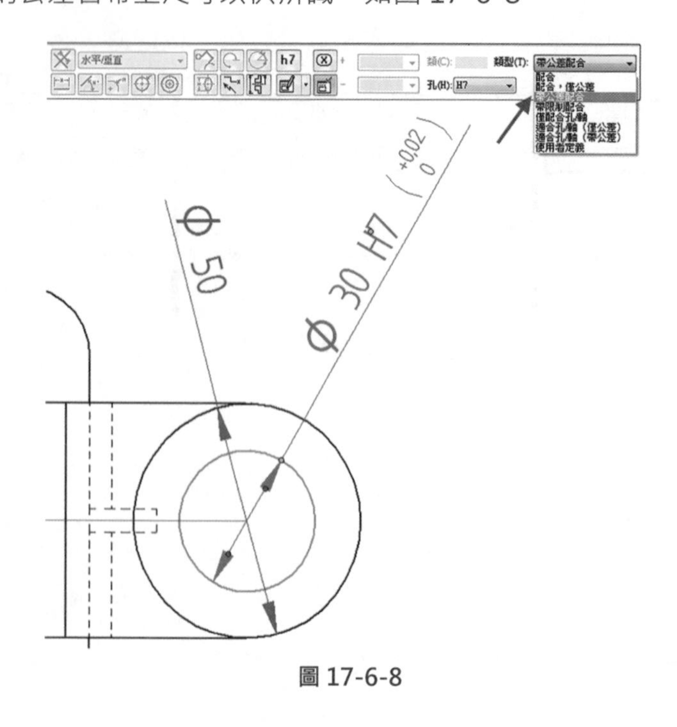

圖 17-6-8

9. 工程圖中除了尺寸公差之外，也經常使用「幾何公差」作公差表示，因此使用者可以利用「幾何公差符號」建立幾何公差，如圖 17-6-9。

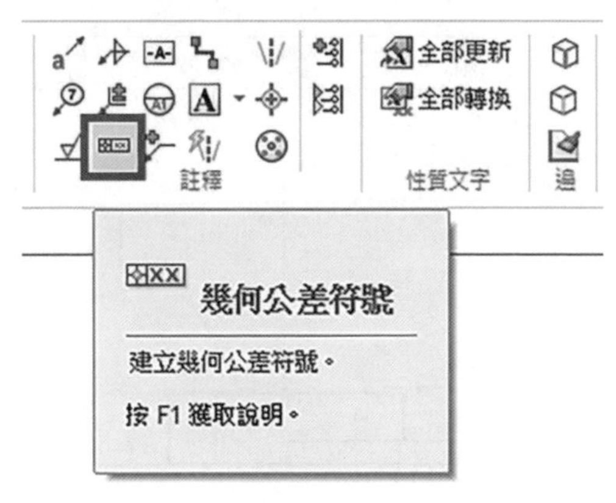

圖 17-6-9

10. 點選指令後，可利用「幾何公差符號性質」對話方塊進行幾何公差的編寫，以圖 17-6-10預覽圖中的「幾何公差」 // 0.02 A 作為說明。
   - 在內容編輯欄中進行編輯，先點選「幾何符號」中的「平行度」按鈕，以建立平行度的幾何符號。
   - 接著點選「分隔符號」按鈕作為分隔線，再輸入需要的公差值「0.02」。
   - 再點選「分隔符號」建立分隔線，再輸入需要對照的基準面「A」。
   - 此建立的幾何公差定義為：針對「A」基準面，要求「平行度」精度為「0.02 mm」。

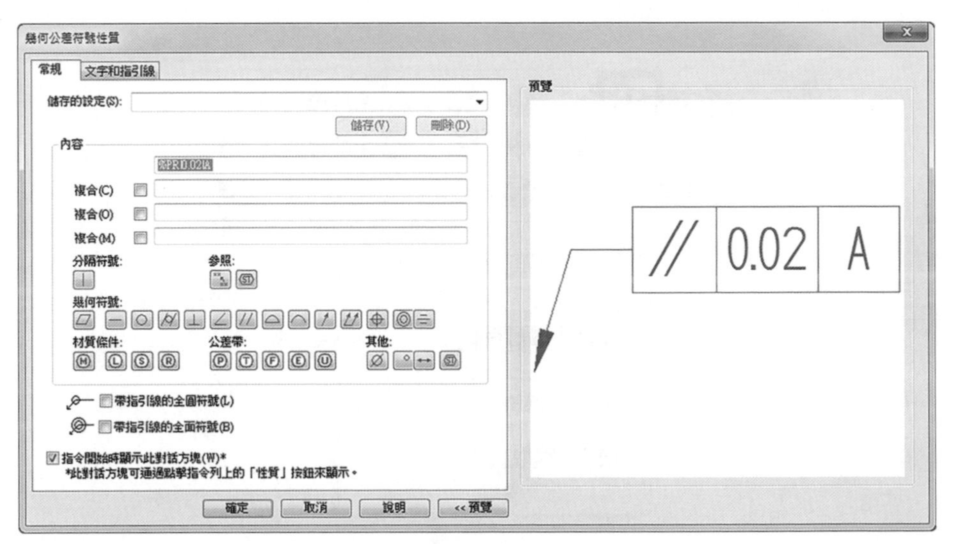

圖 17-6-10

11. 編寫完幾何公差的設定之後，點選「確定」按鈕，即可選定一個平面以建立幾何公差，如圖 17-6-11。

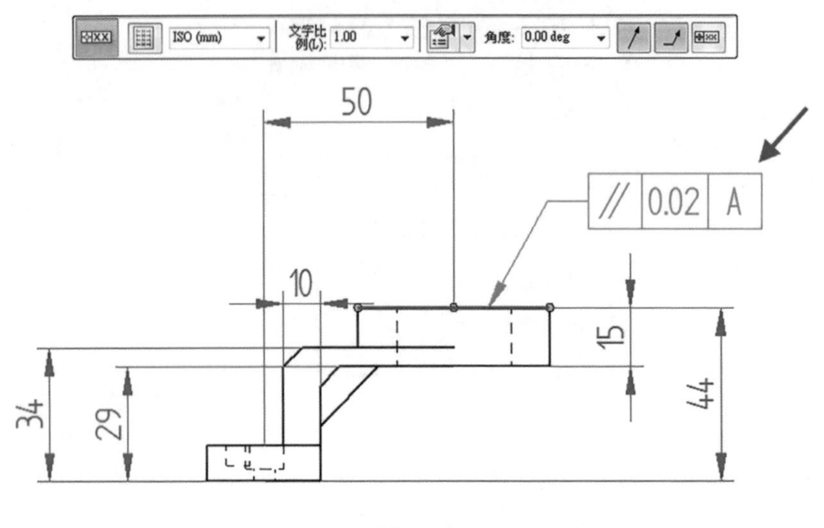

圖 17-6-11

12. 既然建立的幾何公差有需要「A 基準面」作為參照，因此使用者可利用「基準框」指令建立基準面的標示，如圖 17-6-12。

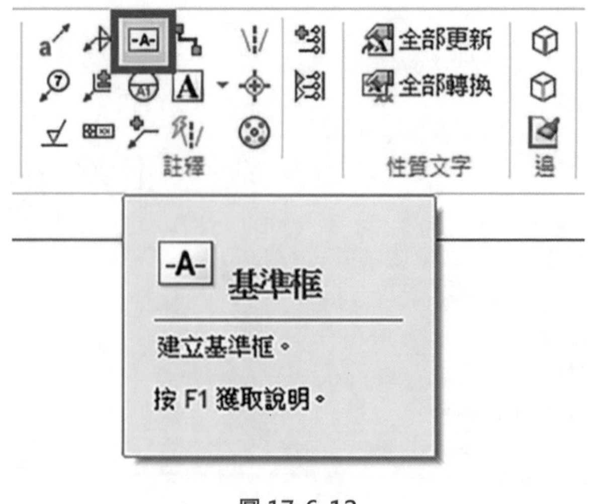

圖 17-6-12

13. 點選「基準面」指令之後，可在快速工具列中「文字」的編輯框中輸入基準面編號「A」，在點選與幾何公差對應的基準面即可建立，如圖 17-6-13。

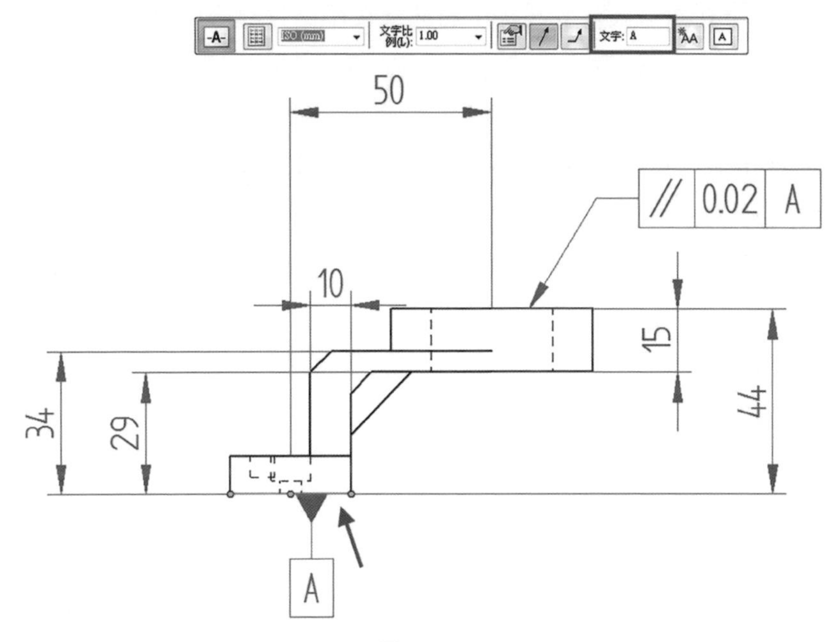

圖 17-6-13

14. 利用「標註」使用者可快速標註需要標註的註記，或是建立3D模型時，所使用的「孔特徵」，以節省標註時所花費的時間，因此使用者可點選「首頁」→「註釋」→「標註」，如圖 17-6-14。

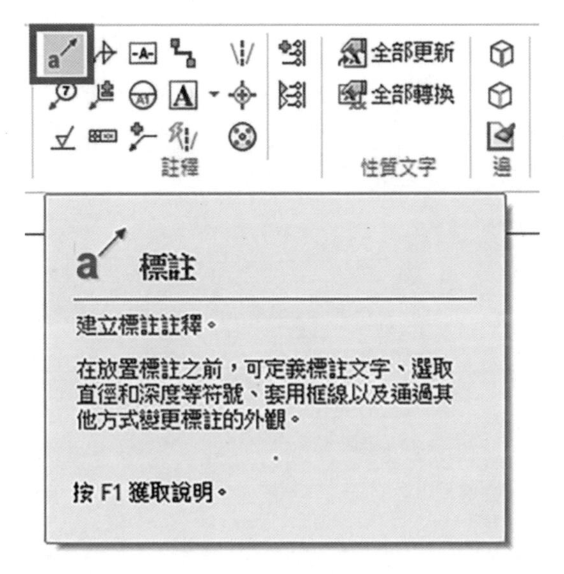

圖 17-6-14

15. 在「標註性質」對話方塊中，使用者可以在「標註文字」欄位中，輸入所需的文字，在此將以沉頭孔的標註方式作為範例練習，如圖 17-6-15。

    建立完成後，可利用「儲存的設定」將此文字串儲存起來以方便下次使用。

    - 輸入「沉頭內孔」，點選「特殊字元」中 按鈕，以建立Φ文字，再點選「特徵參照」中 按鈕，以擷取沉頭內孔的直徑尺寸。
    - 輸入「沉頭孔」，點選「特殊字元」中 按鈕，以建立Φ文字，再點選「特徵參照」中 按鈕，以擷取沉頭孔的直徑尺寸。
    - 輸入「沉頭深度」，點選「特徵參照」中 按鈕，以擷取沉頭孔的深度尺寸。

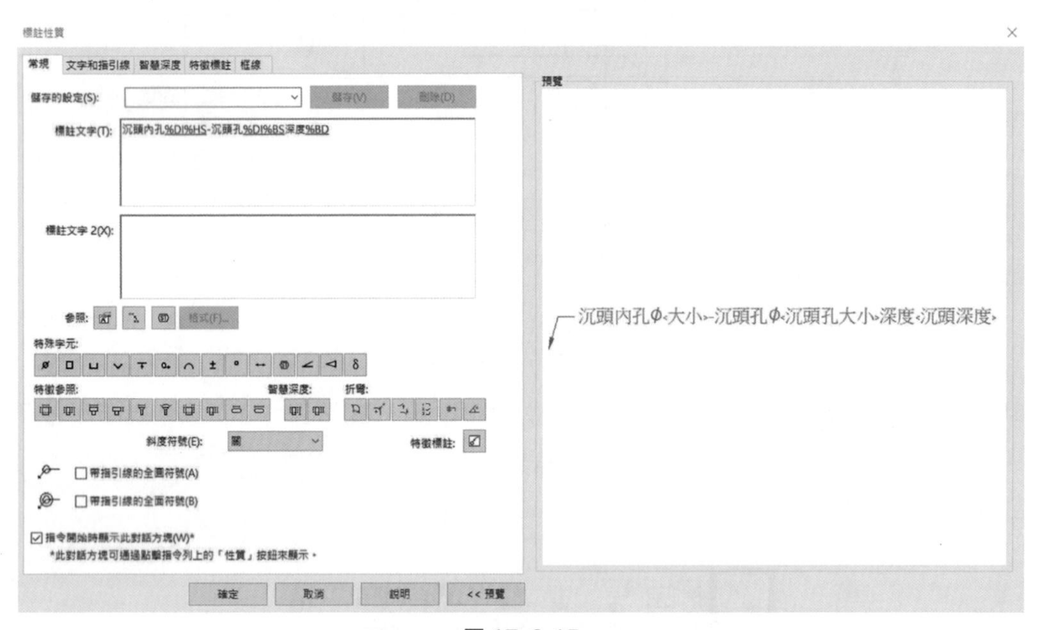

圖 17-6-15

16.「標註性質」對話方塊編輯完成後，點選「確定」並且選取一個沉頭孔，Solid Edge 會根據 3D 模型帶入相關尺寸，如圖 17-6-16。

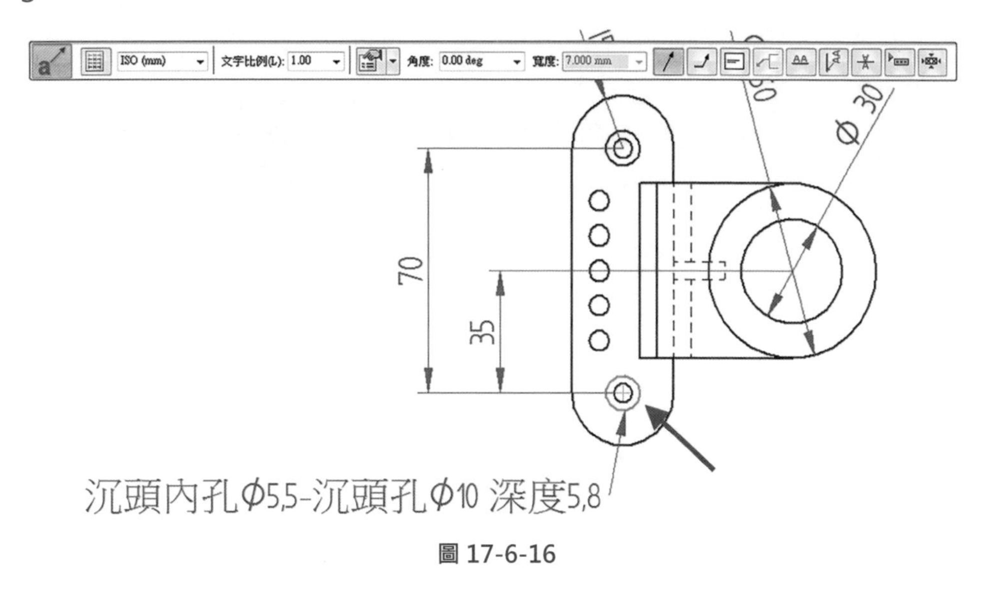

圖 17-6-16

17. 而 Solid Edge 更提供了「特徵標註」的方式以供使用者快速標註，並且可自行辨識「孔特徵」，依循孔特徵選擇標示方式，如圖 17-6-17。

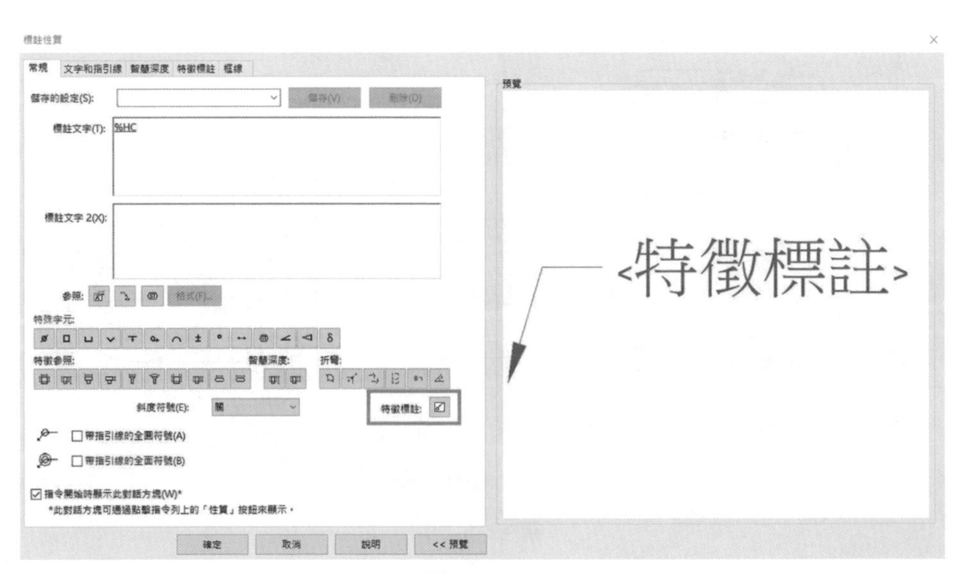

圖 17-6-17

18. 在選取孔特徵作為標註時，Solid Edge 會自行判斷該特徵為「簡單孔」、「沉頭孔」、「埋頭孔」、「螺紋鑽」類型，並且根據該類型的標示方式進行標示，如圖 17-6-18。

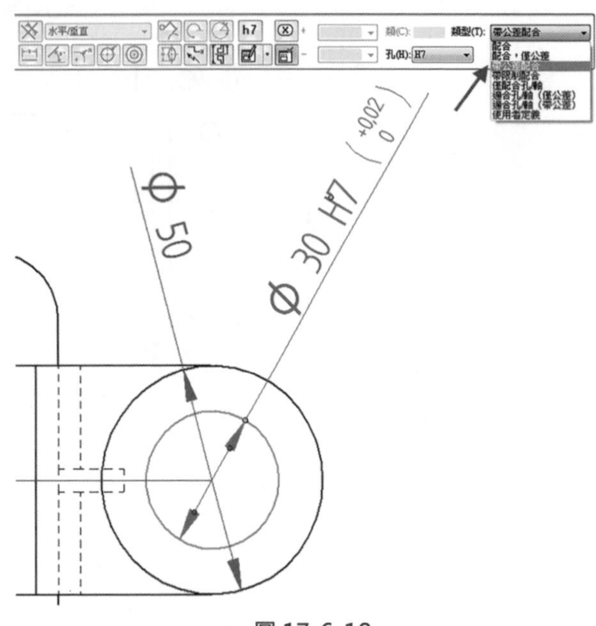

圖 17-6-18

19. 然而標註出來的名稱，或許不是使用者所需要的，可以將前面所建立的名稱複製，並且在「特徵標註」索引中，貼上於沉頭孔的欄位之中即可，如圖 17-6-19。

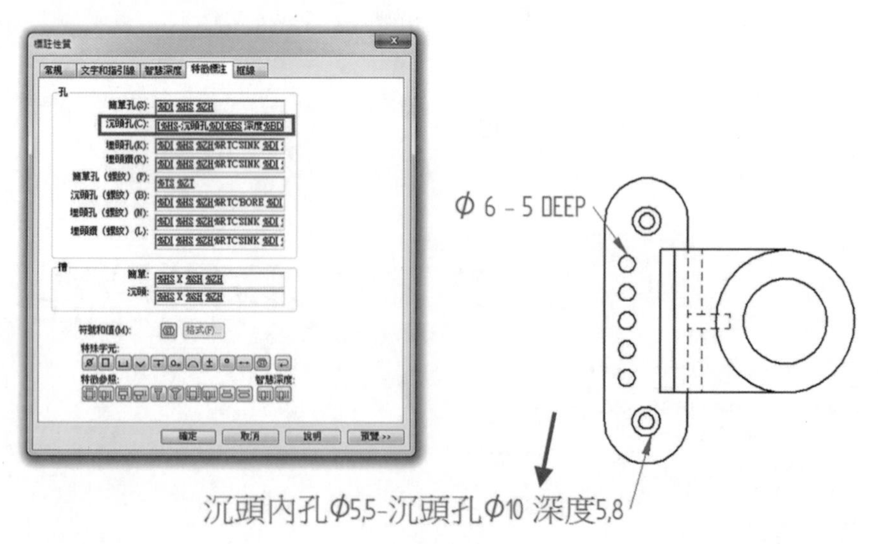

圖 17-6-19

20. 發現「Φ6」的孔總共有五個，可以利用標註方式讓 Solid Edge 幫使用者計算孔特徵的「數量」，在標註文字中除了使用「特徵標註」按鈕以供 Solid Edge 辨識孔徑之外，也可利用「選取符號和值」幫助使用者取得其他重要性質，如圖 17-6-20。

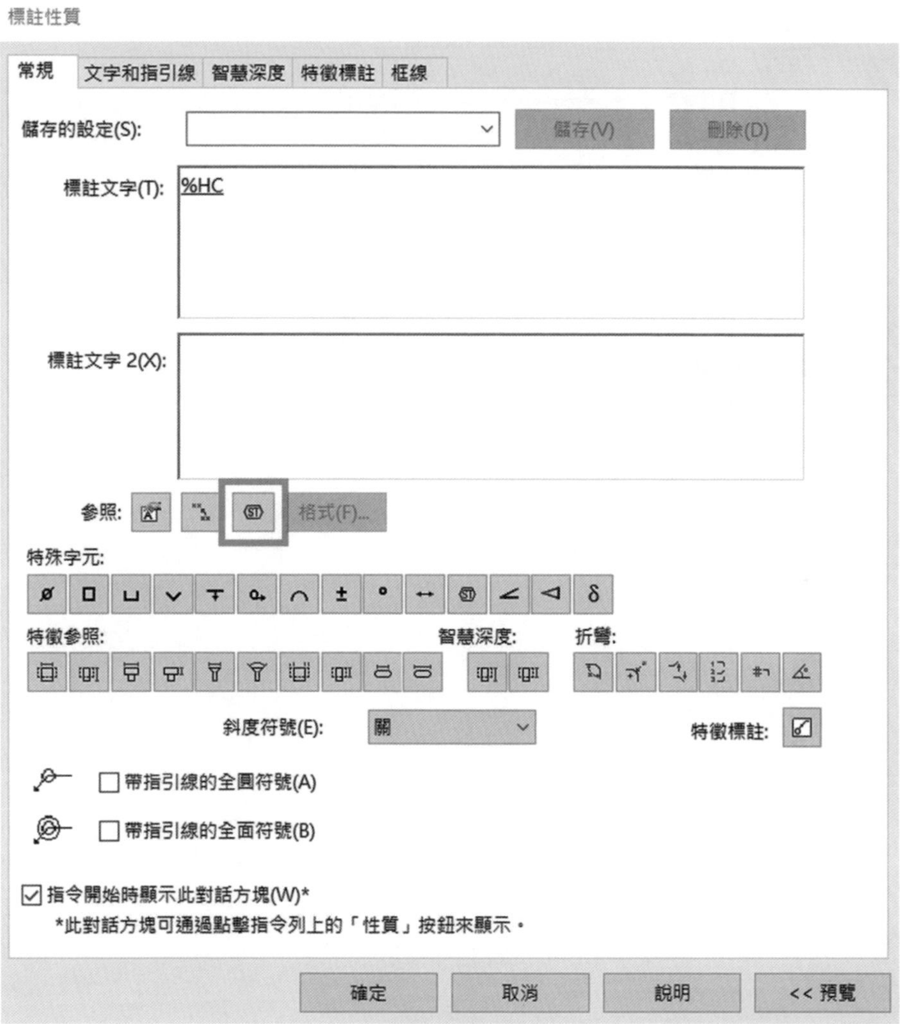

圖 17-6-20

21.「選取符號和值」對話方塊中，使用者可以選取「值」→「數量-共面」，再點擊「選取」按鈕，將文字內容帶入標註文字中，如圖 17-6-21。

圖 17-6-21

22. 從標註文字中可以確認「%QC × %HC」這樣的語法，此時標註孔時，即會顯示為「5 X Φ6 – 5 DEEP」，如圖 17-6-22。

備註：「特徵標註(%HC)」當中即包含了「智慧深度」辨識，特徵若為貫穿孔則不做標示，若特徵為有限深度則會顯示其深度，其中「DEEP」即為深度。
若使用者想將「DEEP」更改為中文，可以在「智慧深度」索引當中，在孔深當中的「有限深度(D)」編輯框中自行修改，如圖 17-6-23。

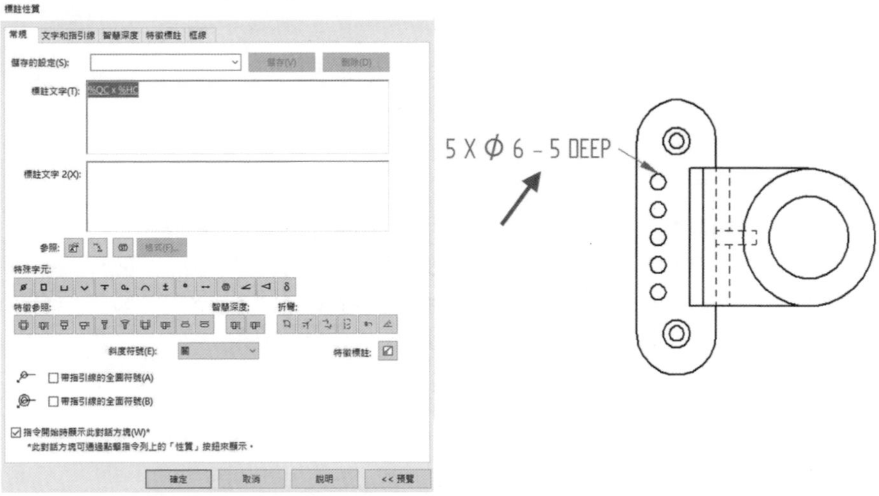

圖 17-6-22

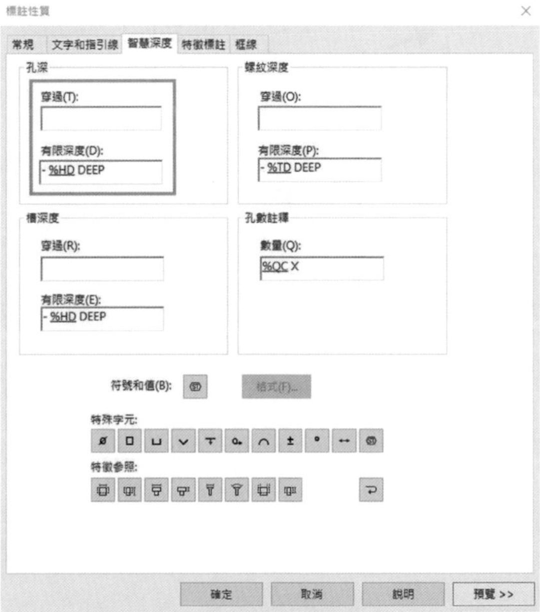

圖 17-6-23

17-7 使用 Solid Edge 建立 2D 圖形

本章節將說明如不使用 Solid Edge 3D 模型，自行建立 2D 圖紙的一般工作流程。您將學習如何建立 2D 幾何圖形，使用「圖層」、改變線的「樣式」、「放置」和「編輯」尺寸，在尺寸間建立公式以及使用 Solid Edge 的 2D 工具，這些功能可以使建立和修改 2D 幾何圖形變得簡單。

1. 開啟工程圖範本，並且開啟「關係手柄」：選取「繪製草圖」→「相關」→「關係手柄」→「保持關係」，設定完畢後關係手柄會更新於視圖上，如圖 17-7-1、圖 17-7-2。

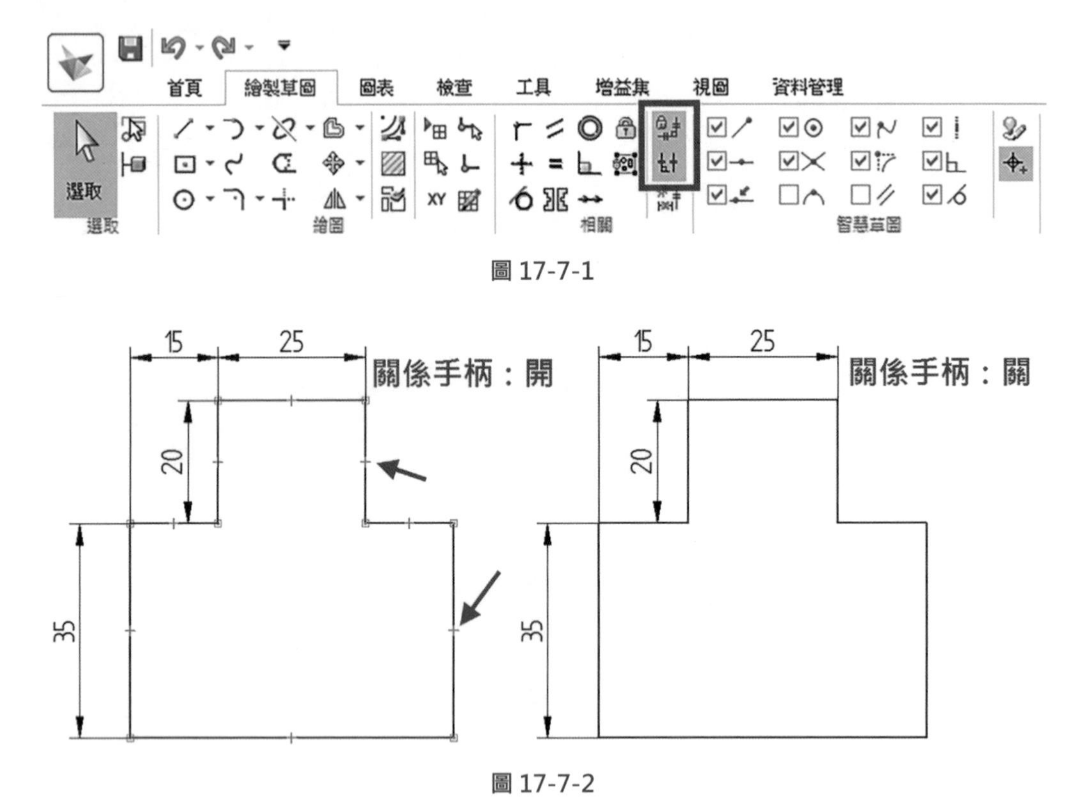

圖 17-7-1

圖 17-7-2

2. 繪製完 2D 元素之後顯示「圖層」標籤，利用「圖層」標籤可控制使用中圖層以及顯示哪些圖層，在應用程式視窗左側，點擊「圖層」標籤，如圖 17-7-3。
「圖層」標籤上會顯示現有的圖層的名稱，這些「圖層名稱」也可由使用者建立，如有需要「圖層名稱」可以更改，也可以新增圖層。

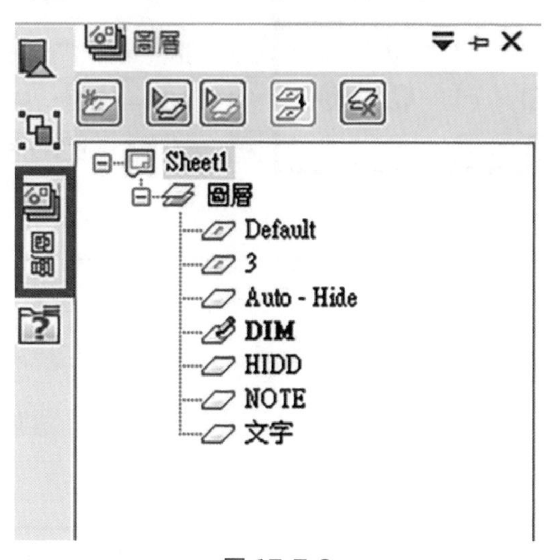

圖 17-7-3

3. 建立的新 2D 元素會被放置在「使用中」圖層，在「圖層」標籤中使用中圖層將會以符號標明，如圖 17-7-4 中紅色框選的符號，使用者可點選其他圖層，利用滑鼠「右鍵」，選擇「設為使用中」即可更改使用中圖層；或利用滑鼠「左鍵」雙擊圖層條目也可改變使用中的圖層。

圖 17-7-4

4. 選取「繪製草圖」→「繪圖」中的繪圖工具，繪製出所需要的矩形，如圖 17-7-5。以下以「矩形」指令作為說明。

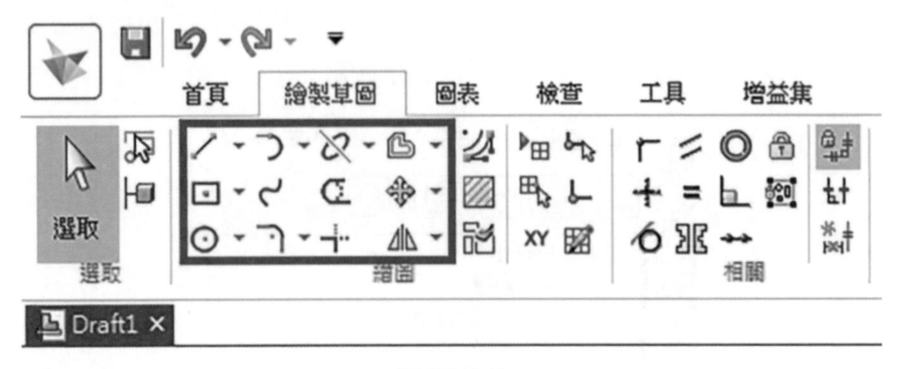

圖 17-7-5

5. 在繪圖工具的工具列上，確保「樣式」選項設為 Visible。您可以使用「矩形」工具列上的「樣式」選項，控制使用哪種常用線型（可見、隱藏或其他類型）繪製 2D 元素，如圖 17-7-6。

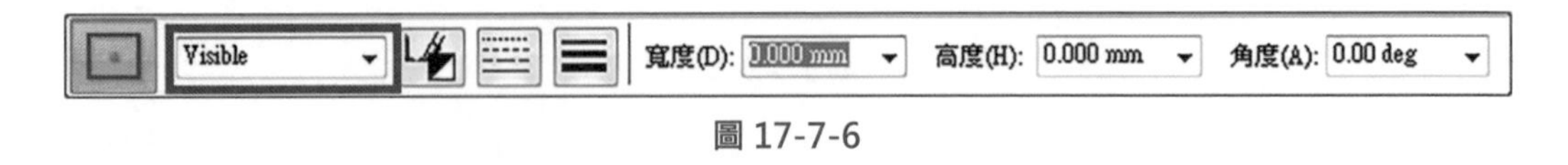

圖 17-7-6

6. 在作圖區中拖拉滑鼠「左鍵」，拉出矩形大致的對角線，如圖 17-7-7，然後放開滑鼠「左鍵」。

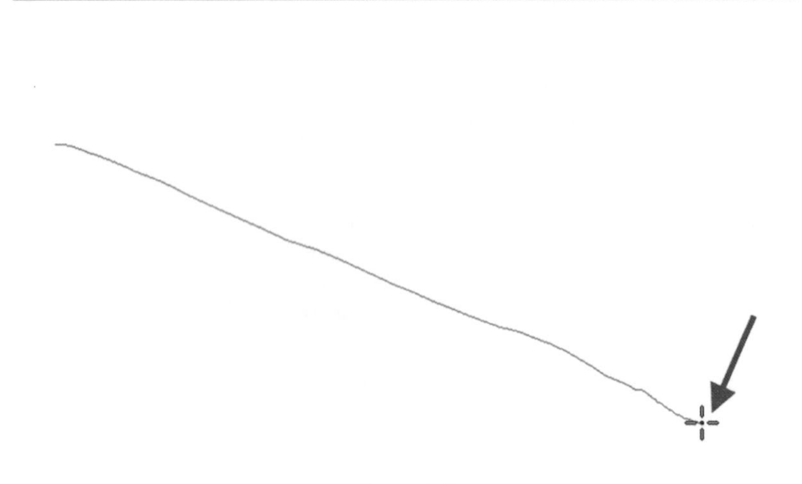

圖 17-7-7

7. 此時將顯示一個矩形，其中包含兩個水平線和兩個垂直線，這四條線都是「端點相交」的，意思是不論您如何改變他們始終相交，因為作圖前有設定「保持關係」的緣故。請觀察矩形上代表「幾何關係」的符號，當您將游標停留在符號上面時，該符號會高亮度顯示，而且，「幾何關係」控制草圖幾何結構，對您做出的修改作出何種反應，是根據游標位置和目前的「智慧草圖」設定自動套用這些關係，如圖 17-7-8。

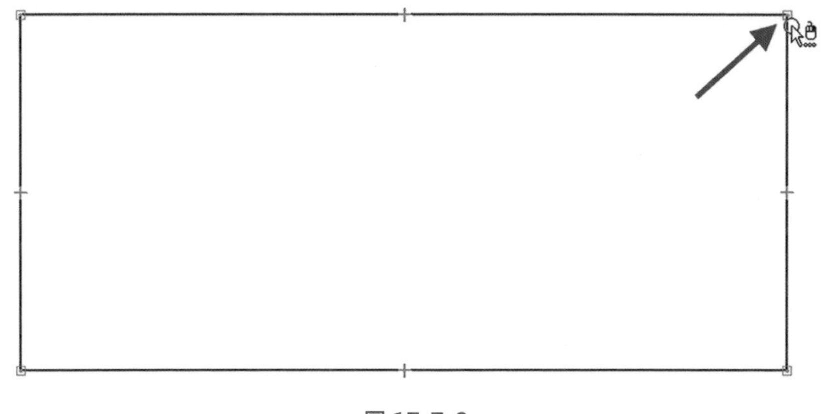

圖 17-7-8

8. 再繪製一個矩形，在「矩形」工具列上的「寬度」框中鍵入「30」，「高度」框中鍵入「50」，「角度」框中鍵入「0」，按下「enter」鍵，然後在視窗中藉由滑鼠游標定位鎖點，點擊滑鼠「左鍵」以放置矩形，如圖 17-7-9。

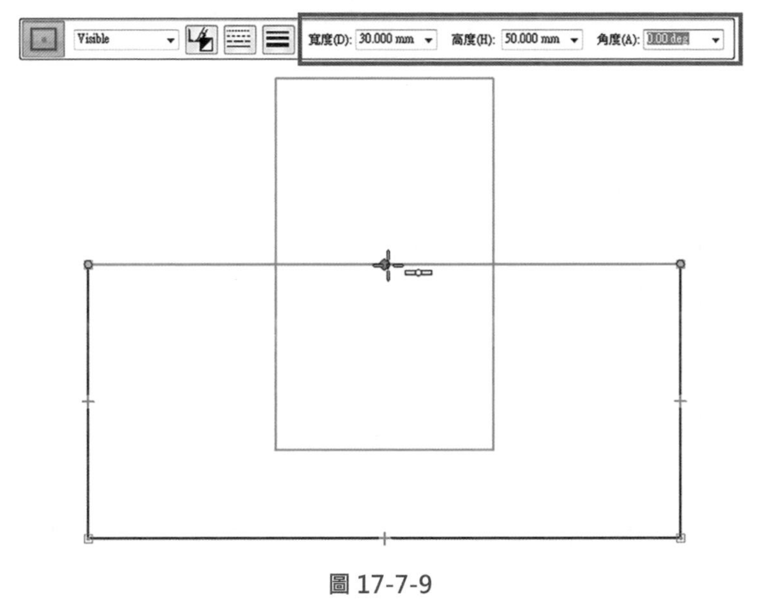

圖 17-7-9

9. 刪除不必要的線段，選取「繪製草圖」→「繪圖」→「修剪」，點擊滑鼠「左鍵」並且拖曳游標劃過需要刪除的線段，當需要刪除的線段透過拖曳線劃過之後，便會立即刪除，如圖 17-7-10。

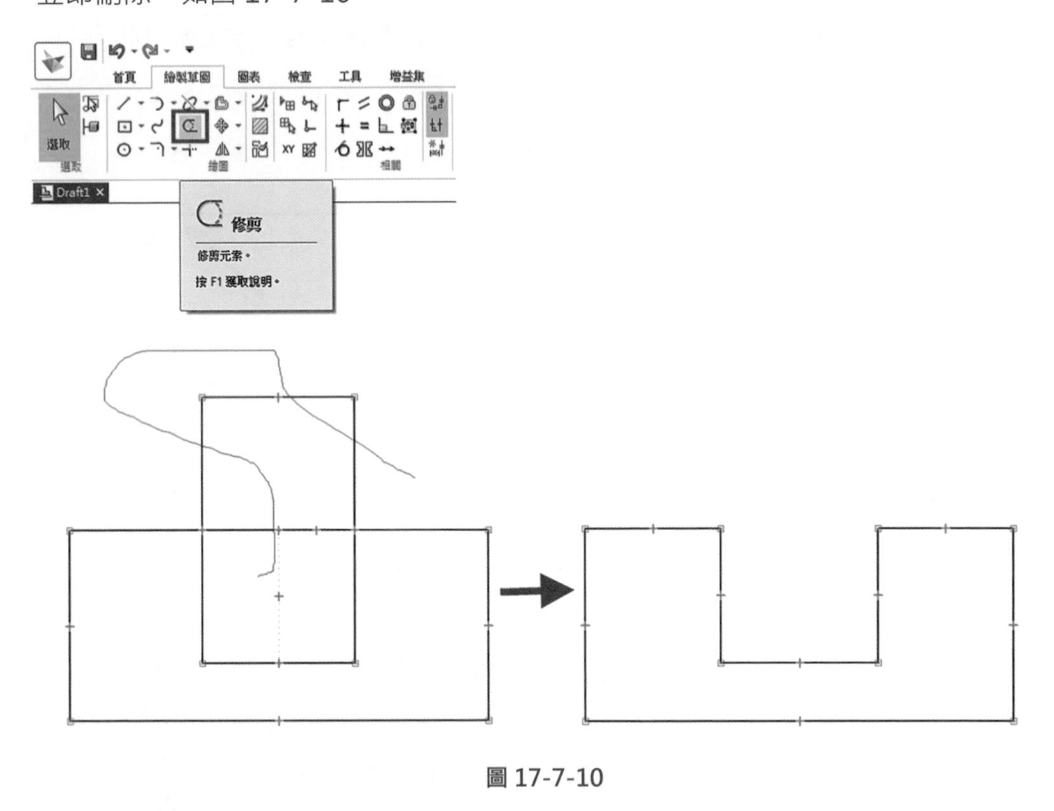

圖 17-7-10

10. 利用「智慧尺寸」標註尺寸，以完成前視圖，如圖 17-7-11。

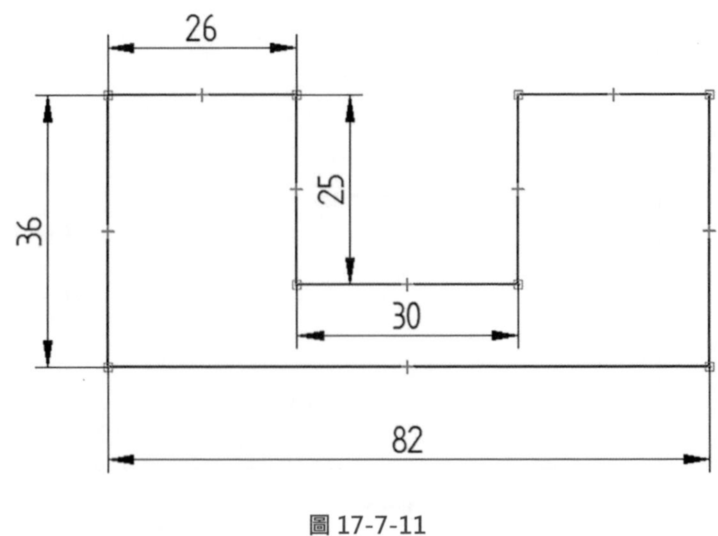

圖 17-7-11

11. 繪製「右視圖」，使用者在前視圖右側繪製一個矩形，它們表示前視圖的厚度，並且利用「繪製草圖」→「繪圖」→「直線」繪製虛線。
    繪製虛線時，在「直線」的工具列上點選「樣式」，設定 Hidden 選項，如圖 17-7-12。

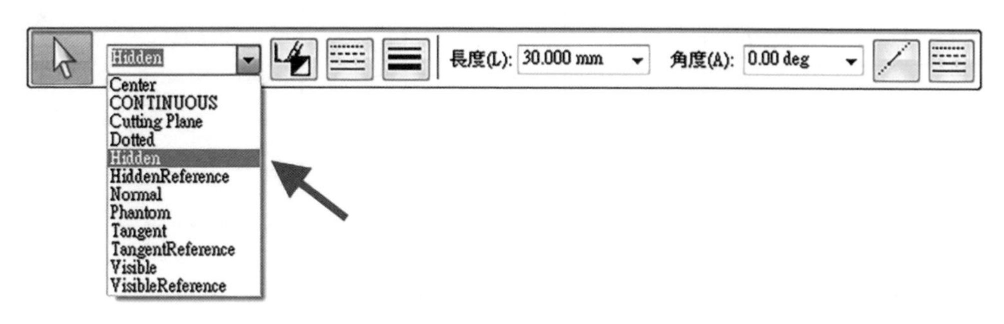

圖 17-7-12

12. 將游標大約定位在如圖 17-7-13 的中間線段上，但不要點擊；當端點(或中點)關係符號顯示在游標旁時，向右移動游標至如圖 17-7-14 的矩形線段上。請注意，在游標的目前位置和您選中並高亮度顯示的矩形線段之間將出現一條虛線並出現交點記號，這說明游標和矩形線段已經精確對齊。

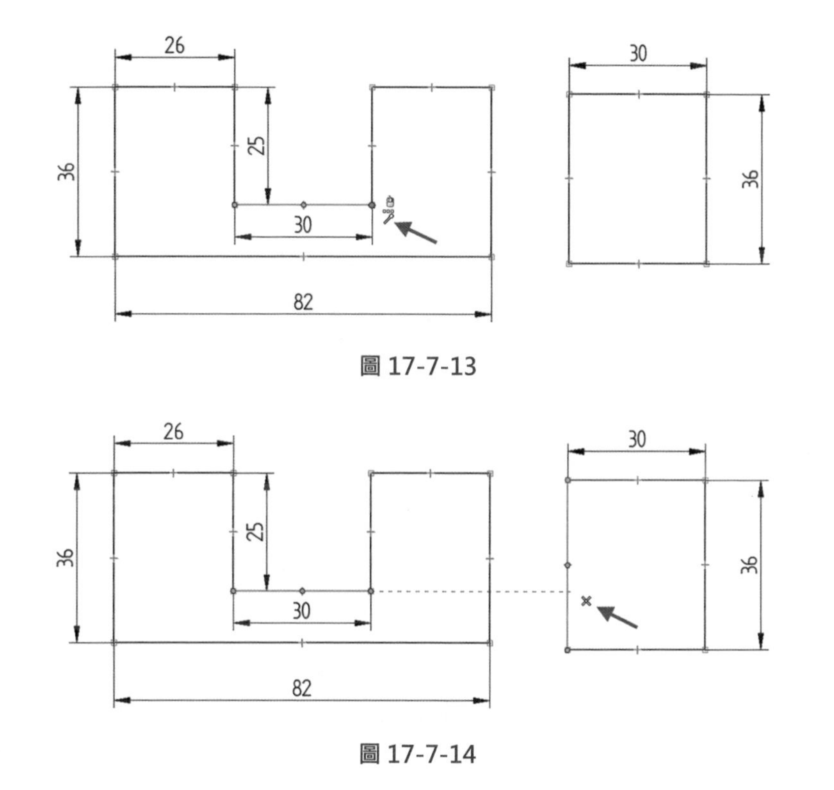

圖 17-7-13

圖 17-7-14

13. 點擊滑鼠開始繪製線，繪製完虛線之後，使用者可以發現線段上有對齊的虛線以供使用者辨識，如圖 17-7-15。

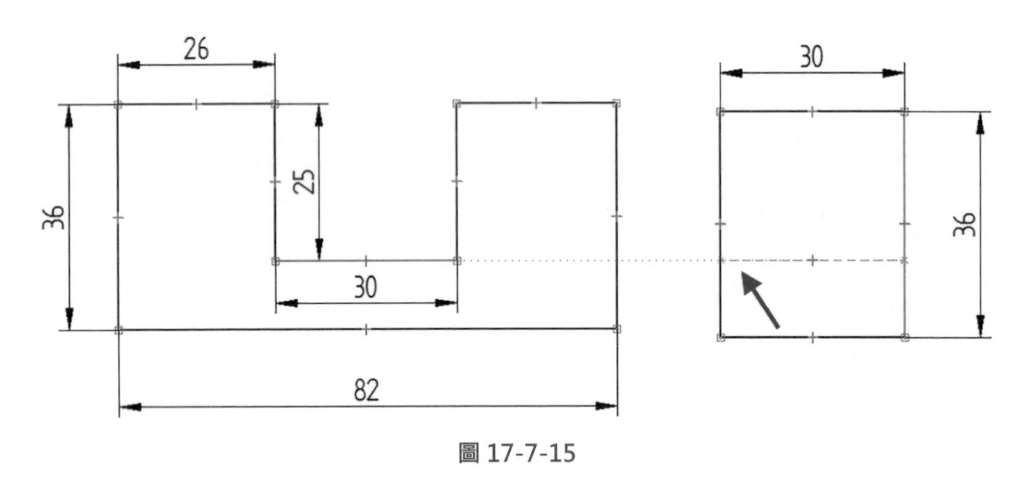

圖 17-7-15

14. 對齊不同視圖中的元素：除了指定直線保持水平或垂直之外，也可以使用水平/垂直關係指定某個元素保持水平對齊或垂直對齊，您將使用垂直關係來指定俯視圖中垂直線的端點與前視圖中垂直線的端點保持垂直對齊，這將確保俯視圖中的垂直線準確的與前視圖中的對應元素對齊，不論其大小如何，該技法是一種強大的工具，可以在很多種情況下使用。

15. 套用垂直關係：選取「繪製草圖」→「相關」→「水平/垂直」，如圖 17-7-16。

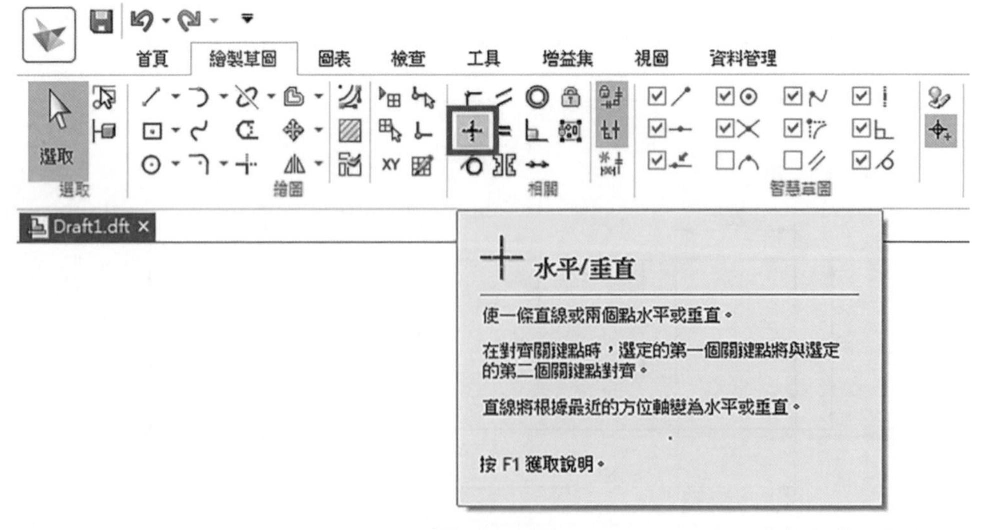

圖 17-7-16

16. 定位游標於右視圖的矩形上方線段，當顯示端點關係符號時點擊滑鼠左鍵，如圖 17-7-17。

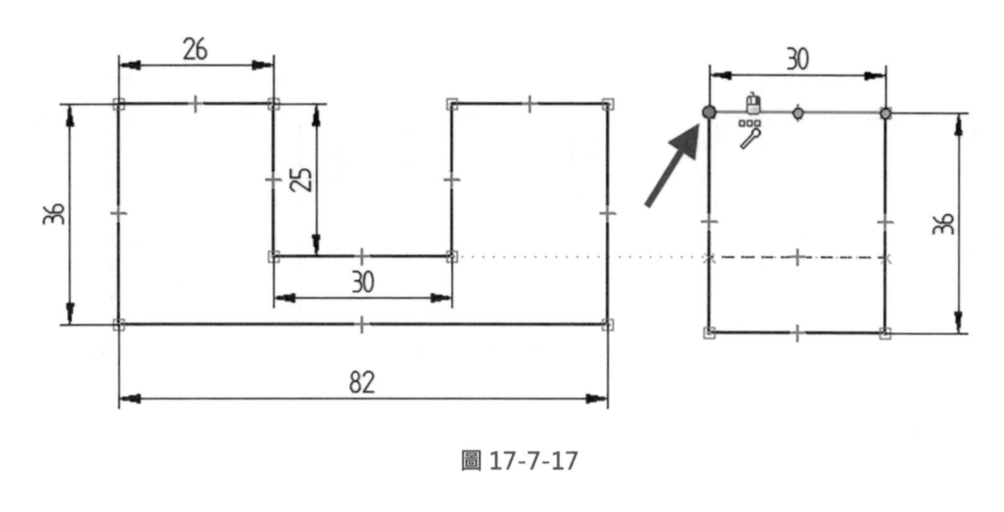

圖 17-7-17

17. 再將游標移至前視圖的上方線段，當顯示端點關係符號時點擊滑鼠左鍵，如圖 17-7-18。

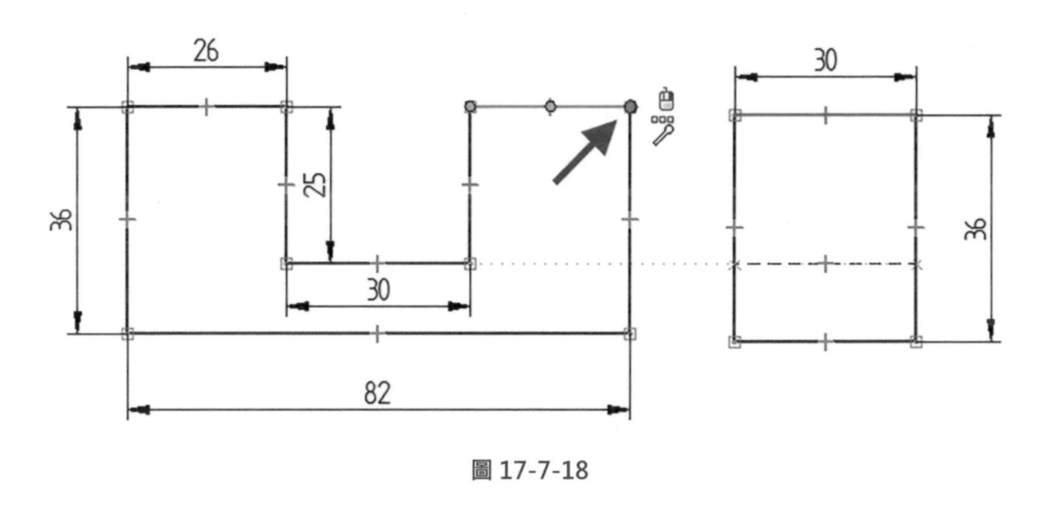

圖 17-7-18

18. 此時線位置被更新，如圖 17-7-19，重複幾次套用垂直關係，將視圖更新如圖 17-7-20。所有垂直對齊關係完成。

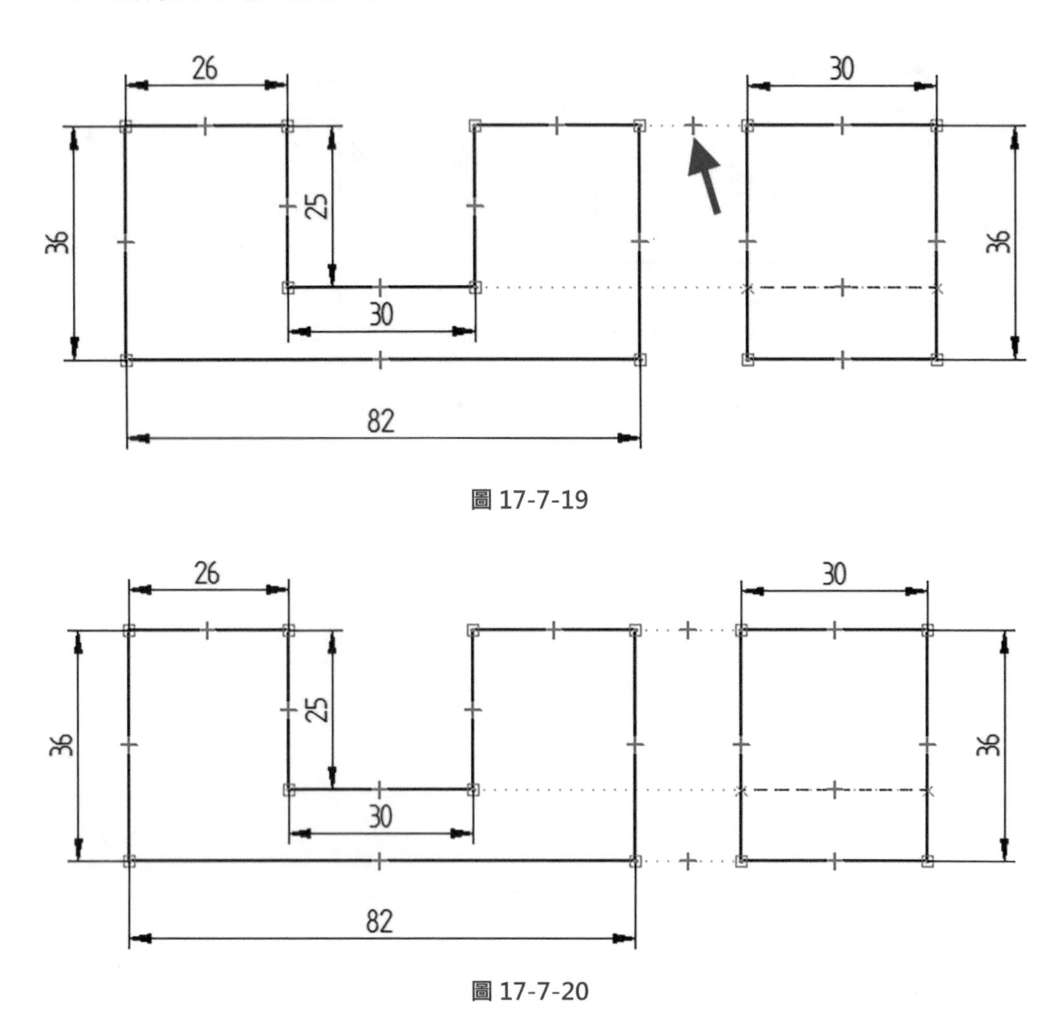

圖 17-7-19

圖 17-7-20

17-8 從圖紙視圖製作零件模型

本章節範例將帶領使用者使用「建立 3D」指令從「2D 圖紙」中建立「3D 模型」的標準工作流程，在 Solid Edge 工程圖環境下可以使用「建立 3D」是在 ISO 零件的環境下將 2D 工程圖快速建立成 3D 模型，除了使用 Solid Edge 本身的 2D 工程圖外，亦可使用其他軟體所繪製的工程圖進行建立 3D，例如：AutoCAD 所建立的 *.dwg檔。

1. 開啟本章節範例檔案:「17-8.dwg」，如圖 17-8-1。

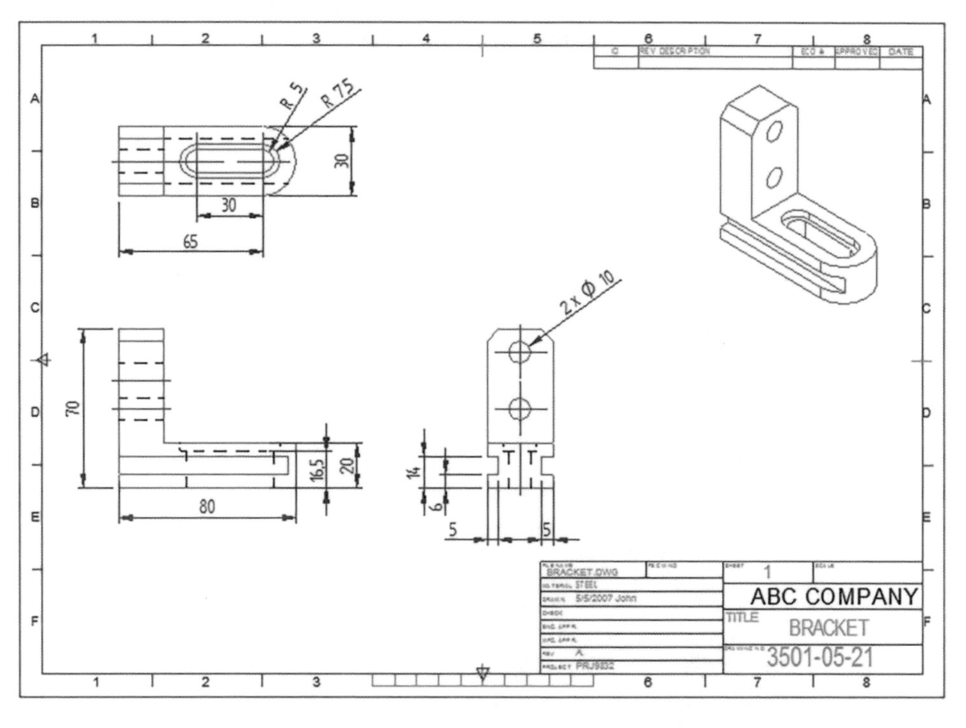

圖 17-8-1

2. 開啟後，在「工具」→「助手」內點選「建立 3D」指令，將 2D 工程圖轉入 3D 零件範本，如圖 17-8-2。

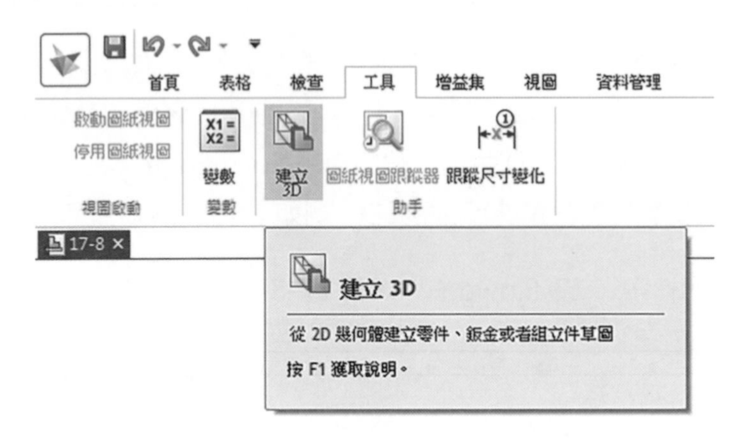

圖 17-8-2

3. 在「檔案」選項中，使用者可透過瀏覽選擇要建立的 3D 範本，而本範例為 3D 零件類型，因此選擇「iso metric part.par」，如圖 17-8-3。

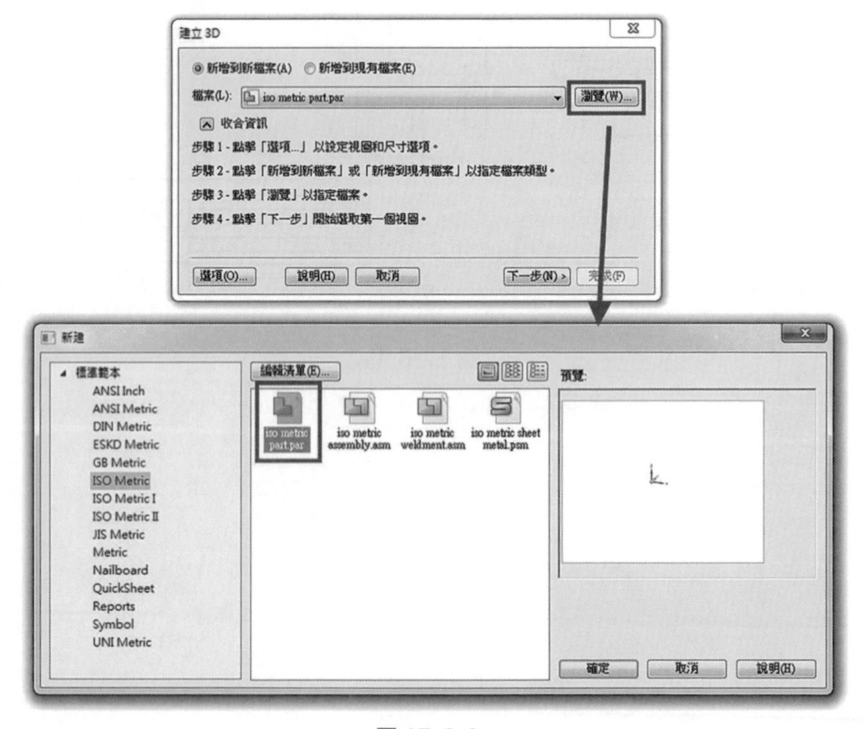

圖 17-8-3

4. 進入「選項」按鈕，可確認建立 3D 零件時，使用的視圖角法為哪種類型，台灣常使用的角法為第三角法，因此可選擇第三角法，並且勾選「線性」、「徑向」、「角度」，確定完成之後點選「下一步」按鈕，如圖 17-8-4。

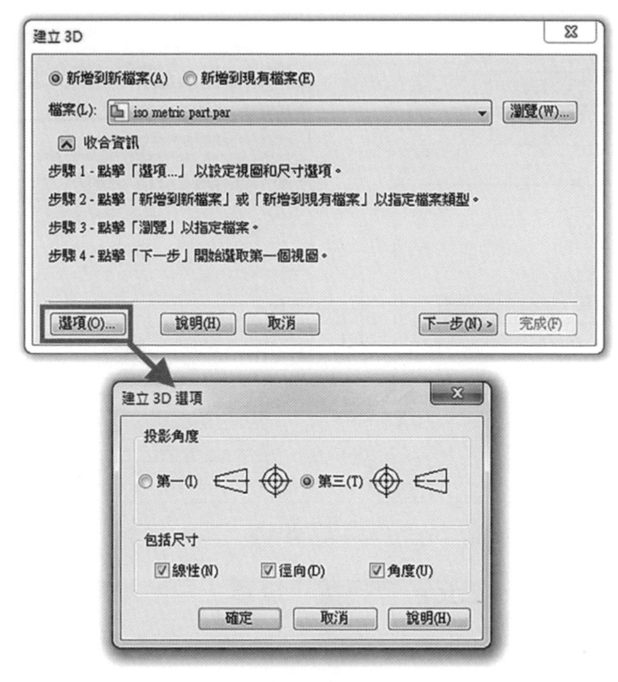

圖 17-8-4

5. 點選「下一步」之後，請確認圖檔使用的比例，如圖 17-8-5。

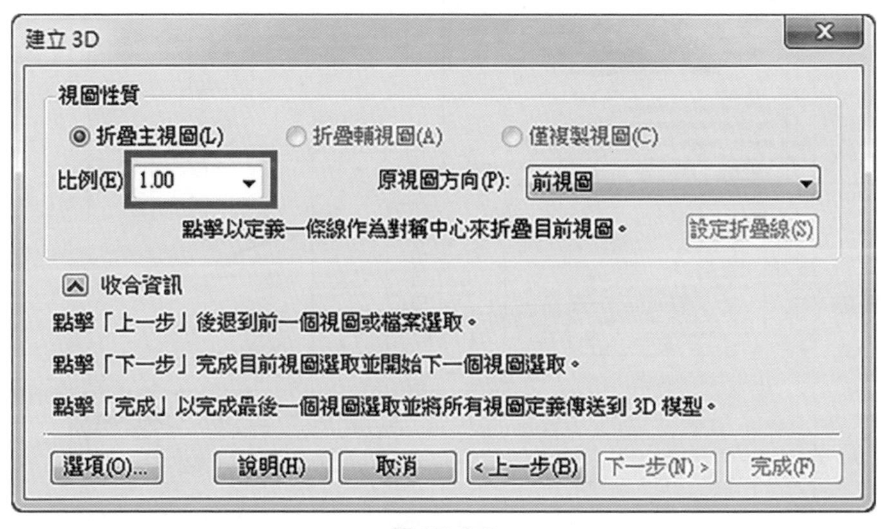

圖 17-8-5

6. 框選一個視圖作為「前視圖」，完成後點選「下一步」以選取其他視圖，如圖 17-8-6。

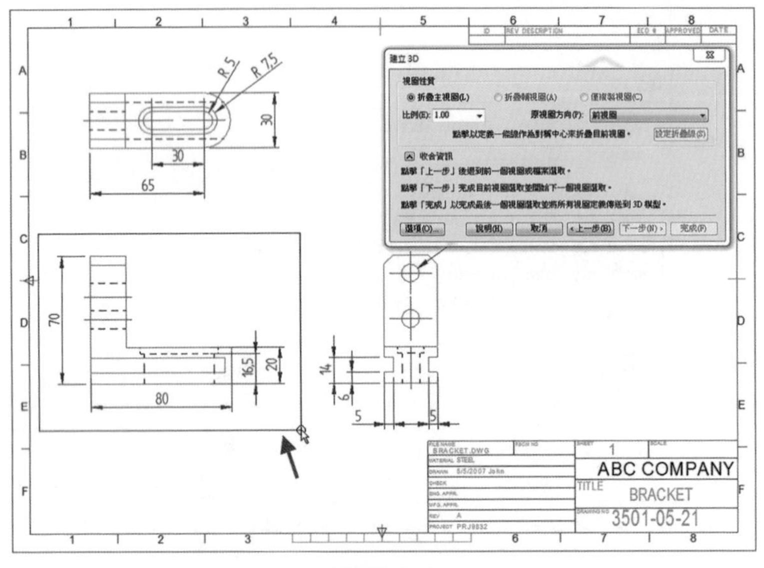

圖 17-8-6

7. 接著框選其他視圖，Solid Edge 會根據「選項」中的視圖角法設定，自動判斷何者為上視圖，何者為右視圖，如圖 17-8-7。

   框選視圖時，須注意不可多框選到不需要的線段，但也不要缺漏所需的線段；如有遺漏/多選，可按住「shift」鍵透過點選的方式進行加入/排除。

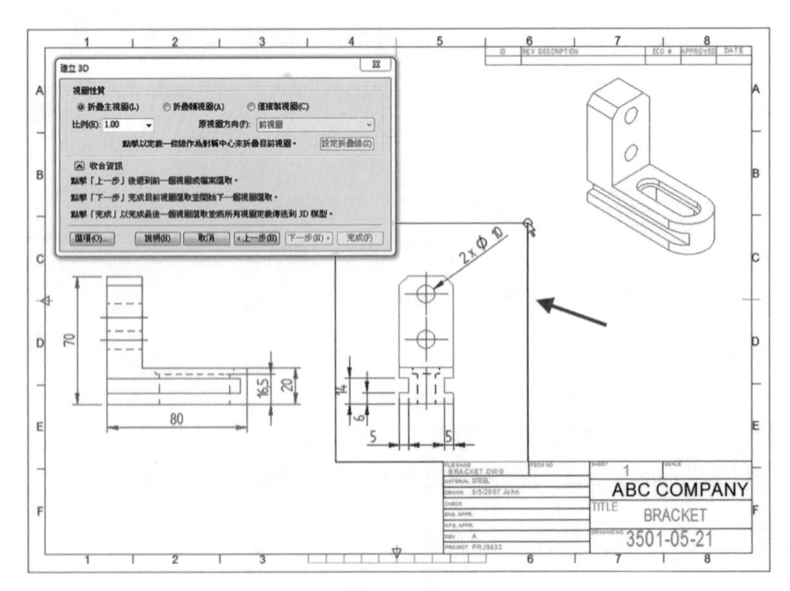

圖 17-8-7

8. 當必要的「視圖」及「尺寸」都選取之後，點擊「完成」按鈕，如圖 17-8-8。
   此時會把框選的 2D 視圖及尺寸帶入 3D 模型當中，並且根據視圖角法自行排好視圖方向，如圖 17-8-9。

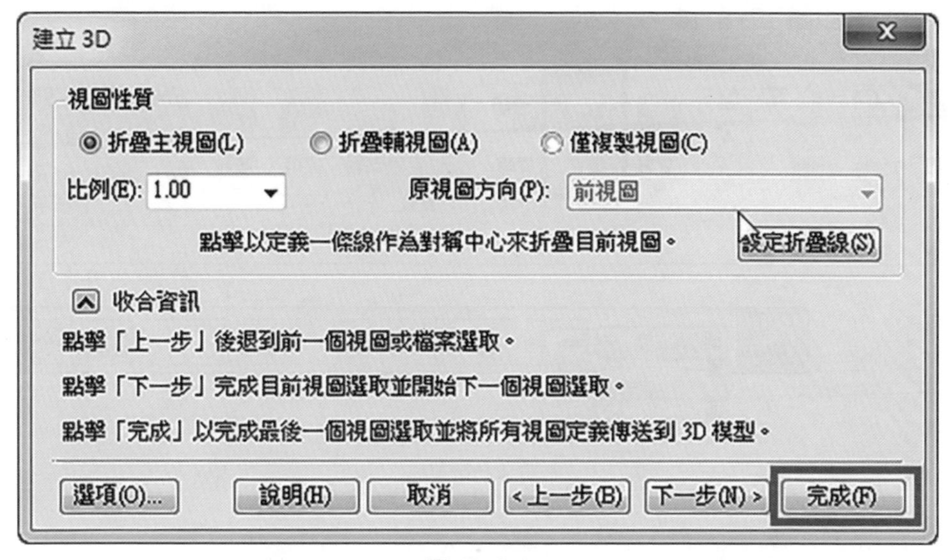

圖 17-8-8

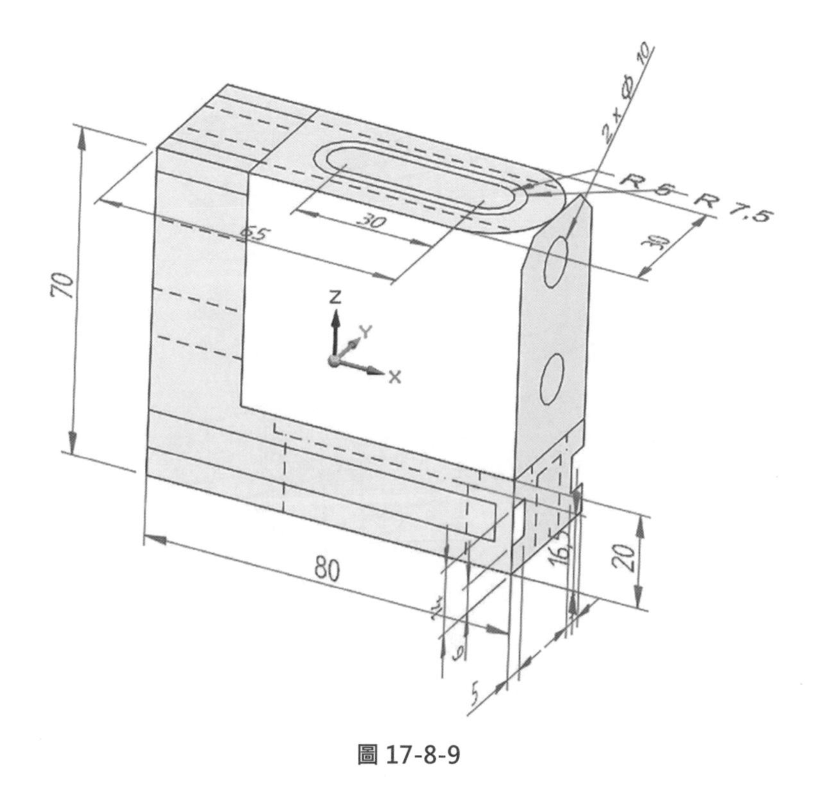

圖 17-8-9

9. 可利用「拉伸」指令，並且將類型切換成「鏈」模式，以選取草圖線段，如圖 17-8-10。

   當必要的線段都選取之後，可利用「滑鼠右鍵」或「enter」鍵作為確定，進而可以拉伸實體，如圖 17-8-11。

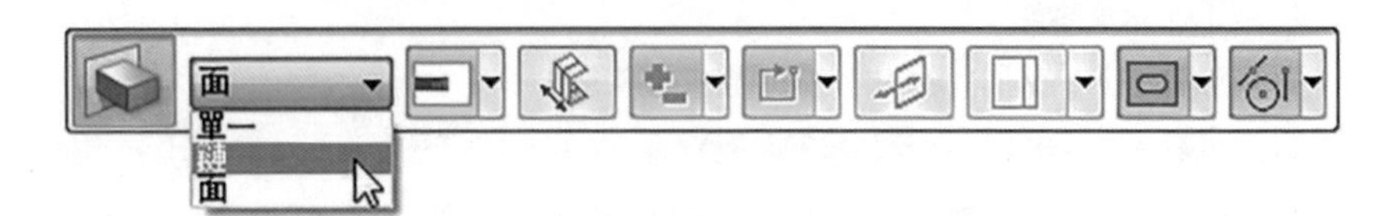

圖 17-8-10

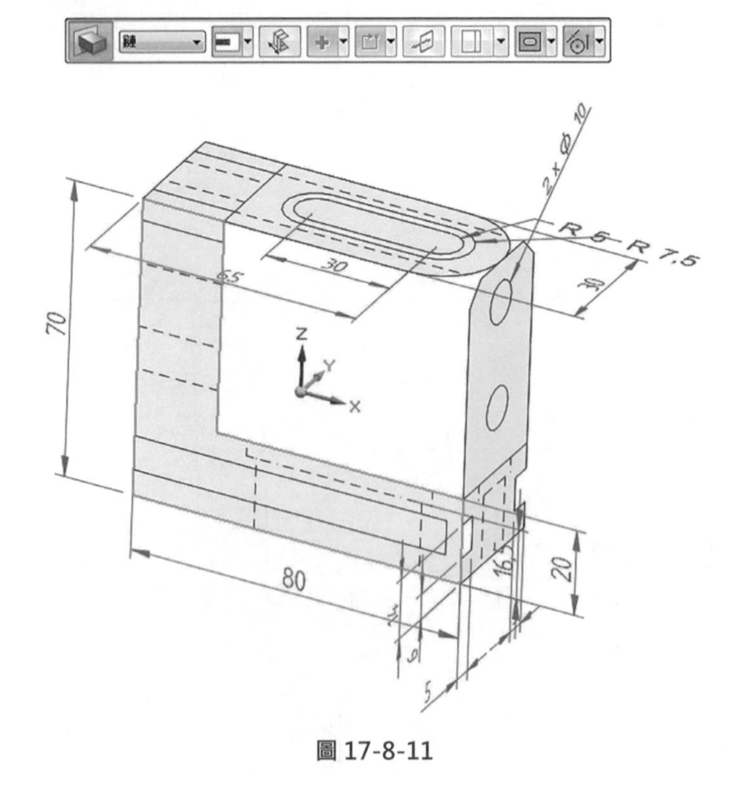

圖 17-8-11

10. 透過關鍵點可鎖定「右側草圖」的線段端點，如此就可以確定零件厚度，如圖 17-8-12。

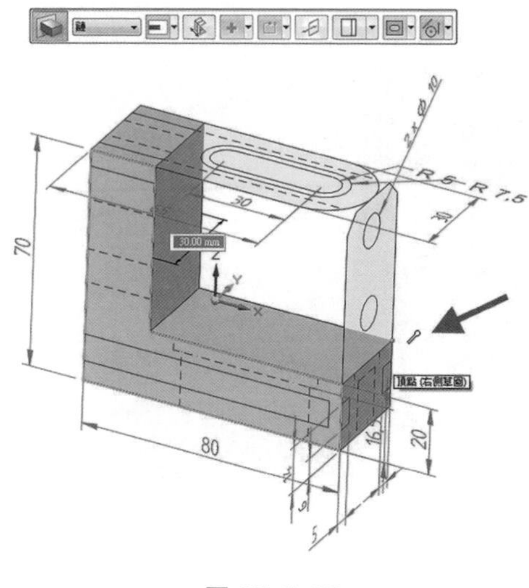

圖 17-8-12

11. 也可以點選區域，透過「幾何控制器」直接拉伸除料，利用鎖點方式即可決定除料深度，如圖 17-8-13、圖 17-8-14。

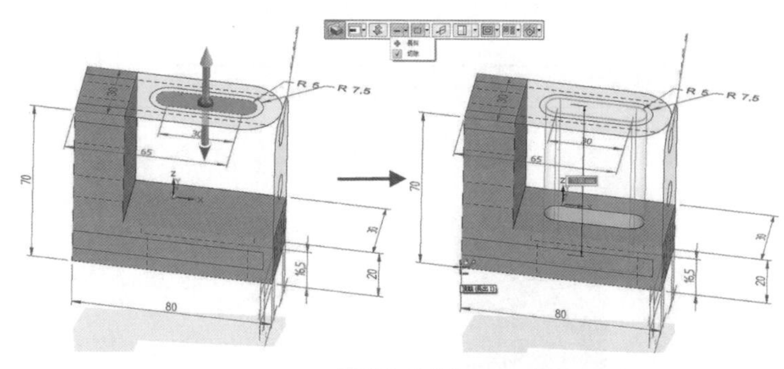

圖 17-8-13

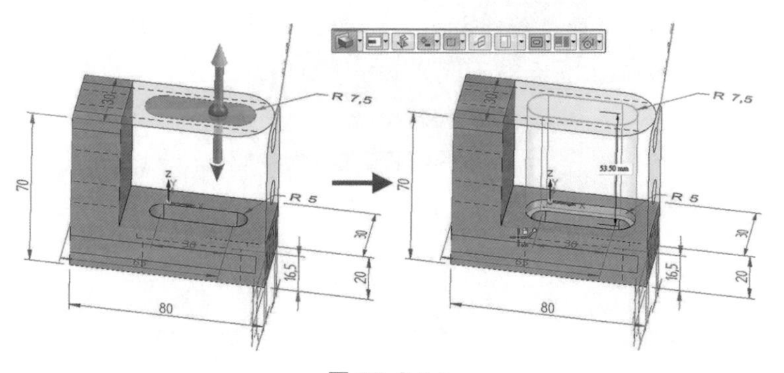

圖 17-8-14

12. 也可以利用「ctrl」複選多個區域，透過「幾何控制器」進行除料，如圖 17-8-15。

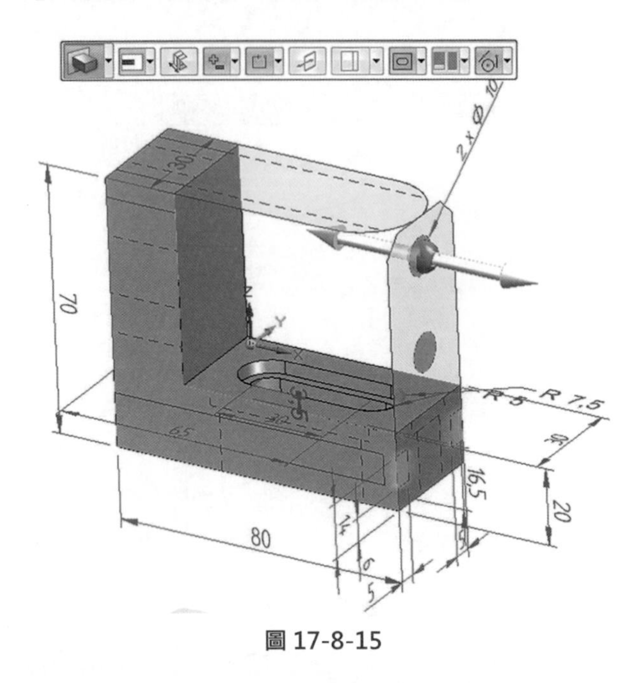

圖 17-8-15

13. 進行「除料」動作時，點選的草圖線段並非「封閉草圖」時，一樣也可以進行除料動作，只要在確認線段之後，確認除料「方向」即可除料，如圖 17-8-16。

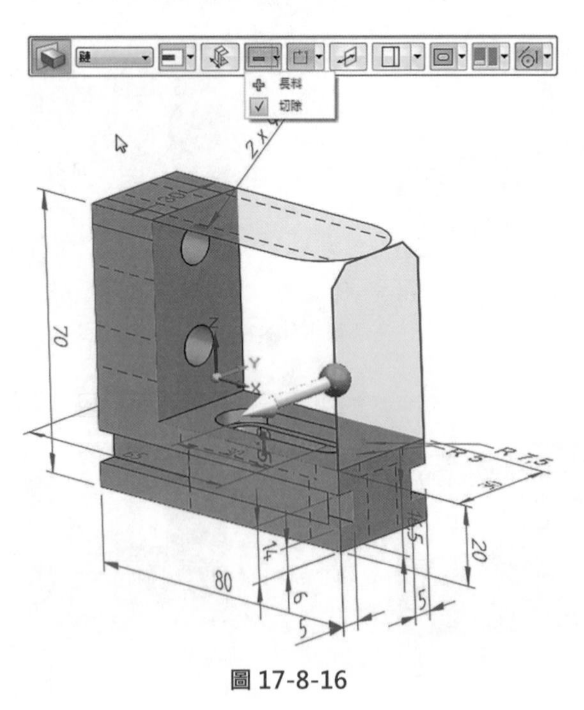

圖 17-8-16

14. 若選擇的草圖為「封閉草圖」時，除料動作中預設會除去草圖區域內的料件，此時使用者可點選工具列上的「方向步驟」按鈕，切換為除去草圖區域外的料件，如圖 17-8-17。

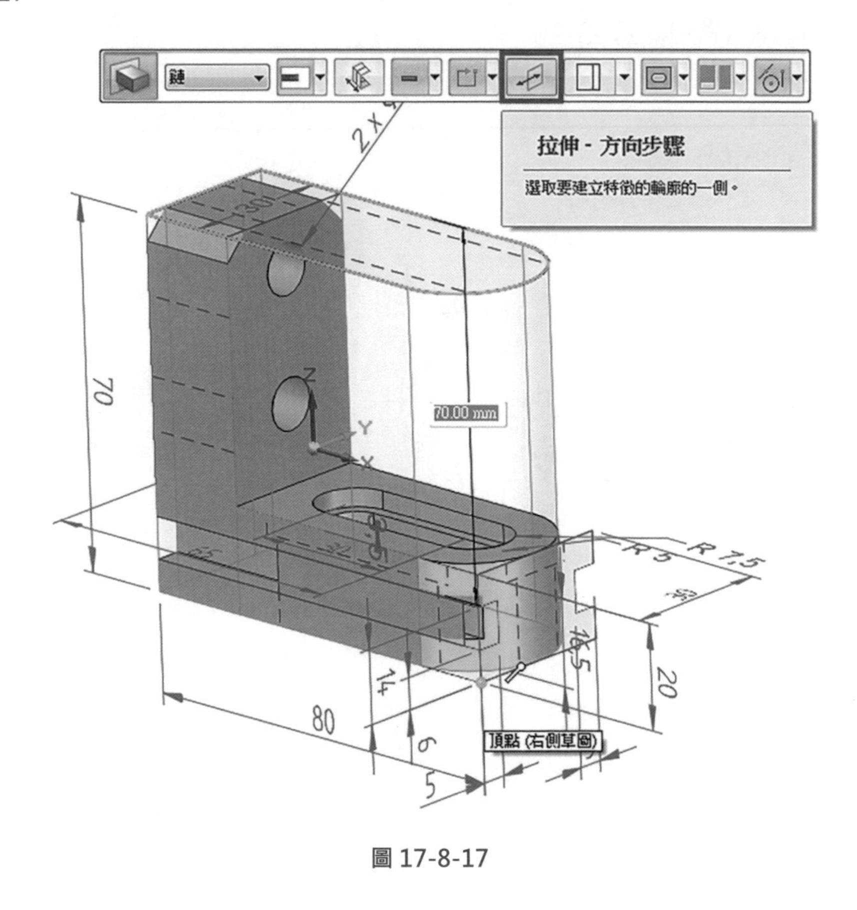

圖 17-8-17

15. 此時即可完成此範例 3D 模型，同時可以發現到 3D 零件同時都標註好尺寸，而這些尺寸都是由 2D 零件中匯入並已標註於 3D 零件之上，日後如需設計變更，使用者都可以透過「尺寸（藍色）」配合「設計意圖」或是利用「幾何控制器」進行修改，如圖 17-8-18、圖 17-8-19。

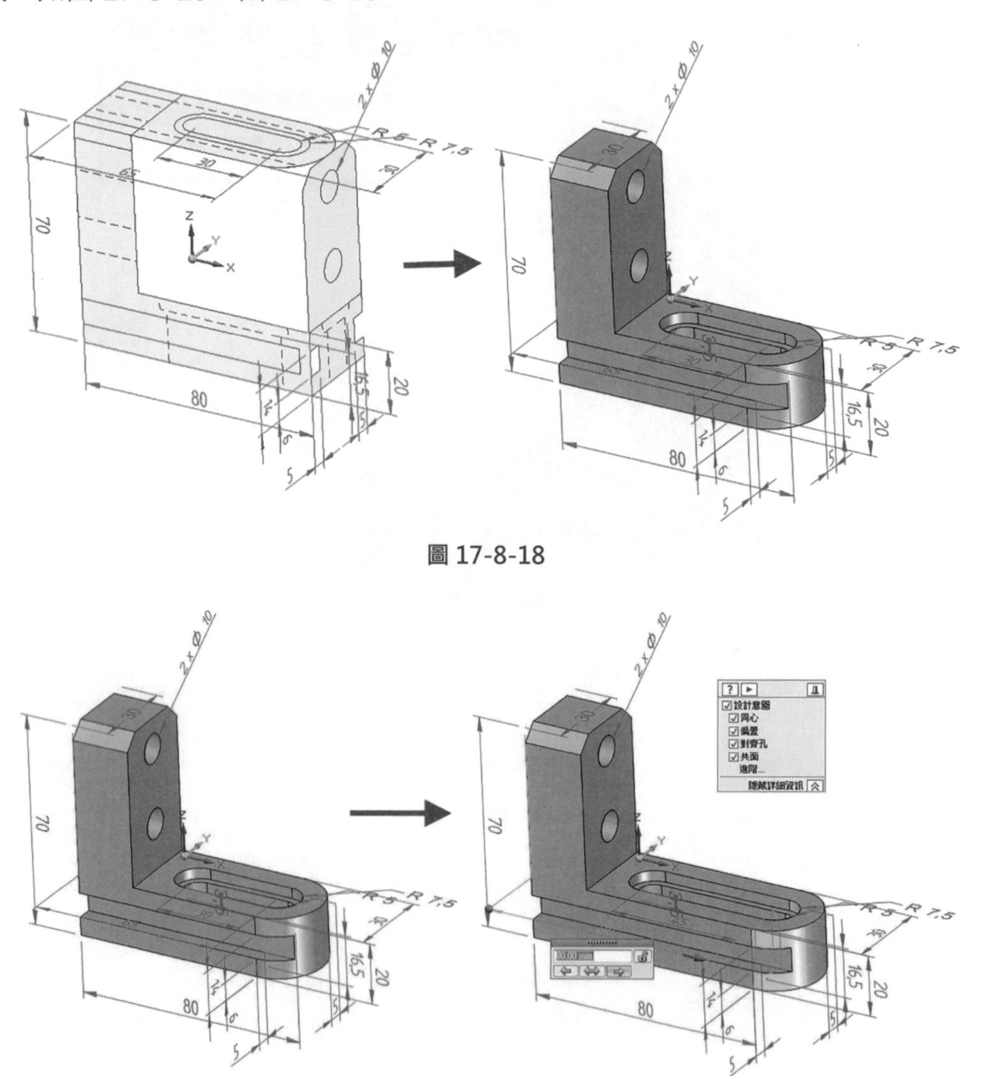

圖 17-8-18

圖 17-8-19

進階一

CHAPTER

曲面造型設計

章節介紹

藉由此課程，你將會學到：

1-1　曲面概論

1-2　草圖曲線建立 (轉換為曲線)

1-3　連接面

1-4　曲面修剪

1-5　曲面倒圓，斑馬條紋檢視

1-6　曲面縫合並轉換為實體

1-7　造型應用(Hello Kitty)

1-1 曲面概論

曲面與實體建構的差異

曲面是建構過程中的"手段"，而不是目的。當實體建構的方式無法滿足所需時，可以「曲面為輔助工具」來達到我們模型設計的需求。

一般而言「實體模型」檔案才是我們「最終」的需求

曲面功能特性

- 無質量、體積可言。
- 由多個面互相連結而成的，內為空心架構。
- 主要是輔佐實體模型建構的過程。
- 大部份應用於模型外觀設計。
- 有時於檔案交換時，作為必要的處理動作。

Solid Edge 曲面建構體與零件實體辨識方式

- 曲面建構體系統預設為淡紫色，如圖 1-1-1。
- 零件實體為「零件副本」，如圖 1-1-2。
- 透過「動態剖面」平面剖視觀看，如圖 1-1-3。

範圍 1
範圍 2
範圍 3
範圍 4
範圍 5
範圍 6

圖 1-1-1

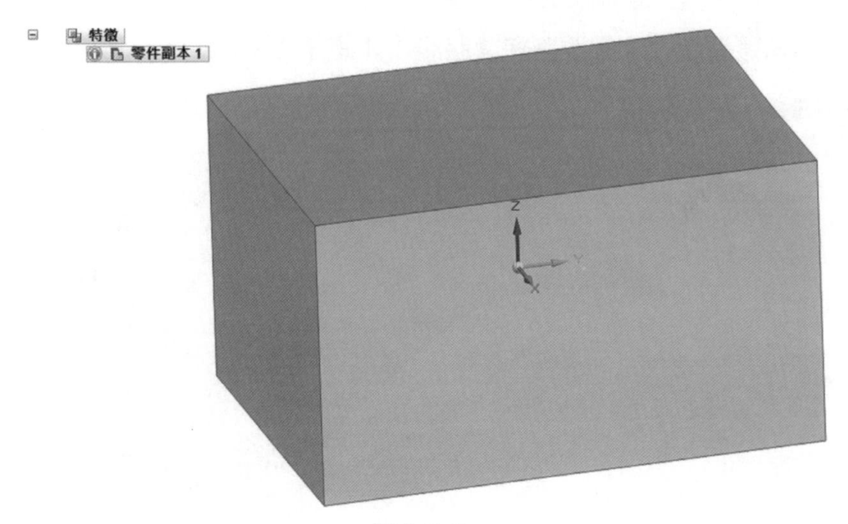

圖 1-1-2

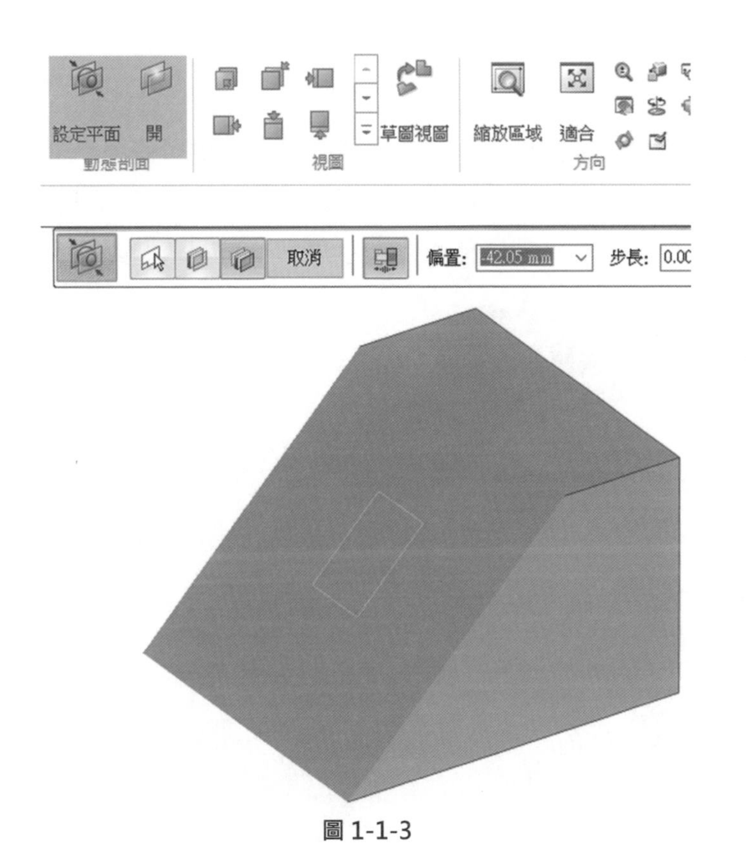

圖 1-1-3

同步建模

曲面建構過程使用「同步建模」，如事後要設計變更為複雜曲面外型，是無法透過「幾何控制器」(方向盤) 控制，因同步建模中的草圖與特徵建立後為獨立關係是無關聯性的，所以無法透過編輯草圖改變特徵狀態，如圖 1-1-4。

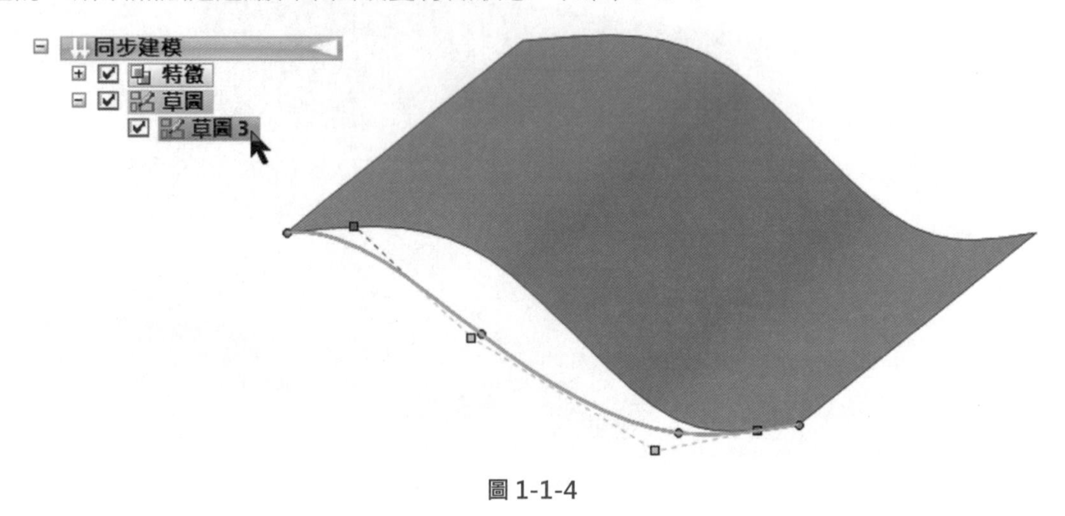

圖 1-1-4

順序建模

曲面建構過程使用「順序建模」，如事後要設計變更可使用「動態編輯」功能，此功能會將草圖顯示於幾何體中，直接拖曳草圖輪廓線會與幾何外型同時變化。所以曲面建構如考量到事後編輯修改，建議使用「順序建模」繪製，如圖 1-1-5。

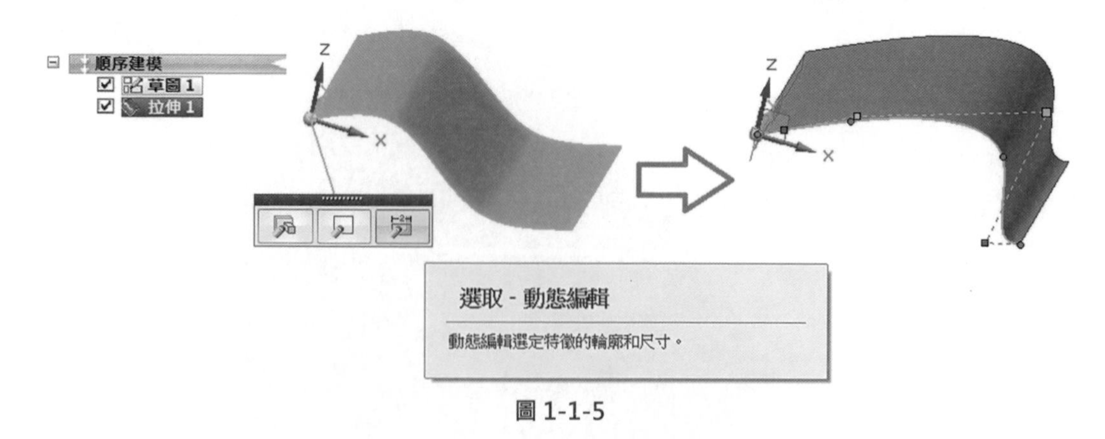

圖 1-1-5

混合建模

混合建模方式為「草圖」在「同步建模」環境，「曲面特徵」建構在「順序建模」環境，透過這二種的混合式建模，將提供給使用者更靈活的曲面設計應用。設計修改可直接選取草圖，系統會在草圖輪廓上顯示出「幾何控制器」(方向盤)，可直覺的透過方向盤修改外形。也可點擊曲面特徵，透過「動態編輯」功能進行曲線輪廓編修，如圖 1-1-6。

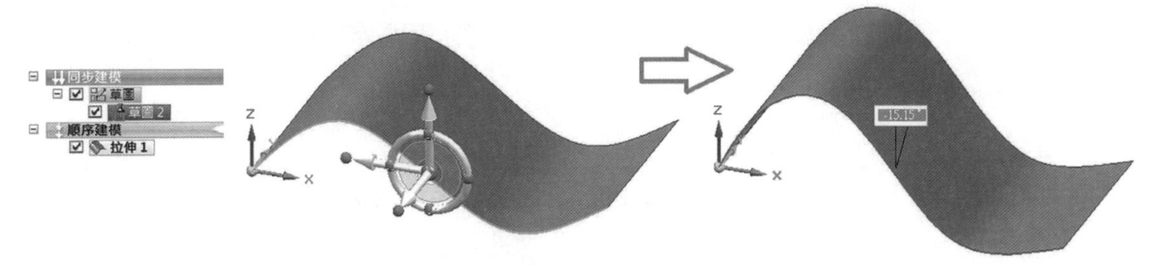

圖 1-1-6

1-2 草圖曲線建立 (轉換為曲線)

範例一

在曲面建構過程中，好的曲面必須要有好的曲線，所以我們將透過此範例，指導使用者如何快速又輕鬆的繪製曲線造型。

1. 欲使用「轉換為曲線」指令建構曲線草圖需使用「順序建模」，切換成順序建模可在同步建模導航提示條處點擊滑鼠右鍵「切換到順序建模」後，進入草圖繪製模式，如圖 1-2-1。

圖 1-2-1

2. 曲線建構就是透過多個控制點方式來完成一條開放或封閉曲線，除了使用曲線指令建立曲線草圖之外，如圖 1-2-2，我們也可將建立好的草圖元素透過「轉換為曲線功能」，將矩形、圓形及橢圓輪廓，透過拖曳節點變化造型，如圖 1-2-3。

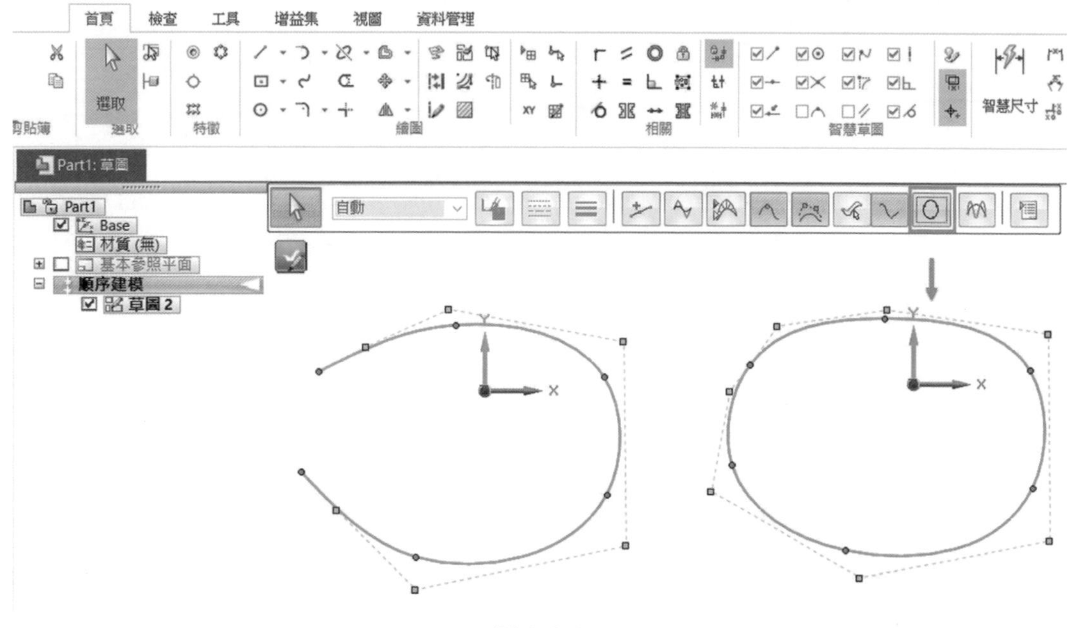

圖 1-2-2

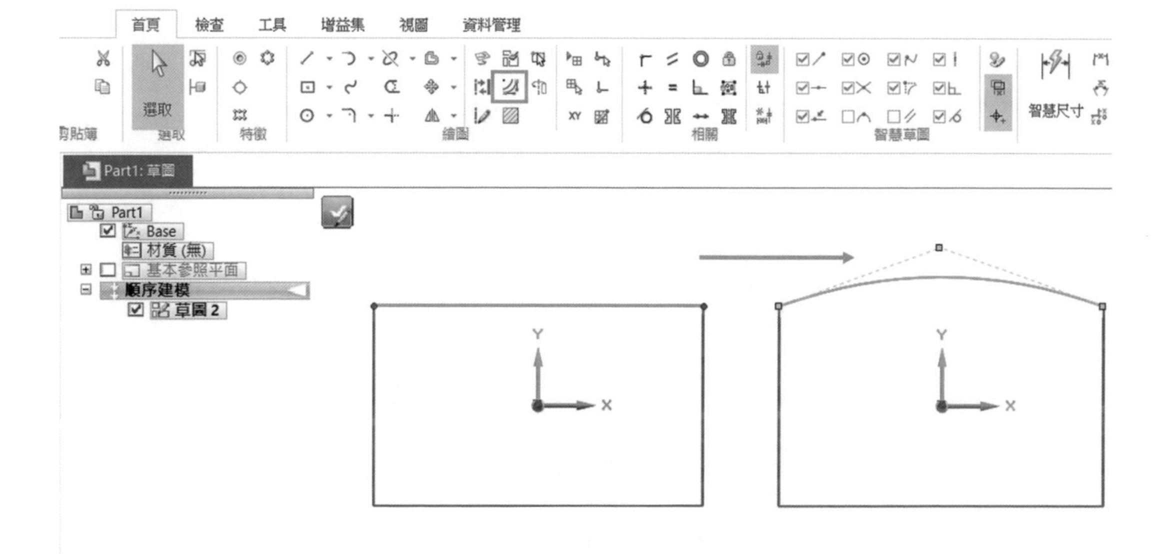

圖 1-2-3

3. 將輪廓轉換為曲線多控制點模式後，可將原先矩形直線，點擊控制點拖曳出所要的草圖曲線，如圖 1-2-4。

備註：系統預設一個輪廓線只建立一個控制點。

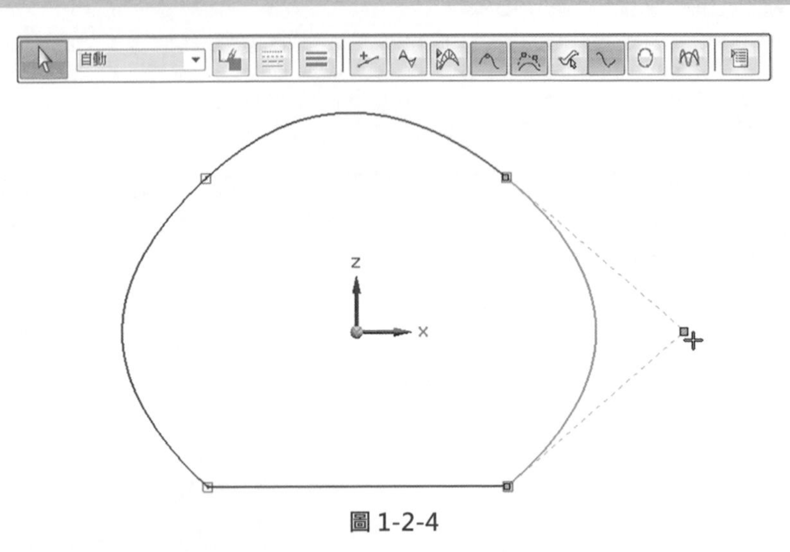

圖 1-2-4

4. 新增控制點數量，草圖曲線繪製完成後，曲線形狀的控制取決於「控制點」和「編輯點」的數量，如圖 1-2-5。

   範例：階數 = 4

   控制頂點數 = 5（階數 + 1）

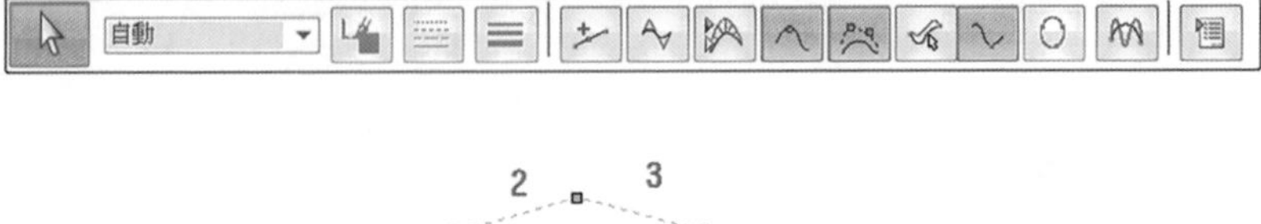

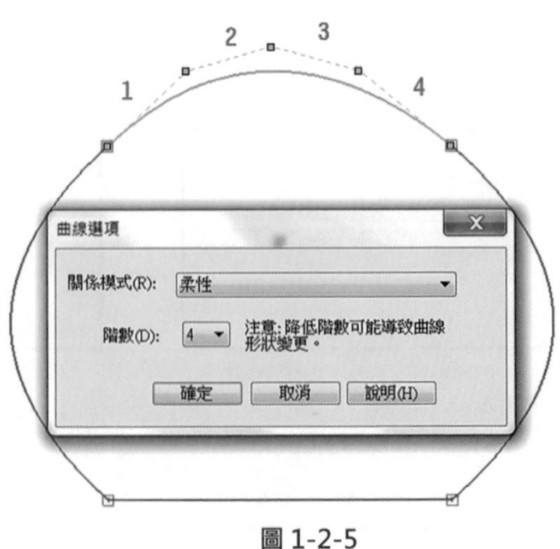

圖 1-2-5

5. 設定為多個階數的目的，是為了方便使用者先將輪廓大概繪製後，再透過控制點拖曳出多樣化且柔順的曲線造型，如圖 1-2-6。

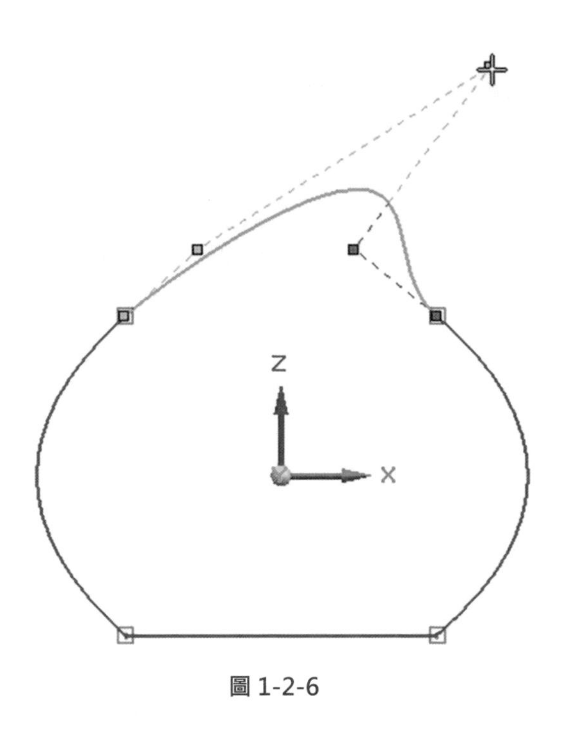

圖 1-2-6

1-3 連接面

使用現有草圖或零件邊線來建構曲面，可以使用「連接面」指令來建構造型，並提供使用者多樣式選項的複雜曲面，如圖 1-3-1。

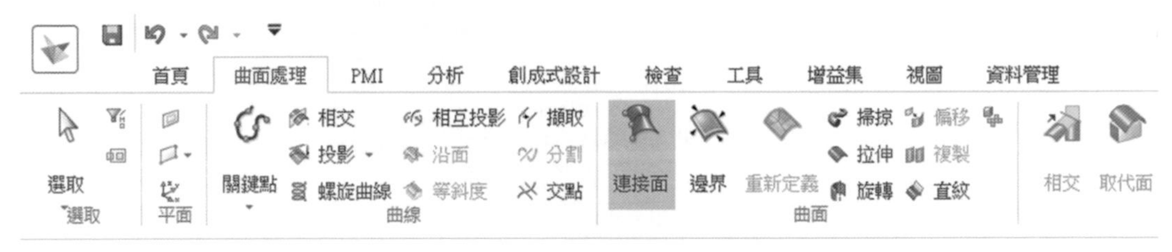

圖 1-3-1

「連接面」特徵的建構行為與舉昇特徵相似。例如，可以重排序橫斷面、定義頂點對應規則、定義連接面特徵和舉昇特徵的端部截面條件，如圖 1-3-2 、圖 1-3-3。

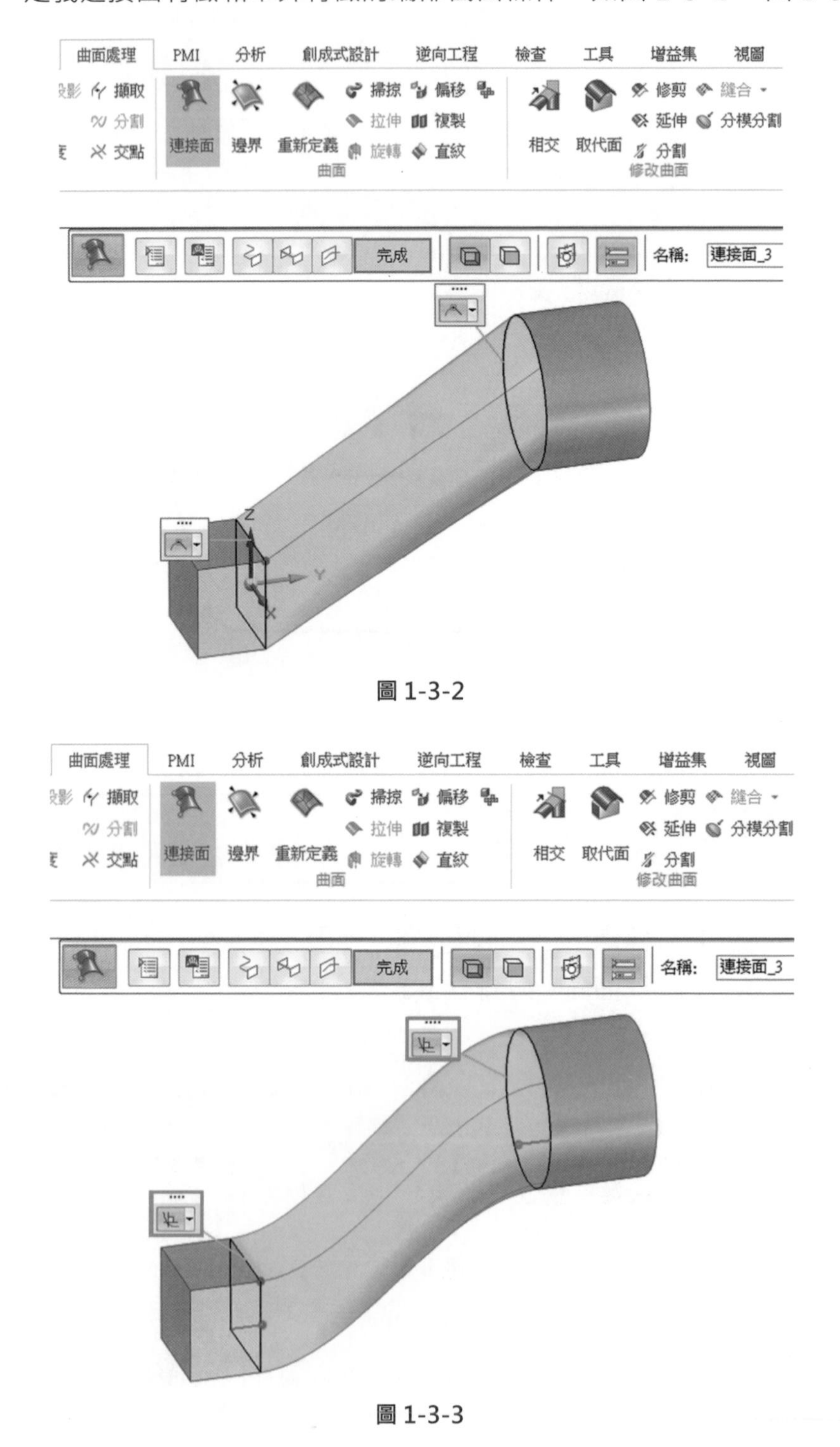

圖 1-3-2

圖 1-3-3

連接面條件需求

可使用草圖輪廓、曲線或輪廓邊線。

① 為橫斷面必須二個以上，最多無限制。

② 為引導曲線最少一條，最多無限制，草圖或零件邊可以是開放或封閉的，如圖 1-3-4。

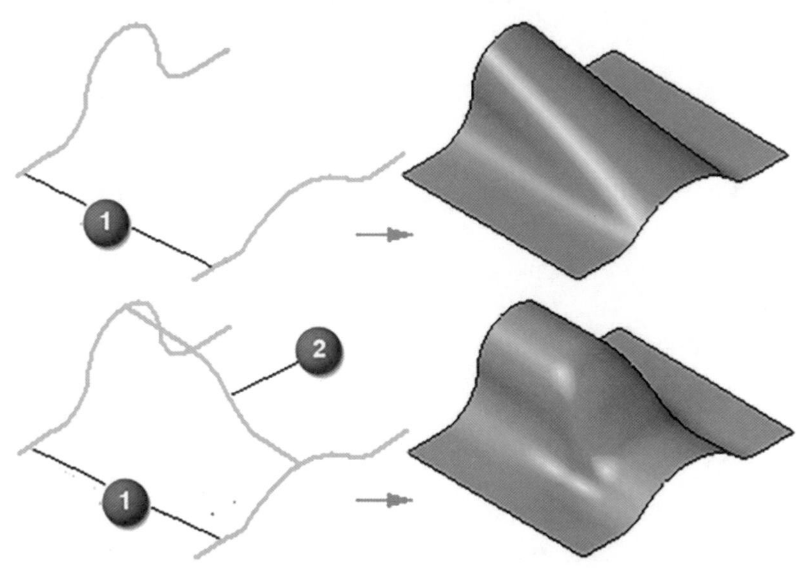

圖 1-3-4

範例二

開啟練習檔案：「範例 2_連接面」利用連接面指令來建構自由曲面與變化拉伸出複雜曲面。

1. 點擊「連接面」指令，先定義截斷面步驟，依照下圖指示先點擊①線段後點擊滑鼠「右鍵」確認，點擊②線段後點擊滑鼠「右鍵」確認。以上二個動作完成後點擊指令條中的「下一步」按鍵。

   注意 滑鼠在點選截斷面時，二個節點必須在同一個方向處，如二個截點產生交錯就無法生成曲面，如圖 1-3-5。

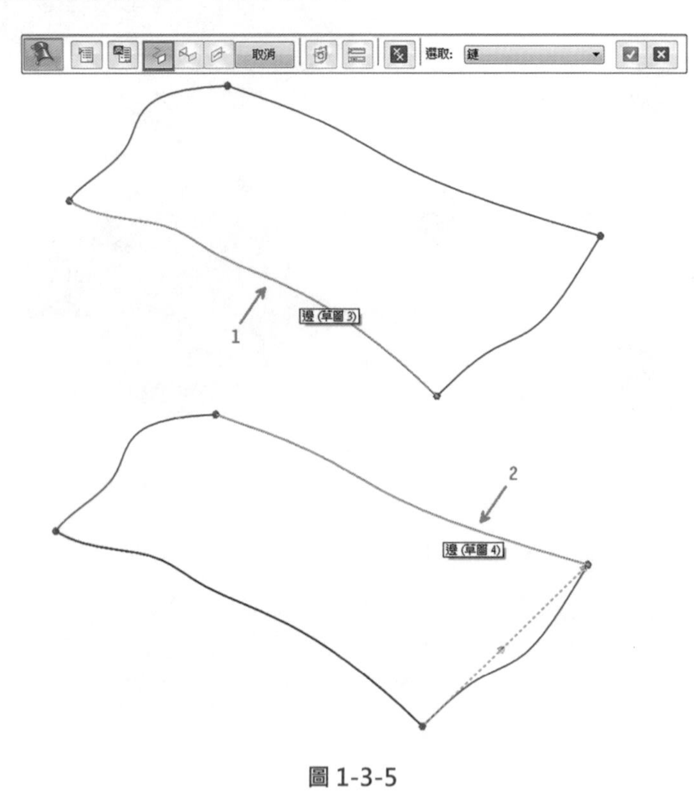

圖 1-3-5

2. 定義「引導曲線」步驟，依照下圖指示先點擊①線段後點擊滑鼠「右鍵」確認，點擊②線段後點擊滑鼠「右鍵」確認，即可完成曲面預覽。以上二個動作完成後點擊指令條中的「下一步」按鍵，如圖 1-3-6。

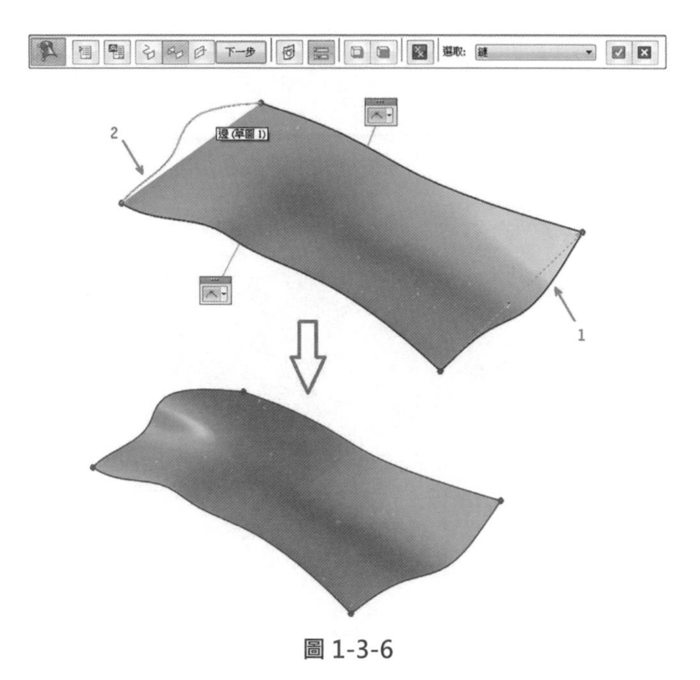

圖 1-3-6

3. 點擊「插入草圖」指令，是將草圖插入連接面中，讓使用者可依照所需，在曲面上建立多條網格 UV 線段後，進行曲面上的調整變化。在下面的範例中，選取「平行面」選項，點擊①選擇平行基礎面②橫斷面線段為與平行面的平面，③動態拖曳到要插入草圖的位置，此外，還可以輸入距離，如圖 1-3-7。

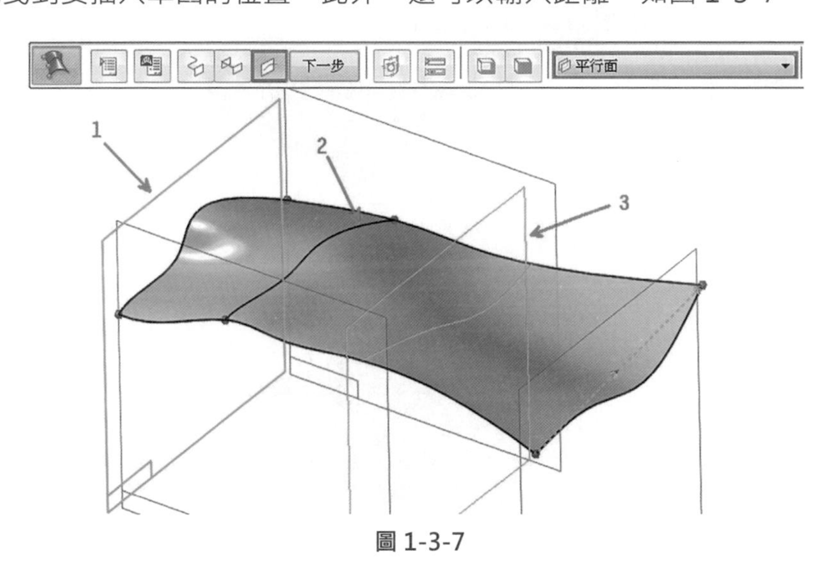

圖 1-3-7

4. 沿引導曲線插入草圖，選取「法線面」選項，點擊①引導曲線線段作為要與法線面的平面，②動態拖曳到要插入草圖的位置。完成後點擊「下一步」→「完成」鍵，如圖 1-3-8。

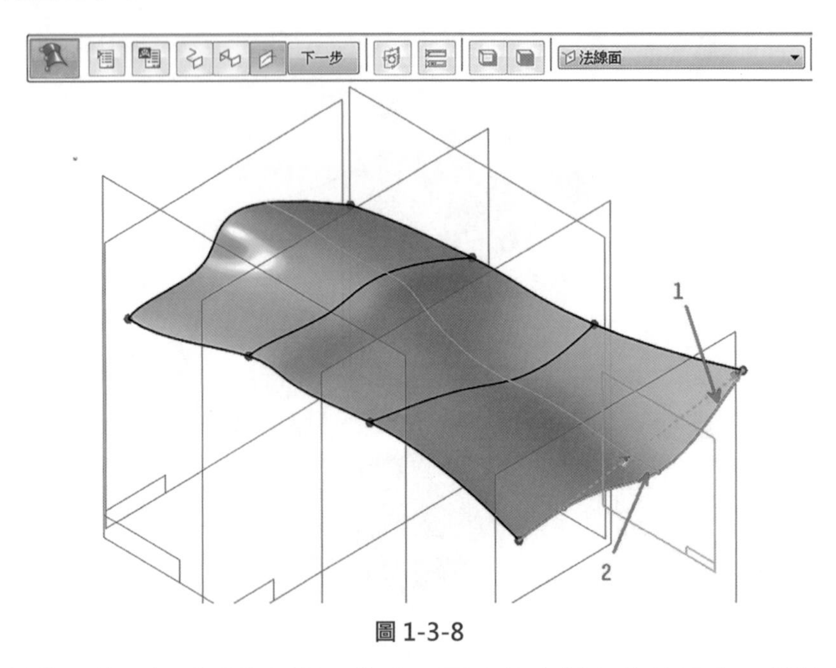

圖 1-3-8

5. 先點擊曲面後透過「動態編輯」指令，可直接在插入的草圖中，對線段中的控制點，直接動態拖曳，即可依設計者需求完成自由曲面建構，如圖 1-3-9。

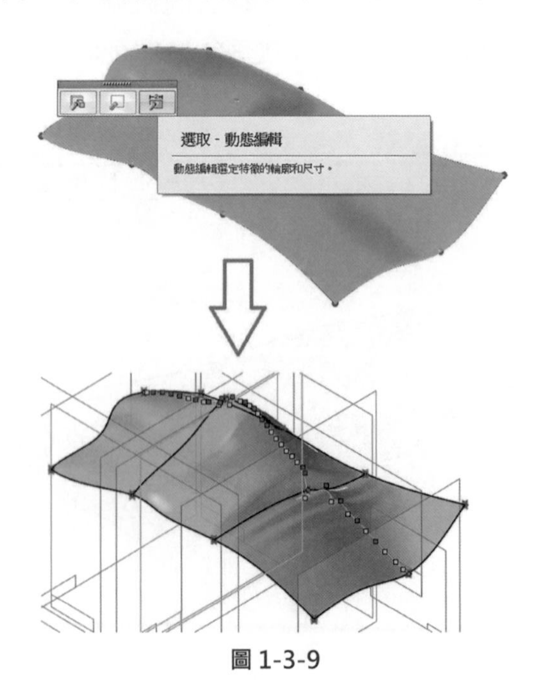

圖 1-3-9

1-4 曲面修剪

曲面功能「修剪」

開啟練習檔案：「範例 3_曲面修剪」，依照所定義的輸入元素，修剪一個或多個曲面。

1. 點擊「修剪」指令，如圖 1-4-1，依照圖 1-4-2 指示先點擊①選取要修剪目標的曲面，滑鼠「右鍵」確認，②選取修剪工具（曲面），擊滑鼠「右鍵」確認，③選取要修剪的區域，滑鼠「右鍵」確認，④即可完成一處曲面修剪。

圖 1-4-1

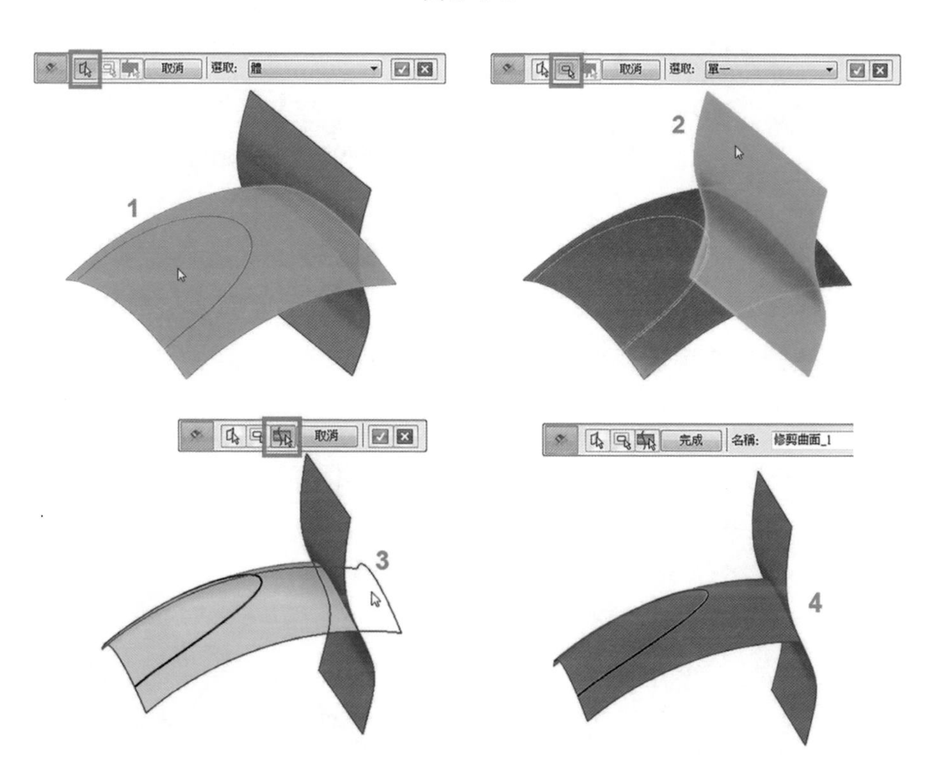

圖 1-4-2

2. 重複以上動作，依照下圖指示先點擊①選取要修剪的曲面，按滑鼠「右鍵」確認，②選取修剪工具（曲面），按滑鼠「右鍵」確認，③選曲要修剪的區域，按滑鼠「右鍵」確認，④即可完成第二處曲面修剪，如圖 1-4-3。

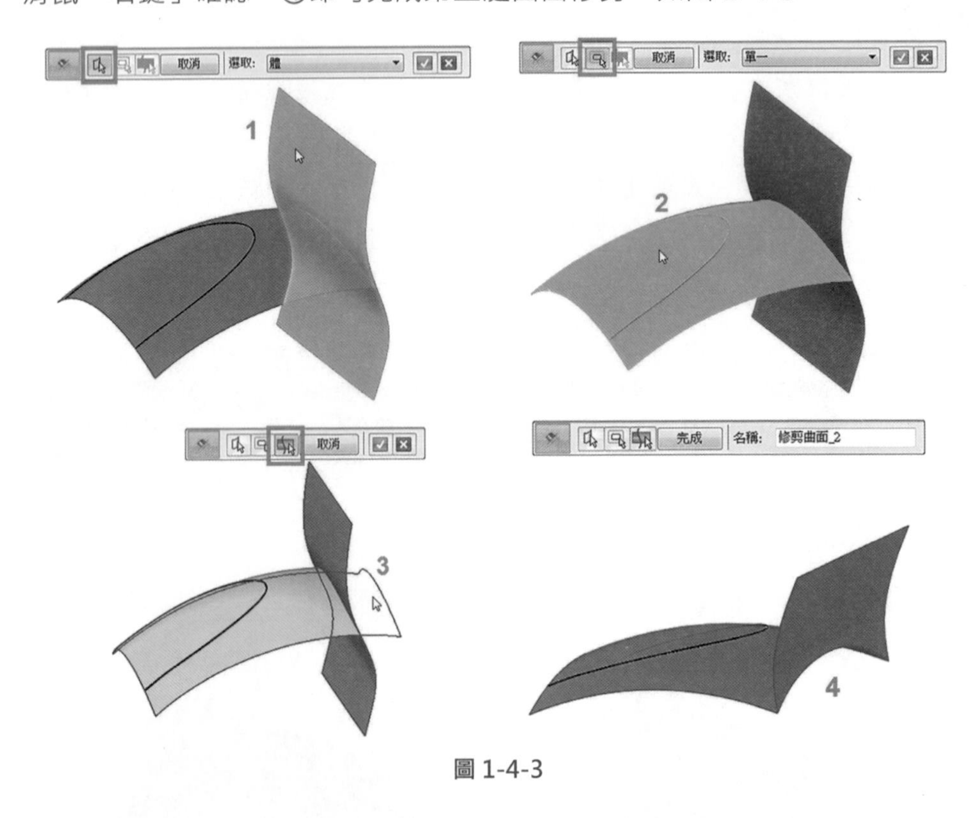

圖 1-4-3

3. 可利用線段作為修剪工具，依照下圖指示先點擊①選取要修剪的曲面，按滑鼠「右鍵」確認，②選取修剪工具（曲線），選取：「鏈」，按滑鼠「右鍵」確認，如圖 1-4-4

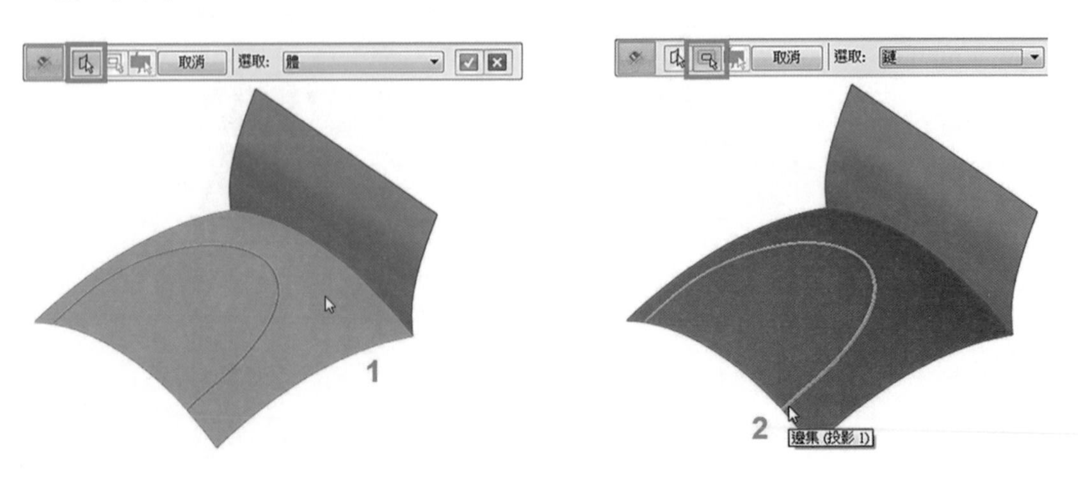

圖 1-4-4

4. 依照下圖指示，點擊③選取要修剪的區域，按滑鼠「右鍵」確認，④即可完成所要的曲面造型修剪動作，如圖 1-4-5。

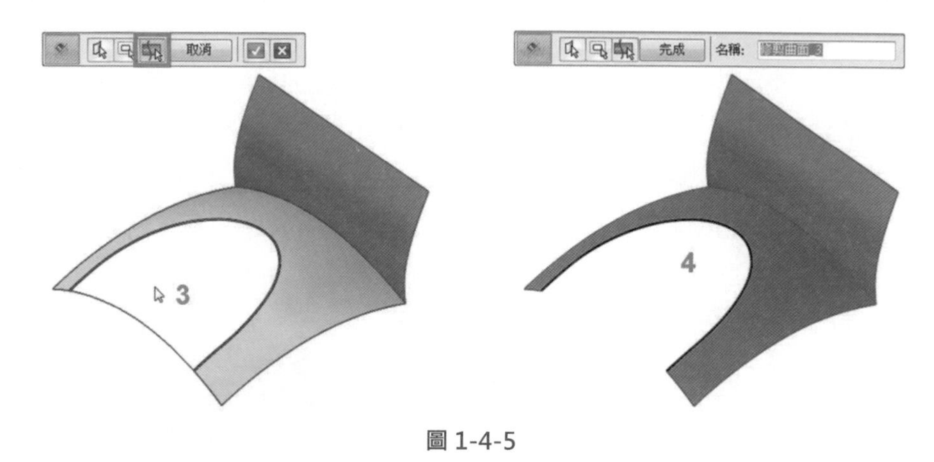

圖 1-4-5

- **曲面功能「相交」**

1. 開啟練習檔案：「範例3_曲面修剪」，點擊「曲面」→「相交」指令如圖 1-4-6。

圖 1-4-6

2. 依照圖 1-4-7，即可快速完成修剪曲面動作。

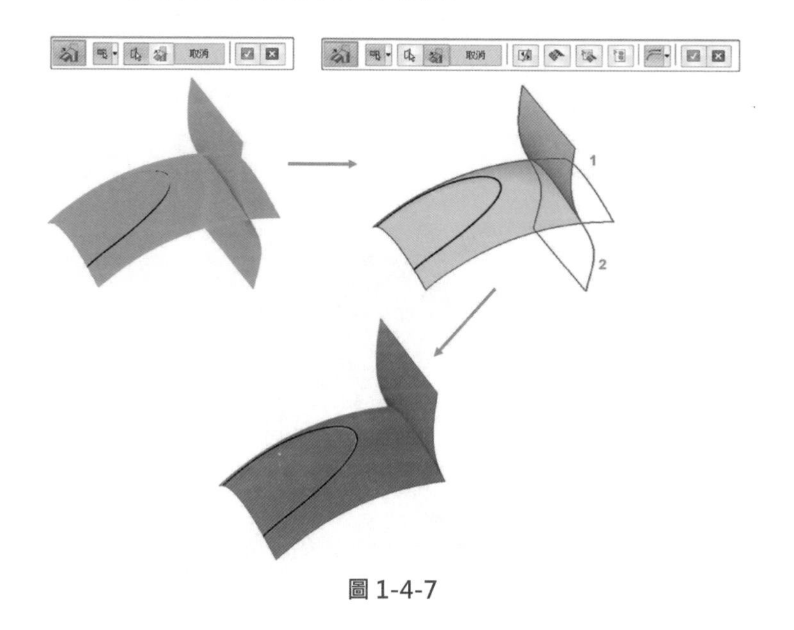

圖 1-4-7

1-5 曲面倒圓，斑馬條紋檢視

範例四

開啟練習檔案：「範例 4_曲面倒圓」，Solid Edge 倒圓工具提供了「曲面倒圓」，可直接在二個分離曲面體進行圓角處理，並將其縫合到輸出混成面，圓角形狀也提供了使用者多樣化選項，如：相切連續、恆定寬度、倒斜角、圓錐、曲率連續。

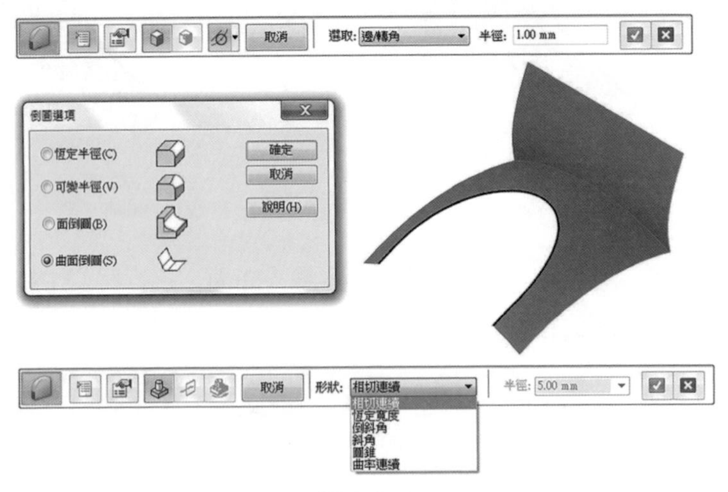

圖 1-5-1

1. 曲面倒圓指令「首頁」→「實體」→「倒圓」，將曲面倒圓「形狀」選項設定為「相切連續」（一般等半徑圓角），依照下圖指示點擊箭頭二個曲面體後，輸入半徑尺寸為「20mm」，點擊確認鍵，如圖 1-5-2。

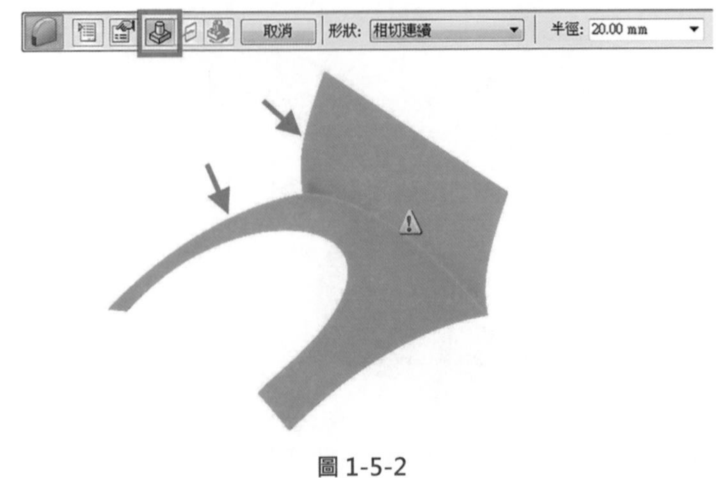

圖 1-5-2

2. 定義倒圓方向，通過滑鼠點擊指定方向另外一側，即可套用倒圓曲面的邊，如圖 1-5-3。

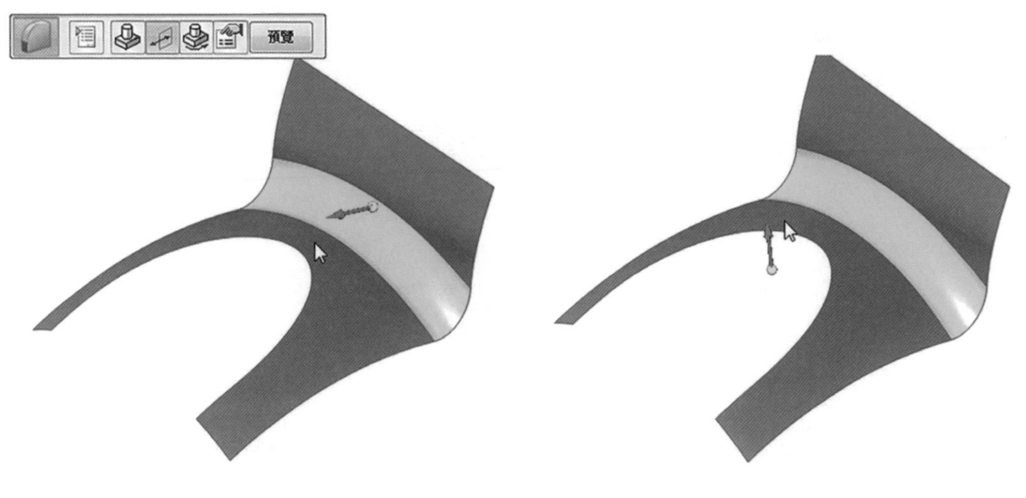

圖 1-5-3

3. 以上動作完成後，即可在畫面中看到圓角的預覽顯示，如確認後請點擊「預覽」→「完成」鍵，如圖 1-5-4。

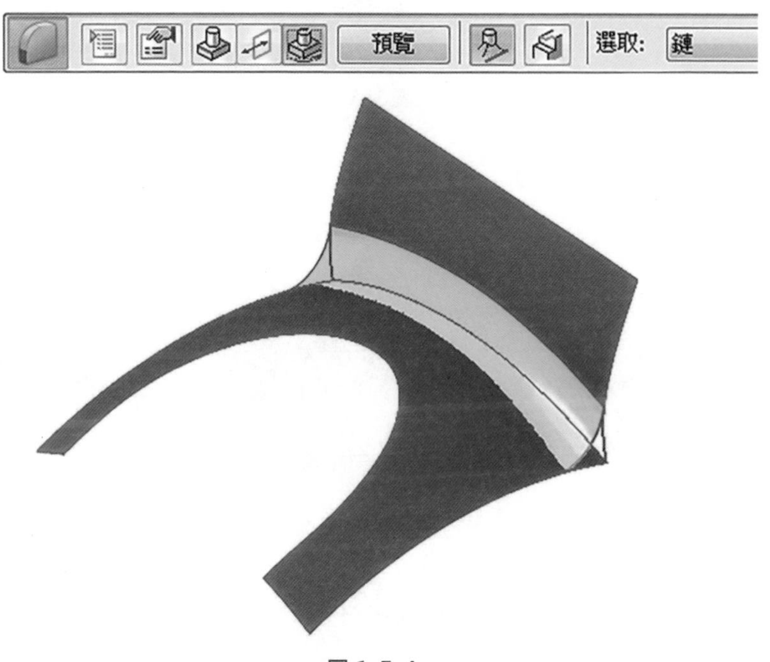

圖 1-5-4

4. 可回到編輯中的倒圓選取步驟功能處，定義形狀如下圖指示「曲率連續」、「倒斜角」，如圖 1-5-5。

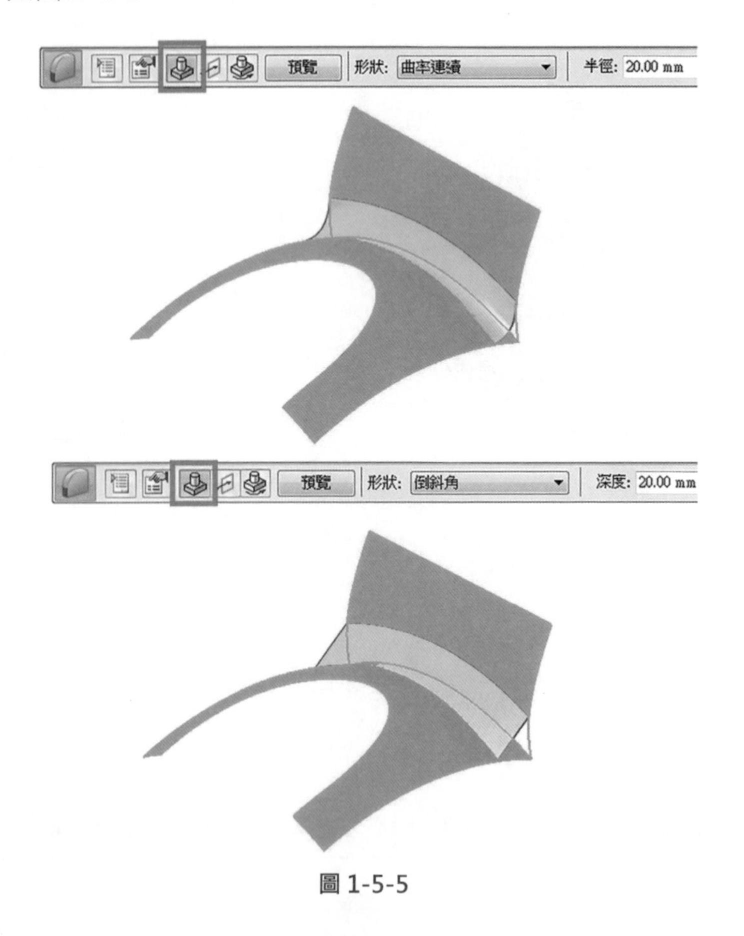

圖 1-5-5

下圖為三種曲面倒圓形狀，如圖 1-5-6。

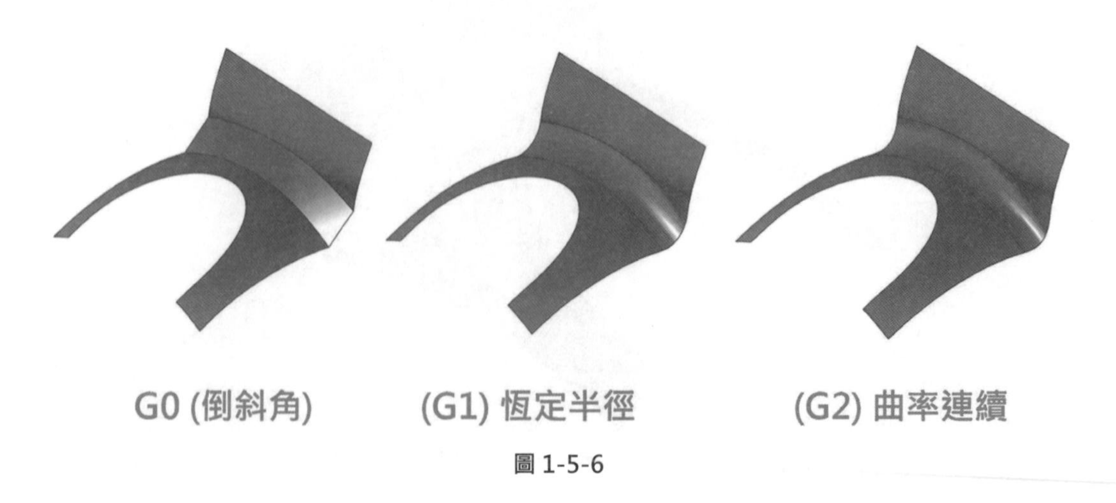

圖 1-5-6

Solid Edge 提供了「斑馬條紋」檢視功能，主要是針對曲面與曲面之間的「品質」檢查，透過下圖來認識斑馬條紋：如圖 1-5-7。

G0 – 斑馬條紋；會在尖銳折角處呈現斷開條紋。

G1 – 斑馬條紋；會在圓角相切處呈現錯開條紋。

G2 – 斑馬條紋；會在連續曲面上呈現光滑條紋。

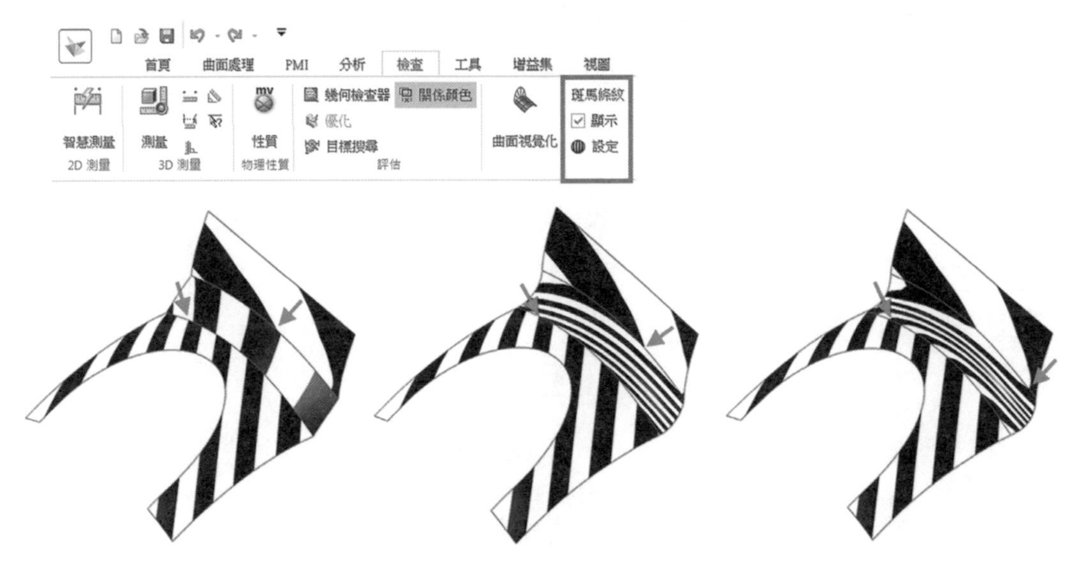

G0 倒斜角　　G1 相切連續　　G2 曲率連續

圖 1-5-7

1-6 曲面縫合並轉換為實體

範例五

開啟練習檔案：「範例 5_曲面縫合為實體」。

1. 曲面縫合前可事先透過「顯示非縫合邊」指令來檢查，選取一個或框選整體建構曲面，系統會高亮度顯示沒有縫合到相鄰表面的邊，以方便使用者檢視位置以修復它們，如圖 1-6-1。

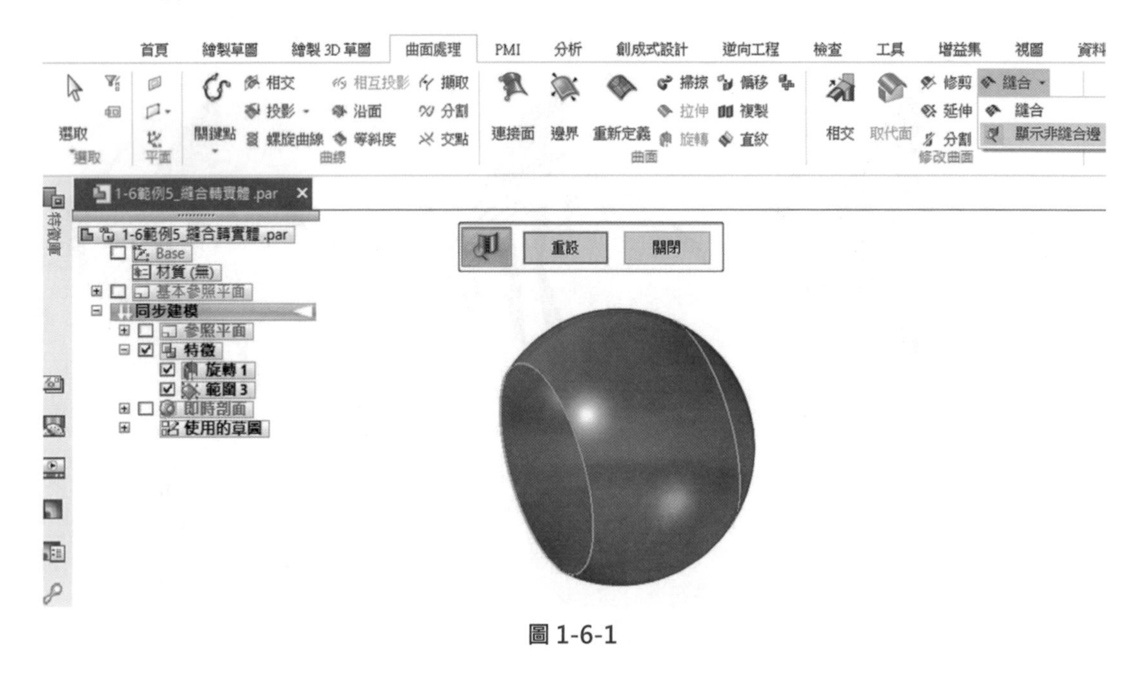

圖 1-6-1

2. 「縫合曲面選項」，提供曲面之間的縫合公差設定，如圖 1-6-2。

圖 1-6-2

3. 縫合曲面功能目的，是將多個獨立的曲面體縫合成一個完整的建構曲面，使用者可直接框選整體建構曲面，再點擊確認鍵，即可完成縫合動作，如圖 1-6-3。

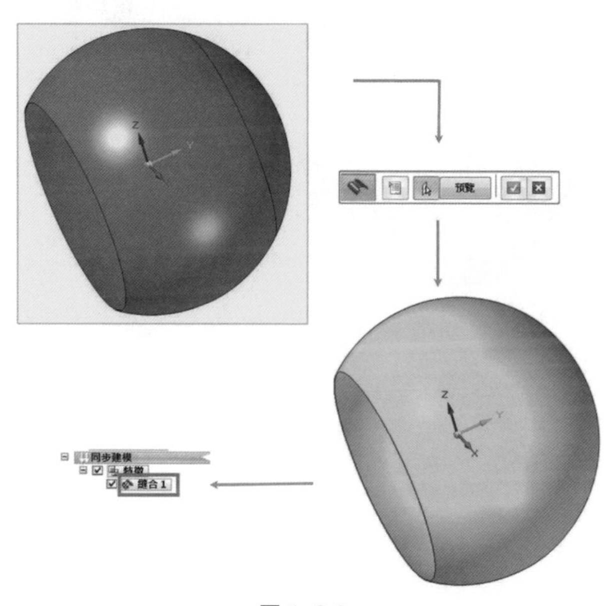

圖 1-6-3

4. 將曲面體加厚為實體：如下圖範例，為開放曲面建構體，就必須使用「首頁」→「長料」→「加厚」，先輸入厚度如「1mm」再透過滑鼠移動指示箭頭向內或向外為肉厚方向；或將游標移動到箭頭圓心處即會出現二側箭頭符號，代表為二側方向可同時加厚，如圖 1-6-4。

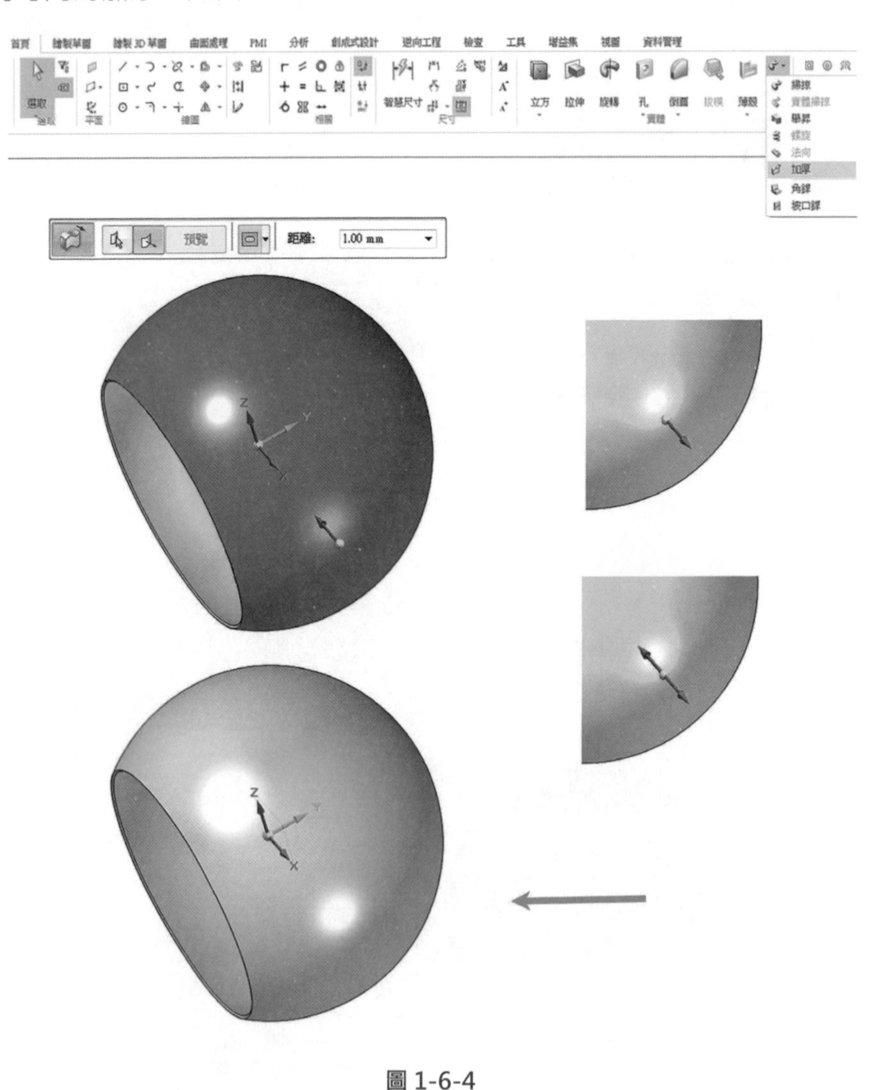

圖 1-6-4

5. 如開口處須封閉，可透過「邊界」指令來點擊開口邊，即可定義一個閉合區域，並將端部條建設為「相切連續」，如圖 1-6-5。

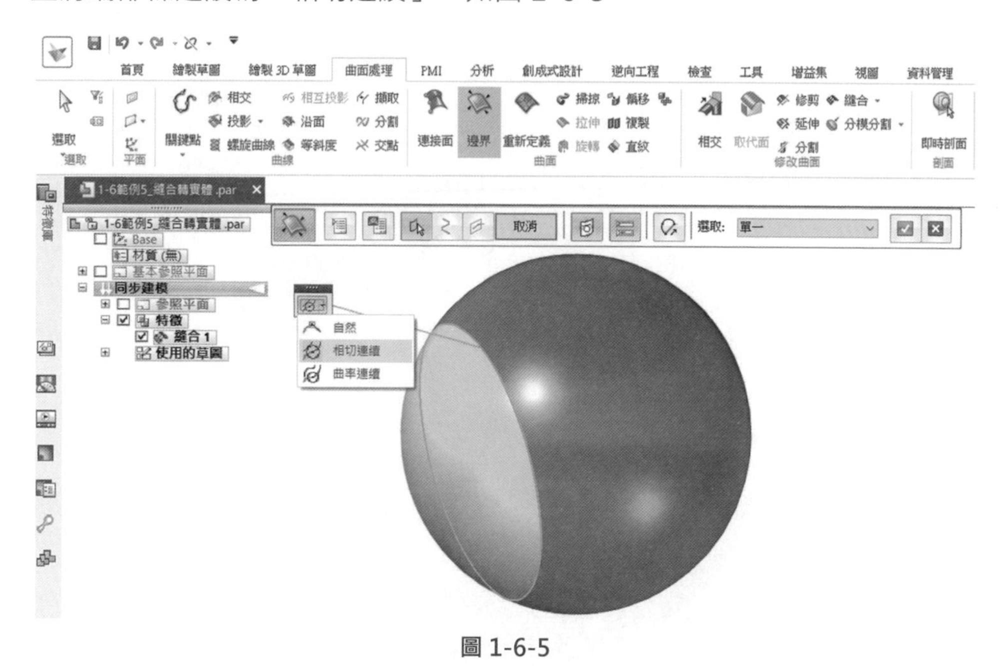

圖 1-6-5

6. 如曲面體為一封閉區域，可透過「縫合曲面」指令，將封閉曲面體縫補為實體。如圖 1-6-6。

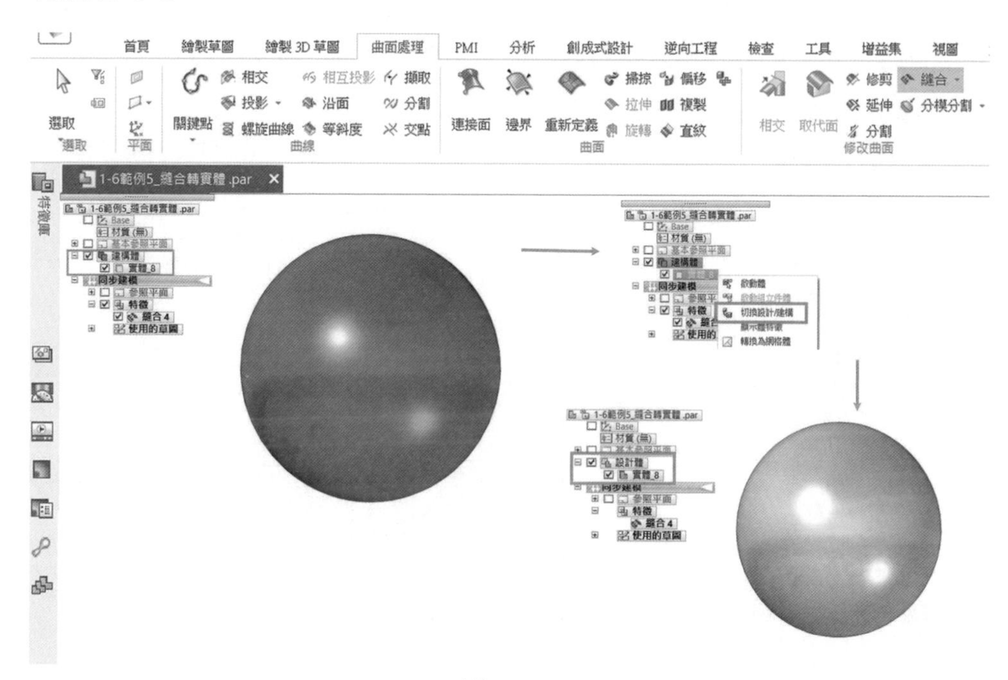

圖 1-6-6

1-7 造型應用 (Hello-Kitty)

本範例將介紹，如何應用實體搭配曲面功能來完成一個模型範例，跟隨步驟操作和圖示說明即可完成「Hello-Kitty」模型，如圖 1-7-1。

圖 1-7-1

1. 開啟練習檔案：「1-7 範例 6_Hello-kitty」，先將導航者「同步建模」下的「頭部草圖」群組打勾，可看到預先建置好的頭部橫斷面草圖，如圖 1-7-2。

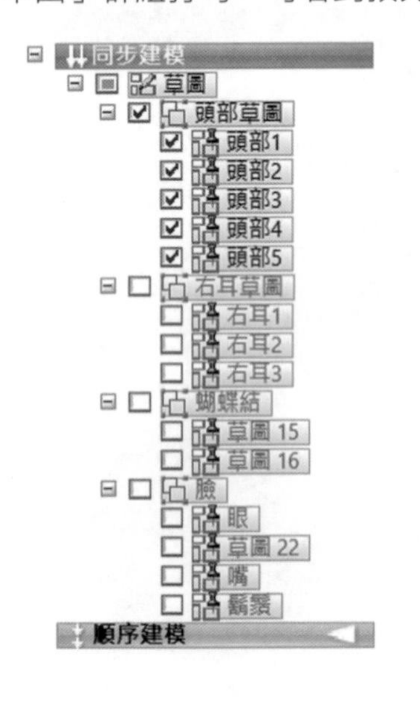

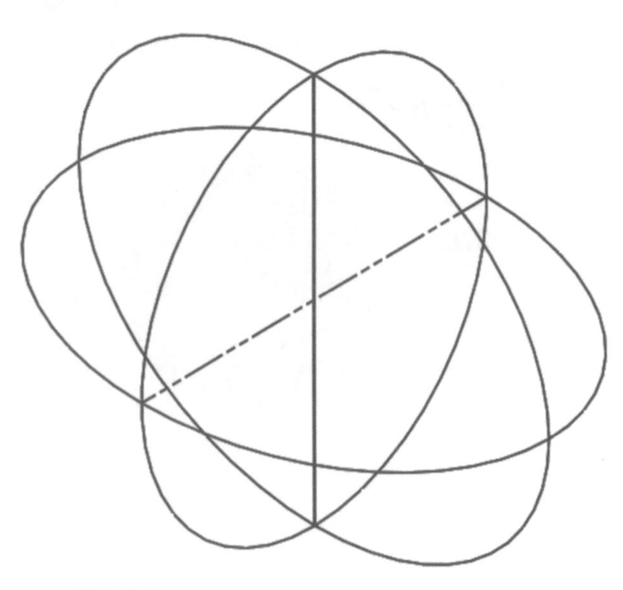

圖 1-7-2

2. 點擊「首頁」→「實體長料」→「連接面」指令，在「截斷面步驟」中，依序點擊草圖「頭部 1、2、3、4」，如圖 1-7-3。完成後在「引導曲線步驟」中，選擇「頭部 5」草圖，如圖 1-7-4。接著在「範圍步驟」中，將「封閉延伸」按下，即可得到 Kitty 頭部的實體造型，如圖 1-7-5。

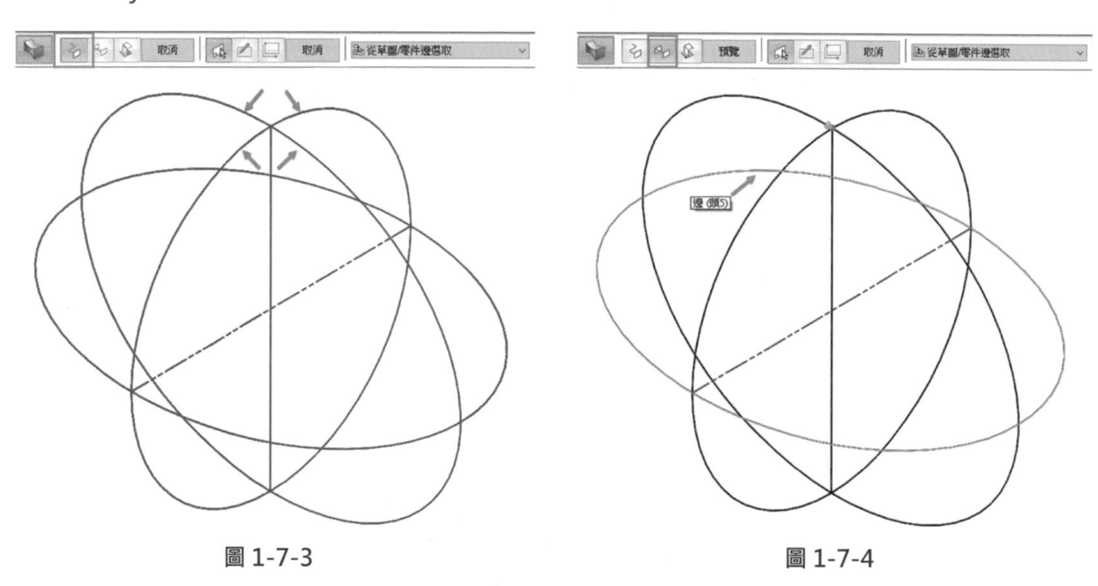

圖 1-7-3　　圖 1-7-4

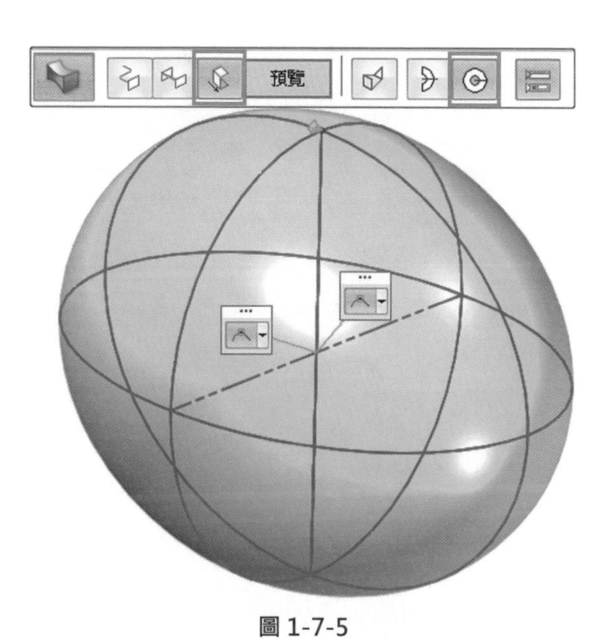

圖 1-7-5

3. 接著將「右耳草圖」群組勾選，利用「曲面」→「連接面」指令，在跳出的「截斷面步驟」選擇底部橢圓草圖及頂部的「頂點」如圖 1-7-6。接著在「引導曲線步驟」中，將側邊的四條引導曲線選上，即可完成右面上半部，如圖 1-7-7。

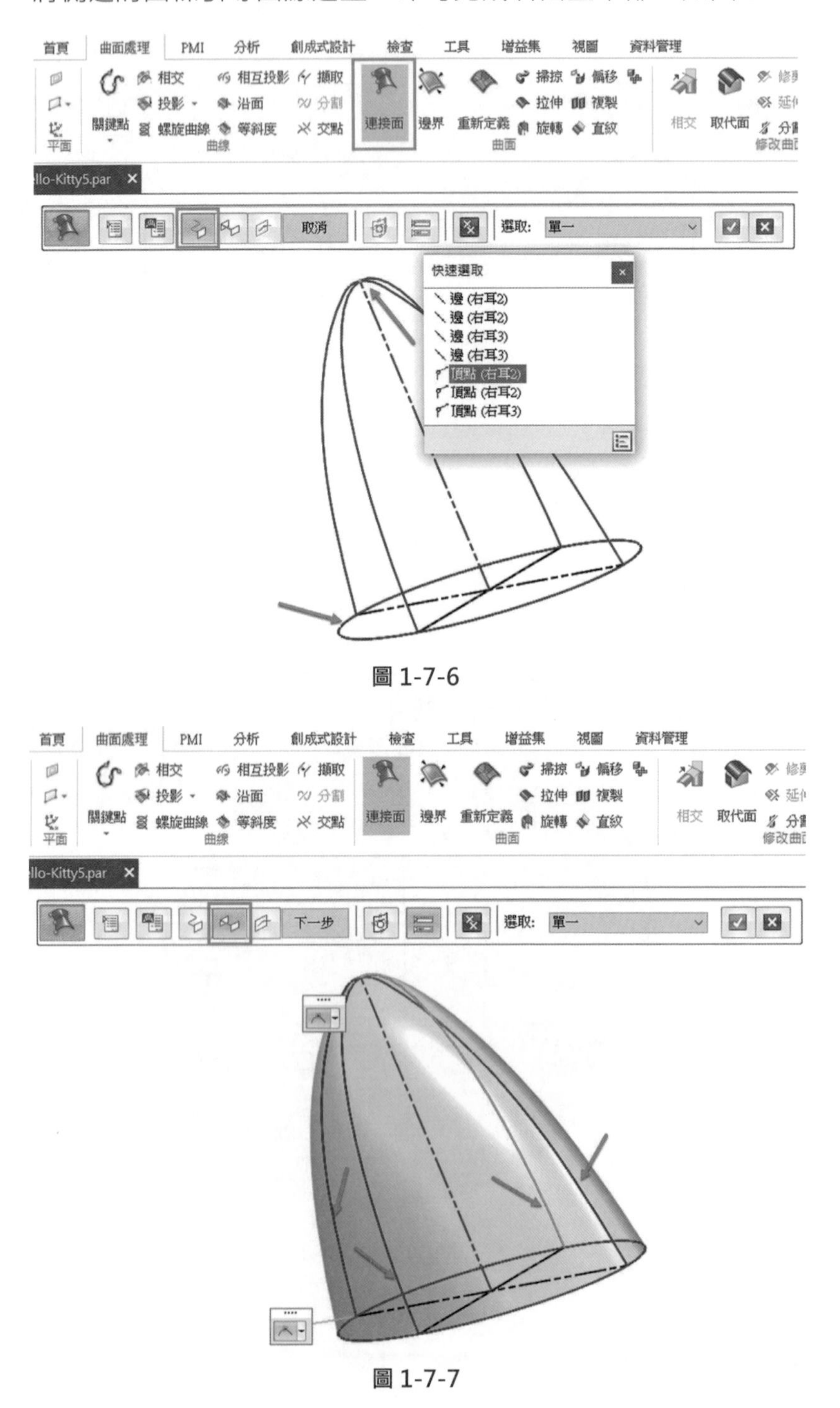

圖 1-7-6

圖 1-7-7

4. 點擊「曲面」→「邊界」指令，再選擇右耳草圖中的底部橢圓草圖，如圖 1-7-8。

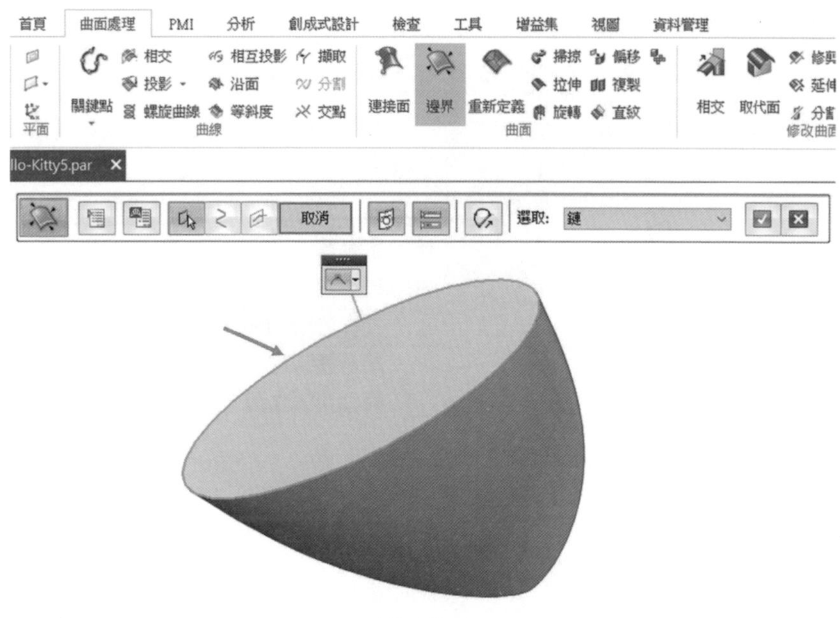

圖 1-7-8

5. 利用「曲面」→「縫合」指令，將步驟3及步驟 4 的曲面選上，可將其轉變為一封閉曲面體，如圖 1-7-9。

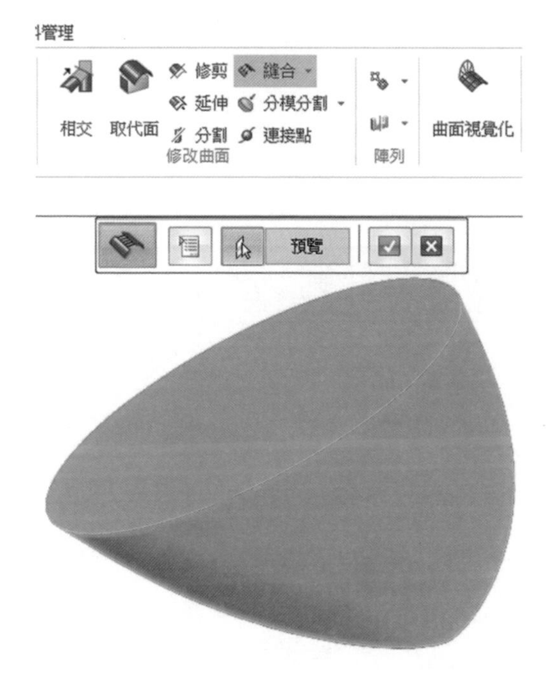

圖 1-7-9

6. 在「建構體」→「實體」上按右鍵選擇「切換設計/建構」，可將一封閉曲面體轉變為實體模型，如圖 1-7-10。

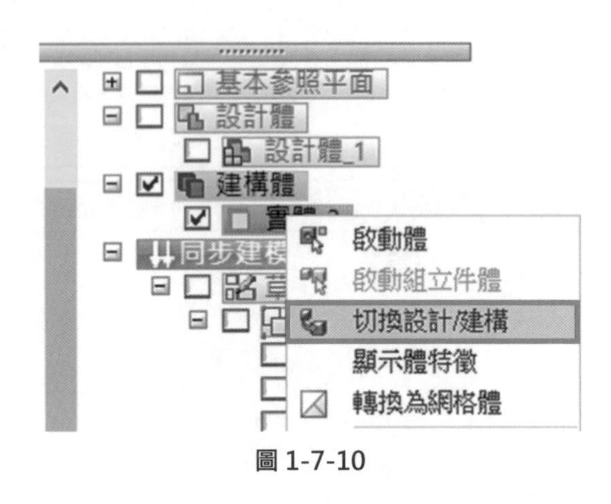

圖 1-7-10

7. 利用「首頁」→「陣列」→「鏡射」指令，接著將步驟 6 的實體選上，中心平面選擇為「YZ」平面，可將步驟 6 完成的右耳鏡射到左耳的位置上，如圖 1-7-11。

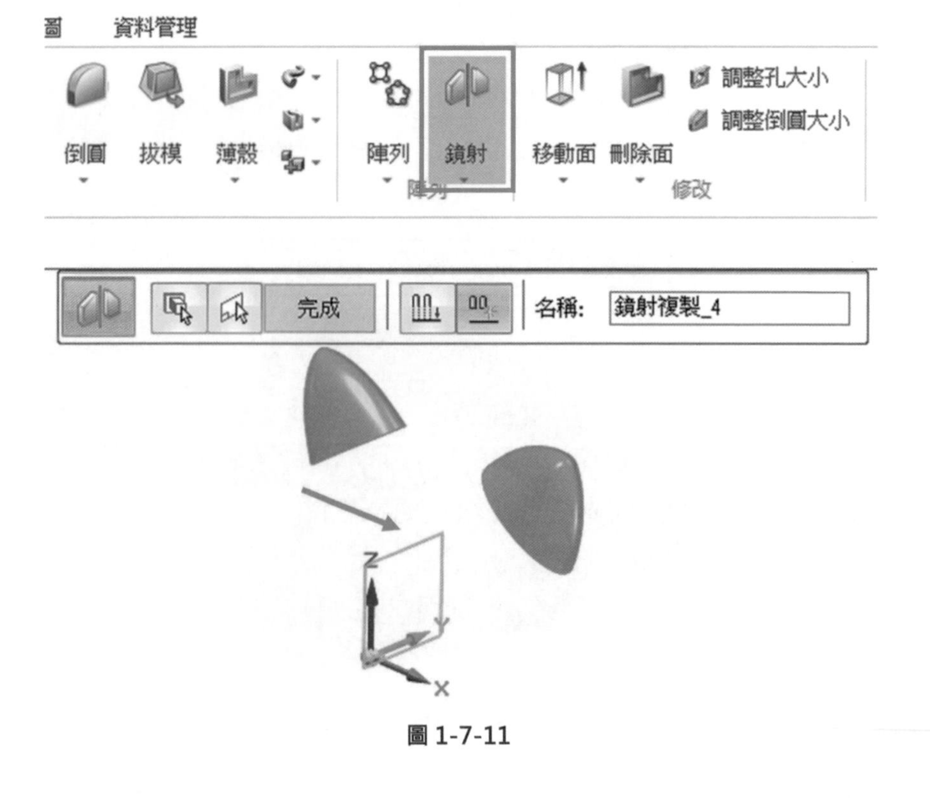

圖 1-7-11

8. 接著將「蝴蝶結」草圖群組及「臉」草圖群組打勾。

①利用「實體」→「旋轉」將半圓形草圖旋轉長出肉厚。

②利用「拉伸」指令，將「蝴蝶結」二側對稱長出 5mm 肉厚，如圖 1-7-12。

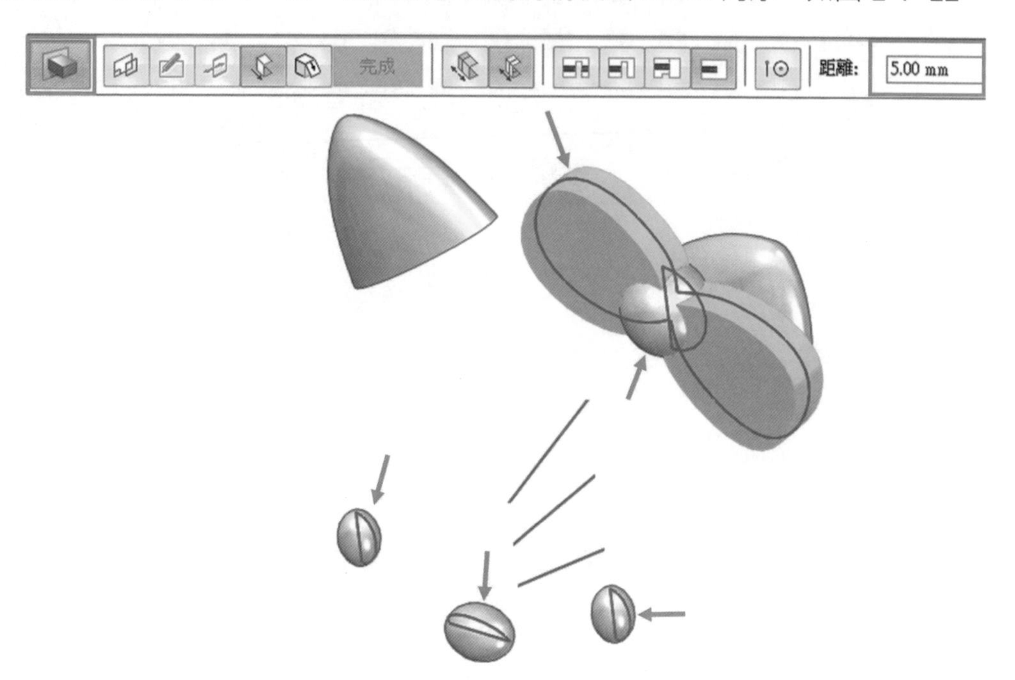

圖 1-7-12

9. 點擊「實體長料」→「接合」指令，將原本獨立的 2 個設計實體「布林結合」為單一設計實體，如圖 1-7-13。

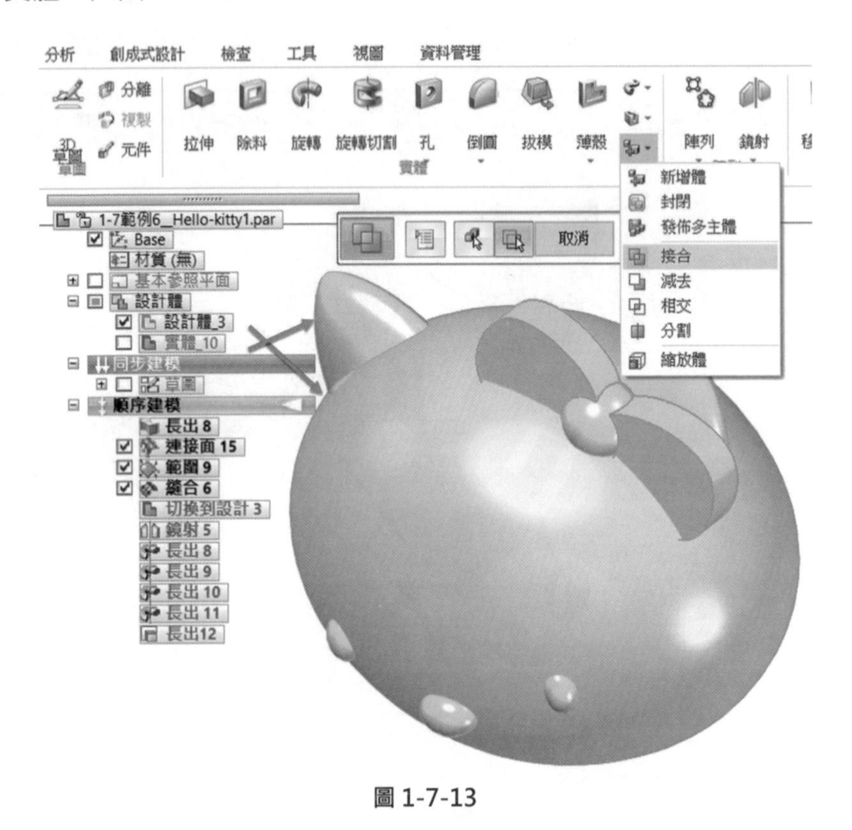

圖 1-7-13

10. 接合好後，利用「實體」→「倒圓」指令將「蝴蝶結」四條邊界倒圓角 R1.5mm 如圖 1-7-14；完成後再將「蝴蝶結」兩條邊界倒圓角 R0.5mm，如圖 1-7-15。

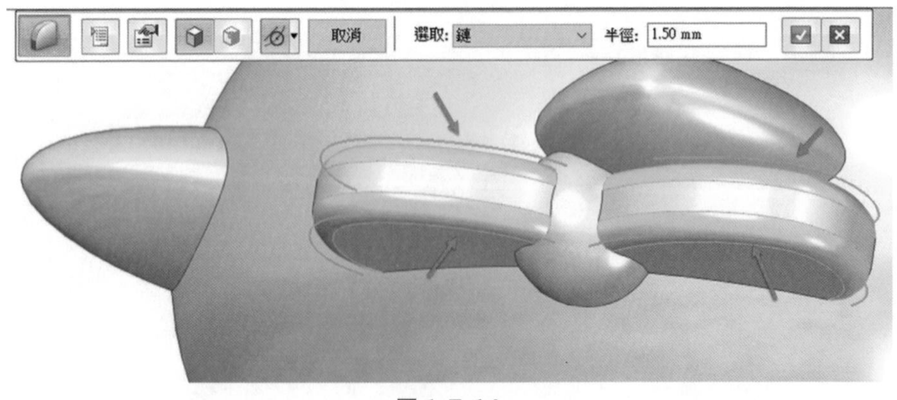

圖 1-7-14

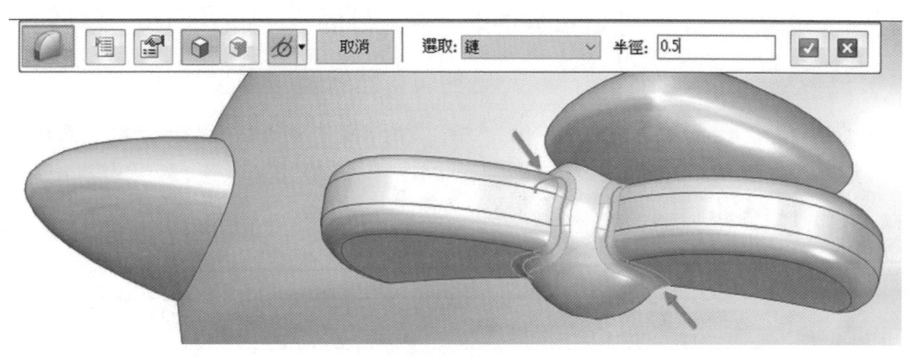

圖 1-7-15

11. 利用「曲面」→「投影」指令，將「鬍鬚」草圖裡的三條直線選上，並投影在二側的面上，如圖 1-7-16。

圖 1-7-16

12. 最後利用「視圖」→「零件畫筆」功能，將建好的「Hello-Kitty」模型上色，如圖 1-7-17。

圖 1-7-17

進階二

CHAPTER

模具設計

章節介紹

藉由此課程，你將會學到：

2-1　鑄造件拆模（實體拆模）
- 零件的收縮因數（收縮率）
- 分模線自動建立
- 分模面自動建立
- 實體布林運算–減去
- 實體布林運算–分割

2-2　塑膠外殼拆公母模具（曲面拆模）
- 建立封閉曲面
- 建立曲面分模面
- 建立公母模具
- 實體布林運算–分割

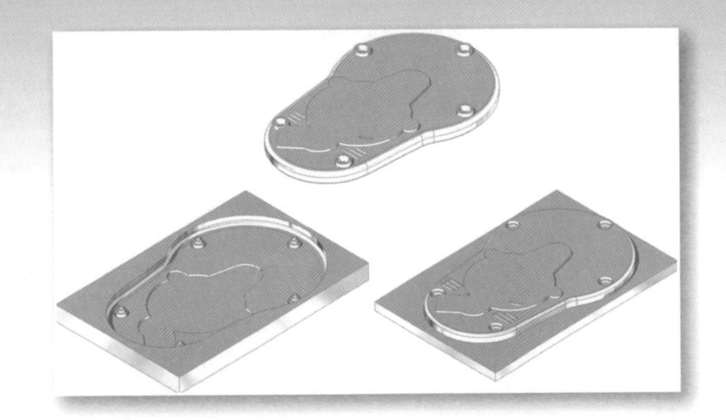

2-1 鑄造件拆模 (實體拆模)

範例一

Solid Edge 提供二種拆模方式，一為「實體拆模」，系統將會自動辨識分模線後建立分模面，即可拆出公母模零件，二為透過「曲面」指令，將零件成品的公母表面的曲面擷取出來，建立封閉曲面與分模面後，再透過實體布林運算分割，即可拆出塑膠零件的公母模塊。

此範例先跟使用者介紹，如何利用「實體零件」進行拆模。

圖 2-1-1

1. 開啟一個新零件檔案，並切換到「順序建模」環境中，如圖 2-1-2。

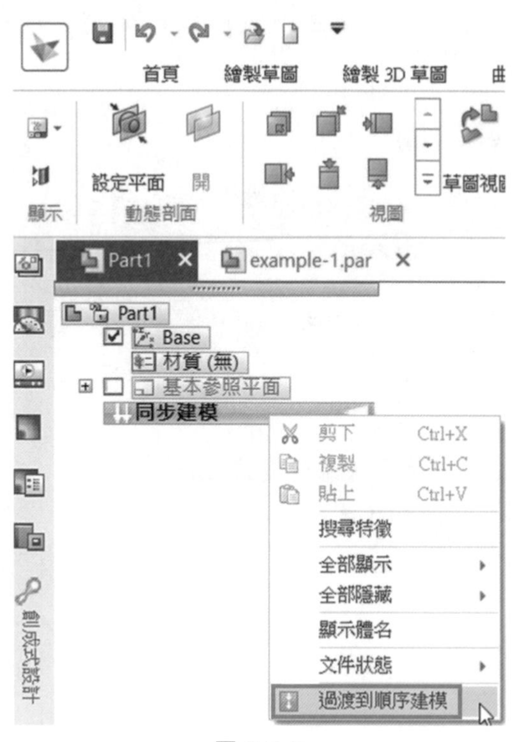

圖 2-1-2

2. 點擊「首頁」→「零件副本」功能後，將顯示「選取零件副本」畫面，請開啟範例檔「example-1.par」，如圖 2-1-3。

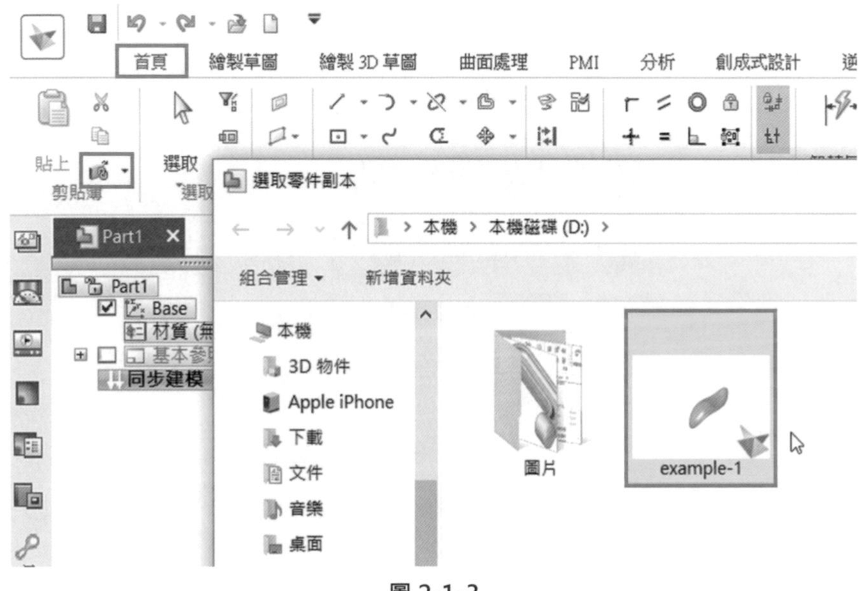

圖 2-1-3

3. 開啟後將「零件副本參數」中勾選「複製為設計體」。收縮因數設定，當模具射出後冷卻時零件將會縮小，所以建立模具前可先調整模具收縮率，例如設定為「0.1」，如圖 2-1-4。

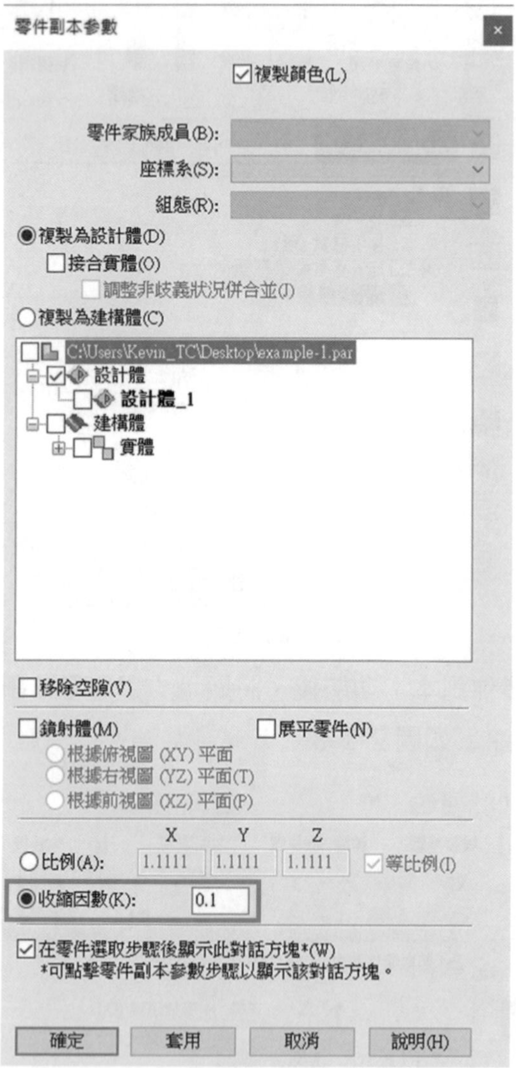

圖 2-1-4

4. 新增一個基準平面，將基本參照平面中的「俯視圖 (XY) 平面」勾選，再透過「首頁」→「平面」→「平行面」的指令，建立新平面，如圖 2-1-5。

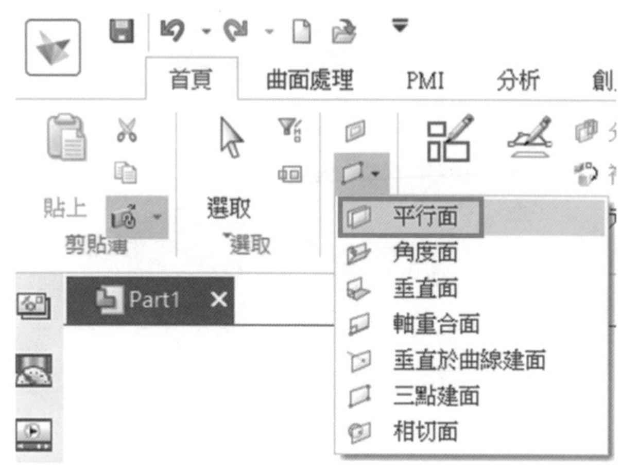

圖 2-1-5

5. 設定平面距離往下「40mm」，如圖 2-1-6。

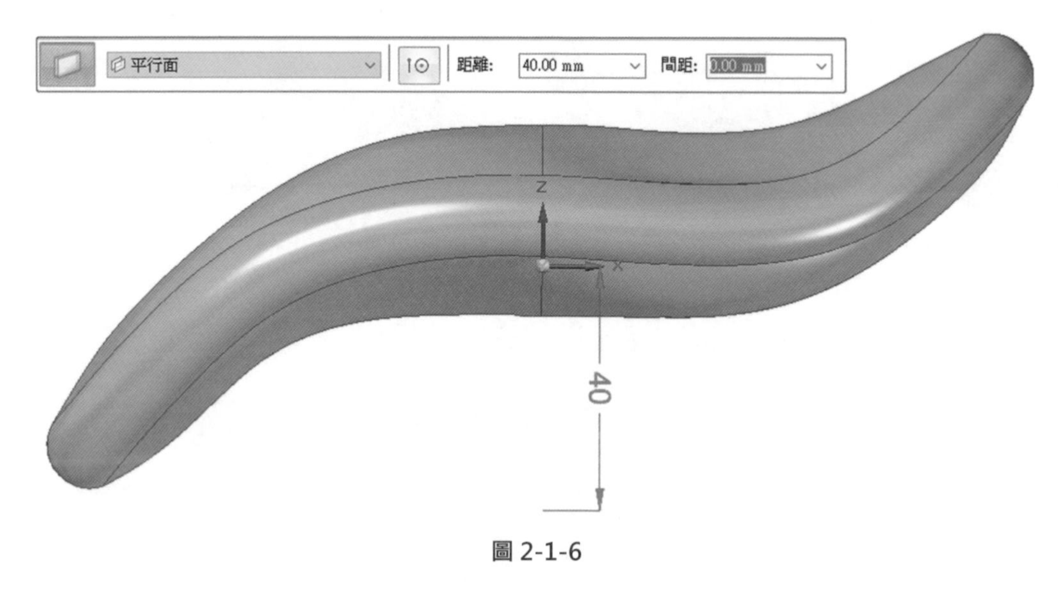

圖 2-1-6

6. **建立分模線**，點擊「曲面處理」→「修改曲面」→「分模分割」的指令，如圖 2-1-7。

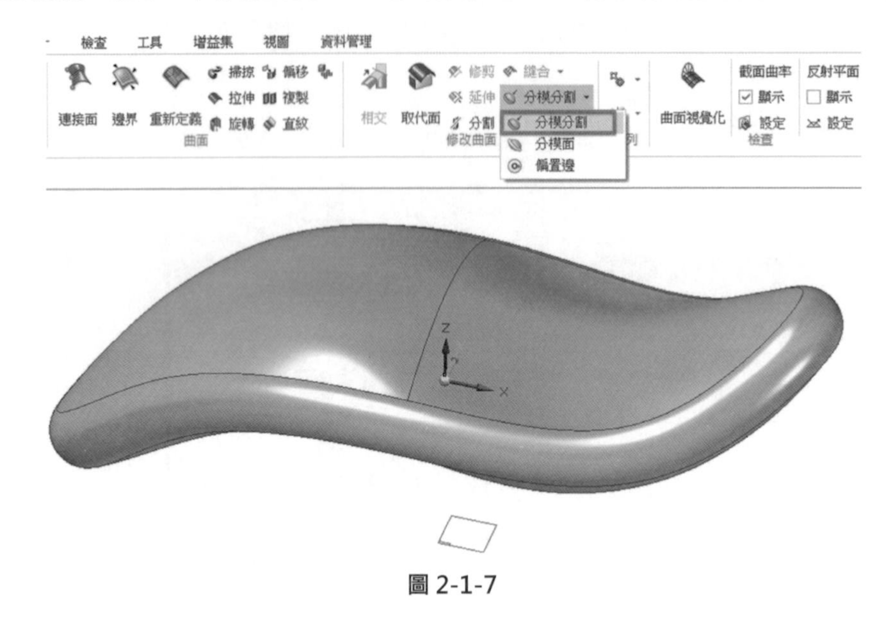

圖 2-1-7

7. 沿零件的輪廓邊分割表面，這在處理模具與鑄造零件時十分方便，如 2-1-8 左圖。分模線必須指定與模型平行的參照平面（此平面為自行建立的平面），如 2-1-8 右圖，再點選側邊面，系統會自動投影出分割曲線。

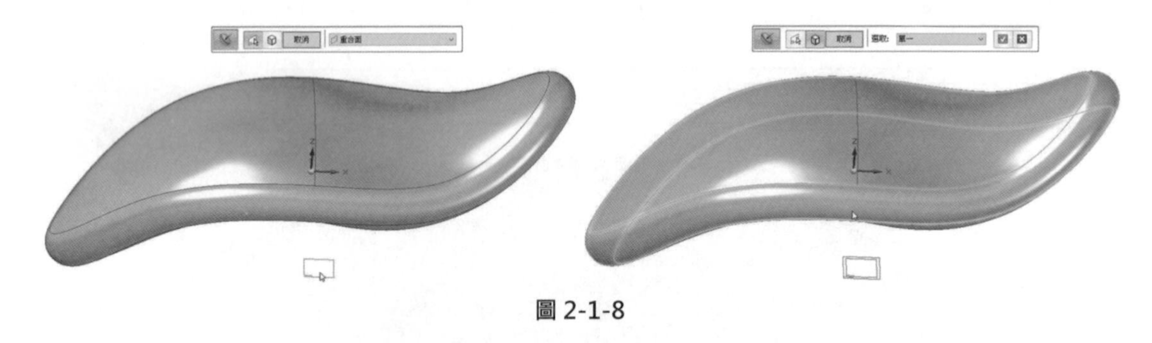

圖 2-1-8

8. 3D 分割曲線建立完成，高亮度線段，如圖 2-1-9。

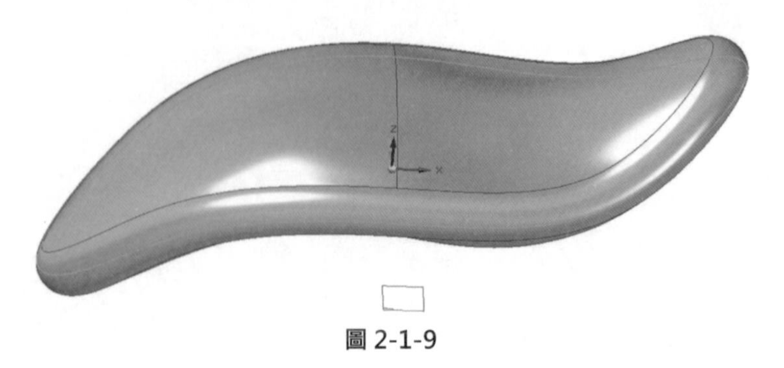

圖 2-1-9

9. **建立分模面**，點擊「曲面處理」→「修改曲面」→「分模面」的指令，如圖 2-1-10。

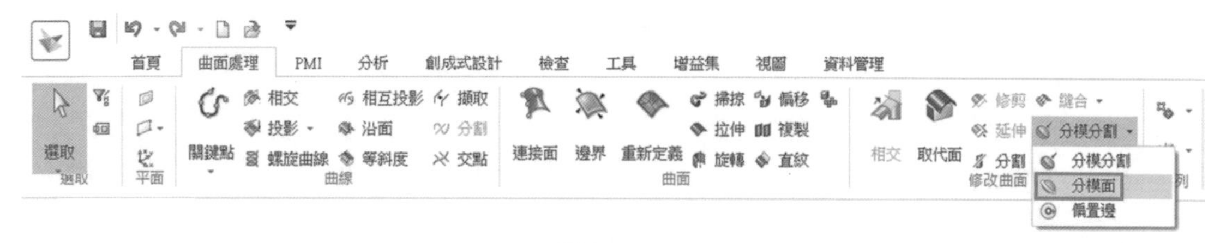

圖 2-1-10

10. 沿選取的分模曲線建構分模面，使用者可以透過選取參照平面（此平面為自行建立的平面），如 2-1-11 左圖。再點選建立好的 3D 分模曲線，如 2-1-11右圖。

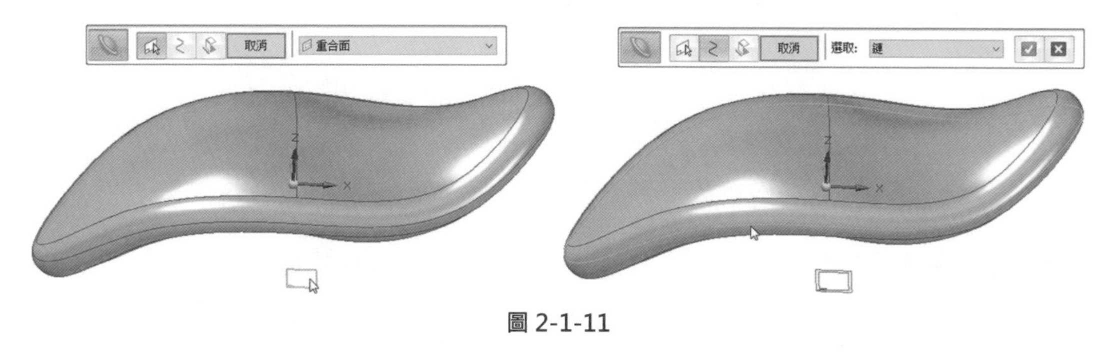

圖 2-1-11

11. 設定分模面範圍，距離輸入「80mm」後，即可完成分模面建立。「分模面」建立範圍必須要考量到模塊大小，所以一般分模面範圍必須大於模塊，否則無法進行實體布林運算分割，如圖 2-1-12。

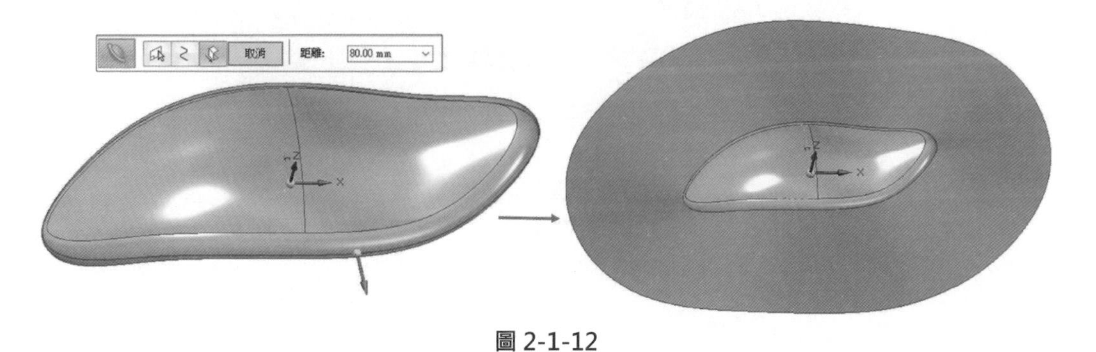

圖 2-1-12

12. **使用「多實體」設計方式**，建立新增零件設計體，點擊「首頁」→「實體」→「新增體」的指令，自行給定設計體名稱後，點擊「確定」鍵，如圖 2-1-13。

圖 2-1-13

13. **建立模塊草圖**，點擊「平面 4 」做為草圖工作平面，並使用繪圖功能區中的「中心建立矩形」指令，繪製出「寬度：200mm」、「高度：100mm」一個矩形，完成後點擊「關閉草圖」，如圖 2-1-14。

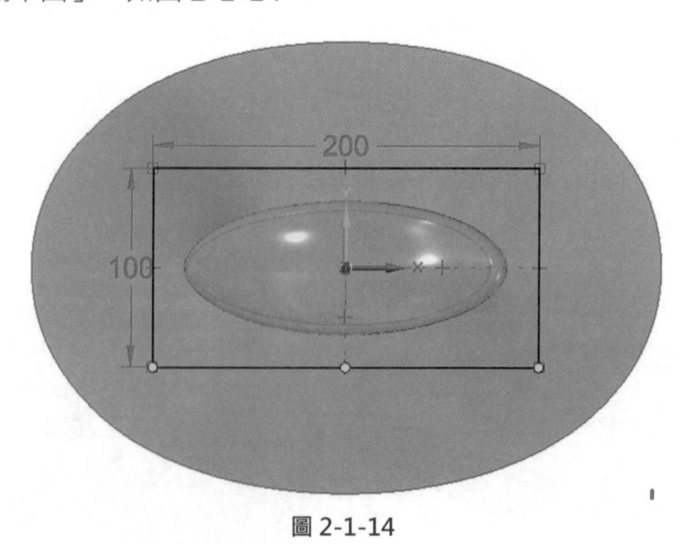

圖 2-1-14

14. **建立模塊特徵**，點擊「首頁」→「實體」→「拉伸」指令後，利用建立好的矩形草圖拉伸高度「85mm」，或透過「視圖樣式」中的「可見邊和隱藏邊」，可清楚觀看模塊拉伸適合的高度，如圖 2-1-15。

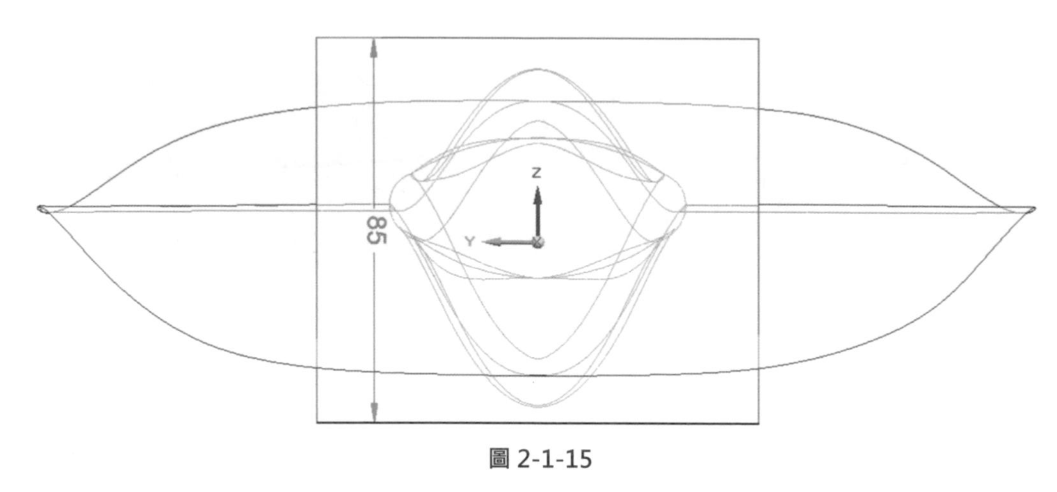

圖 2-1-15

15. **「塑模」**，利用模塊實體與零件實體，進行實體布林運算「減去」，點擊「首頁」→「實體」→「新增體」→「減去」，如圖 2-1-16。

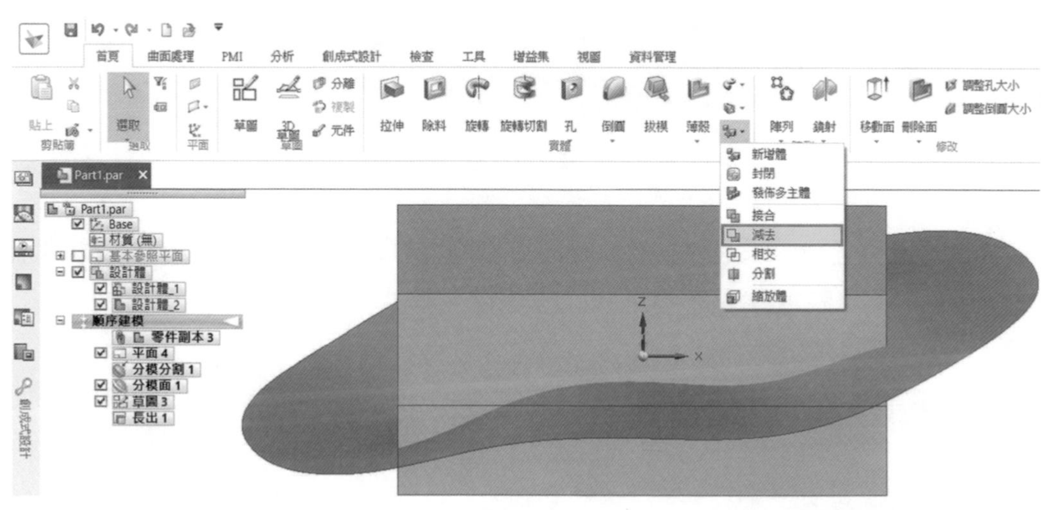

圖 2-1-16

16.「減去」點選步驟：首先選取要被執行的目標物為模塊，如 2-1-17 左圖。再選取要執行減去的工具體為零件成品，確認後請點擊「確定」鍵，完成減去動作，如 2-1-17 右圖。

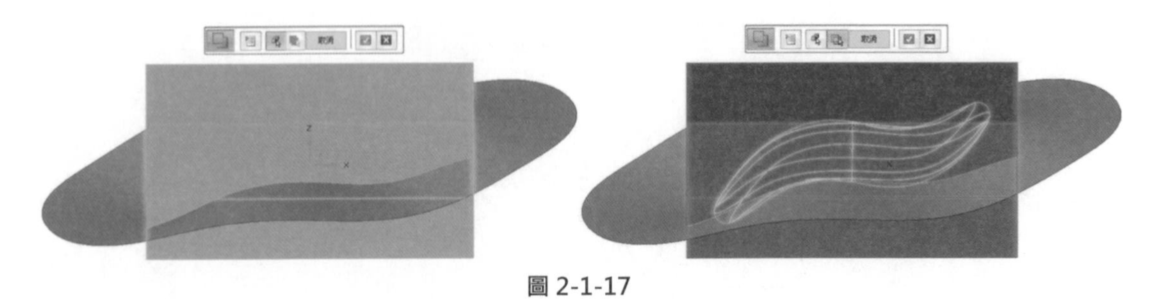

圖 2-1-17

17. **分割模具**，點擊「首頁」→「實體」→「新增體」→「分割」，如圖 2-1-18。

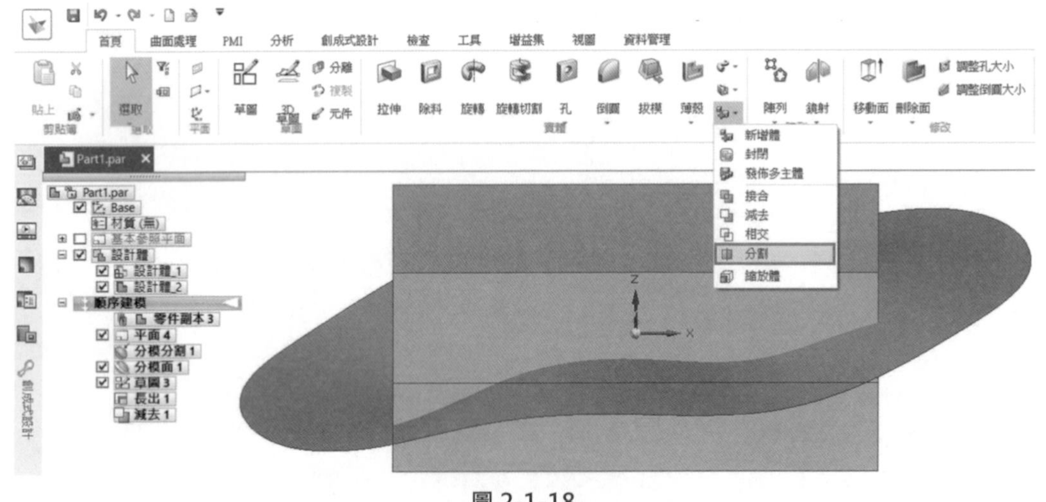

圖 2-1-18

18. 接著進行模具分割，先選取要被執行的目標物為模塊，如 2-1-19 左圖。再選取要執行減去的工具體為分模面，如 2-1-19 右圖。

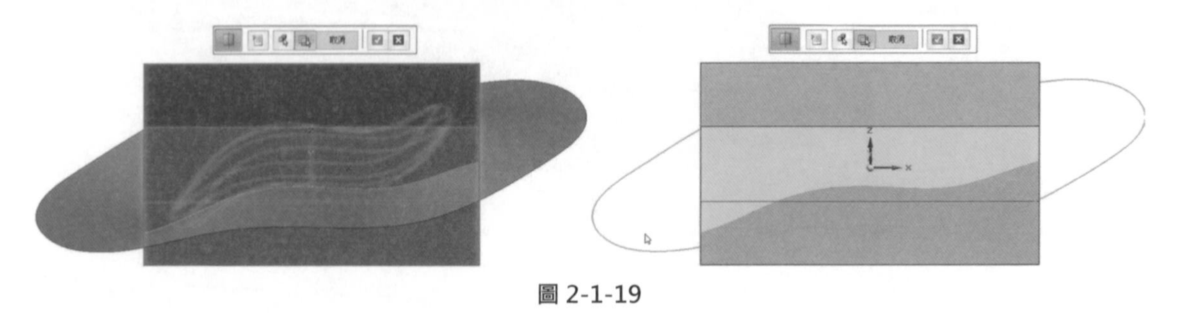

圖 2-1-19

19. 分割模具確認後，點擊「完成」，即完成模具分割，如圖 2-1-20。

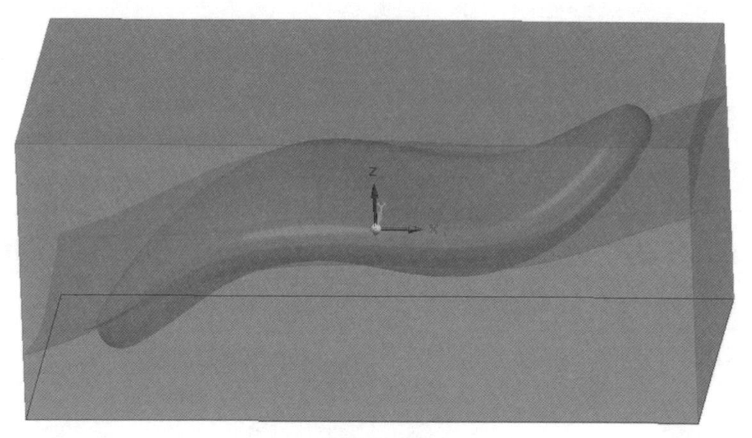

圖 2-1-20

20. 利用分割模具指令，將個別建立出「公模」與「母模」模具，使用者可在導航者中看到三個設計體，取消勾選為實體隱藏，勾選為實體顯示，如圖 2-1-21。

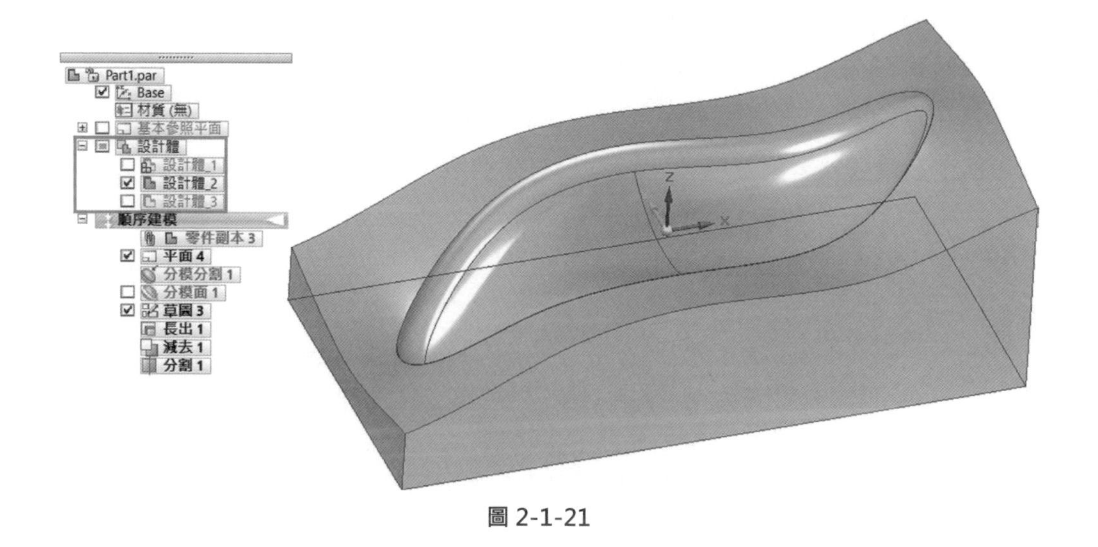

圖 2-1-21

21. **發佈多主體**，點擊「首頁」→「實體」→「新增體」→「發佈多主體」，將檔案中個別設計體發佈為單獨零件檔，也可另發佈出一個組立件檔案，如圖 2-1-22。

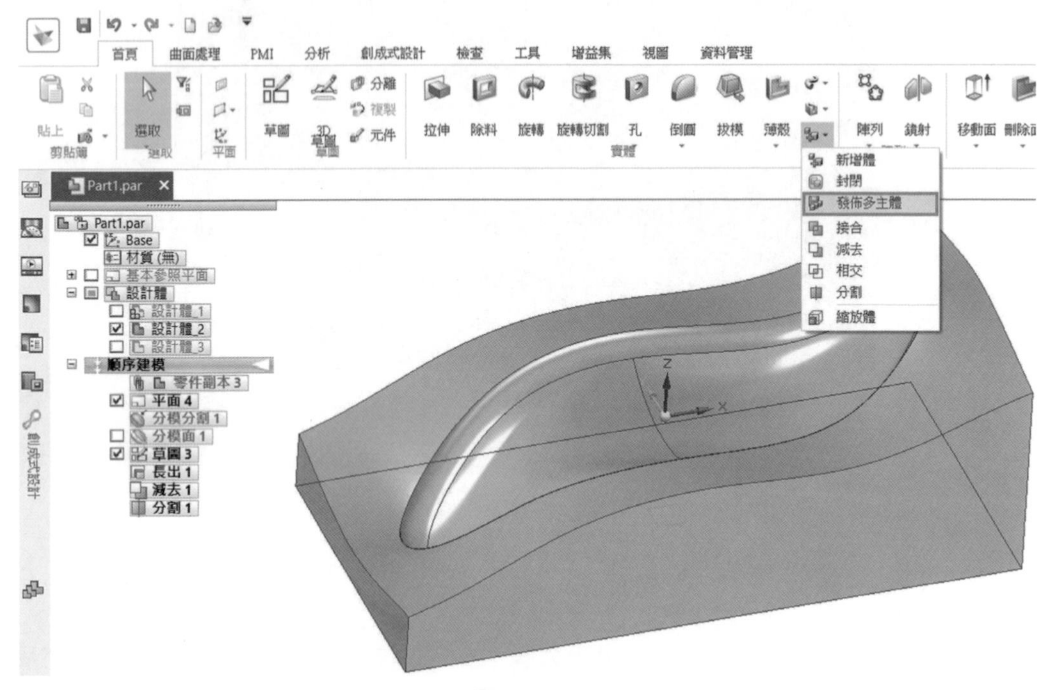

圖 2-1-22

22. 此時會彈出「發佈多主體」視窗，如果使用者沒有在導航者中的「設計體」重新命名，這時也可在「檔名」欄中修改檔名，但必須保有副檔名.par，勾選「建立組立件」系統會自動將分割檔案保存在目前的資料夾路徑，也可透過「設定路徑」功能，指定為其它資料夾路徑後，點擊「儲存檔案」，如圖 2-1-23。

圖 2-1-23

23. 完成後，在檔案總管資料夾中會看到，一個「成品設計體」的個別零件檔案，與二個「公母模具設計體」的個別零件檔案和一個完整「組立件」檔案。組立件開啟後在導航者中也將看到有關聯性的零件檔案，並保有原先模具相對位置，如圖 2-1-24。

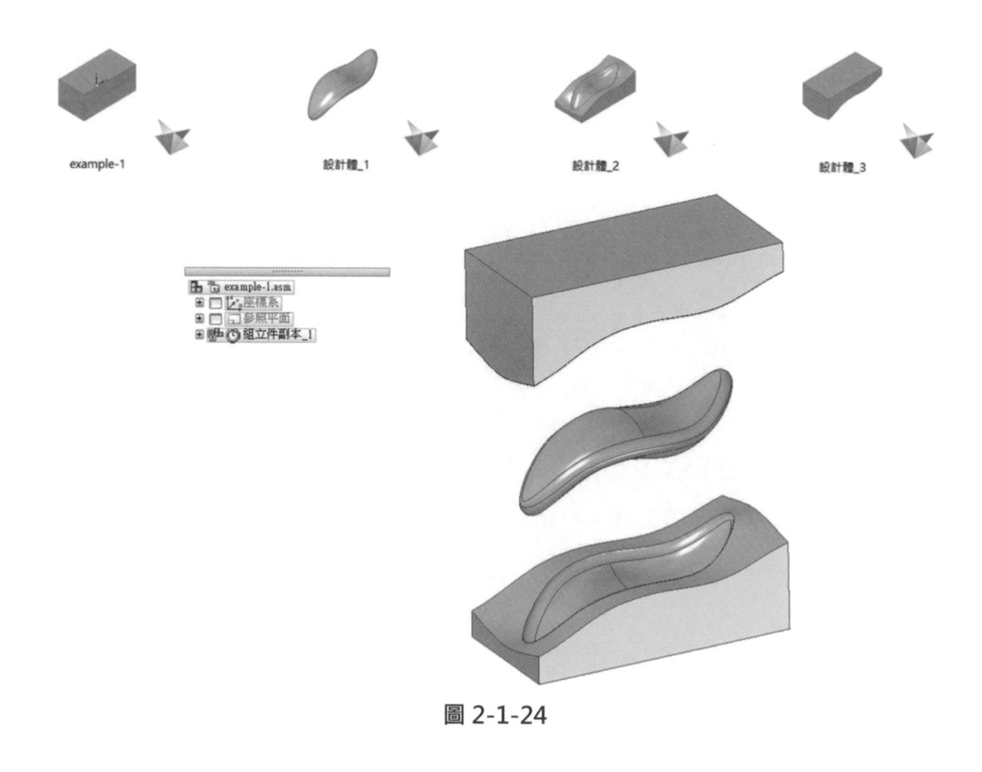

圖 2-1-24

2-2 塑膠外殼拆公母模具 (曲面拆模)

範例二

Solid Edge 也可使用「曲面拆模」方式進行拆模，優點：可以拆較複雜的模型、滑塊與斜銷，曲面將發揮其最大的特性，可利用直接複製面後直接拆出所需的公母模仁。

此範例將運用一個塑膠零件，來說明如何以「曲面」方式拆出公母模。

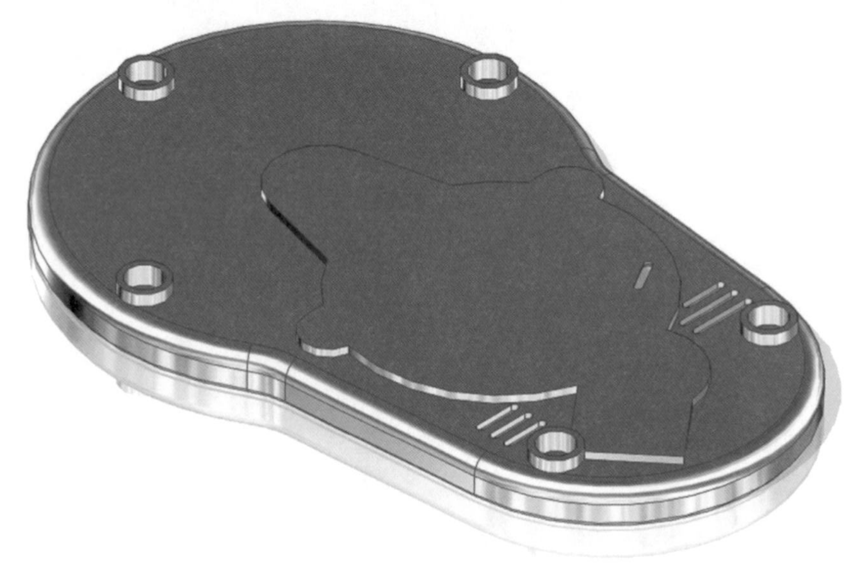

圖 2-2-1

1. 開啟一個新的零件檔案，並切換到「順序建模」環境中，如圖 2-2-2。

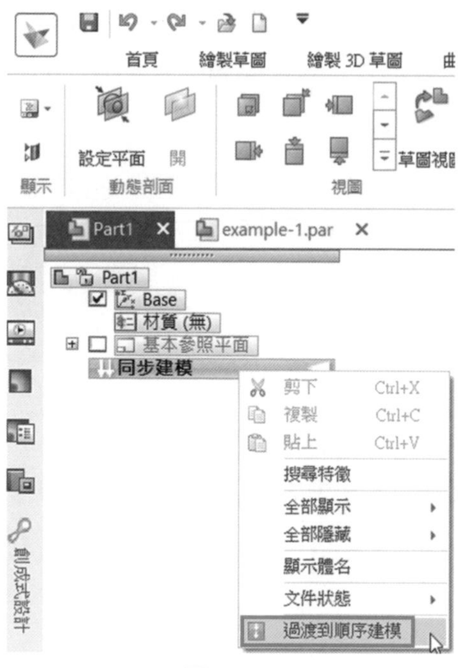

圖 2-2-2

2. 點擊「首頁」→「零件副本」功能後，將顯示「選取零件副本」畫面，請開啟範例檔「example-2.par」，如圖 2-2-3。

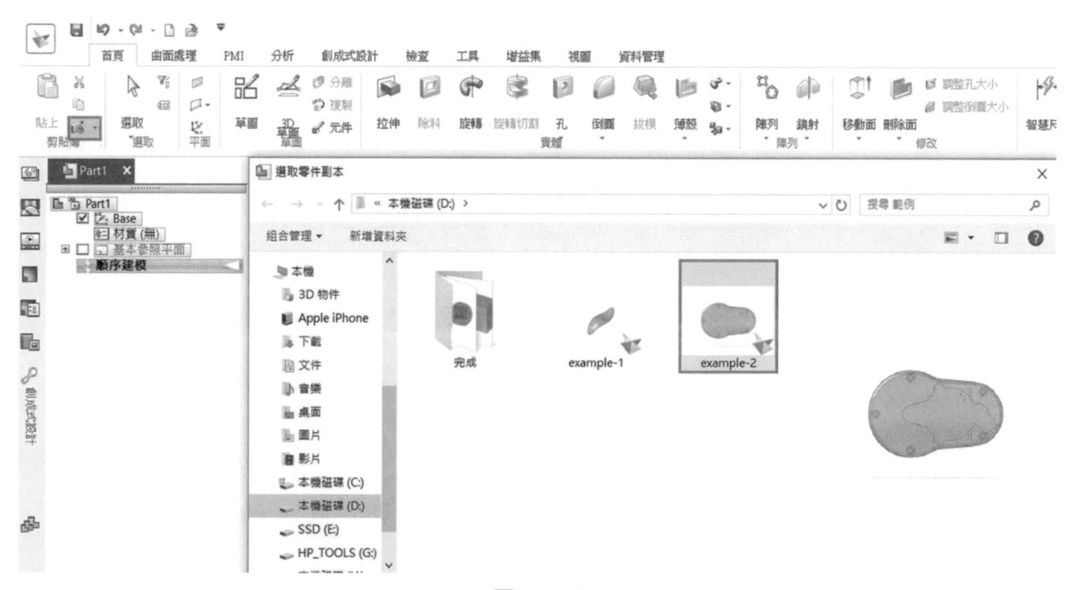

圖 2-2-3

3. 開啟後將「零件副本參數」中勾選「複製為建構體」，建構體為曲面體。收縮因數設定，當模具射出後冷卻時零件將會縮小，所以建立模具前可先調整模具收縮率，如塑膠 ABS 材質縮水率為千分之五，此範例設定為「0.005」，如圖 2-2-4。

零件副本參數
☑複製顏色(L)
零件家族成員(B):
座標系(S):
組態(R):
○複製為設計體(D)
☐接合實體(O)
☐調整非歧義狀況併合並(J)
◉複製為建構體(C)
C:\Users\Kevin_TC\Desktop\example-2.par
設計體
設計體_1
建構體
實體
曲面體
曲線體
☐移除空隙(V)
☐鏡射體(M)
☐展平零件(N)
根據俯視圖 (XY) 平面
根據右視圖 (YZ) 平面(T)
根據前視圖 (XZ) 平面(P)
X Y Z
○比例(A): 1.005 1.005 1.005 ☑等比例(I)
◉收縮因數(K): 0.005
☑在零件選取步驟後顯示此對話方塊*(W)
*可點擊零件副本參數步驟以顯示該對話方塊。
確定 套用 取消 說明(H)

圖 2-2-4

4. **擷取母模面**，使用「曲面處理」→「曲面」→「複製」指令，如圖 2-2-5。

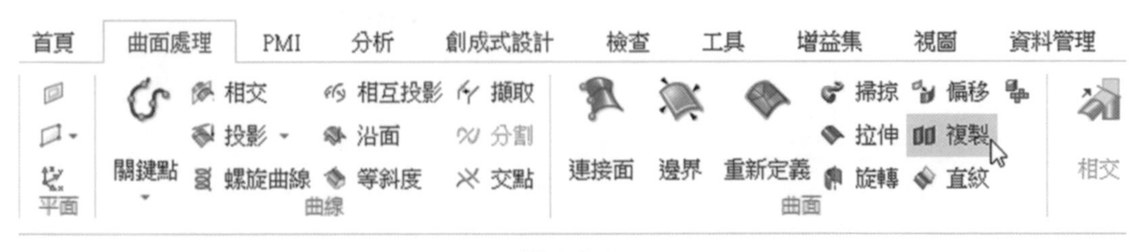

圖 2-2-5

5. 零件的外表面在模具拆模後，就是為「母模面」，所以我們先進行母模面的曲面複製；將指令條選取設定為「鏈」，直接點選零件的外表面，如 2-2-6 左圖。複製曲面完成，如 2-2-6 右圖。

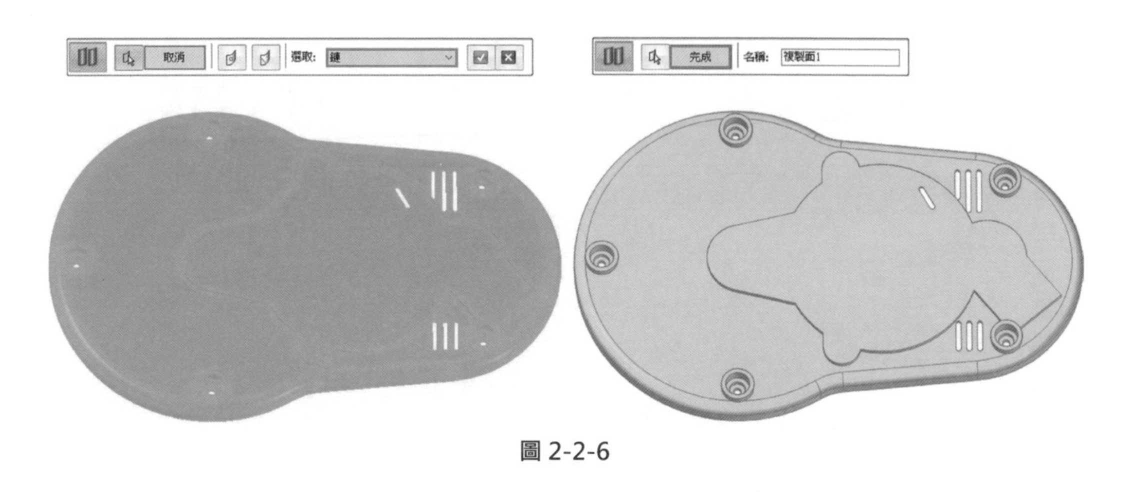

圖 2-2-6

6. **顯示母模曲面體**，完成母模複製後，將導航者中的「零件副本」取消勾選後，就可看到一個完整的母模曲面體，如圖 2-2-7。

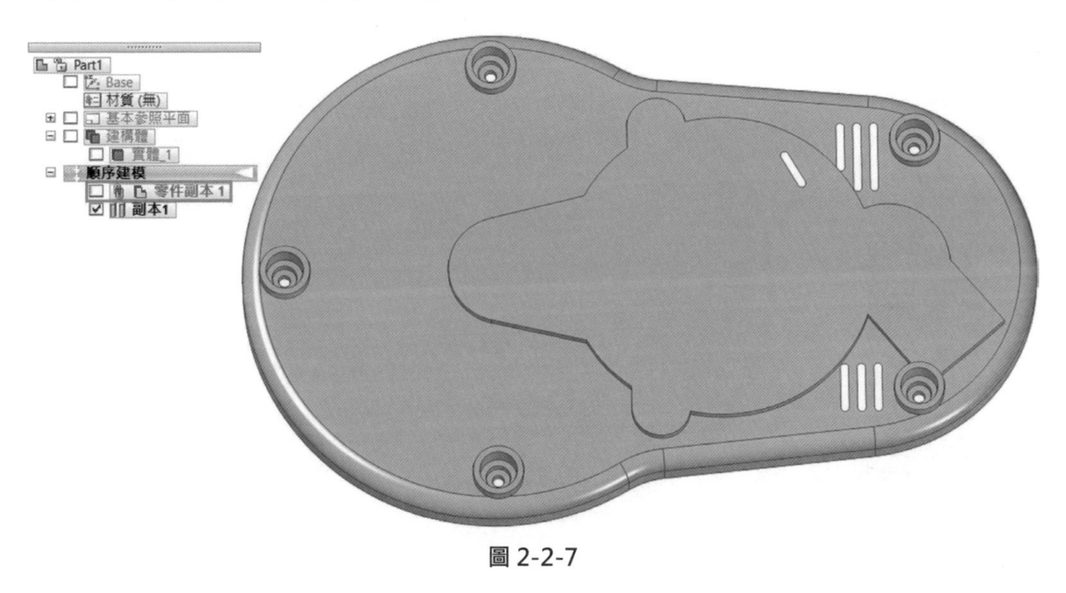

圖 2-2-7

7. **封閉塑膠零件的孔洞**，要將零件模型開放的區域進行封閉曲面，可點擊「曲面處理」→「曲面」→「邊界」，在指令條上「選取」設定為「鏈」，即可將開放區域邊界封閉，如圖 2-2-8。

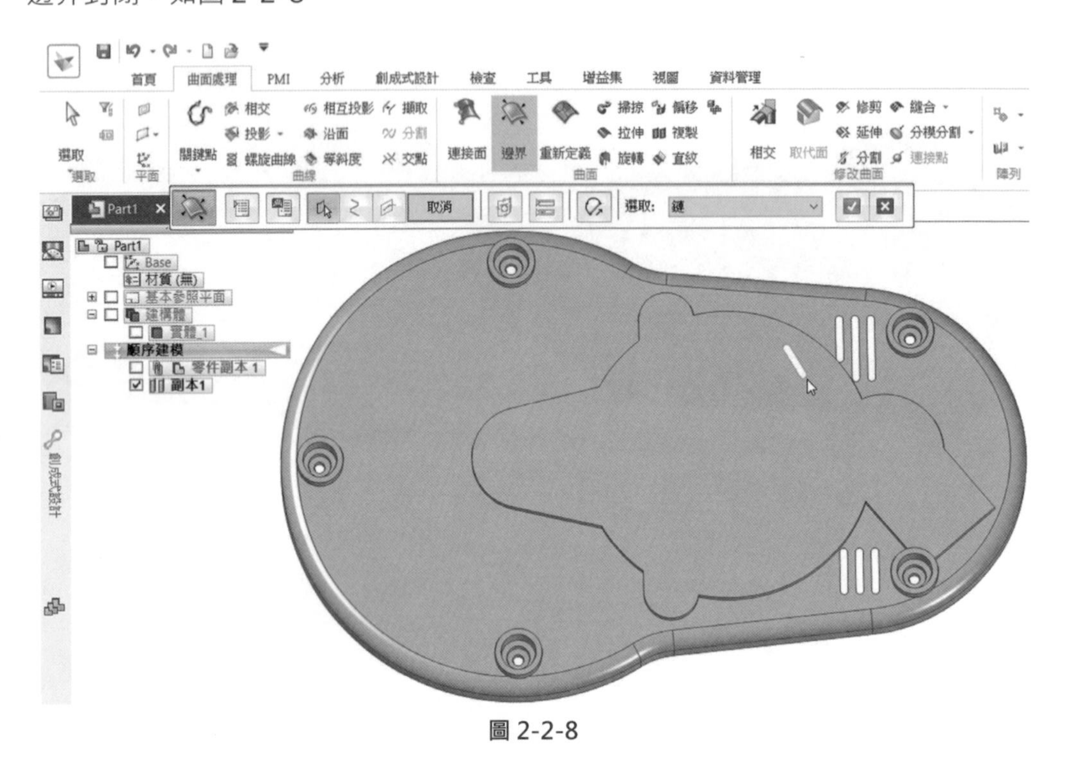

圖 2-2-8

8. 封閉區域範圍如下圖，必須完成 12 個範圍封閉，中間七個槽形口與五個孔洞，如圖 2-2-9。

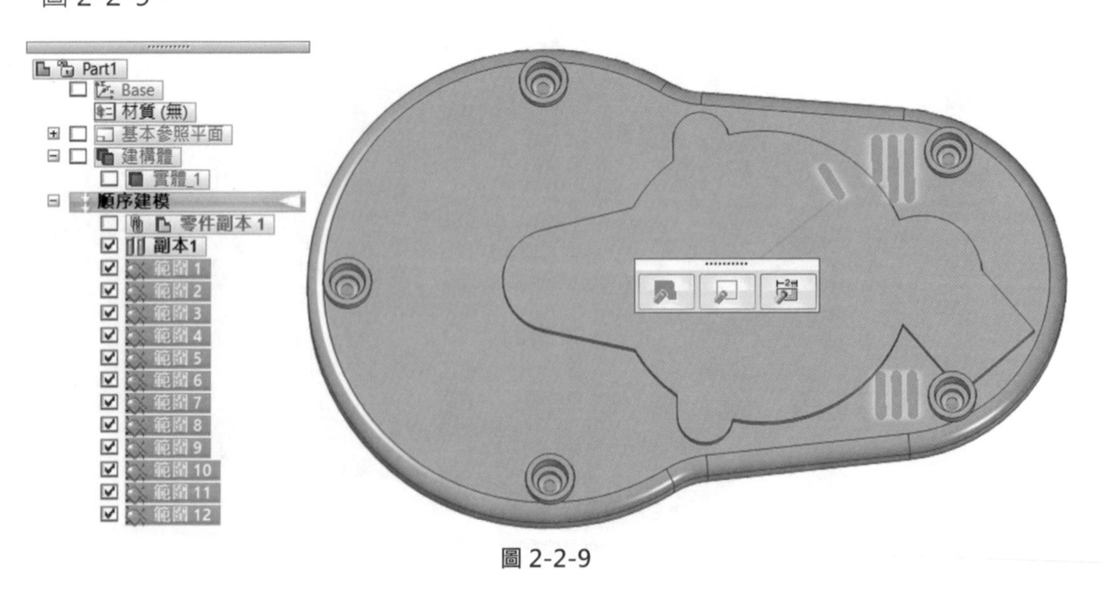

圖 2-2-9

9. **建立分模曲面**，透過基本參照平面中的「俯視圖 (XY)」，來新增平行面，鎖定指定端點，如圖 2-2-10。

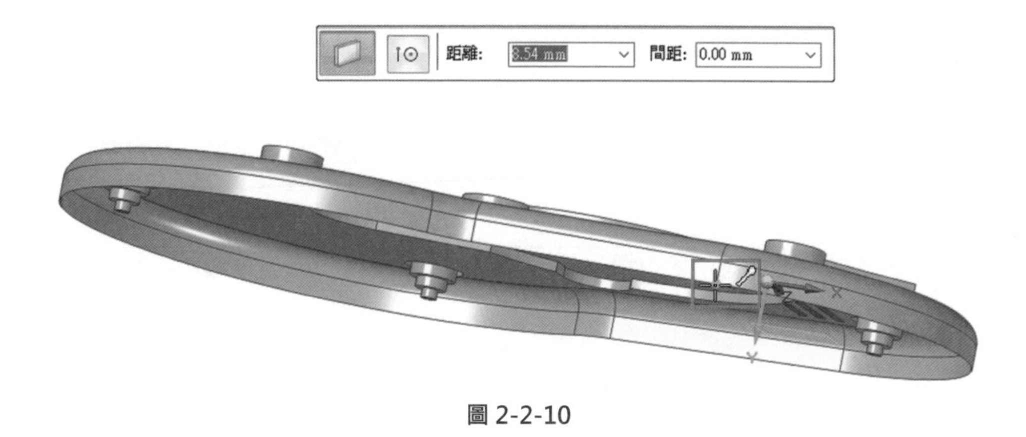

圖 2-2-10

10. 進入草圖平面，利用「中心建立矩形」指令，繪製「寬度 230mm」、「高度 150mm」，邊線與 X 軸距「65mm」的草圖，完成後點擊「關閉草圖」，如圖 2-2-11。

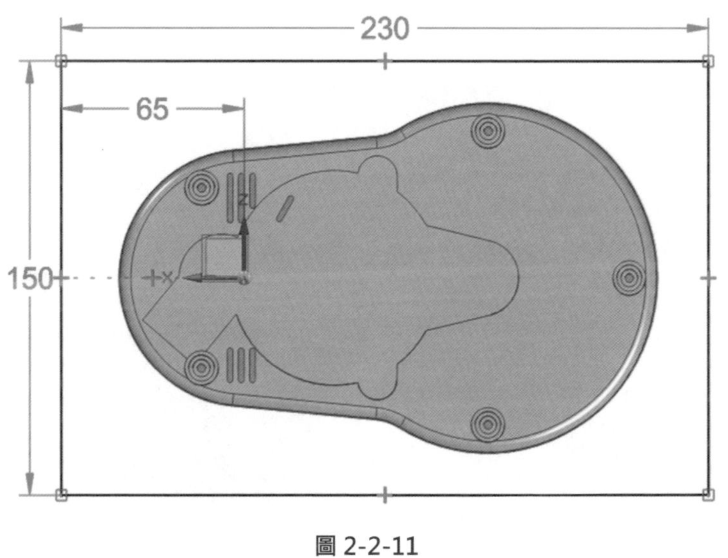

圖 2-2-11

11. 完成草圖繪製後，利用此草圖建立「分模曲面」，點擊「曲面處理」→「曲面」→「邊界」，在指令條中的「選取」設定為「鏈」方便快速選取，以完成封閉分模面的建立，如圖 2-2-12。

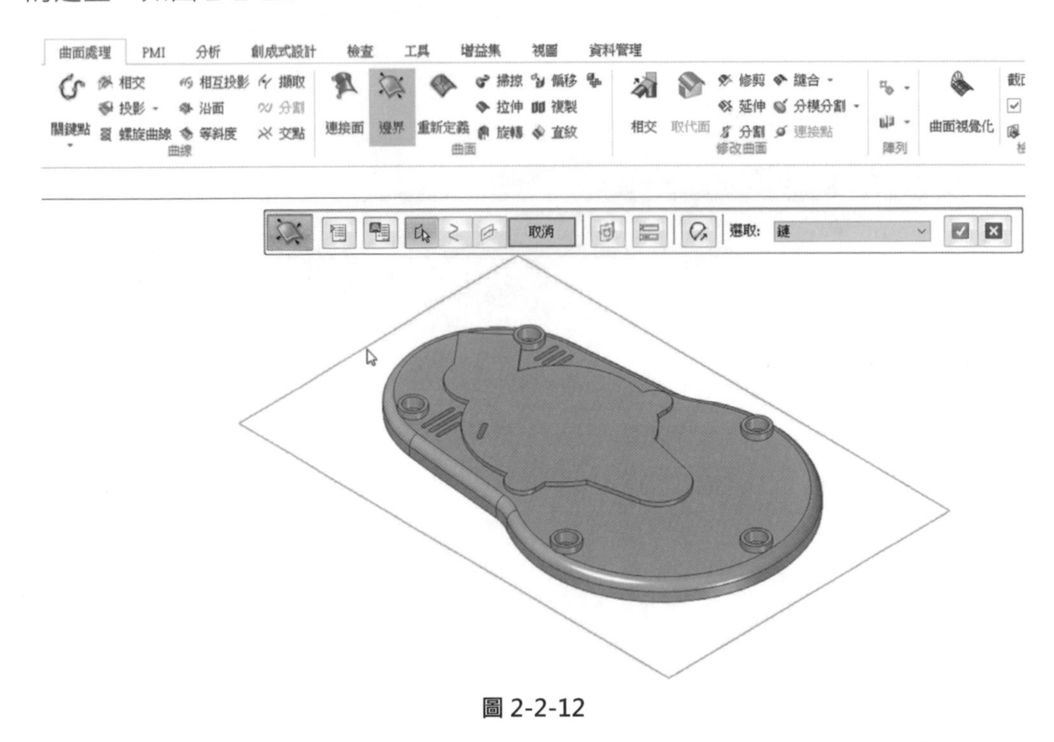

圖 2-2-12

12. **曲面修剪**，請點擊「曲面處理」→「修改曲面」→「修剪」指令，將分模面與母模面重疊區域修剪，如下圖在指令條「選取」請設定為「體」。先點選「分模面」為修剪區域，如 2-2-13 左圖。再點選「母模曲面體」為修剪工具，如 2-2-13 右圖。

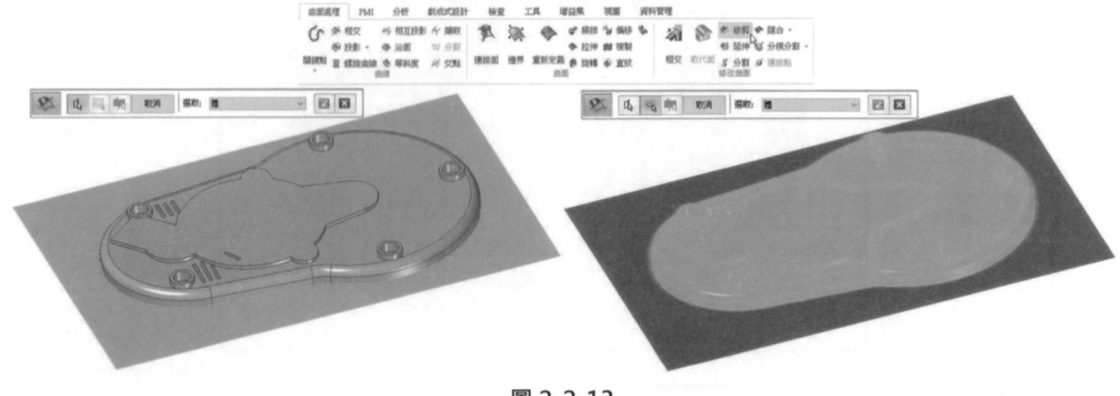

圖 2-2-13

13. 將模型翻轉 180 度後，點擊母模曲面體內側，如 2-2-14 左圖。確定後會出現預覽畫面，點擊「完成」後確認，就可看到一個沿著母模曲面體的「分模面」，如 2-2-14 右圖。

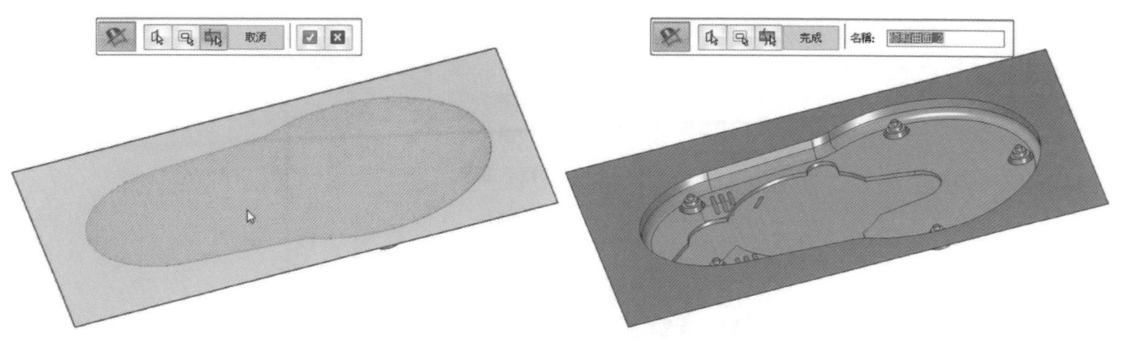

圖 2-2-14

14. **曲面縫合**，將完成的二個曲面體進行縫合，請點擊「曲面處理」→「修改曲面」→「縫合」如下圖，可直接框選，系統將顯示二個曲面體的高亮度顯示，或個別點選二個曲面體後，點擊「確認」即可完成母模曲面建立，如圖 2-2-15。

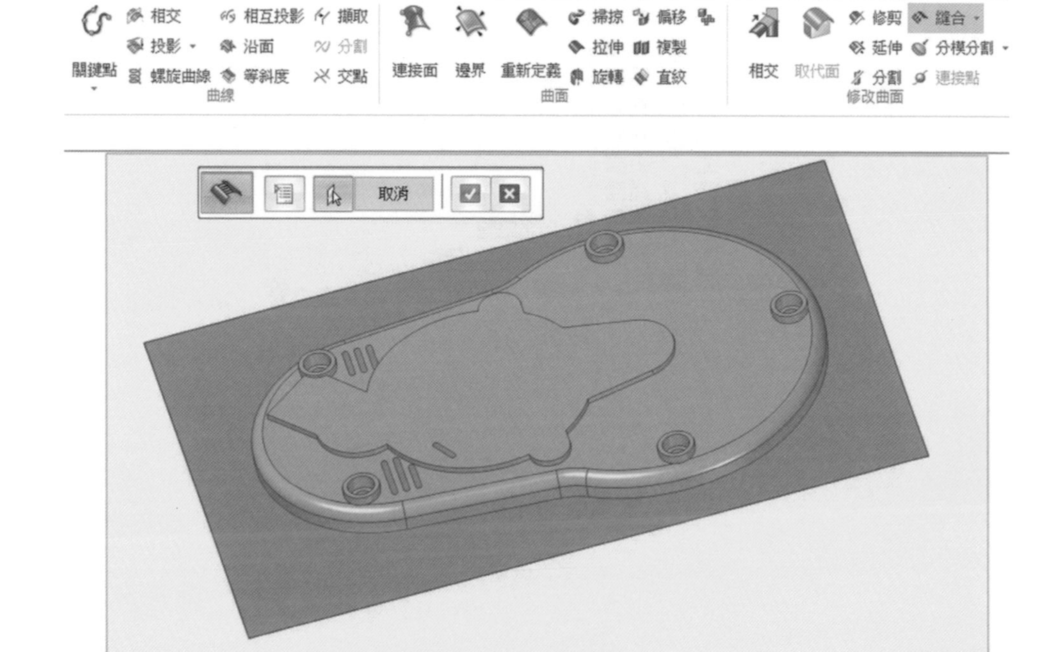

圖 2-2-15

15. 為了方便識別，可在導航者中將「縫合」特徵，重新命名為「母模面」，如圖 2-2-16。

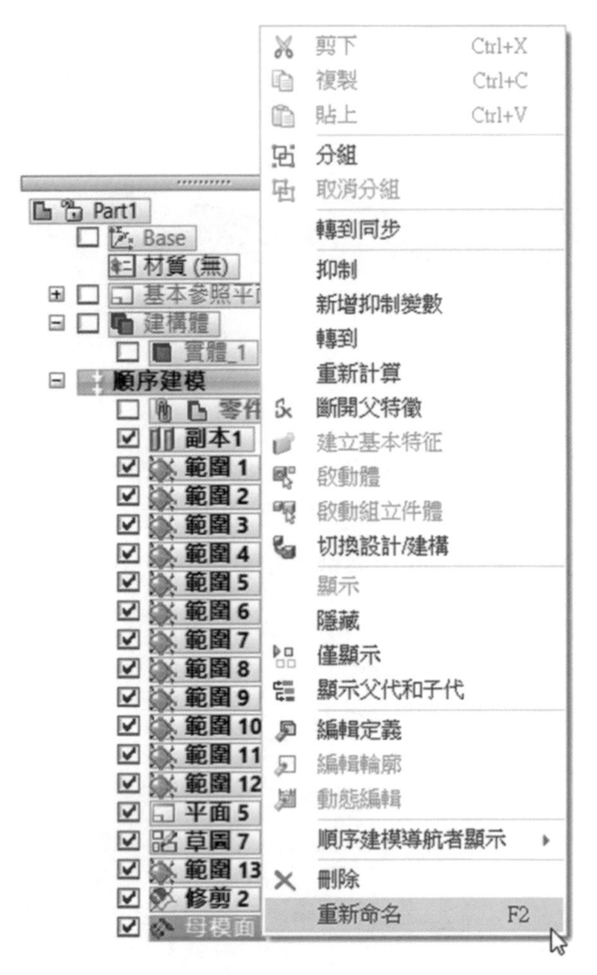

圖 2-2-16

16. **隱藏母模曲面體**，請將導航者中的「母模面特徵」取消勾選即可隱藏，並將「零件副本特徵」勾選，可顯示原有的塑膠零件體，如圖 2-2-17。

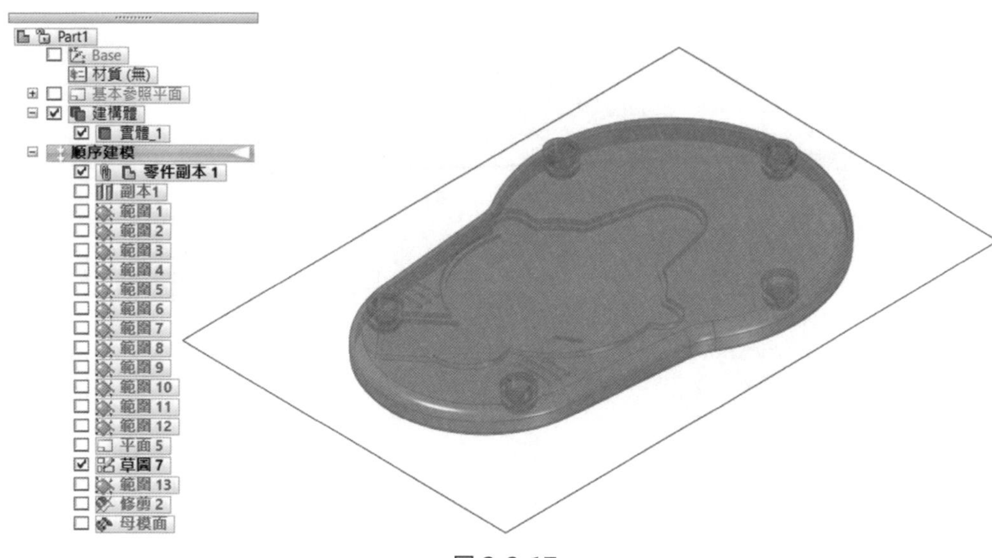

圖 2-2-17

17. **建立公模曲面體複製**，請點擊「曲面處理」→「曲面」 →「複製」指令，在指令條的選取設定「移除內部邊界」與「鏈」，須注意，凹槽側壁面及孔內部側壁面都需選到，完成後即可複製出公模曲面體，如圖 2-2-18。

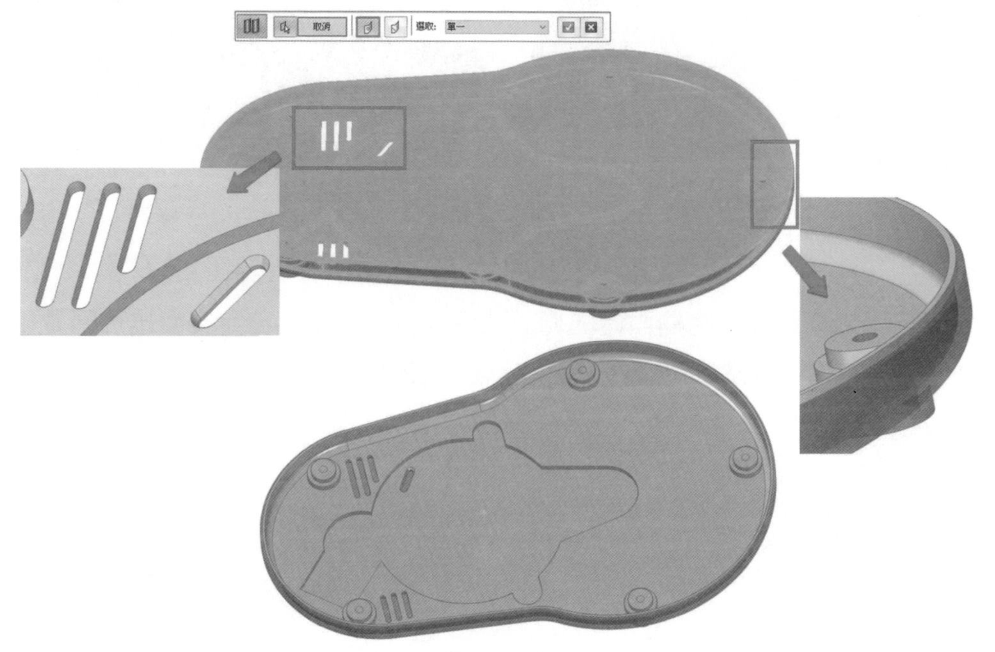

圖 2-2-18

18. 完成公模曲面體複製後，將導航者中的「草圖 1」（分模曲面草圖），勾選顯示出原先建立好的分模面草圖，可參考步驟 11，如圖 2-2-19。

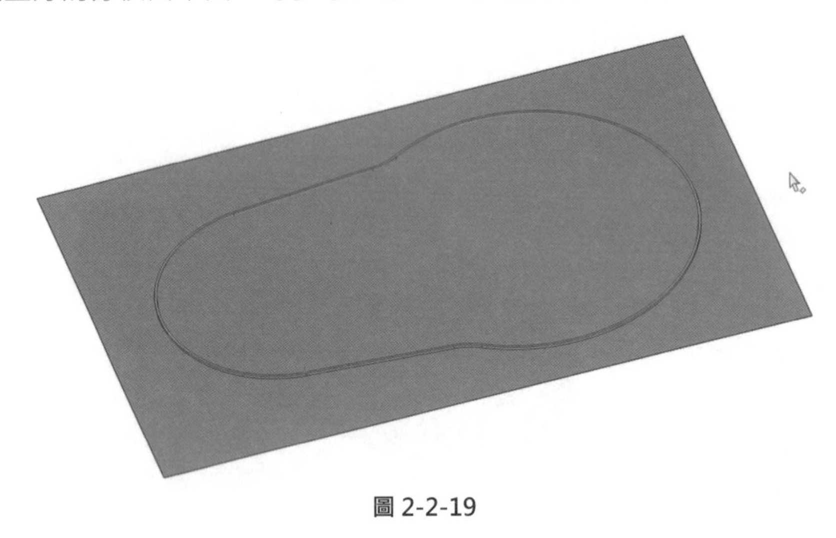

圖 2-2-19

19. **公模曲面體修剪**，請點擊「曲面處理」→「修改曲面」→「修剪」，將分模面與公模面重疊區域修剪，如下圖，在指令條選取請設定為「體」，先點選分模面為修剪區域，如 2-2-20 左圖。再點選公模曲面體為修剪工具，如 2-2-20 右圖。

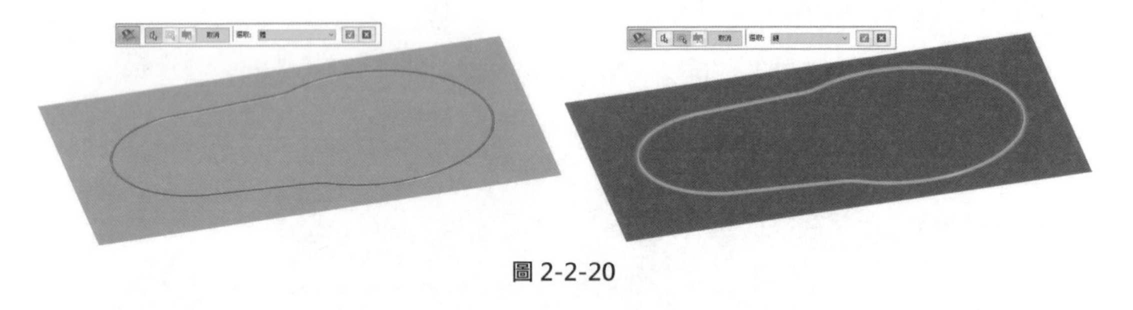

圖 2-2-20

20. 設定修剪區域，點擊公模曲面體內側，如 2-2-21 左圖。確定後會出現預覽畫面，點擊「完成」鍵後確認，可看到一個沿著公模曲面體的分模面，如 2-2-21 右圖。

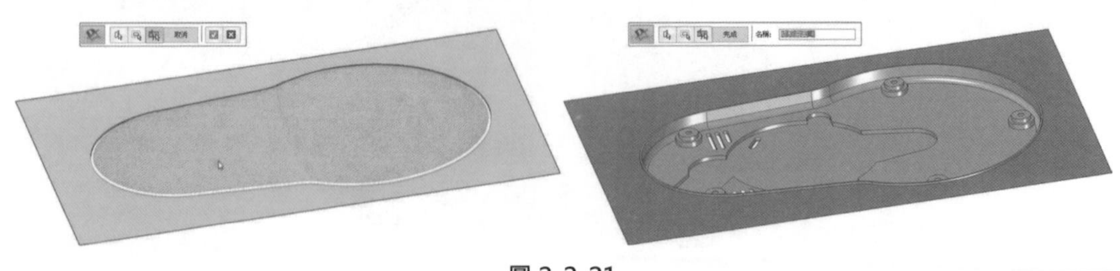

圖 2-2-21

21. **縫合曲面**，將完成的二個曲面體進行縫合，請點擊「曲面處理」→「修改曲面」→「縫合」指令如下圖，可直接框選，系統將顯示二個曲面體的高亮度顯示，或個別點選二個曲面體後，點擊「確認」即可完成公模曲面建立。同樣的為了方便識別，可在導航者中將「縫合」特徵，重新命名為「公模面」，如圖 2-2-22。

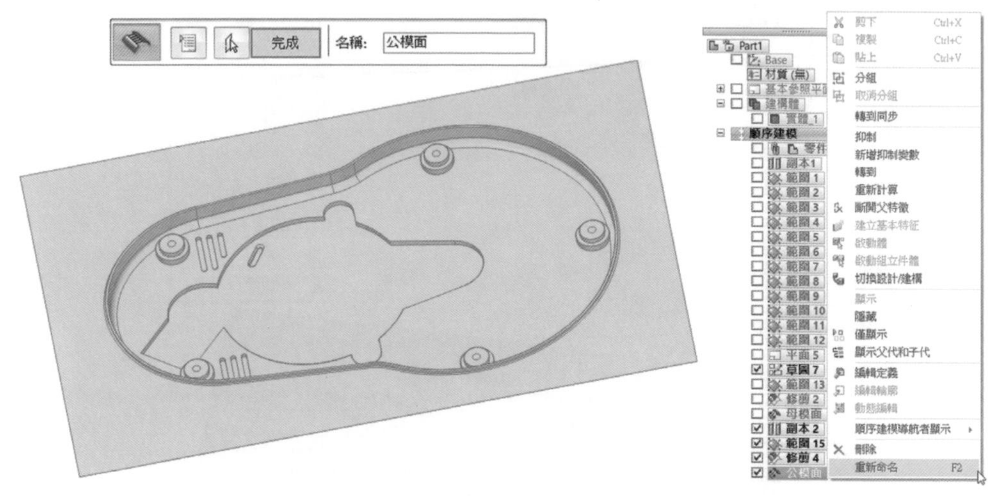

圖 2-2-22

22. **模塊草圖繪製**，如下圖，點選「分模曲面」為草圖平面後，建立新增草圖，使用繪圖指令「中心建立矩形」繪製「寬度 200mm」、「高度 130mm」的矩形，如圖 2-2-23。此模塊草圖必須小於分模面，否則無法進行體之間布林運算。

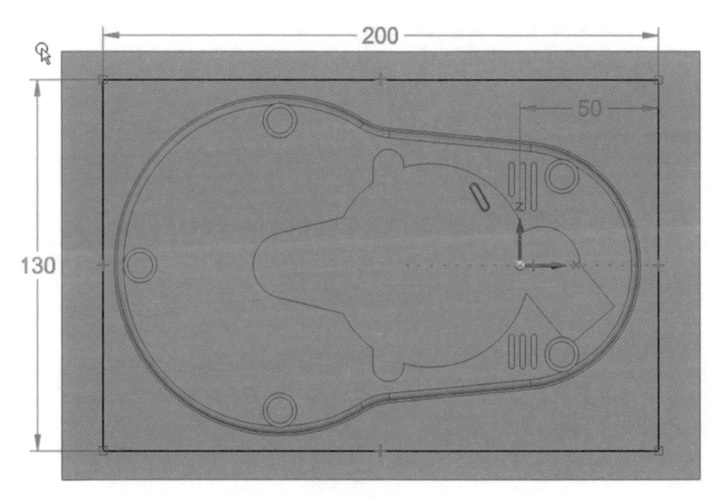

圖 2-2-23

23. **使用「多實體」設計方式**，建立模塊為單一獨立的設計體，點擊「首頁」→「實體」→「新增體」的指令，可自行給定設計體名稱後，點擊「確定」鍵，如圖 2-2-24。

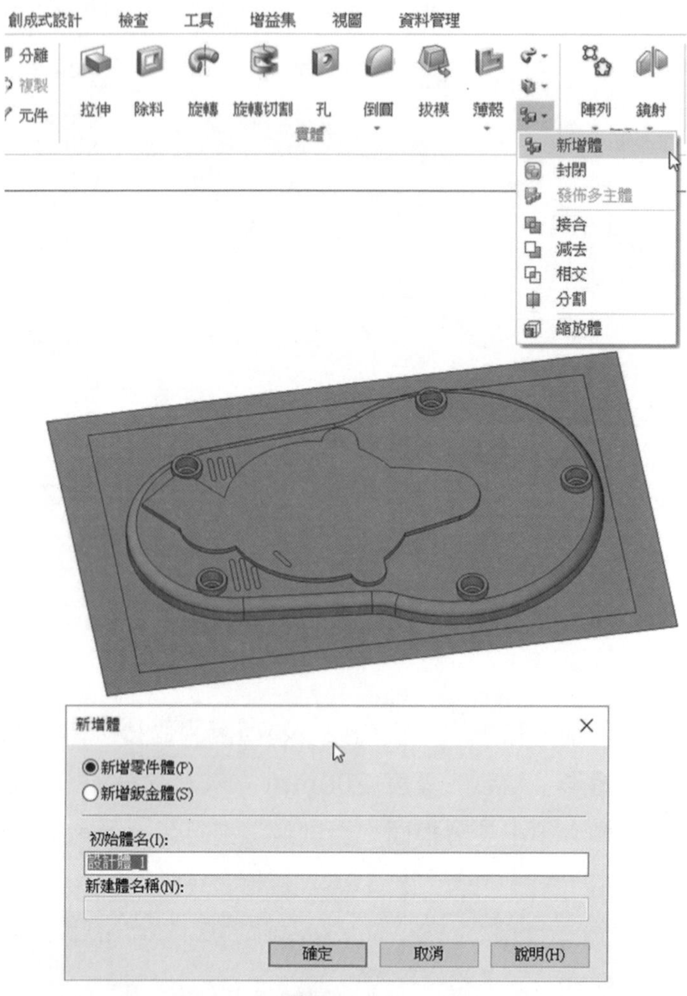

圖 2-2-24

24. **建立模塊設計體**，點擊「首頁」→「實體」→「拉伸」，利用建立好的矩形草圖拉伸出高度，因分模面在模型的中間，所以拉伸指令條請點擊「非對稱拉伸」功能，步驟一，往上高度距離為「15mm」，如 2-2-25 上圖，步驟二，往下高度為「8mm」，如 2-2-25 下圖。注意滑鼠箭頭指定處代表拉伸方向。

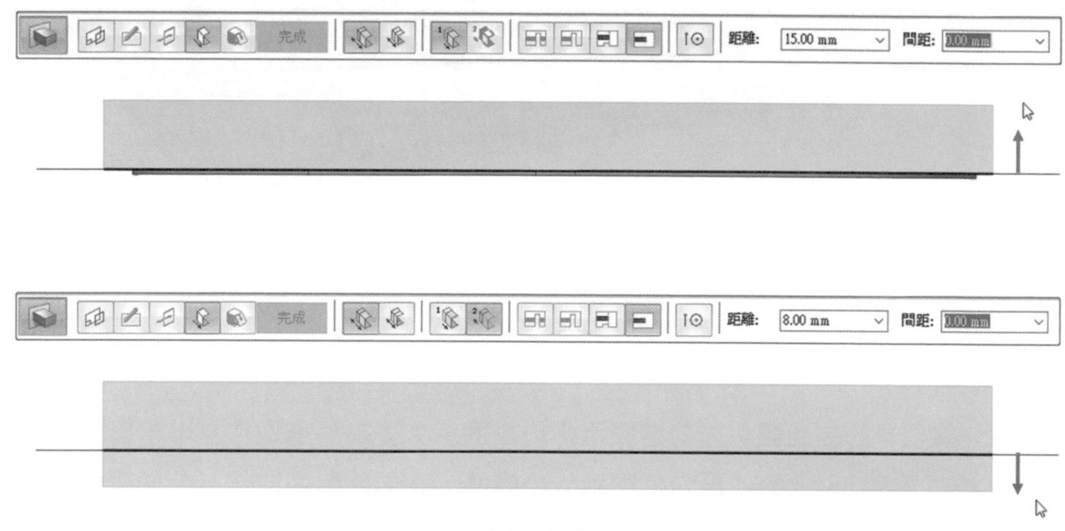

圖 2-2-25

25. **分割模具**，點擊「首頁」→「實體」→「分割」的指令，如圖 2-2-26。

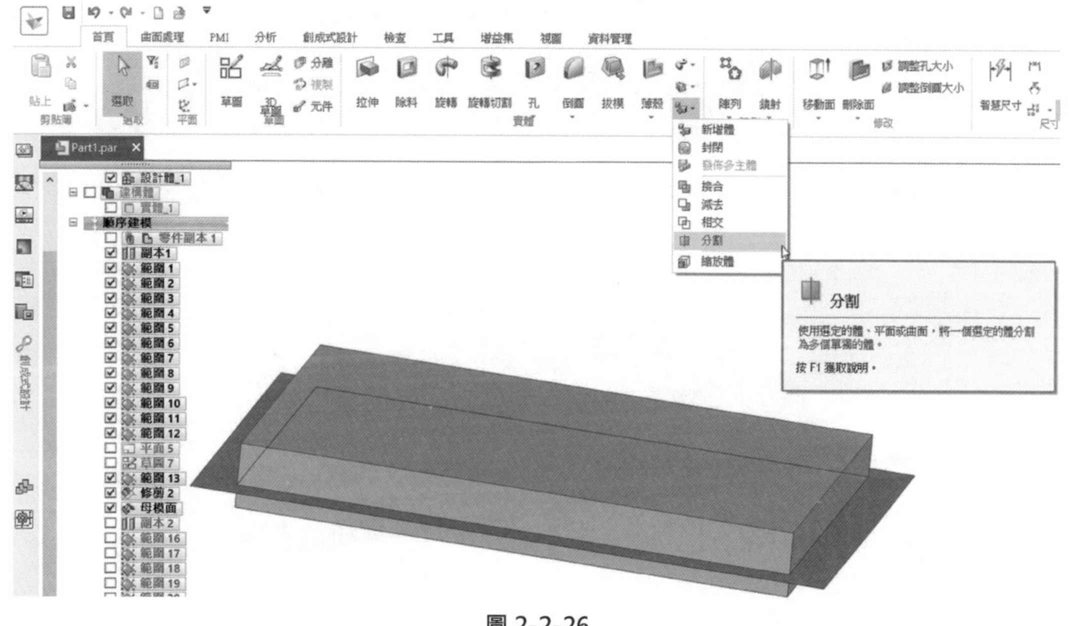

圖 2-2-26

26. 點擊「模塊」設計體為「目標體」，如圖 2-2-27。

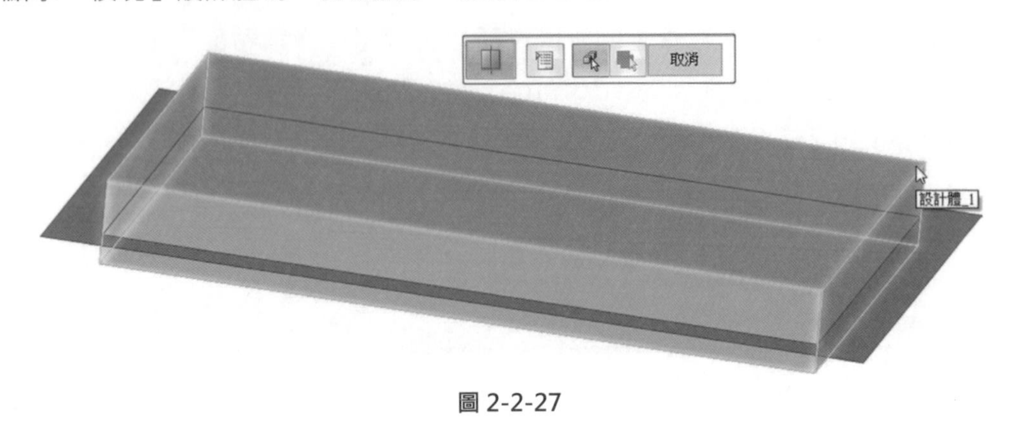

圖 2-2-27

27. 點擊分割工具的曲面體，先勾選顯示「母模面」，並點擊選取作為母模面分割零件之用，如 2-2-28 上圖。再勾選顯示「公模面」，並點擊選取作為公模面分割零件之用，如 2-2-28 下圖。

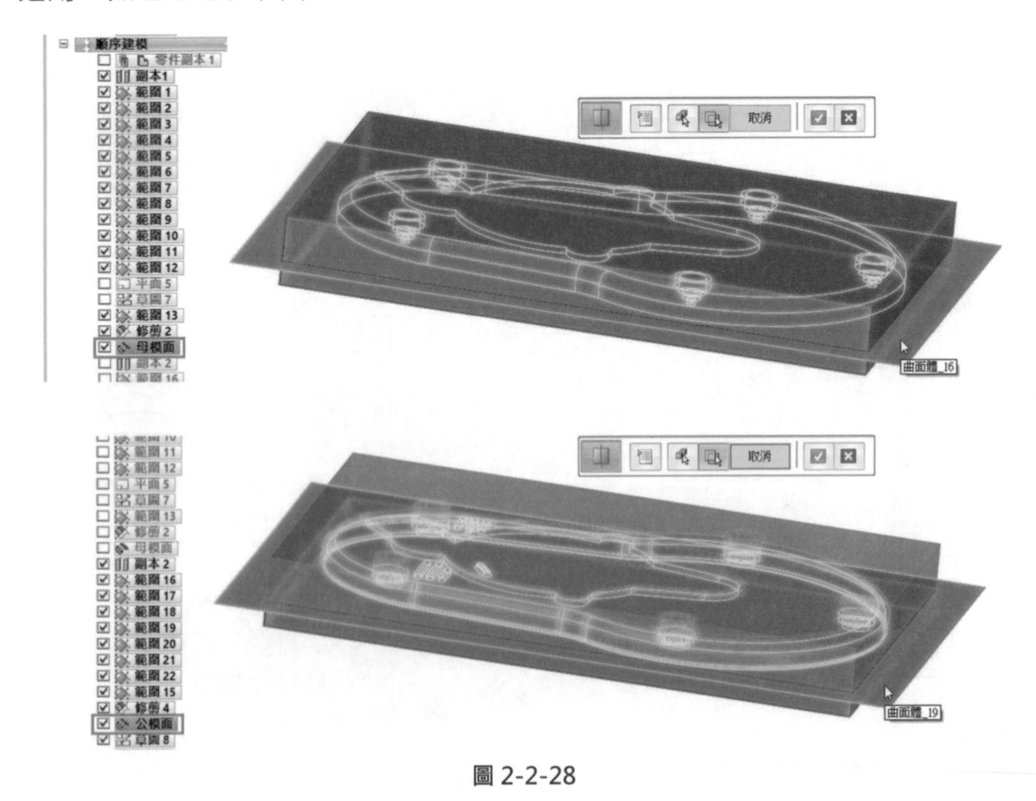

圖 2-2-28

28. 以上步驟完成後點擊「完成」鍵，系統將自動生成三個不同樣式的設計體，使用者也能在導航者看到三個設計體，如圖 2-2-29。

備註：三個設計體類型有：母模設計體、公模設計體、成品設計體。

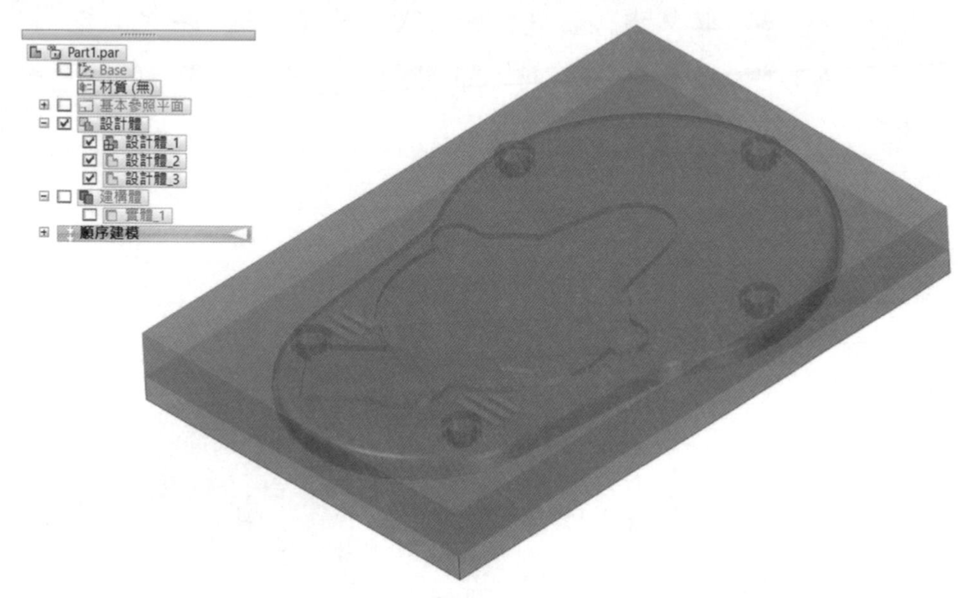

圖 2-2-29

29. 為了方便辨識在發佈多主體之前，建議將三個設計體進行命名分類，例如「母模」、「公模」、「成品」，如圖 2-2-30。

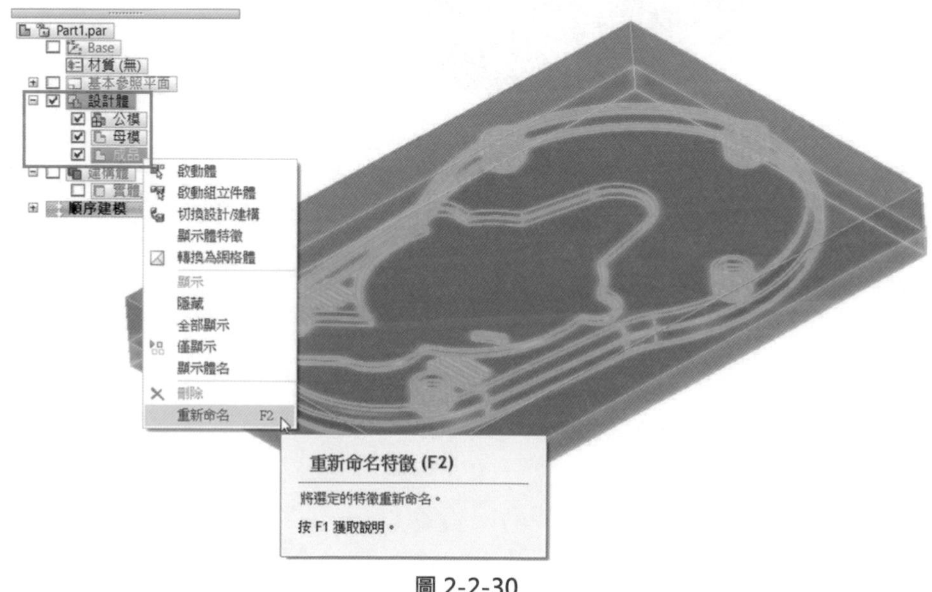

圖 2-2-30

30. **發佈多主體**，點擊「首頁」→「實體」→「發佈多主體」的指令，將三個設計體發佈到單獨的零件檔中，此時會彈出檔案儲存的訊息條，請點擊「確定」鍵，如圖 2-2-31。

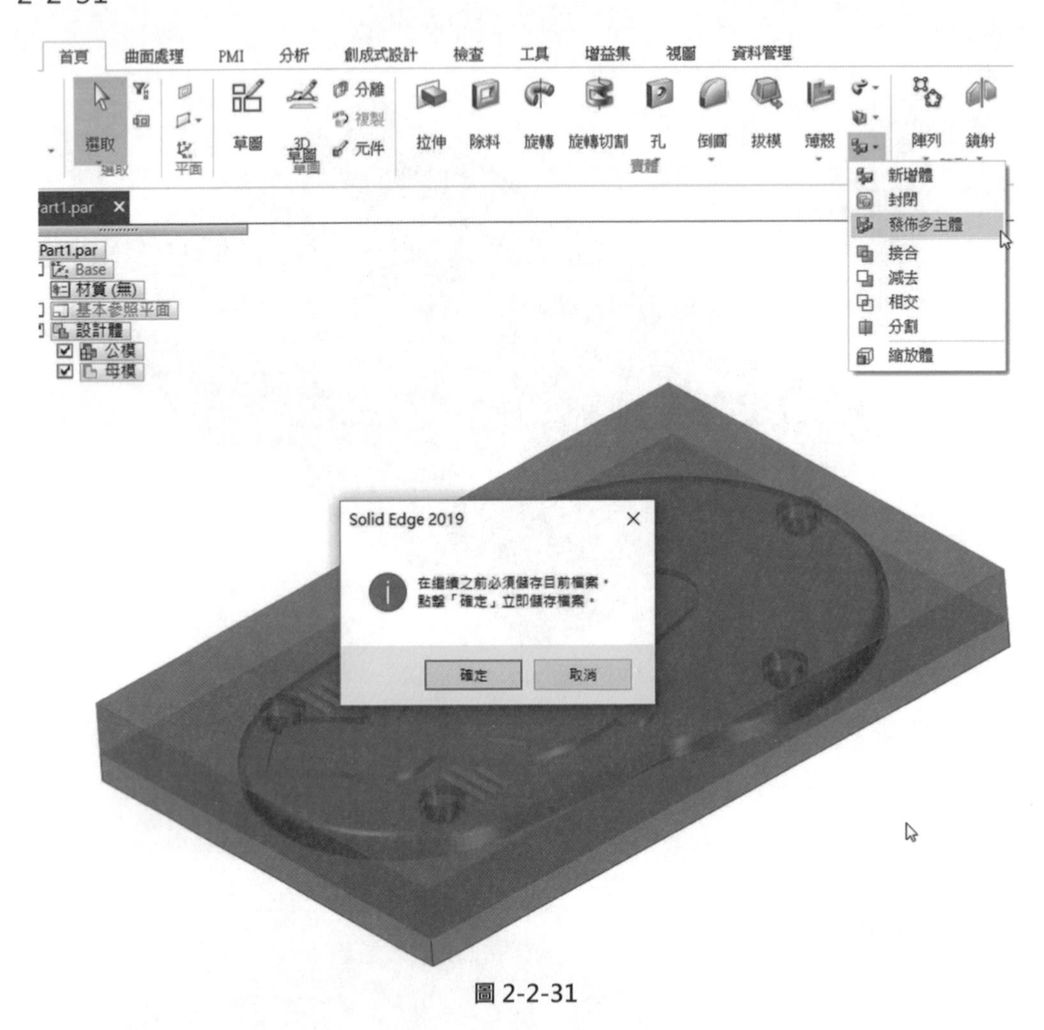

圖 2-2-31

31. 系統會彈出「發佈多主體」視窗畫面，使用者如果沒有在導航者中的設計體重新命名，也可在「檔名」欄中修改檔名，但必須保有副檔名.par，勾選「建立組立件」系統會自動將分割檔案保存在目前的資料夾路徑，也可透過「設定路徑」功能，指定為其它資料夾路徑後，點擊「儲存檔案」，如圖 2-2-32。

發佈多主體

體		檔名
公模	–	C:\Users\Kevin_TC\Desktop\公模.par
母模	–	C:\Users\Kevin_TC\Desktop\母模.par
成品	–	C:\Users\Kevin_TC\Desktop\成品.par
建立組立件	–	C:\Users\Kevin_TC\Des...\Part1.asm

儲存檔案(S)　關閉　說明(H)

圖 2-2-32

32. 完成後，在檔案總管資料夾中會看到三個零件檔和一個完整組立件檔案，在組立件的導航者中也將看到有關聯的零件檔案，並保有原先模具相對位置，如圖 2-2-33。

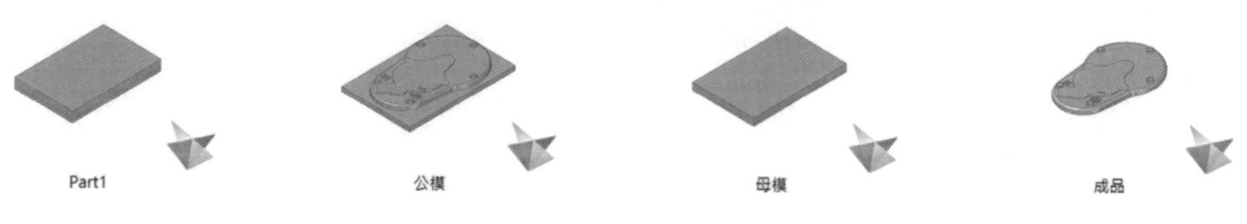

圖 2-2-33

33. 完成的「公模」實體與「母模」實體，如圖 2-2-34。

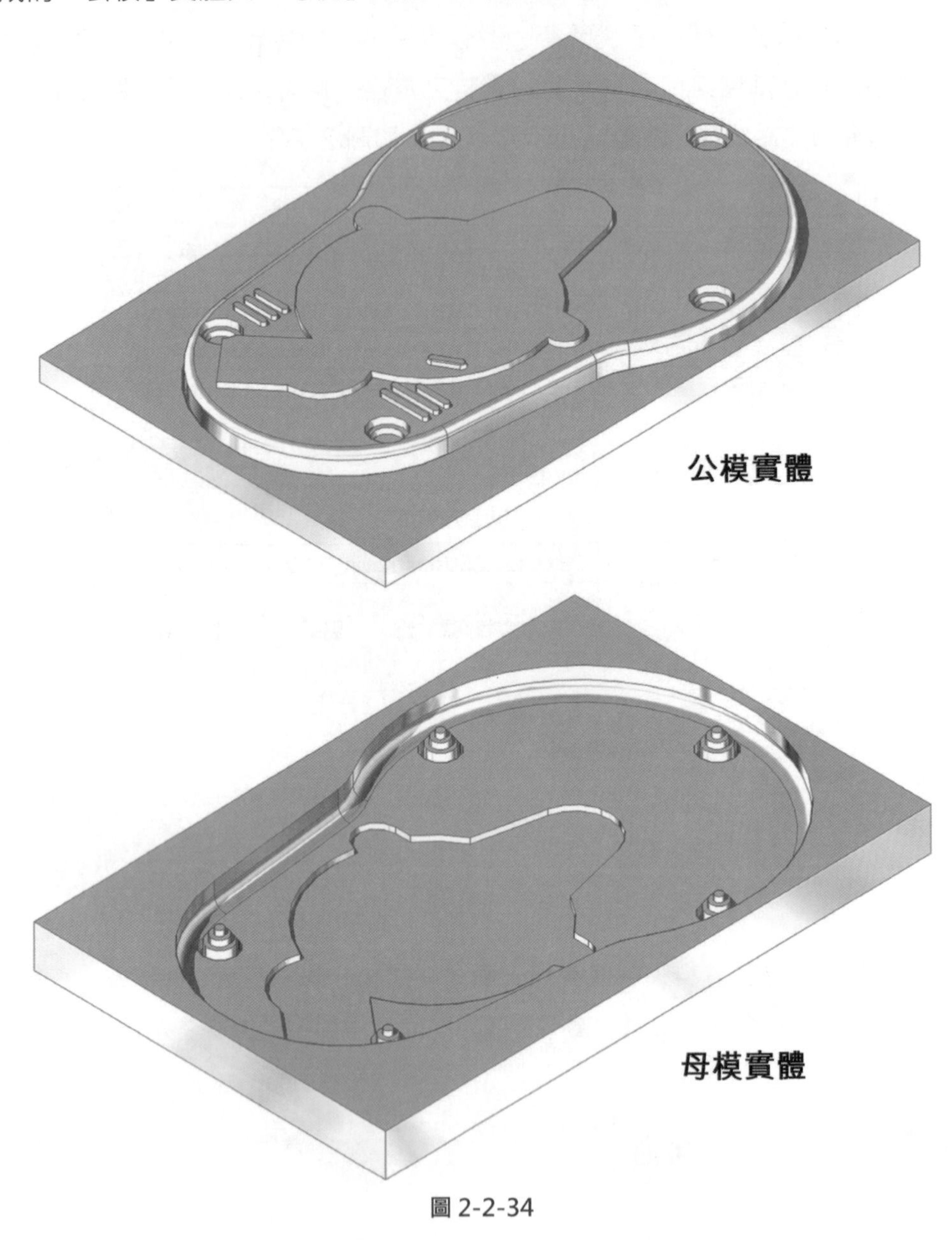

圖 2-2-34

附錄一

CHAPTER

設計管理器

章節介紹

藉由此課程，你將會學到：

附錄 A　封包-打包相關資料

附錄 B　重新命名

附錄 C　取代檔案

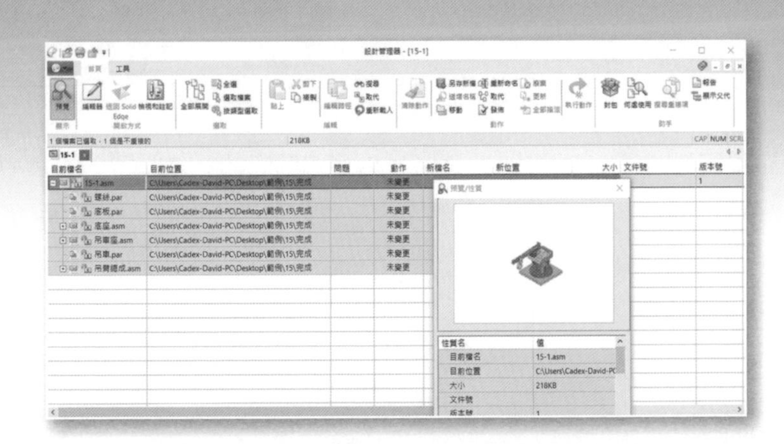

錄附A 封包-打包相關資料

本章節將介紹，如何快速與方便的將 Solid Edge 組立件中上下階層的關聯檔案進行打包，避免發生組立件複製檔案給他人或不同資料夾時，造成內部零件遺失的困擾。

1. 在 Windows 環境中，選取「開始」→搜尋「設計管理器」，如圖 A-1。

圖 A-1

2. 開啟總組立件檔或總組立件工程圖檔，如圖 A-2。

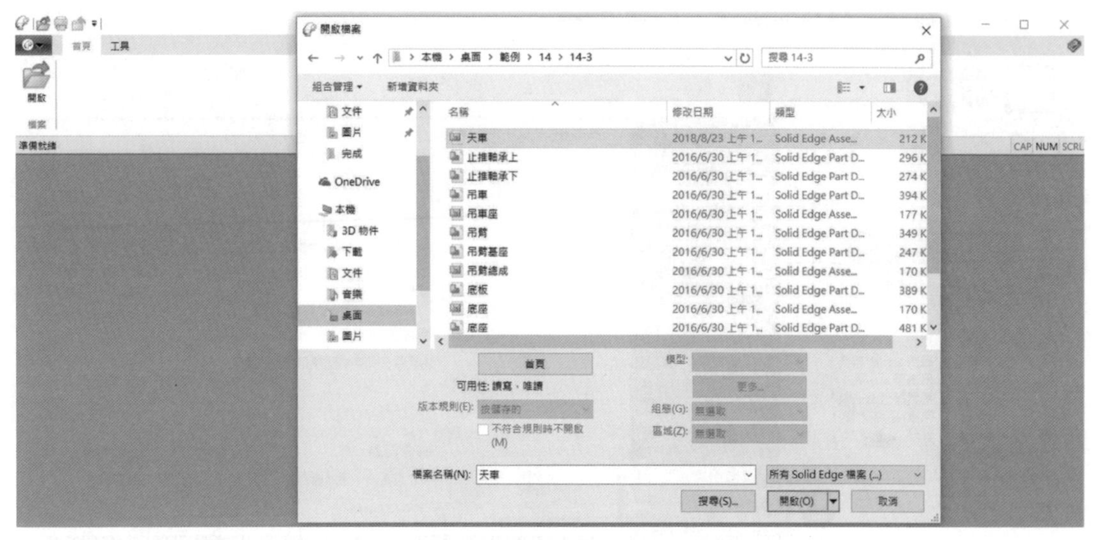

圖 A-2

3. 於功能區「首頁」→「助手」→點選「封包」，如圖 A-3。

圖 A-3

4. 或是直接在 Solid Edge 開啟一個組立件檔案，點選「應用程式按鈕」→「共用」，一樣有「封包」指令可選擇，如圖 A-4。

圖 A-4

5. 點選後，出現「封包」視窗，會列出總組立件、次組立件、零件檔，可勾選「包含圖紙」選項，將組立件底下所有零件的工程圖一併做打包，接著選擇打包路徑「資料夾」位置，亦可選擇打包為壓縮檔至路徑資料夾中，如圖 A-5。

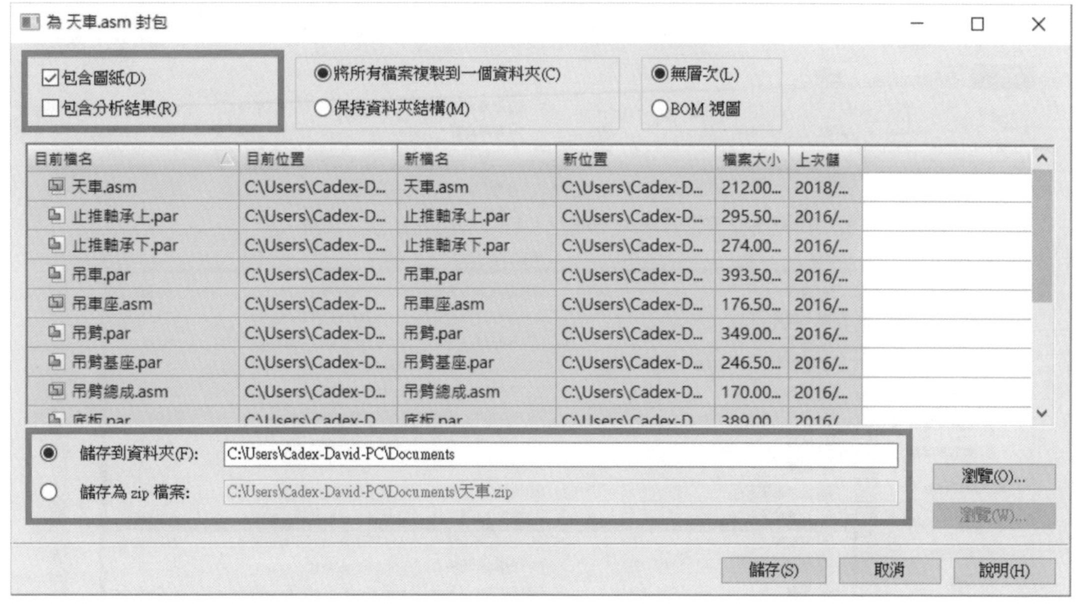

圖 A-5

6. 按下「儲存」，即進行打包動作，完成後會出現封包完成的訊息，如圖 A-6。

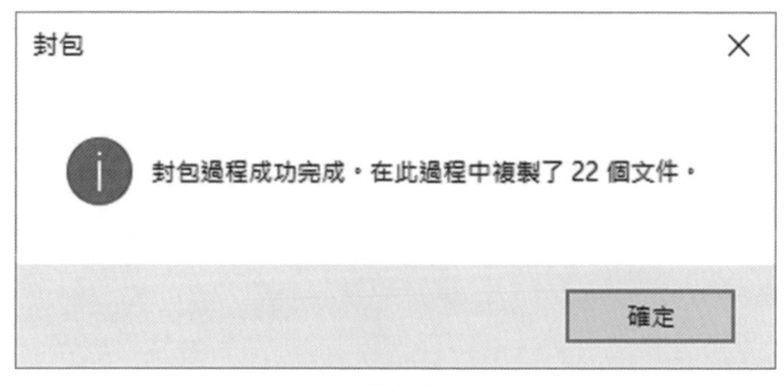

圖 A-6

7. 可開啟儲存路徑的資料夾，檢視打包完成檔案，如圖 A-7。

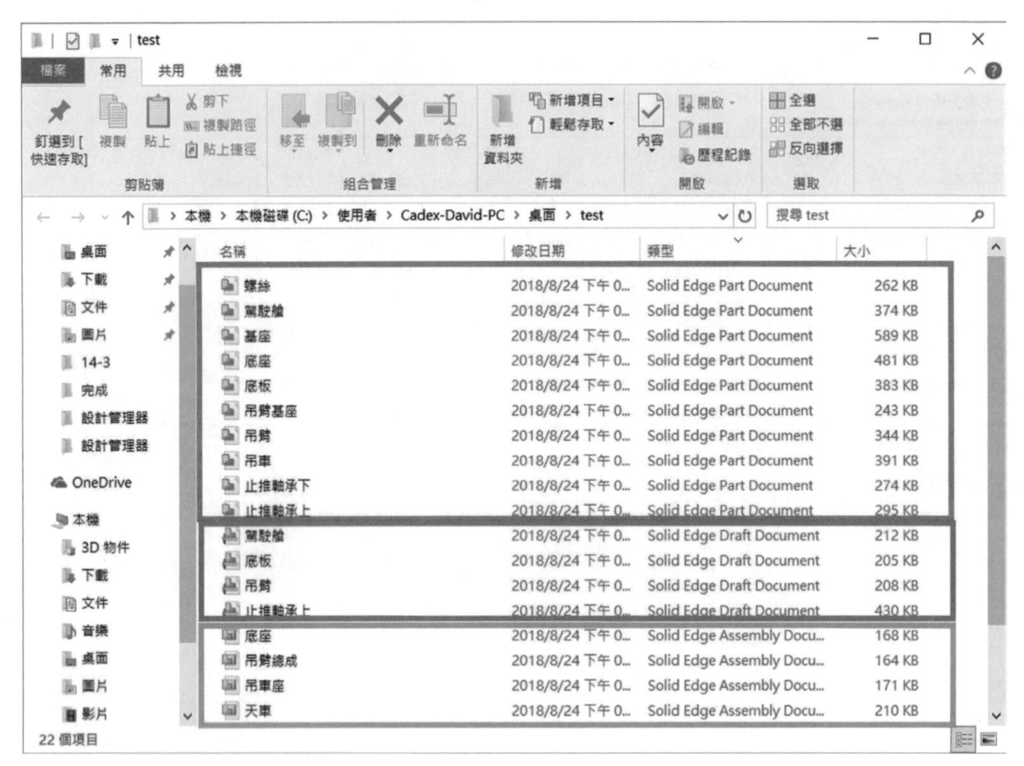

圖 A-7

錄附B 重新命名

本章節將介紹，如要進行 Solid Edge 檔案的「重新命名」，嚴禁使用 Windows 資料夾中的重新命名對檔案修改檔名，此作法會造成檔案之間的關聯性斷開，以及檔案路徑遺失。因 Solid Edge 檔案相互都有關聯性，也就是俗稱的「單一資料庫」概念，所以提醒使用者爾後要對 Solid Edge 的檔案「重新命名」，必須使用以下「設計管理器」的功能來進行，可確保重新命名後，檔案還是保有相互正確的關聯性，如圖 B-1、圖 B-2。

圖 B-1

圖 B-2

1. 開啟「設計管理器」→開啟欲修改的檔案，如圖 B-3、圖 B-4。

圖 B-3

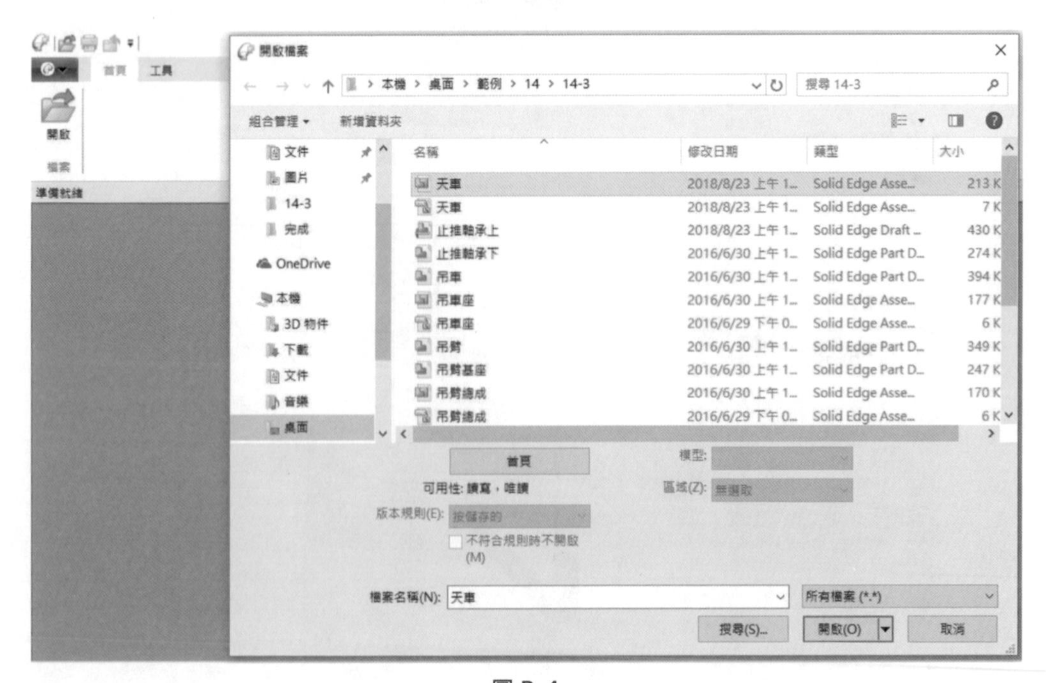

圖 B-4

2. 可點選「全部展開」，瀏覽全部的檔案並找到要重新命名的檔案，如圖 B-5。

設計管理器 - [天車]

首頁 工具

預覽 編輯器 返回 Solid Edge 檢視和註記 全部展開 全選 選取檔案 按類型選取 貼上 剪下 複製 編輯路徑 搜尋 取代 重新載入 清除動作 另存新檔 遞增名稱 移動 重新命名 取代 發佈 廢棄 更新 全部指派 執行動作 封包 何處使用 搜尋重複項 報告 顯示父代

顯示 開啟方式 選取 編輯 動作 助手

14 個關係，14 個不重複文件 4.29MB CAP NUM SCRL

天車

目前檔名	目前位置	問題	動作	新檔名	新位置	大小	文件號	版本號	標題
天車.asm	C:\Users\Cadex-David-PC\Desktop\範例\14\14-3		未變更			212KB			
螺絲.par	C:\Users\Cadex-David-PC\Desktop\範例\14\14-3		未變更			262KB			
底板.par	C:\Users\Cadex-David-PC\Desktop\範例\14\14-3		未變更			389KB			
底座.asm	C:\Users\Cadex-David-PC\Desktop\範例\14\14-3		未變更			170KB			
底座.par	C:\Users\Cadex-David-PC\Desktop\範例\14\14-3		未變更			481KB			
止推軸承...	C:\Users\Cadex-David-PC\Desktop\範例\14\14-3		未變更			274KB			
吊車座.asm	C:\Users\Cadex-David-PC\Desktop\範例\14\14-3		未變更			177KB			
基座.par	C:\Users\Cadex-David-PC\Desktop\範例\14\14-3		未變更			596KB			
駕駛艙.par	C:\Users\Cadex-David-PC\Desktop\範例\14\14-3		未變更			380KB			
止推軸承...	C:\Users\Cadex-David-PC\Desktop\範例\14\14-3		未變更			296KB			
吊車.par	C:\Users\Cadex-David-PC\Desktop\範例\14\14-3		未變更			394KB			
吊臂總成.asm	C:\Users\Cadex-David-PC\Desktop\範例\14\14-3		未變更			170KB			
吊臂基座...	C:\Users\Cadex-David-PC\Desktop\範例\14\14-3		未變更			247KB			
吊臂.par	C:\Users\Cadex-David-PC\Desktop\範例\14\14-3		未變更			349KB			

圖 B-5

3. 先點選欲重新命名的檔案，再點選「重新命名」，如圖 B-6。

設計管理器 - [天車]

首頁 工具

預覽 編輯器 返回 Solid Edge 檢視和註記 全部展開 全選 選取檔案 按類型選取 貼上 剪下 複製 編輯路徑 搜尋 取代 重新載入 清除動作 另存新檔 遞增名稱 移動 重新命名 取代 發佈 廢棄 更新 全部指派 執行動作 封包 何處使用 搜尋重複項 報告 顯示父代

顯示 開啟方式 選取 編輯 動作 助手

1 個檔案已選取，1 個是不重複的 389KB CAP NUM SCRL

天車

目前檔名	目前位置	問題	動作	新檔名	新位置	大小	文件號	版本號	標題
天車.asm	C:\Users\Cadex-David-PC\Desktop\範例\14\14-3		未變更			212KB			
螺絲.par	C:\Users\Cadex-David-PC\Desktop\範例\14\14-3		未變更			262KB			
底板.par	C:\Users\Cadex-David-PC\Desktop\範例\14\14-3		未變更			389KB			
底座.asm	C:\Users\Cadex-David-PC\Desktop\範例\14\14-3		未變更			170KB			
底座.par	C:\Users\Cadex-David-PC\Desktop\範例\14\14-3		未變更			481KB			
止推軸承...	C:\Users\Cadex-David-PC\Desktop\範例\14\14-3		未變更			274KB			
吊車座.asm	C:\Users\Cadex-David-PC\Desktop\範例\14\14-3		未變更			177KB			
基座.par	C:\Users\Cadex-David-PC\Desktop\範例\14\14-3		未變更			596KB			
駕駛艙.par	C:\Users\Cadex-David-PC\Desktop\範例\14\14-3		未變更			380KB			
止推軸承...	C:\Users\Cadex-David-PC\Desktop\範例\14\14-3		未變更			296KB			
吊車.par	C:\Users\Cadex-David-PC\Desktop\範例\14\14-3		未變更			394KB			
吊臂總成.asm	C:\Users\Cadex-David-PC\Desktop\範例\14\14-3		未變更			170KB			
吊臂基座...	C:\Users\Cadex-David-PC\Desktop\範例\14\14-3		未變更			247KB			
吊臂.par	C:\Users\Cadex-David-PC\Desktop\範例\14\14-3		未變更			349KB			

圖 B-6

4. 在新檔名的欄位輸入新名稱，並注意後面的「附檔名」必須保留，再點選「執行動作」，如圖 B-7。

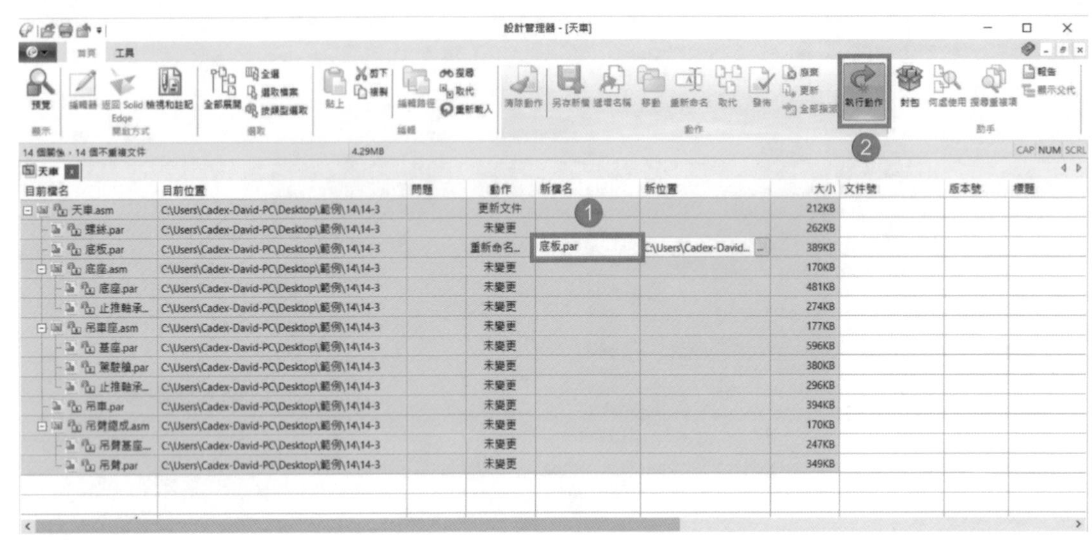

圖 B-7

5. 開啟組立件檔案，即可在導航者看到修改過後的新檔名，如圖 B-8。

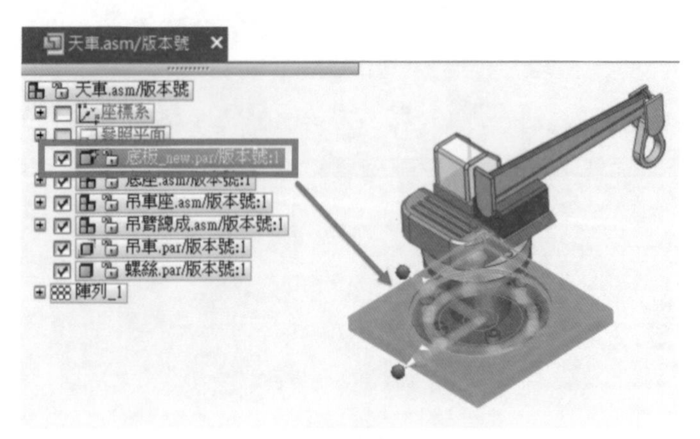

圖 B-8

錄附C 取代檔案

本章節將介紹，如何將 Solid Edge 檔案中無意被修改過的檔名或被移動的檔案，造成檔案遺失時，可利用「設計管理器」把檔案「取代」回來。

不論開啟組件立件檔案或是缺失零件的工程圖檔，都會跳出警告訊息，說明檔案遺失，如圖 C-1、圖 C-2。

圖 C-1

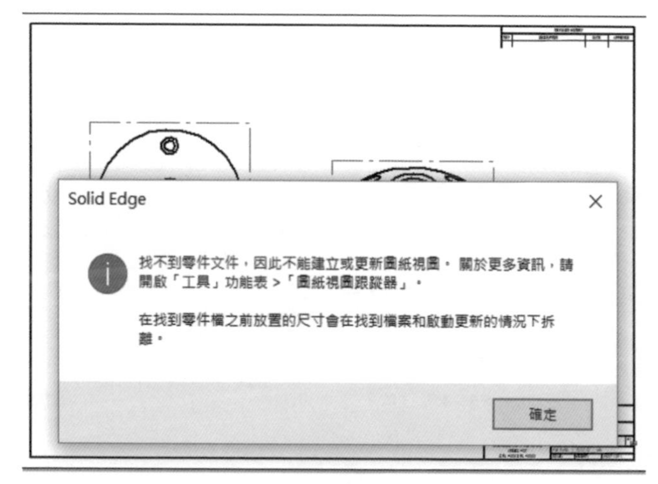

圖 C-2

1. 先開啟「設計管理器」，再開啟欲修改的檔案，如圖 C-3、圖 C-4。

圖 C-3

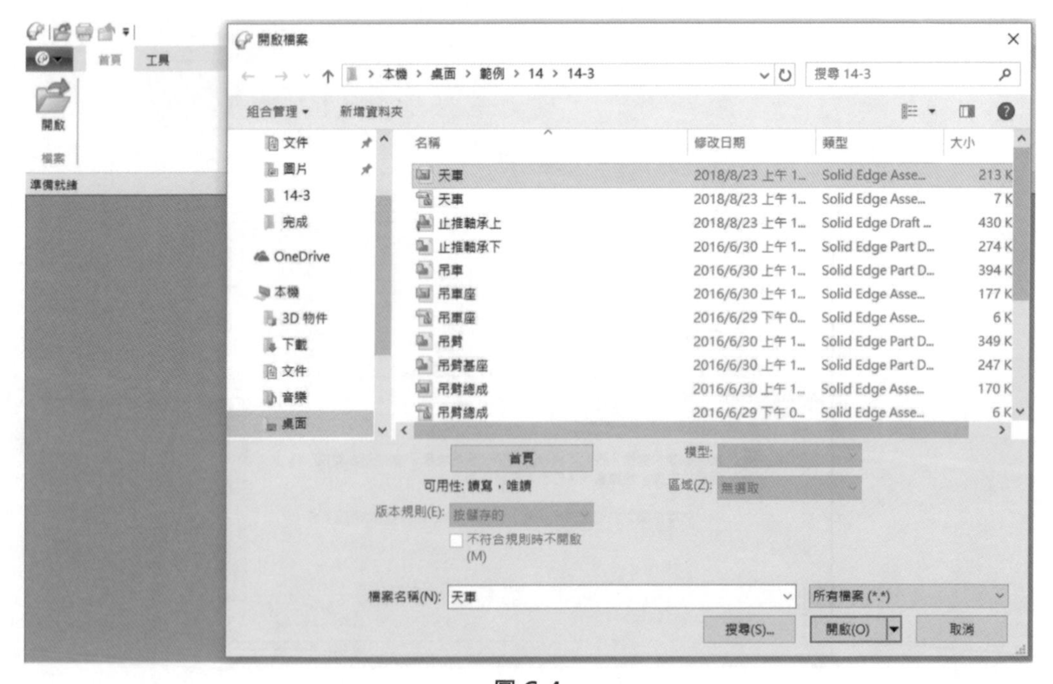

圖 C-4

2. 「全部展開」後，即發現有一紅色欄位，此為遺失的檔案，如圖 C-5。

14 個關係，14 個不重複文件　4MB

天車

目前檔名	目前位置	問題	動作
天車.asm	C:\Users\Cadex-David-PC\Desktop\範例\14\14-3		未變更
螺絲.par	C:\Users\Cadex-David-PC\Desktop\範例\14\14-3		未變更
底板_new.par	C:\Users\Cadex-David-PC\Desktop\範例\14\14-3		未變更
底座.asm	C:\Users\Cadex-David-PC\Desktop\範例\14\14-3		未變更
底座.par	C:\Users\Cadex-David-PC\Desktop\範例\14\14-3		未變更
止推軸承...	C:\Users\Cadex-David-PC\Desktop\範例\14\14-3		未變更
吊車座.asm	C:\Users\Cadex-David-PC\Desktop\範例\14\14-3		未變更
基座.par	C:\Users\Cadex-David-PC\Desktop\範例\14\14-3		未變更
駕駛艙.par	C:\Users\Cadex-David-PC\Desktop\範例\14\14-3		未變更
[未找到檔案] ...	C:\Users\kevin_Tsai\Desktop\14\範例\天車-著色版		N/A
吊車.par	C:\Users\Cadex-David-PC\Desktop\範例\14\14-3		未變更
吊臂總成.asm	C:\Users\Cadex-David-PC\Desktop\範例\14\14-3		未變更
吊臂基座...	C:\Users\Cadex-David-PC\Desktop\範例\14\14-3		未變更
吊臂.par	C:\Users\Cadex-David-PC\Desktop\範例\14\14-3		未變更

圖 C-5

3. 點選遺失的檔案，再按下「取代」，如圖 C-6。

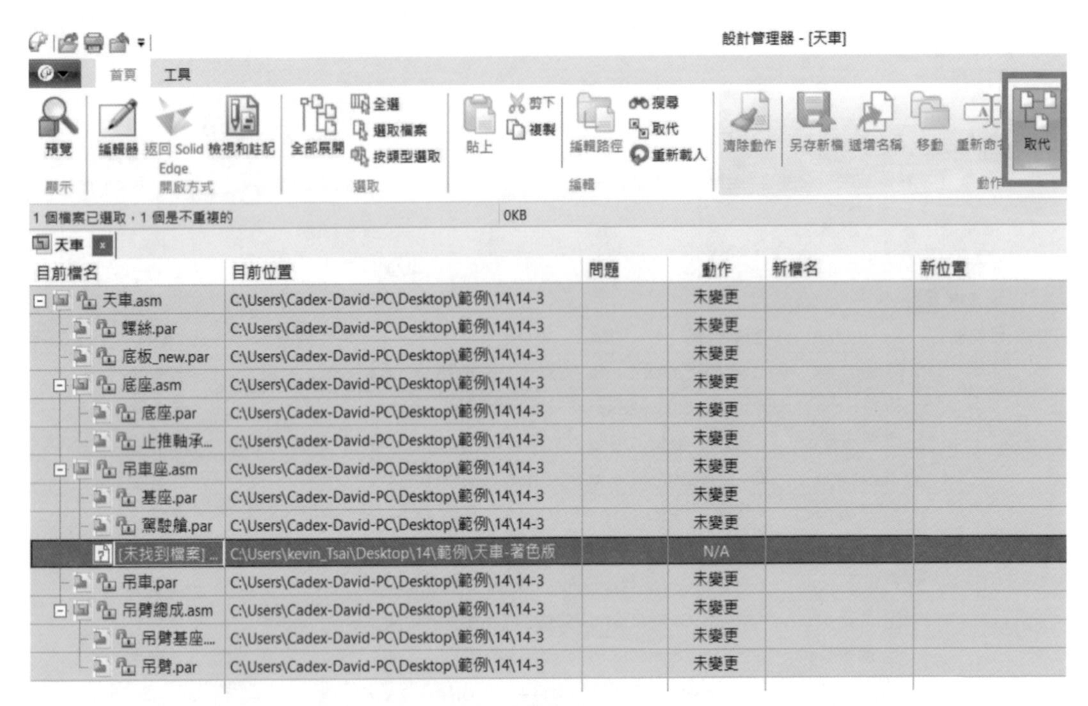

圖 C-6

4. 出現「取代件」視窗，搜尋並選擇遺失檔案之關聯性的「最原始檔案路徑」，找到「最原始的檔案」，或「欲取代的檔案」，如圖 C-7。

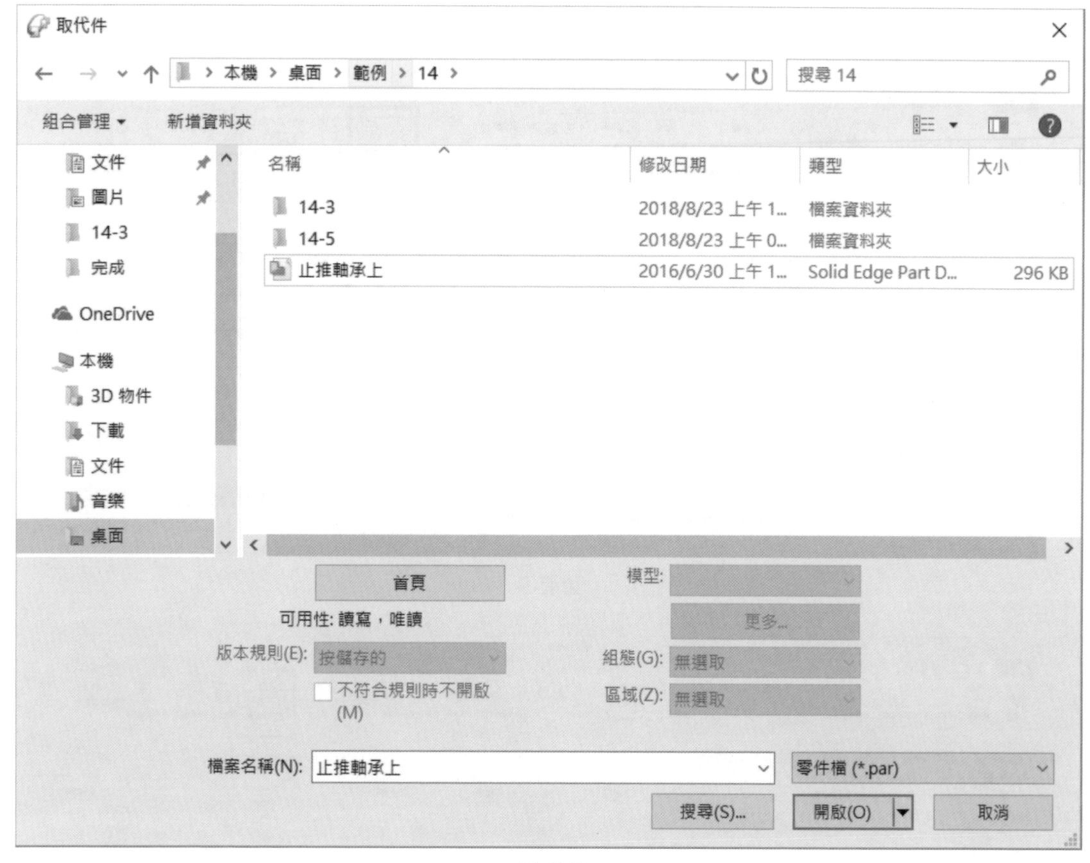

圖 C-7

5. 取代檔選擇好後，點選「執行動作」進行取代，如圖 C-8。

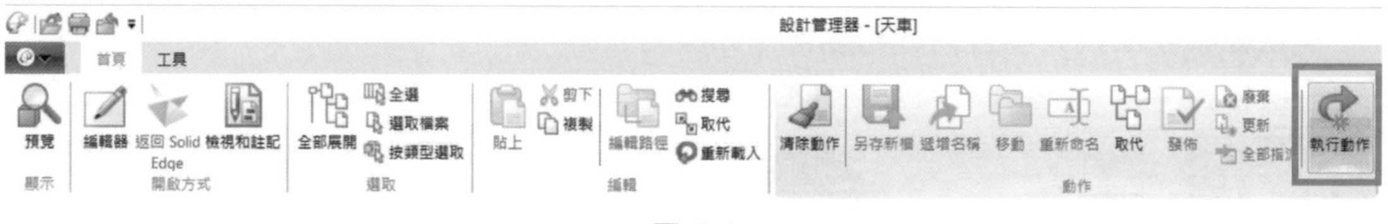

圖 C-8

6. 因取代完，只將檔案連結到原始檔案位置，可透過「另存新檔」將檔案轉存至主要檔案所在位置。點選檔案→「另存新檔」，圖 C-9，「編輯路徑」選擇另存的路徑位置→「執行動作」，圖 C-10。

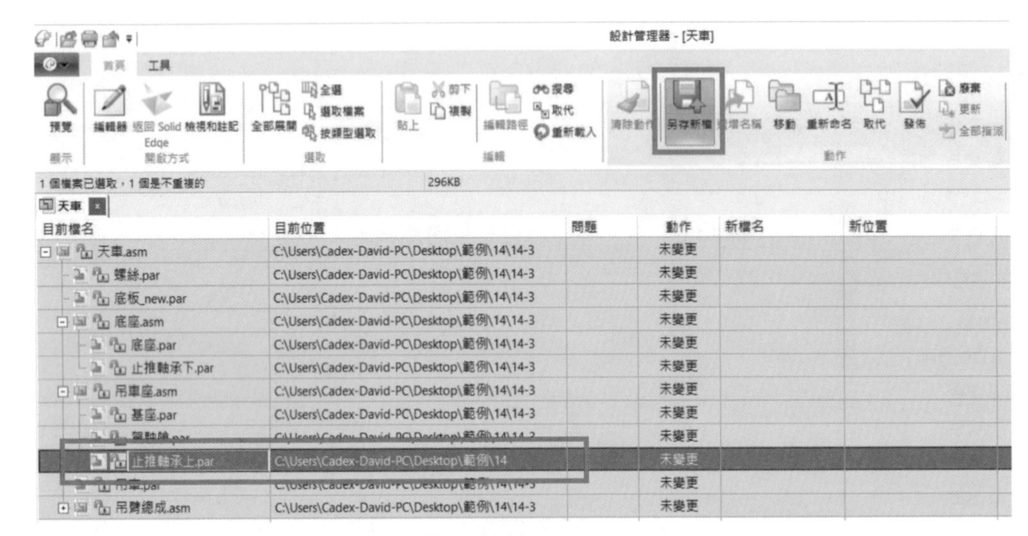

圖 C-9

圖 C-10

7. 開啟檔案，即為完整且有連結關係，如圖 C-11。

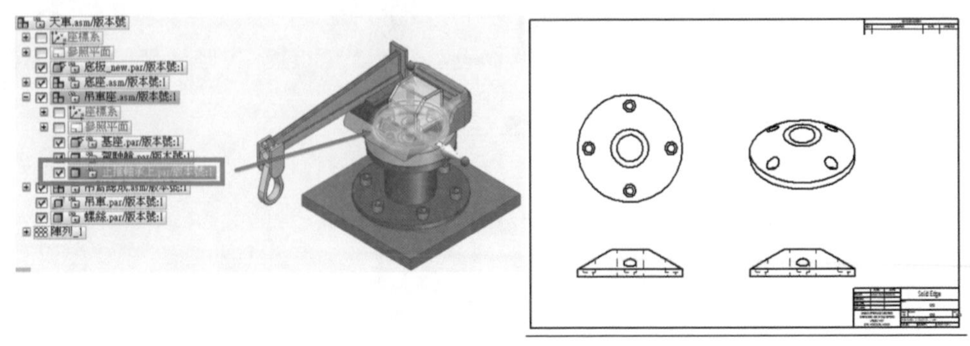

圖 C-11

附錄二

CHAPTER

內建檔案管理

章節介紹

藉由此課程，你將會學到：

附錄 A　基本功能介紹

附錄 B　各功能基本設定

附錄 C　Solid Edge 資料管理快捷列功能介紹

附錄 D　其他應用

附錄 E　多人使用設定說明

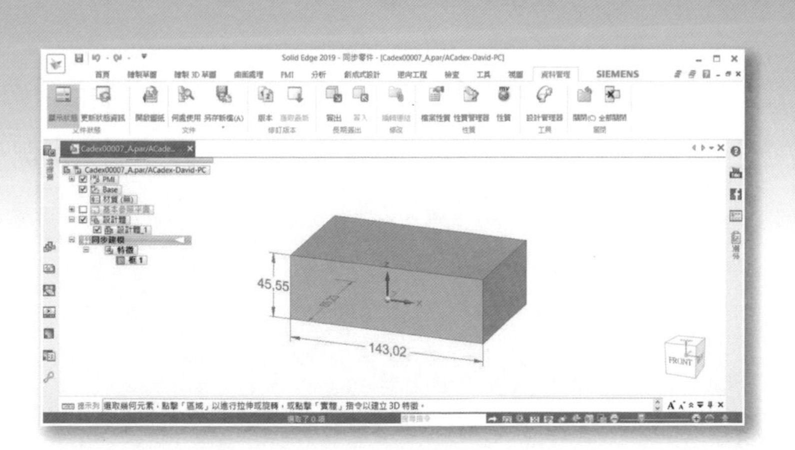

錄附A 基本功能介紹

本章節將介紹，如何開啟內建檔案管理功能及設定，並透過圖片指示說明讓使用者了解各功能運作內容。

1. 在 Solid Edge 環境中，選取左上角「應用程式按鈕」→「設定」→「選項」，如圖 A-1。

圖 A-1

2. 開啟設定後，選擇「管理」→勾選「使用 Solid Edge 資料管理」來啟動管理功能，如圖 A-2。

圖 A-2

3. 勾選後會啟動基本四大功能，「保管庫定義」、「自訂屬性」、「文件命名規則」、「生命週期」，如圖 A-3。

圖 A-3

4. **「保管庫定義」**：此頁面可設定檔案主要擺放位置，未來檔案找尋時，也會以此設定為主要搜尋位置，搜尋位置支援一般雲端硬碟空間，如：Dropbox、One Drive、Google Drive、Box...等，如圖 A-4。

圖 A-4

5. **「自訂屬性」**：此頁面可查看確認範本屬性、自訂義屬性的部分，可將設定檔案提供給其他使用者，如此一來，所有使用者的自訂屬性就可以一致，甚至內容也可有一致性，如圖 A-5。

圖 A-5

6. **「文件命名規則」**：此頁面能設計檔案命名規則，讓存檔時自動產生流水編號，方便使用者使用，如圖 A-6。

Solid Edge 選項

儲存
檔案位置
使用者概要
管理
助手
組立件開啟為
需求

☑使用 Solid Edge 資料管理(S)

保管庫定義 | 自訂屬性 | 文件命名規則 | 生命週期

文件編號方案

字首(P): Cadex 00001

編號產生器檔案: C:\Program Files\Siemens\Solid Edge 2019\Preferences\NumberGenerator.dat ...

☑透過文件號和版本自動命名檔案(A)

版本編號方案

版本分隔符號(V): _ A 起始版本值

最大長度(M): 2

排除的字元(E): 範例: I, O, Q, S, X, Z

文件名公式

編輯公式(F)...

[檔名]/[版本號]

確定 取消 套用 說明

圖 A-6

7. **「生命週期」**：此頁面能設定檔案預設擺放位置，並會因為檔案的生命週期狀態不同，由 Solid Edge 自動幫使用者轉移檔案至對應位置，如圖 A-7。

Solid Edge 選項

儲存
檔案位置
使用者概要
管理
助手
組立件開啟為
需求

☑使用 Solid Edge 資料管理(S)

保管庫定義 | 自訂屬性 | 文件命名規則 | 生命週期

修改(M)... 重設(R) 全部重設(A)

受管實體(E):	位置:
已預發放的文件（保管庫）	C:\Solid Edge內建\預發放
已發放的文件（保管庫）	C:\Solid Edge內建\已發放
已廢棄的文件（保管庫）	C:\Solid Edge內建\已廢棄
標準件（保管庫）	C:\Solid Edge內建\標準件

在設計管理器和性質管理器中顯示以下「選中」狀態

☑可用(V) ☑使用中(K) ☑審核中(W)
☑已發放(L) ☑已廢棄(T) ☑已重點標註(B)

確定 取消 套用 說明

圖 A-7

錄附B 各功能基本設定

本章節將說明，如要進行前一章節介紹四大資料管理功能設定，該如何設定？

A 「保管庫定義」

1. 在資料庫定義頁面，選擇「新增」，增加檔案擺放位置，如圖 B-1。

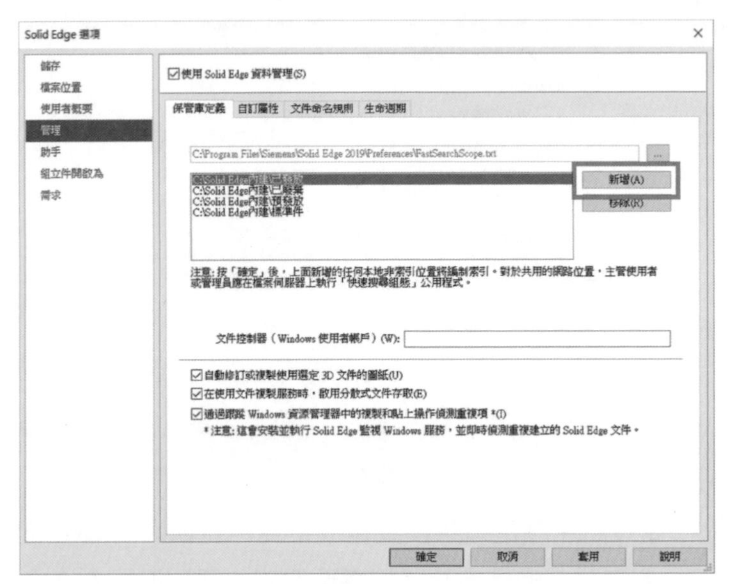

圖 B-1

2. 確認好欲新增資料夾位置後，點選「選擇資料夾」，如圖 B-2。

圖 B-2

3. 新增後，可以看到頁面多了一個剛才新增的資料夾位置，如圖 B-3。

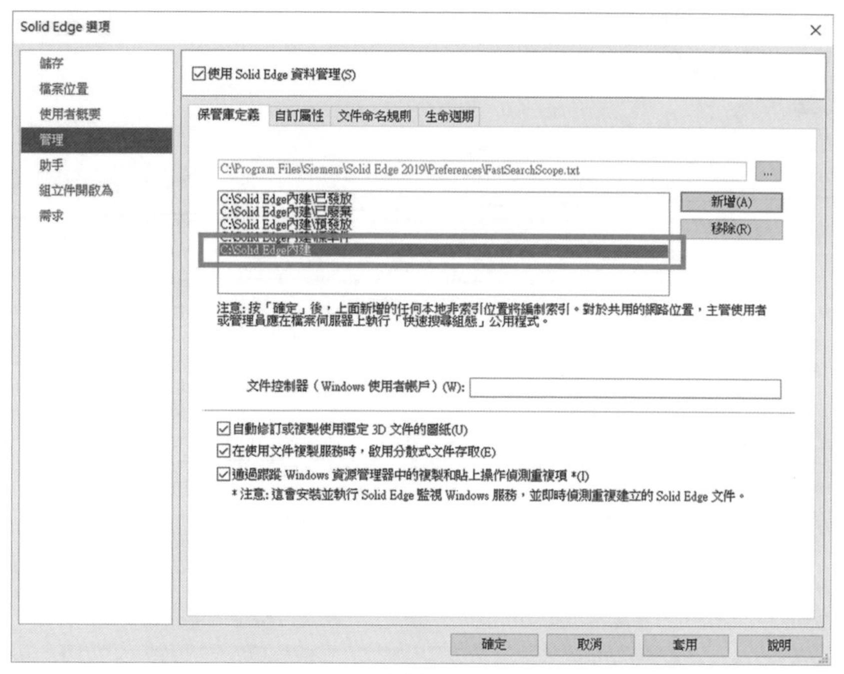

圖 B-3

B 「自訂屬性」

1. 在自訂屬性頁面，可先選擇「檢視自訂屬性」，可以看到預設就有 Custom2、Finish 兩個屬性欄位，如圖 B-4，如需新增其他屬性則要到屬性種子文件位置修改。

圖 B-4

2. 至 Solid Edge 安裝位置目錄下→「Preferences」資料夾→找尋「propseed」文件並開啟，如圖 B-5。

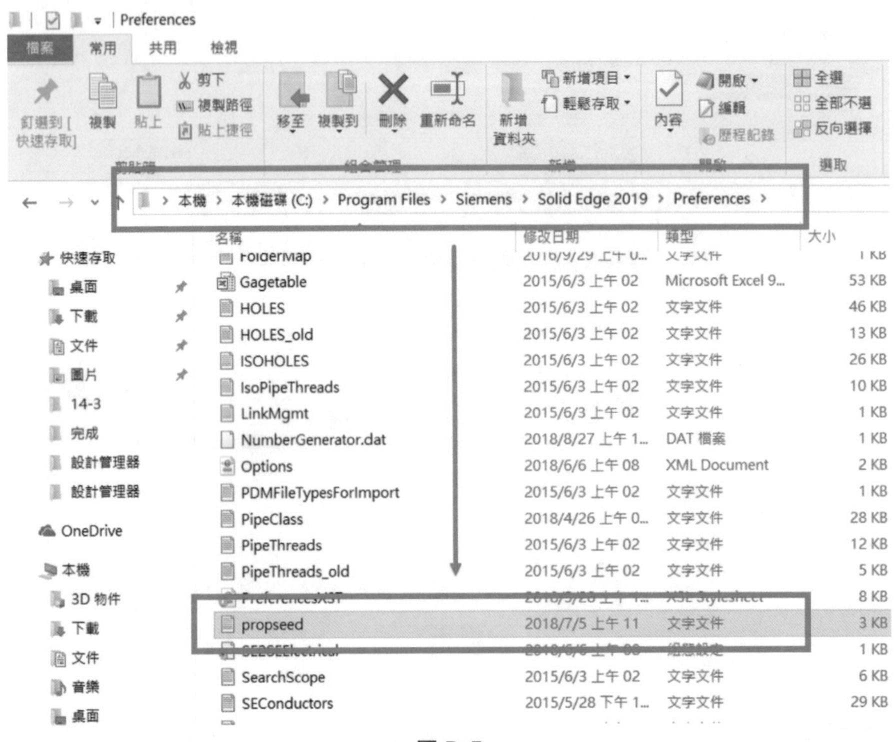

圖 B-5

3. 開啟檔案後，首先要設定欲新增屬性名稱及內容類型，如圖 B-6，語法方式為：「define 屬性名稱;屬性內容類型」，屬性內容類型有數字（number）、文字（text）、日期（date）、布林（yes or no），若該屬性需為必填欄位，則在屬性類型後方加上「;requird」即可。

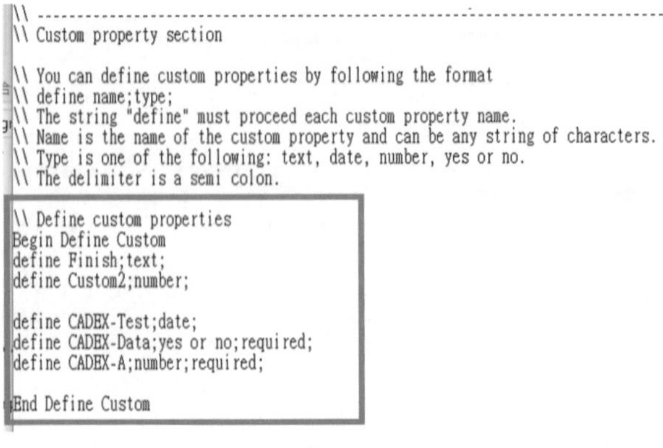

```
\\ ---------------------------------------------------------------------
\\ Custom property section

\\ You can define custom properties by following the format
\\ define name;type;
\\ The string "define" must proceed each custom property name.
\\ Name is the name of the custom property and can be any string of characters.
\\ Type is one of the following: text, date, number, yes or no.
\\ The delimiter is a semi colon.

\\ Define custom properties
Begin Define Custom
define Finish;text;
define Custom2;number;

define CADEX-Test;date;
define CADEX-Data;yes or no;required;
define CADEX-A;number;required;

End Define Custom
```

圖 B-6

4. 定義好自訂義的屬性名稱後，若該屬性需要有固定輸入選項的下拉式選單，則需做此動作，若無則不用，語法方式為：

   \\備註說明

   Begin 屬性名稱

   選項清單1;

   選項清單2;

   選項清單3;

   default=選項清單2;(若無選擇則會以此預設為主)

   End 屬性名稱

   如圖 B-7。

```
define CADEX-Test;date;
define CADEX-Data;yes or no;required;
define CADEX-A;number;required;

End Define Custom

\\ Contents of finish list
Begin Finish
gold;
nickel;
copper;
default=nickel;
End Finish

\\ Contents of custom2 list
Begin Custom2
1;
2;
3;
default=2;
End Custom2
```

圖 B-7

5. 定義完成後關閉檔案，至 Solid Edge 資料管理頁面，依照圖 B-8步驟點選，便可更新自定義屬性內容，如圖 B-9。

圖 B-8

圖 B-9

C 「文件命名規則」

1. 在此頁面，可設定儲存檔案時的編碼規則（字首 + 流水號），如圖 B-10。

圖 B-10

2. 若需自動加上版本號則可勾選「通過文件號和版本自動命名檔案」，即可編輯版本號規則，如圖 B-11。

圖 B-11

3. 「文件名公式」是用 Solid Edge 開啟檔案時，左方狀態列會顯示檔案的名稱，點擊「編輯公式」就可更改顯示方式，如圖 B-12。

圖 B-12

4. 點擊「編輯公式」後，可自行決定欲顯示的文件名公式，如圖 B-13，輸入完畢後，點選確定更改公式，如圖 B-14。

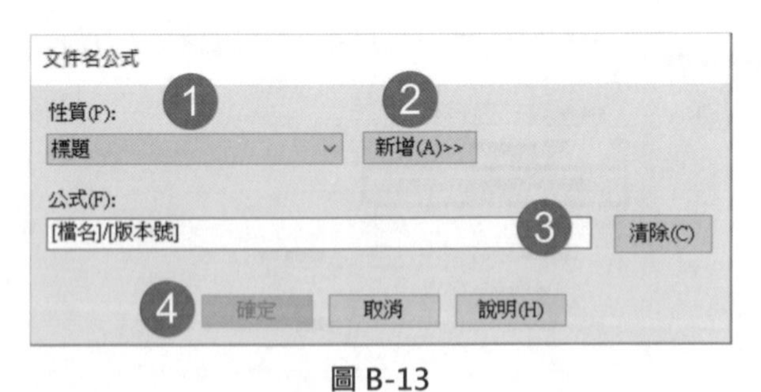

圖 B-13

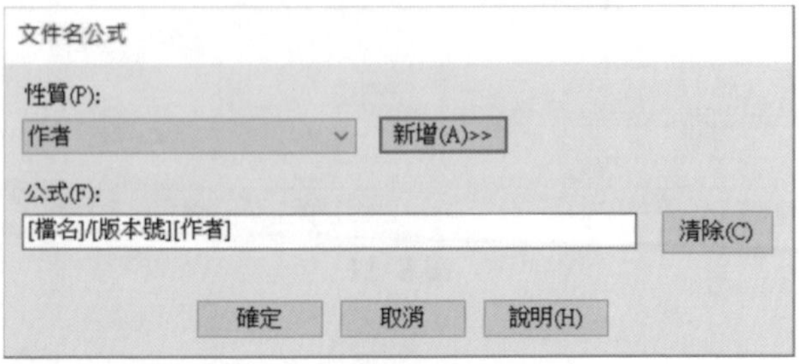

文件名公式

性質(P):

作者

新增(A)>>

公式(F):

[檔名]/[版本號][作者]

清除(C)

確定　取消　說明(H)

圖 B-14

5. 設定完成後，如圖 B-15。

Solid Edge 選項

儲存
檔案位置
使用者概要
管理
助手
組立件開啟為
需求

☑使用 Solid Edge 資料管理(S)

保管庫定義 自訂屬性 文件命名規則 生命週期

文件編號方案

字首(P): Cadex 00001

編號產生器檔案: C:\Program Files\Siemens\Solid Edge 2019\Preferences\NumberGenerator.dat

☑透過文件號和版本自動命名檔案(A)

版本編號方案

版本分隔符號(V): _ A 起始版本值

最大長度(M): 2

排除的字元(E): 範例: I, O, Q, S, X, Z

文件名公式

編輯公式(F)...

[檔名]/[版本號][作者]

確定 取消 套用 說明

圖 B-15

D「生命週期」

1. 此頁面設定 Solid Edge 檔案在各種狀態時所存放的位置，設定好後，Solid Edge 會依照檔案的狀態自動移轉檔案至對應資料夾，如圖 B-16，預設狀態有三種：「可用」、「使用中」、「已發放」，另有「已廢棄」、「審核中」、「已重點標註」三種，共六種狀態。

圖 B-16

錄附C Solid Edge 資料管理快捷列功能介紹

開啟 Solid Edge 並啟用資料管理選項後，Solid Edg 環境中，上方快捷列的「資料管理」就可使用更多功能，如圖 C-1，本章節將說明，如何使用 Solid Edge 資料管理快捷列上的按鈕功能，讓使用者能快速了解與應用。

圖 C-1

A **「文件狀態」**，如圖 C-2。

圖 C-2

1. 「顯示狀態」：此功能為多人協同作業時，顯示檔案狀態用，若檔案有其他人開啟，則會如圖 C-3 顯示（紅框與籃框），此時若有人也開啟同檔案，則會變為唯讀狀態無法修改，並顯示橘色字體，如圖 C-4。

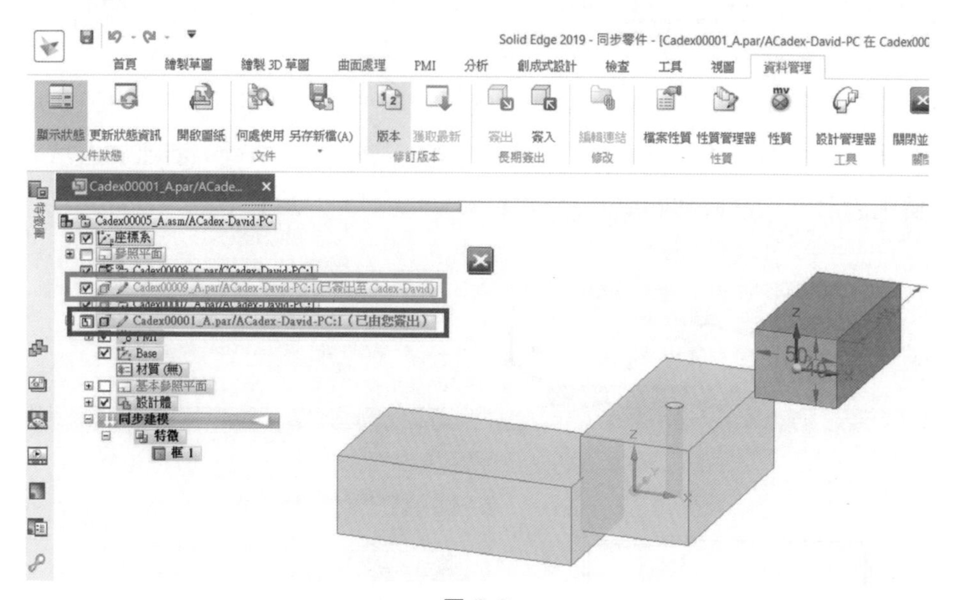

圖 C-3

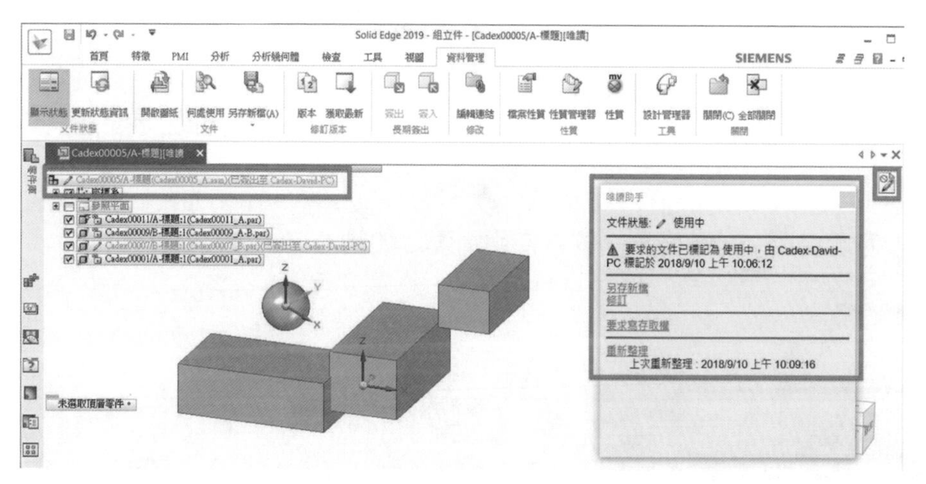

圖 C-4

2. 「更新狀態資訊」：此功能為多人協同作業時，更新檔案狀態之用。

B「文件」，如圖 C-5。

圖 C-5

1. 「開啟圖紙」：開啟用此圖檔建立的工程圖，若為 Solid Edge 2019 前版本的檔案，需儲存為 Solid Edge 2019 版本的檔案方可執行，若無法正常開啟，請使用設計管理器確認圖紙是否有與 3D 圖關聯，如圖 C-6。

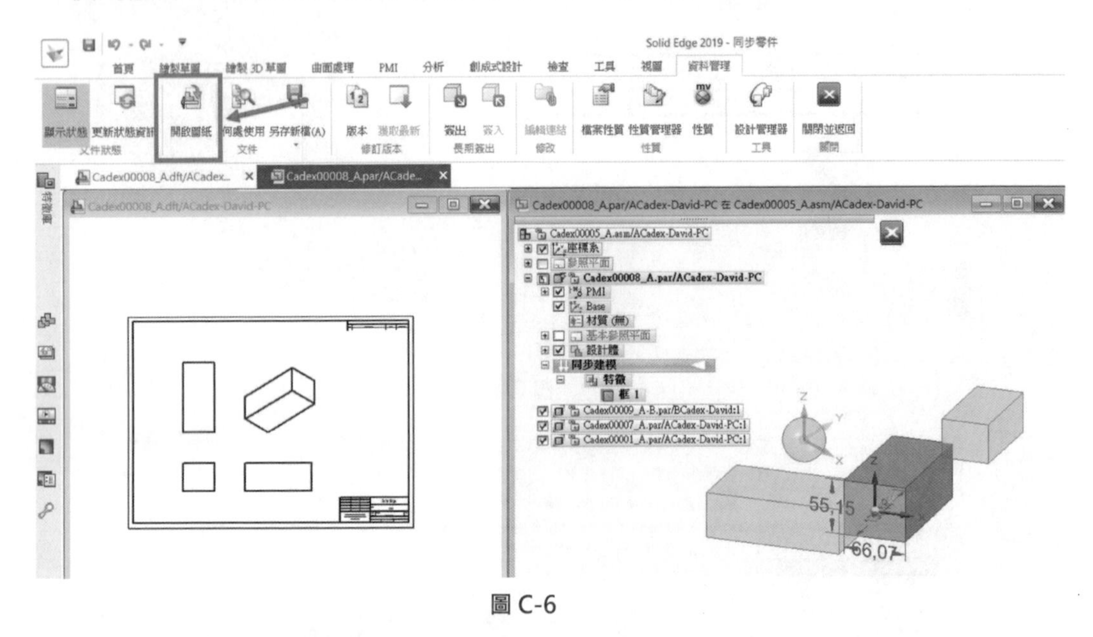

圖 C-6

2. 「何處使用」：確認圖檔的被使用情況，如圖 C-7。

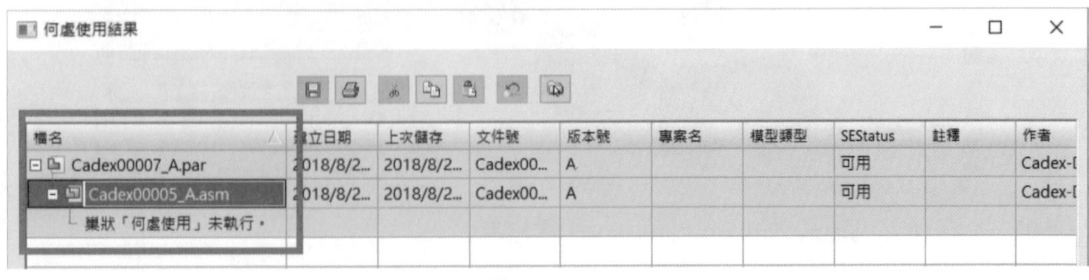

何處使用結果

檔名	建立日期	上次儲存	文件號	版本號	專案名	模型類型	SEStatus	註釋	作者
Cadex00007_A.par	2018/8/2...	2018/8/2...	Cadex00...	A			可用		Cadex-I
Cadex00005_A.asm	2018/8/2...	2018/8/2...	Cadex00...	A			可用		Cadex-I
巢狀「何處使用」未執行。									

圖 C-7

3. 「另存新檔」：此操作與未使用資料管理時另存新檔並無差異，在此不多作介紹。

C 「修訂版本」，如圖 C-8。

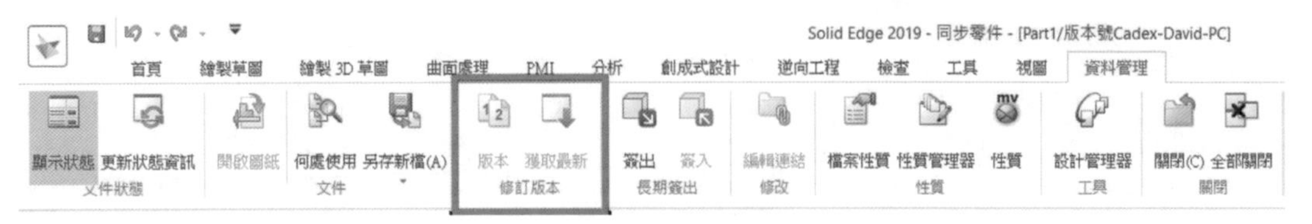

圖 C-8

1. 「版本」：查看此零組件的所有版本，如圖 C-9。

版本

選定的文件(T):
Cadex00008_C.par

新建路徑(P):
C:\Solid Edge內建\預發放

新建文件名(D):
Cadex00008_D.par

版本註釋(R):

用現有版本或新版本取代

新建(N) 取消 說明(H)

檔名	地址	作者
Cadex00008_A.par	C:\Solid Edge內建\預發放	Cadex-...
Cadex00008_B.par	C:\Solid Edge內建\預發放	Cadex-...
Cadex00008_C.par	C:\Solid Edge內建\預發放	Cadex-...

圖 C-9

若需要改版零組件，首先點選需改版物件→點選「版本」，如圖 C-10，確認資訊後，選擇「新建」，如圖 C-11，輸入屬性欄位後，點選「驗證」確認，最後點選「儲存」來建立新版本，如圖 C-12，儲存後，頁面就會出現新版本，如圖 C-13。

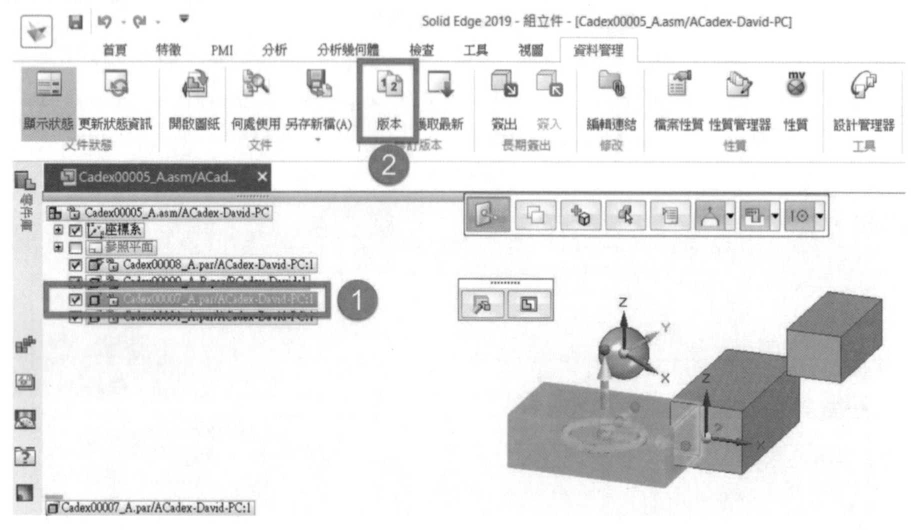

圖 C-10

圖 C-11

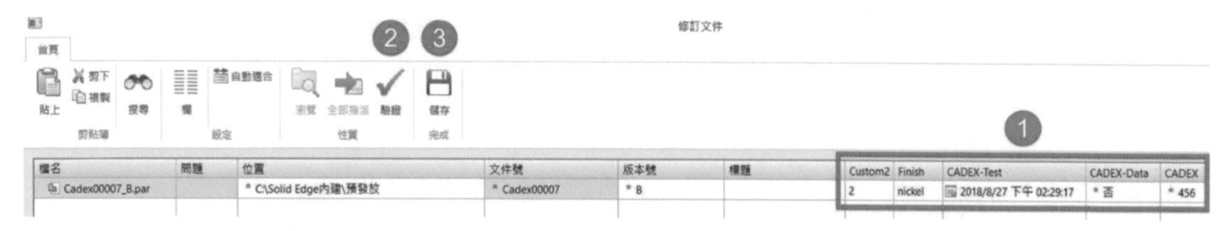

圖 C-12

版本

選定的文件(T):
Cadex00007_B.par

新建路徑(P):
C:\Solid Edge內建\預發放

新建文件名(D):
Cadex00007_C.par

版本註釋(R):

用現有版本或新版本取代

新建(N)　取消　說明(H)

檔名	地址	作者
Cadex00007_A.par	C:\Solid Edge內建\預發放	Cadex-...
Cadex00007_B.par	C:\Solid Edge內建\預發放	Cadex-...

圖 C-13

2. 新增版本後，除了可以看到所有版本外，也可對其他版本作「預覽」、「取代」、「性質」、「何處使用」等功能，如圖 C-14。

圖 C-14

3. 「獲取最新」：可獲取此零組件最新版本狀態，若該零件有新版存在，檔案狀態圖示會改變，如圖 C-15。

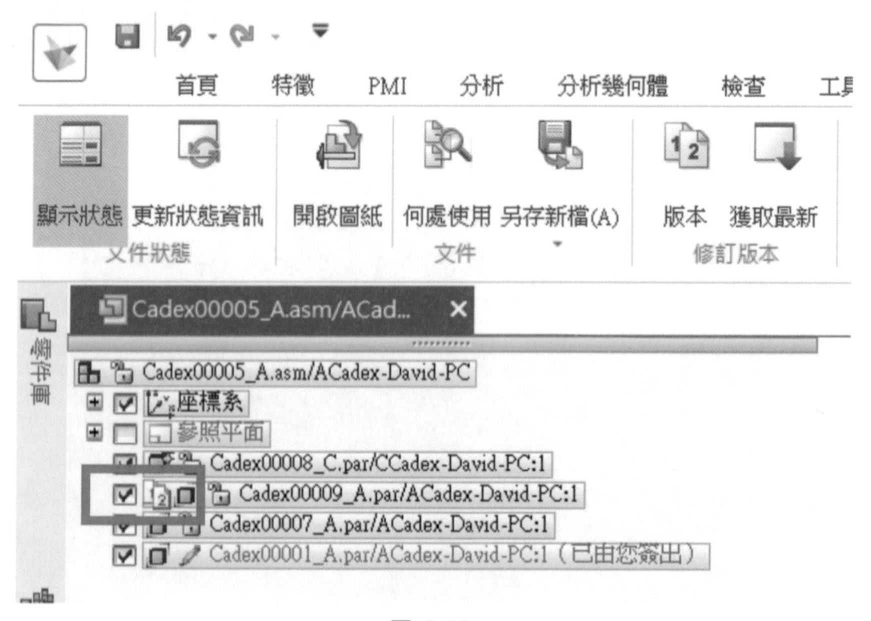

圖 C-15

4. 若需要獲取該版本最新的版本樣貌，請依照順序步驟操作，如圖 C-16，點選需獲取的零件→點選「獲取最新」→打勾確認就會替換，檔案版本就會從原本的 A 改變成為 B，如圖 C-17。

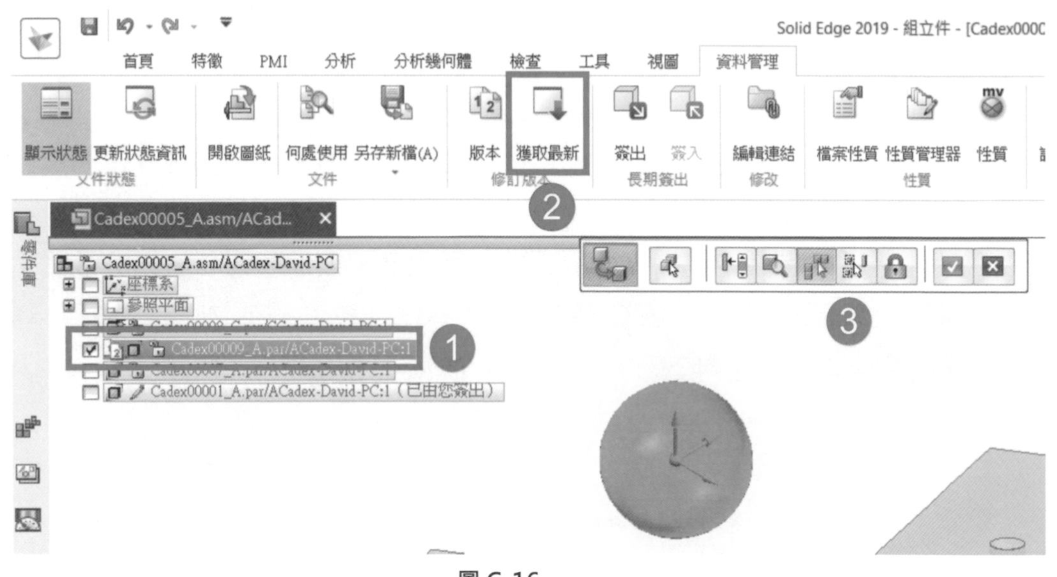

圖 C-16

圖 C-17

D「長期簽出」，如圖 C-18。

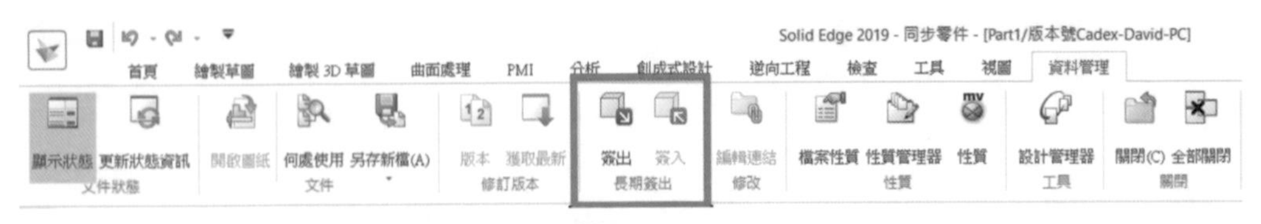

圖 C-18

1. 「簽入」、「簽出」：獲取檔案的編輯權力（簽出）、歸還檔案的編輯權力（簽入），使用前請先確認「應用程式按鈕」→「設定」→「選項」→「管理」→「保管庫定義」頁面的「在使用文件複製服務時，啟用分散式文件存取」選項是否勾選，如圖 C-19。

   注意 此選項為雲端服務，如 Google Drive、Dropbox 等，以及資料夾共用時使用。

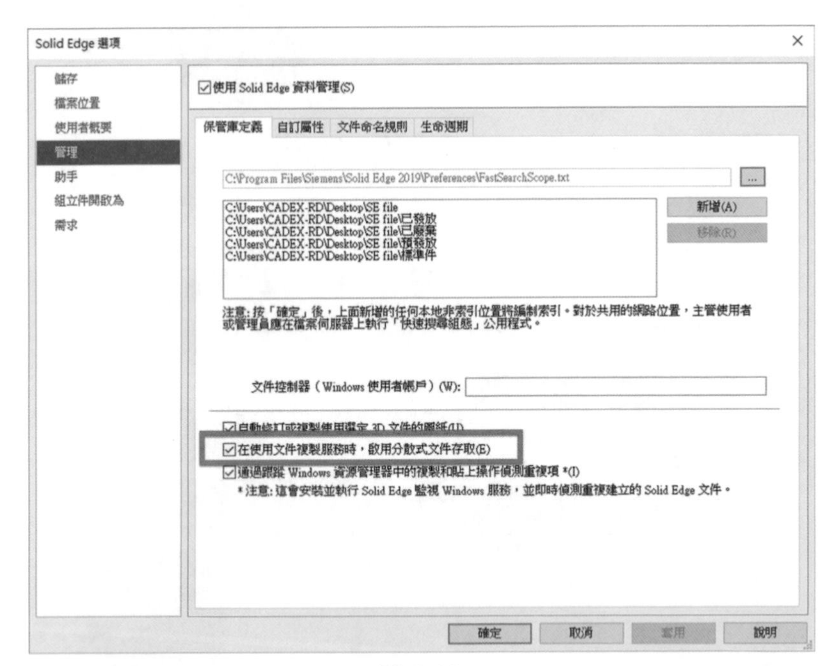

圖 C-19

2. 確認勾選後，往後若檔案已先被其他人開起，會產生.selock 檔案將檔案鎖住，如圖 C-20，而其他人使用該檔案時則會是唯讀狀態，無法修改，如圖 C-21。

   注意 開啟檔案後，並無自動簽出，可手動將檔案點擊「簽出」並點選「儲存」後，其他使用者就可透過前面介紹的「更新狀態資訊」看到檔案被簽出。同理，檔案修改完後，點選「簽入」並點選「儲存」後，方可將檔案關閉，其他使用者也可以透過「更新狀態資訊」查看最新版本內容資訊，如圖 C-22。

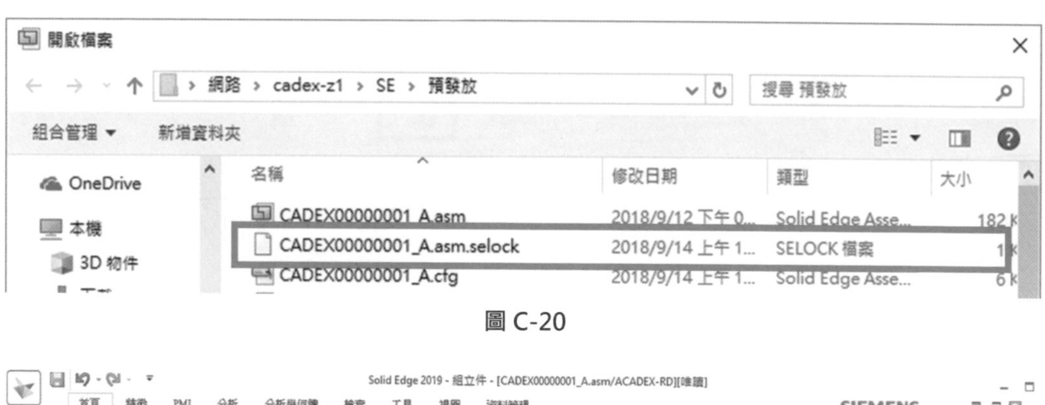

圖 C-20

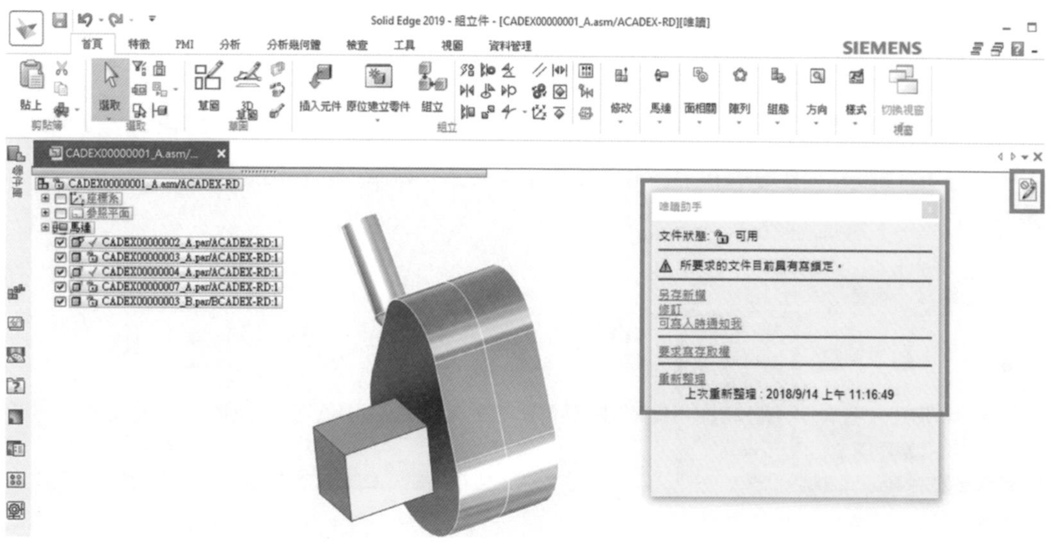

圖 C-21

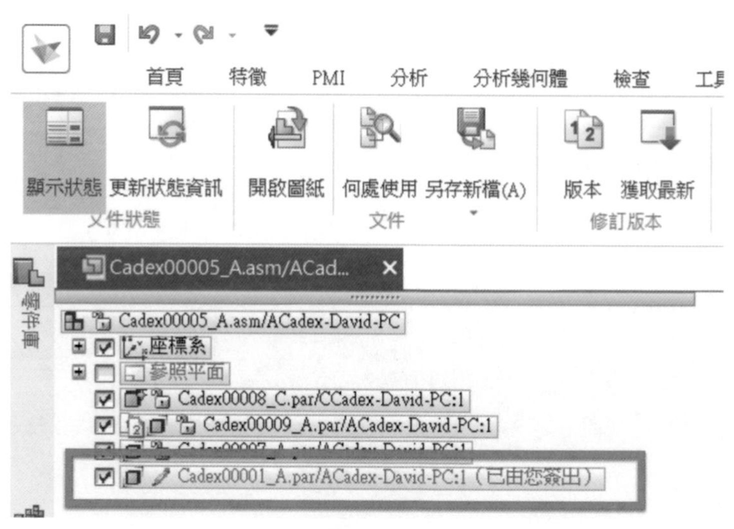

圖 C-22

E「修改」，如圖 C-23。

圖 C-23

1. 「編輯連結」：確認零組件目前檔案所在位置，並提供更新檔案、開啟檔案、變更檔案來源位置等操作，如圖 C-24。此功能也可從「應用程式按鈕」→「資訊」→「編輯連結」。

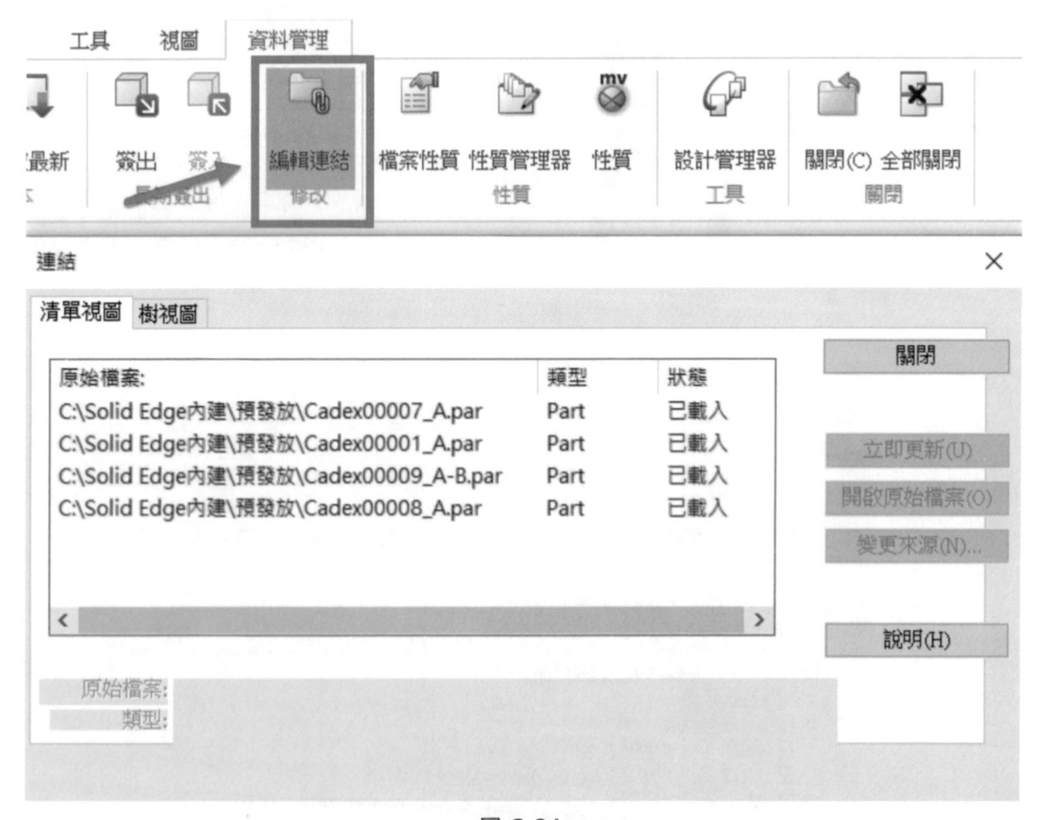

圖 C-24

F「性質」，如圖 C-25。

圖 C-25

1. 「檔案性質」：開啟本地端的檔案，查看相關資訊，如圖 C-26。

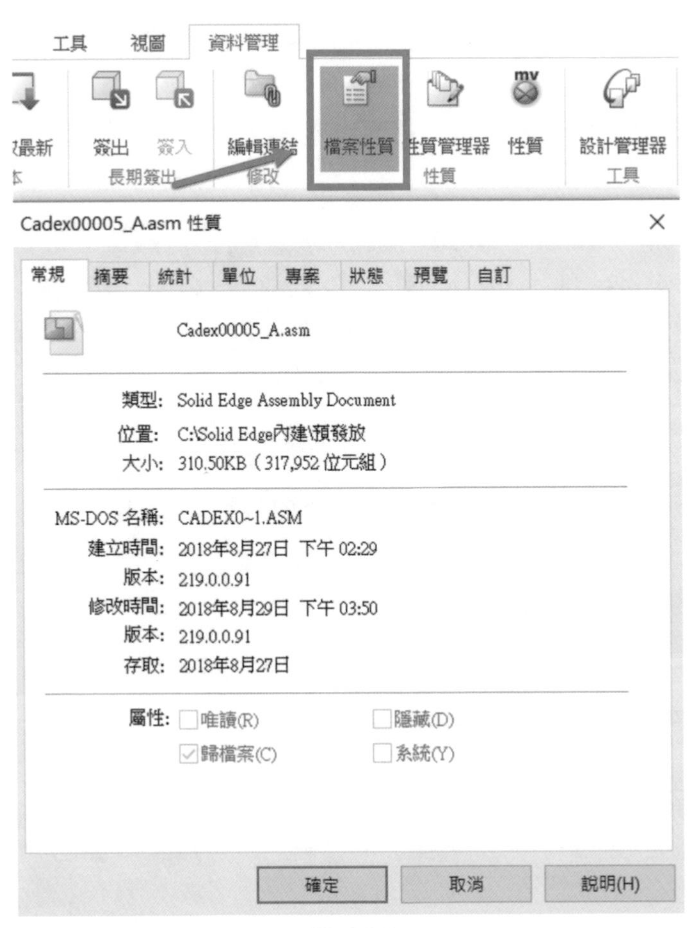

圖 C-26

2. 「性質管理器」：開啟性質管理器，查看性質資訊，如圖 C-27。

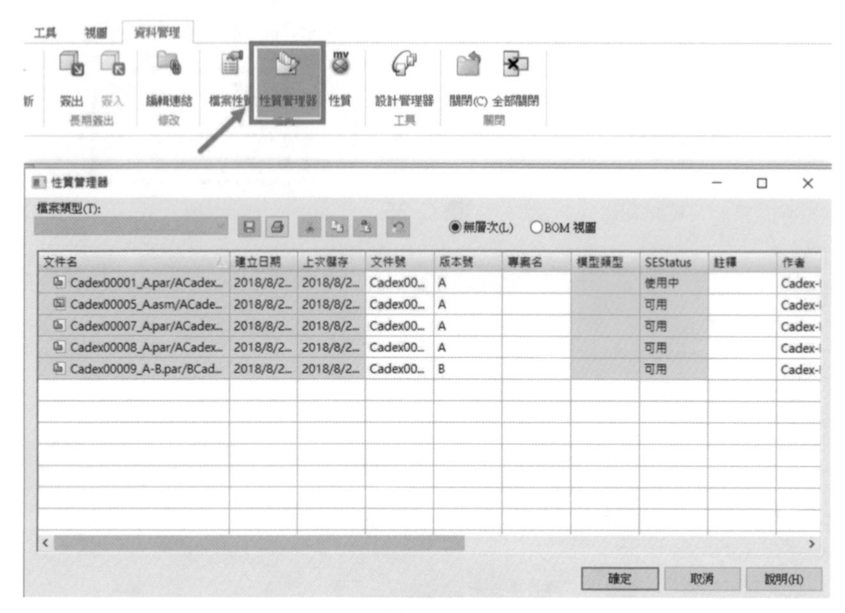

圖 C-27

3. 「性質」：開啟「物理性質」頁面，查看如表面積、質量、體積等資訊，如圖 C-28。

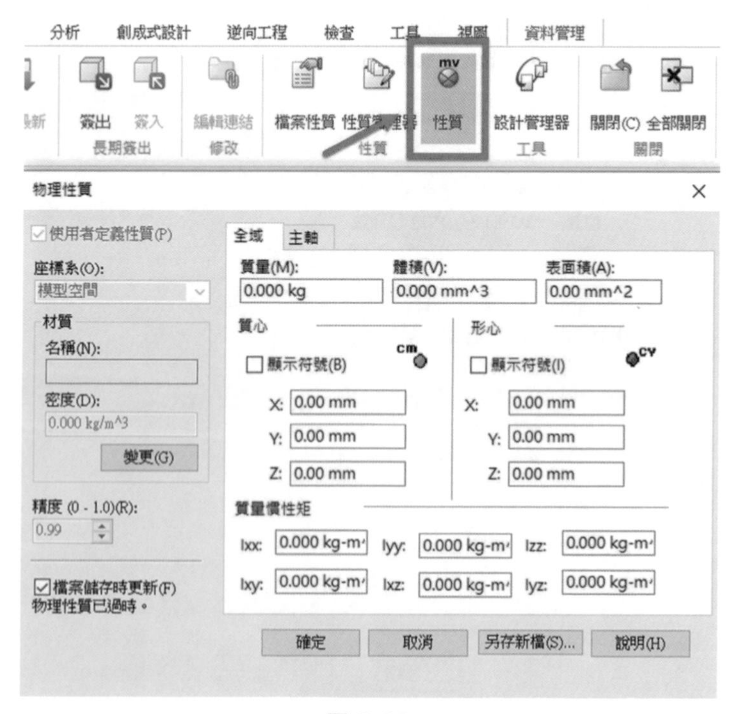

圖 C-28

G「工具」，如圖 C-29。

圖 C-29

1. 「設計管理器」：開啟設計管理器功能，如圖 C-30。

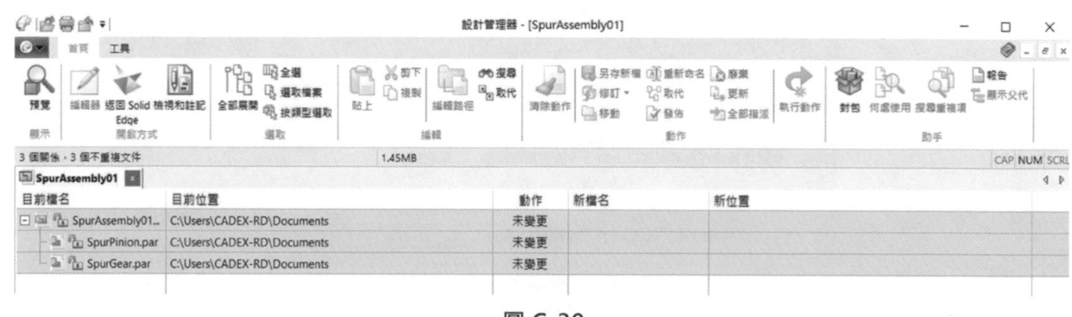

圖 C-30

錄附D 其他應用

本章節將介紹，在透過設定資料管理選項後，達到額外的管理效果，透過圖片指示說明，讓使用者了解各功能運作內容。

A「**搜尋重複項**」：透過設計管理器，找尋出檔案曾經被執行過「另存新檔」動作的檔案，如圖 D-1。

注意 此功能僅限使用「設計管理器」中的「另存新檔」動作才能找尋出來，若直接使用Solid Edge環境中的另存新檔是無法控管的。

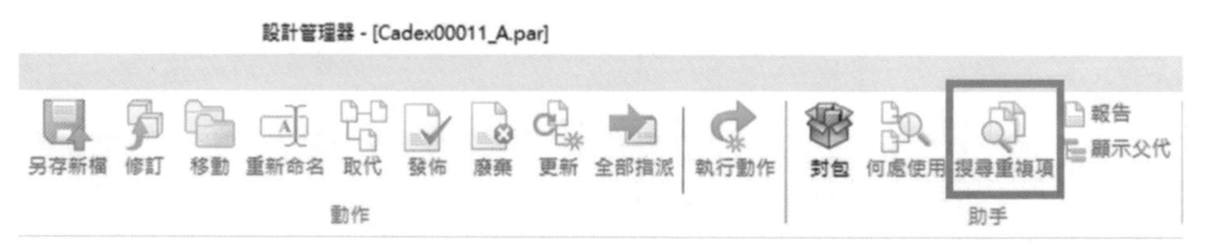

圖 D-1

1. 首先，先確認「應用程式按鈕」→「設定」→「選項」→「管理」→「保管庫定義」內的設定選項「通過跟蹤 Windows 資源管理器中的複製和貼上操作偵測重複項」是否勾選，如圖 D-2。

圖 D-2

2. 確認後，使用設計管理器開啟檔案後，點選欲查詢重複的檔案→「搜尋重複項」，如圖 D-3。

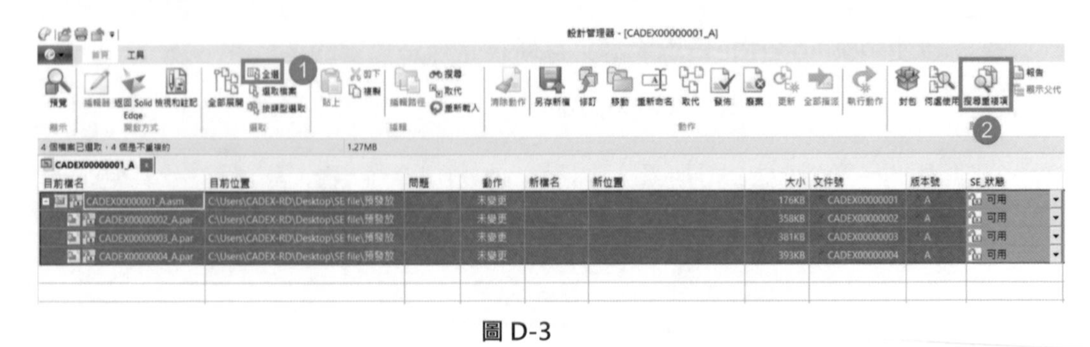

圖 D-3

3. 隨後，會跳出查詢結果視窗，便可得知此檔案是否有重複項目，若無重複項，則如圖 D-4；若有重複項目，則如圖 D-5。

圖 D-4

圖 D-5

B 「重複的名稱」：透過設計管理器，找尋出設定位置中有檔案名稱相同之檔案位置，如圖 D-6。

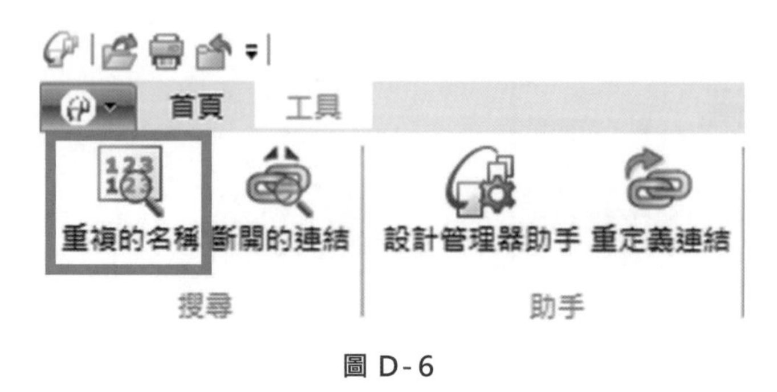

圖 D-6

1. 首先，先確認「應用程式按鈕」→「設定」→「選項」→「管理」內的「保管庫定義」是否已設定好，如圖 D-7。

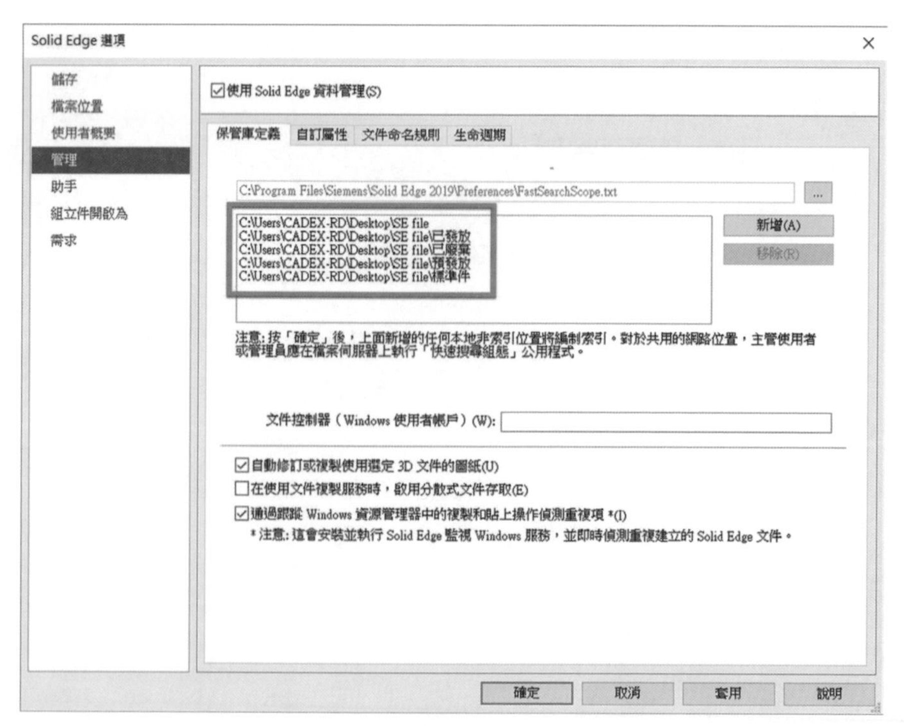

圖 D-7

2. 確認後，開啟設計管理器→上方工具快捷列→「重複的名稱」，如圖 D-8。

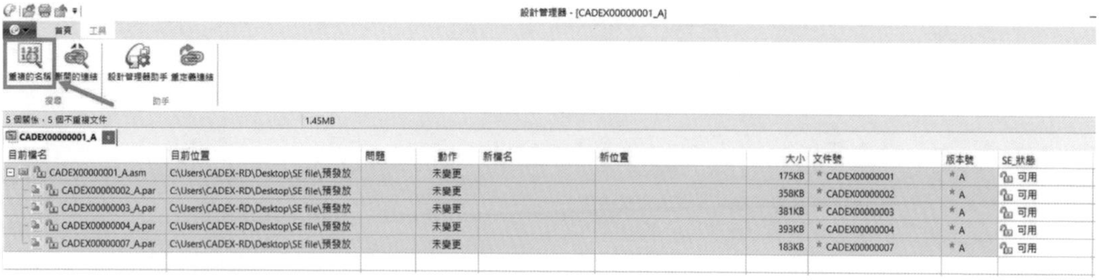

設計管理器 - [CADEX00000001_A]

首頁 工具

重複的名稱 斷開的連結 設計管理器助手 重定義連結

搜尋 助手

5 個關係，5 個不重複文件 1.45MB

CADEX00000001_A

目前檔名	目前位置	問題	動作	新檔名	新位置	大小	文件號	版本號	SE_狀態
CADEX00000001_A.asm	C:\Users\CADEX-RD\Desktop\SE file\預發放		未變更			175KB	* CADEX00000001	* A	可用
CADEX00000002_A.par	C:\Users\CADEX-RD\Desktop\SE file\預發放		未變更			358KB	* CADEX00000002	* A	可用
CADEX00000003_A.par	C:\Users\CADEX-RD\Desktop\SE file\預發放		未變更			381KB	* CADEX00000003	* A	可用
CADEX00000004_A.par	C:\Users\CADEX-RD\Desktop\SE file\預發放		未變更			393KB	* CADEX00000004	* A	可用
CADEX00000007_A.par	C:\Users\CADEX-RD\Desktop\SE file\預發放		未變更			183KB	* CADEX00000007	* A	可用

圖 D-8

3. 點選後便會跳出結果視窗，可點選視圖開啟結果明細，如圖 D-9。

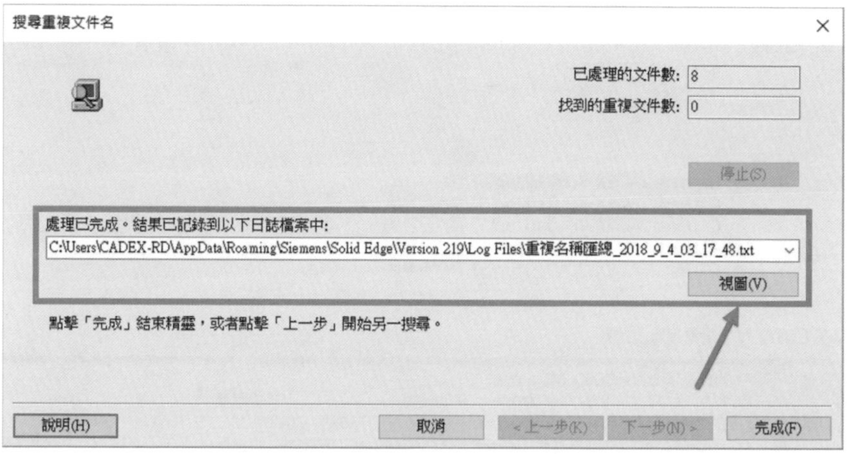

搜尋重複文件名

已處理的文件數: 8

找到的重複文件數: 0

停止(S)

處理已完成。結果已記錄到以下日誌檔案中:

C:\Users\CADEX-RD\AppData\Roaming\Siemens\Solid Edge\Version 219\Log Files\重複名稱匯總_2018_9_4_03_17_48.txt

視圖(V)

點擊「完成」結束精靈，或者點擊「上一步」開始另一搜尋。

說明(H) 取消 < 上一步(K) 下一步(N) > 完成(F)

圖 D-9

4. 開啟視圖後，可發現搜尋位置為一開始設定的「保管庫定義位置」，而若無重複檔案則會顯示「0 個重複項已找到」，如圖 D-10。反之，若有找到重複項則會顯示「找到 X 個重複項」及其位置相關資訊，如圖 D-11。

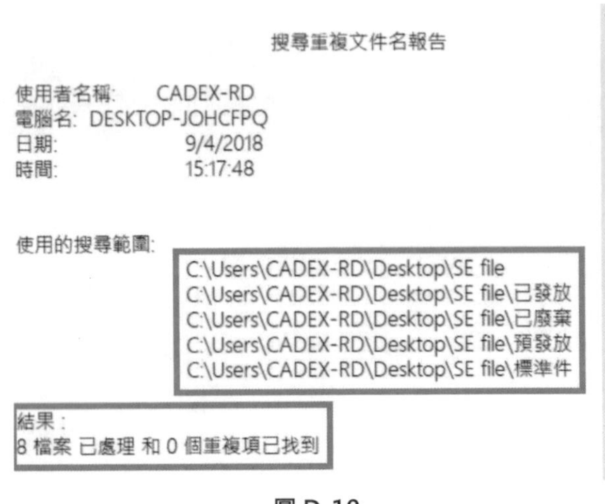
搜尋重複文件名報告

使用者名稱: CADEX-RD
電腦名: DESKTOP-JOHCFPQ
日期: 9/4/2018
時間: 15:17:48

使用的搜尋範圍:
C:\Users\CADEX-RD\Desktop\SE file
C:\Users\CADEX-RD\Desktop\SE file\已發放
C:\Users\CADEX-RD\Desktop\SE file\已廢棄
C:\Users\CADEX-RD\Desktop\SE file\預發放
C:\Users\CADEX-RD\Desktop\SE file\標準件

結果：
8 檔案 已處理 和 0 個重複項已找到

圖 D-10

搜尋重複文件名報告

使用者名稱: CADEX-RD
電腦名: CADEX
日期: 9/10/2018
時間: 11:52:13

使用的搜尋範圍:
C:\Users\CADEX-RD\Desktop\SE file
C:\Users\CADEX-RD\Desktop\SE file\已發放
C:\Users\CADEX-RD\Desktop\SE file\已廢棄
C:\Users\CADEX-RD\Desktop\SE file\預發放
C:\Users\CADEX-RD\Desktop\SE file\標準件

結果：
12 檔案 已處理 和 2 個重複項已找到

找到 2 個以下文件的重複項 cadex00000011_a.par

檔名	大小	修改日期	上次修改者
C:\Users\CADEX-RD\Desktop\SE file\CADEX00000011_A.par	178688	2018/9/10 上午 11:51:26	CADEX-RD
C:\Users\CADEX-RD\Desktop\SE file\預發放\CADEX00000011_A.par	183296	2018/9/4 下午 04:04:13	CADEX-RD

圖 D-11

C 「生命週期管理」：透過設計管理器狀態調整，將檔案自動遷移至對的位置。

1. 首先，確認「應用程式按鈕」→「設定」→「選項」→「管理」→「生命週期」頁面的位置是否都已配置好，如圖 D-12。

圖 D-12

2. 確認後，開啟設計管理器，並開啟欲調整狀態檔案，在「SE 狀態」欄可以修改檔案狀態，如圖 D-13，基本預設會自動遷移檔案資料的狀態為：「可用」、「使用中」、「已發放」、「已廢棄」，另外兩種：「審核中」及「已重點標註」兩個狀態需要在操作時手動設定位置。

圖 D-13

3. 在更改好檔案的狀態後，點選「執行動作」確認執行狀態的改變，如圖 D-14。

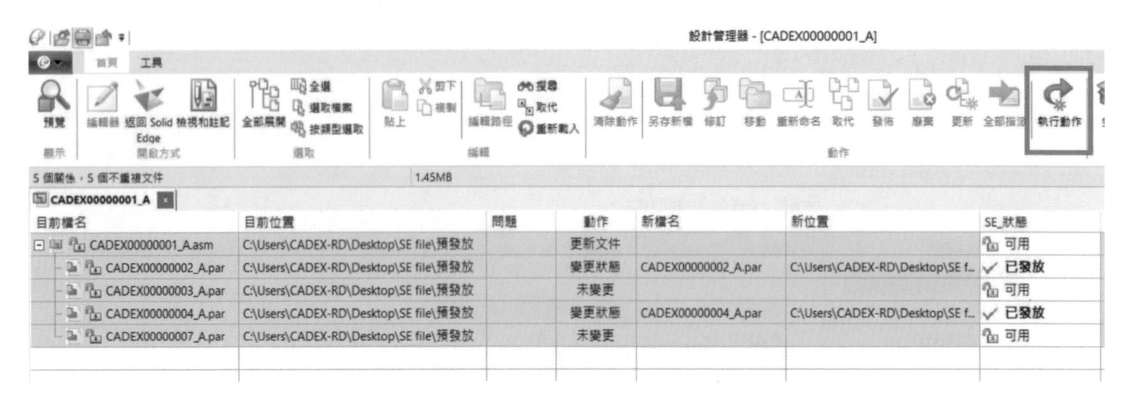

圖 D-14

4. 確認執行後，Solid Edge會自動將檔案遷移至設定資料夾（紅框），如圖 D-15。

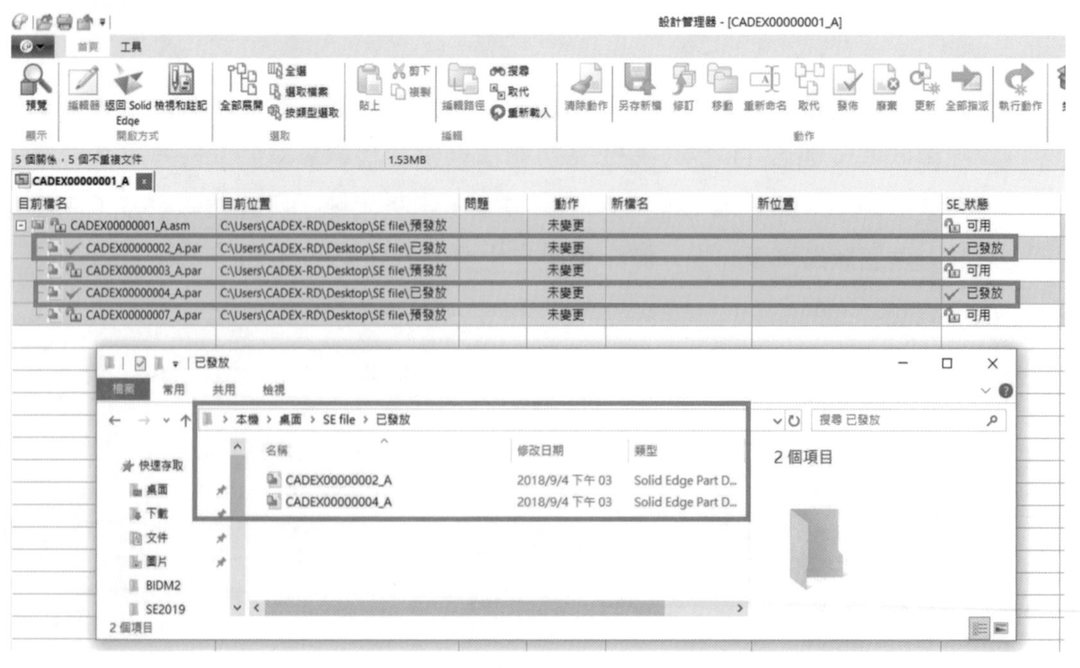

圖 D-15

D「自訂屬性欄位整合」：在 Windows 視窗中可以查看在 Solid Edge 資料管裡頁面中設定好的自訂欄位名稱，並且能夠搜尋使用。

注意 此應用所設定之屬性欄位必須是使用 Solid Edge 資料管理功能→「自訂屬性」頁面中有設定的項目，若是使用性質管理器所設定之性質將無法使用此功能。

1. 在已經設定好自訂屬性欄位後，到檔案放置位置，在欄位上面點選「右鍵」→「其他」，如圖 D-16。

圖 D-16

2. 開啟所有欄位表後，找尋並勾選已在 Solid Edge 中設定好的屬性欄位，再點選確定，如圖 D-17。

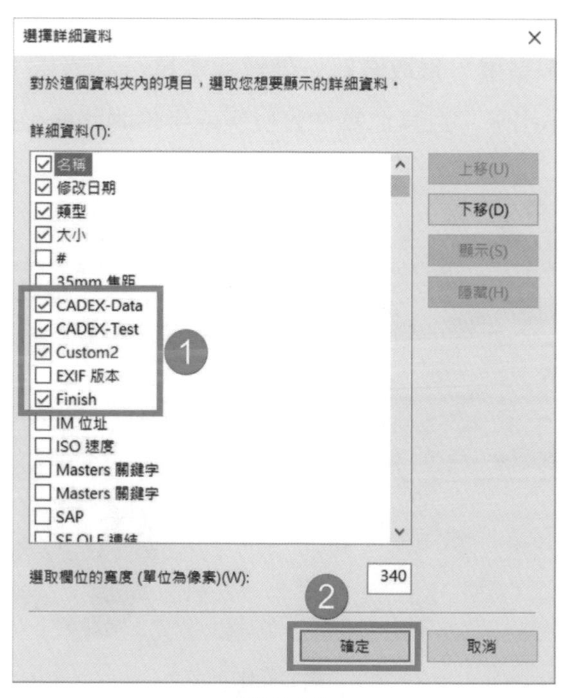

圖 D-17

3. 確定後，可發現資料夾已顯示剛才勾選之欄位及相關資訊，如圖 D-18。

本機 > 本機磁碟 (C:) > Solid Edge內建 > 預發放

名稱	修改日期	類型	大小	CADEX-Data	CADEX-Test	Custom2	Finish
Cadex00001_A	2018/8/27 上午 1...	Solid Edge Part D...	180 KB	是	2018/08/27:03:49:31.000	2	nickel
Cadex00002_A	2018/8/27 下午 0...	Solid Edge Part D...	149 KB	否	2018/08/15:06:28:04.000	3	copper
Cadex00003_A	2018/8/27 下午 0...	Solid Edge Draft ...	179 KB	是	2018/08/13:06:28:30.000	1	gold
Cadex00004_A	2018/8/27 下午 0...	Solid Edge Draft ...	179 KB	是	2018/08/27:06:29:07.000	2	nickel
Cadex00005_A	2018/8/27 下午 0...	Solid Edge Asse...	151 KB	否	2018/08/27:06:29:17.000	2	nickel
Cadex00005_A	2018/8/27 下午 0...	Solid Edge Asse...	3 KB				

圖 D-18

4. 看到資訊後，可以透過資料夾頁面右上方的「搜尋視窗」來下搜尋屬性欄位裡的資訊，搜尋方法只需輸入欄位名稱就可以，若需要進階搜尋可以在欄位名稱後方加上“：”，如搜尋條件為Custom2:2，則會顯示欄位Custom2的數值為2的檔案，如圖 D-19。

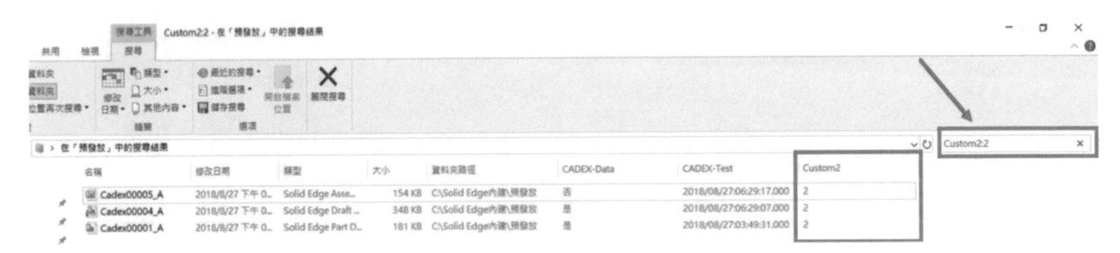

圖 D-19

E 「**多個零件一次取代**」：在先前附錄 C 章節介紹快捷列功能時，介紹到「獲取最新」，以單一個零件為範例，若此有兩個或以上零件有新版本、單一零件在組立件中有使用到兩次或以上，操作會有些許不同。

1. 進入組立件後，點選「獲取最新」確認版本是否為最新，若有更新版本則零件狀態會特別顯示出來，且其他零件會反灰或半透明狀態，如圖 D-20。

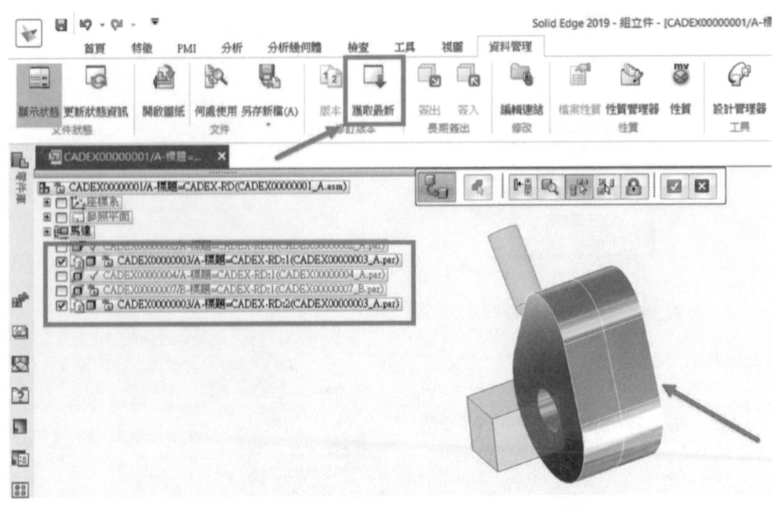

圖 D-20

2. 先點選需要更改的零件，再點選綠色打勾確認，如圖 D-21，便可完成更新，如圖 D-22。

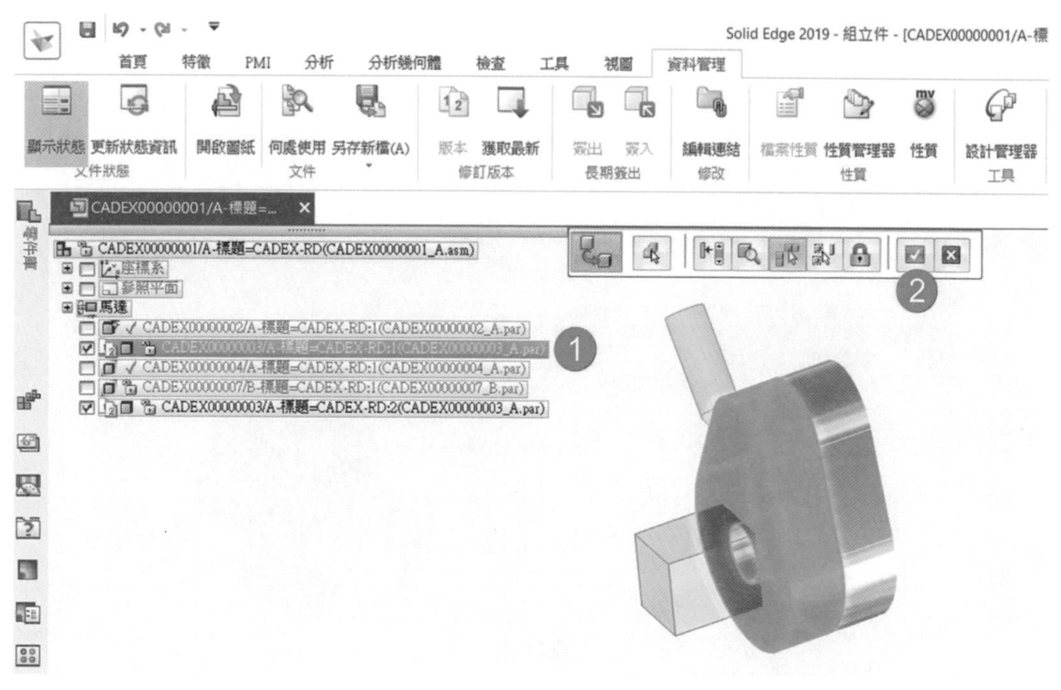

圖 D-21

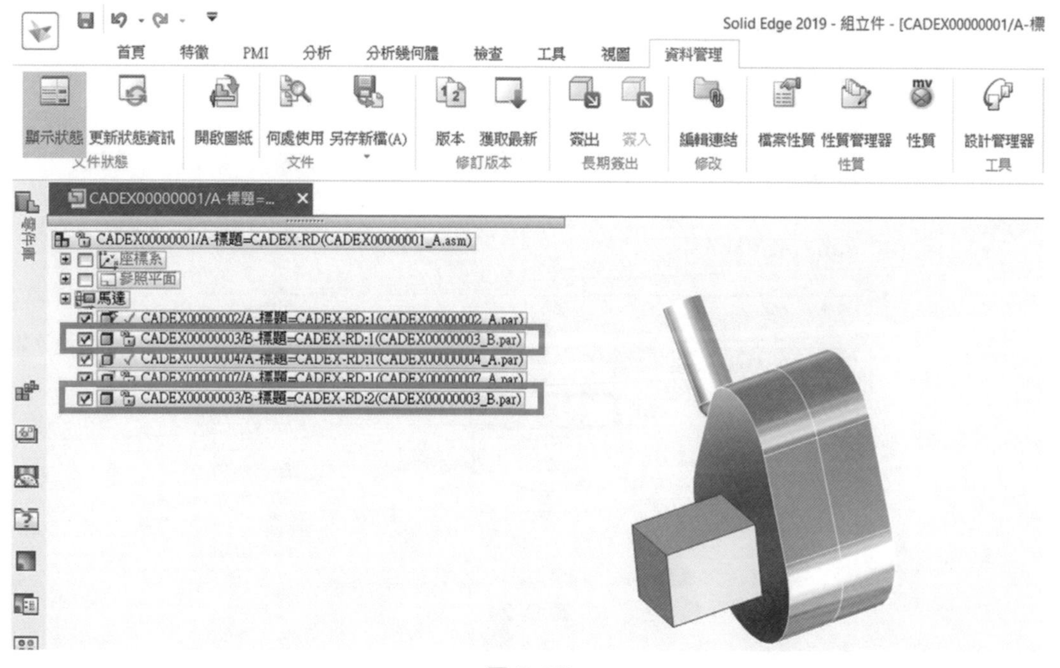

圖 D-22

3. 除了使用點選取代以外，也可以使用「版本」方式取代。首先，確認零件有最新版本後，點選替換零件→點選「版本」，進入版本視窗，如圖 D-23。

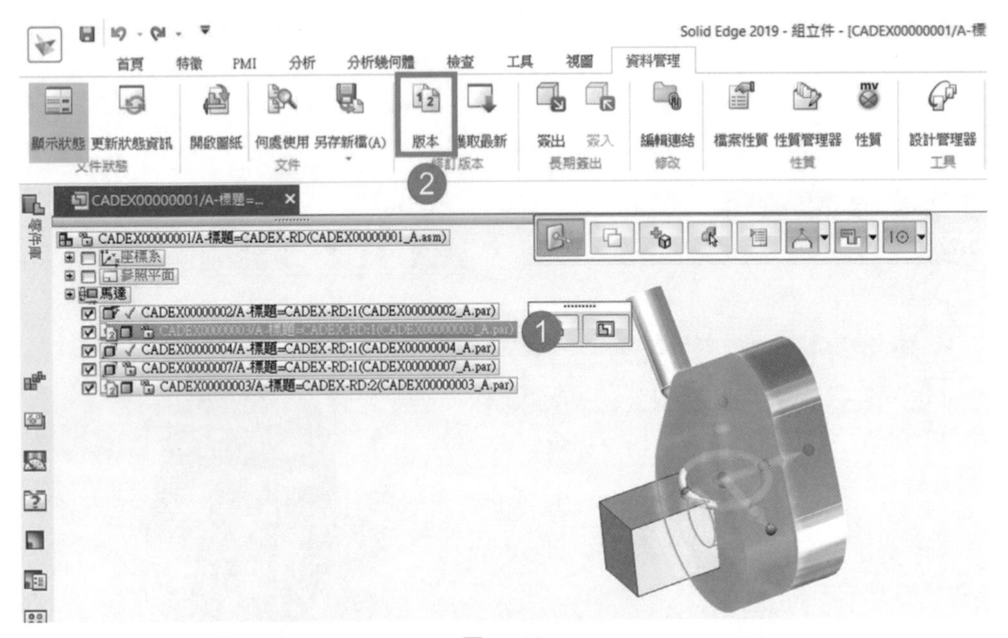

圖 D-23

4. 進入「版本」頁面後，可以查看此零件的所有版本，選擇欲更新的版本，按滑鼠「右鍵」→「取代」，如圖 D-24。

圖 D-24

5. 點選後，會出現下列視窗，如圖 D-25，使用者可以選擇是否要全部取代或是單個取代作使用。

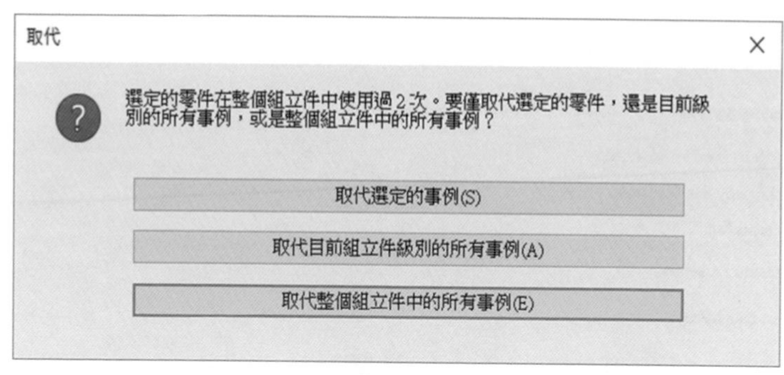

圖 D-25

F「數據管理檢查工具」：檢查所有跟 Solid Edge 資料管理相關設定是否都已完備。

1. 請至圖 D-26 位置開啟程式，並執行，此程式需要管理員權限，如圖 D-27。

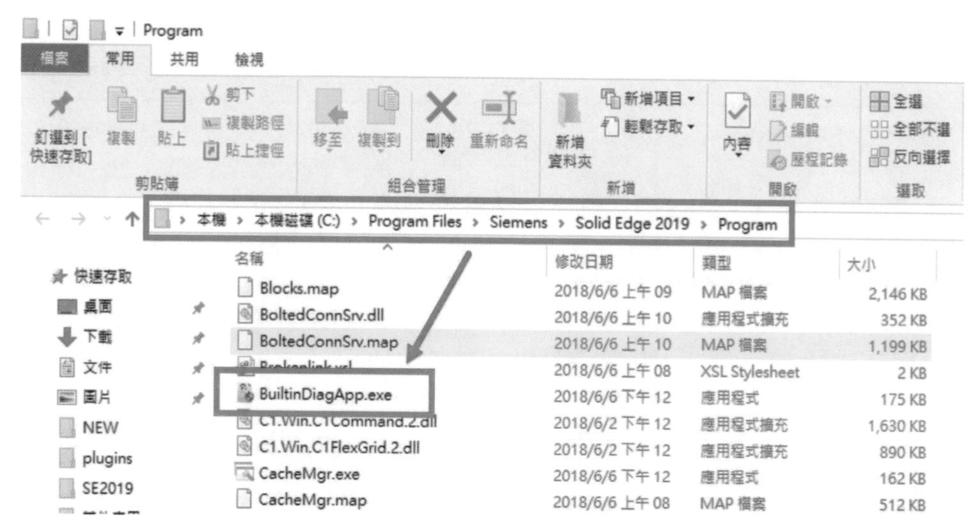

圖 D-26

圖 D-27

2. 執行後，如圖 D-28，直接點選 Validate（紅框）執行。

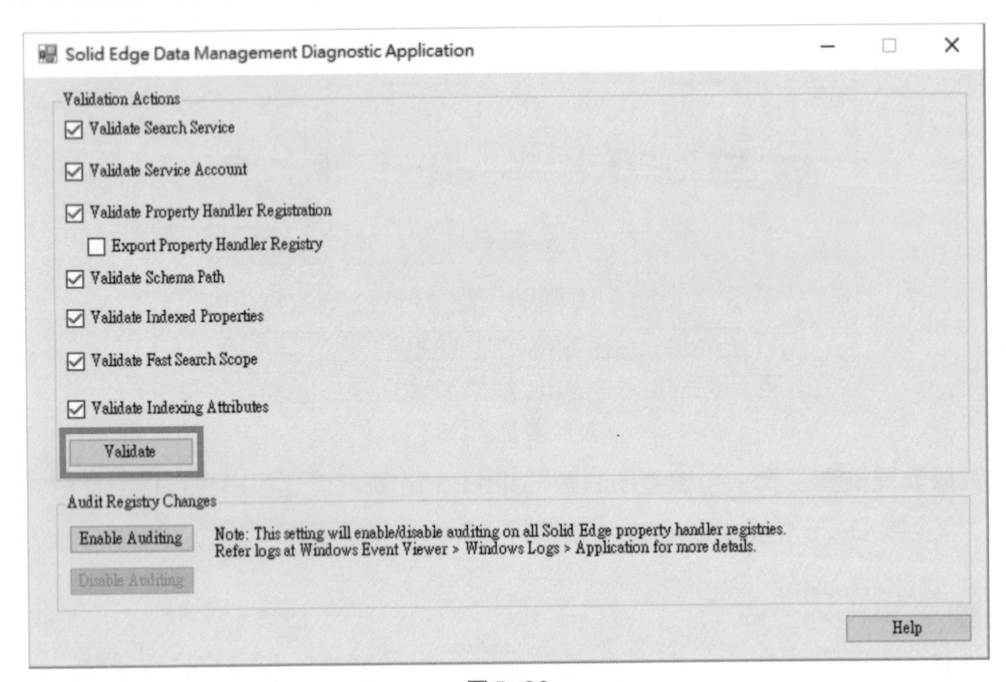

圖 D-28

3. 執行後若有錯誤，則會顯示紅字，請點選旁邊的 Repair（紅框），如圖 D-29。

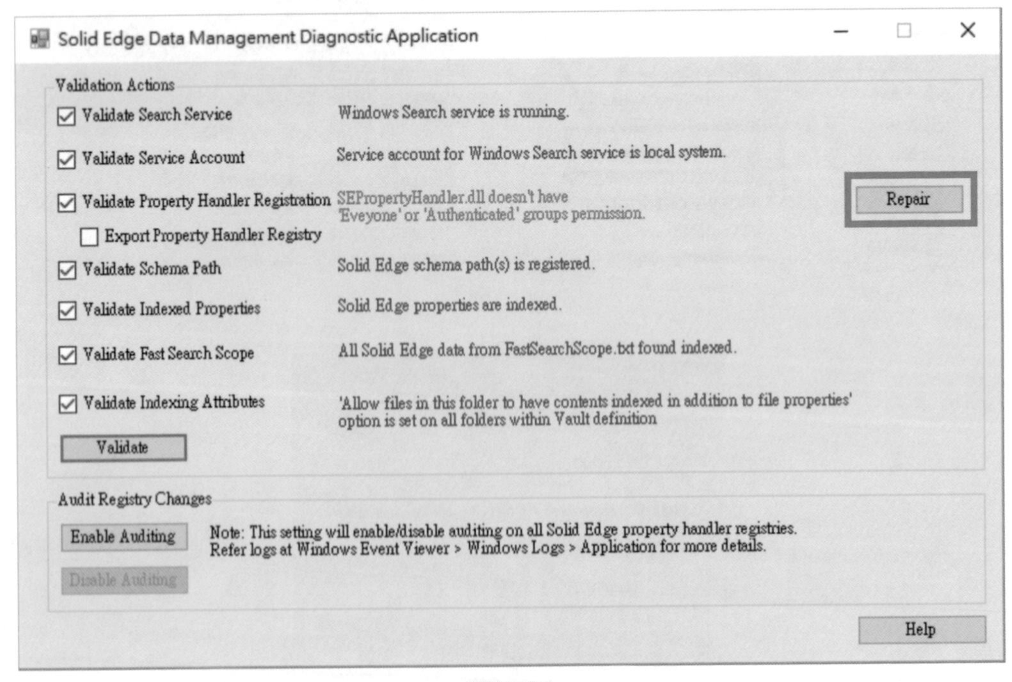

圖 D-29

4. 修復完成後，則全部都會顯示藍色字，這時就可放心使用 Solid Edge 資料管理功能，如圖 D-30。

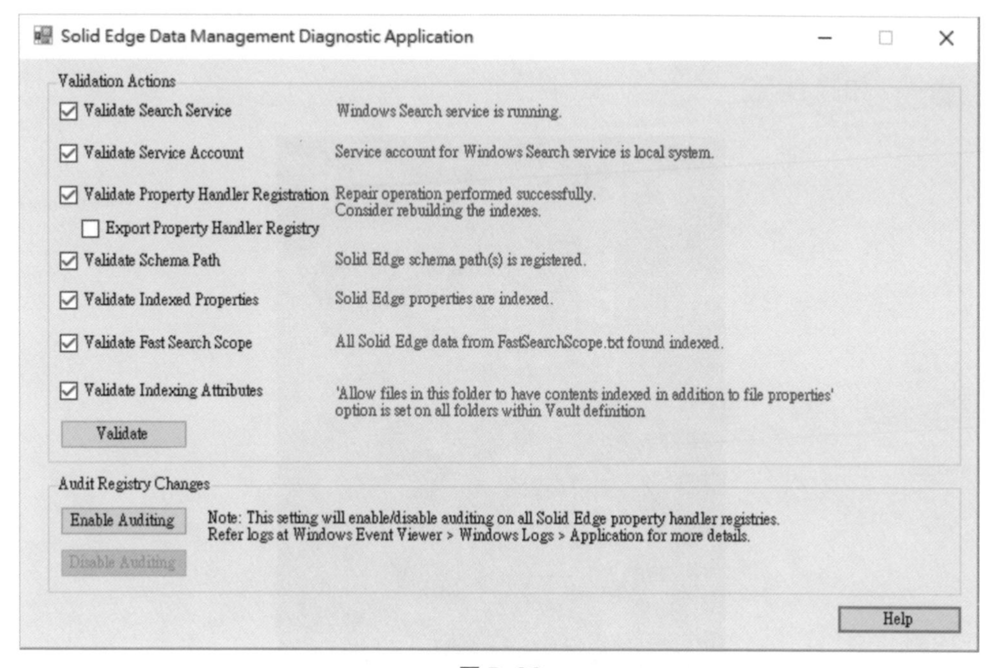

圖 D-30

5. 在此提供此程式英文名稱對應中文說明，圖 D-31。

Validate 驗證

- **驗證搜索服務** - 驗證Windows搜索服務是否正在運行
- **驗證服務帳戶** - 驗證Windows搜索服務是否在本地系統帳戶上運行
- **驗證屬性處理程序註冊** - 驗證屬性處理程序是否已正確註冊
  - **導出屬性處理程序註冊表** - 允許您將當前Solid Edge屬性處理程序註冊表導出到本地磁盤。 此數據在診斷應用程序位置生成。
- **驗證架構路徑** - 驗證默認Solid Edge屬性和已註冊的自定義屬性的屬性架構註冊。
- **驗證索引的SE屬性** - 驗證Solid Edge屬性是否已正確編入索引
- **驗證快速搜索範圍** - 驗證文件庫定義是否有效
- **驗證索引屬性** - 驗證驅動索引內容和屬性的Windows文件夾選項

Validation Actions
Validate Search Service
Validate Service Account
Validate Property Handler Registration
Export Property Handler Registry
Validate Schema Path
Validate Indexed Properties
Validate Fast Search Scope
Validate Indexing Attributes

圖 D-31

G **「標準件自動發放管理」**：透過設定，能將「標準件」自動改變為發放狀態，讓其他人無法針對標準件修改。

1. 安裝完零件庫後，點擊「開始」→「Siemens Solid Edge 2019」→「組態精靈」，如圖 D-32。

圖 D-32

2. 「組態精靈」開啟後，確認零件儲存是屬於「檔案系統」且「發放生成的零件」選項有勾選，如圖 D-33。

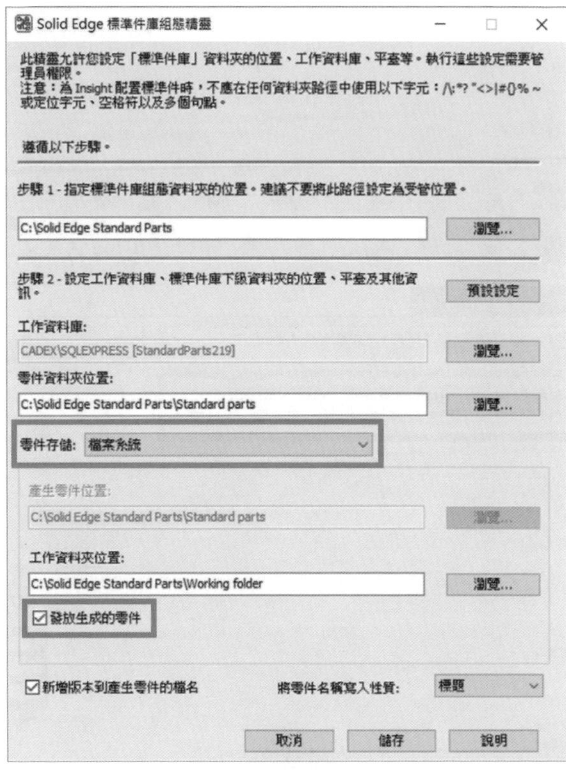

圖 D-33

3. 儲存後，生成零件庫時，請確認「將組立件夾用作工作資料夾」、「複製到工作資料夾」選項有勾選，如圖 D-34。

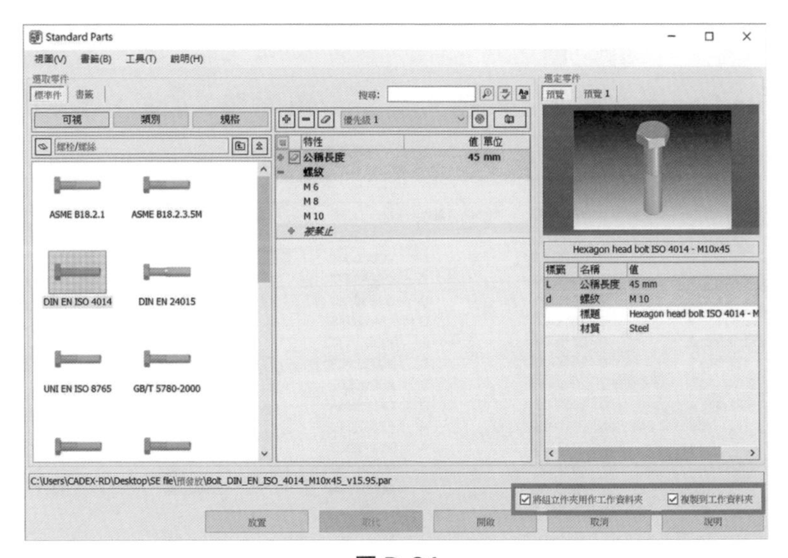

圖 D-34

4. 回到 Solid Edge 環境，產生標準件後，會自動成為發放狀態，如圖 D-35。

注意 此設定無法自動轉移檔案至「保管庫定義」中的標準件資料夾，需事後透過「設計管理器」的「移動」手動轉移檔案，若無此設定，透過更改狀態是能夠自動轉移檔案。

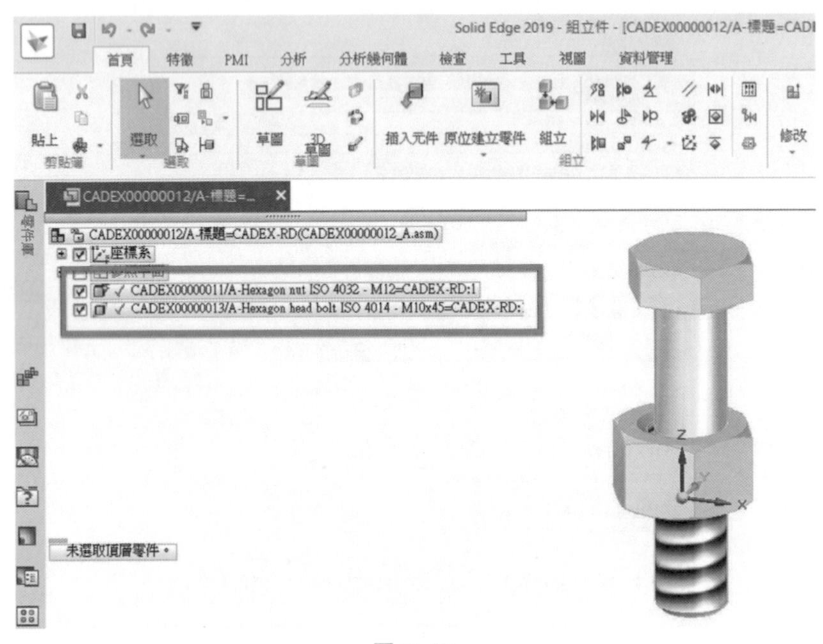

圖 D-35

錄附E 多人使用設定說明

1. 在欲做為 File Server 的主機上安裝 Fast Search 軟體，如圖 E-1。（軟體存放在交貨時的安裝隨身碟裡。）

名稱	大小	封裝後大小	修改日期	屬性	CRC	加密	方式	區塊	資料夾	檔案
Autostart	148 017	0	2018-06-1...	D	E142385C	-			1	11
Data Migration	0	0	2018-06-1...	D	00000000	-			0	0
Electrode Design	8 262 308	0	2018-06-1...	D	09E33772	-			0	6
Fast Search	55 161 475	0	2018-06-1...	D	23B5B1E7	-			2	6
License Manager	52 501 529	0	2018-06-1...	D	12A42DA9	-			4	12
Mold Tooling	52 155 052	0	2018-06-1...	D	B88D3A3C	-			0	6
SDK	127 035 5	0	2018-06-1...	D	9D7E32CB	-			152	454
Solid Edge	2 844 407	350 959 7	2018-06-1...	D	AEF1CC02	-			14	167
Standard Parts A...	471 403 4	0	2018-06-1...	D	C402BB6A	-			4	11
autorun.inf	452	2 041 724	2018-06-1...	A	F733E04D	-	LZMA2:24	0		
autorun.tag	11		2018-06-1...	A	BAB53DC7	-	LZMA2:24	0		
autostart.exe	956 848	1 015 119	2018-06-1...	A	9C205B52	-	BCJ LZMA2	2		
autostart_TW.lib	1 182		2018-06-1...	A	44736D90	-	LZMA2:24	0		

圖 E-1

2. 安裝後開啟設定，請將紅框處的檔案從有安裝 Solid Edge 的電腦中複製過來，如圖 E-2，「範本」及「自訂性質」位置請參考圖 E-3 及圖 E-4。

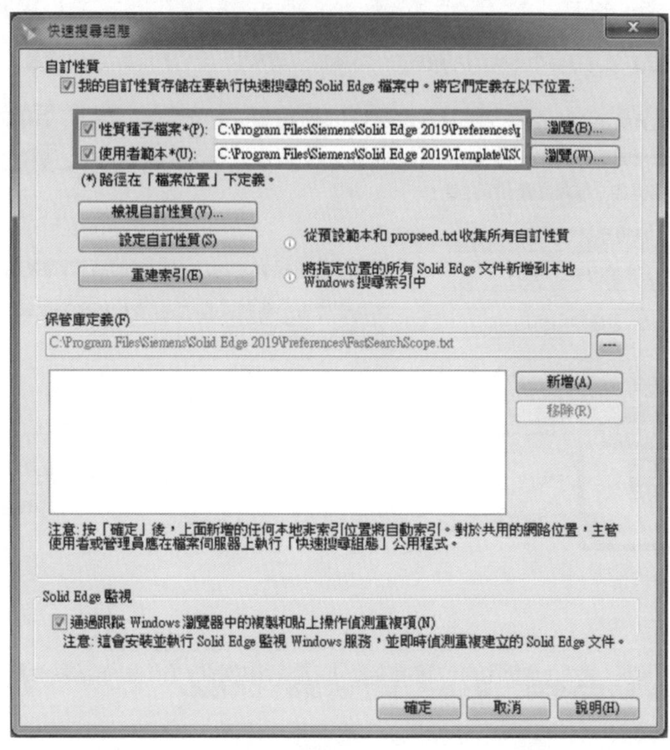

圖 E-2

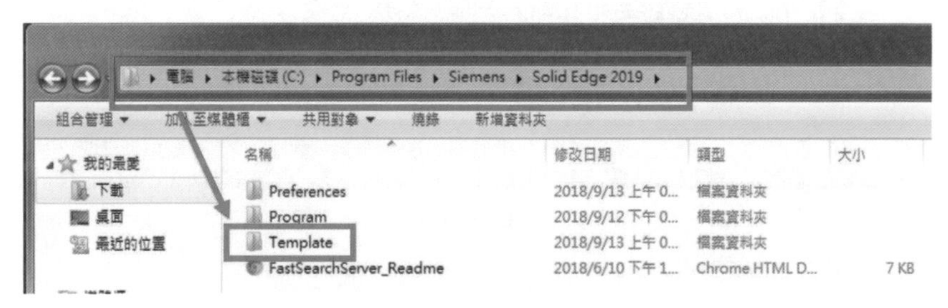

圖 E-3

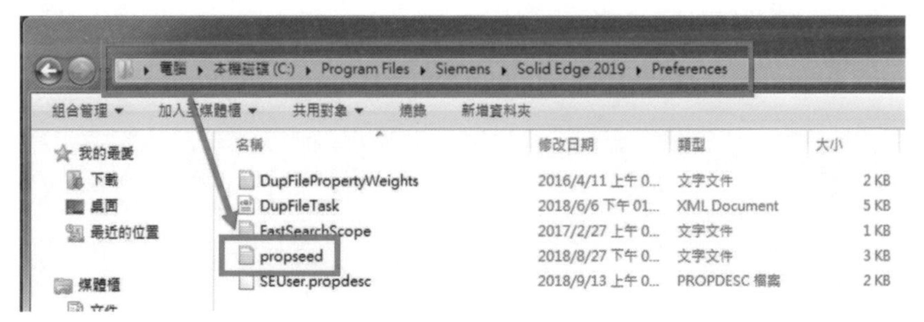

圖 E-4

3. 確認放置後，請在「保管庫」設定擺放位置，如圖 E-5。

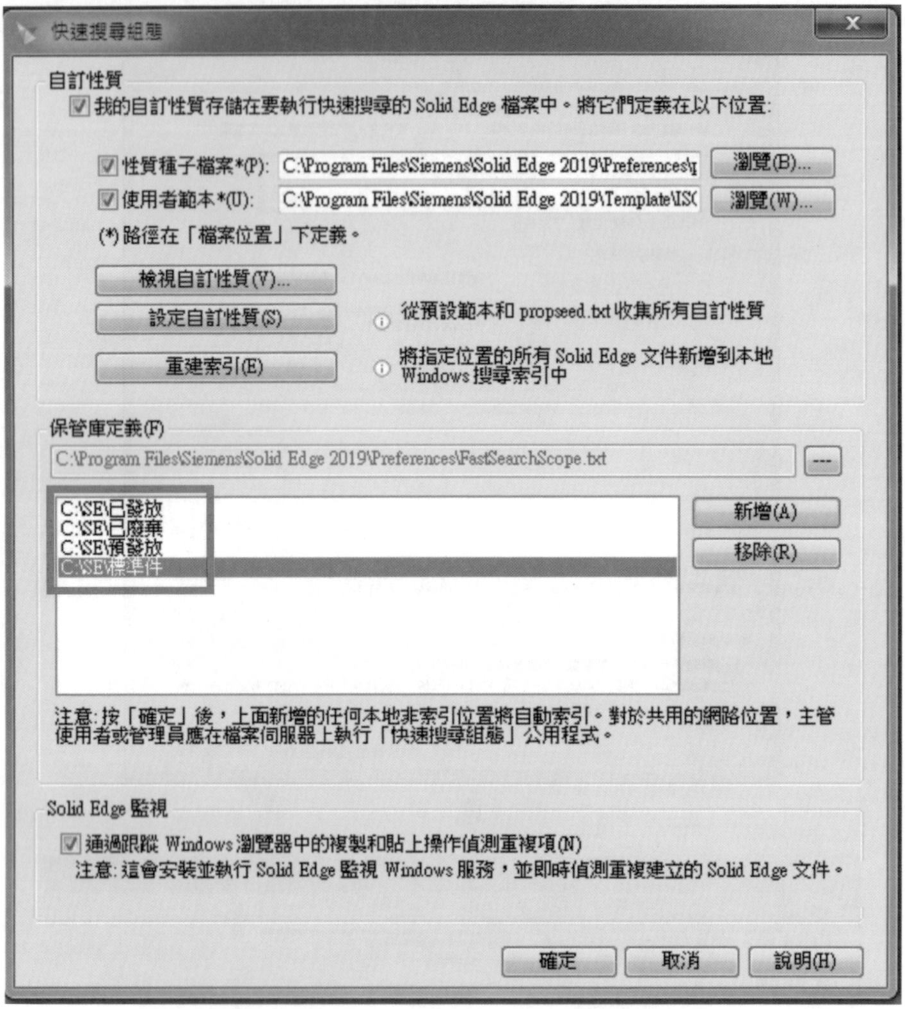

快速搜尋組態

自訂性質

☑ 我的自訂性質存儲在要執行快速搜尋的 Solid Edge 檔案中。將它們定義在以下位置:

☑ 性質種子檔案*(P): C:\Program Files\Siemens\Solid Edge 2019\Preferences\p 瀏覽(B)...

☑ 使用者範本*(U): C:\Program Files\Siemens\Solid Edge 2019\Template\ISO 瀏覽(W)...

(*) 路徑在「檔案位置」下定義。

檢視自訂性質(V)...

設定自訂性質(S) 從預設範本和 propseed.txt 收集所有自訂性質

重建索引(E) 將指定位置的所有 Solid Edge 文件新增到本地 Windows 搜尋索引中

保管庫定義(F)

C:\Program Files\Siemens\Solid Edge 2019\Preferences\FastSearchScope.txt

C:\SE\已發放
C:\SE\已廢棄
C:\SE\預發放
C:\SE\標準件

新增(A)
移除(R)

注意: 按「確定」後，上面新增的任何本地非索引位置將自動索引。對於共用的網路位置，主管使用者或管理員應在檔案伺服器上執行「快速搜尋組態」公用程式。

Solid Edge 監視

☑ 通過跟蹤 Windows 瀏覽器中的複製和貼上操作偵測重複項(N)

注意: 這會安裝並執行 Solid Edge 監視 Windows 服務，並即時偵測重複建立的 Solid Edge 文件。

確定 取消 說明(H)

圖 E-5

4. 設定後，將資料夾開啟共用，如圖 E-6及圖 E-7。

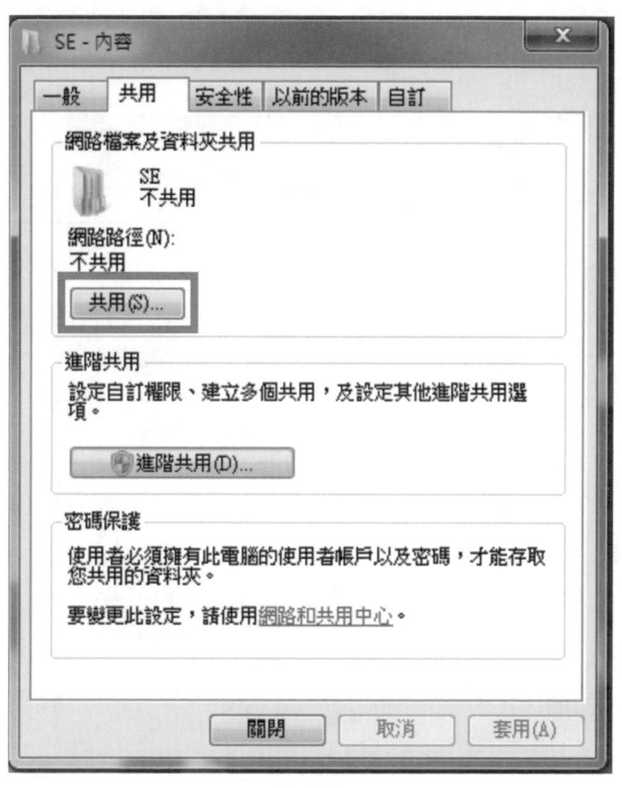

圖 E-6

進階共用
共用此資料夾(S)
設定值
共用名稱(H):
SE
新增(A)
移除(R)
同時操作的使用者人數限制(L): 20
註解(O):
權限(P)
快取處理(C)
確定
取消
套用

圖 E-7

5. 最後，設定此共用資料夾的使用者權限，請設定各使用者登入時的權限，如圖 E-8，並確認每位使用者權限都有將「包括從此物件的父項繼承而來的權限」做勾選，如圖 E-9。

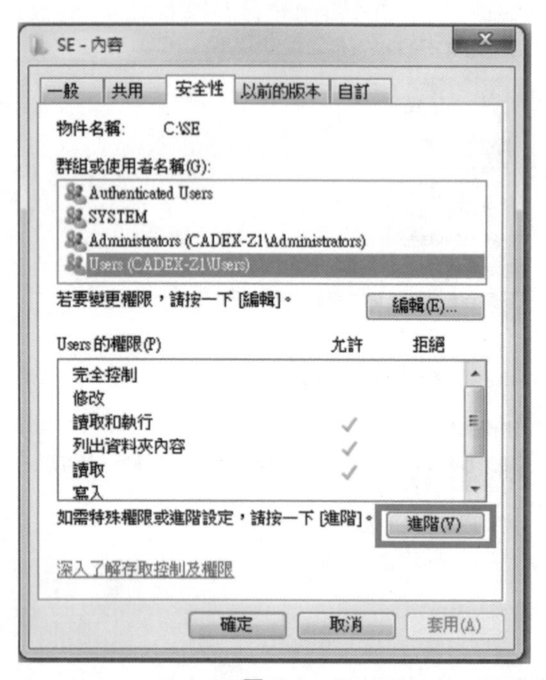

圖 E-8

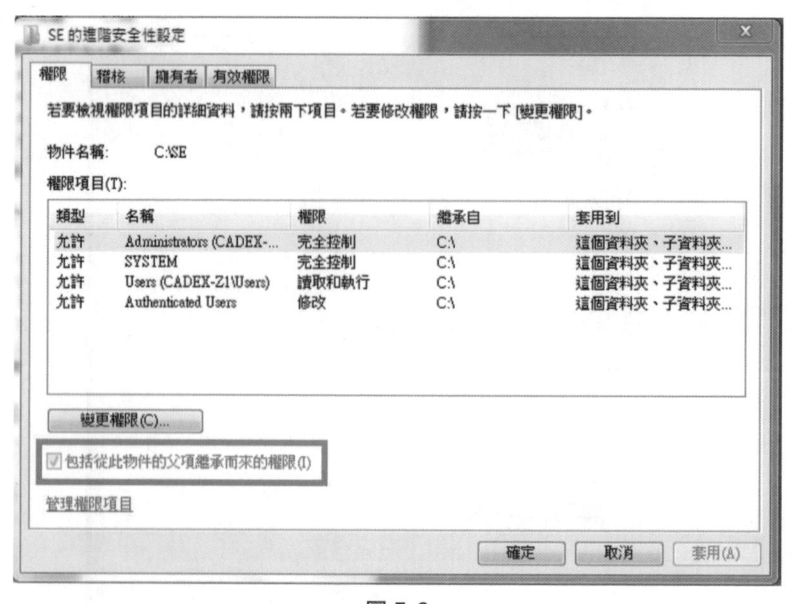

圖 E-9

6. 設定完成後，就可開始使用了。

國家圖書館出版品預行編目(CIP)資料

新一代設計 Siemens Solid Edge /
王子厚等編著. -- 初版. --
臺北市:凱德科技, 2019.01
面; 公分
ISBN 978-986-89210-5-4(平裝)

1.Solid Edge(電腦程式) 2.電腦繪圖

312.49S675 107023676

新一代設計
Siemens Solid Edge

作者 / **王子厚、王中良、王鐲靜、林彥錡、林振煜**
黃渝雰、楊淳如、蔡仕恒、蔡安哲、簡勤毅
總校閱 / 鄭婷文
發行者 / 凱德科技股份有限公司
出版者 / 凱德科技股份有限公司
地址:11494 台北市內湖區新湖二路 168 號 2 樓
電話:(02) 7716-1899
傳真:(02) 7716-1799
總經銷 / 全華圖書股份有限公司
地址:23671 新北市土城區忠義路 21 號
電話:(02) 2262-5666
傳真:(02) 6637-3695、6637-3696
郵政帳號 / 0100836-1 號
設計印刷者 / 爵色有限公司
圖書編號 / 10493
初版一刷 / 2019 年 1 月
定價 / 新臺幣 950 元
ISBN / 978-986-89210-5-4(平裝)
全華圖書 / www.chwa.com.tw
全華網路書店 / www.opentech.com.tw
若您對書籍內容、排版印刷有任何問題，歡迎來信指導 service@cadex.com.tw

（請由此線剪下）

歡迎加入 全華會員

● 會員獨享

會員享購書折扣、紅利積點、生日禮金、不定期優惠活動…等。

● 如何加入會員

填妥讀者回函卡直接傳真（02）2262-0900 或寄回，將由專人協助登入會員資料，待收到 E-MAIL 通知後即可成為會員。

如何購買 全華書籍

1. 網路購書

全華網路書店「http://www.opentech.com.tw」，加入會員購書更便利，並享有紅利積點回饋等各式優惠。

2. 全華門市、全省書局

歡迎至全華門市（新北市土城區忠義路 21 號）或全省各大書局、連鎖書店選購。

3. 來電訂購

(1) 訂購專線：(02) 2262-5666 轉 321-324

(2) 傳真專線：(02) 6637-3696

(3) 郵局劃撥（帳號：0100836-1　戶名：全華圖書股份有限公司）

※　購書未滿一千元者，酌收運費 70 元。

全華網路書店 www.opentech.com.tw
E-mail: service@chwa.com.tw

※ 本會員制如有變更則以最新修訂制度為準，造成不便請見諒。

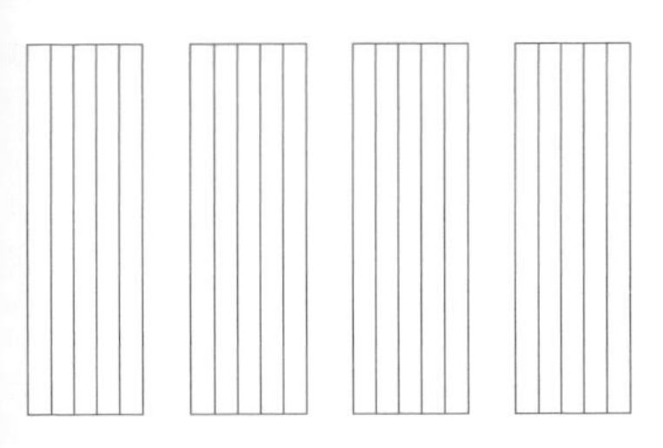

廣　告　回　信
板橋郵局登記證
板橋廣字第540號

行銷企劃部　收

23671
新北市土城區忠義路21號
全華圖書股份有限公司

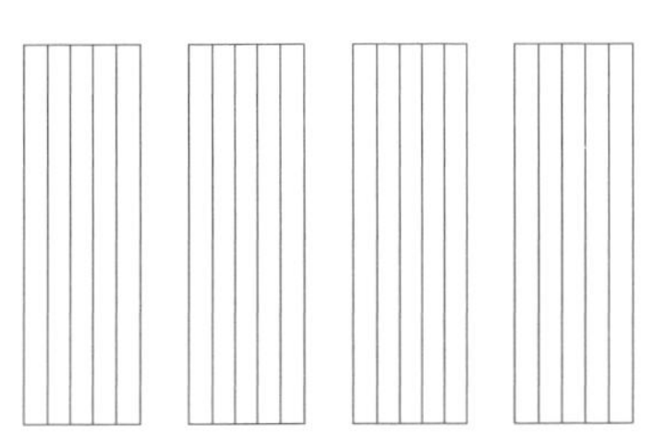

（請由此線剪下）

讀者回函卡

填寫日期：　　/　　/

姓名：＿＿＿＿＿＿　生日：西元＿＿＿＿年＿＿＿＿月＿＿＿＿日　性別：□男 □女

電話：（　）＿＿＿＿＿＿　傳真：（　）＿＿＿＿＿＿　手機：＿＿＿＿＿＿

e-mail：（必填）＿＿＿＿＿＿＿＿＿＿＿＿＿＿＿

註：數字零，請用 Φ 表示，數字 1 與英文 L 請另註明並書寫端正，謝謝。

通訊處：□□□□□＿＿＿＿＿＿＿＿＿＿＿＿＿＿＿

學歷：□博士　□碩士　□大學　□專科　□高中・職

職業：□工程師　□教師　□學生　□軍・公　□其他

學校／公司：＿＿＿＿＿＿＿＿　科系／部門：＿＿＿＿＿＿＿＿

・需求書類：

□ A. 電子 □ B. 電機 □ C. 計算機工程 □ D. 資訊 □ E. 機械 □ F. 汽車 □ I. 工管 □ J. 土木

□ K. 化工 □ L. 設計 □ M. 商管 □ N. 日文 □ O. 美容 □ P. 休閒 □ Q. 餐飲 □ B. 其他

・本次購買圖書為：＿＿＿＿＿＿＿＿＿＿＿＿　書號：＿＿＿＿＿＿＿＿

・您對本書的評價：

封面設計：□非常滿意　□滿意　□尚可　□需改善，請說明＿＿＿＿＿＿＿＿

內容表達：□非常滿意　□滿意　□尚可　□需改善，請說明＿＿＿＿＿＿＿＿

版面編排：□非常滿意　□滿意　□尚可　□需改善，請說明＿＿＿＿＿＿＿＿

印刷品質：□非常滿意　□滿意　□尚可　□需改善，請說明＿＿＿＿＿＿＿＿

書籍定價：□非常滿意　□滿意　□尚可　□需改善，請說明＿＿＿＿＿＿＿＿

整體評價：請說明＿＿＿＿＿＿＿＿＿＿＿＿＿＿＿＿

・您在何處購買本書？

□書局　□網路書店　□書展　□團購　□其他＿＿＿＿＿＿＿＿

・您購買本書的原因？（可複選）

□個人需要　□幫公司採購　□親友推薦　□老師指定之課本　□其他＿＿＿＿＿＿

・您希望全華以何種方式提供出版訊息及特惠活動？

□電子報　□ DM　□廣告（媒體名稱＿＿＿＿＿＿＿＿＿＿＿＿）

・您是否上過全華網路書店？（www.opentech.com.tw）

□是　□否　您的建議＿＿＿＿＿＿＿＿＿＿＿＿＿＿＿＿

・您希望全華出版那方面書籍？＿＿＿＿＿＿＿＿＿＿＿＿＿＿

・您希望全華加強那些服務？＿＿＿＿＿＿＿＿＿＿＿＿＿＿

～感謝您提供寶貴意見，全華將秉持服務的熱忱，出版更多好書，以饗讀者。

全華網路書店 http://www.opentech.com.tw　　客服信箱 service@chwa.com.tw

2011.03 修訂

親愛的讀者：

感謝您對全華圖書的支持與愛護，雖然我們很慎重的處理每一本書，但恐仍有疏漏之處，若您發現本書有任何錯誤，請填寫於勘誤表內寄回，我們將於再版時修正，您的批評與指教是我們進步的原動力，謝謝！

全華圖書　敬上

勘　誤　表

書　號		書　名		作　者	

頁　數	行　數	錯誤或不當之詞句	建議修改之詞句

我有話要說：（其它之批評與建議，如封面、編排、內容、印刷品質等・・・）

Note

Note